Periodic Table of the Elements

KEY

79 — Atomic number
Au — Symbol
Gold — Name
196.9665 — Atomic mass
An element

Metals
Semimetals
Nonmetals

Group number, U.S. system — 1A; IUPAC system — (1)
Period number

Period	1A (1)	2A (2)	3B (3)	4B (4)	5B (5)	6B (6)	7B (7)	8B (8)	8B (9)	8B (10)	1B (11)	2B (12)	3A (13)	4A (14)	5A (15)	6A (16)	7A (17)	8A (18)	Period
1	1 **H** Hydrogen 1.0079																	2 **He** Helium 4.0026	1
2	3 **Li** Lithium 6.941	4 **Be** Beryllium 9.0122											5 **B** Boron 10.811	6 **C** Carbon 12.011	7 **N** Nitrogen 14.0067	8 **O** Oxygen 15.9994	9 **F** Fluorine 18.9984	10 **Ne** Neon 20.1797	2
3	11 **Na** Sodium 22.9898	12 **Mg** Magnesium 24.3050											13 **Al** Aluminum 26.9815	14 **Si** Silicon 28.0855	15 **P** Phosphorus 30.9738	16 **S** Sulfur 32.066	17 **Cl** Chlorine 35.4527	18 **Ar** Argon 39.948	3
4	19 **K** Potassium 39.0983	20 **Ca** Calcium 40.078	21 **Sc** Scandium 44.9559	22 **Ti** Titanium 47.88	23 **V** Vanadium 50.9415	24 **Cr** Chromium 51.9961	25 **Mn** Manganese 54.9380	26 **Fe** Iron 55.847	27 **Co** Cobalt 58.9332	28 **Ni** Nickel 58.693	29 **Cu** Copper 63.546	30 **Zn** Zinc 65.39	31 **Ga** Gallium 69.723	32 **Ge** Germanium 72.61	33 **As** Arsenic 74.9216	34 **Se** Selenium 78.96	35 **Br** Bromine 79.904	36 **Kr** Krypton 83.80	4
5	37 **Rb** Rubidium 85.4678	38 **Sr** Strontium 87.62	39 **Y** Yttrium 88.9059	40 **Zr** Zirconium 91.224	41 **Nb** Niobium 92.9064	42 **Mo** Molybdenum 95.94	43 **Tc** Technetium (98)	44 **Ru** Ruthenium 101.07	45 **Rh** Rhodium 102.9055	46 **Pd** Palladium 106.42	47 **Ag** Silver 107.8682	48 **Cd** Cadmium 112.411	49 **In** Indium 114.82	50 **Sn** Tin 118.710	51 **Sb** Antimony 121.757	52 **Te** Tellurium 127.60	53 **I** Iodine 126.9045	54 **Xe** Xenon 131.29	5
6	55 **Cs** Cesium 132.9054	56 **Ba** Barium 137.327	57 **La** Lanthanum 138.9055	72 **Hf** Hafnium 178.49	73 **Ta** Tantalum 180.9479	74 **W** Tungsten 183.85	75 **Re** Rhenium 186.207	76 **Os** Osmium 190.2	77 **Ir** Iridium 192.22	78 **Pt** Platinum 195.08	79 **Au** Gold 196.9665	80 **Hg** Mercury 200.59	81 **Tl** Thallium 204.3833	82 **Pb** Lead 207.2	83 **Bi** Bismuth 208.9804	84 **Po** Polonium (209)	85 **At** Astatine (210)	86 **Rn** Radon (222)	6
7	87 **Fr** Francium (223)	88 **Ra** Radium 227.0278	89 **Ac** Actinium (227)	104 **Rf** Rutherfordium (261)	105 **Db** Dubnium (262)	106 **Sg** Seaborgium (263)	107 **Bh** Bohrium (262)	108 **Hs** Hassium (265)	109 **Mt** Meitnerium (266)	110 **—** — (269)	111 **—** — (272)	112 **—** — (277)		114 **—** — (285)		116 **—** — (289)			7

Numbers in parentheses are mass numbers of radioactive isotopes.

	Period																Period
Lanthanides	6	58 **Ce** Cerium 140.115	59 **Pr** Praseodymium 140.9076	60 **Nd** Neodymium 144.24	61 **Pm** Promethium (145)	62 **Sm** Samarium 150.36	63 **Eu** Europium 151.965	64 **Gd** Gadolium 157.25	65 **Tb** Terbium 158.9253	66 **Dy** Dysprosium 162.50	67 **Ho** Holmium 164.9303	68 **Er** Erbium 167.26	69 **Tm** Thulium 168.9342	70 **Yb** Ytterbium 173.04	71 **Lu** Lutetium 174.967	6
Actinides	7	90 **Th** Thorium 232.0381	91 **Pa** Protactinium 231.0359	92 **U** Uranium 238.0289	93 **Np** Neptunium (237)	94 **Pu** Plutonium (244)	95 **Am** Americium (243)	96 **Cm** Curium (247)	97 **Bk** Berkelium (247)	98 **Cf** Californium (251)	99 **Es** Einsteinium (252)	100 **Fm** Fermium (257)	101 **Md** Mendelevium (258)	102 **No** Nobelium (259)	103 **Lr** Lawrencium (260)	7

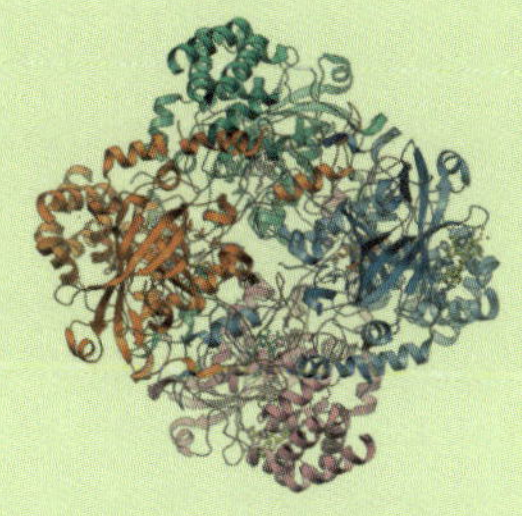

Organic Chemistry | 9th Edition | John McMurry

Organic Chemistry | 9th Edition | John E. McMurry

맥머리의

제9판

유기화학강의

화학교재연구회 옮김

Australia • Brazil • Canada • Mexico • Singapore • United Kingdom • United States

Organic Chemistry, Ninth Edition

John E. McMurry

ISBN-13: 978-89-6218-439-6

Cengage Learning Korea Ltd.
14F YTN Newsquare 76 Sangamsan-ro
Mapo-gu Seoul 03926 Korea

Cengage is a leading provider of customized learning solutions with employees residing in nearly 40 different countries and sales in more than 125 countries around the world. Find your local representative at: **www.cengage.com**

To learn more about Cengage Solutions, visit **www.cengageasia.com**

Printed in Korea
Print Number: 06 Print Year: 2025

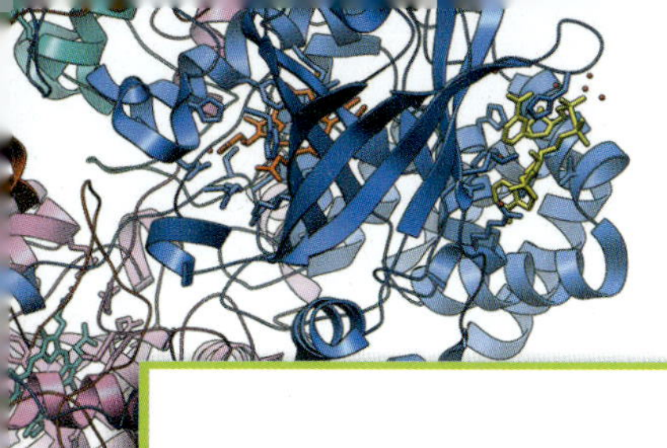

옮긴이의 머리말

McMurry 교수가 집필한 *Organic Chemistry*는 대학에서 사용되고 있는 다양한 형태의 유기 화학 교재들과 비교할 때 분명하고, 읽기 쉽고, 효과적이면서 유기 화학의 논리성을 최대한 보여주는 책이라고 판단된다. 옮긴이들은 화학을 전공하는 학생은 물론이고, 생명과학 분야, 농학 분야, 식품영양학 분야 및 의약학 분야를 전공하는 학생을 가르치고 있으며 한 학기동안 배우기에 적합한 유기 화학 교재의 필요성을 느끼는 과정에서 John McMurry 교수의 *Organic Chemistry*를 찾게 되었다.

이 책은 John McMurry의 *Organic Chemistry* 제9판을 한 학기동안 배우기에 적절한 분량으로 줄여서 간행하였다. 따라서 유기 화학에 대한 기초지식을 필요로 하는 다양한 전공분야의 학생들에게 매우 유익한 교재가 되리라 생각한다. 각 장 중간과 맨 끝부분에 생활 속에서 중요한 화학 이야기를 실었다. 연습 문제 부분에서는 시각 화학에 관한 문제를 실어서 분자 모형에 관한 이해를 강조하였고, 선택형 객관식 문제를 실어서 공부한 내용을 재점검하도록 하였다.

옮긴이들은 지은이가 의도한 바를 완역하여 이 번역서에 잘 나타나도록 노력하였으나 오역과 불충분한 부분이 있으리라 생각된다. 번역서 내의 학술 용어는 대한화학회에서 펴낸 화학술어집 제5판에 수록된 용어를 기준으로 삼았다. 화합물명을 원어 그대로 사용하였으나, 수산화 이온과 하이드록시 이온 및 비공유 전자쌍과 고립 전자쌍 등과 같은 용어는 경우에 따라 섞어서 사용하였다. 화합물 종류를 번역하는 경우에는 대한화학회 화학술어위원회에서 발간한 유기 화합물 명명법 I, II를 참고하였다.

끝으로 이 책의 번역과 출판의 기회를 주신 사이플러스 박종성 대표와 편집 및 교정에 참여하신 사이플러스 직원 여러분에게 감사드린다.

2016년 2월 15일
옮긴이 적음

차 례

제3장 유기 화합물: 알케인과 사이클로알케인
Organic Compounds: Alkanes and Cycloalkanes

제4장 유기 반응의 개요
An Overview of Organic Reactions

제5장 알켄
Alkenes

제6장 아렌과 입체화학
Arenes and Stereochemistry

제7장 할로젠화 알킬
Alkyl Halides

제8장 알코올과 페놀
Alcohols and Phenols

제9장 알데하이드와 케톤: 친핵성 첨가 반응

Aldehydes and Ketones: Nucleophilic Addition Reactions

제10장 카복실산과 카복실산 유도체

Carboxylic Acids and their Derivatives

제 11 장 아민, 나이트릴 및 아미노산

Amines, Nitriles and Amino Acids

제 12 장 고분자

부록

제 1 장 구조와 결합

Structure and Bonding

Michel-Eugène Chevreul

Michel-Eugène Chevreul (1786~1889)는 프랑스의 Anger에서 태어나 파리에서 공부하고, 1818년에 Lycée Charlemagne의 물리학 교수, 1830년에 화학 교수가 되었다. Chevreul는 비누와 왁스에 대한 연구를 통해 양초의 대량 생산 방법에 대한 특허를 얻었다. 또한 그는 노화 및 색채 인식 심리학에 관해 저술하였다. 1886년에 프랑스 전체가 그의 100번째 생일을 축하하였다.

Friedrich Wöhler

Friedrich Wöhler (1800~1882)는 독일의 Eschersheim에서 태어나, Heidelberg의 Leopold Gmelin 밑에서 수학하였다, 1836~1882 동안에 Göttingen의 화학 교수였고, Wöhler는 처음으로 알루미늄 금속의 공업적 제조 방법을 개발하였고 여러 개의 새로운 원소들을 발견하였다. 아울러 무기 화학과 유기 화학의 교과서도 저술하였다.

유기 화학이란 무엇이며, 왜 많은 사람들이 유기 화학을 공부하는가? 그리고 왜 당신은 유기 화학을 공부해야 하는가? 그 대답은 우리의 주변에서 찾을 수 있다. 살아있는 각 유기체는 유기 화합물들로 만들어져 있다. 머리털, 피부 및 근육을 만드는 단백질; 유전적 특성을 조절하는 DNA; 먹는 음식물, 입는 의복, 복용하는 의약품 모두가 유기 화합물이다. 생명이나 살아 있는 것들에 대한 호기심을 갖고 있는 사람이라면 유기 화학에 대한 기본적인 이해력을 갖추어야 한다.

유기 화학은 연금술사의 기술로부터 근대 과학까지를 포함한 화학으로서 1700년대 중엽에 그 기틀이 마련되었다. 그 당시에는, 생명체로부터 분리된 물질과 광물질로부터 분리된 물질 사이의 설명할 수 없는 차이를 나타내었다. 식물이나 동물로부터 얻을 수 있는 화합물은 때로는 분리하거나 정제하기가 어려웠다. 순수할지라도, 이들 화합물은 광물질로부터 얻어지는 화합물들 보다 분해가 잘 되거나 다루기가 더 어려웠다. 1770년에 스위스의 화학자 Torbern Bergman이 처음으로 "유기(organic)"와 "무기(inorganic)" 물질 사이의 차이를 표현하였고 **유기 화학**(organic chemistry)이란 말이 생명체로부터 얻어지는 화합물 화학이란 의미를 갖게 되었다.

1816년초에 Michel Chevreul이 동물성 지방과 알칼리를 반응시켜 비누를 만들고, "지방산(fatty acid)"이라고 부르는 여러 가지 순수한 유기 화합물을 분리하였다. 처음으로 하나의 유기물질(지방)을 다른 유기물질(지방산과 글리세린)로 바꾼 것이었다.

$$\text{동물지방} \xrightarrow[H_2O]{NaOH} \text{비누} + \text{글리세린(Glycerin)}$$

$$\text{비누} \xrightarrow{H_3O^+} \text{“지방산”}$$

10년쯤 뒤인 1828년에 Friedrich Wöhler가 "무기" 염인 ammonium cyanate를 이미 사람의 소변으로부터 분리했던 "유기물"인 urea로 바꿀 수 있다는 것을 발견하였다.

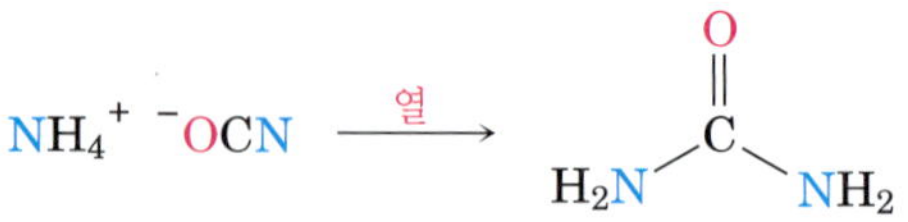

$$NH_4^{+}\ {}^{-}OCN \xrightarrow{\text{열}} H_2N{-}\overset{\overset{\displaystyle O}{\|}}{C}{-}NH_2$$

Ammonium cyanate **Urea**

오늘날의 화학은 단일화되었다. 가장 간단한 무기 화합물을 설명하는 것과 같은 과학적 기초 원리로 가장 복잡한 유기 화합물을 설명한다. "유기 화합물을 구별 지을 수 있는 특성은 오로지 모든 유기 화합물이 탄소를 포함하고 있다는 것뿐이다. 그럼에도 불구하고, 역사적인 이유 때문에 시작된, 유기 화학과 무기 화학의 구별은 학생의 발달 과정의 경우처럼 편리함 때문에 유지되고 있다."

유기 화학(Organic chemistry)은 탄소 화합물을 연구하는 학문이다. 원자번호 6번인 탄소는 그림 1.1에 나타낸 주기율표에서 보는 것처럼 2주기 원소이다. 유기 화합물에서 비록 탄소가 주된 원소이지만 대부분의 수소와 질소, 산소, 인, 황, 염소 및 다른 원소들을 또한 포함하고 있다.

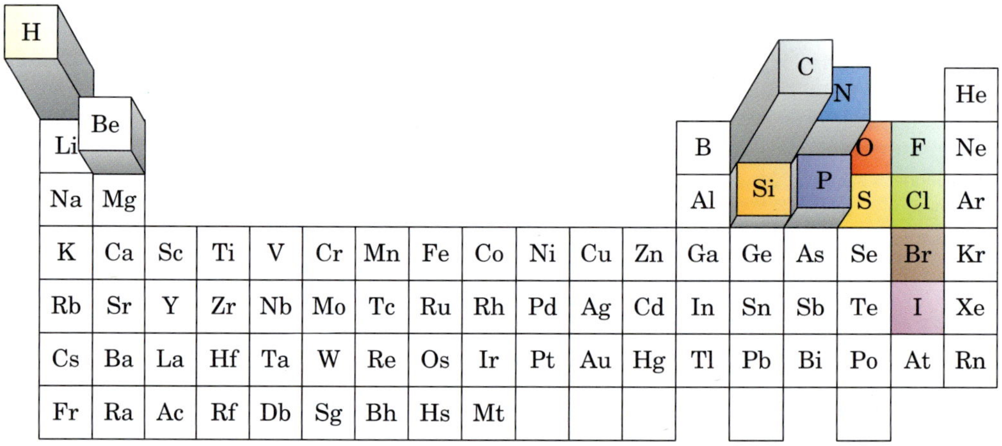

H																	He
Li	Be											B	C	N	O	F	Ne
Na	Mg											Al	Si	P	S	Cl	Ar
K	Ca	Sc	Ti	V	Cr	Mn	Fe	Co	Ni	Cu	Zn	Ga	Ge	As	Se	Br	Kr
Rb	Sr	Y	Zr	Nb	Mo	Tc	Ru	Rh	Pd	Ag	Cd	In	Sn	Sb	Te	I	Xe
Cs	Ba	La	Hf	Ta	W	Re	Os	Ir	Pt	Au	Hg	Tl	Pb	Bi	Po	At	Rn
Fr	Ra	Ac	Rf	Db	Sg	Bh	Hs	Mt									

그림 1.1 ▸ 주기율표에서 탄소의 위치. 유기 화합물에서 흔히 발견되는 원소들은 색깔로 표시하였다.

그러면 왜 탄소를 특별히 다루는가? 주기율표에서 다른 모든 원소로부터 탄소를 따로 분리하는 것은 무엇 때문인가? 이 질문에 대한 대답은 주기율표에서의 탄소 원자의 위치로부터 얻을 수 있다. 탄소는 4A족 원소로서 4개의 원자가 전자를 가지고 있어 4개의 강한 공유 결합을 형성할 수 있다. 나아가서 탄소 원자들끼리 서로 결합할 수도 있고, 긴 사슬과 고리를 만들 수도 있다. 모든 원소들 중에서 탄소만이 간단한 것에서부터 매우 복잡한 것까지의 무수히 많은 다양한 화합물을 형성할 수 있다. 즉 탄소 한 개를 포함하고 있는 methane에서부터 수십 조 개의 탄소를 포함하고 있는 DNA까지 만들 수 있다.

모든 탄소 화합물이 살아 있는 생명체로부터 기인하지는 않는다. 근대 화학자들은 실험실에서 매우 정교하게 새로운 유기 화합물들을 합성할 수 있는 능력을 갖게 되었다. 의약품, 염료, 고분자, 플라스틱, 식품 첨가제, 살충제 및 다른 많은 물질 등 모두가 실험실에서 만들어졌다. 유기 화학은 모든 살아 있는 것을 다루는 과학이다. 유기 화학의 연구는 매력적인 일이 될 수 있을 것이다.

1.1 원자 구조

유기 화학 공부를 시작하기 전에 원자와 결합에 대한 일반적인 개념들을 복습해 보자. 원자는 조밀하고, 양전하를 가진 **핵**(nucleus)과 핵으로부터 비교적 멀리 떨어진 곳에 음전하를 가진 **전자**(electron)로 구성되어 있다(그림 1.2). 핵은 전기적으로 중성인 **중성자**(neutrons)와 양전하를 띠고 있는 **양성자**(protons)라고 부르는 원자 구성 입자(subatomic particles)들로 구성되어 있다. 핵은 대략 10^{-14}~10^{-15} 미터(m)의 지름으로 아주 작지만, 원자 질량의 거의 전부를 차지하고 있다. 전자들은 무시할 만큼의 작은 질량을 갖으며 핵으로부터 10^{-10} m의 거리만큼 떨어진 핵 주변을 회전하고 있다. 따라서 전형적인 원자의 지름은 약 2×10^{-10} m 혹은 200 피코미터(pm)로 표현한다. 여기서 1 pm은 10^{-12} m이다.

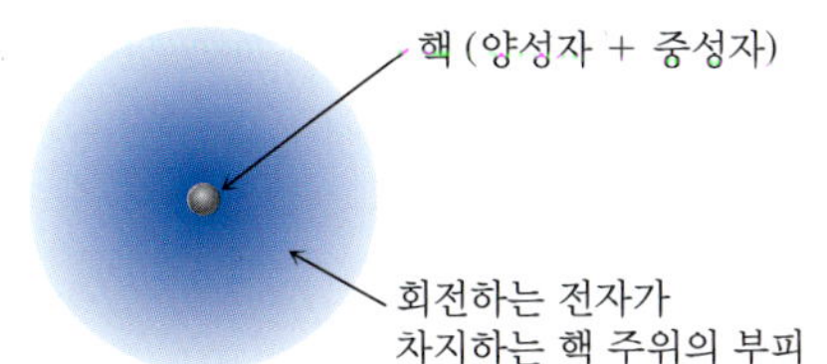

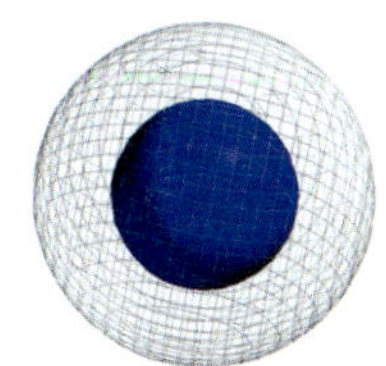

그림 1.2 ▶ 도식적으로 본 원자. 양전하를 띠고 있는 핵은 원자 질량의 대부분을 차지하며 이 핵은 음전하를 띠고 있는 전자들에 의해 둘러싸여 있다. 오른편에 삼차원적인 모양을 전자 밀도를 계산하여 나타내었다. 전자 밀도는 핵 쪽으로 갈수록 점차 증가하며, 표면의 회색 부분에서의 전자 밀도에 비해 푸른색 부분의 전자 밀도가 40배가량 더 높다.

어떤 특정 원자는 원자 속의 양성자 수로 나타내는 **원자 번호**(atomic number: Z)와 양성자와 중성자의 합인 **질량수**(mass number: A)로 기술된다. 주워진 원소의 모든 원자들은 동일한 원자 번호를 갖지만 — 즉 수소는 1, 탄소는 6, 염소는 17 등 — 이러한 원소들이 몇 개의 중성자를 포함하고 있는가에 따라 다른 질량수를 가질 수 있다. 이처럼 원자 번호가 동일하지만 질량수가 다른 원자들을 **동위원소**(isotope)라고 한다.

1.2 원자 구조: 궤도함수

궤도함수는 어떤 모양들을 가질까? 서로 다른 모양을 하는 s, p, d 및 f로 표시되며 네 종류의 궤도함수가 있다. 4개의 궤도함수 중에서 유기 화학에서 가장 중요한 역할을 하는 s 및 p 궤도함수들에 대해 우선적으로 다룰 것이다. 그림 1.3에 나타낸 것처럼 s 궤도함수는 중앙에 있는 핵처럼 구형 모양이며, p 궤도함수는 아령 모양이고 5개의 d 궤도함수 중에서 4개는 클로버 잎 모양이다. 다섯 번째 d 궤도함수는 늘어난 아령의 가운데 부분을 도너츠가 감싸고 있는 모양이다.

***s* 궤도함수**

***p* 궤도함수**

***d* 궤도함수**

2*p* 궤도함수

그림 1.3 ▶ *s*, *p* 및 *d* 궤도함수의 모양. *s* 궤도함수는 구형 모양, *p* 궤도함수는 아령 모양이고 그리고 다섯 개의 *d* 궤도함수 중에서 네 개는 클로버 잎 모양이다. *p* 궤도함수의 다른 두 개의 로우브는 눈물방울처럼 그리는 것이 편리하지만, 이들의 실제 모양은 오른편에 컴퓨터로 그린 것처럼 문의 손잡이와 더 유사하다.

궤도함수들은 연속적으로 크기와 에너지가 커지는 각기 다른 층 또는 **껍질**(shell)로 이루어져 있다. 서로 다른 껍질은 서로 다른 종류와 수의 궤도함수가 포함되어 있고, 각 궤도함수는 두 개의 전자에 의해 점유될 수 있다. 첫 번째 껍질은 1*s*로 표시하는 하나의 *s* 궤도함수 만을 포함하므로 두 개의 전자를 갖는다. 두 번째 껍질에는 하나의 *s* (2*s*) 궤도함수와 세 개의 *p* (2*p*) 궤도함수를 포함하며 따라서 모두 8개의 전자가 수용될 수 있다. 세 번째 껍질에는 하나의 *s* (3*s*) 궤도함수와 세 개의 *p* (3*p*) 궤도함수 그리고 다섯 개의 *d* (3*d*) 궤도함수를 포함하며 모두 18개의 전자를 수용할 수 있다. 이러한 궤도함수 그룹과 이들의 에너지 준위를 그림 1.4에 나타내었다.

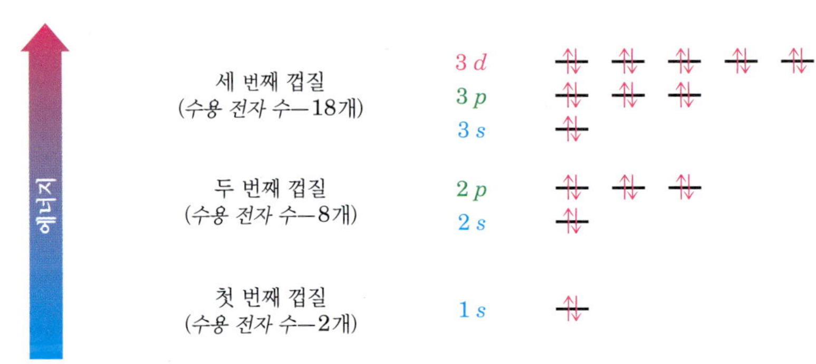

그림 1.4 ▸ 원자에서 전자의 에너지 준위. 첫 번째 껍질은 한 개 1*s* 궤도함수에 최대 2개의 전자를 수용하고 있다. 두 번째 껍질은 하나의 2*s*와 3개의 2*p* 궤도함수를 갖고 있으며, 최대 8개의 전자를 수용할 수 있으며, 세 번째 껍질에는 한 개 3*s*, 세 개 3*p* 및 다섯 개의 3*d* 궤도함수에 최대 18개의 전자를 수용할 수 있다. 각 궤도함수 속의 두개 전자를 위 및 아래 화살표, ↑↓로 나타낸다. 이 그림에 나타내지는 않았지만 4*s* 궤도함수의 에너지 준위는 3*p*와 3*d* 사이에 있다.

주어진 껍질 속에 있는 세 개의 다른 *p* 궤도함수는 서로가 다른 두개의 궤도함수에 대해 수직으로 공간 배향을 하고 있다. 2*p* 궤도함수를 그들이 놓여 있는 축에 따라 p_x, p_y, p_z로 나타낸다. 그림 1.5에 나타낸 것처럼, 각 *p* 궤도함수의 두 로우브는 **마디**(node)라고 하는 전자 밀도가 영(zero)인 영역에 의해 분리되어 있다. 앞으로 볼 수 있듯이, 이 마디는 화학 결합과 반응성에 대해 중요한 영향을 미친다.

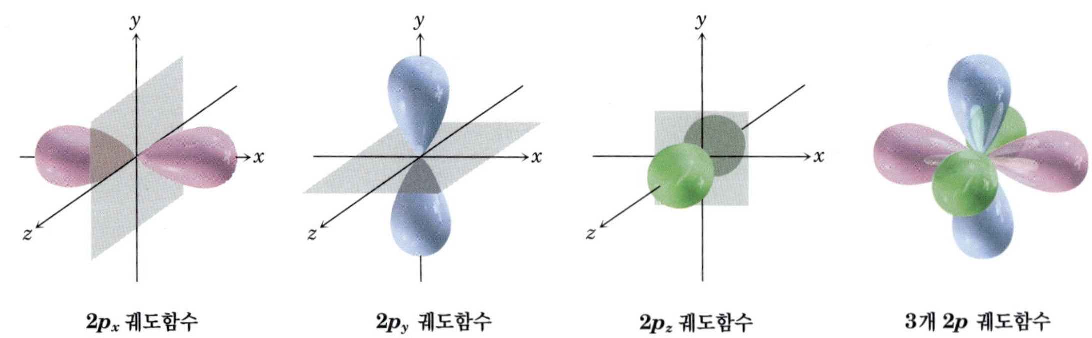

그림 1.5 ▸ 궤도함수의 모양. 서로 수직으로 있는 아령모양인 세 개의 궤도함수들은 각각 두 로우브 사이에 하나의 마디를 갖는다.

→ 1.3 원자 구조: 전자 배치

어떤 원자의 최저 에너지 전자 배열 또는 **바닥상태 전자 배치**(ground-state electronic configuration)는 그 원자의 전자들이 어떤 궤도함수를 차지하는가를 나타내는 것이다. 이러한 배열은 다음 세 가지 규칙에 따라 예측할 수 있다:

규칙 1 $1s \rightarrow 2s \rightarrow 2p \rightarrow 3s \rightarrow 3p \rightarrow 4s \rightarrow 3d$ 순서대로 가장 낮은 에너지 궤도함수부터 먼저 채운다(쌓음원리: aufbau principle). $4s$ 궤도함수 에너지는 $3p$와 $3d$ 중간이다.

규칙 2 전자는 지구가 회전하는 것과 같은 방식으로 축 주위를 회전한다. 이 스핀은 두 방향으로 일어날 수 있으며, 위 ↑와 아래 ↓로 표시한다. 한 궤도함수에는 두 개의 전자만을 넣을 수 있고, 이들은 반대 스핀을 가져야만 한다(Pauli의 배타원리: Pauli exclusion principle).

규칙 3 만일 동일한 에너지 준위의 두개 혹은 그 이상의 비어 있는 궤도함수가 있으면, 모든 궤도함수가 반씩 채워질 때까지는 각 궤도함수 마다 한 개씩의 전자만을 채운다(Hund 규칙: Hund's rule).

어떻게 이들 규칙을 적용하는지 몇 가지 예를 들어 표 1.1에 나타내었다. 예를 들면 수소는 오직 한 개의 전자만을 가지고 있으므로, 최저 에너지 궤도함수에 들어있다. 따라서 수소는 $1s$ 바닥상태 전자 배치를 갖는다. 탄소는 여섯 개의 전자를 가지고 있으며 $1s^2\ 2s^2\ 2p_x^{\ 1}\ 2p_y^{\ 1}$의 바닥상태 전자 배치를 갖는다. 특정 궤도함수에서의 전자 수는 위 첨자로 나타낸다.

표 1.1 ● **몇 가지 원소들의 바닥상태 전자 배치**

원소	원자 번호	전자 배치	원소	원자 번호	전자 배치
Hydrogen	1	$1s$ ↑	Lithium	3	$2s$ ↑ $1s$ ↑↓
Carbon	6	$2p$ ↑ ↑ — $2s$ ↑↓ $1s$ ↑↓	Neon	10	$2p$ ↑↓ ↑↓ ↑↓ $2s$ ↑↓ $1s$ ↑↓
Sodium	11	$3s$ ↑ $2p$ ↑↓ ↑↓ ↑↓ $2s$ ↑↓ $1s$ ↑↓	Argon	18	$3p$ ↑↓ ↑↓ ↑↓ $3s$ ↑↓ $2p$ ↑↓ ↑↓ ↑↓ $2s$ ↑↓ $1s$ ↑↓

◆ **문제 1.1** 다음 각 원소들의 바닥상태 전자 배치를 나타내어라:
(a) Boron (b) Phosphorus (c) Oxygen (d) Chlorine

◆ **문제 1.2** 다음 주어진 원소들의 최외각 전자 껍질에는 각각 몇 개씩의 전자들을 가지고 있는가?
(a) Potassium (b) Aluminum (c) Krypton

→ 1.4 화학 결합 이론의 발전

1800년대 중반에 화학의 새로운 과학들이 빠르게 발전하고 화학자들에 의해 분자들이 서로 잡고 있는 힘을 증명하기 시작하였다. 1858년에, August Kekulé와 Archibald

Friedrich August Kekulé

Friedrich August Kekulé (1829~1896)은 독일의 Darmstadt에서 태어났고, Giessen 대학에서 박사학위를 받고 1855년에 Heidelberg의 강사, Ghent의 화학교수(1858), Bonn의 화학교수(1867)가 되었다. 탄소가 그들만의 원자로 고리를 만들 수 있다는 깨달음이 그로 하여금 꼬리를 물고 있는 뱀 꿈을 꾸게 하였다고 한다.

Couper는 각기 독자적으로 모든 유기화합물에서 탄소는 항상 네 개의 "친화 단위(affinity units)"를 갖는다고 제안하였다. 즉 탄소는 4가(tetravalent)이고, 다른 원자들과 결합하여 화합물을 만들 때 항상 네 개의 결합을 형성한다. 나아가서, Kekulé는 탄소 원자는 탄소 원자들끼리 함께 연결되어 긴 사슬을 만들기 위해 서로 결합할 수 있다고 제안하였다.

탄소가 4가의 성질을 갖고 있다는 제안이 있은 직후, 탄소 원자들 사이에 **다중 결합(multiple bonding)**을 이룰 수 있다는 가능성이 제시되면서 Kekulé–Couper 이론(Kekulé–Couper theory)으로 확장되었다. Emil Erlenmeyer는 acetylene의 탄소—탄소 삼중 결합을 제안하였고, Alexander Crum Brown은 ethylene의 탄소—탄소 이중 결합을 제안하였다. 1865년에 Kekulé 는 탄소 사슬이 그들끼리 서로 결합하여 탄소들로 구성된 고리(ring)를 이룰 수 있다고 가정함으로써 결합 이론은 큰 진전을 이루게 되었다.

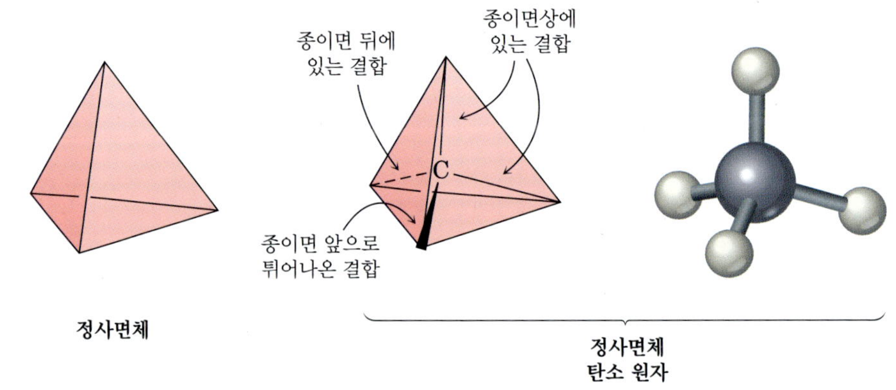

그림 1.6 ▸ Van't Hoff의 정사면체 탄소 원자. 진한 쐐기 모양은 종이면이 앞쪽으로 튀어나온 것이고, 실선은 종이면상에 놓였으며, 점선은 종이면의 뒤로 들어가 있는 것이다.

Archibald Scott Couper

Archibald Scott Couper (1831~1892)는 Scotland의 Kirkintilloch에서 태어났고, Glasgow, Ediburgh 및 파리 대학에서 공부하였다. Couper는 그의 업적을 인정받지 못했고 1858년에는 신경쇠약으로 고생하였다. 과학적인 일에서는 은퇴하고 마지막 30년 동안은 어머니의 보살핌으로 살아갔다.

Richard A. C. E. Erlenmeyer

Richard A. C. E. Erlenmeyer(1825~1909)는 독일의 Wehen에서 태어나 Giessen 및 Heidelberg에서 수학하여 약사가 되었고 1868년부터 1883년까지 Munich Polytechnicum의 화학교수였다. 그는 생체물질에 대해 많은 연구를 하였고 아미노산인 tyrosine을 처음 제조하였다.

◆ **문제 1.3** Chloroform, $CHCl_3$의 분자를 쐐기모양, 실선, 점선을 이용하여 정사면체 기하 구조로 그려라.

◆ **문제 1.4** Ethane, C_2H_6의 다음 입체 모양을 쐐기모양, 실선, 점선을 이용하여 각 탄소주변의 정사면체 기하구조로 바꾸어 그려라(회색 = C, 아이보리색 = H).

Ethane

→ 1.5 공유 결합의 성질

왜 원자들은 서로 결합하는가? 또 원자들의 결합을 전자적인 관점으로 어떻게 설명하는가? 고립된 상태의 원자들보다 더 안정한(에너지가 더 작은) 상태의 화합물이 되기 위해서 원자들은 서로 결합을 한다. 화학 결합이 형성될 때 에너지는 화학적인 계(chemical system)로부터 흘러서 밖으로 방출된다. 반대로 화학 결합이 끊어질 때 에너지는 계로 흘러들어 간다.

원자들의 최외각 전자 껍질 혹은 **원자가 껍질**(valence shell)에 여덟 개의 전자(팔전자계, octet)가 있음으로써 특별히 주기율표에서 8A족의 불활성 기체(noble gas)원소들은 안정하다는 것을 관찰에 의해서 알았다; Ne(2 + *8*); Ar(2 + 8 + *8*); Kr(2 + 8 + 18 + *8*). 많은 주 족 원소들의 화학이 불활성 기체의 안정한 전자 배치를 이루려고 하는 경향성에 의해 지배된다는 것을 알고 있다. 예를 들면 1A족의 알칼리 금속은 원자가 껍질에서 한 개의 전자를 잃어버림으로써 불활성 기체 전자 배치를 이루어 양이온을 형성한다. 반면에 7A족의 할로젠은 한 개의 전자를 얻어 음이온을 형성하며 불활성 기체 전자 배치를 형성한다. 이러한 결과로 형성된 두 이온들이 서로 정전기적인 인력에 의해 이온 결합(ionic bond)을 형성하여 Na^+Cl^-와 같은 화합물을 이룬다.

그러면 주기율표의 중앙에 있는 원소들은 어떻게 결합을 이루는가? 하나의 예로서 천연 가스의 주성분인 methane, CH_4의 탄소 원자를 보자. 탄소($1s^22s^22p^2$)는 전자 네 개를 얻거나 잃어버림으로써 불활성 기체 전자 배치를 이루기는 매우 어렵기 때문에 분명히 methane의 결합은 이온 결합이 아니다. 사실상 탄소 원자는 전자를 얻거나 잃는 것이 아니라 전자의 **공유**(sharing)에 의해 다른 원자와 결합을 이룬다. 이처럼 전자를 공유하여 만들어진 결합은 1916년 G. N. Lewis에 의해 처음으로 제안되었으며, **공유 결합**(covalent bond)이라 부른다. 공유 결합에 의해 서로 잡혀 있는 원자들의 집단을 **분자**(molecule)라고 부른다.

분자들의 공유 결합을 가장 간단하게 나타내는 방법은 원자의 원자가 전자를 점으로 나타내는 **Lewis 구조식**(Lewis structure) 또는 전자-점 구조식(electron-dot structure)으로 알려진 방법을 이용하는 것이다. 따라서 수소는 1*s*에 있는 한 개 전자를 점 하나로 나타내며, 탄소는 네 개의 점($2s^2\,2p^2$), 산소는 여섯 개의 점($2s^2\,2p^4$)과 같이 나타낸다. 안정한 분자는 다음의 예와 같이 모든 원자가 채워진 *s* 및 *p* 궤도함수를 갖는 불활성 기체의 전자 배치—주족 원소는 팔전자계(8개의 점) 혹은 수소의 경우는 2개—를 이루게 된다.

Gilbert Newton Lewis

Gilbert Newton Lewis (1875~1946)는 Massachusetts의 Weymouth에서 태어났으며, 1899년 Harvard 대학에서 박사학위를 받았다. MIT에서 짧은 기간 동안(1905~1912) 화학 교수로 재직한 후 나머지 기간을(1912~1946) University of California at Berkeley에서 보냈다. 그는 구조 이론과 더불어 최초로 물의 두 수소가 ^2H 동위 원소로 된 중수(D_2O)를 제조하였다.

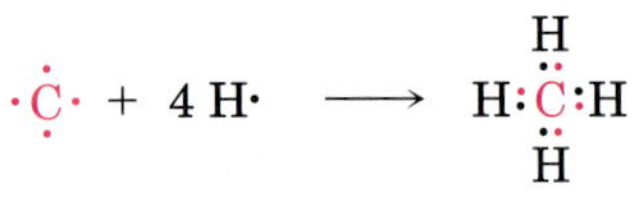

$\cdot\dot{\underset{\cdot}{C}}\cdot + 4\,H\cdot \longrightarrow$ H:C:H (H above and below)

Methane (CH_4)

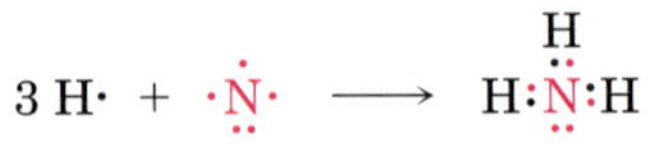

$3\,H\cdot + \cdot\ddot{N}\cdot \longrightarrow$ H:N:H (H above)

Ammonia (NH_3)

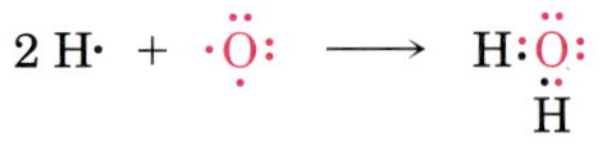

$2\,H\cdot + \cdot\ddot{O}: \longrightarrow$ H:O: (H below)

Water (H_2O)

$3\,H\cdot + \cdot C\cdot + \cdot\ddot{O}: + H\cdot \longrightarrow$ H:C:O: (H above C; H below C and O)

Methanol (CH_3OH)

한 원자가 형성할 수 있는 공유 결합의 수는 그 원자가 몇 개의 전자를 가지고 있으며, 불활성 기체 전자 배치를 이루기 위해 몇 개의 전자가 필요한가에 달려있다. 원자가 전자를 한 개, 두 개 혹은 세 개씩 가지고 있는 원자들은 한 개, 두 개 혹은 세 개의 결합을 형성하지만, 네 개나 그 이상의 원자가 전자를 가지고 있는 원자들은 이들의 원자가 껍질의 s 및 p 준위를 채우고 안정한 팔전자계 도달에 필요한 전자 수만큼의 많은 결합을 형성한다. 예를 들면 boron은 3개 원자가 전자($2s^2\,2p^1$)를 가지고 있으며 BF_3에서처럼 3개의 공유 결합을 형성한다. 탄소($2s^2\,2p^2$)는 4개의 원자가 전자를 가지고 있고 CH_4에서처럼 자신의 원자가 껍질을 채워 네 개의 결합을 이룬다. 질소는 5개의 원자가 전자($2s^2\,2p^3$)를 가지고 있고, NH_3처럼 세 개의 결합을 형성하며, 산소는 6개의 원자가 전자($2s^2\,2p^4$)를 가지고 있고 H_2O에서처럼 두 개 결합을 만들게 된다.

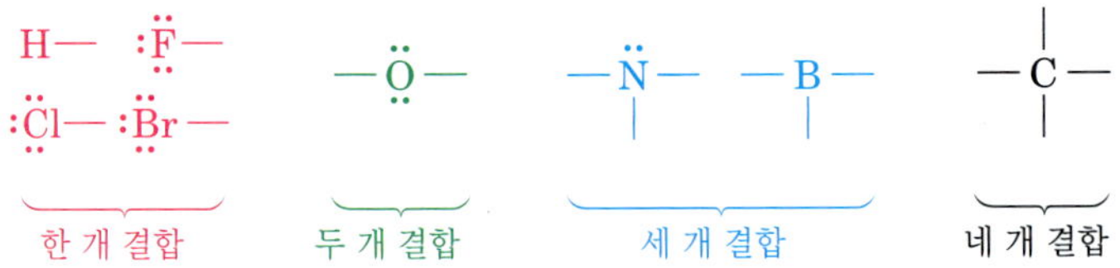

결합에 사용되지 않은 원자가 전자는 **비공유 전자**(nonbonding electron) 또는 **고립-전자쌍**(lone-pair electron)이라고 한다. 예를 들면 ammonia의 질소 원자에 있는 여덟 개 원자가 전자 중에서 여섯 개만 수소와 세 개의 공유 결합을 형성하는 데 사용되고 나머지 두 개의 원자가 전자는 비공유 고립 전자쌍으로만 남아 있게 된다.

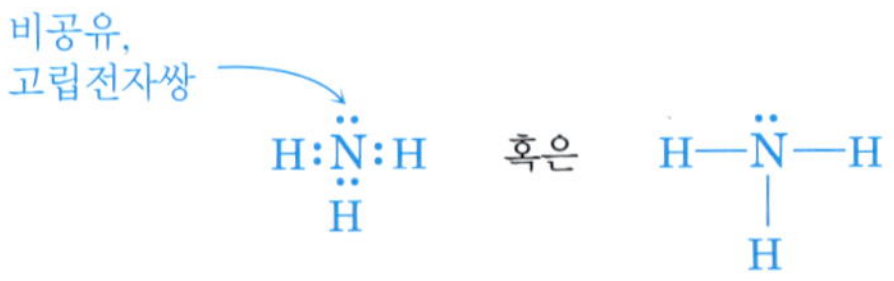

Ammonia

Lewis 구조식은 최외각 껍질의 전자 기록을 가능하게 할 뿐만 아니라, 원자가 전자의 수를 항상 기억할 수 있게 하므로 특별히 가치가 있다. 그러나 원자들 사이의 두 개 전자에 의한 공유 결합을 간단하게 하나의 선으로 나타내는 **Kekulé 구조**(Kekulé structure) 또는 **선-결합 구조**(line-bond structure)를 이용하는 것이 더 간단하다. 비공유성 원자가 전자쌍은 선-결합 구조를 그릴 때는 가끔 나타내지 않지만, 비공유성 전자쌍이 있다는 것을 항상 마음속에 기억해야만 한다. 몇 가지 예를 표 1.2에 나타내었다.

표 1.2 ● 몇 가지 간단한 분자의 Lewis 구조와 Kekulé 구조

이름	Lewis 구조	Kekulé 구조	이름	Lewis 구조	Kekulé 구조
Water (H_2O)	H:Ö:H (O에 비공유 전자쌍 2개)	H—O—H	Methane (CH_4)	H:C:H (C 위아래에 H:, :H)	H—C—H (C 위아래에 H)
Ammonia (NH_3)	H:N:H (N 위에 H, 아래에 비공유 전자쌍)	H—N—H (N 위에 H)	Methanol (CH_3OH)	H:C:Ö:H (C 위아래에 H)	H—C—O—H (C 위아래에 H)

예제 1.1

Phosphine, $PH_?$를 형성하기 위해서 P(phosphorus)는 몇 개의 수소와 결합하겠는가?

▶ **힌트** 주기율표에 나타난 phosphorus의 족을 확인하고, 팔전자계를 이루려면 몇개의 전자를 필요로 하는지 말하여야 한다.

▶ **해답** P는 주기율표에서 5A족이며 5개의 원자가 전자를 가진다. 따라서 팔전자계를 이루려면 3개의 전자를 더 필요로 한다. 따라서 3개의 수소와 결합하여 PH_3를 형성한다.

◆ **문제 1.5** 다음 화합물의 분자식은?
(a) $GeCl_?$ (b) $AlH_?$ (c) $CH_?Cl_2$ (d) $SiF_?$ (e) $CH_3NH_?$

◆ **문제 1.6** 다음 물질들의 Lewis 구조 및 선-결합 구조를 그리고 모든 비공유성 전자쌍도 나타내어라:
(a) $CHCl_3$, chloroform (b) H_2S, hydrogen sulfide (c) CH_3NH_2, methylamine
(d) NaH, sodium hydride (e) CH_3Li, methyllithium

◆ **문제 1.7** 유기 분자는 왜 C_2H_7의 분자식을 가질 수 없는가?

→ 1.6 원자가 결합 이론

원자들 사이에 전자를 어떻게 공유할까? 공유 결합 형성을 설명하기 위해 두 가지 모형, 즉 원자가 결합 이론(valence bond theory) 및 분자 궤도함수 이론(molecular orbital theory)이 발전되어 왔다. 이들 모형은 각각 장점과 약점을 가지고 있어서 화학자들은 상황에 따라 이들 모형을 번갈아 사용한다.

원자가 결합 이론(Valence bond theory)에 따르면 두 원자가 서로 접근하여 한 원자에 전자 한 개가 들어 있는 궤도함수와 다른 원자의 한 개 전자가 들어 있는 궤도함수가 서로 겹쳐져(overlap) 공유 결합을 만든다. 이렇게 겹쳐진 궤도함수에 있는 새로 짝지은 전자들이 두 원자핵을 당기게 되고 두 원자는 서로 결합한다. 예를 들면 H_2 분자에서 H—H 결합은 전자 한 개씩을 갖고 있는 두 수소의 1*s* 궤도함수들의 겹침에 의해 형성된 것이다.

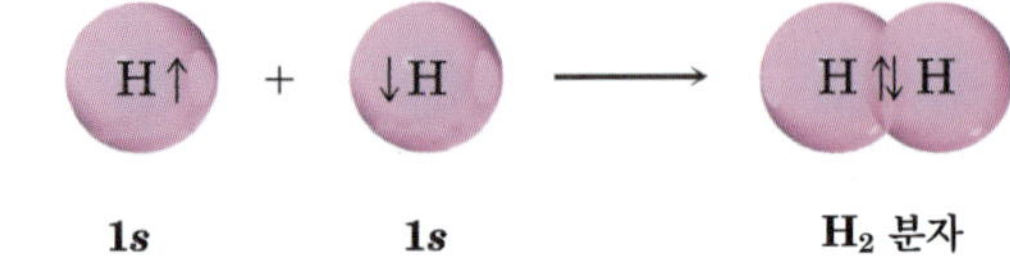

그림 1.7 ▸ H−H 결합의 원통형 대칭. 궤도함수를 지나는 평면의 단면은 원처럼 보인다.

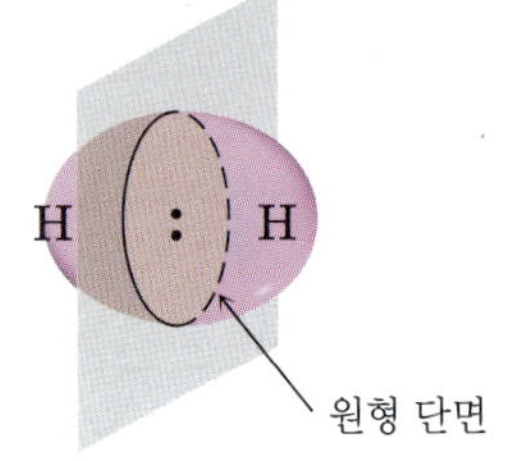

H_2 분자의 결합은 두 개의 공 모양을 서로 힘을 가하여 만든 늘어난 계란 모양을 한다. 만일 가상적인 평면이 궤도함수의 중앙을 지나도록 하면, 궤도함수와 평면이 교차되는 부분은 하나의 원처럼 보인다. 바꾸어 말하면, H—H 결합은 그림 1.7에 나타낸 것처럼 원통형 대칭(cylindrically symmetrical)이다. 두 핵 사이에 그려진 선을 따라 두 개의 원자 궤도함수의 정면 겹침에 의해 형성된 결합을 **시그마(σ) 결합**(sigma bond)이라고 부른다.

2 H · → H_2로 반응하는 동안 436 kJ/mol의 에너지를 방출한다. 생성물인 H_2 분자는 출발물질인 2H·보다 436 kJ/mol 만큼 더 작은 에너지를 가지므로 생성물이 출발물질 보다 더 안정하며 새로운 H—H 결합은 436 kJ/mol의 **결합 세기**(bond strength)를 가진다고 말할 수 있다.

그림 1.8 ▸ H 원자와 H_2 분자의 에너지 준위. H_2 분자는 두 H 원자보다 436 kJ/mol (104 kcal/mol) 만큼 낮은 에너지를 갖는다. 436 kJ/mol의 에너지는 H—H 결합이 형성될 때 방출된다. 바꾸어 말하면 H_2에 436 kJ/mol을 가하면 H—H 결합이 끊어진다.

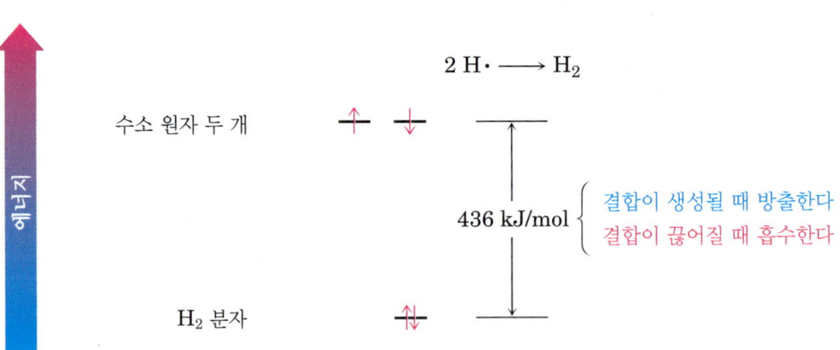

1.7 혼성화: sp^3 궤도함수와 methane의 구조

Methane, CH_4를 생각해 보자. 탄소는 원자가 껍질에 네 개의 전자($2s^2\,2p^2$)를 가지고 있어 수소와 네 개의 결합을 형성할 수 있다. Lewis 구조에서:

$$\cdot\ddot{C}\cdot \xrightarrow{4\,H\cdot} H:\underset{\cdot\cdot}{\overset{\cdot\cdot}{C}}:H \quad (\text{위아래 } H)$$

Linus Carl Pauling

Linus Carl Pauling (1901~1994)은 Oregon의 Portland에서 약제사의 아들로 태어나 Oregon 주립대학에서 학사 학위를 받고 1925년에 California Institute of Technology에서 박사 학위를 받고 1967년까지 화학과 교수로 있었다. 그리고 1974년부터 1994년까지 San Diego와 Stanford 대학에서 교수로 재직하였다.
Pauling은 과학 분야의 거장이었다. 그는 화학 결합에서부터 분자 생물학과 의학 분야까지 기초적인 발견을 하였다.
Pauling은 각기 다른 분야에서 노벨상을 수상한 유일한 사람이다. 노벨 화학상(1954), 노벨 평화상(1963).

탄소는 결합을 형성하기 위해 두 종류의 궤도함수(2s와 2p)를 사용하기 때문에 methane에는 두 종류의 C—H 결합이 있을 것으로 예상할 수 있다. 그러나 사실은 methane의 모든 네 개의 C—H 결합이 동등하고, 공간적으로 정사면체 각 꼭지점을 향하고 있다(그림 1.6). 이러한 사실을 어떻게 설명할 수 있을까?

이에 대한 해답은 한 개의 s 궤도함수와 세 개의 p 궤도함수가 수학적으로 조합될 수 있거나 혹은 **혼성화**(hybrid)되어 네 개의 동등한 정사면체 배열을 취하는 원자 궤도함수를 만들 수 있다는 것이, 1931년에 Linus Pauiling에 의해 제안되었다. 그림 1.9에 나타낸 이들 공간적으로 정사면체로 배열된 새로운 궤도함수를 **sp^3 혼성 궤도함수**(sp^3 hybrid)라고 부른다.

혼성화에 대한 개념으로 탄소가 어떻게 동등한 네 개의 정사면체 결합을 만드는가를 설명할 수는 있지만, 왜 그렇게 되는지에 대한 답을 얻을 수는 없다. sp^3 혼성 궤도함수의 단면을 살펴보면 그 답이 제시된다. 한 개의 s 궤도함수가 세 개의 p 궤도함수와 혼성화되어 생긴 혼성 궤도함수는 핵에 대해 비대칭이다. 한 개 sp^3 궤도함수의 두 로우브 중 하나는 다른 로우브보다 훨씬 더 크고 따라서 결합을 형성할 때 다른 원자의 궤도함수와 잘 겹칠 수 있다. 결과적으로 sp^3 혼성 궤도함수는 혼성화되지 않은 s 및 p 궤도함수보다 훨씬 더 강한 결합을 형성한다.

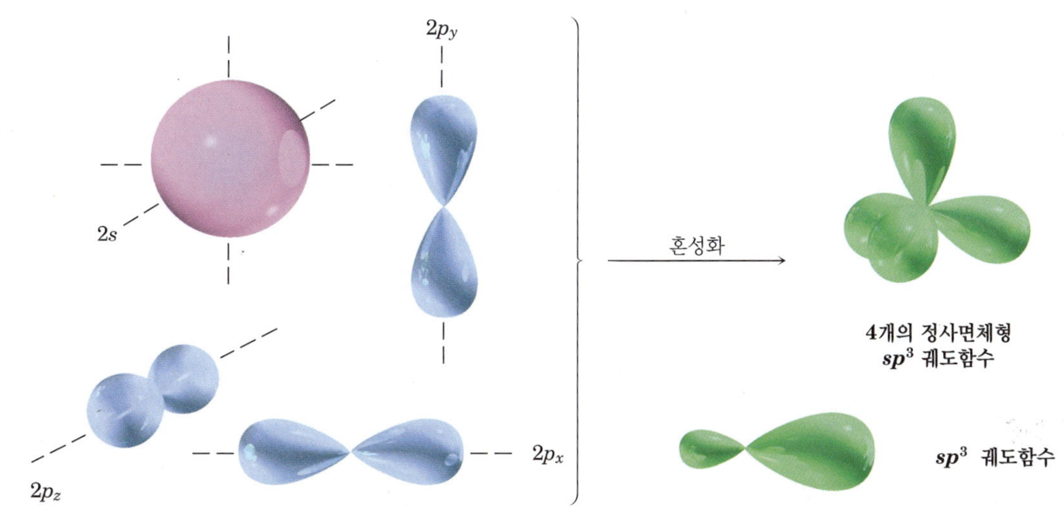

그림 1.9 ▸ 한 개의 s 궤도함수(붉은 색)와 세 개의 p 궤도함수(푸른색)의 조합으로 만들어진 네 개의 sp^3 혼성 궤도함수(초록색). sp^3 혼성 궤도함수는 정사면체의 각 꼭지점을 향하고 있다. sp^3 혼성 궤도함수는 핵에 대해 비대칭적이고 방향성을 가지며 다른 원자와 궤도함수가 겹치면 강한 결합을 형성한다.

sp^3 혼성화된 한 개의 탄소 원자의 동일한 네 개의 궤도함수는 수소 원자의 1s 궤도함수와 겹쳐져 동일한 네 개의 C—H 결합을 형성하여 methane이 된다. Methane의 각각 C—H 결합의 세기는 438 kJ/mol (105 kcal/mol)이고, 결합 길이는 110 pm이다. 이 네 개의 결합은 특유의 기하구조를 가지고 있기 때문에, **결합 각**(bond angle)이라고 부르는 하나의 성질로 정의할 수 있다. 각 H—C—H에 의해 형성되는 각은 109.5°이고, 이른바 정사면체 각(tetrahedron angle)이라고 부른다. 따라서 methane은 그림 1.10에 나타낸 구조와 같다.

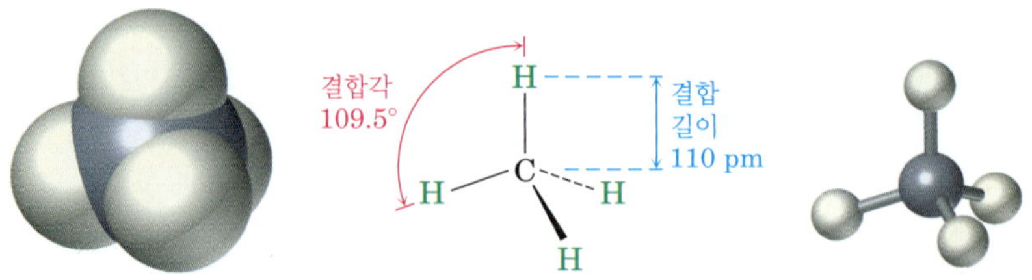

그림 1.10 ▸ 결합각이 109.5°를 가지는 methnae의 구조.

1.8 혼성화: sp^3 궤도함수와 ethane의 구조

Methane 구조를 설명했던 것과 정확히 똑같은 종류의 혼성화로 어떻게 한 탄소가 서로 결합해서 알려진 수백만 개 유기 화합물을 가능케 하는가를 설명할 수 있다. Ethane, C_2H_6은 탄소—탄소 결합을 가지고 있는 가장 간단한 분자이다.

```
  H H            H   H
H:C:C:H      H—C—C—H        CH3CH3
  H H            H   H
```

CH_3CH_3

Ethane의 몇 가지 표현

Ethane 분자는 각 탄소에 있는 한 개씩의 sp^3 혼성 궤도함수가 서로 σ 겹침을 하여 두 탄소가 결합한 것으로 추측하여 그릴 수 있다(그림 1.11). 각 탄소에 남아있는 세 개씩의 sp^3 혼성 궤도함수는 수소의 $1s$ 궤도함수와 겹쳐져 여섯 개의 C—H 결합을 형성한다. Ethane의 C—H 결합은 methane의 C—H 결합보다 조금 약하지만—ethane의 C—H, 420 kJ/mol) 대 methane의 C—H, 438 kJ/mol)—C—C 결합 길이는 154 pm이고, 결합 세기는 376 kJ/mol이다. Ethane의 모든 결합각은 거의 정사면체 값인 109.5°에 가깝다.

그림 1.11 ▸ Ethane의 구조. C—C 결합은 두 탄소의 sp^3 혼성 궤도함수의 σ 겹침에 의해 형성된다(sp^3 혼성 궤도함수의 작은 로우브는 나타내지 않았다).

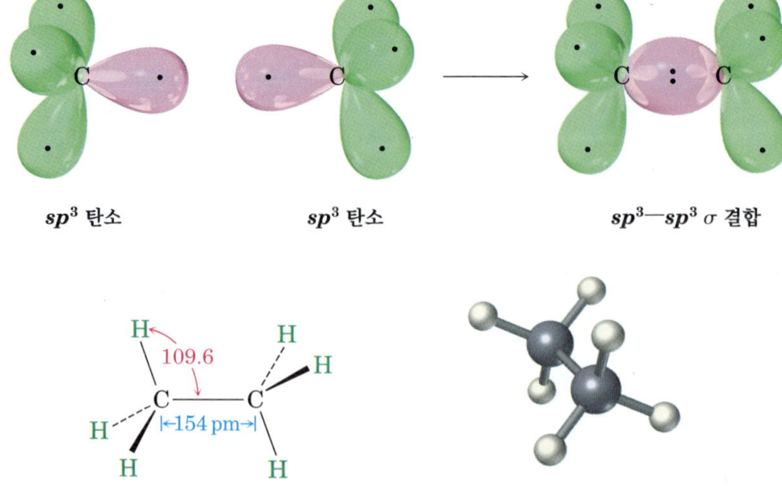

◆ **문제 1.8** Propane, $CH_3CH_2CH_3$의 선-결합 구조식을 그려라. 각 결합의 결합각을 예측하고 분자모양을 나타내어라.

◆ **문제 1.9** 가솔린의 한 성분인 hexane의 다음 분자 모형을 선-결합 구조로 바꾸어라(회색 = C, 아이보리색 = H).

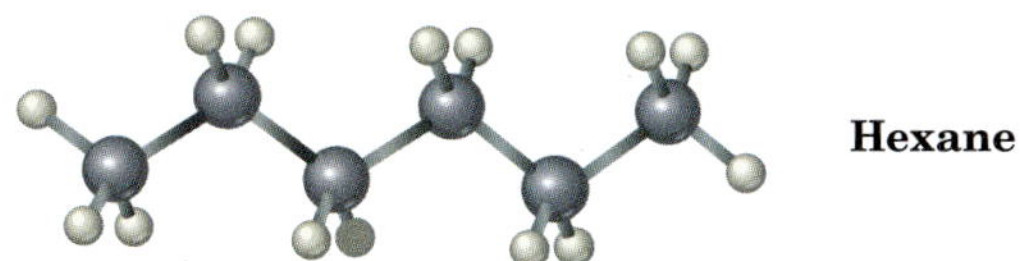

1.9 혼성화: sp^2 궤도함수와 ethylene의 구조

sp^3 혼성이 가장 일반적인 탄소의 전자적인 상태이지만, sp^3 혼성만이 가능한 것은 아니다. 예를 들어 ethylene, C_2H_4를 살펴보자. 만일 ethylene의 두 개의 탄소 원자가 네 개의 전자를 공유하고 이중 결합(double bond)으로 연결될 수만 있다면, ethylene의 탄소는 *4*가로 될 수 있다는 것을 100년 전에 알았다. 더욱이 ethylene은 평면(평평함)이고 결합각은 109.5°라기보다는 오히려 거의 120°이다.

H:C::C:H (H, H)   H₂C=CH₂ 위에서 본 모양   H₂C=CH₂ 옆에서 본 모양

Ethylene

1.7절에서 sp^3 혼성 궤도함수를 논의할 때, 동등한 네 개의 sp^3 궤도함수를 형성하기 위해서는 탄소의 원자가-껍질 원자 궤도함수 네 개가 모두 조합된다고 설명하였다. 대신 여기서 2*s* 궤도함수와 조합에 사용될 수 있는 세 개의 2*p* 궤도함수 중에서 단지 두 개만이 조합되었다고 상상해 보자. 그렇게 되면 그 결과로 **sp^2 혼성 궤도함수**(sp^2 hybrid

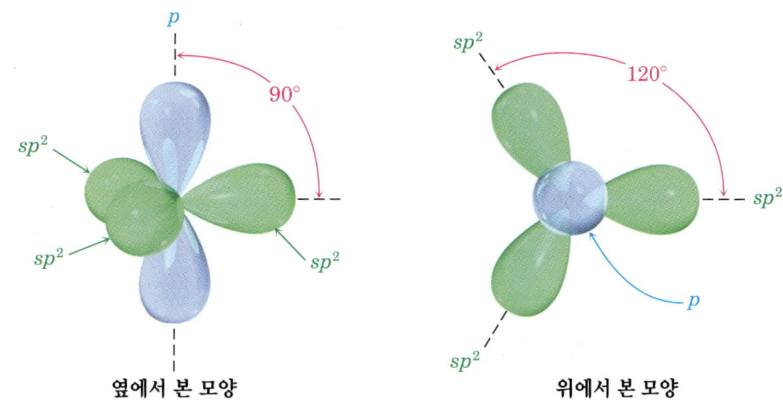

그림 1.12 ▶ sp^2 혼성화된 탄소. 세 개의 동등한 sp^2 혼성 궤도함수(초록색)가 120° 각을 이루는 평면에 놓여 있고 혼성화 되지 않은 형태의 *p* 궤도함수(푸른색)는 sp^2 평면에 대해 수직으로 놓여있다.

orbital)라고 하는 세 개의 혼성 궤도함수와 한 개의 혼성화되지 않은 $2p$ 궤도함수가 남게 된다. 세 개의 sp^2 궤도함수는 서로의 각이 120°이고 한 평면에 놓여 있고, 남아 있는 p 궤도함수는 그림 1.12에 나타낸 바와 같이 sp^2 궤도함수들의 평면에 수직으로 배열되어 있다.

두 개의 sp^2-혼성 탄소가 서로 접근하면, 이들은 sp^2—sp^2 겹침에 의한 σ 결합을 형성한다. 이와 동시에 각 탄소의 혼성화되지 않은 p 궤도함수는 서로 접근하여 측면(sideway)으로 겹쳐져서 이른바 **파이(π) 결합**(pi bond)이라고 부르는 결합을 형성한다. sp^2—sp^2 σ 결합과 $2p$—$2p$ π 결합의 조합은 네 개의 전자를 공유하게 하고 탄소—탄소 이중 결합을 형성하는 결과를 나타낸다(그림 1.13).

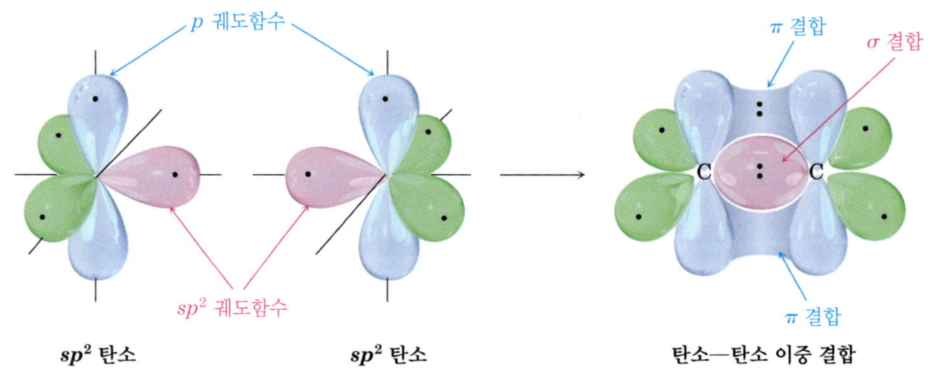

그림 1.13 ▸ 탄소—탄소 이중 결합을 형성하기 위한 sp^2-혼성 탄소의 궤도함수 겹침. 이중 결합 중 한 부분은 sp^2 궤도함수의 정면 겹침으로 생긴 σ 결합이고, 다른 한 부분은 혼성화 되지 않은 p 궤도함수(푸른색)의 측면 겹침에 의해 생긴 π 결합이다. 파이 결합은 핵 사이에 연결된 선의 양편을 따라 전자 밀도 영역을 가지고 있다.

σ 결합 전자들은 두 핵 사이의 가운데 영역에 점유되어 있고, π 결합 전자들은 핵 사이에 그은 선의 양편 영역을 점유하고 있다는 점에 유의하라.

Ethylene의 완전한 구조를 만들려면, 네 개의 수소와 탄소에 남아 있는 네 개의 sp^2 궤도함수 사이에 결합을 만들기만 하면 된다. 따라서 ethylene은 H—C—H 및 H—C—C의 결합각이 대략 120° (H—C—H 결합각은 116.6°, H—C—C 결합각은 121.7°)인 평면 분자이다. 각 C—H 결합각의 길이는 107.6 pm이고 결합의 세기는 444 kJ/mol이다.

Ethylene의 탄소—탄소 이중 결합은 두 개의 전자를 공유하는 것이 아니라 4개의 전자를 공유하므로 ethane의 단일 결합보다 더 짧고 더 강하다고 예상할 수 있다. Ethylene의 C=C 결합 길이는 133 pm이고 결합의 세기는 611 kJ/mol이며 ethane에서 C—C 결합 길이는 154 pm이고 결합의 세기는 376 kJ/mol이다.

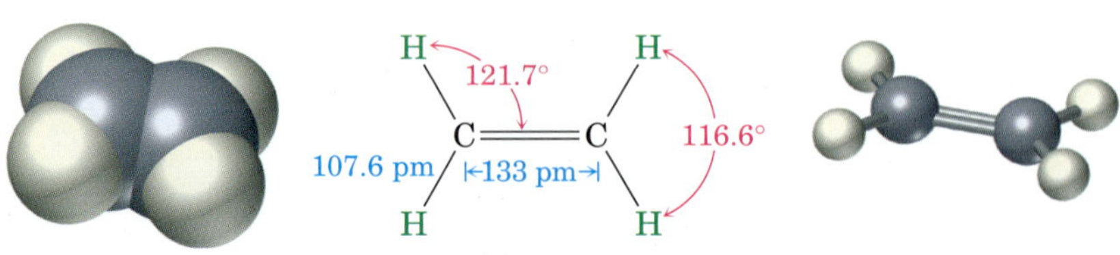

그림 1.14 ▸ Ethylene의 구조.

예제 1.2

Formaldehyde, CH_2O는 탄소—산소 이중 결합을 가지고 있다. Formaldehyde의 Lewis 구조와 선-결합 구조를 그리고 탄소 원자의 혼성 상태를 제시하라.

▶ **힌트** 수소는 하나의 공유 결합을 탄소는 4개, 산소는 2개의 공유 결합을 형성한다. 이에 맞도록 반복해서 그려보면 바르게 그릴 수 있을 것이다.

▶ **해답** 두 개의 수소, 한 개의 탄소 및 한 개의 산소 원자가 결합될 수 있는 방법은 단지 한 가지뿐이다:

```
H                    H
  ·                   \
  ·C::O:               C=O
  ·    ··             /
H                    H
```

Lewis 구조 **선-결합 구조**

Ethylene에서 탄소 원자 처럼 formaldehyde에서 탄소 원자는 sp^2-혼성이다.

◆ **문제 1.10** Propene, $CH_3CH{=}CH_2$의 선-결합 구조를 그려라. 또 각 탄소의 혼성화를 나타내고 각각의 결합에 대한 결합각을 예측하라.

◆ **문제 1.11** 1,3-Butadiene, $H_2C{=}CH{-}CH{=}CH_2$의 선-결합 구조를 그려라. 또 각 탄소의 혼성화를 나타내고, 결합각을 예측하라.

◆ **문제 1.12** Acetaldehyde, CH_3CHO의 Lewis 구조와 선-결합 구조를 그려라.

◆ **문제 1.13** Aspirin(acetylsalicylic acid)의 컴퓨터로 그린 구조를 아래에 나타내었다. Aspirin에서 각 탄소의 혼성화를 나타내고 어떤 원자가 고립 전자쌍을 가지는지 말하라(회색 = C, 붉은색 = O, 아이보리색 = H)

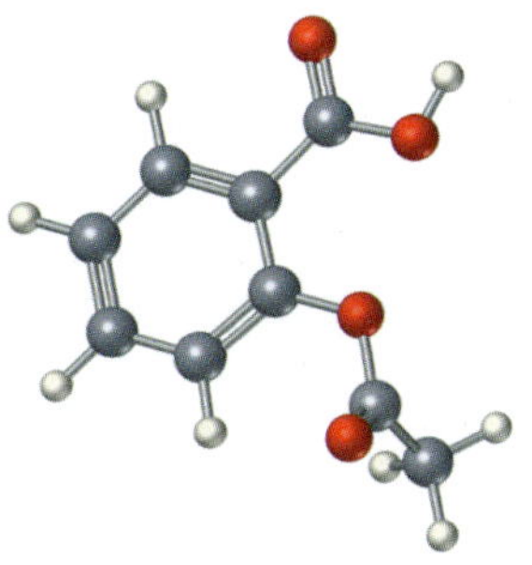

→ 1.10 혼성화: *sp* 궤도함수와 acetylene의 구조

탄소는 두 개 또는 네 개 전자를 공유하여 단일 결합 및 이중 결합을 형성함은 물론이고 여섯 개 전자를 공유하는 **삼중**(triple) 결합을 형성할 수 있다. Acetylene, C_2H_2와 같은 분자에서 삼중 결합을 설명하려면, ***sp* 혼성 궤도함수**(sp hybrid)이라고 하는 세 번째 종류의 혼성 궤도함수가 필요하다.

$$H{:}C{:::}C{:}H \qquad H-C\equiv C-H$$

Acetylene

두 개 또는 세 개 p 궤도함수가 $2s$ 궤도함수와 조합하는 대신, 단지 한 개의 p 궤도함수가 탄소의 $2s$ 궤도함수와 혼성화하는 것을 상상해 보자. 그 결과로 두 개의 *sp* 혼성 궤도함수가 생기고, 두 개의 p 궤도함수는 혼성화되지 않고 남아 있게 된다. 그림 1.15에 나타낸 바와 같이, 이때 생긴 두 개의 sp 궤도함수는 선형 또는 x축상에서 180° 떨어진 반면에 두 개의 남아 있는 p 궤도함수는 y축과 z축상에 있고 *sp* 궤도함수에 대해 수직이다.

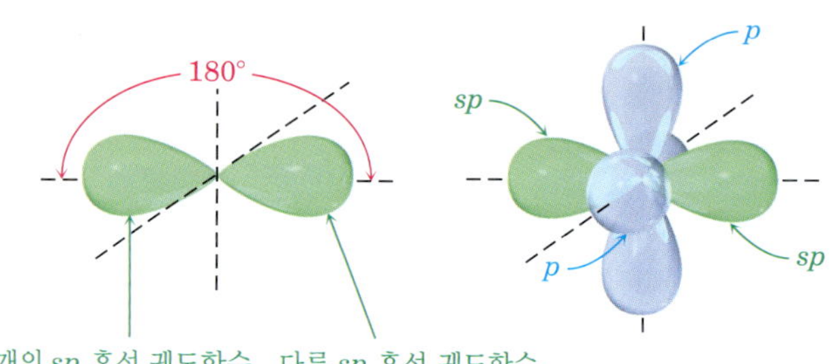

그림 1.15 ▸ *sp* 혼성화된 탄소 원자. 두 개의 *sp* 혼성 궤도함수(초록색)는 서로 180°로 떨어져 있고, 남아있는 두 개의 p 궤도함수(푸른색)에 수직이다.

sp 혼성화된 두 개의 탄소 원자가 서로 접근하면, 각 탄소에 있는 *sp* 혼성 궤도함수가 한 개씩이 정면으로 서로 겹쳐져 강한 *sp*—*sp* σ 결합을 형성한다. 아울러서 각 탄소의 p_z궤도함수들은 서로 측면으로 겹쳐져 p_z—p_z π 결합을 만들고, p_y 궤도함수들도 똑같은 방법으로 p_y—p_y π 결합을 형성한다. 이러한 경우의 알짜 효과는 여섯 개 전자의 공유에 의한 탄소-탄소 삼중 결합을 만들게 된다. 남아 있는 *sp* 혼성 궤도함수 각각은 수소 원자와 σ 결합을 형성하여 acetylene 분자를 만든다(그림 1.16).

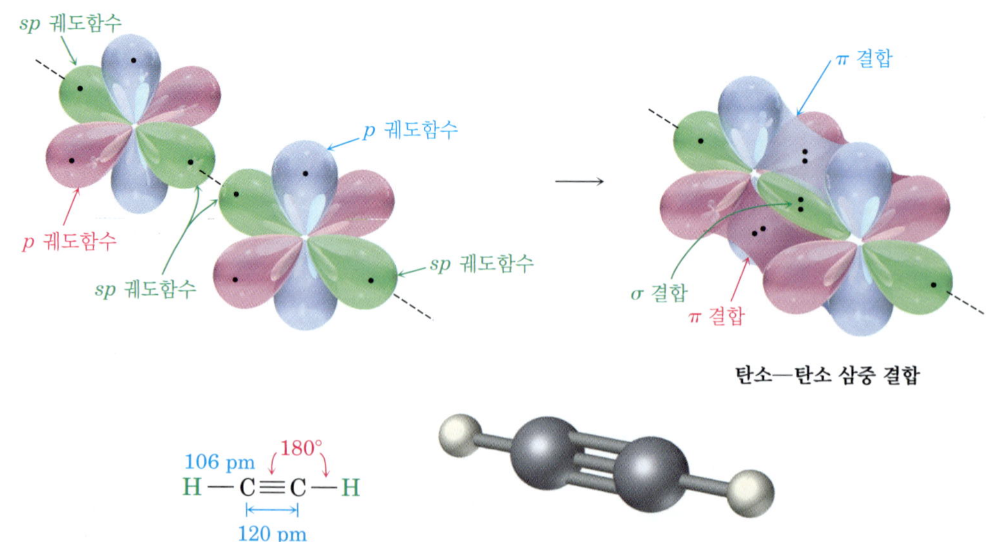

그림 1.16 ▸ Acetylene의 구조. 두 개의 *sp*-혼성 탄소 원자가 한 개의 *sp*—*sp* σ 결합과 두 개의 p—p π 결합에 의해 연결되어 있다.

sp 혼성화에서 제시한 것처럼, acetylene은 H—C—C 결합각이 180°인 선형 분자이다. C—H 결합 길이는 106 pm이고 결합 세기는 552 kJ/mol(132 kcal/mol)이다. C—C 결합 길이는 120 pm이고 결합 세기는 835 kJ/mol이며 acetylene에서 만들어진 이러한 삼중 결합은 어느 탄소—탄소 결합보다 결합 세기가 가장 강하고 결합 길이도 가장 짧다. *sp*, sp^2, sp^3 혼성 궤도함수를 비교하여 표 1.3에 나타내었다.

표 1.3 • Methane, ethane, ethylene 및 acetylene의 C—C 및 C—H 결합의 비교

분자	결합	결합 세기(KJ/mol)	결합 길이(pm)
Methane, CH_4	$C_{sp^3}—H_{1s}$	438	110
Ethane, CH_3CH_3	$C_{sp^3}—C_{sp^3}$	376	154
	$C_{sp^3}—H_{1s}$	420	110
Ethylene, $H_2C{=}CH_2$	$C_{sp^2}{=}C_{sp^2}$	611	133
	$C_{sp^2}—H_{1s}$	444	107.6
Acetylene, $HC{\equiv}CH$	$C_{sp}{\equiv}C_{sp}$	835	120
	$C_{sp}—H_{1s}$	552	106

◆ **문제 1.14** Propyne, $CH_3C{\equiv}CH$ 의 선-결합 구조식을 그려라. 각 탄소의 혼성상태를 표시하고 각 결합각을 예상하여라.

→ 1.11 질소와 산소의 혼성화

앞의 네 절에서 설명한 혼성화 개념은 탄소 화합물에만 국한된 것은 아니다. 주기율표에 있는 다른 원소들에 의해 만들어지는 모든 공유 결합 역시 혼성 궤도함수 형태로 설명할 수 있다. 예를 들어 ammonia, NH_3에서 질소 원자를 살펴보자. 질소 원자의 경우는 최외각 껍질에 다섯 개의 전자를 가지고 있다. 따라서 세 개의 공유 결합을 형성함으로써 여덟 개인 팔전자계(octet) 원자가 전자 배치를 이룰 수 있다.

$$\cdot\ddot{N}\cdot + 3\,H\cdot \longrightarrow H:\ddot{\underset{\cdot\cdot}{N}}:H \text{ 또는 } H—\ddot{N}—H$$

(각 구조에서 N 아래에 H가 하나 더 결합되어 있다.)

실험적으로 측정된 ammonia의 H—N—H 결합 각은 107.3°이며, methane에서 나타나는 정사면체 각인 109.5°에 가깝다. 따라서 질소는 정확히 탄소에서처럼 혼성화되어 네 개의 sp^3 궤도함수를 만든다. 네 개의 sp^3 궤도함수 중에서 한 궤도함수에 두 개의 비공유성 전자가 점유되어 있고, 다른 세 개의 궤도함수에 각각 전자 한 개씩을 가지고 있다. 이들 반씩 채워진 세 개의 질소 sp^3 혼성 궤도함수들은 수소의 1*s* 궤도함수들과 시그마 겹침을 하여 ammonia 분자를 형성한다(그림 1.17). N—H 결합 길이는 100.8 pm이고, 결합 세기는 449 kJ/mol이다.

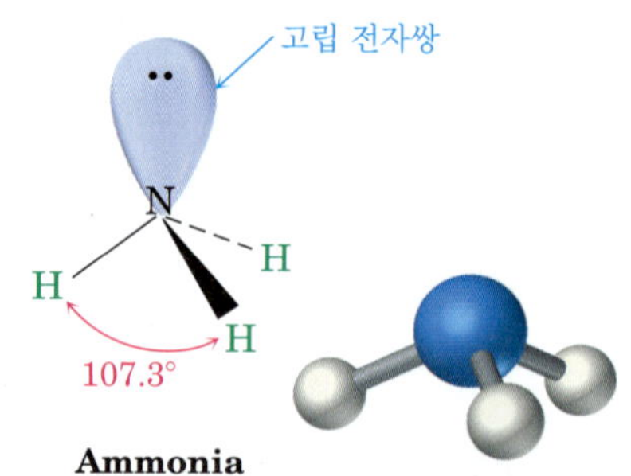

그림 1.17 ▸ Ammonia에서 질소의 혼성화. 질소 원자는 sp^3 혼성화되어 있고, H−N−H 결합각은 107.3°이다.

물 분자의 산소 원자도 sp^3 혼성으로 설명할 수 있다. 그러나 산소 원자는 원자가-껍질의 전자가 여섯 개이므로 두 개의 공유 결합을 형성할 수 있고, 두 개의 고립 전자쌍을 가질 수 있다(그림 1.18). H—O—H 결합각은 104.5°이며, 예상되는 sp^3-혼성의 정사면체 각인 109.5°보다 다소 작다. 이러한 결합각의 감소는 두 개의 고립 전자쌍 사이의 반발 상호작용으로 인해 H—O—H의 각이 줄어드는 것으로 설명할 수 있다. O—H 결합길이는 95.8 pm이고, 결합 세기는 498 kJ/mol이다.

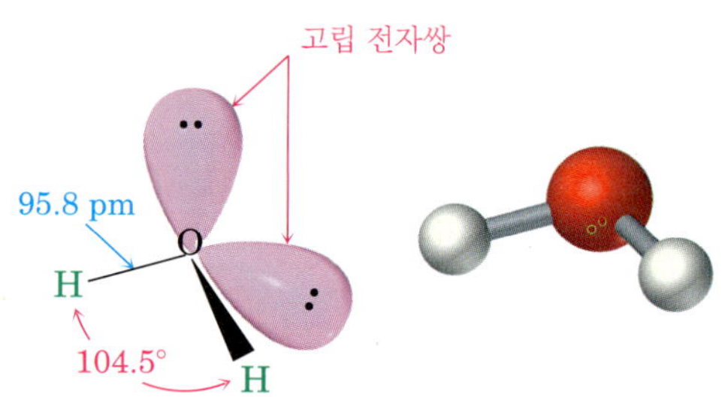

그림 1.18 ▸ 물의 구조. 산소 원자는 sp^3 혼성이고 두 개의 고립 전자쌍을 가지고 있다. H−O−H 결합 각은 104.5°이다.

◆ **문제 1.15** Formaldimine, CH_2NH의 Lewis 구조 및 선-결합 구조식을 그려라. 탄소—질소 결합에는 얼마나 많은 전자가 공유되어 있는가? 질소 원자는 어떤 혼성을 하고 있는가?

◆ **문제 1.16** 다음 각각의 원자는 어떤 기하 구조를 갖는다고 예상되는가?

(a) Methanol에서 산소 원자, $H_3C-\ddot{\underset{..}{O}}-H$

(b) Trimethylamine에서 질소 원자, $H_3C-\ddot{N}(CH_3)-CH_3$

(c) $:PH_3$ 에서 인 원자

생활과 화학 . . .

화학물질의 경구독성과 위험

최근에 우리는 식품에 잔류 농약, 독성 폐기물, 안전하지 않은 의약품 등과 같은 "화학물질(chemicals)"의 위험에 대해 많이 읽고 듣는다. 무엇을 믿어야 할까?

생명의 위험으로부터 자유롭지는 않다. 우리는 매일 많은 위험을 만난다. 마일 당 자전거 사고가 자동차 사고보다 10배나 더 많은데도 불구하고 자동차를 타고 드라이브하기보다는 자전거를 타려고 한다. 미국에서 매년 7,000명이 추락사하지만 엘리베이터를 타기보다는 아래층으로 걸어내려 간다. 담배를 피우는 사람이 그렇지 않은 사람보다 암 발생 비율이 50%나 더 높지만, 담배를 피우려고 한다. 우리의 건강에 영향을 주는 것들은 우리가 별다른 생각 없이 매일 행하는 그 어떤 것들이다.

그러면 화학물질로부터 생기는 위험은 무엇인가? 위험성 평가는 화합물질이 실험동물(보통 쥐)에 화학물질을 노출시키고 손상 정도를 측정하는 방법으로 수행한다. 필요한 시간과 경비의 제한 때문에, 투여하는 양은 보통 사람이 만나게 되는 양 보다 수백 배 혹은 수천 배의 많은 양이다. 자료는 LD_{50}라고 하는 하나의 수로 환산한다. 이 LD_{50} 값은 실험동물 50%를 죽일 수 있는 몸무게 킬로그램 당 물질의 양이다. 여러 가지 물질에 대한 LD_{50} 값을 표 1.4에 나타내었다. 이 값이 낮으면 낮을 수록 더 경구독성이 큰 화합물이다.

표 1.4 • **몇 가지 화합물의 LD_{50} 값**

화합물	LD_{50} (g/kg)	화합물	LD_{50} (g/kg)
Strychnine	0.005	Iron(II) sulfate	1.5
Arsenic trioxide	0.015	Chloroform	3.2
DDT	0.115	Ethyl alcohol	10.6
Aspirin	1.1	Sodium cyclamate	17

일단 동물실험 자료를 얻으면, 자료의 해석에는 많은 가정(추측)이 포함되어 있다. 만일 어떤 물질이 동물에 유해하다면, 그 물질이 사람에게도 반드시 위험한가? 작은 동물에게 많은 양의 위험물질을 사용하고 큰 사람에게 작은 양의 위험물질을 이용한 결과를 어떻게 해석할 수 있는가? 모든 물질은 어느 정도 까지는 유기체에 유독하므로 이로움과 해로움에 차이는 물질의 정도 차이이다. 예를 들면, 비타민 A가 시력을 위해 필요하지만 많은 양을 먹으면 암을 유발할 수 있다. Arsenic oxide는 가장 고전적인 독극물이지만, 최근 몇 가지 형태의 백혈병(leukemia)을 완화시키는 효과가 있음이 알려졌다. 더욱이 위험에 대한 반응정도는 접촉 빈도에 크게 영향을 받는다. 많은 식품은 합성 첨가제보다 더 독한 천연 성분이나 또는 잔류 농약을 포함하고 있으나 그런 성분들이 일상 식품에서는 무시되고 있다.

모든 결정은 평균을 포함한다. 식품의 유용성을 높이기 위한 농약의 이점이 농약이 건강에 위험을 초래할 것보다 더 중요한가? 새로운 약품의 유용한 효과가 소수 사용자에게 나타나는 부작용보다 더 중요한가? 답은 매우 분명하지만, 그러나 감정보다는 사실에 기초로 한 최소한의 대응은 취해야 한다.

요약 및 주요 용어

유기 화학(Organic chemistry)은 탄소 화합물을 연구하는 학문이다. 역사적인 이유 때문에 유기 화학과 무기 화학의 구분이 생겼으나, 이러한 구분에 대한 과학적 이유는 없다.

원자는 양전하로 하전된 핵 주변에 음전하로 하전된 한 개 또는 그 이상의 전자들로 구성되어 있다. 어떤 원자의 전자적 구조는 중앙에 있는 핵 주위의 **궤도함수**(orbital)를 전자들이 차지하고 있다. 서로 다른 궤도함수들은 각각 다른 에너지 준위를 가지며, 서로 다른 모양을 갖는다. 예를 들어 *s* 궤도함수는 구형이고, *p* 궤도함수는 아령 모양이다. 한 원자의 **전자 배치**(electronic configuration)는 최저 에너지를 갖는 궤도함수부터 전자를 채우기 시작하여 적당한 궤도함수에 전자들을 배당하여 알아낼 수 있다.

공유 결합(Covalent bond)은 두 원자가 전자쌍을 공유할 때 만들어진다. **원자가 결합 이론**(Valance bond theory)에 따르면 전자의 공유는 두 개의 원자 궤도함수들이 겹쳐짐으로서 일어난다. **분자 궤도함수 이론**(Molecular orbital theory)에 따르면, 원자 궤도함수들의 조합의 결과로 분자 전체에 속하는 분자 궤도함수가 생긴다. 결합 단면이 원형이고 궤도함수들이 정면으로 겹쳐져서 만들어지는 결합을 **시그마(σ) 결합**(sigma bond)이라고 한다. 또 *p* 궤도함수들이 측면으로 겹쳐져서 만들어지는 결합을 **파이(π) 결합**(pi bond)이라 한다.

유기 분자에서 결합을 만들기 위해서 탄소는 혼성화된 궤도함수들을 이용한다. 오로지 정사면체 구조를 가지는 단일 결합만을 형성할 때, 탄소는 sp^3 혼성이고 네 개의 동등한 **sp^3-혼성 궤도함수**(sp^3 hybrid orbital)를 이룬다. 평면 구조를 이루는 이중 결합을 형성할 때는 탄소가 sp^2 혼성이고, 세 개의 동등한 **sp^2 혼성 궤도함수**(sp^2 hybrid orbital)와 한 개의 혼성화되지 않은 *p* 궤도함수를 갖는다. 탄소—탄소 이중 결합은 두 개의 sp^2-혼성인 탄소 원자가 서로 결합하여 만들어진다. 선형 기하구조를 가지는 삼중 결합을 형성할 때, 탄소는 *sp* 혼성이며, 두 개의 동등한 ***sp* 혼성 궤도함수**(*sp* hybrid orbital)와 두 개의 혼성화를 이루지 않은 *p* 궤도함수를 갖는다. 탄소—탄소 삼중 결합은 두 개의 *sp*-혼성 탄소가 서로 결합할 때 만들어진다.

질소 및 산소와 같은 다른 원소들도 강한 결합을 만들기 위해 역시 혼성화된다. Ammonia에서의 질소 원자와 물에서의 산소 원자는 sp^3-혼성이다.

연습 문제

시각 화학

1.17 다음 각 분자 모형을 전형적인 선-결합 구조식으로 바꾸고, 각각의 분자식을 써라. 원자들 간의 연결만 나타내었고, 이중 결합은 표시하지 않았다(회색 = C, 붉은색 = O, 푸른색 =N, 아이보리색 = H).

(a)

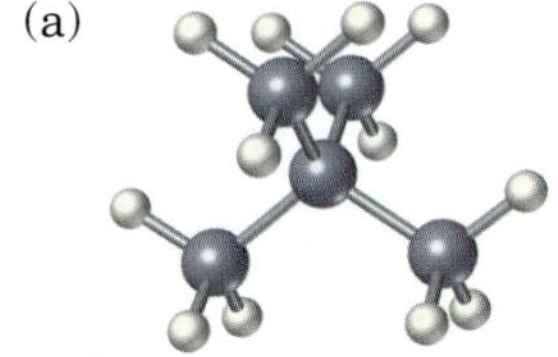

(b)

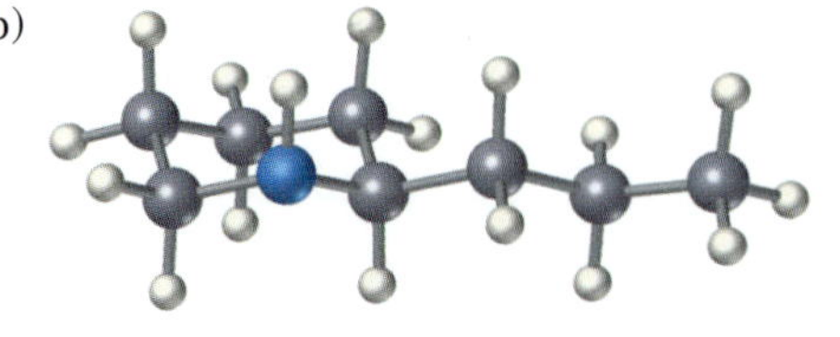

(c)

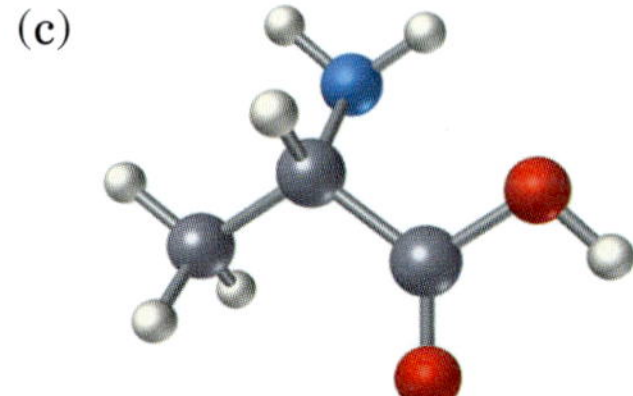

1.18 아래에 나타낸 구조는 체내에서 식품 분자가 대사하는 citric acid 회로의 중요 물질인 citric acid의 모형이다. 다중 결합은 나타내지 않았고 단지 원자 간의 연결만 나타내었다. 다중 결합의 위치를 나타내는 완전한 구조를 그리고 고립 전자쌍을 나타내어라(회색 = C, 붉은색 = O, 아이보리색 = H).

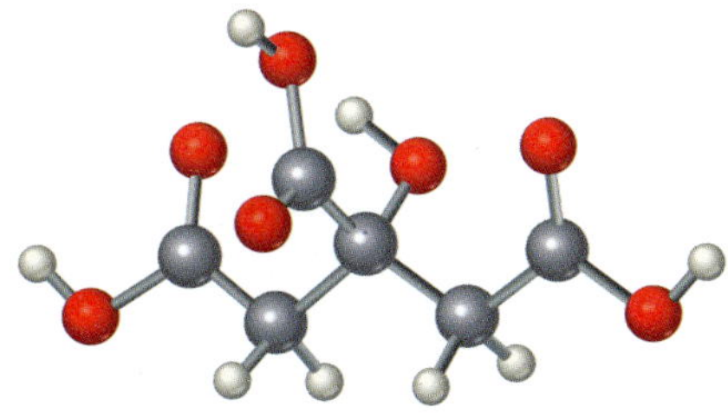

1.19 아래에 나타낸 구조는 약국에서 타이레놀(Tylenol)로 판매하는 진정제인 acetaminophen이다. Acetaminophen 분자 내 각 탄소의 혼성 상태를 나타내고 어떤 원자가 고립 전자쌍을 가지는지 나타내어라(회색 = C, 붉은색 = O, 푸른색 = N, 아이보리색 = H).

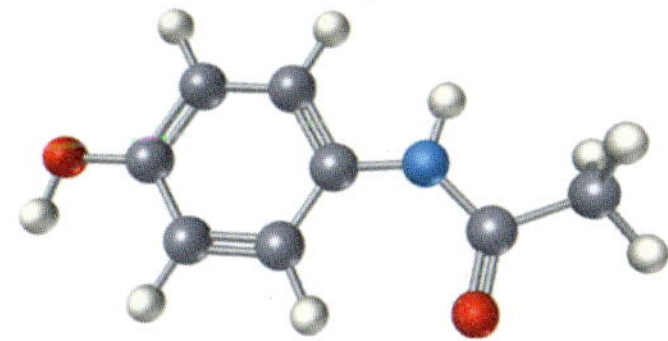

1.20 아래에 나타낸 구조는 NutraSweet로 판매되는 aspartame, $C_{14}H_{18}N_2O_5$의 모형이다. 단지 원자 간의 연결 상태만 나타내고 다중 결합은 나타내지 않았다. 다중 결합의 위치를 나타내어 완전한 구조식을 보여라(회색 = C, 붉은색 = O, 푸른색 = N, 아이보리색 = H).

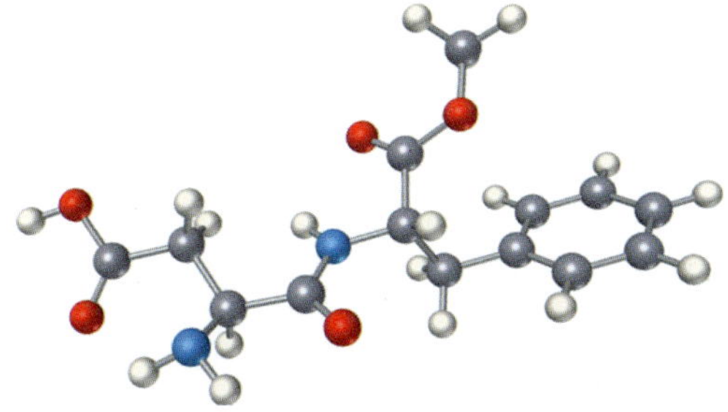

1.21 다음 원자들은 각각 몇 개씩의 원자가 전자를 가지고 있는가?

(a) Calcium
(b) Chlorine
(c) Germanium
(d) Strontium

1.22 다음 선-결합 구조식에서 빠져 있는 고립 전자쌍을 채워라:

(a) $H_3C-S-CH_3$ (b) $H_3C-\overset{\overset{\displaystyle O}{\|}}{C}-NH_2$ (c) $H_3C-\overset{\overset{\displaystyle O}{\|}}{C}-Cl$

1.23 다음 선-결합 구조식을 분자식으로 바꾸어라.

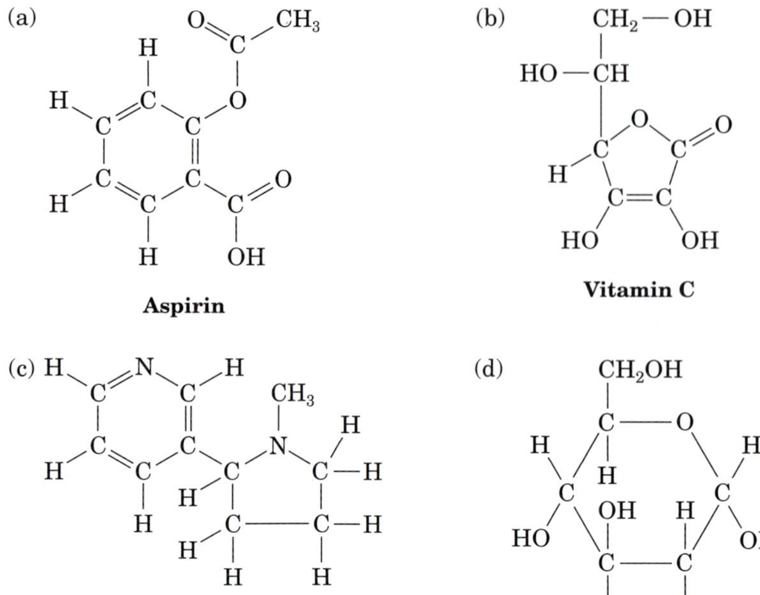

(a) Aspirin

(b) Vitamin C

(c) Nicotine

(d) Glucose

1.24 다음 분자에서 각 탄소들은 어떤 혼성을 하고 있는가?

(a) Propane, $CH_3CH_2CH_3$

(b) 2-Methylpropene, $CH_3C(CH_3){=}CH_2$

(c) 1-Buten-3-yne, $H_2C{=}CH{-}C{\equiv}CH$

(d) Acetic acid, $CH_3{-}C({=}O){-}OH$

1.25 다음 식을 가지는 분자가 존재할 수 있는가?

(a) CH_5 (b) C_2H_6N (c) $C_3H_5Br_2$

1.26 음식물 대사에서 중요한 중간물질인 oxaloacetic acid는 $C_4H_4O_5$의 분자식을 갖으며, 세 개의 C=O 결합과 두 개의 O—H 결합을 포함하고 있다. 두 개의 가능한 선-결합 구조를 제시하라.

1.27 Allene, $H_2C{=}C{=}CH_2$ 은 두 개의 이웃한 이중 결합을 갖는 약간 이상한 구조이다. Allene의 시그마 및 파이 결합에서 포함되는 궤도함수를 그려라. 가운데 탄소는 sp^2-혼성인가 sp-혼성인가? 끝에 있는 탄소의 혼성은 어떠한가? Allene에서는 어떤 모양이 예측되는가?

1.28 모든 안정한 유기 화합물은 거의가 4가 탄소로 되어 있지만, 3가 탄소로 된 물질도 존재한다는 것이 알려져 있다. 탄소양이온(carbocation)이 이런 종류의 화합물이다.

$$H{-}C^{+}H_2$$

탄소양이온

(a) 양전하를 띠고 있는 탄소 원자는 몇 개의 원자가 전자를 갖고 있는가?

(b) 이 탄소 원자는 어떤 종류의 혼성을 하는가?

(c) 탄소양이온의 기하구조는 어떠한가?

1.29 탄소음이온(Carbanion)은 음전하를 띄고 있는 3가 탄소 원자를 가지는 화학종이다.

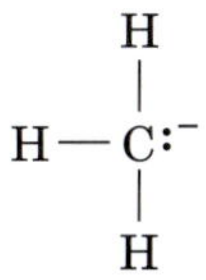

탄소음이온

(a) 탄소음이온과 NH_3와 같은 3가 질소 화합물과는 어떤 관계가 있는가?
(b) 음전하를 띠고 있는 탄소 원자는 몇 개의 원자가 전자를 갖고 있는가?
(c) 이 탄소 원자는 어떤 종류의 혼성을 할까?
(d) 탄소음이온의 기하구조는 어떠한가?

객관식 문제

1 Ethane, ethene 및 benzene의 각 탄소의 혼성을 바르게 설명하고 있는 것은?

	ethane	*ethene*	*benzene*
A.	sp^3	sp^2	sp
B.	sp^2	sp^2	sp^2
C.	sp^3	sp^2	sp^2
D.	sp	sp^2	sp^3

2 NH_3, CH_3^+ 및 H_2O의 고립 전자쌍의 수를 정확히 나타낸 것은?

	NH_3	CH_3^+	H_2O
A.	1	1	2
B.	0	2	1
C.	2	0	2
D.	1	0	2

3 다음 화학종 중 어느 것이 Lewis 산이 **아닌**가?
A. Fe^{3+} **B.** CN^- **C.** BF_3 **D.** $AlBr_3$

4 Methane과 ethane에 대해 설명한 다음 중 바른 것은?
A. Methane에서 C—H 결합은 ethane 결합에 비해 조금 강한 결합이다.
B. Ethane에서 모든 결합각은 120°이다.
C. Methane과 ethane 모두 파이 결합이 들어 있다.
D. Methane과 ethane 모두 동일한 연소 엔탈피 값을 갖는다.

5 Ethane과 ethene에 대한 다음 설명 중 옳지 않은 것은?
A. Ethene에서 C—C 결합 길이는 ethane 결합 길이에 비해 더 짧다.
B. Ethene의 H—C—C 결합각은 ethane 결합각에 비해 더 크다.
C. Ethane과 ethene 두 분자 모두 평면형이다.
D. Ethene은 ethane에 비해 적은 수소를 갖고 있다.

6 다음 중 vitamin C와 nicotine의 분자식이 바르게 된 것은?

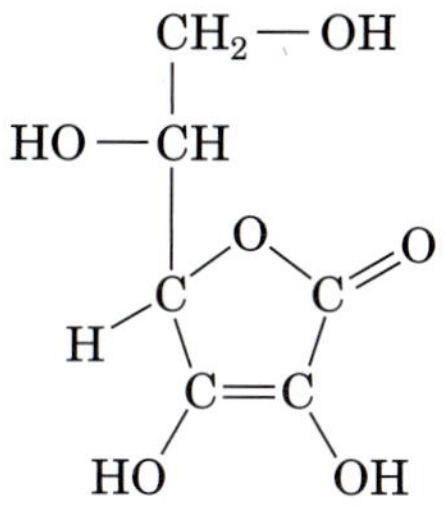

Vitamin C

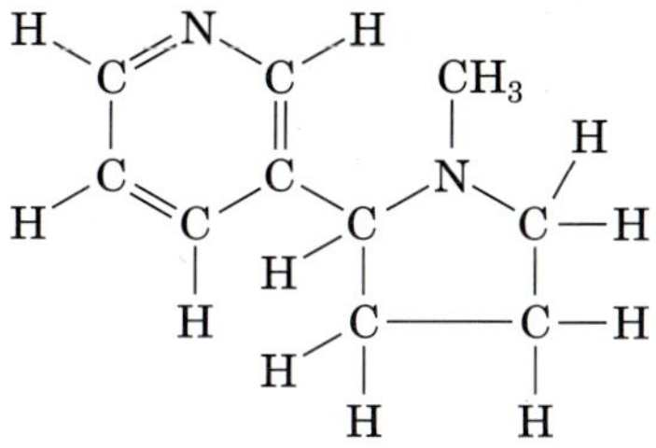

Nicotine

	vitamin C	*nicotine*
A.	$C_6H_8O_6$	$C_{10}H_{14}N$
B.	$C_6H_9O_6$	$C_{10}H_{14}N_2$
C.	$C_6H_8O_6$	$C_{10}H_{14}N_2$
D.	$C_6H_8O_6$	$C_9H_{15}N_2$

7 다음 중 $CH_3—O—CH_3$에서 C—O—C의 결합각과 $CH_3—NH—CH_3$에서 C—N—C의 결합각으로 바르게 예상한 것은?

	C—O—C 결합각	C—N—C 결합각
A.	109°	107°
B.	105°	107°
C.	105°	120°
D.	109.5°	109.5°

8 Caffeine 구조를 아래에 나타내었다.

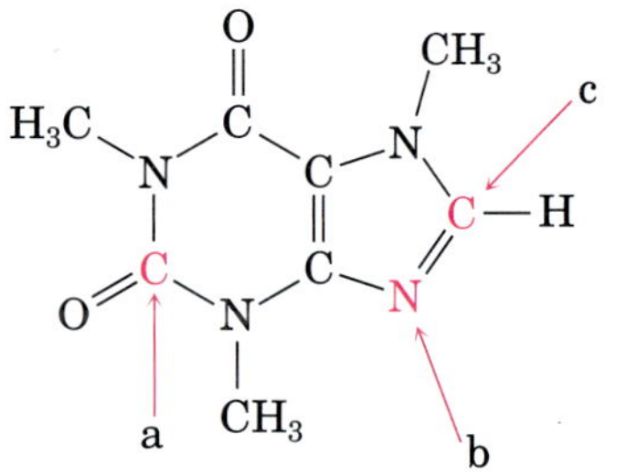

Caffeine

a, b, c로 나타낸 원자의 혼성상태를 바르게 표시한 것은?

	a	*b*	*c*
A.	sp^2	sp^2	sp^2
B.	sp^2	sp	sp^2
C.	sp^3	sp^2	sp^3
D.	sp^2	sp^3	sp^2

극성 공유 결합: 산과 염기

Polar Covalent Bonds: Acids and Bases

유기 화학의 체계적인 공부를 시작하기 전에, 몇 가지 기본적인 주제들을 복습할 필요가 있다. 특히 공유 결합에서 전자가 어떻게 분포되어 있고, 또 결합 전자가 원자들 사이에 균등하지 않게 공유될 때 발생하는 몇 가지 결과 등에 대해 보다 자세히 살펴볼 필요가 있다.

2.1 극성 공유 결합: 전기음성도

지금까지 우리는 화학 결합을 이온 결합이거나 또는 공유 결합으로 다루어 왔다. 예를 들면, sodium chloride에서의 결합은 이온성이다. 그러나 ethane에서의 C—C 결합은 공유성이다. 두 개의 결합 전자들은 두 개의 동일한 탄소 원자에 의해 동등하게 공유되어 있고, 결합에서 대칭적인 전자 분포를 이룬다. 그러나 대부분의 화학 결합은 완전한 이온성도 완전한 공유성도 아닌 이 두 극단적인 형태의 중간 어딘가에 놓여 있다. 이러한 결합을 **극성 공유 결합**(polar covalent bond)이라고 부르며, 이 결합에서는 결합 전자들이 결합하고 있는 두 원자 중 어느 한편 원자 쪽으로 더 많이 끌리게 되어 두 원자 사이의 전자 분포가 비대칭으로 된다(그림 2.1).

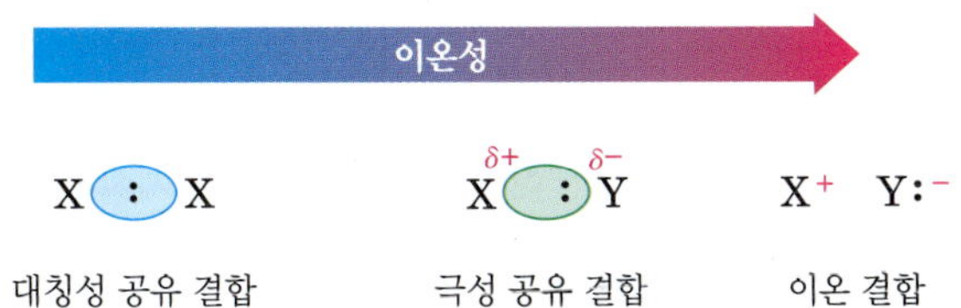

그림 2.1 ▸ 공유성으로부터 이온성으로 이어지는 결합에서의 연속성은 결합 전자들의 비대칭적인 분포의 결과이다. 기호 δ(그리스어 소문자 델타, delta)는 전자가 부족한 원자에 대해 부분적인 양전하(δ+) 또는 전자가 풍부한 원자에 대해 부분적인 음전하(δ−)와 같은 부분(partial) 전하를 의미한다.

결합의 극성(Bond polarity)은 공유 결합에서 공유된 전자를 끌어당기는 원자의 고유

한 능력인 **전기음성도**(electronegativity, EN)의 차이가 원인이다. 그림 2.2에서 나타낸 바와 같이, 전기음성도 값은 임의의 척도로 주어지며, 전기음성도가 가장 큰 원소는 F(EN = 4.0)이고, 가장 작은 원소는 Cs(EN = 0.7)이다. 주기율표의 왼쪽에 있는 금속 원소들은 전자를 약하게 끌어당기고 낮은 전기음성도를 가지며, 반면에 주기율표 오른쪽에 있는 할로젠 및 다른 반응성 비금속 원소들은 전자를 강하게 끌어당기고 큰 전기음성도를 갖는다. 유기 화합물에서 가장 중요한 원소인 탄소는 2.5의 전기음성도 값을 갖는다.

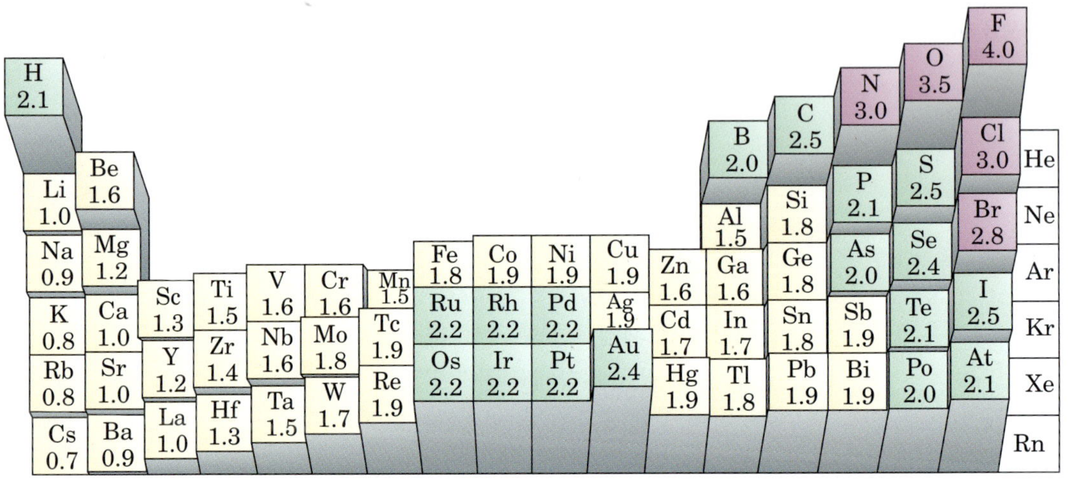

그림 2.2 ▸ 전기음성도 값과 경향성. 일반적으로 전기음성도는 주기율표를 가로질러 왼쪽에서부터 오른쪽으로 갈수록 증가하고 위에서부터 아래로 내려올수록 감소한다. 값들은 F = 4.0과 Cs = 0.7을 갖는 임의의 척도이다. 붉은색 원소들은 전기음성도 가장 크며, 초록색은 중간 정도, 그리고 노란색은 전기음성도가 가장 낮다.

대략적인 지침으로서 비슷한 전기음성도를 가진 원자들 사이의 결합은 비극성 공유결합이고, 전기음성도가 2보다 더 작은 차이가 있는 원자들 사이의 결합은 극성 공유 결합, 그리고 전기음성도의 차이가 2보다 큰 원자들 사이의 결합은 대개 이온 결합이다. 예를 들면, 탄소—수소 결합은 탄소와 수소가 비슷한 전기음성도를 갖고있기 때문에 비교적 비극성이다. 반면에 탄소와 산소, 플루오르 및 염소와 같은 더 전기음성적인 원소 사이의 결합은 결합 전자가 탄소 원자로부터 전기음성도가 큰 원자 쪽으로 끌려감으로 편극화된다. 이로 인해서 탄소는 $\delta+$로 나타내는 부분적인 양전하를 띠고(δ는 그리스어 델타의 소문자임), 전기음성적인 원자는 $\delta-$로 나타내는 부분적인 음전하를 띠게 된다. Chloromethane, CH_3Cl(그림 2.3a)에서 C—Cl 결합이 그 한 가지 예이다. 탄소와 전기음성도가보다 작은 원소들 사이의 결합에서는 탄소가 부분적인 음전하를 띠고, 다른 원자가 부분적인 양전하를 띠면서 편극화된다. Methyllithium, CH_3Li(그림 2.3b)이 하나의 예이다.

또한 그림 2.3에서 분자 내에 계산된 전하 분포를 전자-풍부(붉은색) 영역과 전자-부족(푸른색) 영역을 나타내는 데 색깔을 사용하는 소위 **정전기 퍼텐셜 지도**(electrostatic potential map)를 이용하여 시각적으로 나타낼 수 있음에 유의하라. Chloromethane에서 염소는 부분적인 음전하를 띠고 붉은색으로 보이며, 반면에 탄소와 수소 원자는 부분 양전하를 띠고 푸른색으로 나타난다. Methyllithium에서는 lithium 원자가 부분적인 양전하(푸른색)를 가지며, 반면에 탄소와 수소 원자는 부분적인 음전하(붉은색)를 갖는다. 정전기 퍼텐셜 지도는 분자 내의 전자가 풍부한 원자와 전자가 부족한 원자를 한눈에 볼 수 있기 때문에 유용하다.

그림 2.3 ▸ (a) Chloromethane, CH_3Cl은 C–Cl 극성 공유 결합을 가지며, (b) methyllithum, CH_3Li는 C–Li 극성 공유 결합을 갖고 있다. *정전기 퍼텐셜 지도*라고 부르는 컴퓨터로 그려낸 표현에서는 붉은색(전자-풍부)으로부터 푸른색(전자-부족)에 이르는 계산된 전하 분포를 나타내기 위해 색깔을 사용한다.

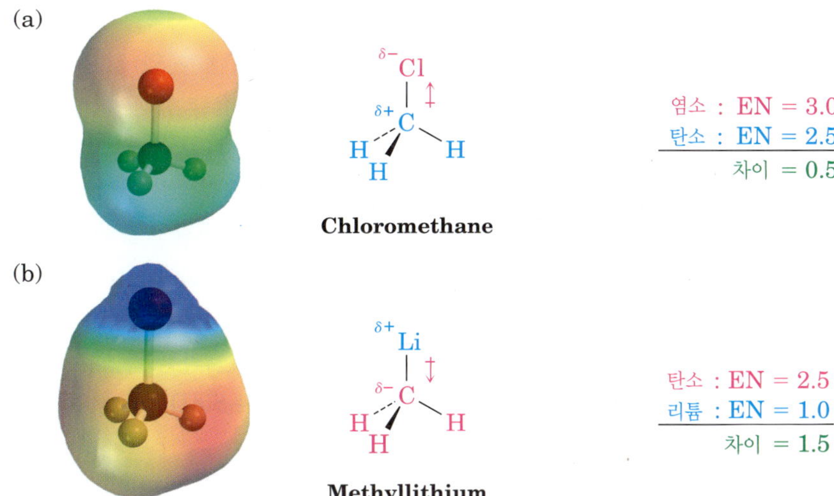

결합을 편극화시키는 어떤 원자의 능력을 말할 때, 유발 효과라는 용어가 종종 사용된다. **유발 효과**(Inductive effect)란 인접한 원자의 전기음성도에 따라 시그마 결합의 전자가 단순히 이동되는 것을 의미한다. Lithium이나 magnesium과 같은 금속은 유도적으로 전자를 밀어주고, 반면에 산소 및 염소와 같은 반응성 비금속 원자들은 유도적으로 전자를 끌어당긴다.

◆ **문제 2.1** 다음 각 쌍의 원소 중에서 어느 것이 더 전기음성적인가?

(a) Li, H (b) B, Br (c) Cl, I (d) C, H

◆ **문제 2.2** 다음에 표시된 결합의 예상되는 극성의 방향을 δ+/δ−를 사용하여 나타내라.

(a) H_3C—Br (b) H_3C—NH_2 (c) H_3C—Li (d) H_2N—H
(e) H_3C—OH (f) H_3C—MgBr (g) H_3C—F

◆ **문제 2.3** 그림 2.2에 나타낸 전기음성도 값을 이용하여 다음 결합들을 극성이 가장 작은 것으로부터 극성이 증가하는 순서로 나열하라: H_3C—Li, H_3C—K, H_3C—F, H_3C—MgBr, H_3C—OH.

◆ **문제 2.4** 아래 methyl alcohol의 정전기 퍼텐셜 지도를 보고, C—O 결합의 극성 방향을 나타내라:

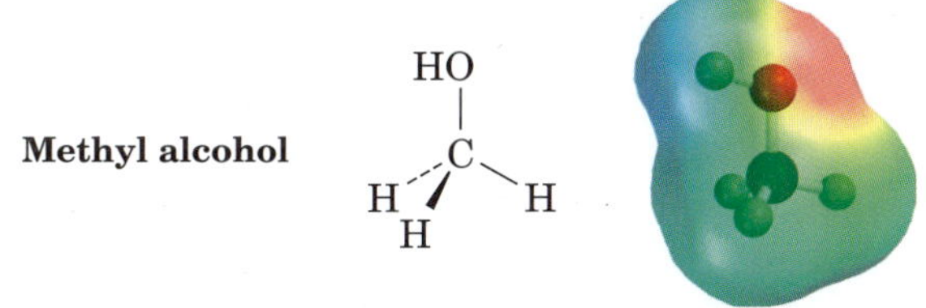

→ 2.2 극성 공유 결합: 이중극자 모멘트

개개의 결합들이 종종 극성인 것처럼, 분자 전체로서 또한 가끔 극성을 갖는다. 분자의 극성은 분자 내 모든 각 결합의 극성과 비공유 전자쌍의 기여도의 벡터 합의 결과로 얻어진다. 실제로 강한 극성 물질은 종종 물과 같은 극성 용매에 잘 녹고, 반면에 비극성 물질은 물에 녹지 않는다.

이러한 알짜(net) 분자 극성은 이중극자 모멘트(dipole moment)라고 부르는 양으로 측정되며 다음과 같은 방법으로 해석할 수 있다. 분자 내 모든 양전하(핵)의 질량 중심이 있고, 분자 내 모든 음전하(전자)의 질량 중심이 있다고 가정하자. 만일 이들 두 중심이 일치하지 않으면 분자는 알짜 극성을 갖게 된다. **이중극자 모멘트**, $\boldsymbol{\mu}$(그리스 문자 mu)는 분자의 이중극자 말단의 전하인 Q의 크기와 두 전하 사이의 거리 r을 곱한 것으로 정의된다. 즉 $\mu = Q \times r$이다. 이중극자 모멘트는 *debyes*(D) 단위로 나타내며, 여기서 SI 단위로 1 D = 3.336×10^{-30} coulomb meter(C · m)이다. 예를 들면 전자 한 개의 단위 전하는 1.60×10^{-19} C이다. 따라서 만일 한 개의 양전하와 한 개의 음전하가 100 pm(전형적인 공유 결합의 길이보다는 약간 짧은 거리)만큼 떨어져 있다면, 이중극자 모멘트는 1.60×10^{-29} C · m 또는 4.80 D가 될 것이다.

$$\mu = Q \times r$$

$$\mu = (1.60 \times 10^{-19}\,\text{C})\,(100 \times 10^{-12}\,\text{m})\left(\frac{1\,\text{D}}{3.336 \times 10^{-30}\,\text{C} \cdot \text{m}}\right) = 4.80\,\text{D}$$

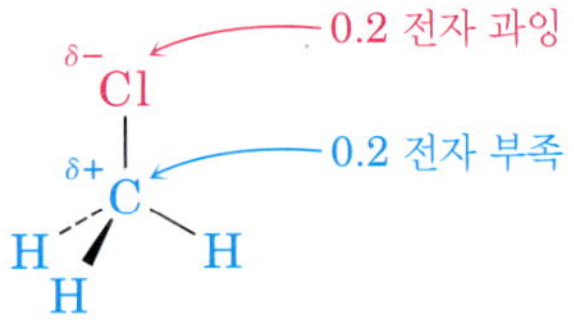

δ− Cl ← 0.2 전자 과잉

δ+ C ← 0.2 전자 부족

H H H

Chloromethane(μ = 1.87 D)

물과 ammonia는 산소와 질소가 수소에 비해서 전기음성도가 크며, 모두 비공유전자쌍을 가지고 있다는 두 가지 이유 때문에 비교적 큰 이중극자 모멘트(표 2.1)를 가지고 있다. 물의 산소와 ammonia의 질소 원자에 있는 비공유 전자쌍은 양으로 하전된 핵으로부터 공간적으로 멀리 튀어나와 있어 상당히 큰 전하 분리를 야기함으로써 이중극자 모멘트에 크게 기여하게 된다.

표 2.1 ● 몇 가지 화합물의 이중극자 모멘트

화합물	이중극자 모멘트(D)	화합물	이중극자 모멘트(D)
NaCl	9.0	NH_3	1.47
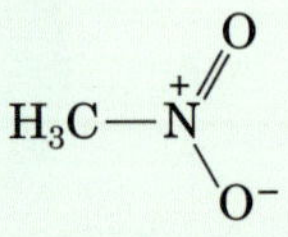 $H_3C{-}\overset{+}{N}(=O){-}O^-$ **Nitromethane**	3.46	CH_4	0
		CCl_4	0
		CH_3CH_3	0
CH_3Cl	1.87	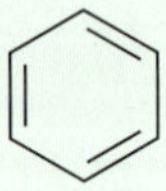 **Benzene**	0
H_2O	1.85		
CH_3OH	1.70	BF_3	0
$H_2C{=}\overset{+}{N}{=}N^-$ **Diazomethane**	1.50		

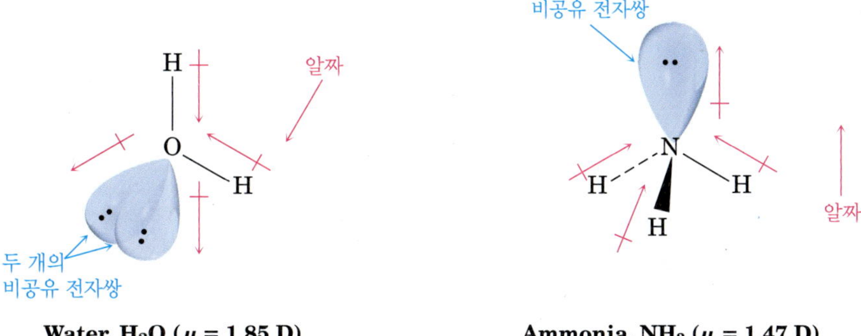

Water, H_2O (μ = 1.85 D) **Ammonia, NH_3 (μ = 1.47 D)**

물과 ammonia와는 대조적으로, methane, tetrachloromethane, ethane은 영의 이중극자 모멘트 값을 갖는다. 이러한 분자들은 대칭적인 구조 때문에, 개개의 결합 극성이 정확히 서로 상쇄된다.

Methane (μ = 0 D) **Tetrachloromethane (μ = 0 D)** **Ethane (μ = 0 D)**

예제 2.1

썩은 생선 냄새를 내는 물질인 methylamine, CH_3NH_2의 삼차원 그림을 그려서, 이분자의 이중극자 모멘트를 가지고 있는지 예측하라. 만일 이중극자 모멘트가 예측된다면, 그 방향도 나타내라.

▶ **힌트** 비공유 전자쌍을 찾고, 전기음성도가 탄소와 상당히 다른 원자를 확인한다(보통 O, N, F, Cl 혹은 Br 등에 의한다). 전자 밀도는 전기음성적인 원자 및 비공유 전자쌍의 일반적인 방향으로 옮겨질 것이다.

▶ **해답** Methylamine은 두 개의 비공유 전자쌍을 가진 전기음성적인 질소 원자를 포함하고있다. 따라서 이중극자 모멘트는 일반적으로 $-CH_3$로부터 $-NH_2$를 향해 가리킨다.

◆ **문제 2.5** Carbon dioxide, CO_2는 탄소—산소 결합이 강하게 편극화되어 있지만,이중극자 모멘트 값은 영이다. 이유를 설명하라.

◆ **문제 2.6** 다음 분자들의 삼차원 그림을 그리고, 각 분자가 이중극자 모멘트를 갖는지를 예측하라. 만일 이중극자 모멘트가 예상된다면 그 방향을 나타내라.

(a) $H_2C{=}CH_2$ (b) $CHCl_3$ (c) CH_2Cl_2 (d) $H_2C{=}CCl_2$

2.3 공명

대부분의 화합물은 지금까지 사용해 왔던 Lewis 구조 혹은 Kekulé 선-결합 구조로 별다른 어려움 없이 나타낼 수 있었지만, 가끔 흥미 있는 문제가 발생한다. 예를 들어 nitromethane을 살펴보자. Nitromethane에 대한 Lewis 구조를 그리려면, 산소 하나는 이중 결합으로 나타내고, 다른 하나는 단일 결합으로 나타내어야 한다. 그러나 어떤 산소가 단일 결합이고, 어떤 산소가 이중 결합인가? "위"에 있는 산소를 이중 결합으로 나타내고, "아래" 산소를 단일 결합으로 그려야 하는가? 아니면 그 반대로 그려야 하는가?

Nitromethane

Nitromethane의 두 개 산소 원자가 Lewis 구조에서는 다르게 보이지만, 실험적으로 두 산소 원자가 정확히 동등하다는 것을 알 수 있다. 바꾸어 말하면, nitromethane에 대한 두 개 구조 어느 것도 실제와 맞지 않다. 실제 구조는 이들 두 구조 사이의 중간 형태이다.

Nitromethane에 대한 두 개의 개별적인 Lewis 구조를 **공명 구조**(resonance form)라 부른다. 공명 구조 사이의 차이는 단지 π 전자와 비공유 전자의 위치가 다른 데에 있다. 원자 자체는 두 공명 구조에서 정확히 같은 장소에 위치하고 원자들 간의 연결 순서도 동일하다.

공명 구조에 대해 이해할 수 있는 가장 좋은 방법은 nitromethane과 같은 물질도 다른 어떤 물질과 다르지 않다는 것을 인식하는 것이다. Nitromethane이 일부 시간은 한 구조로 존재하고, 일부 시간은 다른 구조로 보이면서 두 공명 구조 사이를 왔다 갔다 하는 것이 아니다. 오히려 nitromethane은 각각 두 공명 구조의 **공명 혼성체**(resonance hybrid)로서, 양쪽 특성을 갖는 하나의 변하지 않는 구조이다.

Acetate 이온, CH_3COO^-에서 탄소—산소 결합 길이는 127 pm이고, 전형적인 C—O 단일 결합(135 pm)과 C=O 이중 결합(120 pm) 사이의 중간값을 갖는다. 정전기 퍼텐셜 지도는 두 개의 산소 원자가 음전하를 공유하고 동등한 전자밀도(붉은색)를 가지고 있음을 보여줌으로써 산소 원자의 동등성을 나타낸다.

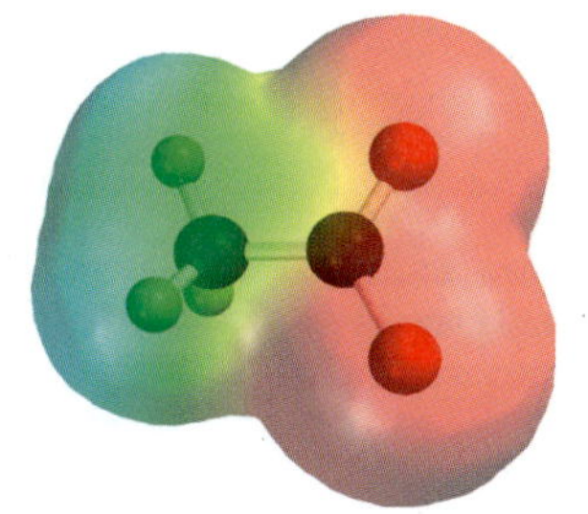

Acetate 이온 (두 개의 공명 구조)

2.4 산과 염기: Brønsted–Lowry 정의

Brønsted–Lowry 산(Brønsted–Lowry acid)은 수소 이온(H^+)를 제공하는 물질이고, **Brønsted–Lowry 염기**(Brønsted–Lowry base)는 H^+를 받아들이는 물질이다. 예를 들면 hydrogen chloride 기체를 물에 녹이면 산–염기 반응이 일어난다. 극성인 HCl 분자는 양성자를 제공하고, 물 분자는 양성자를 받아들여 하이드로늄(hydro-

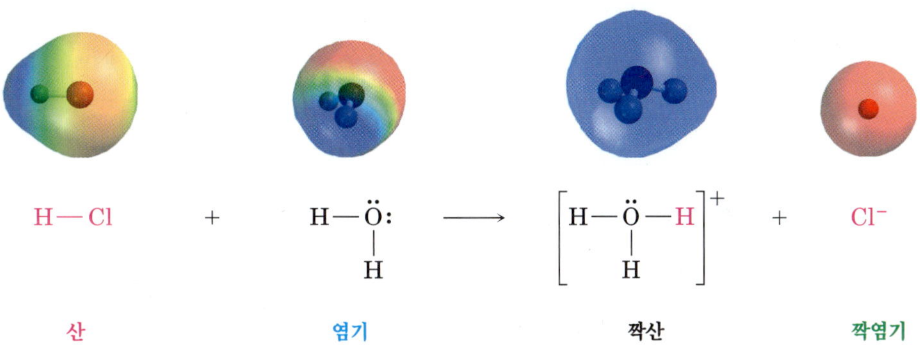

nium) 이온(H_3O^+)과 염화(chloride) 이온(Cl^-)을 형성한다.

염기인 H_2O가 양성자를 얻을 때 생기는 생성물인 하이드로늄 이온을 염기의 **짝산**(conjugate acid)이라고 부르며, 산인 HCl이 양성자를 잃을 때 생기는 생성물인 염화 이온을 산의 **짝염기**(conjugate base)라고 부른다. H_2SO_4 및 HNO_3와 같은 다른 일반적인 무기산은 acetic acid, CH_3CO_2H와 같은 유기산에서 일어나는 것과 비슷한 거동을 보인다.

일반적으로,

$$\underset{\text{산}}{H{-}A} + \underset{\text{염기}}{:B} \rightleftharpoons \underset{\text{짝염기}}{A:^-} + \underset{\text{짝산}}{H{-}B^+}$$

예를 들면:

$$CH_3COOH + {}^-{:}\ddot{O}{-}H \rightleftharpoons CH_3COO^- + H_2O$$

산 염기 짝염기 짝산

$$H_2O + {}^-{:}\ddot{N}H_2 \rightleftharpoons {}^-{:}\ddot{O}{-}H + NH_3$$

산 염기 짝염기 짝산

물은 상황에 따라 산으로도 작용하고 염기로도 작용하는 것에 유의하라. HCl과의 반응에서 물은 염기이며 양성자를 받아들여 하이드로늄 이온, H_3O^+을 생성한다. 그러나 아마이드 이온, $^-NH_2$과의 반응에서 물은 양성자를 제공하여서 ammonia, NH_3 및 수산화 이온, HO^-을 만드는 산이다.

◆ **문제 2.7** Nitric acid(HNO_3)와 ammonia(NH_3)가 반응하여 ammonium nitrate를 생성한다. 반응식을 쓰고, 산, 염기, 짝산 생성물 및 짝염기 생성물을 나타내라.

2.5 산과 염기의 세기

각종 산은 H^+를 제공하는 능력이 각각 다르다. HCl과 같은 센 산은 물과 거의 완전하게 반응하지만, 반면에 acetic acid(CH_3CO_2H)와 같은 약한 산은 단지 약간만 반응한다. 수용액 속에서 주어진 어떤 산, HA의 정확한 세기는 산 해리 평형에 대한 평형 상수(equilibrium constant) K_{eq}를 사용하여 나타낸다.

$$HA + H_2O \rightleftharpoons A^- + H_3O^+$$

$$K_{eq} = \frac{[H_3O^+][A^-]}{[HA][H_2O]}$$

산도를 측정할 때는 보통 묽은 수용액을 사용하고, 이때 물[H_2O]의 농도는 25°C에서 거의 일정한 약 55.6 M 농도로 남아 있게 된다. 따라서 **산도 상수**(acidity constant), $\boldsymbol{K_a}$라고 부르는 새로운 양을 사용하여 평형의 표현을 다시 쓸 수 있다. 어떤 일반적인 산 HA에 대한 산도 상수는 산 해리에 대한 평형 상수와 순수한 물의 몰 농도 55.6 M을 단순히 곱한 값이다.

$$HA + H_2O \rightleftharpoons A^- + H_3O^+$$

$$K_a = K_{eq}[H_2O] = \frac{[H_3O^+][A^-]}{[HA]}$$

센 산의 평형은 오른쪽을 향해 진행되고 따라서 큰 값의 산도 상수를 갖고, 반면에 약산의 평형은 왼쪽을 향해 진행되고 보다 작은 값의 산도 상수를 갖는다. H_2SO_4, HNO_3 및 HCl과 같은 일반적인 무기산은 10^2~10^9 범위의 K_a 값을 가지며, 반면에 유기산은 일반적으로 10^{-5}~10^{-15} 범위의 값을 갖는다.

산의 세기는 보통 K_a보다는 **pK_a** 값으로 편리하게 나타내며, 여기서 pK_a는 K_a의 일반적인 로그의 마이너스 값이다:

$$pK_a = -\log K_a$$

보다 센 산은(큰 K_a) 상대적으로 작은 pK_a 값을 갖게 되고, 반대로 보다 약한 산(작은 K_a)은 큰 pK_a 값을 갖는다. 표 2.2에 몇 가지 일반적인 산의 pK_a 값을 세기 순서에 따라 나열하였다.

표 2.2 • 몇 가지 일반적인 산과 그 짝염기의 상대적인 세기

	산	이름	pK_a	짝염기	이름	
약한 산	CH_3CH_2OH	Ethanol	16.00	$CH_3CH_2O^-$	Ethoxide ion	센 염기
	H_2O	Water	15.74	HO^-	Hydroxide ion	
	HCN	Hydrocyanic acid	9.31	CN^-	Cyanide ion	
	CH_3CO_2H	Acetic acid	4.76	$CH_3CO_2^-$	Acetate ion	
	HF	Hydrofluoric acid	3.45	F^-	Fluoride ion	
	HNO_3	Nitric acid	−1.3	NO_3^-	Nitrate ion	
센 산	HCl	Hydrochloric acid	−7.0	Cl^-	Chloride ion	약한 염기

또한 표 2.2에서 산의 세기와 그 짝염기의 염기도 세기 사이에는 역비례 관계가 있음을 유의하라. 즉 센 산은 약한 짝염기를 생성하고, 약 산은 센 짝염기를 생성한다.

◆ **문제 2.8** Formic acid, HCO_2H의 pK_a는 3.75이고, picric acid의 pK_a는 0.38이다.어느 것이 더 센 산인가?

◆ **문제 2.9** 아마이드 이온(Amide ion, H_2N^-)은 수산화 이온(HO^-)보다 훨씬 센 염기이다. NH_3와 H_2O 중에서 어느 것이 더 센 산으로 예측할 수 있는가? 설명하라.

2.6 pK_a 값으로부터 산-염기 반응의 예측

산-염기 반응에서 H^+는 항상 센 산에서 센 염기로 이동하기 때문에 표 2.2와 부록 B에서처럼 pK_a 값을 정리해 보면 주어진 산-염기 반응이 일어날 것인지 아닌지를 예측하는 데 매우 유용하다. 즉 산은 더 큰 pK_a 값을 갖는 어떤 산의 짝염기에게 양성자를 줄 것이고, 산의 짝염기는 pK_a 값이 더 작은 어떤 산으로부터 양성자를 떼어 낼 것이다. 예를 들면 표 2.2의 자료를 보면, OH^- 이온이 acetic acid, CH_3CO_2H와 반응하여 acetate 이온, $CH_3CO_2^-$와 H_2O를 생성할 것으로 예측된다. 물(pK_a = 15.74)은 acetic acid (pK_a = 4.76)보다 약한 산이기 때문에 수산화 이온이 acetate 이온보다 H^+를 더 단단히 잡고 있다.

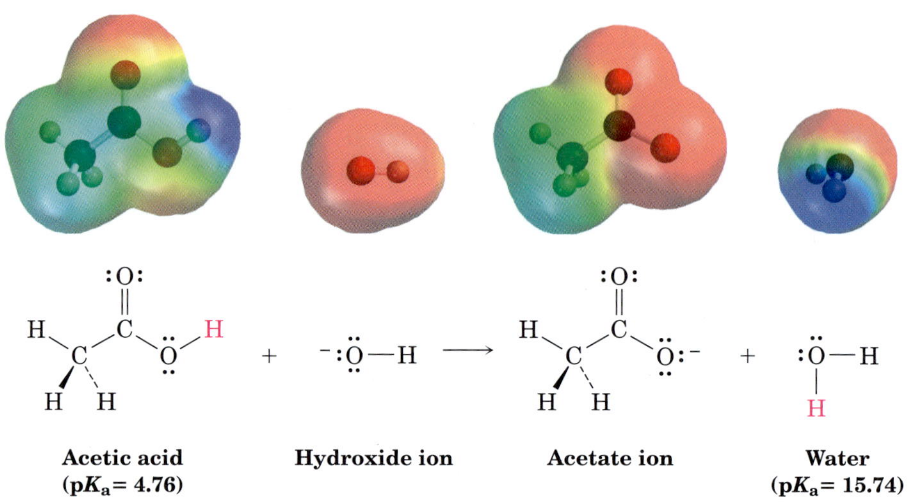

산–염기 반응성을 예측할 수 있는 또 다른 방법은 산–염기 반응의 생성물이 반응물에 비해 더 안정해야 됨을 기억하는 점이다. 바꾸어 말하면, 생성물 산은 출발 물질로 사용한 산보다 약하고 반응성이 낮아야 하며, 생성되는 염기는 출발물질로 사용한 염기보다 약하고 반응성이 낮아야만 한다. 예를 들면 acetic acid와 수산화 이온의 반응에서 생성물 짝산(H_2O)은 출발 물질 산(CH_3CO_2H)보다 약하며, 생성물 짝염기($CH_3CO_2^-$)는 출발 물질 염기(OH^-)보다 약하다.

$$\underset{\text{센 산}}{CH_3\overset{O}{\overset{\|}{C}}OH} + \underset{\text{센 염기}}{HO^-} \rightleftharpoons \underset{\text{약한 산}}{H_2O} + \underset{\text{약한 염기}}{CH_3\overset{O}{\overset{\|}{C}}O^-}$$

예제 2.2

물의 pK_a = 15.74이고, acetylene의 pKa = 25이다. 둘 중 어느 것이 더 센 산인가? 수산화 이온이 acetylene과 반응을 하겠는가?

$$H{-}C{\equiv}C{-}H + H{-}O^- \xrightarrow{?} H{-}C{\equiv}C:^- + H{-}O{-}H$$

▶힌트 두 가지 산을 비교할 때, 낮은 pK_a 값을 갖는 산이 더 센 산이다. 따라서 물이 acetylene보다 더 센 산이고 더 쉽게 H^+를 잃는다.

▶해답 물이 acethylene보다 더 센 산이기 때문에 쉽게 H^+를 내어 놓으므로, HO^-이온은 $HC{\equiv}C:^-$이온보다 H^+에 대한 친화력이 작아야 한다. 바꾸어 말하면, acetylene의 이온은 수산화 이온보다 더 센 염기이고, 따라서 반응은 주어진 반응식과 같이 진행되지 않을 것이다.

예제 2.3

표 2.2의 자료에 따르면, acetic acid의 $pK_a = 4.76$이다. Acetic acid의 K_a 값은 얼마인가?

▶힌트 pK_a는 K_a 값의 음의 로그 값이므로, ANTILOG 또는 INV LOG 함수를 갖고 있는 계산기를 사용할 필요가 있다. $pK_a(4.76)$ 값을 넣어, 부호를 바꾼 후(-4.76), 이 것의 역대수(1.74×10^{-5})를 찾아라.

▶해답 $K_a = 1.74 \times 10^{-5}$이다.

◆ 문제 2.10 표 2.2에 나타낸 pK_a 자료에 따라, 다음 반응이 제시된 바와 같이 일어날 것인지를 판단하라.

(a) $HCN + CH_3CO_2^-\ Na^+ \xrightarrow{?} Na^+\ {}^-CN + CH_3CO_2H$

(b) $CH_3CH_2OH + Na^+\ {}^-CN \xrightarrow{?} CH_3CH_2O^-\ Na^+ + HCN$

◆ 문제 2.11 Ammonia, NH_3의 pK_a는 대략 36이고, acetone의 pK_a는 19이다. 다음 반응은 일어나겠는가?

$$H_3C{-}C({=}O){-}CH_3 + Na^+\ {}^-{:}\ddot{N}H_2 \xrightarrow{?} H_3C{-}C({=}O){-}\ddot{C}H_2^-\ Na^+ + \ddot{N}H_3$$

Acetone

◆ 문제 2.12 HCN의 pK_a가 9.31이라면 K_a 값은 얼마인가?

→ 2.7 유기 산과 유기 염기

앞으로 배우게 될 여러 장에서 보게 되겠지만, 많은 반응은 유기 산과 유기 염기를 포함하고 있다. 지금으로서는 이러한 과정의 자세한 내용으로 들어가는 것이 섣부른 것일지라도, 앞으로 유기 화학을 공부하면서 다음의 일반론을 기억하고 있는 것이 좋다.

》 유기 산

유기 산은 양으로 편극된 수소 원자(정전기 퍼텐셜 지도에서 푸른색)가 존재하는 것으로 특징지어지며, 크게 두 가지 종류가 있다. 하나는 전기음성적인 산소 원자에 수소 원자가 결합된(O−H) methyl alcohol과 acetic acid와 같은 유기 산이고, 다른 하나는 C=O 결합(O=C−C−H)에 이웃한 탄소 원자에 결합된 수소 원자가 있는 acetone과 같은 유기 산이다.

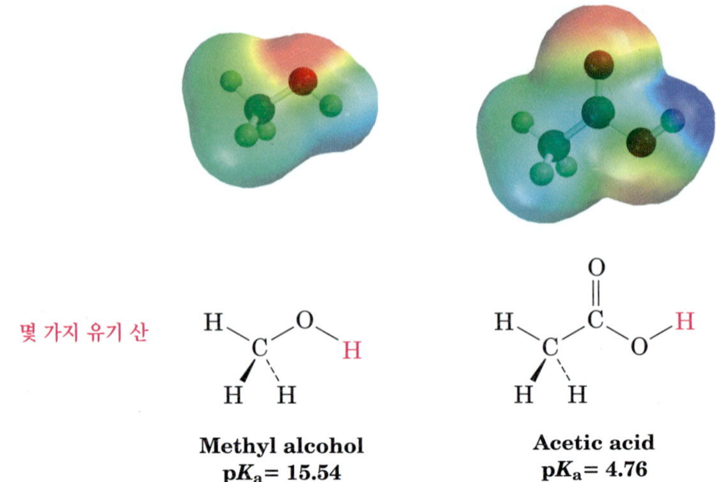

Methyl alcohol은 O—H 결합이 포함되어 있으며 약산이고, acetic acid 또한 O—H 결합이 포함된 약간 더 센 산이다. 이 두 경우에 산도는 H^+를 잃어버리고 생성되는 짝염기가 전기음성도가 큰 산소 원자에 음전하를 갖게 되어 안정화된다는 사실 때문이다. 아울러 acetic acid의 짝염기는 공명화로 더욱 안정화된다(2.3절 참조).

$$CH_3\ddot{\underset{\cdot\cdot}{O}}H \xrightarrow{-H^+} CH_3\ddot{\underset{\cdot\cdot}{O}}{:}^-$$

전기음성도가 큰 원자에 음전하를 가지고 있어 음이온이 안정화 된다.

$$CH_3C(=O)OH \xrightarrow{-H^+} CH_3C(=O)O^- \longleftrightarrow CH_3C(O^-)=O$$

전기음성도가 큰 원자에 음전하가 있고 동시에 공명화로 음이온이 안정화 된다.

Methyl alcohol과 acetic acid로부터 생성된 짝염기들의 정전기 퍼텐셜 지도를 그림 2.4에 나타내었다. 예측되는 바와 같이, 모두에서 산소 원자 위에 상당한 양의 음전하(붉은색)가 나타남을 보여 준다.

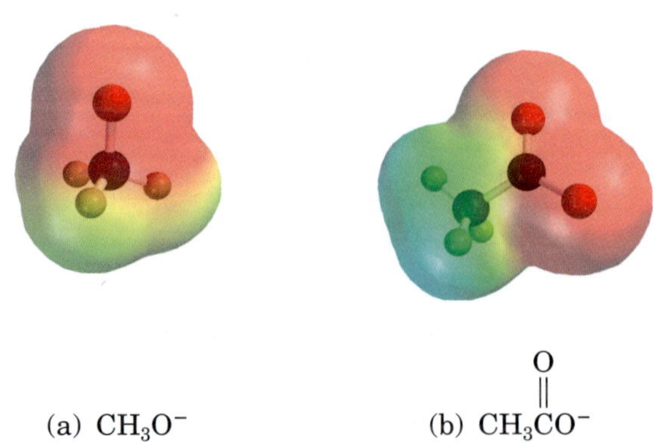

그림 2.4 (a) Methyl alcohol, (b) acetic acid의 짝염기들의 정전기 퍼텐셜 지도. 두 분자 모두에서 많은 양의 음전하가 산소 원자에 있다.

—CO_2H기를 포함하고 있는 카복실산(carboxylic acid)이라고 부르는 화합물은 모

든 살아있는 생명체에 넓게 존재하며, 거의 모든 대사 경로에 관여한다. Acetic acid, pyruvic acid 및 citric acid가 그 예이다. 전형적인 생리적 pH 7.3의 세포 내에서 카복실산은 보통 해리되어 있고 카복실산 음이온 $-CO_2^-$로 존재한다.

$CH_3-C(=O)-OH$ **Acetic acid**

$CH_3-C(=O)-C(=O)-OH$ **Pyruvic acid**

$HO-C(=O)-CH_2-C(OH)(CO_2H)-CH_2-C(=O)-OH$ **Citric acid**

유기 염기

유기 염기는 보통 H^+와 결합할 수 있는 적어도 하나의 고립 전자쌍을 가지고 있는 원자(정전기 퍼텐셜 지도에서 붉은색)를 포함하고 있다. Trimethylamine과 같이 질소를 포함하고 있는 화합물은 가장 보편적인 유기 염기이지만, 산소를 포함하고 있는 화합물도 충분히 센 산과 반응할 때는 염기로 작용할 수 있다. 몇몇 산소를 포함하고 있는 화합물들은 물이 그러하듯이 상황에 따라 산으로도 작용할 수 있고, 염기로도 작용할 수 있음에 유의하라. 예를 들면 methyl alcohol과 acetone의 경우 양성자를 내놓으면 산으로 작용하고, 이들의 산소가 양성자를 받아들이면 염기로서 작용한다.

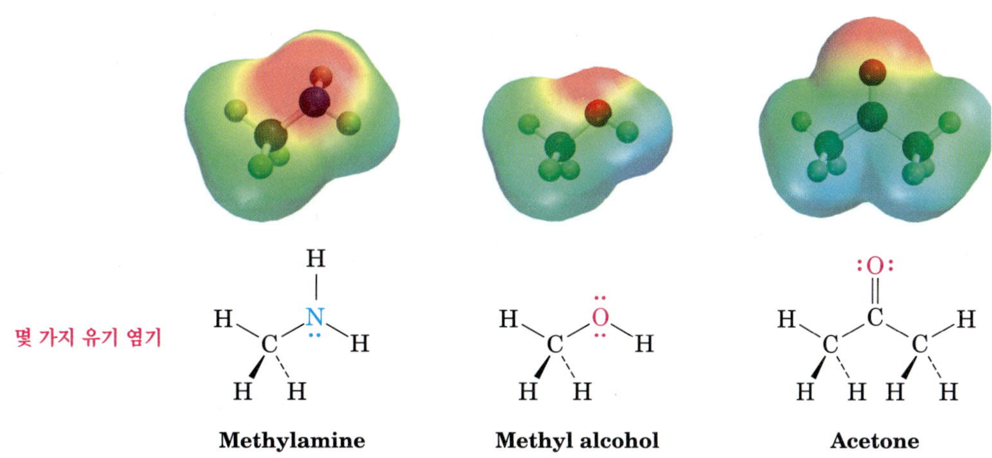

2.8 산과 염기: Lewis 정의

Lewis 산(Lewis acid)은 전자쌍을 받는 물질이고, **Lewis 염기**(Lewis base)는 전자쌍을 제공하는 물질이다. 제공된 전자쌍은 공유 결합 안에서 산과 염기 사이에 공유된다.

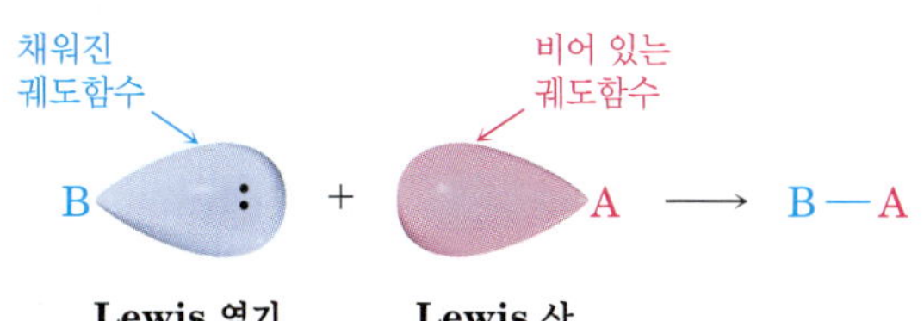

Lewis 산과 굽은 화살표 공식

Lewis 산이 전자쌍을 받아들일 수 있다는 사실은 그것이 비어 있는 낮은 에너지 궤도함수 또는 H^+(비어 있는 1*s* 궤도함수를 가짐)를 내어 놓을 수 있는 극성 결합을 가져야 한다는 것을 의미한다. 따라서 산에 대한 Lewis의 정의는 H^+와 함께 다른 많은 화학종들이 포함되어 있다. 예를 들면 Mg^{2+}와 같은 다양한 금속 양이온은 이들이 염기와 결합을 형성할 때 전자쌍을 받아들이기 때문에 Lewis 산이다. 같은 방식으로, BF_3나 $AlCl_3$와 같은 3A족 원소의 화합물들도 그림 2.5에 나타낸 것처럼, 채워지지 않은 원자가 궤도함수를 갖고 있고, Lewis 염기로부터 전자쌍을 받아들일 수 있기 때문에 Lewis 산이다.

그림 2.5 몇 가지 Lewis 산과 Lewis 염기의 반응. Lewis 산은 전자쌍을 받아들이고 Lewis 염기는 비공유 전자쌍을 제공한다. Lewis 염기로부터 Lewis 산으로 전자가 이동하는 것을 어떻게 굽은 화살표로 나타내었는지 유의하라.

$$\overset{\delta-}{Cl}-\overset{\delta+}{H} + :\ddot{O}H_2 \rightleftharpoons H_3O^+ + Cl^-$$

Hydrogen chloride (Lewis 산) + Water (Lewis 염기) ⇌ Hydronium 이온

$$AlCl_3 + :N(CH_3)_3 \rightleftharpoons Cl_3Al^- - N^+(CH_3)_3$$

Aluminum trichloride (Lewis 산) + Trimethylamine (Lewis 염기)

그림 2.5에 산-염기 반응을 면밀히 살펴보고, 어떻게 반응이 표현되어 있는지 유의하라. 첫 번째 반응에서 Lewis 염기인 물은 극성 HCl 분자로부터 H^+를 떼어내는 데 전자쌍을 사용한다. 두 번째 반응에서 Lewis 염기는 알루미늄 원자의 비어있는 궤도함수에 전자쌍을 제공한다. 두 반응에서 전자가 풍부한 Lewis 염기로부터 전자가 부족한 Lewis 산으로 전자쌍의 흐름 방향은, 2.3절에서 한 공명 구조에서 다른 공명 구조로 변환될 때 전자 흐름의 방향을 나타낸 것과 동일한 방식으로, 굽은 화살표를 이용하여 나타낸다. 굽은 화살표는 항상 화살표의 꼬리에 있는 원자로부터 화살표의 머리 부분에 있는 원자로 전자 한 쌍의 이동함을 의미한다.

Lewis 염기

Lewis 산과 결합하는데 사용될 수 있는 비공유 전자쌍을 갖고 있는 화합물로서의 염기에 대한 Lewis 정의는 Brønsted–Lowry의 정의와 유사하다. 따라서 산소에 두 쌍의 비공유 전자를 갖고 있는 H_2O는 Lewis 염기로 작용하고 H^+에 전자쌍을 제공하여 hydronium 이온, H_3O^+를 형성한다.

$$:\ddot{Cl}-H + :\ddot{O}H_2 \rightleftharpoons H_3O^+ + :\ddot{Cl}:^-$$

산 + Lewis 염기 ⇌ Hydronium 이온

보다 더 일반적인 관점에서 보면, 대부분의 산소- 및 질소-포함된 유기 화합물은 비공유 전자쌍을 갖고 있기 때문에 Lewis 염기로 작용할 수 있다. 2가 산소 화합물은 두 개의 비공유 전자쌍을 가지고 있고, 3가 질소 화합물은 한 개의 비공유 전자쌍을 가지고 있다.

몇 가지 Lewis 염기:

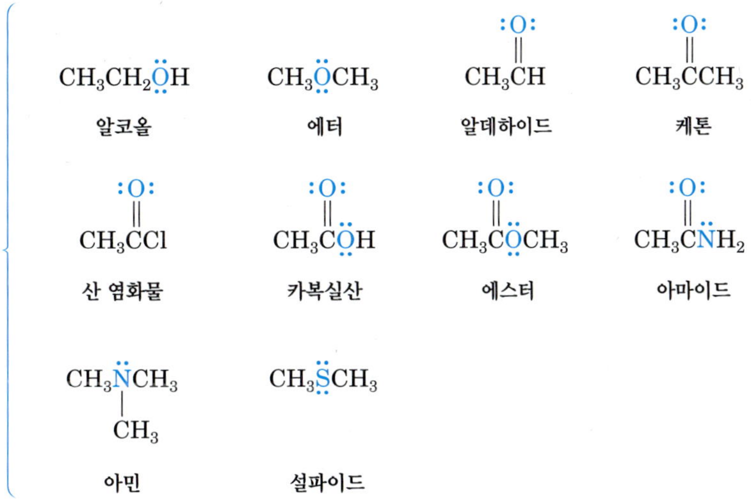

$CH_3CH_2\ddot{O}H$	$CH_3\ddot{O}CH_3$	$CH_3CH(=O)$	$CH_3C(=O)CH_3$
알코올	**에터**	**알데하이드**	**케톤**
$CH_3C(=O)Cl$	$CH_3C(=O)\ddot{O}H$	$CH_3C(=O)\ddot{O}CH_3$	$CH_3C(=O)\ddot{N}H_2$
산 염화물	**카복실산**	**에스터**	**아마이드**
$CH_3\ddot{N}(CH_3)CH_3$	$CH_3\ddot{S}CH_3$		
아민	**설파이드**		

예를 들면:

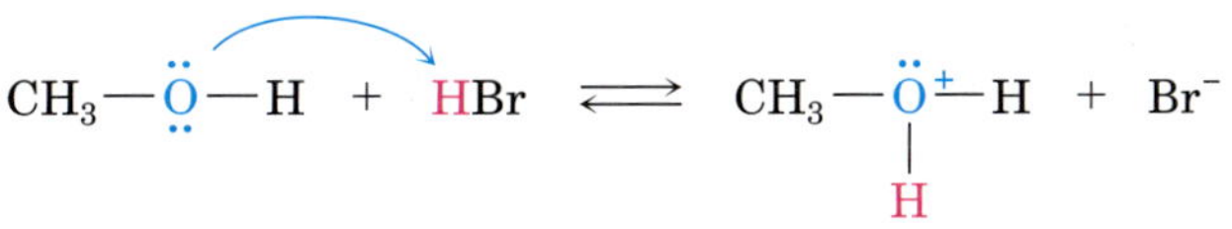

$$CH_3-\ddot{O}-H + HBr \rightleftharpoons CH_3-\overset{+}{O}(H)-H + Br^-$$

Methyl alcohol (염기) **Hydrogen bromide** (산) **Methyloxonium bromide**

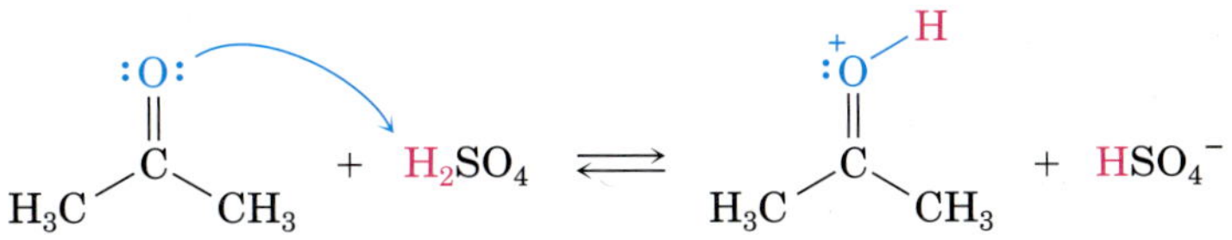

$$(CH_3)_2C=O + H_2SO_4 \rightleftharpoons (CH_3)_2C=\overset{+}{O}H + HSO_4^-$$

Acetone (염기) **Sulfuric acid**

예제 2.4

굽은 화살표를 사용하여 acetaldehyde, CH_3CHO가 어떻게 Lewis 염기로 작용할수 있는지를 나타내어라.

▶**힌트** Lewis 염기는 Lewis 산에 전자쌍을 제공한다. 그러므로 acetaldehyde에서 고립 전자쌍을 찾고, 이 전자를 굽은 화살표를 이용하여 산의 H 원자 쪽으로 전자쌍이 이동하도록 나타낸다.

▶**해답**

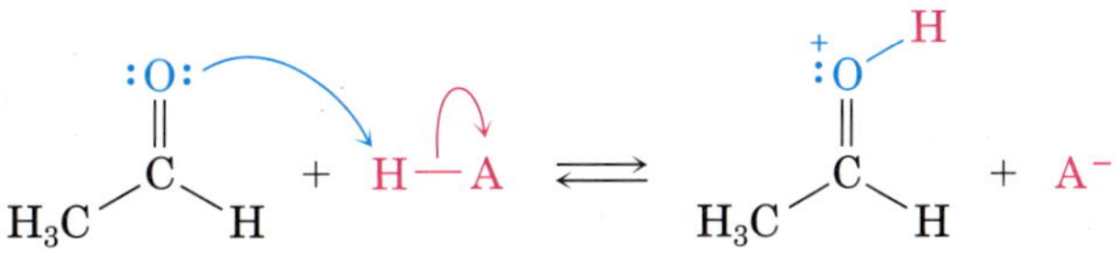

$$H_3C-CH=O + H-A \rightleftharpoons H_3C-CH=\overset{+}{O}H + A^-$$

Acetaldehyde

◆ **문제 2.13** 굽은 화살표를 사용하여 (a)의 화학종이 HCl과의 반응에서 어떻게 Lewis 염기로 작용하고, (b)의 화학종들이 OH^-와의 반응에서 어떻게 Lewis 산으로 작용하는가를 나타내어라.

(a) CH_3CH_2OH, $HN(CH_3)_2$, $P(CH_3)_3$ (b) H_3C^+, $B(CH_3)_3$, $MgBr_2$

◆ **문제 2.14** 다음의 산-염기 반응 생성물이 왜 나타낸 바와 같이 전하를 갖고 있는지 형식 전하를 계산하여 설명하라.

(a) $F_3\overset{-}{B}-\overset{+}{O}(CH_3)-CH_3$ (b) $Cl_3\overset{-}{Al}-\overset{+}{N}(CH_3)_2-CH_3$

◆ **문제 2.15** 유기 화합물인 imidazole은 산과 염기 양쪽으로 작용할 수 있다. 정전기적 퍼텐셜 지도를 보고, 가장 산성인 수소 원자와 가장 염기성인 질소 원자를 확인하라.

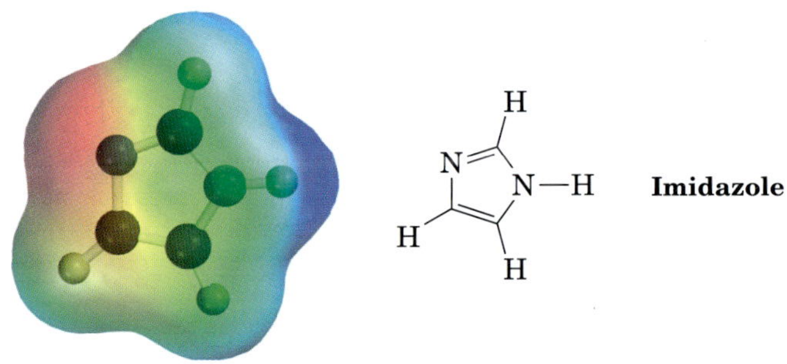

2.9 화학 구조식 그리기

지금까지 그린 구조식에서는 한 개의 공유 결합 속에 있는 두 개의 전자들은 원자들 사이에 하나의 선을 그어 나타내었다. 그러나 각각의 결합과 원자들을 모두 표시하려면 불편하다. 따라서 화학자들은 구조식을 그리는 여러 가지 간단한 방법들을 고안하였다. **축소 구조식**(condensed structure)에서는 탄소–수소 및 탄소–탄소 단일 결합은 나타내지 않아도 화학자들은 이해할 수 있다. 만일 한 개의 탄소가 세 개의 수소와 결합하고 있으면 CH_3로 쓰고, 한 개의 탄소가 두 개의 수소와 결합하면 CH_2 등으로 표기한다. 예를 들면

$$H_3C-CH_2-CH(CH_3)-CH_3 = CH_3CH_2\overset{CH_3}{\overset{|}{C}}HCH_3 \text{ 또는 } CH_3CH_2CH(CH_3)_2$$

축소 구조식

2-Methylbutane

2-methylbutane이라고 부르는 화합물은 앞 페이지와 같이 나타낸다.

표 2.3에서 나타낸 것과 같은 **골격 구조식**(skeletal structure)으로 그리는 것이 더 간편하다. 골격 구조식을 그리는 규칙은 간단하며, 다음과 같다.

규칙 1 탄소 원자는 보통 나타내지 않으며, 대신 두 선의 교차점이나 각 선의 끝에 하나의 탄소 원자가 있는 것으로 간주한다. 가끔 어떤 탄소 원자를 강조하거나 분명히 하고자 할 때는 탄소 원자를 표시하기도 한다.

규칙 2 탄소 원자에 결합되어 있는 수소 원자는 나타내지 않는다. 탄소는 원자가가 항상 4 이기 때문에 마음속으로 각 탄소 원자의 원자가를 채우기 위해 필요한 만큼의 수소 수를 탄소 원자에 연결한다.

규칙 3 탄소나 수소 이외의 원자들은 나타낸다.

표 2.3에 이들 규칙을 어떻게 적용하는지 몇 가지 예를 들어 나타내었다.

표 2.3 • 몇 가지 화합물의 Kekulé 구조와 골격 구조

화합물	Kekulé 구조	골격 구조
Isoprene, C_5H_8	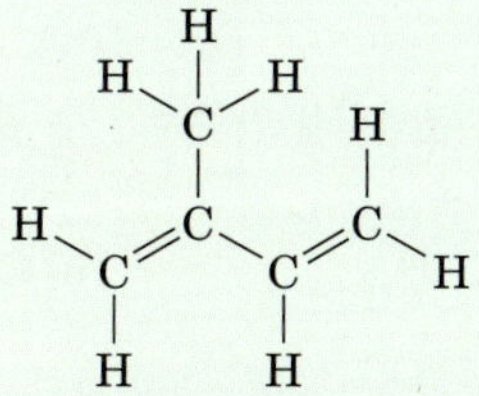	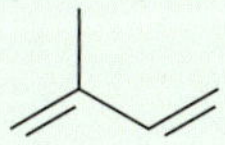
Methylcyclohexane, C_7H_{14}	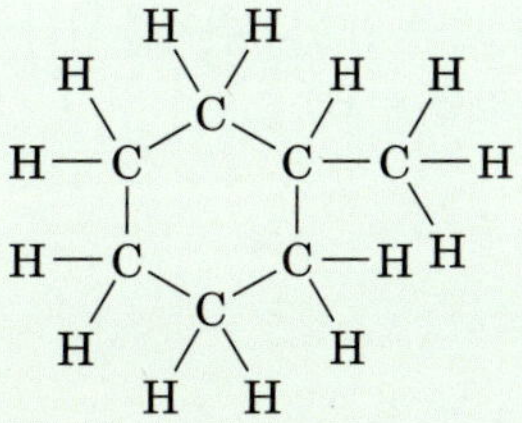	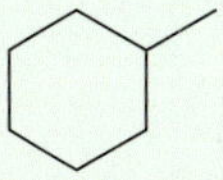
Phenol, C_6H_6O	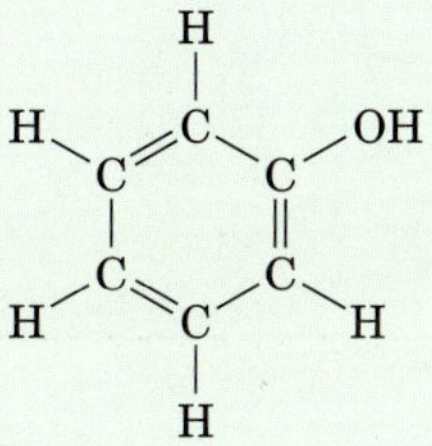	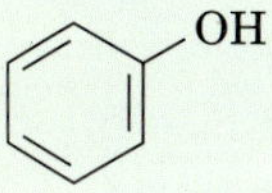 OH

예제 2.5

양박하 향기의 원인이 되는 화합물인 carvone의 구조는 아래와 같다. 각 탄소에 몇 개의 수소가 결합되어 있는지 말하고, carvone의 분자식을 나타내어라.

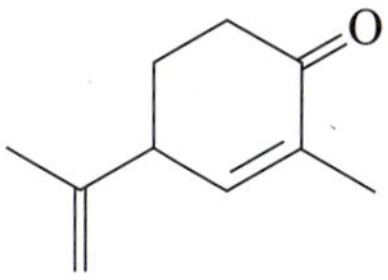

O

Carvone

힌트 한 선의 말단은 세 개의 수소를 가지는 탄소 CH_3가 있음을 나타낸다. 두 선의 교차점은 두 개의 수소를 가지는 탄소 CH_2, 그리고 네 선의 교차점에는 수소가 없는 탄소가 있다는 표시이다.

해답

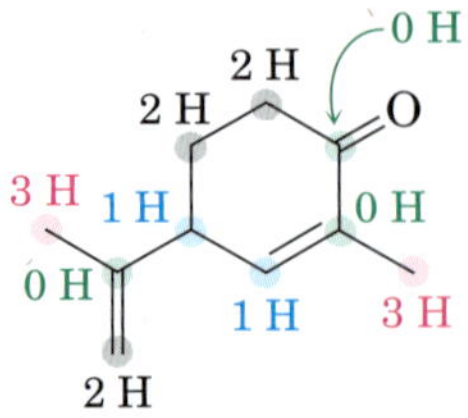

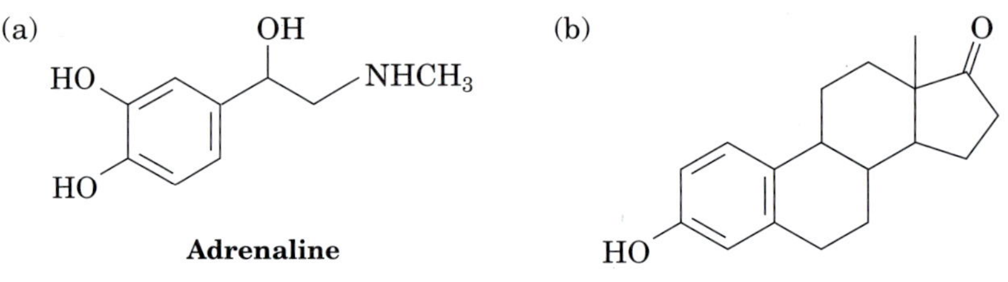

◆ **문제 2.16** 다음 골격 구조식의 각 탄소에 결합된 수소의 수를 나타내고, 각각 화합물의 분자식을 제시하라:

(a) HO, HO, OH, $NHCH_3$

Adrenaline

(b) O, HO

Estrone (호르몬)

◆ **문제 2.17** 다음 분자식을 만족시킬 수 있는 골격 구조식을 제시하라(각 경우 가능한 골격 구조식이 하나 이상 있을 수 있다.

(a) C_5H_{12} (b) C_2H_7N (c) C_3H_6O (d) C_4H_9Cl

◆ **문제 2.17** 다음 분자 모형은 햇빛 차단제의 활성 성분인 *para*-aminobenzoic acid(PABA)를 나타낸 것이다. 다중 결합의 위치를 나타내고 골격 구조를 그려라(회색 = C, 붉은색 = O, 푸른색 = N, 아이보리색 = H).

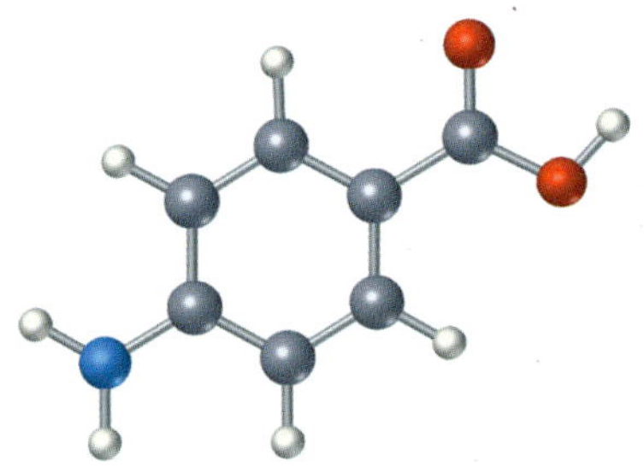

생활과 화학 . . .

알칼로이드: 자연에 존재하는 염기

Ammonia, NH_3가 약염기인 것처럼, 아민(*amine*)이라고 부르는 질소가 포함된 많은 유기 화합물이 있고 이 화합물 역시 약한 염기이다. 유기 화학의 초창기에는 자연 원료로부터 얻어지는 염기성 아민류가 **식물성 알칼리**(**vegetable alkali**)로 알려졌지만, 오늘날에는 **알칼로이드**(*alkaloid*)라고 부른다. 알칼로이드 연구는 19세기에 유기 화학의 성장에 큰 원동력이 되었고, 오늘날에도 활발하고 흥미 있는 연구 분야로 남아 있다.

알칼로이드는 구조면에서 간단한 것에서부터 상당히 복잡한 것까지 아주 다양하다. 예를 들어서 상한 물고기 냄새는 NH_3의 수소 중 하나가 유기 CH_3기로 치환된 methylamine, CH_3NH_2이 주원인이다(실제로 생선 냄새 제거를 위해 산성 레몬 쥬스를 사용하는 것은 간단한 산-염기 반응이다).

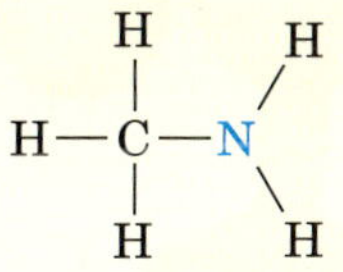

Methylamine
(부패된 물고기에서 발견됨)

많은 알칼로이드 화합물은 생물학적인 성질이 알려져 왔고, 오늘날 사용되는 많은 의약품이 자연에 존재하는 아민으로부터 유도된다. 몇 가지 예로서, 벨라도나(deadly nightshade)라고 부르는 꽃과 식물인 *Atropa belladonna*로부터 얻은 atropine은 대장염 치료에 사용된다. 마취제 및 중추신경 자극제인 cocaine은 Colombia, Ecuador, Peru, Bolivia 및 서부 Brazil의 고지 다우림 지역에서만 자라는 *Erythroxylon coca*라는 코카나무에서 얻어진다. 진정제와 고혈압 치료제인 reserpine은 아열대 식물인 *Rauwolfia serpentina*의 뿌리 분말로부터 나온다. 기관지 확장제와 충혈 제거제인 Ephedrine은 중국산 식물인 *Ephedra sinica*로부터 얻는다.

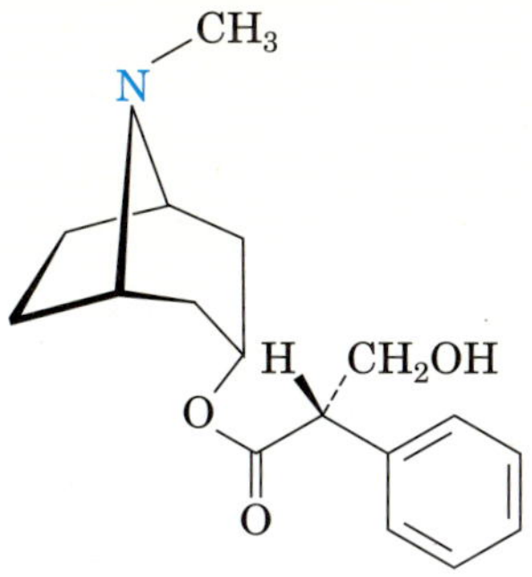

Atropine

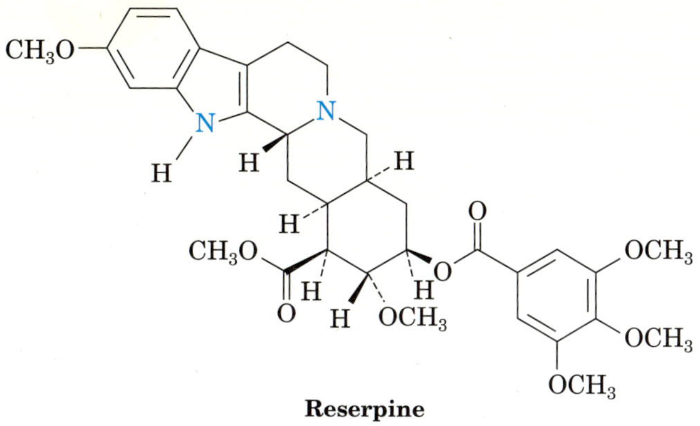

Reserpine

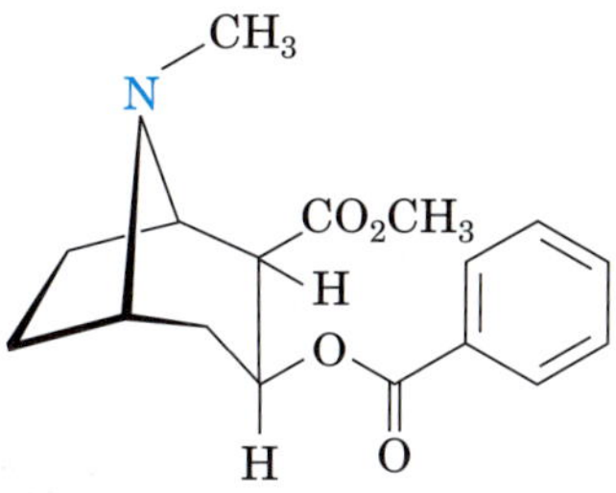

Cocaine

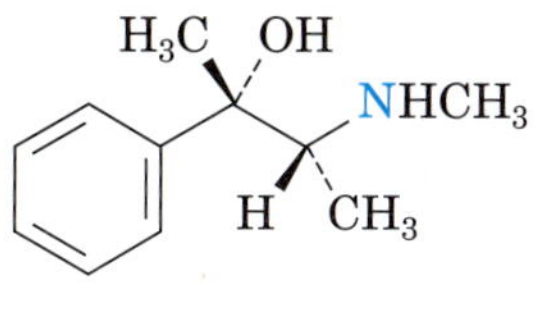

Ephedrine

요약 및 주요 용어

Brønsted–Lowry 산, 2.4
Brønsted–Lowry 염기, 2.4
Lewis 산, 2.8
Lewis 염기, 2.8
pK_a, 2.5
골격 구조식, 2.9
공명 구조, 2.3
공명 혼성체, 2.3
극성 공유 결합, 2.1
산도 상수(K_a), 2.5
유발 효과, 2.1
이중극자 모멘트(μ), 2.2
전기음성도(EN), 2.1
짝산, 2.4
짝염기, 2.4
축소 구조식, 2.9

유기 분자들은 종종 원자의 **전기음성도**(electronegativity) 차이로부터 야기되는 전자의 비대칭적인 공유의 결과로 **극성 공유 결합**(polar covalent bond)을 갖는다. 예를 들면 탄소–염소 결합은 염소 원자가 공유 전자를 탄소보다 더 많이 끌어당기므로 극성 이다. 한편 탄소–수소 결합은 비교적 비극성이다. 많은 분자들은 개개의 극성 결합과 비공유 전자쌍의 벡터 합에 의해 전체적으로 극성을 갖는다. 분자의 극성은 **이중극자 모멘트**(dipole moment, μ)로 측정된다.

Nitromethane, benzene 및 acetate 이온과 같은 몇몇 물질들은 한 가지 Lewis 구조나 선-결합 구조로 나타낼 수 없고, 두 개 또는 그 이상의 **공명 혼성체**(resonance hybrid)**로** 취급되어야 하며, 이중 어느 하나도 그 자체가 정확한 표현은 아니다. 두 개의 **공명 구조**는 단지 π전자나 비공유 전자들의 위치에서 다르고, 두 가지 구조에서 원자핵은 동일한 위치에 놓여 있으며, 원자의 혼성상태도 변함없이 그대로 남아있다.

산도와 염기도는 극성 및 전기음성도와 밀접한 관계가 있다. **Brønsted–Lowry 산**은 양성자(수소 이온, H^+)를 제공할 수 있는 화합물이고, **Brønsted–Lowry 염기**는 양성자를 받아들일 수 있는 화합물이다. **Brønsted–Lowry 산** 혹은 염기의 세기는 **산도 상수(acidity constant), K_a** 혹은 산도 상수의 음의 로그값인 pK_a로 나타낸다. pK_a값이 클수록 보다 더 약한 산이다. 한편 더 유용한 Lewis 산 및 염기의 정의가 있다. **Lewis 산**은 채워지지 않은 낮은 에너지의 궤도함수를 갖고 있어 전자쌍을 받아들일 수 있는 화합물이며, BF_3, $AlCl_3$ 및 H^+ 등이 그 예이다. **Lewis 염기**는 비공유 전자쌍을 제공할 수 있는 화합물이며, NH_3 및 H_2O 등이 그 예이다. 질소나 산소 등을 포함하고 있는 많은 유기 화합물은 Lewis 염기이다.

연습 문제

시각 화학

2.19 다음 각각의 모형을 골격 구조식으로 바꾸어라. 원자들 사이의 연결만 나타내고, 다중 결합은 나타내지 않는다(회색 = C, 붉은색 = O, 푸른색 = N, 아이보리색 = H).

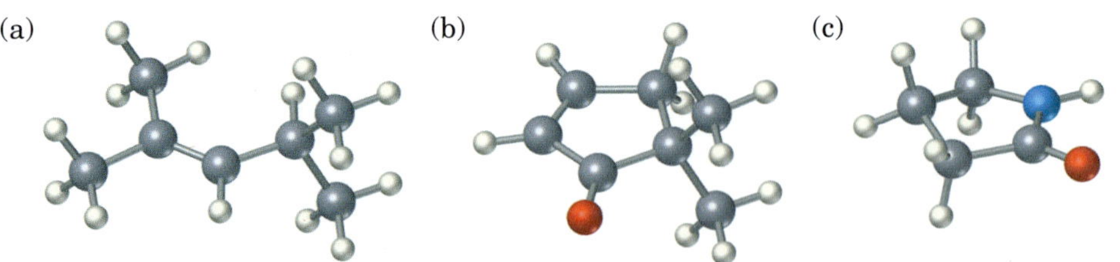

2.20 다음은 naphthalene, $C_{10}H_8$의 모형에서 다중 결합을 표시하라(회색 = C, 아이보리색 = H). Naphthalene은 몇 개의 공명 구조를 갖고 있는가?

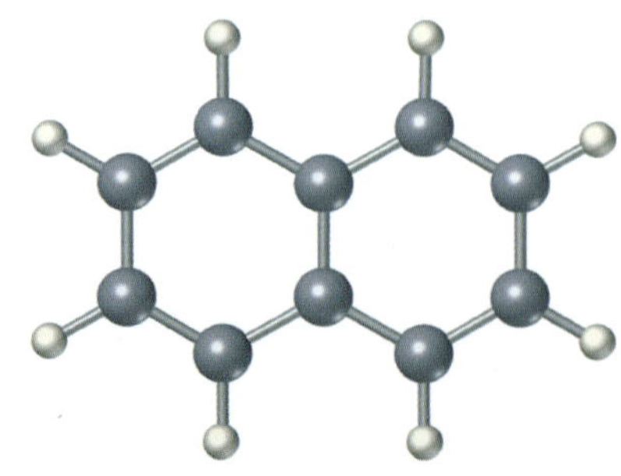

2.21 다음 모형은 일반 무처방 진통제인 ibuprofen을 나타낸 것이다. 다중 결합의 위치 를 나타내고, 골격 구조식을 그려라 (회색 = C, 붉은색 = O, 아이보리색 = H).

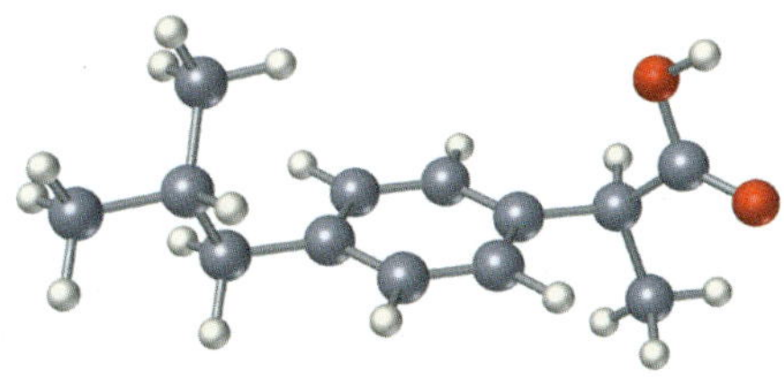

2.22 *cis*-1,2-Dichloroethylene과 *trans*-dichloroethylene은 동일한 분자식을 갖고 화학 구조가 다른 이성질체이다. 다음의 정전기 퍼텐셜 지도를 보고 어떤 화합물이 이중극자 모멘트를 갖는지 찾아보아라.

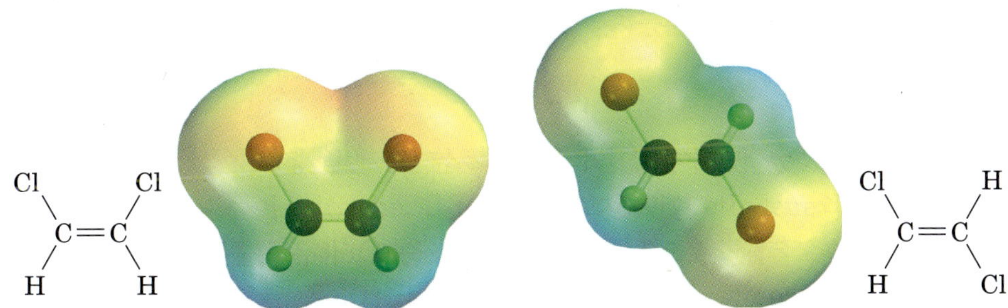

***cis*-1,2-Dichloroethylene** ***trans*-1,2-Dichloroethylene**

2.23 다음 각 분자들에서 가장 전기음성적인 원소는 어느 것인가 확인하라.

(a) CH_2FCl (b) $FCH_2CH_2CH_2Br$
(c) $HOCH_2CH_2NH_2$ (d) CH_3OCH_2Li

2.24 전기음성도 표(그림 2.2)를 이용하여 다음의 각 쌍의 결합 중 어느 것이 더 극성인지 예측하고, 각 화합물의 극성 방향을 나타내라.

(a) $H_3C—Cl$ 과 $Cl—Cl$ (b) $H_3C—H$ 와 $H—Cl$
(c) $HO—CH_3$ 와 $(CH_3)_3Si—CH_3$ (d) $H_3C—Li$ 과 $Li—OH$

2.25 다음 분자들 가운데 어느 것이 이중극자 모멘트를 갖는가? 각각의 예상되는 방향을 표시하라.

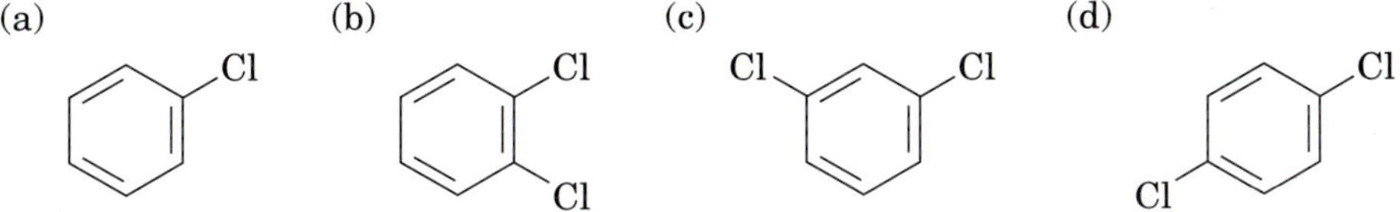

2.26 Phosgene, $Cl_2C=O$은 formaldehyde, $H_2C=O$와 비교할 때, 수소 대신에 전기음성도가큰 염소를 포함하고 있음에도 불구하고 더 작은 이중극자 모멘트를 갖는다. 이를 설명하라.

2.27 알코올은 물과 같이 산으로도 작용하고 염기로도 작용할 수 있다. Methyl alcohol, CH_3OH과 HCl과 같은 센 산과의 반응, 그리고 $Na^+ \ {}^-NH_2$와 같은 센 염기와의 반응을나타내라.

2.28 Acetic acid의 O—H 수소는 다른 C—H의 수소보다 훨씬 더 산성이다. 이를 설명하라.

Acetic acid

2.29 다음 화합물을 산도가 증가하는 순으로 나열하라.

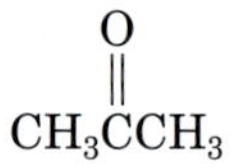

CH_3COCH_3	$CH_3COCH_2COCH_3$	C_6H_5OH	CH_3COOH
Acetone (pK_a = 19.3)	**2,4-Pentanedione** (pK_a = 9)	**Phenol** (pK_a = 9.9)	**Acetic acid** (pK_a = 4.76)

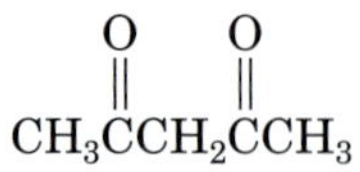

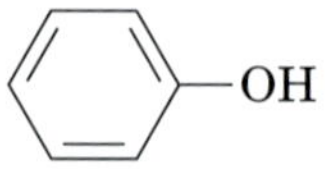

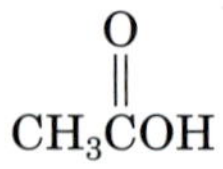

2.30 Ammonium 이온(NH_4^+, pK_a = 9.25)은 methyl ammonium 이온($CH_3NH_3^+$, pK_a = 10.66)보다 작은 pK_a를 갖는다. Ammonia(NH_3)와 methylamine (CH_3NH_2) 중 어느것이 보다 센 염기인가? 설명하라.

2.31 다음 반응에서 산과 염기를 구분하라.

(a) $CH_3OH + H^+ \longrightarrow CH_3\overset{+}{O}H_2$

(b) 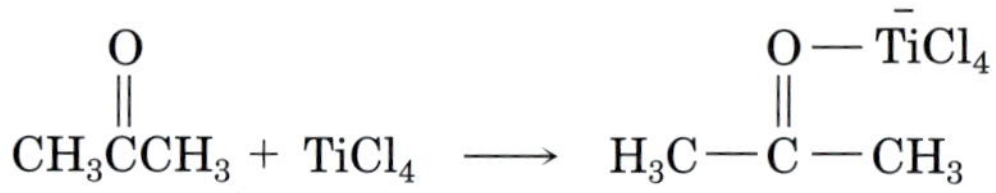 $CH_3COCH_3 + TiCl_4 \longrightarrow H_3C-C(=O^+-\overset{-}{Ti}Cl_4)-CH_3$

(c) Cyclohexanone + NaH ⟶ cyclohexanone enolate (Na^+) + H_2

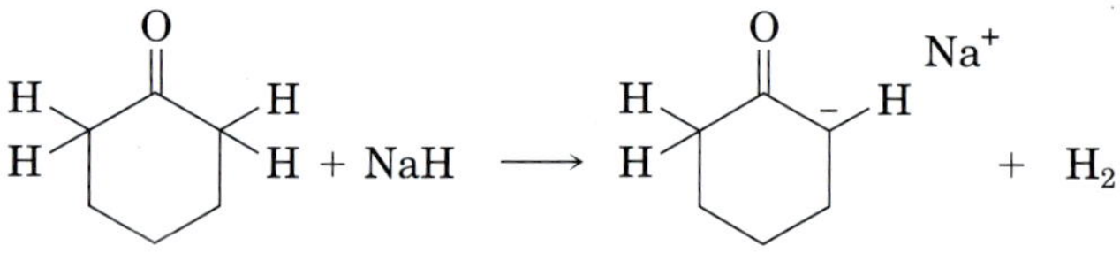

(d) 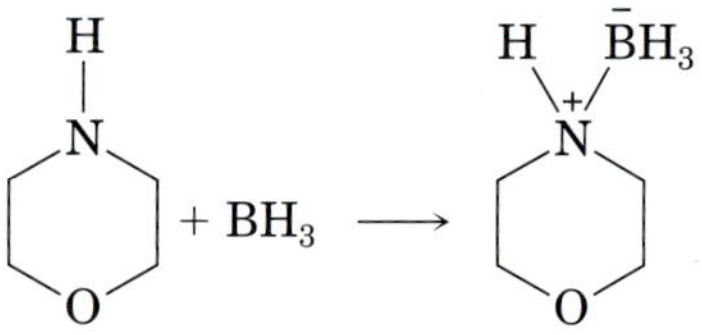 Morpholine + BH_3 ⟶ morpholine–$\overset{-}{B}H_3$ adduct ($\overset{+}{N}$)

2.32 유기 분자는 그들에 포함된 **작용기**(functional group)에 따라 구분할 수 있으며, 여기서 작용기란 특성적인 화학 반응성을 갖는 원자들의 집합체이다. 그림 2.2에 나타낸전기음성도 값을 사용하여 다음 작용기들의 극성의 방향을 예측하라.

(a) 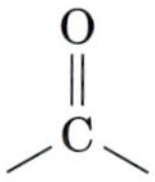 $>C=O$ **케톤**

(b) 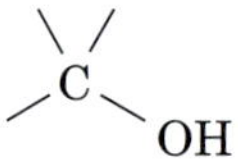 $-C-OH$ **알코올**

(c) 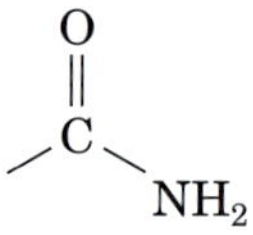 $-C(=O)-NH_2$ **아마이드**

(d) $-C\equiv N$ **나이트릴**

2.33 Phenol, C_6H_5OH과 methyl alcohol, CH_3OH은 둘 다 O—H기를 갖고 있지만, phenol이 보다 더 센 산이다. 각 화합물에서 H^+가 제거되어 생성되는 음이온의 구조를 도시하고, 이들의 산도 차이를 공명 구조를 이용하여 설명하라.

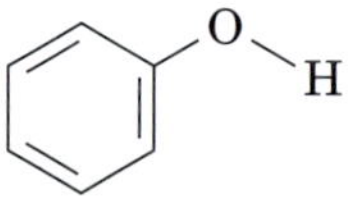

Phenol (pK_a = 9.89) 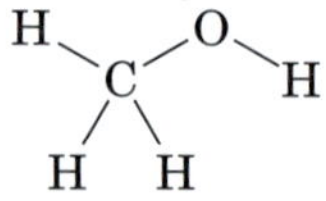 **Methyl alcohol (pK_a = 15.54)**

객관식 문제

1 다음 원소 중에서 어느 것이 가장 전기음성적인가?

A. lithium **B.** carbon **C.** hydrogen **D.** bromine

2 다음 중 어느 것이 결합의 극성을 바르게 나타내고 있는가?

A. C—Br ($\delta-$ $\delta+$) **B.** N—H ($\delta-$ $\delta+$) **C.** O—H ($\delta+$ $\delta-$) **D.** C—Mg ($\delta+$ $\delta-$)

3 다음 분자 중 어느 것이 알짜 이중극자 모멘트를 갖지 않는가?

A. CH_3Cl **B.** CH_3OH **C.** CH_3CH3 **D.** PH_3

4 다음 화학종 중에서 어느 것이 공명 구조를 갖지 않는가?

A. CH_3COO^- **B.** C_6H_5Cl **C.** CO_3^{2-} **D.** $CH_2{=}CH{-}CH_3$

5 다음 중 어느 것이 올바른 표현인가?

A. 약한 일염기산의 해리상수, K_a의 단위는 mol^2dm^{-6}이다.

B. K_a 값이 크면 클수록 산의 세기가 작아진다.

C. CH_3COO^-는 CH_3COOH의 짝염기이다.

D. HCl의 K_a 값은 1.0이다.

6 다음 중 어느 것이 산의 세기 증가순으로 K_a 값을 바르게 나타내고 있는가?

CH_3COOH	$CH_2ClCOOH$	CH_3CH_2OH	(벤젠 고리)—OH
I	II	III	IV

A. II, I, IV, III **B.** III, IV, I, II **C.** I, II, IV, III **D.** IV, I, III, II

7 다음 중 Lewis 염기가 아닌 것은?

A. $CH_3{-}O{-}CH_3$ **B.** CH_3CH_2OH

C. $CH_3{-}CO{-}CH_3$ **D.** $CH_3CH_2CH_3$

8 다음에 나열한 화합물 중에서 Lewis 산은 몇 개인가?

$AlBr_3$ HF $CH_3CH_2NH_2$ $TiCl_4$

A. 4 **B.** 3 **C.** 2 **D.** 1

제  장

유기 화합물: 알케인과 사이클로알케인

Organic Compounds: Alkanes and Cycloalkanes

화학자들은 다년간의 경험에 의해 유기 화합물들을 그들의 구조에 따라 여러 계열로 구분할 수 있으며, 또한 어떤 주어진 계열의 많은 화합물들의 화학적인 거동을 예측할 수 있다는 사실들을 알게 되었다. 화학 반응성이 다른 천구백만 개의 화합물 대신 이들 화합물의 화학을 합리적으로 예측할 수 있는 수십 가지의 계열로 분류하고 있다.

→ 3.1 작용기

반응성에 의해 화합물을 계열별로 분류가 가능하도록 만들어 주는 구조적인 특징을 작용기라 부른다. **작용기**(Functional group)는 각 분자에서 생기는 특성적인 화학적 거동을 지니고 있는 원자들의 집단이다. 주어진 작용기는 각 분자들의 한 부분으로서 화학적으로 거의 동일하게 거동한다. 예를 들면, 가장 간단한 작용기 중의 하나는 탄소-탄소 이중 결합이다.이중 결합을 가진 가장 간단한 화합물인 ethylene은 이중 결합이 역시 포함되어 있고, 훨씬 더 복잡한 분자인 menthene 반응과 매우 유사한 반응을 한다. 예를 들면, 이 두 물질에는 Br_2와 반응하여 이중 결합 각각의 탄소에 Br 원자가 첨가된 생성물을 생성한다(그림 3.1). 이 예는 전형적인 반응으로, 모든 유기 분자의 화학은 크기나 복잡성에 무관하게 그 분자들이 가지고 있는 작용기에 의해 결정된다.

표 3.1을 주의 깊게 보면, 이 표에서는 다수의 일반적인 작용기를 나열하였고 이들이 들어 있는 간단한 예를 나타내었다. 몇 가지 작용기들은 단지 탄소-탄소 이중 결합 또는 삼중 결합만을 가지고 있으며, 어느 것은 할로젠 원자, 또 다른 것들은 산소, 질소 또는 황 등을 포함하고 있다. 앞으로 여러분이 이러한 작용기를 다시 보게 되면, 이들 작용기들을 모두 이해할 수 있도록 표 3.1에 나열한 작용기 구조와 친숙해지는 일이 중요하다.

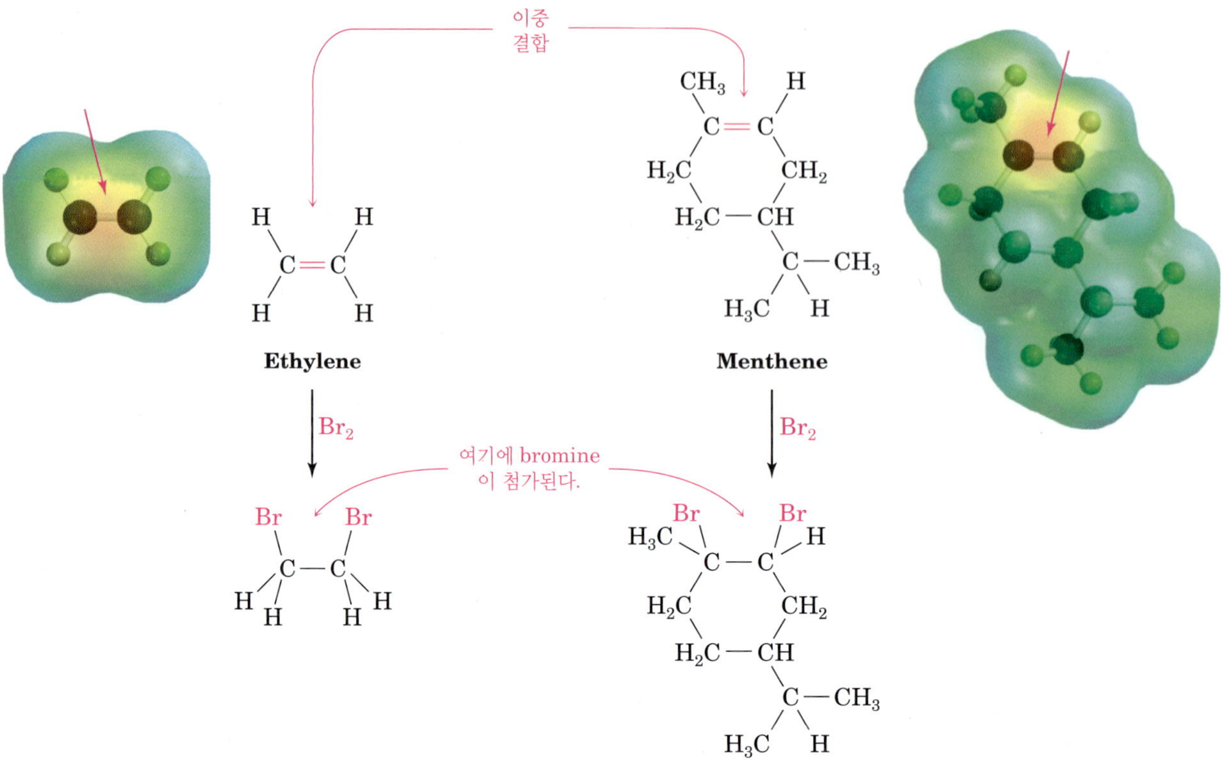

그림 3.1 ▸ Ethylene 및 menthene의 bromine과의 반응. 두 분자의 정전기 퍼텐셜 지도는 탄소–탄소 이중 결합 작용기에 대해 비슷한 전하 형태를 보여 주고 있다. 따라서 두 분자들은 Br_2와 같은 방법으로 반응한다. 분자의 나머지 부분에 크기나 복잡한 정도는 별로 중요하지 않다.

탄소–탄소 다중 결합을 가지고 있는 작용기

알켄, 알카인 및 아렌(방향족 화합물)은 모두 탄소–탄소 다중 결합을 포함하고 있다. 알켄(alkene)은 이중 결합을 가지고 있고, 알카인(alkyne)은 삼중 결합, 아렌(arene)은 탄소 원자의 육원자-고리에 이중 결합과 단일 결합을 교대로 가지고 있다. 이들은 그들의 구조적인 유사성 때문에 또한 화학적인 유사성도 가지게 된다.

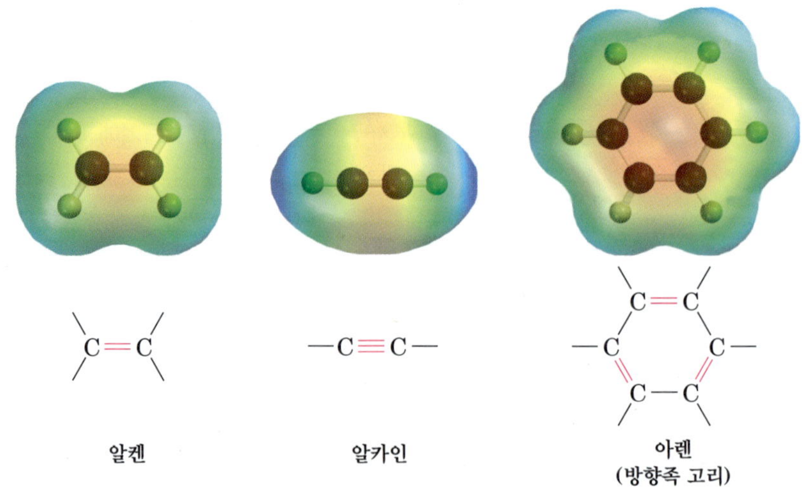

표 3.1 ● 몇 가지 일반적인 작용기의 구조

계통명	작용기 구조*	간단한 예	이름 끝
알케인	(C H와 C C 단일결합만 들어 있음)	CH_3CH_3	*-ane* Ethane
알켄	$>C=C<$	$H_2C=CH_2$	*-ene* Ethene (Ethylene)
알카인	$-C\equiv C-$	$H-C\equiv C-H$	*-yne* Ethyne (Acetylene)
아렌	(벤젠 고리: 여섯 개의 C가 단일결합과 이중결합을 번갈아 이룬 고리, 각 C에 결합 하나씩)	(벤젠 고리, 각 C에 H 하나씩)	없음 Benzene
할로젠화물	$-\overset{\vert}{\underset{\vert}{C}}-\ddot{\underset{..}{X}}:$ (X = F, Cl, Br, I)	H_3C-Cl	없음 Chloromethane
알코올	$-\overset{\vert}{\underset{\vert}{C}}-\ddot{\underset{..}{O}}-H$	H_3C-O-H	*-ol* Methanol
에터	$-\overset{\vert}{\underset{\vert}{C}}-\ddot{\underset{..}{O}}-\overset{\vert}{\underset{\vert}{C}}-$	$H_3C-O-CH_3$	*ether* Dimethyl ether
아민	$-\overset{\vert}{\underset{\vert}{C}}-\ddot{N}(H)-H,\ -\overset{\vert}{\underset{\vert}{C}}-\ddot{N}(-)-H,$ $-\overset{\vert}{\underset{\vert}{C}}-\ddot{N}(-)-$	H_3C-NH_2	*-amine* Methylamine
나이트릴	$-\overset{\vert}{\underset{\vert}{C}}-C\equiv N:$	$H_3C-C\equiv N$	*-nitrile* Ethanenitrile (Acetonitrile)
카보닐, $-\overset{:O:}{\overset{\Vert}{C}}-$			
알데하이드	$-\overset{\vert}{\underset{\vert}{C}}-\overset{:O:}{\overset{\Vert}{C}}-H$	$H_3C-\overset{O}{\overset{\Vert}{C}}-H$	*-al* Ethanal (Acetaldehyde)

표 3.1 ● 몇 가지 일반적인 작용기의 구조(계속)

계통명	작용기 구조*	간단한 예	이름 끝
케톤	$-\overset{\vert}{\underset{\vert}{C}}-\overset{:O:}{\overset{\Vert}{C}}-\overset{\vert}{\underset{\vert}{C}}-$	$H_3C-\overset{O}{\overset{\Vert}{C}}-CH_3$	*-one* Propanone (Acetone)
카복실산	$-\overset{\vert}{\underset{\vert}{C}}-\overset{:O:}{\overset{\Vert}{C}}-\ddot{\underset{\cdot\cdot}{O}}H$	$H_3C-\overset{O}{\overset{\Vert}{C}}-OH$	*-oic acid* Ethanoic acid (Acetic acid)
에스터	$-\overset{\vert}{\underset{\vert}{C}}-\overset{:O:}{\overset{\Vert}{C}}-\ddot{\underset{\cdot\cdot}{O}}-\overset{\vert}{\underset{\vert}{C}}-$	$H_3C-\overset{O}{\overset{\Vert}{C}}-O-CH_3$	*-oate* Methyl ethanoate (Methyl acetate)
아마이드	$-\overset{\vert}{\underset{\vert}{C}}-\overset{:O:}{\overset{\Vert}{C}}-\ddot{N}H_2$	$H_3C-\overset{O}{\overset{\Vert}{C}}-NH_2$	*-amide* Ethanamide (Acetamide)
	$-\overset{\vert}{\underset{\vert}{C}}-\overset{:O:}{\overset{\Vert}{C}}-\underset{\vert}{\ddot{N}}-H$		
	$-\overset{\vert}{\underset{\vert}{C}}-\overset{:O:}{\overset{\Vert}{C}}-\underset{\vert}{\ddot{N}}-$		
카복실산 염화물	$-\overset{\vert}{\underset{\vert}{C}}-\overset{:O:}{\overset{\Vert}{C}}-Cl$	$H_3C-\overset{O}{\overset{\Vert}{C}}-Cl$	*-oyl chloride* Ethanoyl chloride (Acetyl chloride)
카복실산 무수물	$-\overset{\vert}{\underset{\vert}{C}}-\overset{:O:}{\overset{\Vert}{C}}-\ddot{\underset{\cdot\cdot}{O}}-\overset{:O:}{\overset{\Vert}{C}}-\overset{\vert}{\underset{\vert}{C}}-$	$H_3C-\overset{O}{\overset{\Vert}{C}}-O-\overset{O}{\overset{\Vert}{C}}-CH_3$	*-oic anhydride* Ethanoic anhydride (Acetic anhydride)

*연결만 나타낸 결합은 분자의 나머지 부분에 탄소 또는 수소가 붙어있다고 가정한다.

》 탄소와 전기음성적인 원자가 단일 결합을 이루고 있는 작용기

할로젠화 알킬(alkyl halide 또는 haloalkane), 알코올(alcohol), 에터(ether) 및 아민(amine) 등은 모두 탄소 원자와 전기음성적인 원자인 할로젠, 산소 또는 질소와 단일 결합으로 연결되어 있다. 할로젠화 알킬은 할로젠($-X$)과 결합된 탄소 원자를 가지고 있고, 알코올은 하이드록시기(hydroxyl group, $-OH$)의 산소와 결합된 탄소를 가지고 있고, 에터는 동일한 산소에 결합된 두 개의 탄소 원자를 가지고 있으며, 아민은 질소에 결합된 탄소 원자를 가지고 있다. 모든 경우에 있어서, 결합은 탄소 원자가 부분적인 양전하($\delta+$)를 가지며, 전기음성적인 원자들이 부분적인 음전하($\delta-$)를 갖는 극성이다.

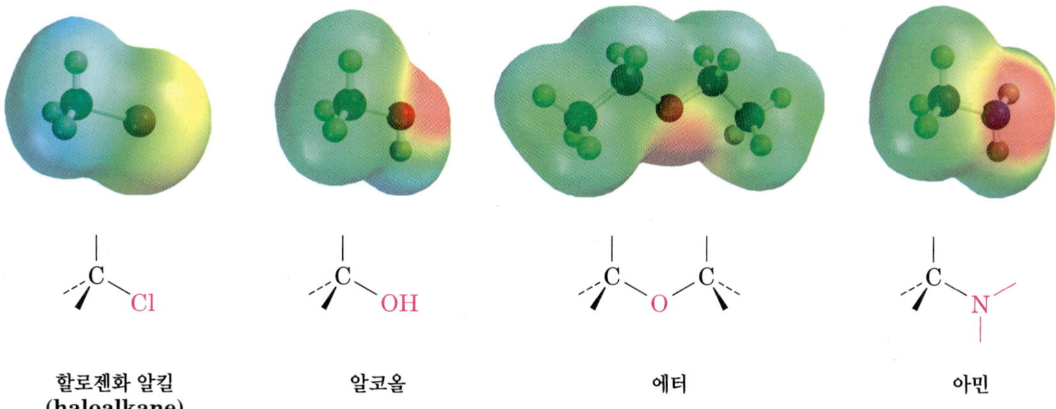

탄소–산소 이중 결합을 가지고 있는 작용기(카보닐기)

표 3.1에서 카보닐(carbonyl, C=O, car-bo-**neel**로 발음)기를 포함하고 있는 다른 계열 화합물을 특히 유의하라. 탄소–산소 이중 결합을 가지는 작용기는 유기 화학에서 매우 중요하다. 이들 화합물들은 여러 가지 관점에서 비슷하게 거동하지만, 카보닐기 탄소에 결합된 원자들의 특성에 따라 다르다. 알데하이드(Aldehyde)는 C=O기에 결합된 적어도 한 개의 수소를 가지고 있고, 케톤(ketone)은 C=O기에 결합된 두 개의 탄소를 가지고 있으며, 카복실산(carboxylic acid)은 C=O기에 결합된 한 개의 —OH기를 가지고 있다. 에스터(Ester)에는 C=O기에 결합된 에터–유사한 산소를 가지고 있으며, 아마이드(amide)는 C=O기에 결합된 아민–유사한 질소를 가지고 있고, 산 염화물(acid chloride)에는 C=O기에 결합된 염소를 가지고 있다. 카보닐 탄소 원자는 부분적인 양전하(δ+)를 가지며, 산소는 부분적인 음전하(δ−)를 가진다.

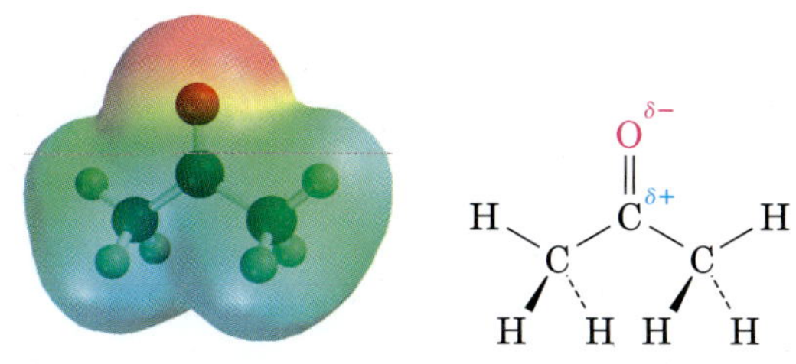

Acetone—전형적인 카보닐 화합물

알데하이드	케톤	카복실산	에스터	아마이드	산 염화물
O=C(C)–H	O=C(C)–C	O=C(C)–OH	O=C(C)–O–C	O=C(C)–N	O=C(C)–Cl

◆ **문제 3.1** 다음 각 분자에 존재하는 작용기를 확인하라.

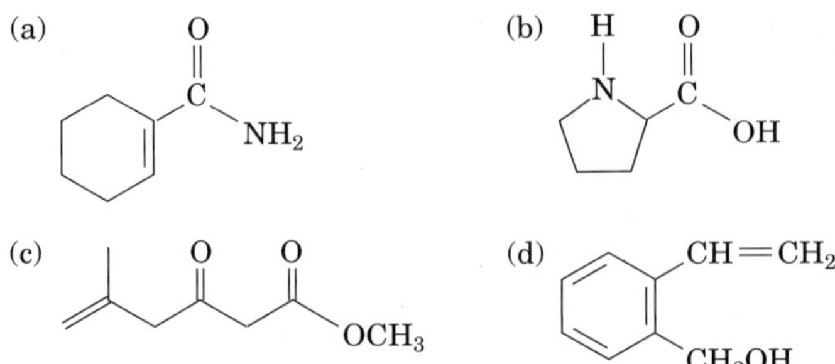

◆ **문제 3.2** 다음 작용기를 포함하고 있는 간단한 분자의 구조식을 제시하라.

(a) 알코올 (b) 방향족 고리 (c) 카복실산

(d) 아민 (e) 케톤과 아민(두 개를 함께 가지고 있는) (f) 두 개의 이중 결합

◆ **문제 3.3** 동물에서 벌레의 제어에 사용되는 가축병 치료약인 arecoline의 다음 입체 모양에서 작용기들을 확인하라. 그림을 선-결합 구조식과 분자식으로 바꾸어라(붉은 색 = O, 푸른색 = N).

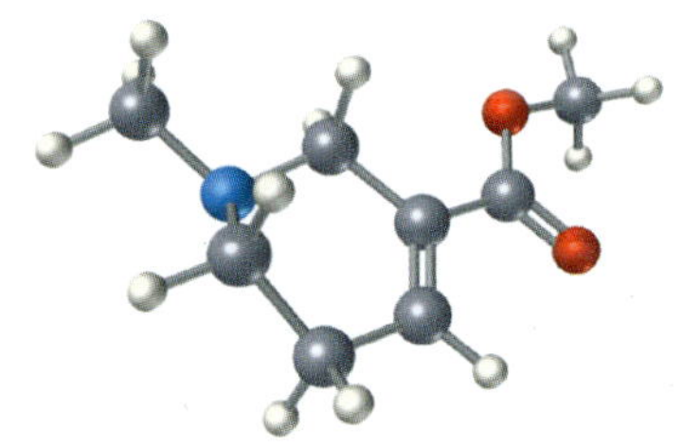

→ 3.2 알케인과 알케인 이성질체

우리는 1.8절에서 ethane의 탄소—탄소 단일 결합은 탄소의 sp^3 궤도함수들의 시그마(정면) 겹침의 결과임을 알았다. 만일 탄소—탄소 단일 결합에 의해 세 개, 네 개, 다섯 개 또는 그 보다 많은 수의 탄소 원자들이 서로 연결되었다고 가정해 보면, **알케인**(alkane)이라고 부르는 분자의 큰 계열을 만들 수 있다.

```
   H          H   H           H   H   H           H   H   H   H
   |          |   |           |   |   |           |   |   |   |
H—C—H     H—C—C—H     H—C—C—C—H     H—C—C—C—C—H . . . 등등
   |          |   |           |   |   |           |   |   |   |
   H          H   H           H   H   H           H   H   H   H
```

Methane **Ethane** **Propane** **Butane**

알케인을 가끔 포화 탄화수소(saturated hydrocarbon)로 나타내는데, 탄소와 수소만을 포함하고 있기 때문에 **탄화수소**(hydrocarbon)이고; C—C 및 C—H 단일 결합을 가지고 있고 탄소 하나당 최대로 가능한 수의 수소를 포함하고 있기 때문에 **포화**(saturated)이다. 알케인의 일반식은 C_nH_{2n+2}이고, 여기서 n은 정수이다. 알케인은 가끔 "지

$$
\begin{array}{l}
\overset{\displaystyle O}{\|} \\
CH_2OCCH_2CH_2CH_2CH_2CH_2CH_2CH_2CH_2CH_2CH_2CH_2CH_2CH_2CH_2CH_2CH_2CH_3 \\
|\overset{\displaystyle O}{\|} \\
CHOCCH_2CH_2CH_2CH_2CH_2CH_2CH_2CH_2CH_2CH_2CH_2CH_2CH_2CH_2CH_2CH_2CH_3 \\
|\overset{\displaystyle O}{\|} \\
CH_2OCCH_2CH_2CH_2CH_2CH_2CH_2CH_2CH_2CH_2CH_2CH_2CH_2CH_2CH_2CH_2CH_2CH_3
\end{array}
$$

전형적인 동물성 지방

방(fat)"을 뜻하는 그리스어 "*aleiphas*"로부터 유래된 **지방족**(aliphatic) 화합물이라고 부르기도 한다.

한 개의 탄소와 네 개의 수소를 가지고, 단지 한 개의 구조만이 가능하다. methane, CH_4. 유사하게 두 개의 탄소와 여섯 개의 수소로부터 단지 한 개의 조합만이 있고(ethane, CH_3CH_3), 세 개의 탄소와 여덟 개의 수소에서는 단지 한 개의 조합이 있다(propane, $CH_3CH_2CH_3$). 그러나 만일 더 많은 수의 탄소와 수소들이 조합된다면, 한 가지 구조 이상이 가능하다. 예를 들면, 화학식이 C_4H_{10}인 경우는 두 가지 물질이 존재한다. 즉 네 개의 탄소가 직선으로 배열될 수도 있고(butane), 또는 탄소들이 가지를 이루고 있을 수도 있다(isobutane). 유사하게, 세 개의 C_5H_{12} 분자가 있고, 더 큰 알케인에서도 마찬가지이다.

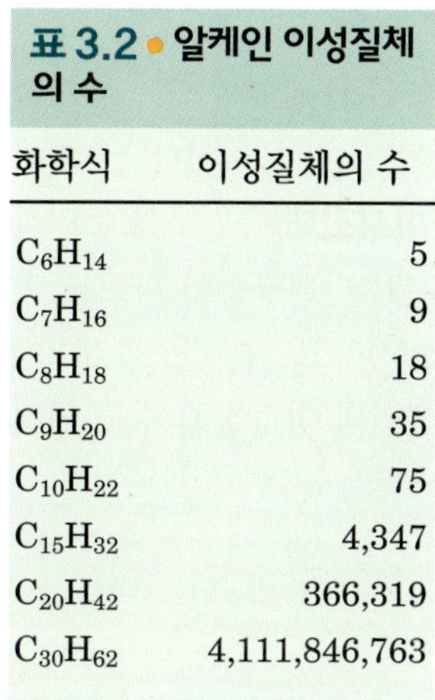

표 3.2 • 알케인 이성질체의 수

화학식	이성질체의 수
C_6H_{14}	5
C_7H_{16}	9
C_8H_{18}	18
C_9H_{20}	35
$C_{10}H_{22}$	75
$C_{15}H_{32}$	4,347
$C_{20}H_{42}$	366,319
$C_{30}H_{62}$	4,111,846,763

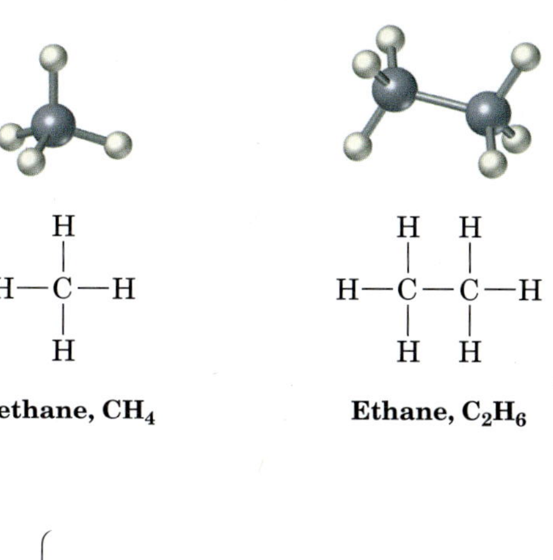

Methane, CH_4 **Ethane, C_2H_6** **Propane, C_3H_8**

C_4H_{10}

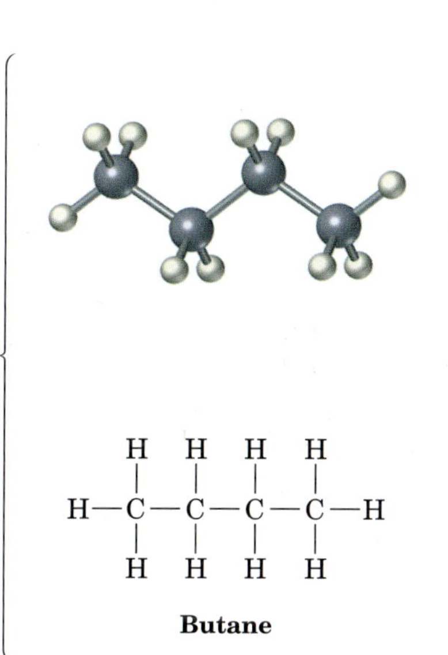

Butane

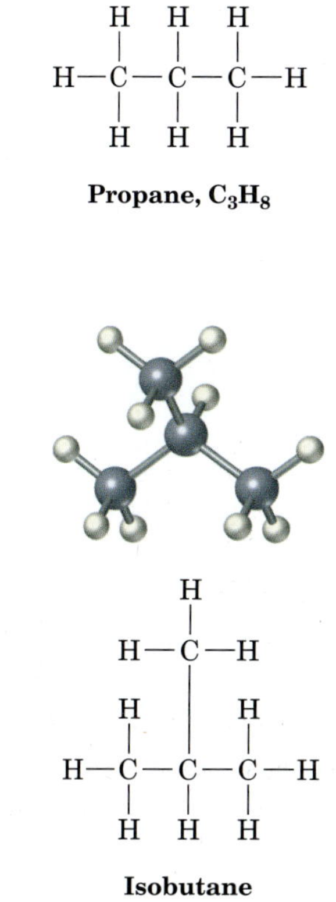

Isobutane (2-Methylpropane)

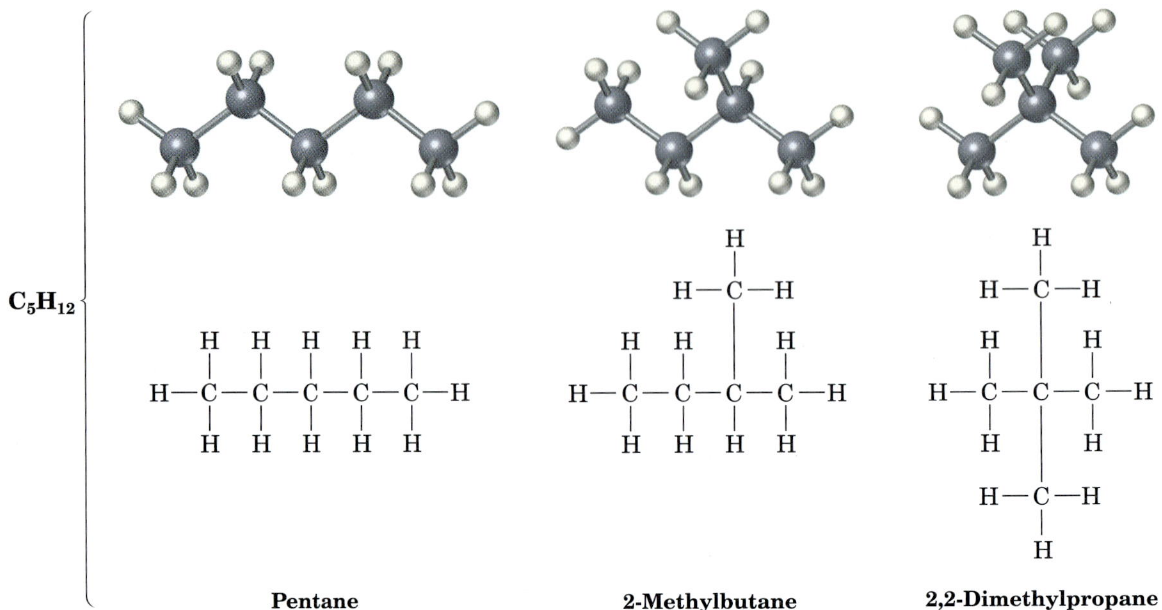

탄소가 직선으로 모두 연결된 butane과 pentane같은 화합물들은 **직선-사슬 알케인**(straight-chain alkane) 또는 **노말 알케인**(normal alkane)이라고 부른다. 탄소 사슬에 곁가지를 가지고 있는 2-methylpropane(isobutane), 2-methylbutane, 2,2-dimethylpropane과 같은 화합물은 **가지 달린-사슬 알케인**(branched-chain alkane)이라고 부른다.

동일한 분자식을 가지고 있으나 구조가 서로 다른 두 개의 C_4H_{10} 분자 및 세 개의 C_5H_{12} 분자와 같은 화합물들을 이성질체(*isomer*는 "같은 부분으로 만들어졌다"는 의미의 그리스어인 *isos* + *meros*로부터 유래되었다)라고 부른다. **이성질체**는 원자의 동일한 수와 종류를 가지고 있지만, 원자들이 배열되어 있는 방법이 다르다. 원자들이 다르게 연결되어 있는 화합물들을 **구조 이성질체**(constitutional isomer)라고 부른다. 표 3.2에 나타낸 바와 같이, 탄소의 원자 수가 증가함에 따라 가능한 알케인의 이성질체 수도 엄청나게 증가한다.

표 3.3 ● 직선-사슬 알케인의 이름

탄소수 (*n*)	이름	화학식 (C_nH_{2n+2})
1	Methane	CH_4
2	Ethane	C_2H_6
3	Propane	C_3H_8
4	Butane	C_4H_{10}
5	Pentane	C_5H_{12}
6	Hexane	C_6H_{14}
7	Heptane	C_7H_{16}
8	Octane	C_8H_{18}
9	Nonane	C_9H_{20}
10	Decane	$C_{10}H_{22}$
11	Undecane	$C_{11}H_{24}$
12	Dodecane	$C_{12}H_{26}$
13	Tridecane	$C_{13}H_{28}$
20	Icosane	$C_{20}H_{42}$
21	Henicosane	$C_{21}H_{44}$
30	Triacontane	$C_{30}H_{62}$

탄소 골격이 다름
C_4H_{10}

$CH_3CH(CH_3)CH_3$ 과 $CH_3CH_2CH_2CH_3$

2-Methylpropane (Isobutane) **Butane**

작용기가 다름
C_2H_6O

CH_3CH_2OH 과 CH_3OCH_3

Ethyl alcohol **Dimethyl ether**

작용기 위치가 다름
C_3H_9N

$CH_3CH(NH_2)CH_3$ 과 $CH_3CH_2CH_2NH_2$

Isopropylamine **Propylamine**

어떤 주어진 알케인은 임의의 여러 가지 방법으로 그릴 수 있다. 예를 들면 *butane*이라고 부르며 탄소가 네 개인 직선-사슬 알케인은 그림 3.2에 나타낸 구조식 중의 어느 것으로도 나타낼 수 있다. 실제로 화학자들은 분자 내에 모든 결합을 죽처럼 그리지 않고 보통 butane의 구조를 **축소 구조식**(condensed structure)인 $CH_3CH_2CH_2CH_3$ 또는 $CH_3(CH_2)_2CH_3$에 의해 나타낸다. C—C 결합과 C—H 결합과 같은 표현에서 결합은 나타내기보다는 오히려 "이해"가 요구된다. 만일 탄소가 결합된 세 개의 수소를 가지고 있으면, CH_3로 쓰고, 만일 탄소가 결합된 두 개의 수소를 가지고 있으면, CH_2로 쓴다. 더욱이 butane은 n-C_4H_{10}으로 표기될 수 있으며, 여기서 n-은 노말(normal)을 의미하며, 직선-사슬 butane을 뜻한다.

그림 3.2 ▸ Butnae, C_4H_{10}의 몇 가지 표현. 그리는 방법에 상관없이 분자는 동일하다. 이 구조들은 butane이 네 개 탄소 원자의 연속된 사슬을 갖는 것을 의미한다. 이것은 특정한 기하 구조를 의미하지는 않는다.

$CH_3—CH_2—CH_2—CH_3$ $CH_3CH_2CH_2CH_3$ $CH_3(CH_2)_2CH_3$

직선-사슬 알케인은 표 3.3에 나타낸 바와 같이, 사슬 내의 들어 있는 탄소 원자 수에 따라 명명된다. 화합물 이름이 역사적인 뿌리를 가지고 있는 methane, ethane, propane 및 butane과 같은 처음 네 개 화합물을 제외한 다른 알케인은 얼마나 많은 수의 탄소를 가지고 있는가를 나타내는 그리스 숫자를 토대로 명명된다. 접미사 *-ane*는 확인된 분자가 알케인임을 나타내는 각 이름 끝에 붙인다. 따라서 pent*ane*은 탄소 수가 다섯 개인 알케인이고, hex*ane*은 탄소 수가 여섯 개인 알케인이다.

예제 3.1

C_2H_7N의 화학식을 갖는 두 개 이성질체의 구조식을 제시하라.

▸ **힌트** 탄소는 네 개의 결합을 형성하고, 질소는 세 개의 결합 그리고 수소는 하나의 결합을 형성한다는 것을 알고 있다. 탄소 원자를 먼저 쓰고, 다음에 시행착오에 의한 조합을 이용하고 조각들을 조립하는 직관력을 이용한다.

▸ **해답** 두 개의 이성질체 구조가 있다. 하나는 C—C—N 연결을 가지며, 다른 하나는 C—N—C 연결을 갖는다.

이러한 조각들이··· 2 —C— 1 —N— 7 H—

모여···

이러한 구조가 된다 $CH_3CH_2NH_2$ 와 CH_3NHCH_3

◆ **문제 3.4** C_6H_{14}의 다섯 개 이성질체를 그려라.

◆ **문제 3.5** 다음 설명에 맞는 구조식들을 제안하라.

(a) $C_5H_{10}O_2$의 화학식을 가지는 두 개의 에스터 이성질체
(b) C_4H_7N의 화학식을 가지는 두 개의 나이트릴 이성질체

◆ **문제 3.6** 다음 설명에 맞는 이성질체들은 몇 개나 되는가?
(a) C_3H_8O의 화학식을 가지는 알코올
(b) C_4H_9Br의 화학식을 가지는 브로모알케인

3.3 알킬기

만일 알케인으로부터 수소 원자 한 개를 제거한다고 가정하면, 남아 있는 부분적인 구조를 **알킬기**(alkyl group)라고 부른다. 알킬기 자체는 안정하지 않지만, 알킬기는 큰 화합물의 단순히 일부분이다. 알킬기의 이름은 모체 알케인의 이름 끝에 있는 *-ane*를 *-yl*로 바꾸어 명명한다. 예를 들면 methane, CH_4로부터 수소 한 개가 제거되면 *methyl*기인 $—CH_3$가 생성되고, ethane, CH_3CH_3로부터 수소 한 개가 제거되면 *ethyl*기인 $—CH_2CH_3$가 생성된다. 유사하게 어떤 직선-사슬 알케인의 끝에 있는 탄소로부터 수소 원자 한 개가 제거되면 표 3.4에 나타낸 바와 같은 직선-사슬 알킬기를 생성하게 된다. 앞에서 나타낸 작용기들을 알킬기와 조합시키면 수없이 많은 이름을 가지는 화합물들을 만들 수 있다. 예를 들면

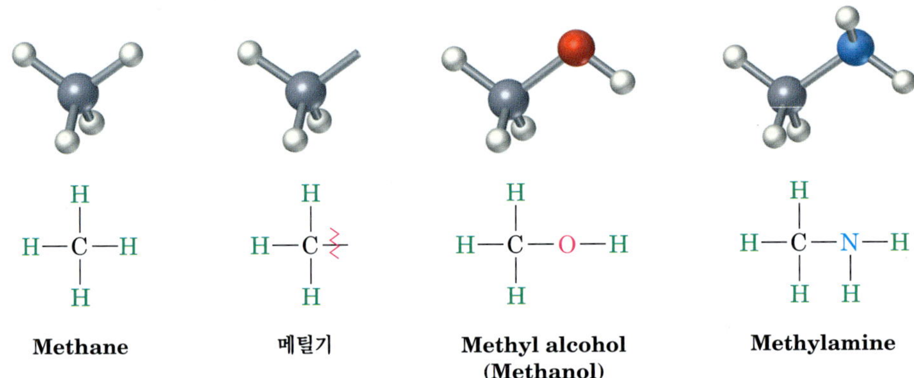

Methane **메틸기** **Methyl alcohol (Methanol)** **Methylamine**

표 3.4 ● 몇 가지 직선-사슬 알킬기

알케인	이름	알킬 기	이름(약어)
CH_4	Methane	$—CH_3$	Methyl (Me)
CH_3CH_3	Ethane	$—CH_2CH_3$	Ethyl (Et)
$CH_3CH_2CH_3$	Propane	$—CH_2CH_2CH_3$	Propyl (Pr)
$CH_3CH_2CH_2CH_3$	Butane	$—CH_2CH_2CH_2CH_3$	Butyl (Bu)
$CH_3CH_2CH_2CH_2CH_3$	Pentane	$—CH_2CH_2CH_2CH_2CH_3$	Pentyl, 또는 amyl

어떤 직선-사슬 알케인의 맨 끝(end) 탄소에서 수소의 제거에 의해 직선-사슬 알킬기가 생성되는 것처럼, 가지달린 알킬기는 내부(internal) 탄소로부터 수소 원자의 제거에 의해 생성된다. 탄소 수가 세 개인 알킬기 두 가지와 탄소 수가 네 개인 알킬기 네 가지가 가능하다(그림 3.3).

알킬기의 명명에 대한 한 가지 추가되는 용어: 접두사 *sec-* (secondary, 이차) 및 *tert-*

(tertiary, 삼차) 등은 가지달린 탄소 원자에 결합된 다른 탄소 원자의 수를 나타내며 그림 3.3에 있는 C_4 알킬기에 대해 사용된다. 탄소에서는 네 가지 가능성이 있다. 일차(primary, 1°), 이차(secondary, 2°), 삼차(tertiary, 3°) 및 사차(quaternary, 4°)로 구분된다.

1차 탄소(1°) 한 개의 다른 탄소가 붙어 있다 **2차 탄소(2°) 두 개의 다른 탄소가 붙어 있다** **3차 탄소(3°) 세 개의 다른 탄소가 붙어 있다** **4차 탄소(4°) 네 개의 다른 탄소가 붙어 있다**

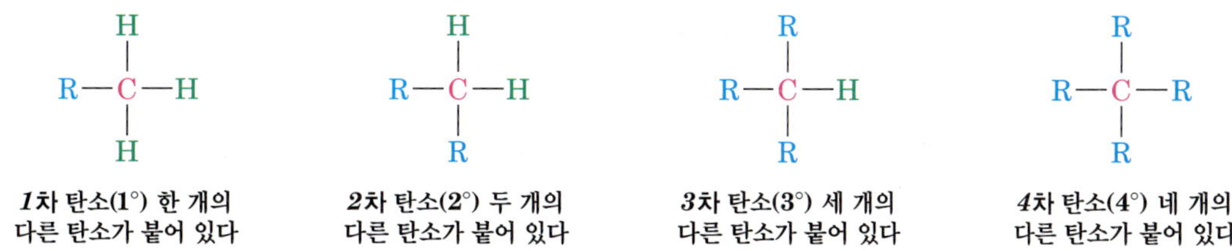

기호 **R**은 유기 화학에서 일반화된 유기 치환기를 표현하는 데 사용된다. **R** 치환기는 methyl, ethyl, propyl 또는 어떤 다른 다수의 알킬기일 수 있다. 이 **R**은 일부러 지정할 필요가 없는 분자의 나머지(**R**est)를 나타내는 것으로 생각할 수 있다.

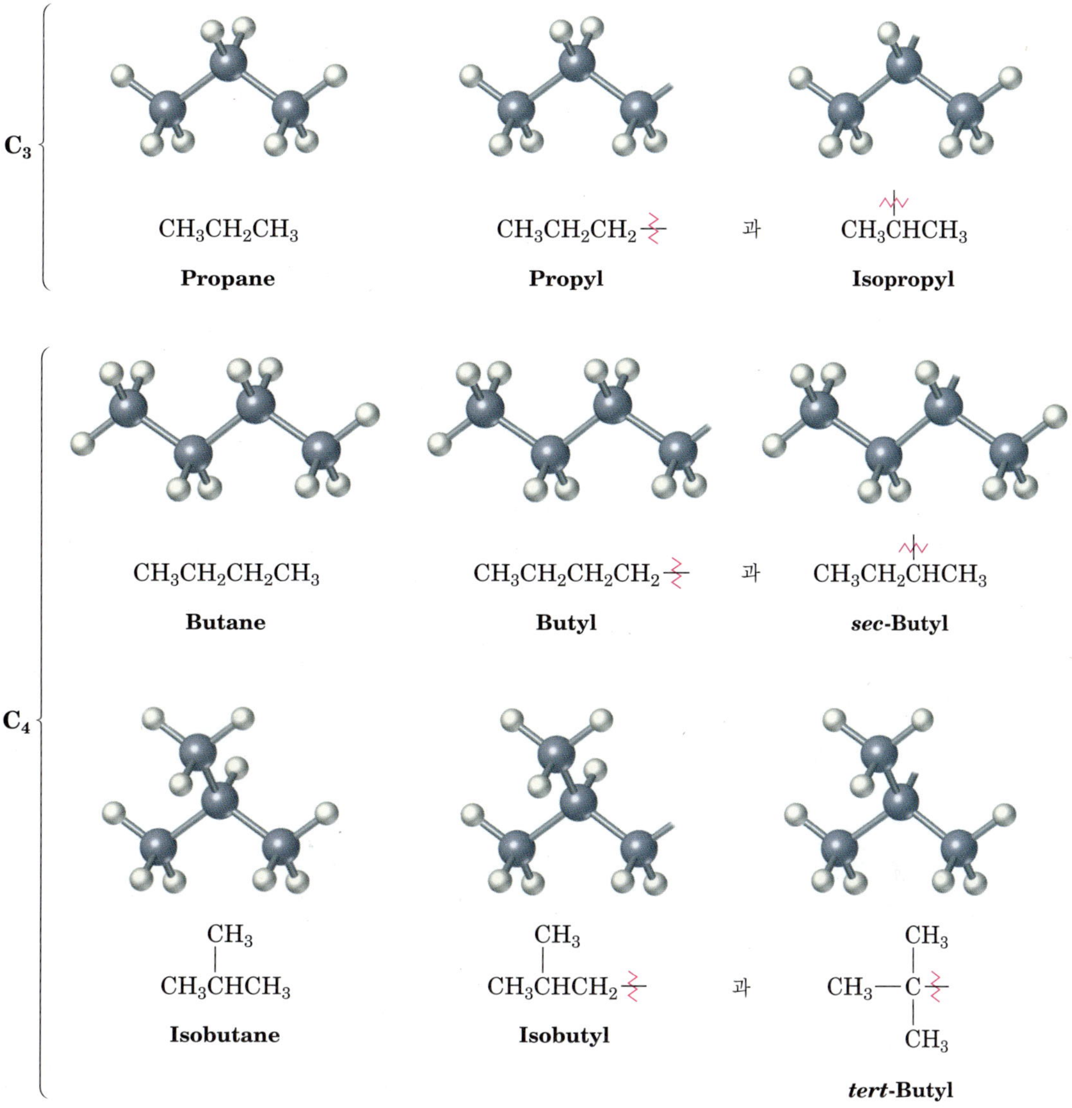

C3
CH3CH2CH3
Propane
CH3CH2CH2
Propyl
과
CH3CHCH3
Isopropyl
C4
CH3CH2CH2CH3
Butane
CH3CH2CH2CH2
Butyl
과
CH3CH2CHCH3
sec-Butyl
CH3
CH3CHCH3
Isobutane
CH3
CH3CHCH2
Isobutyl
과
CH3
CH3—C
CH3
tert-Butyl

그림 3.3 ▸ 직선-사슬 알케인으로부터 알킬기의 생성.

일차(primary), 이차(secondary), 삼차(tertiary) 및 사차(quaternary)라는 용어는 유기 화학에 보편적으로 사용되며, 이들의 의미는 화합물의 제 2의 성질을 뜻하기도 한다. 예를 들면 "반응 생성물이 일차 알코올이다"라고 말을 하면, 알코올 작용기(—OH)가 한 개의 탄소 원자에 결합된 것이고, —OH 자체가 R기에 결합되어 있다. R—CH_2—OH.

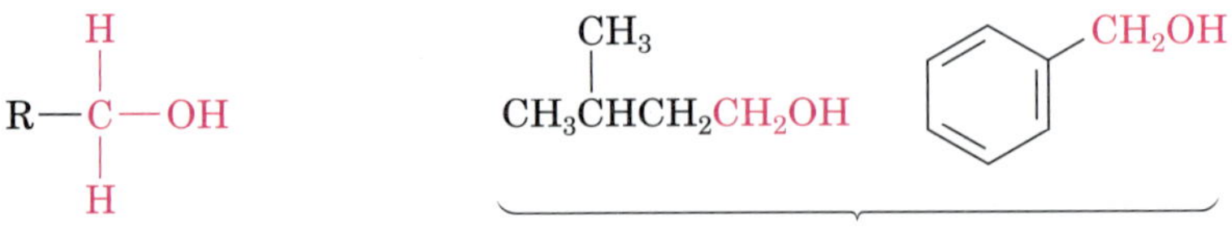

R—C(H)(H)—OH

일차 알코올의 일반식, RCH_2OH

$CH_3CH(CH_3)CH_2CH_2OH$ $C_6H_5CH_2OH$

일차 알코올, RCH_2OH의 특별한 예

더욱이 일차, 이차 또는 삼차 수소 원자들에 대해서도 같은 용어를 사용할 수 있다. 일차 수소는 일차 탄소(RCH_3)에 결합되어 있고, 이차 수소는 이차 탄소(R_2CH_2)에 결합되어 있고, 삼차 수소는 삼차 탄소(R_3CH)에 결합되어 있다. 물론 사차 수소를 가진 화합물은 없다. (왜?)

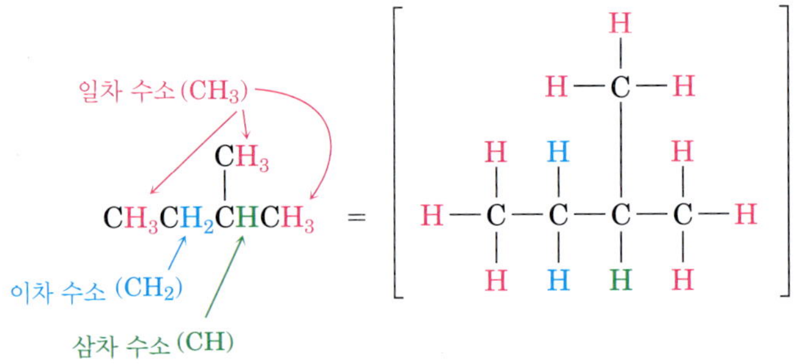

일차 수소 (CH_3)

$CH_3CH_2CH(CH_3)CH_3$ = [구조식]

이차 수소 (CH_2)

삼차 수소 (CH)

◆ **문제 3.7** 여덟 개의 5-탄소 알킬기(pentyl 이성질체)를 그려라.

◆ **문제 3.8** 다음 분자 내에 탄소 원자들을 일차, 이차, 삼차 및 사차로 나타내라.

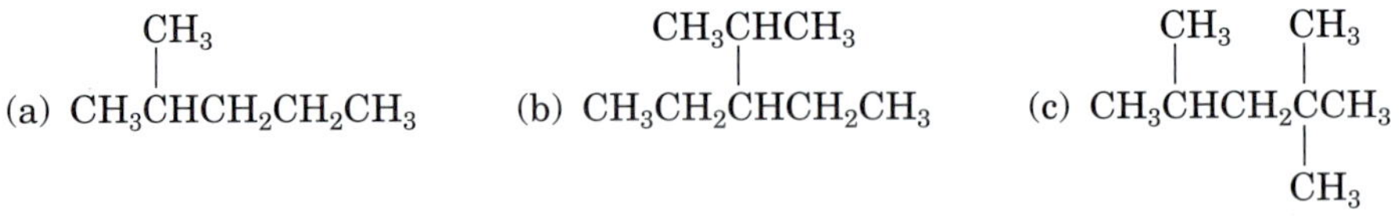

(a) $CH_3CH(CH_3)CH_2CH_2CH_3$ (b) $CH_3CH_2CH(CH_3CHCH_3)CH_2CH_3$ (c) $CH_3CH(CH_3)CH_2C(CH_3)_2CH_3$

◆ **문제 3.9** 문제 3.8에서 나타낸 화합물 내에 수소 원자를 일차, 이차 혹은 삼차로 나타내라.

◆ **문제 3.10** 다음 설명에 맞는 알케인의 구조를 그려라.

(a) 두 개의 삼차 탄소를 가지고 있는 알케인

(b) Isopropyl기를 포함하고 있는 알케인

(c) 한 개의 이차 탄소와 한 개의 사차 탄소를 가지고 있는 알케인

3.4 알케인의 명명

이 책에서 이용하고 있는 명명법의 체계는 국제 순수 및 응용화학 연합(International Union of Pure and Applied Chemistry: IUPAC, 보통 **eye**-you-pac으로 발음한다)에서 고안한 방법이다.

화합물 이름은 전형적으로 **IUPAC 명명 체계**(IUPAC system of nomenclature)에서는 세 부분으로 되어 있다. 접두사(prefix), 모체(parent) 그리고 접미사(suffix)이다. 접두사는 분자 내에 작용기 및 다른 **치환기**(substituent)들의 위치를 나타내고, 모체는 분자의 주요한 부분을 선택해서 그 주요한 부분에 얼마나 많은 탄소 원자가 들어 있는지 말해주며, 접미사는 분자가 속해 있는 작용기 계열을 나타낸다.

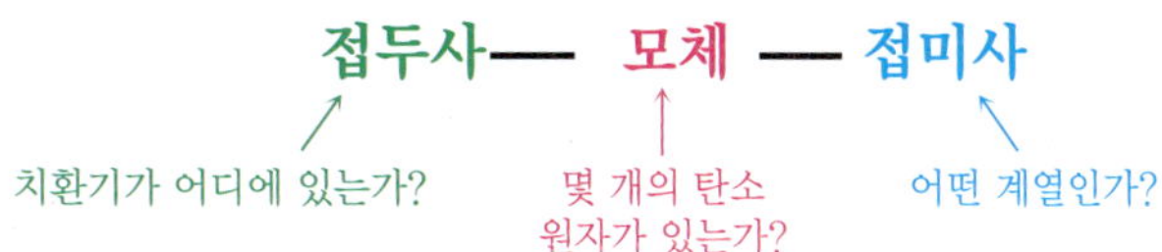

이 책의 뒷장에서 새로운 작용기들을 다룰 때, 적용 가능한 IUPAC 명명 규칙이 주어질 것이다. 이 책의 끝에 있는 부록 B는 유기 화합물의 개괄적인 명명법을 나타내고 있으며, 하나 이상의 작용기를 가지고 있는 화합물들은 어떻게 명명할 수 있는지 보여 주고 있다. 여기서는 가지달린-사슬 알케인을 어떻게 명명하는가를 살펴보자.

가장 복잡한 가지달린-사슬 알케인을 제외하고 대부분은 다음의 네 단계에 의해 명명될 수 있다. 몇 가지 화합물에 대해서는 다섯 단계가 필요하다.

단계 1 **모체 탄화수소를 찾아라**

(a) 분자 내에 탄소 원자의 가장 긴 연속된 사슬을 찾아서 모체 이름으로 그 사슬의 이름을 사용하라. 가장 긴 사슬은 항상 그려진 방식대로 명확하지는 않으며, "구부러진 곳을 돌아야"만 한다.

$$\begin{array}{l} \qquad\qquad\qquad CH_2CH_3 \\ \qquad\qquad\qquad | \\ CH_3CH_2CH_2CH{-}CH_3 \end{array}$$

치환된 hexane으로 명명한다

$$\begin{array}{l} \qquad\quad CH_3 \\ \qquad\quad | \\ \qquad\quad CH_2 \\ \qquad\quad | \\ CH_3{-}CHCH{-}CH_2CH_3 \\ \qquad\qquad | \\ \qquad\qquad CH_2CH_2CH_3 \end{array}$$

치환된 heptane으로 명명한다

(b) 만일 같은 길이의 두 개의 서로 다른 사슬이 존재한다면, 많은 수의 곁가지 점을 가진 쪽을 모체로 선택하라.

$$\begin{array}{l} \quad CH_3 \\ \quad | \\ CH_3CH{-}CHCH_2CH_2CH_3 \\ \qquad\qquad | \\ \qquad\qquad CH_2CH_3 \end{array}$$

한 개의 치환기를 갖는
hexnane으로 명명하지 않고

$$\begin{array}{l} \quad CH_3 \\ \quad | \\ CH_3CHCHCH_2CH_2CH_3 \\ \qquad\quad | \\ \qquad\quad CH_2CH_3 \end{array}$$

두 개의 치환기를 갖는
hexane으로 명명한다

단계 2　주 사슬에 있는 원자에 번호를 붙여라

(a) 첫 번째 곁가지 점에 더 가까운 쪽 끝에서부터 시작하여 모체 사슬 각 탄소 원자에 번호를 붙인다.

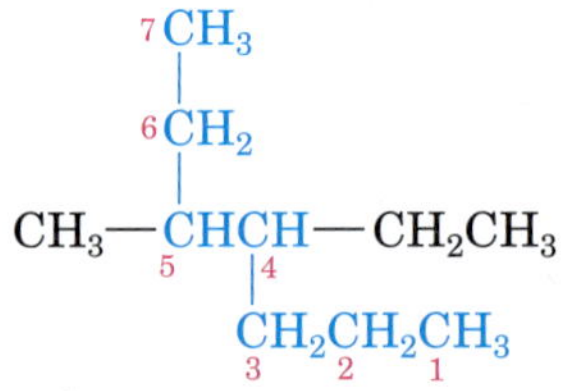

```
        7CH3                                     1CH3
         |                                        |
        6CH2                                     2CH2
         |                                        |
CH3—CHCH—CH2CH3        이 아니고        CH3—CHCH—CH2CH3
     5  |4                                   3  |4
        CH2CH2CH3                                CH2CH2CH3
        3   2   1                                5   6   7
```

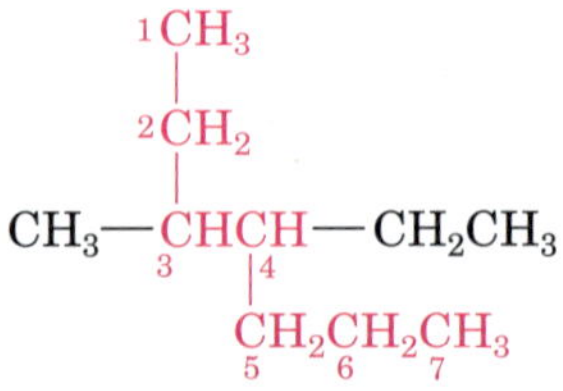

번호 붙임의 올바른 계에서 첫 번째 곁가지는 C3에 생기며, C4는 아니다.

(b) 만일 모체 사슬의 양끝으로부터 동일한 거리만큼 곁가지 위치가 떨어져 있다면, 두 번째 곁가지 점이 더 가까운 끝에서부터 번호 붙임을 시작한다.

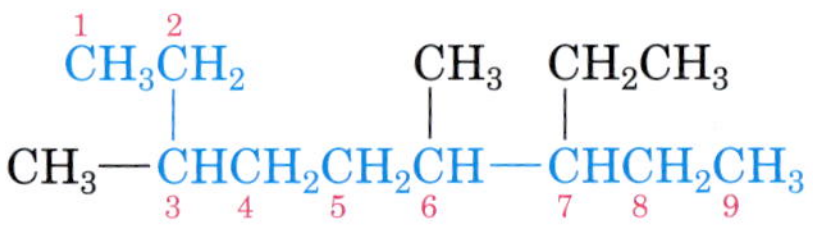

```
    1  2                                               9  8
    CH3CH2        CH3  CH2CH3                          CH3CH2        CH3  CH2CH3
    |             |    |                               |             |    |
CH3—CHCH2CH2CH—CHCH2CH3        이 아니고        CH3—CHCH2CH2CH—CHCH2CH3
    3  4  5  6   7  8  9                               7  6  5  4   3  2  1
```

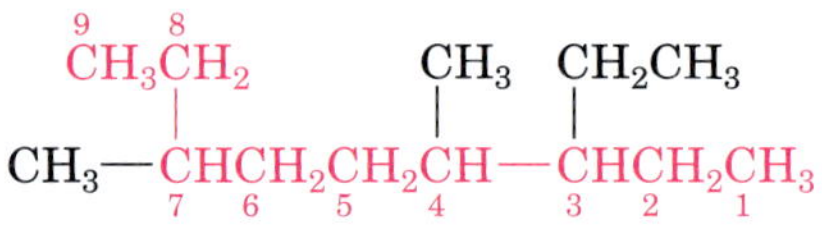

단계 3　치환기를 확인하고 번호를 붙여라

(a) 모체 사슬에 붙어 있는 각 점에 위치한 각각 치환기의 위치 번호를 부여한다.

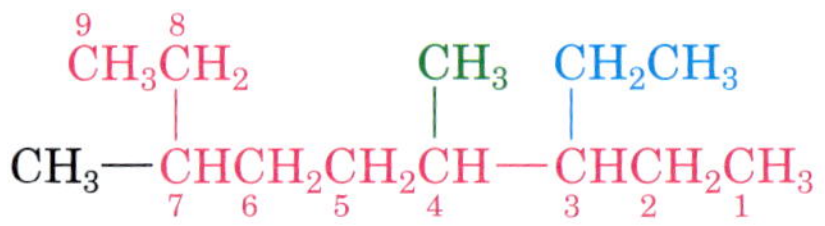

```
    9  8
    CH3CH2        CH3  CH2CH3
    |             |    |
CH3—CHCH2CH2CH—CHCH2CH3        Nonane으로 명명한다
    7  6  5  4   3  2  1
```

치환기: C3에, CH_2CH_3 (3-ethyl)
C4에, CH_3 (4-methyl)
C7에, CH_3 (7-methyl)

(b) 동일 탄소에 두 개의 치환기가 붙어 있으면 같은 번호를 두 번 겹쳐 부여한다. 이름에 항상 치환기수 만큼에 해당되는 번호의 수가 있어야 한다.

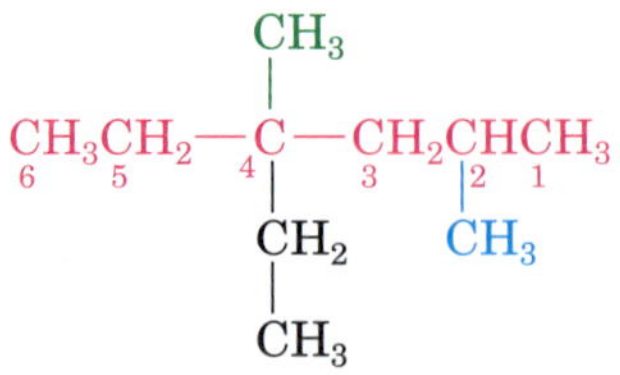

```
            CH3
            |
CH3CH2—C—CH2CHCH3        Hexane으로 명명한다
 6   5  4|  3   |2  1
        CH2     CH3
         |
        CH3
```

치환기: C2에, CH_3 (2-methyl)
C4에, CH_3 (4-methyl)
C4에, CH_2CH_3 (4-ethyl)

단계 4　한 단어로 이름을 써라

서로 다른 접두사를 분리하는 데는 하이픈(-)을 사용하고, 번호를 분리하는 데는 쉼표

(,)를 사용하라. 만일 둘 또는 그 이상의 치환기가 존재하면, 알파벳순으로 나열한다. 만일 둘 또는 그 이상의 동일한 치환기가 존재하면, 곱수의 접두사인 *di-*, *tri-*, *tetra-* 등등 중에 한 가지를 사용한다. 그러나 이 접두사들을 알파벳 순 서로 나열하는 데 사용하지 말라. 다음에 몇몇 화합물의 완전한 이름을 예로 들었다.

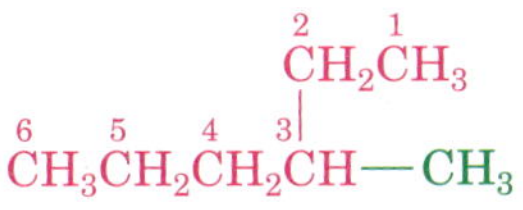

3-Methylhexane

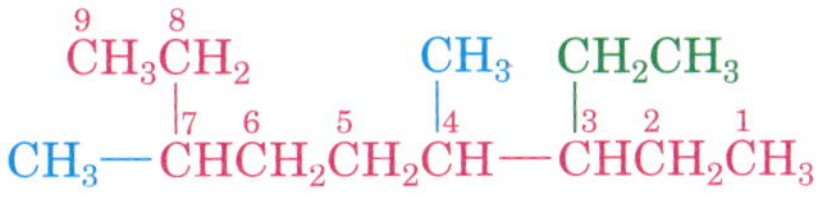

3-Ethyl-4,7-dimethylnonane

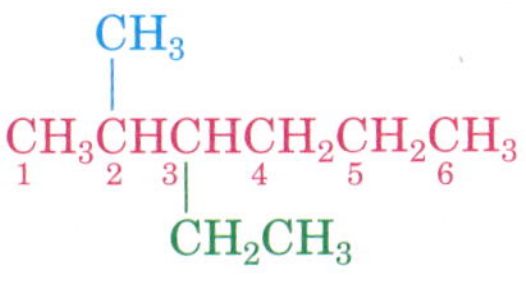

3-Ethyl-2-methylhexane

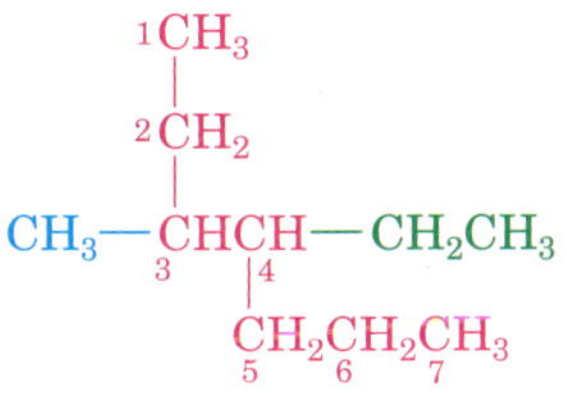

4-Ethyl-3-methylheptane

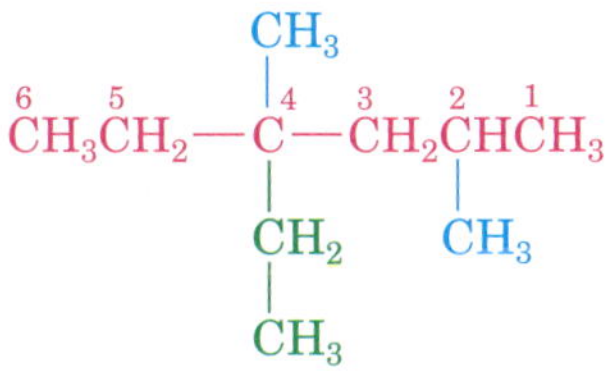

4-Ethyl-2,4-dimethylhexane

단계 5 복잡한 치환기의 명명은 치환기 자체를 하나의 화합물로 보고 명명하라

몇 가지 특별히 복잡한 화합물의 경우에는 다섯 단계가 필요하다. 가끔 주 사슬에 결합되어 있는 치환기가 또 다른 곁가지(sub-branch)를 가지는 경우가 있다. 예를 들면, 다음의 경우 C6에 있는 치환기는 메틸기를 또 다른 곁가지로 가지는 세 개-탄소 사슬이다. 이 화합물 완전히 명명하려면, 복잡한 치환기부터 먼저 명명되어야 한다.

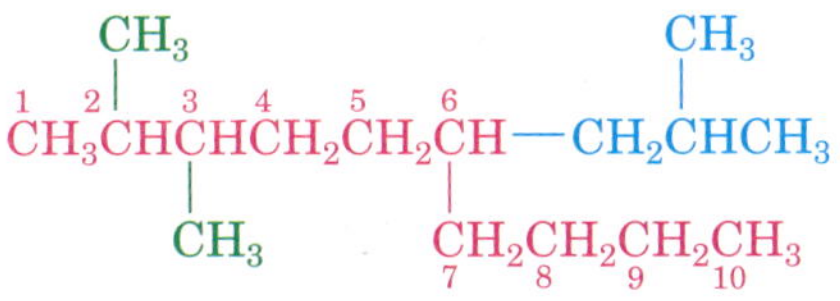

2,3,6-삼치환 decane 으로 명명한다

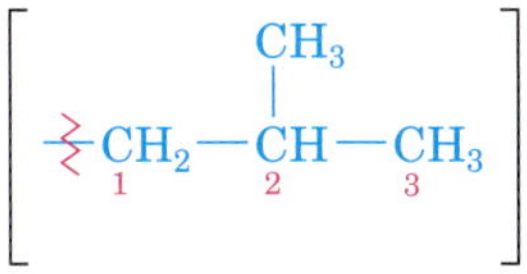

2-methylpropyl 기

가지달린 치환기가 주 사슬에 붙어 있는 결합 점에서부터 가지달린 치환기의 번호 붙임을 시작하면, 치환기는 2-methylpropyl기로 확인된다. 치환기의 완전한 이름(어떠한 숫자적인 접두사 포함하여)에 첫 글자에 따라 치환기는 알파벳 순서가 되고, 전체 분자를 명명할 때는 이 치환기의 이름을 괄호로 묶는다.

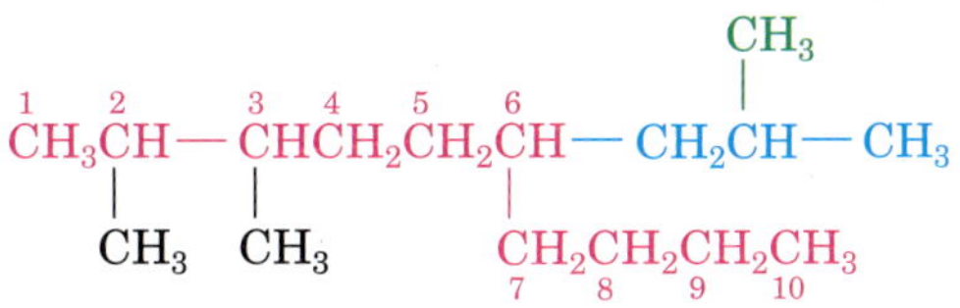

2,3-Dimethyl-6-(2-methylpropyl)decane

더 추가적인 예로,

$$\begin{array}{l} \qquad\qquad\qquad\qquad\quad CH_3 \quad CH_3 \\ \qquad\qquad\qquad\qquad\quad | \qquad\;\; | \\ \underset{9}{CH_3}\underset{8}{CH_2}\underset{7}{CH_2}\underset{6}{CH_2}\underset{5}{CH}-CH-CHCH_3 \\ \qquad\qquad\qquad\quad\;\; | \\ \qquad\qquad\qquad\;\; {}^{4}CH_2 \quad CH_3 \\ \qquad\qquad\qquad\quad\;\; | \qquad\quad | \\ \qquad\qquad\qquad\;\; \underset{3}{CH_2}-\underset{2}{CH}-\underset{1}{CH_3} \end{array}$$

5-(1,2-Dimethylpropyl)-2-methylnonane

$$\begin{array}{l} \quad CH_3 \quad CH_3 \\ \quad | \qquad\;\; | \\ -\underset{1}{CH}-\underset{2}{CH}\underset{3}{CH_3} \end{array}$$

5-(1,2-Dimethylpropyl)-

역사적인 이유 때문에, 몇 가지 간단한 가지달린-사슬 알킬기들은 앞서 나타낸 바와 같은 비체계적인 관용명(common name) 또한 가지고 있다.

1. 탄소 수 세 개의 알킬기:

CH_3CHCH_3

Isopropyl (*i*-Pr)

2. 탄소 수 네 개의 알킬기:

$CH_3CH_2CHCH_3$

sec-Butyl (sec-Bu)

$$\begin{array}{l} \quad\;\; CH_3 \\ \quad\;\; | \\ CH_3CHCH_2- \end{array}$$

Isobutyl

$$\begin{array}{c} CH_3 \\ | \\ CH_3-C- \\ | \\ CH_3 \end{array}$$

***tert*-Butyl (*t*-Butyl 또는 *t*-Bu)**

3. 탄소 수 다섯 개의 알킬기:

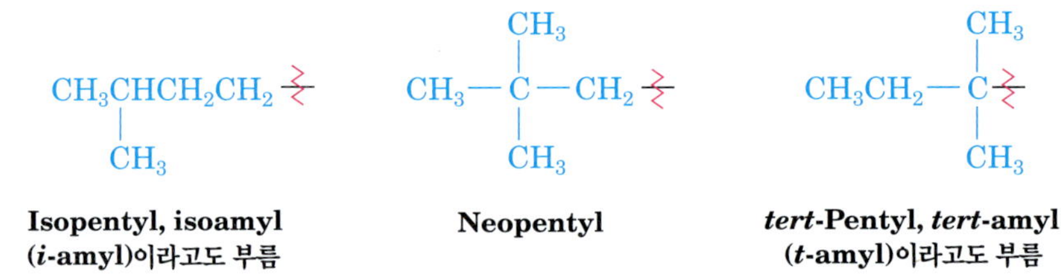

Isopentyl, isoamyl (*i*-amyl)이라고도 부름

Neopentyl

***tert*-Pentyl, *tert*-amyl (*t*-amyl)이라고도 부름**

예제 3.2

다음 알케인의 IUPAC 명명은 무엇인가?

$$\begin{array}{l} \quad\; CH_2CH_3 \qquad\quad CH_3 \\ \quad\; | \qquad\qquad\qquad\quad | \\ CH_3CHCH_2CH_2CH_2CHCH_3 \end{array}$$

▶ **힌트** 분자 내 가장 긴 연속되는 탄소 사슬을 찾고, 그것을 모체 이름으로 사용하라. 이 분자는 두 개의 메틸 치환기를 갖고 있는 여덟 개 탄소(octane) 사슬을 가지고 있다(모체를 알아보기 위해서는 구부러진 곳을 돌아야만 한다). 첫 번째 메틸 치환기에 가까운 끝에서부터 번호를 붙이면, 메틸기들은 C2와 C6 위치에 있는 것으로 나타난다.

▶ **해답**

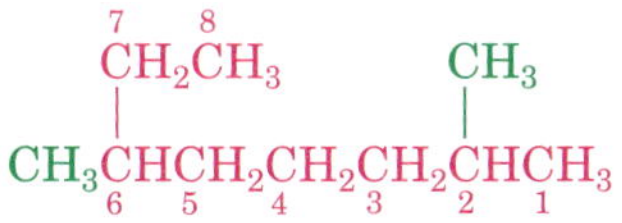

$$\begin{array}{l} \overset{7}{C}H_2\overset{8}{C}H_3 \qquad\quad CH_3 \\ | \qquad\qquad\qquad\quad | \\ CH_3\underset{6}{C}H\underset{5}{C}H_2\underset{4}{C}H_2\underset{3}{C}H_2\underset{2}{C}H\underset{1}{C}H_3 \end{array}$$

2,6-Dimethyloctane

예제 3.3

3-Isopropyl-2-methylhexane의 구조를 그려라.

▶ **힌트** 이것은 예제 3.2의 반대로서, 역으로 힌트를 사용하라. 모체 이름(hexane)을 찾아서 그 탄소 구조를 그려라.

C—C—C—C—C—C **Hexane**

다음으로 치환기(3-isopropyl과 2-methyl)를 찾아 적절한 위치의 탄소에 배열한다.

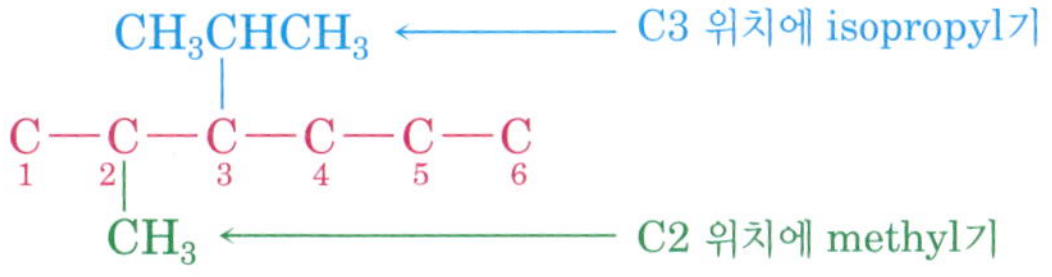

$$\begin{array}{l} \qquad CH_3CHCH_3 \longleftarrow \text{C3 위치에 isopropyl기} \\ \qquad\quad | \\ \underset{1}{C}-\underset{2}{C}-\underset{3}{C}-\underset{4}{C}-\underset{5}{C}-\underset{6}{C} \\ \qquad | \\ \qquad CH_3 \longleftarrow \text{C2 위치에 methyl기} \end{array}$$

마지막으로 수소를 그려 넣어 완전한 구조식을 만든다.

▶ **해답**

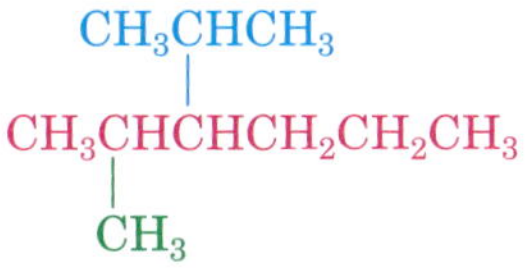

$$\begin{array}{l} \quad CH_3CHCH_3 \\ \qquad | \\ CH_3CHCHCH_2CH_2CH_3 \\ \quad | \\ \quad CH_3 \end{array}$$

3-Isopropyl-2-methylhexane

◆ **문제 3.11** 다음 화합물들의 IUPAC명을 제시하라.

(a) C_5H_{12}의 세 가지 이성질체

(b) 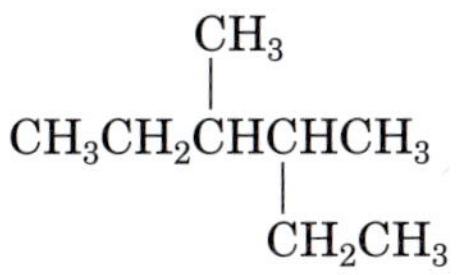
$$\begin{array}{l} \qquad\qquad CH_3 \\ \qquad\qquad | \\ CH_3CH_2CHCHCH_3 \\ \qquad\qquad\quad | \\ \qquad\qquad\quad CH_2CH_3 \end{array}$$

(c) 
$$\begin{array}{l} \qquad\qquad\qquad CH_3 \\ \qquad\qquad\qquad | \\ (CH_3)_2CHCH_2CHCH_3 \end{array}$$

(d) 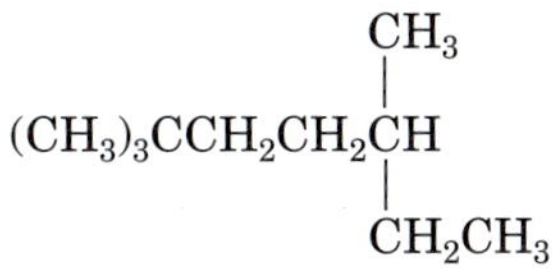
$$\begin{array}{l} \qquad\qquad\qquad\quad CH_3 \\ \qquad\qquad\qquad\quad | \\ (CH_3)_3CCH_2CH_2CH \\ \qquad\qquad\qquad\quad | \\ \qquad\qquad\qquad\quad CH_2CH_3 \end{array}$$

◆ **문제 3.12** 다음 IUPAC명에 해당하는 화합물의 구조식을 그려라.
(a) 3,4-Dimethylnonane (b) 3-Ethyl-4,4-dimethylheptane
(c) 2,2-Dimethyl-4-propyloctane (d) 2,2,4-Trimethylpentane

◆ **문제 3.13** 문제 3.7에 이미 그린 바 있는 탄소 수 다섯 개인 알킬기 여덟 개에 대해 명명하라.

◆ **문제 3.14** 다음 탄화수소를 IUPAC명으로 명명하고, 골격 구조로 전환하라.

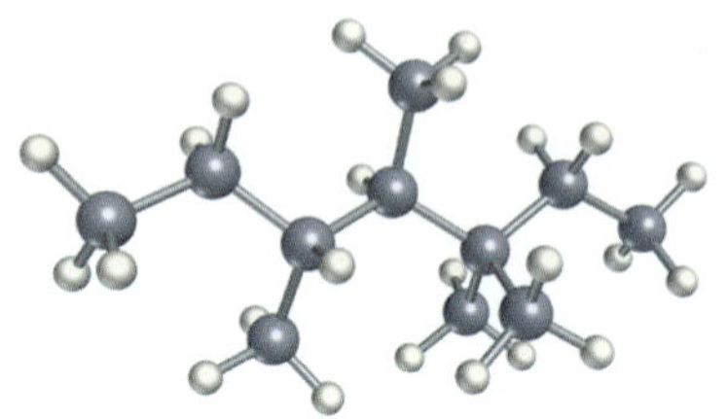

3.5 알케인의 성질

알케인은 가끔 **파라핀**(paraffin)이라고 부르며, 이 단어는 "친화력이 적은(slight affinity)"이라는 의미의 라틴어 *parum affinis*로부터 유래되었다. 이 용어는 다른 화합물과 화학적으로 친화력이 거의 없고 실험실에 있는 대부분의 시약에 대해 화학적으로 비활성임을 보여 주는 알케인의 거동을 적절히 표현하고 있다. 또한 이들은 생물학적으로도 비교적 불활성이고 살아 있는 유기체 화학에서도 자주 포함되어 있지 않다. 그러나 알케인은 적당한 조건 하에서 산소, 할로젠 및 몇 가지 다른 화합물과 반응한다.

알케인과 산소와의 반응은 알케인이 연료로서 사용될 때 엔진이나 노(furnace)에서 연소되는 동안에 일어난다. 연소될 때 많은 열이 방출되며, 이산화탄소와 물이 생성물로 형성된다. 예를 들면 methane(천연 가스)은 다음 반응식에 따라 산소와 반응한다.

$$CH_4 + 2\,O_2 \longrightarrow CO_2 + 2\,H_2O + 890\ \text{kJ/mol}\ (213\ \text{kcal/mol})$$

알케인과 Cl_2의 반응은 두 혼합물에 자외선($h\nu$로 표시, 여기서 ν는 그리스어 nu)을 쪼이면 일어난다. 두 반응물의 상대적인 양과 반응 시간에 따라 염소에 의해 알케인 수소 원자가 순서대로 치환이 일어나고, 염소화된 생성물의 혼합물을 생성한다. 예를 들면 methane은 염소와 반응하여 CH_3Cl, CH_2Cl_2, $CHCl_3$ 및 CCl_4의 혼합물을 생성한다.

알케인은 분자량이 증가함에 따라 끓는점 및 녹는점 모두가 규칙적인 증가를 나타낸

$$CH_4 + Cl_2 \xrightarrow{h\nu} CH_3Cl + HCl$$
$$\xrightarrow{Cl_2} CH_2Cl_2 + HCl$$
$$\xrightarrow{Cl_2} CHCl_3 + HCl$$
$$\xrightarrow{Cl_2} CCl_4 + HCl$$

다(그림 3.4). 이러한 효과는 분자 간에 약한 분산력(dispersion force)의 존재 때문인 것으로 설명할 수 있다. 매우 짧은 거리에서만 작용하는 이러한 분자간의 힘은 전자 분포가 대개 일정한 알케인 분자가 어떤 주어진 순간에 일정하지 않는(nonuniform) 전자 분포 때문에 발생된다. 우연히 분자의 어느 한 쪽이 반대쪽에 비해 상대적으로 전자를 약간 많이 가진다면, 분자에 일시적인 이중극자가 나타난다. 이러한 일시적인 이중극자는 가까이 존재하는 또 다른 분자에서 반대 극성을 나타내는 원인이 되고, 그 결과로 두 분자 사이에 작은 전기적인 인력이 유발된다(그림 3.5).

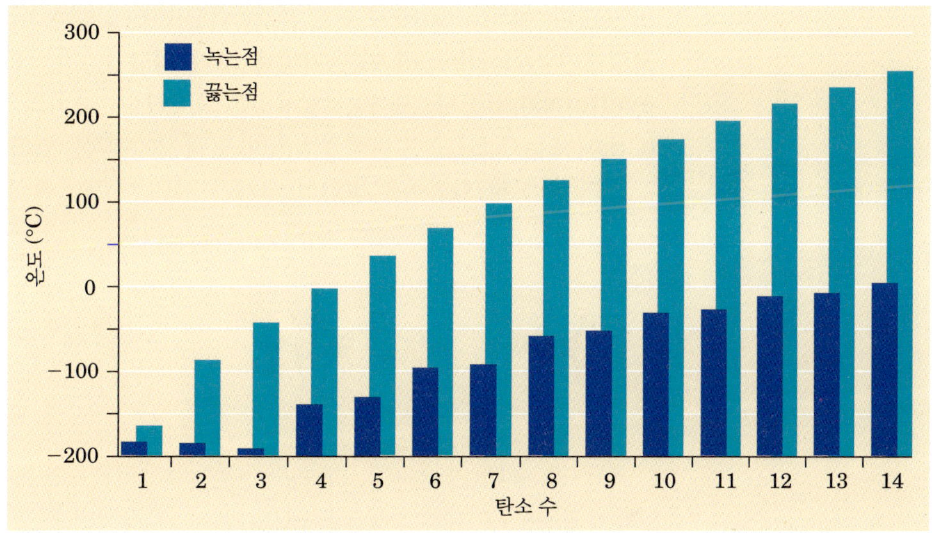

그림 3.4 ▸ C_1–C_{14} 알케인 탄소 수에 대한 녹는점 및 끓는점 도표. 분자 크기에 따라 규칙적으로 증가한다.

이러한 분자의 일시적인 이중극자들은 순간적으로 존재하며, 일정하게 변하지만, 많은 수의 이러한 누적된 효과는 분자들을 액체 혹은 고체 상태로 머물도록 하기에 충분한 인력을 만든다. 액체를 끓이거나 고체를 녹일 때는 분자들의 이러한 힘을 극복하도록 충분한 에너지를 공급해야만 가능하다. 예상하는 바와 같이 분자의 크기가 증가하면 분산력이 증가하고 보다 더 큰 알케인의 높은 끓는점을 설명할 수 있다.

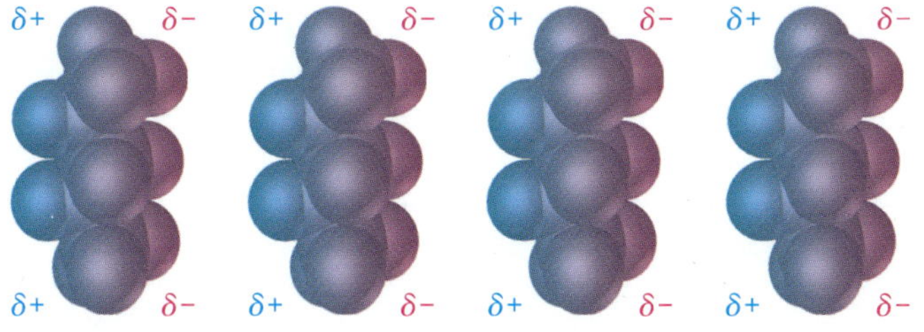

그림 3.5 ▸ 끌어당기는 분산력은 pentane의 공간-채움 모형에서 나타낸 바와 같이 일시적인 이중극자에 의해 생긴다.

알케인에서 나타나는 또 다른 흥미 있는 효과는 곁가지가 늘어날수록 알케인의 끓는점을 낮추어 준다는 점이다. 따라서 가지가 없는 pentane은 36.1°C에서 끓고, 한 개의 가지가 있는 isopentane(2-methylbutane)은 27.85°C에서 끓으며, 두 개의 곁가지를 가지고 있는 neopentane(2,2-dimethylpropane)은 9.5°C에서 끓는다. 유사하게

octane은 125.7°C에서 끓고, isooctane(2,2,4-trimethylpentane)은 99.3°C에서 끓는다. 가지달린-사슬 알케인들은 직선-사슬 알케인에 비해 보다 더 구형에 가깝고, 더 작은 표면적을 가지며, 결과적으로 작은 분산력을 가지기 때문에 직선-사슬 알케인에 비해 끓는점이 낮다.

3.6 사이클로알케인

지금까지는 열린-사슬 알케인만을 다루었지만, 화학자들은 1세기에 걸쳐서 탄소 원자가 고리(*ring*)를 이루는 화합물도 역시 존재한다는 것을 알았다. 이러한 고리 화합물을 **사이클로알케인**(cycloalkane) 또는 **지방족 고리 화합물**(alicyclic compound, **ali**phatic **cyclic**)이라 부른다. 사이클로알케인은 $—CH_2—$ 단위의 고리로 구성되었기 때문에 $(CH_2)_n$ 또는 C_nH_{2n}의 일반식을 가지며, 골격 구조에서는 다각형으로 나타낸다.

지방족 고리 화합물은 고리의 크기가 서로 다르고 자연계에 풍부하다. 예를 들면

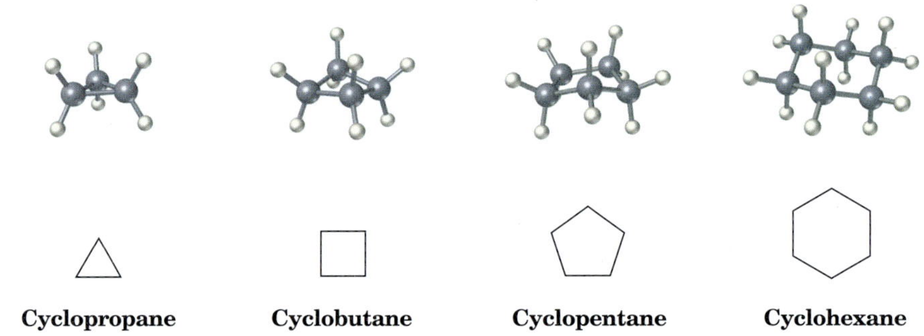

chrysanthemic acid에는 삼원자 고리(cyclopropane)가 들어 있다. Chrysanthemic acid의 여러 가지 에스터 화합물들이 제충국꽃의 살충제 성분으로서 자연계에서 얻어진다.

H_3C CH_3 H H CO_2H

Chrysanthemic acid

3.7 사이클로알케인의 명명

치환된 사이클로알케인의 명명은 앞에서 사용한 열린-사슬 알케인의 규칙과 비슷한 방법으로 이름을 붙인다. 대부분의 화합물에 대해 다음의 두 규칙을 적용한다.

규칙 1 **모체를 찾아라**

고리의 탄소 원자수와 가장 큰 치환기 사슬에 탄소수를 세어라. 만일 고리의 탄소수가 가장 큰 치환기의 수보다 크거나 같으면, 알킬기-치환된 사이클로알케인으로

명명하라. 그러나 고리 탄소수보다 알킬 사슬 탄소수가 더 많을 경우에 화합물은 사이클로알킬기-치환된 알케인으로 명명한다.

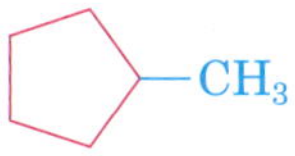

$-CH_3$ 그러나 $-CH_2CH_2CH_2CH_3$

3개의 탄소 4개의 탄소

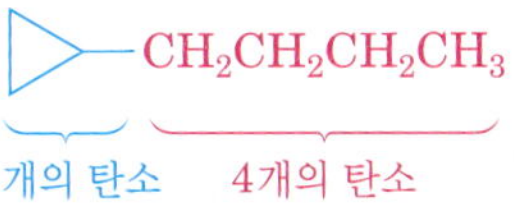

Methylcyclopentane **1-Cyclopropylbutane**

규칙 2 **치환기들에 번호를 붙이고 이름을 쓴다**

알킬- 또는 할로젠-치환 사이클로로알케인은 붙어 있는 점을 C1으로 하고 두 번째 치환기는 가능한 낮은 번호가 되도록 고리에 치환기 번호를 붙인다. 여전히 애매한 점이 있으면, 차이가 생길 때까지 세 번째 또는 네 번째 치환기가 가능한 낮은 번호가 되도록 한다.

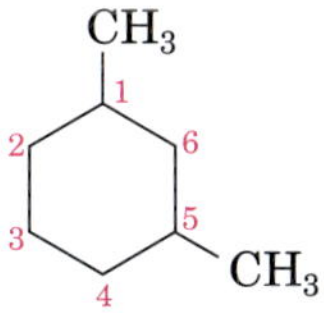

CH_3 1 2 3 4 5 6 CH_3 이 아니고 CH_3 1 2 3 4 5 6 CH_3 이다

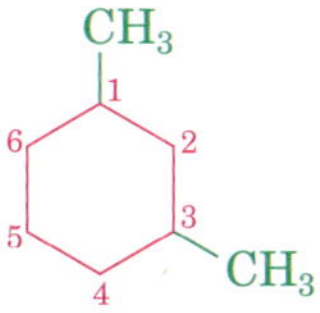

1,5-Dimethylcyclohexane **1,3-Dimethylcyclohexane**

↑ 높다 ↑ 낮다

(a) 두 개 또는 그 이상의 서로 다른 알킬기가 존재하면 치환기 이름의 알파벳순으로 치환기의 위치 번호를 붙인다.

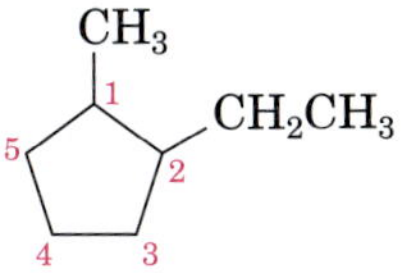

CH_3 CH_2CH_3 이 아니고 CH_3 CH_2CH_3 이다

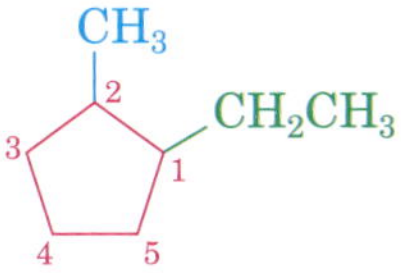

2-Ethyl-1-methylcyclopentane **1-Ethyl-2-methylcyclopentane**

(b) 만일 할로젠이 존재하면, 정확히 알킬기와 동일하게 취급한다.

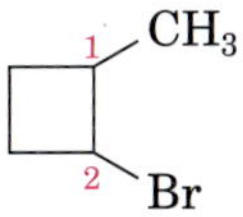

CH_3 Br 이 아니고 CH_3 Br 이다

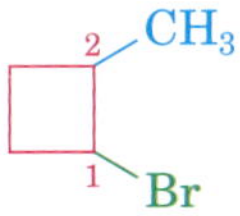

2-Bromo-1-methylcyclobutane **1-Bromo-2-methylcyclobutane**

몇 가지 추가적인 예는 다음과 같다.

Br, 1, 2, 3, 4, 5, 6, CH_3CH_2, CH_3

1-Bromo-3-ethyl-5-methyl-cyclohexane

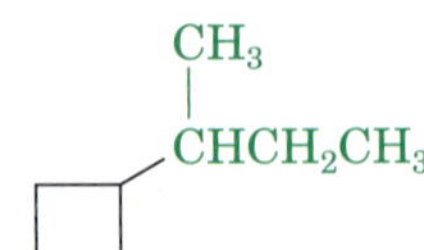

(1-Methylpropyl)cyclobutane (또는 *sec*-Butylcyclobutane)

Cl, 1, 2, 3, 4, 5, CH_3, CH_2CH_3

1-Chloro-3-ethyl-2-methyl-cyclopentane

◆ **문제 3.15** 다음 사이클로알케인의 IUPAC명을 써라.

(a)

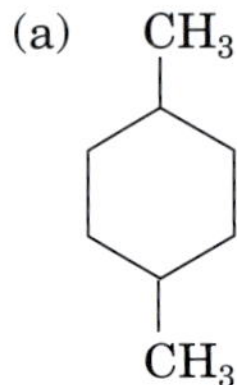

(b) $CH_2CH_2CH_3$, CH_3

(c) CH_3, $CH(CH_3)_2$

◆ **문제 3.16** 다음의 IUPAC명에 해당하는 구조식을 그려라.

(a) 1,1-Dimethylcyclootane (b) 3-Cyclobutylhexane

(c) 1,2-Dichlorocyclopentane (d) 1,3-Dibromo-5-methylcyclohexane

◆ **문제 3.17** 다음 사이클로알케인을 명명하라.

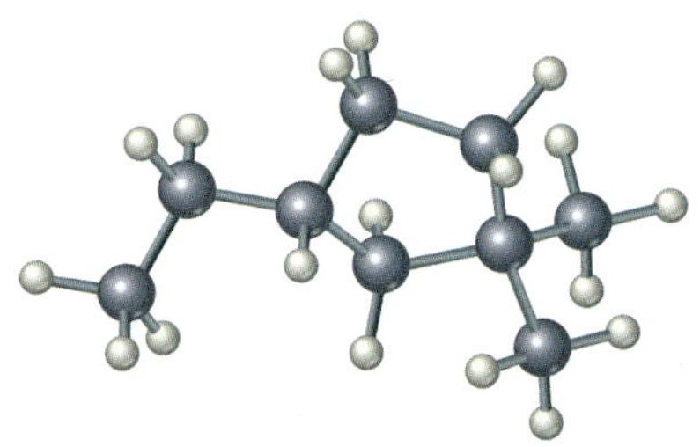

생활과 화학 . . .

가솔린(석유)

식물과 동물의 세계에서 자연적으로 산출된다. 예를 들면 캐비지의 잎을 덮고 있는 왁스에는 nonacosane($C_{29}H_{60}$)이 포함되어 있고, California의 Sierra Nevada 산맥에 널리 퍼져 있는 Jeffrey 소나무 동유(Wood oil)에는 heptane(C_7H_{16})이 들어 있다. 그러나 지금까지 알케인의 주된 공급원이 세계의 천연 가스와 석유 매장물이다. 오랜 세월이 지나는 동안 이 매장물(퇴적물)은 우선 바다를 근원으로 식물과 동물의 분해로 인해 생기게 되었다. 천연 가스(Natural gas)는 주로 methane으로 구성되어 있으나 ethane, propane 및 butane 등도 포함되어 있다. *Petroleum*(석유)은 사용되기 전에 다른 분획물로 분리되어 더 정제해야만 사용될 수 있는 복잡한 탄화수소 혼합물이다.

(계속)

1859년 8월 Pennsylvania Titusville 계곡 가까이에 구멍을 뚫어 세계에서 최초로 기름 우물이 생겨남으로써 석유 시대가 시작되었다. 석유는 끓는점에 따라 분획물로 증류되었지만, 그것은 일차적으로 얻으려 했던 가솔린보다는 끓는점이 높은 등유나 등불용 기름이었다. 읽고 쓰는 교육이 널리 확산되면서 사람들은 양초보다는 읽기 위해 더 밝은 불을 원하게 되었다. 가솔린은 램프에 사용하기에는 너무 휘발성이 커서 처음에는 쓸모없는 부산물로 생각하였다. 이후 세상이 크게 변해서 지금은 상품으로서 등잔용 기름보다는 가솔린이 훨씬 가치가 있다.

석유 정제는 끓는점(boiling point, bp)에 따라 세 가지 주요 분획으로 자르는 원유의 분별증류에 의해 시작된다. 직류 가솔린(straight-run gasoline, bp 30~200°C), 등유(kerosene, bp 175~300°C) 그리고 난방용 기름 또는 디젤 연료(diesel, bp 275~400°C). 감압하에서 더 증류하면 윤활유 및 왁스가 생성되고 증류되지 않는 타르 형태의 아스팔트가 남는다.

원유의 증류는 가솔린 생산의 첫 단계에 불과하다. 직류 가솔린은 뜨거운 엔진에서 일어날 수 있고 제어할 수 없는 연소인 **엔진의 노킹(knock)** 현상 때문에 나쁜 연료로 판명되었다. 전형적인 4-행정 자동차 엔진에서 피스톤이 연료와 공기 혼합물을 실린더 속으로 밀어 넣고, 압축시킨 다음 점화전이 점화 시키면 연소가 일어난다.

연료가 모두 잘 연소되는 것은 아니다. 질이 낮은 연료를 사용하면, 연료가 점화되기 전에 실린더의 뜨거운 표면에서 불규칙한 연소가 일어날 수 있다. 이러한 조기점화는 노킹 현상을 일으킬 수 있으며, 크랭크축에 불규칙한 힘을 가하게 되고 엔진의 온도를 상승시켜 엔진을 손상케 한다.

연료의 옥탄가(octane number)는 연료의 노킹 억제 성질을 측정하는 기준이며, 오래 전부터 직선-사슬 탄화수소는 가지달린-사슬 화합물보다 훨씬 더 엔진의 노킹을 잘 일으킨다고 알려져 왔다. Heptane은 특히 질이 낮은 연료이고, 이를 기준으로 옥탄가를 0으로 하고, 일반적으로 isooctane으로 알려져 있는 2,2,4-trimethylpentane의 옥탄가를 100으로 한다.

$$CH_3CH_2CH_2CH_2CH_2CH_2CH_3$$

Heptane (옥탄가 = 0)

$$\begin{array}{c} \quad CH_3 \;\; CH_3 \\ CH_3\overset{|}{\underset{|}{C}}CH_2\overset{|}{C}HCH_3 \\ CH_3 \end{array}$$

2,2,4-Trimethylpentane (옥탄가 = 100)

직류 가솔린은 질이 낮은 연료이기 때문에, 석유 화학자들은 보다 질이 좋은 연료를 생산할 수 있는 방법들을 고안하여 왔다. 이러한 방법 중의 하나가 **촉매 크래킹**(catalytic cracking)으로, 끓는점이 높은 등유 부분(C_{11}—C_{14})을 취하여 가솔린에 사용될 수 있는 더 작은 가지달린 분자로 분해시키는 방법이다. 이 과정은 400~500°C에서 실리카-알루미늄 촉매 하에서 일어나고, 주생성물은 C_3—C_5 범위의 탄화수소이다. 이러한 작은 조각의 탄화수소는 **중합 반응**(polymerization)과 **알킬화 반응**(alkylation)에 의해 재조합되어 C_7—C_{10} 알케인을 생성한다. **개질**(reforming)이라고 부르는 다른 과정은 C_6—C_8 알케인을 알케인보다 높은 옥탄가를 가지는 benzene과 toluene과 같은 방향족 화합물로 변환시킨다.

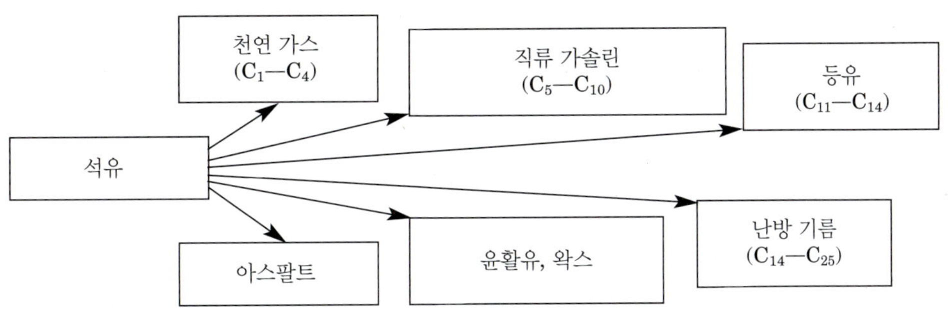

요약 및 주요 용어

IUPAC 계통명, 3.4
가지달린-사슬 알케인, 3.2
구조 이성질체, 3.2
사이클로알케인, 3.6
알케인, 3.2
알킬기, 3.3
이성질체, 3.2
작용기, 3.1
지방족 고리, 3.2
지방족, 3.6
직선-사슬 알케인, 3.2
축소 구조식, 3.2
치환기, 3.4
탄화수소, 3.2
파라핀, 3.5
포화된, 3.2

작용기(Functional group)는 큰 분자 내에 포함된 원자나 원자단으로, 특성적인 화학 반응성을 가지고 있다. 작용기들은 그들이 들어 있는 모든 분자들에서 거의 동일한 화학적 거동을 하므로 유기 분자들의 화학 반응은 대부분 분자가 가지고 있는 작용기에 따라 결정된다.

알케인(Alkane)은 C_nH_{2n+2}의 일반식을 갖는 **포화 탄화수소**(saturated hydrocarbon) 계열이다. 이들은 작용기를 갖고 있지 않으며, 따라서 화학적으로 비활성이고, **직선-사슬**(straight-chain, ***normal* 알케인**)이나 **가지 달린**(branched)-사슬로 존재한다. 모든 알케인은 **IUPAC 명명규칙**에 따라 명명될 수 있다. 동일한 화학식을 갖고 있으나 구조가 다른 화합물을 **이성질체**(isomer)라 한다. 더 자세히 말하면, butane이나 isobutane과 같이 원자들의 결합 순서가 다른 화합물을 **구조 이성질체**(constitutional isomer)라 한다.

사이클로알케인(Cycloalkane)은 탄소 원자의 고리가 포함되어 있고, 일반식은 C_nH_{2n}이다. 열린-사슬 알케인에 있는 C—C 단일 결합 주위의 자유회전이 가능하지만, 사이클로알케인의 회전은 거의 줄어든다.

연습 문제

시각 화학

3.18 다음 물질의 작용기를 확인하고, 각 그림을 분자식으로 바꾸어라(붉은 색 = O, 푸른 색 = N).

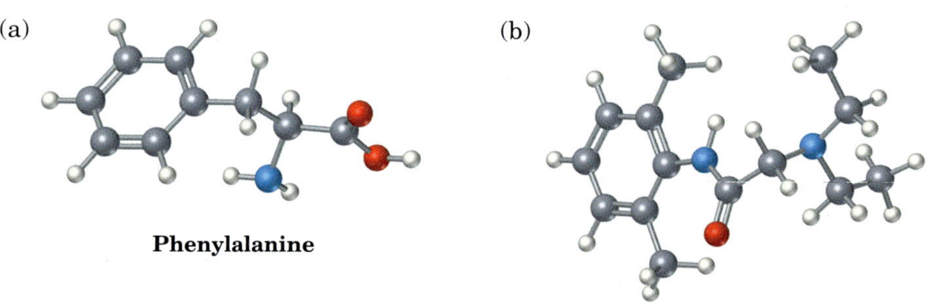

3.19 다음 탄화수소의 IUPAC 이름을 쓰고, 각각의 골격 구조로 바꾸어 그려라(노란-초록색 = Cl).

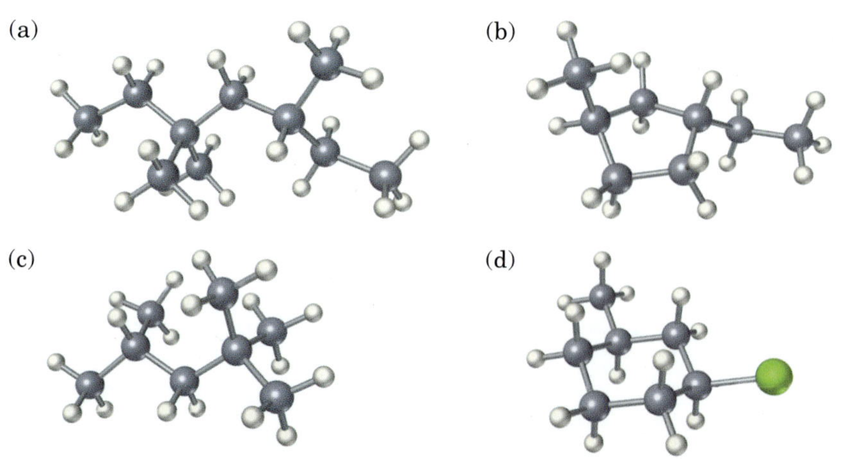

3.20 다음 분자들에 존재하는 작용기들을 확인하고 위치를 표시하라.

(a) 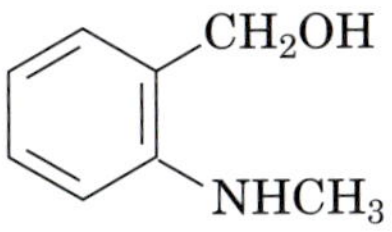 CH_2OH, $NHCH_3$ (b) 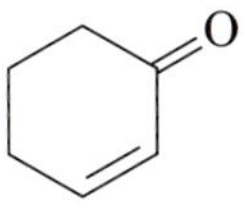 O (c) 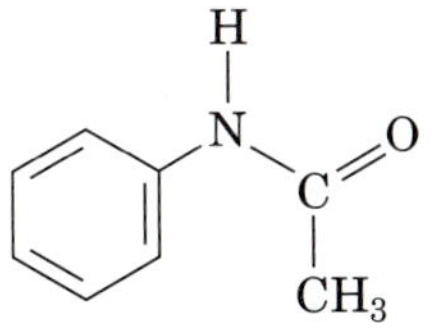 H, N, C, O, CH_3

(d) 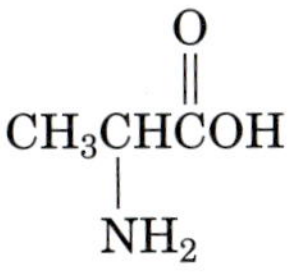 CH_3CHCOH (O, NH_2) (e) 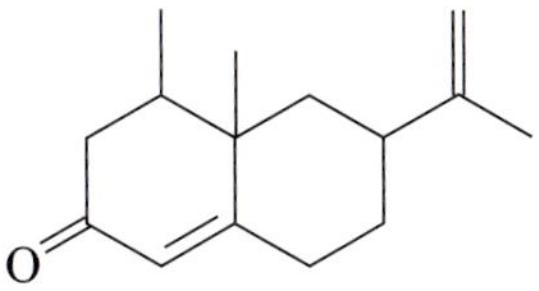 O (f) 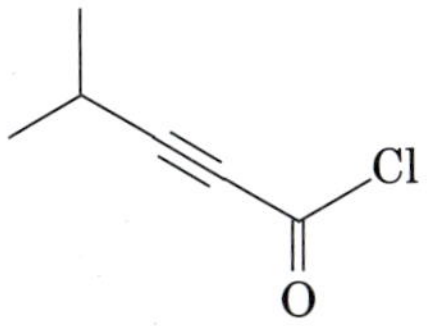 Cl, O

3.21 다음 설명에 맞는 구조식을 제시하라(여러 가지 가능성이 있다).

(a) C_8H_{18}의 화학식을 가지는 세 개 이성질체

(b) $C_4H_8O_2$의 화학식을 가지는 두 개 이성질체

3.22 다음의 각 조에서 어느 구조가 같은 화합물을 나타내고, 어느 구조가 다른 화합물을 나타내는가?

(a) 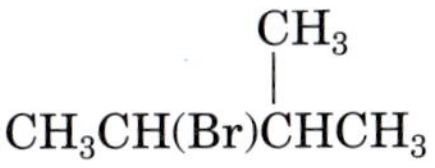 $CH_3CH(Br)CHCH_3$ (CH_3) $(CH_3)_2CHCH(Br)CH_3$ $CH_3CHCHCH_3$ (Br, CH_3)

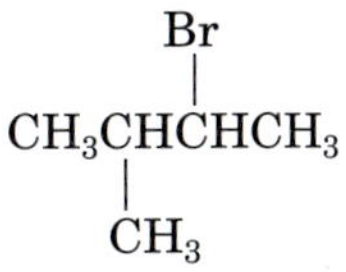

(b) 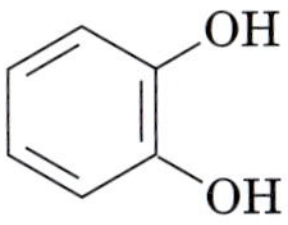 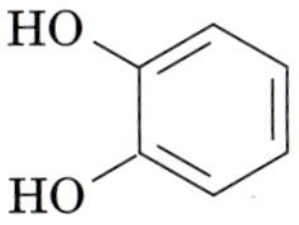 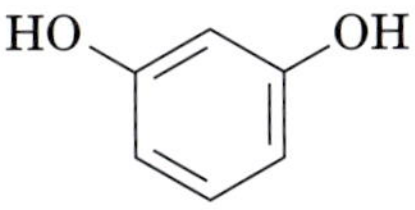 OH, OH HO, HO HO, OH

(c) 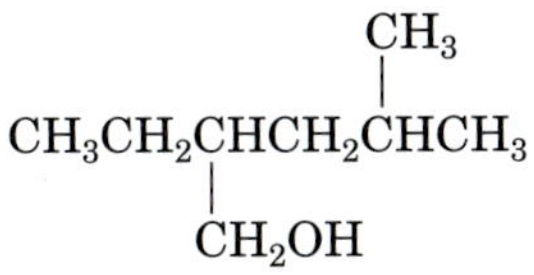 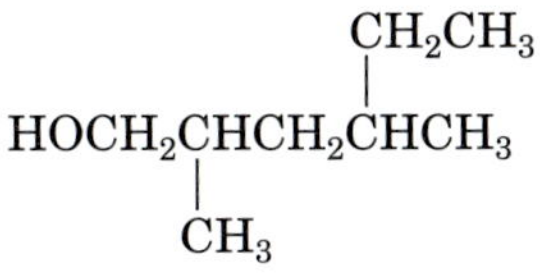 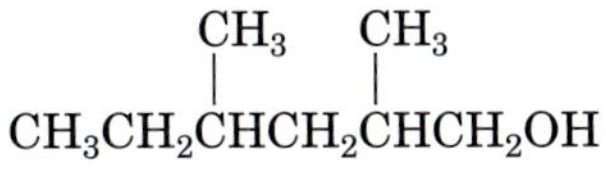 $CH_3CH_2CHCH_2CHCH_3$ (CH_3, CH_2OH) $HOCH_2CHCH_2CHCH_3$ (CH_2CH_3, CH_3) $CH_3CH_2CHCH_2CHCH_2OH$ (CH_3, CH_3)

3.23 화학식 $C_4H_{10}O$인 일곱 개의 구조 이성질체가 있다. 가능한 구조식을 그려라.

3.24 한 개의 브로민이 치환된 pentane의 유도체 ($C_5H_{11}Br$)를 모두 그려서 명명하라.

3.25 다음 분자들의 구조를 그려라.

(a) 버터의 향을 내는 물질인 *biacetyl*, $C_4H_6O_2$는 고리 또는 탄소-탄소 다중 결합 을 가지고 있지 않다.

(b) Melamine 중합체 합성에 사용되는 물질인 *ethylenimine*, C_2H_5N은 어떤 다중 결합을 가지고 있지 않다.

(c) 지방으로부터 분리되고 화장품에 사용되는 *glycerol*, $C_3H_8O_3$는 각 탄소에 —OH기를 가진다.

3.26 다음 화합물의 구조를 그려라.

(a) 2-Methylheptane

(b) 4-Ethyl-2,2,-dimethylhexane

(c) 4-Ethyl-3,4-dimethyloctane

(d) 2,4,4-Trimethylheptane

(e) 3,3-Diethyl-2,5-dimethylnonane

(f) 4-Isopropyl-3-methylheptane

3.27 다음 화합물과 동일한 작용기를 가지고 있는 이성질체 하나씩을 그려라.

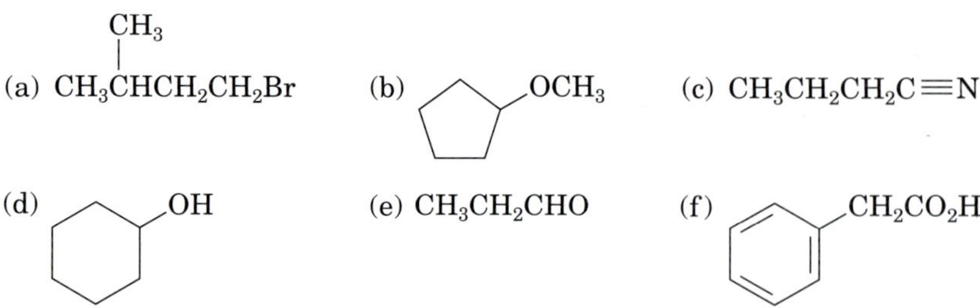

3.28 다음 분자의 탄소의 종류(일차, 이차, 삼차 및 사차)를 확인하라.

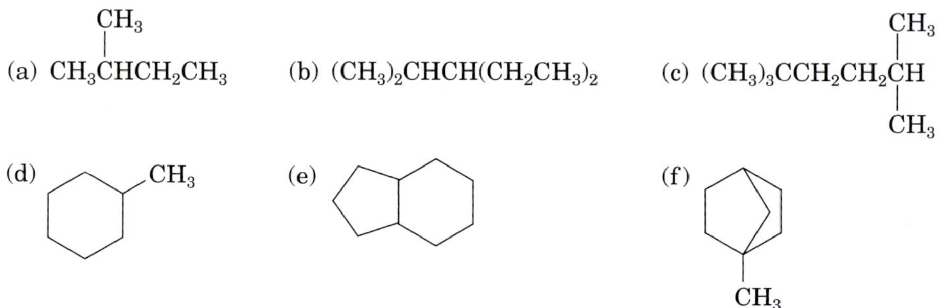

3.29 다음 화합물의 IUPAC명을 제시하라.

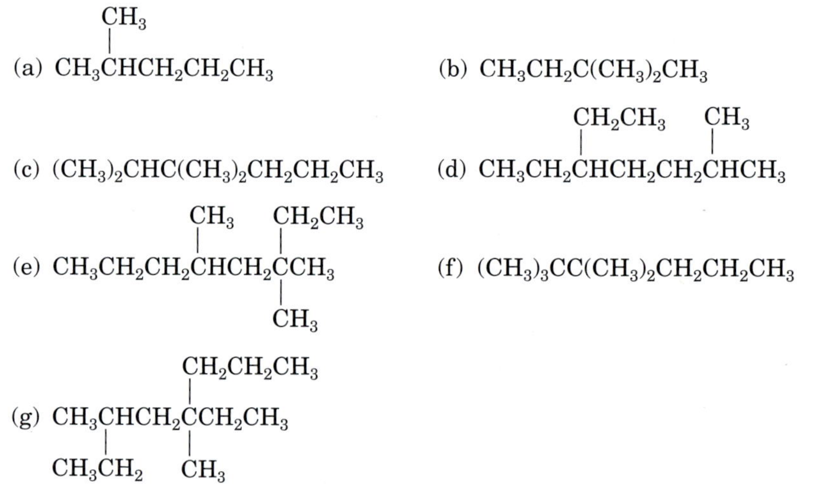

3.30 다음 화합물의 이름이 왜 틀렸는지 설명하라.

(a) 2,2-Dimethyl-6-ethylheptane
(b) 4-Ethyl-5,5-dimethylpentane
(c) 3-Ethyl-4,4-dimethylhexane
(d) 5,5,6-Trimethyloctane
(e) 2-Isopropyl-4-methylheptane

3.31 Malic acid, $C_4H_6O_5$는 사과로부터 분리된다. 이 화합물은 염기 2당량과 반응하기 때문에 dicarboxylic acid이다.

(a) 최소한 5개의 가능한 구조를 그려라.

(b) 만일 malic acid가 이차 알코올이라면 그 구조는 무엇인가?

3.32 Formaldehyde, $H_2C{=}O$는 조직의 방부제로 이용되므로 모든 생물학자에게 잘 알려져 있다. 순수할 때 formaldehyde는 삼합체로 되어 *trioxane*, $C_3H_6O_3$를 생성한다. 이것은 놀랍게도 카보닐기를 갖고 있지 않다. Trioxane의 단지 하나의 모노브로모 유도체($C_3H_5BrO_3$)만이 가능하다. Trioxane의 구조를 제시하라.

3.33 화학식이 C_5H_{10}인 사이클로알케인 5개를 그려라.

객관식 문제

1 다음에 나타낸 것 중에서 어느 것이 알케인 분자식인가?

A. $C_{12}H_{24}$ **B.** $C_{13}H_{28}$ **C.** C_6H_{10} **D.** C_9H_{13}

2 다음 나타낸 구조 중 어느 것이 같은 화합물인가?

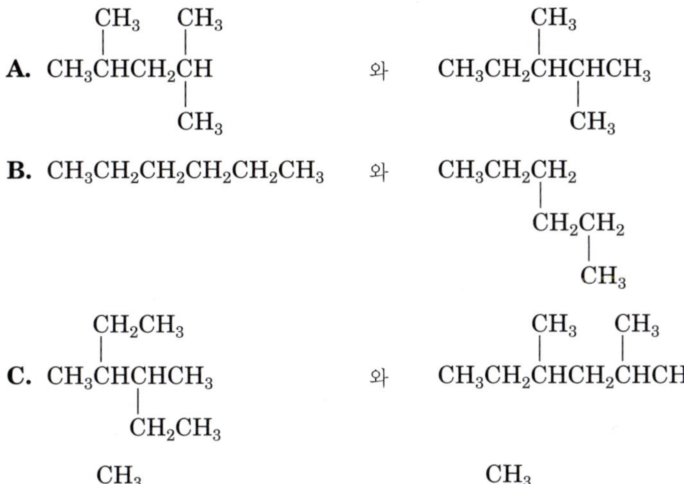

3 다음 알케인에 대한 표현 중에서 어느 것이 맞는가?

A. 탄소 다섯 개를 가진 알케인은 4개의 구조 이성질체를 갖는다.
B. 탄소수가 증가하면 이성질체 수는 감소한다.
C. 지방족 알케인은 시스-트랜스 이성질 현상이 나타나지 않는다.
D. 탄소수가 증가함에 따라 연소열은 감소한다.

4 다음 알케인의 IUPAC명은?

$$\begin{array}{c} \quad CH_3\ \ CH_2CH_3 \\ CH_3CCH_2CHCH_2CH_3 \\ CH_3 \end{array}$$

A. 2,2-dimethyl-4-ethylhexane
B. 4-ethyl-2-dimethylhexane
C. 2,2-dimethyl-4,4-diethylbutane
D. 4-ethyl-2,2-dimethylhexane

5 C_8H_{16}에는 몇 개의 cyclohexane이 존재하는가?

A. 2 **B.** 3 **C.** 4 **D.** 5

6 다음에 나타낸 반응 과정은?

$$CH_3CH_3 \xrightarrow{800\text{~}900°C} CH_2{=}CH_2 + H_2$$

A. 제거반응 **B.** 탈수소반응 **C.** 환원반응 **D.** 열분해

7 다음 알케인 중에서 어느 것이 자동차 엔진 연소장치의 가장 좋은 녹킹 방지 성분인가?
A. normal octane
B. 2,2-dimethylhexane
C. 2,2,4-trimethylpentane
D. 2,2,3-trimethylpentane

보충 문제

8 다음 알케인을 끓는점 증가순으로 나열하라.
(a) Decane, butane, heptane
(b) 2-methylheptane, octane, 2,2,4-trimethylpentane
(c) 3,3-dimethylheptane, 2,2,4-trimethylhexane, nonane

9 다음 각 쌍의 화합물이 구조 이성질체인지 확인하라.

(a) ⬠ 과 $CH_2{=}CHCH_2CH_2CH_3$

(b)  과 $CH_3CH_2CH_2CH_2CH_3$

(c) CH_3CH_2OH 과 CH_3OCH_3

(d) $CH_3CH(OH)CH_2CH_3$ 과 $CH_3C(=O)CH_2CH_3$

10 분자식이 C_7H_{16}인 화합물의 9개 이성질체 IUPAC명을 쓰고 구조 이성질체를 그려라.

11 다음 알케인과 사이클로알케인의 구조식을 써라.
(a) 2,2,4-trimethylhexane
(b) 5-butyl-2,2-dimethylnonane
(c) 1,2-dimethylcyclopentane

12 다음 각 화합물이 왜 틀린 IUPAC명인지 설명하라. 올바른 IUPAC명을 써라.
(a) 1,3-dimethylbutane
(b) 4-methylpentane
(c) 2-propylpentane
(d) 2,2-diethylpentane

13 Methane, propane 및 2,2,4-trimethylpentane의 표준 연소 엔탈피 값은 다음과 같다.

탄화수소	구성 성분	ΔH_c/kJ mol^{-1}
CH_4	천연 가스	– 891
$CH_3CH_2CH_3$	액화석유가스	– 2221
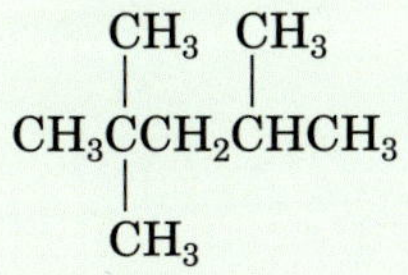 $CH_3C(CH_3)_2CH_2CH(CH_3)CH_3$	가솔린	– 5451

이러한 탄화수소 중에서 어느 것이 열에너지 공급원으로서 가장 좋은가?

14 Ethanal과 ethylene oxide의 화학식과 연소 엔탈피는 다음과 같다. 어느 것이 더 안정한 상태인가? 이를 설명하라.

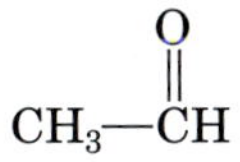

$CH_3—CH(=O)$
ethanal
–1164 kJ mol^{-1}

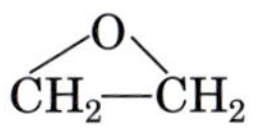

$CH_2—CH_2$ (–O– 고리)
ethylene oxide
–1264 kJ mol^{-1}

제 4 장 유기 반응의 개요

An Overview of Organic Reactions

유기 화학을 처음 접할 때에, 수백만 개의 화합물과 수십 종의 작용기, 수많은 반응들을 모아 놓은 것처럼 보일 수 있을 것이다. 그러나 공부를 하다 보면 모든 유기 반응들에는 몇 가지 기본적인 개념이 있다는 것을 알게 될 것이다. **독립된 사실들을 모아둔 것이 아니라 유기 화학은 몇 가지 주제로 묶을 수 있는 매우 논리적인 학문이다. 이 주제들만 이해되면 유기 화학을 배우는 것이 훨씬 쉬워지고 무조건 암기하는 것을 최소화할 수 있다.**

4.1 유기 반응의 종류

유기 화학적인 반응은 크게 어떤 종류의 반응이 일어날 것인가 그리고 어떻게 일어날 것인가—두 가지로 체계화될 수 있다. 먼저 일어나는 반응들의 종류를 살펴보자. 유기 반응의 종류에는 첨가(addition), 제거(elimination), 치환(substitution) 및 자리옮김(rearrangement)과 같은 네 가지의 일반적인 형태가 있다.

- **첨가 반응**(Addition reaction)은 두 개의 반응물이 서로 합쳐져서 떨어져 나오는 원자들이 없이 새로운 단일 생성물만을 형성하는 반응이다. 곧 배우게 될 첨가 반응의 한 예는 ethylene과 같은 알켄이 HBr과 반응하여 브민화 알킬을 생성하는 반응이다.

이들 두 반응물이 . . .

$$H_2C{=}CH_2 + H{-}Br \longrightarrow H{-}CH_2{-}CH_2{-}Br$$

. . .이 생성물을 생성한다.

Ethylene **(알켄)** → **Bromoethane** **(할로젠화 알킬)**

- **제거 반응**(Elimination reaction)은 어떤 면에서 첨가 반응의 반대로 진행되어 하나의 반응물이 두 개의 생성물로 쪼개지는 반응이다. 제거 반응의 한 예는 할로젠화 알킬을 염기와 반응시켜 한 분자의 산과 한 분자의 알켄을 생성하는 반응이다.

이 하나의 반응물은 . . .

$$H-\underset{H}{\overset{H}{C}}-\underset{H}{\overset{Br}{C}}-H \xrightarrow{\text{염기}} H_2C=CH_2 + H-Br$$

. . .두 개의 생성물을 생성한다.

Bromoethane **(할로젠화 알킬)** **Ethylene** **(알켄)**

■ **치환 반응**(Substitution reaction)은 두 가지 반응물의 어떤 부분들을 서로 교환하여 새로운 두 가지 생성물을 만드는 반응이다. 치환 반응의 한 예는 알케인을 자외선 존재하에서 Cl_2와 반응시켜 반응하면 염화 알킬 화합물을 생성하는 반응이다. 이 반응에서는 Cl_2에서 제공된 Cl 원자가 알케인의 H 원자와 치환되어 두 가지 새로운 생성물을 만든다.

두 개의 반응물이. . .

$$H-\underset{H}{\overset{H}{C}}-H + Cl-Cl \xrightarrow{\text{빛}} H-\underset{H}{\overset{H}{C}}-Cl + H-Cl$$

...두 개의 생성물을 생성한다.

Methane **(알켄)** **Chloromethane** **(할로젠화 알킬)**

■ **자리옮김 반응**(Rearrangement reaction)은 하나의 반응물의 결합이나 원자가 재배열되 면서 하나의 이성질체성 생성물을 생성하는 반응이다. 자리옮김 반응의 한 예는 산 촉매하에서 알켄인 1-butene이 구조 이성질체인 2-butene으로 전환되는 반응이다.

$$CH_3CH_2(H)C=CH_2 \underset{}{\overset{\text{산 촉매}}{\rightleftharpoons}} H_3C(H)C=C(H)CH_3$$

1-Butene **2-Butene**

◆ **문제 4.1** 다음 반응을 첨가, 제거, 치환 또는 자리옮김으로 분류하라.

(a) $CH_3Br + KOH \longrightarrow CH_3OH + KBr$

(b) $CH_3CH_2OH \longrightarrow H_2C{=}CH_2 + H_2O$

(c) $H_2C{=}CH_2 + H_2 \longrightarrow CH_3CH_3$

→ 4.2 유기 반응이 어떻게 일어나는가?: 메커니즘

앞에서는 일어나는 반응의 종류를 살펴보았지만, 이제는 어떻게 반응이 일어나는지 알아보자. 반응이 어떻게 일어나는지에 대한 전체 과정을 기술하는 것을 **반응 메커니즘**(reaction mechanism)이라고 한다. 메커니즘은 각 단계에서 일어나는 화학 변화를 정확하고 자세하게 기술해 준다—어느 결합이 어떤 순서로 끊어지며, 어느 결합이 어떤 순서로 형성되며, 각 단계의 상대적인 속도는 어떠한지를 자세히 설명해 준다. 완전한 메커니즘에서는 사용되는 모든 반응물 및 생성되는 모든 생성물과 이들의 각각의 양이 설명되어야 한다.

모든 화학 반응에는 결합 해리와 결합 생성이 포함된다. 두 분자가 함께 반응하여 생성물을 만들 때, 반응물 분자에서 특정 결합이 해리되고 생성물 분자에서의 특정 결합이 형성된다. 기본적으로 공유성인 두 개 전자의 해리에는 두 가지 방법이 있다. 하나의 결합이 전자적으로 대칭적(symmetrical)인 방식으로 분해되어 각각의 생성물 토막이 한 개의 전자를 갖는 방법과 또는 하나의 결합이 전자적으로 비대칭적(unsymmetrial)인 방식으로 분해되어 두 개의 결합성 전자가 한 개의 생성물 토막에 남아 있고 비어 있는 궤도함수를 가진 다른 토막을 남겨두는 방법이다. 대칭적인 해리를 **균일분해**(homolytic)라 부르고 비대칭적인 해리를 **불균일분해**(heterolytic)라 부른다. 이러한 관점은 다시 자세히 나타내겠지만, 균일분해 과정에서 한 개의 전자 이동은 반쪽 화살표 또는 "낚시바늘"(⌒) 모양의 화살표로 나타내는 반면에 불균일분해 과정에서 두 개의 전자 이동은 완전한 모양의 굽은 화살표(↷)로 나타냄에 유의하라.

A : B ⟶ A· + ·B 결합의 균일분해(라디칼)
(각각의 토막에 전자가 한 개씩 있음)

A : B ⟶ A^+ + :B^- 결합의 불균일분해(극성)
(한 개의 토막에 두 개의 전자가 있음)

결합 해리에 두 가지 방법이 있는 것처럼 공유성 전자 두 개를 사용하여 두 가지 방법으로 결합을 형성할 수 있다. 각각의 서로 다른 반응물이 하나씩의 전자를 제공하여 **균일한**(homogenic) 방식으로 새로운 결합을 형성하는 방법과 또는 두 개의 결합성 전자가 한 개의 반응물에서 제공되어 전자적으로 비대칭적인 **불균일한**(heterogenic) 방식으로 새로운 결합을 형성하는 방법이다.

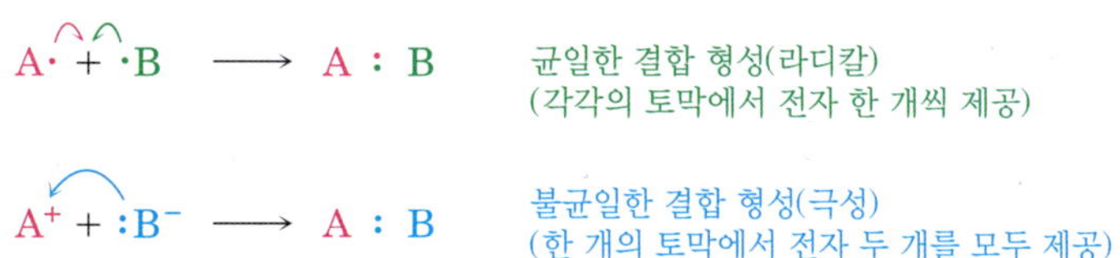

대칭적인 결합의 분해 및 결합의 생성이 포함된 과정을 **라디칼 반응**(radical reaction)이라 한다. 라디칼(가끔 자유 라디칼 "*free radical*"로 부름)은 홀수 개의 전자가 들어 있는 중성인 화학종이고, 따라서 한 개의 궤도함수에 한 개의 홀 전자를 갖는다.

자유 라디칼의 예로는 염소 원자, 메틸 라디칼(methyl radical) 및 에틸 라디칼(ethyl radical) 등이다.

Cl·	CH_3·	CH_3CH_2·
염소 원자	메틸 라디칼	에틸 라디칼

자유 라디칼은 세 가지 종류로 분류할 수 있다 — 1차, 2차, 3차. 뷰틸 라디칼은 다음과 같은 네 가지가 있다.

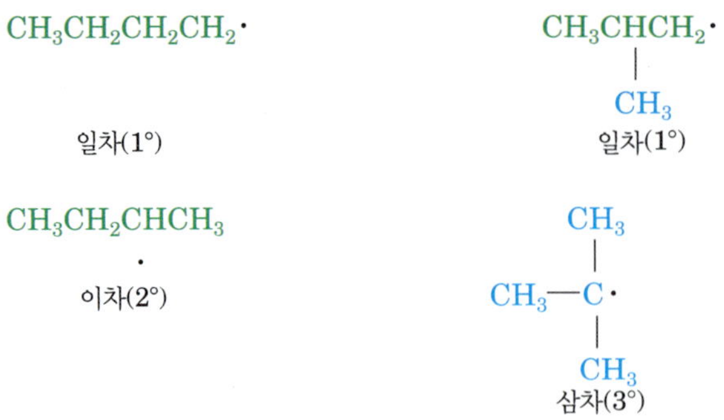

$CH_3CH_2CH_2CH_2\cdot$ 일차(1°)

$CH_3CHCH_2\cdot$ (with CH_3 on the middle carbon) 일차(1°)

$CH_3CH_2\dot{C}HCH_3$ 이차(2°)

$(CH_3)_3C\cdot$ 삼차(3°)

모든 자유 라디칼은 매우 반응성이 큰 화학종이지만, 상대적 안정도는 서로 다르다. 3차 자유 라디칼이 가장 안정한 화학종이고, 이어서 2차, 1차 순서이고, 마지막으로 메틸 라디칼이 모든 라디칼 중에서 가장 불안정하다.

$$3° > 2° > 1° > CH_3$$

비대칭적인 결합 분해 및 결합 형성이 포함된 과정을 **극성 반응**(polar reaction)이라 부른다. 극성 반응은 짝수 개의 전자를 갖는 화학종들이 포함되어 있고, 따라서 그들의 궤도함수에 전자쌍들을 가지고 있다. 극성 과정은 유기 화학에서 더 흔한 반응이며, 이러한 과정의 설명에 이 책의 많은 부분을 차지할 것이다.

4.3 라디칼 반응과 반응 경로

라디칼 반응은 극성 반응처럼 일반적인 반응은 아니지만 그럼에도 불구하고 특별히 일부 산업공정이나 생물학적 경로에서 중요한 유기 화학이다. 이 반응들이 어떻게 일어나는지 살펴보자.

라디칼이 안정한 불활성 기체 팔전자계(octet)가 아니고 원자가 껍질에 홀수 개의 전자(보통 일곱 개)를 가진 원자가 들어 있기 때문에 반응성이 매우 크다. 라디칼의 원자가 껍질이 팔전자계를 이루는 방법에는 여러 가지가 있다. 예를 들면 하나의 라디칼은 다른 분자로부터 한 개의 결합 전자와 한 개의 원자를 떼어낼 수 있으며, 그 후에 새로운 라디칼이 남는다. 이 반응의 전체적인 결과는 라디칼 **치환**(substitution) 반응이다.

$$\text{Rad}\cdot + \text{A}:\text{B} \longrightarrow \text{Rad}:\text{A} + \cdot\text{B}$$

홀전자 (Rad·) / 홀전자 (·B)

반응물 라디칼 — 치환 생성물 — 생성물 라디칼

다른 방법으로 반응물 라디칼이 알켄의 이중 결합으로부터 한 개의 전자를 가져오면서 알켄에 첨가되고 새로운 라디칼을 생성한다. 이 반응의 전체적인 결과는 라디칼 **첨가**(addition) 반응이다.

$$\text{Rad}\cdot + \ \rangle C{=}C\langle \ \longrightarrow \ \text{Rad}-\overset{|}{C}-\overset{|}{C}\cdot$$

홀전자 / 반응물 라디칼 / 알켄 / 첨가 생성물 라디칼 / 홀전자

라디칼 반응의 특별한 예로 methane의 염소화 반응을 살펴보고 이 반응의 특성을 알아보자.

$$CH_4 + Cl{-}Cl \xrightarrow{\text{빛}} CH_3Cl + H{-}Cl$$

Methane **Chlorine** **Chloromethane**

라디칼 치환 반응은 일반적으로 세 종류 단계를 거쳐 진행된다: 개시(initiation), 전파(propagation) 및 종결(termination).

단계 1 **개시 단계** 개시 단계는 반응성이 큰 라디칼의 소량 생성으로 반응이 시작된다. 이경우에는 비교적 약한 Cl—Cl 결합이 자외선 조사에 의해 균일하게 분해된다. 두 개의 반응성이 큰 염소 라디칼이 생성된다.

$$:\ddot{Cl}:\ddot{Cl}: \xrightarrow{\text{빛}} 2\,:\ddot{Cl}\cdot$$

단계 2 **전파 단계** 소량의 염소 라디칼이 생성되면, 전파 단계가 일어난다. 반응성이 큰 염소 라디칼이 methane 분자와 충돌하여 하나의 수소 원자를 떼어내고 HCl과 메틸 라디칼($\cdot CH_3$)을 생성한다. 이 메틸 라디칼이 Cl_2와 두 번째 전파 단계를 일으켜 새로운 생성물로 chloromethance과 염소 라디칼($Cl\cdot$)을 만들고, 첫 번째 전파 단계로 되돌아 순환된다. 일단 이러한 과정이 시작되면 (a) 및 (b) 단계는 자발적으로 반복되며, 전체 과정은 일종의 **연쇄 반응**(chain reaction)이다.

(a) $:\ddot{Cl}\cdot + H:CH_3 \longrightarrow H:\ddot{Cl}: + \cdot CH_3$

(b) $\cdot CH_3 + :\ddot{Cl}:\ddot{Cl}: \longrightarrow :\ddot{Cl}:CH_3 + :\ddot{Cl}\cdot$

(c) 되풀이 해서 (a) 및 (b) 단계가 반복된다.

단계 3 **종결 단계** 가끔 두 개의 라디칼이 충돌하고 결합하여 안정한 생성물을 만들 수있다. 이러한 현상이 일어나면, 반응 순환 과정은 깨어지고, 연쇄 과정은 끝난다. 그러나 어떤 주어진 순간에 반응 내에서 라디칼 농도가 매우 적기 때문에 이러한 종결 단계는 드물게 일어난다. 따라서 두 개의 라디칼이 충돌할 가능성 역시 매우적다.

$$:\ddot{\underset{\cdot\cdot}{Cl}}\cdot + \cdot\ddot{\underset{\cdot\cdot}{Cl}}: \longrightarrow :\ddot{\underset{\cdot\cdot}{Cl}}:\ddot{\underset{\cdot\cdot}{Cl}}:$$

$$:\ddot{\underset{\cdot\cdot}{Cl}}\cdot + \cdot CH_3 \longrightarrow :\ddot{\underset{\cdot\cdot}{Cl}}:CH_3$$

$$H_3C\cdot + \cdot CH_3 \longrightarrow H_3C:CH_3$$

가능한 종결단계

여기서 설명한 라디칼 치환 반응은 라디칼이 일으킬 수 있는 여러 가지 다른 반응 과정 중의 하나이다. 그러나 모든 라디칼 반응들의 기본 원리는 동일하며 **모든 결합의 분해 및 생성은 홀수 개 전자를 가진 화학종의 반응에 의해 일어난다.**

◆ **문제 4.2** 알케인의 염소화 반응은 대부분의 알케인에서는 여러 가지 서로 다른 수소들을 가지고 있고, 염소화된 생성물의 혼합물을 만들기 때문에 일반적으로 유용한 반응은 아니다. 2-Methylpentane과 Cl_2를 반응시켜 얻어질 것으로 예상되는 모든 일염소 치환 생성물의 구조식을 그리고 명명하라.

◆ **문제 4.3** Pentane의 라디칼 염소화 반응은 1-chloropentane, $CH_3CH_2CH_2CH_2CH_2Cl$을 합성하는 좋은 방법이 아니지만, neopentane, $(CH_3)_4C$의 라디칼 염소화 반응에서는 neopentyl chloride, $(CH_3)CCH_2Cl$을 합성하는 좋은 방법이다. 차이를 설명하라.

4.4 극성 반응과 반응의 경로

극성 반응은 분자들이 가지고 있는 서로 다른 작용기의 양전하와 음전하들 사이의 인력 때문에 일어난다. 이들 반응이 어떻게 일어나는가를 알아보기 위해서는 먼저 극성 공유 결합의 설명을 기억하고, 유기 분자에서 결합 극성의 영향들을 주의 깊게 살피는 것이 필요하다.

대부분의 유기 분자들은 전기적으로 중성이다. 이들은 알짜 전하나 양전하 혹은 음전하도 가지고 있지 않다. 그러나 앞 절에서 배운 것처럼 한 분자 내에 작용기를 가지고 있는 특정한 결합들은 극성이다. 결합의 극성은 결합에 비대칭적인 전자 분포와 결합 원자들의 서로 다른 전기음성도 때문에 생긴다. 그림 4.1은 그림 2.2를 좀 더 알기 쉽도록 나타내었으며, 자주 사용되는 원소들의 전기음성도를 보여 주고 있다.

산소, 질소, 플루오린, 염소 및 브로민과 같은 원소들은 탄소보다 더 전기음성적이다.

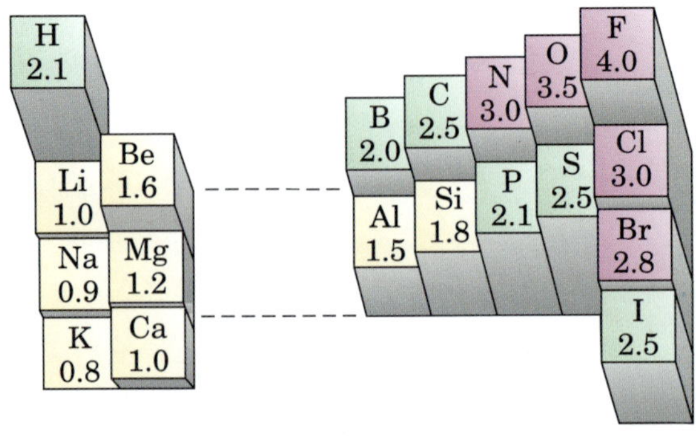

그림 4.1 ▶ 몇 가지 일반적인 원소들의 전기음성도.

따라서, 이들 전기음성적인 원소 중 어느 하나와 결합한 탄소 원자는 부분적인 양전하 $\delta+$)를 가진다. 반대로, 금속은 탄소에 비해 덜 전기음성적이고, 따라서 금속에 결합된 탄소 원자는 부분적인 음전하($\delta-$)를 갖는다. Chloromethane이나 methyllithium의 정전기 퍼텐셜 지도는 이러한 전하 분포를 설명하고 있으며, chloromethane의 경우 탄소 원자는 전자-부족(푸른색)을 나타내며, 반면 methyllithium의 탄소는 전자-풍부(붉은색)를 나타낸다.

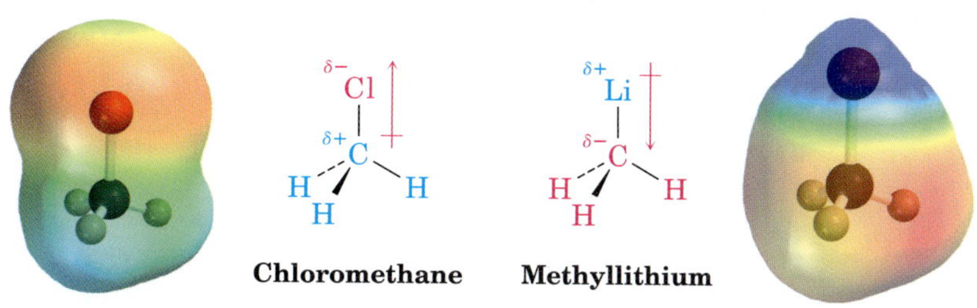

몇 가지의 일반적인 작용기들의 극성 경향을 표 4.1에 나타내었다. 탄소 원자는 Grignard 시약과 알킬 리튬의 경우를 제외하고 항상 양전하로 하전되어 있다.

표 4.1 • 몇 가지 일반적인 작용기들의 극성 경향

화합물 형태	작용기 구조	화합물 형태	작용기 구조
알코올	$\overset{\delta+}{C}-\overset{\delta-}{O}H$	카보닐	$\overset{\delta+}{C}=\overset{\delta-}{O}$
알켄	$C=C$ 대칭, 무극성	카복실산	$-\overset{\delta+}{C}(=\overset{\delta-}{O})-\overset{\delta-}{O}H$
할로젠화 알킬	$\overset{\delta+}{C}-\overset{\delta-}{X}$	카복실산 염화물	$-\overset{\delta+}{C}(=\overset{\delta-}{O})-\overset{\delta-}{Cl}$
아민	$\overset{\delta+}{C}-\overset{\delta-}{N}H_2$	알데하이드	$-\overset{\delta+}{C}(=\overset{\delta-}{O})-H$
에터	$\overset{\delta+}{C}-\overset{\delta-}{O}-\overset{\delta+}{C}$	에스터	$-\overset{\delta+}{C}(=\overset{\delta-}{O})-\overset{\delta-}{O}-C$
나이트릴	$-\overset{\delta+}{C}\equiv\overset{\delta-}{N}$	케톤	$-\overset{\delta+}{C}(=\overset{\delta-}{O})-C$
Grignard 시약	$\overset{\delta-}{C}-\overset{\delta+}{Mg}Br$		
알킬 리튬	$\overset{\delta-}{C}-\overset{\delta+}{Li}$		

결합의 극성에 대한 논의는 서로 다른 전기음성도에 의해 본래부터 극성인 결합들에 대해서만 생각하는 것이 간편하다. 또한 극성 결합은 작용기가 용매나 Lewis 산 또는 염기와 상호 작용하여 생길 수도 있다. 예를 들면 methanol의 탄소 원자의 전자-부족한 특성은 산에 의한 산소 원자의 양성자 첨가(protonation)에 의해 크게 증가된다. 중성 methanol에서 탄소 원자는 전기음성도가 큰 산소가 탄소—산소 결합에서 전자를 끌어당기기 때문에 전자가 다소 부족하다. 그러나 양성자 첨가된 methanol 양이온에서는 산소 원자가 양전하를 가지게 되므로 탄소—산소 결합 전자를 더 강하게 끌어당겨서 탄소 원자를 훨씬 더 전자가 부족하고 더 반응성이 크게 만든다.

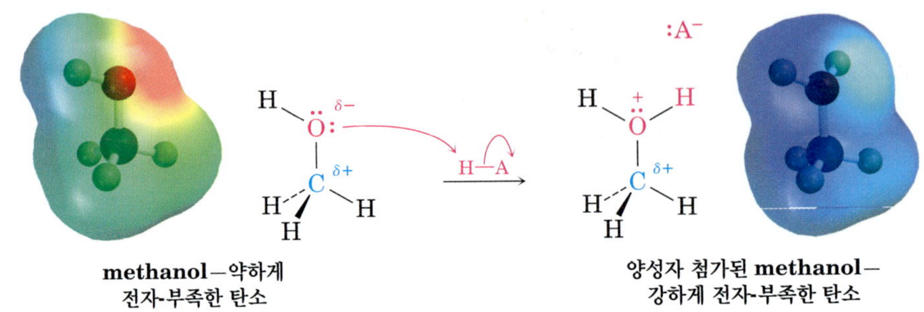

원자의 편극도(polarizability, 극성에 대립되는)에 대해 더 생각해 보자. 어떤 주어진 원자 주변의 전기장이 용매나 다른 극성 시약과의 상호 작용에 의해 변하기 때문에 원자 주변의 전자 분포도 따라서 변한다. 이러한 외부 영향에 대한 감응도는 원자의 **편극도**라고 부른다. 전자들이 보다 느슨하게 잡혀 있는 큰 원자들은 전자가 단단히 잡혀 있는 더 작은 원자들보다 더 편극되기가 쉽다. 따라서 아이오딘은 플루오린보다 편극되기 쉽다.

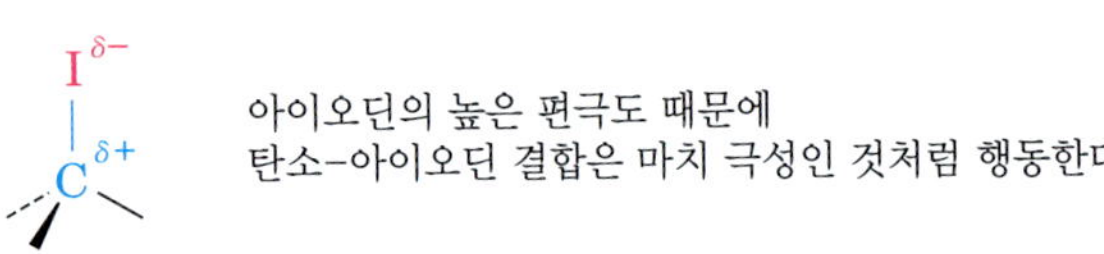

작용기의 극성이 화학 반응성에 대해 어떤 의미를 갖는가? 서로 다른 전하들은 서로 잡아당기려 하기 때문에, 모든 극성 반응의 기본 특성을 보면, 어떤 한 분자 내에 있는 전자가 풍부한 자리는 다른 분자의 전자가 부족한 자리와 서로 반응한다는 것이다. 전자가가 풍부한 원자가 전자가 부족한 원자에 전자 한 쌍을 줌으로써 새로운 결합이 형성되고, 한 원자가 형성된 결합으로부터 두 개의 전자를 가지고 떨어질 때 결합이 끊어진다.

일반적인 극성 반응:

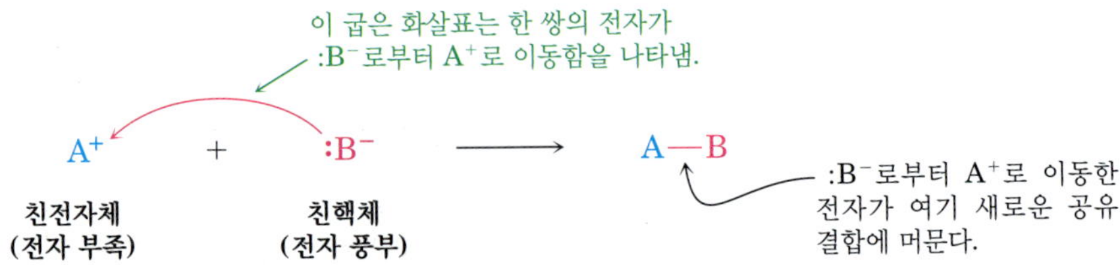

극성 반응에 포함되어 있는 화학종을 나타내기 위해서 화학자들은 친핵체 및 친전자체라는 새로운 용어를 사용한다. **친핵체**(Nucleophile)는 "핵을 좋아하는(nucleus-loving)" 화합물이다(핵은 양으로 하전되어 있음을 상기하라). 친핵체는 전자가 풍부한 원자를 가지고 있어 전자가 부족한 원자에 한 쌍의 전자를 줌으로써 결합을 형성할 수 있다. 친핵체는 중성이거나 음으로 하전되어 있다. Ammonia, 물, 하이드록시 이온 및 브로민 이온 등이 그 예이다. 반대로 **친전자체**(electrophile)는 "전자를 좋아하는(electron-loving)" 화합물이다. 친전자체는 전자가 부족한 원자를 가지고 있어 친핵체로부터 한 쌍의 전자를 받아들여 결합을 형성할 수 있다. 친전자체는 중성이거나 양으로 하전될 수 있다. 산(H^+주개), 할로젠화 알킬 그리고 카보닐 화합물이 그 예이다(그림 4.2).

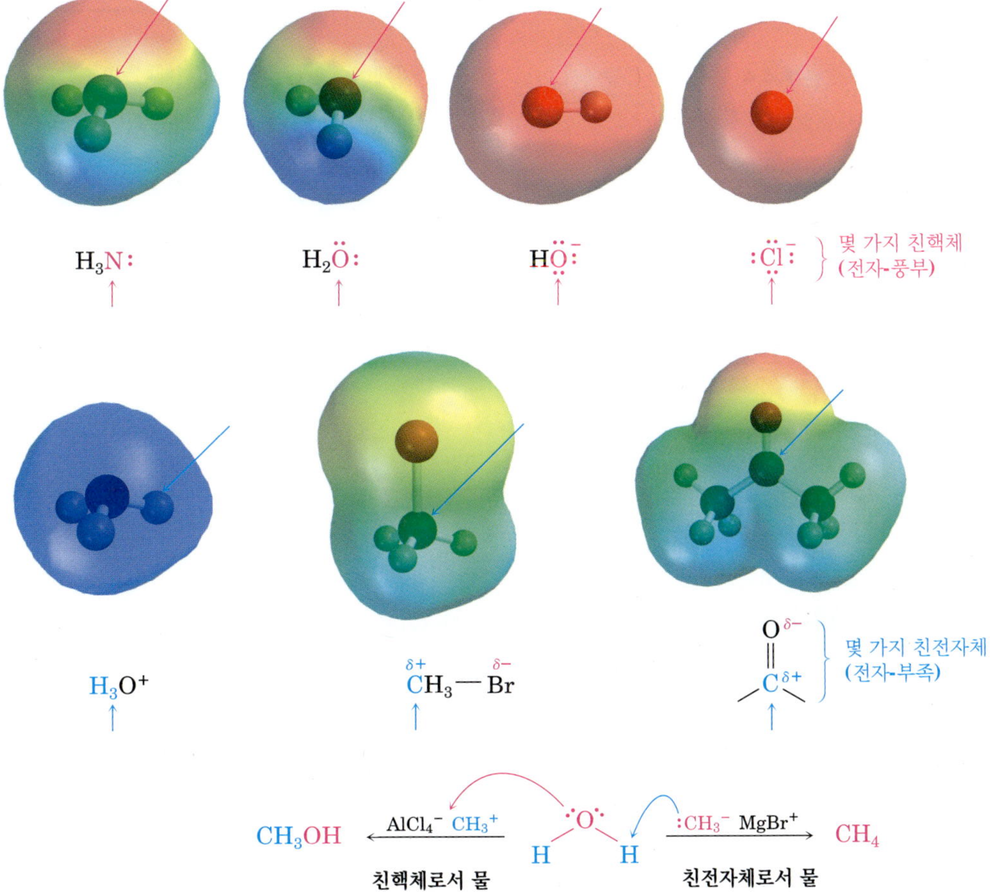

그림 4.2 ▶ 몇 가지 친핵체와 친전자체. 정전기 퍼텐셜 지도는 친핵성(붉은색; 음전하)원자와 친전자성(푸른색; 양전하) 원자를 확인해 준다.

Lewis 염기는 전자 주개(donor)이며, 친핵체로서 행동하고, 반면에 Lewis 산은 전자 받개이고 친전자체로 행동한다. 따라서 많은 유기 화학 반응은 산–염기 반응이라는 용어로 설명될 수 있다. 그러나 이러한 용어들 사이의 주된 차이는 결합이 탄소와 결합된 경우에만 친핵체나 친전자체라는 용어가 일반적으로 사용된다.

예제 4.1

다음 화학종 중에서 어느 것이 친전자체이고, 어느 것이 친핵체인가?

(a) NO_2^+ (b) CN^- (c) CH_3OH

▶ **힌트** 친전자체는 양으로 하전되어 있거나 혹은 양으로 편극된 원자가 포함된 작용기를 가지고 있기 때문에 전자-부족한 자리를 갖는다. 친핵체는 음이온으로 하전되어 있거나, 또는 고립 전자쌍을 가진 원자에 포함된 작용기를 가지고 있기 때문에 전자-풍부한 자리를 갖는다.

▶ **해답** (a) NO_2^+ (nitronium 이온)은 양으로 하전되어 있기 때문에 친전자체이다.
(b) :C≡N^- (cyanide 이온)은 음으로 하전되어 있기 때문에 친핵체이다.
(c) CH_3OH (methyl alcohol)은 산소에 두 개의 고립 전자쌍을 가지고 있기 때문에 친핵체가 될 수 있고, 극성 C—O 및 O—H 결합을 가지고 있기 때문에 친전자체가 될 수 있다.

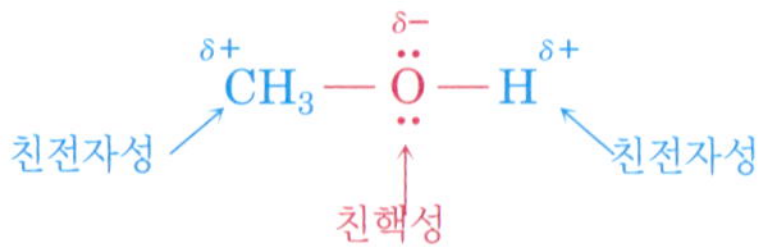

◆ **문제 4.4** 다음 화학종에서 어느 것이 친전자체이고, 어느 것이 친핵체인가?
(a) HCl (b) CH_3NH_2 (c) CH_3SH (d) CH_3CHO

◆ **문제 4.5** Boron trifluoride의 정전기 퍼텐셜 지도는 아래와 같다. BF_3는 친핵체인가, 친전자체인가? BF_3에 대한 Lewis 구조식을 그리고 그 결과를 설명하라.

4.5 극성 반응의 예: Ethylene에 HBr의 첨가

전형적인 극성 과정의 하나로 ethylene과 같은 알켄에 hydrogen bromide가 첨가되는 반응을 살펴보자. Ethylene을 실온에서 HBr로 처리하면, bromoethane이 생성된다. 이 반응을 전체적으로 다음과 같이 나타낼 수 있다.

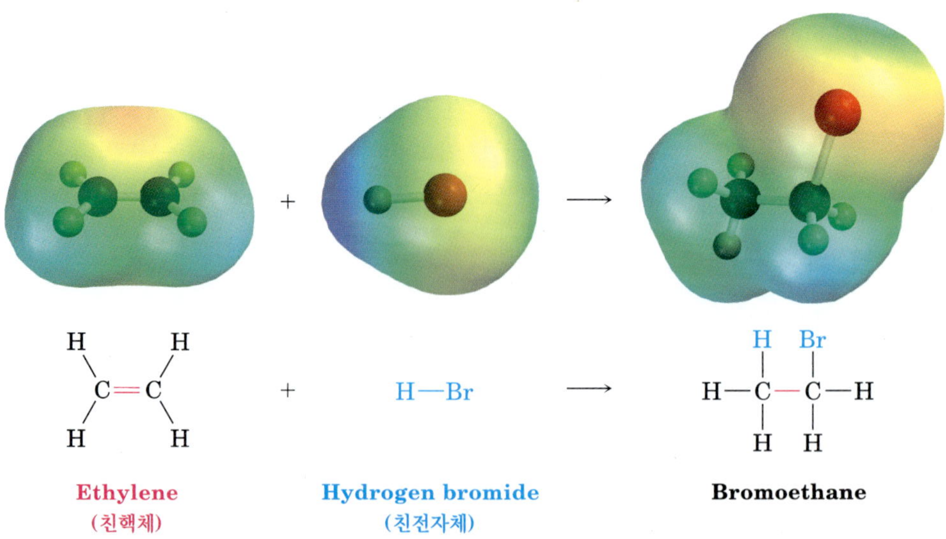

이 반응은 친전자성 첨가 반응(electrophilic addition)으로 알려진 극성 반응 형태의 한 예로 앞 절에서 논의한 일반적인 개념을 사용하여 이해할 수 있다.

Ethylene에 대해 아는 것은 무엇인가? 탄소—탄소 이중 결합은 sp^2로 혼성화된 탄소 원자들의 궤도함수의 겹침에 의해 생긴다는 것을 알았다. 이중 결합의 σ 결합 부분은 sp^2—sp^2 겹침으로 만들어지며, π 결합 부분은 p—p 궤도함수 겹침의 결과이다.

탄소—탄소 이중 결합은 어떤 종류의 화학 반응성을 가질 것으로 예상할 수 있을까? Ethane과 같은 알케인(alkane)은 C—C 및 C—H 결합들이 비극성이며, 모든 원자가 전자들이 강하게 묶여져 있기 때문에 비교적 비활성이다. 더욱이 알케인의 결합 전자들은 핵 사이의 결합 궤도함수 속에 숨겨져 있기 때문에 다가오는 반응물에 비교적 접근하기 어렵다. 그러나 알켄(alkene)에서의 전자적인 상황은 알케인의 경우와는 매우 다르다. 그 중 하나로 단일 결합에는 단지 두 개의 전자만이 있는 것에 비해 이중 결합에서는 네 개의 전자가 있으므로 이중 결합은 단일 결합에 비해 보다 더 큰 전자 밀도를 갖는다. 또한 π 결합을 이루는 전자들은 핵 사이에 숨겨져 있기보다는 오히려 이중 결합 평면의 위와 아래로 위치하고 있기 때문에 다가오는 반응물에 접근이 가능하다는 것이 또한 중요하다(그림 4.3).

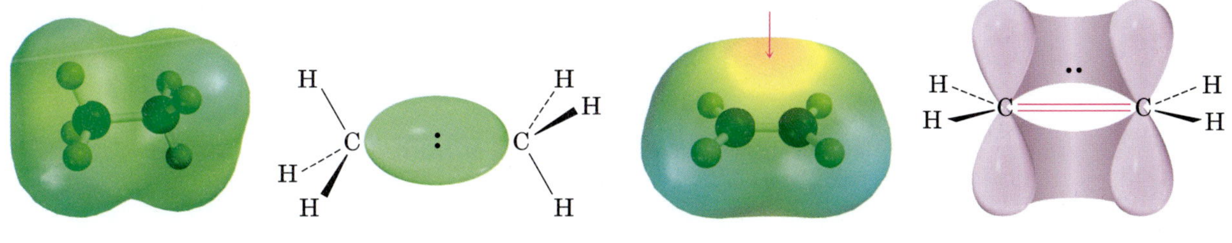

그림 4.3 ▶ 탄소—탄소 단일 결합과 이중 결합의 비교. 이중 결합은 단일 결합에 비해 보다 더 전자-풍부(더 친핵성)하고 다가오는 반응물에 접근하기가 더 용이하다. Ethylene의 정전기 퍼텐셜 지도에서는 이중 결합이 가장 큰 음전하(붉은색) 영역임을 나타낸다.

전자 풍부함과 전자 접근성 모두는 탄소—탄소 이중 결합이 친핵성(nucleophilic)이라는 결론에 도달할 수 있게 한다. 즉 알켄 화학은 전자가 풍부한 이중 결합과 전자가 부족한 반응물 또는 친전자체 사이의 반응이 포함되어 있다.

이제 두 번째 반응물인 HBr은 어떠한가? 센 산인 HBr은 강력한 양성자(H^+) 주개이다. 양성자는 양전하를 가지고 있고 전자가 부족하기 때문에 좋은 친전자체이다. 따라서 ethylene과 HBr 사이의 반응은 모든 극성 반응의 특성을 가진 전형적인 친전자체—친핵체의 조합이다.

그림 4.4의 첫 단계에서 굽은 화살표에 의해 경로를 나타낸 바와 같이, 알켄이 자신의 C=C 이중 결합의 전자 한 쌍을 HBr에 줄 때에 반응은 시작되고 새로운 C—H 결합과 Br^-를 형성한다. 굽은 화살표 한 개는 이중 결합(전자쌍의 공급원)의 한 가운데에서 시작하고, HBr(새로 결합을 형성할 원자)에 있는 수소 원자를 향한다. 이 화살표는 앞서 C=C 결합으로부터 전자를 사용하여 새로운 C—H 결합이 형성됨을 의미한다. H—Br 결합의 한 가운데에서 시작되는 두 번째 굽은 화살표는 Br 원자를 향하며, H—Br 결합이 끊어지고 Br 원자에 전자가 남아 Br^-를 생성한다.

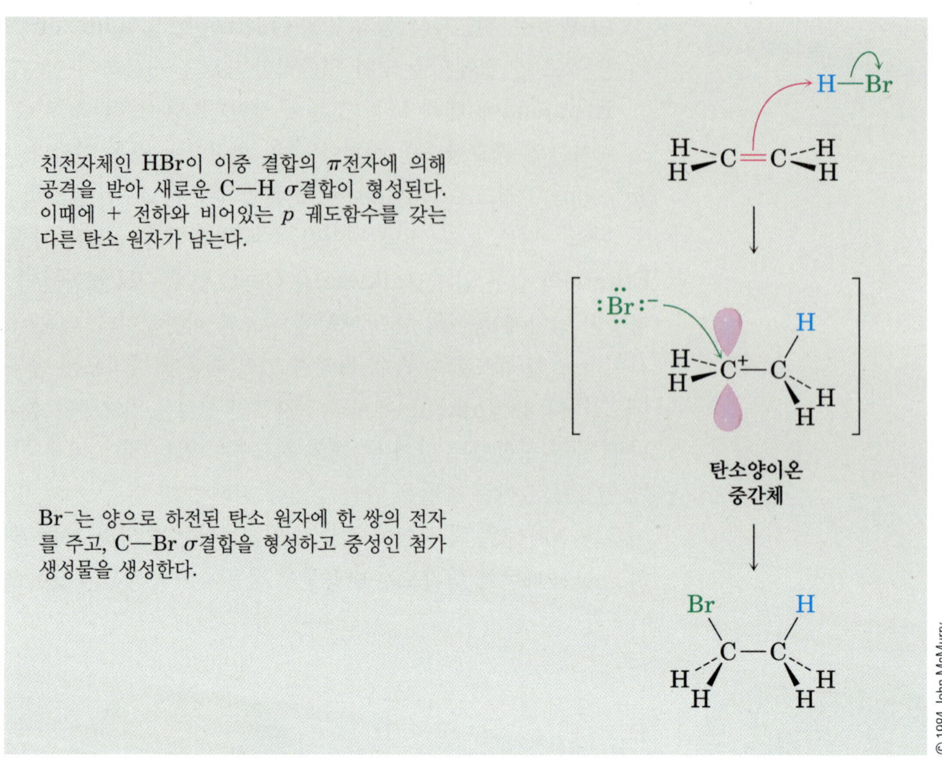

그림 4.4 ▶ **메커니즘:** Ethylene과 HBr의 친전자성 첨가 반응. 반응은 두 단계로 일어나고, 두 단계 모두 친전자체-친핵체 상호작용이 포함되어 있다.

알켄의 탄소 원자 중 하나가 들어오는 수소와 새로운 결합을 형성할 때에, 다른 탄소 원자는 이중 결합이 가지고 있던 전자를 잃어버리고 여섯 개의 원자가 전자를 가지는 양전하로 남게 된다. 이러한 양으로 하전된 화학종을 **탄소양이온**(carbocation)이라고 하며, 두 번째 단계에서 친핵성 브로민 음이온(Br^-)으로부터 전자 한 쌍을 받아 C—Br 결합을 형성하며, 예상되는 첨가 생성물을 생성한다. 그림 4.4의 굽은 화살표는 Br^-로부터 양으로 하전된 탄소로 전자쌍의 이동을 나타낸 것이다.

Ethylene에 HBr의 친전자성 첨가 반응은 단지 극성 과정의 한 예이며 다음 장에서 많은 형태의 과정들을 자세히 공부하게 될 것이다. 개별적인 반응들을 자세히 다루지 않아도, 모든 극성 반응은 전자가 부족한 자리와 전자가 풍부한 자리들 사이에서 일어나며, 친핵체로부터 친전자체로의 전자쌍의 공여(donation)가 포함되어 있다.

◆ **문제 4.6** HBr과 cyclohexene의 반응에서 예상되는 생성물은 무엇인가? HCl의 경우는 무엇인가?

[cyclohexene] + HBr ⟶ ?

◆ **문제 4.7** 2-Methylpropene은 HBr과 반응하여 2-bromo-2-methylpropane을 생성한다. 이 반응 과정에서 어떤 구조의 탄소양이온이 형성되는가? 반응 메커니즘을 나타내라.

$$(CH_3)_2C{=}CH_2 + HBr \longrightarrow (CH_3)_3C{-}Br$$

4.6 극성 반응 메커니즘에서 굽은 화살표 사용

여러분들이 보다 더 숙달되도록 도움을 주는 몇 가지 규칙과 몇 가지 일반적인 경향을 살펴 보아야 한다.

규칙 1 **전자들은 친핵체(Nu:)로부터 친전자체(E)로 이동한다.** 친핵체는 일반적으로 고립 전자쌍이거나 또는 다중 결합이 있는 이용 가능한 전자쌍을 가지고 있어야만 한다. 예를 들면:

일반적으로 전자들은 이러한 친핵체로부터 이동한다.

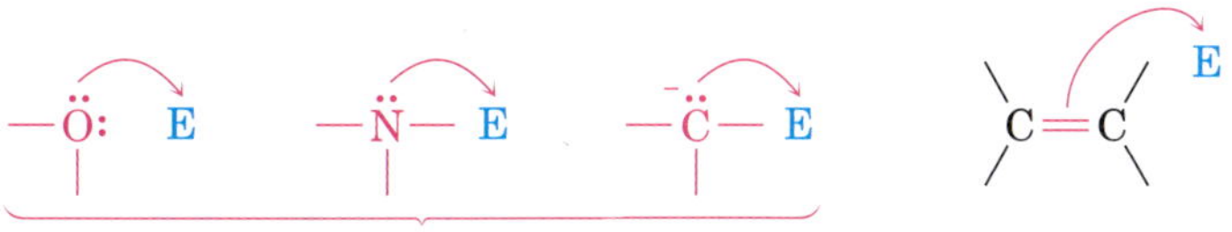

—Ö: E —N̈— E —C̈⁻— E C=C E

친전자체는 전자쌍을 받아들일 수 있으며, 일반적으로 양전하를 갖는 원자이거나 또는 작용기내에서 양으로 편극된 원자들이다. 예를 들면:

일반적으로 전자들은 이러한 친전자체로 이동한다.

Nu: —C⁺— Nu: —C(δ+)— 할로젠(δ−) Nu: H(δ+)—O(δ−) Nu: C(δ+)=O(δ−)

규칙 2 **친핵체는 음으로 하전되어 있거나 중성 분자가 될 수 있다.** 만일 친핵체가 음전하를 갖고 있다면, 그 원자는 전자쌍을 주어서 중성 분자가 된다. 예를 들면:

음으로 하전된 원자 중성

$$CH_3—\ddot{O}:^- + H—\ddot{Br}: \longrightarrow CH_3—\ddot{O}(H): + :\ddot{Br}:^-$$

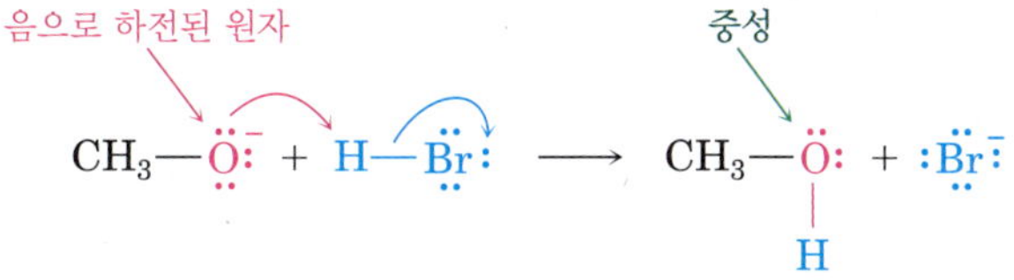

만일 친핵체가 중성 분자이면 그 원자는 전자쌍을 주어서 양전하를 갖게 된다. 예를 들면:

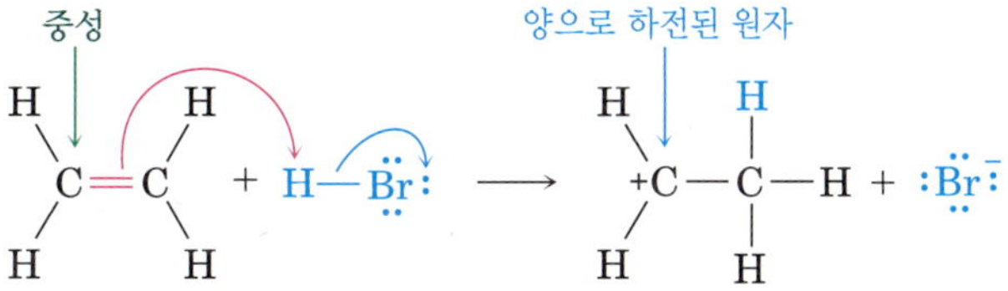

중성 양으로 하전된 원자

$$H_2C=CH_2 + H—\ddot{Br}: \longrightarrow H_2\overset{+}{C}—CH_2—H + :\ddot{Br}:^-$$

규칙 3 **친전자체는 양으로 하전되어 있거나 중성 분자가 될 수 있다.** 만일 친전자체가 양전하를 갖고 있다면, 그 원자는 전자쌍을 받아서 중성 분자가 된다. 예를 들면:

양으로 하전된 원자 중성

$$H_2C=\overset{+}{\ddot{O}}H + :\bar{C}\equiv N: \longrightarrow H_2C(\ddot{O}H)—C\equiv N:$$

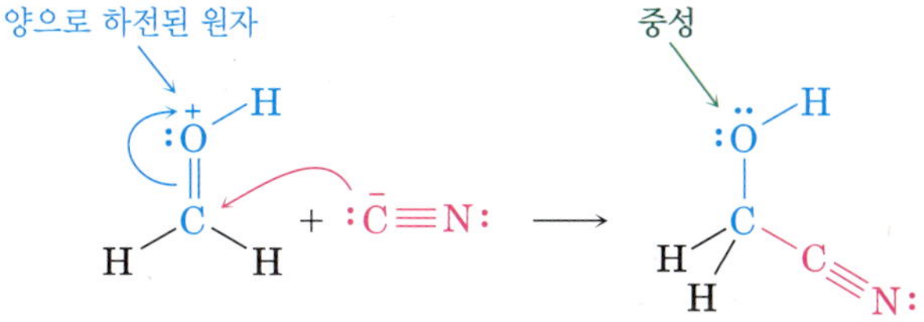

만일 친전자체가 중성이면, 원자는 전자쌍을 받아들여 음전하를 얻는다. 그러나 이러한 현상이 일어나면 음전하는 산소, 질소 또는 할로젠과 같은 전기음성도가 큰 원자에 의해 안정화된다. 예를 들면:

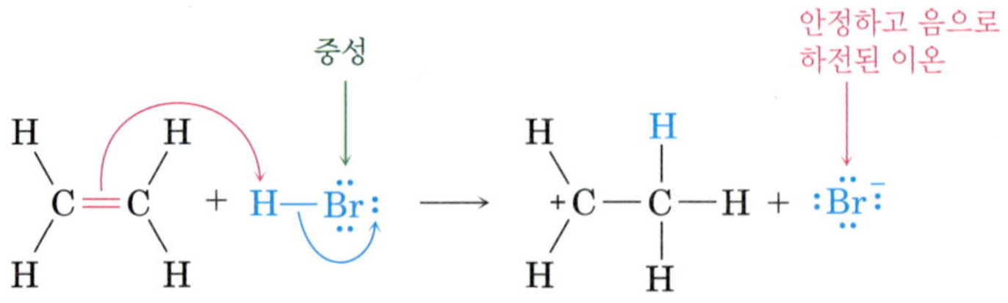

중성

안정하고 음으로 하전된 이온

규칙 2 및 규칙 3의 전체적인 결과는 반응이 일어나는 동안 전하가 보존되게 한다. 반응물의 음전하를 생성물의 음전하로 넘겨주고 반응물의 양전하를 생성물의 양전하로 넘겨준다.

규칙 4 **팔전자 규칙을 따라야 한다.** 즉, 2주기 원소들은 10개의 전자를 가질 수 없다(수소에 대해서는 네 개). 만일 이미 팔전자 규칙(혹은 수소의 경우 두 개)을 만족시키는 원자로 전자쌍이 이동하면, 팔전자계를 유지하기 위해 다른 전자쌍은 이 원자로부터 동시에 이동을 해야만 한다. 예를 들면 ethylene의 C═C 결합으로부터 HBr의 수소 원자로 두 개의 전자가 이동하게 되며, 두 전자는 수소로부터 떨어져 나가야 된다. 이것은 H—Br 결합이 끊어져야 된다는 것을 말하며, 그 전자들은 브로민에 남아 있어야만 되며, 안정한 브로민화 이온이 된다.

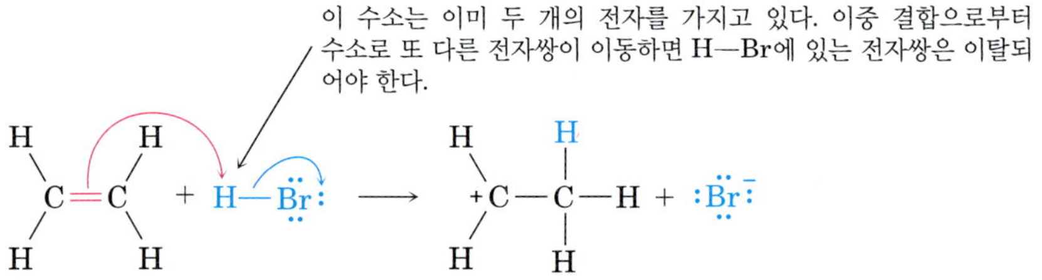

이 수소는 이미 두 개의 전자를 가지고 있다. 이중 결합으로부터 수소로 또 다른 전자쌍이 이동하면 H—Br에 있는 전자쌍은 이탈되어야 한다.

유사하게 cyanide 이온(CN^-)으로부터 양성자첨가된 formaldehyde ($H_2C{=}OH^+$)의 탄소 원자로 이동하는 경우 두 개의 전자들은 그 탄소 원자에서 이탈되어야 한다. 이것은 C═O 이중 결합은 단일 결합이 된다는 것을 의미하며, 두 개의 전자는 양전하를 중성화시키면서 산소에 머물러야만 한다.

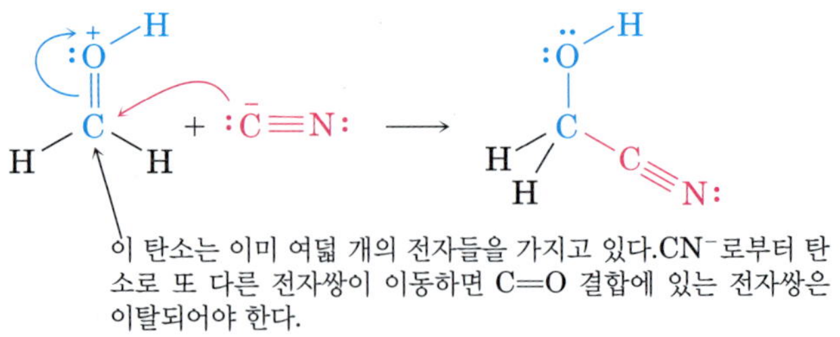

이 탄소는 이미 여덟 개의 전자들을 가지고 있다. CN^-로부터 탄소로 또 다른 전자쌍이 이동하면 C═O 결합에 있는 전자쌍은 이탈되어야 한다.

예제 4.2에서 굽은 화살표를 그리는 또 다른 예를 나타내었다.

예제 4.2

다음 극성 반응에서 전자의 이동을 나타내도록 굽은 화살표를 그려 넣어라:

$$H_3C{-}C(=O){-}\ddot{C}H_2^- + H{-}CH_2{-}Br \longrightarrow H_3C{-}C(=O){-}CH_2{-}CH_3 + Br^-$$

▶ **힌트** 먼저 반응식을 보고 결합의 변화가 일어나는 것을 살펴본다. 이 반응의 경우 C—Br결합이 끊어지고 C—C 결합이 형성된다. C—C 결합의 생성은 왼쪽 반응물의 친핵성탄소 원자로부터 CH_3Br의 친전자성 탄소 원자로 전자쌍을 주게 되므로 음으로 하전된 C 원자의 고립 전자쌍으로부터 CH_3Br의 C 원자로 이동하도록 굽은 화살표를 그려야 한다. 팔전자 규칙에 어긋나지 않으려면 C—C 결합이 형성되는 동시에 C—Br 결 합이 끊어져야 한다. 따라서 두 번째 굽은 화살표는 C—Br 결합으로부터 Br로 화살표 를 그려야 한다. 전자를 얻은 브로민은 안정한 Br^- 이온이 되게 된다.

▶ **해답**

$$H_3C{-}C(=O){-}\ddot{C}H_2^- + H{-}CH_2{-}Br \longrightarrow H_3C{-}C(=O){-}CH_2{-}CH_3 + Br^-$$

◆ **문제 4.8** 다음 극성 반응 중에서 각각의 전자들의 이동을 나타내는 굽은 화살표를 그려 넣어라.

(a) $:\ddot{Cl}{-}\ddot{Cl}: + H{-}\ddot{N}H{-}H \longrightarrow H{-}\overset{+}{N}(Cl)H{-}H + :\ddot{Cl}:^-$

(b) $CH_3{-}\ddot{O}:^- + H{-}CH_2{-}\ddot{Br}: \longrightarrow CH_3{-}\ddot{O}{-}CH_3 + :\ddot{Br}:^-$

(c) $H_3C{-}C(Cl)(:\ddot{O}:^-){-}OCH_3 \longrightarrow H_3C{-}C(=\ddot{O}:){-}OCH_3 + :\ddot{Cl}:^-$

◆ **문제 4.9** 다음 극성 반응에서 굽은 화살표에 의해 나타낸 것처럼 전자들이 흐름을 이해할 수 있도록 그 생성물을 예측하라.

$$H\ddot{O}:^- + H{-}CH_2{-}CH_2{-}Br \longrightarrow ?$$

4.7 반응의 표현: 에너지 도표와 전이 상태

반응이 일어나기 위해서는 반응물 분자들 사이에 충돌해야 하고, 원자들과 결합들의 재배열이 일어나야만 한다. 다시 한 번 두 단계로 진행되는 ethylene에 대한 HBr의 첨가 반응을 살펴보자.

$$H_2C{=}CH_2 \xrightarrow{H-Br} \left[H-\overset{H}{\underset{H}{C}}-\overset{H}{\underset{H}{C^{+}}} \right] \xrightarrow{:\ddot{Br}:^{-}} H-\overset{H}{\underset{H}{C}}-\overset{H}{\underset{H}{C}}-\ddot{Br}:$$

탄소양이온

반응이 진행되면 ethylene과 HBr은 서로 접근해야만 하고, ethylene의 π 결합과 H—Br의 결합이 끊어져, 첫 단계에서 새로운 C—H 결합이 형성되고, 두 번째 단계에서 새로운 C—Br 결합이 형성되어야만 한다.

화학자들은 그림 4.5에 나타난 것과 같은 **반응 에너지 도표**(reaction energy diagram) 를 이용하여 반응이 진행되는 동안의 에너지 변화를 그래프로 그리는 방법을 사용한다. 도표의 세로축에는 모든 반응물의 전체 에너지를 나타내었고, 반면에 **반응 좌표**(reaction coordinate)라고 부르는 가로축에는 반응 시작(왼쪽)부터 반응 종료(오른쪽)까지의 반응의 진행 과정을 나타내었다. Ethylene에 HBr의 첨가 반응이 반응 에너지 도표로 어떻게 나타낼 수 있는지 살펴보도록 하자.

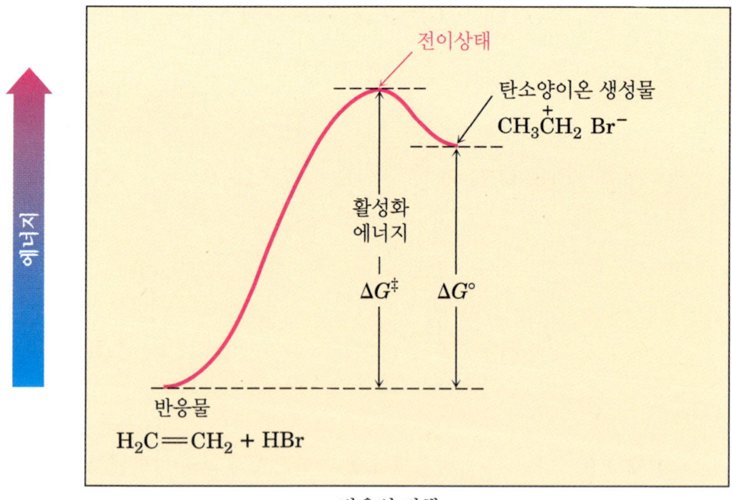

그림 4.5 ▸ Ethylene과 HBr의 첫 번째 단계에 대한 반응 에너지 도표. 반응물과 전이 상태 사이의 에너지 차이 $\Delta G^{\ddagger}$는 반응 속도를 조절한다. 반응물과 탄소양이온 생성물 사이의 에너지 차이 ΔG°는 평형의 위치를 조절한다.

4.8 반응의 표현: 중간체

Ethylene과 HBr의 반응 첫 단계에서 형성되는 탄소양이온의 구조를 어떻게 설명할 수 있을까? 탄소양이온은 분명히 반응물과는 다르며, 전이 상태도 아니고, 최종 생성물도 아니다.

$$H_2C{=}CH_2 \xrightarrow{H-Br} \left[H-CH_2-CH_2^{+} \right] \xrightarrow{:Br:^-} H-CH_2-CH_2-Br$$

반응 중간체

다단계 반응 과정 중에서 순간적으로 존재하는 탄소양이온을 **반응 중간체**(reaction intermediate)라고 부른다. Ethylene과 H^+의 반응에 의해 첫 단계에서 생기는 중간체는 곧 두 번째 단계에서 Br^- 이온과 더 반응하여 최종 생성물인 bromoethane을 생성한다.

생활과 화학 . . .

폭약

대부분의 화학 반응은 한 단계 또는 반응 속도, 평형 상수와 반응 메커니즘이 각각 다른 복잡한 여러 단계를 거쳐 진행된다. 반응 단계들은 보통 반응 속도, 평형 상수들의 측정에 대해 연구할 수 있으며, 그 결과로부터 그 반응을 잘 이해하도록 반응 메커니즘이 밝혀지게 된다. 그러나 폭발(expolsion)은 다르다. 폭발의 속도는 매우 빠르므로 그 메커니즘이 매우 복잡하기 때문에 폭발에 대한 자세한 과정은 완전히 이해하기 어렵다.

화학적 폭발은 분자들이 동시에 여러 토막으로 끊어져 새로운 생성물—일반적으로 N_2, H_2O, CO_2와 같은 안정한 기체 — 을 만드는 특성을 가지고 있다. 그 결과는 많은 양의 뜨거운 가스들이 거의 순간적으로 분해됨으로써 그 가스들이 확산되면서 충격파에 의해 파괴를 일으킨다. 이 충격파는 9,000 m/s(약 20,000 mi/h)의 속력으로 움직이며, 700,000 atm의 압력을 만들어낸다.

폭약은 충격의 정도에 따라 1급 또는 2급으로 분류된다. Lead azide, $Pb(N_3)_2$와 같은 1급 폭약은 열과 충격에 가장 예민하다. 이러한 폭약들은 폭약, 탄두 및 덜 민감한 2급 폭약의 군사용 폭탄 도화선으로 사용된다. 큰 폭발을 일으키는 2급 폭약은 1급 폭약보다 열과 충격이 덜하며, 대량 생산과 운송에 더 안정하다. 대부분 2급 폭약은 공기 중에서 자연적인 연소에 의한 폭발보다는 태움으로써 폭발되며, 1급 폭약의 개시에 의해서만 폭발하게 된다.

$$\underset{\text{Glycerin}}{HC(H)(OH)-CH(OH)-CH_2(OH)} + 3\,HNO_3 \xrightarrow{H_2SO_4} \underset{\text{Nitroglycerin}}{CH_2(ONO_2)-CH(ONO_2)-CH_2(ONO_2)} + 3\,H_2O$$

(계속)

가장 상업적으로 많이 시판되는 폭발성이 높은 폭약은 nitroglycerin이며, 황산의 존재하에서 질산과 glycerin을 반응시킴으로써 1847년에 제조되었다.

우리가 잘 아는 바와 같이 1865년에 스웨덴의 과학자 Alfred Nobel이 다이너마이트(dynamite)라 불리는 상품화된 폭약인 nitroglycerin을 생산하는 확실한 방법을 찾아내는데 성공하였다(Nobel이 발명으로부터 모은 재산은 노벨상 기금으로 사용되고 있다). 현재 상업적으로 채석이나 노면 폭발 등에 사용되는 다이너마이트는 ammonium nitrate와 nitroglycerin을 규조토에 흡착시킨 혼합물이다.

폭탄 또는 유탄 속에 채워지는 군사용 폭발물은 발사 시 충격 충돌에 덜 민감하며, 오랫동안 보관하여도 안정성이 좋아야 한다. TNT(trinitrotolune), PETN(pentaerythritol tetanitrate), RDX(royal demolition explosive)는 가장 많이 사용되고 있는 폭발성이 높은 군사용 폭약이다. PETN과 RDX는 왁스나 합성 고분자와 혼합되어 플라스틱 폭발물이라 부른다.

Trinitrotoluene (TNT)

Pentaerythritol tetranitrate (PETN)

RDX

요약 및 주요 용어

균일분해, 4.2
극성 반응, 4.2
라디칼 반응, 4.2
라디칼, 4.2
반응 메커니즘, 4.2
반응 에너지 도표, 4.7
반응 중간체, 4.8
불균일분해, 4.2
연쇄 반응, 4.3
자리옮김 반응, 4.1
제거 반응, 4.1
첨가 반응, 4.1
치환 반응, 4.1
친전자체, 4.4
친해체, 4.4
탄소양이온, 4.5
편극도, 4.4

반응의 종류에는 네 가지 일반적인 반응이 있다. **첨가 반응**(addition reaction)은 두 반응 물질이 서로 합쳐져 단일 생성물을 만들 때 일어나며 **제거 반응**(elimination reaction)은 하나의 반응 물질이 두 개의 생성물로 서로 쪼개어질 때 일어나고 **치환 반응**(substitution reaction)은 두 반응물의 어느 부분에서 교환이 일어나 두 개의 새로운 생성물을 만드는 반응이고 **자리옮김 반응**(rearrangement reaction)은 한 개 반응물의 결합이나 원자가 재배열되어 또 다른 하나의 이성질체 생성물을 만들 때 일어나는 반응이다.

반응이 어떻게 일어나는가에 대한 전체적인 표현을 **메커니즘**(mechanism)이라고 한다. 어떤 반응이 일어날 수 있는가에 따라 반응 메커니즘에는 **라디칼**(radical) 메커니즘과 **극성**(polar) 메커니즘의 두 종류가 있다. 대부분의 일반적인 형태인 극성 반응은 한 분자에 존재하는 어떤 작용기에 있는 친핵성(전자가 풍부한) 자리와 다른 분자 내에 존재하는 작용기에 있는 친전자성(전자가 부족한) 자리 사이의 상호 인력에 의해 일어난다. 극성 반응에서 결합은 **친핵체**(nucleophile)가 **친전자체**(electrophile)에 한 쌍의 전자를 줌으로써 형성된다. 이러한 전자의 이동을 굽은 화살표로 나타내며, 친핵체에서 친전자체로 전자가 이동하는 것으로 이동 방향을 표시한다. 라디칼 반응은 홀수 전자를 가지는 화학종이 포함되며, 이 반응 형태에서의 새로운 결합의 형성은 각각의 반응물이 서로 하나씩의 전자를 줌으로써 이루어진다.

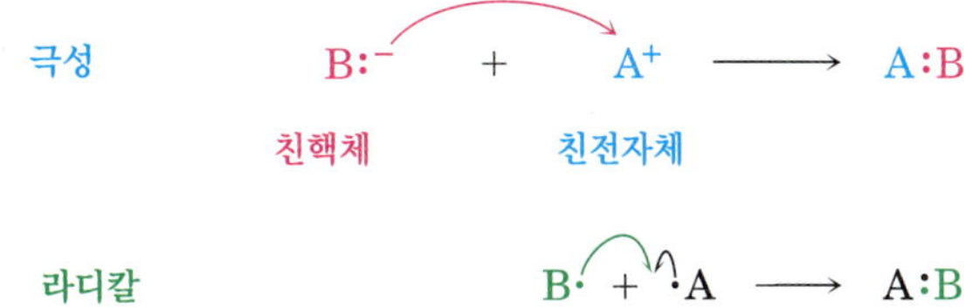

반응은 반응물이 전이 상태를 거쳐 생성물로 가는 반응 경로를 따라 **반응 에너지 도표** (reaction energy diagram)를 이용하여 기술할 수 있다. **전이 상태**(transition state)는 반응 과정 중에 가장 높은 에너지 준위에서 생기는 활성화물(activated complex) 이다.

많은 반응들이 한 단계 이상의 반응 단계를 거쳐서 진행되며, 몇 개의 **반응 중간체**(reaction intermediate)를 포함하게 된다. 중간체는 반응 에너지 도표상의 두 단계 사이에서 최저 에너지를 갖는 화학종이며, 반응 도중에 일시적으로 형성된다.

연습 문제

시각 화학

4.10 다음 할로젠화 알킬은 서로 다른 두 가지 알켄에 HBr의 첨가에 의해 합성된다. 두가지 구조를 그려라(붉은-갈색=Br).

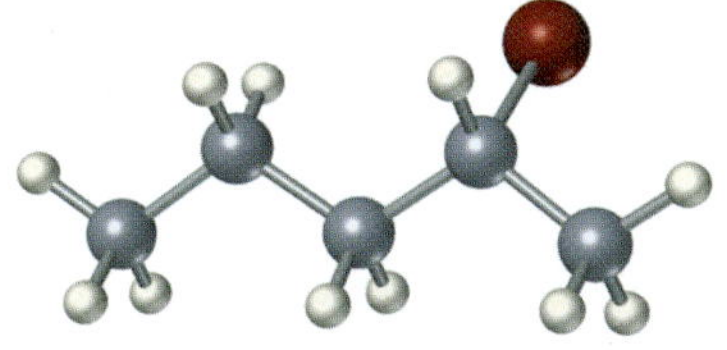

4.11 다음 구조는 두 개의 서로 다른 알켄에 HBr의 첨가 반응으로 생성되는 탄소양이온 중간체이다. 두 알켄의 구조를 그려라.

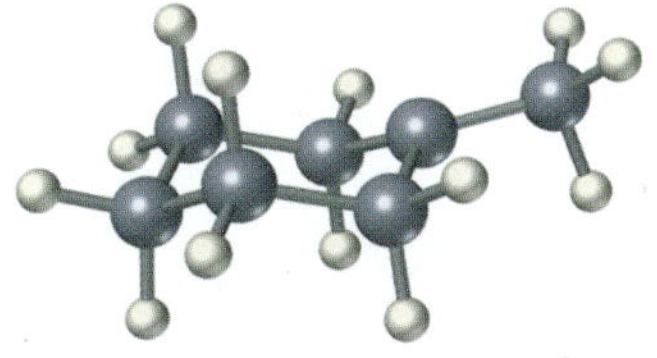

4.12 다음 분자들에 존재하는 작용기들을 확인하고, 각각의 극성을 나타내라:

(a) $CH_3CH_2C{\equiv}N$

(b) (cyclopentyl)–OCH_3

(c) $CH_3\overset{O}{\overset{\|}{C}}CH_2\overset{O}{\overset{\|}{C}}OCH_3$

(d) $CH_3CH{=}CH\overset{O}{\overset{\|}{C}}NH_2$

(e) $C_6H_5\overset{O}{\overset{\|}{C}}H$

4.13 다음 반응들을 첨가 반응, 제거 반응, 치환 반응 및 자리옮김 반응으로 구분하라.

(a) $CH_3CH_2Br + NaCN \longrightarrow CH_3CH_2CN\ (+\ NaBr)$

(b) 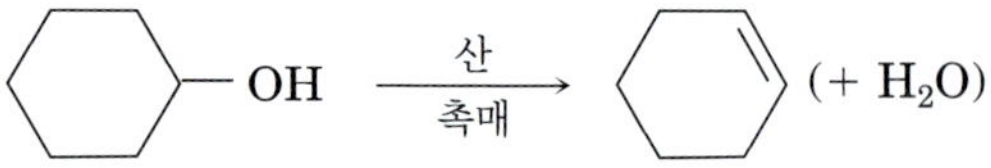 (cyclohexane)—OH $\xrightarrow[\text{촉매}]{\text{산}}$ (cyclohexene) (+ H_2O)

(c)  (cyclohexane) + $O_2N—NO_2$ $\xrightarrow{\text{빛}}$ (cyclohexane)—NO_2 (+ HNO_2)

4.14 다음의 각각에 대한 예를 들어라.

(a) 친핵체 (b) 친전자체

(c) 극성 반응 (d) 치환 반응

(e) 불균일분해 (f) 균일분해

4.15 Methane과 chlorine 혼합물에 빛을 조사하면 반응이 즉시 진행된다. 빛을 제거하 면 반응은 점차 느려지지만, 반응이 즉시 멈추지는 않는다. 그 이유를 설명하라.

4.16 알케인의 라디칼 염소화 반응이 제한적인 요소가 있음에도 불구하고 어떤 할로젠이 첨가된 화합물의 합성에는 아직도 유용하다. 다음 화합물 중 어느 것이 라디칼 염소화 반응에서 하나의 단일 염소화 생성물을 생성하는가?

(a) C_2H_6 (b) $CH_3CH_2CH_3$ (c) 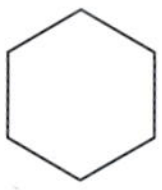 (cyclohexane)

(d) $(CH_3)_3CCH_2CH_3$ (e)

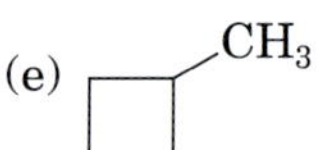

4.17 각 반응에 대해서 굽은 화살표로 표시된 전자의 흐름을 따라가 보고, 각 반응에서생성되는 생성물을 예측하라.

(a) 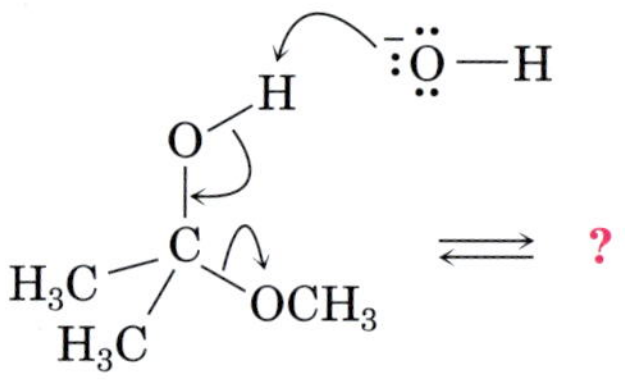 $(H_3C)_2C(OH)(OCH_3)$ + $^{-}$:Ö—H $\rightleftharpoons$?

(b) 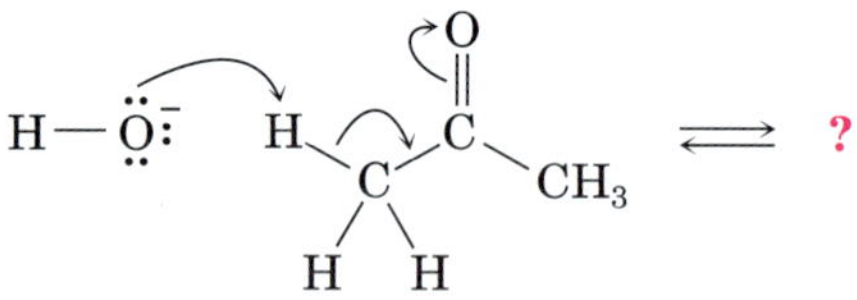 H—Ö:$^{-}$ + $H_3C{-}C(=O){-}CH_3$ $\rightleftharpoons$?

4.18 Ammonia는 acetyl chloride(CH_3COCl)과 반응하여 다음 식에 따라 acetamide(CH_3CONH_2)를 생성한다.

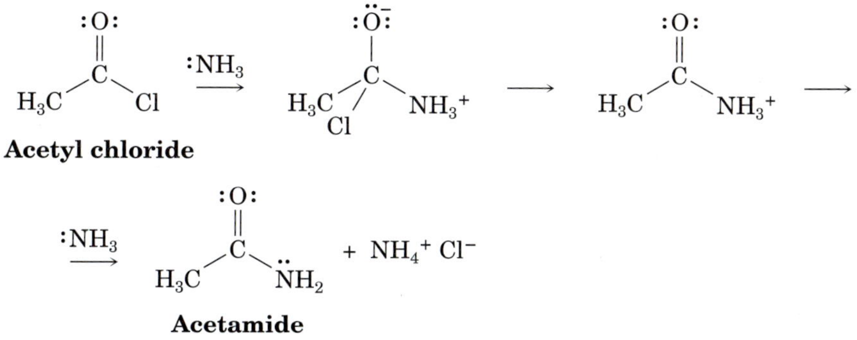

$$H_3C-C(=\ddot{O}:)-Cl \xrightarrow{:NH_3} H_3C-C(-\ddot{O}:^-)(Cl)-NH_3^+ \longrightarrow H_3C-C(=O:)-NH_3^+ \longrightarrow$$

Acetyl chloride

$$\xrightarrow{:NH_3} H_3C-C(=O:)-\ddot{N}H_2 + NH_4^+\ Cl^-$$

Acetamide

이 반응의 각 단계에 있어서 생성되고 끊어지는 결합을 표시하고, 각 단계에 있어서 전자의 흐름을 굽은 화살표를 이용하여 표시하라.

4.19 HBr과 2-methylpropene의 반응은 두 개의 브로민화 알킬 첨가 생성물을 생성한다. 이들을 명명하고 구조를 그려라.

4.20 2-Methylpropene과 HBr의 반응(문제 4.19)이 일어나는 동안에 생성 가능한 두개의 탄소양이온 중간체 구조를 그려라. 다음 장에서 탄소양이온의 안정성은 양으로 하전된 탄소에 결합된 알킬 치환기의 수에 달려 있음을 배우게 된다. 알킬 치환기가 많을수록 양이온은 보다 더 안정해진다. 두 개의 탄소양이온 중간체 중에서어느 것이 더 안정한가?

4.21 알켄은 산-촉매에 의한 물 첨가 반응에서 알코올로 전환될 수 있다. Ethylene에 HBr의 첨가 반응 메커니즘을 고려하여 H_2O의 첨가에 해당되는 메커니즘을 각 단계에서 전자의 흐름을 보여 주는 굽은 화살표를 사용하여 제안하라.

$$H_2C{=}CH_2 + H_2O \xrightarrow{H^+\ \text{촉매}} CH_3CH_2OH$$

객관식 문제

1 다음 반응에서 어느 것이 제거 반응인가?

A.  (benzene) + $CH_3Br \longrightarrow$ (benzene)$-CH_3 + HBr$
B. $CH_3CH{=}CH_2 + HCl \longrightarrow CH_3CHClCH_3$
C. $CH_3CH_2OH \longrightarrow CH_2{=}CH_2 + H_2O$
D. $CH_3Br + KOH \longrightarrow CH_3OH + KBr$

2 다음 자유 라디칼 중에서 어느 것이 가장 안정한가?

A. $Cl\cdot$ **B.** $CH_3CH_2CH_2\cdot$ **C.** $CH_3\dot{C}HCH_3$
D. $C_6H_5-\dot{C}(CH_3)_2$

3 빛 존재하에서 ethane과 염소 사이에 반응 메커니즘에 포함된 첫 번째 단계는?
A. 불균일분해 **B.** 균일분해 **C.** 첨가 **D.** 제거

4 자외선 존재하에서 과량의 propane을 브로민 기체로 처리하여 얻을 수 있는 이치환 bromopropane은 몇 개인가?
A. 1 **B.** 2 **C.** 3 **D.** 4

5 빛 존재하에서 neopentane, $(CH_3)_4C$과 염소와의 반응에 의해 생성될 수 있는 생성물은 어느 것인가?

A. $(CH_3)_3CCH_2Cl$
B. $(CH_3)_3C—Cl$
C. $CH_3CH_2CH_2CH(Cl)CH_3$
D. $CH_3CH_2CH(Cl)CH_2CH_3$

6 다음의 어느 화학종이 친핵체로 작용할 수 있는가?

A. CH_3^+ **B.** Br^+ **C.** NO_2^+ **D.** CN^-

7 Propene이 HBr과 반응할 경우에 생성되는 중간체는?

A. $CH_3CH_2CH_2^+$
B. $CH_3\overset{}{\underset{+}{C}}HCH_3$
C. $CH_3CH_2CHCl^+$
D. $CH_3\underset{+}{C}HCH_2Cl$

보충 문제

8 하이드록시 이온은 chloromethane과 다음 반응식처럼 한 단계로 반응한다.

$$OH^- + CH_3Cl \longrightarrow CH_3OH + Cl^-$$

분해되는 결합과 형성되는 결합을 확인하고 반응이 일어나는 동안 전자의 흐름을 굽은 화살표로 나타내라.

9 메톡시 이온(CH_3O^-)은 bromoethane과 다음 반응식처럼 한 단계로 일어난다.

$$CH_3O^- + CH_3CH_2Br \longrightarrow CH_2{=}CH_2 + CH_3OH + Br^-$$

분해되는 결합과 형성되는 결합을 확인하고 반응이 일어나는 동안 전자의 흐름을 굽은 화살표로 나타내라.

10 Isopropylidenecyclohexane을 상온에서 센 산과 반응시켰을 때 아래에 나타낸 메커니즘에 의해 이성질화가 일어나 1-isopropylcyclohexene이 생성된다.

산
촉매
H
H

(a) 어떠한 종류의 반응이 일어났는가? 극성 메커니즘인가 또는 라디칼 메커니즘인가?
(b) 각 단계에서 전자의 흐름을 나타내는 굽은 화살표를 그려라.

11 다음 중에서 친핵체 또는 친전자체로 작용하기 가장 쉬운 것은 어느 것인가?

(a) Br^- (b) $N(CH_3)_3$ (c) Ni^{2+} (d) CN^- (e) $CH_3CH_2^+$

12 화학식이 C_9H_{14}인 화합물은 고리 또는 삼중 결합이 포함되어 있지 않다. 얼마나 많은 이중 결합을 가지고 있는가?

13 다음에 나타낸 반응 에너지 도표(reaction energy diagram)를 고려하자.

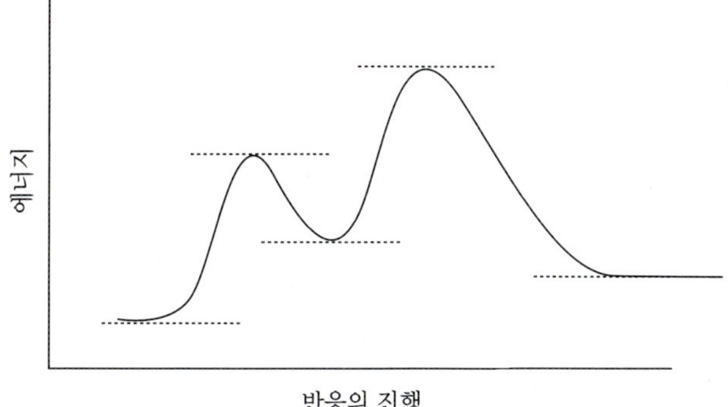

(a) 이 반응에 대한 전체적인 에너지 변화를 표시하라. 발열인가? 흡열인가?
(b) 이 반응에는 몇 단계가 포함되어 있는가?
(c) 어느 단계가 빠른가?
(d) 몇 개의 전이 상태가 존재하는지 도표에 나타내어라.

14 민트(Mint) 식물에서 발견되는 탄화수소인 menthene은1-isopropyl-4-methylcyclohexene이라는 IUPAC명을 가지고 있다. Menthene의 구조를 그려라.

알켄

Alkenes

알켄(Alkene)은 탄소–탄소 이중 결합을 가지고 있는 탄화수소이다. 올레핀(Olefin)이라는 용어가 가끔 동의어로 사용되고 있지만, 알켄이 일반적으로 선호되고 있는 이름이다. 알켄은 자연계에서 많이 발견된다. 예를 들면 ethylene은 과일이 익도록 유도하는 식물 호르몬이며, α-pinene은 터펜틴(turpentine)의 주성분이다. 11개의 이중 결합을 가지고 있는 β-carotene과 같은 알켄이 없이는 생명 그 자체가 존재할 수 없다. 당근의 색을 나타나게 하는 오렌지 색소인 β-carotene은 비타민 A의 공급원이고 어떤 형태의 암에 대해서는 항암효과가 있는 것으로 알려져 있다.

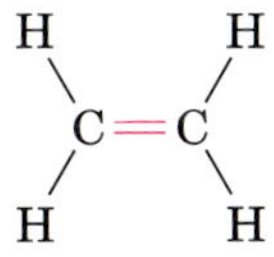

Ethylene

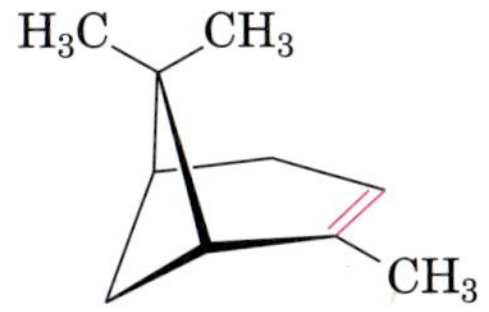

α-Pinene

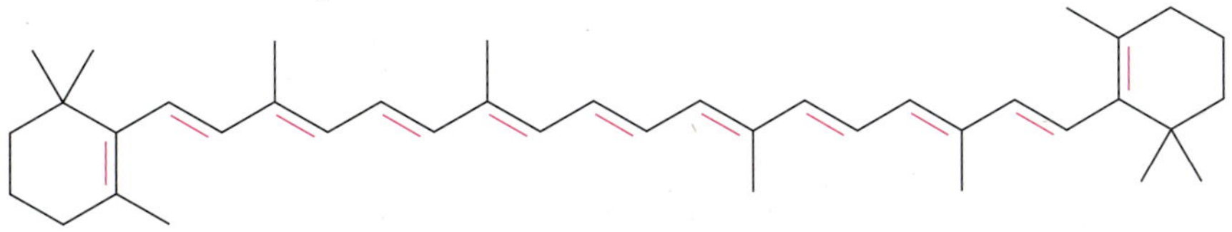

β-Carotene
(당근의 오렌지색을 나타내는 색소, 비타민 A의 전구체)

→ 5.1 알켄의 공업적 제법과 용도

가장 간단한 알켄인 ethylene과 propylene은 공업적으로 생산되는 두 가지 가장 중요한 유기 화합물이다. 미국 내에서 ethylene은 연간 2,500만 톤, propylene의 경우 1,500만 톤 생산되며, 이들은 polyethylene, polypropylene, ethylene glycol, acetic acid, acetaldehyde 및 많은 수의 다른 원료 물질의 합성에 사용된다(그림 5. 1).

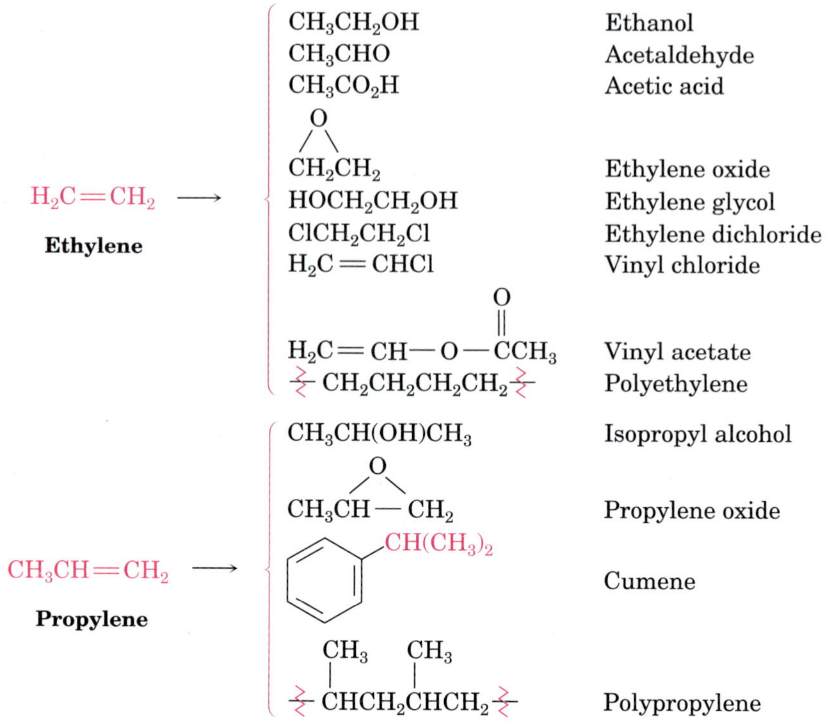

$H_2C{=}CH_2$ **Ethylene** →	CH_3CH_2OH	Ethanol
	CH_3CHO	Acetaldehyde
	CH_3CO_2H	Acetic acid
	CH_2CH_2 (epoxide, O bridging)	Ethylene oxide
	$HOCH_2CH_2OH$	Ethylene glycol
	$ClCH_2CH_2Cl$	Ethylene dichloride
	$H_2C{=}CHCl$	Vinyl chloride
	$H_2C{=}CH{-}O{-}C({=}O)CH_3$	Vinyl acetate
	$\text{-}\!(CH_2CH_2CH_2CH_2)\!\text{-}$	Polyethylene
$CH_3CH{=}CH_2$ **Propylene** →	$CH_3CH(OH)CH_3$	Isopropyl alcohol
	$CH_3CH{-}CH_2$ (epoxide, O bridging)	Propylene oxide
	$C_6H_5CH(CH_3)_2$	Cumene
	$\text{-}\!(CH(CH_3)CH_2CH(CH_3)CH_2)\!\text{-}$	Polypropylene

그림 5.1 ▸ Ethylene과 propylene으로부터 공업적으로 만들어지는 화합물.

Ethylene, propylene 및 butene은 알케인(C_2—C_8)의 열분해(thermal cracking)에 의해 공업적으로 합성된다.

$$CH_3(CH_2)_nCH_3 \xrightarrow[\text{수증기}]{850\text{–}900^\circ C} H_2 + CH_4 + H_2C{=}CH_2 + CH_3CH{=}CH_2 + CH_3CH_2CH{=}CH_2$$

$n = 0\text{–}6$

1912년에 도입된 열분해는 촉매 없이 900°C 이상의 온도에서 일어난다. 이 과정에서 라디칼 반응이 포함되어 있지만, 정확한 과정은 매우 복잡하다. 고온 반응 조건에서 C—C 및 C—H 결합이 자발적으로 균일 분해가 일어나서 보다 더 작은 조각의 분자들이 생성된다. 예를 들면 butane 한 분자는 두 개의 에틸 라디칼로 쪼개지고 이 에틸 라디칼은 각각 하나씩의 수소 원자들을 잃어버리고 두 분자의 ethylene을 생성한다.

$$CH_3CH_2{-}CH_2CH_3 \xrightarrow{900^\circ C} 2\ \overset{H}{|}\!\!CH_2{-}CH\cdot \longrightarrow 2\ H_2C{=}CH_2 + H_2$$

5.2 불포화도 계산

알켄은 이중 결합 때문에 동일 수의 탄소를 가지는 알케인보다 적은 수의 수소를 가지고 있고—알케인의 일반식은 C_nH_{2n+2}이며, 알켄의 일반식은 C_nH_{2n}이므로—따라서 **불포화**(unsaturated)되어 있다고 말한다. 예를 들면 ethylene은 화학식이 C_2H_4인 반면에 ethane의 화학식은 C_2H_6이다.

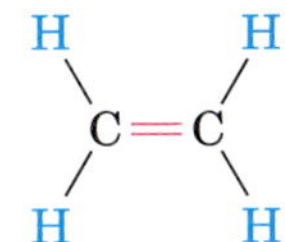

Ethylene: C_2H_4
(보다 적은 수소 수—불포화)

H H
H—C—C—H
H H

Ethane: C_2H_6
(보다 많은 수소 수—포화)

일반적으로 어떤 분자 내에 하나의 고리 혹은 한 개의 이중 결합을 가지게 되면 알케인의 일반식(C_nH_{2n+2})에 비해 두 개의 수소가 적어지게 된다. 이러한 관계를 알면, 분자 내 존재하는 고리의 수 또는 다중 결합의 수를 나타내는 분자의 **불포화도**(degree of unsaturation)를 분자식으로부터 계산할 수 있다.

어떤 미지 탄화수소의 구조식을 알아내려고 한다고 가정해 보자. 미지 시료의 측정된 분자량은 82이고, 분자식은 C_6H_{10}.이라고 하자. 완전히 포화된 C_6 알케인(hexane)의 분자식은 C_6H_{14}이므로, 미지 시료는 네 개의 수소를 적게 가지고($H_{14} - H_{10} = H_4 = 2H_2$) 있고, 불포화도는 2이다. 따라서 미지 시료는 두 개의 이중 결합, 한 개의 고리와 한 개의 이중 결합, 두 개의 고리 혹은 한 개의 삼중 결합을 가지게 될 것이다. 아직은 구조를 확실히 밝힐 수는 없지만, 이러한 간단한 계산으로부터 많은 분자에 대해 어느 정도는 이야기할 수 있다.

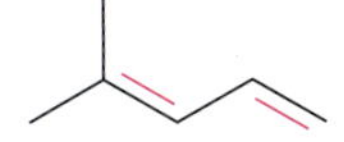

4-Methyl-1,3-pentadiene
(두 개의 이중 결합)

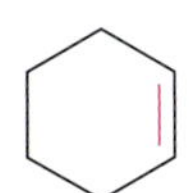

Cyclohexene
(한 개의 고리, 한 개의 이중 결합)

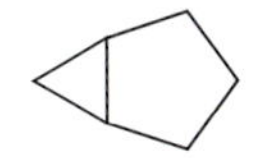

Bicyclo[3.1.0]hexane
(두 개의 고리)

4-Methyl-2-pentyne
한 개의 삼중 결합

C_6H_{10}

◆ **문제 5.1** 다음 탄화수소의 불포화도를 계산하라.

(a) C_8H_{14} (b) C_5H_6 (c) $C_{12}H_{20}$

(d) $C_{20}H_{32}$ (e) $C_{40}H_{56}$(β-carotene)

◆ **문제 5.2** 다음 화학식들의 불포화도를 계산하고, 각각에 대해 그릴 수 있는 구조식을 그려라.

(a)C_4H_8 (b) C_4H_6 (c) C_3H_4

→ 5.3 알켄의 명명

알켄은 알케인의 명명에서 사용했던 것과 유사한 규칙에 따라 명명되며, 화합물의 계열을 확인할 수 있는 접미사 *-ane* 대신에 *-ene*를 사용한다. 알켄의 명명에는 세 가지 단계가 있다.

단계 1 **모체 탄화수소를 명명하여라.** 이중 결합이 포함된 가장 긴 탄소 사슬을 찾아 접미사 *-ene*를 사용하여 화합물을 명명한다.

*Pentene*으로 명명

여섯 개의 탄소 사슬은 이중 결합을 포함하고 있지 않으므로 hexene으로 명명한 것은 틀림.

단계 2 **사슬 내 탄소 원자에 번호를 붙여라.** 이중 결합에 가까운 쪽 끝에서부터 시작하거나 또는 이중 결합으로부터 양쪽이 동일한 탄소 수로 되어 있으면, 첫 번째 가지가 있는 곳에 가까운 끝에서 부터 번호를 붙인다. 이 규칙은 이중 결합 탄소가 가능한 가장 낮은 번호가 되도록 하는 것이다.

$$\underset{6}{CH_3}\underset{5}{CH_2}\underset{4}{CH_2}\underset{3}{CH}=\underset{2}{CH}\underset{1}{CH_3} \qquad \underset{1}{CH_3}\underset{2}{\overset{CH_3}{C}H}\underset{3}{CH}=\underset{4}{CH}\underset{5}{CH_2}\underset{6}{CH_3}$$

단계 3 **완전한 이름을 적어라.** 사슬 내에 치환기의 위치에 따라 번호를 붙이고, 알파벳 순서로 나열한다. 이중 결합의 위치는 첫 번째 알켄 탄소의 번호를 부여하고, 모체 이름 바로 앞에 번호를 적는다. 만일 이중 결합이 하나 이상이면 각각의 위치를 번호로 나타내고, 이중 결합의 수에 따라 접미사 *-diene*, *-triene* 등을 사용한다.

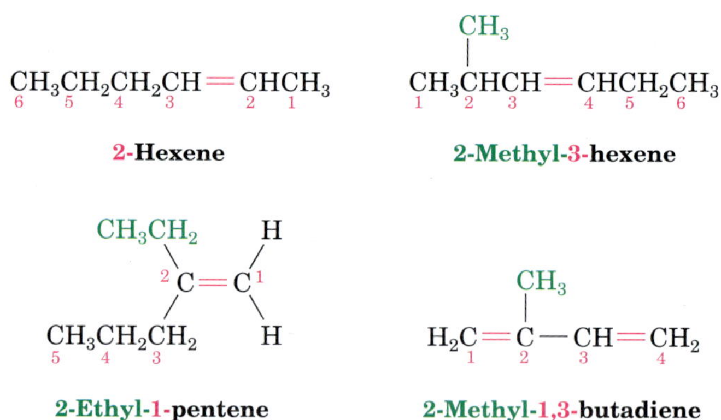

사이클로알켄은 열린-사슬 알켄에서처럼 비슷한 방법으로 명명하지만, 출발점이 될 사슬의 끝이 없기 때문에 이중 결합이 C1과 C2 사이에 오도록 번호를 부여하고, 첫 번째 치환기가 낮은 번호가 되도록 사이클로알켄에 번호를 붙인다. 이중 결합이 항상 C1과 C2 사이에 있기 때문에 명명에는 이중 결합 위치를 나타낼 필요가 없음에 유의하여라.

1-Methylcyclohexene **1,4-Cyclohexadiene** **1,5-Dimethylcyclopentene**

역사적인 이유 때문에 몇 가지 알켄은 명명법 규칙에 따르지 않는 관용명을 가지고 있다. 예를 들면 ethane으로부터 유도된 알켄은 *ethene*으로 부르는 것이 적합하지만 *ethylene*으로 불러 왔기 때문에, IUPAC에서도 이의 사용을 인정하고 있다. 표 5.1에 IUPAC에서 인정하는 몇 가지의 관용명을 나타내었다. 치환기인 $=CH_2$는 **메틸렌기**(methylene group), $H_2C=CH-$는 **바이닐기**(vinyl group), 그리고 $H_2C=CHCH_2-$는 **알릴기**(allyl group)라 부른다.

$H_2C=$ 메틸렌기 $H_2C=CH-$ 바이닐기 $H_2C=CH-CH_2-$ 알릴기

표 5.1 ● 몇 가지 알케인의 관용명*

화합물	계통명	관용명
$H_2C=CH_2$	Ethene	Ethylene
$CH_3CH=CH_2$	Propene	Propylene
$CH_3C(CH_3)=CH_2$	2-Methylpropene	Isobutylene
$H_2C=C(CH_3)-CH=CH_2$	2-Methyl-1,3-butadiene	Isoprene
$CH_3CH=CHCH=CH_2$	1,3-Pentadiene	Piperylene

* 이 화합물들의 관용명과 계통명 두 가지 모두 IUPAC에 의해 인정된다.

◆ **문제 5.3** 다음 화합물들의 IUPAC명을 써라.

(a) $H_2C=CHCH(CH_3)C(CH_3)_2CH_3$ (구조식: H_3C, CH_3, CH_3 치환)

(b) $CH_3CH_2CH=C(CH_3)CH_2CH_3$

(c) $CH_3CH=CHCH(CH_3)CH=CHCH(CH_3)CH_3$

◆ **문제 5.4** 다음 IUPAC명에 해당되는 구조식을 그려라.

(a) 2-Methyl-1,5-hexadine

(b) 3-Ethyl-2,2-dimethyl-3-heptene

(c) 2,3,3-Trimethyl-1,4,6-octatriene

(d)3,4-Diisopropyl-2,5-dimethyl-3-hexene

(e) 4-*tert*- Butyl-2-methylheptane

5.4 알켄의 전자 구조

우리는 1장에서 탄소–탄소 이중 결합이 두 가지 방식으로 기술될 수 있음을 알았다. 원자가 결합 용어를 보면, 이중 결합 탄소들은 sp^2 혼성이고, 서로 120°의 각을 이루며, 같은 평면에 놓여 있는 동등한 세 개의 혼성 궤도함수를 가지고 있다. 그림 1.14에 나타낸 바와 같이 두 개의 탄소 원자들이 서로 접근하면 sp^2 궤도함수들이 정면(head-on) 겹침에 의해 하나의 σ 결합을 형성하고 sp^2 평면에 수직으로 놓여 있는 p 궤도함수들이 측면(sideway) 겹침으로 하나의 π 결합을 형성한다.

비록 단일 결합 주위에 회전이 가능하지만, 이중 결합에서는 회전이 어렵다. 이중 결합 주위를 회전시키기 위해서는 일시적으로 π 결합이 끊어진 후 다시 형성되어야 한다(그림 5.2). 따라서 이중 결합의 회전 장벽 에너지는 적어도 π 결합 자체의 세기보다 커야 되고. 대략 268 kJ/mol이다. Ethane의 결합 회전 장벽 에너지는 단지 12 kJ/mol 정도임을 상기하라.

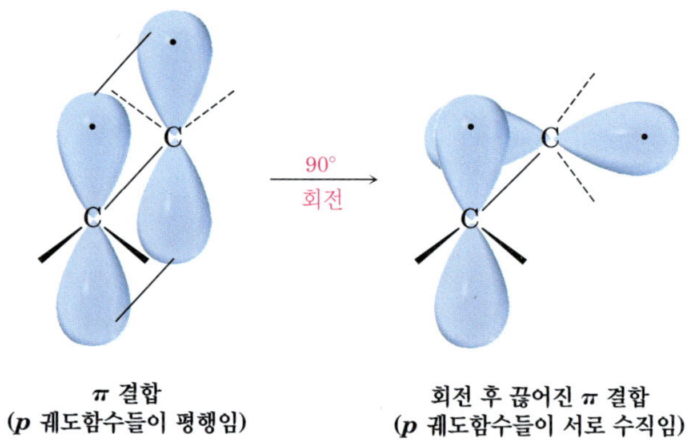

그림 5.2 ▸ 탄소–탄소 이중 결합 주위를 회전시키려면 π 결합을 끊어야 한다.

5.5 알켄의 시스–트랜스 이성질 현상

탄소–탄소 이중 결합 주위의 회전이 어렵다는 것은 이론적인 관심 이상으로 화학적인 중요성을 가진다. 2-Butene과 같은 이치환(disubstituted) 알켄의 경우를 생각해 보자(여기서 이치환이라는 말은 이중 결합 탄소에 수소 이외의 두 개 치환기가 결합되어 있음을 뜻한다). 2-Butene에서 두 개의 메틸기는 이중 결합의 같은 쪽에 있을 수도 있고 또는 서로 반대쪽에 있을 수도 있고, 이는 이치환 사이클로알케인의 상황과 비슷하다.

이중 결합의 회전이 일어날 수 없기 때문에 두 개의 2-butene 이성질체들은 자발적으로 상호 변화될 수 없고, 이들은 분리 가능한 서로 다른 화합물들이다. 이치환 사이클로알케인의 경우처럼 그러한 화합물을 **시스–트랜스 입체이성질체**(**cis-trans steroisomer**)라고 부른다. 이중 결합의 같은 쪽에 치환기들을 가지고 있는 화합물을 *cis*-2-butene이라 하고, 치환기를 서로 반대 쪽에 가지고 이성질체를 *trans*-2-butene이라고 한다(그림 5.3).

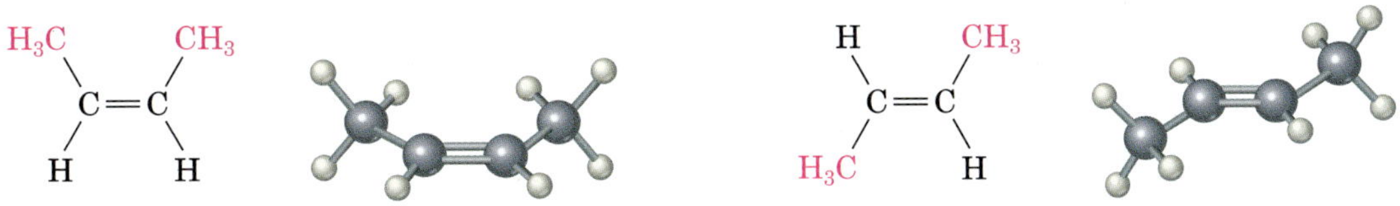

***cis*-2-Butene** ***trans*-2-Butene**

그림 5.3 ▸ 2-Butene의 시스–트랜스 이성질체. 시스 이성질체는 이중 결합의 같은 쪽에 두 개의 메틸기가 있고, 트랜스 이성질체는 서로 반대 쪽에 메틸기를 가지고 있다.

시스–트랜스 이성질현상은 이치환 알켄에만 국한된 것이 아니다. 이러한 이성질 현상은 이중 결합 양쪽 탄소에 두 개의 다른 치환기가 결합되어 있는 어떠한 알켄에서도 일어날 수 있다. 그러나 만일 이중 결합 탄소 중의 한 탄소에 두 개의 동일한 치환기가 결합되어 있으면 시스–트랜스 이성질현상은 불가능하다(그림 5.4).

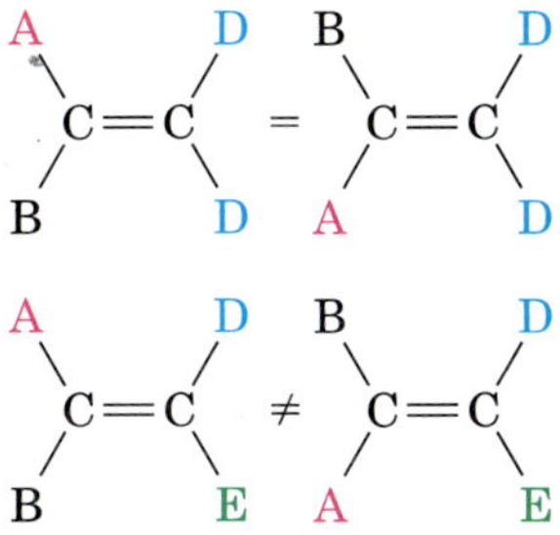

이들 두 화합물은 동일하다.
이들은 시스–트랜스 이성질체가 아니다.

이들 두 화합물은 동일하지 않다.
이들은 시스–트랜스 이성질체들이다.

그림 5.4 ▸ 알켄의 시스–트랜스 이성질현상이 일어나기 위한 조건. 이중 결합 탄소들 중의 한 탄소에 두개의 동일한 치환기가 결합되어 있으면 시스–트랜스 이성질체는 존재하지 않는다. 다만 양쪽 탄소에 서로 다른 두 개의 치환기가 결합되어 있으면 시스–트랜스 이성질체가 가능하다.

◆ **문제 5.5** 다음 화합물 중 어느 것이 시스–트랜스 이성질체 쌍을 가지겠는가? 각각의 시스–트랜스 쌍을 그려서, 각 이성질체의 기하 구조를 나타내어라.

(a) $CH_3CH{=}CH_2$ (b)$(CH_3)_2C{=}CHCH_3$

(c) $CH_3CH_2CH{=}CHCH_3$ (d)$(CH_3)_2C{=}C(CH_3)CH_2CH_3$

(e) $ClCH{=}CHCl$ (f) $BrCH{=}CHCl$

◆ **문제 5.6** 시스와 트랜스를 표시하여 다음 알켄을 명명하라.

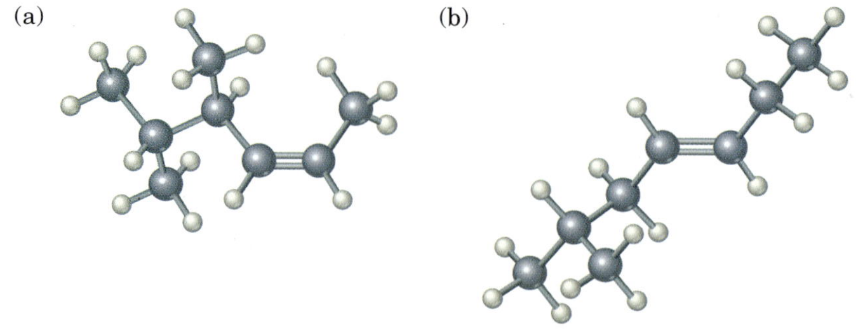

5.6 알켄의 안정성

비록 알켄 이성질체의 시스–트랜스 상호변환이 자발적으로 일어나지는 않지만, 알켄을 센 산 촉매로 처리하면 상호변환을 일으킬 수 있다. 만일 *cis*-2-butene과 *trans*-2-butene을 상호변환시켜 평형에 도달하게 하면, 이들 두 화합물의 안정성이 동일하지 않다는 것을 알게 된다. 트랜스 이성질체가 76대 24의 비율로 시스 이성질체보다 더 우세하다.

$$(H)(H_3C)C{=}C(CH_3)(H) \underset{\text{촉매}}{\overset{\text{산}}{\rightleftharpoons}} (H_3C)(H)C{=}C(CH_3)(H)$$

트랜스 (76%) 시스 (24%)

이중 결합의 같은 쪽에 있는 부피가 큰 두 개의 치환기들 사이의 입체 스트레인(steric strain) 때문에 시스 알켄이 트랜스 이성질체에 비해 덜 안정하다. 이러한 현상은 앞에서 methylcyclohexane의 축방향 형태에서 보았던 입체적인 방해와 같은 종류의 현상이다.

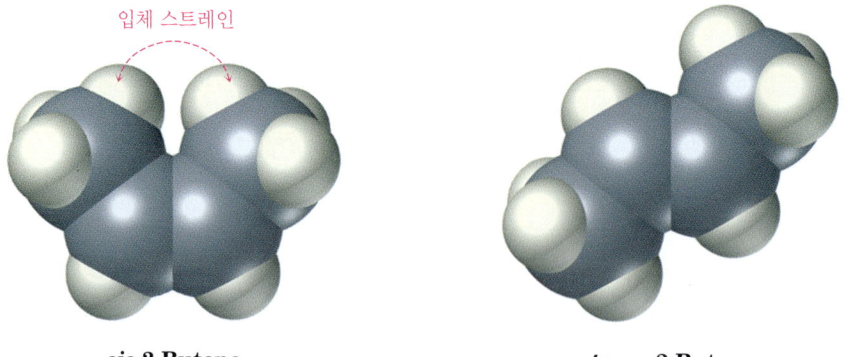

***cis*-2-Butene** ***trans*-2-Butene**

5.7 알켄의 반응

알켄에 친전자체들의 첨가 반응은 여러 가지 서로 다른 종류의 화합물들을 합성할 수 있는 유용하고 일반적인 반응이다. 이제까지는 HX의 첨가 반응만을 공부하여 왔으나, 다른 많은 친전자성 시약들도 알켄에 첨가될 수 있다.

그림 5.5 ▶ 여러 가지 서로 다른 종류의 화합물 합성에 있어서 알켄의 중심적인 위치.

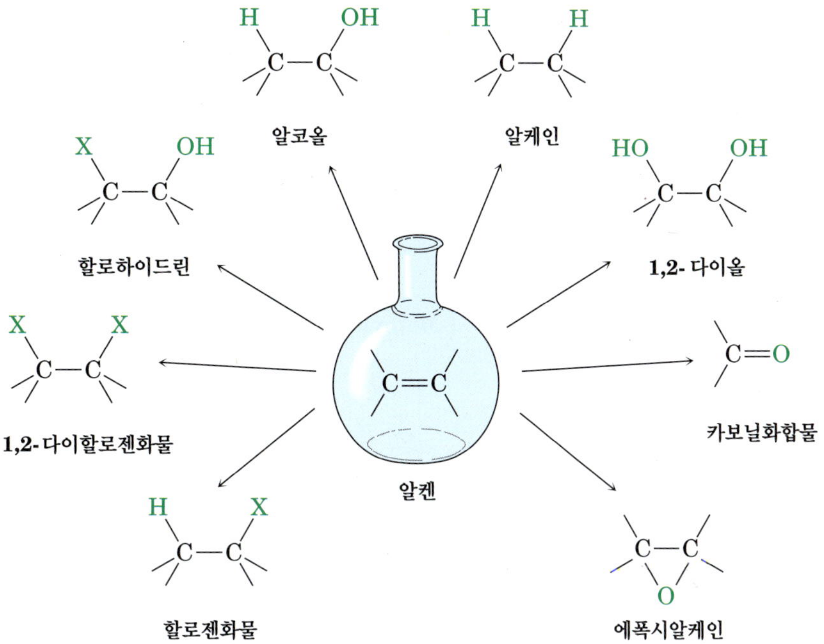

알코올
알케인
할로하이드린
1,2-다이올
1,2-다이할로젠화물
카보닐화합물
알켄
할로젠화물
에폭시알케인

알켄의 화학이 첨가 반응에 의해 지배되는 것처럼, 알켄의 제조법은 제거 반응에 의해 좌우된다. 첨가 및 제거는 여러 가지 관점에서 같은 동전의 양면성 관계에 있다. 즉 첨가 반응은 알켄에 HBr 또는 H_2O가 첨가되어 할로젠화 알킬이나 알코올의 형성이 포함되어 있고, 반면에 제거 반응은 할로젠화 알킬 또는 알코올로부터 HBr 또는 H_2O를 잃어버리고 알켄의 형성이 포함되어 있다.

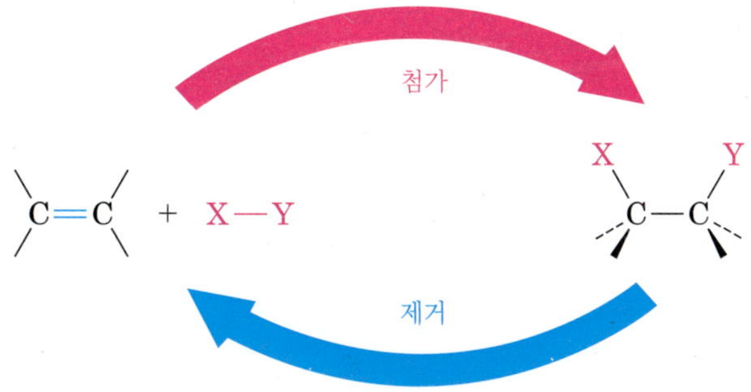

첨가
제거

두 가지 가장 일반적인 제거 반응은 **할로젠화 수소 이탈 반응**(dehydrohalogenation)—할로젠화 알킬로부터 HX의 잃음—과 **탈수 반응**(dehydration)—알코올로부터 물의 잃음이다. 할로젠화 수소 이탈 반응은 보통 할로젠화 알킬과 potassium hydroxide와 같은 센 염기와 반응에 의해 일어나게 된다. 예를 들면 bromocyclohexane을 ethanol 용액 내에서 KOH로 처리하면 cyclohexene이 생성된다.

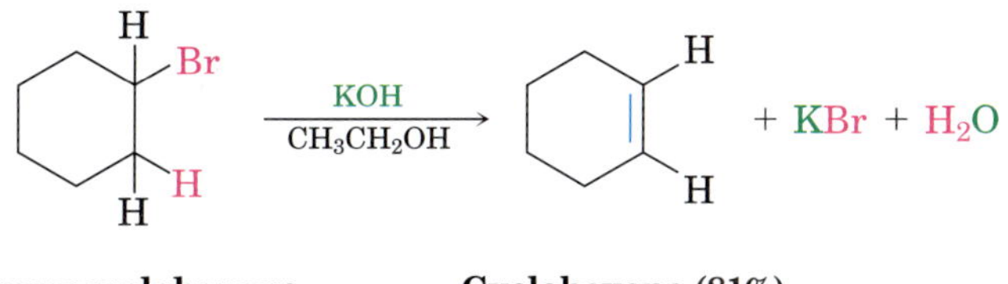

KOH
CH_3CH_2OH
+ KBr + H_2O

Bromocyclohexane **Cyclohexene (81%)**

탈수 반응은 종종 알코올을 센 산으로 처리하면 일어나게 된다. 예를 들면 1-methylcyclohexanol을 tetrahydrofuran(THF) 용매 내에서 황산 수용액과 함께 따뜻하게 처리해 주면 물이 떨어져 나가고 1-methylcyclohexene이 형성된다.

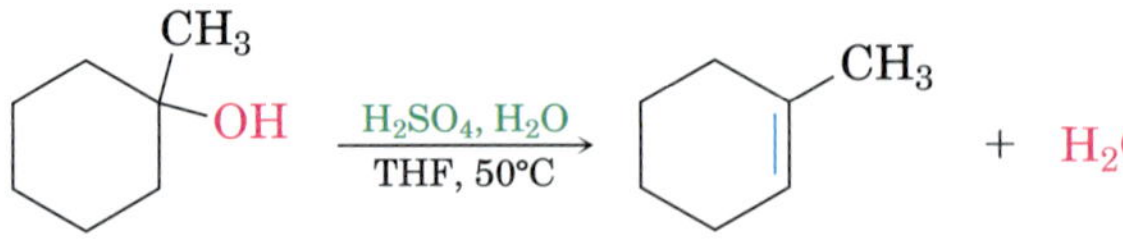

CH_3 OH —(H_2SO_4, H_2O / THF, 50°C)→ CH_3 + H_2O

1-Methylcyclohexanol **1-Methylcyclohexene (91%)**

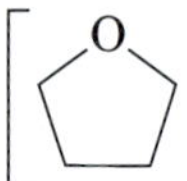

[**Tetrahydrofuran (THF)— 일반적인 용매**]

5.8 알켄에 HX의 친전자성 첨가 반응

알켄은 극성 반응에서 친핵체(Lewis 염기)로서 작용한다고 배운 바 있다. 탄소-탄소 이중 결합은 전자가 풍부하고, 친전자체(Lewis 산)에 전자쌍을 줄 수 있다. 예를 들면 2-methylpropene과 HBr의 반응에서 2-bromo-2-methylpropane이 생성된다. 이러한 반응에 대한 주의력 깊은 연구와 1930년대 Christopher Ingold와 공동 연구자들에 의한 유사한 반응들은 **친전자성 첨가 반응**(electrophilic addition reaction)으로 그림 5.6에 나타낸 바와 같은 메커니즘으로 받아들여지게 되었다.

친전자체인 HBr이 이중 결합의 π 전자에 의해 공격을 받아 새로운 C—H σ 결합을 형성한다. 이러한 공격은 +전하와 비어 있는 p 궤도함수를 가진 다른 탄소 원자를 남겨 둔다.

H—Br

H_3C, H_3C C=C H, H

[:Br:⁻ H_3C, H_3C C^+—C H, H, H]

탄소양이온 중간체

Br⁻ 이온이 양전하를 띤 탄소 원자에 전자쌍을 주어 C—Br σ 결합을 형성하고 중성인 첨가 생성물을 형성한다.

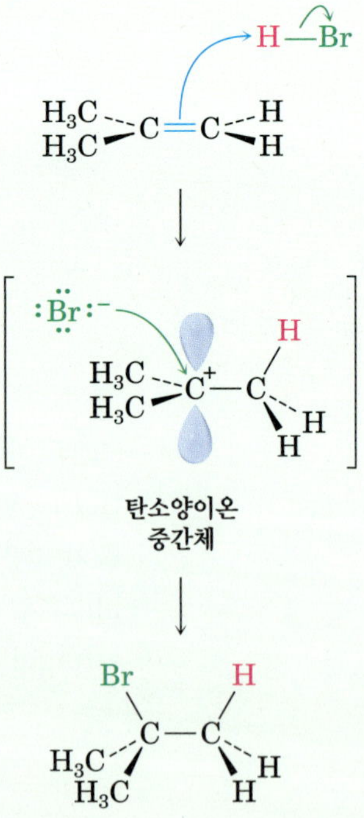

Br H H_3C, H_3C C—C H, H

그림 5.6 ▶ **메커니즘:** 2-Methylpropene에 HBr의 친전자성 첨가 반응. 반응은 탄소양이온 중간체가 포함된 두 단계로 일어난다.

반응은 친전자체인 HBr이 친핵성 π 결합 전자의 공격을 받음으로써 시작된다. 그림 5.6의 윗부분에 굽은 화살표로 나타낸 바와 같이, π 결합으로부터 제공되는 두 개의 전자가 첨가되는 수소와 알켄 탄소 사이에서 새로운 σ 결합을 형성한다. 이 단계에서 생긴 탄소양이온 중간체는 그 자체가 친전자체이며, 친핵성 Br^- 음이온으로부터 전자쌍을 받아 C—Br 결합을 형성하고 전기적으로 중성인 첨가 생성물을 만든다.

친전자성 첨가 반응(그림 5.7) 전체에 대한 에너지 도표는 골짜기(탄소양이온 중간체)에 의해 분리된 두 개의 봉우리(전이상태)로 되어 있다. 알켄에 양성자가 첨가되어 중간체 양이온을 형성하는 첫 번째 단계는 비교적 느리지만, 일단 생성된 양이온 중간체는 곧 빠르게 반응하여 최종 생성물인 브로민화 알킬을 만든다.

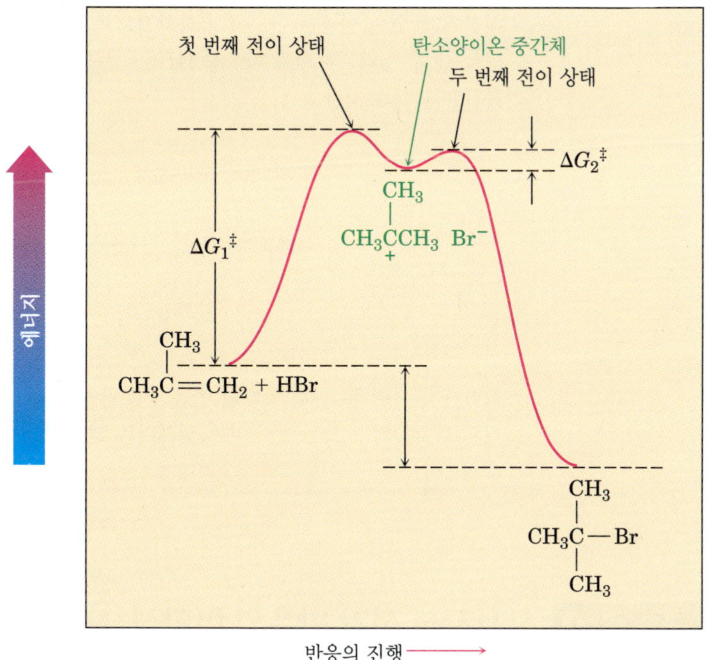

그림 5.7 ▶ 2-Methylpropene에 HBr의 두 단계 친전자성 첨가 반응에 대한 반응 에너지 도표. 첫 번째 단계는 두 번째 단계보다 느리다.

알켄에 HX의 친전자성 첨가 반응은 HBr뿐만 아니라 HCl 및 HI에서도 잘 일어난다. HI는 일반적으로 potassium iodide를 phosphoric acid로 처리하는 반응 혼합물에서 생성된다.

$$(CH_3)_2C{=}CH_2 + HCl \xrightarrow{\text{Ether}} CH_3{-}\underset{CH_3}{\overset{Cl}{C}}{-}CH_3$$

2-Methylpropene → **2-Chloro-2-methylpropane (94%)**

$$CH_3CH_2CH_2CH{=}CH_2 \xrightarrow[H_3PO_4]{KI} CH_3CH_2CH_2\overset{I}{C}HCH_3$$

1-Pentene **(HI)** **2-Iodopentane**

유기 반응 표기법

유기 반응 방정식은 가끔 강조되는 서로 다른 관점을 다른 방법으로 표기한다는 점에 대해 언급할 시점이다. 예를 들면 HBr과 ethylene과의 반응은 두 반응 물질이 똑같이 중요하므로 A + B ⟶ C 형태로 쓸 수 있다. 반응 용매나 온도와 같은 다른 반응 조건에 대한 기록은 반응 화살표의 위 또는 아래에 표기한다.

$$H_2C{=}CH_2 + HBr \xrightarrow[25°C]{Ether} CH_3CH_2Br$$

(용매: Ether)

대신에, 동일한 반응을 반응물이 화학적으로 보다 더 관심이 있다는 점을 강조하여 다음 형태로 쓸 수 있다. 두 번째 반응물 HBr은 반응 용매 및 반응 조건에 대한 기록과 함께 반응 화살표 위에 표시한다.

$$H_2C{=}CH_2 \xrightarrow[Ether,\ 25°C]{HBr} CH_3CH_2Br$$

(반응물: HBr, 용매: Ether)

화학에서는 이 두 가지 형태의 반응식 표기법이 자주 사용되고, 반응 화살표 위 아래에 표기된 화합물의 역할을 알아 보기 위해서는 전체 변화를 주의 깊게 살펴 보아야 한다.

5.9 친전자성 첨가 반응의 방향성: Markovnikov 규칙

바로 앞 절에서 나타낸 반응을 주의 깊게 살펴보자. 비대칭적으로 치환된 알켄이 혼합 생성물을 생성하리라는 기대와 다르게 오히려 한 가지 생성물을 만든다. 예를 들면 2-methylpropene이 HCl과 반응하여 1-chloro-2-methylpropane(isobutyl chloride)과 2-chloro-2-methylpropane 혼합물을 생성할 수 있을 것으로 예상할 수 있지만, 실제로 그렇지 않다. 이와 같이 가능한 두 개의 첨가 방향 중에서 어느 한 쪽만의 첨가가 일어나는 이러한 반응을 **위치특이성**(regiospecific, ree-jee-oh-specific) 반응이라고 부른다.

$$(CH_3)_2C{=}CH_2 + HCl \longrightarrow (CH_3)_3CCl \qquad [\,CH_3CH(CH_3)CH_2Cl\,]$$

2-Methylpropene

2-Chloro-2-methylpropane (유일한 생성물)

1-Chloro-2-methylpropane (생성되지 않음)

이러한 많은 반응들을 검토하여 그 결과로부터 러시아의 화학자 Vladimir Markovnikov는 1869년에 **Markovnikov 규칙**(Markovnikov's rule)을 제안하였다.

Markovnikov 규칙 알켄에 HX가 첨가될 때, H는 알킬 치환기 수가 적은 탄소에 결합하고 X는 알킬 치환기 수가 더 많은 탄소에 결합한다.

Vladimir Vassilyevich Markovnikov

Vladimir Vassilyevich Markovnikov(1838~1904)는 러시아 Nijni-Novgorod에서 태어났고 Kazan에 있는 대학에서 A. M. Butlerov와 연구하면서 박사 학위를 받았다. Kazan(1870), dessa(1871) 및 Moscow(1873~1898) 대학에서 교수 역임. 첨가 반응의 배향에 관한 업적 이외에 사원자 고리를 처음 합성한 바 있다.

$$(CH_3)_2C{=}CH_2 + HCl \xrightarrow{\text{Ether}} CH_3{-}C(Cl)(CH_3){-}CH_3$$

2-Methylpropene **2-Chloro-2-methylpropane**

$$\text{1-Methylcyclohexene} + HBr \xrightarrow{\text{Ether}} \text{1-Bromo-1-methylcyclohexane}$$

1-Methylcyclohexene **1-Bromo-1-methylcyclohexane**

이중 결합의 양쪽 탄소 원자가 같은 수의 치환기들도 치환되어 있으면, 생성물이 혼합물로 얻어진다.

$$CH_3CH_2CH{=}CHCH_3 + HBr \xrightarrow{\text{Ether}} CH_3CH_2CH_2CH(Br)CH_3 + CH_3CH_2CH(Br)CH_2CH_3$$

2-Pentene **2-Bromopentane** **3-Bromopentane**

이들 반응에서 중간체로 탄소양이온이 포함되므로 Markovnikov 법칙을 다른 표현으로 말할 수 있다.

Markovnikov 규칙 (다른 표현) 알켄에 HX의 첨가반응에서 반응 중간체로 치환기 수가 적은 탄소양이온보다는 오히려 치환기 수가 보다 많은 탄소양이온이 생성된다.

예를 들면 2-methylpropene에 H^+가 첨가될 때 일차 탄소양이온보다는 삼차(*tertiary*) 탄소양이온 중간체가 생기고 1-methylcyclohexene의 첨가 반응에서는 이차 탄소양이온보다는 삼차 탄소양이온이 생긴다. 왜 이러한 현상이 나타나는가?

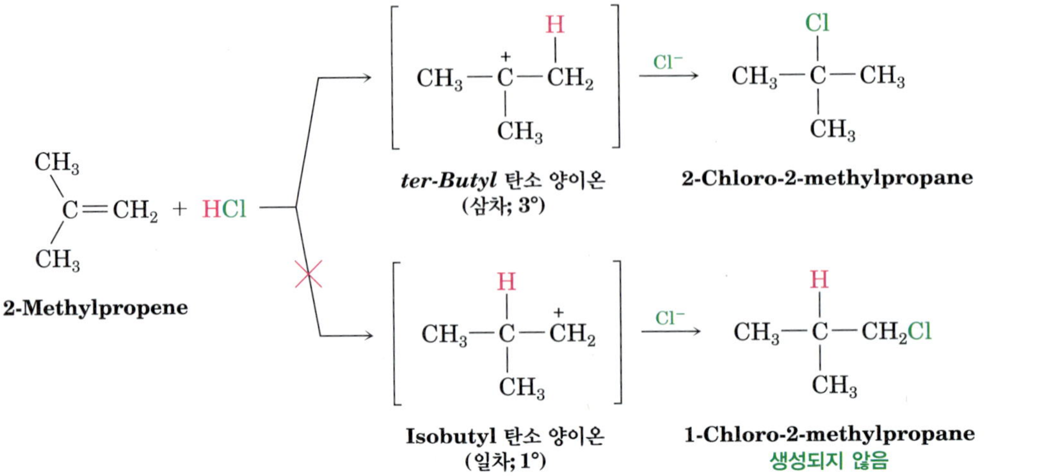

2-Methylpropene + HCl →

ter-Butyl 탄소 양이온 (삼차; 3°) $\xrightarrow{Cl^-}$ 2-Chloro-2-methylpropane

Isobutyl 탄소 양이온 (일차; 1°) $\xrightarrow{Cl^-}$ 1-Chloro-2-methylpropane 생성되지 않음

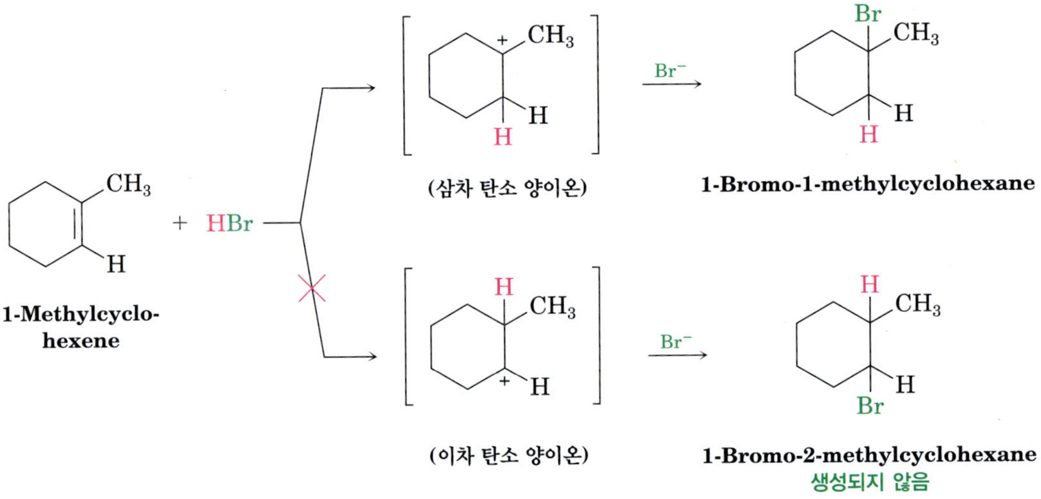

1-Methylcyclohexene + HBr →

(삼차 탄소 양이온) $\xrightarrow{Br^-}$ 1-Bromo-1-methylcyclohexane

(이차 탄소 양이온) $\xrightarrow{Br^-}$ 1-Bromo-2-methylcyclohexane 생성되지 않음

예제 5.1

1-Ethylcyclopentene과 HCl의 반응으로부터 예상되는 생성물은 무엇인가?

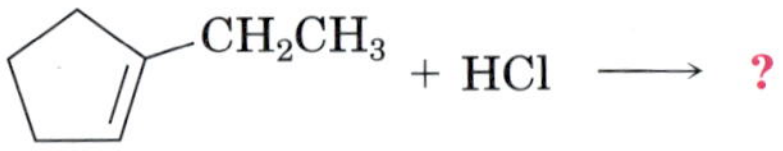

$$\text{(cyclopentene)}-CH_2CH_3 + HCl \longrightarrow ?$$

▶ **힌트** 생성물을 예측하는 문제를 풀 때, 반응물에 포함된 작용기를 살펴보고 어떠한 종류 의 반응이 일어날 것인가 결정해야 한다. 지금의 예에서 반응물은 알켄이고 HCl과 친전자성 첨가 반응이 일어날 수 있다. 다음으로 친전자성 첨가 반응에 대해 무엇을 알고 있는지 되돌아보고, 알고 있는 지식을 사용하여 생성물을 예측한다. 여러분이 알고 있는 친전자성 첨가 반응은 Markovnikov 규칙을 따르고, 따라서 H^+는 한 개의 알킬기를 가지는 이중 결합 탄소(고리상의 C2 위치)에 첨가되고, Cl은 두 개의 알킬기를 가지는 이중 결합 탄소(고리상의 C1 위치)에 첨가될 것이다.

▶ **해답** 예상되는 생성물은 1-chloro-1-ethylcyclopentane이다.

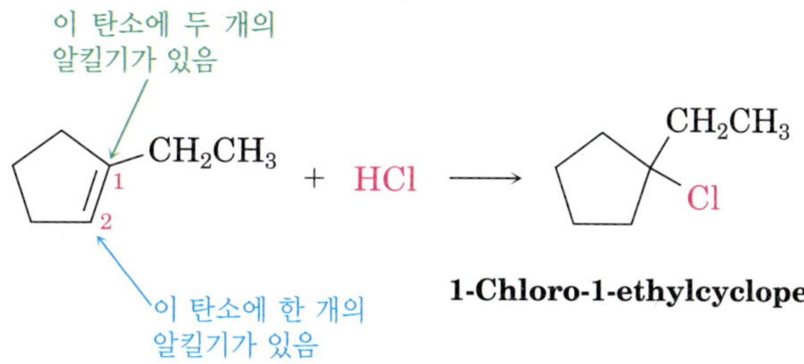

이 탄소에 두 개의 알킬기가 있음

이 탄소에 한 개의 알킬기가 있음

1-Ethylcyclopentene + HCl ⟶ 1-Chloro-1-ethylcyclopentane

1-Chloro-1-ethylcyclopentane

예제 5.2

어떤 알켄을 출발 물질로 하여 다음 할로젠화 알킬을 합성할 수 있는가? 한 가지 이상의 가능성이 있다.

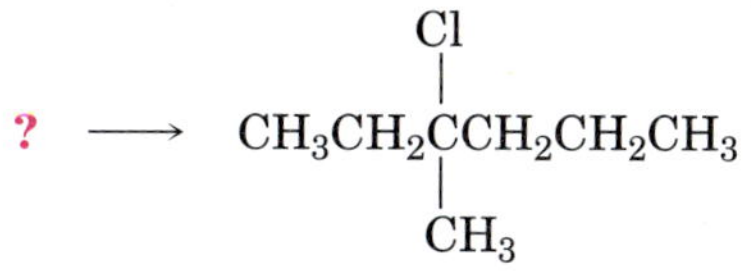

$$? \longrightarrow CH_3CH_2C(Cl)(CH_3)CH_2CH_2CH_3$$

▶ **힌트** 문제를 풀 경우 주어진 생성물을 **항상 역으로**(back ward) 어떻게 만들 수 있는지 물어 본다. 생성물을 살펴보고 포함되어 있는 작용기를 확인한 다음, "작용기를 어떻게 만들 수 있는지?" 스스로에게 물어 본다. 지금의 예에서 생성물은 알켄과 HCl의 반응에 의해 만들어 질 수 있는 삼차 염화 알킬이다. —Cl 원자가 포함된 탄소 원자를 가진 생성물은 반응물에 탄소—탄소 이중 결합을 가지고 있음에 틀림 없다. 모든 가능성을 예측하여 구조를 그린다.

▶ **해답** 원하는 생성물을 얻을 수 있는 세 가지 가능성이 있다.

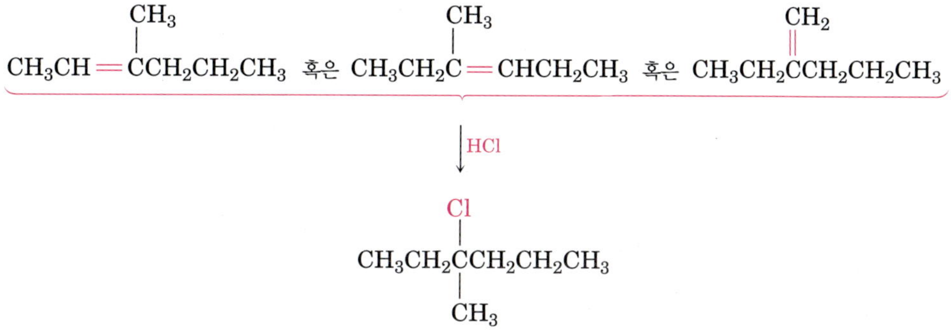

$$CH_3CH{=}C(CH_3)CH_2CH_2CH_3 \text{ 혹은 } CH_3CH_2C(CH_3){=}CHCH_2CH_3 \text{ 혹은 } CH_3CH_2C({=}CH_2)CH_2CH_2CH_3$$

$$\downarrow HCl$$

$$CH_3CH_2C(Cl)(CH_3)CH_2CH_2CH_3$$

◆ **문제 5.7** 문제 5.7 다음 반응의 생성물을 예측하라.

(a) 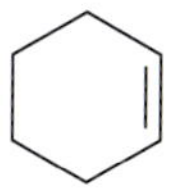 Cyclohexene + HCl ⟶ ?

(b) $(CH_3)_2C{=}CHCH_2CH_3 \xrightarrow{HBr} ?$

(c) $CH_3CH_2CH_2CH{=}CH_2 \xrightarrow[KI]{H_3PO_4} ?$

(d) 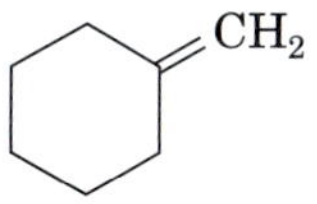 Methylenecyclohexane ($=CH_2$) + HBr ⟶ ?

◆ **문제 5.8** 다음 할로젠화 알킬을 합성하기 위해 어떠한 알켄을 출발 물질을 사용해야 하는가?

(a) Bromocyclopentane

(b) 1-Ethyl-1-iodocyclohexane

(c) $CH_3CH_2\overset{\displaystyle Br}{\overset{|}{C}}HCH_2CH_2CH_3$

(d) Cl

5.10 탄소양이온의 구조와 안정성

왜 Markovnikov 규칙이 적용되는가를 이해하려면, 탄소양이온의 구조와 안정성 및 일반적인 반응의 성질과 전이 상태의 성질 등에 대해 더 배울 필요가 있다. 첫 번째로 중요한 점은 탄소양이온 구조를 살펴보는 것이다.

많은 증거는 탄소양이온이 **평면(planar)**임을 보여주고 있다. 3가의 탄소는 sp^2 혼성이고, 그림 5.8에서 나타낸 바와 같이 세 개의 치환기들은 등변 삼각형의 각 꼭지점을 향하고 있다. 탄소가 단지 여섯 개만의 원자가 전자가 있고, 또 여섯 개 전자 모두가 세 개의 σ 결합에 사용되었기 때문에 평면의 위 아래로 존재하는 p 궤도함수는 비어있다.

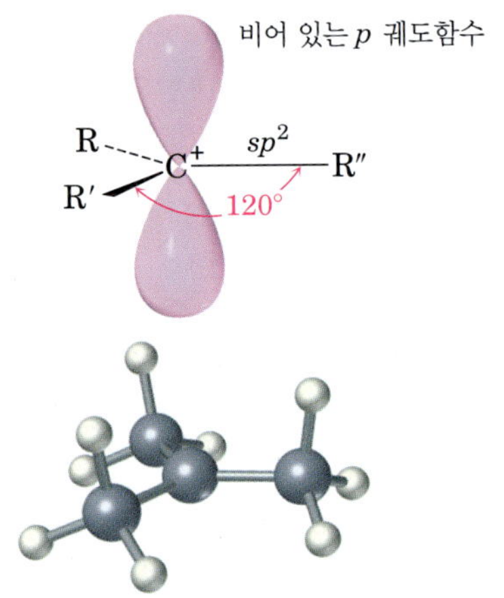

그림 5.8 ▸ 탄소양이온의 구조. 3가인 탄소는 sp^2 혼성이며, 탄소의 평면에 수직으로 비어있는 p 궤도함수를 가지고 있고 세 개의 치환기가 결합되어 있다.

두 번째로 중요한 점은 탄소양이온의 안정성을 살펴보는 일이다. 2-Methylpropene이 H^+와 반응하면 세 개의 알킬 치환기를 가지고 있는 탄소양이온(삼차 이온, 3°)을 형성하거나 또는 한 개의 알킬 치환기를 갖는 탄소양이온(일차 이온, 1°)을 형성할 수도 있다. 삼차 염화 알킬인 2-chloro-2-methylpropane이 유일한 생성물로 생성되기 때문에 일차 양이온보다는 삼차 양이온의 형성이 더 유리하다는 증거가 된다. 실제로 열역학적인 측정에서는 치환기의 수가 많을 수록 탄소양이온의 안정성이 보다 더 크다는 것을 보여준다. 치환이 많이 된 탄소양이온일수록 치환기가 덜 치환된 탄소양이온보다 더 안정하다.

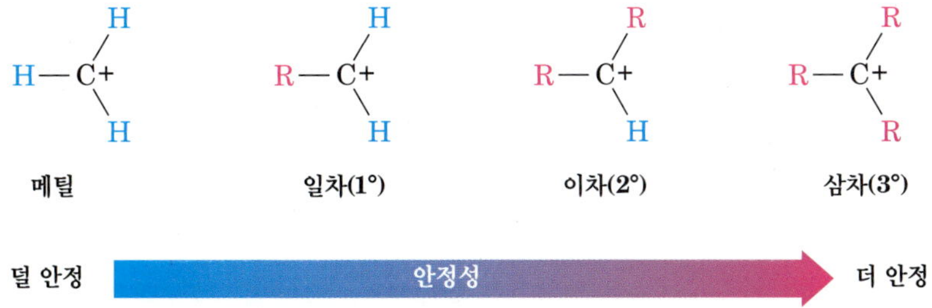

치환기를 더 많이 가지고 있는 탄소양이온이 치환기를 더 적게 가지고 있는 탄소양이온 보다 왜 더 안정한가? 여기에는 적어도 두 가지 이유가 있다. 한 가지 이유는 유발 효과이다. 극성 공유 결합과 관련지어 설명하였던 유발 효과는 가까이 있는 어떤 원자들의 전기음성도 때문에 σ 결합의 전자가 한쪽으로 이동함으로써 생긴다. 이러한 예로 탄소양이온 탄소에 결합된 비교적 크고 편극되기 쉬운 알킬기의 전자가 인접한 양전하 쪽으로 이동하는 것이 탄소양이온 탄소에 결합된 수소 원자로부터 양전하 쪽으로 전자가 이동하는 것보다 훨씬 더 용이하다. 따라서 양으로 하전된 탄소에 결합된 알킬기 수가 더 많으면 많을수록 전하를 향해 더 많은 전자 밀도가 이동하고 더 많은 유발 효과에 의한 양이온의 안정화가 일어난다.

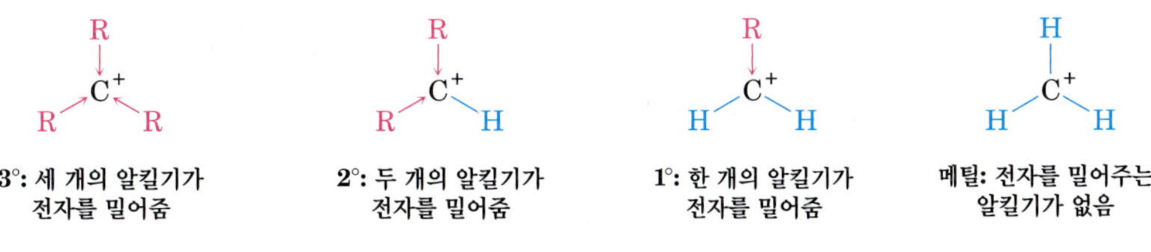

◆ **문제 5.9** 다음 반응에서 예상되는 탄소양이온 중간체를 나타내라.

(a) $CH_3CH_2C(CH_3){=}CHCH(CH_3)CH_3 + HBr \longrightarrow$?

(b) (사이클로펜틸리덴)$=CHCH_3 + HI \longrightarrow$?

5.11 Hammond 가설

친전자성 첨가 반응에 대한 지식을 요약해 보면 다음과 같은 사실들을 알 수 있다.

- **비대칭적으로 치환된 알켄에 대한 친전자성 첨가 반응은 더 많이 치환된 탄소양이온 중간체를 생성한다.** 치환기를 더 많이 가지고 있는 탄소양이온이 치환기를 더 적게 가지고 있는 탄소양이온보다 빠르게 생성되며, 일단 생성되면 빠르게 진행되어 최종 생성물로 변화된다.
- **더 많이 치환된 탄소양이온이 더 적게 치환된 탄소양이온에 비해 더 안정하다.** 즉 탄소 양이온의 안정성 순서는 삼차 > 이차 > 일차 > 메틸 순서이다.

생활과 화학 . . .

터펜(Terpenes): 자연에서 산출되는 알켄

증기를 가지고 생성되는 많은 식물들의 추출물들이 정유(*essential oils*)라고 불리는 향기가 나는 액체들의 혼합물이라는 것은 수세기 동안 알려져 왔던 사실이다. 수백 년 동안 그런 식물의 추출물들이 의약품과 향료 그리고 향수에 쓰여져 왔다. 정유에 대한 연구는 19세기 동안 과학의 한 분야인 유기 화학의 주요 부분으로 여겨져 왔다.

화학적으로 볼 때, 식물들의 정유는 수많은 구조적 다양성을 지닌 작은 유기 분자인 **터펜류**(*terpenoids*)라고 알려진 화합물의 혼합물로써 주로 이루어져 있다. 탄소와 탄소 사이에 이중결합이 들어 있는 수천 개의 서로 다른 터펜류가 이미 알려져 있다. 몇몇은 탄화수소이며, 나머지들은 산소를 포함한다. 몇몇은 열린-사슬형 분자 구조를 가지고, 나머지들은 고리형의 구조를 가진다. 예를 들면,

H_3C CH_3 CH_3 O

Myrcene
(월계수 오일)

α-Pinene
(turpentine)

Carvone
(양박하 오일)

모든 터펜류들은 명백한 구조적인 차이에도 불구하고 모든 터펜류는 연관되어 있다. *Isoprene* 법칙(*Isoprene rule*)이라고 부르는 형식주의에 따르면, 터펜류들은 탄소 다섯 개의 isoprene(2-methyl-1,3-butadiene)들이 한 단위로 머리와 꼬리를 맞물려 조합된 것으로 생각할 수 있다. 1번 탄소는 isoprene 단위체의 머리 부분이며, 4번 탄소는 꼬리 부분이다. 예를 들면 myrcene은 두 개의 isoprene 단위체가 머리와 꼬리 부분을 연결하여 만들어졌으며, 여덟 개의 탄소 사슬과 탄소 한 개가 있는 가지가 한 개씩, 두 개가 있다. *α*-Pinene은 유사하게 두 개의 isoprene 단위체가 모여서 구성된 것이며, 더 복잡한 고리형 구조로 보일 뿐이다.(*α*-Pinene 구조에서 isoprene 단위체를 구별해 보아라.)

머리 꼬리 1 2 3 4

Isoprene → **Myrcene**

터펜류는 포함하고 있는 isoprene 단위체의 개수에 따라 분류된다. 따라서 *monoterpene*은 두 개의 isoprene 단위체로부터 생합성 되어 10개의 탄소화합물이고, *sesquiterpene*은 세 개의 단위체로부터 15개의 탄소로 구성된 분자이며, *diterpene*은 네 개의 단위체로부터 20개의 탄소로 이루어진 화합물이다. Monoterpene과 sesquiterpene들은 주로 식물에서 찾아볼 수 있으나, 더 탄소 수가 많은 터펜류는 식물과 동물 모두에서 생물학적으로 중요한 역할을 한다. 예를 들면 triterpene lanosterol은 모든 스테로이드 호르몬을 만드는 전구체이다.

(계속)

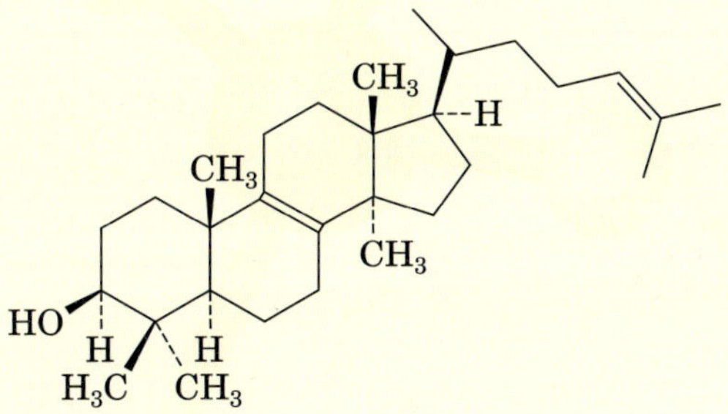

Lanosterol, triterpene (C_{30})

연구에 의하면 isoprene 그 자체는 터펜류의 생물학적인 전구체가 아니다. 자연에서는 두 개의 "isoprene 대등체(equivalent)"인 isopentenyl diphosphate 및 dimethylally diphosphate가 그 역할을 대신한다. 두 대등체는 생체 내에서 두가지 다른 경로를 통해서 만들어 진다. Acetic acid로부터 lanosterol을 거쳐 사람의 스테로이드로 전환시키는 전 과정이 이미 밝혀졌다. 이 대단한 업적으로 여러 사람이 노벨상을 수상하였다.

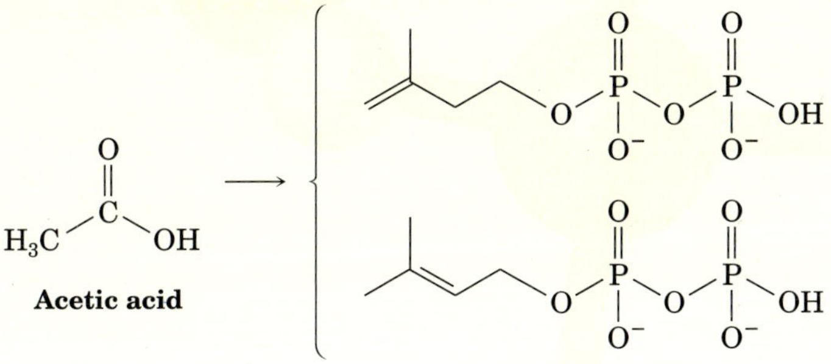

Acetic acid → Isopentenyl diphosphate, Dimethylallyl diphosphate

요약 및 주요 용어

Hammond 가설, 5.11
Markovnikov 규칙, 5.9
메틸렌기, 5.3
바이닐기, 5.3
불포화, 5.2
불포화도, 5.2
알릴기, 5.3
알켄($R_2C{=}CR_2$), 5.1
위치 특이성, 5.9
친전자성 첨가 반응, 5.8
할로젠화 수소 이탈 반응, 5.7

알켄(Alkene)은 탄소-탄소 이중결합을 가지고 있는 탄화수소이다. 알켄은 동일한 탄소 수를 가진 알케인 보다 수소수가 적기 때문에 가끔 **불포화**(unsaturated)되었다고 말한다.

이중 결합의 회전이 제한되어 있고, 따라서 치환된 알켄에서 시스–트랜스 입체이성질체가 존재할 수 있다.

알켄은 주로 **친전자성 첨가 반응**(electrophilic addition reaction)이 우세하다. 비대칭적으로 치환된 알켄과 HX가 서로 반응할 때 **Markovnikov 규칙**(Markovnikov's rule)에 따라 수소는 알킬 치환이 덜 된 탄소에 첨가되고, X기는 알킬 치환이 더 많이 된 탄소에 첨가된다. 알켄의 친전자성 첨가 반응은 친핵성 알켄의 π 결합과 친전자성 H^+의 반응에 의해서 형성되는 **탄소양이온**(carbocation) 중간체를 거쳐 일어난다. 탄소양이온의 안정성 순서는 다음과 같다.

삼차(3°) > 이차(2°) > 일차(1°) > 메틸

$$R_3C^+ > R_2CH^+ > RCH_2^+ > CH_3^+$$

Markovnikov 규칙은 알켄의 HX가 첨가 반응에서는 안정한 탄소양이온 중간체를 형성하도록 진행된다고 말할 수도 있다.

5.12 알켄에 할로젠의 첨가

브로민과 염소 모두 알켄에 쉽게 첨가하여 1,2-다이할로알케인을 형성한다. 예를 들면 ethylene에 Cl_2의 첨가에 의해 1년에 약 600만 톤 이상의 1,2-dichloroethane(ethylene dichloride)이 공업적으로 합성되고 있다. 이 생성물은 용매 또는 poly(vinyl chloride), PVC의 제조용 원료로 쓰이고 있다.

$$H_2C{=}CH_2 + Cl_2 \longrightarrow H{-}CHCl{-}CHCl{-}H$$

Ethylene → **1,2-Dichloroethane (Ethylene dichloride)**

플루오린은 너무 반응성이 크고 대부분의 실험실에서 다루기 어려우며, 아이오딘은 대부분의 알켄과 반응하지 않는다.

이제까지 살펴본 것을 기초로 하여, 알켄에 브로민이 반응하는 가능한 메커니즘은 알켄에 Br^+의 친전자성 첨가 반응에 의해 탄소양이온을 만들고 Br^-와 반응이 더 진행되어 다이브로모 첨가 반응 생성물을 형성하는 것이다.

알켄과 할로젠과의 반응은 일반적으로 실온에서 tetrachloromethane(CCl_4)과 같은 비활성 용매를 사용하여 진행시킨다. 반응이 일어나는 동안 브로민(bromine)의 붉은 갈색 용액이 탈색된다. 반응에서 분명한 색깔 변화가 있기 때문에, 이 반응은 가끔 탄화수소에서 불포화 시험법으로 사용된다.

$$CH_2{=}CH_2 + Br_2 \xrightarrow{CCl_4} CH_2Br{-}CH_2Br$$

1,2-dibromoethane

다른 예를 들면:

$$CH_3CH{=}CH_2 + Cl_2 \xrightarrow{CHCl_3} CH_3CHCl{-}CH_2Cl$$

1,2-dichloropropane

$$\text{cyclohexene} + Br_2 \xrightarrow{CCl_4} \text{1,2-dibromocyclohexane (Br, Br)}$$

1,2-dibromocyclohexane

위 반응은 친전자성 첨가 메커니즘을 거쳐서 일어난다. 아래에 나타낸 바와 같이 두 단계로 일어난다.

단계 *1:* 파이 전자에 친전자성 공격

$$>C{=}C< + E^+ \longrightarrow -\underset{E}{C}-C^+$$

단계 *2:* 친핵체에 의한 공격

$$-\underset{E}{C}-C^+ + Nu^- \longrightarrow -\underset{E}{C}-\underset{Nu}{C}-$$

Propene과 bromine 사이에 일어나는 반응의 경우, bromine 분자는 propene 분자에 의한 접근의 결과로 편극화된다. 편극화된 bromine 분자는 한쪽 끝이 친전자체로 작용할 수 있는 부분적인 양전하를 갖고, 다른 쪽 끝이 부분적으로 음전하를 갖는다. Propene으로부터 bromine으로 전자쌍의 이동은 보다 더 안정한 카보늄 이온 형성을 나타낸다.

$$CH_3-CH{=}CH_2 \;\; (Br^{\delta+}-Br^{\delta-}) \longrightarrow CH_3-\overset{+}{C}H-\underset{Br}{C}H_2 + Br^-$$

이차 카보늄 이온은 최종적으로 친핵체인 Br^-의 공격을 받아 1,2-dibromopropene을 생성한다.

$$CH_3-\overset{+}{C}H-\underset{Br}{C}H_2 + Br^- \longrightarrow CH_3-\underset{Br}{C}H-\underset{Br}{C}H_2$$

5.13 할로하이드린 형성

알켄에 대해 여러 가지 서로 다른 친전자성 첨가 반응이 일어날 수 있다. 예를 들면 적당한 조건하에서 알켄에 HO—Cl 또는 HO—Br을 첨가시키면, **할로하이드린**(halohydrin)이라 부르는 1,2-할로 알코올(1,2-halo alcohol)이 생성된다. 그러나 알켄에 HOBr 또는 HOCl을 직접 반응시키면 할로하이드린 형성 반응은 일어나지 않는다. 오히려 물 존재 하에서 Br_2 또는 Cl_2를 알켄에 간접적으로 반응시켜야 첨가가 일어날 수 있다.

$$>C{=}C< \xrightarrow[H_2O]{X_2} HO-C-C-X + HX$$

알켄 **할로하이드린**

이전 절에서 Br_2가 알켄과 반응할 때, 카보늄 이온(carbonium ion) 중간체가 유일하게 존재하는 친핵체인 Br^- 이온과 반응한다는 것을 보았다. 그러나 만약 반응이 추가되는 다른 친핵체의 존재하에서 일어난다면, 중간체인 카보늄 이온은 추가된 친핵체에 의해 방해될 수 있고 다른 생성물로 바뀌게 된다. 예를 들면 물 존재하에서, 물은 Br^- 이온과 친핵체로서 서로 경쟁하고 카보늄 이온 중간체와 반응하여 **브로모하이드린**(bromohydrin)을 생성하게 된다. 알짜 효과는 알켄에 HO—Br이 첨가되는 것이다. 이 반응은 그림 5.9에 나타난 경로를 거쳐 일어난다.

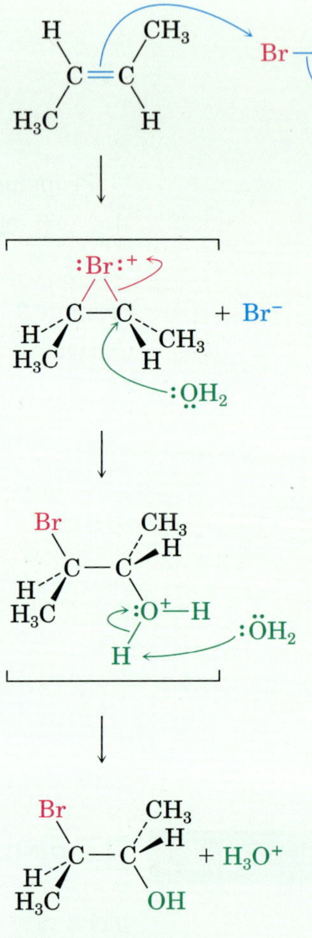

알켄과 Br_2가 반응하여 카보늄 이온 중간체를 생성한다.

물은 고립 전자쌍을 사용하여 친핵체로 작용하고 카보늄 이온을 공격하여 탄소와 결합을 형성한다. 이 단계에서 산소는 가지고 있는 전자를 주었기 때문에 양전하를 갖는다.

산소로부터 양성자(H^+)를 잃고 H_3O^+를 형성하고 중성인 브로모하이드린 첨가 생성물을 형성한다.

3-Bromo-2-butanol
(브로모하이드린)

그림 5.9 ▸ **메커니즘:** 물 존재하에서 알켄이 Br_2와 반응하여 브로모하이드린이 형성되는 반응. 물은 친핵체로 작용하며 중간체인 카보늄 이온과 반응한다.

5.14 알켄에 물 첨가 반응

물이 알켄에 첨가되어 알코올을 생성하며, 이러한 과정을 **수화**(hydration)라고 한다. 이 반응은 알켄과 물을 센 산 촉매(HA)로 처리하면 HX 첨가 반응 메커니즘과 유사하게 일어난다. 따라서 알켄의 이중 결합에 양성자가 첨가되어 탄소양이온 중간체를 생성하며, 이 중간체는 친핵체인 물과 반응하여 양성자 첨가된 알코올 생성물(ROH_2^+)을 만든다. 이 양성자 첨가된 알코올로부터 H^+를 잃어버리면 중성인 알코올이 형성되고, 산 촉매는 재생된다(그림 5.10).

산-촉매에 의한 알켄 수화는 대단위 산업 공정에 적합하며, 미국에서는 ethylene의 수화 반응에 의해 1년에 약 30만 톤의 ethanol이 제조되고 있다. 그러나 이 반응은 고온과 강한 산성 조건이 필요하기 때문에 대부분의 실험실에서의 응용에는 가치가 매우 적다. 예를 들면 ethylene의 수화 반응은 인산(phosphoric acid)을 촉매로 250°C에서 일어난다.

$$\mathrm{H_2C{=}CH_2} + \mathrm{H_2O} \xrightarrow[250°\mathrm{C}]{\mathrm{H_3PO_4}\ \text{촉매}} \mathrm{CH_3CH_2OH}$$

Ethylene → **Ethanol**

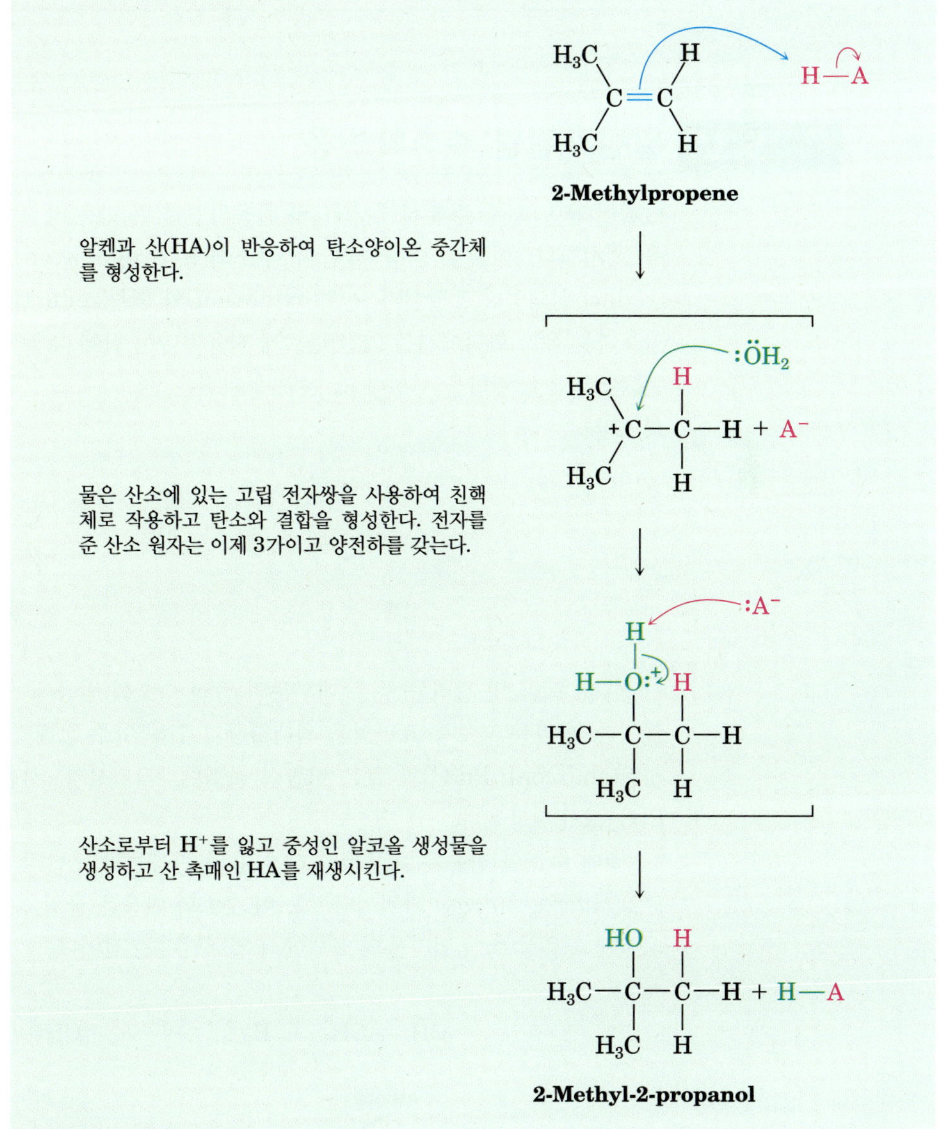

그림 5.10 ▸ **메커니즘:** 알코올을 생성하는 알켄의 산-촉매 수화 반응. 알켄의 양성자첨가는 물과 반응하는 탄소양이온 중간체를 생성한다.

◆ **문제 5.10** 다음 알켄에 물을 첨가시키면 어떠한 생성물이 예상되는가?

(a) $CH_3CH_2CH_2CH{=}CH_2$ (b) 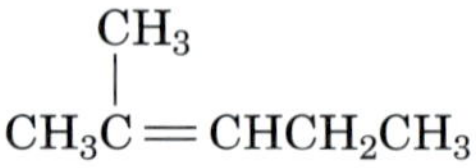 $CH_3C(CH_3){=}CHCH_2CH_3$

◆ **문제 5.11** 어떠한 알켄으로부터 다음의 알코올이 제조될 수 있는가?

(a) 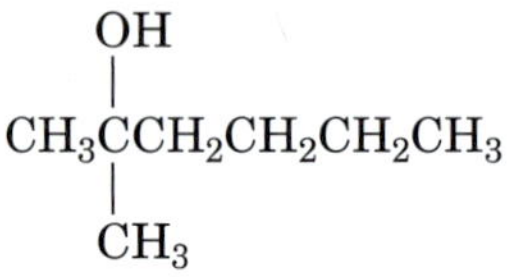 $CH_3C(OH)(CH_3)CH_2CH_2CH_2CH_3$ (b) 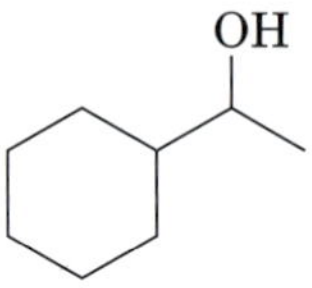 1-사이클로헥실에탄올 (OH가 결합된 구조)

→ 5.15 알켄의 환원: 수소화 반응

알켄이 금속 촉매 존재 하에서 H_2와 반응하면 첨가 반응 생성물로 해당되는 포화 알케인을 생성한다. 이것은 이중 결합이 **수소화**(hydrogenated)가 일어났거나 또는 **환원**(reduced)되었다고 말한다. **산화**(oxidation)와 **환원**(reduction)이라는 용어는 무기 화학보다는 유기 화학에서는 약간 다르게 사용된다는 점에 유의하여라. 현재로서 유기 산화는 탄소–산소 결합을 형성하고, 반면에 환원은 탄소–수소 결합을 형성한다는 점에 유의하여라.

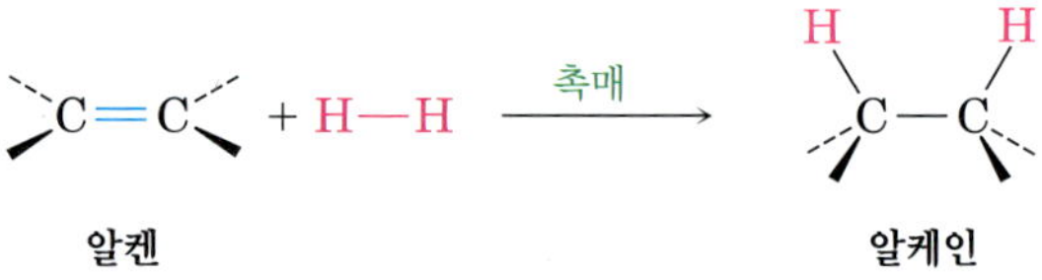

$$>C{=}C< \; + \; H{-}H \xrightarrow{\text{촉매}} H{-}C{-}C{-}H$$

알켄 → 알케인

니켈, 백금 및 팔라듐 등은 대부분의 알켄 수소화 반응에 쓰이는 가장 일반적인 촉매들이다. 팔라듐은 보통 표면적을 최대화하기 위해 아주 잘게 가루(powder)인 상태로 활성탄(charcoal; Pd/C)과 같은 비활성 물질에 "지지시켜" 사용된다. 백금은 일반적으로 PtO_2로서 사용된다.

촉매 수소화 반응은 대부분의 다른 유기 반응들과는 달리 균일 과정이라기보다는 **불균일**(*heterogeneous*) 과정이다. 즉, 이 수소화 반응은 균일 용액 속에서 일어나기보다는 대신에 불용성 촉매 입자들의 표면에서 일어난다는 점이다.

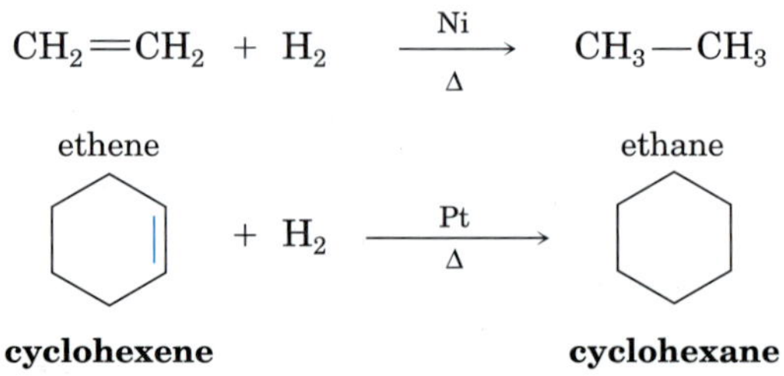

$$CH_2{=}CH_2 + H_2 \xrightarrow[\Delta]{Ni} CH_3{-}CH_3$$

ethene → ethane

$$\text{cyclohexene} + H_2 \xrightarrow[\Delta]{Pt} \text{cyclohexane}$$

cyclohexene → **cyclohexane**

반응의 첫 번째 단계는 촉매 표면 위에 H_2의 흡착이다. 비어 있는 금속의 궤도함수들이 채워진 알켄의 π 궤도함수와 상호 작용으로 촉매와 알켄 사이에 착물을 형성하게 된다. 마지막 단계에서는 수소가 이중 결합에 삽입되고 포화 생성물이 촉매로부터 확산되어 떨어진다.

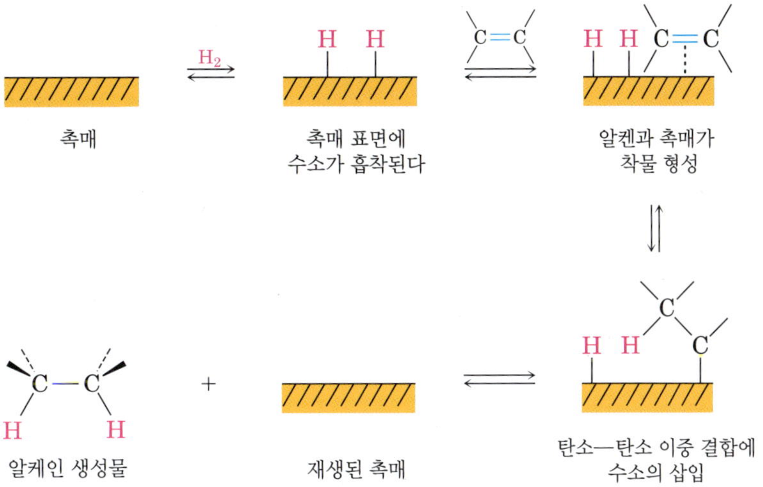

촉매 $\overset{H_2}{\rightleftharpoons}$ 촉매 표면에 수소가 흡착된다 ⇌ 알켄과 촉매가 착물 형성 ⇅ 탄소—탄소 이중 결합에 수소의 삽입 ⇌ 알케인 생성물 + 재생된 촉매

그림 5.11 ● 알켄의 수소화 반응 메커니즘. 반응은 불용성 입자들의 표면에서 신 입체화학으로 일어난다.

◆ **문제 5.12** 다음 알켄의 촉매 수소화 반응으로부터 얻어지는 생성물은 무엇인가?

(a) 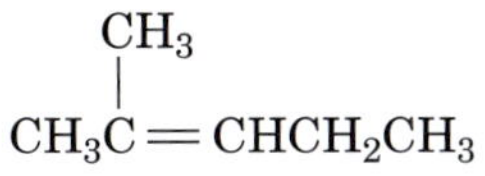 $CH_3C(CH_3){=}CHCH_2CH_3$

(b) 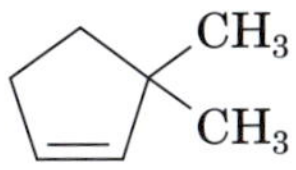 3,3-dimethylcyclopentene (CH_3, CH_3)

5.16 알켄의 산화

알켄의 하이드록시화 반응

알켄의 두 탄소에 각각 —OH기를 첨가시키는 알켄의 **하이드록시화 반응**(hydroxylation)은 알켄과 차고, 묽은 알칼리성 potassium manganate(VII)와의 반응에 의해 일어날 수 있다. 이 반응에서 알켄은 1,2-다이알코올, 또는 **다이올**(diol) 생성물(**글라이콜,** glycol이라고도 부름)로 산화된다.

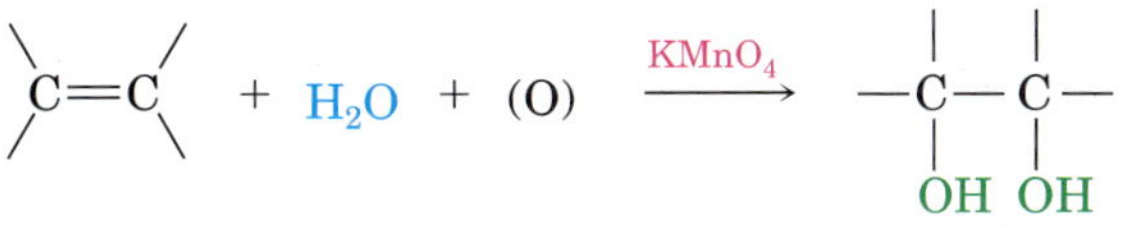

$$>C=C< \;+\; H_2O \;+\; (O) \xrightarrow{KMnO_4} -\underset{OH}{\underset{|}{C}}-\underset{OH}{\underset{|}{C}}-$$

알켄 **1, 2-diol**

$$H_3CH_2CH{=}CH_2 + H_2O + (O) \xrightarrow{KMnO_4} CH_3CH_2\underset{OH}{\underset{|}{CH}}-\underset{OH}{\underset{|}{CH_2}}$$

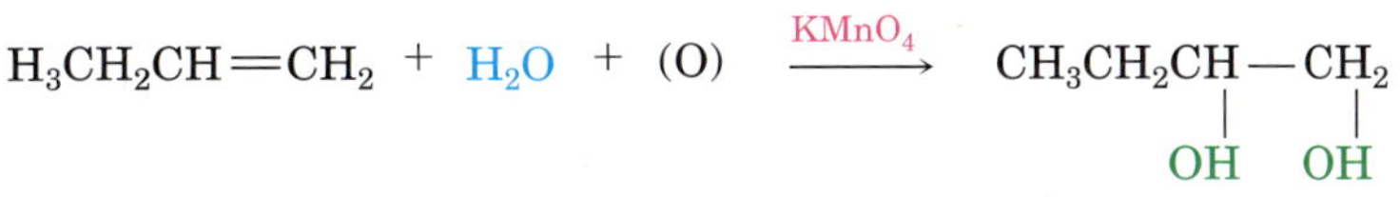

Butane-1, 2-diol

$$\text{Cyclohexene} + H_2O + (O) \xrightarrow{KMnO_4} \text{Cyclohexane-1,2-diol}$$

Cyclohexane-1, 2-diol

알켄의 분해

이제까지 살펴본 알켄 첨가 반응에서는 탄소–탄소 이중 결합이 단일 결합으로 전환되나 탄소 골격은 완전하게 남아 있었다. 그러나 C=C 결합을 분해(cleave)시켜 두 개의 토막들을 만드는 강력한 산화제들이 있다.

탄소–탄소 이중 결합의 분해는 실험실에서 알켄을 중성 혹은 potassium manganate(VII) 산성 용액과의 가열에 의해 수행할 수 있다. 이 반응이 일어나는 동안에 $KMnO_4$의 자주색이 탈색된다. 생성물은 알켄의 구조에 따라 이산화탄소(말단 C=C를 갖는 알켄인 경우), 케톤 혹은 카복실산이다.

$$3\ \rangle C{=}C\langle + \underset{(자주색)}{2KMnO_4} + 4H_2O \longrightarrow 3\ -\overset{|}{\underset{OH}{C}}-\overset{|}{\underset{OH}{C}}- + \underset{(갈색)}{2MnO_2} + 2KOH$$

$$CH_3CH{=}CHCH_3 + 4(O) \xrightarrow[\text{가열}]{KMnO_4,\ H^+} 2CH_3COOH$$

$$(CH_3)_2C{=}CH_2 + 4(O) \xrightarrow[\text{가열}]{KMnO_4,\ H^+} (CH_3)_2C{=}O + CO_2 + H_2O$$

에폭시알케인의 생성

알켄과 공기 혼합물을 약 200~300°C에서 은(silver) 존재하에 가열하면 에폭시알케인이 생성된다.

$$CH_2{=}CH_2 + \frac{1}{2}O_2 \xrightarrow[200°C]{Ag} H_2C\underset{O}{-}CH_2$$

epoxyethane

예제 5.3

$KMnO_4$ 산성 수용액으로 처리하여 cyclopentanone과 propanal의 혼합물을 만들 수 있는 알켄은 무엇인가?

$$? \xrightarrow[H^+]{KMnO_4} \text{(cyclopentanone)}{=}O + CH_3CH_2\overset{O}{\overset{\|}{C}}H$$

▶ **힌트** 알켄과 $KMnO_4$ 산성 수용액의 반응은 탄소-탄소 이중 결합을 분해시켜 두 개의 카보닐기가 포함된 토막을 만든다. 즉 C═C 결합이 두개의 C═O 결합이 된다. 카보닐기가 포함된 생성물로부터 역으로 합성하여 각각의 생성물로부터 산소를 제거하고 두 탄소 원자를 합쳐서 이중 결합 형성에 의해 알켄 전구체를 알아낼 수 있다.

▶ **해답**

(cyclopentane)═O + O═$CHCH_2CH_3$ ⟵ (cyclopentane)═$CHCH_2CH_3$

◆ **문제 5.13** 어떠한 알켄을 출발물질로 다음 각각의 화합물을 제조하는가?

(a) (cyclohexane with H, OH, OH, CH_3)

(b) $CH_3CH_2CH(OH)C(OH)(CH_3)CH_3$

(c) $HOCH_2CH(OH)CH(OH)CH_2OH$

◆ **문제 5.14** 1-Methylcyclohexene과 $KMnO_4$ 산성 수용액과의 반응으로부터 어떠한 생성물들을 만든다고 예측할 수 있는가?

◆ **문제 5.15** 뜨거운 $KMnO_4$ 산성 수용액과 반응으로부터 다음 화합물들을 만드는 알켄의 구조를 제시하여라.
(a) $(CH_3)_2C═O + CO_2$ (b) 2당량 CH_3CH_2COOH

→ 5.17 생물학적인 알켄 첨가 반응

생명체에 관한 화학은 흥미 있게 연구해볼 만한 분야이다. 가장 간단한 박테리아라도 어떠한 사람의 화학자보다 더 복잡한 유기 합성을 할 수 있고, 실험 화학에 적용되는 간단한 원리들이 생화학에도 적용된다.

생물학적 연결

생물학적 유기 화학은 유기 용매 내에서 보다는 세포 내의 수용성 매개체 내에서 일어나며, 효소(enzyme)라 불리우는 복잡한 촉매들을 포함하고 있다. 그럼에도 불구하고 생물학적 반응의 종류들은 실험실 반응들과 매우 유사하다. 따라서 알켄에 많은 종류들의 생물학적 첨가 반응들이 있다. 예를 들면 fumarase 효소는 fumaric acid에 물을 첨가하는 촉매 역할을 하며, 이는 마치 ethylene에 물을 첨가 반응시킬 때 황산이 촉매 역할을 하는 것과 같다.

$$HOOC-CH═CH-COOH \xrightarrow[\text{Fumarase}]{H_2O,\ pH\ 7.4} HOOC-CH_2-CH(OH)-COOH$$

Fumaric acid **Malic acid**

이 반응은 우리 몸에서 음식을 대사하는 데 사용되는 citric acid 회로라고 부르는 한 단계이다.

효소 촉매화 반응들은 대체로 실험실에서 합성하는 것보다 훨씬 더 화학적으로 선택적인 반응이다. 예를 들면 fumarase는 fumaric acid의 시스 이성질체인 maleic acid에는 거의 비활성이다. 그럼에도 불구하고 유기화학의 기본 원리 들은 실험실에서나 생명 세포에서 모두 같다.

5.18 중합 반응

여러 가지 간단한 알켄은 촉매로서 소량의 라디칼로 처리할 때 빠르게 중합 반응이 일어난다. 예를 들면 ethylene은 매우 긴 탄화수소 사슬을 이루는 수천 개의 단량체로 만들어진 큰 알케인의 일종인 polyethylene을 만든다.

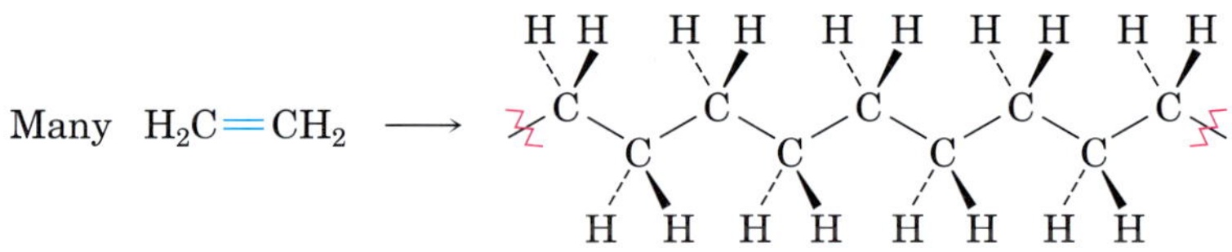

Many $H_2C{=}CH_2 \longrightarrow$ (Polyethylene chain)

Ethylene **Polyethylene의 분절**

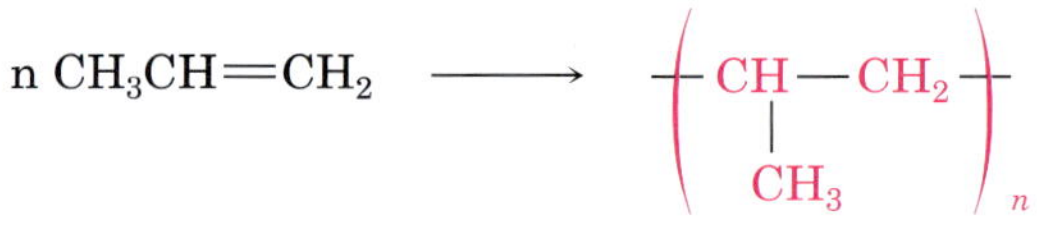

$$n\ CH_3CH{=}CH_2 \longrightarrow \left(CH(CH_3)-CH_2 \right)_n$$

poly(propene)

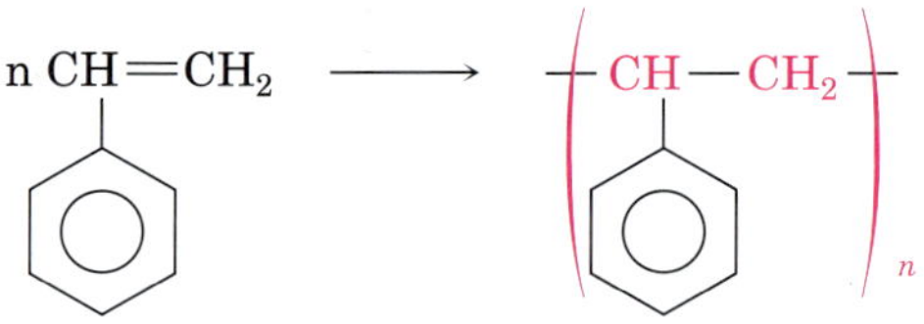

$$n\ CH(C_6H_5){=}CH_2 \longrightarrow \left(CH(C_6H_5)-CH_2 \right)_n$$

styrene **poly(styrene)**

예제 5.4

$H_2C{=}CHCl$로부터 만들어지는 poly(vinyl chloride)의 구조를 여러 개의 반복적인 단위로 그려서 구조를 나타내라.

▶ **힌트** 마음 속으로 단량체 단위에 있는 탄소-탄소 이중 결합을 깨고, 많은 단위를 함께 연결하여 단일 결합을 형성한다.

▶ **해답** Poly(vinyl chloride)의 일반적인 구조는 다음과 같다.

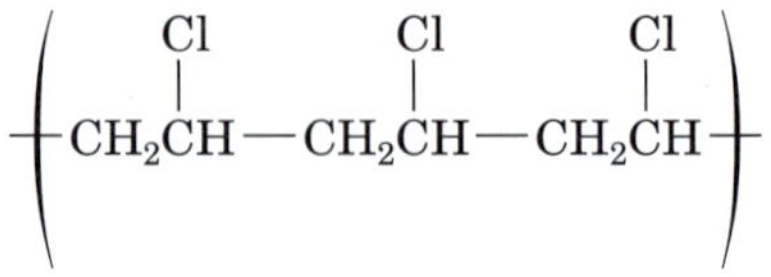

$$\left(CH_2CH(Cl)-CH_2CH(Cl)-CH_2CH(Cl) \right)$$

◆ **문제 5.16** 다음 고분자의 제조에 사용된 단량체를 나타내어라.

(a) $\left(-CH_2-\underset{\displaystyle |}{\overset{OCH_3}{CH}}-CH_2-\underset{}{\overset{OCH_3}{CH}}-CH_2-\overset{OCH_3}{CH}- \right)$

(b) $\left(-\overset{Cl}{CH}-\overset{Cl}{CH}-\overset{Cl}{CH}-\overset{Cl}{CH}-\overset{Cl}{CH}-\overset{Cl}{CH}- \right)$

요약 및 주요 용어

단량체, 5.18
수화 반응, 5.14
에폭시알케인, 5.16
촉매 수소화 반응, 5.15
친전자성 첨가 반응, 5.8
탄소양이온, 5.10
탈수 반응, 5.7
하이드록시화 반응, 5.16
할로젠화 수소 이탈 반응, 5.7
할로하이드린, 5.13

일반적으로 알켄의 제조법으로는 할로젠화 알킬로부터 HX를 제거하는 **할로젠화 수소 제거 반응**(dehydrohalogenation)과, 알코올로부터 물을 제거하는 **탈수 반응**(dehydration)과 같은 제거 반응이 있다.

HCl, HBr 및 HI는 알켄에 첨가될 때 두 단계 **친전자성 첨가**(electrophlic addition) 메커니즘이다. 즉 첫 단계에서 친핵성 이중 결합에 H^+가 반응하여 **탄소양이온**(carbocation) 중간체를 형성하고, 그리고 할로젠 음이온과 반응한다. 브로민과 염소는 탄소양이온 중간체 형성을 통해서 알켄에 첨가된다. 만약 할로젠 첨가 반응 중에 물이 존재하면 **할로하이드린**(halohydrin)이 형성된다.

알켄의 **수화**(hydration, 물의 첨가)는 산 촉매 존재하에서 물과의 가열에 의해 일어난다. 중간체는 탄소양이온이다.

알켄들은 백금이나 니켈과 같은 촉매 존재 하에서 H_2의 첨가에 의해 환원되어 알케인을 생성하고, 이 과정을 **촉매 수소화 반응**(catalytic hydrogenation)이라 부른다. 1,2-다이올은 차고, 묽은 알칼리성 potassium manganate(VII)와 **하이드록시화 반응**(hydroxylation)시켜 알켄으로부터 직접 만들 수 있다. 알켄은 뜨거운 potas-sium manganate(VII) 산성 수용액과의 반응에 의해 카보닐 화합물과 카복시산을 생성한다. **에폭시알케인**(Epoxyalkane)은 은 촉매 존재 하에서 알켄과 산소의 가열에 의해 제조된다.

알켄 **고분자**(polymer)—작은 수백 혹은 수천 개의 **단량체**(monomer) 단위가 서로 반복적인 결합의 결과로 이루어지는 거대 분자—는 고온, 고압하에서 간단한 알켄과 라디칼 개시제와의 반응에 의해 형성된다. Polyethylene, polypropylene 및 poly-styrene이 일반적인 예이다.

반응의 요약

1. 알켄의 합성

(a) 할로젠화 알킬의 할로젠화 수소 이탈 반응

$$\overset{H}{\diagdown}C-C\underset{X}{\diagdown} \xrightarrow{\text{염기}} \;>C=C<$$

(b) 알코올의 탈수 반응

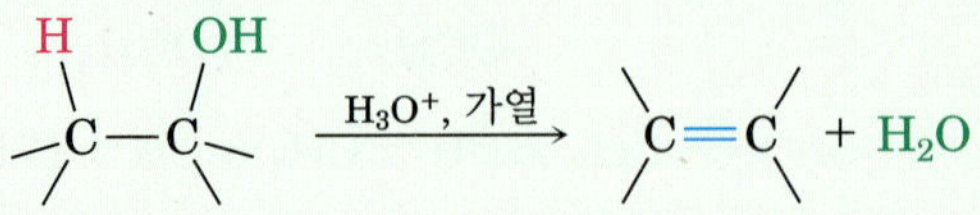

$$\text{H—C—C—OH} \xrightarrow{H_3O^+,\ \text{가열}} \text{C=C} + H_2O$$

2. 알켄의 첨가 반응

(a) HX의 첨가, 여기서 X = Cl, Br 혹은 I

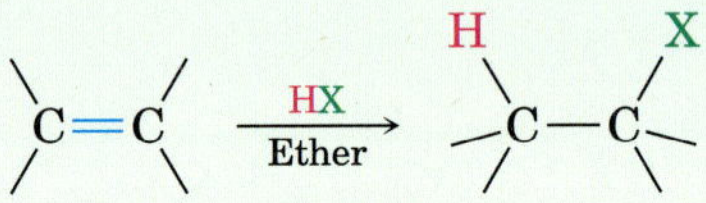

$$\text{C=C} \xrightarrow[\text{Ether}]{HX} \text{H—C—C—X}$$

(b) 할로젠의 첨가, 여기서 X_2 = Cl_2 혹은 Br_2

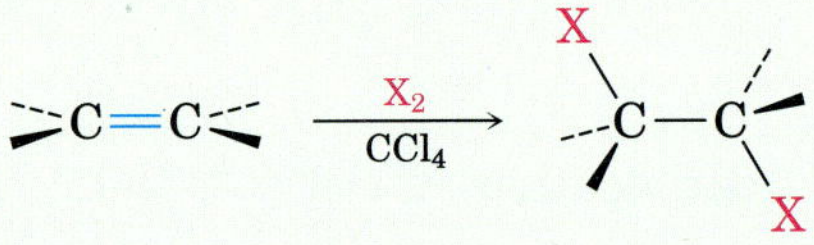

$$\text{C=C} \xrightarrow[CCl_4]{X_2} \text{X—C—C—X}$$

(c) 할로하이드린 형성

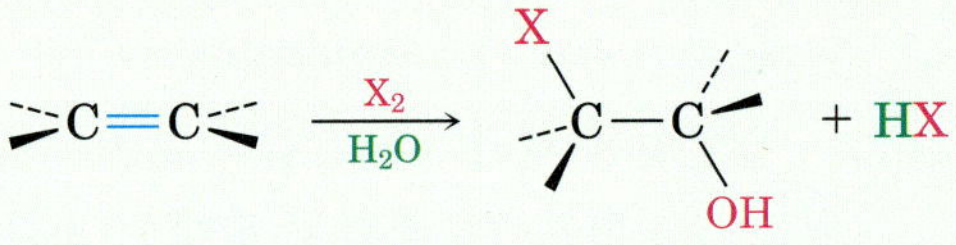

$$\text{C=C} \xrightarrow[H_2O]{X_2} \text{X—C—C—OH} + HX$$

(d) 물의 첨가

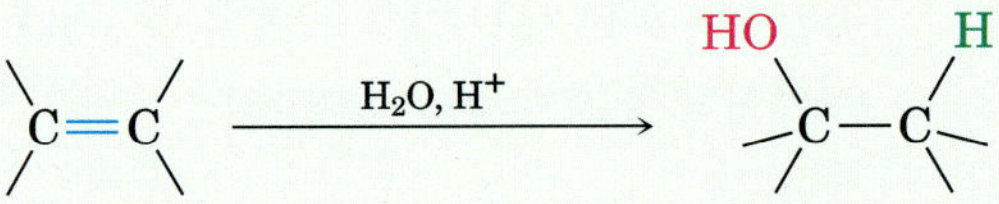

$$\text{C=C} \xrightarrow{H_2O,\ H^+} \text{HO—C—C—H}$$

(e) 알켄의 수소화반응

$$\text{C=C} \xrightarrow{H_2,\ \text{촉매}} \text{H—C—C—H}$$

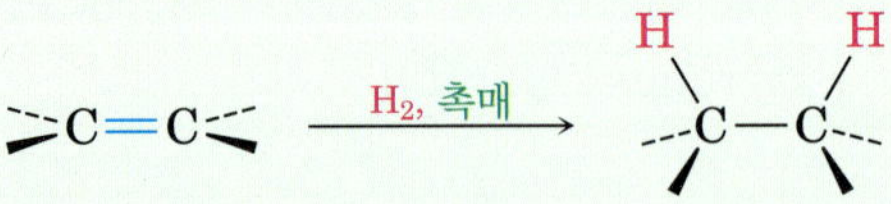

(f) 알켄의 하이드록시화반응

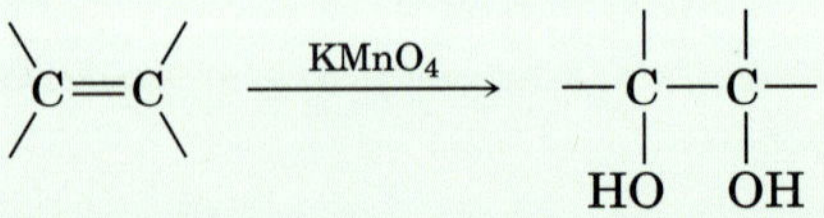

$$\text{C=C} \xrightarrow{KMnO_4} \text{—C(HO)—C(OH)—}$$

(g) 에폭시알케인 형성

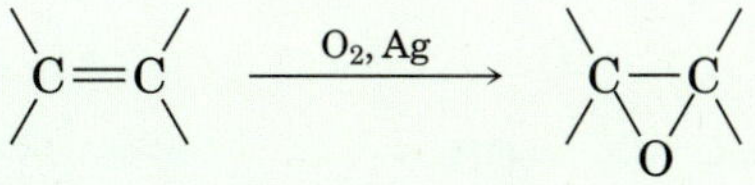

$$\rangle C{=}C\langle \xrightarrow{O_2,\ Ag} \rangle C{-}C\langle \text{ (O bridging, epoxide)}$$

3. 알켄의 산화성 분해
   산성 용액과 반응

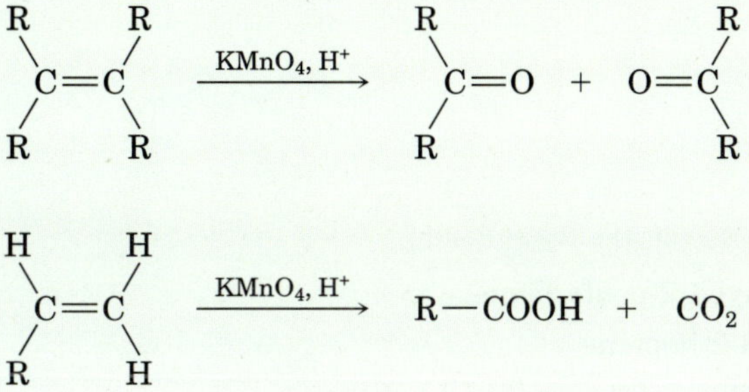

$$R_2C{=}CR_2 \xrightarrow{KMnO_4,\ H^+} R_2C{=}O + O{=}CR_2$$

$$(H)(R)C{=}CH_2 \xrightarrow{KMnO_4,\ H^+} R{-}COOH + CO_2$$

연습 문제

시각 화학

5.17 다음 알켄을 명명하고, 각각의 골격 구조로 바꾸어라.

(a) (b)

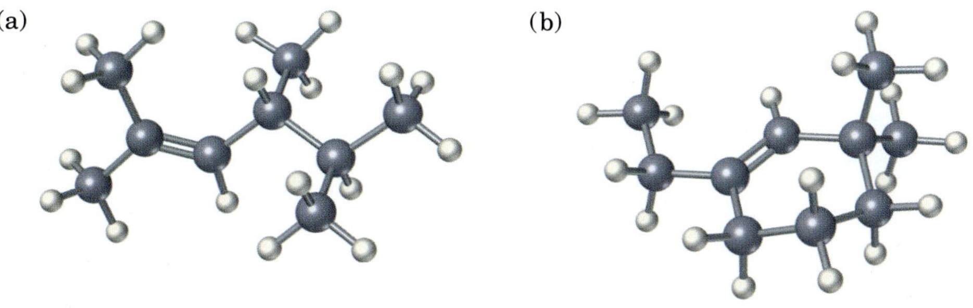

5.18 다음 알켄을 명명하라.

(a) $(H)(H_3C)C{=}C(H)(CHCH_2CH_3)$, with CH_3 on the CH carbon

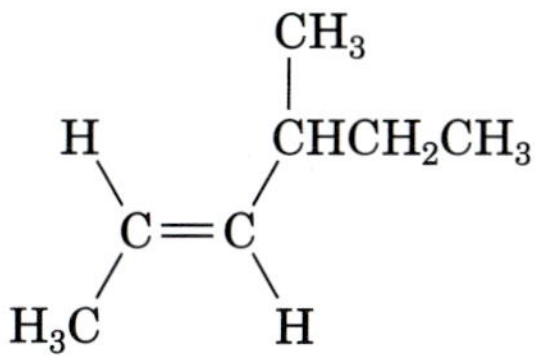

(b) $CH_3CHCH_2CH_2CH(CH_2CH_3){-}CH{=}CH{-}CH_3$: CH_3 on the second carbon of $CH_3CHCH_2CH_2CH$, CH_2CH_3 on the CH carbon; $C{=}C$ with H on each carbon, CH_3 on the second carbon

(c) $H_2C{=}CCH_2CH_3$, with CH_2CH_3 on C2

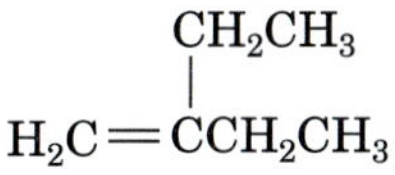

(d) $H_2C{=}CHCHCH{-}CH{=}CH{-}CH_3$: H_3C on the first CH and CH_3 on the second CH of $H_2C{=}CHCHCH$; $C{=}C$ with H on each carbon, CH_3 on the second carbon

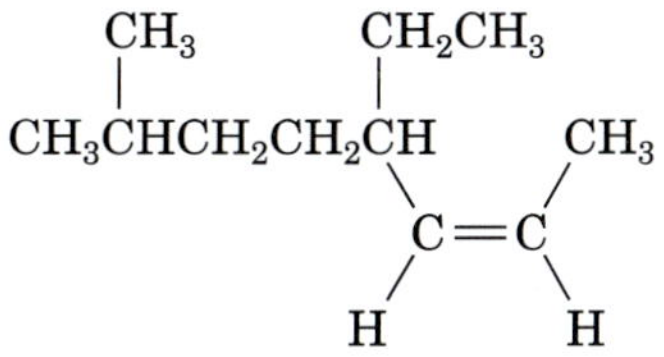

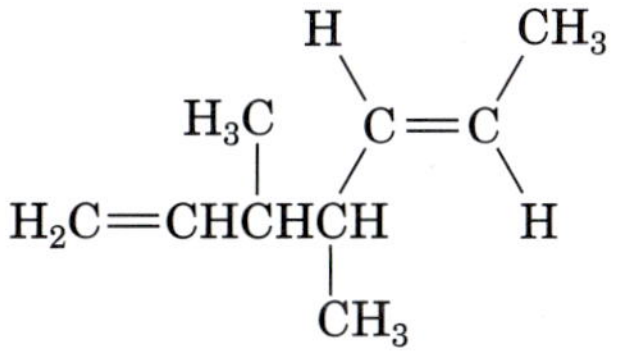

(e) H_3C, $CH_3CH_2CH_2$—C=C(—CH_3)—CH=CH(—CH_3) (H, H)

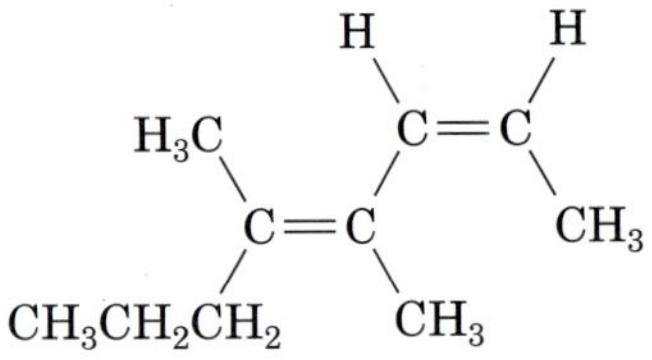

5.19 Ocimene은 많은 식물들의 정유에서 발견되는 트라이엔(triene)이다. 입체화학을 포함한 이 화합물의 IUPAC명은 무엇인가?

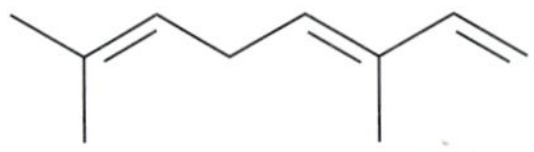

Ocimene

5.20 다음 계통명에 해당되는 구조를 그려라.

(a) 4-Methyl-1,2-pentadiene

(b) 3-Butyl-2-heptene

(c) *trans*-2,2,5,5-Tetramethyl-3-hexene

5.21 민트 식물에서 발견되는 탄화수소인 menthene의 체계적인 이름은 1-isopropyl-4-methylclohexene이다. 구조를 그려라.

5.22 Allene(Propa-1,2-diene), $H_2C{=}C{=}CH_2$은 두 개의 인접한 이중 결합을 가지고 있다. 중심 탄소는 어떠한 종류의 혼성궤도함수를 취해야 하는가? Allene의 결합성 π 궤도함수 모양을 그려라. Allene에서 어떠한 모양을 기대하는가?

5.23 Propane을 생성하는 allene의 수소화 반응열은 −298 kJ/mol 정도이다. Propene과 같은 전형적인 단일 치환된 알켄의 수소화 반응 열은 −126 kJ/mol이다. 다이엔에서 예상되는 안정성에 비해 allene이 더 안정한가 혹은 덜 안정한가? 그 이 유를 설명하여라.

5.24 다음 각 반응의 주 생성물을 예상하여라.

(a) $CH_3CH_2CH{=}C(CH_3)CH_2CH_3$ + HCl ⟶ ?

(b) 1-Ethylcyclopentene + HBr ⟶ ?

(c) 2,2,4-Trimethyl-3-hexene + HI ⟶ ?

(d) 1,6-Heptadiene + 2 HCl ⟶ ?

(e) 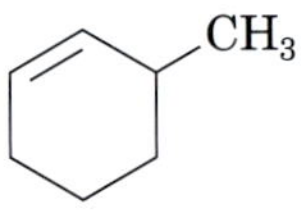 3-methylcyclohexene (CH_3) + HBr ⟶ ?

5.25 다음 각 알켄에 HBr 첨가로 생성되는 주 생성물을 예측하여라.

(a) 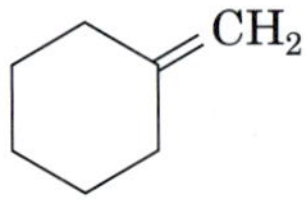 methylenecyclohexane (=CH_2) (b) 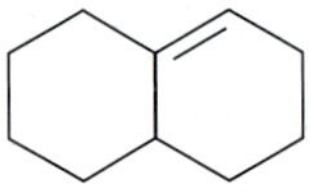 bicyclic alkene (c) $CH_3CH{=}CHCH(CH_3)CH_3$

5.26 다음 각 탄소양이온들은 보다 안정한 이온으로 자리옮김할 수 있다. 자리옮김 생성물에 대한 구조를 제시하여라.

(a) $CH_3CH_2CH_2CH_2^+$ (b) $CH_3CH(CH_3)\overset{+}{C}HCH_3$

5.27 1-Isopropylcyclohexene에 HCl의 첨가는 자리옮김 생성물이 생성된다. 각 단계의 전자 흐름을 나타내는 굽은 화살표를 사용하여, 중간체 구조를 나타내고 메커니즘을 제안하여라.

+ HCl ⟶ Cl

5.28 Benzene과 같은 방향족 화합물은 $AlCl_3$ 촉매 존재 하에서 염화 알킬과 반응하여 알킬 benzene을 생성한다. 이 반응은 염화 알킬과 $AlCl_3$($R—Cl + AlCl_3 \longrightarrow R^+ + AlCl_4^-$)반응에 의해 형성된 탄소양이온 중간체를 통해서 일어난다. Benzene과1-chloropropane이 반응하여 주 생성물로 isopropylbenzene이 생성되는 현상을 어떻게 설명할 수 있는가?

$+ CH_3CH_2CH_2Cl \xrightarrow{AlCl_3}$ CH_3 | $CHCH_3$

5.29 알켄은 산-촉매 물 첨가 반응에 의해 알코올로 전환될 수 있다. Markovnikov 규칙이 타당하다고 가정하고, 다음 각각의 알켄에 대한 알코올 주생성물을 예측하여라.

(a) $CH_3CH_2C(CH_3){=}CHCH_3$

(b) CH_2 (methylenecyclohexane)

(c) $CH_3CH(CH_3)CH_2CH{=}CH_2$

5.30 2,3-Dimethyl-1-butene과 HBr 반응은 $C_6H_{13}Br$인 브로민화 알킬을 형성한다. Methanol 용액 내에서 이 브로민화 알킬을 KOH로 처리하면 HBr이 제거되고 출발물질인 알켄과 이성질체인 탄화수소가 생성된다. 이 탄화수소의 구조는 무엇이고, 브로민화 알킬로부터 어떻게 형성되었다고 생각하는가?

5.31 다음 알켄을 명명하고 $KMnO_4$ 산 수용액과의 반응 생성물을 예측하라.

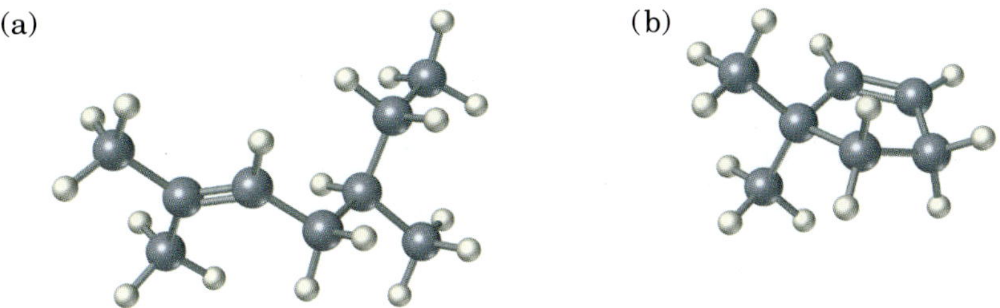

5.32 수화 반응에 의해 다음 알코올을 생성할 수 있는 알켄의 구조를 그려라(붉은색 = O).

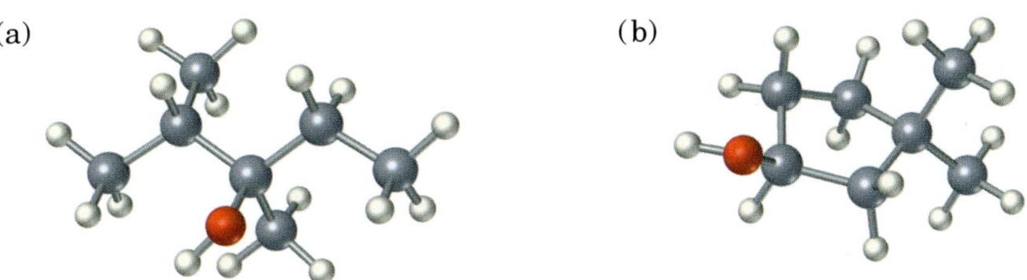

5.33 다음 반응에 대한 생성물을 예측하라(모든 경우 방향족 고리는 반응성이 없다).

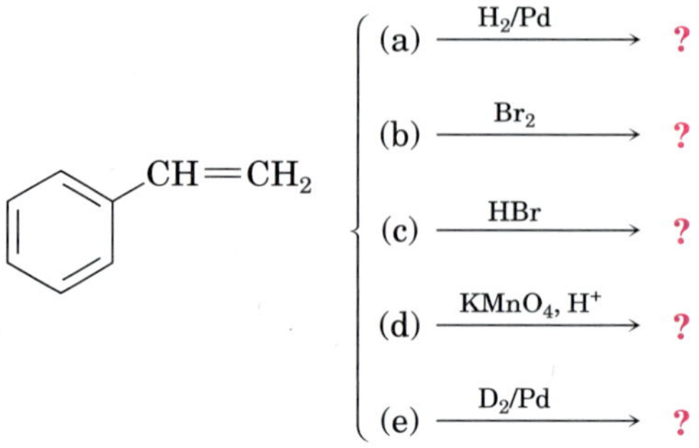

(styrene: $C_6H_5CH=CH_2$)

(a) $\xrightarrow{H_2/Pd}$?

(b) $\xrightarrow{Br_2}$?

(c) $\xrightarrow{HBr}$?

(d) $\xrightarrow{KMnO_4,\ H^+}$?

(e) $\xrightarrow{D_2/Pd}$?

5.34 다음 반응 생성물을 생성할 수 있는 알켄의 구조를 제시하여라. 어떤 경우에는 답이 하나 이상일 수 있다.

(a) $\xrightarrow{H_2/Pd}$ $CH_3CH(CH_3)CH_2CH_2CH_2CH_3$

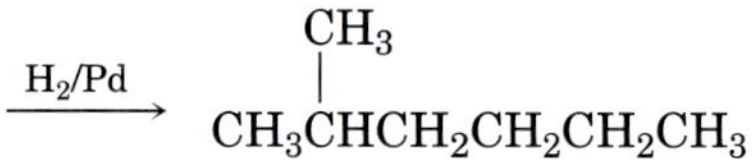

(b) ? $\xrightarrow{H_2/Pd}$ 1,1-dimethylcyclohexane (CH_3, CH_3)

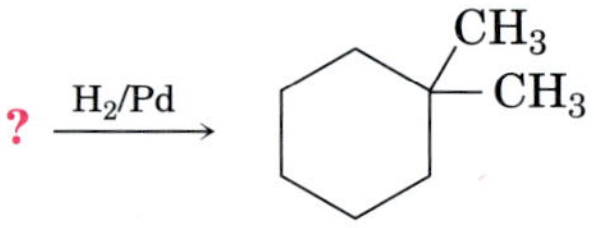

(c) $\xrightarrow{Br_2}$ $CH_3CH(Br)CH(Br)CH_2CH(CH_3)CH_3$

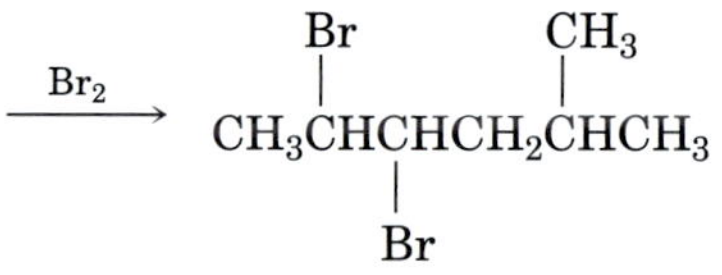

(d) ? $\xrightarrow{HCl}$ $CH_3CH(Cl)CH(CH_3)CH_2CH_2CH_2CH_3$

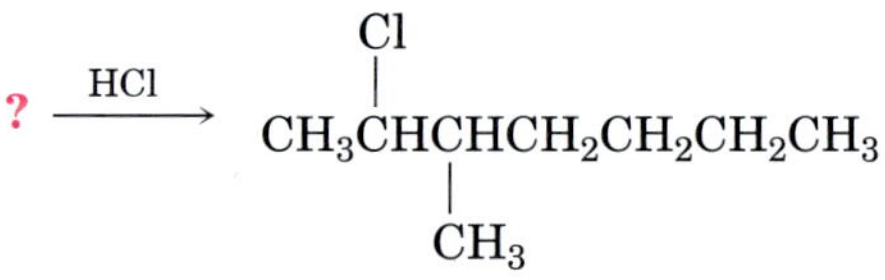

5.35 다음 변환들은 어떻게 수행할 것인가? 각 경우에 사용된 적절한 시약을 지적하여라.

(a) cyclopentene $\xrightarrow{?}$ cis-1,2-cyclopentanediol (H, OH; H, OH)

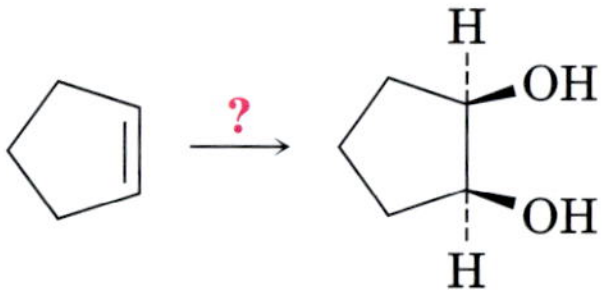

(b) cyclopentene $\xrightarrow{?}$ cyclopentanol (OH)

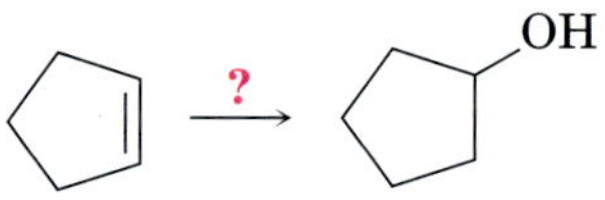

(c) 1-methylcyclohexanol (CH_3, OH) $\xrightarrow{?}$ 1-methylcyclohexene (CH_3)

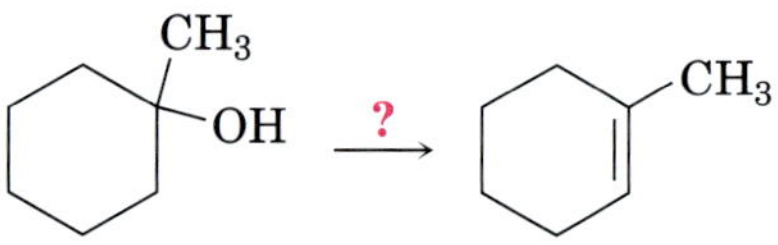

(d) $CH_3CH=CHCH(CH_3)CH_3$ $\xrightarrow{?}$ $CH_3CH(CH_3)COOH$ + $CH_3-C(=O)-OH$

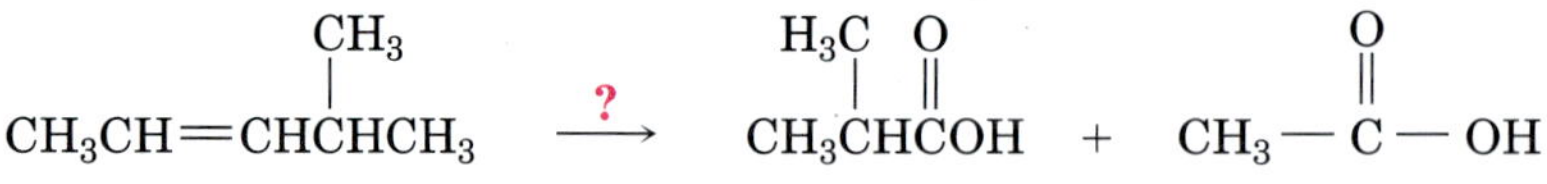

(e) $CH_3C(CH_3)=CH_2$ $\xrightarrow{?}$ $CH_3-C(CH_3)(OH)-CH_3$

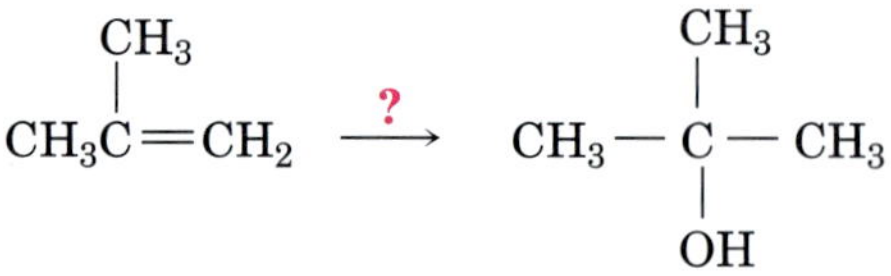

5.36 산성화되지 않은 $KMnO_4$와 반응하여 acetone,$(CH_3)_2=O$만을 생성하는 알켄의 구조를 그려라.

5.37 산성 용액에서 $KMnO_4$로 산화성 분해를 시키면 다음 생성물들을 만드는 알켄의 구조를 그려라.

(a) $CH_3CH_2CO_2H + CO_2$ (b) $(CH_3)_2C{=}O + CH_3CH_2CH_2CO_2H$

(c) 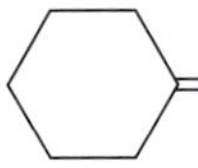 (cyclohexanone)$=O + (CH_3)_2C{=}O$

5.38 A는 C_6H_{12}의 분자식을 갖는 미지의 탄화수소로 팔라듐 촉매하에서 수소 1 몰 당량과 반응한다. A는 또한 $KMnO_4$와 반응하여 다이올 B를 만든다. $KMnO_4$로 산성 용액에서 산화시키면 A는 두 개의 토막을 생성한다. 한 토막은 propanoic acid, $CH_3CH_2CO_2H$이고 다른 토막은 케톤 C이다. A, B, C의 구조는 무엇인가? 포함하는 모든 반응을 쓰고 그 이유를 설명하여라.

5.39 다음 반응들의 생성물들을 예측하여라. 분자 크기는 상관하지 말고 작용기들에 집중하여라.

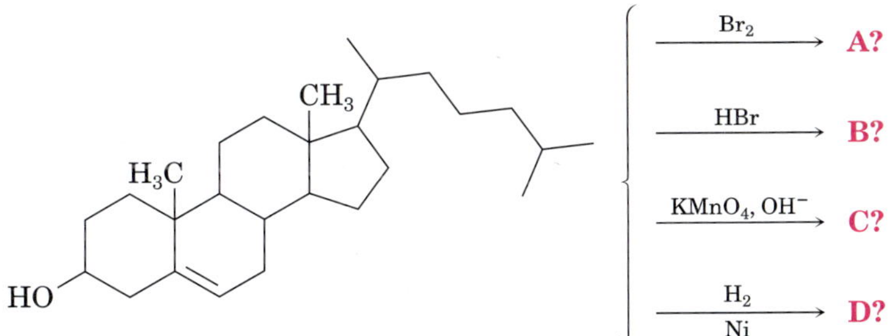

CH_3, H_3C, HO

Cholesterol

$\xrightarrow{Br_2}$ **A?**

$\xrightarrow{HBr}$ **B?**

$\xrightarrow{KMnO_4,\ OH^-}$ **C?**

$\xrightarrow[Ni]{H_2}$ **D?**

5.40 집파리의 성 유발 물질은 분자식이 $C_{23}H_{46}$인 탄화수소이다. $KMnO_4$ 산성 수용액으로처리하면 $CH_3(CH_2)_{12}CO_2H$와 $CH_3(CH_2)_7CO_2H$ 두 가지 생성물이 얻어진다. 구조를 제안하여라.

5.41 화합물 A는 분자식 C_8H_8을 갖고 있다. 이것은 $KMnO_4$와 빨리 반응하여 CO_2와 카복실산 B($C_7H_6O_2$)를 생성한다. 그러나 팔라듐 촉매로 촉매 수소화 반응을 일으키면 수소 1당량하고만 반응한다. 방향족 고리를 환원시키는 조건에서 수소화 반응시키면 4당량의 수소를 취하고 탄화수소 C(C_8H_{16})를 생성한다. 화합물 A, B, C의 구조는 무엇인가? 반응식을 써라.

5.42 많은 조형물을 만드는 데 사용되는 투명한 플라스틱인 Plexiglas는 methyl methacrylate의 중합 반응으로 만든다. Plexiglas의 대표적인 분절을 그려라.

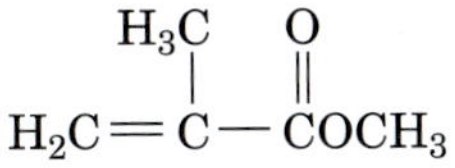

$$H_2C{=}C(CH_3){-}C({=}O)OCH_3$$ **Methyl methacrylate**

5.43 *N*-Vinylpyrrolidone으로부터 만들어지는 poly(vinyl pyrrolidone)은 화장품과 합성 혈액 대체물질로 사용된다. 고분자의 대표적인 분절을 그려라.

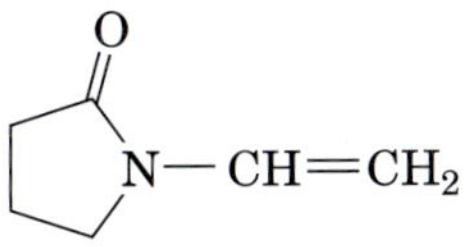

O, N—CH=CH_2 ***N*-Vinylpyrrolidone**

5.44 황산 촉매 존재하에서 2-methylpropene과 CH_3OH의 반응은 methyl *tert*-butyl ether, $CH_3OC(CH_3)_3$를 만든다. 이 반응의 메커니즘은 알켄의 산-촉매 수화 반응의 메커니즘과 비슷하다. 각 단계를 굽은 화살표를 사용하여 메커니즘을 써라.

객관식 문제

1 Hydrogen iodide는 propene과 반응하여 2-iodopropane을 생성한다. 다음에서 어느 것이 반응에서의 유기 중간체를 가장 잘 설명해주는가?

A. 탄소, 수소 및 아이오딘을 포함하고 있다.

B. 탄소양이온이다.

C. 음전하를 가지고 있다.

D. 자유 라디칼이다.

2 다음 화합물 중에서 어느 것이 시스-트랜스 이성질현상이 나타나는가?

A. $(CH_3)_2C{=}CH_2$
B. $(CH_3)_2C{=}CHCH_3$
C. $CH_3CH{=}CHCH_3$
D. (벤젠 고리에 COOH 두 개가 인접하여 결합한 구조)

COOH

COOH

3 Ethene이 bromine 수용액과 반응하면 두 가지 생성물인 CH_2BrCH_2Br 및 CH_2BrCH_2OH이 얻어진다. 생성물에 대한 올바른 설명은 어느 것인가?

A. 두 가지 생성물은 친전자성 첨가 반응에 의해 얻어진다.

B. 두 가지 생성물은 친핵성 첨가 반응에 의해 얻어진다.

C. 두 가지 생성물은 동일한 glycol이 생성되도록 가수분해될 수 있다.

D. 두 가지 생성물은 물과 수소 결합을 이룰 수 있다.

4 Methane은 빛 존재하에서 염소와 반응한다.
중간체에 대한 올바른 설명은 어느 것인가?

A. 홀수 개의 전자가 들어 있다.

B. 중간체는 결합하여 HCl을 형성한다.

C. 양전하를 가지고 있다.

D. 에너지면에서 반응물 보다 더 안정하다.

5 두 가지 알켄인 $CH_3CH_2CH{=}CH_2$와 $CH_3CH{=}CHCH_3$에 대해 올바른 설명은 어느 것인가?

A. 어느 것도 다이올을 생성하는 알칼리성 potassium manganate(VII) 용액에 의해 산화될 수 없다.

B. 어느 것도 브로민화 알킬을 생성하는 hydrogen bromide와 반응하지 않는다.

C. 어느 것도 시스-트랜스 이성질현상을 나타내지 않는다.

D. 어느 것도 bromine과 반응하여 1,4-dibromobutane를 생성하지 않는다.

6 실온에서 액체인 탄화수소는 bromine 수용액을 탈색시킨다.
이 화합물의 분자식은 어느 것인가?

A. C_4H_6 **B.** $C_{10}H_{20}$

C. C_5H_{10} **D.** $C_{13}H_{26}$

7 다음 화합물 중에서 어느 것이 알켄과 bromine과의 반응에 의해 만들어질 수 없는가?

A. CH_2BrCH_2Br **B.** $CH_3CHBrCH_2Br$

C. $BrCH_2CH_2CH_2Br$ **D.** $BrCH_2CHBrCHBrCH_2Br$

8 Ethene의 탄소-탄소 결합에 대해 다음 중에서 어느 것이 올바른 설명인가?

A. 알케인의 C—C 결합보다 약하다.

B. C—C 결합보다 길다.

C. C—C 결합과 C═C 결합이 교대로 있다.
D. Benzene의 C—C 결합보다 짧다.

9 다음의 어느 것이 1-hexene과 hexane을 구별하는 데 사용되는 가장 좋은 시약인가?
A. NaOH(aq) 내 I_2
B. 2,4-dinitrophenylhydrazine
C. $CHCl_3$ 내 Br_2
D. 진한 H_2SO_4

10 알켄인 Y의 산화에서 다이올이 생성된다. 산화가 더 일어나면 다이케톤이 생성된다 다음중 어느 것이 Y인가?

A. C_6H_5—CH═CH—C_6H_5 **B.** $CH_3CH_2CH{=}C(C_6H_5)_2$

C. $(CH_3)_2CHCH{=}CH_2$ **D.** $(CH_3)_2C{=}C(CH_3)_2$

11 Tetrachloromethane 용매 내에서 ethene의 브로민화 반응이 일어나는 동안에 양으로 하전된 중간체가 형성된다. 다음 중 어느 것이 양전하를 가지고 있는 탄소 원자의 혼성화를 나타내는가?

	반응의 출발점에서	중간체에서	반응의 끝에서
A.	sp^2	sp^2	sp^3
B.	sp^3	sp^2	sp^3
C.	sp	sp^2	sp^3
D.	sp^2	sp^3	sp^2

12 알켄이 적당한 조건하에서 일산화탄소 및 수소와 직접 결합하는 옥소(oxo) 반응은 중요한 산업공정이다. Ethene과 반응은 다음과 같다.

$$CH_2{=}CH_2 + CO + H_2 \longrightarrow CH_3CH_2CHO$$

다음 중 어느 구조식이 2-butene을 출발물질로하는 옥소 반응에서 올바른 생성물인가?
A. $(CH_3)_2CHCH_2CHO$
B. $CH_3CH_2CH(CH_3)CHO$
C. $CH_3COCH_2CH_2CH_3$
D. $CH_3CH_2COCH_2CH_3$

13 뜨거운 potassium manganate(VII) 산성용액으로 처리하면 propanone만을 생성하는 탄화수소는 다음 중 어느 것인가?
1. $(CH_3)_2C{=}C(CH_3)_2$
2. $(CH_3)_2C{=}CHCH_3$
3. $CH_3CH{=}CHCH_3$
4. $CH_3CH_2CH{=}CHCH_2(CH_3)_3$

A	B	C	D
1만 맞음	1과 2가 맞음	2와 3이 맞음	1,2 및 3이 맞음

14 다음 중 어느 쌍이 시스–트랜스 이성질현상을 나타내는가?

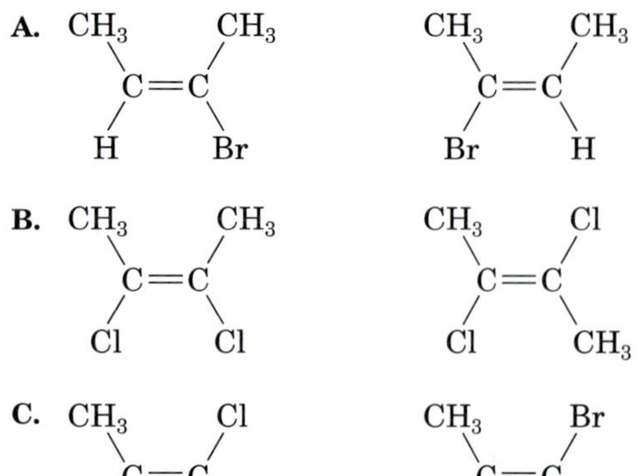

C.  CH_3, Cl / C=C / H, Br　　　CH_3, Br / C=C / H, Cl

15 집파리의 성 유발물질인 muscalure는 다음과 같은 화학식을 가지고 있다.

$$CH_3(CH_2)_7CH{=}CH(CH_2)_{11}CH_3$$

Muscalure의 설명중에서 다음 어느 것이 틀린가?

A. 카이랄 탄소를 가지고 있다.

B. Bromine 수용액을 탈색시킨다.

C. 묽고, 차가운 알칼리성 $KMNO_4$ 용액과 반응하여 다이올을 생성한다.

보충 문제

16 다음 알켄의 IUPAC명을 써라.

(a) 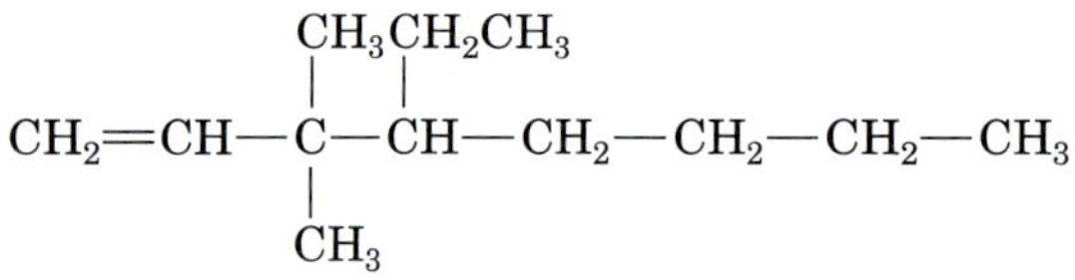
```
              CH3 CH2CH3
               |   |
CH2=CH — C — CH — CH2 — CH2 — CH2 — CH3
               |
              CH3
```

(b) $(CH_3)_2C{=}CH{-}CH_3$
(c) $CH_2{=}CH{-}CH(CH_3)_2$
(d) $(CH_3)_2C{=}C(CH_3)_2$

17 다음 알켄을 명명하고 시스, 트랜스를 사용하여 이중 결합의 배열을 나타내라.

(a) 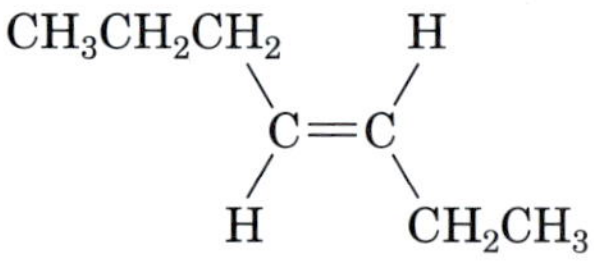
```
CH3CH2CH2       H
         \     /
          C=C
         /     \
        H       CH2CH3
```

(b) 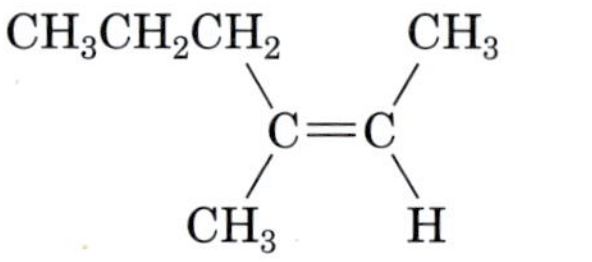
```
CH3CH2CH2       CH3
         \     /
          C=C
         /     \
      CH3       H
```

18 어느 알켄이 시스–트랜스 이성질현상을 나타내는가? 모든 시스 및 트랜스 이성질체의 구조를 그려라.

(a) 2-pentene

(b) 2-methyl-2-pentene

(c) 3-methyl-2-pentene

19 다음 각 사이클로알켄의 IUPAC명을 써라.

(a) 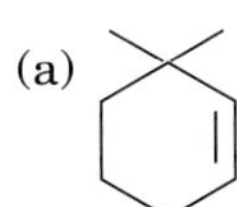

(b) 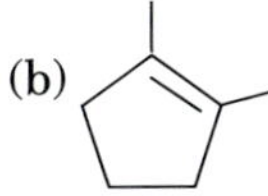

20 화살표로 나타낸 각각의 탄소 원자에 결합각을 예측하라.

(a) 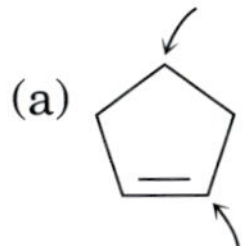

(b) 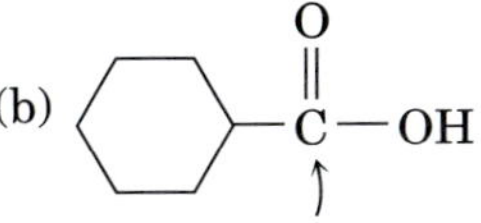

(c) 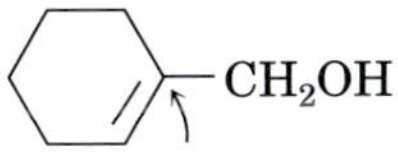 $-CH_2OH$

(d) 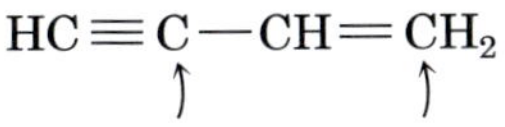 $HC{\equiv}C-CH{=}CH_2$

21 Allene의 구조는 다음과 같다.

$CH_2{=}C{=}CH_2$

(a) 위 분자의 모든 결합각을 예측하라

(b) 각 탄소에 있는 혼성화를 기술하라

(c) allene 분자의 기하구조를 설명하라

22 몇 가지 화합물의 탄소–탄소 단일 결합 길이는 다음과 같다. 결합 길이의 차이를 설명하라.

화합물	*C—C* 단일 결합 길이/*nm*
$CH_3{-}CH_3$	0.154
$CH_2{=}CH{-}CH_3$	0.151
$CH_2{=}CH{-}CH{=}CH_2$	0.147
$HC{=}C{-}CH_3$	0.146

23 다음 화합물의 기하 이성질체를 그려라.

(a) Fumaric acid, $HOOCCH{=}CHCOOH$

(b) Aconitic acid, $HOOCCH{=}C(COOH)(CH_2COOH)$

24 분자식이 C_5H_{10}인 알켄에 대해 시스 및 트랜스를 포함한 모든 알켄에 대해 구조식을 그리고 명명하라.

25 어느 알켄이 기하 이성질현상을 나타내는가? 만일 이성질체가 있다면, 시스 및 트랜스 이성질체의 구조를 그려라.

(a) $CHCl{=}CH_2$
(b) $CH_3CH{=}CHBr$
(c) $ClCH{=}CHCl$
(d) $(CH_3)_2C{=}CHCH_3$
(e) $(CH_3)_2CHCH{=}CHCH_3$

26 3-Penten-2-ol의 구조는 다음과 같다.

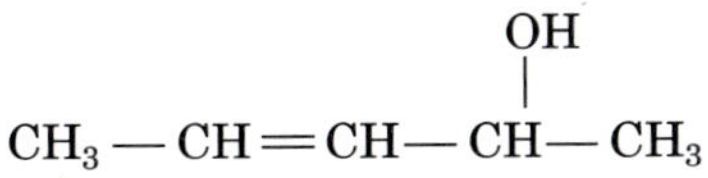

$$CH_3-CH{=}CH-\underset{}{\overset{OH}{\overset{|}{C}H}}-CH_3$$

(a) 이 분자에 얼마나 많은 입체이성질체가 존재하는가?

(b) 위에서 생기는 수에 대해 설명하라.

27 토마토와 같이 익은 과일의 붉은 색깔은 lycopene, $C_{40}H_{56}$이라고 부르는 검붉은 화합물 때문이다. Lycopene의 구조는 다음과 같다.

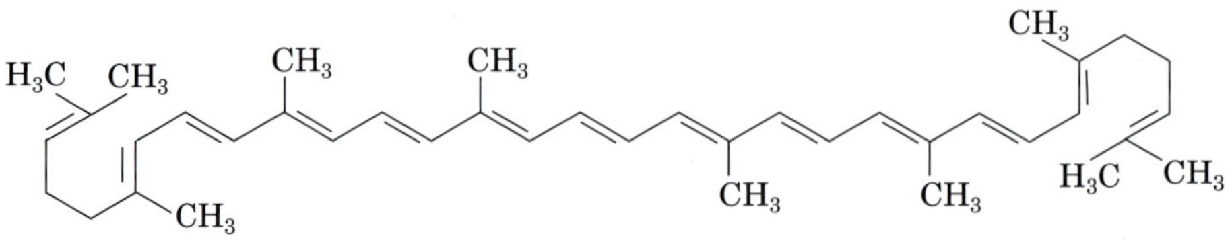

H_3C CH_3 CH_3 CH_3 CH_3 CH_3 CH_3 CH_3 H_3C CH_3

위 구조에서 기하 이성질현상을 보일 수 있는 탄소–탄소 이중 결합 수는 얼마인가?

28 다음 첨가 반응의 생성물을 예측하라.

(a) $CH_3—C(CH_3)=CH_2$ + HBr ⟶

(b) 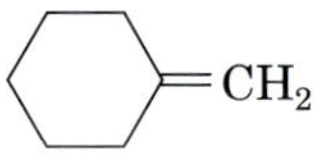 (cyclohexane)$=CH_2$ + HI ⟶

(c) 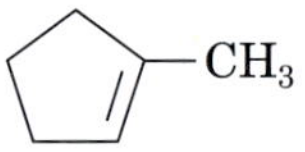 (cyclopentene)$—CH_3$ + HBr ⟶

(d) $CH_3CH=CHCH_2CH_3$ + HCl ⟶

29 다음 탄소양이온을 안정성 감소 순서대로 나열하라.

(a) $CH_3—\overset{+}{C}H—C(CH_3)_3$

(b) $(CH_3)_2\overset{+}{C}—CH(CH_3)_2$

(c) $(CH_3)_3C—CH_2—CH_2^+$

30 다음 탄소양이온을 안정성 증가 순서대로 나열하라.

(a) 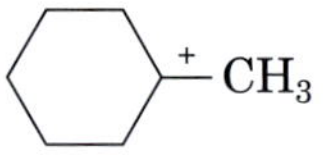 (cyclohexyl, $^+$ on ring carbon bearing) CH_3

(b) 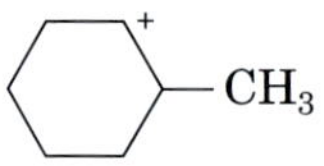 (cyclohexyl, $^+$ on adjacent ring carbon)$—CH_3$

(c) 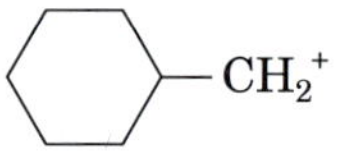 (cyclohexyl)$—CH_2^+$

31 다음 화합물의 산-촉매 수화 반응에서 형성되는 유기 생성물의 구조식을 그려라.

(a) $CH_3—C(CH_3)=CH—CH_3$ + H_2O $\xrightarrow{H^+}$

(b) 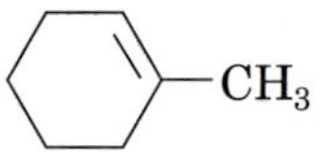 (cyclohexene)$—CH_3$ + H_2O $\xrightarrow{H^+}$

(c) $CH_2=C(CH_3)—CH_2—CH_3$ + H_2O $\xrightarrow{H^+}$

32 다음 시약과 2-butene과의 반응 유기 생성물을 예측하라.

(a) CCl_4 용액 내 Br_2
(b) H_2O 내 Br_2
(c) HI
(d) 뜨거운 $KMNO_4$
(e) 자유 라디칼(중합)

33 Terpin은 기침에 대해 거담제로 사용된다. 이 화합물은 limonene의 산-촉매 수화 반응으로부터 상업적으로 만들 수 있다.

$$\text{(limonene)} + 2H_2O \xrightarrow{H_2SO_4} C_{10}H_{20}O_2$$

(a) Terpin의 구조식을 그려라.
(b) 위에 주어진 구조식에서 얼마나 많은 시스-트랜스 이성질체가 있는가?

34 다음 반응의 메커니즘을 제시하라.

$$CH_3-C(CH_3)=CH_2 + ICl \longrightarrow CH_3-C(CH_3)(Cl)-CH_2I$$

35 알켄이 과량의 뜨거운 potassium manganate(VII)수용액과 반응할 경우에, 탄소-탄소 이중 결합이 분해되고 말단 탄소 원자가 높은 산화 준위까지 산화된다. 위 반응 조건하에서 다음 각 알켄으로부터 얻을 수 있는 탄소가 포함된 생성물을 예측하라.

(a) $CH_3CH_2CH{=}CH_2$
(b) $(CH_3)_2C{=}CH_2$

36 납을 첨가하지 않은 옥탄가 높은 연료에는 개질(reforming) 과정에 의해 알케인으로부터 얻을 수 있는 benzene과 같은 방향족 탄화수소가 포함되어 있다.

$$C_6H_{14} \xrightarrow[\text{platinum 촉매}]{400°C,\ 10\ atm} C_6H_6 + 4H_2$$

(a) 위 반응 형태를 명명하라.
(b) Hexane과 benzene이 bromine과의 반응에 대한 서로 다른 메커니즘을 확인하라.

37 2-Methylpropene의 구조식은 다음과 같다.

$$(CH_3)_2C{=}CH_2$$

2-Methylpropene이 다음과 같이 반응할 경우 형성되는 탄소-포함된 생성물의 완전한 구조식을 그려라.

(a) 묽고 차가운 potassium manganate(VII)에 의한 온화한 산화
(b) 진하고 뜨거운 potassium manganate(VII)에 의한 강한 산화
(c) 중합 반응(두 개의 반복 단위를 나타내어라)

38 (a) Vinyl chloride(chloroethene)의 완전한 구조식을 그려라.
(b) Polyvinylchloride(PVC)의 완전한 구조식을 그려라(두 개의 반복 단위를 나타내어라).

(c) Vinyl chloride가 bromine과 반응할 경우, 생성물은 두 개의 이성질체 혼합물이다.
 (i) 생성물에서 나타난 이성질현상의 형태를 기술하라.
 (ii) 이성질체 두 개의 구조를 그려라.

39 Linoleic acid는 사람 음식에 들어 있는 필수 지방산이다.

$$CH_3(CH_2)_4CH{=}CHCH_2CH{=}CH(CH_2)_7COOH$$

linoleic acid

Linoleic acid에서 두 개의 이중 결합은 시스 배열이다. 위에 나타낸 linoleic acid의 구조를 그리고 이 구조와 시스-트랜스 이성질체인 다른 가능한 구조를 그려라.

40 3-Methylhex-2-enoic acid는 사람의 땀에 들어 있다.

$$CH_3CH_2CH_2C(CH_3){=}CHCOOH$$

(a) 3-Methylhex-2-enoic acid의 기하 이성질체를 그려라.
(b) 3-Methylhex-2-enoic acid와 sodium carbonate 수용액과의 반응을 나타내는 완전한 반응식을 써라.
(c) 3-Methylhex-2-enoic acid와 hydrogen bromide 및 뜨거운 potassium manganate(VII) 산성용액과 반응할 경우 형성되는 생성물의 구조를 그려라.

시약	유기 생성물	반응 종류
Hydrogen bromide		
뜨거운 $KMnO_4$ 산성용액		

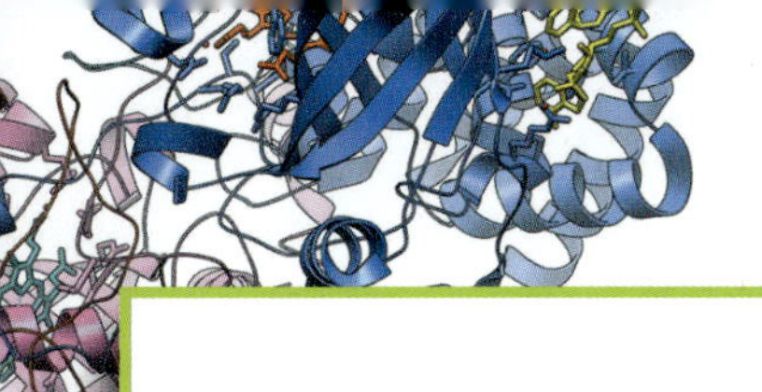

제 6 장 아렌과 입체화학

Arenes and Stereochemistry

유기 화학 초기에 방향족(aromatic)이란 용어는 benzaldehyde(체리, 복숭아 및 아몬드로부터), toluene(Tolu balsam으로부터) 및 benzene(석탄의 증류로부터) 등과 같은 향기를 내는 물질을 기술하는 데 사용되었다. 그러나 곧 방향족으로 구분된 물질들은 다른 대부분의 유기 화합물과 화학적으로 다른 형태로 행동한다는 것을 알게 되었다.

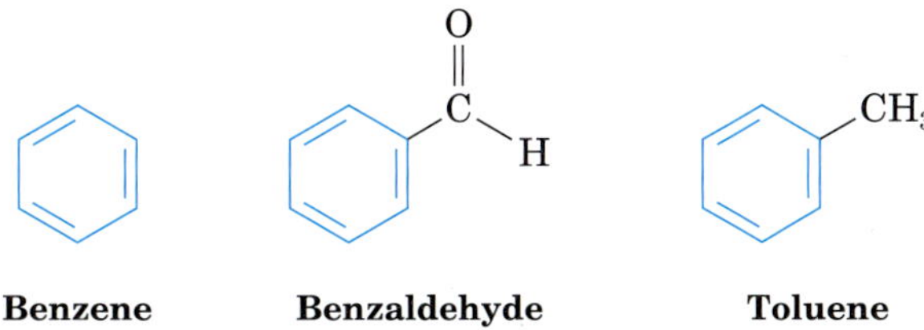

오늘날 **방향족**(aromatic)이란 용어는 benzene 그리고 benzene과 구조적으로 관계있는 화합물들에 적용하여 사용된다. 이 장과 다음 장에서 방향족 화합물이 나타내는 화학적인 행동이 지금까지 공부하였던 지방족 화합물의 성질과 완전히 다른 점을 보게 될 것이다. 이와 같은 방향족 화합물과 다른 화합물과의 화학적인 차이점이 존재한다는 사실이 알려지자 19세기 초기 화학자들에게 일대 수정이 가해졌으며, 방향족성과 향기와의 연관성은 사라지게 되었다.

천연 자원으로부터 분리되는 여러 가지 화합물 중의 일부는 방향족이다. Benzene, benzaldehyde 및 toluene과 더불어 여성의 스테로이드계 호르몬인 estrone과 진통제로 잘 알려진 morphine과 같은 복잡한 화합물들도 방향족 고리를 가지고 있다. 의학적으로 사용되는 많은 합성 의약품들 일부는 역시 방향족이다. 진정제인 diazepam(Valium)은 많은 예 중의 하나이다.

Estrone **Morphine** **Diazepam (Valium)**

Benzene에 오래 노출될 경우 골수의 기능 저하를 초래하고, 결과적으로 백혈구 감소증(백혈구수의 감소)의 원인이 되는 것으로 밝혀졌다. 따라서 실험실 용매로 benzene을 사용한다면 주의 깊게 다루어야만 한다.

6.1 방향족 탄화수소의 자원

간단한 방향족 탄화수소는 두 가지의 주요한 자원인 석탄과 석유로부터 얻어진다. 석탄은 불포화된 benzene과 같은 고리들이 서로 연결된 커다란 기본적 배열로 이루어진 매우 복잡한 물질이다. 진공 상태에서 1000°C로 가열하면 석탄 분자의 열분해가 일어나며, 이를 증류하여 **콜타르**(coal tar)라는 휘발성 혼합 생성물을 얻는다. 콜타르를 더욱 분별 증류하면 benzene, toluene, xylene(dimethyl benzene), naphthalene 및 다수의 방향족 물질들을 얻을 수 있다(그림 6.1).

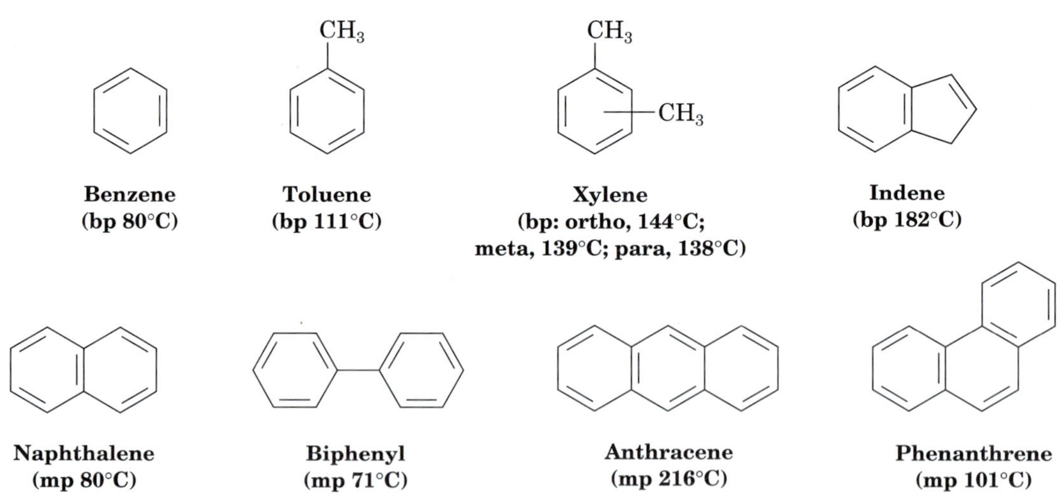

그림 6.1 ▸ 콜타르에 들어 있는 몇 가지 방향족 탄화수소.

석탄과 다르게 석유(petroleum)는 약간의 방향족 화합물이 들어 있고, 대부분 알케인으로 구성되어 있다(제3장 생활과 화학의 "가솔린" 참조). 그러나 석유를 정제하는 동안 알케인을 500°C 고압하에서 촉매에 통과시키면 방향족 분자가 형성된다. 예를 들면 heptane(C_7H_{16})은 탈수소화 반응과 고리화 반응에 의해 toluene(C_7H_8)으로 전환된다.

→ 6.2 방향족 화합물의 명명

방향족 물질들은 다른 어떤 유기 화합물 계열보다도 많은 비체계적인 이름을 가지고 있다. 이러한 이름들의 사용이 금지되어 왔지만, IUPAC 규칙은 가장 널리 사용되는 몇 가지는 허용하고 있다(표 6.1). 따라서 methylbenzene은 *toluene*, hydroxybenzene은 *phenol*, aminobenzene은 *aniline* 등으로 일반적으로 알려져 있다.

표 6.1 • 몇 가지 방향족 화합물의 관용명

화학식	이름	화학식	이름
CH_3	Toluene (bp 111°C)	CHO	Benzaldehyde (bp 178°C)
OH	Phenol (mp 43°C)	CO_2H	Benzoic acid (mp 122°C)
NH_2	Aniline (bp 184°C)	CN	Benzonitrile (bp 191°C)
O ‖ C CH_3	Acetophenone (mp 21°C)	CH_3 CH_3	*ortho*-Xylene (bp 144°C)
CH_3 | $CHCH_3$	Cumene (bp 152°C)	$CH{=}CH_2$	Styrene (bp 145°C)

일치환 벤젠 유도체들은 모체로 *-benzene*을 사용하여 다른 탄화수소들과 같은 방법으로 체계적으로 명명된다. 따라서 C_6H_5Br은 bromobenzene, $C_6H_5NO_2$는 nitrobenzene, $C_6H_5CH_2CH_2CH_3$는 propylbenzene이 된다.

Bromobenzene **Nitrobenzene** **Propylbenzene**

가끔 **아렌**(arene)으로 부르는 알킬-치환 benzene 화합물들은 알킬기의 크기에 따라 두 가지 서로 다른 방법으로 명명된다. 만약 알킬 치환기가 여섯 혹은 그 이하의 탄소를 가지고 있으면 그 아렌은 알킬 치환 benzene으로 명명된다. 만일 알킬 치환기가 여섯 개 이상의 탄소를 가지고 있으면 화합물은 페닐-치환 알케인으로 명명한다. 약자로 Ph 또는 Φ(그리스어 파이)로 표시되는 **페닐**(phenyl, fen-nil로 발음됨)이라는 이름은 benzene 고리를 치환기로 생각할 때, $—C_6H_5$ 단위를 나타내는 데 사용된다. 이 단어는

1825년 Michael Faraday가 런던의 가로등에 쓰이는 조명 가스의 기름 잔여물로부터 발견한 사실을 기념하여 그리스어인 pheno("나는 빛을 보았다")로부터 유래된 것이다. 앞에서 언급한 바와 같이 $C_6H_5CH_2$—기를 **벤질**(benzyl)이라고 부른다.

1CH$_3$
CHCH$_2$CH$_2$CH$_2$CH$_2$CH$_3$
2 3 4 5 6 7
CH$_2$

페닐기 **2-Phenylheptane** **벤질기**

이치환 화합물들은 **오쏘**(*ortho*-, *o*), **메타**(*meta*-, *m*) 및 **파라**(*para*-, *p*) 등의 접두어를 사용하여 나타낸다. 오쏘-이치환 benzene은 두 치환기가 고리의 1,2 위치관계이며, 메타-이치환 benzene은 두 치환기가 1,3 관계이고, 파라-이치환 benzene은 1,4 관계에 있다.

Cl 1 2 Cl
H$_3$C 3 2 1 CH$_3$
O C H 1 2 3 4 Cl

***ortho*-Dichlorobenzene** **1,2 이치환** ***meta*-Xylene** **1,3 이치환** ***para*-Chlorobenzaldehyde** **1,4 이치환**

오쏘, 메타, 파라 명명법의 체계는 반응을 논할 때도 유용하다. 예를 들면 toluene과 bromine의 반응을 "반응이 파라 위치에서 일어난다."라는 말로 표현할 수 있다. 바꾸어 말하면 고리에 이미 존재하는 메틸기에 대해 파라 위치를 의미한다.

X
오쏘 → ← 오쏘
메타 → ← 메타
↑ 파라

CH$_3$ $\xrightarrow[FeBr_3]{Br_2}$ CH$_3$ Br

Toluene ***p*-Bromotoluene**

Benzene에 두 개 이상의 치환기가 있는 경우에 각각의 치환기 위치에 번호를 붙여 명명한다. 번호를 붙일 때는 치환기의 번호가 가능한 낮은 번호가 되도록 한다. 화합물명을 쓸 때는 치환기 이름의 알파벳순으로 나열한다.

Br 4 3 CH$_3$ 2 1 CH$_3$
NO$_2$ 1 2 Cl 3 4 O$_2$N
CH$_3$ 1 O$_2$N 6 NO$_2$ 2 5 3 4 NO$_2$

4-Bromo-1,2-dimethylbenzene **2-Chloro-1,4-dinitrobenzene** **2,4,6-Trinitrotoluene (TNT)**

명명의 세 번째 예에서 기본명으로 *-benzene* 대신에 *-toluene*을 사용한 점에 유의하라. 표 6.1에서 볼 수 있는 바와 같이 다른 일치환 방향족 물질들도 모체명으로 사용될 수 있다. 이러한 경우에는 그 화합물의 가장 중요한 치환기(toluene에서 $—CH_3$)의 위치를 1번 탄소로 간주한다. 이 연습을 위해 다음의 두 가지 예를 더 나타내었다.

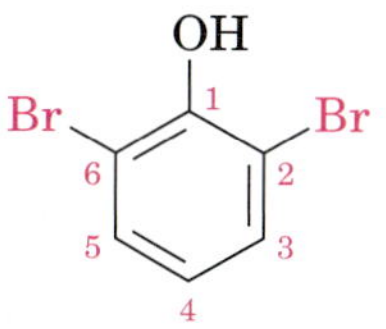

OH, Br, Br, 1, 2, 3, 4, 5, 6

2,6-Dibromo*phenol*

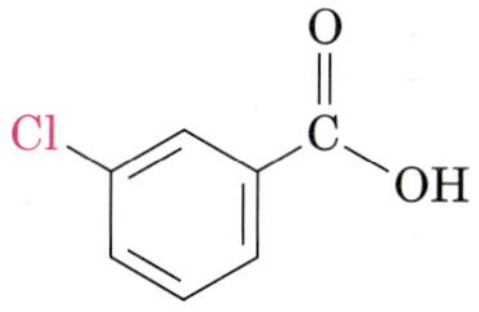

O, Cl, C, OH

m*-Chloro*benzoic acid

◆ **문제 6.1** 다음 화합물들의 치환된 형식이 오쏘, 메타 또는 파라인지 말하여라:

(a) 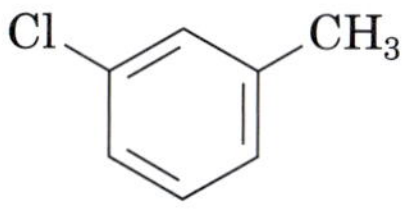 Cl, CH_3 (b) 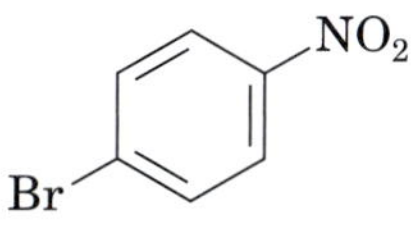 NO_2, Br (c) 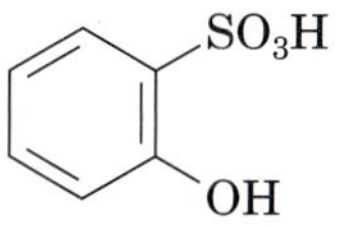 SO_3H, OH

◆ **문제 6.2** 다음 화합물들의 올바른 IUPAC명을 써라:

(a) 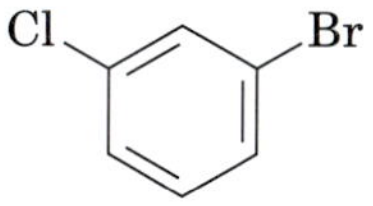 Cl, Br (b) 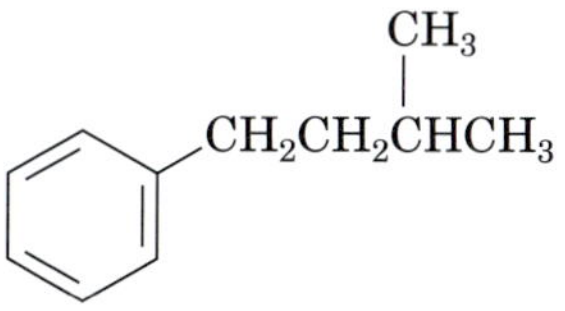 CH_3, $CH_2CH_2CHCH_3$ (c) 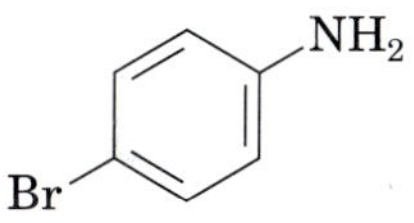 NH_2, Br

(d) 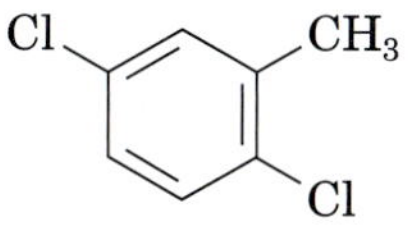 Cl, CH_3, Cl (e) 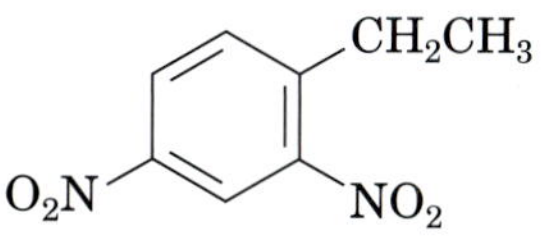 CH_2CH_3, O_2N, NO_2 (f) 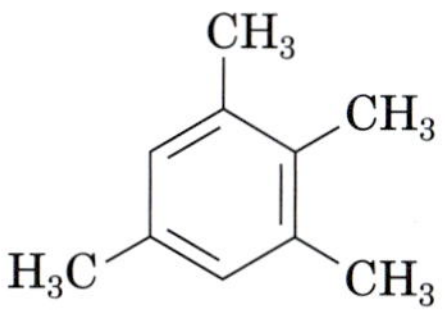 CH_3, CH_3, H_3C, CH_3

◆ **문제 6.3** 다음 IUPAC명에 해당되는 구조를 그려라:

(a) *p*-Bromochlorobenzene (b) *p*-Bromotoluene

(c) *m*-Chloroaniline (d) 1-Chloro-3,5-dimethylbenzene

6.3 Benzene의 구조 및 안정성

Benzene은 분명히 불포화되어 있지만, 다른 알켄들보다도 더욱 안정하다. 그리고 전형적인 알켄의 반응을 하지 않는다. 예를 들면 cyclohexene의 경우 Br_2와 빠르게 반응하여 첨가 생성물인 1,2-dibromocyclohexane을 생성하지만 benzene은 느리게 반응하여 치환 생성물인 C_6H_5Br을 생성한다. 이러한 치환 반응의 결과로 benzene 고리 내의 고리형 콘쥬게이션은 유지된다.

Benzene + Br_2 →(Fe, 촉매) Bromobenzene (치환생성물) + HBr

[(첨가 생성물) 생성되지 않음]

수소화열부터 benzene의 안정성에 대한 정량적인 개념을 얻을 수 있다. 고립된 알켄인 cyclohexene의 $\Delta H^\circ_{\text{hydrog}} = -118$ kJ/mol(-28.2 kcal/mol)이고, 콘쥬게이션 다이엔인 1,3-cyclohexadiene의 $\Delta H^\circ_{\text{hydrog}} = -230$ kJ/mol(-55.0 kcal/mol)이다. 예측할 수 있는 바와 같이 1,3-cyclohexaldiene의 이러한 값은 콘쥬게이션 다이엔이 고립된 다이엔에 비해 더 안정하기 때문에 cyclohexene의 값의 두 배보다 약간 작다.

이와 유사하게 한 단계 더 진행시켜 "cyclohexatriene"(benzene)의 $\Delta H^\circ_{\text{hydrog}}$가 -356 kJ/mol보다 약간 작거나 또는 cyclohexene의 세 배에 해당한다고 예상할 수 있다. 실제 결과는 예상했던 값보다 150 kJ/mol(36 kcal/mol) 작은 -206 kJ/mol이다. Benzene이 수소화 반응을 진행하는 동안 예상한 값보다 150 kJ/mol을 작게 방출했으므로 benzene은 예상한 값보다 150 kJ/mol 정도 낮은 에너지를 가지고 있다고 볼 수 있다. 다시 말해서 benzene은 150 kJ/mol만큼 "여분의(extra)" 안정성을 가진다(그림 6.2).

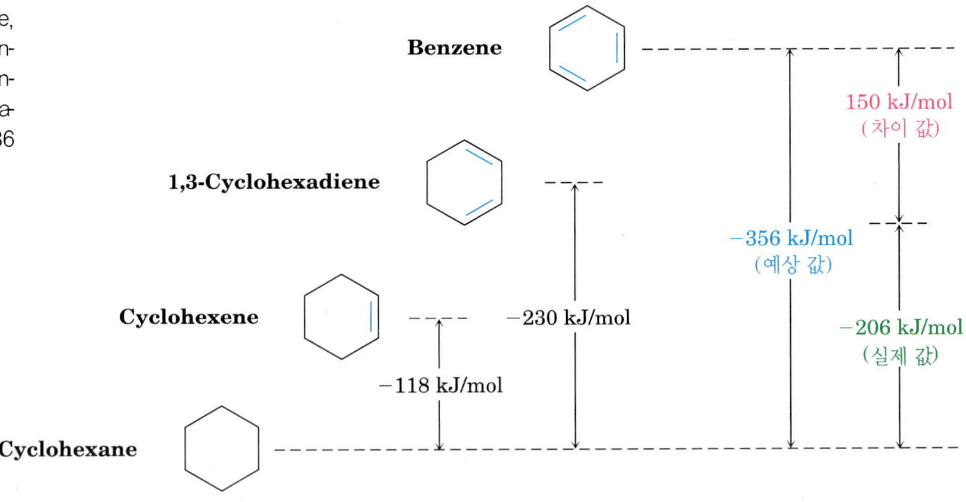

그림 6.2 ▸ Cyclohexene, 1,3-cyclohexadiene과 benzene의 수소화열 비교. Benzene은 가상적인 "cyclohexatriene"보다 150 kJ/mol(36 kcal/mol) 가량 더 안정하다.

Benzene의 특이한 성질에 대한 또 다른 증거는 탄소-탄소 결합이 전형적인 단일 결합(154 pm)과 이중 결합(134 pm) 사이인 139 pm로 모두 동일한 결합 길이를 가지고 있다는 점이다. 더욱이 아래에 나타낸 정전기 퍼텐셜 지도에서는 여섯 개 탄소-탄소 결합의 전자 밀도 모두가 동일함을 보여 주고 있다. 지금까지 benzene의 구조를 공명 이론으로 설명하였지만, 여기서는 분자 궤도함수 이론을 이용하여 살펴보기로 하자. Benzene 분자의 고리형 콘쥬게이션과 여섯 개 C—C 결합의 동등성을 강조하여 나타내었다. Benzene은 정육각형 모양의 평면 대칭 분자이다. 모든 C—C—C 결합각은 120°이며, 여섯 개의 탄소 원자는 sp^2- 혼성화되어 있고, 각 탄소는 육원자 고리 평면에 수직으로 배향된 p 궤도함수를 가지고 있다.

평균 1.5중 결합

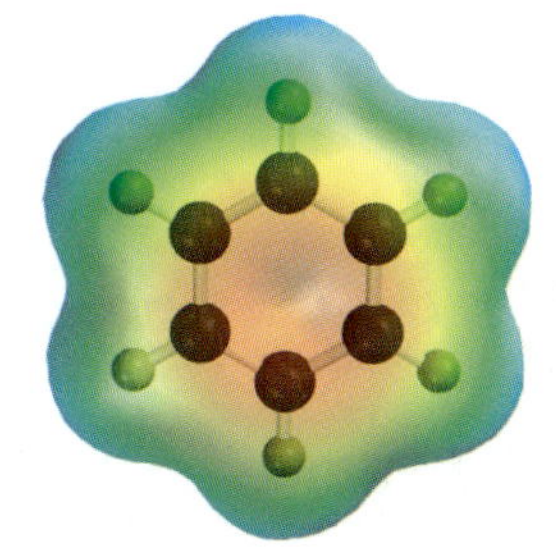

Benzene은 모든 여섯 개의 탄소 원자와 p 궤도함수는 동등하기 때문에 어떠한 특정 p 궤도함수가 오직 인접한 p 궤도함수 한 개와 겹쳐서 전체적으로 세 개의 편재된 알켄의 결합이라고 정의하는 것은 불가능하다. 오히려 각각의 p 궤도함수가 양쪽에 인접한 p 궤도함수와 똑같이 겹쳐 여섯 개의 π 전자가 고리 주위에 완전히 비편재화된 benzene 모양으로 나타낼 수 있다. 공명 이론은 benzene을 같은 형태의 두 개의 공명 혼성으로 표현함으로써 그 안정성과 성질을 설명한다. 어느 것도 한 개만으론 표현 불가능하다. 실제 구조는 두 개의 공명 구조 사이의 어떤 것이며, 일반적인 방법으로 그리기가 불가능하다.

따라서 많은 화학자들은 benzene의 모든 탄소-탄소 결합들이 동등하다는 것을 나타내기 위해 고리 내부에 원을 그려서 표현한다. 그러나 이러한 표현 방식으로는 고리 안의 π 전자수를 알 수 없으므로 주의 깊게 사용하여야 한다(원이 몇 개의 전자를 의미할까?). 이 책에서는 benzene과 다른 방향족 화합물들을 단일 선-결합 구조로 표현하기로 한다. 이 방법으로 모든 π 전자들을 셀 수 있지만, 그림의 한계를 알아야 한다.

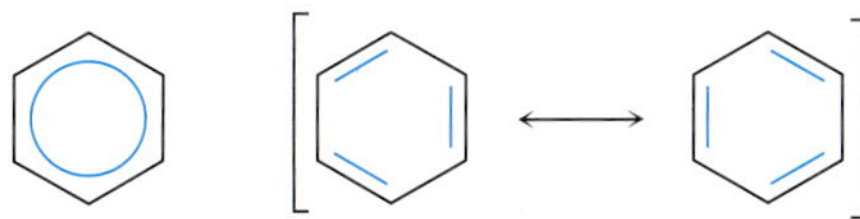

Benzene의 표현 방법들. "원"을 이용한 표현 방식으로는 고리 안의 π 전자수를 알 수 없으므로 주의 깊게 사용하여야 한다.

생활과 화학 . . .

Aspirin, NSAIDs 및 COX-2 억제제

테니스 엘보, 발목 염좌 또는 무릎 염좌로부터 통증과 염증은 같이 나타나는 것처럼 보인다. 그러나 그들의 원인이 다르더라도 효력 있는 약들은 각각의 치료에 효과적이다. 예를 들면 Codeine은 약한 통증을 조절하는 데 사용되며, 반면에 cortisone과 스테로이드와 관계가 있는 물질들은 관절염들과 다리를 절게 만드는 염증의 치료를 위해 사용되는 효과적인 **진통제**(analgestic) 또는 **진통 억제제**이다. 작은 통증이나 염증들과 같은 문제들은 일반적으로 사용되며 비스테로이드계 항염증제인 *NSAID*(nonsteroidal anti-inflammatory drug)라고 부르는 일반 매약 의약품에 의해 치료될 수 있다.

가장 흔한 NSAID는 1800년대 말부터 사용되어 온 aspirin 또는 acetylsalicylic acid이다. 그것은 1800년대 말 이전부터 B.C. 400년경에 Hippocrates 시대 전부터 버드나무 껍질을 씹음으로써 해열을 시킬 수 있음이 알려져 왔다. 버드나무 껍질의 유효한 성분은 1827년에 *salicin*이라 불리는 방향족 화합물이 존재하는 것으로 밝혀졌다. Salicin은 물과 함께 반응하여(가수분해) salicyl 알코올이 생성되고, 그런 다음 산화되어 salicylic acid가 된다. Salicylic

(계속)

acid는 열을 내리고 거기에 진통과 항염증 작용을 갖는 salicin보다 한층 더 효과적인 것으로 나타났다. 불행하게도 그것은 또한 매일 사용하게 되면 위벽을 부식시킨다는 것이 밝혀졌다. 그러나 phenol의 —OH기를 acetate ester로 변환시켜 생성된 acetyl salicylic acid는 salicylic acid만큼 강력한 효과를 가지지만, 위에서의 부식 작용은 덜한 것으로 밝혀졌다.

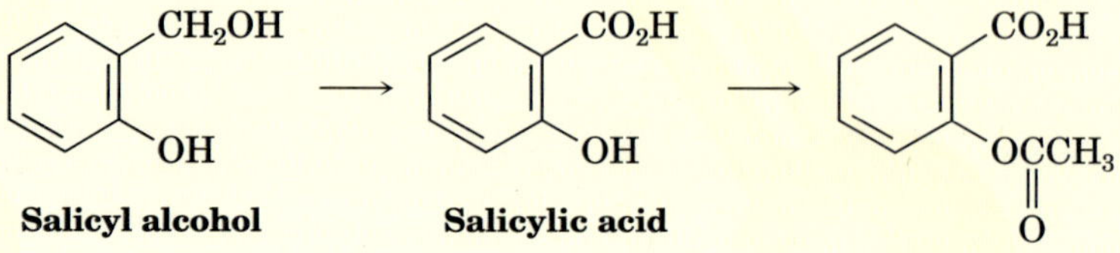

CH_2OH / OH → CO_2H / OH → CO_2H / $OCCH_3$ (C=O)

Salicyl alcohol **Salicylic acid** **Acetylsalicylic acid (Aspirin)**

이러한 특이한 효과에도 불구하고, aspirin은 역시 일반적으로 믿고 있는 것보다 더 위험하다. Aspirin의 독성은 단지 15 g으로 작은 아이를 죽음에 이르게 할 수 있고, 그것은 장시간 사용자들에게 위출혈과 알레르기 작용을 일으킬 수 있다. 더욱 더 심각한 것은 장기적으로 치명적인 작용은 때때로 감기를 치료하는 아이들에게서 보이는 *Reye's* 증후군이라고 불리는 현상이다. 이러한 문제 때문에 수 많은 다른 NSAID's가 최근 20년 동안에 개발되어 왔다.

Aspirin처럼 ibuprofen과 naproxen은 카복실산기를 갖는 간단한 방향족 화합물과 관련이 있다. Advil, Motrin, Nuprin 그리고 다른 이름으로 팔리고 있는 ibuprofen은 거의 aspirin과 같은 약효를 갖는다. 그러나 위에 대한 부작용은 훨씬 더 작다. Naprosyn과 Aleve라는 이름으로 팔리고 있는 Naproxen은 또한 거의 aspirin과 같은 효력을 가지고 있다. 그러나 6배 더 길게 몸속에서 효과를 나타낸다.

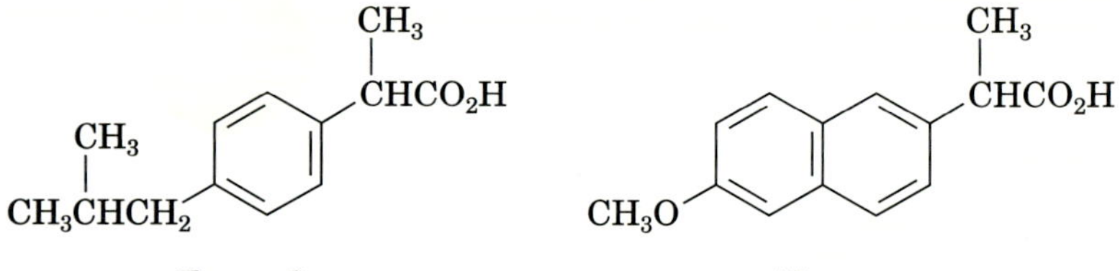

$CH_3CH(CH_3)CH_2$–C₆H₄–$CH(CH_3)CO_2H$ CH_3O–(naphthalene)–$CH(CH_3)CO_2H$

Ibuprofen (Advil, Motrin, Nuprin) **Naproxen (Naprosyn, Aleve)**

Aspirin과 다른 NSAIDs는 *prostangrandins*이라고 불리는 물질군의 생체 합성에 쓰이는 cyclooxygenase(COX) 효소를 차단하는 작용을 한다. 여기에는 두 가지 형태가 있다. 즉, COX-1은 prostaglandins의 정상적인 생리적 합성을 하며, COX-2는 관절염이나 다른 염증에 생체반응을 중화시켜 준다. 불행하게도 COX-1과 COX-2 두 가지 효소 모두 aspirin, ibuprofen이나 다른 NSAIDs에 의해 차단되어 염증에 대한 적응이나 위산을 조절하는 조절 메커니즘을 포함하는 여러 가지 방어력 등이 약화된다.

최근 의약 화학자들은 COX-2 한 가지 효소에만 선택적으로 차단하는 여러 가지 그룹의 약을 고안하여, 염증 치료 시에 생기는 해로운 작용을 제거했다. Monsanto사에서 Celebrex라는 이름으로 판매되는 Celecoxib와 Merck사에서 Vioxx라는 이름으로 판매되는 refecoxib가 관절염이나 다른 염증에 대한 약물 치료에 새로운 혁명을 가져 왔다.

(계속)

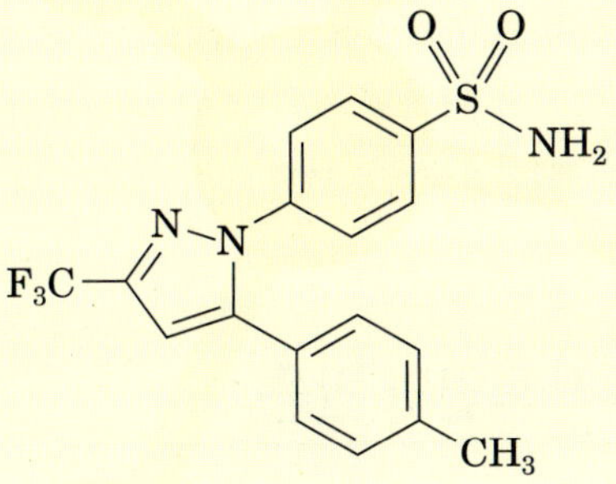

Celecoxib
(Celebrex)

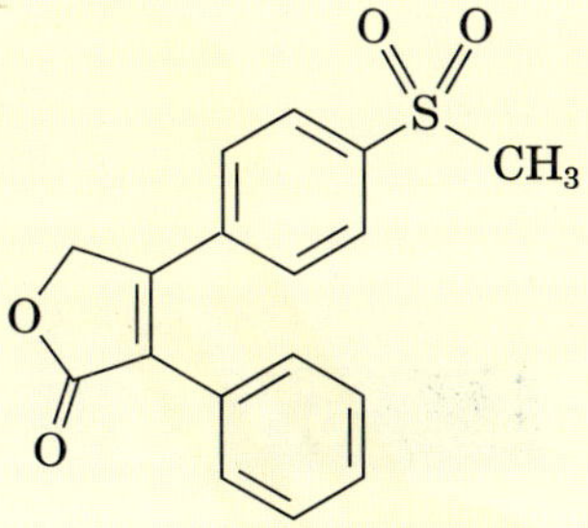

Rofecoxib
(Vioxx)

6.4 친전자성 방향족 치환 반응

방향족 화합물의 가장 중요한 반응은 **친전자성 방향족 치환 반응**(electrophilic aromatic substitution)이다. 즉 친전자체(E^+)가 방향족 고리와 반응하여 한 개의 수소와 치환된다.

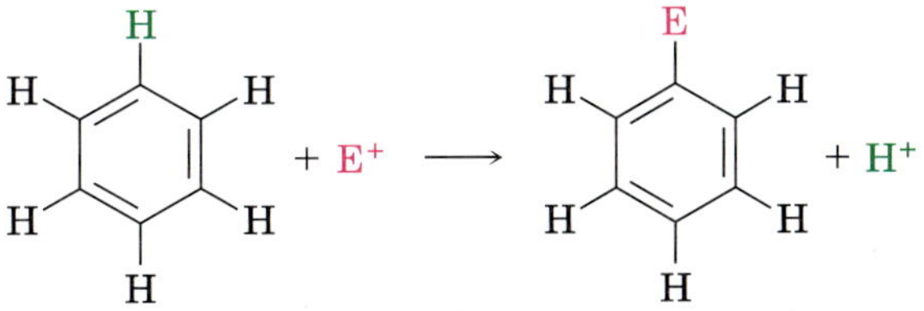

친전자성 치환 반응을 사용하여 방향족 고리에 많은 서로 다른 치환기를 도입할 수 있다. 적당한 시약을 선택하면 방향족 고리에 **할로젠화**(halogenation, 치환기는 할로젠; —F, —Cl, —Br 또는 —I), **나이트로화**(nitration, 치환기는 나이트로기; $—NO_2$), **설폰화**(sulfonation, 치환기는 설폰산기; $—SO_3H$), **알킬화**(alkylation, 치환기는 알킬기;

그림 6.3 ▶ 몇 가지 친전자성 방향족 치환 반응.

설폰화

나이트로화

알킬화

할로젠화

아실화

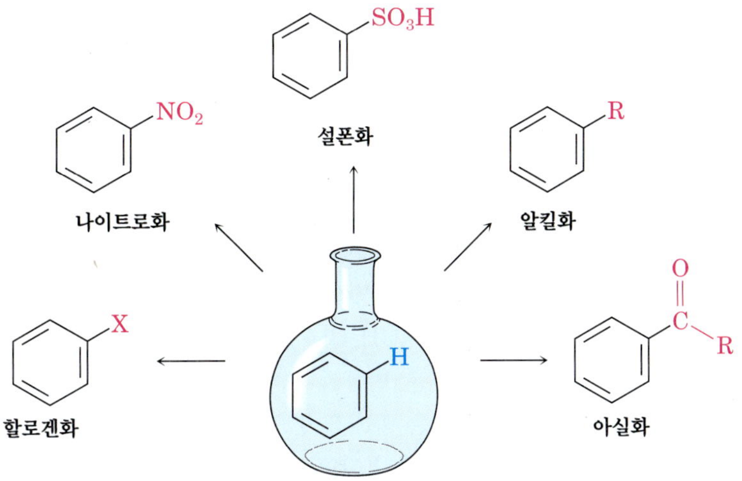

—R) 또는 **아실화**(acylation, 치환기는 아실기; —COR) 반응이 가능하다. 몇 가지 간단한 물질로부터 출발하여 수많은 치환된 방향족 화합물을 제조할 수 있다(그림 6.3).

이러한 반응 모두는 비슷한 메커니즘으로 일어난다. Benzene의 브로민화 반응과 같은 한 가지 반응을 자세히 검토함으로써 반응이 일어나는 과정을 공부해 보자.

6.5 방향족 고리의 브로민화 반응

고리형 콘쥬게이션계에 여섯 개 π 전자를 가진 benzene 고리는 전자 밀도가 있는 자리이다. 더욱이 benzene의 π 전자는 고리 평면의 위와 아래에 원형으로 전자 구름이 위치하고 있기 때문에 공격하는 시약이 입체적으로 접근할 수 있다. 따라서 benzene은 대부분의 benzene 화학에서 전자 주개(Lewis 염기 또는 친핵체)로 작용하고, benzene 반응의 대부분은 전자 받개(Lewis 산 또는 친전자체)와 함께 일어난다. 예를 들면 benzene은 촉매인 $FeBr_3$ 존재하에서 Br_2와 반응하여 치환 생성물인 bromobenzene을 생성한다.

$$\text{Benzene} + Br_2 \xrightarrow{FeBr_3} \text{Bromobenzene (80\%)} + HBr$$

Benzene **Bromobenzene (80%)**

친전자성 치환 반응은 benzene이나 치환된 benzeneaks의 특성이 아니고, 모든 방향족 고리 화합물의 특성 반응이다. 사실상, 친전자성 치환 반응을 일으키는 화합물의 능력이 방향족성에 대한 좋은 시험법이 된다.

이러한 친전자성 방향족 **치환 반응**(substitution)이 어떻게 일어나는지 살펴보기 전에, 알켄에 친전자성 **첨가 반응**(addition)이 무엇인지 간단히 고찰해 보자. HCl과 같은 친전자체가 알켄에 첨가되면 친전자체인 H^+가 이중 결합의 p 궤도함수에 접근해서 한 탄소와 결합을 형성하고, 다른 탄소에는 양전하가 나타난다. 이러한 탄소 양이온 중간체는 친핵성 Cl^- 이온과 같은 친핵체에 의해 공격을 받아 첨가 생성물이 생성된다.

$$\text{C=C} + H\text{—}Cl \longrightarrow \left[{}^{+}\text{C—C(H)} \quad :\ddot{Cl}:^- \right] \longrightarrow \text{(Cl)C—C(H)}$$

알켄 **탄소양이온 중간체** **첨가 생성물**

친전자성 방향족 **치환** 반응은 비슷한 방법으로 시작되지만, 많은 차이점이 있다. 한 가지 차이점은 방향족 고리는 친전자체에 대해 알켄보다 훨씬 더 반응성이 작다는 점이다. 예를 들면 CH_2Cl_2 용액 내에 Br_2는 대부분의 알켄과 즉시 반응하지만 실온에서 benzene과는 반응하지 않는다. Benzene의 브로민화 반응이 일어나기 위해서는 $FeBr_3$와 같은 촉매가 필요하다. 촉매는 Br_2 분자와 착물을 형성함으로써 마치 Br^+인 것처럼 반응하는 $FeBr_4^-Br^+$ 화학종을 만들어 더 친전자성을 크게 만들어준다.

$$\overset{\delta-}{\text{Br}}-\overset{\delta+}{\text{Br}} \xrightarrow{\text{FeBr}_3} \overset{\delta-}{\text{Br}_3\text{Fe}}\cdots\text{Br}\cdots\overset{\delta+}{\text{Br}}$$

Bromine
(약한 친전자체)

편극된 bromine
(강한 친전자체)

그 다음에 편극된 Br_2 분자는 느리게 진행되는 반응 속도 제한 단계에서 친핵성 benzene 고리의 π 전자계에 의해 공격을 받아 비방향족성 탄소 양이온 중간체를 형성한다. 이 탄소 양이온은 이중 알릴성이고, 세 가지 공명 구조로 쓸 수 있다.

비록 전형적인 알킬 탄소 양이온과 비교해서 안정하지만, 친전자성 방향족 치환 반응에서 중간체는 출발 물질인 benzene 고리 자체가 가지는 방향족성 안정성인 150 kJ/mol(36 kcal/mol)에 비해 덜 안정하다. 그러므로 benzene 고리에 친전자체의 공격은 자유 에너지 증가이고, 큰 활성화 에너지를 가지며, 보다 더 천천히 일어나는 반응이다.

알켄 첨가 반응과 방향족 치환 반응 사이의 두 번째 차이는 탄소 양이온 중간체가 생성된 후에 나타난다. 방향족 치환 반응에서는 Br^-가 탄소 양이온에 첨가되어 첨가 생성물을 생성하는 대신에, 브로민이 결합된 탄소로부터 H^+를 잃고 치환 생성물을 생성한다. Benzene과 Br_2와의 반응에 대한 전체적인 효과는 Br^+에 의한 H^+의 치환이다. 그림 6.4에 전체 반응 메커니즘을 나타내었다.

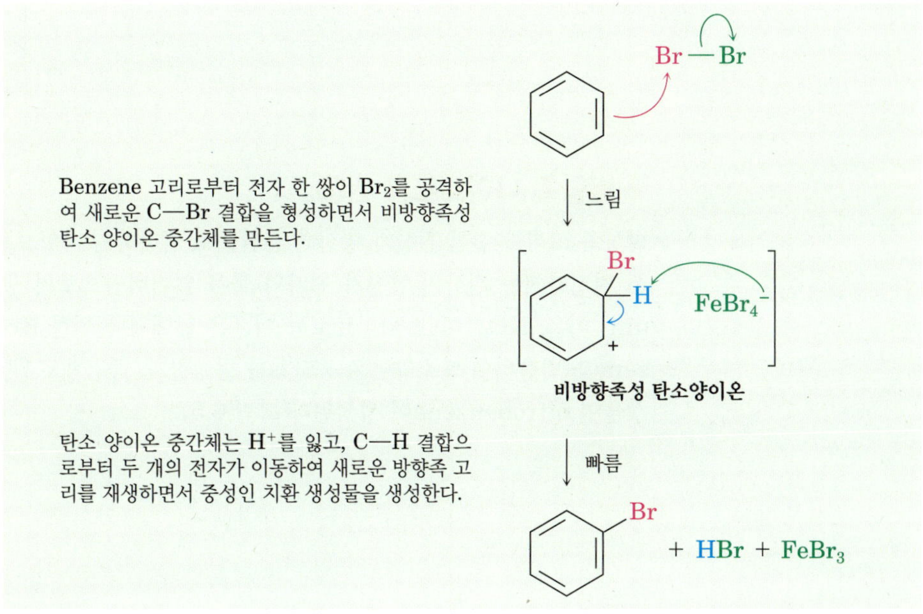

그림 6.4 ▶ **메커니즘:** Benzene의 친전자성 브로민화 반응. 반응은 두 단계로 일어나고, 공명에 의해 안정화된 탄소 양이온 중간체가 포함되어 있다.

◆ **문제 6.4** Toluene의 브로민화 반응에서는 세 개의 bromotoluene 생성물의 혼합물이 얻어진다. 생성물의 구조를 그리고 명명하여라.

6.6 기타 방향족 치환 반응

브로민화 반응 이외에 많은 다른 종류의 친전자성 방향족 치환 반응이 있고, 모두는 동일한 일반적인 메커니즘에 의해 일어난다. 이러한 몇 가지 다른 반응이 무엇인지 간단히 살펴보자.

방향족 염소화 반응

염소는 친전자성 치환 반응에 의해 방향족 고리에 치환될 수 있지만, 플루오린은 너무 반응성이 크고, 직접적인 플루오린화 반응에 의해 플루오린이 한 개 치환된 생성물의 수득률은 너무 낮다. 방향족 고리는 $FeCl_3$ 촉매 존재하에서 Cl_2와 반응하여 chlorobenzene을 생성한다. 이러한 종류의 반응은 신경 안정제인 diazepam (Valium)을 포함해서 수많은 의약품 합성에 사용된다.

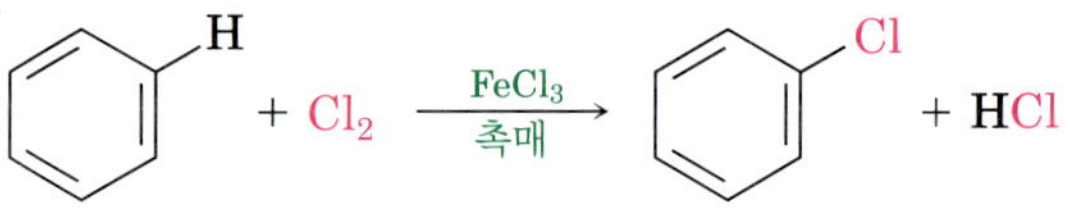

H + Cl_2 —($FeCl_3$ 촉매)→ Cl + HCl

Benzene **Chlorobenzene (86%)**

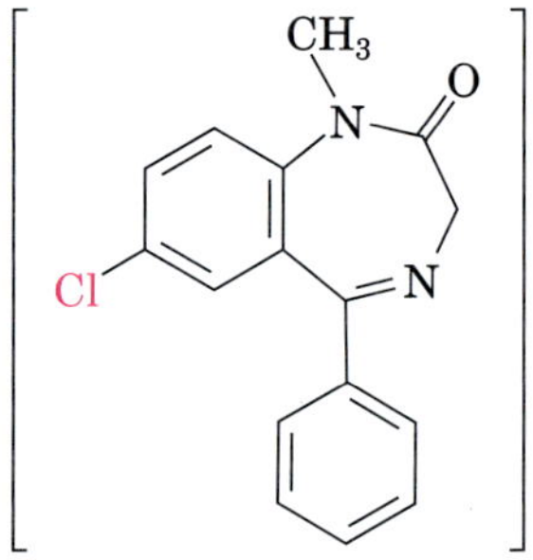

CH_3, N, O, Cl, N

Diazepam

방향족 나이트로화 반응

방향족 고리를 진한 질산과 황산의 혼합물로 처리하면 나이트로화가 일어난다. 이 반응에서 친전자체는 질산의 양성자 첨가와 물을 잃어버림으로써 생성된 나이트로늄(nitronium) 이온, NO_2^+이다. 나이트로늄 이온은 앞에서 논의한 Br^+와 동일한 방법으로 benzene과 반응하여 탄소양이온 중간체를 형성한다. 중간체로부터 H^+를 잃고 중성 치환 생성물인 nitrobenzene이 생성된다(그림 6.5).

그림 6.5 ▸ 방향족 고리의 친전자성 나이트로화 반응 메커니즘. 반응성이 강한 친전자체인 NO_2^+의 정전기 퍼텐셜 지도에서 질소 원자가 강한 양성(푸른색)을 띠고 있음을 보여 준다.

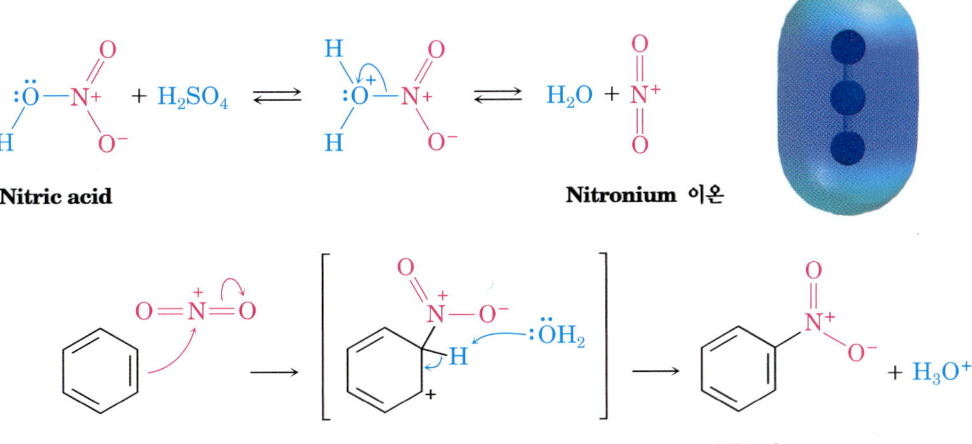

방향족 고리의 나이트로화 반응은 생성물인 나이트로-치환 생성물이 금속인 철 또는 $SnCl_2$와 같은 시약에 의해 환원되어 아릴아민($ArNH_2$)을 생성하기 때문에 특히 중요한 반응이다. 일련의 두 단계 나이트로화/환원에 의한 benzene 고리에 질소의 도입은 염료와 많은 의약품의 공업적인 합성의 중심 부분이다.

Nitrobenzene (NO_2) —— 1. $SnCl_2$, H_3O^+ / 2. HO^- ——→ Aniline (95%) (NH_2)

방향족 설폰화 반응

방향족 고리는 H_2SO_4와 SO_3 혼합물인 발연 황산과 반응하여 설폰화가 가능하다. 반응성 친전자체는 반응 조건에 따라 HSO_3^+이거나 또는 중성인 SO_3이다. 치환은 앞에서 보아 온 브로민화 반응과 나이트로화 반응에서처럼 두 단계 메커니즘에 의해 일어난다(그림 6.6). 그러나 설폰화 반응은 가역 반응임을 유의하라. 반응 조건에 따라 정반응 또는

그림 6.6 ▸ 방향족 고리의 친전자성 설폰화 반응의 메커니즘. 반응성이 강한 친전자체인 $HOSO_2^+$의 정전기 퍼텐셜 지도에서 황과 수소가 가장 양성인 원자들(푸른색)임을 보여 준다.

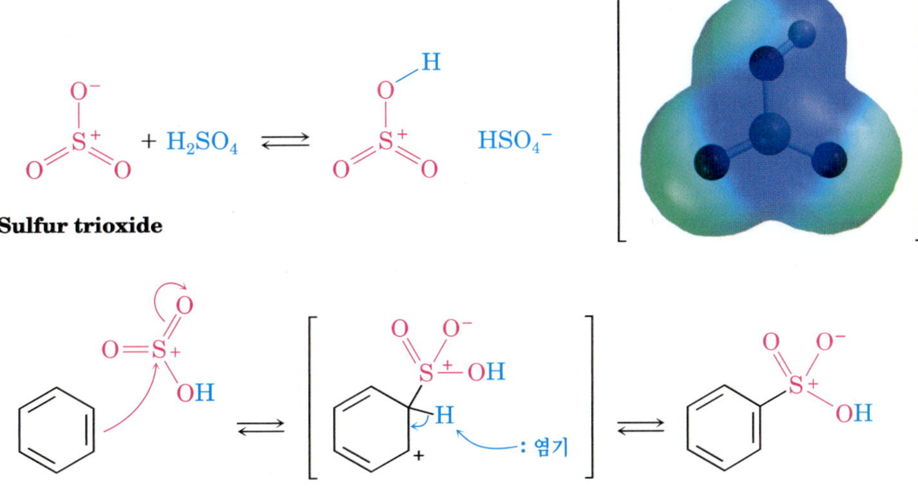

역반응이 일어날 수 있다. 설폰화 반응은 센 산에서 우세하지만, 설폰 이탈 반응은 뜨겁고 묽은 수용액에서 우세하다.

방향족 설폰산은 염료와 의약품 제조에 있어서 귀중한 중간체이다. 예를 들면 sulfanilamide와 같은 설파제(sulfa drug)는 최초로 알려진 유용한 설파제 중에 하나이다. 비록 오늘날보다 더 효과적인 약품들로 대체되고 있지만, 설파제는 아직도 뇌막염 및 비뇨기 계통 감염 치료제로 여전히 사용되고 있다. 이러한 의약품은 방향족 설폰화 반응이 포함된 중요 단계 과정을 거쳐 상업적으로 제조되고 있다.

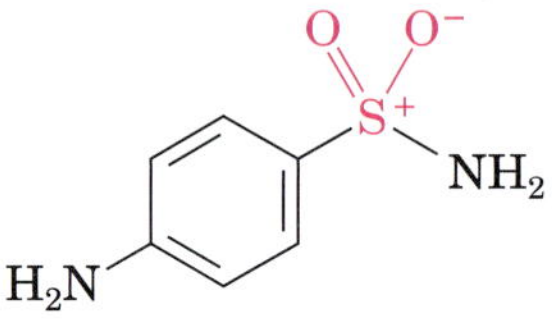

O O⁻ S⁺ NH₂ H₂N

Sulfanilamide (설파제)

◆ **문제 6.5** *o*-Xylene(*o*-Dimethylbenzene), *m*-xylene, 그리고 *p*-xylene의 염소화 반응에서 형성될 수 있는 생성물은 각각 몇 개인가?

◆ **문제 6.6** Benzene을 D_2SO_4로 처리하면 방향족 고리에서 중수소가 수소와 천천히 치환된다는 사실을 어떻게 설명할 수 있는가?

6.7 방향족 알킬화 반응: Friedel–Crafts 반응

CHARLES FRIEDEL

Charles Friedel(1832~1899)은 프랑스 Stasbourg에서 출생하였고, 파리의 Sorbonne에서 수학하였다. 그는 광물학과 화학을 둘 다 공부하였으며, 합성 다이아몬드의 제조를 시도한 최초의 사람 중 하나였다. 그는 Sorbonne의 화학과 교수가(1884~1899)가 되기 전까지는 Mines 대학의 광물학 교수로 재직하였다.

모든 친전자성 방향족 치환 반응 중에서 가장 유용한 반응 중의 하나는 benzene 고리에 알킬기를 붙이는 알킬화 반응(alkylation)이다. 1877년에 Charles Friedel과 James Crafts는 촉매로 aluminum chloride 존재하에 benzene이 염화 알킬과 반응하여 benzene 고리에 알킬화될 수 있음을 보고한 바 있다. 예를 들면 benzene은 2-chloropropane과 $AlCl_3$와 반응하여 cumene이라고 부르는 isopropylbenzene을 생성한다.

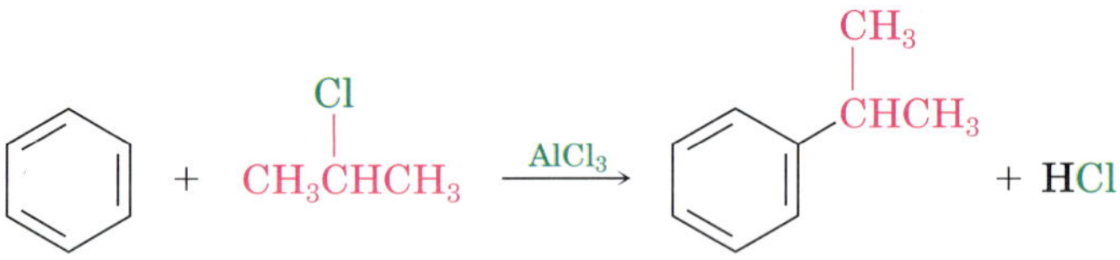

$$\text{Benzene} + CH_3CH(Cl)CH_3 \xrightarrow{AlCl_3} C_6H_5CH(CH_3)CH_3 + HCl$$

Benzene **2-Chloropropane** **Cumene (85%) (Isopropylbenzene)**

Friedel–Crafts 알킬화 반응(alkylation reaction)은 방향족 고리가 탄소 양이온(R^+) 친전자체를 공격하는 친전자성 방향족 치환 반응이다. 촉매인 $AlCl_3$가 할로젠화 알킬의 이온화를 도와줄 때 탄소양이온이 생성되며, $FeBr_3$가 Br_2를 편극화하여 방향족 브로민화 반응을 촉진하는 것과 같은 방식이다. 그림 6.7에 나타낸 바와 같이 양성자를 잃게 되면 반응은 완결된다.

> **JAMES MASON CRAFTS**
>
> James Mason Crafts (1839~1917)는 Massachusetts의 Boston에서 출생하였고, 1858년에 Harvard 대학을 졸업하였다. 비록 그는 박사 학위를 받지 못하였지만, 유럽에서 저명한 화학자와 다년간 연구를 한 후에 New York의 Ithaca에 새로 세워진 Cornell 대학의 화학과 교수로 1868년에 부임하였다. 그러나 그는 얼마 되지 않아 Massachusetts Institute of Technology로 옮겨 갔으며, 1897년부터 1900년까지 총장으로 재직하였다.

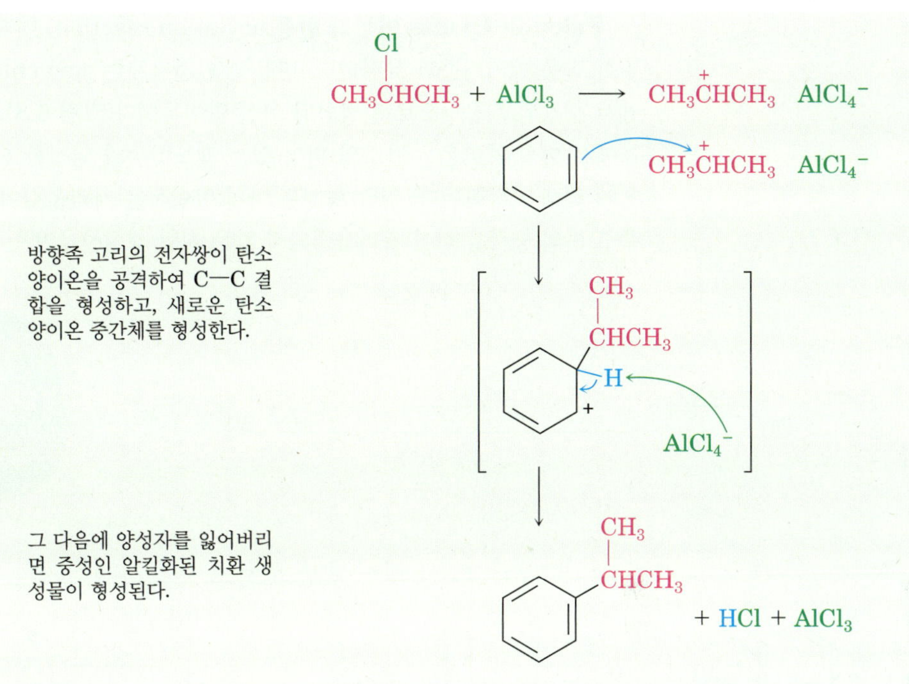

그림 6.7 ▶ **메커니즘:** Fiedel–Crafts 알킬화 반응. 친전자체는 $AlCl_3$의 도움으로 할로젠화 알킬의 이온화에 의해 생성된 탄소양이온이다.

비록 alkylbenzene의 합성에 널리 이용되지만, Friedel–Crafts 알킬화는 중요한 제한이 있다. 한 가지 제한은 할로젠화 **알킬**만이 사용될 수 있다는 점이다. 플루오린화 알킬, 염화 알킬, 브로민화 알킬 및 아이오딘화 알킬은 잘 반응하지만, 할로젠화 **아릴**과 할로젠화 **바이닐**은 반응하지 않는다. 아릴성 및 바이닐성 탄소 양이온은 너무 불안정해서 Friedel–Crafts 조건하에서 형성되지 않는다.

할로젠화 아릴 (C₆H₅–Cl)   (CH₂=CH–Cl) **할로젠화 바이닐**

반응성 없음

6.8 방향족 고리의 아실화 반응

아실(Acyl)기, —COR(**a**-sil로 발음됨)은 $AlCl_3$ 존재하에서 방향족 화합물이 산염화물, RCOCl과 반응할 때에 고리에 도입된다. 예를 들면 benzene과 acetyl chloride와의 반응에서는 케톤인 acetophenone이 생성된다.

$$C_6H_6 + CH_3\overset{O}{\overset{\|}{C}}Cl \xrightarrow[80°C]{AlCl_3} C_6H_5\overset{O}{\overset{\|}{C}}CH_3 + HCl$$

Benzene   **Acetyl chloride**   **Acetophenone (95%)**

Friedel–Crafts 아실화 반응(acylation reaction) 메커니즘은 Friedel–Crafts 알킬화 반응 메커니즘과 유사하다. 반응성 친전자체는 acyl chloride와 $AlCl_3$ 사이의 반응에서 생성되고 공명으로 안정화된 아실 양이온이다(그림 6.8). 그림 6.8에 나타난 공명 구조에서 아실 양이온은 탄소의 비어 있는 궤도함수와 인접한 산소의 고립 전자쌍들과의 겹침에 의해 안정화된다. 일단 형성된 아실 양이온은 자리옮김이 일어나지 않고 오히려 방향족 고리의 공격을 받아 자리옮김되지 않은 치환 생성물을 만든다.

$$RCOCl \xrightarrow{AlCl_3} \underbrace{R-\overset{+}{C}=\ddot{\underset{..}{O}} \longleftrightarrow R-C\equiv\ddot{O}^+}_{\text{아실 양이온}} + AlCl_4^-$$

$$C_6H_6 + R-\overset{+}{C}=\ddot{\underset{..}{O}} \longrightarrow \left[\text{arenium ion (H, C(=O)R)} \xrightarrow{AlCl_4^-} \right] \longrightarrow C_6H_5COR + HCl + AlCl_3$$

그림 6.8 ▶ Friedel–Crafts 아실화 반응 메커니즘. 친전자체는 정전기 퍼텐셜 지도에서 탄소가 가장 양성인 원자(푸른색)인 공명으로 안정화된 아실 양이온이다.

Friedel–Crafts 알킬화 반응에서 가끔 일어나는 다중 치환과는 다르게, 아실화 반응은 생성물인 acylbenzene이 항상 아실화되지 않은 출발 물질보다 반응성이 낮기 때문에 고리에서 아실화 반응이 한 번 이상 일어나지 않는다.

◆ **문제 6.7** Friedel–Crafts 아실화 반응에 의해 다음의 acylbenzene을 합성하는 데 필요한 카복실산 염화물을 확인하여라.

(a) $C_6H_5COCH(CH_3)_2$ (b) $C_6H_5COC_6H_5$

6.9 치환된 방향족 고리의 치환기 효과

Benzene에 친전자성 치환이 일어날 때 오직 한 가지 일치환 생성물만이 얻을 수 있지만, 만일 치환기를 이미 한 개 가지고 있는 고리에서 반응이 일어난다면 어떻게 될까? 고리에 먼저 존재해 있는 치환기는 다음 두 가지 효과를 나타낸다.

■ **치환기는 방향족 고리의 반응성(*reactivity*)에 영향을 준다.** 어떤 치환기는 고리를 활성화시켜 benzene보다 더 반응성이 큰 고리를 만들어주고, 어떤 치환기는 고리를 활성 감소시켜 benzene보다 덜 반응성인 고리를 만들어준다. 예를 들면 방향족 나이트로화 반응에서 —OH기가 치환된 고리는 benzene에 비해 1000배 정도 반응성이 크지만, 반면에 —NO_2기가 치환된 고리는 1000만 배 이상 반응성이 작아진다.

	NO_2	Cl	H	OH
나이트로화 반응의 상대적인 속도	6×10^{-8}	0.033	1	1000

반응성 →

■ **치환기는 방향족 고리의 지향성(*orientation*)에 영향을 준다.** 세 가지 가능한 이치환 생성물—오쏘(ortho), 메타(meta) 및 파라(para)—는 항상 같은 양이 생성되지는 않는다. 반면에 이미 benzene 고리에 존재하는 치환기의 특성에 따라 다른 두 번째 치환의 위치가 결정된다. 치환된 몇 가지 benzene의 나이트로화 반응에 대한 실험 결과를 표 6.2에 나타내었고 몇 가지 치환기는 주로 오쏘 및 파라 위치에 치환을 유도하고, 반면에 다른 치환기는 주로 메타 위치에 치환을 유도할 수 있음을 보여 주고 있다.

표 6.2 ● 치환된 bnezene에서 나이트로화 반응의 지향성

$$\text{C}_6\text{H}_5\text{Y} \xrightarrow[\text{H}_2\text{SO}_4,\ 25°\text{C}]{\text{HNO}_3} \text{Y-C}_6\text{H}_4\text{-NO}_2$$

	생성물 (%)				생성물 (%)		
	오쏘	메타	파라		오쏘	메타	파라
메타-지향성 활성 감소기				오쏘-및 파라-지향성 활성 감소기			
$-\overset{+}{N}(CH_3)_3$	2	87	11	—F	13	1	86
—NO_2	7	91	2	—Cl	35	1	64
—CO_2H	22	76	2	—Br	43	1	56
—CN	17	81	2	—I	45	1	54
—$CO_2CH_2CH_3$	28	66	6	오쏘-및 파라-지향성 활성화기			
—$COCH_3$	26	72	2	—CH_3	63	3	34
—CHO	19	72	9	$-\ddot{\underset{\cdot\cdot}{O}}H$	50	0	50
				$-\ddot{N}HCOCH_3$	19	2	79

그림 6.9에 나타낸 것처럼 치환기는 **오쏘-및 파라-지향성 활성화기, 오쏘-및 파라-지향성 활성 감소기 그리고 메타-지향성 활성 감소기**의 세 가지 부류로 나눌 수 있다. 메타 지향성 활성화기는 없다. 치환기의 지향성 효과와 반응성과의 어떠한 관계가 있는지 유의하여라. 모든 메타-지향성기는 강하게 활성 감소시키지만, 대부분의 오쏘-및 파라-지향성기는 활성화시킨다. 특이하게 할로젠은 오쏘-및 파라-지향성이지만, 약하게 활성 감소시킨다.

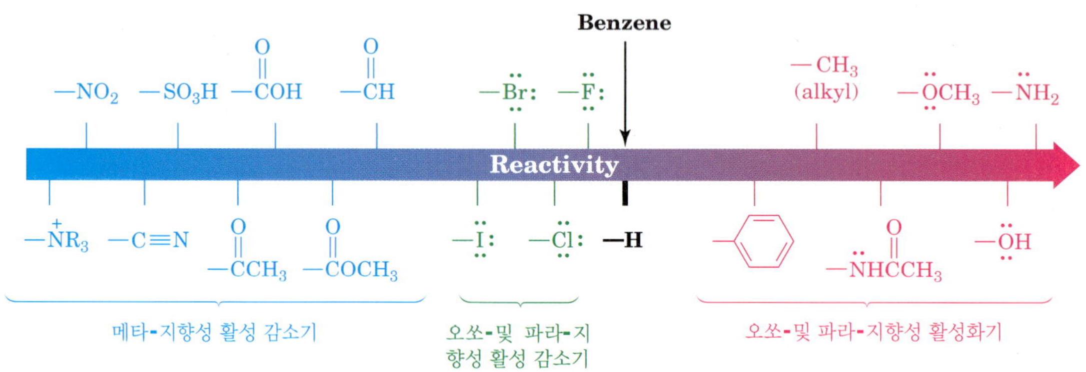

그림 6.9 ▸ 친전자성 방향족 치환 반응에서 치환기 효과의 분류. 모든 활성화기는 오쏘-및 파라-지향성기이고, 할로젠을 제외한 모든 활성 감소기는 메타-지향성기이다. 할로젠 치환기는 유일하게 활성 감소기이지만 오쏘- 및 파라-지향성기이다.

친전자성 방향족 치환 반응에서 반응성과 지향성은 유발 효과와 공명 효과의 상호 작용에 의해 영향을 받는다. 2.1절과 6.10절에 나타낸 바와 같이 **유발 효과**(inductive effect)는 원자의 전기음성도와 작용기에 있어서 결합의 극성에 의한 것이다. 이 효과는 시그마 결합을 통해서 전자를 밀어주거나 끌어당김에 의해 작용한다. 예를 들면 할로젠, 카보닐기, 사이아노기 및 나이트로기는 고리와 치환기를 연결하는 결합을 통해서 전자를 유도적으로 끌어당긴다(withdraw).

(X = F, Cl, Br, I)

방향족 고리에 결활된 치환기는 그 결합의 극성 때문에 유도적으로 전자를 끌어당긴다.

반면에 알킬기는 유도적으로 전자를 밀어준다(donate). 이것은 알킬 치환기가 알켄과 탄소 양이온을 안정화시키는 것과 같은 동일한 주개효과이다.

CH_3

알킬기; 유도적으로 전자-밀어주기

공명 효과(Resonance effect)는 치환기에 있는 p 궤도함수와 방향족 고리에 있는 p 궤도함수와의 겹침으로써 π 결합을 통해서 전자를 밀어주거나 끌어당기는 작용에 의해 나타난다. 예를 들면 카보닐, 사이아노 및 나이트로 치환기는 공명에 의해 방향족 고리로부터 전자를 끌어당긴다(withdraw). 파이 전자가 고리로부터 치환기로 이동하고, 고리에 양전하가 남게 된다. Benzaldehyde의 공명 구조에서 보는 바와 같이 오쏘와 파라 위치에서 효과는 최대가 된다.

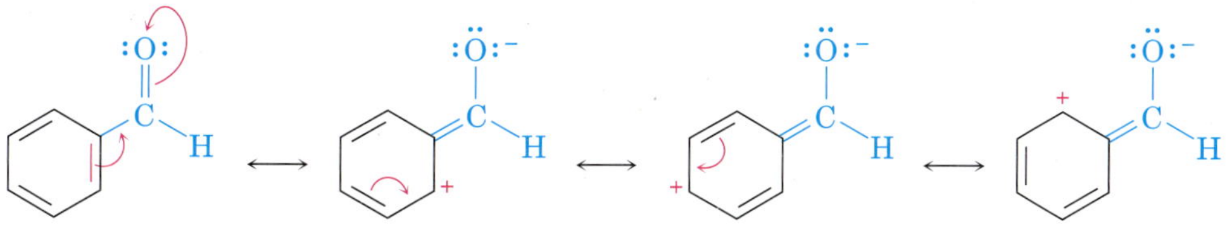

Benzaldehyde

전자-끌기 공명 효과를 가지고 있는 치환기는 —Y = Z라는 일반 구조를 가지고 있으며, 여기서 Z 원자가 Y에 비해 전기음성도가 더 크다는 점을 유의하라.

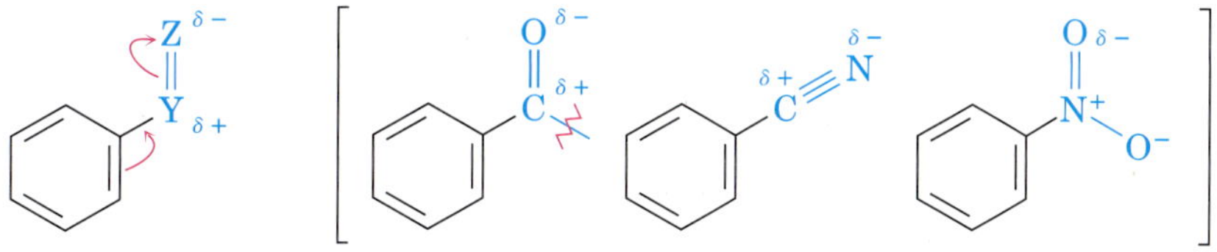

전자-끌기 공명 효과를 가진 치환기가 들어 있는 고리는 이러한 일반적인 구조를 갖는다.

반대로 할로젠, 하이드록시, 알콕시(—OR) 및 아미노 치환기는 공명에 의해 방향족 고리에 전자를 밀어준다. 파이 전자는 치환기로부터 고리 안으로 이동하고 다음 phenol의 공명 구조에 나타난 바와 같이 고리 안에 음전하가 남게 된다. 그 효과는 오쏘와 파라 위치에서 가장 크다.

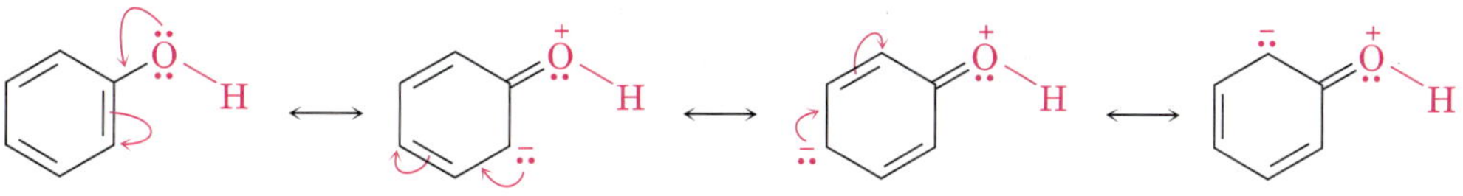

Phenol

공명 효과에 의해 전자를 밀어주는 치환기들은 —$\ddot{Y}$라는 일반적인 구조를 가지고 있으며, 여기서 Y 원자는 고리에 밀어줄 수 있는 고립 전자쌍을 가지고 있다.

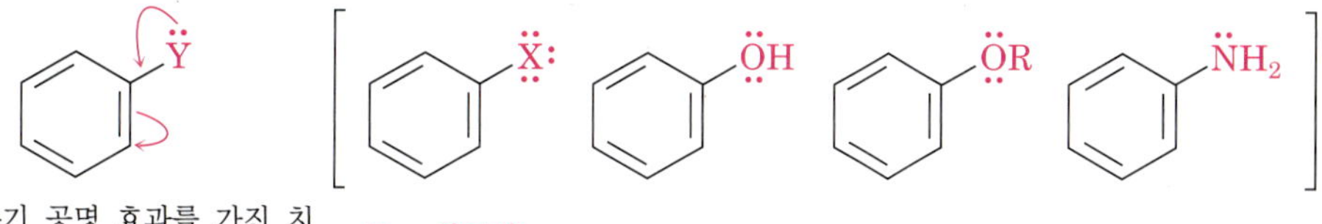

전자-주기 공명 효과를 가진 치환기가 들어 있는 고리는 이러한 일반적인 구조를 가진다.

X = 할로젠

유발 효과와 공명 효과가 동일한 방향으로 작용할 필요는 없다. 예를 들면 할로젠, 하이드록시, 알콕시 및 아미노 치환기는 방향족 고리에 결합된 —X, —O 또는 —N 원자의 전기음성도 때문에 전자-끌기 유발 효과를 가지고 있지만, 고리에 결합된 (—X, —O 또는 —N) 원자의 고립 전자쌍 때문에 전자-주기 공명 효과를 나타낸다. 이러한 두 가지 효과가 서로 반대 방향으로 작용할 때에는 두 가지 중에서 더 강한 효과에 좌우된다.

예제 6.1

Toluene의 일치환 설폰화 반응의 주생성물을 예측하여라.

▶ **힌트** 고리에 존재하는 치환기를 밝히고, 이 치환기가 오쏘-및 파라-지향성기 또는 메타-지향성기인지를 결정한다. 그림 6.9에 따르면 알킬 치환기는 오쏘-및 파라-지향성기이다. 그러므로 toluene의 일치환 설폰화 반응은 *o*-toluenesulfonic acid와 *p*-toluenesulfonic acid의 혼합물을 생성시킬 것이다.

▶ **해답**

CH_3 $\xrightarrow[H_2SO_4]{SO_3}$ CH_3, SO_3H + CH_3, HO_3S

Toluene **o-Toluenesulfonic acid** **p-Toluenesulfonic acid**

◆ **문제 6.8** Nitrobenzene에서 나이트로기의 전자-끌기 공명 효과를 보여주는 공명 구조를 써라.

◆ **문제 6.9** Chlorobenzene에서 클로로기의 전자-주기 공명 효과를 보여주는 공명 구조를 써라.

◆ **문제 6.10** 다음 반응의 주 생성물들을 예측하여라.

(a) Bromobenzene의 일나이트로화 반응(mononitration)
(b) Nitrobenzene의 일브로민화 반응(monobromination)
(c) Phenol의 일염소화 반응(monochlorination)
(d) Aniline의 일브로민화 반응(monobromination)

6.10 치환기 효과의 설명

방향족 고리의 활성화 및 활성 감소

방향족 고리에 대한 친전자성 치환 반응에서 유발 효과 및 공명 효과의 결과가 활성화 또는 활성 감소에 어떻게 작용할까? 모든 활성화기의 공통적인 특징은 고리에 전자를 밀어준다는 점이고, 따라서 친전자성 첨가로부터 생성된 탄소 양이온 중간체를 안정화시키고 탄소 양이온 형성을 보다 더 빠르게 해 주는 원인이 된다. 하이드록시, 알콕시 및 아미노기는 약한 전자-끌기 유발 효과보다 강한 전자-주기 공명 효과가 더 많이 작용하기 때문에 고리를 활성화시킨다. 알킬기는 전자-주기 유발 효과로 인해 고리를 활성화시킨다.

모든 활성 감소기의 공통적인 특징은 고리로부터 전자를 끌어당긴다는 점이고, 따라서 탄소 양이온 중간체를 불안정화시키고, 탄소 양이온 형성을 보다 더 느리게 해 주는 원인이 된다. 카보닐, 사이아노 및 나이트로기는 전자-끌기 공명 효과 및 유발 효과로 인해 고리를 활성 감소시킨다. 할로젠은 강한 전자-끌기 유발 효과가 약한 전자-주기 공명 효과보다 더 많이 작용하기 때문에 고리를 활성 감소시킨다.

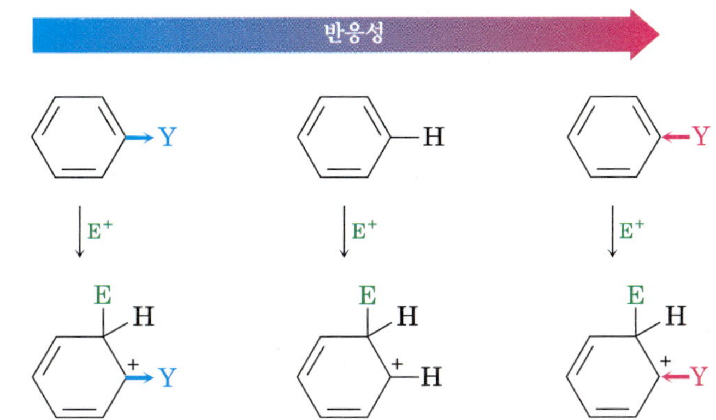

그림 6.10은 benzene과 몇 가지 치환된 benzene들의 정전기 퍼텐셜 지도를 비교하여 놓은 것이다. $—CH_3$ 또는 NH_2와 같은 전자-주는기가 치환되어 있을 때에는 고리는 더 음성(붉은색)을 띠고, —CN 또는 Cl과 같은 전자-끄는기가 치환되어 있을 때에는 더 양성(노란-초록색)을 띤다.

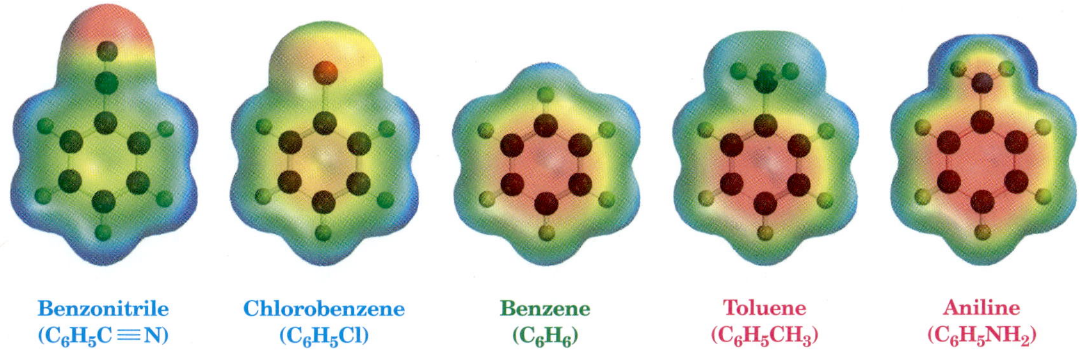

그림 6.10 ▸ Benzene과 몇 가지 치환된 benzene들의 정전기 퍼텐셜 지도에서 전자를 주는 기($—CH_3$ 또는 $—NH_2$)가 치환되어 있을 때는 고리는 더 전자가 풍부하고(붉은색), 반면에 전자를 끄는 기(—CN 또는 —Cl)가 치환되어 있을 때에는 고리를 더 전자가 부족하게 만든다(노란-초록색).

◆ **문제 6.11** 각 치환기가 있는 화합물의 친전자성 치환 반응에 대한 반응성 순서대로 나열하여라.

(a) Nitrobenzene, phenol, toluene, benzene

(b) Phenol, benzene, chlorobenzene, benzoic acid

(c) Benzene, bromobenzene, benzaldehyde, aniline

◆ **문제 6.12** 그림 6.9을 사용하여 Friedel-Crafts 알킬화 반응은 가끔 다중 치환을 하지만, Friedel-Crafts 아실화 반응은 왜 다중 치환을 하지 않는지를 설명하여라.

◆ **문제 6.13** (Trifluoromethyl)benzene($C_6H_5CF_3$)의 정전기 퍼텐셜 지도를 아래에 나타내었다.

(Trifluoromethyl)benzene이 toluene보다 친전자성 치환 반응에 대해 반응성이 더 큰지 작은지 예측하여라.

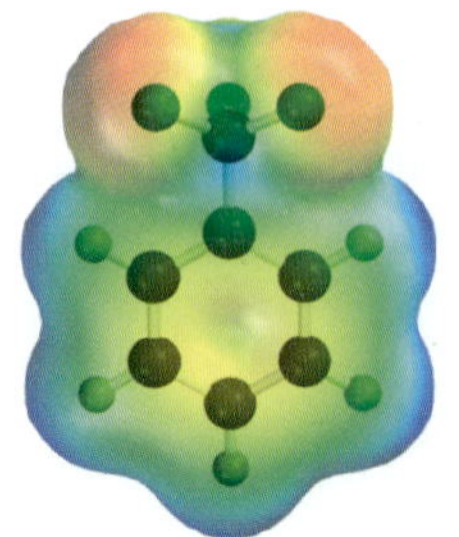

Trifluoromethylbenzene

오쏘-및 파라-지향성 활성화기: 알킬기

유발 효과 및 공명 효과는 치환기의 지향 능력뿐만 아니라 치환기의 활성화 또는 활성 감소 능력을 설명해 준다. 예를 들어 전자-주기 유발 효과와 오쏘 및 파라 지향성기로 작용하는 알킬기를 선택해 보자. Toluene의 나이트로화 반응을 그림 6.11에 나타내었다.

그림 6.11 ▸ Toluene의 나이트로화 반응에 있어서 턴소 중간체. 오쏘와 파라 중간체는 양전하가 이차탄소보다는 삼차 탄소에 위치하므로 메타 중간체보다 더 안정하다.

Toluene의 나이트로화 반응은 그림 6.11에 나타낸 바와 같이 세 가지 가능한 탄소 양이온 중간체를 나타내면서 메틸기에 대해 오쏘, 메타 또는 파라 위치에서 반응이 일어날 수 있다. 비록 세 가지 중간체 모두가 공명으로 안정화되지만, **오쏘 및 파라 중간체가 가장 안정화되어 있다.** 메타가 아니고 오쏘와 파라를 공격한 경우 모두는 공명 구조에 메틸-치환된 탄소에 양전하가 바로 놓여 있고, 이 탄소는 삼차 위치로서 메틸기의 전자-주기 유발 효과에 의해 가장 잘 안정화된다. 오쏘와 파라 중간체는 메타 중간체에 비해 에너지가 낮고, 따라서 더 빨리 생성된다.

오쏘-및 파라-지향성 활성화기: OH와 NH_2

하이드록시, 알콕시 및 아미노기 역시 오쏘-파라 활성화기이지만, 알킬기와는 다른 차이점이 있다. 앞 절에서 언급한 바와 같이 하이드록시, 알콕시 및 아미노기는 강한 전자-주기 공명 효과를 가지고 있으며, 오쏘 및 파라 위치에서 가장 현저하게 나타나고, 약한 전자-끌기 유발 효과는 더 중요하다.

Phenol을 나이트로화시키면 그림 6.12에 나타낸 바와 같이 다만 오쏘와 파라 공격만이 관찰된다. 세 가지 가능한 탄소 양이온 중간체는 공명에 의해 안정화되지만, 오쏘 및 파라 공격으로부터 생성된 중간체가 가장 안정화되어 있다. 단지 오쏘와 파라 공격의 경우만이 산소로부터 전자쌍을 줌으로써 양전하가 안정화되는 공명 구조가 있다. 메타 공격에서 생기는 중간체는 그러한 안정화가 없다.

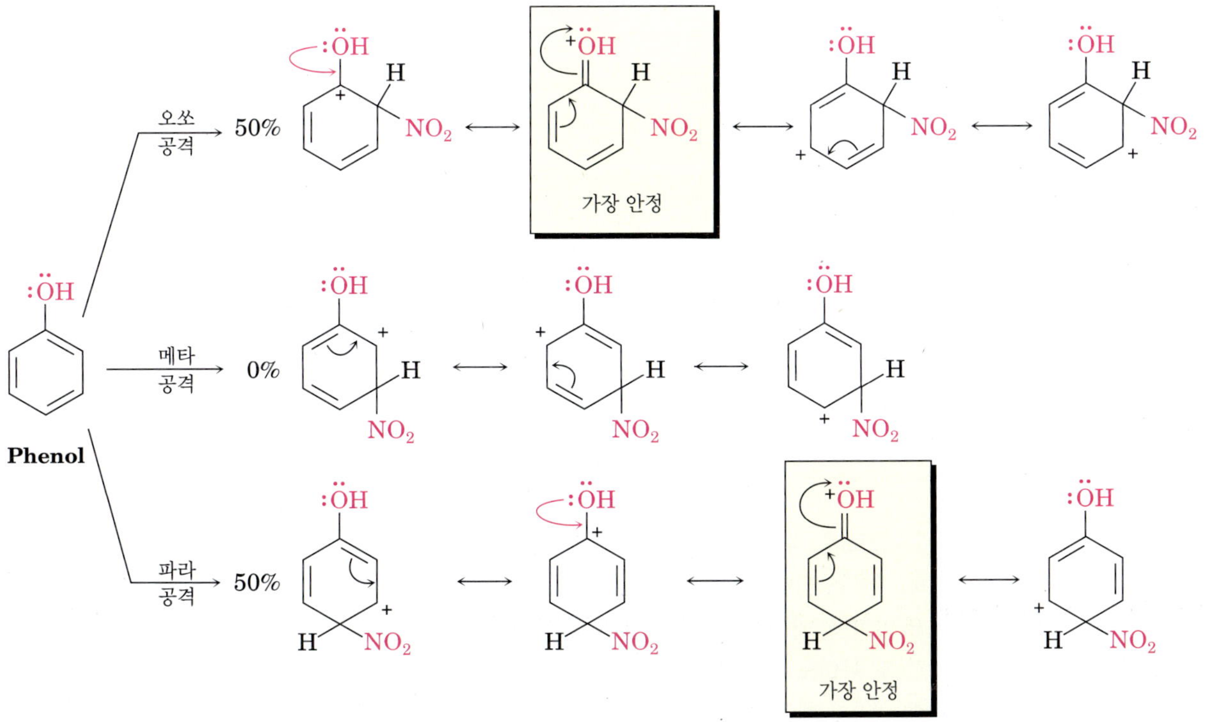

그림 6.12 ▸ Phenol의 나이트로화 반응에 있어서 탄소 양이온 중간체. 오쏘와 파라 중간체가 공명에 의해 산소의 전자를 주기 때문에 메타 중간체보다 더 안정하다.

◆ **문제 6.14** Acetanilide는 친전자성 치환 반응에 대해 aniline보다 반응성이 작은 이유를 설명하여라.

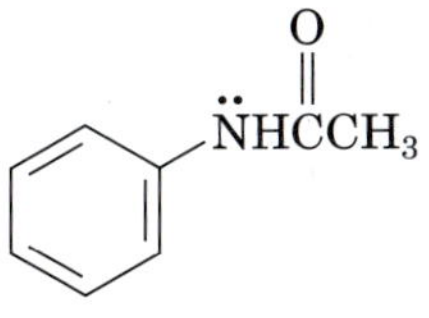

오쏘-및 파라-지향성 활성 감소기: 할로젠

할로젠은 강한 전자-끌기 유발 효과가 약한 전자-주기 공명 효과에 비해 더 중요하기 때문에 활성 감소기이다. 그렇지만 약한 전자-주기 공명 효과는 단지 오쏘와 파라 위치에서 볼 수 있다(그림 6.13). 따라서 할로젠 치환기는 하이드록시 및 아미노 치환기에서 가능한 똑같은 방법으로 오쏘와 파라 위치 공격으로부터 생성된 탄소 양이온 중간체의 양전하를 안정화시킬 수 있다. 그러나 메타 중간체는 그러한 안정화가 없고 더 느리게 생성된다.

그림 6.13 ▸ Chlorobenzene의 나이트로화 반응에서 탄소 양이온 중간체. 오쏘와 파라 중간체가 할로젠의 고립 전자쌍의 전자 주기 공명 효과 때문에 메타 중간체보다 안정하다.

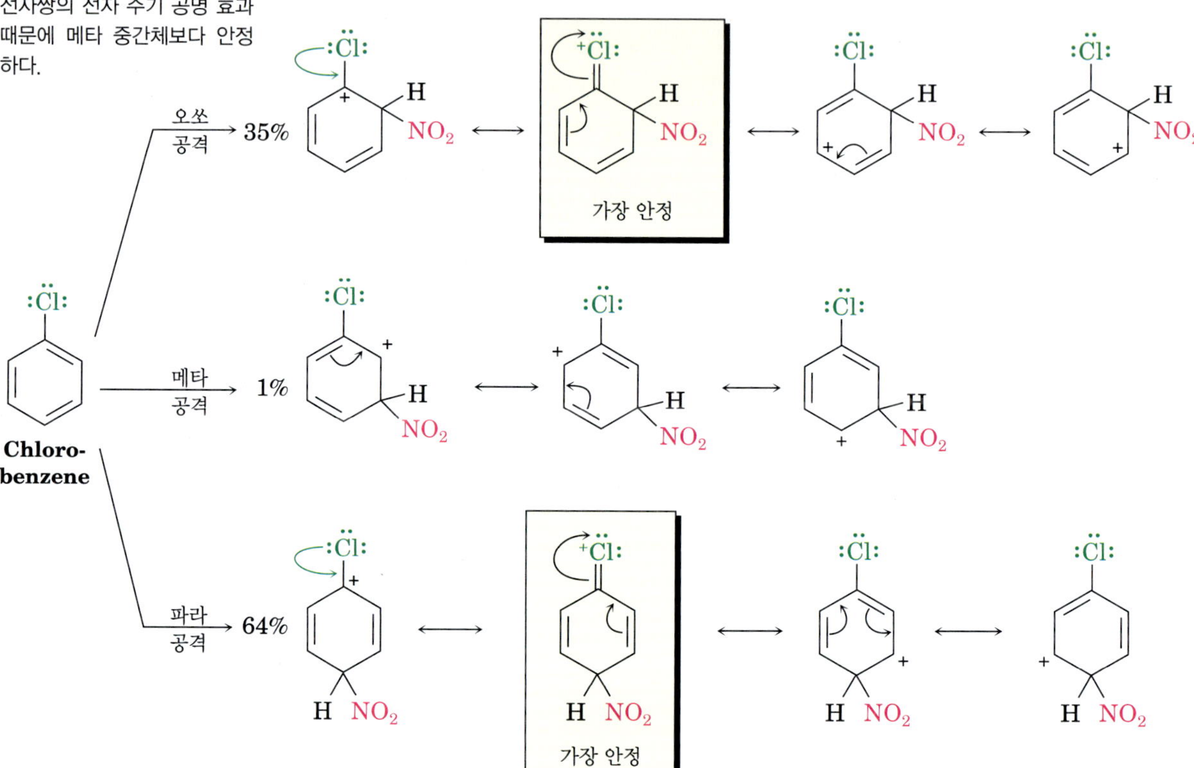

할로젠, 하이드록시, 알콕시 및 아미노기 모두는 유도적으로 전자를 **끌고**, 공명에 의해 전자를 **밀어줌**을 다시 한 번 유의하여라. 할로젠은 강한 전자-끌기 유발 효과를 가지고 있지만, 약한 전자-주기 공명 효과도 있기 때문에 활성 감소기이다. 하이드록시, 알콕시 및 아미노기는 약한 전자-끌기 유발 효과를 가지고 있지만, 강한 전자-주기 공명 효과도 있기 때문에 활성화기이다. 이들 모두는 benzene 고리에 결합된 원자에 고립 전자쌍으로 인해 오쏘 및 파라 지향성이다.

메타-지향성 활성 감소기

—CHO와 같은 메타-지향성 활성 감소기는 유발 효과와 공명 효과가 서로 보강된 조합을 통해서 작용된다. 유도적으로 오쏘 및 파라 중간체는 탄소 양이온 중간체의 양전하가 활성 감소기가 들어 있는 고리의 탄소 원자에 직접 위치하고 있는 공명 때문에 불안정화된다(그림 6.14). 동시에 공명에 의한 전자 끌기는 오쏘 및 파라 위치에서 나타난다. 따라서 친전자체와 반응은 메타 위치에서 일어난다.

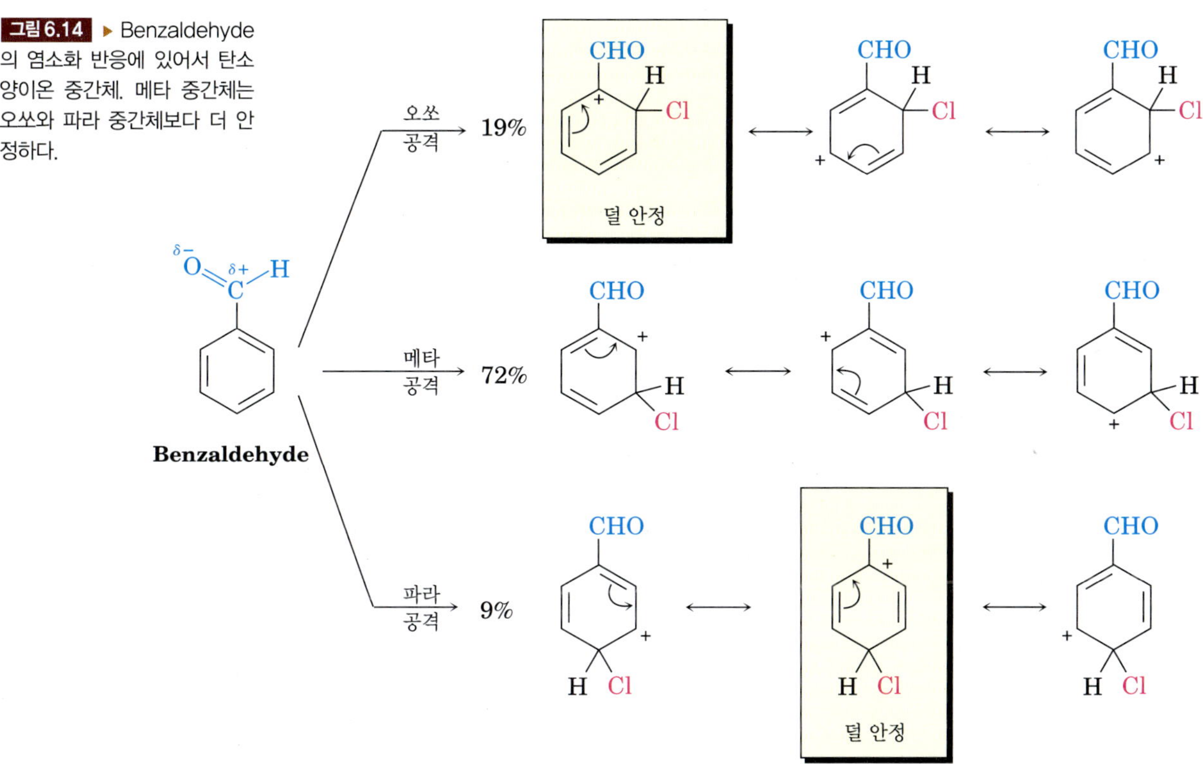

그림 6.14 ▶ Benzaldehyde의 염소화 반응에 있어서 탄소 양이온 중간체. 메타 중간체는 오쏘와 파라 중간체보다 더 안정하다.

◆ **문제 6.15** Nitrobenzene의 오쏘, 메타 및 파라 위치에 친전자체 공격으로부터 형성되는 중간체에 대한 공명 구조를 그려라. 어떤 중간체가 가장 안정한가?

중점 요약

방향족 치환 반응에서 치환기 요약

친전자성 방향족 치환 반응에서 활성화 효과 및 지향성 효과에 대한 요약을 표 6.3에 나타내었다.

표 6.3 ● **친전자성 방향족 치환 반응에서 치환기의 효과**

치환기	반응성	지향성	유발 효과	공명 효과
$-CH_3$	활성화	오쏘, 파라	약; 전자-주기	없음
$-\ddot{O}H$, $-\ddot{N}H_2$	활성화	오쏘, 파라	약; 전자-끌기	강 전자-주기
$-\ddot{F}:$, $-\ddot{Cl}:$, $-\ddot{Br}:$, $-\ddot{I}:$	활성 감소	오쏘, 파라	강; 전자-끌기	약 전자-주기
$-\overset{+}{N}(CH_3)_3$	활성 감소	메타	강; 전자-끌기	없음
$-NO_2$, $-CN$, $-CHO$, $-CO_2CH_3$, $-COCH_3$, $-CO_2H$	활성 감소	메타	강; 전자-끌기	강 전자-끌기

6.11 삼치환 benzene: 효과의 부가성

이치환 benzene의 계속되는 치환 반응은 앞에서 논의한 똑같은 공명 및 유발 효과에 의해 영향을 받는다. 다만 한 가지 차이점이 있다면 두 개의 서로 다른 치환기의 부가적인 효과를 고려해야 한다. 실제로 이것을 느끼는 것보다는 어려운 문제가 아니다. 일반적으로 세 가지 규칙으로 충분히 설명되고 있다.

1. 만일 두 개의 치환기의 지향성 효과가 서로 보강된다면 문제가 될 수 없다. 예를 들면 *p*-nitrotoluene에서 메틸기와 나이트로기 모두는 계속되는 치환 반응에 대해 같은 위치(메틸에 대해 오쏘 = 나이트로에 대한 메타)로 향하게 한다. 따라서 친전자성 치환 반응에서 한 가지 생성물만 형성된다.

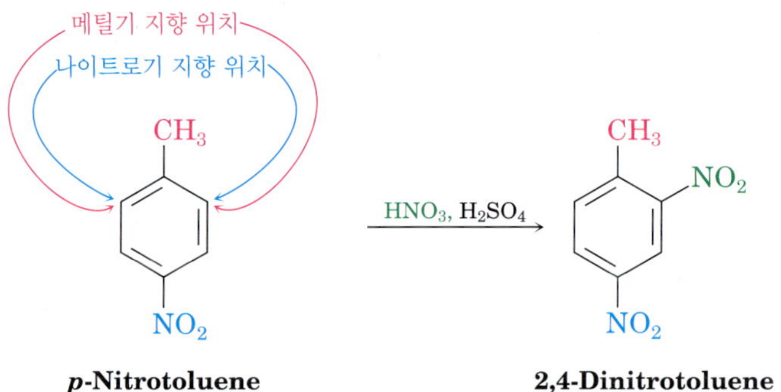

***p*-Nitrotoluene** **2,4-Dinitrotoluene**

2. 만일 두 개의 치환기의 지향 효과가 서로 반대이면 보다 강력한 치환기가 우세하게 영향을 미치지만, 가끔 혼합 생성물이 형성된다. 예를 들면 *p*-methylphenol의 브로민화 반응에서 —OH기가 —CH_3기에 비해 보다 더 강력한 치환기이기 때문에 주로 2-bromo-4-methylphenol이 생성된다.

***p*-Methylphenol**
(*p*-Cresol)

2-Bromo-4-methylphenol
(주 생성물)

3. 메타-이치환 화합물에 있어서 두 개의 치환기 위치는 공간이 너무 입체 장애가 있어 반응이 쉽게 일어날 수 없기 때문에 두 개의 치환기 사이에서 치환 반응이 추가로 일어나기 어렵다. 그러므로 세 개의 치환기가 인접해 있는 방향족 고리 화합물은 다른 방법으로 합성된다. 대개는 오쏘-이치환 화합물의 치환 반응으로 합성된다.

너무 가려져 있음

CH_3, Cl — $\xrightarrow[FeCl_3]{Cl_2}$ — CH_3, Cl, Cl + CH_3, Cl, Cl [CH_3, Cl, Cl 형성되지 않음]

***m*-Chlorotoluene** **2,5-Dichlorotoluene** **3,4-Dichlorotoluene**

CH_3, NO_2 — $\xrightarrow[H_2SO_4]{HNO_3}$ — NO_2, CH_3, NO_2 [+ O_2N, CH_3, NO_2]

***o*-Nitrotoluene** **2,6-Dinitrotoluene** **2,4-Dinitrotoluene**

예제 6.2

p-Methylbenzoic acid의 브로민화 반응에서 예상되는 생성물은 무엇인가?

▶ 힌트 고리에 두 개의 치환기가 존재하면 각각의 지향성 효과를 결정하고, 어느 치환기가 더 강한 활성화기인지 결정하여라. 카복시기(—CO_2H)는 메타 지향성이고, 메틸기는 오쏘와 파라 지향성이다. 따라서 이 두 가지 치환기는 브로민화 반응을 메틸기의 이웃한 위치로 지향하고, 3-bromo-4-methylbenzoic acid가 생성된다.

▶ 해답

HO_2C, CH_3 + Br_2 $\xrightarrow{FeBr_3}$ HO_2C, CH_3, Br

***p*-Methylbenzoic acid** **3-Bromo-4-methylbenzoic acid**

◆ 문제 6.16 다음 화합물의 어느 위치에서 친전자성 치환 반응이 일어나는가?

(a) OCH_3, Br (b) NH_2, Br (c) Cl, NO_2

◆ 문제 6.17 다음 화합물과 (i) CH_3CH_2Cl, $AlCl_3$ 및 (ii) HNO_3, H_2SO_4 시약과의 반응으로부터 주 생성물을 나타내어라.

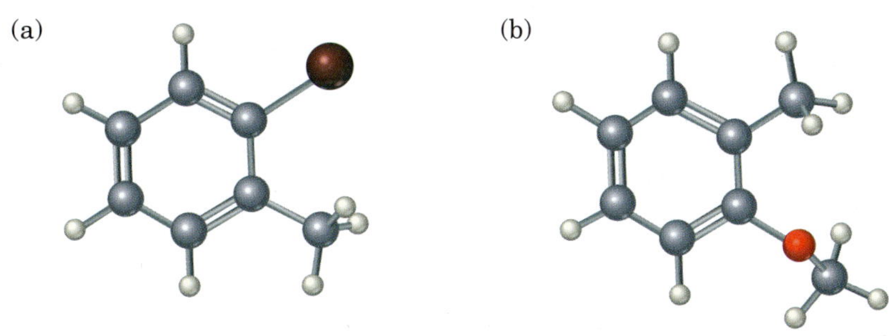

6.12 Methylbenzene

Methylbenzene 혹은 toluene은 benzene의 높은 동족체이다. 그것은 여러가지 점에서 benzene과 유사하다. Methylbenzene 분자는 2개의 부분, 곁사슬(side chain)과 핵(nucleus) 중심부위로 되어 있다.

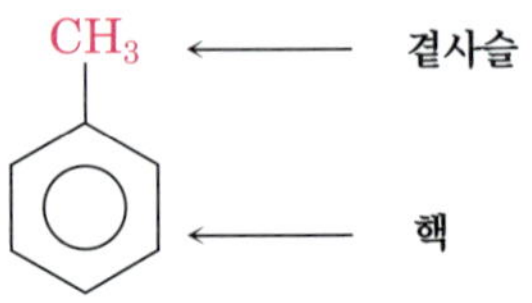

CH_3 ⟵ 곁사슬

⟵ 핵

Benzene과 같이 methylbenzene은 섭씨 111°C의 끓는점을 갖는 무색의 액체이다. 다른 탄화수소와 같이 물에 용해되지는 않지만 유기 용매에는 용해된다. Methylbenzene 자체가 많은 유기 화합물에 매우 좋은 용매이다.

Methybenzene의 반응

Methybenzene의 화학 반응 경로은 크게 2가지로 나뉜다.

(i) 알케인의 치환 반응과 유사한 자유 라디칼 반응을 통한 곁사슬의 치환반응,

(ii) 고리의 친전자성 치환 반응이다. 이러한 관점에서 methylbenzene은 benzene보다 반응성이 크다. 이것은 메틸 작용기가 전자 주개로 작용하고, 이 작용기가 2번과 4번 위치에서 고리에 친전자성 공격을 하기 때문이다.

곁사슬 치환

Methylbenzene은 알케인과 같은 형태로 곁사슬 염소화반응이나 브로민화반응을 일으킨다. 만일 강한 직사광선이나 UV광선 존재하에 끓고 있는 methylbenzene에 염소를 가하면 거품이 일어나고, 메틸 곁사슬에 치환이 일어나며 chloromethylbenzene,

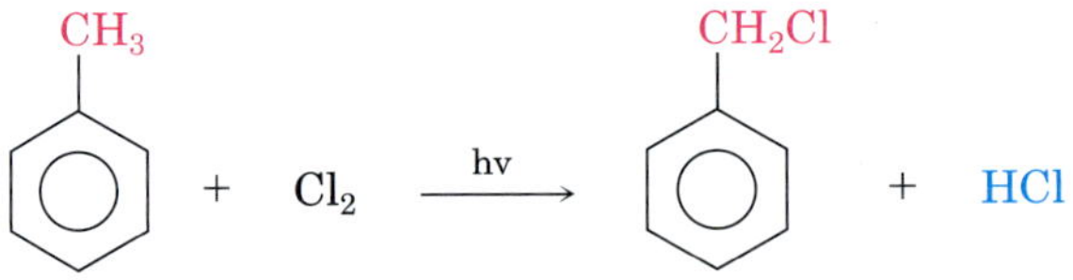

$$C_6H_5CH_3 + Cl_2 \xrightarrow{hv} C_6H_5CH_2Cl + HCl$$

chloromethylbenzene

$$C_6H_5CH_2Cl + Cl_2 \longrightarrow C_6H_5CHCl_2 + HCl$$

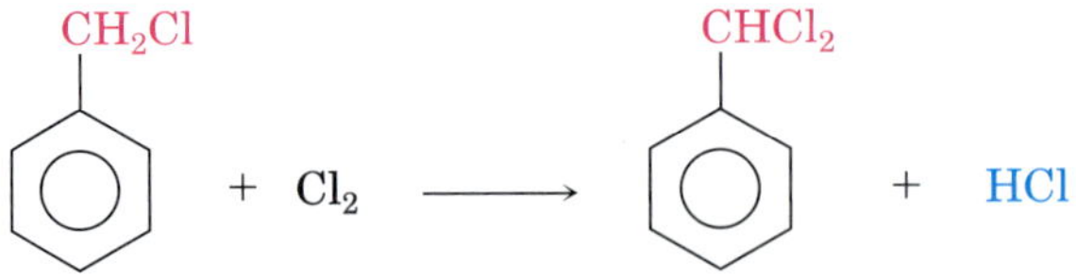

dichloromethylbenzene

$$C_6H_5CHCl_2 + Cl_2 \longrightarrow C_6H_5CCl_3 + HCl$$

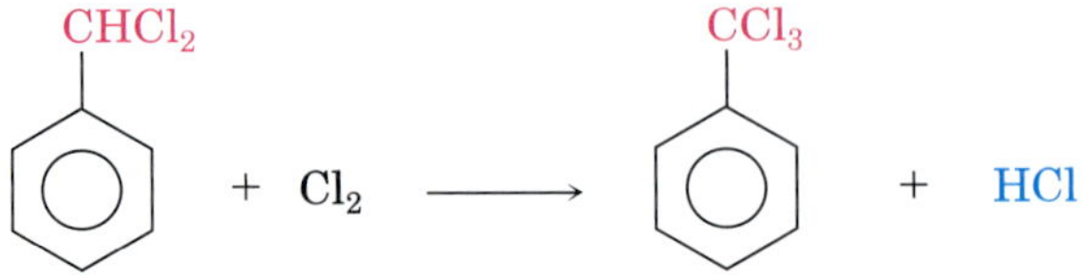

trichloromethylbenzene

dichloromethylbenzene, trichloromethylbenzene이 얻어진다.

Methylbenzene의 브로민화반응도 유사한 조건하에 이루어진다. 그 생성물은 bromomethylbenzene, dibromomethylbenzene, tribromomethylbenzene이다.

자유 라디칼 치환 반응의 메커니즘

사슬 개시 $Cl_2 \xrightarrow{h\nu} 2Cl\cdot$ (1)

사슬 전파 $C_6H_5CH_3 + 2Cl\cdot \longrightarrow C_6H_5CH_2\cdot + HCl$ (2)

$C_6H_5CH_2\cdot + Cl_2 \longrightarrow C_6H_5CH_2Cl + Cl\cdot$ (3)

(2)와 (3)의 단계의 반복을 통해 더 많은 생성물을 얻을 수 있다.

알킬벤젠 곁사슬의 산화

불포화 상태임에도 불구하고 benzene 고리는 알켄의 탄소—탄소 이중 결합을 분해하는 $KMnO_4$와 $Na_2Cr_2O_7$과 같은 강한 산화제에 대해서 일반적으로 비활성이다. 그러나 알킬기 곁사슬을 가진 방향족 고리는 극적인 효과를 갖는 것으로 알려져 있다. 알킬 곁사슬은 산화제에 의해 쉽게 공격을 받아 카복실기, $-CO_2H$로 전환된다. 곁사슬 산화의 알짜 효과는 알킬벤젠을 benzoic acid, $Ar-R \longrightarrow Ar-CO_2H$로 전환이다. 예를 들면 butylbenzene은 수용성 $KMnO_4$에 의해서 산화되어 해당되는 benzoic acid가 높은 수득률로 생성된다.

$C_6H_5CH_2CH_2CH_2CH_3 \xrightarrow[H_2O]{KMnO_4} C_6H_5COOH$

Butylbenzene **Benzoic acid (85%)**

비슷한 산화 과정이 공업적으로 폴리에스터 섬유의 제조에 사용되는 terephthalic acid의 제조에 적용되고 있다. 거의 1년에 5백만 톤에 해당하는 *p*-xylene이 이 방법으

공업적인 공정

$CH_3C_6H_4CH_3 \xrightarrow[Co(III)]{O_2} HO_2CC_6H_4CO_2H$

***p*-Xylene** **Terephthalic acid**

로 산화되고 있으며, 공기가 산화제로 이용되며 Co(III)염이 촉매로 사용된다.

결사슬 산화 반응 메커니즘은 복잡하며, 방향족 고리에 이웃한 위치의 결사슬 C—H 결합을 공격하여 벤질 라디칼 중간체 형성이 포함되어 있다. 그러나 *tert*-butylbenzene은 벤질자리 수소가 없고, 따라서 반응이 일어나지 않는다.

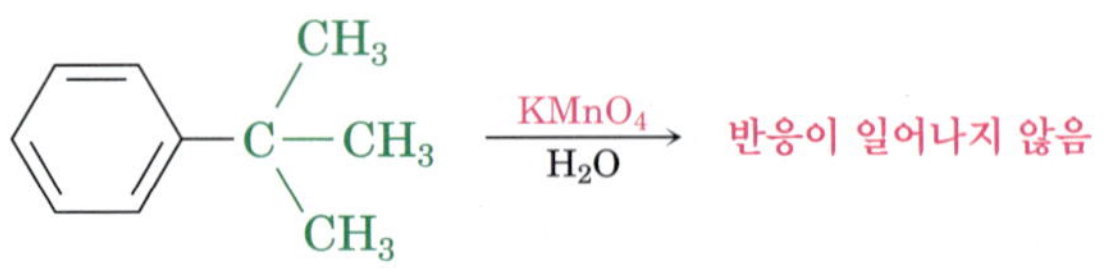

CH_3, CH_3, CH_3 $\xrightarrow[H_2O]{KMnO_4}$ 반응이 일어나지 않음

***t*-Butylbenzene**

◆ **문제 6.18** 다음 화합물의 $KMnO_4$ 산화로부터 얻을 수 있는 방향족 생성물은 무엇인가?

(a) 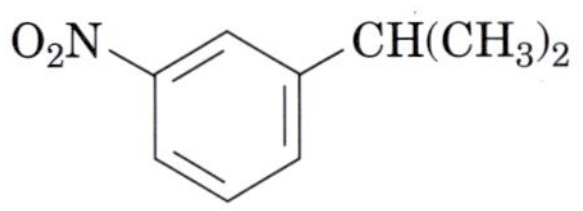 O_2N — $CH(CH_3)_2$ (b) 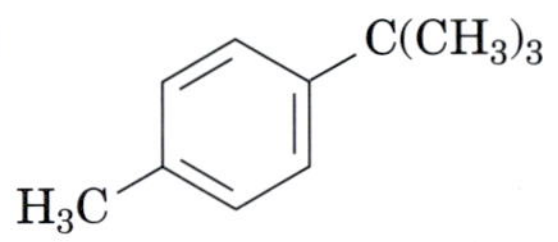 $C(CH_3)_3$ — H_3C

→ 6.13 친전자성 방향족 치환 반응

할로젠화 반응

만일 상온상태나 가시광선이 없는 상태에서 염화알루미늄과 같은 적절한 염소 운반체 존재하에서 염소를 methylbenzene 속으로 통과시키면, 고리에서 치환이 일어난다. 이 생성물은 2-chlorotoluene과 4-chlorotoluene의 혼합물이다.

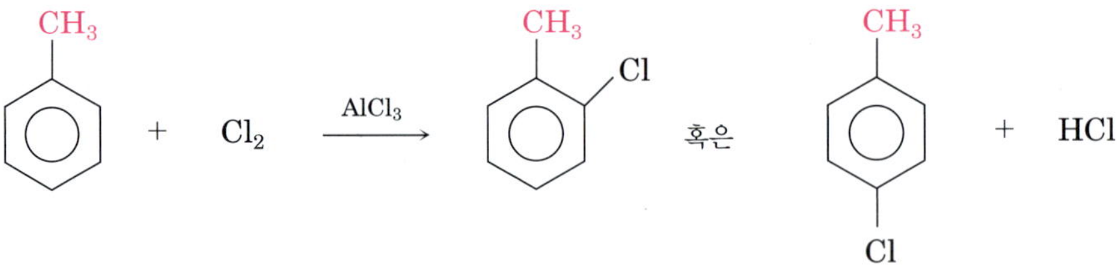

CH_3 + Cl_2 $\xrightarrow{AlCl_3}$ CH_3, Cl 혹은 CH_3, Cl + HCl

메커니즘

이 메커니즘은 이전에 언급한 benzene의 염소화반응과 유사하다.

$$AlCl_3 + Cl_2 \longrightarrow [AlCl_4]^-Cl^+$$

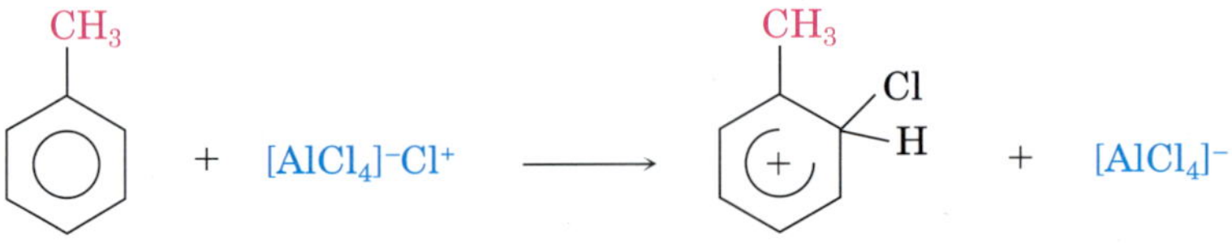

CH_3 + $[AlCl_4]^-Cl^+$ $\longrightarrow$ CH_3, Cl, H, + + $[AlCl_4]^-$

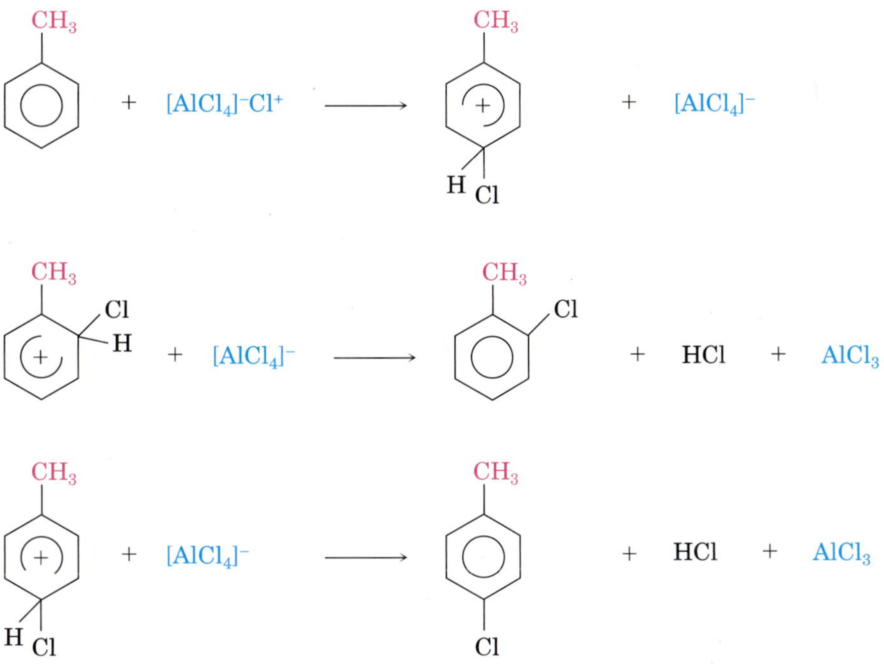

나이트로화 반응

Methylbenzene은 30°C에서 진한 질산과 진한 황산 존재하에서 나이트로화 반응을 일으킨다. 이 생성물은 2-nitrotoluene과 4-nitrotoluene의 혼합물이다.

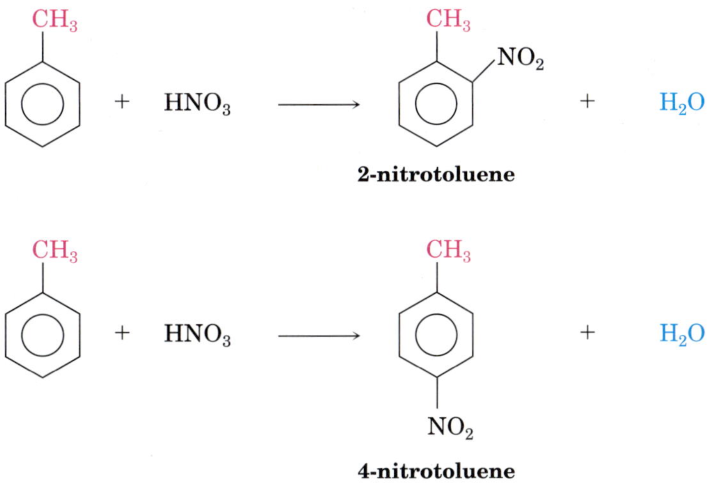

2-nitrotoluene

4-nitrotoluene

예제 6.3

Benzene으로부터 *p*-bromobenzoic acid를 합성하여라.

▶ **힌트** 합성 문제는 생성물을 보고 풀어 나가는 것이 최선이다. 생성물이 가지고 있는 작용기를 확인하고 어떻게 그 작용기를 만들 수 있는지 생각하라. 항상 한 번에 한 단계씩 역합성 관점에서 생각하여라.

CO_2H / Br — **p-Bromobenzoic acid**

이 문제에서 두 개의 작용기는 브로모기와 카복실산이다. 브로모기는 $Br_2/FeBr_3$를 사용하여 브로민화 반응으로부터 도입될 수 있고, 카복실산기는 Friedel–Crafts 알킬화반응 또는 아실화 반응 후 산화시켜 도입될 수 있다.

▶ **해답** "*p*-Bromobenzoic acid의 바로 전의 전구체는 무엇인가? 라고 자신에게 물어 보아라. 고리에는 단지 두 개의 치환기만 있으며, 카복시기(CO_2H)는 메타-지향성이고, 브로민은 오쏘-및 파라-지향성이다. 알킬벤젠의 산화에 의해 benzoic acid가 생성됨을 알고 있다. 따라서 목표로 하는 분자의 바로 전의 전구체는 *p*-bromotoluene일 것이다.

Br—C₆H₄—CH_3 $\xrightarrow[H_2O]{KMnO_4}$ Br—C₆H₄—COOH

p-Bromotoluene **p-Bromobenzoic acid**

다음으로 "*p*-bromotoluene의 바로 전의 전구체는 무엇인가?"라고 자신에게 물어본다. 아마도 toluene이 바로 전의 전구체일 것이다. 그 이유는 이성질체는 분리할 수 있기 때문이다. 대신에 bromobenzene이 바로 전의 전구체가 될 수 있다. 그것은 Friedel–Crafts 메틸화 반응에서는 가끔 다중 알킬화가 나타나는 어려운 점이 있어 toluene의 브로민화 반응이 더 효과적인 방법이 된다.

Toluene $\xrightarrow{Br_2, FeBr_3}$ **p-Bromotoluene (분리 및 정제)** + 오쏘 이성질체

Bromobenzene $\xrightarrow[AlCl_3]{CH_3Cl}$ **p-Bromotoluene**

"Toluene의 바로 전의 전구체는 무엇인가?" Benzene은 Friedel–Crafts 반응으로 메틸화될 수 있다.

Benzene $\xrightarrow[AlCl_3]{CH_3Cl}$ **Toluene**

대신에 "bromobenzene의 바로 전의 전구체는 무엇인가?" Benzene은 브로민화될 수 있다.

$$\text{Benzene} \xrightarrow[\text{FeBr}_3]{\text{Br}_2} \text{Bromobenzene}$$

Benzene **Bromobenzene**

위와 같은 역합성(retrosynthesis) 분석은 benzene으로부터 *p*-bromobenzoic acid까지의 두 가지 합당한 과정을 제시해 준다(그림 6.15).

$$\text{Benzene} \xrightarrow[\text{FeBr}_3]{\text{Br}_2} \text{Bromobenzene} \xrightarrow[\text{AlCl}_3]{\text{CH}_3\text{Cl}} p\text{-bromotoluene}$$

$$\text{Benzene} \xrightarrow[\text{AlCl}_3]{\text{CH}_3\text{Cl}} \text{Toluene} \xrightarrow[\text{FeBr}_3]{\text{Br}_2} p\text{-bromotoluene}$$

$$p\text{-bromotoluene} \xrightarrow{\text{KMnO}_4} p\text{-Bromobenzoic acid}$$

Benzene **_p_-Bromobenzoic acid**

그림 6.15 ▸ Benzene으로부터 *p*-bromobenzoic acid 합성에 대한 두 가지 과정.

6.14 거울상 이성질체와 정사면체 탄소

그림 6.16에 나타난 CH_3X, CH_2XY 및 CHXYZ 형태의 일반식으로 표시된 분자들을 살펴보자. 왼쪽에 세 개의 분자들이 있고, 오른쪽에 거울에 비친 거울상들이 있다. CH_3X와 CH_2XY 분자는 그 거울상과 똑같으므로 이들은 손잡이성이 없다. 각 분자와 그 거울상의 분자 모형을 만들어 보면 완전히 겹쳐지므로 같은 분자임을 알 수 있다.

CH_3X나 CH_2XY와는 다르게 CHXYZ 분자는 그 거울상과 같지 않다. 우리들의 왼손과 오른손을 겹칠 수 없는 것과 같은 이치로, 이 분자 모형은 그 거울상과 겹치지 않는다. 이들 치환기 중 두 개 예를 들어 X와 Y를 겹치면 H와 Z가 서로 반대가 된다. 만일 치환기 H와 Z가 겹치면 X와 Y는 반대가 된다.

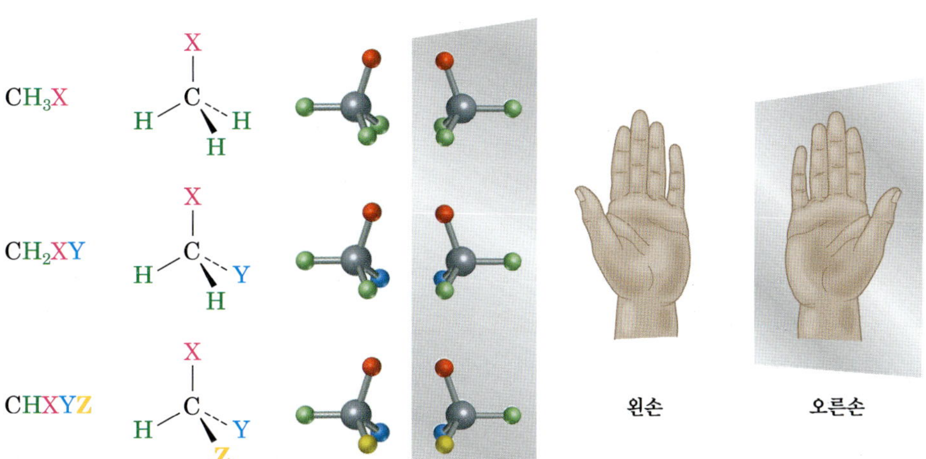

그림 6.16 ▸ 정사면체 탄소 원자와 이들의 거울상들. CH_3X 및 CH_2XY 형태의 분자는 거울상과 동일하지만, CHXYZ 형태의 분자는 거울상과 동일하지 않다. CHXYZ 분자와 그 거울상과의 관계는 왼손과 오른손 관계와 같다.

겹쳐지지 않는 거울상 분자들은 거울상 이성질체(enantiomer, "반대, opposite"라는 뜻의 그리스어 *enantio*)라 부른다. 거울상 이성질체들은 서로 오른손과 왼손 관계에 있고, 정사면체 탄소가 네 개의 서로 다른 치환기(치환기 중 하나가 H일 필요는 없다)와 결합되어 있을 때 생긴다. 예를 들면 lactic acid(2-hydroxypropanoic acid)는 중심 탄소 원자에 네 개의 서로 다른 기들(—H, —OH, —CH_3, —CO_2H)이 결합되어 있기 때문에 한 쌍의 거울상 이성질체가 존재한다. 이 거울상 이성질체들은 (+)-lactic acid와 (−)-lactic acid라고 부른다.

Lactic acid: 일반식이 CHXYZ인 분자

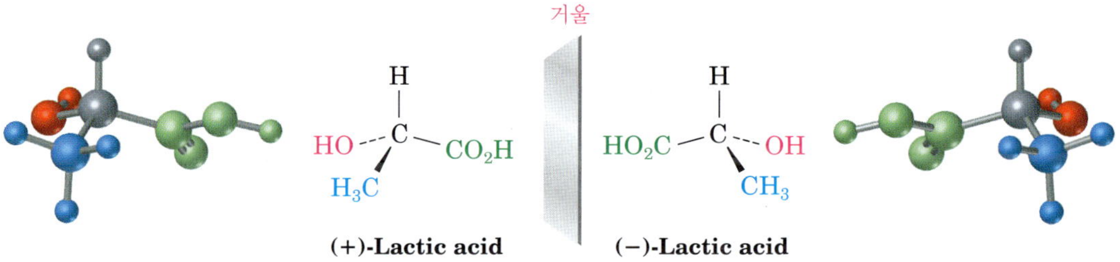

거울

(+)-Lactic acid **(−)-Lactic acid**

(+)-Lactic acid 분자를 (−)-lactic acid 분자 위에 겹치게 하려고 아무리 시도해 보아도 겹칠 수 없다. 이 두 분자는 그림 6.17에 나타낸 것처럼 서로 다르다. 만일 두 치환기 —H와 —CO_2H가 일치하면 나머지 두 치환기가 맞지 않는다.

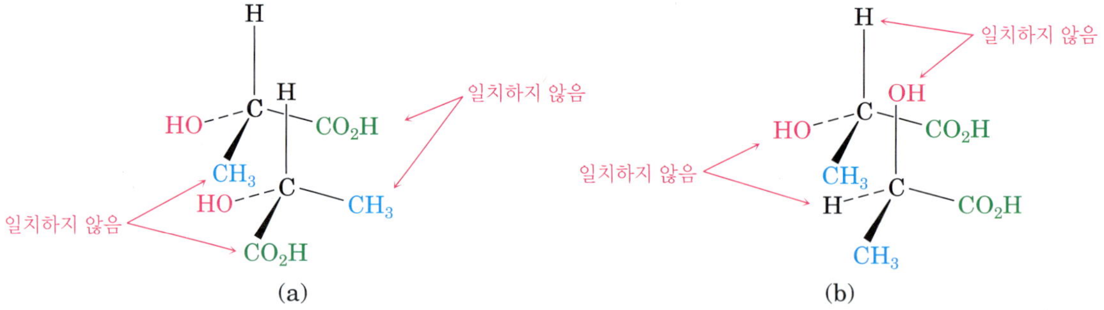

일치하지 않음 일치하지 않음 (a)

일치하지 않음 일치하지 않음 (b)

그림 6.17 ▸ Lactic acid의 거울상끼리 겹치게 하려면 (a) —H와 —OH 치환기가 일치하면 —CO_2H와 —CH_3 치환기가 맞지 않고, (b) —CO_2H와 —CH_3 치환기가 일치하면 —H와 —OH 치환기가 맞지 않는다. 분자가 어떻게 배열되어 있는가에 관계없이 이들은 동일하지 않다.

6.15 분자에서 손잡이성의 이유: 카이랄성

거울상과 겹쳐지지 않아 두 개의 거울상 이성질 형태로 존재하는 분자들은 **카이랄**(chiral, "손, hand"을 뜻하는 그리스어 *cheir*에서 유래)이라고 한다. 카이랄분자와 그 분자의 거울상 이성질체와 모든 원자들이 일치되게 할 수 없다.

주어진 분자가 카이랄인지 아닌지를 어떻게 예측할 수 있을까? 한 분자가 대칭면을 가지면 카이랄이 아니다. **대칭면**(Plane of symmetry)이란 물체(또는 분자)를 반으로 자를 때, 물체의 한쪽 반이 정확이 다른 쪽 반의 거울상이 되는 가상적인 면이다. 예를 들면 실험실에서 사용하는 플라스크는 대칭면을 가진다. 플라스크를 반으로 자르면 반쪽이 정확히 나머지 반쪽의 거울상이 된다. 그러나 손은 대칭면을 갖지 않는다. 손의 "반쪽"은 다른 반쪽의 거울상이 아니다(그림 6.18 참조).

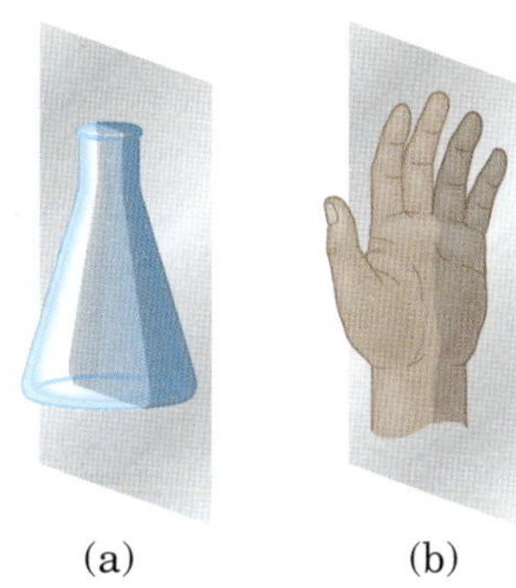

그림 6.18 ▸ *대칭면*의 의미. 플라스크와 같은 물체 (a)는 그것을 통과해서 잘라 오른쪽 반과 왼쪽 반이 거울상이 되도록 하는 대칭면을 가지고 있다. 손과 같은 물체 (b)는 대칭면이 없어 손의 왼쪽 "반"은 오른쪽 반의 거울상이 아니다.

한 분자가 가능한 형태 중에서 대칭면을 가지면 그 거울상과 겹칠 수 있어서 비카이랄(nonchiral 또는 아카이랄; achiral)이다. 그러므로 propanoic acid는 그림 6.19에 나타낸 것처럼 배열되었을 때 대칭면을 가지며, 따라서 비카이랄이다. 그러나 lactic acid(2-hydroxypropanoic acid)는 배열 내에 대칭면이 없으므로 카이랄이다.

유기 분자에서 카이랄성의 가장 일반적인 원인(이러한 이유 때문만은 아니지만)은 lactic acid의 중심 탄소 원자처럼 네 개의 서로 다른 치환기들의 결합한 탄소 원자가 존재하기 때문이다. 이러한 탄소를 비대칭 중심(asymmetric center) 또는 입체 중심(stereogenic center)과 같은 많은 용어가 사용되어 왔지만, 이제는 **카이랄성 중심**(chirality center)이라 부르기로 한다. 카이랄성 중심이 카이랄성의 원인이 되기 때문에 카이랄성은 분자 전체의 성질이라는 것을 유의하라.

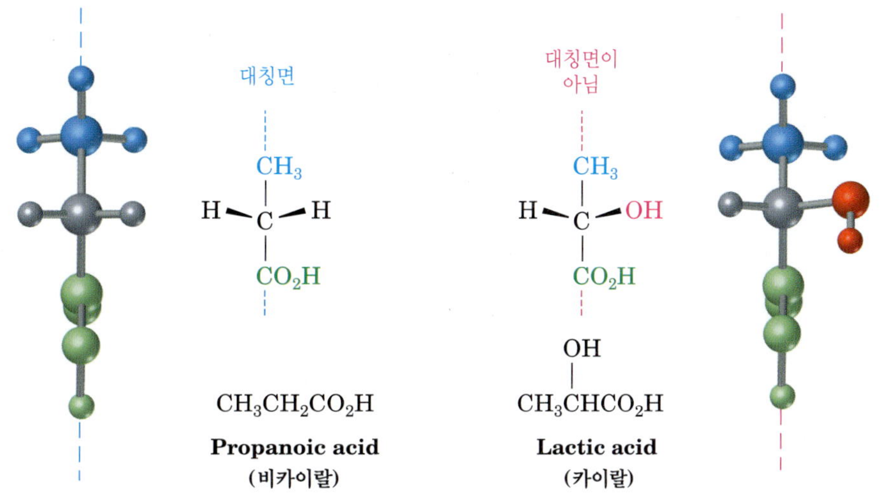

그림 6.19 ▸ 비카이랄성인 propanoic acid와 카이랄성인 lactic acid 분자. Propanoic acid는 분자의 한쪽과 거울상인 다른 쪽을 만드는 대칭면을 가진다. 그러나 lactic acid는 이러한 대칭면이 없다.

네 개의 서로 다른 기들이 주어진 한 탄소에 결합한 것이 항상 즉시 분명하게 드러나는 것은 아니기 때문에 복잡한 화합물에서 카이랄 중심을 알아내는 연습이 필요하다. 이러한 차이점이 카이랄 중심 바로 다음에서 반드시 나타나는 것은 아니다. 예를 들면 5-bromodecane은 다음과 같이 카이랄성 중심인 C5(*로 표시)에 네 개의 서로 다른 기들이 결합되어 있기 때문에 카이랄 분자이다.

$$\begin{array}{c} \mathrm{Br} \\ | \\ \mathrm{CH_3CH_2CH_2CH_2CH_2\overset{}{C}^{*}CH_2CH_2CH_2CH_3} \\ | \\ \mathrm{H} \end{array}$$

5-Bromodecane (카이랄)

5번 탄소에 있는 치환기

—H

—Br

—$CH_2CH_2CH_2CH_3$ (butyl)

—$CH_2CH_2CH_2CH_2CH_3$ (pentyl)

Butyl 치환기는 pentyl 치환기와 비슷하지만 같지는 않다. 카이랄성 중심으로부터 네 개의 탄소까지는 이러한 차이점이 나타나지 않지만 그 다음에서 차이가 있다.

다른 예로 methylcyclohexane과 2-methylcyclohexanone을 살펴보자. 이들 분자에서 어느 것이 카이랄인가? Methylcyclohexane은 분자 내에 네 개의 서로 다른 기들이 결합된 탄소가 없기 때문에 비카이랄이다. 모든 —CH_2— 탄소와 —CH_3 탄소는 고려 대상에서 제외할 수 있겠지만 고리의 C1은 어떠한가? C1 탄소 원자는 —CH_3기, —H 원자 및 고리의 C2와 C6와 결합하고 있다. 그러나 C2와 C6가 같고, C3과 C5가 동등하다. 따라서 C6—C5—C4 "치환기"는 C2—C3—C4 치환기와 동등하여 methylcyclohexane은 비카이랄이다. Methylcyclohexane은 메틸기와 고리의 C1과 C4를 통과하는 대칭면이 존재한다는 것을 알면 다른 방법으로 같은 결론에 도달할 수 있다.

2-Methylcyclohexanone에 대해서는 상황이 다르다. 2-Methylcyclohexanone은 C2에 네 개의 서로 다른 기, 즉 —CH_3기, —H 원자, —$COCH_2$—고리 결합(C1) 및 —CH_2CH_2— 고리 결합(C3)이 결합되어 있기 때문에 대칭면이 없어 카이랄이다.

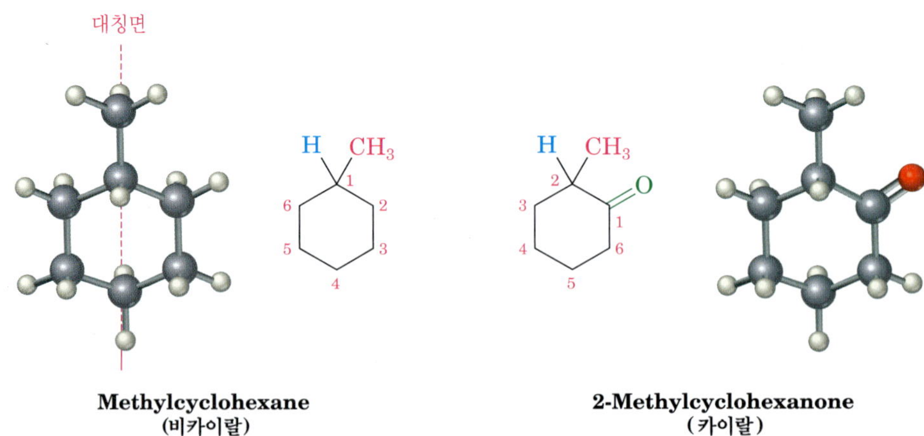

Methylcyclohexane (비카이랄)

2-Methylcyclohexanone (카이랄)

그 밖에 몇 가지 카이랄 분자들의 예를 아래에 나타내었다. 표지한 탄소가 카이랄성 중심인지 스스로 점검해보라(—CH_2—, —CH_3, C=C, C=O 및 C≡C 작용기에 결합되어 있는 탄소는 카이랄성 중심이 될 수 없다).

Carnone (양박하 오일)

Nootkatone (자몽오일)

◆ **문제 6.19** 다음 물체 중 어느 것이 카이랄인가?

(a) 나사 돌리개(드라이버) (b) 나사 (c) 콩 줄기
(d) 구두 (e) 망치

◆ **문제 6.20** 다음 분자 안에 카이랄성 중심을 표시하여라. 필요하면 분자 모형을 만들어 보아라.

(a) $CH_2CH_2CH_3$, N, H

Coniine
(독 당근)

(b) H, CH_3, HO, H, H

Menthol
(방향제)

(c) CH_3O, N—CH_3, H, H

Dextromethorphan
(기침 억제제)

◆ **문제 6.21** 단백질에서 발견되는 아미노산인 alanine은 카이랄이다. 쐐기 모양, 선 및 점선의 표준 표기법을 이용하여 alanine의 두 가지 거울상 이성질체를 그려라.

$$\begin{array}{c} NH_2 \\ | \\ CH_3CHCO_2H \end{array}$$ **Alanine**

◆ **문제 6.22** 다음 분자 안에 카이랄성 중심을 표시하여라(붉은색 = O, 초록색 = Cl, 노란색 = F).

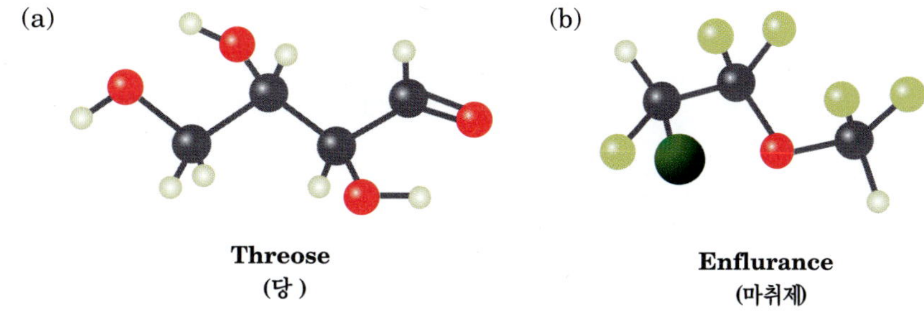

Threose
(당)

Enflurance
(마취제)

6.16 광학 활성

입체 화학에 관한 연구는 19세기 프랑스의 과학자 Jean Baptiste Biot의 연구에서 비롯되었다. 그는 **평면 편광**의 성질을 연구하고 있었다. 일반적인 광선은 진행 방향에 대하여 수직인 수많은 진동면을 가지는 전자기파로 구성되어 있다. 하지만 보통 광선이 **편광체**(polarizer)라는 장치를 통과하면 한 평면 내에서 진동하는 전자파만이 통과하게 되는데, 이러한 빛을 **평면 편광**(plane-polarized light)이라 한다. 다른 모든 평면에서 진동하는 전자파는 차단된다.

JEAN BAPTISTE BIOT

Jean Baptiste Biot(1774~1862)는 프랑스 Paris에서 출생하여 École Polytechnique에서 교육을 받았다. 1800년 College de France의 수학물리 교수로 임용되었다. 그는 turpentine을 비롯한 천연에서 산출되는 분자의 광학 회전을 결정하였으며, turpentine에 불이 붙어 그가 실험실로 사용하던 교회를 거의 전소시켰다.

Biot는 평면 편광이 설탕이나 camphor와 같은 특정한 유기 분자의 용액을 통과할 때 편광면이 회전된다는 놀라운 관찰을 하였다. 모든 유기 분자들이 이와 같은 성질을 나타내는 것은 아니지만, 편광면을 회전시키는 물질을 **광학 활성**(optically active)이 있다고 한다.

회전의 정도는 그림 6.20에 나타낸 **편광계**(polarimeter)라는 기기로 측정할 수 있다. 광학 활성인 유기 분자의 용액을 시료관에 넣고 시료관에 평면 편광을 통과시키면 편광면의 회전이 일어난다. 그런 다음 빛은 **분석기**(analyzer)라고 하는 두 번째 편광체를 통과한다. 빛이 통과될 때까지 분석기를 회전시키면 새로운 편광면을 찾을 수 있어 어느 정도 회전이 일어났는지를 말할 수 있다. 회전되는 정도는 α(그리스어 알파)로 나타내고, 도(degree)로 표시된다.

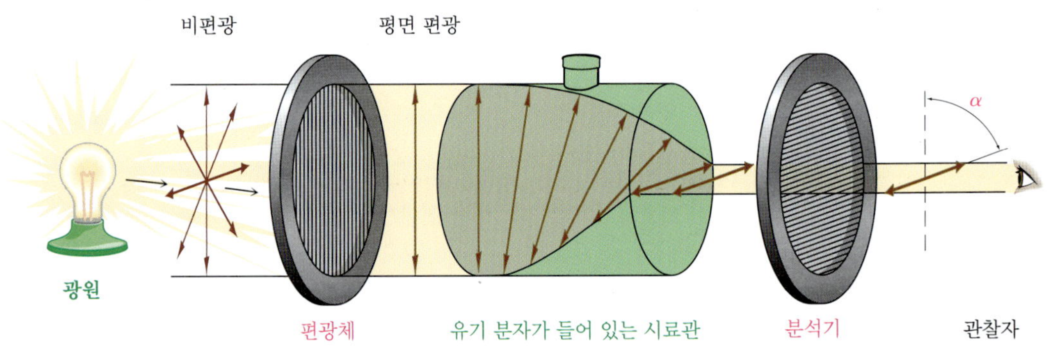

그림 6.20 ▸ 편광계의 모형도. 평면 편광이 광학적으로 활성인 용액을 통과하면 편광면을 회전하게 된다.

회전의 정도를 측정할 뿐만 아니라 그 방향도 알 수 있다. 관찰자가 분석기 끝에서 보는 관점에서 어떤 광학 활성 분자는 편광면을 왼쪽(시계 반대 방향)으로 회전시키며, 이것을 **좌회전성**(levorotatory)이라 하고, 어떤 것은 편광면을 오른쪽(시계 방향)으로 회전시키며, 이것을 **우회전성**(dextrorotatory)이라 한다. 관습상 좌회전성은 (−)로 표시하고, 우회전성은 (+)로 표시한다. 예를 들면 (−)-morphine은 좌회전성이고, (+)-sucrose는 우회전성이다.

편광계에서 관찰되는 회전의 정도는 광선이 부딪치는 광학 활성 분자의 수에 좌우된다. 이 숫자는 시료의 농도와 시료의 통과 길이에 달려 있다. 만일 시료관 내의 시료 농도를 두 배로 하면 실제 회전도도 두 배가 된다. 마찬가지로 시료관의 길이를 두 배로 해도 관찰되는 회전도는 두 배로 된다. 또한 회전도는 사용한 빛의 파장에도 의존한다는 사실이 알려져 있다.

비교가 가능하도록 광학 회전 자료를 유용한 방식으로 표현하기 위해서 표준 상태를 선택해야 한다. 한 화합물의 **고유 광회전도**(specific rotation), **$[\alpha]_D$**는 파장이 589나노미터(nm)의 빛을 사용하여 길이 l이 1데시미터(1 dm = 10 cm)인 시료관에 농도 C가 1 g/mL인 시료를 사용하였을 때의 관찰된 회전도로 정의된다(589 nm의 빛은 소듐의 D선(sodium D line)이라고 부르는 빛으로 보통 소듐램프로부터 방출되는 노란색 빛이다).

$$[\alpha]_D = \frac{\text{관찰된 회전(도)}}{\text{시료관 길이},\, l\,(\text{dm}) \times \text{농도},\, C\,(\text{g/mL})} = \frac{\alpha}{l \times C}$$

이 표준법에 따라 광회전도를 표시하면 고유 광회전도 $[\alpha]_D$는 주어진 광학활성 화합물의 특징인 물리적 상수가 된다. 예를 들면 6.14절에서 본 (+)-lactic acid는 $[\alpha]_D$ = +3.82°이며, (+)-lactic acid의 $[\alpha]_D$ = −3.82°이다. 몇 가지 예를 표 6.4에 나타내었다.

표 6.4 • 몇 가지 유기 화합물의 고유 광회전도

화합물	$[\alpha]_D$(도)	화합물	$[\alpha]_D$(도)
Penicillin V	+233	Cholesterol	−31.5
Sucrose	+66.47	Morphine	−132
Camphor	+44.26	Acetic acid	0
Monosodium glutamate	+25.5	Benzene	0

6.17 부분 입체 이성질체

Lactic acid, alanine 및 glyceraldehyde와 같은 분자들은 카이랄성 중심이 한 개뿐이고, 두 개의 거울상 이성질체 형태로만 존재하기 때문에 비교적 단순하다. 그러나 둘 이상의 카이랄성 중심을 가지는 분자에 대해서 상황은 더 복잡해진다. 예를 들면 필수 아미노산인 threonine(2-amino-3-hydroxybutanoic acid)을 생각해 보자. Threonine은 두 개의 카이랄성 중심(C2와 C3)을 가지고 있기 때문에 그림 6.21에 나타낸 바와 같이 네 개의 가능한 입체 이성질체가 존재한다.

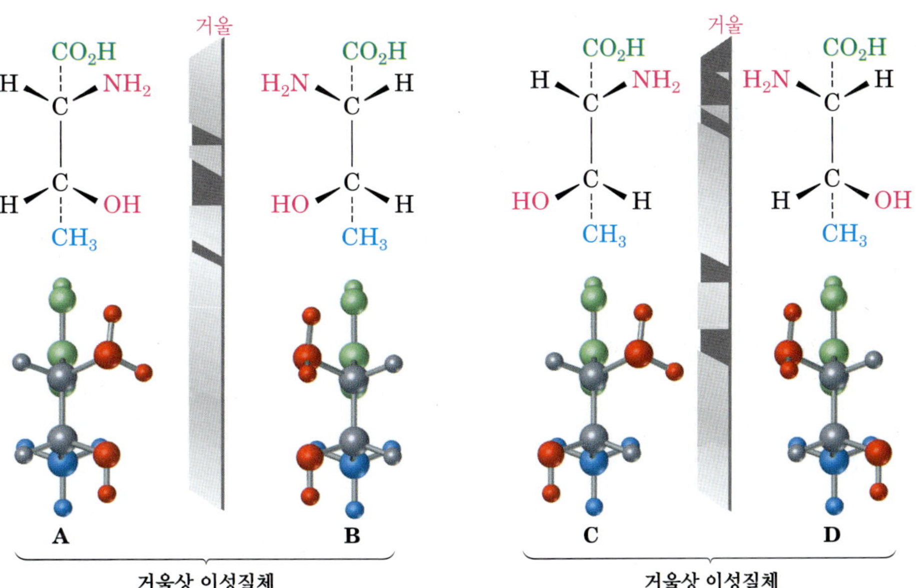

그림 6.21 ▸ 2-amino-3-hydroxybutanoic acid의 네 개의 입체 이성질체.

2-Amino-3-hydroxybutanoic acid의 네 개의 입체 이성질체들은 두 개의 거울상 이성질체쌍으로 분류할 수 있다. 입체 이성질체 A는 B의 거울상이고, 입체 이성질체 C는 D의 거울상이다. 그러나 거울상이 아닌 두 개의 배열 사이에는 어떠한 관계가 있을까? 예를 들면 이성질체 A와 이성질체 B 사이에는 어떠한 관계가 있을까? 이들은 입체 이성질체이지만, 거울상 이성질체는 아니다. 이와 같은 관계를 설명하기 위해 우리는 부분 입체 이성질체라는 새로운 용어를 사용한다. 부분 입체 이성질체(diastereomer)는 서로가 거울상이 아닌 입체 이성질체이다.

◆ **문제 6.23** 다음 분자 구조의 두 쌍의 거울상이성질체의 구조를 그려라.

$CH_3CH(OH)CHBrCH_3$

◆ **문제 6.24** *Streptomyces venezuelae* 박테리아로부터 1949년에 분리되었고 강력한 항생제인 chloramphenicol은 넓은 스펙트럼의 박테리아 감염에 대해 활성을 가지며, 특별히 장티푸스에 효과가 있다. Chloramphenicol 내의 카이랄성 중심을 표시하여라.

H OH, CH_2OH, H $NHCOCHCl_2$, O_2N

Chloramphenicol

◆ **문제 6.25** 아미노산인 isoleucine의 다음 분자 모형에서 각 카이랄성 중심을 표시하여라(붉은색 = O, 푸른색 = N).

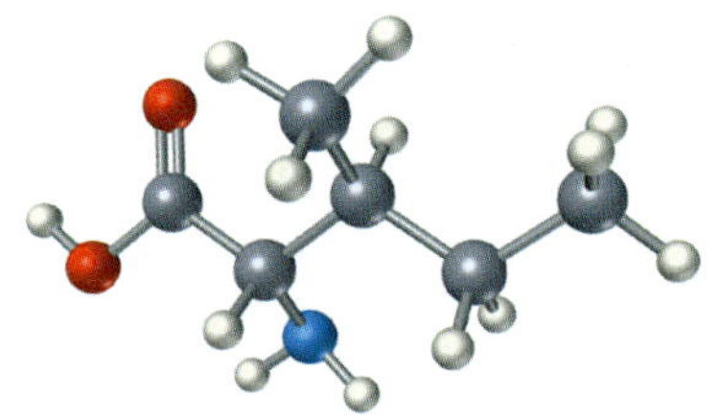

6.18 메조 화합물

두 개의 카이랄 중심을 가진 화합물의 다른 한 가지 예로 tartaric acid를 보자. 우리는 광학 활성에 관한 Pasteur의 발견에서의 역할 때문에 tartaric acid에 대해 이미 잘 알고 있으며, 다음과 같은 네 개의 입체 이성질체를 그릴 수 있다.

A	거울	B	C	거울	D
$_1CO_2H$; H, OH on C_2; HO, H on C_3; $_4CO_2H$		$_1CO_2H$; HO, H on C_2; H, OH on C_3; $_4CO_2H$	$_1CO_2H$; H, OH on C_2; H, OH on C_3; $_4CO_2H$		$_1CO_2H$; HO, H on C_2; HO, H on C_3; $_4CO_2H$

거울상인 A와 B 구조는 동일하지 않고, 따라서 한 쌍의 거울상 이성질체이다. 그러나 자세히 살펴보면 C와 D 구조는 한 구조를 180° 회전하면 동일함을 볼 수 있다.

회전 180°

동일함

C와 D 구조는 이 분자가 대칭면(plane of symmetry)을 가지고 있어 아카이랄성이므로 동일하다. 대칭면은 한쪽 반이 다른 반쪽의 거울상이 되도록 C2–C3 결합을 가로질러 자르는 면이다(그림 6.22).

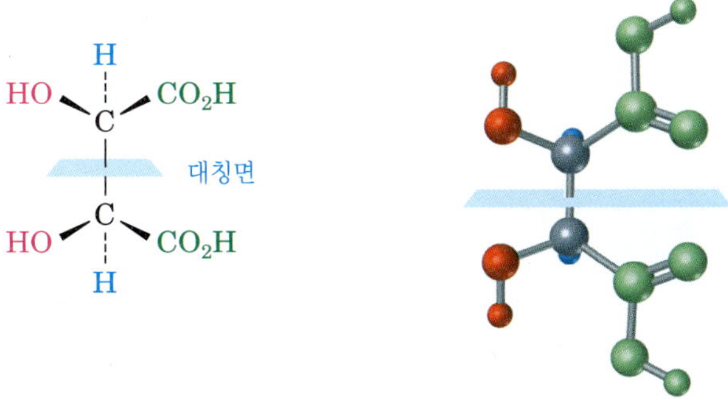

그림 6.22 ▸ *meso*-Tartaric acid C2–C3 결합을 통과하는 대칭면은 분자를 비카이랄성이 되게 한다.

그림 6.22에 나타낸 tartaric acid 입체 이성질체는 이것이 두 개의 카이랄성 중심을 가지고 있음에도 불구하고 대칭면 때문에 분명히 비카이랄이다. 카이랄성 중심을 포함하고 있으면서도 비카이랄인 화합물을 **메조 화합물**(meso compund, me-zo)이라 한다. 따라서 tartaric acid는 두 개의 거울상 이성질체와 하나의 메조 형태를 합하여 모두 세 개의 입체 이성질체가 존재한다.

→ 6.19 두 개 이상의 카이랄 중심을 가지는 분자

이제 한 분자 내에 하나의 카이랄 중심이 있으면 두 개의 입체 이성질체(한 쌍의 거울상 이성질체)가, 한 분자 내에 두 개의 카이랄 중심이 있으면 최대 네 개의 입체 이성질체(두 쌍의 거울상 이성질체)가 존재함을 알았다. 일반적으로, n개의 입체 중심을 가지는 최대 2^n개의 입체 이성질체(2^{n-1}쌍의 거울상 이성질체)를 갖는다. 예를 들면 cholesterol은 8개의 입체 중심을 가지고 있으므로 $2^8 = 256$개의 입체 이성질체가 가능하지만, 많은 이성질체들이 너무나 변형(strain)되어 있어 실제로는 존재할 수는 없다. 자연계에서는 이들 중 한 가지 만이 생성된다.

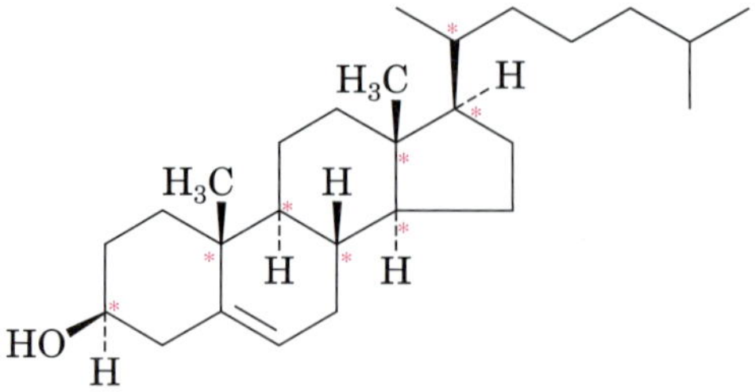

Cholesterol
(8개의 카이랄성 중심)

◆ 문제 6.26 Morphine에는 몇 개의 카이랄 중심이 있는가? 원칙적으로 morphine의 가능한 입체 이성질체의 수는 몇 개인가?

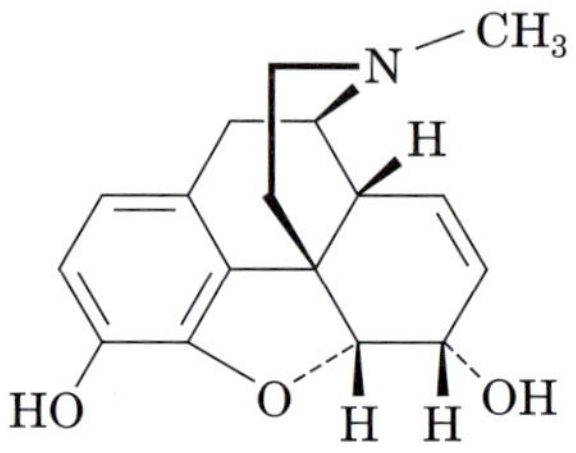

Morphine

6.20 입체 이성질체의 물리적 성질

Tartaric acid의 세 가지 입체 이성질체의 몇 가지 물리적 성질을 표 6.5에 나타내었다. 표에 나타낸 바와 같이 (+)와 (−)-tartaric acid는 녹는점, 용해도 및 밀도가 같다. 이들은 평면 편광의 회전 방향(부호)만이 다르다. 반면에 메조 이성질체는 (+)와 (−)형과는 부분 입체 이성질 현상이다. 그러므로 메조형은 (+)와 (−)-tartaric acid와 거울상 관계에 있지 않으며, 전혀 다른 화합물로 물리적인 성질도 다르다.

표 6.4 • Tartaric Acid의 입체 이성질체에 대한 몇 가지 물리적 성질

입체 이성질체	녹는점 (°C)	$[\alpha]_D$ (도)	밀도 (g/cm^3)	20°C에서의 용해도 (g/100 mL H_2O)
(+)	168–170	+12	1.7598	139.0
(−)	168–170	−12	1.7598	139.0
메조	146–148	0	1.6660	125.0

6.21 라세미 혼합물과 분할

입체 이성질 현상에 관한 설명을 마무리하기 위해 Pasteur의 개척적인 업적을 마지막으로 되돌아보기로 하자. Pasteur는 광학적으로 비활성인 tartaric acid염을 취해서 2*R*,3*R*과 2*S*,3*S* 배열을 가지는 두 종류의 광학 활성 형태의 물질로 결정화하 수 있음을 발견하였다. 그러나 그가 처음 다루었던 광학 비활성 형태는 무엇이었는가? *meso*-

Tartaric acid는 다른 화합물이며, 화학 결합을 끊어 다시 만들지 않고는 두 개의 카이랄 거울상 이성질체와는 상호 변환이 불가능하기 때문에 그것은 *meso*-tartaric acid가 아니다.

답은 Pasteur가 두 개의 카이랄 tartaric acid 거울상 이성질체들의 50 : 50 혼합물을 가지고 시작했다는 것이다. 이러한 혼합물을 **라세미 혼합물**(racemic, ray-see-mic, mixture) 또는 라세미체(racemate)라고 하며, 우회전성과 좌회전성 형태의 혼합물을 나타내기 위해 기호 (±) 또는 접두어 *d*, *l*로 나타낸다. 라세미 혼합물은 한 거울상 이성질체로부터 생기는 (+) 회전은 다른 거울상 이성질체로부터 생기는 (−) 회전을 정확히 상쇄하기 때문에 광학 회전은 0을 나타낸다. 운 좋게도 Pasteur는 라세미 tartaric acid를 분별 결정에 의해 (+)와 (−) 거울상 이성질체로 분리, 즉 **분할**(resolve)할 수 있었다. 불행하게도 이러한 방법은 대부분의 라세미 혼합물에 적용될 수 없으므로 다른 방법이 필요하다.

생활과 화학 . . .

카이랄성 의약품

여러 가지 원료로부터 미국 식품의약국에 의해 인정된 수백 개의 다른 조제 약품이 만들어진다. 많은 의약품들이 식물이나 박테리아로부터 직접 분리되기도 하고, 어떤 것들은 천연물을 화학적으로 변형시켜 만들기도 하며, 그 밖에도 천연물과 아무 관련이 없이 실험실에서만 만들어지는 것들도 있다.

직접이든 또는 화학적 변형을 시킨 다음이든 천연으로부터 나오는 약품은 보통 카이랄성이며, 일반적으로 라세미 혼합물이 아니라 하나의 거울상 이성질체만이 발견된다. 예를 들면 *Penicillum* 곰팡이로부터 분리된 항생제인 penicillin V는 2*S*,5*R*,6*R* 배열을 하고 있다. 이 거울상 이성질체는 자연계에서 산출되지 않고 실험실에서만 합성될 수 있으며, 생물학인 활성을 전혀 띠지 않는다.

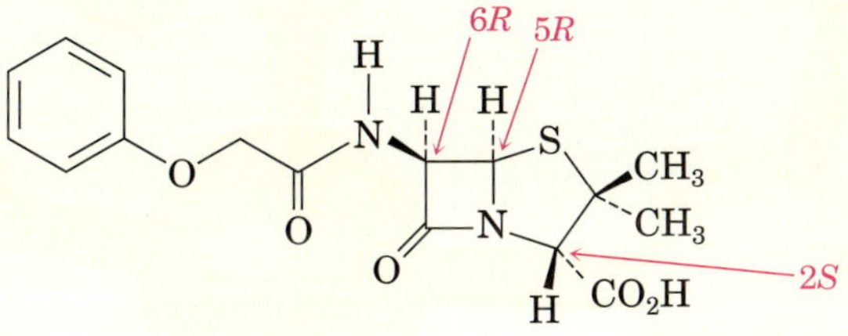

6*R* 5*R* H H H N S O CH_3 CH_3 O N O H CO_2H 2*S*

Penicillin V (2*S*,5*R*,6*R* 배열)

천연에서 얻어지는 의약품과는 달리 오직 실험실에서만 만들어지는 의약품들은 비카이랄성이거나 카이랄성이라 할지라도 일반적으로 라세미 혼합물로 제조, 판매되고 있다. 예를 들면 Ibuprofen은 입체 중심을 하나 포함하고 있으며, *S* 거울상 이성질체만이 류머티즘을 치료하는 데 사용되는 진통 항염제이다. Ibuprofen의 *R* 거울상 이성질체가 비활성이기는 하나, Advil, Nuprin 및 Motrin 등의 상표로 판매되는 제품은 *R*과 *S*의 라세미 혼합물이다.

(계속)

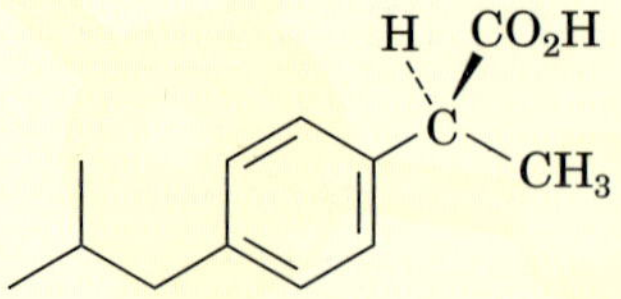

H CO$_2$H / C / CH$_3$

(S)-Ibuprofen
(활성 진통제)

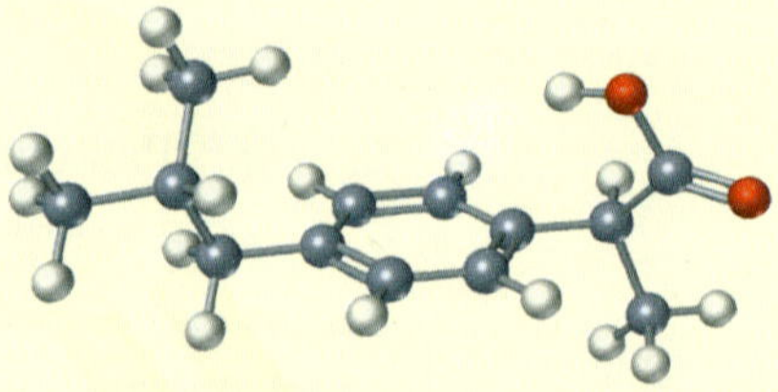

원하는 목적에 맞지 않는 거울상이성질체를 합성하고 투여하는 것이 화학적으로 낭비적일 뿐만 아니라 라세미 혼합물 안에 있는 "다른" 거울상 이성질체의 존재가 "올바른" 거울상 이성질체를 이용하는 신체의 능력에 영향을 주거나 올바른 거울상 이성질체가 의도하지 않는 약물학적 효과를 가질 수도 있다. 예를 들면 라세미 혼합물 내에 (*R*)-ibuprofen이 존재하면 *S* 거울상 이성질체가 가지는 효율을 12분에서 38분으로 감소시키는 것으로 볼 수 있다.

이러한 문제를 극복하기 위해서 제약 회사에서는 소위 **거울상 선택성 합성**(enantioselective synthesis)이라고 부르는 새로운 방법을 고안하고 있으며, 이 방법은 라세미 혼합물 대신에 하나의 거울상 이성질체만을 합성할 수 있게 해준다. (*S*)-Ibuprofen의 합성을 위한 가능한 방법이 개발되었으며, TV 광고에서 유명한 테니스 선수들이 카이랄성 약품의 이점에 관해 이야기하는 것이 나올 때가 멀지 않았다.

요약 및 주요 용어

Friedel-Crafts 아실화 반응, 6.7
Friedel-Crafts 알킬화 반응, 6.8
거울상 이성질체, 6.14
고유 광회전도, 6.16
공명 효과, 6.9
광학 활성, 6.16
나이트로화 반응, 6.6
대칭면, 6.15
라세미 혼합물, 6.21
라세미체, 6.21
메조 화합물, 6.18
메타-지향성 활성 감소기, 6.9
방향족, 6.10
벤질, 6.2
부분 입체 이성질체, 6.17
비카이랄, 6.15
설폰화 반응, 6.6

방향족(Aromatic)이란 용어는 역사적으로 benzene과 구조적으로 관계 있는 화합물들에 적용된다. 방향족 화합물들은 IUPAC 규칙에 의해 체계적으로 명명되지만, 많은 관용명도 사용되고 있다. 이치환 benzene 화합물들은 **오쏘**(1,2 치환), 메타(1,3 치환) 또는 **파라**(1,4 치환) 유도체라 부른다. C_6H_5—단위 자체는 **페닐**(phenyl)기로 부르고, $C_6H_5CH_2$—단위는 **벤질**(benzyl)기라고 부른다.

Benzene의 구조는 공명 이론에 의하여 두 개의 Kekulé 공명 구조를 혼합한 한 개의 공명 혼성 구조이다.

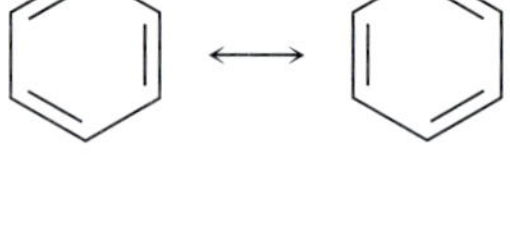

친전자성 방향족 치환 반응(Electrophilic aromatic substitution)은 두 단계로 일어나며—처음에는 친전자체, E^+와 방향족 고리와의 반응이고, 이어서 공명-안정화된 탄소 양이온 중간체로부터 양성자를 잃고 방향족 고리가 재생된다.

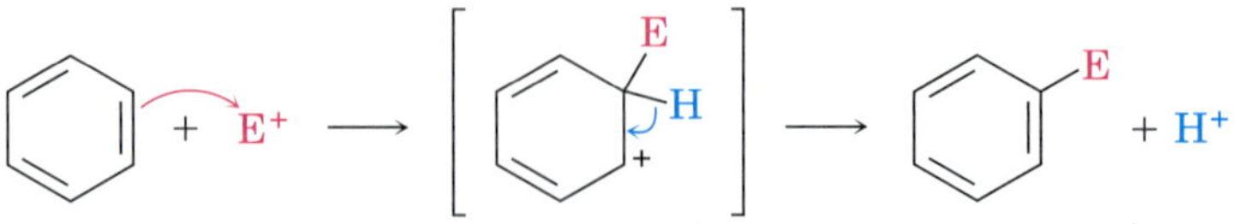

$+ E^+ \longrightarrow$ [E, H, +] $\longrightarrow$ E $+ H^+$

할로젠화 반응(Halogenation), **나이트로화 반응**(nitration) **및 설폰화 반응**(sulfonation) 등을 포함해서 여러 가지 많은 반응이 일어날 수 있다. 방향족 고리와 탄소 양이온 **친전자체가 포함된 Friedel-Crafts 알킬화 반응**(alkylation)과 **아실화 반응**(acylation)은 특히 유용한 반응이다. 그러나 두 가지 반응 모두는 방향족 고리가 적어도 할로벤젠만큼 반응성이 있어야 된다는 제한이 있다 더욱이 Friedel-Crafts 알킬화 반응은 가끔 다중 알킬화 반응 및 탄소 양이온 자리옮김이 일어날 수 있다.

Benzene 고리에 있는 치환기들은 더 진행되는 치환 반응에 대해 고리의 반응성과 지향성에 모두 영향을 준다. **치환기들은 오쏘- 및 파라-지향성 활성화기**(ortho- and para-direction activator), **오쏘- 및 파라-지향성 활성 감소기**(ortho- and para-directing deactivator) 그리고 **메타-지향성 활성 감소기**(meta-directing deactivator)로 분류될 수 있다. 치환기들은 공명 효과 및 유발 효과의 조합에 의해 benzene 고리에 영향을 준다. **공명 효과**(Resonance effect)는 π 결합을 통해 전달되고, **유발 효과**(inductive effect)는 σ 결합을 통해 전달된다.

거울상과 겹칠 수 없는 물체나 분자를 "손잡이"라는 뜻인 **카이랄**(chiral)이라고 한다. 예를 들면 장갑은 카이랄이지만 커피잔은 **아카이랄**(achiral)이다. 카이랄 분자는 **대칭면**(plane of symmetry; 한쪽 반이 다른 반의 거울상이 되도록 분자를 가로지르는 가상적인 면)을 가지고 있지 않다. 유기 분자가 카이랄성을 갖게 하는 가장 일반적인 원인은 네 개의 서로 다른 치환기가 결합된 정사면체의 sp^3 혼성 탄소 원자, 소위 **카이랄성 중심**(chirality center)이 존재하기 때문이다. 카이랄성 화합물은 한 쌍의 겹쳐지지 않는 **거울상 이성질체**(enantiomer)라고 하는 거울상의 입체 이성질체가 존재한다. 거울상 이성질체들은 **평면 편광**(plane-polarized light)을 회전하는 방향, 즉 **광학 활성**(optical activity)을 제외하고는 모든 물리적 성질이 같다.

어떤 분자들은 한 개 이상의 카이랄성 중심을 갖는다. 거울상 이성질체들은 모든 카이랄성 중심에서 반대 배열을 하고 있고, 반면에 **부분 입체 이성질체**(diastereomer)들은 최소한 한 중심에서는 같은 배열, 다른 중심에서는 반대 배열을 하고 있다. n개의 입체 중심을 가지는 화합물을 최대 2^n개의 입체 이성질체를 가질 수 있다.

메조 화합물(Meso compound)은 카이랄 중심을 가지고 있으나, 대칭면을 가지고 있기 때문에 전체적으로는 비카이랄성이다. **라세미 혼합물**(racemic mixture), 즉 **라세미체**(racemate)는 (+)와 (−) 거울상 이성질체의 50 : 50 혼합물이다. 라세미 혼합물과 각 부분 입체 이성질체는 용해도, 녹는점 및 끓는점과 같은 물리적 성질이 서로 다르다.

반응의 요약

1. 친전자성 방향족 치환 반응

(a) 브로민화 반응

$$C_6H_6 + Br_2 \xrightarrow{FeBr_3} C_6H_5Br + HBr$$

(b) 염소화 반응

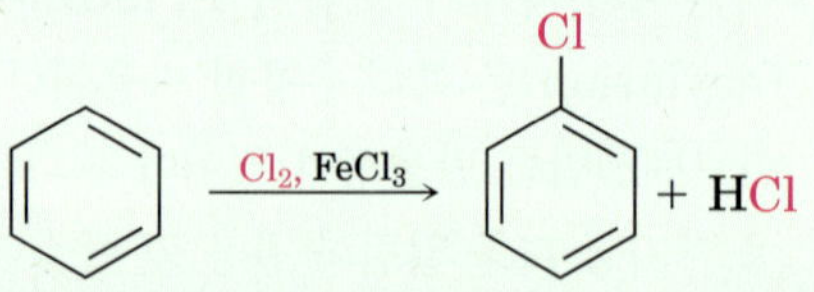

$$\text{C}_6\text{H}_6 \xrightarrow{Cl_2,\ FeCl_3} \text{C}_6\text{H}_5\text{Cl} + HCl$$

(c) 나이트로화 반응

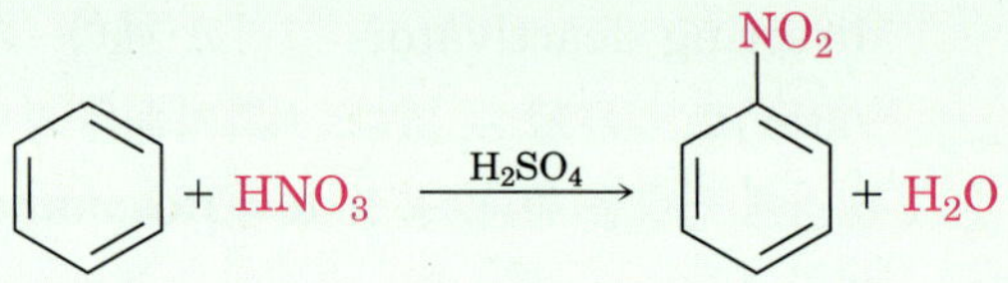

$$\text{C}_6\text{H}_6 + HNO_3 \xrightarrow{H_2SO_4} \text{C}_6\text{H}_5\text{NO}_2 + H_2O$$

(d) 설폰화 반응

$$\text{C}_6\text{H}_6 + SO_3 \xrightarrow{H_2SO_4} \text{C}_6\text{H}_5\text{SO}_3\text{H}$$

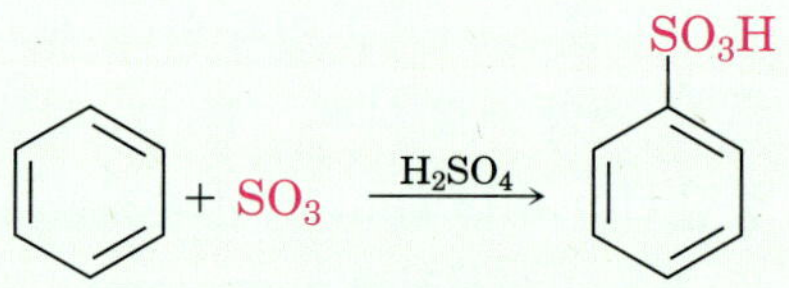

(e) Friedel–Crafts 알킬화 반응

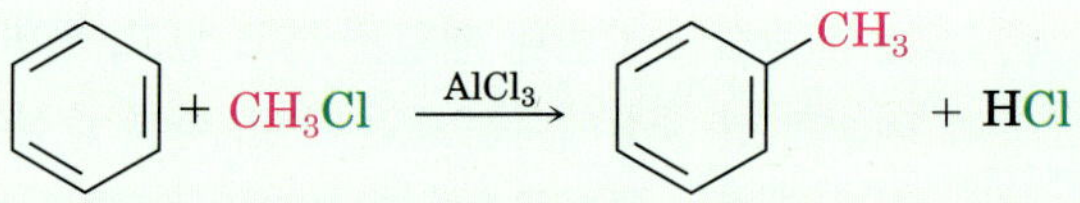

$$\text{C}_6\text{H}_6 + CH_3Cl \xrightarrow{AlCl_3} \text{C}_6\text{H}_5\text{CH}_3 + HCl$$

방향족 고리 : 적어도 할로벤젠만큼 반응성이 있어야 한다. 활성 감소된 고리는 반응하지 않는다.

할로젠화 알킬 : 메틸, 에틸, 이차 또는 삼차일 수 있다. 일차 할로젠화 알킬은 탄소 양이온 자리옮김이 일어난다.

(f) Friedel–Crafts 아실화 반응

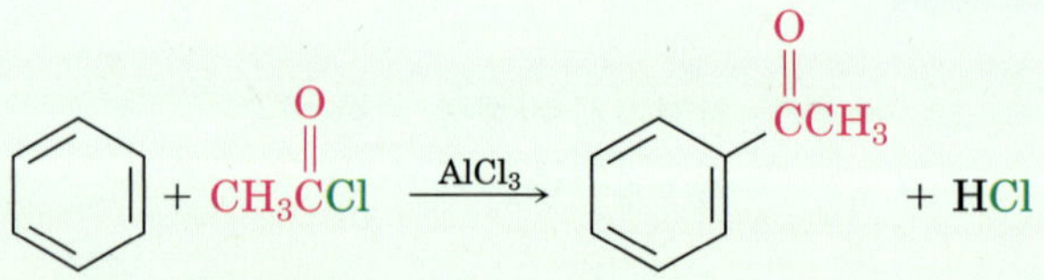

$$\text{C}_6\text{H}_6 + CH_3\overset{O}{\overset{\|}{C}}Cl \xrightarrow{AlCl_3} \text{C}_6\text{H}_5\overset{O}{\overset{\|}{C}}CH_3 + HCl$$

2. 방향족 나이트로기의 환원 반응

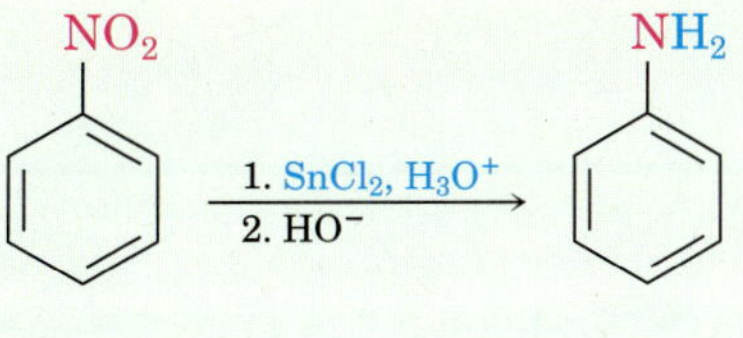

$$\text{C}_6\text{H}_5\text{NO}_2 \xrightarrow[\text{2. HO}^-]{\text{1. SnCl}_2,\ \text{H}_3\text{O}^+} \text{C}_6\text{H}_5\text{NH}_2$$

3. Toluene의 염소화 반응

(a) 자유 라디칼 치환 반응

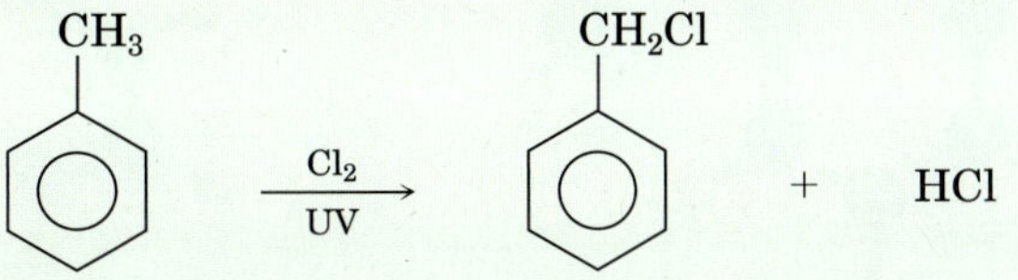

$$\text{C}_6\text{H}_5\text{CH}_3 \xrightarrow[\text{UV}]{\text{Cl}_2} \text{C}_6\text{H}_5\text{CH}_2\text{Cl} + \text{HCl}$$

(b) 친전자성 치환 반응

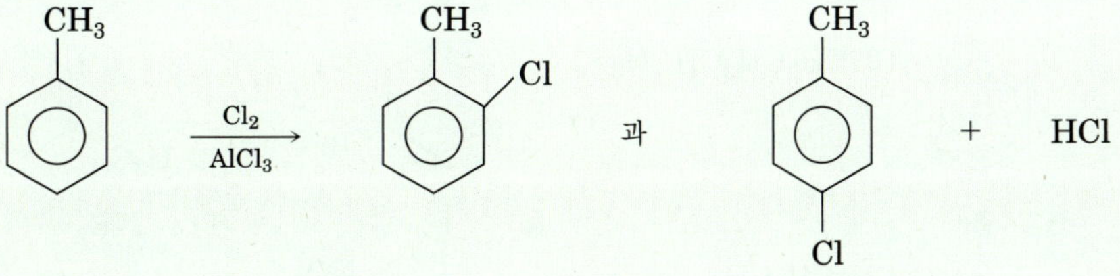

$$\text{C}_6\text{H}_5\text{CH}_3 \xrightarrow[\text{AlCl}_3]{\text{Cl}_2} o\text{-ClC}_6\text{H}_4\text{CH}_3 \text{ 과 } p\text{-ClC}_6\text{H}_4\text{CH}_3 + \text{HCl}$$

4. 알킬벤젠 곁사슬의 산화 반응

$$\text{C}_6\text{H}_5\text{CH}_3 \xrightarrow[\text{H}_2\text{O}]{\text{KMnO}_4} \text{C}_6\text{H}_5\text{CO}_2\text{H}$$

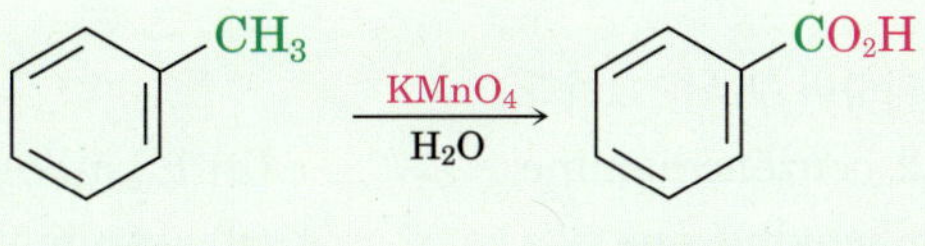

1°와 2°에서 반응이 일어나지만, 3°와 알킬 곁사슬에서는 일어나지 않는다.

5. Toluene의 나이트로화 반응

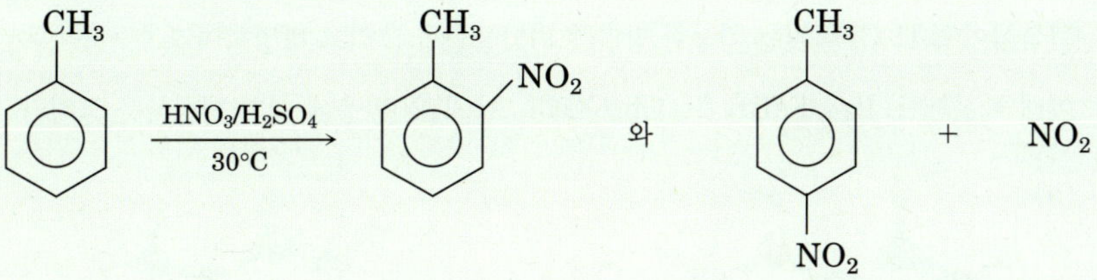

$$\text{C}_6\text{H}_5\text{CH}_3 \xrightarrow[30^\circ\text{C}]{\text{HNO}_3/\text{H}_2\text{SO}_4} o\text{-O}_2\text{NC}_6\text{H}_4\text{CH}_3 \text{ 와 } p\text{-O}_2\text{NC}_6\text{H}_4\text{CH}_3 + \text{NO}_2$$

연습 문제

시각 화학

6.27 다음 화합물들의 IUPAC명을 써라(붉은색 = O, 푸른색 = N).

(a)

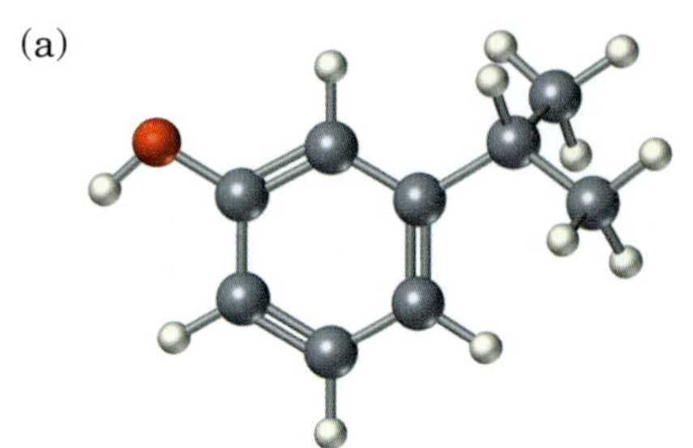

(b)

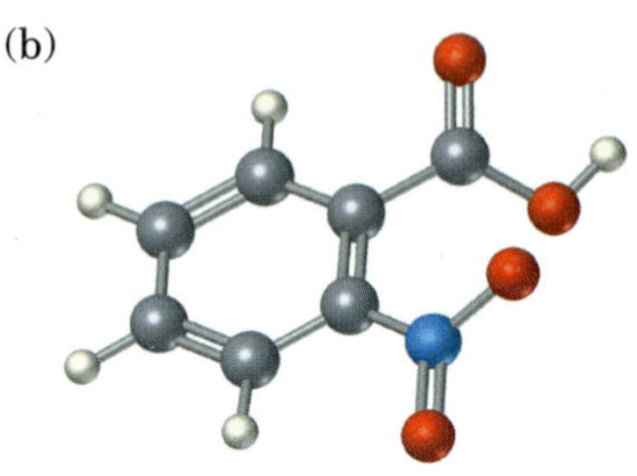

6.28 다음 화합물에 대한 IUPAC명을 써라.

(a) CH_3 CH_3 $CHCH_2CH_2CHCH_3$

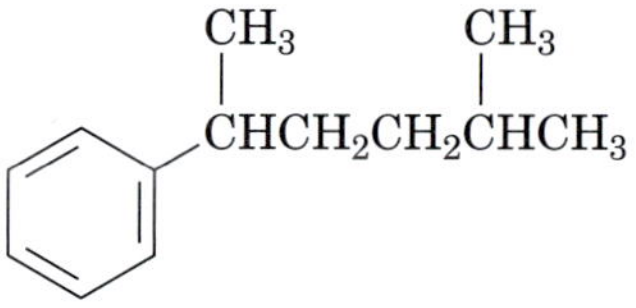

(b) CO_2H Br

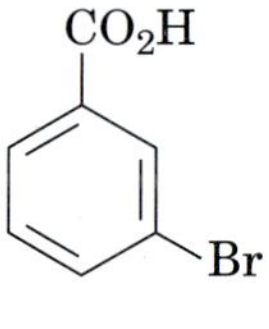

(c) Br H_3C CH_3

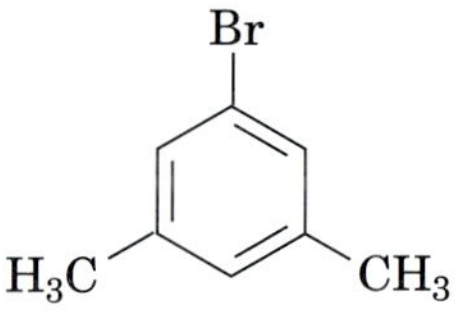

(d) Br $CH_2CH_2CH_3$

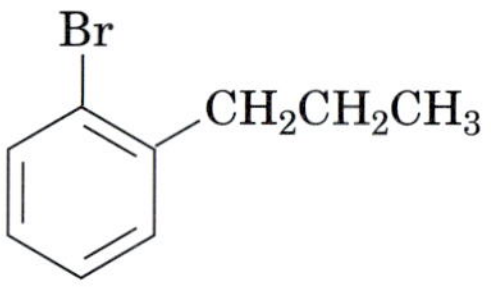

(e) F NO_2 NO_2

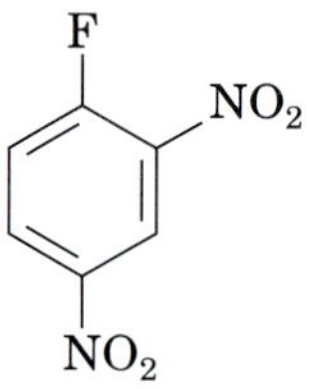

(f) NH_2 Cl

6.29 다음 이름들과 일치하는 구조를 그려라.

(a) 3-Methyl-1,2-benzenediamine
(b) 1,3,5-Benzenetriol
(c) 3-Methyl-2-phenylhexane
(d) *o*-Aminobenzoic acid
(e) *m*-Bromophenol
(f) 2,4,6-Trinitrophenol(picric acid)
(g) *p*-Iodonitrobenzene

6.30 모든 이성질체를 그리고 명명하여라.

(a) Dinitrobenzene
(b) Bromodimethylbenzene
(c) Trinitrophenol

6.31 화학식이 C_7H_7Cl을 갖는 가능한 방향족 화합물들을 그리고 명명하여라.

6.32 아래 물질과 (i) Br_2, $FeBr_3$ (ii) CH_3COCl, $AlCl_3$의 반응에 대한 생성물을 그려라.

(a)

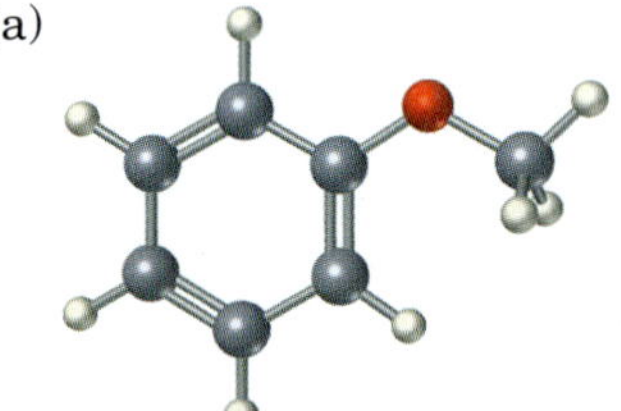

(b)

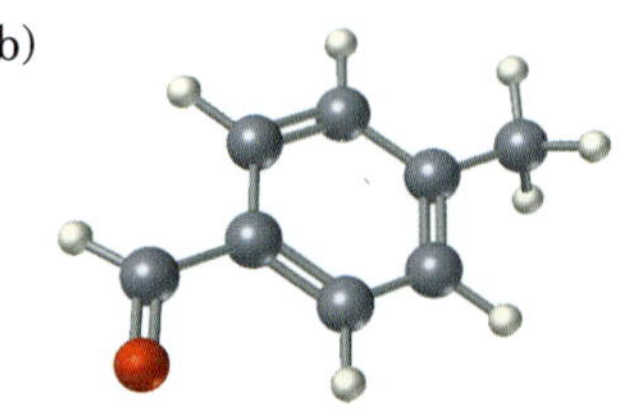

6.33 Benzene을 출발 물질로 하여 아래 물질을 어떻게 합성하겠는가? 한 단계 이상이 필요할 수 있다.

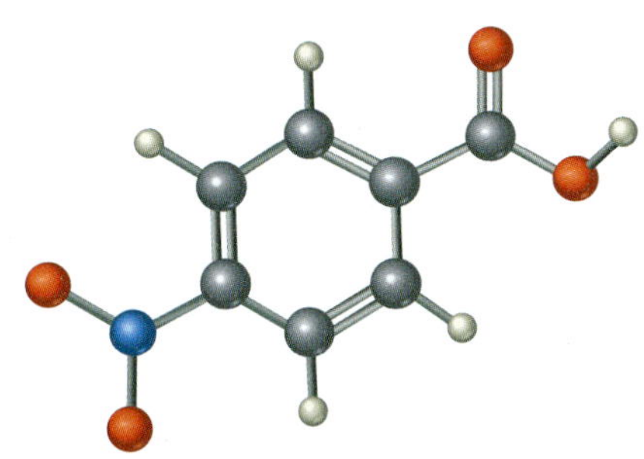

6.34 다음 화합물의 단일 나이트로화 반응의 생성물을 예측하여라. 어느 화합물이 benzene보다 빠르게 또는 느리게 반응하는가?

(a) Bromobenzene　(b) Benzonitrile　(c) Benzoic acid
(d) Nitrobenzene　(e) Benzenesulfonic acid　(f) Methoxybenzene

6.35 다음 화합물에 있는 각각 치환기에 따라 친전자성 치환 반응에 대한 반응성을 순서대로 나열하여라.

(a) Chlorobenzene, *o*-dichlorobenzene, benzene
(b) *p*-Bromonitrobenzene, nitrobenzene, phenol

6.36 다음 화합물과 chloromethane 및 $AlCl_3$와의 반응으로부터 얻을 수 있는 단일 알킬화반응의 주생성물을 예측하여라.

(a) Bromobenzene　(b) *m*-Bromophenol
(c) *p*-Chloroaniline　(d) 2,4-Dichloronitrobenzene
(e) 2,4-Dichlorophenol　(f) Benzoic acid
(g) *p*-Methylbenzenesulfonic acid　(h) 2,5-Dibromotoluene

6.37 다음 화합물의 친전자성 염소화 반응에 대한 주생성물의 구조를 그려서 이를 명명하여라.

(a) *m*-Nitrophenol　(b) *o*-Xylene　(c) *p*-Nitrobenzoic acid

6.38 아래 반응에서 얻을 수 있는 생성물은 무엇인가?

(a) 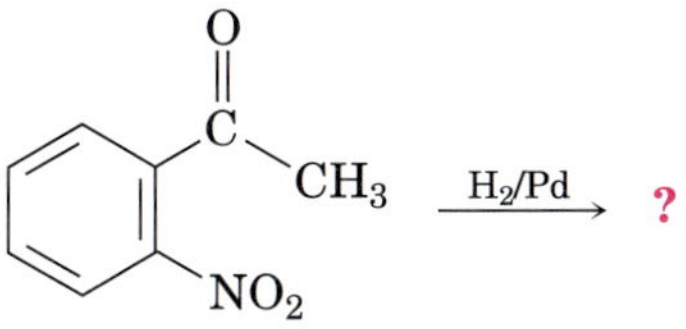 (o-NO_2, $C(=O)CH_3$ benzene) $\xrightarrow{H_2/Pd}$?

(b) 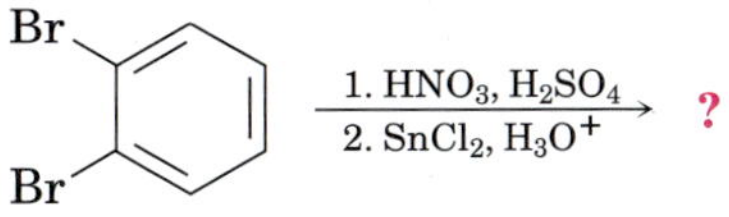 (Br, Br benzene) $\xrightarrow[2.\ SnCl_2,\ H_3O^+]{1.\ HNO_3,\ H_2SO_4}$?

(c) (Cl, OCH_3 benzene) $\xrightarrow[AlCl_3]{CH_3CH_2CH_2Cl}$?

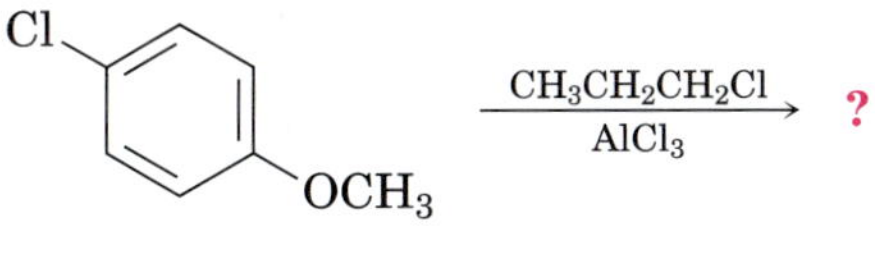

6.39 아래 반응의 주 생성물을 예측하여라.

(a) 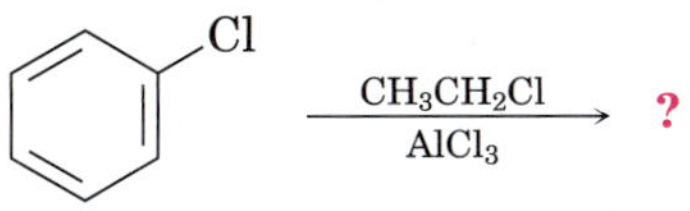 (Cl benzene) $\xrightarrow[AlCl_3]{CH_3CH_2Cl}$?

(b) 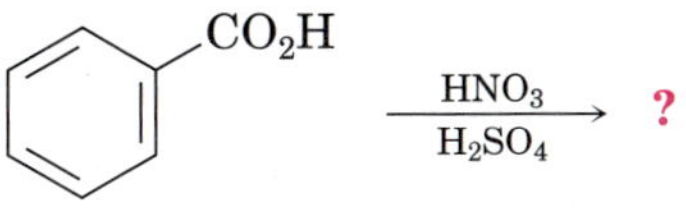 (CO_2H benzene) $\xrightarrow[H_2SO_4]{HNO_3}$?

(c) 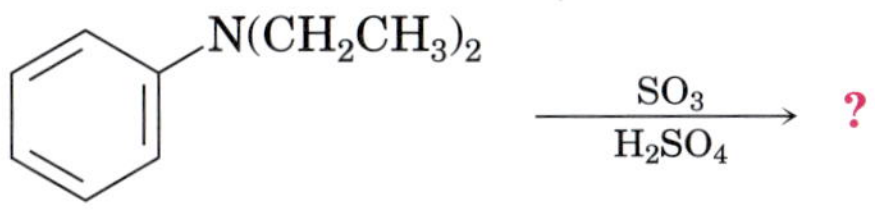 ($N(CH_2CH_3)_2$ benzene) $\xrightarrow[H_2SO_4]{SO_3}$?

6.40 Benzene을 출발 물질로 하여 다음 물질을 어떻게 합성할 수 있는가? 오쏘 및 파라 이성질체는 분리될 수 있다고 가정하여라.

(a) *o*-Methylphenol (b) 2,4,6-Trinitrophenol
(c) 2,4,6-Trinitrobenzoic acid (d) *m*-Bromoaniline

6.41 다음 합성 과정에서 틀린 부분을 지적하여라.

(a) CH_3 (toluene) $\xrightarrow{\text{1. } Cl_2,\ FeCl_3;\ \text{2. } KMnO_4}$ CO_2H, Cl (*meta*)

(b) Cl (chlorobenzene) $\xrightarrow{\text{1. } HNO_3,\ H_2SO_4;\ \text{2. } CH_3Cl,\ AlCl_3;\ \text{3. } SnCl_2,\ H_3O^+;\ \text{4. } NaOH,\ H_2O}$ Cl, CH_3, NH_2

(c) CH_3 (toluene) $\xrightarrow{\text{1. } CH_3\overset{O}{\overset{\|}{C}}Cl,\ AlCl_3;\ \text{2. } HNO_3,\ H_2SO_4;\ \text{3. } H_2/Pd;\ \text{ethanol}}$ CH_3, NO_2, CH_2CH_3

6.42 Phenol(ArOH)은 비교적 산성이며, 방향족 고리에 치환기가 존재하면 큰 효과를 갖는다. 예를 들면, 비치환된 phenol의 pK_a 값은 9.89를 갖으며, 반면에 *p*-nitrophenol의 경우 7.15이다. 해당되는 페녹시 음이온의 공명 구조를 그리고 그 값을 설명하라.

p-Methylphenol이 비치환된 phenol보다 더 산성인지, 덜 산성인지 설명하여라.

6.43 다음 구조 중 어느 것이 동일한가? (붉은색 = O, 초록색 = Cl).

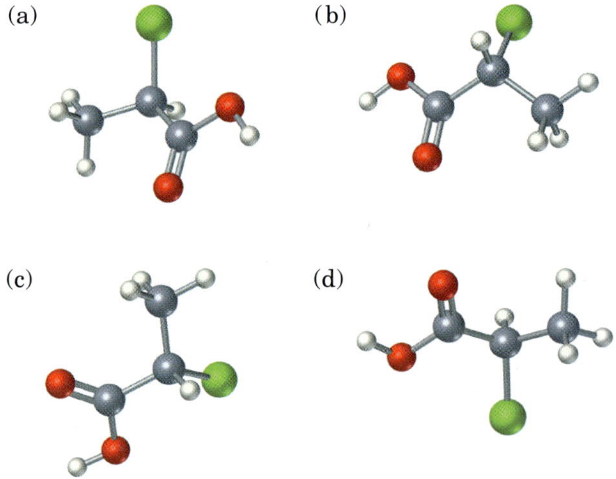

6.44 카이랄 화합물은 어느 것인가? 그들을 그림으로 표현하고, 카이랄 중심을 표시하여라.

(a) 2,4-Dimethylheptane
(b) 5-Ethyl-3, 3-dimethylheptane

6.45 다음 설명에 맞는 카이랄 분자를 그려라.

(a) $C_5H_{11}Cl$인 클로로알케인 (b) $C_6H_{14}O$인 알코올
(c) C_6H_{12}인 알켄 (d) C_8H_{18}인 알케인

6.46 화학식이 $C_5H_{12}O$인 알코올이 8개 존재한다. 구조를 그려라. 어느 것이 카이랄인가?

6.47 다음 설명에 적합한 화합물을 그려라.

(a) 네 개의 탄소로 된 카이랄 알코올

(b) 분자식이 $C_5H_{10}O_2$인 카이랄 카복실산

(c) 두 개의 카이랄성 중심을 가지는 화합물

(d) 분자식이 C_3H_5BrO인 카이랄 알데하이드

6.48 Penicillin V는 폭넓게 쓰이는 중요한 항생제로 세 개의 카이랄성 중심을 가지고 있다. 카이랄성 중심을 표시하여라.

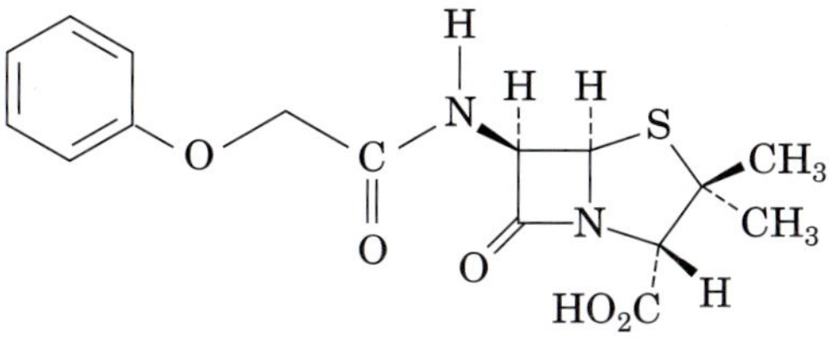

H, N, H, H, S, C, O, O, N, CH_3, CH_3, HO_2C, H

Penicillin V

6.49 다음 제시된 분자의 카이랄 중심을 표시하여라.

(a) $CH_3CH(OH)CH_2CH_3$

(b) 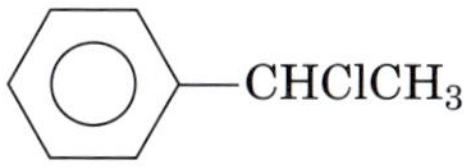 $CHClCH_3$

(c) $HOCH_2CH(OCH_3)COOH$

(d) 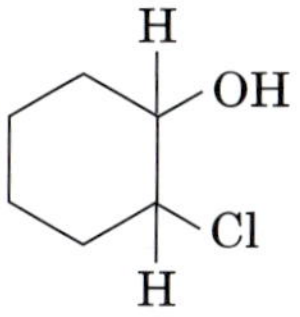 H, OH, Cl, H

(e) 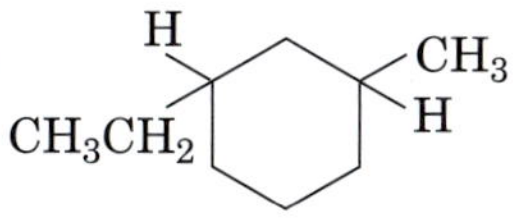 H, CH_3CH_2, CH_3, H

(f) 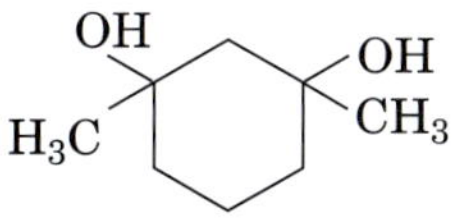 OH, H_3C, OH, CH_3

6.50 다음 각각 화합물은 얼마나 많은 카이랄 중심을 가지고 있는가?

(a) 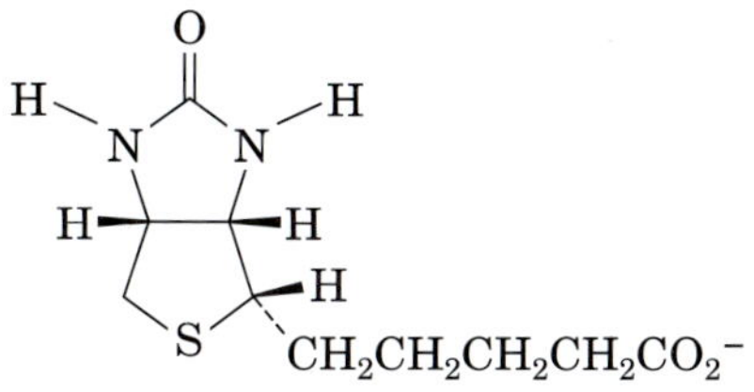 O, H, N, N, H, H, H, H, S, $CH_2CH_2CH_2CH_2CO_2^-$

Biotin

(b) 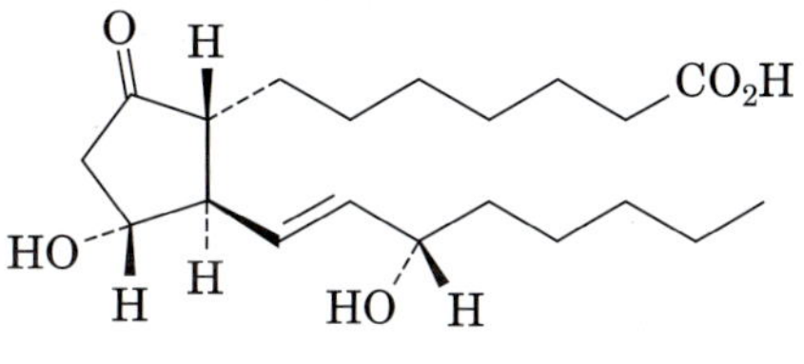 O, H, CO_2H, HO, H, H, HO, H

Prostaglandin E_1

6.51 다음 분자를 정사면체 표현으로 그려라.

(a) 2-Butanol, $CH_3CH_2CH(OH)CH_3$

(b) 3-Chloro-1-pentene

6.52 아미노산인 cysteine, $HSCH_2CH(NH_2)CO_2H$의 두 가지 거울상 이성질체에 대한 정사면체 표현으로 그려라.

6.53 다음 각 쌍의 구조 중 어느 것이 같은 거울상 이성질체를 나타내고, 어느 것이 다른 거울상 이성질체를 나타내는가?

(a) (b) 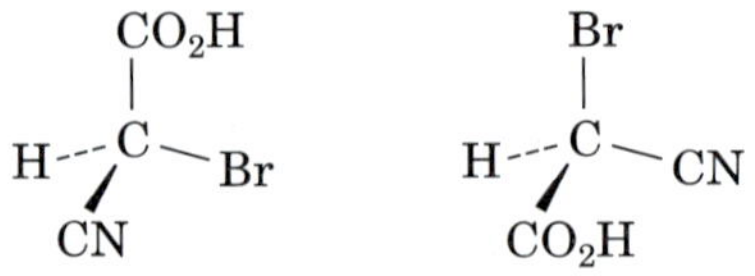 (c) 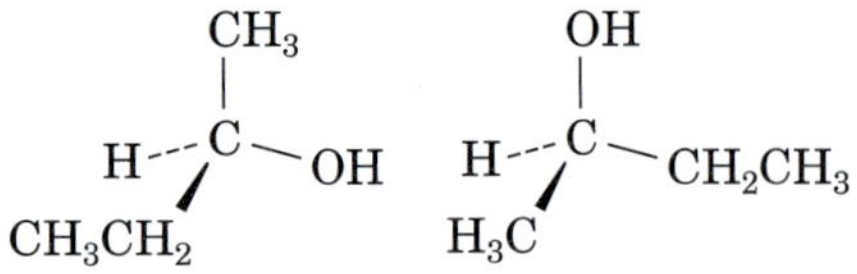 (d)

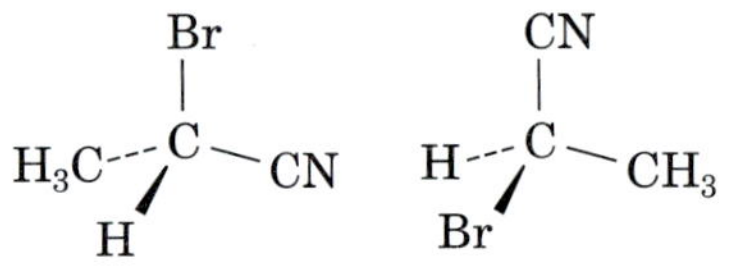

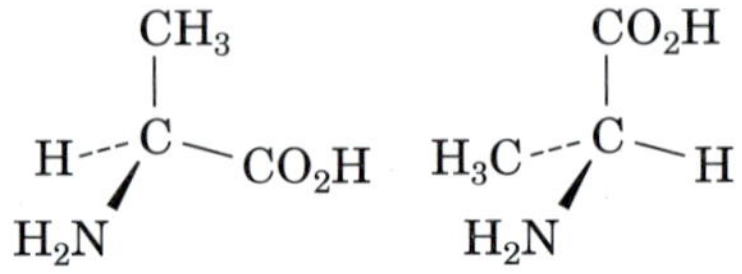

6.54 다음 분자들의 각 카이랄성 중심을 결정하라.

(a) (b)

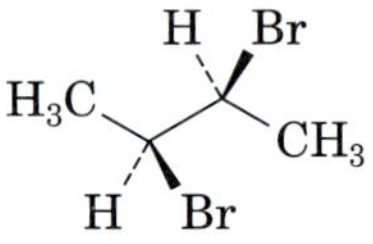

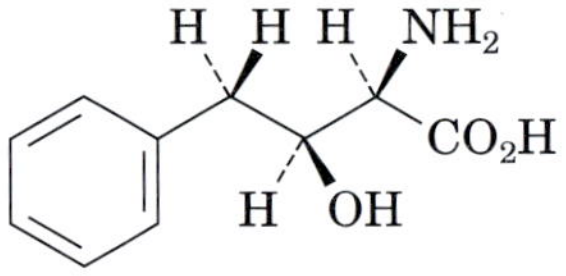

6.55 Xylose는 단풍과 체리를 포함해서 많은 나무들에서 발견되는 일반적인 당이다. Xylose는 sucrose보다 치아를 다소 덜 파괴하기 때문에 과자나 껌에 사용한다. Xylose는 얼마나 많은 입체이성질체를 가지는가?

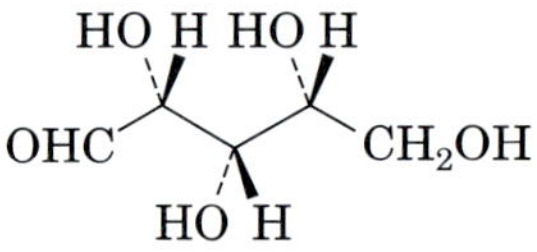

(+)-Xylose

6.56 Ribonucleic acid(RNA)의 주요한 부분인 ribose의 구조는 다음과 같다.

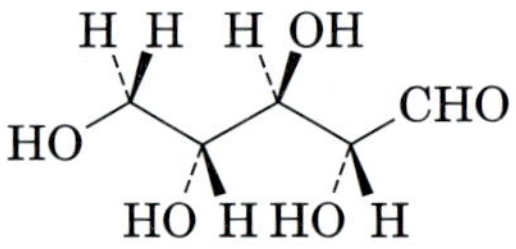

Ribose

(a) Ribose에는 카이랄성 중심이 몇 개 있는가? 모두 표시하여라.

(b) Ribose의 입체 이성질체는 몇 개가 있는가?

(c) Ribose의 거울상 이성질체의 구조를 그려라.

(d) Ribose의 부분 입체 이성질체의 구조를 그려라.

6.57 백금 촉매하의 촉매 수소화 반응으로 ribose를 ribitol로 전환할 수 있다. Ribitol은 광학적으로 활성인가, 비활성인가? 설명하여라.

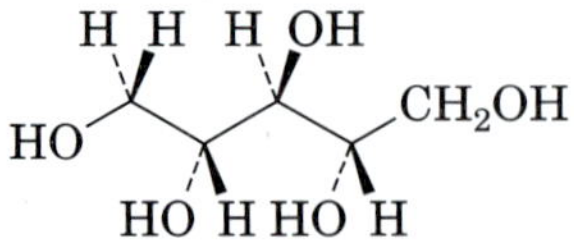

Ribitol

6.58 알렌(*Allene*)은 탄소—탄소 이중 결합이 인접되어 있는 화합물이다. 카이랄성 중심 탄소 원자를 가지고 있지 않음에도 불구하고 많은 알렌은 카이랄이다. 예를 들면 박테리아 *Nocardia acidophilus*에서 추출한 천연산 항생제인 mycomycin은 카이랄이며, $[\alpha]_D = -130°$이다. Mycomycin은 왜 카이랄인가? 분자 모형을 만들면 도움이 될 것이다.

$$HC\equiv C-C\equiv C-CH=C=CH-CH=CH-CH=CH-CH_2CO_2H$$

Mycomycin (알렌)

6.59 카이랄 알렌이 알려지기 훨씬 오래 전, 4-methylcyclohexylideneacetic acid가 두 개의 거울상 이성질체로 분할되었다. 이 분자는 왜 카이랄인가? 알렌들과 어떠한 기하학적 유사성을 가지는가?

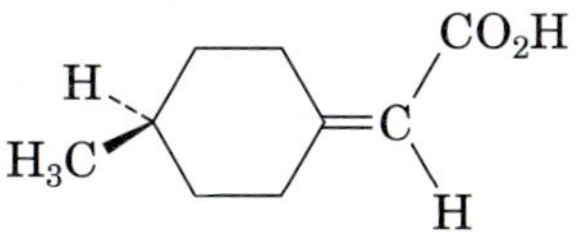

Methylcyclohexylideneacetic acid

객관식 문제

1 Nitrobenzene은 benzene과 황산 및 진한 질산의 혼합물과의 반응에 의해 제조될 수 있다.

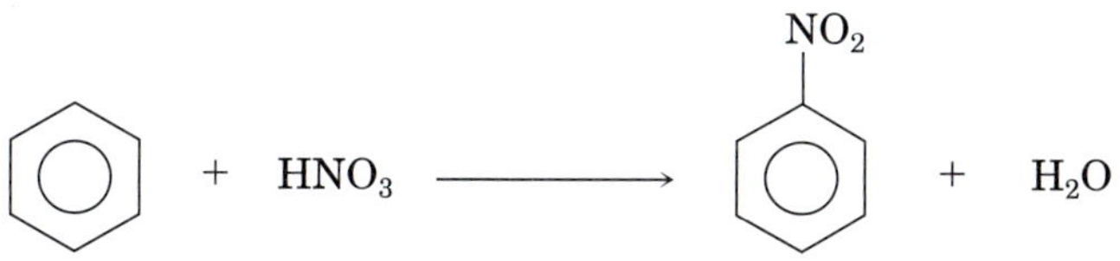

$$C_6H_6 + HNO_3 \longrightarrow C_6H_5NO_2 + H_2O$$

황산의 역할은 무엇인가?

A. Benzene의 산화
B. 질산에 양성자 첨가
C. Benzene의 용해
D. 생성된 물의 흡수

2 다음 중 치환 반응을 나타내는 것 중에서 어느 반응이 자유 라디칼 메커니즘으로 진행되는가?

A. $CH_3CH_2Br + NH_3 \longrightarrow CH_3CH_2NH_2 + HBr$

B. $CH_3CH=CH_2 + HCl \longrightarrow CH_3CHClCH_3$

C. 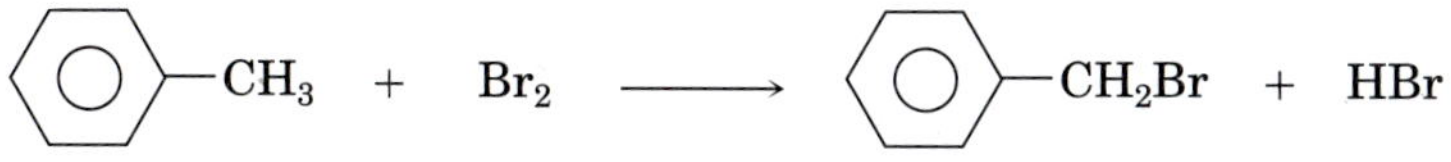 $C_6H_5-CH_3 + Br_2 \longrightarrow C_6H_5-CH_2Br + HBr$

D. 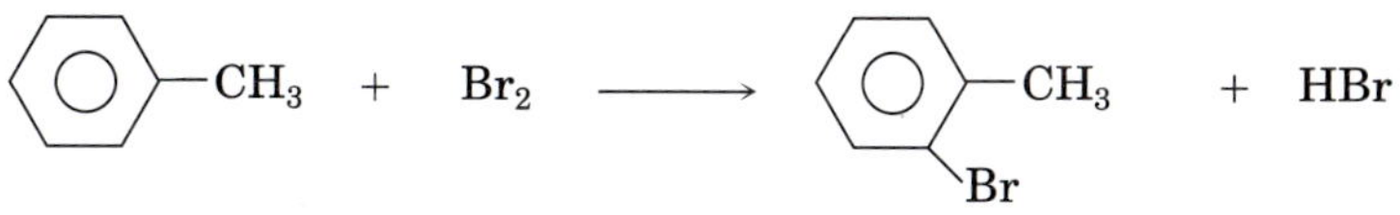 $C_6H_5-CH_3 + Br_2 \longrightarrow C_6H_4(Br)-CH_3 + HBr$

3 다음 중 어느 것이 ethane과 염소 사이의 반응에서 전파 단계인가?

A. $CH_3CH_2\cdot + CH_3CH_2\cdot \longrightarrow CH_3CH_2CH_2CH_3$
B. $CH_3CH_2\cdot + Cl\cdot \longrightarrow CH_3CH_2Cl$
C. $Cl_2 \longrightarrow Cl\cdot + Cl\cdot$
D. $CH_3CH_2\cdot + Cl_2 \longrightarrow CH_3CH_2Cl + Cl\cdot$

4 1-Butene과 2-butene은 다음을 이용하여 구별될 수 있다.

A. 뜨거운 potassium manganate(VII) 산성 용액
B. Tetrachloromethane 내 bromine
C. Hydrogen iodide와 반응
D. Iodine과 NaOH 수용액

5 Nitrobenzene을 생성하는 benzene의 나이트로화 반응에서 benzene 고리를 공격하는 화학종은 무엇인가?

A. NO_2 **B.** NO^+
C. NO_2^+ **D.** NO_2^-

6 Potassium manganate(VII) 수용액을 탈색시키지 않는 화합물은 무엇인가?

A. benzene
B. pentene
C. methylbenzene
D. cyclohexene

7 Benzene의 Friedel–Crafts 알킬화 반응에서 탄소 원자에 메틸기가 치환된다. 반응이 일어나는 동안에 이 탄소 원자에 결합의 배열은 다음 중 어느 것인가?

	반응의 시작	중간체	반응의 종결
A.	정사면체	평면형	평면형
B.	평면형	정사면체	평면형
C.	평면형	평면형	평면형
D.	정사면체	정사면체	정사면체

8 햇빛 존재하에서 8몰의 propane이 1몰의 염소와 혼합될 경우 가장 많이 형성되는 생성물은 무엇인가?

A. $CH_2ClCHClCH_2Cl$
B. $CH_3CH_3CHCl_2$
C. $CH_3CH_2CH_2Cl$
D. $CH_3CHClCH_2Cl$

9 어두운 실온에서 ethane 1몰과 bromine 6몰과의 반응에서 생성되는 생성물은 무엇인가?

A. CH_3CH_2Br와 HBr
B. CBr_4와 HBr
C. CH_2BrCH_2Br와 HBr
D. 반응하지 않음

10 $KMnO_4$ 산성 용액으로 가열할 경우 한 가지 물질을 제외하고 모두 benzoic acid를 생성한다.

A. $C_6H_5-CH_3$ **B.** $C_6H_5-CH{=}CH_2$

C. C_6H_5-OH **D.** $C_6H_5-CH_2OH$

11 다음 변환에서 사용되는 시약과 반응 조건은?

$C_6H_5CH_3$ (toluene) ⟶ 2-chlorotoluene (CH_3, Cl)

A. 자외선과 Cl_2

B. 햇빛과 Cl_2

C. $FeCl_3$와 Cl_2

D. 실온에서 HCl

12 Methylbenzene에서 2-nitro 또는 4-nitromethylbenzene으로 전환되는 경우의 올바른 조건은?

	산	온도/℃
A.	묽은 질산	100
B.	진한 질산	100
C.	진한 질산과 진한 황산	25
D.	진한 질산과 진한 황산	60

13 Benzene은 bromine과 다음 반응식에 따라 반응한다.

$$C_6H_6 + Br_2 \longrightarrow C_6H_5Br + HBr$$

이 반응에 따르는 메커니즘의 종류는 무엇인가?

1. 친핵성 첨가 반응

2. 자유 라디칼 치환 반응

3. 친전자성 첨가 반응

4. 친전자성 치환 반응

A	B	C	D
1번만 정답	1번과 2번이 정답	2번과 3번이 정답	1, 2, 3번이 정답

14 비활성 용매하의 bromine을 각각 hexane, hexene, benzene 및 methylbenzene에 첨가하였다. 다음의 쌍 중에서 다르게 관찰되는 것은?

A. hexene과 benzene

B. hexene과 methylbenzene

C. hexane과 benzene

15 다음 중 어느 설명이 methylbenzene의 브로민화반응에서 자유 라디칼의 존재를 제시해 주는가?

A. 이 반응은 햇빛 존재하에서 가장 빠르게 진행된다.

B. 생성물에 HBr이 존재한다.

C. Bromomethylbenzene이 첫번째 생성물로 생성된다.

보충 문제

16 각각의 화합물을 명명하여라.

(c) $C_6H_5CH_2CH{=}CH_2$

(d) 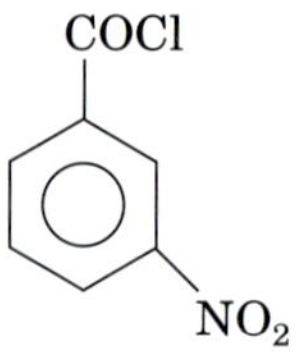 COCl, NO_2 (structure)

17 Chromic acid(H_2CrO_4)에 의한 1,4-dimethylbenzene의 격렬한 산화 반응의 화학적 구조식을 그려라.

18 Trifluoromethyl기는 메타 지향성이라는 사실을 설명하여라.

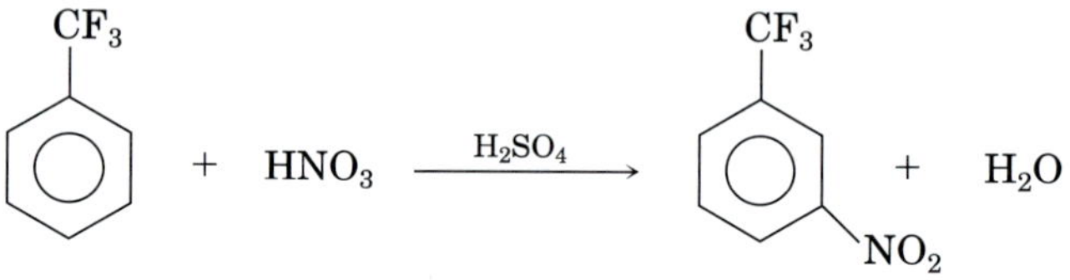

CF_3-benzene + HNO_3 $\xrightarrow{H_2SO_4}$ CF_3, NO_2 (meta) + H_2O

19 나이트로기 —NO_2는 메타 지향성인 반면에 나이트로소기, —N=O는 오쏘-파라 지향성이다. 가능한 완전하게 설명하여라.

20 다음 변환에 필요한 시약과 조건을 제시하여라.

(a) 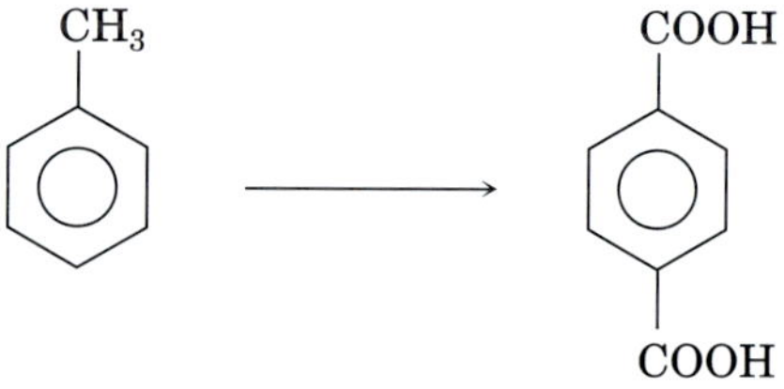 CH_3 (benzene) ⟶ COOH, COOH (para)

(b) 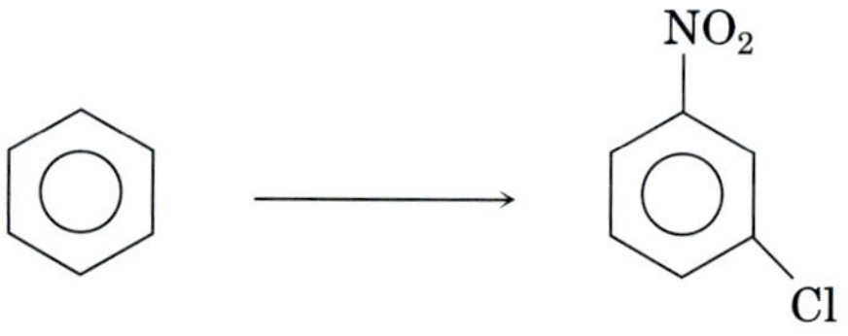 benzene ⟶ NO_2, Cl (meta)

21 0°C glacial acetic acid 내에서 salicylaldehyde(2-hydroxybenzaldehyde)와 bromine과의 반응에서 $C_7H_4Br_2O_2$가 형성된다. 이 화합물의 구조를 제시하여라.

22 각각의 메커니즘에 대한 적절한 예를 사용하여 친전자성 치환 반응으로 분류되는 반응과 친전자성 첨가 반응으로 분류되는 반응들 사이에 유사점과 차이점을 기술하여라. 여러분의 답에 다음이 포함되어야 한다:

(a) 사용된 시약과 그들의 작용기

(b) 사용된 반응 조건

(c) 형성된 생성물

(d) 각각 반응의 메커니즘

(e) 메커니즘을 결정하는 분자의 구조는 어떠한가?

23 Methylbenzene을 다음 화합물로 어떻게 변환시킬 수 있는지 필요한 시약과 반응 조건을 제안하여라.

(a) benzoic acid

(b) bromomethylbenzene

(c) 2-bromomethylbenzene

제 7 장

할로젠화 알킬

Alkyl Halides

할로젠-치환 유기 화합물은 자연에 널리 분포되어 있으며, 현대 산업 공정에서 다양한 용도로 사용된다. 수천 가지의 유기할로젠화물은 조류와 다른 다양한 해양 유기체에서 발견된다. 예를 들면 chloromethane은 화산 및 임야의 산불에서뿐만 아니라 해초에 의해서도 다량 방출된다. 많은 용도 중에서 유기할로젠화물은 공업용 용매, 의료용 흡입 마취제, 냉매 및 살충제로 사용된다. 예를 들면 현대 전자공업은 반도체 칩과 다른 부품을 세척하기 위하여 trichloroethylene과 같은 할로젠화된 용매를 사용한다.

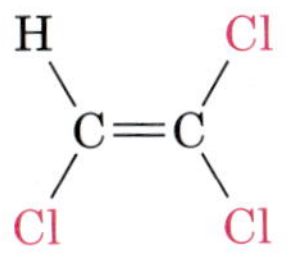

Trichloroethylene
(용매)

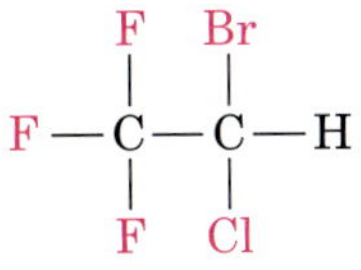

Halothane
(흡입 마취제)

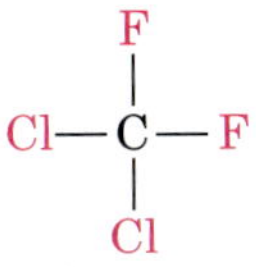

Dichlorodifluoromethane
(냉매)

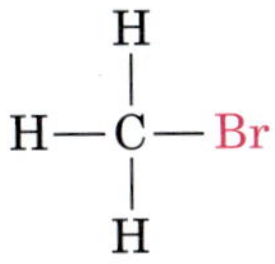

Bromomethane
(훈증제)

다른 할로젠으로 치환된 화합물들도 새로운 의약품을 얻는 데 중요한 선도역할을 하고 있다. 예를 들면 Ecuador 개구리 표피에서 분리한 화합물, *epibatidine*은 동물의 고통을 억제하는 morphine보다 200배 더 효능이 있다는 것이 알려졌다.

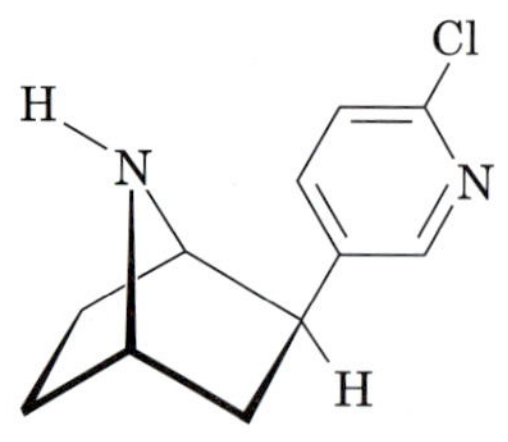

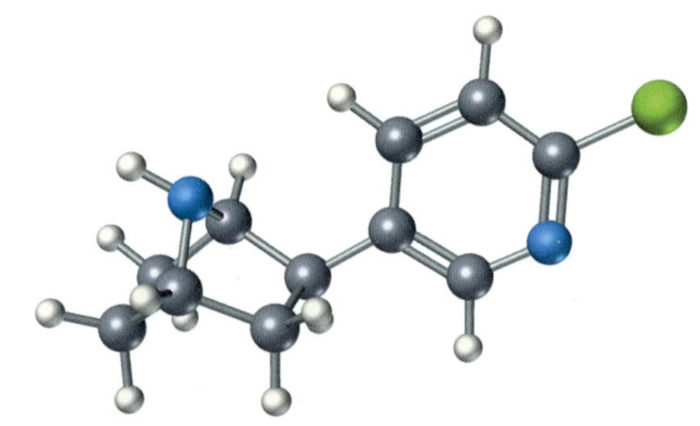

Epibatidine
(Ecuador 개구리
***Epipedobates tricolor*로부터)**

7.1 할로젠화 알킬의 명명

일반적으로 할로알케인(haloalkane)이라기보다는 오히려 할로젠화 알킬(alkyl halides)로 부르는 부류의 화합물이지만, 할로젠을 모체 알케인 사슬의 치환체로 취급하여 알케인과 같은 방법으로 명명한다. 세 단계가 있다:

단계 1 **가장 긴 사슬을 찾아서 모체로 명명한다.** 이중 혹은 삼중 결합이 존재하면, 모체사슬에 포함되도록 한다.

단계 2 **치환기가 알킬 혹은 할로젠에 무관하게, 첫 번째 치환기에서 가까운 끝에서 시작하여 모체사슬의 탄소에 번호를 붙인다.** 사슬에 있는 치환기 위치에 따라 각 치환기에 번호를 붙인다. 예를 들면:

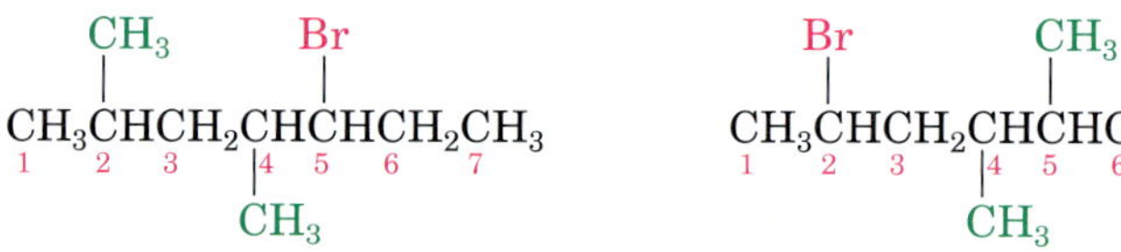

5-Bromo-2,4-dimethylheptane **2-Bromo-4,5-dimethylheptane**

(a) 만일 같은 종류의 할로젠이 한 개 이상 존재하면, 각각에 번호를 붙이고 *di*-, *tri*-, *tetra*- 등의 접두사를 사용한다. 예를 들면:

Cl Cl
$CH_3CHCHCHCH_2CH_3$ (1 2 3 4 5 6), 4번 탄소에 CH_3

2,3-Dichloro-4-methylhexane

(b) 만일 서로 다른 할로젠이 존재하면, 모두에 번호를 붙이고 이름을 쓸 때에는 알파벳 순서로 모든 치환기를 나열한다. 예를 들면:

Cl
$BrCH_2CH_2CHCHCH_3$ (1 2 3 4 5), 4번 탄소에 CH_3

1-Bromo-3-chloro-4-methylpentane

단계 3 **만일 모체사슬이 단계 2에 의해 양쪽 끝에서 어느 끝으로 부터도 같은 번호를 붙일 수 있게 되면, 알파벳이 우선하는 치환기(알킬이든 할로젠이든)에 가까운 끝에서 시작한다.** 예를 들면:

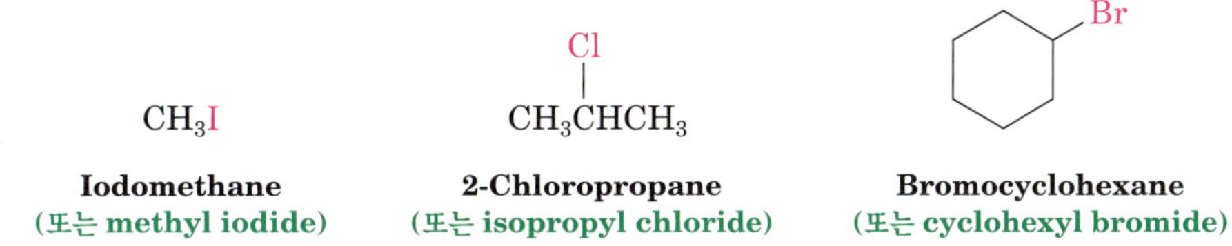

2-Bromo-5-methylhexane
(5-bromo-2-methylhexane이 아님)

이들의 체계적 이름에 추가해서 많은 간단한 할로젠화 알킬들은 먼저 알킬기를 명명한 다음에 할로젠의 이름을 뒤에 붙인다. 예를 들면 CH_3I는 methyl iodide라고도 부른다. 이와 같은 이름은 화학문헌이나 관습적으로 많이 사용되고 있지만, 이 책에서는 사용하지 않고 있다.

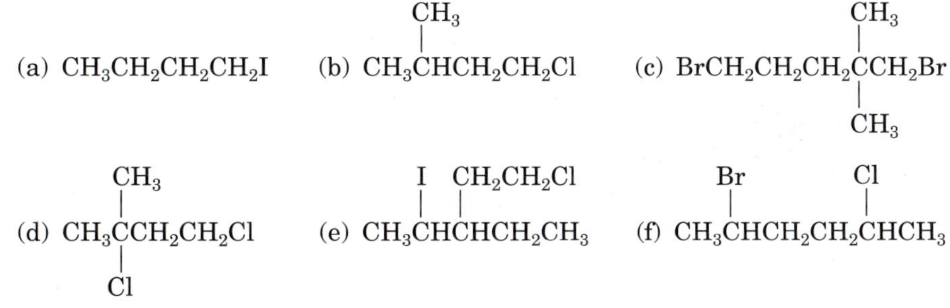

Iodomethane (또는 methyl iodide)	2-Chloropropane (또는 isopropyl chloride)	Bromocyclohexane (또는 cyclohexyl bromide)

◆ **문제 7.1** 다음 할로젠화 알킬의 IUPAC명을 써라:

(a) $CH_3CH_2CH_2CH_2I$
(b) $CH_3CH(CH_3)CH_2CH_2Cl$
(c) $BrCH_2CH_2CH_2C(CH_3)_2CH_2Br$
(d) $CH_3C(CH_3)(Cl)CH_2CH_2Cl$
(e) $CH_3CH(I)CH(CH_2CH_2Cl)CH_2CH_3$
(f) $CH_3CH(Br)CH_2CH_2CH(Cl)CH_3$

◆ **문제 7.2** 다음 IUPAC명에 해당하는 구조를 나타내라:

(a) 2-Chloro-3,3-dimethylhexane
(b) 3,3-Dichloro-2-methylhexane
(c) 3-Bromo-3-ethylpentane
(d) 1,1-Dibromo-4-isopropylcyclohexane
(e) 4-*sec*-Butyl-2-chlorononane
(f) 1,1-Dibromo-4-*tert*-butylcyclohexane

7.2 할로젠화 알킬의 구조

할로젠은 주기율표에서 아래로 갈수록 크기가 증가한다. 따라서 해당되는 탄소-할로젠 결합의 길이는 증가한다(표 7.1). 또한 표 7.1은 C–X 결합세기는 주기율표에서 아래로 갈수록 감소한다는 것을 나타내준다. 지금까지 일관되게 사용했던 것처럼 생략어 X를 할로젠 F, Cl, Br 혹은 I의 어느 하나를 나타내는 데 계속 사용할 것이다.

표 7.1 • 할로메테인의 비교

할로메테인	결합 길이 (pm)	결합 세기 (kJ/mol)	(kcal/mol)	이중극자 모멘트 (D)
CH_3F	139	452	108	1.85
CH_3Cl	178	351	84	1.87
CH_3Br	193	293	70	1.81
CH_3I	214	234	56	1.62

앞장에서 작용기들의 결합 극성에 대한 설명에서 할로젠은 탄소에 비해 보다 더 전기음성적이라는 것을 알았다. 그러므로 C–X 결합은 극성이며 탄소 원자는 약간 양전하(δ+)를 띠며 할로젠은 약간 음전하(δ−)를 띤다. 이 극성은 모든 할로메테인(표 7.1)의 이중극자 모멘트에 의해 생성된다. 그러므로 할로젠화 알킬, C–X의 탄소 원자는 극성 반응에서 친전자체로 작용한다. 다음 장에서 할로젠화 알킬의 대부분 화학이 그들의 친전자성 작용에 의해 지배된다는 것을 배우게 될 것이다.

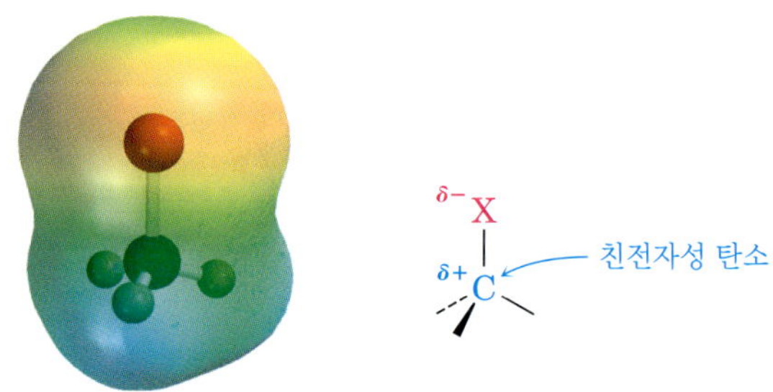

7.3 할로젠화 알킬의 제조

친전자성 첨가 반응에서 알켄과 HX 및 X_2와의 반응을 포함한 할로젠화 알킬을 제조하는 몇 가지 방법을 이미 살펴보았다. HCl, HBr 및 HI와 같은 할로젠화 수소는 극성 메커니즘에 의해 알켄과 반응하여 Markovnikov 첨가생성물을 형성한다. 브로민과 염소는 할로늄 이온 중간체를 거쳐 1,2-다이할로젠 생성물을 형성하는 안티 첨가를 일으킨다.

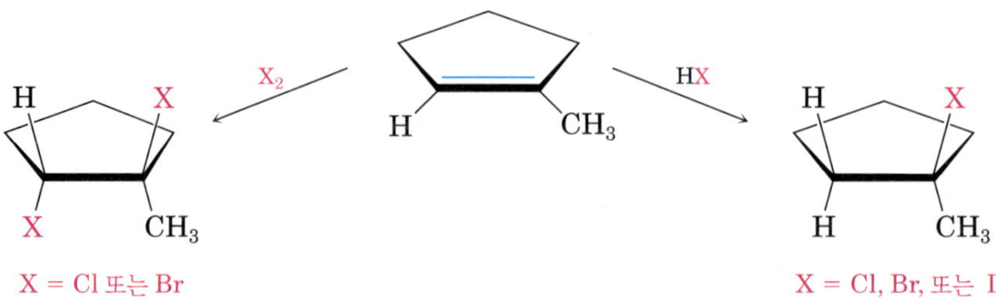

할로젠화 알킬을 합성하는 다른 방법은 라디칼 연쇄-반응 경로에 의한 Cl_2 혹은 Br_2와 알케인의 반응이다. 알케인은 대부분의 시약에 비활성이지만 빛의 존재하에서 Cl_2 혹은 Br_2와 쉽게 반응하여 치환된 할로젠화 알킬 생성물을 형성한다. 염소화 반응에 대해 그림 7.1에 나타낸 바와 같이 이 반응은 라디칼 메커니즘에 의해 일어난다.

그림 7.1 ▶ Methane의 라디칼 염소화 반응 메커니즘. 개시, 전파 및 종결의 세 종류의 단계가 요구된다. 전파 단계의 단계 1에서는 반응물이고 단계 2에서는 생성물인 Cl· 과 단계 1에서는 생성물이고, 단계 2에서는 반응물인 ·CH_3 와의 사이에 반복 순환되고 있다(개시 단계에서 나타낸 기호 *hν*는 광선의 조사를 나타내는 표준방법이다).

개시 단계

$$Cl{-}Cl \xrightarrow{h\nu} 2\,Cl\cdot$$

전파 단계 (반복 순환)

$$H_3C{-}H + Cl\cdot \xrightarrow{\text{단계 1}} H{-}Cl + H_3C\cdot$$

$$H_3C\cdot + Cl{-}Cl \xrightarrow{\text{단계 2}} H_3C{-}Cl + Cl\cdot$$

종결 단계

$$H_3C\cdot + \cdot CH_3 \longrightarrow H_3C{-}CH_3$$

$$Cl\cdot + \cdot CH_3 \longrightarrow Cl{-}CH_3$$

$$Cl\cdot + \cdot Cl \longrightarrow Cl{-}Cl$$

전체 반응

$$CH_4 + Cl_2 \longrightarrow CH_3Cl + HCl$$

라디칼 치환 반응은 세 종류의 단계를 필요로 한다: 개시 단계(initiation), 전파 단계(propagation) 및 종결 단계(termination)이다. 라디칼을 생성하는 단계인 개시 단계가 한번 시작되면, 반응은 자체-지속 순환으로 연속적으로 일어난다. 순환은 반복되는 두 전파 단계가 요구되며 이 순환에서 라디칼, 할로젠 및 알케인은 할로젠화 알킬 생성물과 더 연쇄 반응을 일으킬 수 있어서 더 많은 라디칼을 형성한다. 연쇄 반응은 가끔 두 라디칼이 결합하면 종결된다.

7.4 알케인의 라디칼 할로젠화 반응

알케인 할로젠화 반응은 혼합생성물이 다량 생성되기 때문에 할로젠화 알킬을 합성하는 좋은 방법이 아니다. 예를 들면 methane의 염소화 반응은 단일염소화 단계에서 완전히 멈추지 않고 반응이 계속해서 일어나 이염소화, 삼염소화 및 사염소화 생성물의 혼합물을 생성한다.

$$CH_4 + Cl_2 \xrightarrow{h\nu} CH_3Cl + HCl$$

$$CH_3Cl \xrightarrow{Cl_2} CH_2Cl_2 + HCl$$

$$CH_2Cl_2 \xrightarrow{Cl_2} CHCl_3 + HCl$$

$$CHCl_3 \xrightarrow{Cl_2} CCl_4 + HCl$$

위와 같은 상황은 한 종류 이상의 수소를 가진 알케인의 염소화 반응 경우에 더욱 심하게 나타난다. 예를 들면 butane의 염소화 반응에서는 dichlorobutane, trichlorobutane 이외에 두 개의 단일할로젠화 생성물을 형성한다. 단일염소화된 butane 생성물의 30%는 1-chlorobutane이고 70%는 2-chlorobutane이다.

$$CH_3CH_2CH_2CH_3 + Cl_2 \xrightarrow{h\nu} CH_3CH_2CH_2CH_2Cl + CH_3CH_2CH(Cl)CH_3 + \text{Dichloro-, trichloro-, tetrachloro-, 등등}$$

Butane → **1-Chlorobutane** : **2-Chlorobutane** = **30 : 70**

7.5 알코올로부터 할로젠화 알킬의 제조

할로젠화 알킬을 제조하는 가장 일반적인 방법은 카보닐 화합물로부터 얻을 수 있는 알코올로부터 합성하는 것이다. 제조 과정의 중요성 때문에 알코올을 할로젠화 알킬로 변화시키는 데 많은 방법이 개발되었다.

알코올을 할로젠화 알킬로 변환시키는 가장 간단한 방법은 알코올을 HCl, HBr 및 HI로 처리하는 것이다. 삼차 알코올인 R_3COH를 사용할 때 반응이 가장 잘 일어난다. 일차와 이차 알코올은 훨씬 더 느리게 반응하며 높은 반응온도가 필요하다. 간단한 경우에는 문제가 되지 않지만, 보다 복잡한 분자는 산에 민감하며 반응조건에서 분해되기도 한다.

$$R{-}OH + HX \longrightarrow R{-}X + H_2O$$

$$H_3C{-}OH < RCH_2{-}OH < R_2CH{-}OH < R_3C{-}OH$$

메틸 < **1°** < **2°** < **3°**

반응성이 작다 → 반응성 → 반응성이 더 크다

삼차 알코올과 HX의 반응은 대단히 반응이 빠르기 때문에 알코올을 차가운 에터 용액에 넣고 순수한 HCl 혹은 HBr 기체를 주입하면 반응이 간단히 이루어진다. 예를 들면 1-methylcyclohexanol을 HCl로 처리하면 1-chloro-1-methylcyclohexane로 전환된다:

$$\text{1-Methylcyclohexanol} \xrightarrow[\text{Ether, 0°C}]{\text{HCl (기체)}} \text{1-Chloro-1-methylcyclohexane (90\%)} + H_2O$$

1-Methylcyclohexanol **1-Chloro-1-methylcyclohexane (90%)**

일차와 이차 알코올은 thionyl chloride ($SOCl_2$) 혹은 phosphorus tribromide (PBr_3)로 처리하면 할로젠화 알킬로 변환시킬 수 있다. 온화한 반응조건에서 용이하게 일어날 수 있는 이 반응들은 HX 방법보다 덜 산성이고 산-촉매 자리옮김을 덜 일으킨다.

Benzoin + $SOCl_2$ (Pyridine) → Desyl chloride (86%) + SO_2 + HCl

$$3\ CH_3CH_2CH(OH)CH_3 \xrightarrow[\text{Ether, 35°C}]{PBr_3} 3\ CH_3CH_2CH(Br)CH_3 + H_3PO_3$$

2-Butanol → **2-Bromobutane (86%)**

7.6 할로젠화 알킬의 친핵성 치환 반응

할로젠화 알킬의 탄소–할로젠 결합은 극성이므로 탄소 원자는 전자-부족이다. 그러므로 할로젠화 알킬은 친전자체이고 그들의 대부분의 화학은 친핵체와 염기와의 극성 반응들이 포함되어 있다. 할로젠화 알킬이 친핵체/염기와 반응하면 두 반응 중의 하나가 일어난다. 친핵체(Nu)에 의한 X기의 **치환**(substitution)이 일어나거나 HX가 **제거**(elimination)되어 알켄이 생성된다.

치환 반응

$$Nu:^- + -\overset{|}{\underset{|}{C}}-X \longrightarrow -\overset{|}{\underset{|}{C}}-Nu + X:^-$$

제거 반응

$$Nu:^- + H-C-C-X \longrightarrow C=C + Nu-H + X:^-$$

친핵성 치환과 염기-유발 제거의 두 반응은 유기 화학에서 가장 많이 일어나는 반응이며 유용한 반응 형태이다.

많은 화합물들이 친핵성 치환 반응을 사용하여 제조될 수 있다. 표 7.2에 몇 가지 예를 나열하였다.

표 7.2 • Bromomethane의 몇 가지 친핵성 치환 반응

$$Nu:^- + CH_3Br \longrightarrow Nu-CH_3 + Br^-$$

공격하는 친핵체		생성물	
분자식	이름	분자식	이름
OH^-	hydroxide	CH_3OH	methanol
CN^-	cyanide	CH_3CN	ethanenitrile
CH_3O^-	methoxide	CH_3OCH_3	dimethyl ether
CH_3COO^-	ethanoate	CH_3COOCH_3	methyl ethanoate
NH_3	ammonia	CH_3NH_2	methylamine
H_2O	water	CH_3OH	methanol

가수분해

Bromoethane을 sodium hydroxde 수용액으로 환류하며 가열하면 ethanol이 생성된다. 이 반응은 가수분해로 알려져 있다. 수산화 이온은 친핵체로 작용한다. 중성분자인 H_2O는 대단히 약한 친핵체이며 반응은 대단히 느리게 진행되어 생성물의 수득률은 좋지 않다.

$$\underset{\textbf{bromoethane}}{CH_3CH_2Br} + NaOH \longrightarrow \underset{\textbf{ethanol}}{CH_3CH_2OH} + NaBr$$

$$\underset{\textbf{bromocyclohexane}}{C_6H_{11}\text{—}Br} + NaOH \longrightarrow \underset{\textbf{cyclohexanol}}{C_6H_{11}\text{—}OH} + NaBr$$

주어진 할로젠 원자에 대해 세 가지 형태의 할로젠화 알킬에 대한 가수분해의 용이성은 다음 순서로 감소한다:

$$\underset{\text{삼차}}{(CH_3)_3C\text{—}X} > \underset{\text{이차}}{CH_3CH_2CHXCH_3} > \underset{\text{일차}}{CH_3CH_2CH_2CH_2\text{—}X}$$

주어진 알킬기에 대해서 아이오도알케인은 가장 빠른 속도로 가수분해되며 브로모알케인과 클로로알케인 순서이다. 이것은 C—X 결합 에너지의 감소 때문이다.

$$C\text{—}Cl > C\text{—}Br > C\text{—}I$$

결합 에너지의 감소 →

할로에테인의 경우에는 가수분해의 용이성은 다음 순서로 증가한다.

$$CH_3CH_2Cl < CH_3CH_2Br < CH_3CH_2I$$

가수분해 속도의 증가 →

에터의 형성

이것은 대칭 및 비대칭 에터를 제조하기 위한 가장 중요한 방법의 하나이다. 예를 들면 diethyl ether는 bromoethane을 sodium hydroxide의 알코올 용액과 가열하여 제조한다. 에톡시 이온이 친핵체로 작용한다.

$$\underset{\textbf{bromoethane}}{CH_3CH_2Br} + CH_3CH_2ONa \longrightarrow \underset{\textbf{diethyl ether}}{CH_3CH_2OCH_2CH_3} + NaBr$$

$$\underset{\textbf{bromoethane}}{CH_3CH_2Br} + \underset{\textbf{sodium phenoxide}}{C_6H_5\text{—}ONa} \longrightarrow \underset{\textbf{ethoxybenzene}}{CH_3CH_2\text{—}O\text{—}C_6H_5} + NaBr$$

나이트릴의 형성

나이트릴은 할로젠화 알킬을 potassium cyanide의 알코올 용액에서 환류하여 가열할 경우에 얻어진다. 사이안화 이온, CN^-은 친핵체로 작용한다. 이 반응은 원래의 할로젠화 알킬 분자에 여분의 탄소 원자 하나를 가해준다.

$$CH_3CH_2Br + KCN \longrightarrow CH_3CH_2CN + KBr$$

bromoethane → **ethanonitrile**

$$CH_3CHBrCH_3 + KCN \longrightarrow CH_3CH(CN)CH_3 + KBr$$

2-bromopropane → **2-cyanopropane**

에스터의 형성

에스터는 알코올에서 카복실산 은염과 할로젠화 알킬을 가열하여 제조한다. 최종 생성물은 에스터와 침전으로 얻어지는 할로젠화 은이다.

$$CH_3COOAg + CH_3Br \longrightarrow CH_3COOCH_3 + AgBr$$

silver ethanoate + **bromomethane** → **methyl ethanoate**

아민의 형성

밀봉된 튜브에서 bromoethane을 진한 암모니아 혹은 암모니아 알코올 용액과 가열하면 아민의 혼합물이 형성된다. 초기 친핵체는 NH_3분자이다.

$$CH_3CH_2Br + NH_3 \longrightarrow CH_3CH_2NH_2 + HBr$$

bromoethane → **ethylamine** **(일차)**

Ethylamine 자체는 친핵체이므로 과잉의 bromoethane을 공격하여 이차와 삼차 아민을 형성한다.

$$CH_3CH_2Br + CH_3CH_2NH_2 \longrightarrow (CH_3CH_2)_2NH + HBr$$

diethylamine **(이차)**

$$CH_3CH_2Br + (CH_3CH_2)_2NH \longrightarrow (CH_3CH_2)_3N + HBr$$

triethylamine **(삼차)**

생성물을 일차 아민만으로 제한하기 위해서는 암모니아를 과량으로 사용해야 한다.

◆ **문제 7.3** 다음 반응으로 얻을 수 있으리라 기대되는 치환 생성물은 무엇인가?

(a) $CH_3CH_2CHBrCH_3 + LiI \longrightarrow$

(b) $CH_3CH(CH_3)CH_2Cl + HS^- \longrightarrow$

(c) (cyclohexane)$-CH_2Br + NaCN \longrightarrow$

◆ **문제 7.4** 친핵성 치환 반응을 사용하여 다음 화합물을 어떻게 제조할 수 있는가?

(a) $CH_3CH_2CH_2CH_2OH$

(b) $(CH_3)_2CHCH_2CH_2N_3$

◆ **문제 7.5** 1-Bromo-1-phenylethane과 사이안화 이온, CN^-와의 친핵성 치환 반응으로 기대되는 생성물은 무엇인가?

Br

$\xrightarrow{Na^+ \; ^-C{\equiv}N}$?

◆ **문제 7.6** 2-Bromohexane과 아세트산 이온, $CH_3CO_2^-$의 친핵성 치환 반응으로부터 기대되는 생성물은 무엇인가?

→ 7.7 친핵성 치환 반응의 반응속도론

화학자들은 때때로 반응이 "빠르다" 혹은 "느리다"라고 말한다. 반응물이 생성물로 바뀌는 정확한 속도를 **반응속도**(reaction rate)라 부르고 흔히 측정될 수 있다. 반응속도와 이 속도가 어떻게 반응물 농도에 의존하는가의 측정은 반응 메커니즘을 규명하는 강력한 방법이 된다. 반응속도의 연구로부터 친핵성 치환 반응에 대해 무엇을 배울 수 있는가를 살펴보자.

모든 화학 반응에서 반응속도와 반응물의 농도 사이에는 직접적인 관계가 있다. 이와 같은 상관 관계를 측정할 때 반응의 **반응속도론**(kinetics)을 조사한다. 예를 들면 CH_3Br과 OH^-의 반응으로 CH_3OH와 Br^-가 생성되는 반응인 간단한 친핵성 치환 반응의 반응속도론을 살펴보자.

$$HO:^- + CH_3{-}Br: \longrightarrow HO{-}CH_3 + :Br:^-$$

주어진 온도와 반응물의 농도에서 반응은 일정한 속도에서 일어난다. OH^-의 농도를 두 배로 해 주면 반응 파트너가 만날 수 있는 횟수는 두 배가 되고 그러므로 반응속도도 역시 두 배가 되리라 기대된다. 마찬가지로 bromomethane의 농도를 두 배로 하면 다시 반응속도가 두 배가 될 것으로 기대된다. 이와 같은 거동은 실험적으로 정확히 일치한다. 반응속도가 두 화학종의 농도에 직선적으로 비례하는 이와 같은 반응을 **이차 반응**(second-order reaction)이라 부른다. 수학적으로 반응속도식(rate equation)에 의해 친핵성 치환 반응의 이차 의존성을 나타낼 수 있다.

$$\text{반응속도} = \text{반응물이 없어지는 속도}$$
$$= k \times [\mathrm{RX}] \times [^-\mathrm{OH}]$$

여기서

$$[\mathrm{RX}] = CH_3Br \text{ 농도}$$
$$[^-\mathrm{OH}] = {}^-\mathrm{OH} \text{ 농도}$$
$$k = \text{상수값}$$

이 속도식에서 반응물이 없어지는 속도는 반응속도 상수 k, 할로젠화 알킬 농도 및 수산화 이온의 농도의 곱과 같다는 것을 의미한다. [RX] 혹은 [$^-$OH]의 어느 하나가 변하면 반응의 속도 역시 비례적으로 변화한다. 만일 할로젠화 알킬의 농도가 두 배가 되면 반응속도 또한 두 배가 된다. 할로젠화 알킬의 농도가 반이 되면 반응속도도 반이 된다.

7.8 S_N2 반응

중점 요약

이 시점에서 일차와 이차 할로젠화 알킬 및 alkyl tosylate에 대한 친핵성 치환 반응 성질에 대해 두 가지 중요한 정보를 얻는다.

- 반응은 탄소 원자에서 입체화학의 반전으로 일어난다.
- 반응은 이차 반응속도식을 나타내고, 다음과 같은 속도식을 나타낸다.

$$\text{반응속도} = k \times [\mathrm{RX}] \times [\mathrm{Nu{:}^-}]$$

Edward Davies Hughes

Edward Davies Hughes (1906~1963)는 North Wales, Criccieth에서 출생하였으며 두 개의 박사학위를 받았다: Wales에서 Ph.D.를 받았고 London대학에서는 Christopher Ingold와 연구를 하였으며 D. Sc.를 받았다. 1930~1963년까지 University College, London에서 화학 교수로 근무하였다.

친핵성 치환 반응의 입체화학과 반응속론을 모두 설명할 수 있는 메커니즘은 1937년 E. D. Hughes와 Christopher Ingold에 의해 제안되었다. 그들은 치환(substitution), 친핵성(nucleophilic), 이분자성(bimolecular)을 줄여서 소위 **S_N2 반응**으로 체계화 하였다(이분자성은 반응 속도가 측정되는 단계에 친핵체와 할로젠화 알킬 두 분자가 관여함을 의미한다).

S_N2 메커니즘의 중요한 특성은 들어오는 친핵체가 이탈하는 기의 반대방향에서 할로젠화 알킬(기질, substrate)와 반응할 때 중간체를 거치지 않고 한 단계로 일어난다는 것을 의미한다. 친핵체가 기질의 한쪽 면으로 공격하여 탄소와 결합을 형성하고 할로젠 음이온이 다른 쪽에서 이탈하여 입체화학적인 배열은 반전된다. 2-Bromobutane과 HO^-와의 반응에서 2-butanol이 생성되는 과정을 그림 7.2에 나타내었다.

그림 7.2 ▸ **메커니즘:** S_N2 반응. 들어오는 친핵체가 떨어져 나가는 할로젠 음이온의 180° 반대 방향으로 접근할 때, 이 반응은 단일 단계로 일어나고 따라서 탄소에서 입체화학은 반전된다.

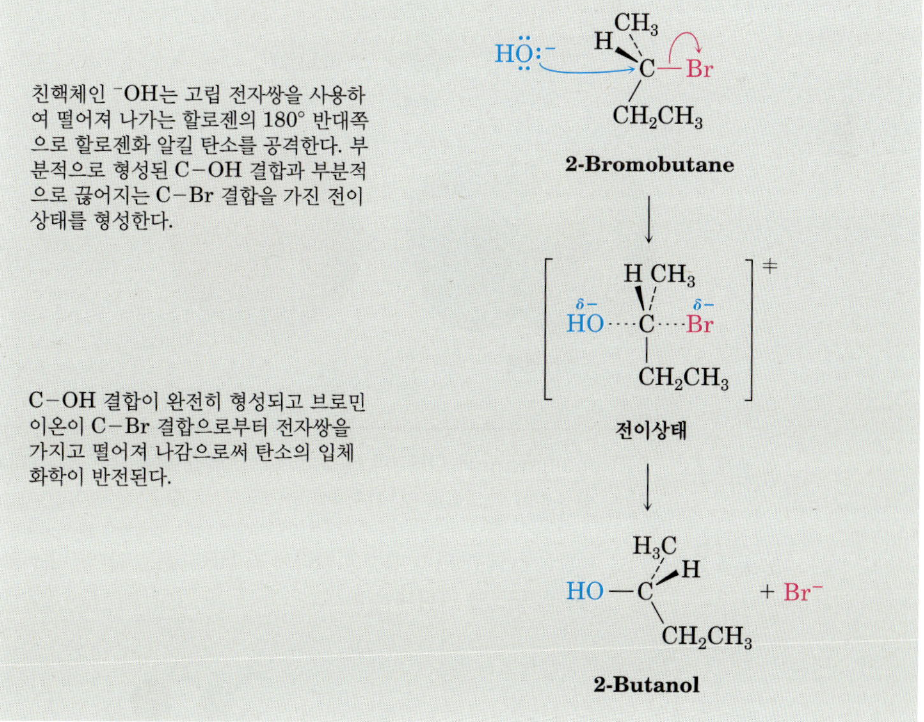

S_N2 반응은 친핵체인 $Nu{:}^-$가 C−X 결합으로부터 전자쌍을 얻은 $X{:}^-$기를 밀어낼 때 일어난다고 생각할 수 있다. 이것은 이전의 C−X 결합이 부분적인 끊어짐과 동시에 새로운 Nu−C 결합이 부분적으로 생성되는 전이상태를 거쳐 일어난다. 전이상태에서 음전하

는 들어오는 친핵체와 떨어져 나가는 할로젠화 이온에 의해 공유된다. 이 반전의 전이상태는 그림 7.3에 나타낸 바와 같이 탄소에 대한 나머지 세 결합이 하나의 평면상에 배열하게 된다.

Hughes와 Ingold에 의해 제안된 메커니즘은 입체화학적인 자료와 반응속도론적인 자료를 설명한 실험결과와 잘 일치하고 있다. 그러므로 들어오는 친핵체가 떨어져 나가는 X기로부터 180° 떨어진 뒤쪽 방향으로 공격해야 한다는 조건은 바람에 의해 우산이 뒤집히는 것처럼 기질의 입체화학을 반전되게 한다. Hughes-Ingold 메커니즘은 왜 이차 반응속도식을 보이는지를 설명해준다. S_N2 반응은 할로젠화 알킬 및 친핵체 모두가 참여하는 한 단계로 일어난다. 두 분자는 이 반응의 반응속도가 측정되는 단계에 관여한다.

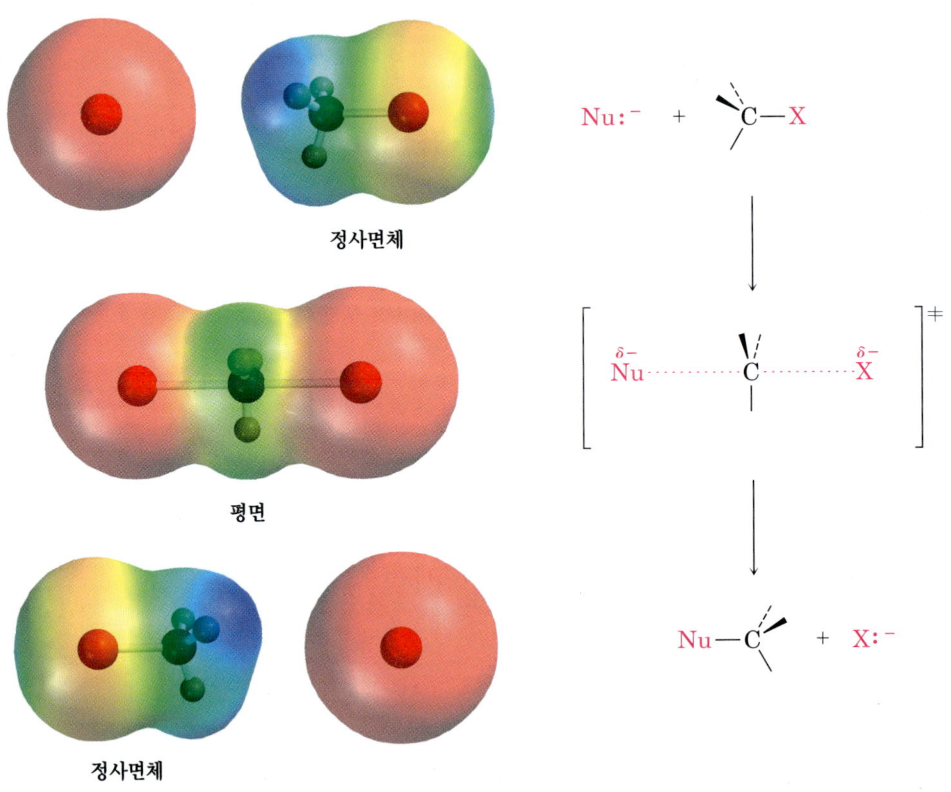

그림 7.3 ▸ S_N2 반응의 전이상태는 탄소 원자와 나머지 세 치환기가 평면 배열을 갖는다. 정전기 퍼텐셜 지도에서 음전하(붉은색)가 전이상태에 비편재되어 있음을 보여 주고 있다.

◆ **문제 7.7** 2-Bromobutane과 OH^-의 S_N2 반응으로부터 얻을 것으로 기대되는 생성물은 무엇인가? 반응물과 생성물의 입체화학을 나타내어라.

◆ **문제 7.8** 다음 화합물에 대한 위치 배열을 나타내고, HS^-(붉은 갈색 = Br)와 친핵성 치환 반응으로 생성되는 생성물의 구조를 나타내어라.

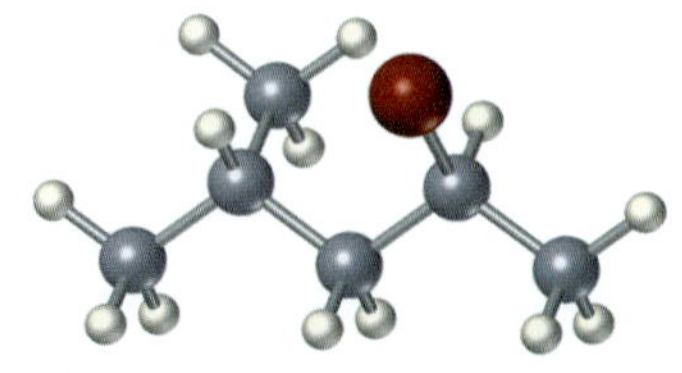

7.9 S_N2 반응의 특성

기질: S_N2 반응에서 입체 효과

먼저 살펴볼 S_N2 반응에서의 변수는 기질인 할로젠화 알킬의 치환형태이다. S_N2 반응의 전이상태는 들어오는 친핵체와 할로젠화 알킬의 탄소 원자 사이에 부분적인 결합이 형성됨으로 부피가 크고 입체 장애가 큰 기질은 친핵체가 쉽게 접근하는 것을 방해하여 결합 형성을 어렵게 만든다. 바꾸어 말하면, 입체적으로 장애를 받는 할로젠화 알킬 반응에 대한 전이상태는 들어오는 친핵체의 공격으로부터 탄소 원자가 "가로막혀(shielded)" 있으므로 입체장애가 작은 할로젠화 알킬의 전이상태보다 더 에너지가 높고, 더 느리게 형성된다(그림 7.4).

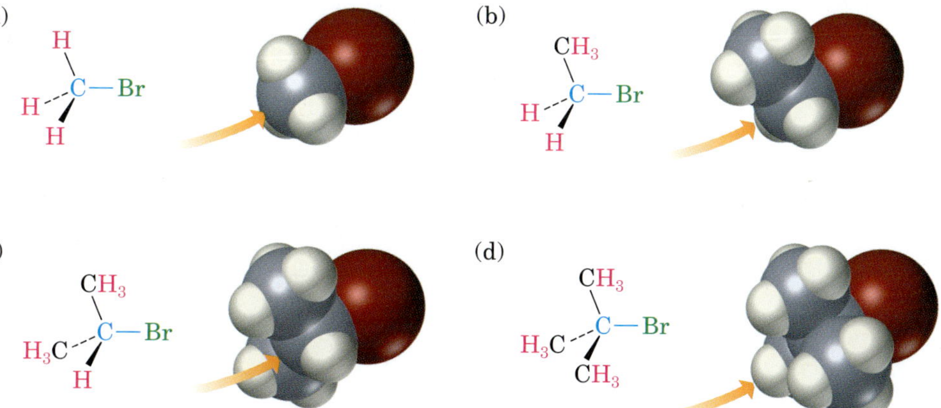

그림 7.4 ▶ S_N2 반응에 대한 입체 장애. 컴퓨터-생성 모형은 (a) bromoethane에 있는 탄소 원자는 쉽게 접근할 수 있으므로 빠른 S_N2 반응을 일으킨다는 것을 나타내준다. (b) bromoethane (일차), (c) 2-bromopropane (이차) 및 (c) 2-bromo-2-methylpropane(삼차)는 순차적으로 더 입체적 장애가 증가하므로 S_N2 반응의 속도는 차례로 감소한다.

그림 7.4에서는 할로젠-치환 탄소 원자에 결합된 세 치환기의 크기가 증가함에 따라 친핵성 접근에 대한 어려움이 증가함을 보여주고 있다. 몇 가지 서로 다른 기질에 대한 상대적 반응성은 다음과 같다.

$$R{-}Br + Cl^- \longrightarrow R{-}Cl + Br^-$$

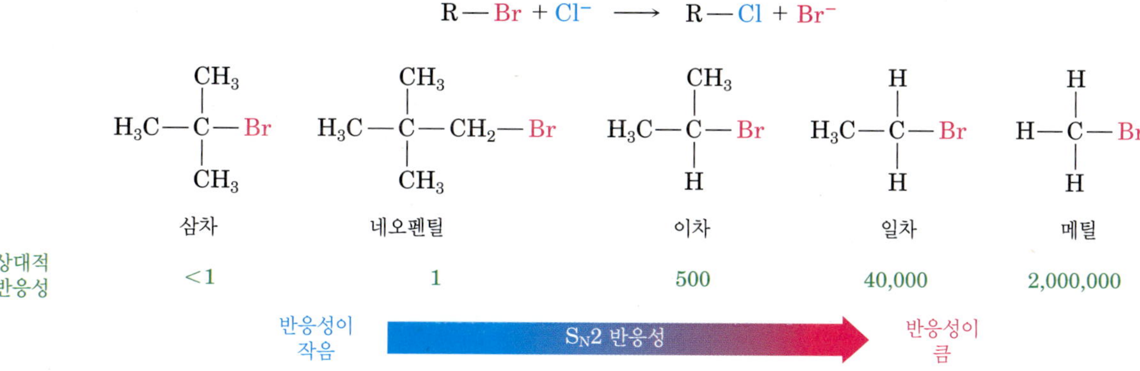

할로젠화 메틸이 S_N2 반응에서 가장 반응성이 큰 기질이며, 다음이 에틸과 프로필과 같은 일차 할로젠화 알킬이다. 할로젠화 아이소프로필(2°)와 같이 반응 중심 이웃에 알킬 곁가지가 있으면, 반응속도가 크게 느려지고 할로젠화 삼차-뷰틸(3°)와 같이 곁가지 수가

더 많아지면 실제적으로 반응이 정지된다. 할로젠화 2,2-다이메틸프로필(네오펜틸)에서와 같이 반응중심으로부터 탄소 하나를 건너 곁가지 있는 경우에도 친핵성 치환은 대단히 느려진다. 결과적으로, S_N2 반응은 상대적으로 입체적 장애를 받지 않는 자리에서만 일어난다. 일반적으로 S_N2 반응은 할로젠화 메틸, 일차 할로젠화물 및 몇 가지 간단한 이차 할로젠화물에서만 유용하다.

문제 7.9 다음 각각과 1-bromobutane의 S_N2 반응으로부터 기대되는 생성물은 무엇인가?
(a) NaI (b) KOH (c) $H-C{\equiv}C-Li$ (d) NH_3

7.10 S_N1 반응

S_N2 반응은 입체장애를 받지 않는 기질, 음으로 하전된 친핵체 및 극성, 비양성자성 용매에서 수행할 때 가장 좋은 결과를 나타내며, 입체장애를 받는 기질, 중성 친핵체 및 양성자성 용매에서 가장 나쁜 결과를 나타낸다. 그러므로 물(중성, 양성자성)과 삼차 기질(입체장애를 받는)의 반응은 가장 느린 치환 반응이 될 것으로 기대된다. 그러나 뚜렷하게 그 반대도 사실이다. 알코올인 2-methy-2-propanol을 생성하는 삼차 할로젠화물, $(CH_3)_3CBr$과 H_2O와의 반응은 대응하는 methanol을 생성하는 할로젠화 메틸, CH_3Br의 반응보다 백만 배 더 빠르다.

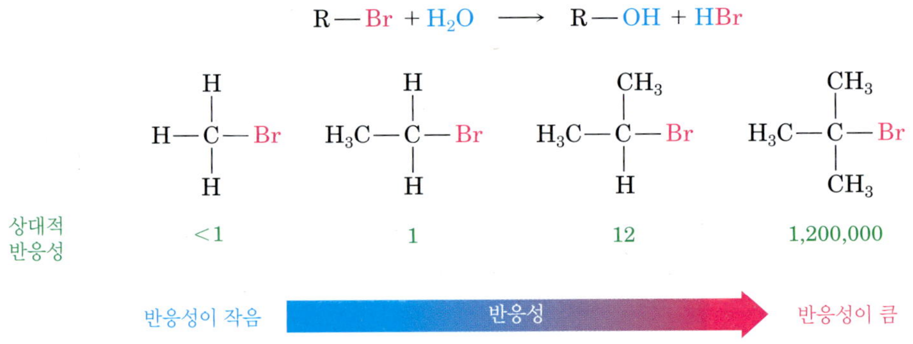

여기서는 무슨 일이 일어나고 있는가? 분명히 친핵성 치환 반응이 일어나지만 반응성의 순서는 반대로 되어 있다. 이들 반응은 이미 논의한 S_N2 메커니즘에 의해서는 일어날 수 없음으로 또 다른 치환 메커니즘에 의해 일어난다고 결론을 내릴 수 있다. 이 다른 메커니즘을 **S_N1 반응**(*substitution*: 치환, *nucleophilic* : 친핵성, *unimolecular* : 일분자)이라 부른다.

7.11 S_N1 반응의 반응속도론

$(CH_3)_3CBr$과 H_2O와의 반응은 OH^-와 CH_3Br과의 반응과 유사하게 보이고, 따라서 이차 반응 속도론이 관찰될 것으로 예상할 수 있다. 사실은 그렇지 않다. 대신에 반응속도

는 할로젠화 알킬의 농도에만 의존하고 H_2O 농도와는 무관함을 알 수 있다. 다시 말하면 이 반응은 **일차 과정**(first-order process)이다. 친핵체의 농도는 속도식에 포함되지 않는다.

$$\text{반응속도} = \text{할로젠화 알킬이 없어지는 속도}$$
$$= k \times [RX]$$

이 결과를 설명하기 위하여 속도론적 측정에 대해 더 많이 배울 필요가 있다.

많은 유기 반응은 비교적 복잡하며, 연속되는 단계로 일어난다. 이러한 단계 중에서 한 단계는 보통 다른 단계보다 느리고. 이 단계를 **반응속도-제한 단계**(rate-limiting step) 혹은 **반응속도-결정 단계**(rate-determining step)라 부른다. 어떠한 반응도 교통마비 혹은 병목과 같이 작용하는 이러한 반응속도 제한 단계보다 빠른 반응은 없다. 반응속도론적 실험으로 측정할 수 있는 전체 반응 속도는 반응 에너지 도표에서 가장 낮은 점과 가장 높은 점 사이의 가장 높은 에너지 장벽의 높이에 의해 결정된다.

$(CH_3)_3CBr$과 H_2O의 S_N1 반응에서 일차 반응속도식을 보이는 것은 **일분자**(unimolecular) 반응속도 제한 단계에서 할로젠화 알킬이 관여하고 있고, 친핵체는 관여하지 않음을 나타낸다. 친핵체는 다른 단계에서 관여하고 있음이 틀림없다. 그림 7.5에 나타낸 메커니즘은 반응속도론적 관찰을 설명하고 있다.

그림 7.5 ▶ **메커니즘:** H_2O와 2-bromo-2-methylpropane의 S_N1 반응은 세 단계를 포함한다. 첫 단계인 브로민화 알킬의 자발적인 일분자 해리에 의한 탄소 양이온의 생성이 반응속도-제한 단계이다.

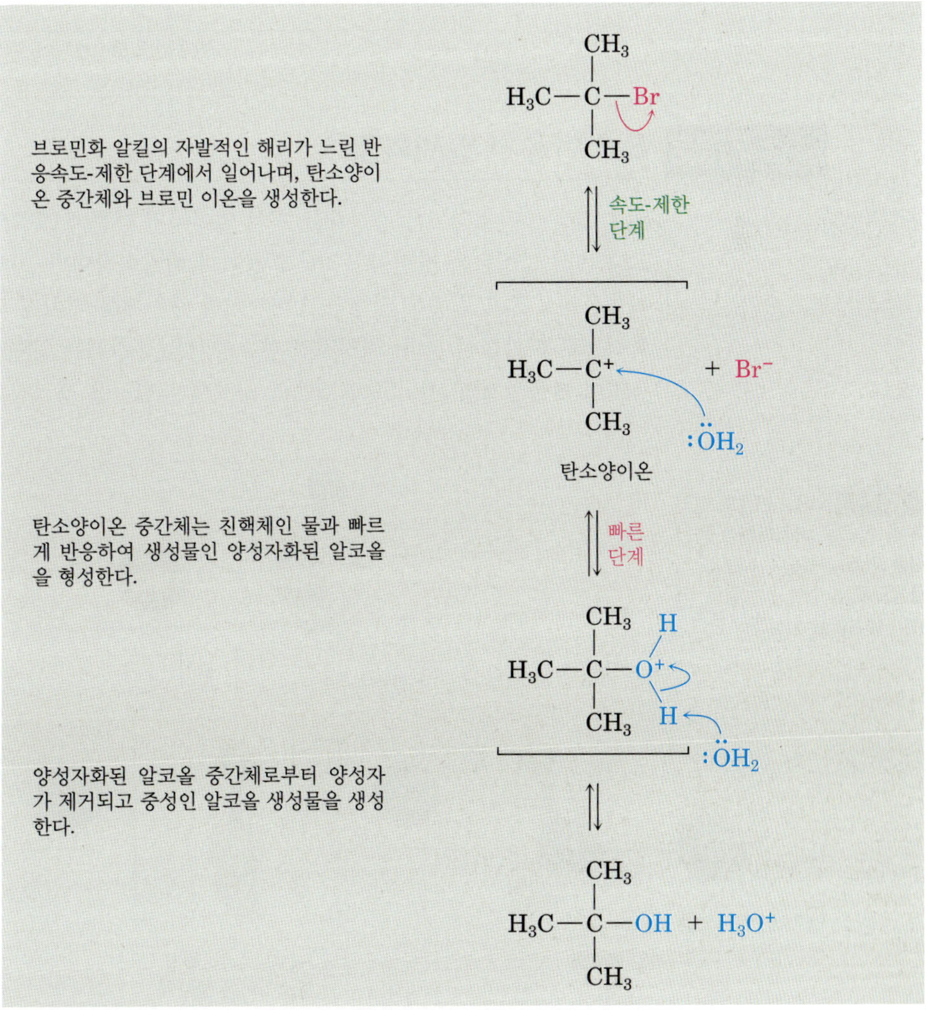

브로민화 알킬의 자발적인 해리가 느린 반응속도-제한 단계에서 일어나며, 탄소양이온 중간체와 브로민 이온을 생성한다.

$$(CH_3)_3C{-}Br \;\rightleftharpoons\; (CH_3)_3C^+ + Br^-$$

속도-제한 단계

탄소양이온

탄소양이온 중간체는 친핵체인 물과 빠르게 반응하여 생성물인 양성자화된 알코올을 형성한다.

$$(CH_3)_3C^+ + :\ddot{O}H_2 \;\rightleftharpoons\; (CH_3)_3C{-}OH_2^+$$

빠른 단계

양성자화된 알코올 중간체로부터 양성자가 제거되고 중성인 알코올 생성물을 생성한다.

$$(CH_3)_3C{-}OH_2^+ + :\ddot{O}H_2 \;\rightleftharpoons\; (CH_3)_3C{-}OH + H_3O^+$$

들어오는 친핵체의 접근과 동시에 이탈기가 치환되는 S_N2 반응과는 달리 S_N1 반응에서는 들어오는 친핵체가 접근하기 이전에 이탈기가 스스로 떨어져 나간다. 2-Bromo-2-methylpropane은 느린 반응속도-제한 단계에서 *tert*-뷰틸 탄소양이온과 Br^- 이온으로 자발적으로 해리되고, 중간체 탄소양이온은 빠른 두 번째 단계에서 친핵체인 물과 즉시 결합하게 된다. 물은 반응속도가 결정되는 단계에서 더 이상 반응물이 아니다. 이 반응의 에너지 도표를 그림 7.6에 나타냈다.

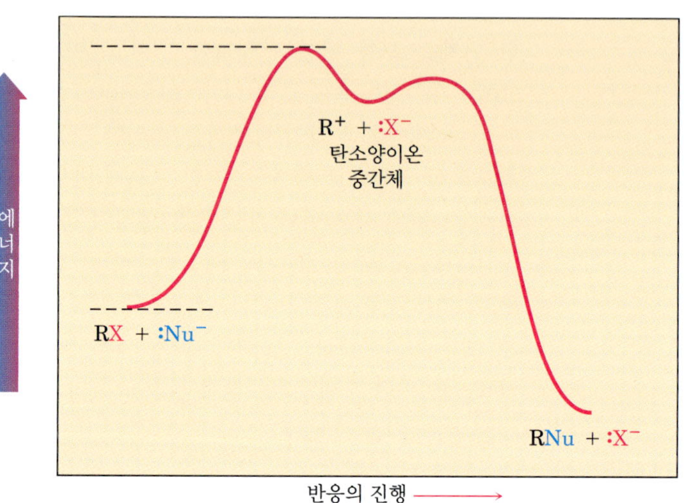

그림 7.6 ▸ S_N1 반응에 대한 반응 에너지 도표. 반응속도-제한 단계는 할로젠화 알킬 탄소양이온 중간체로의 자발적인 해리 단계이다.

7.12 S_N1 반응의 입체화학

S_N1 반응은 탄소양이온 중간체를 거쳐 일어나기 때문에 그 입체화학은 S_N2 반응과는 다르다. 탄소양이온은 평면이고 sp^2-혼성이며 비카이랄이다. 그러므로 카이랄 반응물의 한 거울상체로 S_N1 반응을 진행하면 비카이랄 중간체를 거치게 되고, 생성물은 틀림없이 광학적으로 비활성이 된다. 대칭적인 탄소양이온 중간체는 양면으로 동등하게 친핵체와 반응하여 거울상체의 50 : 50 혼합물인 라세미 혼합물을 생성한다(그림 7.7).

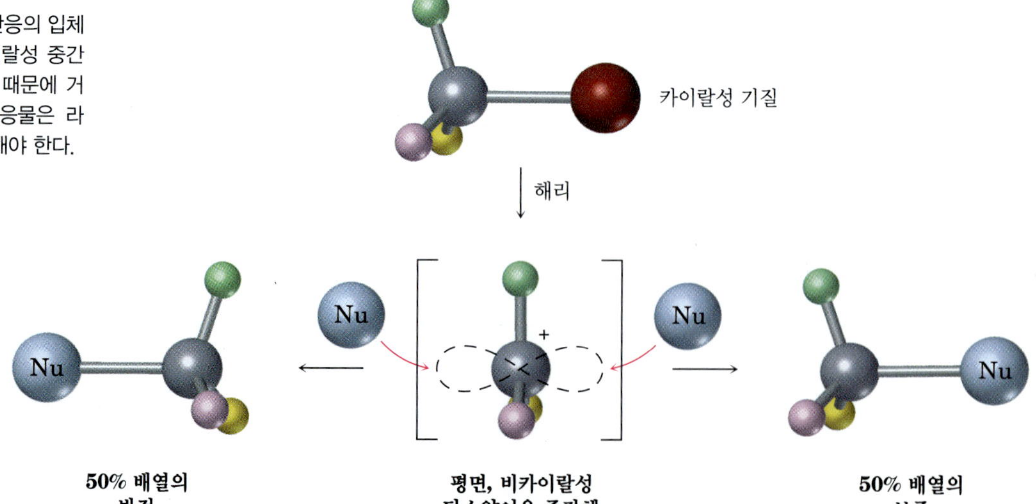

그림 7.7 ▸ S_N1 반응의 입체화학. 반응은 비카이랄성 중간체를 거쳐 진행되기 때문에 거울상으로 순수한 반응물은 라세미 생성물을 형성해야 한다.

거울상적으로 순수한 기질에 대한 S_N1 반응이 라세미 생성물을 형성한다는 결론은 정확히 관찰되었다.

7.13 제거 반응

지금까지 치환 반응만을 다루었지만, 실제로 할로젠화 알킬과 친핵체/염기가 반응하면 두 종류의 과정이 가능하다. 친핵체/염기는 S_N1 혹은 S_N2 반응에서 이탈기와 치환되거나 또는 친핵체/염기는 HX가 제거(*elimination*)되어 알켄을 형성한다.

치환 반응

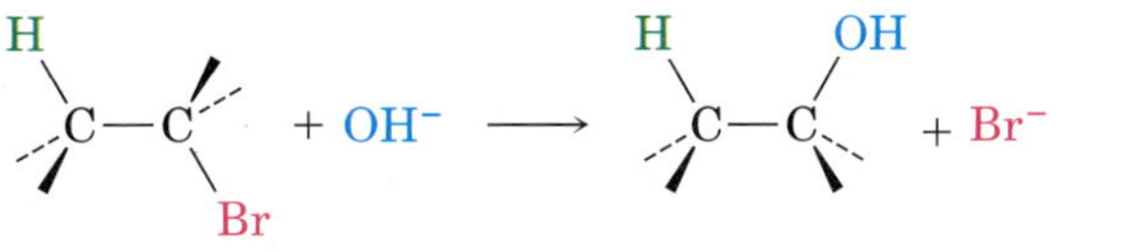

$$\text{H–C–C–Br} + OH^- \longrightarrow \text{H–C–C–OH} + Br^-$$

제거 반응

$$\text{H–C–C–Br} + OH^- \longrightarrow \text{C=C} + H_2O + Br^-$$

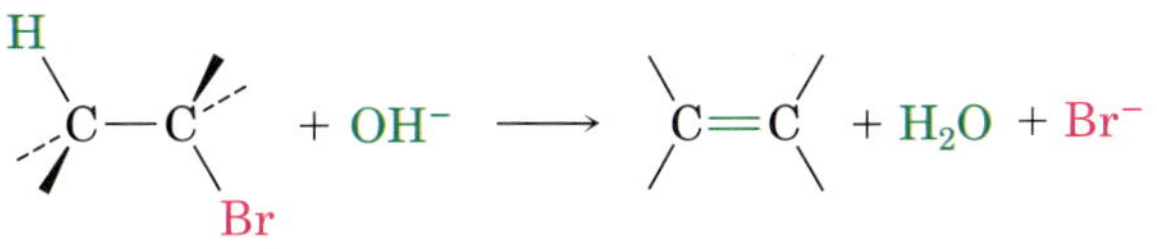

할로젠화 알킬로부터 HX의 제거는 알켄을 제조하는 대단히 유용한 방법이다. 제거 반응에 사용되는 시약은 potassium hydroxide의 알코올 용액이다. Bromoethane을 KOH 알코올 용액과 환류하면 ethene이 생성된다.

$$CH_3CH_2Br + KOH \longrightarrow CH_2{=}CH_2 + KBr + H_2O$$

2-Bromobutane과 같은 비대칭성 할로젠화 알킬에 대해서는 알켄 생성물의 혼합물이 생성된다. 더 많이 치환된 알켄 생성물이 항상 많이 생성된다.

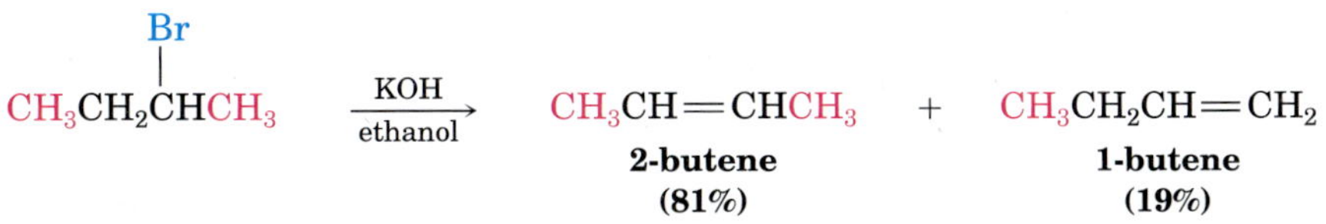

$$CH_3CH_2CH(Br)CH_3 \xrightarrow[\text{ethanol}]{\text{KOH}} CH_3CH{=}CHCH_3 + CH_3CH_2CH{=}CH_2$$

2-butene (81%)   **1-butene (19%)**

◆ **문제 7.10** Ethanol에서 KOH와 1-chloro-1-methylcyclohexane의 반응으로부터 기대되는 생성물은 무엇인가?

◆ **문제 7.11** 다음 반응으로부터 기대되는 제거 생성물은 무엇인가?

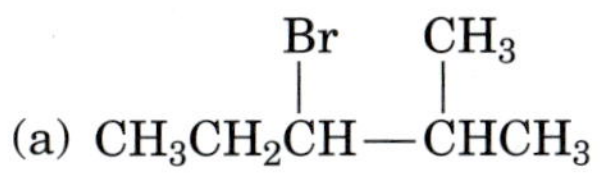

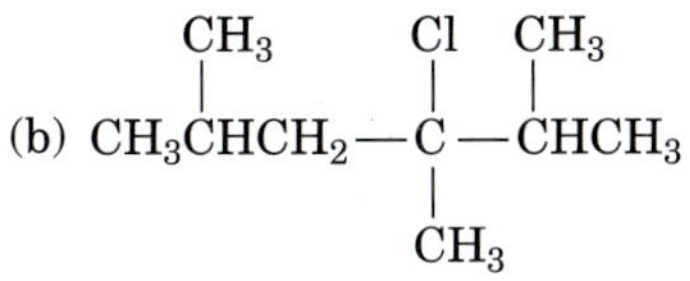

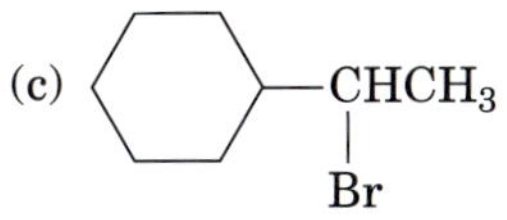

(a) $CH_3CH_2CH(Br){-}CH(CH_3)CH_3$

(b) $CH_3CH(CH_3)CH_2{-}C(Cl)(CH_3){-}CH(CH_3)CH_3$

(c) cyclohexyl–$CH(Br)CH_3$

◆ **문제 7.12** 다음 알켄을 어떠한 할로젠화 알킬로부터 만들 수 있겠는가?

(a) $CH_3CH(CH_3)CH_2CH_2CH(CH_3)CH{=}CH_2$

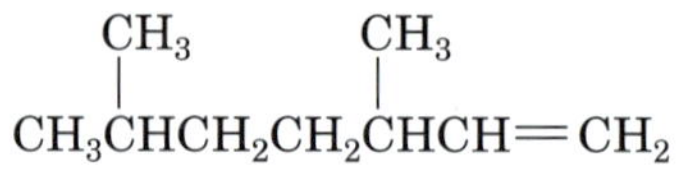

(b) 3,4-다이메틸사이클로펜텐 (CH_3, CH_3)

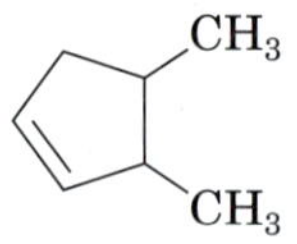

7.14 E2 반응

E2 반응(E2 reaction, *elimination* : 제거, *bimolecular* : 이분자)은 할로젠화 알킬을 하이드록시 이온 혹은 알콕시 이온(RO^-)과 같은 강염기로 처리할 때 일어난다. 이것은 가장 흔히 일어나는 제거 반응에 과정이며 그림 7.8에 나타낸 바와 같이 설명할 수 있다.

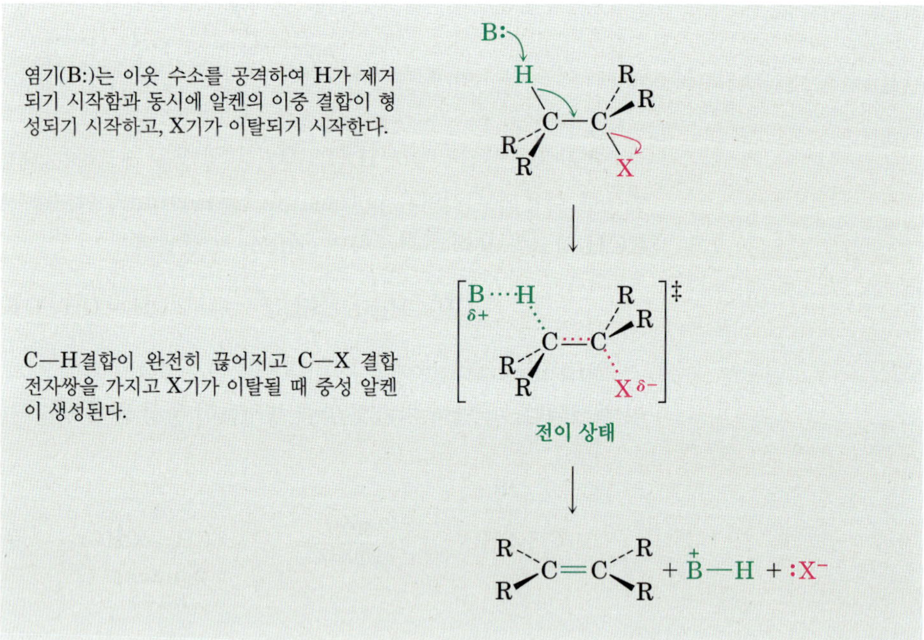

그림 7.8 ▶ **메커니즘:** 할로젠화 알킬의 E2 반응. 반응은 H와 X기의 이탈과 동시에 이중 결합이 생성되기 시작하는 전이 상태를 거쳐 한 단계로 일어난다.

염기(B:)는 이웃 수소를 공격하여 H가 제거되기 시작함과 동시에 알켄의 이중 결합이 형성되기 시작하고, X기가 이탈되기 시작한다.

C—H결합이 완전히 끊어지고 C—X 결합 전자쌍을 가지고 X기가 이탈될 때 중성 알켄이 생성된다.

전이 상태

$R_2C{=}CR_2 + \overset{+}{B}{-}H + :X^-$

S_N2 반응과 같이 E2 반응은 중간체를 거치지 않고 한 단계로 일어난다. 염기에 의해 이탈기 다음에 있는 탄소로부터 H^+ 제거하기 시작하면 C—H결합 절단, C=C결합 형성 및 이탈기의 이탈이 시작된다. 이탈기는 C—X 결합으로부터 전자쌍을 가지고 이탈한다.

이 메커니즘을 입증하는 증거 중 하나가 반응속도의 측정이다. 염기와 할로젠화 알킬이 단일 반응속도-제한 단계에 관여하므로 E2 반응은 이차 반응속도식을 나타낸다. 다시 말하면, E2 반응은 다음 속도식을 따른다.

$$\text{반응속도} = k \times [RX] \times [\text{염기}]$$

7.15 E1 반응

E1 제거는 S_N1 반응에서 볼 수 있는 같은 일분자성 해리에 의해 시작된다. 해리된 후 치

환 대신에 중간체 탄소양이온으로부터 H^+가 제거된다. 실제로 할로젠화 알킬을 양성자성 용매에서 비염기성 친핵체로 처리하면 E1 반응과 S_N1 반응이 같이 일어난다. 그러므로 가장 좋은 E1 반응의 기질은 또한 가장 좋은 S_N1 반응의 기질이며, 치환 반응 및 제거 반응의 혼합생성물이 얻어진다. 예를 들면 2-chloro-2-methylpropane은 80% ethanol 수용액에서 65°C로 가열하면 2-methyl-2-propanol(S_N1)과 2-methylpropene(E1)의 64:36 혼합물이 생성된다.

$$(CH_3)_3C{-}Cl \xrightarrow[65^\circ C]{H_2O,\ ethanol} (CH_3)_3C{-}OH + (H_3C)_2C{=}CH_2$$

2-Chloro-2-methylpropane **2-Methyl-2-propanol (64%)** **2-Methylpropene (36%)**

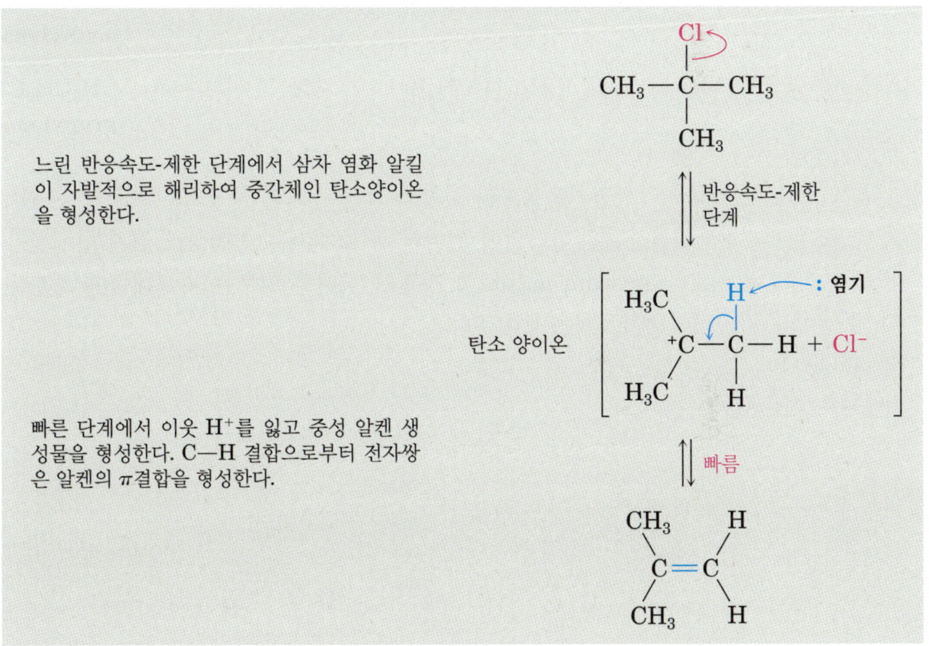

그림 7.9 ▶ **메커니즘:** E1 반응: 두 단계가 포함되며 첫 번째 단계는 반응속도-제한 단계이고 탄소양이온 중간체가 존재한다.

E1 메커니즘을 입증하는 많은 증거들이 있다. 예를 들면 E1 반응은 속도-제한적이며, 자발적인 해리 과정과 일치하는 일차 반응 속도식을 나타낸다.

$$속도 = k \times [RX]$$

7.16 유기할로젠화물의 반응: Grignard 시약

유기할로젠화물, RX는 에테르에서 금속 마그네슘과 반응하여 유기 마그네슘 할로젠화물, RMgX를 생성한다. 생성물을 발견자 Victor Grignard의 이름 따서 **Grignard 시약**(Grignard reagent)이라 부른다. 이 시약은 탄소–금속 결합을 포함하기 때문에 유기금속(organometallic) 화합물의 한 예이다.

François Auguste Victor Grignard

François Auguste Victor Grignard(1871~1935)는 프랑스의 Cherbourg에서 출생하였다. 1901년 Lyon 대학에서 박사학위(Ph.D.)를 받았다. Philippe Barbier 밑에서 학위과정을 거치는 동안 Grignard는 유기 마그네슘 시약의 제조와 유용성을 발견하였다. 그는 Nancy와 Lyon에서 화학교수가 되었고 1912년 화학분야에서 노벨상을 수상하였다. 세계 일차대전 중 그는 프랑스 육군의 상병으로 특파되어 그곳에서 독일 전쟁 독가스를 검출하는 방법을 개발하였다.

다른 종류의 많은 유기할로젠화물이 Grignard 시약을 형성할 수 있다. 할로젠화물에서 입체적 장애는 문제가 되지 않으며 1°, 2° 및 3° 할로젠화 알킬은 모두 다 쉽게 반응한다. 할로젠화 아릴도 같은 조건에서 마그네슘과 반응한다. 염소 화합물이 브로민이나 아이오딘 화합물보다 반응성이 작기는 하지만 할로겐은 Cl, Br 혹은 I가 될 수 있다.

$$\left.\begin{matrix}1°\ \text{알킬}\\2°\ \text{알킬}\\3°\ \text{알킬}\\\text{아릴}\end{matrix}\right\} \longrightarrow R—X \longleftarrow \left\{\begin{matrix}Cl\\Br\\I\end{matrix}\right.$$

$$R—X \xrightarrow{\text{Mg} \mid \text{Ether}} R—Mg—X$$

alkyl magnesium halide

$$CH_3Br + Mg \xrightarrow{\text{ether}} CH_3—Mg—Br$$

methyl magnesium bromide

$$CH_3CH_2CH_2Br + Mg \xrightarrow{\text{ether}} CH_3CH_2CH_2—Mg—Br$$

propyl magnesium bromide

전기음성도와 결합의 극성에 대한 설명으로부터 알 수 있는 바와 같이, 탄소-마그네슘 결합은 편극되어 있어서 탄소원자는 친핵성과 염기성이 된다. 예를 들면 methylmagnesium iodide의 정전기 퍼텐셜 지도는 마그네슘에 결합된 탄소의 전자-풍부(붉은색)한 특성을 보여준다.

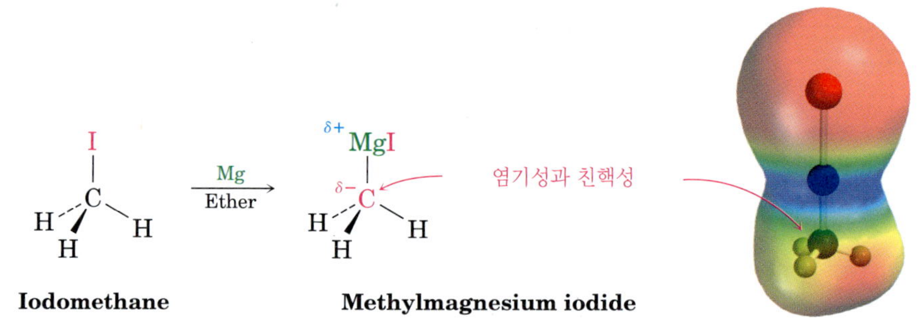

형식적으로 Grignard 시약은 탄화수소 산인 $R_3C—H$의 마그네슘염, $R_3C^- \ {}^+MgX$으로 생각할 수 있다. 그러나 탄화수소는 매우 약한 산이기 때문에 탄소음이온은 대단히 센 염기들이다. 그러므로 Grignard 시약은 H_2O, ROH, RCO_2H 및 RNH_2와 같은 약한 산과 반응하여 양성자를 떼어내어 탄화수소를 생성한다. Grignard 형성반응 다음에 산으로 처리하는 반응은 유기할로젠화물을 탄화수소(R—X ⟶ R—H)로 변화시키는 유용한 방법이다. 예를 들면

$$CH_3CH_2CH_2CH_2CH_2CH_2Br \xrightarrow[\text{Ether}]{\text{Mg}} CH_3CH_2CH_2CH_2CH_2CH_2MgBr \xrightarrow{H_2O} CH_3CH_2CH_2CH_2CH_2CH_3$$

1-Bromohexane **1-Hexylmagnesium bromide** **Hexane (85%)**

◆ **문제 7.13** 중수소 화합물을 만들려면 어떻게 할로젠을 중수소 원자로 치환시킬 수 있는가?

$$CH_3CH(Br)CH_2CH_3 \xrightarrow{?} CH_3CH(D)CH_2CH_3$$

◆ **문제 7.14** 알코올인 1-methylcyclohexanol로부터 어떻게 알케인인 methylcyclohexane을 제조할 수 있는가?

$$\text{1-methylcyclohexanol (OH, } CH_3) \xrightarrow{?} \text{cyclohexane}-CH_3$$

◆ **문제 7.15** 어떻게 4-methyl-1-pentanol을 2-methylpentane으로 변환시킬 수 있는가?

$$CH_3-CH(CH_3)CH_2CH_2CH_2OH \longrightarrow CH_3-CH(CH_3)-CH_2-CH_2-CH_3$$

7.17 유기금속 짝지음 반응

다른 많은 종류의 유기금속 화합물들은 Grignard시약과 유사한 방법으로 제조될 수 있다. 예를 들면 알킬리튬 시약인 RLi는 할로젠화 알킬과 리튬 금속과의 반응에 의해 제조된다. 알킬리튬은 친핵체이며 염기이고 이들의 화학은 많은 점에서 할로젠화 알킬 마그네슘과 유사하다.

$$\underset{\textbf{1-Bromobutane}}{CH_3CH_2CH_2CH_2Br} \xrightarrow[\text{Pentane}]{2\text{ Li}} \underset{\textbf{Butyllithium}}{CH_3CH_2CH_2CH_2Li} + LiBr$$

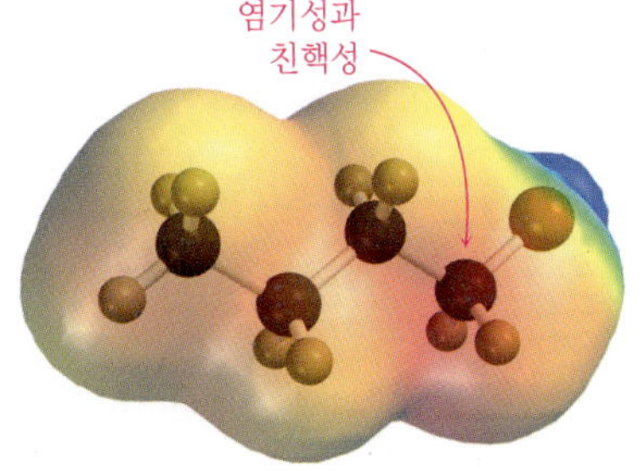

알킬리튬의 가장 유용한 반응은 에터 용매에서 Copper(I) iodide, CuI의 반응에 의해 리튬 이유기구리 화합물(lithium diorganocopper compounds), LiR_2Cu의 제조이다.

$$\underset{\textbf{Methyllithium}}{2\ CH_3Li} + CuI \xrightarrow{\text{Ether}} \underset{\textbf{Lithium dimethylcopper (a Gilman reagent)}}{(CH_3)_2Cu^-\ Li^+} + LiI$$

7.18 Grignard 시약과 카보닐 화합물과 반응으로부터 알코올

에터 혹은 tetrahydrofuran에서 알킬, 아릴 및 바이닐 할로젠화물과 마그네슘이 반응하여 Grignard 시약 RMgX을 생성한다. 이 Grignard 시약은 수소화물 환원제와 동일한 방법으로 카보닐 화합물과 반응하여 알코올을 생성한다. 이 결과는 알코올을 합성하는 유용하고 일반적인 방법이다.

Grignard 형성

$$R—X + Mg \longrightarrow \overset{\delta-}{R}—\overset{\delta+}{MgX}$$

Grignard 시약

R = 1°, 2°, 또는 3° 알킬, 아릴
X = Cl, Br, 또는 I

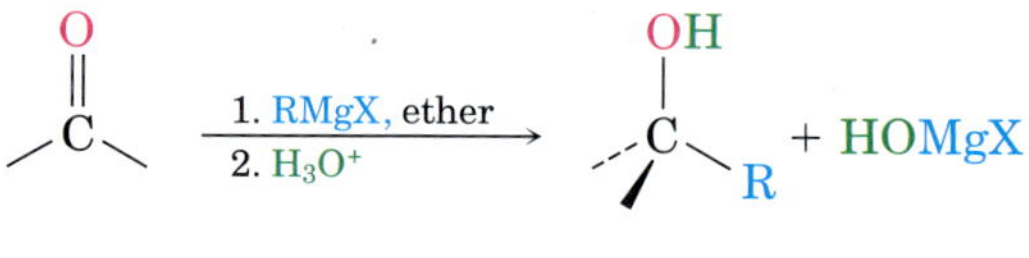

$$C{=}O \xrightarrow[2.\ H_3O^+]{1.\ RMgX,\ ether} C(OH)R + HOMgX$$

반응물에 따라서 많은 알코올이 Grignard 반응으로부터 얻어진다. 예를 들어서 Grignard 시약이 formaldehyde, $H_2C{=}O$와 반응하여 일차 알코올, 알데하이드와는 이차 알코올 및 케톤과는 삼차 알코올을 각각 생성한다:

Formaldehyde 반응

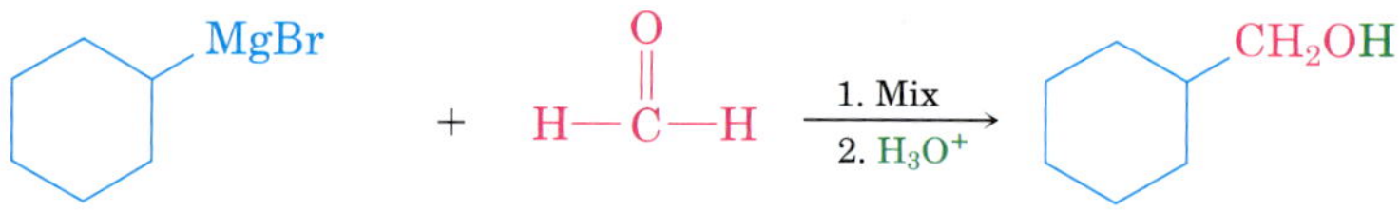

Cyclohexylmagnesium bromide (MgBr) + Formaldehyde ($H—C(=O)—H$) $\xrightarrow[2.\ H_3O^+]{1.\ Mix}$ Cyclohexylmethanol (65%) (CH_2OH)

Cyclohexylmagnesium bromide **Formaldehyde** **Cyclohexylmethanol (65%)** **(1° 알코올)**

알데하이드 반응

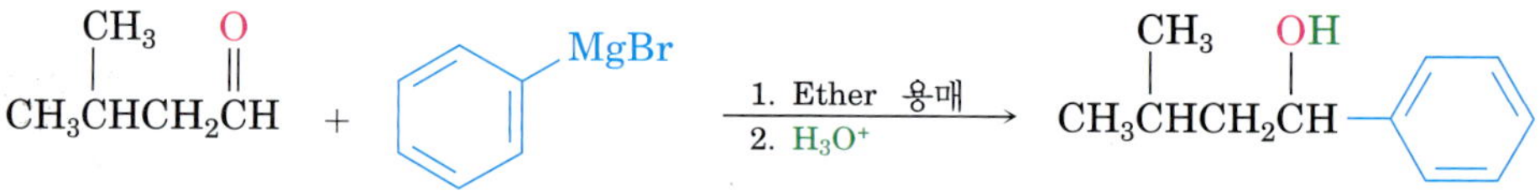

$CH_3CH(CH_3)CH_2CH{=}O$ + Phenylmagnesium bromide (MgBr) $\xrightarrow[2.\ H_3O^+]{1.\ Ether\ 용매}$ $CH_3CH(CH_3)CH_2CH(OH)—C_6H_5$

3-Methylbutanal **Phenylmagnesium bromide** **3-Methyl-1-phenyl-1-butanol (73%)** **(2° 알코올)**

케톤 반응

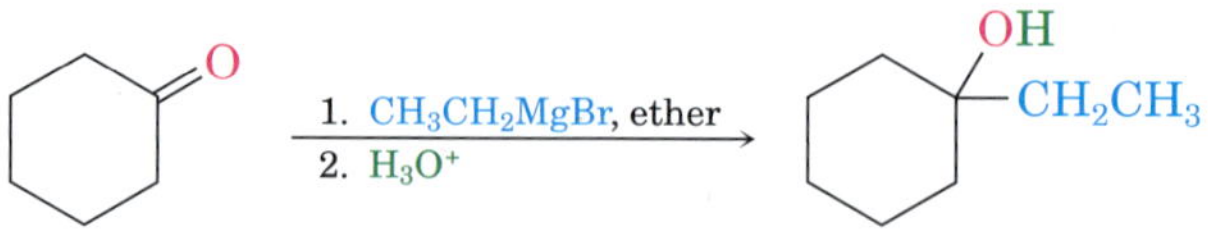

Cyclohexanone (O) $\xrightarrow[2.\ H_3O^+]{1.\ CH_3CH_2MgBr,\ ether}$ 1-Ethylcyclohexanol (OH, CH_2CH_3)

Cyclohexanone **1-Ethylcyclohexanol (89%)** **(3° 알코올)**

에스터는 Grignard 시약과 반응하여 하이드록시기가 결합된 탄소에 Grignard 시약으로부터 온 두 개의 치환기가 결합된 삼차 알코올을 형성한다(에스터의 $LiAlH_4$의 환원으로 두 개의 수소가 첨가되는 것처럼).

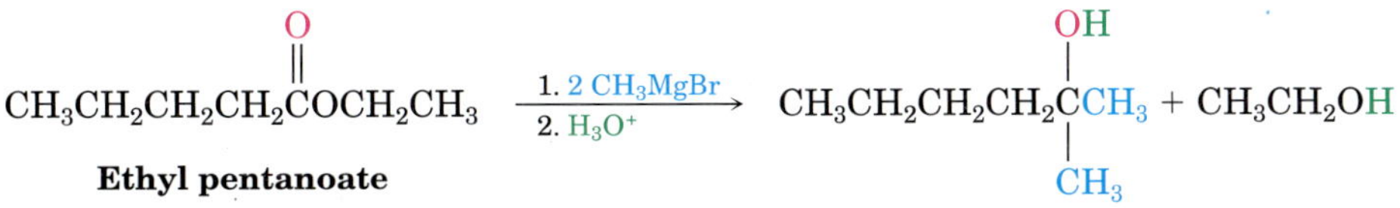

$$CH_3CH_2CH_2CH_2\overset{O}{\overset{\|}{C}}OCH_2CH_3 \xrightarrow[2.\ H_3O^+]{1.\ 2\ CH_3MgBr} CH_3CH_2CH_2CH_2\underset{CH_3}{\overset{OH}{C}}CH_3 + CH_3CH_2OH$$

Ethyl pentanoate

2-Methyl-2-hexanol (85%)
(3° 알코올)

카복실산은 Grignard 시약과 첨가생성물을 형성하지 않는다. 카복실산의 수소는 염기성 Grignard 시약과 반응하여 탄화수소와 산의 마그네슘염을 형성한다. 이 반응은 할로젠화 알킬을 알케인으로 환원하는 방법으로 10.8절에서 다루게 될 것이다.

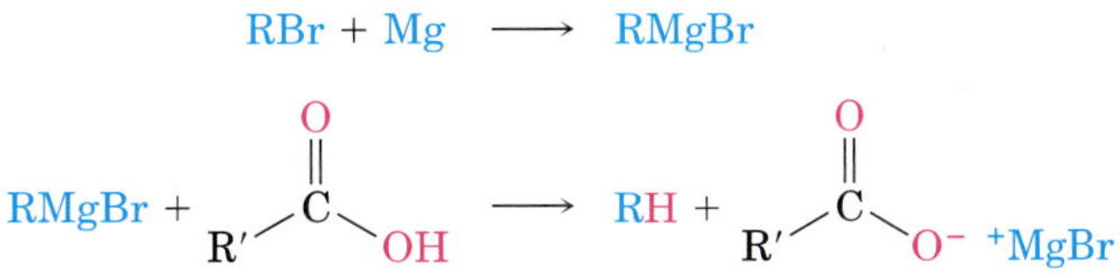

$$RBr + Mg \longrightarrow RMgBr$$

$$RMgBr + R'\overset{O}{\overset{\|}{C}}OH \longrightarrow RH + R'\overset{O}{\overset{\|}{C}}O^- \ {}^+MgBr$$

카복실산 **카복실산 염**

생활과 화학 . . .

자연에 존재하는 유기할로젠 화합물

1968년경에는 약 30종의 천연 유기할로젠 화합물이 알려져 있었다. 이 화합물들은 클로로폼, 할로젠화 페놀, PCBs라는 클로르화 방향족 화합물 및 환경에서 발견되는 다른 화합물들로 산업 "공해물질"들이다. 단지 30년 후인 현재는 사정이 전혀 달라졌다. 3,000 이상의 유기할로젠 화합물이 천연에서 발견되며 실제로 수천 이상이 존재한다. Chloromethane과 같은 간단한 화합물에서부터 대단히 복잡한 화합물에 이르는 막대한 다양한 범위의 유기할로젠 화합물이 식물, 박테리아 및 동물에 존재한다. 많은 것들이 비정상적 생리적 활성을 가지고 있다. 예를 들면 Santa Cruz, California 대학의 Phillip Crews에 의해 발견된 브로민-함유물질, jasplakinolide는 세포내기관의 골격을 만드는 액틴 미소관 형성을 방해한다.

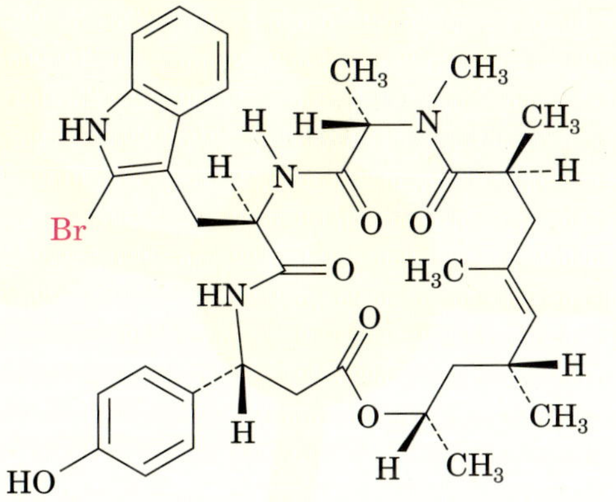

Jasplakinolide

(계속)

몇 가지 천연 유기할로젠 화합물은 자연으로부터 대량으로 생산된다. 산불, 화산 및 해초는 매년 5백만 톤의 CH_3Cl을 방출한다. 그러나 산업적 방출은 매년 약 26,000톤뿐이다. 1 km^2 연구영역 내에 있는 한 종류의 Okinawa도토리 벌레를 세밀하게 조사해보면 하루에 100파운드의 할로젠화 페놀을 방출한다. 이전에는 이 화합물은 천연 공해물질이 아니라고 생각되었다.

왜 생물체들은 대부분 독성이 있는 유기할로젠 화합물을 만들어내는 것일까? 많은 생물체가 유기할로젠 화합물을 자기방어 즉 포식 억제제, 포식자에 대한 자극제 혹은 천연 살충제로 사용한다는 것이 해답이 될 것이다. 예를 들어 해면, 산호 및 바다토끼는 물고기, 불가사리 및 다른 포식자의 먹이가 되는 것을 저지하기 위하여 고약한-맛이 있는 유기할로젠 화합물을 방출한다. 더욱 뚜렷하게 인간도 감염으로부터 방어의 수단으로 할로젠화 화합물을 생산한다. 인간 면역체계는 곰팡이와 박테리아에 대한 할로젠화 반응을 수행할 수 있는 과산화 효소(peroxidase)를 포함하고 있어서 병원체를 죽일 수 있다.

500,000여종의 해양 생물체 중에서 단지 수백 종만이 조사되었고 아직 연구해야 할 더 많은 것이 남아 있지만, 유기할로젠 화합물은 우리가 사는 세상에서 없어서는 안 될 중요한 것은 분명하다.

예제 7.1

2-Phenyl-2-propanol을 합성하기 위하여 케톤에 대한 Grignard 시약의 첨가를 어떻게 사용할 수 있겠는가?

▶ **힌트** 생성물 구조를 그려라. 그리고 알코올 탄소 원자에 결합된 3개의 치환기를 확인하라. 3개의 치환기 중의 하나는 Grignard 시약으로부터 온다. 나머지 2개의 작용기는 케톤으로부터 와야 한다.

▶ **해답** 2-Phenyl-2-propanol은 알코올 탄소 원자에 두 메틸기(—CH_3)와 한 개의 페닐기(—C_6H_5)를 가지고 있다. 그러므로 acetophenone에 methyl magnesium bromide를 첨가시키거나 acetone에 phenyl magnesium bromide의 첨가가 가능하다.

O, C, CH_3 — 1. CH_3MgBr 2. H_3O^+ → HO, CH_3, C, CH_3

Acetophenone

2-Phenyl-2-propanol

O, C, H_3C, CH_3 — 1. C_6H_5MgBr 2. H_3O^+ →

Acetone

예제 7.2

2-Methyl-2-pentanol을 합성하는데 카보닐 화합물과 Grignard 시약과의 반응을 어떻게 사용할 것인가?

▶ **힌트** 생성물의 구조를 그려라. 그리고 알코올 탄소 원자에 결합된 3개의 치환기를 확인하라. 3개의 작용기가 모두 다르면 출발 물질인 카보닐 화합물은 케톤이 되어야 한다. 3개 중 2개의 치환기가 동일하면 출발 물질인 카보닐 화합물은 케톤 혹은 에스터가 되어야한다.

▶ **해답** 이 예제에서 생성물은 2개의 메틸기와 1개의 프로필기를 가진 삼차 알코올이다. 케톤을 출발 물질로 사용한다면 2-pentanone에 methylmagnesium bromide의 첨가와 acetone에 propylmagnesium bromide의 첨가가 가능하다:

$$CH_3CH_2CH_2\overset{O}{\overset{\|}{C}}CH_3 \xrightarrow[2.\ H_3O^+]{1.\ CH_3MgBr} CH_3CH_2CH_2\underset{CH_3}{\overset{OH}{C}}CH_3$$

2-Pentanone → **2-Methyl-2-pentanol**

$$CH_3\overset{O}{\overset{\|}{C}}CH_3 \xrightarrow[2.\ H_3O^+]{1.\ CH_3CH_2CH_2MgBr} CH_3CH_2CH_2\underset{CH_3}{\overset{OH}{C}}CH_3$$

Acetone → **2-Methyl-2-pentanol**

에스터를 출발 물질로 사용한다면, methyl magnesium bromide를 methyl butanoate와 같은 butanoic acid 에스터에 첨가시키는 방법 하나가 가능하다.

$$CH_3CH_2CH_2\overset{O}{\overset{\|}{C}}OCH_3 \xrightarrow[2.\ H_3O^+]{1.\ 2\ CH_3MgBr} CH_3CH_2CH_2\underset{CH_3}{\overset{OH}{C}}CH_3 + CH_3OH$$

Methyl butanoate → **2-Methyl-2-pentanol**

◆ **문제 7.16** 다음 화합물과 methyl magnesium bromide의 첨가로 얻어지는 생성물을 나타내어라:
(a) Cyclopentanone (b) Benzophenone(diphenyl ketone) (c) 3-Hexanone

◆ **문제 7.17** Grignard 시약을 사용하여 다음 알코올을 합성하라:
(a) 2-Methyl-2-propanol (b) 1-Methylcyclohexanol (c) 3-Methyl-3-pentanol
(d) 2-Penyl-2-butanol (e) Benzyl alcohol

◆ **문제 7.18** 카보닐 화합물과 Grignard 시약을 사용하여 다음 화합물을 합성하라:

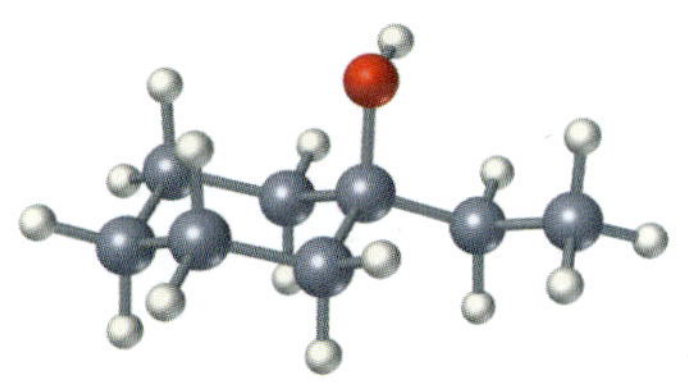

→ 7.19 Chlorofluorocarbons(CFC)

C—F 결합을 제외하고는 표 7.3에 결합 해리 에너지로 나타낸 것처럼, 각 C—Cl, C—Br 및 C—I 결합은 C—H 결합에 비해 약하다. 결합 해리 에너지는 25°C, 기체상태에서 결합을 두 개의 라디칼로 균일하게 절단하는 데 필요한 열의 양으로 정의한다.

$$A{-}B \longrightarrow A\cdot + B\cdot$$

표 7.3 • C—H와 C—X 결합에 대한 평균 결합 해리 에너지

결합	결합 길이/nm	결합 해리 에너지/kj mol^{-1}
C—H	0.109	418
C—F	0.142	439
C—Cl	0.178	345
C—Br	0.193	272
C—I	0.214	209

할로젠 원자의 크기가 증가할수록 C—X 결합 길이는 증가하고 그 세기는 감소한다. 가장 강하고 가장 짧은 C—X 결합을 가진 플루오로알케인은 대부분의 조건하에서 결합 절단에 크게 영향을 받지 않는다. 이 특징적인 불활성은 테플론(Teflon)과 같은 중합체를 유용한 물질이 되게 하는 요인 중의 하나이다.

가장 널리 알려진 플루오로알케인은 프레온(Freon)이라는 상품으로 제조되고 있는 chlorofluorocarbons(CFCs)이다. CFCs는 비독성, 비인화성, 무취 및 비부식성이며 암모니아와 이산화황과 같은 위험물질에 대한 이상적인 대체물질이 되고 있다. 이 두 화합물은 냉동계에서 비트-전달제로 사용된다. CFCs 중에서 이런 목적으로 가장 널리 사용되는 것들은 trichlorofluoromethane, CCl_3F와 dichlorodifluoromethane, CCl_2F_2이다.

CFCs는 밀링으로부터 절삭유와 왁스의 제거, 코팅을 위해 표면 만들기를 위한 공업적 세정용매로도 널리 사용된다.

1970년대에 4.5×10^5 kg/yr 이상의 CFCs가 대기 중에 방출되었다. 1974에 CFCs가 오존 파괴의 원인이 된다는 것이 발견되었다. 공기 중에 방출되면 CFCs는 낮은 대기로 이동한다. 불활성 때문에 낮은 대기에서 분해되지는 않는다. 천천히 성층권으로 올라가서 그곳에서 태양으로부터 자외선 복사선을 흡수하고 분해된다. 성층권의 오존층을 파괴하는 일련의 화학 반응이 일어난다. 오존층은 지구를 태양에서 오는 짧은-파장의 자외선 복사선을 막아주는 보호막으로 작용한다. 너무 많은 짧은-파장 자외선 복사선은 곡식과 농산물을 파괴시킨다. 또한 사람의 피부암을 일으킨다.

$$CCl_2F_2 \xrightarrow{uv} CClF_2 + Cl\cdot$$

$$O_3 + Cl\cdot \longrightarrow ClO\cdot + O_2$$

$$ClO\cdot + O\cdot \longrightarrow Cl\cdot + O_2$$

전체 반응: $O_3 + O\cdot \longrightarrow 2O_2$

Dichlorodifluoromethane에 의한 짧은-파장 자외선 복사선의 흡수로 대단히 반응성이 큰 염소 라디칼, Cl·을 형성한다. 이 염소 라디칼과 오존 분자와의 충돌로 다른 형태의 라디칼인, ClO·와 산소를 생성한다. ClO·은 산소 라디칼과 충돌하여 염소 라디칼을 재생한다. 그러므로 염소는 오존 파괴에서 촉매로 작용한다. 알짜 반응은 오존을 산소로 변환시키는 것이다.

CFCs에 의한 지구의 환경문제 때문에 화학공업은 비-오존-감소 대체물질을 개발하게 되었다. 대체물질은 hydrofluorocarbons(HFCs)와 hydrochlorofluorocarbons(HCFCs)이다. 이 화합물들은 CFCs에 비해 대기 중에서 반응성이 더 커서 성층권에 도달하기 전에 분해된다.

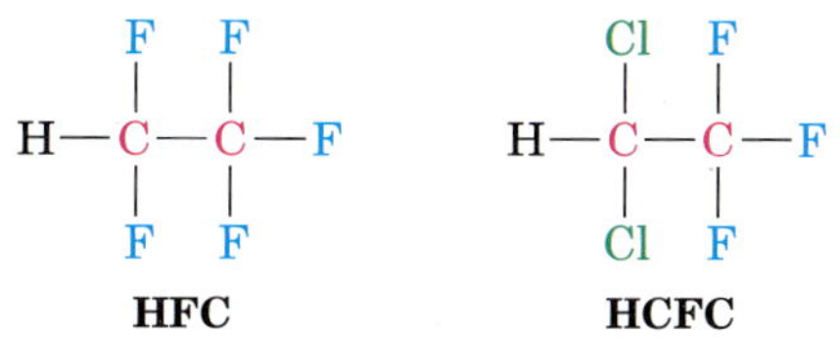

HFC: $H-CF_2-CF_3$

HCFC: $H-CCl_2-CF_3$

생활과 화학 . . .

생명체에서 치환 반응

화학자에 의해 플라스크에서 일어나든지 혹은 생명체에 의해 세포에서 일어나는 모든 화학은 같은 규칙을 따르게 된다. 그러므로 대부분의 생물학적 반응은 실험실 반응에서와 같은 첨가, 치환, 제거 및 자리옮김 메커니즘에 의해 일어난다.

아마도 가장 일반적인 생물학적 치환 반응은 $—CH_3$기가 친전자성 주개로부터 친핵체로 이동하는 메틸화 반응(*methylation*)이다. 실험실에서 화학자들은 이와 같은 반응에 CH_3I를 사용할 수 있지만, 생체계에서는 생물학적 메틸기 주개로 복잡한 분자인 S-adenosylmethionine을 사용한다. S-adenosylmethionine에서 황 원자는 양전하(설포늄 이온, R_3S^+)를 가지므로 메틸탄소에서 S_N2치환에 대한 좋은 이탈기가 된다. 이와 같은 생물학적 메틸화의 반응의 한 예는 부신 수질에서 일어나는 norepinephrine으로부터 adrenaline의 생합성 과정을 들 수 있다.

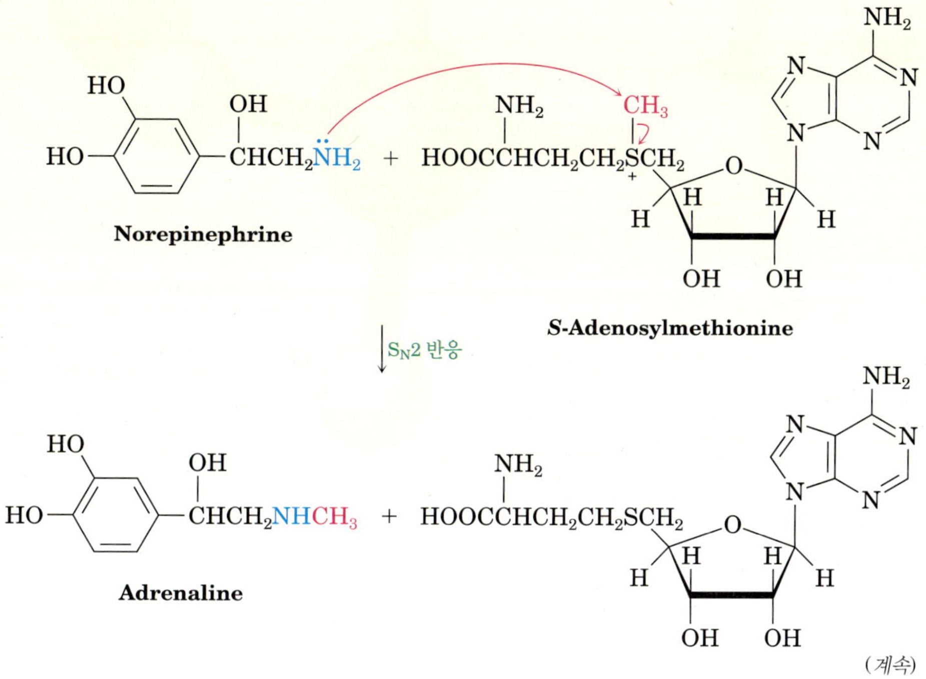

Norepinephrine + *S*-Adenosylmethionine

$\downarrow$ S_N2 반응

Adrenaline + (S-adenosylhomocysteine)

(계속)

실험실 알킬화 반응에서는 CH_3I와 같은 간단한 분자만을 다루어왔기 때문에 S-adenosylmethionine과 같은 복잡한 분자를 만나게 되면 약간 놀랄 것이다. 그러나 화학이라는 관점에서 보면, CH_3I와 S-adenosylmethionines는 정확히 같은 역할을 한다. 두 반응 모두 S_N2 반응에 의해 메틸기를 전달한다.

생물학적 S_N2 반응의 다른 예는 어떤 독성 물질에 대한 생체계의 대응에서 볼 수 있다. 매우 간단한 구조를 가지고 있으며 S_N2 반응성을 보이는 많은 기질들은 생체계에 대해 큰 독성을 나타낸다. 예를 들면 methyl bromide는 흰개미를 구제하는 훈증제와 토양 살균제로 널리 사용된다. 그 독성은 효소에 있는 친핵성 아미노기($—NH_2$) 혹은 머캅토기(—SH)로 알킬기를 전달하여 효소의 정상적인 생물학적 활성을 변화시켜 나타난다.

가장 잘 알려진 독성 알킬화 시약 중의 하나는 일차 대전 중 총 400,000명의 사상자를 낸 화학전 시약인 겨자 가스(*mustard gas*)이다. 일차 할로젠화물인 겨자 가스는 단백질에 있는 친핵성 아미노기에 의한 S_N2 치환에 대해 대단히 큰 반응성을 나타낸다. 이것은 S-adenosylmethionine과 같은 방법으로 설포늄이온 중간체를 거쳐 작용하는 것으로 생각된다.

$$ClCH_2CH_2\ddot{S}CH_2CH_2—Cl \xrightarrow{\text{내부 } S_N2 \text{ 반응}} \left[ClCH_2CH_2\overset{+}{S}\lt\begin{matrix}CH_2\\ |\\ CH_2\end{matrix} \quad Cl^- \right]$$

겨자 가스

S_N2 반응 (:NH_2—단백질)

$$ClCH_2CH_2SCH_2CH_2NH\text{~~~단백질}$$

알킬화된 단백질

요약 및 주요 용어

E1 반응, 7.15
E2 반응, 7.14
Grignard 시약(RMgX), 7.16
S_N1 반응, 7.10
S_N2 반응, 7.8, 7.9
반응속도-제한 단계, 7.11
이차 반응속도론, 7.7
일차 반응속도론, 7.11
할로젠화 알킬, 7.1

할로젠화 알킬(Alkyl halides)은 포화된 sp^3-혼성 탄소 원자에 결합된 할로젠을 포함한 화합물이다. C—X 결합은 극성이고 그러므로 할로젠화 알킬은 친전자체로 작용할 수 있다.

할로젠화 알킬은 알케인의 라디칼 할로젠화 반응을 이용하여 만들 수 있지만, 이 방법은 항상 반응 혼합물이 생성되기 때문에 효용성이 크지 않다. 할로젠화 반응에 대한 알케인의 반응순서는 라디칼의 안정성의 순서와 동일하다: $R_3C\cdot > R_2CH\cdot > RCH_2\cdot$

알코올은 HX와 반응하여 할로젠화 알킬을 생성하지만, 반응은 삼차 알코올, R_3COH에 대해서만 잘 진행된다. 일차, 이차 할로젠화 알킬은 $SOCl_2$와 PBr_3를 사용하여 알코올로부터 정상적으로 제조된다. 할로젠화 알킬은 에터 용액에서 마그네슘과 반응하여 **Grignard 시약**(Grignard reagent, RMgX)이라 부르는 유기마그네슘 할로젠화물을 형성한다. Grignard 시약은 친핵체이고 염기이므로 산과 반응하여 탄화수소를 생성한다. Gtignard 형성과 양성자화의 전체 결과는 할로젠화 알킬이 알케인으로의 변환이다($RX \longrightarrow RMgX \longrightarrow RH$).

또한 할로젠화 알킬은 리튬금속과 반응하여 유기리튬 시약, RLi를 형성한다. CuI가 존재하면 이유기구리(diorgnocopper)를 만든다.

할로젠화 알킬과 친핵체/염기와의 반응은 치환(substitution) 혹은 제거(elimination)를 일으킨다. 친핵성 치환 반응은 두 형태가 있다: **S_N2 반응**과 **S_N1 반응**이다. S_N2 반응에서 들어오는 친핵체는 이탈기로부터 먼 180° 방향에서 할로젠에 접근한다. 그 결과 탄소 원자에서 우산과 같은 배열의 반전이 일어난다. 반응은 **이차 반응속도식**(second-order kinetics)을 나타내며 반응물의 입체적 크기가 증가할수록 강하게 방해를 받는다. 그러므로 S_N2 반응은 일차와 이차 기질에 대해서 유리하다.

S_N1 반응은 기질이 **느린 반응속도-제한 단계**(rate-limiting step)에서 자발적으로 탄소양이온으로 해리된 다음에 친핵체와 빠르게 반응한다. 결과적으로 S_N1 반응은 **일차 반응속도식**(first-order kinetics)을 나타내며, 탄소 원자에서 배열의 라세미화가 일어난다. 삼차 기질에서 가장 유리하다.

할로젠화 알킬의 제거로부터 알켄의 생성도 역시 두 가지 다른 메커니즘에 의해 일어난다: **E2 반응**과 **E1 반응**이다. E2 반응에서는 염기가 한 탄소에서 H^+의 제거와 동시에 이웃 탄소로부터 이탈기가 이탈된다. 반응은 4개의 반응 원자 즉 수소, 두 탄소 및 이탈기가 같은 면에 있는 안티 준평면 전이상태를 거쳐 유리하게 일어난다. 이 제거 반응은 알켄 생성물의 혼합물이 생성되며 더 많이 치환된 알켄이 유리하다.

E1 반응은 다음 단계에서 이웃 탄소로부터 H^+가 제거되기 전에 느린 반응속도-제한 단계에서 기질이 자발적으로 탄소양이온으로 해리될 때 일어난다. 반응은 일차 반응속도식을 나타내며 중수소 동위원소 효과를 나타내지 않는다. 삼차 기질이 극성, 비염기성 용액에서 반응할 때 일어난다.

일반적으로 기질은 다음과 같은 방법으로 반응한다:

RCH_2X (일차)	⟶	대부분 S_N2 치환
R_2CHX (이차)	⟶	비염기성 친핵체와 S_N2 치환 센 염기와 E2 제거
R_3CX (삼차)	⟶	대부분 E2 제거 (비염기성 용매에서는 S_N1 치환과 E1 제거)

반응의 요약

1. 할로젠화 알킬의 제조
   (a) HBr과 HCl의 첨가에 의한 알켄으로부터

$$>C{=}C< \; + \; HBr \longrightarrow -\overset{H}{\overset{|}{\underset{|}{C}}}-\overset{Br}{\overset{|}{\underset{|}{C}}}-$$

(b) 알코올로부터
   (1) HX와 반응, 여기서 X=Cl, Br, 혹은 I

$$\text{R}_3\text{C–OH} \xrightarrow[\text{Ether}]{\text{HX}} \text{R}_3\text{C–X}$$

반응순서: 3° > 2° > 1°

(2) $SOCl_2$와 1°와 2° 알코올의 반응

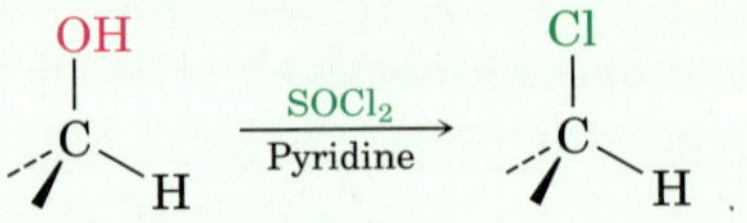

$$\text{R}_2\text{CH-OH} \xrightarrow[\text{Pyridine}]{SOCl_2} \text{R}_2\text{CH-Cl}$$

(3) PBr_3와 1°와 2° 알코올의 반응

$$\text{R}_2\text{CH-OH} \xrightarrow[\text{Ether}]{PBr_3} \text{R}_2\text{CH-Br}$$

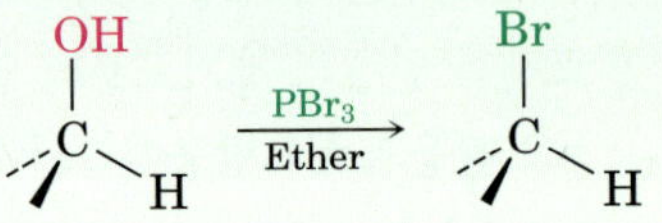

2. 할로젠화 알킬의 반응

(a) 가수분해

$$R-X \xrightarrow[\text{환류}]{NaOH} R-OH$$

(b) 에터 형성

$$R-X \xrightarrow[CH_3CH_2OH]{R'ONa} R-O-R'$$

(c) 나이트릴의 형성

$$R-X \xrightarrow[CH_3CH_2OH]{KCN} R-CN$$

(d) 에스터의 생성

$$R-X \xrightarrow[CH_3CH_2OH]{CH_3COOAg} CH_3COOR$$

(e) 아민의 형성

$$R-X \xrightarrow{\text{진한. } NH_3} R-NH_2$$

(f) Grignard 시약의 형성

$$R-X \xrightarrow[\text{Ether}]{Mg} R-Mg-X$$

여기서 X = Br, Cl, 또는 I

R = 1°, 2°, 또는 3° 알킬, 아릴

(g) 알케인으로 할로젠화 알킬의 변환

$$\mathrm{R{-}X} \xrightarrow[\text{Ether}]{\text{Mg}} \mathrm{R{-}Mg{-}X} \xrightarrow{\mathrm{H_3O^+}} \mathrm{R{-}H} + \mathrm{HOMgX}$$

3. 친핵성 치환 반응

(a) S_N1 반응; 탄소양이온 중간체가 포함된다

$$\mathrm{R_3C{-}X} \longrightarrow \left[\mathrm{R_3C^+}\right] \xrightarrow{:\mathrm{Nu^-}} \mathrm{R_3C{-}Nu} + :\mathrm{X^-}$$

3°와 할로젠화 벤질이 가장 좋다.

(b) S_N2 반응; 친핵체의 후면 공격이 일어난다.

$$\mathrm{Nu}: + \mathrm{C{-}X} \longrightarrow \mathrm{Nu{-}C} + \mathrm{X}:^-$$

1°와 2° 할로젠화물이 가장 좋다.

$\mathrm{Nu}:^- = \mathrm{H^-}, {}^-\mathrm{CN}, \mathrm{I^-}, \mathrm{Br^-}, \mathrm{Cl^-}, {}^-\mathrm{OH}, {}^-\mathrm{NH_2}, \mathrm{CH_3O^-}, \mathrm{CH_3CO_2^-}, \mathrm{HS^-}, \mathrm{H_2O}, \mathrm{NH_3}$, 등등

4. 제거 반응

(a) E1 반응; 더 많이 치환된 알켄의 형성

$$\mathrm{H{-}C{-}C(X)(R){-}R} \longrightarrow \left[\mathrm{H{-}C{-}\overset{+}{C}(R){-}R}\right] \longrightarrow \mathrm{C{=}CR_2} + \mathrm{HX}$$

3° 할로젠화 알킬이 가장 좋다.

(b) E2 반응; 안티 준평면 기하구조가 요구된다

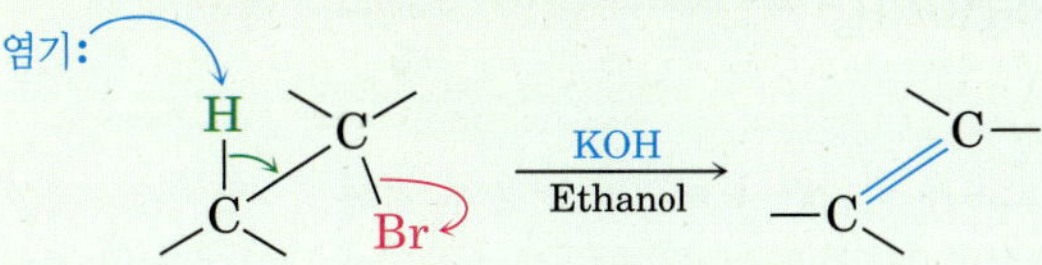

염기 2°와 3° 할로젠화 알킬이 가장 좋다.

연습 문제

시각 화학

7.19 다음 각 할로젠화 알킬(노란-초록색 = Cl)의 IUPAC 이름을 써라:

(a) (b)

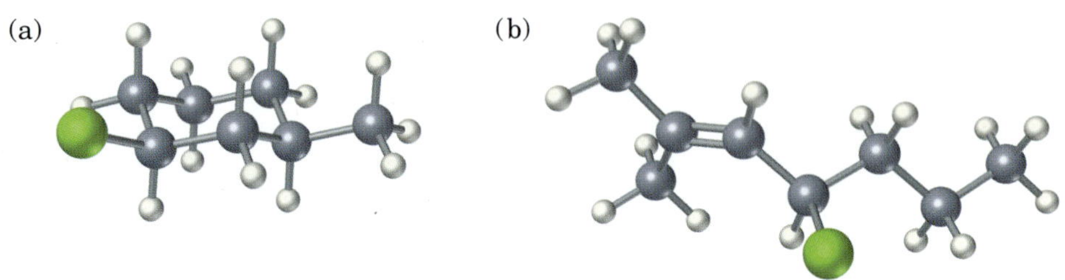

7.20 IUPAC 규칙에 따라 다음 할로젠화 알킬을 명명하여라:

(a)
$$\begin{array}{l} \quad\;\; H_3C\;\; Br\;\; Br\qquad CH_3 \\ CH_3CHCHCHCH_2CHCH_3 \end{array}$$

(b)
$$\begin{array}{l} \qquad\qquad\qquad\qquad\quad I \\ CH_3CH{=}CHCH_2CHCH_3 \end{array}$$

(c)
$$\begin{array}{l} \qquad\; Br\quad\;\; Cl\;\; CH_3 \\ CH_3CCH_2CHCHCH_3 \\ \qquad\; CH_3 \end{array}$$

(d)
$$\begin{array}{l} \qquad\quad\;\; CH_2Br \\ CH_3CH_2CHCH_2CH_2CH_3 \end{array}$$

(e) $ClCH_2CH_2CH_2C{\equiv}CCH_2Br$

7.21 다음 IUPAC 이름에 해당되는 구조를 나타내어라:

(a) 2,3-Dichloro-4-methylhexane

(b) 4-Bromo-4-ethyl-2-methylhexane

(c) 3-Iodo-2,2,4,4-tetramethylpentane

7.22 2-Methybutane의 라디칼 염소화 반응에 의해 얻어지는 단일 염소화된 생성물을 나타내고 이름을 써라. 어느 생성물이 카이랄인가? 어느 화합물이 광학적으로 활성인가?

7.23 다음 반응의 생성물을 예측하여라.

(a) (cyclohexane ring bearing H_3C and OH) $\xrightarrow[\text{Ether}]{\text{HBr}}$ **?**

(b) $CH_3CH_2CH_2CH_2OH \xrightarrow{SOCl_2}$ **?**

(c) (cyclohexane ring bearing OH) $\xrightarrow[\text{Ether}]{PBr_3}$ **?**

(d) $CH_3CH_2CHBrCH_3 \xrightarrow[\text{Ether}]{\text{Mg}}$ **A?** $\xrightarrow{H_2O}$ **B?**

7.24 3-Methylhexane은 라디칼 브로민화 반응에 의해 주 생성물로 광학적으로 비활성인 3-bromo-3-methylhexane을 생성한다. 이 생성물은 카이랄인가? 라디칼 중간체에 대하여 어떤 결론을 내릴 수 있겠는가?

7.25 다음에 나타낸 합성은 반응식대로 일어나지 않는다. 무엇이 틀렸는가?

$$CH_3CH_2CH_2F \xrightarrow[2.\ H_3O]{1.\ Mg} CH_3CH_2CH_3$$

7.26 —OH기가 결합된 벤젠고리를 가진 화합물인 *phenol*은 음이온의 공명 안정화 때문에 상당히 산성이다. 페녹시 이온에 대한 공명 구조를 써라.

$\ddot{O}:^-$ (벤젠고리에 결합)

페녹시 이온

7.27 다음 각 분자가 (i) $Na^+\ ^-SCH_3$ (ii) $Na^+\ ^-OH$와 반응에서 기대되는 생성물을 써라(노란-초록색 = Cl).

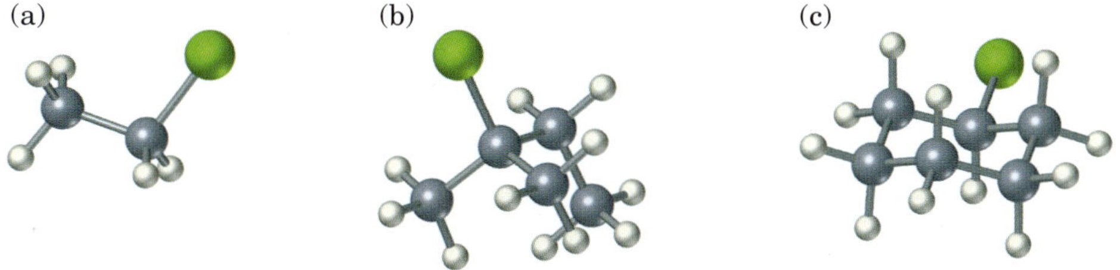

7.28 S_N2 반응에 의해 어떤 브로민화 알킬로부터 다음 아세트산 알킬을 만들 수 있겠는가? 반응을 쓰고 모든 입체화학을 나타내라.

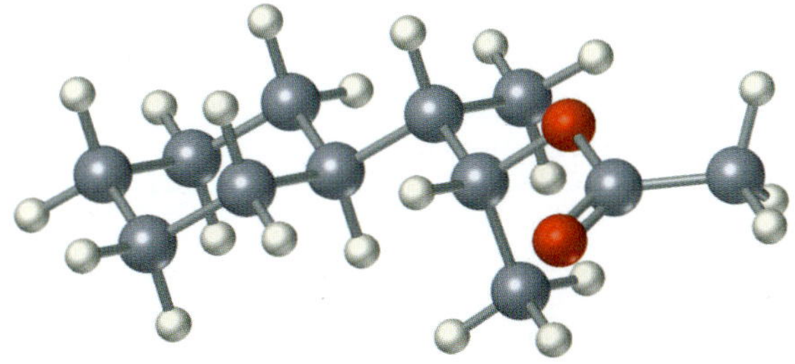

7.29 NaCN과 다음 화합물의 S_N2 반응에 의해 기대되는 생성물을 써라. (노란-초록색 = Cl)

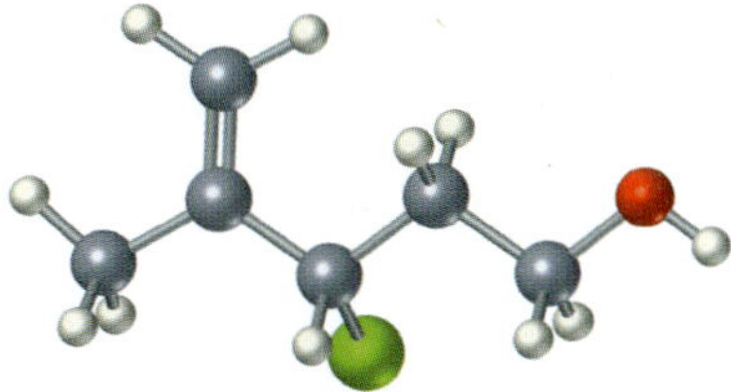

7.30 NaOH와 다음 분자의 E2 반응으로부터 기대되는 생성물의 구조를 써라(노란-초록색 = Cl).

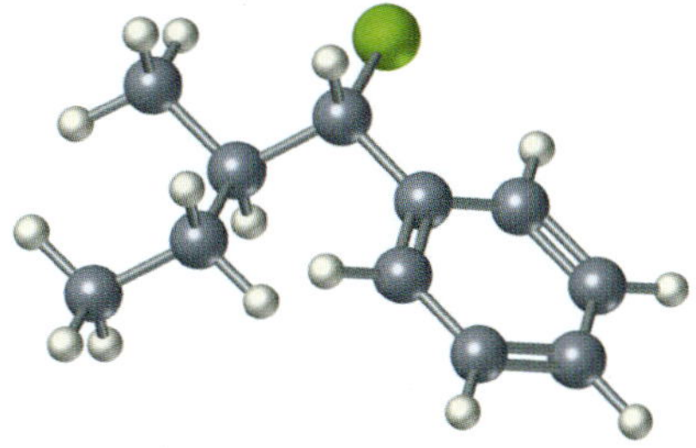

7.31 다음 각 쌍에서 OH^-와 S_N2 반응에서 어느 것이 더 빠르게 반응하겠는가?

(a) CH_3Br 또는 CH_3I (b) $(CH_3)_3Cl$ 또는 CH_3Cl

7.32 사이안화 이온과 1-iodo-2-methylbutane의 S_N2 반응 속도에 대한 다음 변환에서 기대되는 효과는 무엇인가?

(a) CN^-의 농도는 절반이 되고, 1-iodo-2-methylbutane 농도는 배가 된다.

(b) CN^-의 농도와 1-iodo-2-methylbutane 농도가 3배가 된다.

7.33 몇 단계에의 친핵성 치환 반응을 사용하여 어떻게 다음 각 분자를 제조할 수 있겠는가?

(a) $CH_3CH_2CH_2CH_2CN$

(b) $H_3C{-}O{-}C(CH_3)_3$

(c) $CH_3CH_2CH_2NH_2$

7.34 다음 각 화합물과 1-bromopropane의 반응으로부터 기대되는 생성물은 무엇인가?

(a) $NaNH_2$ (b) $KOC(CH_3)_3$ (c) NaI

(d) NaCN (e) Mg 그리고 H_2O

7.35 다음에 나타낸 합성 과정은 쓰여진 대로 일어나지 않는다. 틀린 점을 지적하고 올바른 생성물을 나타내어라.

(a) $CH_3CH(Br)CH_2CH_3 \xrightarrow[(CH_3)_3COH]{K^+\ ^-OC(CH_3)_3} CH_3CH(OC(CH_3)_3)CH_2CH_3$

(b) fluorocyclohexane $\xrightarrow{Na^+\ ^-OH}$ cyclohexanol (cyclohexane ring with F → cyclohexane ring with OH)

7.36 다음 한조의 화합물에서 S_N1 반응성에 대한 순서를 나타내어라:

(a) $H_3C{-}C(CH_3)_2{-}Cl$ $C_6H_5C(CH_3)_2Cl$ $CH_3CH_2CH(NH_2)CH_3$

(b) $(CH_3)_3CCl$ $(CH_3)_3CBr$ $(CH_3)_3COH$

(c) $C_6H_5CH_2Br$ $C_6H_5CH(Br)CH_3$ $(C_6H_5)_3CBr$

7.37 다음 한조의 화합물에서 S_N2 반응성에 대한 순서를 나타내어라:

(a) $H_3C{-}C(CH_3)_2{-}Cl$ $CH_3CH_2CH_2Cl$ $CH_3CH_2CH(Cl)CH_3$

(b) $CH_3CH(CH_3)CH(Br)CH_3$ $CH_3CH(CH_3)CH_2Br$ $CH_3C(CH_3)_2CH_2Br$

7.38 2-Bromooctane과 다음 각 친핵체와의 반응으로부터 생성되는 생성물을 예측하고 입체화학을 써라:

(a) ^{-}CN (b) $CH_3CO_2^{-}$ (c) CH_3S^{-}

7.39 에터는 흔히 할로젠화 알킬과 알콕시 이온, RO^{-}의 S_N2 반응으로 제조된다. Cyclohexyl methyl ether를 제조한다고 가정하자. 다음에 나타낸 두 경로 중 어느 경로를 선택하겠는가? 설명하여라.

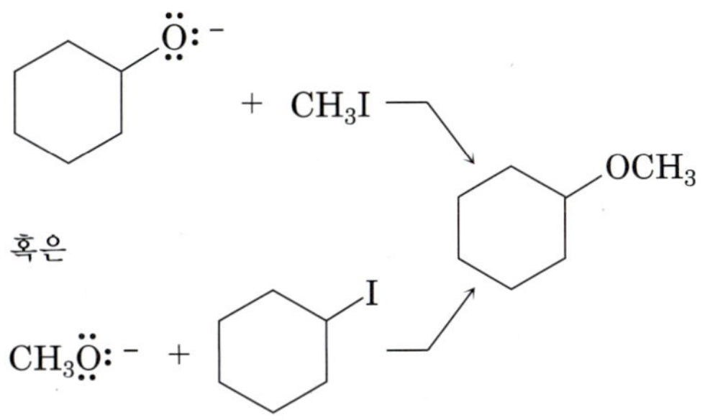

+ CH_3I

OCH_3

혹은

I

$CH_3\ddot{O}:^{-}$ +

7.40 다음 삼차 브로민화 알킬은 S_N1 혹은 S_N2 메커니즘에 의해 친핵성 치환 반응을 일으키지 않는다. 설명하여라.

Br

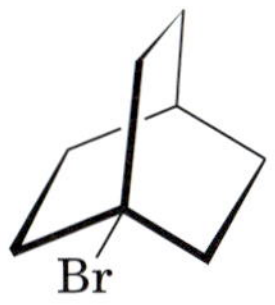

7.41 치환 반응을 일으키지 않는 점 이외에 문제 7.43에 나타낸 브로민화 알킬은 염기로 처리하여도 제거 반응을 일으키지 않는다. 설명하여라.

7.42 1-Chloro-1,2-diphenylethane은 E2 제거 반응이 일어나 *cis*- 혹은 *trans*-1,2-diphenylethene(stilbene)을 생성한다. 왜 트랜스 알켄이 주생성물인지를 설명하여라.

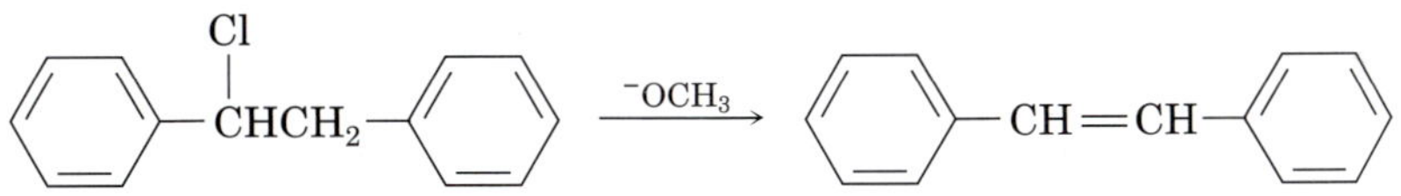

Cl

$CHCH_2$ $\xrightarrow{^{-}OCH_3}$ $CH{=}CH$

1-Chloro-1,2-diphenylethane ***trans*-1,2-Diphenylethylene**

7.43 다음 E1 반응에서 알켄 주생성물을 예측하여라.

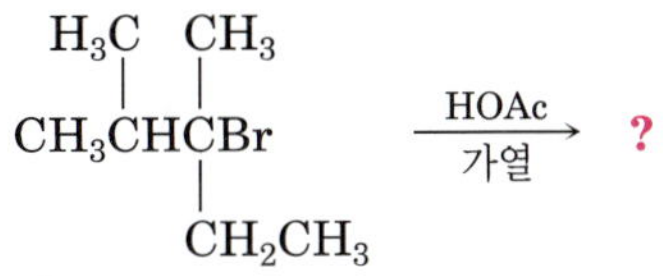

H_3C CH_3

CH_3CHCBr $\xrightarrow[\text{가열}]{HOAc}$?

CH_2CH_3

7.44 C_4H_9Br의 모든 이성질체를 그리고 이름을 쓰고 S_N2 반응에서 반응성이 증가하는 순서로 배열하여라.

7.45 3-Methyl-3-hexanol과 HBr의 반응은 3-bromo-3-methylhexane의 라세미 혼합물을 생성한다. 설명하여라.

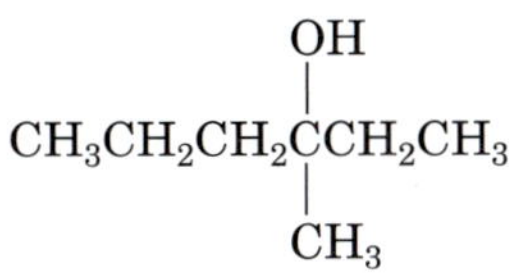

OH

$CH_3CH_2CH_2CCH_2CH_3$ **3-Methyl-3-hexanol**

CH_3

7.46 다음 설명에 적합한 화합물의 구조를 제안하여라:

(a) 반응으로 3개의 알켄 혼합물을 생성하는 할로젠화 알킬

(b) 0°C에서 HCl과 빠르게 반응하는 알코올

7.47 삼차 아민, quinuclidine은 CH_3I과 triethyl amine, $(CH_3CH_2)N$보다 50배 더 빠르게 반응한다. 설명하여라.

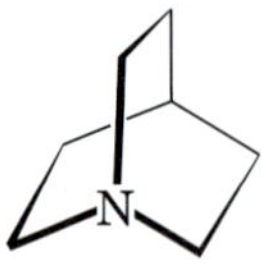

Quinuclidine

7.48 브로모하이드린을 염기로 처리하면 에폭사이드라 부르는 고리 에터로 변환된다. 전자 흐름을 나타내는 데 굽은 화살표를 사용하여 메커니즘을 제안하여라.

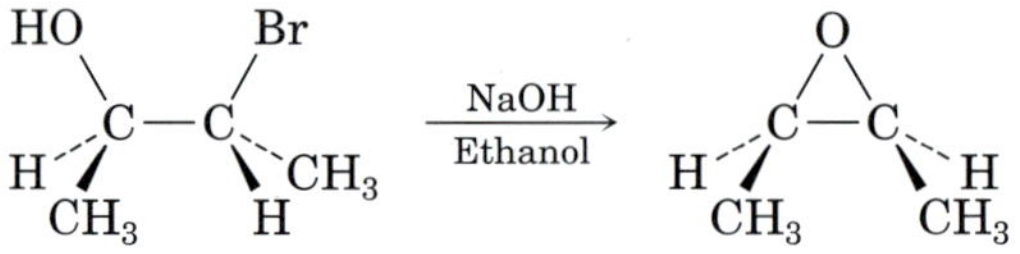

HO, Br, C—C, H, CH_3, CH_3, H $\xrightarrow[\text{Ethanol}]{\text{NaOH}}$ O, C—C, H, H, CH_3, CH_3

객관식 문제

1 다음 브로모-화합물 중 어느 화합물이 NaOH 수용액에 의해 가장 쉽게 가수분해되어 표시한 생성물을 생성하지 않는가?

A.  $C_6H_5Br \longrightarrow C_6H_5OH$

B. $CH_3CH_2Br \longrightarrow CH_3CH_2OH$

C. $C_6H_5CH_2Br \longrightarrow C_6H_5CH_2OH$

D. $CH_3CHBrCH_3 \longrightarrow CH_3CH(OH)CH_3$

2 화합물 X가 potassium cyanide 알코올 용액에서 반응할 때 어떤 형태의 반응이 일어날 것이가?

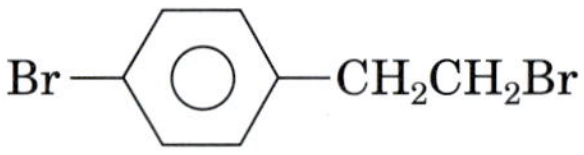

Br—C_6H_4—CH_2CH_2Br

A. 자유라디칼 치환 반응
B. 염기 촉매 제거 반응
C. 친전자성 치환 반응
D. 친핵성 치환 반응

3 다음 반응 중 무기시약이 친핵체로 작용하는 것은 어느 반응인가?

A.  $C_6H_5CH_3 + Cl_2 \longrightarrow C_6H_5CH_2Cl + HCl$

B. $C_6H_6 + Cl_2 \longrightarrow C_6H_5Cl + HCl$

C. $C_6H_5CH_2Br + KI \longrightarrow C_6H_5CH_2I + KBr$

D. $CH_3CH_3 + Br_2 \longrightarrow CH_3CH_2Br + HBr$

4 다음 반응 중 어느 반응이 1,2-dibromo-3-chloropropane(DBCP)의 합성에 가장 적합한가?

A. $CH_2=CHCHBr_2 + HCl \longrightarrow DBCP$

B. $ClCH_2CH=CH_2 + PBr_3 \longrightarrow DBCP$

C. $CH_2=CHCH_2Cl + Br_2 \longrightarrow DBCP$

D. $CH_2BrCHBrCH_3 + Cl_2 \longrightarrow DBCP$

5 반응 과정을 다음에 나타내었다. 생성물 Y는 어느 것인가.

$$CH_3CH_2CH_2Cl \xrightarrow{KCN} X \xrightarrow{H_2,\ Ni} Y$$

A. $CH_3CH_2CH_2CN$ **B.** $CH_3CH_2CH_2CH_2NH_2$

C. $CH_3CH(CN)CH_2Cl$ **D.** $CH_3CH_2CH_2NH_2$

6 다음 연속 반응에 포함된 반응 형태의 쌍은 다음 중 어느 것인가?

$$CH_3CH=CH_2 \xrightarrow{HCl} CH_3CHClCH_3 \xrightarrow{KOH(aq)} CH_3CH(OH)CH_3$$

A. 친핵성 첨가 다음에 친전자성 치환 반응

B. 친전자성 첨가 다음에 친전자성 치환 반응

C. 친전자성 첨가 다음에 친핵성 치환 반응

D. 자유라디칼 첨가 다음에 친핵성 치환 반응

7 DDT의 전체 구조식을 다음에 나타내었다.

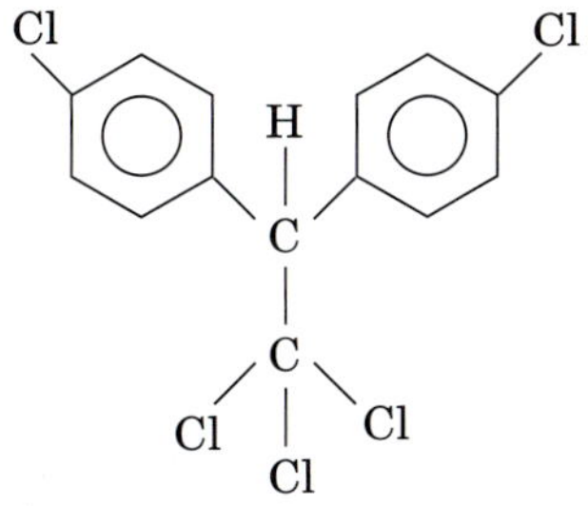

Cl Cl H C C Cl Cl Cl

DDT

DDT에 대한 다음 설명중 어느 것이 참인가?

A. Phosphorus pentachloride로 처리하면 hydrogen chloride의 흰색 연기를 발생한다.

B. Silver nitrate의 알코올액과 흔들어주면 흰색 침전을 형성한다.

C. Iodine 알카리 수용액과 처리하면 황색 침전을 형성한다.

D. 그 분자는 강한 극성이다.

8 다음에 나타낸 polychlorinated biphenyl 현탁액을 KOH 수용액에서 저어 주었다.

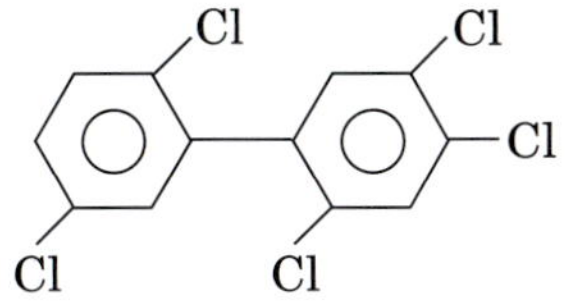

Cl Cl Cl Cl Cl

분자에 있는 얼마나 많은 염소 원자가 가수분해에 의해 제거될 수 있겠는가?

A. 0 **B.** 1 **C.** 2 **D.** 3

9 Dichlorodifluoromethane, CCl_2F_2가 왜 화학적으로 불활성인가를 설명하고 있는 것은 다음에서 어느 것인가?
A. 분자간의 van der Waals 힘이 대단히 강하다.
B. 탄소 플루오르 공유 결합이 대단히 강하다.
C. 플루오르 원자는 매우 전기음성적이다.
D. 탄소-염소는 대단히 약하다

10 다음 화합물 중 어느 것이 trichloroethene과 반응하여 광학적으로 활성인 생성물을 형성하는가?

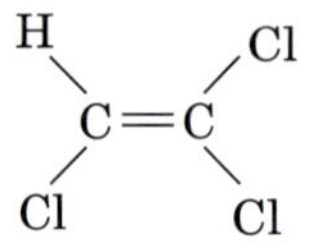

H(Cl)C=C(Cl)Cl

A. KOH(aq) **B.** H_2(g) **C.** Br_2 **D.** KCN

11 2-Iodobutane과 sodium methoxide와의 친핵성 치환 반응 생성물은 무엇인가?
A. $CH_3CH_2OCH_2CH_3$ **B.** $CH_3CH_2CH(OCH_3)CH_3$
C. $CH_3CH_2CH(OCH_2CH_3)CH_3$ **D.** $(CH_3)_2CHCH(OCH_3)CH_3$

12 알코올 수용액에서 시안화 이온과 친핵성 공격을 포함한 반응의 생성물은 다음 화합물 중 어느 것인가?
1. $(CH_3)_3C{-}CN$ **2.** $CH_3CH{=}CHCN$
3. 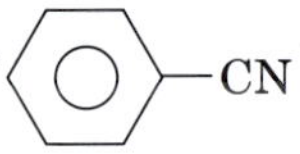 $C_6H_5{-}CN$ **4.** $CH_3CH_2NH_2$

A	B	C	D
1만이 맞음	1과 2가 맞음	2과 3이 맞음	1,2 및 3이 맞음

13 Chloroflurocarbons에 대한 다음 설명 중 어느 것이 참인가?
A. KOH 수용액에 의해 쉽게 가수분해된다.
B. 비-독성이다.
C. 에어로솔 추진제로 사용될 수 있다.

14 찬 silver nitrate 에탄올 용액과 흔들어 주면 다음 클로로화합물 중 어느 것이 흰색 침전을 생성하는가?

A. $(CH_3)_3C{-}Cl$ **B.** 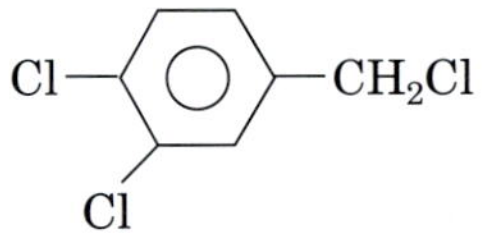 Cl—(벤젠 고리, Cl)—CH_2Cl
C. 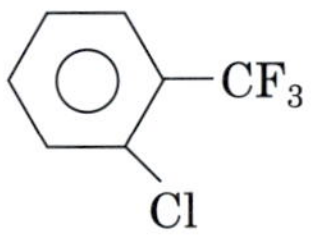 (벤젠 고리, Cl)—CF_3

15 다음 중 어느 화합물이 4-(chloromethyl)phenol과 친핵성 치환을 일으켜 탄소수를 증가시키는가?

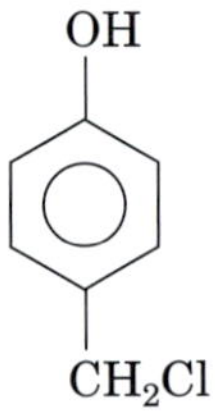

OH—(벤젠 고리)—CH_2Cl

A. 진한 ammonia

B. potassium cyanide 알코올 용액
C. sodium hydroxide 수용액

16 Ethene은 브로민 수용액과 반응하여 두 생성물, CH_2BrCH_2Br과 CH_2BrCH_2OH를 생성한다. 위 반응에 대한 다음 설명 중 어느 것이 참인가?
A. 두 화합물을 sodium hydroxide 수용액과 가열하면 같은 생성물이 형성
B. 두 생성물은 친전자성 첨가에 의해 형성
C. 두 생성물은 카이랄

보충 문제

17 2-Methylpropane를 Br_2로 처리하여 형성되는 모든 모노브로민화 생성물에 대한 이름과 구조식을 써라.

$$CH_3CH(CH_3)CH_3 + Br_2 \longrightarrow \text{모노 브로모 알케인} + HBr$$

18 Methylcyclohexane(C_7H_{14} , M_r=98)의 끓는점은 101°C. perf1uoromethylcyclohexane(C_7F_{14}, M_r=350)은 76°C. Perf1uorocyclohexane의 분자 질량은 cyclohexane의 그것보다 3배 이상이지만, 그 끓는 점은 methylcyclohexane의 끓는점 보다 더 낮다.

19 클로로알켄에 대한 이중극자 모멘트에 대한 다음 데이터를 설명하여라.

이름	분자식	이중극자 모멘트
Chloromethane	CH_3Cl	1.88
Dichloromethane	CH_2Cl_2	1.61
Trichloromethane	$CHCl_3$	1.00
Tetrachloromethane	CCl_4	0

20 다음 각 반응에서 생성되는 모든 가능한 모노클로로화 생성물에 대한 구조식을 써라.

(a) (methylcyclopentane) + Cl_2 $\xrightarrow{\text{빛}}$

(b) $CH_3CH(CH_3)CH_2CH_2CH_3 + Cl_2 \xrightarrow{\text{빛}}$

(c) $(CH_3)_2CH-CH(CH_3)_2 + Cl_2 \xrightarrow{\text{빛}}$

21 다음 친핵성 치환반응의 생성물을 예측하여라. 탄소와 새로운 결합을 형성하는 친핵체에 전자쌍을 나타내어라.

(a) $CH_3CH_2CH_2CH_2Br + CH_3ONa \xrightarrow{\text{methanol}}$

(b) $CH_3CH_2CH_2CH_2Cl + NH_3 \xrightarrow{\text{ethanol}}$

22 더 강한 친핵체를 선택하여라:
(a) H_2O 혹은 OH^-
(b) CH_3SH 혹은 CH_3S^-

23 각 S_N2 반응의 생성물에 대한 구조식을 써라.

(a) $CH_3CH_2CH_2Br + CH_3CH_2ONa \xrightarrow{\text{ethanol}}$

(b) $(CH_3)_3N + CH_3I \xrightarrow{\text{propanone}}$

(c) 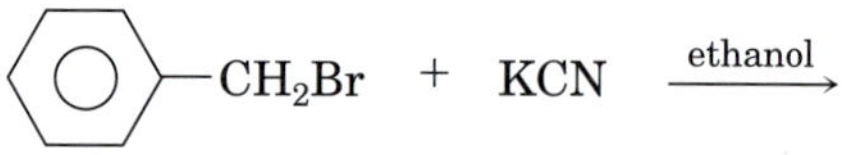 $C_6H_5CH_2Br + KCN \xrightarrow{\text{ethanol}}$

(d)  (cyclopentyl)$CH_2Cl + NH_3 \xrightarrow{\text{ethanol}}$

24 1-Chloro-2-butene을 따뜻한 물에서 가수분해하면 두 생성물의 혼합물이 생성된다. 생성 혼합물의 형성에 대한 메커니즘을 제안하여라.

$$\underset{\textbf{1-chloro-2-butene}}{CH_3CH{=}CHCH_2Cl} \xrightarrow{H_2O} \underset{\textbf{2-buten-1-ol}}{CH_3CH{=}CHCH_2OH} + \underset{\textbf{3-buten-2-ol}}{CH_3CH(OH)CH{=}CH_2}$$

25 어떻게 다음 변환을 일으킬 수 있는지를 기술하여라.

(a) $CH_3CH(CH_3)CH_2Cl \longrightarrow CH_3C(CH_3){=}CH_2$

(b) $CH_3C(CH_3){=}CH_2 \longrightarrow CH_3CBr(CH_3)CH_3$

(c) 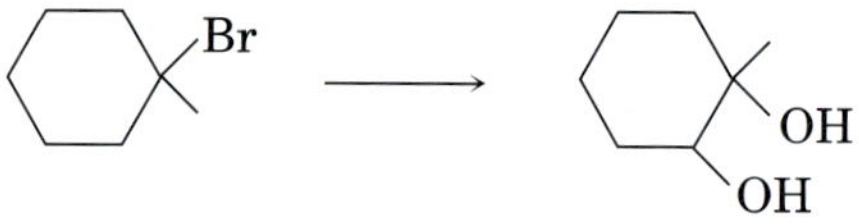 1-bromo-1-methylcyclohexane $\longrightarrow$ 1-methylcyclohexane-1,2-diol (OH, OH)

(d) 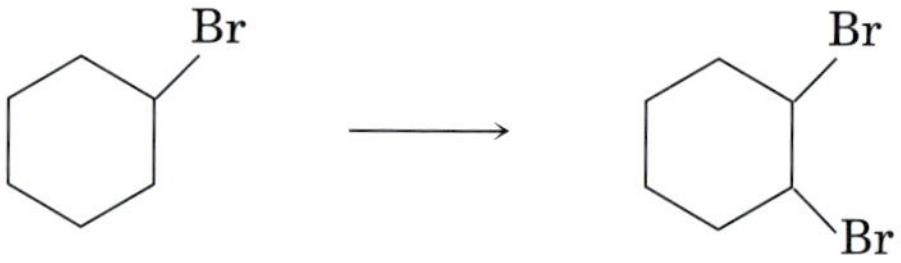 bromocyclohexane (Br) $\longrightarrow$ 1,2-dibromocyclohexane (Br, Br)

26 (a) Bromoethane이 다음 화합물로 변환하는데 대한 필요한 시약과 조건을 제시하여라.

(i) $CH_3CH_2NH_2$,

(ii) $CH_3CH_2CH_2NH_2$

(b) (a)에서 $CH_3CH_2NH_2$ 형성의 부생성물은 $C_8H_{20}NBr$의 분자식을 가지며 silver nitrate 수용액과 즉시 흰색 침전을 형성한다. 이 화합물을 확인하여라.

27 Chloroethene은 중합체 PVC가 생성되는 단량체이다. Chloroethene은 다음과 같은 반응 경로에 의해 실험실에서 얻을 수 있다.

$$CH_2{=}CH_2 \xrightarrow{\text{단계 I}} ClCH_2CH_2Cl \xrightarrow{\text{단계 II}} CH_2{=}CHCl$$

(a) 단계 I과 II에 대한 시약과 조건을 제시하여라.

(b) 단계 I과 II에서 일어나는 반응의 형태와 이름을 써라.

(c) PVC 반복 단위의 구조를 그려라.

(d) 진한 NaOH 수용액으로 처리하면 PVC는 파괴되지만 폴리에텐은 그렇지 않다. 설명하여라.

(e) Polytetrafluoroethene(teflon)과 poly(phenylethene)은 진한 NaOH 수용액의 존재에서 안정할 것인가 불안정할 것인가?

28 Propane이 브로민과 반응하면, 두 가지 서로 다른 모노브로모프로페인이 생성된다.

(a) 일어나는 반응의 형태를 기술하여라.

(b) 두 생성물에 의해 나타나는 이성질화의 형태는 무엇인가?

(c) 생성되는 두 이성질체의 구조식을 쓰고 생성되는 이성질체들의 비를 제시하여라.

29 다음 관찰에 대해 충분히 설명하여라.

화합물	$AgNO_3$ (aq) 첨가 후의 관찰
$CH_3CHFCH_2CH_3$	침전,(ppt.)이 생성되지 않음
$CH_3CHCl\,CH_2CH_3$	9분 후에 침전이 천천히 생성
$CH_3CHBrCH_2CH_3$	3분 후에 침전이 생성
$CH_3CHICH_2CH_3$	즉시 침전이 생성
C_6H_5Cl	침전이 생성되지 않음

30 2-Bromobutane으로부터 HBr이 제거되면 세 가지 이성질성 알켄이 생성된다.

(a) 이 변환에 대한 시약과 조건을 제시하여라.

(b) 생성된 세 가지 알켄의 구조를 써라.

31 Dichloroethane은 ethane의 자유 라디칼 염소화 반응에 의해 만들어진다.

(a) 생성물 형성에 대한 반응 메커니즘을 기술하여라.

(b) 한 가지 가능한 이 반응의 부생성물을 제시하여라.

제  장

알코올과 페놀

Alcohols and Phenols

알코올(Alcohol)은 포화된 탄소, 즉 sp^3-혼성화된 탄소 원자에 결합된 하이드록시기를 가진 화합물인 반면, **페놀**(phenol)은 방향족고리에 결합된 하이드록시기를 가진 화합물이다. 이 둘은 모두 물 분자의 수소 중의 한 개가 유기 치환기로 치환된 물의 유기 화합물 유도체로 생각할 수 있다. 즉 H—O—H가 R—O—H 또는 Ar—O—H로 된다.

알코올　　　　페놀　　　　엔올

알코올은 자연계에 널리 존재하며, 공업적으로 또 제약적으로 많이 응용되고 있다. 예를 들면 methanol과 ethanol은 모든 산업의 화학물질 중에서 가장 중요한 두 가지 물질이다. 근대 화학 산업이 발달되기 전에, methanol은 공기를 차단한 상태에서 목재를 가열함으로써 제조되었기 때문에 목정(wood alcohol)이라 부른다. 오늘날 미국에서는 carbon monoxide를 수소 가스로 촉매 환원시켜서 매년 약 17억 겔론의 methanol을 생산하고 있다.

$$CO + 2\,H_2 \xrightarrow[\text{Zinc oxide/chromia}]{400^\circ C} CH_3OH$$

Methanol은 인체에 유해하여, 소량(15 mL) 복용하면 실명하고 과량(100~250 mL) 섭취하면 사망한다. 이는 공업적으로는 용매로 사용되며 formaldehyde(CH_2O), acetic acid(CH_3CO_2H), 그리고 가솔린 첨가제인 methyl *tert*-butyl ether(MTBE, $CH_3OC(CH_3)_3$) 를 제조하기 위한 출발물질로 사용된다.

Ethanol은 제조되고 정제되었던 최초의 유기 화합물 중의 하나였다. 이는 거의 천 년 동안 곡물과 당을 발효시켜 생산해왔으며, 증류에 의한 정제는 적어도 12세기로 거슬러 올라간다. 비음료용 ethanol은 ethylene의 산-촉매 수화 반응으로 얻는다. 미국에서는 매년 약 1억 1천만 겔론의 ethanol을 용매로 사용하거나 다른 공업적 반응에서 화합물의 중간체로 사용하기 위해 생산하고 있다.

$$H_2C{=}CH_2 + H_2O \xrightarrow[250°C]{H_3PO_4} CH_3CH_2OH$$

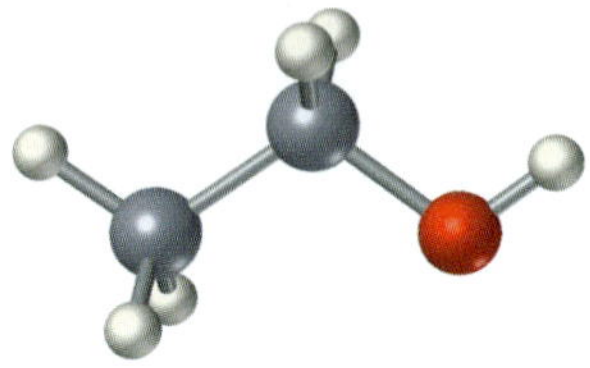

페놀은 자연계에 널리 퍼져 있고 접착제와 방부제와 같은 다양한 물질들의 공업적인 합성에서 중간체로서의 역할을 한다. 페놀 자체는 코올타르 속에 들어있는 소독제이고; methylsalicylate는 철쭉과 상록수나무(winter-green)의 기름에서 발견되는 일종의 향료이다. Urushiol은 poison oak(옻나무의 일종)과 poison ivy(옻나무)의 알레르기를 일으키는 구성성분이다. 페놀이라는 용어는 어떤 특수한 화합물명과 계통 화합물명에 모두 사용됨에 유의하여라.

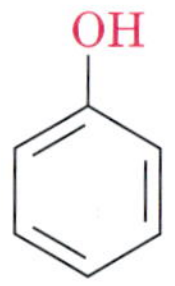

OH

Phenol (carbolic acid로 알려져 있음)

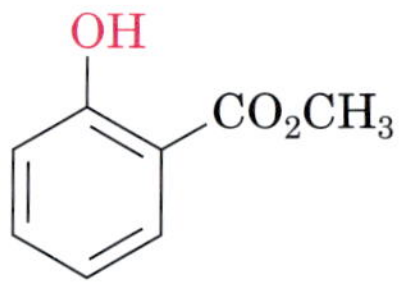

OH, CO_2CH_3

Methyl salicylate

OH, OH, R

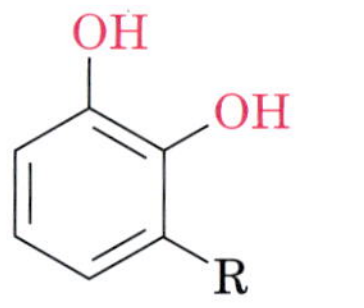

Urushiols (R = 서로 다른 C_{15} 알킬 및 알켄일 사슬)

8.1 알코올과 페놀의 명명

알코올의 명명

알코올은 하이드록시 기를 함유한 탄소에 붙어있는 유기 치환기의 수에 따라 일차(1°), 이차(2°), 또는 삼차(3°)로 분류된다.

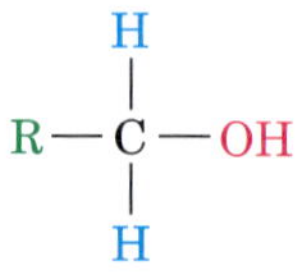

R—C(H)(H)—OH

일차 알코올 (1°)

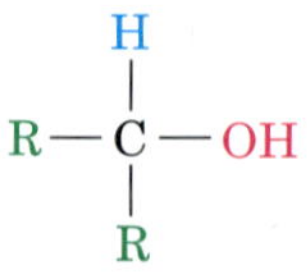

R—C(H)(R)—OH

이차 알코올 (2°)

R—C(R)(R)—OH

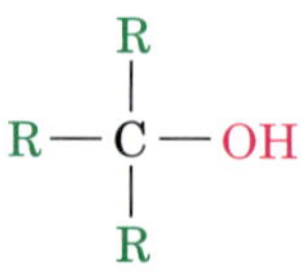

삼차 알코올 (3°)

간단한 알코올은 접미사 -올(-*ol*)를 사용하여, 모체 알케인의 유도체로서 IUPAC 체계에 따라 명명한다:

규칙 1 하이드록시 기를 포함하고 있는 가장 긴 탄소 사슬을 선택하고, 해당하는 알케인의 이름 끝자인 -*e*를 -*ol*로 바꾸어 모체명을 변화시킨다.

규칙 2 하이드록시 기가 더 가까운 말단 탄소에서 시작하여 알케인 사슬에 번호를 붙인다.

규칙 3 사슬에 치환기 위치에 따라 치환기에 번호를 붙이고, 알파벳 순서로 치환기를 나열하여 명명한다.

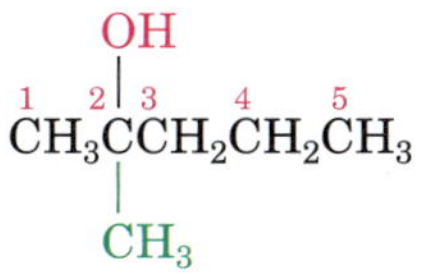

$CH_3C(OH)(CH_3)CH_2CH_2CH_3$

2-Methyl-2-pentanol

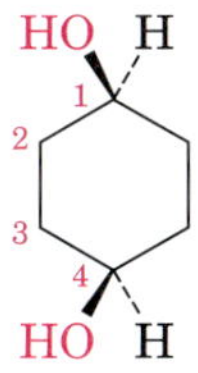

cis-1,4-Cyclohexanediol

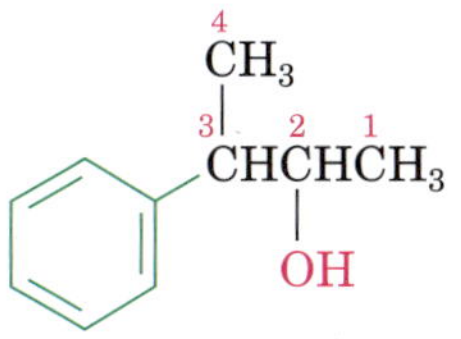

$C_6H_5CH(CH_3)CH(OH)CH_3$

3-Phenyl-2-butanol

몇 가지 간단하고 널리 존재하는 알코올들은 IUPAC에서 인정하는 관용명을 가지고 있다. 예를 들면:

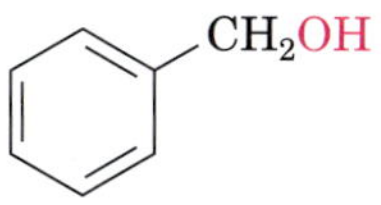

$C_6H_5CH_2OH$

Benzyl alcohol
(Phenylmethanol)

$H_2C{=}CHCH_2OH$

Allyl alcohol
(2-Propen-1-ol)

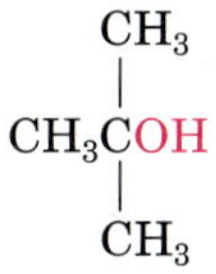

$(CH_3)_3COH$

***tert*-Butyl alcohol**
(2-Methyl-2-propanol)

$HOCH_2CH_2OH$

Ethylene glycol
(1,2-Ethanediol)

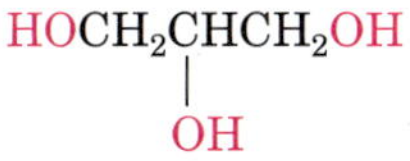

$HOCH_2CH(OH)CH_2OH$

Glycerol
(1,2,3-Propanetriol)

페놀의 명명

페놀(Phenol)이라는 용어는 어떤 특정 화합물명(hydroxybenzene)과 하이드록시기가 치환된 방향족 화합물의 계열명으로 두 가지 용도로 사용된다. -*benzene*보다는 -*phenol*을 모체명으로 더 사용함에 유의하여라.

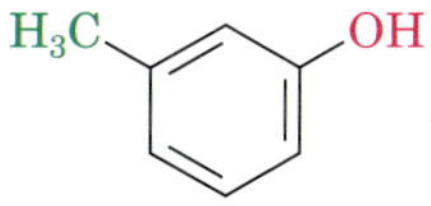

***m*-Methylphenol**
(*m*-Cresol)

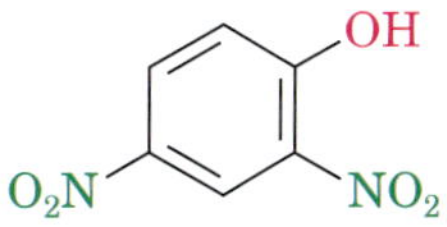

2,4-Dinitrophenol

◆ **문제 8.1** 다음 화합물에 대한 IUPAC 이름을 써라:

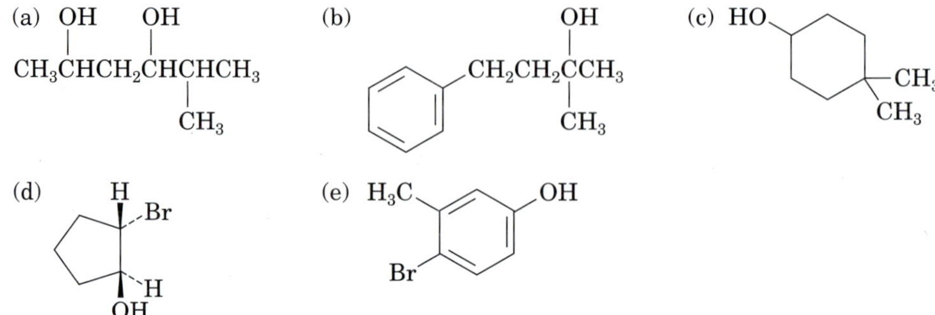

◆ **문제 8.2** 다음 IUPAC 명에 해당되는 구조를 그려라:

(a) 2-Ethyl-2-buten-1-ol (b) 3-Cyclohexen-1-ol

(c) *trans*-3-Chlorocycloheptanol (d) 1,4-Pentanediol

(e) 2,6-Dimethylphenol

8.2 알코올과 페놀의 성질: 수소 결합

알코올과 페놀은 물처럼 산소원자 주위에 거의 같은 기하구조를 가지고 있다. R−O−H의 결합각은 대략 정사면체의 값(예로서 methanol에서는 109°)을 가지며, 산소원자는 sp^3-혼성이다.

알코올과 페놀은 지금까지 공부하였던 탄화수소나 할로젠화 알킬과는 매우 다른 차이가 있다. 이들의 화학적인 면이 보다 더 풍부할 뿐만 아니라 물리적 성질 또한 매우 다르다. 몇몇 간단한 알코올, 알케인과 클로로알케인의 끓는점을 비교하여 나타내고 있는 그림 8.1에서는 알코올이 훨씬 높은 끓는점을 갖는다는 것을 보여주고 있다. 예를 들면 1-propanol(MW = 60), butane(MW = 58), 그리고 chloroethane(MW = 65)는 비슷한 분자량을 갖고 있지만, 알케인이 −0.5°C 그리고 클로로알케인은 12.5°C에서 끓는데 비해 1-propanol는 97°C에서 끓는다.

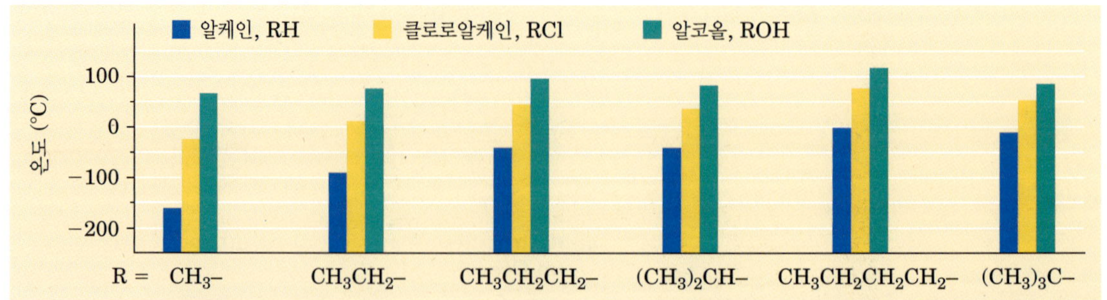

그림 8.1 ▶ 몇 가지 알케인, 클로로알케인 및 알코올에 대한 끓는점 비교. 알코올은 일반적으로 더 높은 끓는점을 갖는다.

페놀 역시 탄화수소에 비해 상대적으로 높은 끓는점을 가지고 있다. 예를 들면 페놀 자체는 181.7°C에서 끓는 반면, toluene은 110.6°C에서 끓는다.

OH CH$_3$

Phenol: bp = 181.7°C **Toluene: bp = 110.6°C**

알코올과 페놀은 물처럼 액체 상태에서 수소 결합(hydrogen bond)을 하기 때문에 더 높은 끓는점을 갖는다. 한 분자로부터 양으로 편극된 —OH의 수소 원자가 다른 분자의 음으로 편극된 산소 원자의 고립 전자쌍에 이끌려, 결과적으로 분자들을 서로 붙들어주는 약한 힘이 된다(그림 8.2). 어떤 분자가 액체 상태로부터 자유롭게 끊어져서 증기상태로 되기 위해서는 이러한 분자 간 인력을 극복해야 하기 때문에 따라서 끓는점이 높아지게 된다.

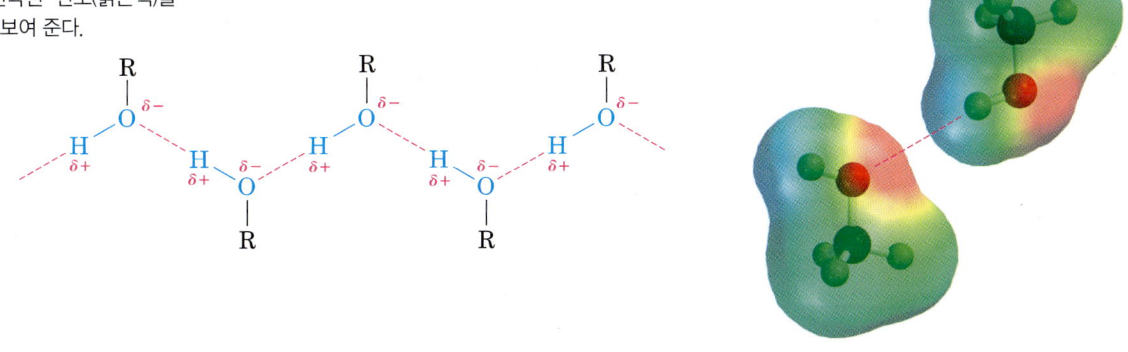

그림 8.2 ▸ 알코올과 페놀에서의 수소 결합. 양으로 편극된 —OH 수소와 음으로 편극된 산소 간의 약한 인력이 분자들을 서로 붙들어준다. Methanol의 정전기 퍼텐셜 지도는 양으로 편극된 O—H 수소(푸른색)과 음으로 편극된 산소(붉은색)을 분명하게 보여 준다.

◆ **문제 8.3** 탄소수가 네 개를 가진 알코올 이성질체에 대한 다음 자료는 치환기가 증가함에 따라 끓는점이 감소함을 나타낸다. 이러한 경향성을 어떻게 설명할 수 있는가?

1-Butanol, bp 117.5°C
2-Butanol, bp 99.5°C
2-Methyl-2-propanol, bp 82.2°C

→ 8.3 알코올과 페놀의 성질: 산도와 염기도

알코올과 페놀은 물처럼 약한 염기성과 약한 산성인 양쪽성을 나타낸다. 약한 염기로서 알코올과 페놀은 강한 산에 의해 가역적으로 양성자가 첨가되어 옥소늄 이온, ROH_2^+를 생성한다:

$$R\ddot{O}H + H{-}X \rightleftharpoons R\overset{+}{O}H_2 \quad :X^-$$

알코올 옥소늄 이온

$$[\text{또는 } ArOH + HX \rightleftharpoons Ar\overset{+}{O}H_2 \quad X^-]$$

약한 산으로서 알코올과 페놀은 묽은 수용액에서 소량 해리하여 물에게 양성자를 줌으로써 H_3O^+와 **알콕시 이온**(alkoxide ion), RO^- 또는 **페녹시 이온**(phenoxide ion), ArO^-을 생성한다.

$$R{-}\ddot{O}{-}H + H_2\ddot{O}: \rightleftharpoons R{-}\ddot{O}:^- + H_3O^+$$

알코올 / 알콕시 이온

[또는 Y–C₆H₄–OH (페놀) + $H_2\ddot{O}:$ ⇌ Y–C₆H₄–O^- (페녹시 이온) + H_3O^+]

물 속에서 어떤 산 HA의 세기는 다음과 같은 산도 상수 K_a로 나타낼 수 있고 앞에서 설명하였음을 상기하라.

$$K_a = \frac{[A^-]\,[H_3O^+]}{[HA]} \qquad pK_a = -\log K_a$$

보다 작은 K_a(혹은 보다 큰 pK_a)를 가진 화합물은 덜 산성적이고, 반면에 더 큰 K_a(또는 작은 pK_a)를 가진 화합물은 더 산성이다. 표 8.1에 나열한 자료는 간단한 알코올은 대략 물과 비슷한 정도의 산성이지만, 치환기가 중요한 영향을 미칠 수 있다는 것을 보여주고 있다. 예를 들면 methanol과 ethanol은 산도에 있어서 물과 비슷하지만, *tert*-butyl alcohol은 물보다 약한 산이며 2,2,2-trifluoroethanol은 물보다 센 산이다.

표 8.1 ● 몇 가지 알코올과 페놀의 산도 상수

알코올 또는 페놀	pK_a	
$(CH_3)_3COH$	18.00	약한 산
CH_3CH_2OH	16.00	
HOH (water)	(15.74)	
CH_3OH	15.54	
CF_3CH_2OH	12.43	
p-Aminophenol	10.46	
p-Methoxyphenol	10.21	
p-Methylphenol	10.17	
Phenol	9.89	
p-Chlorophenol	9.38	
p-Bromophenol	9.35	
p-Nitrophenol	7.15	
2,4,6-Trinitrophenol	0.60	센 산

알코올 산도에 대한 알킬기 치환의 효과는, 주로 해리의 결과로부터 생긴 알콕시 이온의 용매화 때문이다. 알콕시 이온이 물에 의해 쉽게 용매화가 되면 될수록 더욱 더 안정해지고, 알콕시 이온 형성이 에너지적으로 더욱 더 유리해지며, 모체 알코올의 산도가 보다 더 커진다. 예를 들면 methanol로부터 생성된 알콕시 이온과 같이 입체장애가 없는 알콕시 이온의 산소 원자는 입체적으로 물이 쉽게 접근할 수 있어서 물에 의해 쉽게 용매화된다. 그렇지만, *tert*-butyl alcohol로부터 생성된 알콕시 이온처럼, 입체장애를 받고 있는 알콕시 이온의 산소 원자는 보다 용매화되기가 어렵고, 따라서 덜 안정하다.

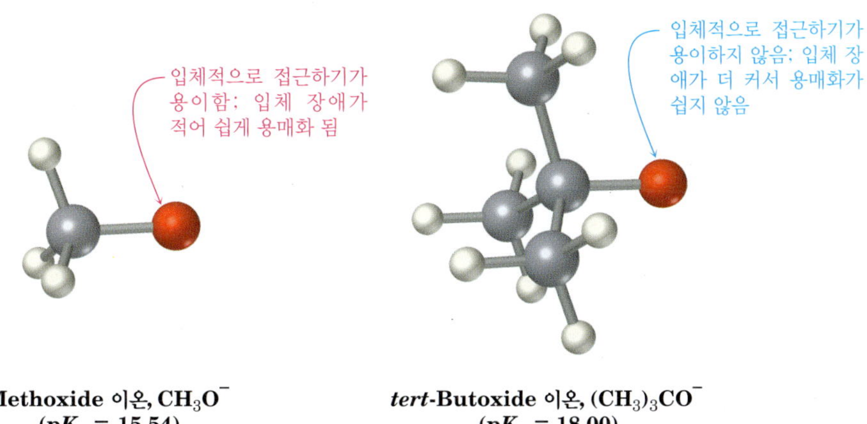

Methoxide 이온, CH_3O^- (pK_a = 15.54)

***tert*-Butoxide 이온, $(CH_3)_3CO^-$ (pK_a = 18.00)**

유발 효과 역시 알코올의 산도를 결정하는데 있어서 중요하다. 예를 들면 전자-끄는 할로젠 치환기는 넓은 범위에 걸쳐 전하를 분산시킴으로써 알콕시 이온을 안정화시키고, 따라서 알코올을 보다 더 산성으로 만든다. 예를 들면 ethanol의 산도(pK_a = 16.00)와 2,2,2-trifluoroethanol(pK_a = 12.43)의 산도, 또는 *tert*-butyl alcohol(pK_a = 18.0)과 nonafluoro-*tert*-butyl alchol(pK_a = 5.4)의 산도를 비교해 보라.

전자-끄는기는 알콕시 이온을 안정화시키고 pK_a값을 낮추어 준다

$$CF_3 \leftarrow \underset{\underset{CF_3}{\downarrow}}{\overset{\overset{CF_3}{\uparrow}}{C}} - O^- \qquad \text{대} \qquad CH_3 - \underset{\underset{CH_3}{|}}{\overset{\overset{CH_3}{|}}{C}} - O^-$$

pK_a = 5.4 **pK_a = 18**

알코올은 카복실산이나 무기산에 비해 산도가 훨씬 더 약하기 때문에 아민류나 중탄산염 이온과 같은 약한 염기와는 반응하지 않고, NaOH와 같은 금속 수산화물과 단지 제한된 범위로 반응한다. 그러나 알코올은 알칼리 금속이나 sodium hydride(NaH), sodium amide($NaNH_2$), 그리고 Grignard 시약(RMgX)과 같은 강한 염기와는 반응한다. 알콕시 화합물 자체는 유기 화학에서 시약으로 자주 사용되는 염기이다.

$$2\ H_3C-\underset{CH_3}{\overset{CH_3}{C}}-OH + 2\ K \longrightarrow 2\ H_3C-\underset{CH_3}{\overset{CH_3}{C}}-O^-\ K^+ + H_2$$

***tert*-Butyl alcohol** → **Potassium *tert*-butoxide**

$$CH_3OH + NaH \longrightarrow CH_3O^-\ Na^+ + H_2$$

Methanol → **Sodium methoxide**

$$CH_3CH_2OH + NaNH_2 \longrightarrow CH_3CH_2O^-\ Na^+ + NH_3$$

Ethanol → **Sodium ethoxide**

$$C_6H_{11}-OH + CH_3MgBr \longrightarrow C_6H_{11}-O^-\ {}^+MgBr + CH_4$$

Cyclohexanol → **Bromomagnesium cyclohexoxide**

페놀은 알코올보다 약 100만 배 이상 더 강한 산이다(표 8.1). 실제로 2,4,6-trinitrophenol과 같은 몇몇 페놀류는 대부분의 카복실산의 산도를 능가한다. 이들 산도에 대한 한가지 실제 결과는 페놀이 묽은 NaOH 수용액에 녹는다는 것이다. 따라서 수용액에서 염기로 추출한 후 다시 산성화시킴으로써 어떤 혼합물로부터 페놀성 성분을 간단히 수용액 속으로 분리할 수 있다.

$$C_6H_5-O-H + NaOH \longrightarrow C_6H_5-O^-\ Na^+ + H_2O$$

Phenol → **Sodium phenoxide**

페놀은 페녹시 음이온이 공명안정화가 되기 때문에 알코올보다 더 산성이다. 방향족 고리의 오쏘와 파라 위치에 걸쳐 음전하의 비편재화는 해리되지 않은 페놀에 비해 상대적으로 페녹시 음이온의 안정성을 증가시킨다. 그림 8.3은 알콕시 이온(CH_3O^-)과 페녹시 이온의 정전기 퍼텐셜 지도를 비교하였고, 어떻게 페녹시 이온에서 음전하가 산소로부터 고리까지 비편재화시키는지를 보여주고 있다.

치환된 페놀은 페놀 자체보다 더 산성이거나 덜 산성일 수가 있다. 전자-끄는 치환기를 가진 페놀은 이들 치환기가 페녹시 이온의 음전하를 비편재화시키기 때문에 일반적으로 더 산성이다. 전자-주는 치환기를 가진 페놀은 이러한 치환기가 음전하를 집중시키기 때문에 덜 산성이 된다.

전자-끄는기(EWG)는 페녹시 음이온을 안정화시키고, 결과적으로 페놀의 산도를 증가시킨다

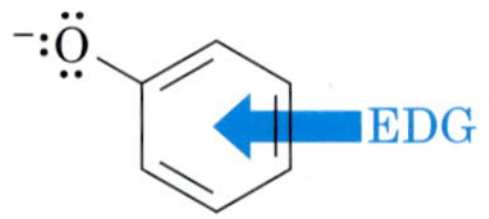

전자-주는기(EDG)는 페녹시 음이온을 안정화시키지 못하고, 결과적으로 페놀의 산도를 감소시킨다.

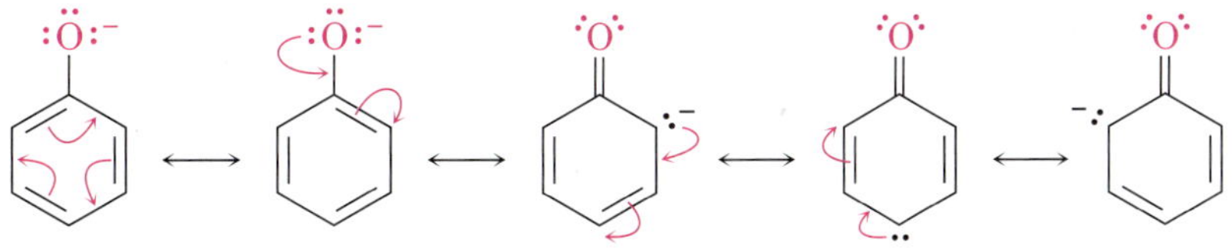

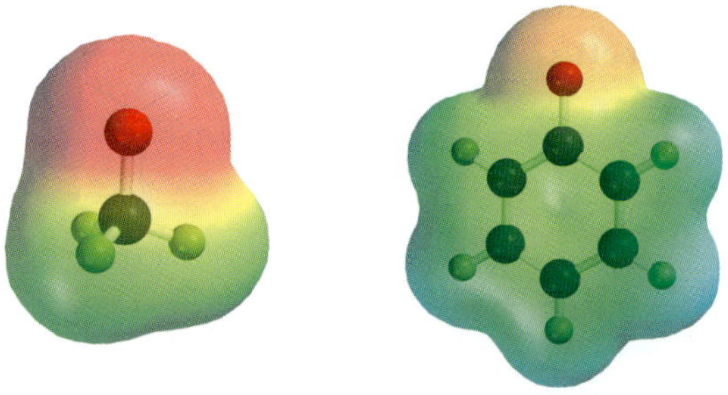

CH_3O^- $C_6H_5O^-$

그림 8.3 ▶ 공명 안정화된 페녹시 이온은 알콕시 이온보다 훨씬 더 안정하다. 정전기 퍼텐셜 지도는 음전하가 메톡시 음이온의 산소에 집중되어 있는 것을 보여주고 있지만, 페녹시 음이온에서는 방향족 고리에 넓게 퍼져 있음을 보여 준다.

전자-끄는 치환기의 산성화시키는 효과는 오쏘와 파라 위치에 나이트로기를 갖는 페놀에서는 특히 주목할 만하다.

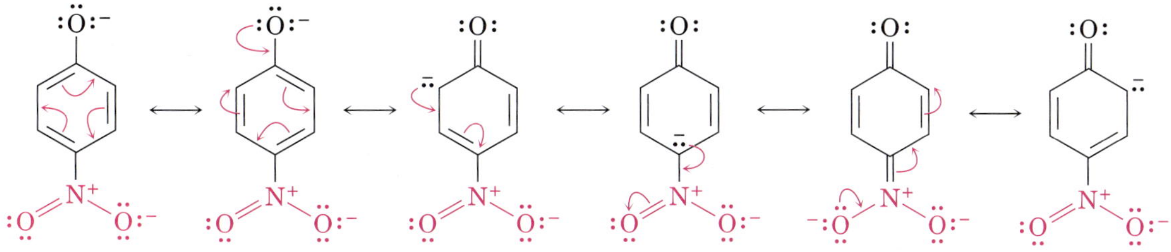

예제 8.1

p-Cyanophenol이 페놀보다 더 산성인가, 아니면 덜 산성인가?

▶**힌트** 방향족 고리에 있는 치환기를 확인하고 어떤 것이 전자-주는 기인지 아니면 전자-끄는 기인지를 결정하라. 전자-끄는 치환기는 페녹시 음이온을 안정화시킴으로써 페놀을 보다 더 산성으로 만들고, 전자-주는 치환기는 음이온을 불안정화시킴으로써 페놀보다 덜 산성으로 만든다.

▶**해답** 6.9절에서 사이아노기는 전자-끄는기임을 알았다. 따라서 *p*-cyanophenol은 페놀(pK_a = 9.89)보다 더 산성(pK_a = 7.9)이다.

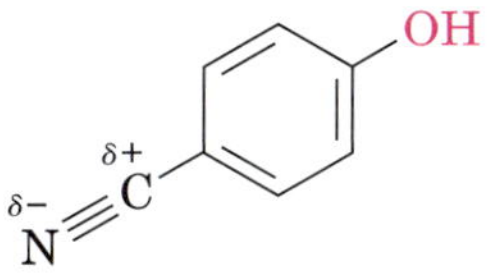

p-Cyanophenol
(pK_a = 7.97)

◆ **문제 8.4** 다음 물질들을 산도가 증가하는 순서로 나열하여라.

(a) $(CH_3)_2CHOH$, $(CF_3)_2CHOH$, CH_3OH

(b) Phenol, *p*-methylphenol, *p*-(trifluoromethyl)phenol

(c) Benzyl alcohol, phenol, *p*-hydroxybenzoic acid

◆ **문제 8.5** *p*-Nitrobenzyl alcohol은 benzyl alcohol보다는 더 산성이지만 *p*-methoxybenzyl alcohol은 benzyl alcohol보다는 덜 산성이다. 이를 설명하여라.

8.4 알코올의 제법: 복습

알코올은 유기 화학에서 중심적인 위치를 차지한다. 이들은 다른 많은 종류의 화합물들(알켄, 할로젠화 알킬, 케톤, 에스터와 알데하이드, 기타)로부터 제조될 수 있고, 많은 다른 종류의 화합물로 전환될 수도 있다(그림 8.4).

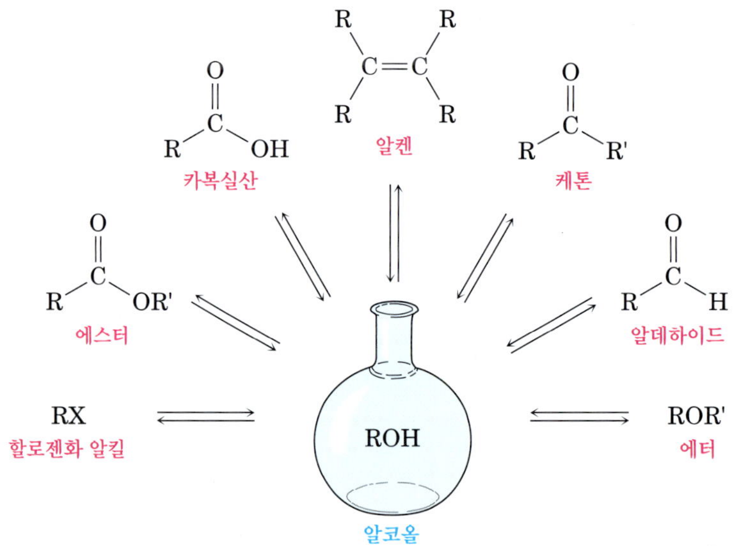

그림 8.4 ▸ 유기 화학에 있어서 알코올의 중심적인 위치. 알코올은 다른 많은 종류의 화합물로부터 제조될 수 있고, 많은 다른 종류의 화합물로 전환될 수도 있다.

우리가 이미 공부했던 알코올의 제법에 관한 몇 가지 방법들을 간략하게 복습해 보자:

- 알코올은 알켄의 수화 반응에 의해 제조될 수 있다. 산 수용액에서 알켄을 직접 수화시키는 반응은 일반적으로 실험실에서 좋지 않은 반응(낮은 수득률, 격렬한 반응조건)이기 때문에, 간접적인 두 가지 방법을 주로 사용하기도 한다.

$$\text{Cyclohexene} \xrightarrow[\Delta]{H_2O,\ H^+} \text{Cyclohexanol (OH)}$$

■ 1,2-다이올은 알켄을 차갑고 묽은 알칼리 $KMnO_4$로 직접 하이드록시화 반응에 의해 제조될 수 있다.

$$\text{cyclohexene} \xrightarrow[\text{차고, 묽은}]{KMnO_4,\ OH^-} \text{cyclohexane-1,2-diol (OH, OH)}$$

◆ 문제 8.6 다음 반응의 생성물을 예측하여라:

(a) $C_6H_5-CH_2CH_2C(CH_3)=CH_2 \xrightarrow{H_2O,\ H^+}$?

(b) $CH_3CH_2CH=C(CH_3)_2 \xrightarrow{KMnO_4,\ OH^-}$?

8.5 카보닐 화합물의 환원으로부터 알코올

알코올의 제법 중에서 가장 일반적인 방법 중 하나는 카보닐 화합물을 환원시키는 방법이다.

$$\underset{\text{카보닐 화합물}}{>C=O} \xrightarrow{[H]} \underset{\text{알코올}}{-C(OH)H}$$

여기서 [H]는 환원제로부터 제공된다

알데하이드, 케톤, 카복실산 및 에스터를 포함한 모든 종류의 카보닐 화합물은 환원될 수 있다.

알데하이드와 케톤의 환원

알데하이드와 케톤은 쉽게 환원되어 알코올이 생성된다. 알데하이드는 일차 알코올로, 케톤은 이차 알코올로 전환된다

$$\underset{\text{알데하이드}}{RCHO} \xrightarrow{[H]} \underset{\text{일차 알코올}}{RCH_2OH} \qquad \underset{\text{케톤}}{RCOR'} \xrightarrow{[H]} \underset{\text{이차 알코올}}{RCH(OH)R'}$$

케톤과 알데하이드를 알코올로 환원시키는 데 많은 시약들이 사용되고 있지만, 건조시킨 에터 속에서 sodium borohydride와 반응에 이어서 가수분해시키는 방법을 흔히 선택한다.

알데하이드 환원

$$CH_3CH_2CH_2CHO \xrightarrow[2.\ H_3O^+]{1.\ NaBH_4,\ ether} CH_3CH_2CH_2CH_2OH$$

Butanal → **1-Butanol (85%)** **(일차 알코올)**

케톤 환원

1. $NaBH_4$, ether 2. H_3O^+

Dicyclohexyl ketone → **Dicyclohexylmethanol (88%)** **(이차 알코올)**

Lithium aluminum hydride, $LiAlH_4$는 케톤과 알데하이드 환원에 자주 사용되는 또 다른 환원제이다. 에터와 tetrahydrofuran 속에서 녹는 회색분말인 $LiAlH_4$는 $NaBH_4$보다 훨씬 더 반응성이 크고 보다 더 위험하다. 이것은 물과 격렬하게 반응하며, 120°C 이상으로 가열하면 폭발적으로 분해된다.

1. $LiAlH_4$, ether 2. H_3O^+

2-Cyclohexenone → **2-Cyclohexenol (94%)**

카복실산과 에스터의 환원

카복실산과 에스터는 환원되어 일차 알코올을 생성한다:

$$RCOOH \text{ 혹은 } RCOOR' \xrightarrow{[H]} RCH_2OH$$

카복실산 **에스터** **일차 알코올**

이들 반응은 알데하이드나 케톤의 환원에 비해 빠르지 않다, 즉, $NaBH_4$는 에스터를 매우 느리게 환원시키고, 카복실산은 전혀 환원시키지 못한다. 따라서 카복실산과 에스터 환원에는 보다 반응성이 큰 환원제인 $LiAlH_4$를 사용한다. 산, 에스터, 케톤 및 알데하이드를 포함한 모든 카보닐기는 $LiAlH_4$에 의해 빠르게 환원된다. 알데하이드와 케톤이 환원되는 동안 카보닐 탄소에 한 개의 수소 원자가 전달되지만, 카복실산이나 에스터의 환원되는 동안에는 두 개의 수소가 카보닐 탄소에 결합한다는 사실에 유의하라.

카복실산 환원

$$\mathrm{CH_3(CH_2)_7CH{=}CH(CH_2)_7\overset{O}{\overset{\|}{C}}OH} \xrightarrow[\text{2. } H_3O^+]{\text{1. LiAlH}_4\text{, ether}} \mathrm{CH_3(CH_2)_7CH{=}CH(CH_2)_7CH_2OH}$$

9-Octadecenoic acid (Oleic acid) → **9-Octadecen-1-ol (87%)**

에스터 환원

$$\mathrm{CH_3CH_2CH{=}CH\overset{O}{\overset{\|}{C}}OCH_3} \xrightarrow[\text{2. } H_3O^+]{\text{1. LiAlH}_4\text{, ether}} \mathrm{CH_3CH_2CH{=}CHCH_2OH} + \mathrm{CH_3OH}$$

Methyl 2-pentenoate → **2-Penten-1-ol (91%)**

예제 8.2

다음 알코올을 얻기 위해 어떤 카보닐 화합물을 환원시켜야 하는가?

(a) $\mathrm{CH_3CH_2CH(CH_3)CH_2CH(OH)CH_3}$ (b) (4-methyl-2-pentenyl skeleton)–$\mathrm{CH_2OH}$

▶**힌트** 과녁 분자인 알코올이 일차, 이차 또는 삼차 알코올인지 확인하라. 일차 알코올은 알데하이드, 에스터, 또는 카복실산의 환원시켜 제조할 수 있고, 이차 알코올은 케톤을 환원시켜 제조할 수 있으나, 삼차 알코올은 환원에 의해서는 제조될 수 없다.

▶**해답** (a) 과녁 분자는 이차 알코올로서, 케톤을 환원시켜 얻을 수 있다. $NaBH_4$나 $LiAlH_4$를 사용할 수 있다.

$$\mathrm{CH_3CH_2CH(CH_3)CH_2\overset{O}{\overset{\|}{C}}CH_3} \xrightarrow[\text{2. } H_3O^+]{\text{1. NaBH}_4\text{ 혹은 LiAlH}_4} \mathrm{CH_3CH_2CH(CH_3)CH_2CH(OH)CH_3}$$

(b) 과녁 분자는 일차 알코올로서 알데하이드, 에스터, 또는 카복실산의 환원시켜 제조될 수 있다. 에스터와 카복실산 환원에는 $LiAlH_4$가 필요하다.

(skeleton)–CHO: 1. $NaBH_4$ 혹은 $LiAlH_4$ 2. H_3O^+ → (skeleton)–CH_2OH

(skeleton)–CO_2CH_3: 1. $LiAlH_4$ 2. H_3O^+ → (skeleton)–CH_2OH

(skeleton)–CO_2H: 1. $LiAlH_4$ 2. H_3O^+ → (skeleton)–CH_2OH

◆ **문제 8.7** 다음의 각 반응을 완결하기 위해 사용되는 시약은 무엇인가?

(a) 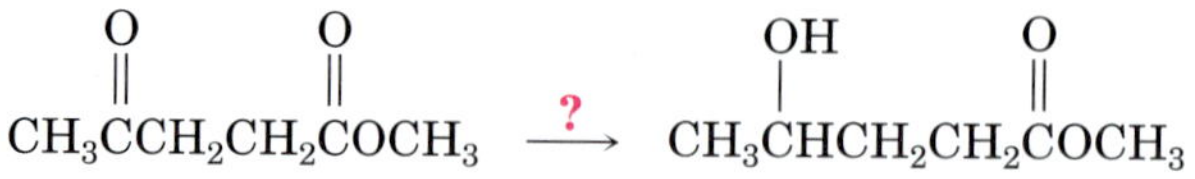 $CH_3\overset{O}{\overset{\|}{C}}CH_2CH_2\overset{O}{\overset{\|}{C}}OCH_3 \xrightarrow{?} CH_3\overset{OH}{\overset{|}{C}}HCH_2CH_2\overset{O}{\overset{\|}{C}}OCH_3$

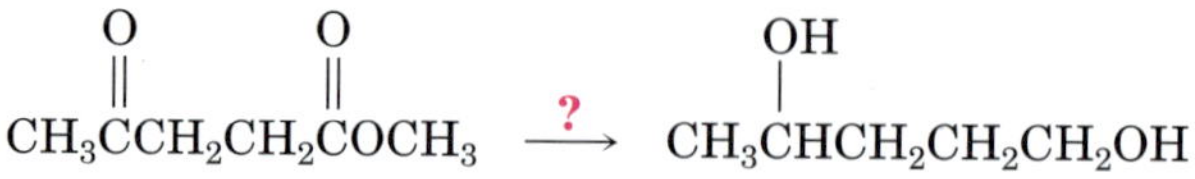

(b) $CH_3\overset{O}{\overset{\|}{C}}CH_2CH_2\overset{O}{\overset{\|}{C}}OCH_3 \xrightarrow{?} CH_3\overset{OH}{\overset{|}{C}}HCH_2CH_2CH_2OH$

(c) O, OH $\xrightarrow{?}$

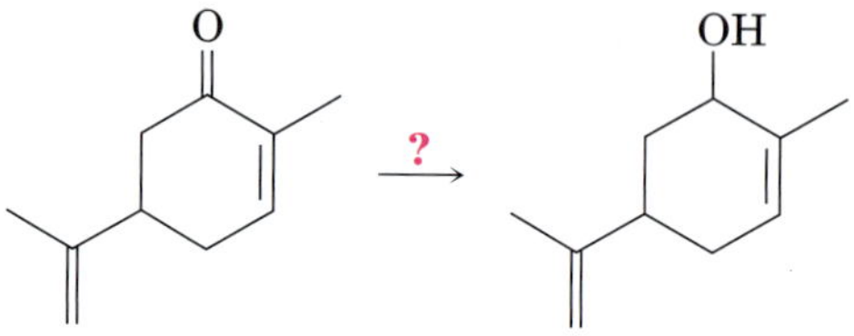

◆ **문제 8.8** $LiAlH_4$로 환원하여 다음의 알코올을 생성하는 카보닐 화합물은 무엇인가? 모든 가능성을 제시하라.

(a) 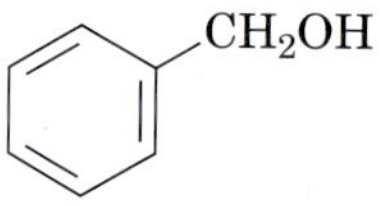 CH_2OH (b) 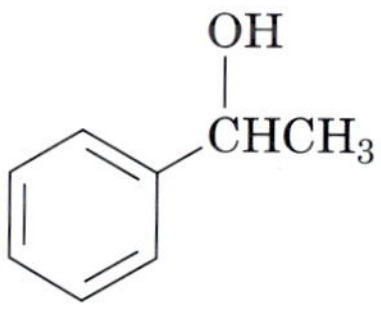 OH, $CHCH_3$

(c) 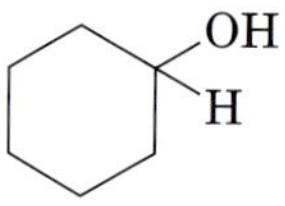 OH, H (d) $(CH_3)_2CHCH_2OH$

8.6 카보닐 화합물과 Grignard 시약의 반응으로부터 알코올

우리는 일찍이 할로젠화 알킬, 할로젠화 아릴 및 할로젠화 바이닐 화합물 등이 에터나 tetrahydrofuran 속에서 마그네슘과 반응하여 Grignard 시약, RMgX를 생성함을 보았다. 이러한 Grignard 시약은 수소화물 환원제가 작용하는 것과 같은 방법으로 카보닐 화합물과 반응하여 알코올을 생성한다. 이것은 알코올 합성에 대한 유용한 일반적인 방법이다.

Grignard 형성

$$R{-}X + Mg \longrightarrow \overset{\delta-}{R}{-}\overset{\delta+}{Mg}X$$

Grignard 시약

R = 1°, 2°, 혹은 3° 알킬, 아릴 혹은 바이닐
X = Cl, Br, 혹은 I

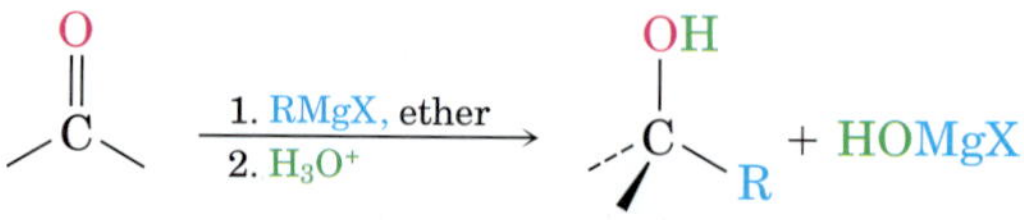

$$\overset{O}{\overset{\|}{C}} \xrightarrow[\text{2. } H_3O^+]{\text{1. RMgX, ether}} \overset{OH}{\overset{|}{C}}{-}R + HOMgX$$

많은 알코올은 반응물에 따라 Grignard 반응으로부터 얻을 수 있다. 예를 들면 Grignard 시약은 formaldehyde, $H_2C{=}O$와 반응하여 일차 알코올을 생성하고, 알데하이드와 반응하여 이차 알코올을, 케톤과 반응하여 삼차 알코올을 생성한다:

Formaldehyde 환원

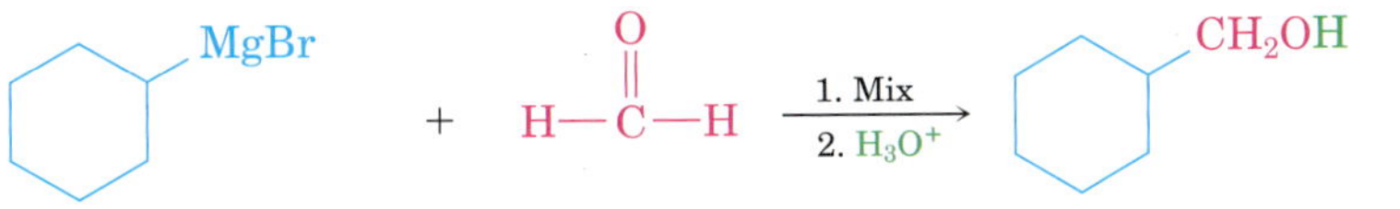

Cyclohexylmagnesium bromide (MgBr) + Formaldehyde ($H-C(=O)-H$) → (1. Mix, 2. H_3O^+) → **Cyclohexylmethanol (65%)** (CH_2OH) (일차 알코올)

알데하이드 반응

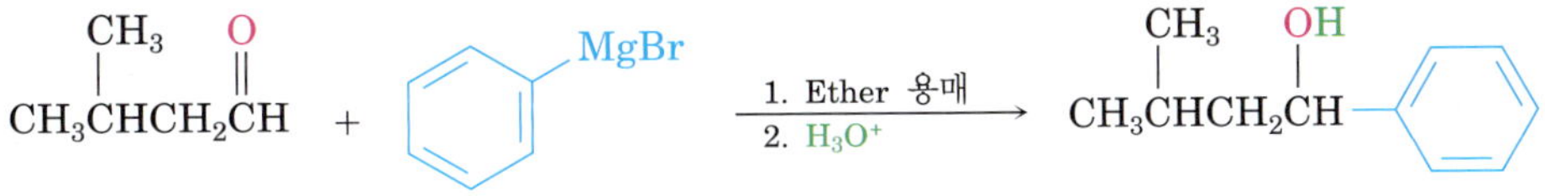

3-Methylbutanal (CH_3CHCH_2CH, with CH_3 and O) + **Phenylmagnesium bromide** (MgBr) → (1. Ether 용매, 2. H_3O^+) → **3-Methyl-1-phenyl-1-butanol (73%)** (CH_3CHCH_2CH with CH_3, OH, phenyl) (이차 알코올)

케톤 반응

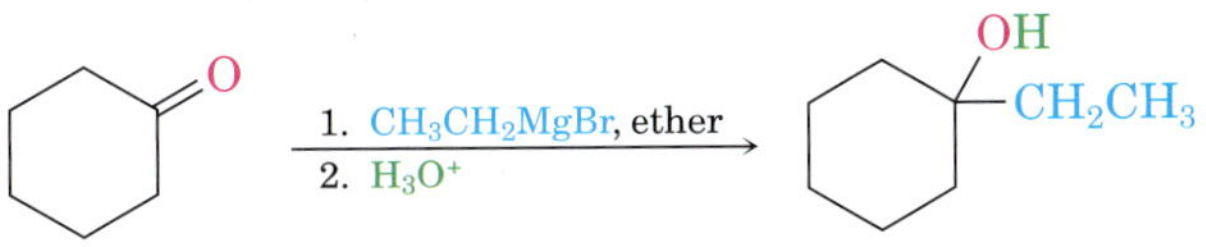

Cyclohexanone (O) → (1. CH_3CH_2MgBr, ether, 2. H_3O^+) → **1-Ethylcyclohexanol (89%)** (OH, CH_2CH_3) (삼차 알코올)

8.7 알코올의 반응

알코올의 반응은 편의상 두 그룹으로, 즉 C—O 결합에서 일어나는 것과 O—H 결합에서 일어나는 것으로 나눌 수 있다.

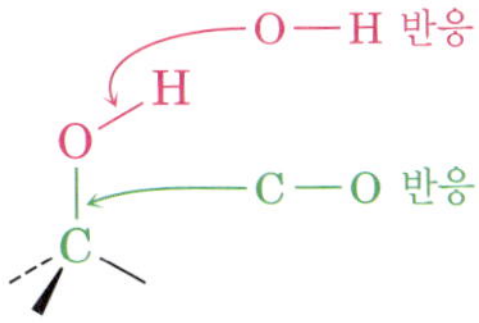

O—H 반응

C—O 반응

소듐 금속과 반응

알코올은 실온에서 소듐 금속과 반응하여 소듐 알콕시화물과 수소 가스를 생성한다. 알코올의 O—H 결합이 끊어진다. 알코올은 산으로서 작용한다.

$$R-O-H + Na \longrightarrow R-O^-Na^+ + \frac{1}{2}H_2$$

$$\underset{\text{ethanol}}{CH_3CH_2OH} + Na \longrightarrow \underset{\text{sodium ethoxide}}{CH_3CH_2O^-Na^+} + \frac{1}{2}H_2$$

에스터 형성

알코올은 몇 방울의 진한 황산 존재하에서 카복실산과 반응하여 에스터를 만든다. 이 반응은 가역 반응이고 혼합물을 평형이 될 때까지 환류한다. 알코올의 H와 카복실산의 OH기가 결합되어 물을 생성한다.

$$R'COOH + ROH \rightleftharpoons R'COOR + H_2O$$

$$CH_3-\underset{\underset{O}{\|}}{C}-OH + CH_3CH_2OH \rightleftharpoons CH_3-\underset{\underset{O}{\|}}{C}-OCH_2CH_3 + H_2O$$

알코올의 산화

일차와 이차 알코올이 각각 알데하이드와 케톤으로 산화된다. 삼차 알코올은 산화에 대해 안정하다. 알데하이드가 그 이상으로 산화되는 것과 같이, 일차 알코올의 경우는 최종 생성물은 카복실산이 된다. 이것은 만일 산화제가 과량 존재한다면 일어나게 된다. 실험실에서 산화 반응은 알코올을 산성화된 potassium manganate(VII) 또는 산성화된 potassium dichromate(VI)와 가열함으로써 수행된다. 그 다음 활성화 종은 chromic acid, H_2CrO_4이다. Potassium manganate(VII)의 경우에는 색깔이 보라색 용액에서 무색으로 변하는 반면, potassium dichromate(VI)의 경우에는 색깔이 오랜지색에서 녹색으로 변한다.

$$\underset{\text{일차 알코올}}{RCH_2OH} \xrightarrow{[O]} \underset{\text{알데하이드}}{RCHO} \xrightarrow{[O]} \underset{\text{카복실산}}{RCOOH}$$

$$\underset{\text{이차 알코올}}{R-CH(OH)-R'} \xrightarrow{[O]} \underset{\text{케톤}}{R-CO-R'} + H_2O$$

$$CH_3CH_2CH_2OH \xrightarrow{[O]} CH_3CH_2CHO + H_2O$$

$$CH_3CH_2CHO \xrightarrow{[O]} CH_3CH_2COOH$$

$$CH_3CH_2CH(OH)CH_3 \xrightarrow{[O]} CH_3CH_2COCH_3$$

아이오도폼(Tri-iodomethane) 시험법

R이 H, 알킬, 혹은 아릴기인 구조 $RCH(OH)CH_3$을 갖는 모든 알코올은 알칼리 수용액 속에서 iodine과 함께 가열시키면 노란색 tri-idodmethane의 침전물을 생성한다.

$$I_2 + NaOH \longrightarrow NaOI + HI$$

$$RCH(OH)CH_3 + NaOI \longrightarrow RCOCH_3 + NaI + H_2O$$

$$RCOCH_3 + 3NaOI \longrightarrow RCOCI_3 + 3NaOH$$

$$RCOCI_3 + NaOH \longrightarrow RCOONa + CHI_3$$

아이오도폼 시험에 양성을 나타내는 알코올은 다음과 같다

CH_3CH_2OH **ethanol**

$CH_3CH(OH)CH_3$ **propan-2-ol**

$CH_3CH(OH)CH_2CH_3$ **butan-2-ol**

C_6H_5—$CH(OH)CH_3$

1-phenylethanol

Phosphours Pentachloride와 반응

모든 알코올은 실온에서 phosphorus pentachloride와 격렬하게 반응하여 흰색의 염화수소 연기를 생성한다. 알코올의 R—O 결합이 끊어지고 알코올의 OH기는 염소 원자로 치환된다.

$$R{-}OH + PCl_5 \longrightarrow R{-}Cl + POCl_3 + HCl$$

phosphorus oxychloride

$$CH_3CH_2OH + PCl_5 \longrightarrow CH_3CH_2Cl + POCl_3 + HCl$$

Thionyl Chloride와 반응

알코올을 순수한 생성물인 할로젠화 알킬로 전환시키는 보다 좋은 방법이다. 즉, 두 가지 기체인 hydrogen chloride와 sulphur dioxide가 방출된다. 위 경우에는 생성물은 chloroethane와 phosphorus oxychloride와 같은 두 가지 액체의 혼합물이다.

$$R{-}OH + SOCl_2 \longrightarrow R{-}Cl + SO_2 + HCl$$

$$CH_3CH_2CH_2OH + SOCl_2 \longrightarrow CH_3CH_2CH_2Cl + SO_2 + HCl$$

알코올을 할로젠화 알킬로 전환

알코올의 또 다른 C—O 결합 반응은 할로젠화 알킬로의 전환이다. 삼차 알코올은 0°C에서 HCl이나 HBr과 처리하여 할로젠화 알킬로 쉽게 전환된다.

삼차 알코올과 HX의 반응은 S_N1 메커니즘에 의해 일어난다. 산은 하이드록시 산소 원자에 양성자를 첨가시키고, 물이 방출되어 탄소양이온을 생성하고, 이 양이온이 친핵성 할로젠 이온과 반응하여 할로젠화 알킬을 생성한다.

그림 8.5 ▶ **메커니즘:** 삼차 알코올과 HCl과의 반응에서 삼차 할로젠화 알킬이 생성된다. 알코올이 먼저 양성자 첨가되고, 옥소늄 이온이 S_N1 반응을 일으킨다.

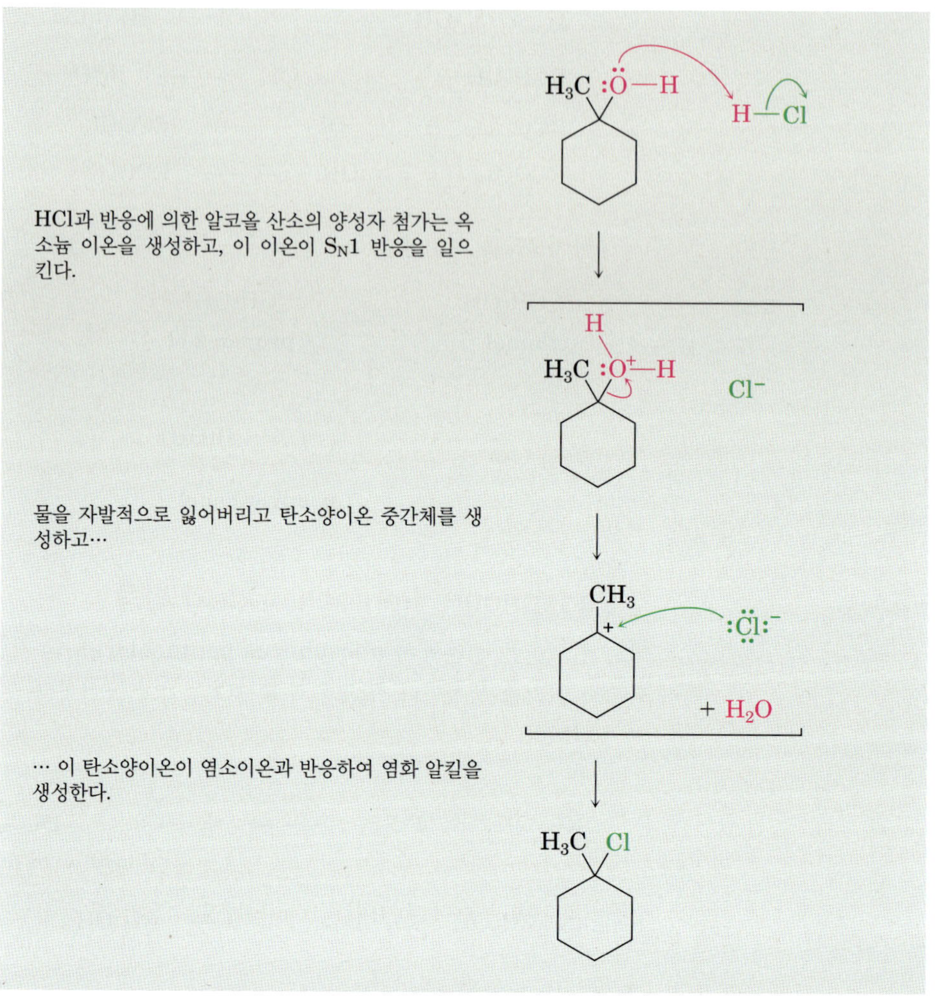

알코올의 탈수 반응에서 알켄의 생성

알코올의 가장 가치 있는 C−O결합 반응 중의 하나는 알켄을 생성하는 탈수 반응이다. C−O결합과 인접한 C−H가 끊어지면 알켄의 π-결합이 형성된다.

탈수 반응

$$\text{H–C–C–OH} \longrightarrow \text{C=C} + H_2O$$

알코올을 약 180°C에서 과량의 진한 황산을 사용함으로써 탈수될 수 있으며 알켄을 만든다. 이 반응은 산으로부터 제공된 수소이온에 의해 촉진된다.

예

$$\text{1-Methylcyclohexanol} \xrightarrow[50°C]{H_3O^+,\ THF} \text{1-Methylcyclohexene (91\%)}$$

1-Methylcyclohexanol **1-Methylcyclohexene (91%)**

$$\underset{\textbf{2-Methyl-2-butanol}}{H_3C-\underset{OH}{\overset{CH_3}{C}}-CH_2CH_3} \xrightarrow[25°C]{H_3O^+,\ THF} \underset{\substack{\textbf{2-Methyl-2-butene}\\(\text{삼치환})\\\text{주생성물}}}{(CH_3)_2C{=}CHCH_3} + \underset{\substack{\textbf{2-Methyl-1-butene}\\(\text{이치환})\\\text{부생성물}}}{CH_2{=}C(CH_3)-CH_2CH_3}$$

삼차 알코올만이 산에 의해 쉽게 탈수된다. 이차 알코올도 반응이 일어나도록 할 수 있지만, 반응 조건이 격렬(75% H_2SO_4, 100°C)해야 하고, 산에 민감한 분자들은 그대로 남아 있지 않는다. 일차 알코올은 이차 알코올보다 반응성이 더 떨어져서, 탈수시키려면 매우 격렬한 조건(95% H_2SO_4, 150°C)이 필요하다. 따라서 산-촉매 탈수 반응에 대한 반응성의 순서는 다음과 같다.

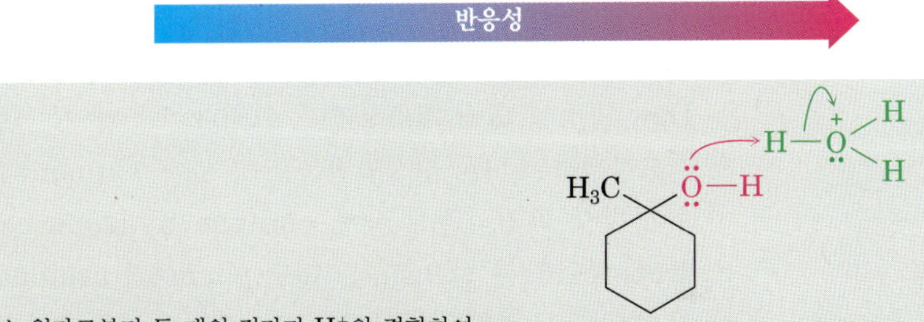

산소 원자로부터 두 개의 전자가 H^+와 결합하여 양성자가 첨가된 알코올 중간체를 형성한다.

탄소—산소 결합이 끊어지고, 결합에서 나온 두 전자가 산소에 남고, 탄소양이온 중간체를 형성한다.

인접한 탄소—수소 결합에서 나온 두 전자는 알켄의 π-결합을 형성하고, H^+(양성자)는 제거된다.

양성자 첨가된 알코올

탄소양이온

그림 8.6 ▸ **메커니즘:** 알코올의 산-촉매 탈수 반응은 알켄을 생성한다. 이 과정은 E1 반응이며 탄소양이온 중간체를 포함한다.

알코올의 에테르로의 탈수 반응

알코올은 이분자 탈수 반응이 진행되면 에테르를 형성한다. 이 경우에 알코올의 양성자첨가에 이어서 두 번째 알코올분자에 의해 공격됨으로써 대칭성 에테르를 형성하게 된다. 탈수 반응은 약 140°C에서 진한황산과 과량의 알코올을 사용함으로써 일어난다.

$$2R-OH \xrightarrow{\text{진한 } H_2SO_4} R-O-R + H_2O$$

$$2CH_3CH_2OH \xrightarrow{\text{진한 } H_2SO_4} CH_3CH_2-O-CH_2CH_3 + H_2O$$

ethanol → **diethyl ether**

8.8 페놀의 제법과 용도

세계 일차대전의 발발은 매우 많은 양의 합성 페놀의 공업적 제조에 대한 자극제가 되었으며, 이 합성 페놀은 폭발성이 있는 picric acid(2,4,6-trinitrophenol)를 제조하기 위한 원료물질로 사용되었다. 오늘날 미국에서는 Bakelite 수지나 합판을 붙이는 접착제와 같은 제품을 생산하는 데 사용하기 위해 매년 2백만 톤 이상의 페놀을 생산한다.

수년 동안 페놀은 chlorobenzene을 NaOH와 높은 온도와 높은 압력에서 반응시키는 Dow 공정에 의해 제조하였다. 그러나 오늘날에는 isopropylbenzene(cumene)으로부터 합성하는 다른 합성방법을 쓰고 있다. Cumene을 높은 온도에서 공기와 반응시키면 라디칼 메커니즘에 의해 cumene hydroperoxide가 생성되고, 이 cumene hydroperoxide를 산으로 처리하면 phenol과 acetone으로 전환된다. 이 방법은 동시에 두 개의 값진 화합물질을 제조하기 때문에 아주 효과적인 공정이다.

$$C_6H_5C(H)(CH_3)_2 \xrightarrow[\text{가열}]{O_2} C_6H_5C(OOH)(CH_3)_2 \xrightarrow{H_3O^+} C_6H_5OH + CH_3\overset{O}{\overset{\|}{C}}CH_3$$

Cumene → **Cumene hydroperoxide** → **Phenol** + **Acetone**

실험실에서 간단한 페놀은 방향족성 설폰산을 NaOH와 함께 높은 온도로 녹여 제조할 수 있다. 비록 이런 격렬한 조건에서 여러 작용기들은 남아날 수 없기 때문에, 따라서 이 반응은 알킬기가 치환된 페놀의 제조에만 국한된다. 방향족성 아민으로부터 페놀을 만드는 보다 좋은 방법을 알아보자.

$$CH_3C_6H_5 \xrightarrow[H_2SO_4]{SO_3} p\text{-}CH_3C_6H_4SO_3H \xrightarrow[\text{2. } H_3O^+]{\text{1. NaOH, 300°C}} p\text{-}CH_3C_6H_4OH$$

Toluene → ***p*-Toluenesulfonic acid** → ***p*-Methylphenol (72%)**

수지와 접착제를 제조하는 용도 이외에도, 페놀은 염소가 치환된 페놀과 식품 방부제인 BHT(butylated hydroxytoluene)와 BHA(butylated hydroxyanisole)을 합성하기 위한 출발 물질이다. 목재 방부제로 널리 사용되는 pentachlorophenol은 페놀을 과량의 Cl_2와 반응시켜 제조한다. 제초제인 2,4-D(2,4-dichlorophenoxyacetic acid)는 2,4-dichlorophenol로부터 제조되고, 병원에서 많이 사용되는 방부제인 hexachlorophene은 2,4,5-trichlorophenol로부터 제조한다.

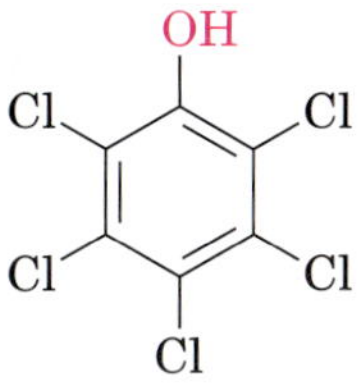

Pentachlorophenol
(목제 방부제)

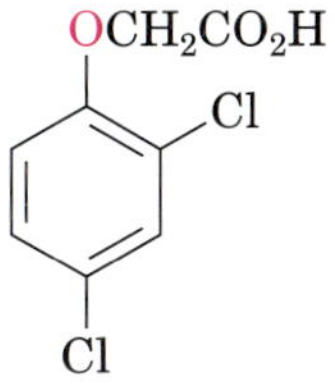

2,4-Dichlorophenoxyacetic acid,
2,4-D(제초제)

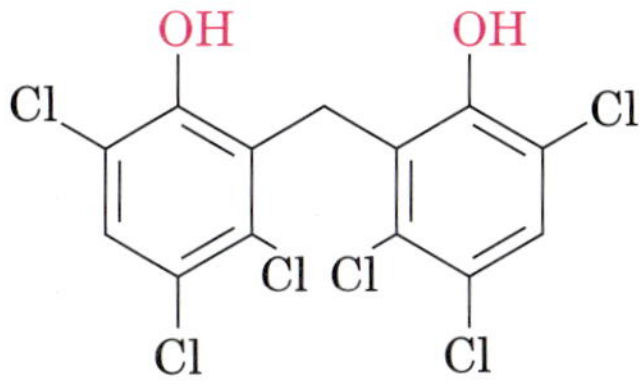

Hexachlorophene
(방부제)

8.9 페놀의 반응

친전자성 방향족 치환 반응

하이드록시 기는 친전자성 방향족 치환 반응에서 오쏘-및 파라-지향성 치환기이고 강한 활성화기이다. 결과적으로 페놀은 친전자성 할로젠화 반응, 나이트로화 반응, 설폰화 반응 및 Friedel-Crafts 반응에 대해 반응성이 큰 기질이다.

친전자성 치환 반응: Bromine 수용액과 함께

페놀은 실온에서 bromine 수용액과 반응하여 흰색의 2,4,6-tribromophenol 침전물과 흰색의 염화수소 연기를 생성한다.

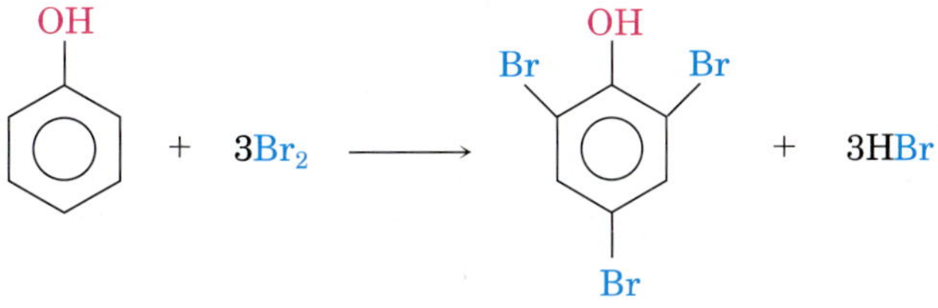

$$\text{phenol} + 3Br_2 \longrightarrow \text{2,4,6-tribromophenol} + 3HBr$$

2,4,6-tribromophenol

친전자성 치환 반응: 나이트로화 반응

페놀은 실온에서 묽은 질산을 사용함으로써 쉽게 나이트로화가 된다. 이 생성물은 2-nitrophenol과 4-nitrophenol의 혼합물이다.

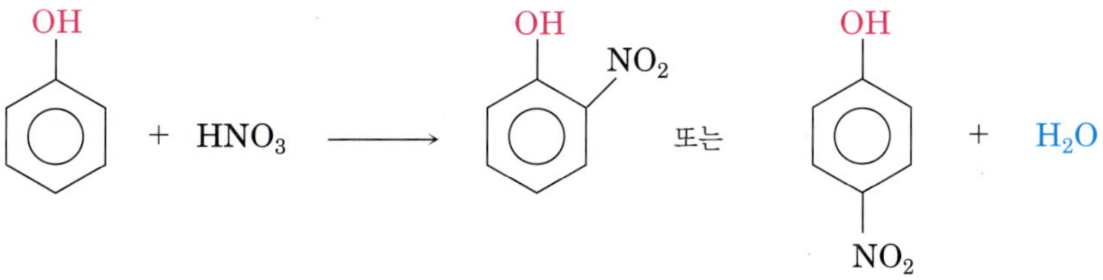

$$\text{phenol} + HNO_3 \longrightarrow \text{2-nitrophenol} \ \text{또는} \ \text{4-nitrophenol} + H_2O$$

》 중성의 Iron(III) Chloride 수용액과 함께

이것은 벤젠고리에 붙어 있는 하이드록시 기를 갖는 모든 방향족화합물에 대한 시험법이다. 페놀은 그러한 치환기를 갖는 가장 간단한 화합물이다. 중성의 iron(III) chloride 수용액이 실온에서 페놀에 첨가될 때는 자주색을 형성한다.

》 에스터의 형성

지방족 알코올과는 다르게 페놀은 직접 카복실산과 반응하여 에스터를 만들지 못한다. 페놀이 에스터를 형성하기 위해서는 먼저 sodium hydroxide 수용액에 녹여서 sodium phenoxide 용액을 만들어야 한다.

$$C_6H_5OH + NaOH \longrightarrow C_6H_5ONa + H_2O$$

위 용액에 benzoyl chloride의 첨가는 phenol benzoate의 흰색 침전물을 만든다.

$$C_6H_5\text{—}\overset{O}{\overset{\|}{C}}\text{—}Cl + C_6H_5ONa \longrightarrow C_6H_5\text{—}\overset{O}{\overset{\|}{C}}\text{—}O\text{—}C_6H_5 + NaCl$$

생활과 화학 . . .

Ethanol: 화학물질, 의약품 및 독성물질

곡물과 당의 발효에 의한 ethanol의 생산은 적어도 2,500년 거슬러 올라가는 가장 오래 전에 알려진 유기 반응 중의 하나이다. 발효는 당 수용액에 효모를 첨가함으로써 일어나며, 이때 효소가 탄수화물을 ethanol과 CO_2로 분해시킨다:

$$\underset{\text{탄수화물}}{C_6H_{12}O_6} \longrightarrow 2\,CH_3CH_2OH + 2\,CO_2$$

매년 미국에서는 주로 용매용으로 사용하기 위해 대략 1억 1천만 갤론의 ethanol을 생산한다. 이 공업용 ethanol의 약 5%만이 발효로부터 생산되지만, 대부분은 ethylene의 산-촉매 수화 반응에 의해 얻어진다.

$$H_2C{=}CH_2 + H_2O \xrightarrow[\text{촉매}]{\text{산}} CH_3CH_2OH$$

Ethanol은 의학적으로는 중추신경계(CNS) 진정제로 분류된다. 그 효과(마셨을 경우)는 인체 반응에 나타나는 마취제와 비슷하다. 초기의 흥분성과 사회적 행위를 증진시키지만, 이러한 결과는 흥분이라기보다는 자제력의 억제로부터 온다. 혈중 알코올 농도가 0.1~0.3%이면, 자동차 운전자에게 영향을 주어 균형의 손실, 어눌한 말씨 및 건망증을 동반한다. 혈중 알코올

(계속)

농도가 0.3~0.4%로 상승하면 메스꺼움과 의식을 잃는 현상이 일어난다. 0.6%를 넘으면, 자발적 호흡과 심장박동 조절에 영향을 주어 궁극적으로 사망에 이르게 된다. Ethanol의 LD_{50}은 10.6 g/kg이다(1장 끝에 "화학물질, 독성 및 위험" 참조).

Ethanol이 신체를 통해 흡수되는 경로는 먼저 위와 작은 창자에서 흡수가 시작되어, 모든 체액과 조직에 재빠르게 분산된다. 뇌하수체에서 ethanol은 소변 흐름을 조절하는 호르몬 생성을 방해하여 소변생성과 탈수를 증가시키는 원인이 된다. 위에서 ethanol은 산의 생성을 자극한다. Ethanol은 신체를 통하여 혈관을 팽창시켜서, 결과적으로 혈액이 피하 모세혈관으로 이동함으로써 피부를 붉게 하고 따뜻한 감각을 갖게 한다. 이 결과는 실제로 몸을 따뜻하게 하는 것이 아니고, 피부에서 열의 손실을 증가시키는 것이다.

Ethanol의 대사는 주로 간에서 일어나며, 우선 acetaldehyde(CH_3CHO)로 산화, 그런 다음 acetic acid(CH_3CO_2H)로 산화되는 두 단계 산화 반응이 진행된다. Ethanol이 만성 알코올 중독자의 체내에 연속적으로 남아 있으면, 알코올과 아세트알데하이드는 유독해서, 만성알코올 중독자의 신체를 황폐화시키고 신진대사를 악화시킨다. 간은 알코올대사의 주된 장기이기 때문에 가장 나쁜 피해를 입는다.

Ethanol이 체액 속에서 에탄올의 빠르고 균일하게 분산되고 폐의 세포막을 쉽게 통과하며 쉽게 산화되기 때문에 혈중 알코올 농도 측정을 위한 간단한 시험에 대한 기초를 제공한다. 음주측정기(*Breathalyzer test*)에 의한 측정은 밝은 오랜지색 산화제인 potassium dichromate($K_2Cr_2O_7$)가 청록색의 크롬(III)으로 환원할 때 색을 변화시킴으로써 내쉰 공기로 알코올 농도를 측정한다. 대신에 음료 측정기(*Intoxilyzer test*)는 혈중 알코올 정도를 측정하기 위해 적외선(IR) 분광기를 사용한다. 미국의 많은 주에서는 혈중 알코올 농도가 0.1%(100 mg/dL)이상에서 운전하는 것은 불법이고, 절반 이상의 주에서는 법적 한계를 0.08%까지 낮추었다.

요약 및 주요 용어

알콕시 음이온, 8.3
Phenols, 8.3, 8.8
페녹시 음이온, 8.3

알코올(Alcohol)은 모든 유기 화합물들 중에서 가장 용도가 넓은 것 중 하나이다. 이들은 자연계에 널이 존재하며, 공업적으로 중요하고, 대단히 풍부한 화학을 갖는다. 알코올 합성의 가장 중요한 방법은 카보닐 화합물로부터 시작된다. 알데하이드, 케톤, 에스터와 카복실산은 환원에 의해 일차 알코올(RCH_2OH)을 생성하는 반면, 케톤은 이차 알코올(R_2CHOH)을 생성한다.

카보닐 화합물과의 Grignard 시약과의 반응은 알코올을 제조하는 또 다른 중요한 방법이다. Grignard 시약을 formaldehyde에 첨가하면 일차 알코올이 생성되고, 알데하이드에 첨가하면 이차 알코올을 생성하고, 케톤이나 에스터에 첨가하면 삼차 알코올을 생성한다. 카복실산은 Grignard 첨가 생성물을 생성하지 않는다.

알코올은 여러가지 서로 다른 반응들을 일으킨다. 이들이 탈수시키면 알켄을 생성하고, PBr_3 또는 $SOCl_2$와 처리함으로써 할로젠화 알킬로 전환시킬 수 있다. 더욱이 알코올은 매우 약한 산성($pK_a \approx 16-18$)이다. 알코올은 강한 염기 및 알칼리 금속과 반응하여 유기합성에 흔히 쓰이는 **알콕시 음이온**(alkoxide anion)을 형성한다.

알코올의 가장 중요한 반응중의 하나는 카보닐 화합물로의 산화 반응이다. 일차 알코올은 알데하이드 또는 카복실산을 생성하고, 이차 알코올은 케톤을 생성하지만, 삼차 알코올은 보통 산화되지 않는다. CrO_3용액은 산성 수용액에서 흔히 일차 알코올을 카복실산으로 산화시키고, 이차 알코올을 케톤으로 산화시키는 데 많이 사용된다.

페놀(Phenol)은 방향족 알코올이지만, 이들의 음이온인 **페녹시 음이온**(phenoxide anion)이 음전하를 방향족 고리로 비편재화시킴으로써 안정화되기 때문에 산도가 훨씬 크다($pK_a \approx 10$). 전자-끄는 기에 의한 방향족 고리의 치환 반응은 페놀의 산도를 증가시키고 전자-주는 기에 의한 치환 반응은 산도를 감소시킨다.

반응의 요약

1. 알코올의 합성

(a) 카보닐 화합물의 환원

(1) 알데하이드

$$RCHO \xrightarrow[\text{2. } H_3O^+]{\text{1. } NaBH_4\text{, ethanol 혹은 } LiAlH_4\text{, ether}} RCH_2OH$$

일차 알코올

(2) 케톤

$$RCOR' \xrightarrow[\text{2. } H_3O^+]{\text{1. } NaBH_4\text{, ethanol 혹은 } LiAlH_4\text{, ether}} RCH(OH)R'$$

이차 알코올

(3) 에스터

$$RCOOR' \xrightarrow[\text{2. } H_3O^+]{\text{1. } LiAlH_4\text{, ether}} RCH_2OH + R'OH$$

일차 알코올

(4) 카복실산

$$RCOOH \xrightarrow[\text{2. } H_3O^+]{\text{1. } LiAlH_4\text{, ether}} RCH_2OH$$

일차 알코올

(b) 카보닐 화합물에 Grignard 첨가 반응

(1) Formaldehyde

$$RMgBr + HCHO \xrightarrow[\text{2. } H_3O^+]{\text{1. Ether 용매}} RCH_2OH$$

일차 알코올

(2) 알데하이드

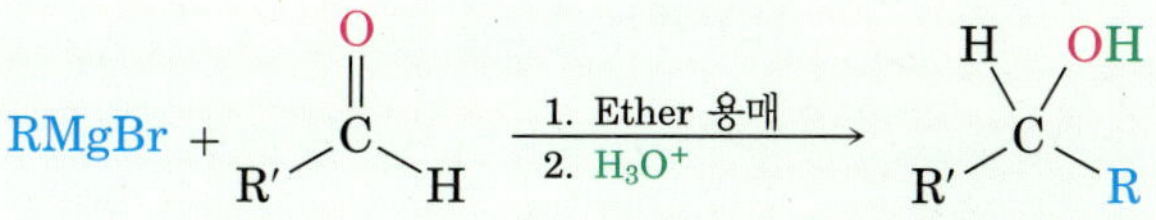

$$RMgBr + R'C(=O)H \xrightarrow[2.\ H_3O^+]{1.\ \text{Ether 용매}} R'CH(OH)R$$

이차 알코올

(3) 케톤

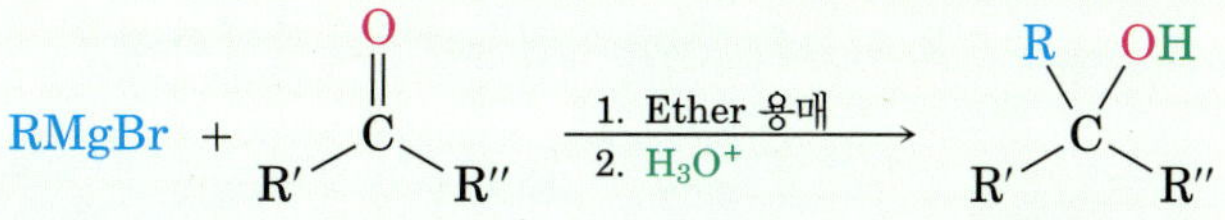

$$RMgBr + R'C(=O)R'' \xrightarrow[2.\ H_3O^+]{1.\ \text{Ether 용매}} R'C(R)(OH)R''$$

삼차 알코올

(4) 에스터

$$2\ RMgBr + R'C(=O)OR'' \xrightarrow[2.\ H_3O^+]{1.\ \text{Ether 용매}} R'C(R)(OH)R + R''OH$$

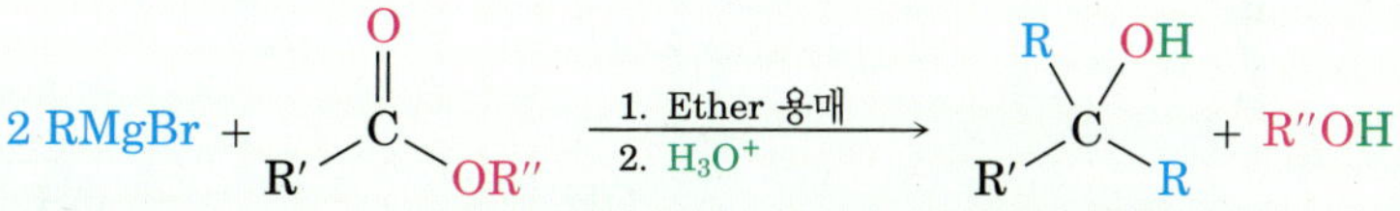

삼차 알코올

2. 알코올의 반응

(a) 산도

$$ROH + NaH \longrightarrow RO^- Na^+ + H_2$$
$$2\ ROH + 2\ Na \longrightarrow 2\ RO^- Na^+ + H_2$$

(b) 탈수 반응

(1) 삼차 알코올

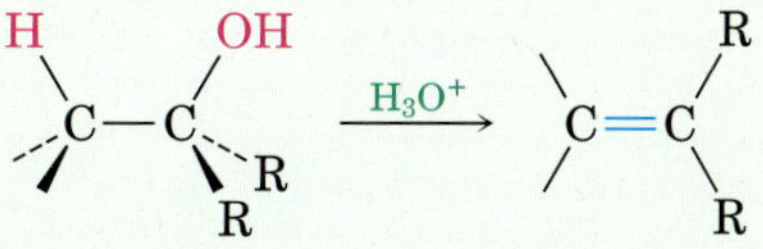

$$H{-}C{-}C(OH)(R)(R) \xrightarrow{H_3O^+} C{=}C(R)(R)$$

(c) 산화 반응

(1) 일차 알코올

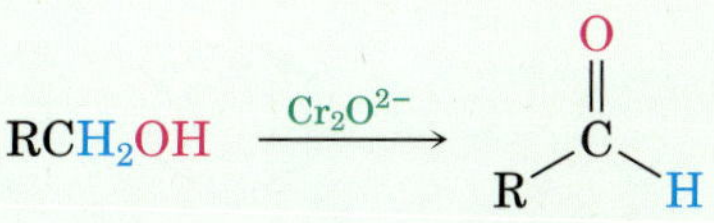

$$RCH_2OH \xrightarrow{Cr_2O^{2-}} RC(=O)H$$

알데하이드

$$RCH_2OH \xrightarrow[H_3O^+]{CrO_3} RC(=O)OH$$

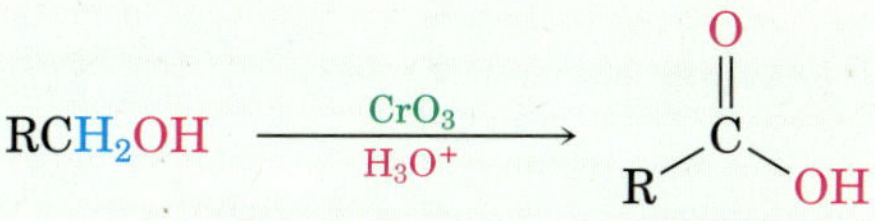

카복실산

(2) 이차 알코올

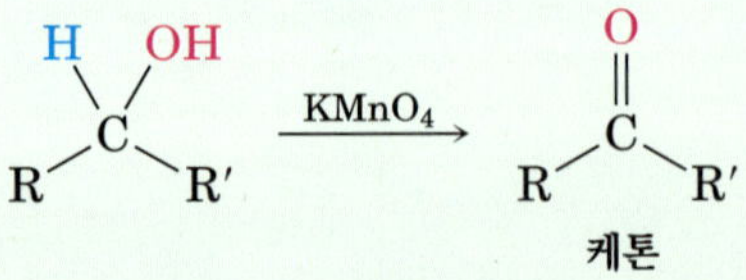

$$R-CH(OH)-R' \xrightarrow{KMnO_4} R-C(=O)-R'$$

케톤

3. 페놀의 제법; 아릴술폰산의 알칼리 용융

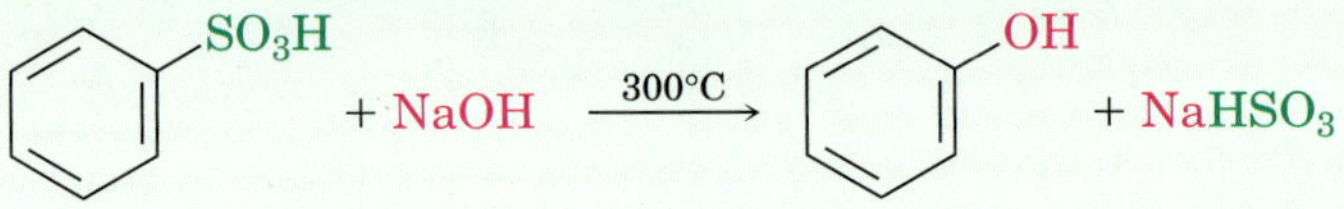

$$C_6H_5SO_3H + NaOH \xrightarrow{300°C} C_6H_5OH + NaHSO_3$$

4. 페놀의 반응

(a) Br_2(수용액)

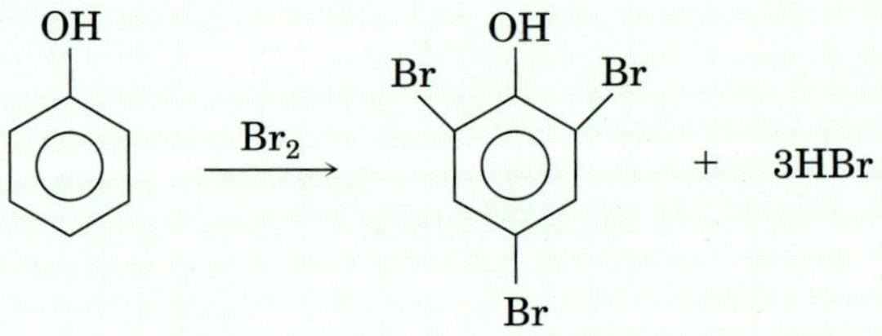

$$C_6H_5OH \xrightarrow{Br_2} \text{2,4,6-}Br_3C_6H_2OH + 3HBr$$

(b) 나이트로화

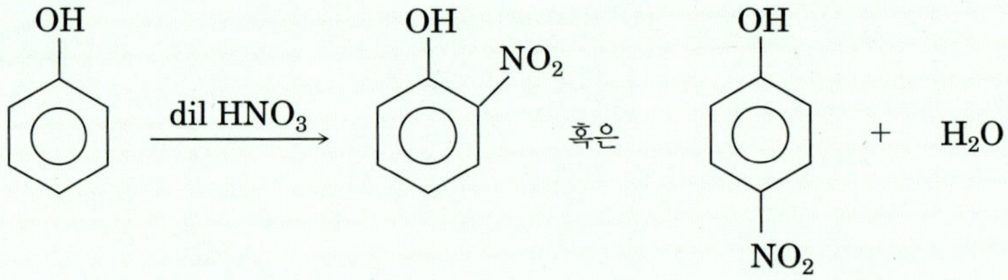

$$C_6H_5OH \xrightarrow{dil\ HNO_3} o\text{-}NO_2C_6H_4OH \text{ 혹은 } p\text{-}NO_2C_6H_4OH + H_2O$$

(c) $FeCl_3$(수용액)

$$C_6H_5OH \longrightarrow C_6H_5OH \cdots FeCl_3$$

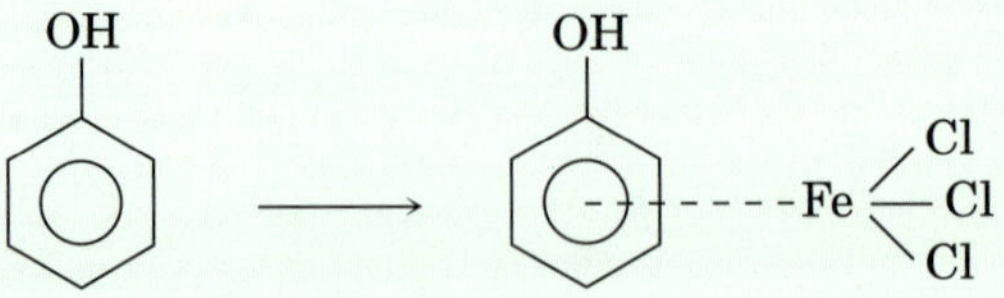

(d) 에스터 형성

$$C_6H_5O^- \xrightarrow{RCOCl} R-C(=O)-O-C_6H_5 + Cl^-$$

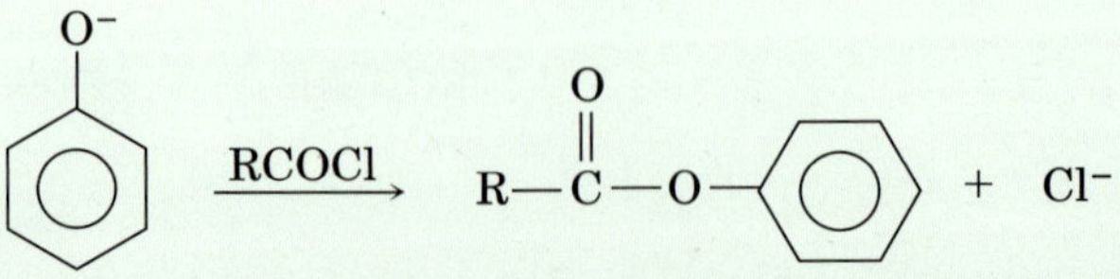

연습 문제

시각 화학

8.9 다음 화합물에 대한 IUPAC 명을 적어라:

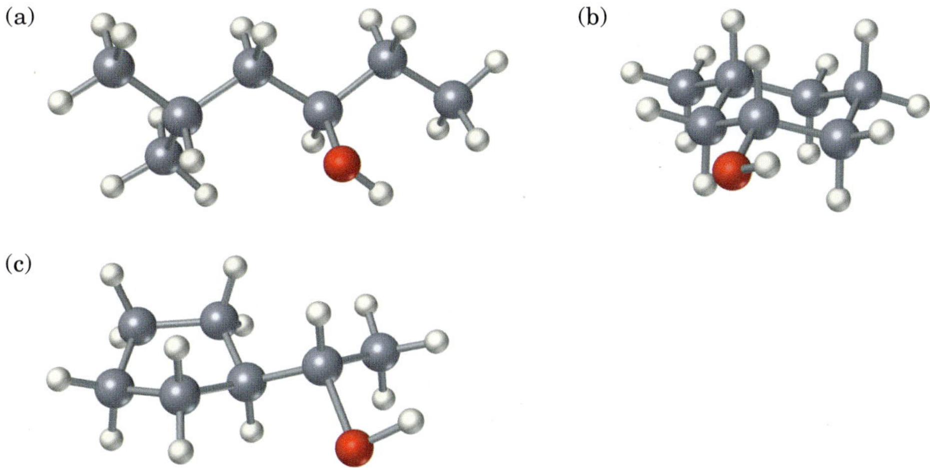

8.10 다음 알코올들을 제조할 수 있는 카보닐 화합물의 구조를 그리고, 각 알코올을 (i) 금속 Na와, (ii)$SOCl_2$로 처리했을 때 얻을 수 있는 생성물들을 보여라.

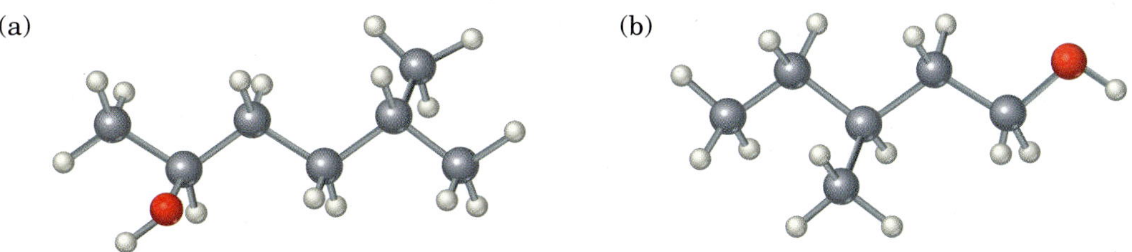

8.11 다음 화합물들에 대한 IUPAC명을 적어라:

(a) $HOCH_2CH_2CH(CH_3)CH_2OH$

(b) $CH_3CH(OH)CH(CH_2CH_2CH_3)CH_2CH_3$

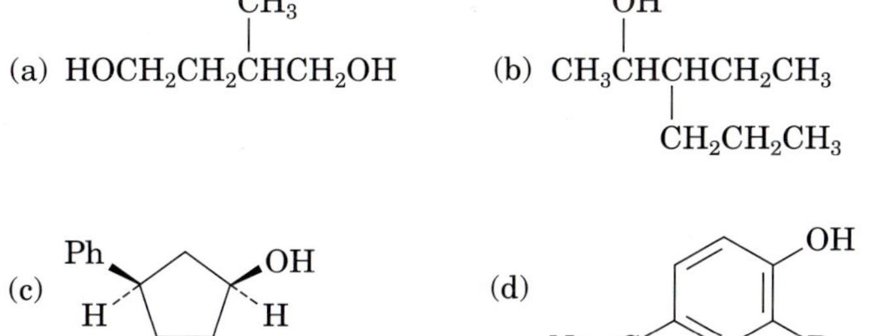

8.12 화학식 $C_5H_{12}O$를 갖는 여덟 개의 알코올 이성질체들을 그려서 명명하라.

8.13 1-Pentanol과 다음의 시약들을 반응시켜 얻을 수 있는 생성물은 무엇인가?

(a) PBr_3 (b) $SOCl_2$ (c) CrO_3, H_2O, H_2SO_4

8.14 2-Phenylethanol로부터 다음 화합물을 어떻게 제조할 수 있는가? 한 단계 이상이 더 필요할 수 있다.

(a) Styrene($PhCH{=}CH_2$)
(b) Phenylacetaldehyde($PhCH_2CHO$)
(c) Phenylacetic acid($PhCH_2COOH$)
(d) Benzoic acid
(e) Ethylbenzene
(f) 1-Phenylethanol

8.15 다음 알코올들을 제조하기 위해서 어떤 Grignard시약과 어떤 카보닐 화합물을 가지고 출발해야 하는가?

(a) $CH_3CH(OH)CH_2CH_3$
(b) $C_6H_5C(OH)(CH_3)_2$
(c) $H_2C{=}C(CH_3){-}CH_2OH$
(d) $(Ph)_3COH$
(e) $CH_3CH(OH)CH_2CH_2CH_2Br$

8.16 다음 알코올들을 제조하려면 어떠한 카보닐 화합물을 환원시켜야 하는가? 모든 가능성을 나열하여라.

(a) 2,2-Dimethyl-1-hexanol
(b) 3,3-Dimethyl-2-butanol
(c) $C_6H_{11}{-}CH(OH)CH_2CH_3$ (cyclohexyl)
(d) $C_5H_9{-}CH_2OH$ (cyclopentyl)

8.17 Grignard 반응에 의해 다음 화합물을 제조하려면 어떤 카보닐 화합물을 가지고 출발해야 하는가? 모든 가능성을 나열하여라.

(a) 2-Methyl-2-propanol
(b) 3-Phenyl-3-pentanol
(c) 2-Phenyl-2-pentanol

8.18 Cyclopentanol로부터 다음 물질을 어떻게 제조할 수 있는가? 한 단계 이상이 필요할 수도 있다.

(a) Cyclopentanone
(b) Cyclopentene

8.19 1-Methylcyclohexanol과 다음 시약들과의 반응에서 어떤 생성물을 기대할 수 있겠는가?

(a) HBr
(b) H_2SO_4
(c) $Na_2Cr_2O_7$

8.20 다음과 같은 치환된 페놀을 산도가 증가하는 순서대로 나열하고, 그 이유를 설명하여라:

C_6H_5OH, $p\text{-}F{-}C_6H_4{-}OH$, $p\text{-}CH_3O{-}C_6H_4{-}OH$, $p\text{-}N{\equiv}C{-}C_6H_4{-}OH$

8.21 2-Butanone를 $NaBH_4$로 환원시키면 2-butanol를 생성한다. 이 생성물은 카이랄인가? 광학 활성이 있는가? 설명하여라.

객관식 문제

1 Ethene의 제조에서, ethanol을 시약 Y에 떨어뜨려 첨가한다. 불순한 ethene은 용액 Z를 통하여 여과하고 세척한 다음 모은다. 시약 Y와 용액 Z는 무엇인가?

	시약 *Y*	용액 *Z*
A.	산성 $K_2Cr_2O_7$	묽은 HNO_3
B.	진한 HCl	묽은 H_2SO_4
C.	진한 H_2SO_4	묽은 NaOH
D.	에탄올성 NaOH	진한 KOH

2 Propene을 차갑고 묽은 potassium manganate(VII)로 산화시킬 때 어떤 생성물이 형성되는가?

A. $CH_3CH(OH)CH_2OH$
B. CH_3COOH와 CO_2
C. CH_3CH_2COOH
D. CH_3COCH_3

3 Ethene은 진한 황산에 의한 탈수 반응에 의해 ethanol로부터 제조할 수 있다. 다음 화합물 중에서 어떤 화합물이 불순물로 남을까?

A. CH_3CHO
B. $CH_3CH_2OCH_2CH_3$
C. $CH_2{=}CH_2CH{=}CH_2$
D. $(COOH)_2$

4 Butan-2-ol을 180°C에서 과량의 진한 황산으로 처리할 때, 생성될 수 있는 주된 생성물의 구조는 다음 중 어느 것인가?

A.
$$C_2H_5-\underset{}{\overset{CH_3}{\overset{|}{CH}}}-O-\overset{CH_3}{\overset{|}{CH}}-C_2H_5$$

B. $CH_3CH_2COOCH_3$

C. $CH_3CH_2COCH_3$

D. $CH_3CH=CHCH_3$

5 다음 설명 중에서 페놀에 대한 말 중에서 참이 아닌 것은 어느 것인가?

A. 페놀은 ethanoyl chloride와 반응하여 phenyl ethanoate를 생성한다.
B. 페놀은 bromine 수용액과 반응하여 흰색 침전물을 생성한다.
C. 페놀은 sodium carbonate 수용액과 반응하여 이산화탄소 기체를 생성한다.
D. 페놀은 묽은 질산에 의해 나이트로화가 일어날 수 있다.

6 Butan-1-ol로부터 1,2-dibromobutane의 제조에는 다음 중 어느 단계와 연관되는가?

A. 산화 반응 후, 가수분해
B. 환원 반응 후, 산화 반응
C. 탈수 반응 후, 치환 반응
D. 탈수 반응 후, 첨가 반응

7 다음 중 어느 화합물이 NaOH 수용액에서 iodine의 혼합물과 처리할 때 노란색 침전물을 생성할까?

A. $CH_3CH_2CH_2OH$
B. $CH_3CH_2CH(OH)CH_2CH_3$
C. $CH_3COCH_2CH_3$
D. $CH_3CH_2COCH_2CH_3$

8 다음 설명 중에서 친전자성 치환 반응에 대한 것으로 맞는 것은?

A. 페놀에서 수소 원자를 소듐 원자로 치환
B. 벤젠 고리에서 수소 원자를 NO_2^+로 치환
C. Ethanoyl chloride에서 염소원자를 CH_3O^-로 치환
D. Ethanol에서 —OH기를 Cl^-로 치환

9 다음 쌍 중에서 에스터 제조에 적합한 유기 화합물은 어떤 쌍일까?

A. Ethanoic acid와 ethanamide

B. Benzoic acid와 phenol

C. Silver acetate와 bromoethane

D. Ethanoyl chloride와 phenol

10 다음 시약 중에서 ethanol과 phenol에 반응할 수 있는 것은 어느 것일까?

A. Bromine 수용액 **B.** Ethanoyl chloride

C. NaOH 수용액 **D.** Sulphur dichloride oxide

11 다음 중에서 페놀의 산-염기 성질에 대한 가장 좋은 정의는 어느 것일까?

A. 암모니아보다 강한 염기이다.

B. 중성화합물이다.

C. 탄산보다 약한 산이다.

D. 물보다 약한 산이다.

12 다음 시약 중에서 아래의 두 화합물을 구별하는 데 쓰일 수 있는 시약은 어느 것인가?

A. 묽은 염산 **B.** 묽은 황산

C. ethanoyl chloride **D.** bromine 수용액

13 다음 중에서 chloroethane를 제조하기 위해 사용될 수 있는 시약은 어느 것인가?

A. $HCl + CH_3CH_2NH_2$ **B.** $H_2 + CHCl{=}CHCl$

C. $Cl_2 + CH_3COOH$ **D.** $PCl_3 + CH_3CH_2OH$

14 다음 중에서 물 속에서 산성용액을 만드는 것은 어느 것인가?

1. $CH_3CH_2CH_2CH_2CH_2OH$ **2.** $(CH_3)_3COH$

3. $CH_3CH_2-C_6H_4-OH$ **4.** $C_6H_5-O-CH_2CH_3$

A	B	C	D
1만 옳다	1과 2가 옳다	2와 3이 옳다	1, 2와 3이 옳다

15 유기 화합물 Y에 bromine 수용액을 가할 때, bromine의 색이 없어진다. Y가 속해있는 화합물은 어떤 계열인가?

A. 페놀 **B.** 아민 **C.** 알켄

16 다음 중에서 hexan-2-ol 수용액을 potassium manganate(VII)과 환류할 때 생성되는 화합물은 어느 종류일까?

A. 메틸 케톤 **B.** 에스터 **C.** 아마이드

17 다음은 mevalonic acid의 구조이다.

$$HOOCCH_2\overset{\overset{\large OH}{|}}{C}(CH_3)CH_2CH_2OH$$

Mevalonic acid는 어떤 성질을 가지고 있는가?
A. 이는 단지 하나의 카이랄 탄소를 가지고 있다.
B. H^+ 이온이 존재하에서 에탄올성 산에 의해 두 개의 에스터화가 될 수 있다.
C. 이는 이차와 삼차 알코올 기를 가지고 있다.

18 Bromine 수용액을 페놀 수용액에 가하면, 흰색 침전이 생긴다. 무엇을 나타내는 반응인가?
A. 페놀은 산성이다.
B. 2,4,6-tribromophenol이 형성된다.
C. 친전자성 치환 반응에 대해 하이드록시 기가 페놀을 활성화시킨다.

보충 문제

1 다음 화합물의 끓는점이 82.3°C, 99.5°C 및 117°C이다. 올바른 끓는점을 갖는 각 알코올을 확인하라.
(a) $CH_3CH_2CH_2CH_2OH$ (b) $CH_3CH_2CH(OH)CH_3$
(c) $(CH_3)_3C—OH$

2 물에서 용해도가 감소하는 순으로 화합물을 배열하여라.
(a) $CH_3CH_2CH_2CH_2CH_2CH_3$ (b) $HOCH_2CH_2CH_2CH_2OH$
(c) $CH_3CH_2CH_2CH_2CH_2OH$

3 이들 각 알코올의 탈수 반응으로 형성되는 알켄의 구조를 그려라.

(a) $(CH_3)_2CHCH(OH)CH_3$ (b) [cyclopentane ring bearing OH and an adjacent CH_3]

4 각 알코올을 chromic acid로 처리해서 얻은 생성물을 그려라.

(a) pentan-1-ol (b) hexan-2-ol (c) cyclohexanol

5 다음 각 화합물들의 쌍에 대해서 물에 잘 녹는 것을 선택하여라.
(a) CH_3OH와 CH_2Cl_2
(b) CH_3COCH_3와 $CH_3CH{=}CHCH_3$
(c) $CH_3CH_2CH_2SH$와 $CH_3CH_2CH_2OH$
(d) KCl과 CH_3CH_2Cl

6 유기 화합물에서 나타나는 세가지 이성질현상: 즉 구조, 시스-트랜스 및 광학 이성질현상이 있다. 다음의 두 화학식은 모두 같은 이성질현상을 갖고 있다. 아래의 두 부분-구조식 A와 B는 불확실하며, 각각은 한 개 화합물 이상이다. 화학식 A를 나타내는 4개의 이성질체와 화학식 B를 나타내는 2개의 이성질체를 설명하기 위한 완전한 구조식을 그려라. 각 경우에 연관된 이성질현상의 종류를 밝혀라.
(a) $CH_3CH(OH)C_3H_7$
(b) $CH_3CH{=}CHC_2H_5$

7 Bromine 수용액과 다음의 반응들 사이의 각 반응에 대한 (a) 관찰되는 것이 무엇인가를 설명하고, (b) 식을 써라.
(i) potassium iodide 수용액
(ii) 페놀 수용액
(iii) pent-2-one

8 다음 변형을 수행하기 위한 시약과 조건들을 제시하라. 각 경우에 중간체들을 밝혀라.

(a) $CH_3CH(OH)CH_3 \longrightarrow E \longrightarrow F \longrightarrow CH_3CH(COOH)CH_3$

(b) $C_6H_5-CH_3 \longrightarrow G \longrightarrow Br-C_6H_4-COOH$

9 다음 시약들로 특별한 기준 물질을 만드는 에탄올과 페놀과의 반응을 비교하라.

(a) 소듐 금속

(b) hydrogen bromide

(c) NaOH 수용액

10 물과 섞이는 phenylmethanol, $C_6H_5CH_2OH$는 ethanol과 유사한 산도를 갖는다. Phenylmethanol과 phenol의 산도를 비교할 수 있는 한 가지 방법을 제시하라.

11 화합물 A는 다음 구조를 갖는다:

$$HO-C_6H_4-CH_2CH_2COCH_3$$

(a) A에 존재하는 작용기를 명명하여라.

(b) A는 다음과 어떻게 반응하는가?

(i) 알칼리성 iodine 수용액

(ii) 묽은 질산

(iii) 대기압에서 니켈 존재하에서 수소기체

12 Menthol의 구조는 아래와 같다.

(구조식: cyclohexane 고리에 $CH(CH_3)_2$, OH, CH_3)

(a) 위 분자구조에 카이랄 중심을 모두 표시하여라.

(b) Menthol에

(i) 산성화된 potassium dichromate(VI)와

(ii) phosphorus pentachloride와의 반응으로 형성되는 유기 생성물의 구조식을 그려라.

13 두 개의 알코올 이성질체 A와 B가 있다.

$CH_3CH(OH)CH_2CH_3$	$(CH_3)_3COH$
A	**B**

(a) A와 B를 알켄으로 탈수시키기 위해 사용하는 시약이 무엇인가?

(b) A와 B의 탈수에 의한 알켄의 구조식을 그려라.

(c) A와 B의 차이는 무엇인가?

(d) B는 benzoyl chloride와 어떻게 반응하는가?

(e) A가 어떻게 광학 이성질현상이 일어나는지 설명하기 위한 도표를 그려라.

제 9 장

알데하이드와 케톤: 친핵성 첨가 반응

Aldehydes and Ketones: Nucleophilic Addition Reactions

알데하이드와 케톤은 자연계와 화학 산업 모두에서 모든 화합물 중에서 가장 많이 산출되는 것 중에 하나이다. 천연계에서 살아 있는 유기체들이 필요로 하는 많은 물질들이 알데하이드와 케톤이다. 간단한 알데하이드 및 케톤이 화학 산업에 필요한 용매나 다른 화합물들의 출발물질로 사용하기 위해 대량으로 생산되고 있다. 예를 들면 건물의 단열재나 합판의 접착제수지로 사용하기 위하여, 미국에서 매년 약 140만 톤 이상의 formaldehyde ($H_2C{=}O$)가 생산된다. Acetone, $(CH_3)_2C{=}O$는 공업용 용매로 많이 사용되며 미국에서 연간 약 120만 톤 정도 생산된다. Formaldehyde는 공업적으로 methanol의 촉매 산화 반응에 의해 합성되며 acetone 제법에 대한 한 가지 방법으로 2-propanol의 산화 반응이 포함되어 있다.

$$\mathrm{H{-}C(OH)(H){-}H} \xrightarrow[\text{가열}]{\text{촉매}} \mathrm{H_2C{=}O}$$

Methanol **Formaldehyde**

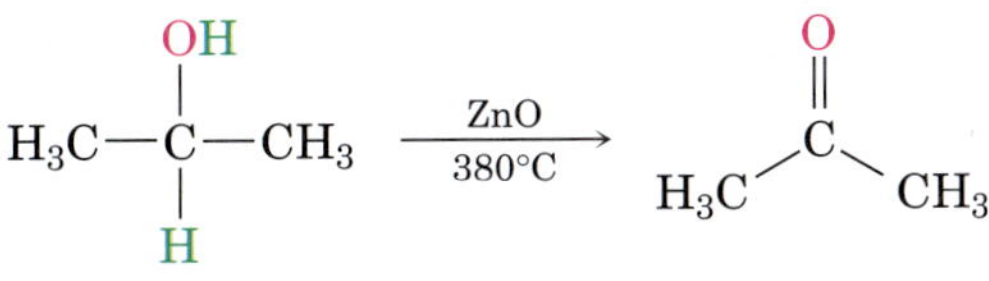

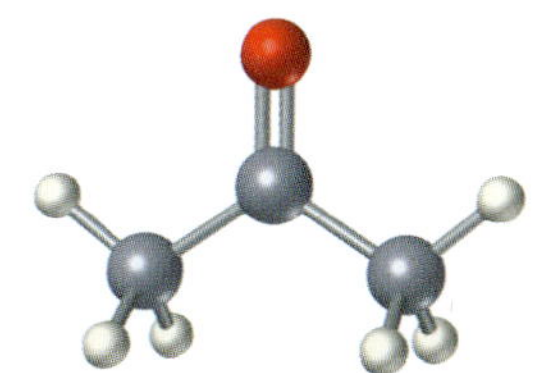

2-Propanol **Acetone**

9.1 알데하이드와 케톤의 명명

알데하이드의 명명

알데하이드는 해당되는 알케인명의 끝에 있는 *-e* 대신에 *-al*로 바꾸어 명명한다. 모체 사슬

은 반드시 —CHO기를 포함하며, —CHO 탄소가 항상 1번이다. 예를 들면:

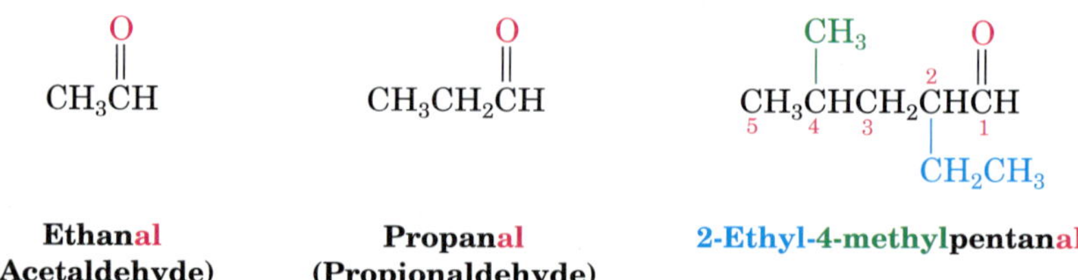

2-Ethyl-4-methylpentanal에서 가장 긴 사슬은 hexane이지만, 이 사슬은 —CHO기를 포함하고 있지 않기 때문에 모체로 고려하지 않는다는 사실을 유의하라.

몇 가지 간단하고 잘 알려진 알데하이드는 IUPAC에 의해서 인정된 관용명을 가지고 있다. 보다 중요한 것들 중의 몇 가지를 표 9.1에 나타내었다.

표 9.1 • 몇 가지 간단한 알데하이드의 관용명

화학식	관용명	체계적인 이름
HCHO	Formaldehyde	Methanal
CH_3CHO	Acetaldehyde	Ethanal
CH_3CH_2CHO	Propionaldehyde	Propanal
$CH_3CH_2CH_2CHO$	Butyraldehyde	Butanal
$CH_3CH_2CH_2CH_2CHO$	Valeraldehyde	Pentanal
$H_2C{=}CHCHO$	Acrolein	Propenal
C_6H_5–CHO (benzene ring with CHO)	Benzaldehyde	Benzenecarbaldehyde

케톤의 명명

케톤은 해당하는 알케인 이름 끝에 있는 *-e* 대신에 *-one*으로 바꾸어 명명한다. 모체사슬은 케톤기가 포함된 것 중에서 가장 긴 사슬이며, 번호는 카보닐 탄소에 가장 가까운 말단탄소부터 시작한다. 예를 들면:

$CH_3CH_2C(=O)CH_2CH_2CH_3$ (1 2 3 4 5 6) **3-Hexanone**

$CH_3CH{=}CHCH_2C(=O)CH_3$ (6 5 4 3 2 1) **4-Hexen-2-one**

$CH_3CH_2C(=O)CH_2C(=O)CH_3$ (6 5 4 3 2 1) **2,4-Hexanedione**

몇 가지 케톤의 관용명은 IUPAC에 의해 인정되고 있다:

$CH_3C(=O)CH_3$ **Acetone**

$C_6H_5C(=O)CH_3$ **Acetophenone**

$C_6H_5C(=O)C_6H_5$ **Benzophenone**

R—C=O를 치환기로 부를 필요가 있는 경우에는 **아실(acyl, a-sil)기**라는 이름을 쓰며, 이름의 끝에 *-yl*을 붙인다. 따라서 CH_3CO—는 아세틸(acetyl)기이고, —CHO는 폼일(formyl)기, 그리고 C_6H_5CO—는 벤조일(benzoyl)기이다.

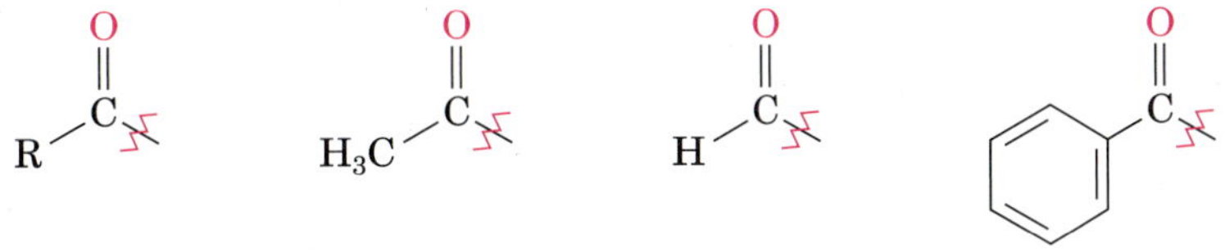

아실기 아세틸 폼일 벤조일

◆ **문제 9.1** 다음 알데하이드와 케톤을 IUPAC규칙에 따라서 명명하여라:

(a) 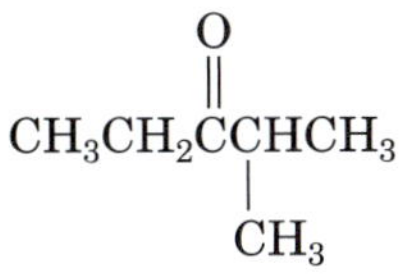 $CH_3CH_2C(=O)CH(CH_3)CH_3$

(b) $C_6H_5CH_2CH_2CHO$

(c) $CH_3—CH(Cl)—CH_2—C(=O)—H$

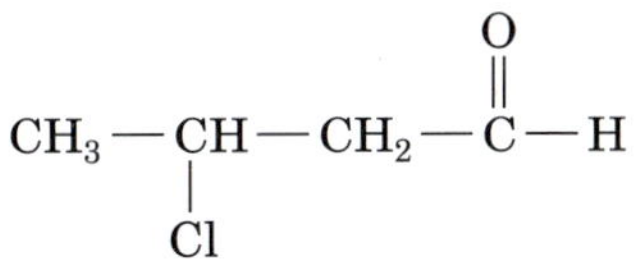

(d) 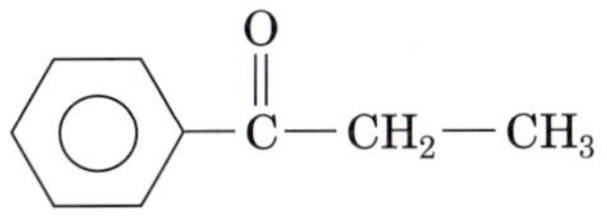 $C_6H_5—C(=O)—CH_2—CH_3$

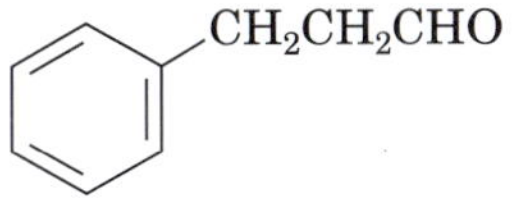

(e) 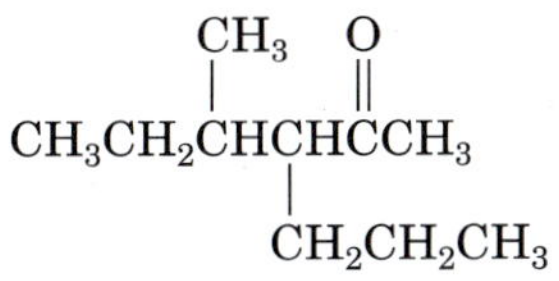 $CH_3CH_2CH(CH_3)CH(CH_2CH_2CH_3)C(=O)CH_3$

(f) 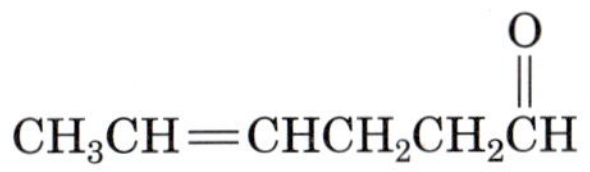 $CH_3CH=CHCH_2CH_2CH(=O)$

◆ **문제 9.2** 다음 이름에 해당하는 구조를 그려라:

(a) 3-Methylbutanal
(b) 4-Chloro-2-pentanone
(c) Phenylacetaldehyde
(d) 3-Methyl-3-butenal

9.2 알데하이드와 케톤의 제법

알데하이드의 제조

알데하이드 합성에 있어서 가장 좋은 두 가지 방법은 (1) 1차 알코올의 산화 반응과 (2) 알켄의 산화성 분해 반응이다. 간단히 복습하여 보자.

- 일차 알코올은 알데하이드로 산화될 수 있다. 이 반응은 흔히 실온에서 dichloromethane 용매 속에서 pyridinium chlorochromate(PCC)를 사용하여 반응시킨다.

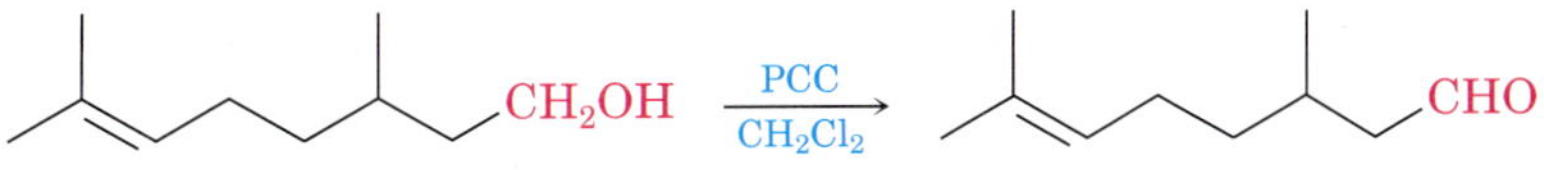

$$\text{Citronellol } (\text{—}CH_2OH) \xrightarrow[CH_2Cl_2]{PCC} \text{Citronellal } (\text{—}CHO)\ (82\%)$$

Citronellol **Citronellal (82%)**

- 적어도 하나 이상의 바이닐성 수소(vinylic hydrogen)를 가지고 있는 알켄은 오존으로 처리할 때 산화성 분해 반응이 일어나 알데하이드를 생성한다. 만일 고리형 알켄을 가오존분해 반응시킨다면, 다이카보닐(dicarbonyl) 화합물을 생성한다:

$$\text{1-Methylcyclohexene} \xrightarrow[\text{2. Zn, }CH_3CO_2H]{\text{1. }O_3} CH_3\overset{O}{\overset{\|}{C}}CH_2CH_2CH_2CH_2\overset{O}{\overset{\|}{C}}H$$

1-Methylcyclohexene **6-Oxoheptanal (86%)**

》 케톤의 제조

대부분의 경우 케톤의 합성법은 알데하이드 합성법과 비슷하다:

- 이차 알코올은 여러 가지 시약에 의해 산화되어 케톤을 형성한다. 산화제의 선택은 반응의 크기, 가격 및 알코올의 산 혹은 염기에 대한 민감도 등과 같은 조건에 따라 달라진다.

$$(CH_3)_3C\text{–}C_6H_{10}\text{–}OH \xrightarrow[CH_2Cl_2]{PCC} (CH_3)_3C\text{–}C_6H_{10}{=}O$$

4-*tert*-Butylcyclohexanol **4-*tert*-Butylcyclohexanone (90%)**

- $AlCl_3$ 촉매 존재하에서 산 염화물과 방향족 고리화합물을 Friedel-Crafts 아실화 반응시켜 아릴케톤을 만든다

$$C_6H_6 + CH_3\overset{O}{\overset{\|}{C}}Cl \xrightarrow[\text{가열}]{AlCl_3} C_6H_5\overset{O}{\overset{\|}{C}}CH_3$$

Benzene **Acetyl chloride** **Acetophenone (95%)**

→ 9.3 알데하이드와 케톤의 상대적 반응성

친핵성 첨가 반응에 있어서 입체적인 또는 전자적인 이유 때문에 일반적으로 알데하이드는 케톤보다 반응성이 크다. 입체적으로 알데하이드에서는 C=O 탄소에 결합된 단지 한 개의 큰 치환기가 존재하는 것에 비해 케톤에서는 상대적으로 큰 치환기가 두 개인 점은 알데하이드에서 공격하는 친핵체가 보다 더 쉽게 접근할 수 있음을 의미한다. 따라서 알데하이드의 경우 정사면체형 중간체에 이르는 전이 상태는 케톤의 전이상태보다 입체장애가 작으며, 낮은 에너지 상태를 갖는다(그림 9.1).

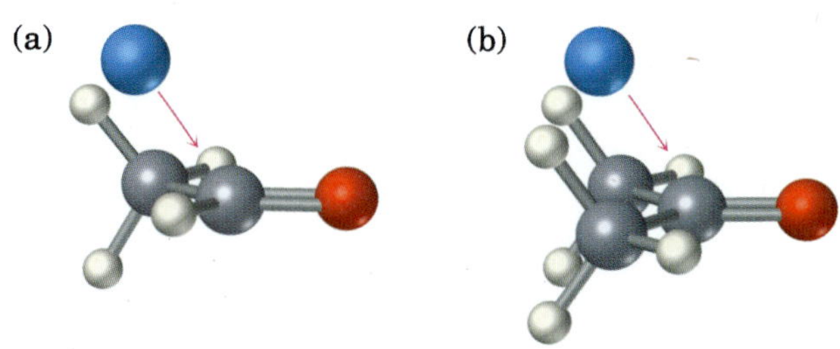

그림 9.1 ▸ (a) 알데하이드에 대한 친핵성첨가는 카보닐기 탄소에 상대적으로 큰 치환기가 단지 한 개만 결합되어 있기 때문에 입체적으로 덜 가려져 있다. (b) 그러나 케톤은 두 개의 치환기를 가지고 있어 입체장애가 보다 크다.

전자적으로 알데하이드 카보닐기의 큰 편극화(polarization) 때문에 알데하이드는 케톤에 비해 반응성이 크다. 이러한 극성의 차이를 알아 보기 위해서는, 탄소양이온의 안정성 순서를 생각하는 것이다. 이차 탄소양이온은 유발효과에 의해 양전하를 안정화시킬 수 있는 알킬기가 두 개인 반면에 일차 탄소양이온은 단지 한 개의 알킬기를 가지고 있기 때문에 일차 탄소양이온이 이차 탄소양이온에 비해 에너지가 더 높고 따라서 반응성이 더 크다. 마찬가지로 알데하이드는 카보닐 탄소의 부분적인 양전하를 유발효과에 의해 안정화시킬 수 있는 알킬기를 단지 한 개 가지고 있다. 따라서 알데하이드는 케톤보다 약간 더 친전자성이고 반응성이 더 크다.

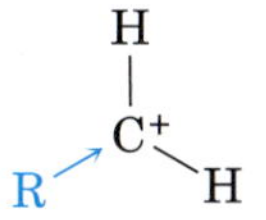

1° 탄소양이온
(덜 안정, 높은 반응성)

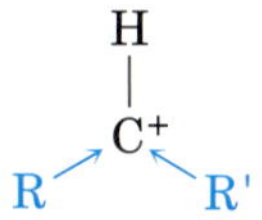

2° 탄소양이온
(더 안정, 낮은 반응성)

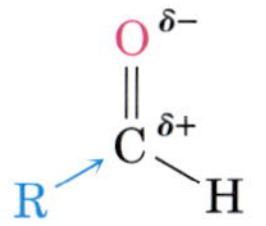

알데하이드
(δ+가 덜 안정화, 높은 반응성)

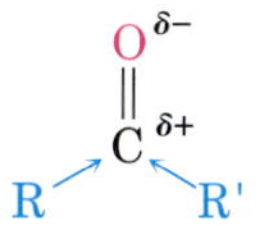

케톤
(δ+가 더 안정화, 낮은 반응성)

한 가지 추가적인 비교: Benzaldehyde와 같은 방향족 알데하이드는 지방족 알데하이드 보다는 친핵성 첨가 반응에 대하여 반응성이 작다. 방향족 고리의 전자-주기 공명효과는 지방족 알데하이드의 카보닐기 보다 카보닐기를 덜 친자성으로 만든다. 예를 들어 formaldehyde와 benzaldehyde의 정전기 퍼텐셜 지도를 비교해 보면 방향족 알데하이드의 카보닐 탄소 원자가 덜 양성적(덜 푸른색)임을 알 수 있다.

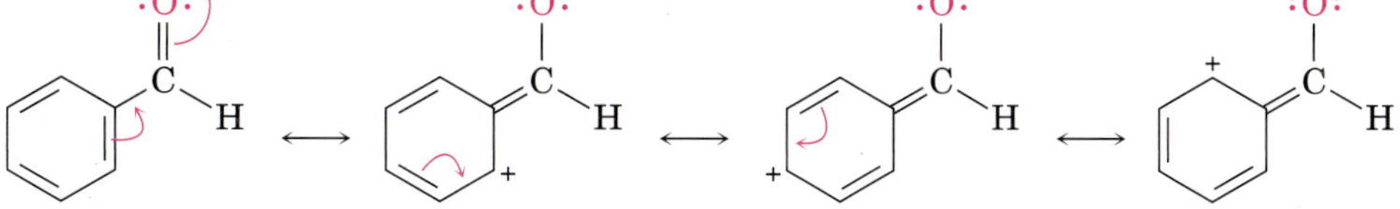

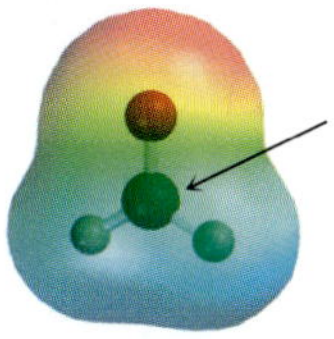

Formaldehyde

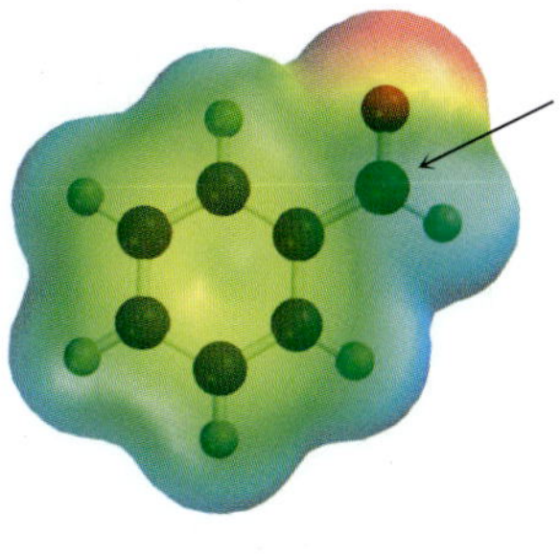

Benzaldehyde

9.4 알데하이드와 케톤의 반응

알데하이드

산화

알데하이드는 쉽게 산화되어 카복실산을 생성하지만, 케톤은 일반적으로 산화 반응에 대해 비활성이다. 이 차이는 구조적인 결과이다: 즉 알데하이드에는 산화가 일어나는 동안에 떼어낼 수 있는 —CHO 양성자를 가지고 있지만, 케톤은 그렇지 못하다.

$$\underset{\text{알데하이드}}{\text{R–C(=O)–H}} \xrightarrow{[O]} \text{R–C(=O)–OH} \qquad \left[\underset{\text{케톤}}{\text{R–C(=O)–R'}}\right]$$

(여기에 수소가 있음 / 여기에 수소가 없음)

$KMnO_4$와 뜨거운 HNO_3을 포함하여 많은 산화제들도 알데하이드를 카복실산으로 바꿀 수 있지만, 실험실에서 산성 수용액 중에 CrO_3를 가장 일반적으로 사용한다. 산화 반응은 실온에서 빠르게 일어나며 수득률도 높다. 산성화된 $KMnO_4$를 사용하여 산화 반응이 일어나는 동안에 자주색이 탈색된다. 알칼리성 $KMnO_4$의 경우에는 혼합물이 자주색에서 MnO_2의 갈색 침전물을 가진 녹색으로 바뀐다

$$\underset{\textbf{Hexanal}}{CH_3(CH_2)_4CHO} + [O] \xrightarrow{CrO_3,\ H_3O^+} \underset{\textbf{Hexanoic acid}}{CH_3(CH_2)_4COOH}$$

이러한 CrO_3 산화 반응의 한 가지 결점은 반응이 일어나는 조건이 산성이고, 산에 민감한 분자들은 가끔 부 반응이 일어난다는 점이다. 이러한 경우 알데하이드의 실험실적 산화 반응은 Tollens **시약**(Tollens' reagent)이라고 부르는 silver oxide, Ag_2O의 묽은 암모니아 수용액을 사용하여 산화시킨다. Tollens 시약은 다이아민-은(I)이온의 착물인, $Ag(NH_3)_2^+$로 생각할 수 있다. 반응이 일어나는 동안에, 알데하이드는 카복실산 이온으로 산화되고 은(I)는 은거울로 나타나는 금속 은으로 환원된다. 알데하이드와 Tollens 시약 사이 반응을 소위 **은거울 시험법**(silver mirror test)이라고 부른다.

$$CH_3CHO + 2Ag(NH_3)_2^+ + 3OH^- \longrightarrow 2Ag + CH_3COO^- + 4NH_3 + 2H_2O$$

$$\underset{\textbf{Benzaldehyde}}{C_6H_5\text{–C(=O)–H}} \xrightarrow[\text{NH}_4\text{OH, H}_2\text{O, ethanol}]{Ag_2O} \underset{\textbf{Benzoic acid}}{C_6H_5\text{–C(=O)–OH}} + Ag$$

알데하이드 산화의 다른 방법은 구리(II)착물을 포함하는 Fehling's 용액을 이용하는

것이다. 알데하이드가 푸른색 Fehling's 용액과 함께 가열되면 copper(I) oxide의 적갈색 침전물이 형성된다. 알데하이드는 카복실산의 소듐염으로 산화된다.

$$CH_3CHO + 2Cu^{2+} + NaOH + H_2O \longrightarrow CH_3COONa + Cu_2O + 4H^+$$

케톤

아이오도폼 시험법(Iodoform Test)

$—COCH_3$ 구조를 가진 어떤 케톤이나 메틸 케톤은 알칼리성 iodine 용액과 가열될 때 tri-iodoform의 노란 침전물을 만든다. Ethanal은 메틸 케톤과 유사한 구조를 가지고 있기 때문에 아이오도폼 시험에 양성이다.

$$NaOH + I_2 \longrightarrow NaOI + HI$$
$$RCOCH_3 + 3NaOI \longrightarrow RCOCI_3 + 3NaOH$$
$$RCOCI_3 + NaOH \longrightarrow RCOONa + CHI_3$$

알데하이드와 케톤의 반응: 촉매 수소화 반응

$$—\underset{\underset{O}{\|}}{C}— + H_2 \longrightarrow —CH(OH)—$$

높은 압력하에서 알데하이드와 케톤의 수소의 첨가는 각각 일차와 이차 알코올을 형성한다. 이 환원 반응은 니켈에 의해서 촉진된다.

$$CH_3CH_2CHO + H_2 \longrightarrow CH_3CH_2CH_2OH$$

(cyclohexanone) + H_2 ⟶ (cyclohexanol: H, OH)

$$CH_3CH{=}CH—CHO + 2H_2 \longrightarrow CH_3CH_2CH_2CH_2OH$$

2-butenal **1-butanol**

금속 수소화물 환원

알데하이드와 케톤의 카보닐기를 하이드록시기로의 환원 반응에 대한 가장 보편적인 실험실 시약은 lithium aluminum hydride($LiAlH_4$) 및 sodium borohydride ($NaBH_4$)이다. 두 화합물은 매우 강한 친핵체인 수소화 음이온의 공급원으로 작용한다.

Lithium aluminum hydride는 보통 건조된 에터에서 사용되며, 이어서 가수분해가 뒤따른다. 이 화합물은 매우 강력한 환원제이다. 이 화합물은 알데하이드와 케톤의 카보닐기뿐만 아니라 카복실산의 카복실기도 빠르게 환원시킨다. 카보닐기의 금속수소화물 환원에서 중요한 단계는 환원제로부터 첨가 화합물의 정사면체 배열을 형성하는 카보닐 탄소에 수소화 음이온을 이동시키는 단계이다.

$$4RCOR + LiAlH_4 \xrightarrow{\text{ether}} (R_2CHO)_4Al^-Li^+ \xrightarrow{H_2O} 4RCH(OH)R + \text{aluminium 염}$$

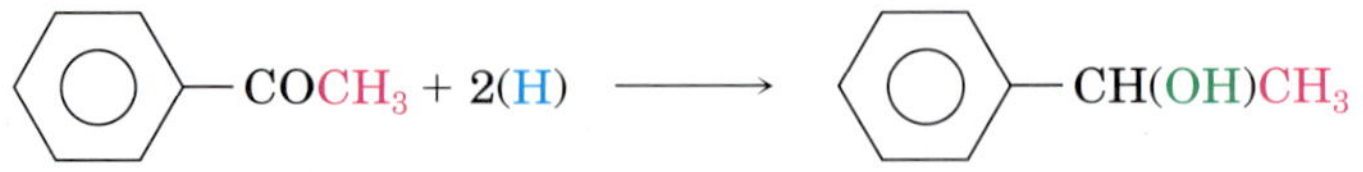

$$C_6H_5-COCH_3 + 2(H) \longrightarrow C_6H_5-CH(OH)CH_3$$

$$CH_3CH_2CH_2CHO + 2(H) \longrightarrow CH_3CH_2CH_2CH_2OH$$

$NaBH_4$와 $LiAlH_4$는 둘 다 탄소-탄소 이중 결합을 환원시키지 않는다. 환원 과정은 오히려 선택적이다.

$$RCH{=}CH-CO-R + 2(H) \longrightarrow RCH{=}CH-CH(OH)-R$$

수소화물 환원의 메커니즘

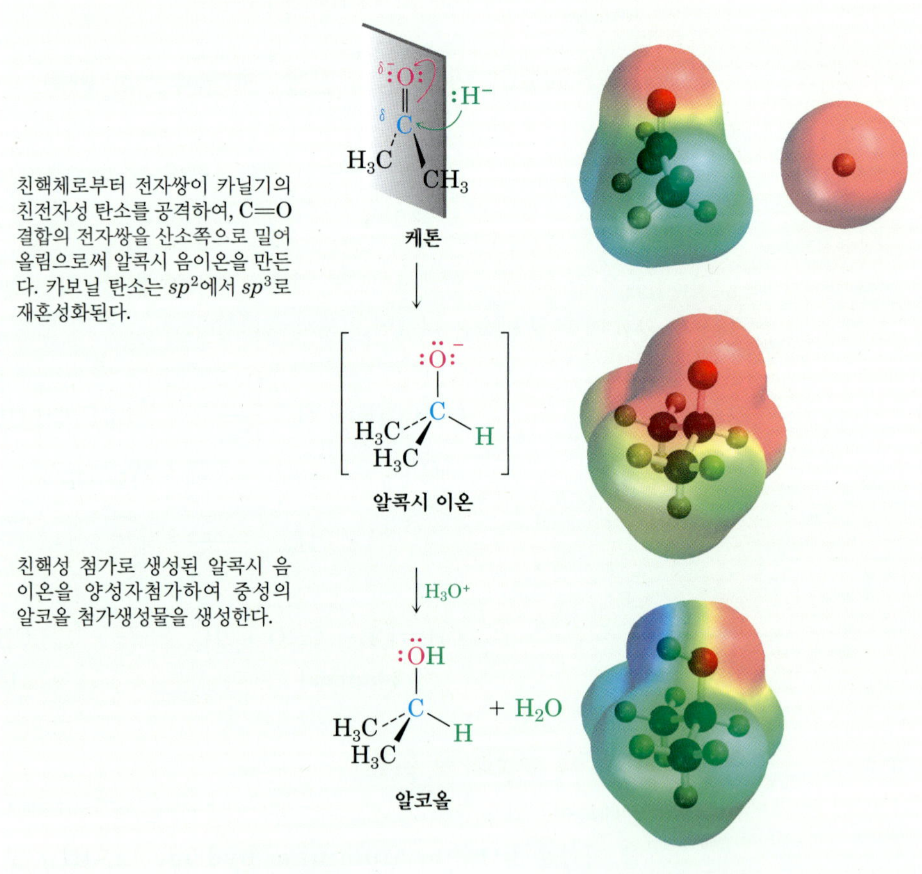

그림 9.2 ▸ 알데하이드나 케톤에 대한 친핵성 첨가 반응. 이 반응에서는 친핵체인 수소화 음이온은 *sp*²혼성 궤도함수의 약 45°의 방향으로부터 카보닐기에 접근한다. 카보닐 탄소는 *sp*²에서 *sp*³로 재혼성화되어 알콕시 이온을 형성된다. 정전기적 퍼텐셜 지도를 보면 전자밀도가 친핵체로부터 산소 원자로 어떻게 이동되는가를 볼 수 있다.

축합 반응

알데하이드와 케톤은 hydroxylamine과 2,4-dinitrophenylhydrazine와 같은 시약과 반응하여 oxime과 hydrazone을 각각 만든다. 이 생성물들은 일정한 녹는점을 갖는 오렌지색 결정성 고체로서 유용한 화합물이다. 역사적으로 이들 유도체들의 녹는점을 표준 값과 비교됨으로써 알데하이드나 케톤을 확인하는 편리한 방법으로 이용된다.

Oxime

Cyclohexanone + NH_2OH ⟶ Cyclohexanone oxime (=N—OH) + H_2O

Cyclohexanone **Hydroxylamine** **Cyclohexanone oxime (mp 90°C)**

2,4-Dinitrophenylhydrazone

H_3C—C(=O)—CH_3 + H_2N—NH—(2,4-dinitrophenyl) ⟶ $(H_3C)(CH_3)C$=N—NH—(2,4-dinitrophenyl) + H_2O

Acetone **2,4-Dinitrophenylhydrazine** **Acetone 2,4-dinitrophenylhydrazone (mp 126°C)**

9.5 HCN의 친핵성 첨가 반응: 사이아노하이드린 형성

알데하이드와 입체장애가 없는 케톤은 HCN과 반응하여 **사이아노하이드린**(cyanohydrins, **RCH(OH)C≡N**)을 형성한다. 예를 들면 benzaldehyde를 HCN과 처리하면 일반적으로 *mandelonitrile*이라 부르는 사이아노하이드린이 88% 수득률로 생성된다:

Benzaldehyde (PhCHO) $\overset{HCN}{\rightleftharpoons}$ PhCH(OH)CN

Benzaldehyde **Mandelonitrile (88%) (사이아노하이드린)**

1900년대 초에 Arthur Lapworth에 의해 연구된 사이아노하이드린 형성은 가역적이며, 염기-촉매 반응이다. 순수한 HCN를 사용하면 반응이 천천히 일어나지만, 친핵성 사이안화 이온, CN^-가 생성되도록 소량의 염기를 첨가하면 반응이 빨라진다. 다른 방법으로는 반응을 촉진시키기 위하여 HCN에 소량의 KCN를 첨가할 수 있다.

CN^-의 첨가는 전형적인 친핵성 첨가 반응을 일으키고, 정사면체의 중간체를 형성한 다음, HCN에 의해 양성자가 첨가되어 첨가 생성물인 사이아노하이드린과 CN^- 이온을 재생시킨다.

Benzaldehyde + $:\bar{C}\equiv N$ ⇌ [PhCH($-:\ddot{O}:$)CN] $\overset{HCN}{\rightleftharpoons}$ PhCH(OH)CN + $:\bar{C}\equiv N$

Benzaldehyde **정사면체형 중간체** **Mandelonitrile (88%)**

사이아노하이드린 형성은 카보닐기에 양성자 산(H—Y)이 첨가되는 매우 드문 첨가 반응 중의 하나이기 때문에 특히 흥미롭다. 그러나 HCN과의 반응에서는 평형이 사이아노하이드린 첨가 생성물 쪽으로 기울어져 있다.

사이아노하이드린 형성 반응은 계속해서 다른 화학 반응이 일어날 수 있기 때문에 유용하다. 예를 들면 나이트릴기(—C≡N)는 $LiAlH_4$에 의해 환원되어 일차아민(RCH_2NH_2)을 생성하고, 뜨거운 산 수용액에 의해 가수분해되어 카복실산을 생성할 수 있다. 따라서 사이아노하이드린 형성 반응은 알데하이드 또는 케톤을 다른 작용기로 전환시키는 방법을 제공한다.

Benzaldehyde —(HCN ⇌)→ Mandelonitrile (OH, CHCN)

Mandelonitrile —(1. $LiAlH_4$, THF; 2. H_2O)→ 2-Amino-1-phenylethanol (OH, $CHCH_2NH_2$)

Mandelonitrile —(H_3O^+, 가열)→ Mandelic acid (90%) (OH, $CHCO_2H$)

9.6 Grignard 및 수소화물 시약의 친핵성 첨가 반응: 알코올 형성

앞서 배운 바와 같이 알데하이드나 케톤을 Grignard시약, RMgX와 처리하면 탄소음이온 또는 **카보음이온**(carbanion)의 친핵성 첨가 반응에 의해 알코올을 생성한다. 탄소-마그네슘 결합이 강하게 편극되어 있기 때문에, Grignard시약은 **R:**$^-$ $^+$MgX처럼 모든 실제적인 용도로 반응한다.

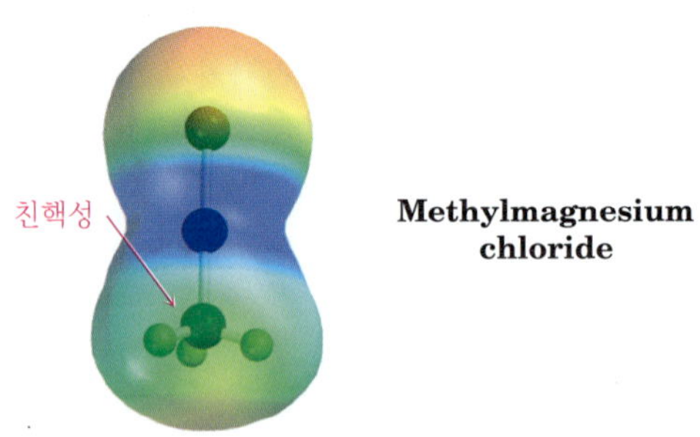

Grignard 반응은 알데하이드 또는 케톤의 카보닐 산소원자에 Mg^{2+}이온의 산-염기 착물 형성으로 시작되고, 따라서 카보닐기를 더 좋은 친전자체로 만들어 준다. 그 다음 **R:**$^-$의 친핵성 첨가가 일어나 정사면체의 알콕시화 마그네슘의 중간체를 생성하고, 분리된 단계에서 물 또는 묽은 산 수용액에 의한 양성자첨가로 중성인 알코올을 생성한다. 물이나 HCN의 친핵성 첨가 반응과는 다르게, Grignard 첨가 반응은 탄소음이온이 너무 좋지 않은 이탈기이고 가역단계에서 떨어져 나가지 않기 때문에 비가역적이다.

그림 9.3 ▶ **메커니즘:** Grignard 반응. 알데하이드 또는 케톤에 탄소음이온의 친핵성 첨가 반응에 이어서 알콕시 중간체에 양성자 첨가 반응은 알코올을 생성한다.

먼저 Lewis산인 Mg^{2+}가 알데하이드 또는 케톤의 염기성 산소원자와 함께 산-염기 착물을 형성하여 카보닐기를 더 좋은 받개로 만든다.

알데하이드 또는 케톤에 알킬기 $:R^-$의 친핵성 첨가 반응은 정사면체의 알콕시화 마그네슘 중간체를 생성하고…

… 이 중간체는 분리된 단계에서 물이 첨가되면 가수분해가 일어난다. 최종생성물은 중성 알코올이다.

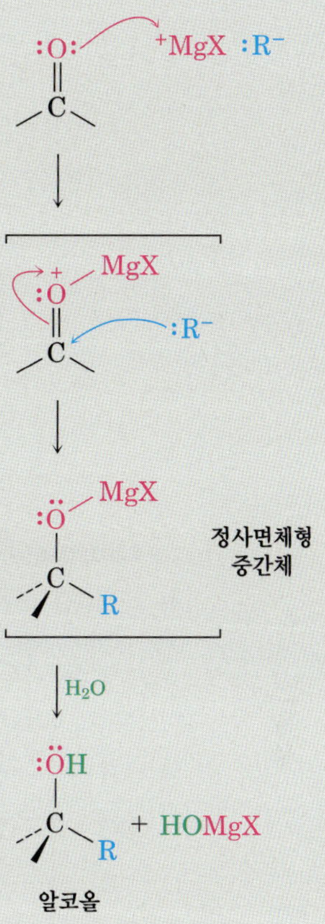

$:O: \; {}^+MgX \; :R^-$

H_2O

정사면체형 중간체

$+ \; HOMgX$

알코올

9.7 자연계에서 카보닐 화합물

자연계에서 발견되는 가장 풍부한 유기 화합물은 **탄수화물(carbohydrate)** 이다. Glucose는 이산화탄소와 물로 산화되고 에너지를 제공한다. 식물은 glucose를 녹말(starch)로 변환시켜 에너지를 저장한다. 동물은 glucose를 녹말의 또 다른 형태인 글리코겐(glycogen)으로 변환시켜 에너지로 저장한다.

탄수화물이란 용어는 탄소 원자가 물 분자와 결합하고 있다는 것을 의미한다. 탄수화물의 일반식은 $\mathbf{C_n(H_2O)_m}$이다. 실제로 설탕에 대한 실험식은 $C(H_2O)$이다. 이러한 화합물들은 탄소의 수화물로 또한 알려져 있다.

Glucose와 **fructose**는 더 간단한 형태로 가수분해될 수 없는 단순 당이다. 이들을 **단당류(monosaccharides)** 라고 부른다. Glucose는 폴리하이드록시알데하이드(polyhydroxyaldehyde)이고, fructose는 폴리하이드록시케톤(polyhydroxyketone)이다.

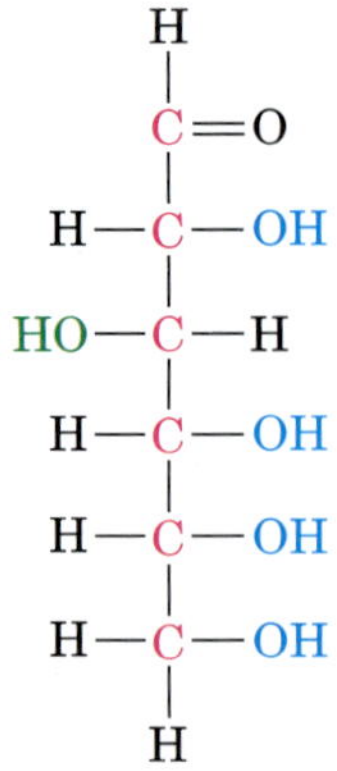

D(+) – glucose

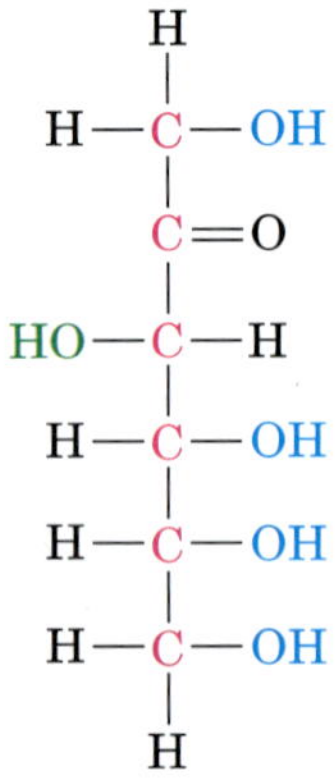

D(–) – fructose

Glucose와 fructose 두 가지 모두 각각의 고리형태와 평형으로 존재한다. Glucose는 육원자고리를 형성하는 반면 fructose는 오원자고리를 형성한다.

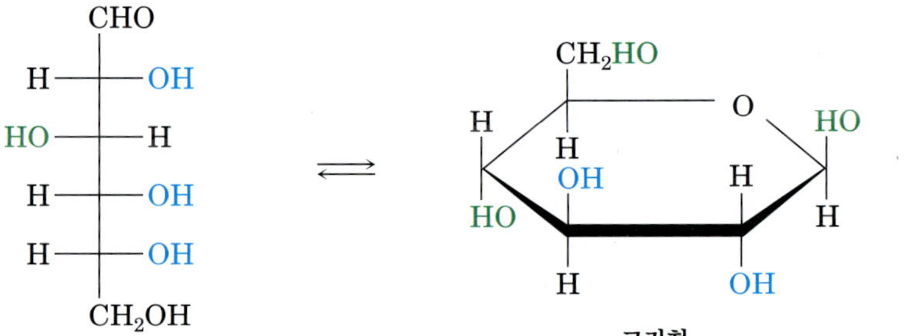

Glucose ⇌ 고리형

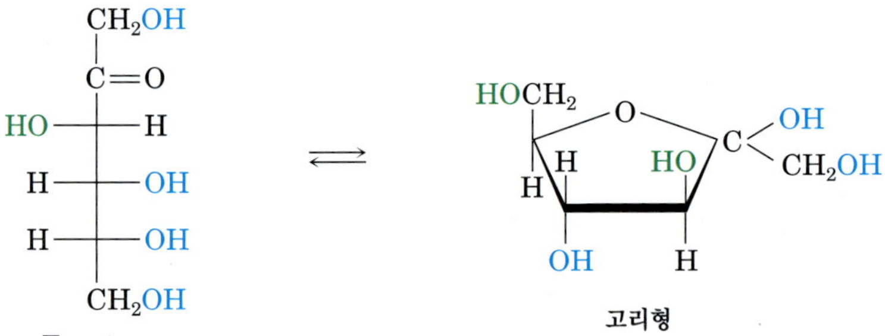

Fructose ⇌ 고리형

Glucose와 fructose 모두는 케톤, 알데하이드 및 알코올들의 대부분의 일반적인 반응들이 일어난다. Glucose에 존재하는 알데하이드기들은 glucose를 강한 환원제로 만들어 준다. Glucose는 Fehling용액 속에서 copper(II)착물을 환원시켜 copper(I) oxide의 적갈색 침전을 생성한다.

$$\underset{\text{Glucose}}{R-\overset{O}{\overset{\|}{C}}-H} + 2Cu^{2+} + 5OH^- \longrightarrow R-\overset{O}{\overset{\|}{C}}-O^- + Cu_2O + 3H_2O$$

Glucose는 또한 Tollens 시약에 대해 양성 반응 결과를 보여준다. Glucose는 Tollens 시약이 은거울로 환원되는 동안에 카르복실산염으로 산화된다.

$$\underset{\textbf{Glucose}}{R-\overset{O}{\overset{\|}{C}}-H} + \underset{\textbf{Tollens' 시약}}{2Ag(NH_3)_2^+} + 3OH^- \longrightarrow R-\overset{O}{\overset{\|}{C}}-O^- + 2Ag + 4NH_3 + 2H_2O$$

Tollens 시약은 비록 fructose가 케톤일지라도, glucose와 fructose를 구별하는 데 사용할 수는 없다. 이것은 강한 염기조건에서, fructose 분자가 **엔다이올 자리옮김**(enediol rearrangement)반응이 일어나 aldose를 만든 다음 Tollens 시약과 양성 반응을 한다. 따라서 glucose와 fructose는 모두 환원당으로 알려져 있다.

$$\underset{\textbf{케토오스}}{\begin{matrix} CH_2OH \\ | \\ C=O \\ | \\ R \end{matrix}} \overset{OH^-}{\rightleftharpoons} \begin{matrix} H \quad OH \\ \diagdown \; \diagup \\ C \\ \| \\ C-OH \\ | \\ R \end{matrix} \rightleftharpoons \underset{\textbf{알도오스}}{\begin{matrix} H \quad O \\ \diagdown \; /\!\!/ \\ C \\ | \\ H-C-OH \\ | \\ R \end{matrix}} \xrightarrow[\text{시약}]{\text{Tollens'}} \begin{matrix} \bar{O} \quad O \\ \diagdown \; /\!\!/ \\ C \\ | \\ H-C-OH \\ | \\ R \end{matrix} + Ag\downarrow$$

생활과 화학 . . .

거울상 선택성 합성

비카이랄 시약들 사이의 반응에 의해 형성된 카이랄 생성물은 언제든지 라세미 혼합이어야 한다; 즉 생성물의 두 거울상 이성질체는 동일량 생성되어야만 한다. 예를 들면 benzaldehyde와 ethylmagnesium bromide의 Grignard 반응은 평면인 카보닐기의 양쪽면 에 동등하게 접근할 수 있기 때문에 (R)과 (S) 알코올의 라세미 혼합물을 생성한다.

$$C_6H_5-\overset{O}{\overset{\|}{C}}-H \xrightarrow[2.\ H_3O^+]{1.\ CH_3CH_2MgBr} C_6H_5-C(HO)(CH_2CH_3)-H + C_6H_5-C(CH_3CH_2)(OH)-H$$

50 : 50

불행하게도 보통 주어진 의약품이나 또는 중요한 물질들은 한 가지 거울상 이성질체만이 원하는 생물학적인 특성을 가지는 경우가 있다. 다른 이성질체는 비활성이거나 혹은 심지어 위험하기까지 하다. 따라서 두 개의 가능한 거울상 이성질체 중에서 단지 한 가지만 만드는 거울상 선택성(*enantioselective*) 합성 방법 개발에 관한 많은 연구들이 최근에 진행되고 있다. 따라서 거울상 이성질체 선택성 합성이 중요해지고 2001년 노벨 화학상은 이 분야의 개척자인 세 과학자에게 주어졌다: William S. Knowles, K. Barry Sharpless와 Ryoji Noyori.

거울상 이성질체 선택적인 합성에 대한 여러 가지 시도가 있었지만, 가장 효과적인 방법은 비대칭적인 환경에서 기질 분자를 일시적으로 수용하는 카이랄 촉매를 사용하는 방법들이다. 비

(*계속*)

대칭적 환경에서 한 가지 거울상 이성질 생성물이 다른 생성물들보다 과량이 되도록 기질은 다른 쪽에 대한 반응보다 한 쪽에 대한 반응에 더 열려 있게 된다. 비슷한 개념으로 마시기 위해 오른손으로 커피잔을 드는 문제를 생각해 보자. 컵 자체는 비카이랄이지만 컵 손잡이를 잡는 순간 커피잔은 비대칭(카이랄)이 된다. 현재 커피잔의 한 면은 마실 수 있도록 여러분 쪽에 있지만, 다른 면은 떨어진 쪽에 있다. 한 면이 당신에게 다른 면에 비해 더 접근되어 있어서, 두 면의 상황이 다르다.

현재 알려진 수많은 거울상이성질체 선택적인 반응들 중에서, 촉매가 포함된 카이랄 티타늄 존재하에서 benzaldehyde와 diethylzinc와의 반응은, 97%의 *S*-첨가 생성물과 3% *R*-첨가 생성물을 만든다. 이 촉매는 tartaric acid로부터 제조되며—이 물질은 Louis Pasteur가 150년보다 훨씬 이전에 와인으로부터 분리했다. 우리는 생성물의 6%가 라세미혼합물(3% *R*과 3% *S*)이고 나머지 94%가 *S*임을 의미하는, 주생성물이 94%의 거울상 초과량(ee: enantiomeric excess)으로 만들어졌다고 말한다. 비록 카이랄 dialkoxyethylzinc 중간물이 포함된다는 것으로 알려져 있지만, 카이랄 촉매의 작용에 의한 것인지에 대한 자세한 메커니즘은 완전히 이해된 것이 아니다.

$(CH_3CH_2)_2Zn$ [Ph Ph, Ph Ph, H_3C, H_3C, O, Ti, O, CH_3, CH_3, Ph Ph, Ph Ph] (카이랄 촉매)

CH_3CH_2 OH, C, H — **S (97%)**　+　HO CH_2CH_3, C, H — **R (3%)**

요약 및 주요 용어

친핵성 첨가 반응, 9.3, 9.5
사이아노하이드린, 9.5

알데하이드와 케톤은 생화학과 화학공업분야에서, 모든 화합물 중에서 가장 중요하다. 일반적으로 알데하이드는 알켄의 산화성 분해, 일차 알코올의 산화 또는 에스터의 부분적인 환원에 의해 실험실에서 합성된다. 비슷한 방법으로 케톤은 알켄의 산화성 분해, 이차 알코올의 산화 또는 산염화물의 이유기구리(diorganocopper) 시약의 첨가 반응에 의해 합성된다.

친핵성 첨가 반응(Nucleophilic addition reaction)은 알데하이드와 케톤의 가장 일반적인 반응이다. 여러 가지 서로 다른 종류의 생성물이 친핵성 첨가 반응에 의해 만들어진다. 알데하이드와 케톤은 $NaBH_4$ 또는 $LiAlH_4$에 의해 환원되어 이차 및 일차 알코올을 각각 생성한다. 알데하이드와 케톤에 Grignard 시약의 첨가는 역시 알코올(각각 삼차, 이차)이 생성되고, HCN 첨가에 의해 **사이아노하이드린**(cyanhydrins)이 생성된다.

반응의 요약

1. 알데하이드의 제조
   (a) 일차 알코올의 산화

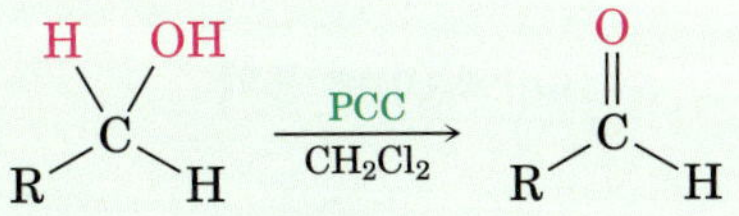

$$\mathrm{RCH_2OH} \xrightarrow[\mathrm{CH_2Cl_2}]{\mathrm{PCC}} \mathrm{RCHO}$$

   (b) 알켄의 가오존분해

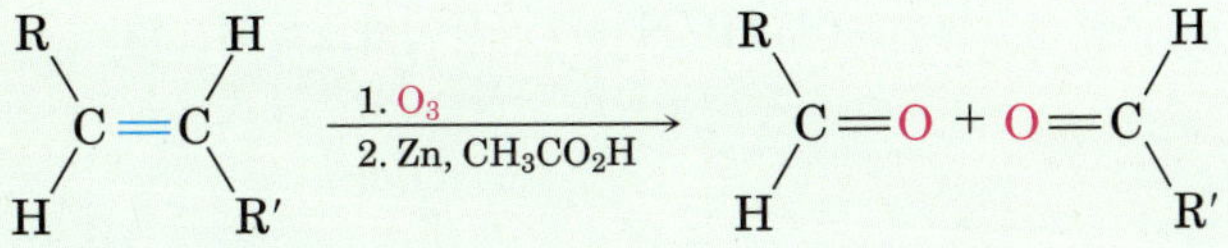

$$\mathrm{RCH{=}CHR'} \xrightarrow[\text{2. Zn, } \mathrm{CH_3CO_2H}]{\text{1. } \mathrm{O_3}} \mathrm{RCH{=}O} + \mathrm{O{=}CHR'}$$

2. 케톤의 제조
   (a) 이차 알코올의 산화

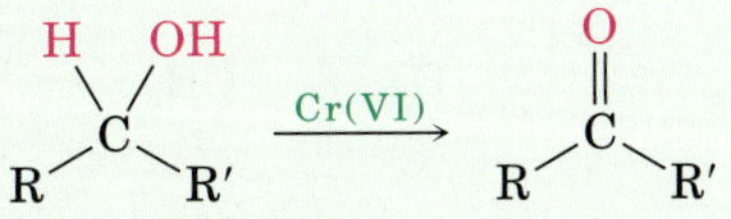

$$\mathrm{RCH(OH)R'} \xrightarrow{\mathrm{Cr(VI)}} \mathrm{RCOR'}$$

   (b) 알켄의 가오존분해

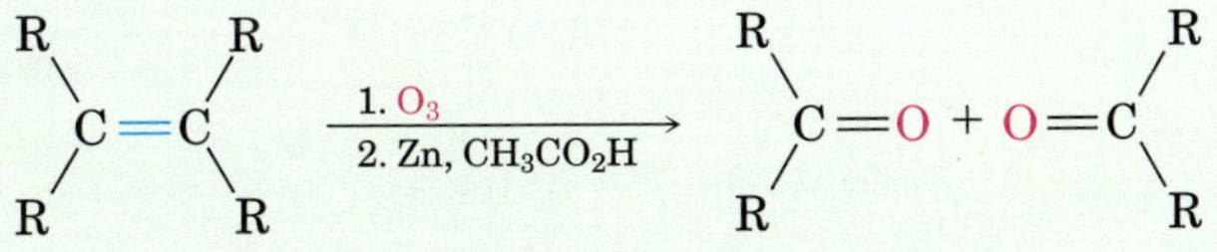

$$\mathrm{R_2C{=}CR_2} \xrightarrow[\text{2. Zn, } \mathrm{CH_3CO_2H}]{\text{1. } \mathrm{O_3}} \mathrm{R_2C{=}O} + \mathrm{O{=}CR_2}$$

   (c) Friedel-Crafts 아실화 반응

$$\mathrm{C_6H_6} + \mathrm{RCOCl} \xrightarrow{\mathrm{AlCl_3}} \mathrm{C_6H_5COR}$$

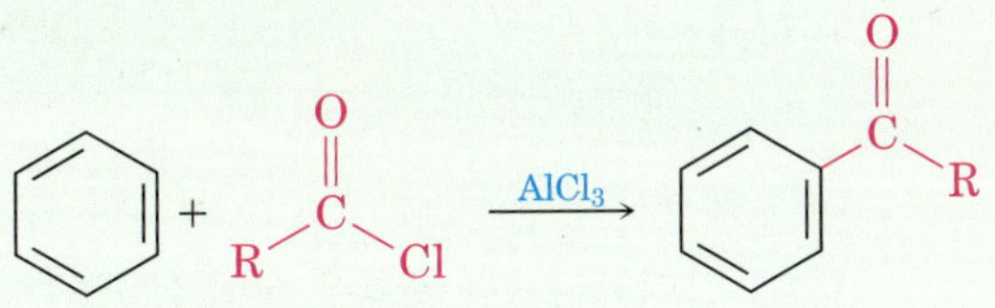

3. 알데하이드의 반응
   (a) 산화

$$\mathrm{RCHO} \xrightarrow[\text{또는 } \mathrm{Ag^+,\ NH_4OH}]{\mathrm{CrO_3,\ H_3O^+}} \mathrm{RCOOH}$$

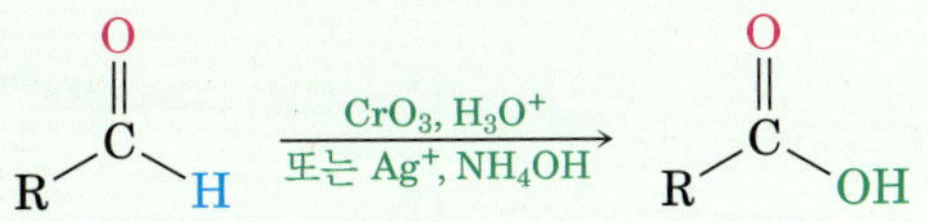

(b) Tollens 시약

$$R-\overset{O}{\overset{\|}{C}}-H \xrightarrow{Ag(NH_3)_2^+} R-\overset{O}{\overset{\|}{C}}-O^- + Ag$$

(c) Fehling 용액

$$R-\overset{O}{\overset{\|}{C}}-H \xrightarrow[OH^-]{Cu^{2+}} R-\overset{O}{\overset{\|}{C}}-O^- + Cu_2O$$

(d) HCN 첨가: 사이아노하이드린

$$R-\overset{O}{\overset{\|}{C}}-H \xrightarrow{HCN} R-\overset{OH}{\underset{CN}{C}}-H$$

(e) 에탄올: 아이오도폼 시험법

$$H-\underset{O}{\underset{\|}{C}}-CH_3 \xrightarrow{I_2,\,OH^-} H-\underset{O}{\underset{\|}{C}}-O^- + CHI_3$$

(f) 환원

$$R-\underset{O}{\underset{\|}{C}}-H \xrightarrow[\text{또는 } LiAlH_4]{H_2/Ni} R-CH_2-OH$$

(g) 2,4-dinitrophenylhydrazine

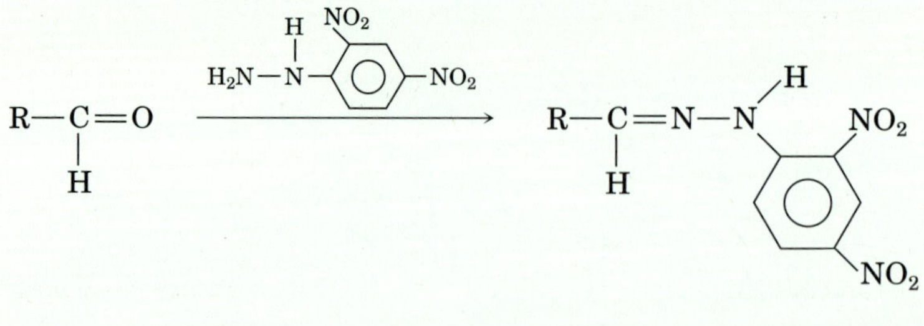

$$R-\underset{H}{\underset{|}{C}}=O \xrightarrow{H_2N-NH-C_6H_3(NO_2)_2} R-\underset{H}{\underset{|}{C}}=N-NH-C_6H_3(NO_2)_2$$

4. 케톤의 반응

(a) 아이오도폼 시험법

$$R-\underset{O}{\underset{\|}{C}}-CH_3 \xrightarrow[\Delta]{I_2,\,OH^-} R-\underset{O}{\underset{\|}{C}}-O^- + CHI_3$$

(b) 환원

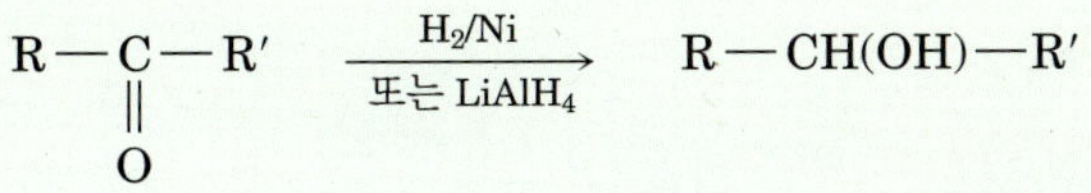

$$R-\underset{\underset{O}{\|}}{C}-R' \xrightarrow[\text{또는 } LiAlH_4]{H_2/Ni} R-CH(OH)-R'$$

(c) HCN 첨가: 사이아노하이드린

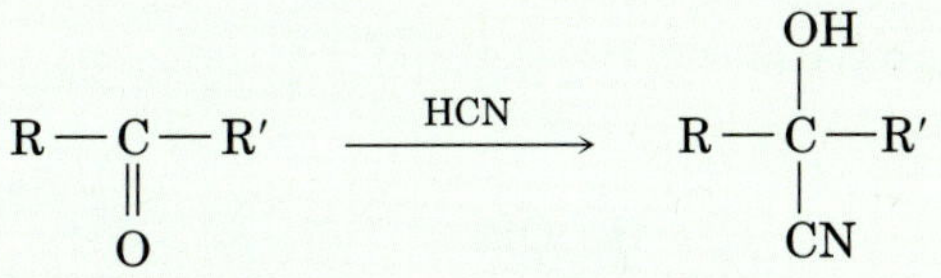

$$R-\underset{\underset{O}{\|}}{C}-R' \xrightarrow{HCN} R-\overset{\overset{OH}{|}}{\underset{\underset{CN}{|}}{C}}-R'$$

(d) 2,4-dinitrophenylhydrazine

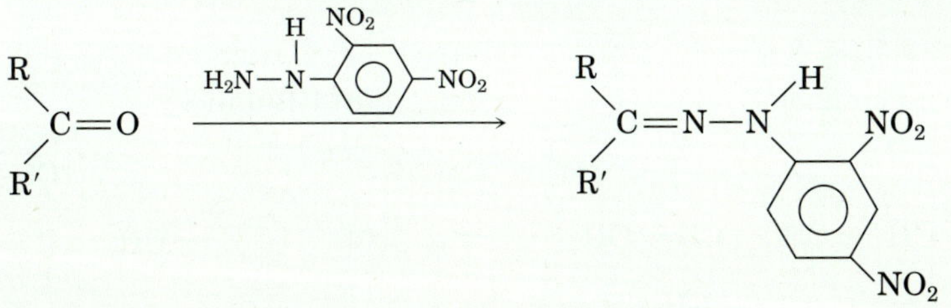

$$RR'C{=}O \xrightarrow{H_2N-NH-C_6H_3(NO_2)_2} RR'C{=}N-NH-C_6H_3(NO_2)_2$$

(e) Grignard 시약 첨가

$$RR'C{=}O \xrightarrow[\text{ether, } H_3O^+]{R''MgX} RR'R''C-OH$$

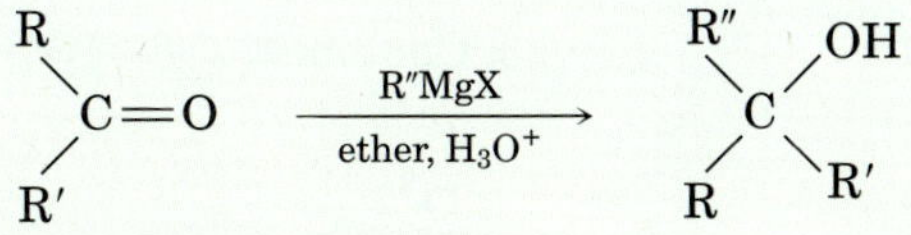

연습 문제

시각 화학

9.3 다음 이름에 맞는 구조를 그려라:

(a) Bromoacetone
(b) 3,5-Dinitrobenzenecarbaldehyde
(c) 2-Methyl-3-heptanone
(d) 3,5-Dimethylcyclohexanone
(e) 2,2,4,4-Tetramethyl-3-pentanone
(f) 4-Methyl-3-penten-2-one
(g) 3-Phenyl-2-propenal

9.4 화학식 $C_5H_{10}O$를 갖는 일곱 개의 알데하이드와 케톤의 구조를 그리고 각각 명명하라. 어느 것이 카이랄인가?

9.5 다음 구조에 대한 IUPAC 명을 써라.

(a) 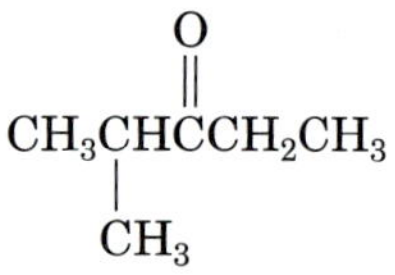 $CH_3CH(CH_3)C(=O)CH_2CH_3$ (b) 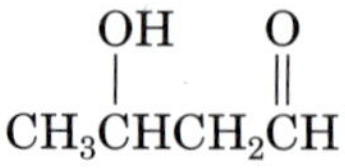 $CH_3CH(OH)CH_2CH(=O)$

9.6 다음 시약들과 (i)phenylacetaldehyde (ii)acetophenone과의 반응에서 생성되는 생성물을 예측하라:

(a) $NaBH_4$, H_3O^+
(b) Tollens 시약
(c) NH_2OH
(d) CH_3MgBr, H_3O^+
(e) H_2NNH_2
(f) HCN, KCN

9.7 Cyclohexanone으로부터 다음 물질들을 어떻게 합성할 수 있는가? 한 단계 이상이 필요하다.

(a)  1-OH, 1-CN cyclohexane (OH CN)
(b)  cyclohexanol (H OH)
(c) 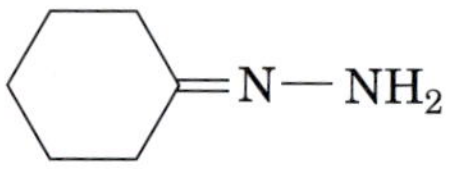 cyclohexylidene $=N-NH_2$

9.8 다음 화합물들을 합성하기 위해서 알데하이드와 케톤에 Grignard 반응을 어떻게 사용하는가?

(a) 2-Pentanol
(b) 1-Butanol
(c) 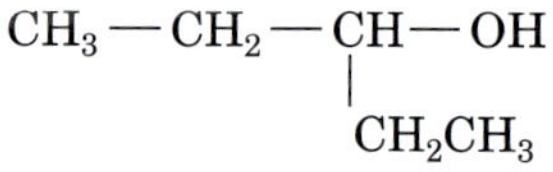 $CH_3-CH_2-CH(CH_2CH_3)-OH$
(d) 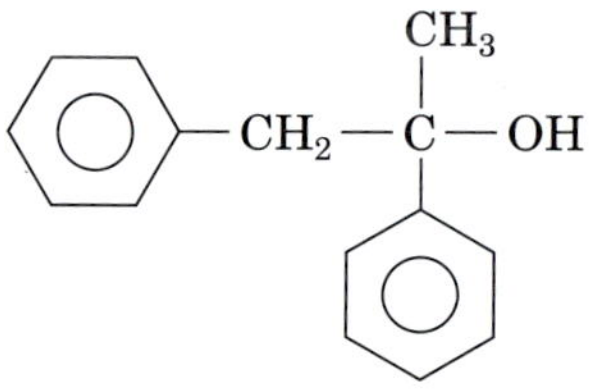 $C_6H_5-CH_2-C(CH_3)(C_6H_5)-OH$

9.9 Carvone은 양박하 오일의 주성분이다. Carvone과 다음 시약들과의 반응에서 기대되는 생성물은 무엇인가?

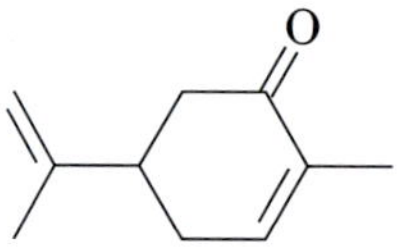

Carvone

(a) $LiAlH_4$, 그리고 H_3O^+
(b) 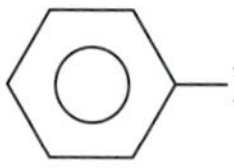 C_6H_5-MgBr, 그리고 H_3O^+
(c) H_2/Ni
(d) HCN, CN^-
(e) 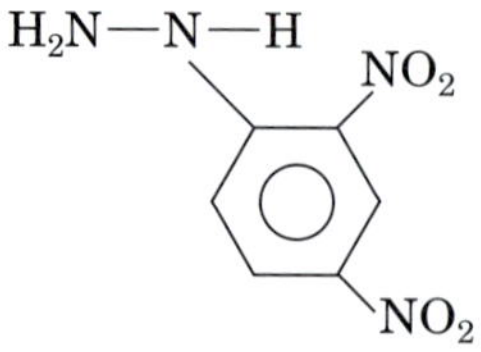 H_2N-N-H (2,4-dinitrophenyl; NO_2, NO_2)

9.10 2-Butanone과 HCN를 반응시키면 카이랄 생성물이 얻어진다. 생성물은 어떤 입체화학을 갖는가? 이것은 광학적으로 활성인가?

9.11 다음 각 반응 과정은 하나 이상의 결점을 가지고 있다. 각각의 경우 무엇이 틀렸는가? 각 과정을 어떻게 고칠 수 있는가?

(a) $C_6H_5CH{=}CHCH_2OH \xrightarrow[H_3O^+]{CrO_3} C_6H_5CH{=}CHCHO$

$\downarrow$ $LiAlH_4$, H_3O^+

$C_6H_5CH_2CH_2CH_2OH$

(b) 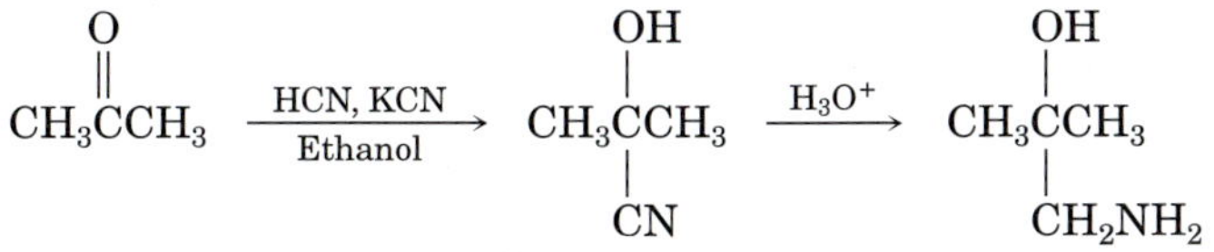 $CH_3C(=O)CH_3 \xrightarrow[\text{Ethanol}]{HCN,\ KCN} CH_3C(OH)(CN)CH_3 \xrightarrow{H_3O^+} CH_3C(OH)(CH_2NH_2)CH_3$

9.12 Tamoxifen은 유방암 치료에 사용되는 의약품이다. 벤젠, 다음의 케톤, 다른 필요한 시약으로부터 tamoxifen를 어떻게 합성할 수 있는가?

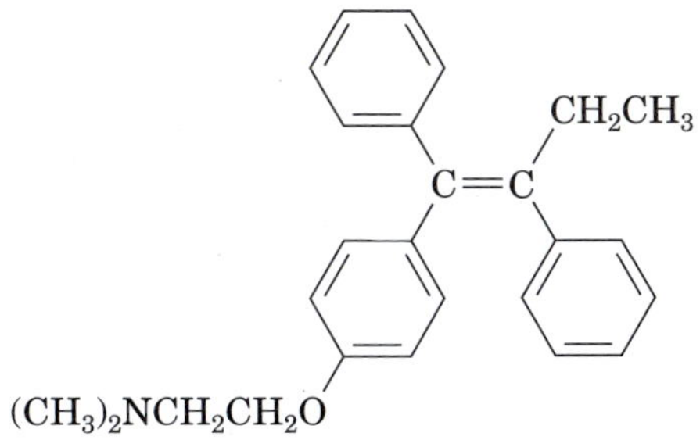

CH_2CH_3

C=C

$(CH_3)_2NCH_2CH_2O$

Tamoxifen

(a) Tamoxifen에서는 어떤 종류의 이성질 현상을 보여 주는가?

(b) Tamoxifen은 카이랄 중심을 가지고 있다고 예측하는가?

(c) Tamoxifen이 아래물질과 반응한다는 것을 어떻게 예상하는가?

(i) 묽은 HCl

(ii) CCl_4 용액내 bromine

(iii) H_2/Ni

9.13 Glucose를 $LiAlH_4$에 이어서 H_3O^+로 처리하면, 반응이 일어나 일반적으로 식품첨가제로 사용되는 폴리알코올인 *sorbitol*이 생성된다. *Sorbitol* 구조를 그려라.

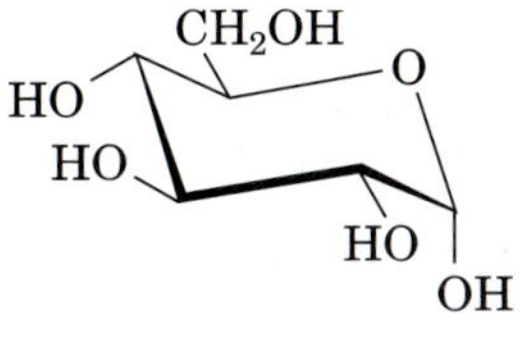

CH_2OH

HO

O

HO

HO

OH

Glucose

객관식 문제

1 다음 시약들 중에서 butanal과 butanone를 구별할 시약은 어떤 것일까?

A. Phosphorus pentachloride

B. Iron(III) chloride 수용액

C. Aqeous diaminesilver(I) ion

D. Bromine 수용액

2 다음 화합물들 중에서 알칼리성 iodine 수용액과 가열했을 때, 노란 침전물을 만드는 것으로 예상되는 것은?

A. CH_3CH_2CHO

B. CH_3COCH_3

C. CH_3CH_2COOH

D. $CH_3CH_2CH(OH)CH_2CH_3$

3 알데하이드와 케톤에 hydrogen cyanide가 첨가된다. 이 반응조건이 보다 염기성일수록 반응속도가 증가된다. 다음에서 속도결정 단계에 가장 잘 참여하는 화학종은 어느 것인가?

A. OH^+ **B.** CN^- **C.** H_3O^+ **D.** HCN

4 Vanillin은 vanilla에 들어 있다.

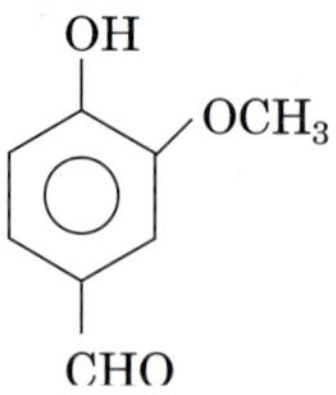

OH, OCH_3, CHO

Vanillin이 산성화된 $KMnO_4$와 처리 할 때 형성되는 생성물은?

A. OH, OCH_3, COOH

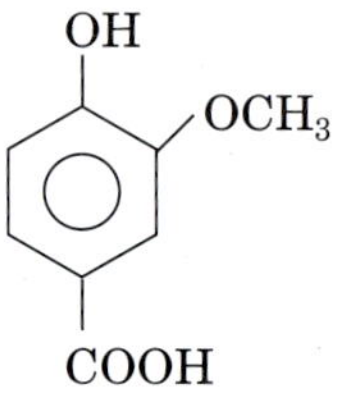

B. OH, COOH, COOH

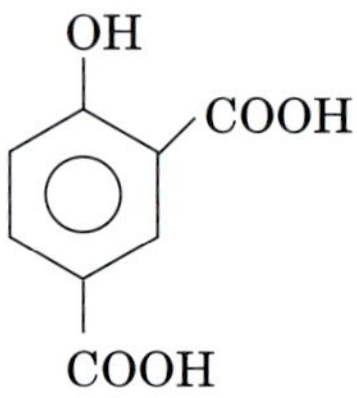

C. OK, OCH_3, COOK

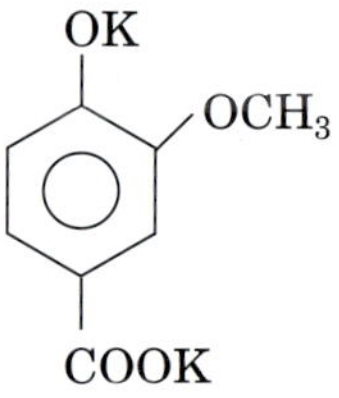

D. OH, OK, COOH

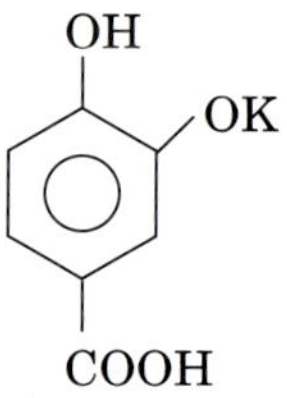

5 다음 반응에서 탄소양이온(carbonium ion)이 중간체인 것은 어떤 것인가?

A. $CH_3CH_3 + Cl_2 \longrightarrow CH_3CH_2Cl + HCl$
B. $CH_3CH_2CH_2Br + NH_3 \longrightarrow CH_3CH_2CH_2NH_2 + HBr$
C. $CH_2{=}CH_2 + Cl_2 \longrightarrow CH_2ClCH_2Cl$
D. $CH_3CH_2COCH_3 + HCN \longrightarrow CH_3CH_2C(OH)(CN)CH_3$

6 Propanone과 propanal에 대해 모두 비슷한 결과를 나타내는 시약은 다음 중 어느 시약인가?

A. 2,4-dinitrophenylhydrazine 시약

B. iodine(sodium hydroxide 수용액)

C. Fehling's 용액

D. potassium manganate(VII) 산성 용액

7 Oestrone은 여성 호르몬이다. 다음에서 oestrone에 대한 참이 아닌 것은?

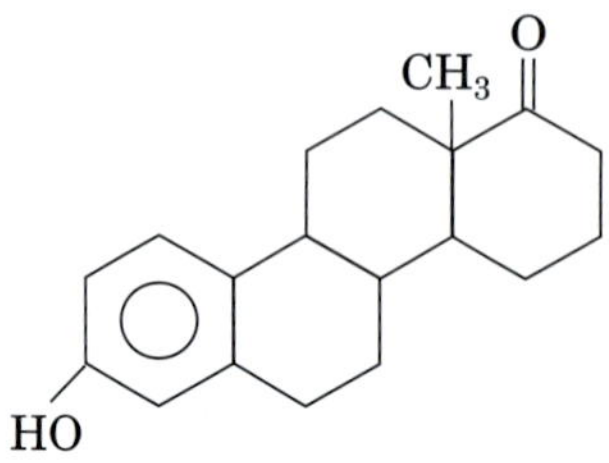

O, CH_3, HO

A. 2,4-dinitrophenylhydrazine시약과 함께 오렌지 침전물을 만든다.
B. KOH수용액에서 녹는다.
C. 소듐 금속과 반응하여 수소를 내 놓는다.
D. Tollens 시약과 함께 은거울을 형성한다.

8 Hydrogen cyanide가 propanal에 첨가되고 propene에는 첨가하지 않는 이유를 나타낸 것은 다음 중 어느 설명인가?
A. Propanal에서 에틸기는 전자를 준다.
B. Propene과 반응하여 형성된 생성물은 불안정하다.
C. Propanal은 propene보다 친핵성 공격하기가 더 쉽다.
D. Propanal은 propene보다 친전자성 공격하기가 더 쉽다.

9 Propanone을 hydrogen cyanide로 처리한 다음 산성 가수분해를 한다. 마지막 생성물의 화학식은 무엇인가?
A. CH_3CH_2COOH **B.** $CH_3CH(COOH)CH_3$
C. $(CH_3)_2C(OH)COOH$ **D.** $(CH_3)_2CHCONH_2$

10 Butanal을 Fehling's 시약으로 처리할 때, 주된 유기 및 무기 생성물은 무엇인가?
A. CuO 그리고 $CH_3CH_2CH_2COO^-$ **B.** Cu_2O 그리고 $CH_3CH_2CH_2CH_2OH$
C. $CuSO_4$ 그리고 $CH_3CH_2CH_2COO^-$ **D.** Cu_2O 그리고 $CH_3CH_2CH_2COO^-$

11 어떤 동물과 식물은 빛을 발산한다. 이것이 바로 바이오형광이다. 이는 다음 반응을 포함한다.

$$CH_3(CH_2)_8CHO \xrightarrow{\text{효소}} CH_3(CH_2)_8COOH$$

이 반응을 수행하는 데 사용될 수 있는 시약은 다음 중 어느 시약인가?
1. 진한 HCl **2.** 산성화된 $K_2Cr_2O_7$
3. 진한 H_2SO_4 **4.** $LiAlH_4$, ether 용액

A	B	C	D
1만 옳다	1과 2가 옳다	2와 3이 옳다	1, 2 및 3이 옳다

12 사이안화 이온에 의해 촉매화되는 ethanal과 HCN 사이의 반응에서, 다음 문장 중에서 반응에 대해 옳은 것은 어느 것인가?
A. 새로운 탄소-탄소 결합이 형성된다.
B. 중간체에서 산소 원자는 sp^3 혼성화가 진행된다.
C. 탄소-산소 결합이 절단된다.

13 다음 문장 중에서 cinnamaldehyde에 대해서 옳은 것은 어떤 것인가?

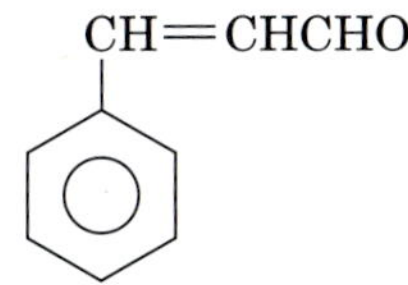

A. Tollen's 시약과 은거울을 형성한다.
B. 2,4-Dinitrophenylhydrazine 시약과 오렌지색 침전물을 형성한다.
C. 이는 광화학적으로 활성이다.

14 다음 화합물 중에서 카복실산으로 쉽게 산화되어 물속에 잘 녹는 것은 어느 것인가?

A. $CH_3CH_2CH_2CH_2CHO$

B. 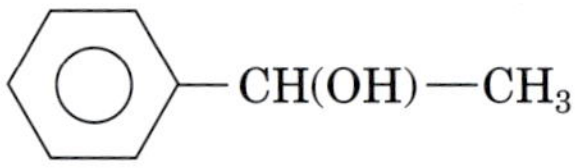 C_6H_5—CH(OH)—CH_3

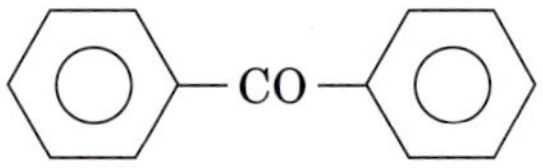

C. C_6H_5—CO—C_6H_5

15 두 화합물 P와 Q의 화학식이 아래에 주어졌다.

$HOCH_2CH_2COCH_2OH$ **P** $HOCH_2CH(OH)CHO$ **Q**

다음 설명 중에서 이들 화합물에 적용되는 것은 어느 것인가?

A. Q는 P로부터 직접 제조된다.

B. P와 Q는 ethanoyl chloride와 반응하여 에스터를 만든다.

C. P와 Q는 카이랄이다.

16 Jasmone는 자스민 꽃으로부터 추출할 수 있다. 이 물질은 향료를 만드는 데 사용된다.

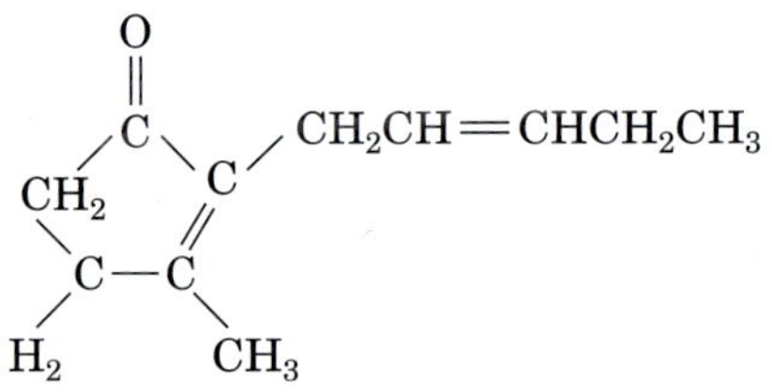

(구조: C=O를 포함한 5원 고리; CH_2, H_2C, C(—CH_3)=C(—$CH_2CH{=}CHCH_2CH_3$))

다음 시약 중에서 자스민에 가해졌을 때 색 변화를 일으키는 시약은 어느 것인가?

A. bromine 수용액

B. 차거운, 묽은 알칼리 $KMnO_4$

C. 2,4-dinitrophenylhydrazine 시약

보충 문제

17 다음 각 화합물들에 대한 IUPAC명을 쓰고 어느 것이 카이랄인가를 지적하라.

(a) $CH_3C(CH_3)_2CH2CHO$

(b) $C_6H_5CH(CH_3)CHO$

(c) $HOCH_2CH(OH)CHO$

(d) $CH_3CH(OH)CH_2CH_2CH_2COCH_3$

(e) $CH_3CH_2COCHBrCH_3$

(F) 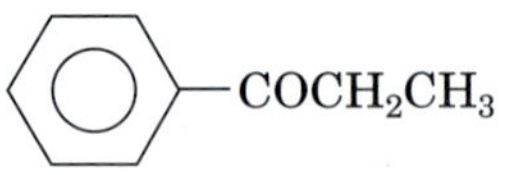 C_6H_5—$COCH_2CH_3$

18 분자식 $C_6H_{12}O$인 모든 케톤에 대한 구조식을 쓰고, 각각의 IUPAC명을 써라. 어느 케톤이 카이랄인가?

19 Grignard 시약과 어떤 케톤의 조합을 이용하여 2-phenyl-2-butanol을 제조하는 세 가지 방법이 있다. 화학 반응식으로 각각의 조합을 제시하라.

20 다음 각 화합물들을 Grignard 시약으로부터 어떻게 만들 수 있는지를 제시하라.

21 다음 각 화합물들과 Tollens시약을 처리하고, 이어서 묽은 염산으로 산성화시킴으로써 형성되는 주된 유기 생성물의 구조를 그려라.

(a) hexanal

(b) CHO (cyclopentanecarbaldehyde)

(c) 3-phenylpropanal

22 각 경우에 형성되는 주된 유기 생성물의 구조를 그려라.

(a) $CH_3CH_2CH_2CHO \xrightarrow{H_2/Pt}$

(b) H_3C–O–C_6H_4–C(=O)–CH_3 $\xrightarrow[\text{또는 } H_3O^+]{LiAlH_4,\ ether}$

23 다음 화합물을 $LiAlH_4$로 환원시키고 이어서 가수분해함으로써 생성되는 알데하이드 및 케톤의 구조를 그려라.

(a) (cyclohexane)–OH

(b) (benzene)–CH_2CH_2OH

(c) $CH_3CH(OH)CH_2CH_2CH_2CH(OH)CH_3$

24 Butanal을 다음 각 시약들과 처리함으로써 생성되는 유기화합물의 구조식을 그려라.

(a) $LiAlH_4$ 처리 후, H_3O^+

(b) H_2/Ni

(c) H_2CrO_4, 가열

(d) $C_6H_5NHNH_2$

(e) $Ag(NH_3)_2{}^+$

25 6-Heneicosene-11-one은 북아메리카에서 발견되는 더글러스 전나무 털나방(Douglas fir tussock moth)의 주요 성 호르몬 성분이다.

$$CH_3(CH_2)_9CO(CH_2)_3CH{=}CH(CH_2)_4CH_3$$

(a) 6-Heneicosene-11-one에 의해 보여주는 입체이성질현상은 무엇인가?

(b) 이성질체들의 구조를 그리고 그들은 분류하라.

26 Menthol과 menthone은 양박하 오일의 주된 구성 성분이다. Menthol은 peperitone으로부터 제조될 수 있다.

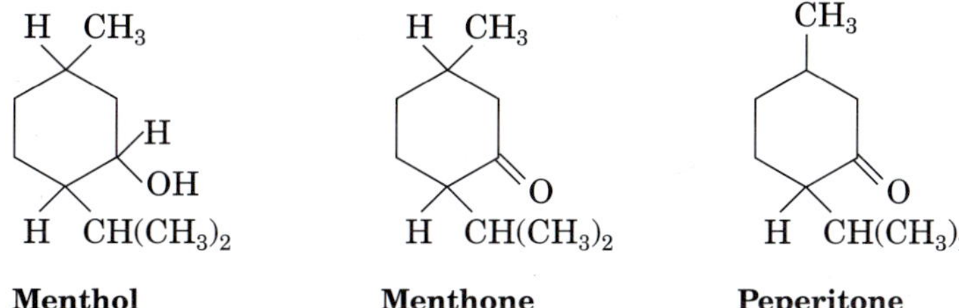

(a) Peperitone를 어떻게 menthol로 전환시킬 수 있는가?

(b) Menthol를 어떻게 menthone으로 전환시킬 수 있는가? 어떤 종류의 반응이 일어나는가?

27 버터의 향은 주로 2,3-butanedione 때문이다.

$$CH_3-\underset{\underset{O}{\|}}{C}-\underset{\underset{O}{\|}}{C}-CH_3$$

2,3-Butanedione이 다음 시약과 반응할 때 형성되는 유기 생성물의 구조를 그려라.

(a) H_2/Ni

(b) I_2/NaOH(aq)

28 불에 탄 설탕의 특징적인 냄새는 2-oxopropanal 때문이다.

$$CH_3COCHO$$

2-Oxopropanal이 다음 시약들과 처리할 때 무엇이 관찰될 것이며, 이때 형성되는 유기 생성물의 구조식을 그려라.

(i) KOH 수용액에서 iodine

(ii) 따뜻한 Fehling's 용액

(iii) 산성화된 potassium dichromate(VI)

29 화합물 A는 다음 구조식을 갖는다.

$$HO-C_6H_4-CH_2CH_2COCH_3$$

(a) A에서 작용기의 이름을 써라.

(b) A와 다음 시약들과 어떤 반응이 예상되는가?

(i) 묽은 질산

(ii) 중성 $FeCl_3$ 수용액

(iii) KOH 수용액에서 iodine

(iv) 소듐 금속

(v) 대기압, 니켈 존재하에서 수소

제 10 장

카복실산과 카복실산 유도체

Carboxylic Acids and their Derivatives

카복실산(Carboxylic acid, RCO2H)은 카보닐 화합물의 중심적인 위치를 차지한다. 카복실산은 그들 화합물 자체로서 중요할 뿐만 아니라, 또한 에스터, 아마이드 및 산 염화물 등과 같은 **아실 유도체**(**acyl derivatives**)의 합성을 위한 출발 물질로서 역할을 한다.

대단히 많은 카복실산이 자연계에서 발견된다. 예를 들면 acetic acid CH_3CO_2H는 식초의 주요한 유기 성분이고, butanoic acid $CH_3CH_2CH_2CO_2H$는 상한 버터의 불쾌한 냄새를 내는 주성분이고, 또한 hexanoic acid(caproic acid) $CH_3(CH_2)_4CO_2H$는 염소의 특이한 향과 운동 후의 더러운 양발 냄새의 주성분이다(이름은 "염소"를 의미하는 라틴어 *caper*로부터 유래됨). 다른 카복실산의 예로는 인간의 담즙의 주성분인 cholic acid가 있고 지방 및 다른 지방질(lipid)의 생물학적 전구체인 palmitic acid, $CH_3(CH_2)_{14}CO_2H$와 같은 긴 사슬 형태의 지방족 산도 카복실산이다.

Cholic acid

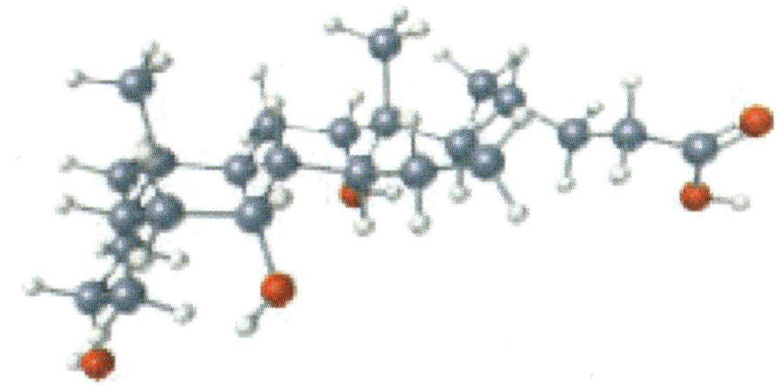

10.1 카복실산의 명명법

카복실산, RCO_2H

IUPAC 규칙은 산 분자의 복잡성에 따라 두 가지 명명법 체계를 따른다. 열린-사슬 알케인으로부터 유도된 간단한 카복실산은 해당되는 알케인명의 말단 *-e*를 *-oic acid*로 바꾸어 체계적으로 명명할 수 있다. 이 경우 카복실 탄소 원자 번호가 C1이 된다.

CH_3CH_2COOH (O=C–OH)

Propanoic acid

$CH_3CH(CH_3)CH_2CH_2COOH$ (carbon numbering 5 4 3 2 1)

4-Methylpentanoic acid

$HOOCCH_2CH(CH_2CH_3)CH_2CH_2CH(CH_3)CH_2COOH$ (carbon numbering 1 2 3 4 5 6 7 8)

3-Ethyl-6-methyloctanedioic acid

또한 —CO_2H기가 고리에 붙어 있는 화합물은 접미사로 *-carboxylic acid*를 사용하여 명명한다. 이 명명 체계에서 CO_2H 탄소는 C1에 결합되어 있고 카복시기 자체에는 번호를 붙이지 않는다.

3-Bromocyclohexanecarboxylic acid

1-Cyclopentenecarboxylic acid

많은 카복실산은 분리되고 정제된 최초의 유기 화합물중에 하나이기 때문에 많은 수의 관용명이 있다(표 10.1). 이 책에서는 체계적인 이름을 사용하고 있지만, IUPAC에서 허용되는 이름들인 formic(methanoic) acid와 acetic(ethanoic) acid는 예외적으로 쓰이고 있고, 이들은 다른 체계적 이름보다 더 많이 쓰이고 있다. 또한 표 10.1에 나타낸 이름은 모체 산에서 유도된 아실기에 대하여 사용되는 관용명들이다.

◆ **문제 10.1** 다음 화합물에 대한 IUPAC 명을 써라.

(a) 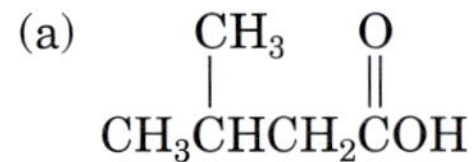

(b) $CH_3CH(Br)CH_2CH_2COOH$

(c) $CH_3CH_2CH(CO_2H)CH_2CH_2CH_3$

(d) $H_3C(H)C{=}C(H)CH_2CH_2COOH$ (cis)

◆ **문제 10.2** 다음 IUPAC 명에 해당하는 구조를 그려라.

(a) 2,3-Dimethylhexanoic acid (b) 4-Methylpentanoic acid

(c) *o*-Hydroxybenzoic acid

표 10.1 ● 몇 가지 카복실산과 아실기의 관용명

카복실산		아실기	
구조	이름	이름	구조
HCO_2H	Formic	Formyl	$HCO—$
CH_3CO_2H	Acetic	Acetyl	$CH_3CO—$
$CH_3CH_2CO_2H$	Propionic	Propionyl	$CH_3CH_2CO—$
$CH_3CH_2CH_2CO_2H$	Butyric	Butyryl	$CH_3(CH_2)_2CO—$
$(CH_3)_3CCO_2H$	Pivalic	Pivaloyl	$(CH_3)_3CCO—$
HO_2CCO_2H	Oxalic	Oxalyl	$—OCCO—$
$HO_2CCH_2CO_2H$	Malonic	Malonyl	$—OCCH_2CO—$
$HO_2CCH_2CH_2CO_2H$	Succinic	Succinyl	$—OC(CH_2)_2CO—$
$HO_2CCH_2CH_2CH_2CO_2H$	Glutaric	Glutaryl	$—OC(CH_2)_3CO—$
$HO_2CCH_2CH_2CH_2CH_2CO_2H$	Adipic	Adipoyl	$—OC(CH_2)_4CO—$
$H_2C{=}CHCO_2H$	Acrylic	Acryloyl	$H_2C{=}CHCO—$
$H_2C{=}C(CH_3)CO_2H$	Methacrylic	Methacryloyl	$H_2C{=}C(CH_3)CO—$
$HO_2CCH{=}CHCO_2H$	*cis*-Maleic *trans*-Fumaric	Maleoyl Fumaroyl	$—OCCH{=}CHCO—$
$C_6H_5CO_2H$	Benzoic	Benzoyl	$C_6H_5C(=O)—$
$C_6H_4(CO_2H)_2$	Phthalic	Phthaloyl	$C_6H_4(C(=O)—)_2$

10.2 카복실산의 구조와 물리적 성질

카복실산 작용기는 구조적으로 케톤 및 알코올과 비슷하므로 몇 가지 점에서 케톤 및 알코올과 비슷한 성질을 가질 것으로 예측할 수 있다. 케톤에서 처럼 카복실 탄소는 sp^2 혼성을 하고 있다. 따라서 카복실산 작용기는 C—C=O와 O=C—O를 가진 평면구조이고 약 120°의 결합각을 가진다. 표 10.2에 acetic acid의 물리적 매개변수(parameter)를 나타내었다.

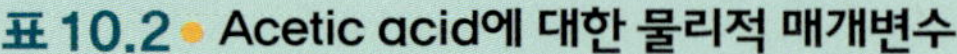

표 10.2 • Acetic acid에 대한 물리적 매개변수

결합각(도)		결합 길이(pm)	
C—C=O	119	C—C	152
C—C—OH	119	C=O	125
O=C—OH	122	C—OH	131

알코올에서처럼, 카복실산은 수소 결합으로 강하게 회합(association)되어 있다. 대부분의 카복실산은 두 수소 결합에 의해 함께 붙잡고 있는 고리형 이합체(dimer)로 존재한다. 정전기 퍼텐셜 지도는 어떻게 음으로 편극된 산소(붉은색)와 양으로 편극된 수소(푸른색) 사이의 의 인력을 나타내는가를 보여주고 있다.

$H_3C—C(=O)—O—H \cdots O=C(—CH_3)—O—H \cdots O$

Acetic acid 이합체

이와 같이 강한 수소 결합은 끓는점에 아주 큰 영향을 주며, 카복실산을 해당되는 알코올 화합물 보다 훨씬 높은 끓는점을 갖도록 만든다. 표 10.3은 몇 가지 흔히 볼 수 있는 산의 성질을 나타내었다.

표 10.3 • 몇 가지 카복실산의 물리적 상수

이름	구조	녹는점(℃)	끓는점(℃)
Formic	HCO_2H	8.4	100.7
Acetic	CH_3CO_2H	16.6	117.9
Propanoic	$CH_3CH_2CO_2H$	−20.8	141
Propenoic	$H_2C{=}CHCO_2H$	13	141.6
Benzoic	$C_6H_5CO_2H$	122.1	249

10.3 카복실산의 해리

이름이 암시하는 바와 같이 카복실산은 산성(*acidic*)이다. 그러므로 카복실산은 NaOH나 $NaHCO_3$와 같은 염기와 반응하여 $RCO_2^-\ M^+$과 같은 금속 카복실산의 염을 생성한다. 여섯 개 이상의 탄소 원자를 가진 카복실산은 물에 약간만 녹지만, 카복실산의 알칼리 금속 염은 이온성을 띠고 있어서 물에 아주 잘 녹는다.

$$\underset{\substack{\text{카복실산}\\(\text{물에 녹지 않음})}}{\mathrm{R{-}C({=}O){-}OH}} + \mathrm{NaOH} \xrightarrow{\mathrm{H_2O}} \underset{\substack{\text{카복실산 염}\\(\text{물에 녹음})}}{\mathrm{R{-}C({=}O){-}O^-\ Na^+}} + \mathrm{H_2O}$$

앞에서 논의한 다른 Brønsted-Lowry산과 같이 카복실산은 묽은 수용성 용액에서 약간 해리하여 H_3O^+와 해당되는 카복실산 음이온인 RCO_2^-가 생성된다. 정확한 해리의 정도는 산도 상수 K_a에 의해 주어진다:

$$\mathrm{R{-}C({=}O){-}OH} + \mathrm{H_2O} \rightleftharpoons \mathrm{R{-}C({=}O){-}O^-} + \mathrm{H_3O^+}$$

$$K_a = \frac{[RCO_2^-][H_3O^+]}{[RCO_2H]} \quad \text{그리고} \quad pK_a = -\log K_a$$

대부분의 카복실산의 K_a는 대략 10^{-5} 정도이다. 예를 들면 acetic acid는 4.75의 pK_a에 해당되는 $K_a = 1.76 \times 10^{-5}$를 갖는다.

비록 카복실산이 무기산에 비해 대단히 약한 산이지만, 알코올 비해서 훨씬 더 센 산이다. 예를 들면 ethanol의 K_a는 대략 10^{-16}이고, acetic acid에 비해서 10^{11}배 정도 약한 산이다.

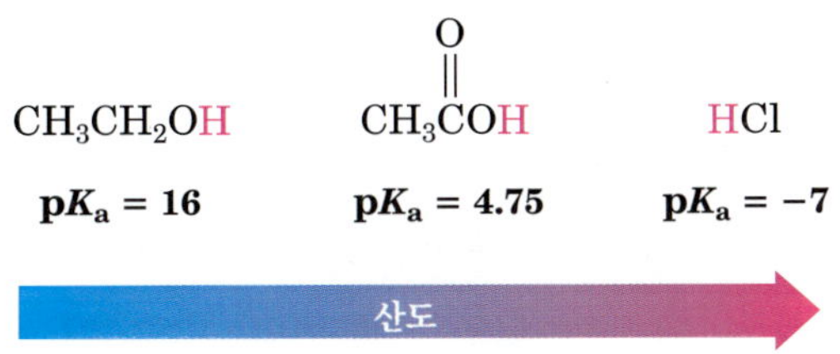

두 분자가 똑같이 —OH기를 포함하고 있음에도 불구하고, 왜 카복실산이 알코올보다 훨씬 더 산성인가? 알코올이 해리되면 음전하가 한 개의 전기음성적인 원자에 편재(고정)된 알콕시 이온을 생성한다. 반면에 카복실산은 음전하가 두 개의 동등한 산소 원자에 비편재화된 카복실산 음이온을 생성한다(그림 10.1). 공명 개념으로 보면 카복실산 음이온은 두개의 동등한 Kekulé 구조의 안정화된 공명 혼성체이다. 카복실산 음이온은 알콕시 이온보다 더 안정하기 때문에, 낮은 에너지상태에 있고 해리 평형에서 훨씬 우세하다.

$$CH_3CH_2OH \underset{}{\overset{H_2O}{\rightleftharpoons}} H_3O^+ + CH_3CH_2O^-$$

Ethanol

Ethoxide
이온(편재된 전하)

$$CH_3COOH \underset{}{\overset{H_2O}{\rightleftharpoons}} H_3O^+ + CH_3COO^-$$

Acetic acid

Acetate
이온 (비편재된 전하)

그림 10.1 ▸ 알콕시 이온은 한 개의 산소 원자에 전하가 편재되어 있어서 덜 안정한 반면에 카복실산 음이온은 두 개의 공명 형태에 의하여 전하가 두 개의 산소에 동등하게 퍼져있고 따라서 카복실산 음이온이 더 안정하다.

두 카복실산 음이온 산소 원자의 동등성에 대한 실험적 증거는 sodium formate에 대한 X선 결정 연구로부터 밝혀졌다. 두 탄소-산소 결합 길이는 120 pm이고, 이 결합길이는 formic acid의 C═O 이중 결합(120 pm)과 C—O 단일 결합(134 pm)의 중간이 된다. Formate 이온의 정전기적 퍼텐셜 지도는 음전하(붉은색)가 어떻게 동등하게 두 산소에 퍼져 있는지를 보여준다.

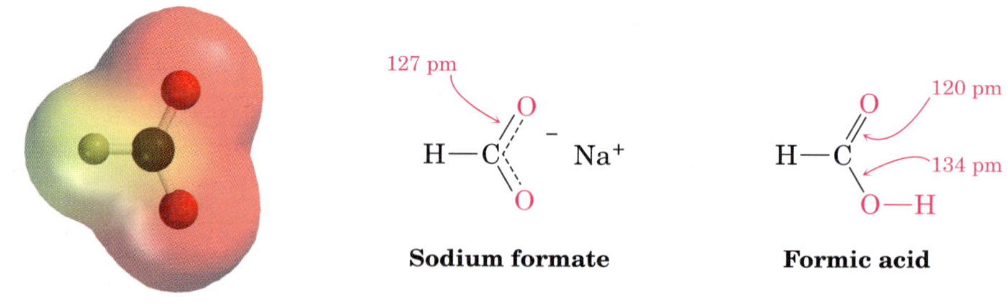

◆ **문제 10.3** 분리하고자 하는 naphthalene과 benzoic acid의 혼합물을 가지고 있다고 가정하자. 효과적인 분리를 위하여 혼합물에 들어 있는 한 가지 성분이 산성을 띠고 있다는 점을 어떻게 장점으로 이용할 수 있는가?

◆ **문제 10.4** Dichloroacetic acid의 K_a는 3.32×10^{-2}이다. 0.10 M 수용액에서 대략 몇 %가 해리되는가?

10.4 산도에 대한 치환기 효과

표 10.4에 나열한 pK_a 값은 서로 다른 카복실산에 대한 산도의 실질적인 차이를 나타낸다. 예를 들면 trifluoroacetic acid(K_a = 0.59)는 acetic acid(K_a =1.76×10^{-5})보다 33,000배 이상 센 산이다. 그러한 차이점을 어떻게 설명할 수 있는가?

표 10.4 • 몇 가지 카복실산의 산도

구조	K_a	pK_a	
F_3CCO_2H	0.59	0.23	센 산
FCH_2CO_2H	2.6×10^{-3}	2.59	
$ClCH_2CO_2H$	1.4×10^{-3}	2.85	
$BrCH_2CO_2H$	2.1×10^{-3}	2.68	
ICH_2CO_2H	7.5×10^{-4}	3.12	
HCO_2H	1.77×10^{-4}	3.75	
$HOCH_2CO_2H$	1.5×10^{-4}	3.83	
$C_6H_5CO_2H$	6.46×10^{-5}	4.19	
$H_2C{=}CHCO_2H$	5.6×10^{-5}	4.25	
CH_3CO_2H	1.76×10^{-5}	4.75	
$CH_3CH_2CO_2H$	1.34×10^{-5}	4.87	
CH_3CH_2OH (ethanol)[a]	(10^{-16})	(16)	약한 산

[a]ethanol에 대한 값은 참고로 나타내었다.

카복실산의 해리는 평형 과정이기 때문에, 해리 되지 않은 카복실산의 짝염기인 카복실산 음이온을 안정화시키는 어떤 요인은 평형을 해리가 증가되는 방향으로 이동시키고 그 결과로 산도가 증가한다. 예를 들면 카복실산 음이온에 결합된 전자-끄는(electron-withdrawing)기는 음전하를 비편재화시켜서 음이온을 안정화시키므로 산도가 증가한다. 반대로 해리되지 않은 산의 짝염기인 카복실산 음이온을 불안정화시키는 어떤 요인은 산도를 감소시킨다. 예를들면 전자-주는(electron-donating)기는 카복실산 음이온을 불안정화시켜서 산도를 감소시킨다.

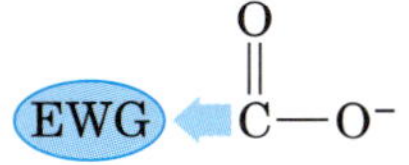

전자-끄는기
카복실산 음이온을 안정화시키고
산의 세기를 증가시킨다.

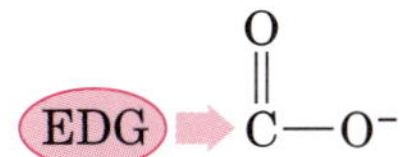

전자-주는기
카복실산 음이온을 불안정화시키고
산의 세기를 약화시킨다.

할로젠과 같은 전기음성도가 큰 치환기는 유도적으로 전자를 끌어 당겨서 카복실산 음이온을 안정화시킨다. 따라서 fluoroacetic acid, chloroacetic acid, bromoacetic acid 및 iodoacetic acid는 acetic acid보다 50~150배 정도 더 센 산이다. 두 개의 전기음성도가 큰 치환기를 가지고 있는 dichloroaectic acid는 acetic acid보다 3,000배 더 센 산이며, 세 개의 염소 치환기를 가지고 있는 tricholoacetic acid는 12,000배 더 센 산이다.

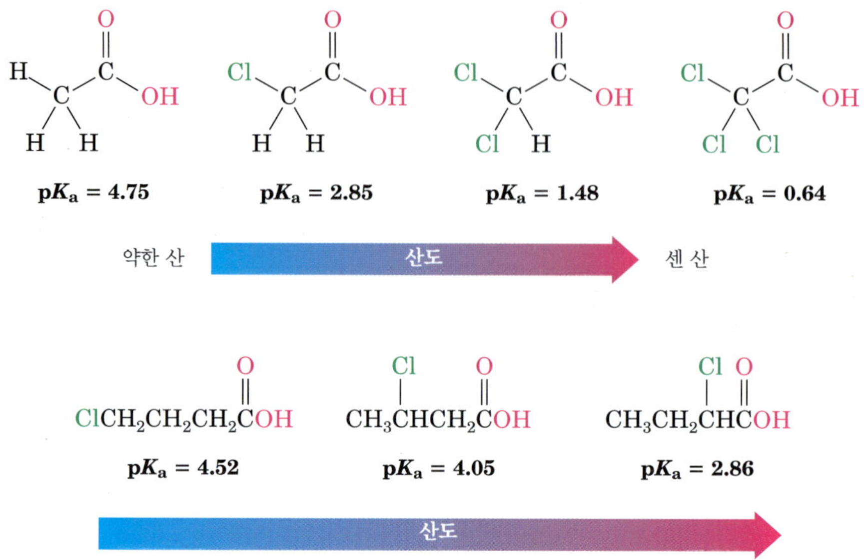

◆ **문제 10.5** pK_a의 표를 보지 말고 다음 각 물질의 산도가 증가하는 순서로 나열하여라.
(a) $CH_3CH_2CO_2H$, $BrCH_2CO_2H$, FCH_2CO_2H
(b) CH_3CH_2OH, $CH_3CH_2NH_2$, $CH_3CH_2CO_2H$

◆ **문제 10.6** 다이카복실산은 두 개의 해리상수를 가지고 있다. 첫 번째 해리는 1가 음이온을 만들고, 두 번째 해리는 2가 음이온을 만든다. Oxalic acid, $HO_2C—CO_2H$의 첫 번째 이온화 상수 pK_1 = 1.2이고 두 번째 이온화상수 pK_2 = 4.2이다. 왜 두 번째 카복시기가 첫 번째 카복시기보다 덜 산성인가?

10.5 치환된 benzoic acid의 치환기 효과

전자-주개 치환기를 가진 방향족 고리는 추가적인 친전자성 치환 반응에 더 활성화되고, 전자-끄는 치환기를 가진 방향족 고리는 비활성화된다. 정확히 동일한 효과들이 치환된 benzoic acid의 산도에서 나타난다(표 10.5).

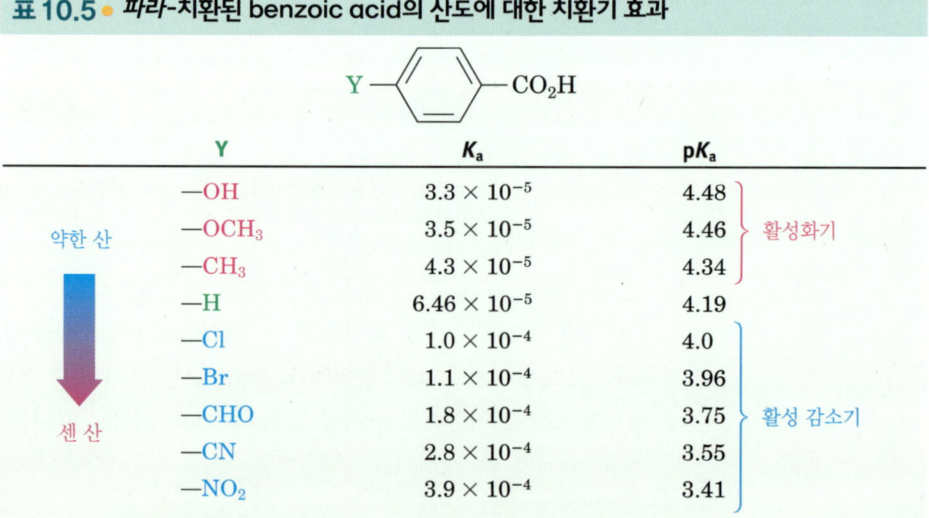

표 10.5 • *파라*-치환된 benzoic acid의 산도에 대한 치환기 효과

Y—⟨벤젠 고리⟩—CO_2H

	Y	K_a	pK_a	
약한 산	—OH	3.3×10^{-5}	4.48	활성화기
↓	$—OCH_3$	3.5×10^{-5}	4.46	
	$—CH_3$	4.3×10^{-5}	4.34	
	—H	6.46×10^{-5}	4.19	
	—Cl	1.0×10^{-4}	4.0	활성 감소기
	—Br	1.1×10^{-4}	3.96	
	—CHO	1.8×10^{-4}	3.75	
	—CN	2.8×10^{-4}	3.55	
센 산	$—NO_2$	3.9×10^{-4}	3.41	

표 10.5에서 보는 바와 같이 나이트로기와 같은 전자-끄는(활성 감소) 기는 카복실산 음이온을 안정화시켜서 산도를 증가시키고, 메톡시기와 같은 전자-주는(활성화) 기는 카복실산 음이온을 불안정화시켜 산도를 감소시킨다.

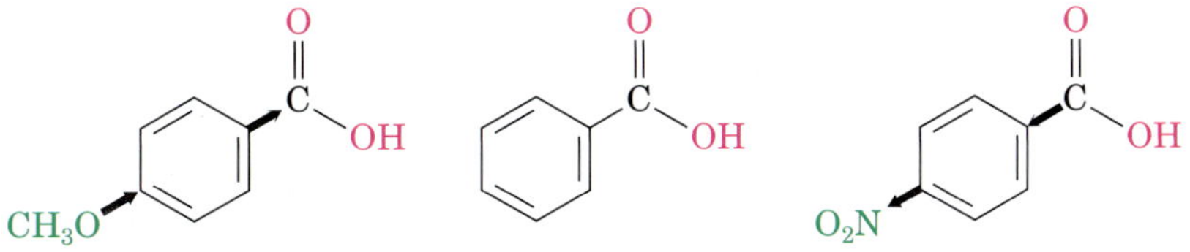

CH_3O ... C(=O)OH   C(=O)OH O_2N ... C(=O)OH

p-Methoxybenzoic acid ($\mathbf{p}K_a$ **= 4.46**)   **Benzoic acid** ($\mathbf{p}K_a$ **= 4.19**)   **p-Nitrobenzoic acid** ($\mathbf{p}K_a$ **= 3.41**)

약한 산   산도   센 산

방향족 고리에 대한 상대적인 친전자성 치환 반응의 상대적인 반응성을 결정하는 것보다는 치환된 benzoic acid의 산도를 측정하는 것이 훨씬 쉽기 때문에, 두 효과 사이의 상관관계는 반응성을 예측하는데 유용하다. 만일 친전자성 반응성에 대한 어떤 치환기의 효과를 알고자 원한다면, 해당되는 benzoic acid의 산도를 간단히 알아보면 된다.

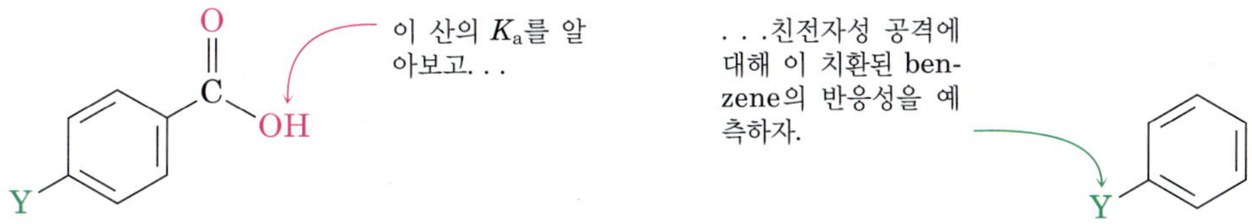

이 산의 K_a를 알아보고. . .

. . .친전자성 공격에 대해 이 치환된 benzene의 반응성을 예측하자.

예제 10.1

p-(Trifluoromethyl)benzoic acid의 pK_a는 3.6이다. Friedel-Crafts 반응에서 trifluoromethyl 치환기가 고리의 활성화기인가 혹은 활성 감소기인가를 예측할 수 있는가?

▶ **힌트** 먼저 p-(trifluromethyl)benzoic acid가 benzoic acid보다 센 산인가 또는 약한 산인가를 결정하여라. 산을 강하게 만드는 치환기는 전자를 끌어당기기 때문에 활성 감소기이고, 산을 약하게 만드는 치환기는 전자를 주기 때문에 활성화기이다.

▶ **해답** p-(Trifluoromethyl)benzoic acid의 pK_a가 3.6인 것은 pK_a 값이 4.19인 benzoic acid보다도 센 산임을 뜻한다. 그러므로 trifluoromethyl 치환기는 음전하의 안정화를 도와줌으로써 해리를 유리하게 해준다. 따라서 trifluoromethyl은 전자-끄는 기이고, 활성 감소기가 된다.

◆ **문제 10.7** p-Cyclopropylbenzoic acid의 pK_a는 4.45이다. Cyclopropylbenzene은 친전자성 브로민화 반응에서 benzene 보다 더 반응성이 큰가 혹은 반응성이 작은가? 설명하여라.

◆ **문제 10.8** 다음 화합물을 산도가 증가하는 순서로 나열하여라. 표의 pK_a 자료를 참고하지 말고 답하여라.

(a) Benzoic acid, p-methylbenzoic acid, p-chlorobenzoic acid

(b) p-Nitrobenzoic acid, acetic acid, benzoic acid

10.6 카복실산의 제조

- 치환된 알킬벤젠을 $KMnO_4$ 혹은 $Na_2Cr_2O_7$으로 산화시키면 치환된 benzoic acid가 생성된다. 일차 및 이차 알킬기는 산화될 수 있지만, 삼차 알킬기는 산화되지 않는다.

$$O_2N\text{–}C_6H_4\text{–}CH_3 \xrightarrow[H_2O,\ 95°C]{KMnO_4} O_2N\text{–}C_6H_4\text{–}\overset{\overset{\displaystyle O}{\|}}{C}OH$$

***p*-Nitrotoluene** → ***p*-Nitrobenzoic acid (88%)**

- 알켄에 최소 한 개의 바이닐성 수소를 가지고 있다면, 알켄은 $KMnO_4$에 의해 산화성 분해 반응이 일어나 카복실산이 생성된다.

$$CH_3(CH_2)_7CH{=}CH(CH_2)_7\overset{\overset{\displaystyle O}{\|}}{C}OH \xrightarrow[H_3O^+]{KMnO_4} CH_3(CH_2)_7\overset{\overset{\displaystyle O}{\|}}{C}OH + HO\overset{\overset{\displaystyle O}{\|}}{C}(CH_2)_7\overset{\overset{\displaystyle O}{\|}}{C}OH$$

Oleic acid → **Nonanoic acid** + **Nonanedioic acid**

- 일차 알코올 또는 알데하이드를 산화시키면 카복실산이 생성된다. 일차 알코올은 산 수용액의 CrO_3에 의해 산화되고 알데하이드는 산성 CrO_3 또는 염기성 silver oxide (Tollen's 시약)에 의해 산화된다.

$$CH_3(CH_2)_8CH_2OH \xrightarrow[H_3O^+]{CrO_3} CH_3(CH_2)_8\overset{\overset{\displaystyle O}{\|}}{C}OH$$

1-Decanol → **Decanoic acid (93%)**

$$CH_3CH_2CH_2CH_2CH_2\overset{\overset{\displaystyle O}{\|}}{C}H \xrightarrow[NH_4OH]{Ag_2O} CH_3CH_2CH_2CH_2CH_2\overset{\overset{\displaystyle O}{\|}}{C}OH$$

Hexanal → **Hexanoic acid (85%)**

나이트릴의 가수분해 반응

앞의 장에서 공부한 메커니즘에 의하면 나이트릴은 뜨거운 산성 수용액 혹은 염기성 수용액과의 반응에 의해 카복실산으로 가수분해 된다. 나이트릴 자체는 할로젠화 알킬과 사이안화 이온- 사이의 S_N2 반응으로 만들어지기 때문에, 사이안화 이온 치환에 이어지는 두 단계 과정인 나이트릴의 가수분해 반응은 할로젠화 알킬로부터 카복실산을 제조하는 아주 좋은 방법이다($RBr \longrightarrow RC{\equiv}N \longrightarrow RCO_2H$). 생성물인 카복실산은 출발 물질인 할로젠화 알킬보다 탄소 한 개가 더 많음에 유의하여라.

$$RCH_2Br \xrightarrow[(S_N2)]{Na^+\ ^-CN} RCH_2C{\equiv}N \xrightarrow{H_3O^+} RCH_2\overset{\overset{\displaystyle O}{\|}}{C}OH + NH_3$$

이 방법은 일차 할로젠화 알킬에서 가장 좋은 결과를 나타낸다. 그 이유는 이차 또는 삼차 할로젠화 알킬을 사용하면 E2 반응이 경쟁적으로 일어날 수 있기 때문이다. 그럼에도 불구하고 입체 장애가 없는 몇 가지의 이차 할로젠화 알킬은 반응이 잘 진행된다. 이러한 반응 예는 Nalfon이라는 상품명으로 판매되는 비스테로이드계 항염증제 또는 NSAID인 fenoprofen의 상업적 합성(6장의 생활과 화학)에서 일어난다.

1. NaCN
2. $^-OH/H_2O$
3. H_3O^+

$CHCH_3$ (Br) → $CHCOH$ (CH_3)

항관절염 약품

Grignard 시약의 카복시화 반응

카복실산의 제조에 대한 또 다른 방법은 Grignard 시약과 CO_2와의 반응으로 카복실산 금속염을 생성하고, 이어서 양성자 첨가에 의해 카복실산이 생성된다. 이 **카복시화 반응**(carboxylation)은 보통 Grignard 시약을 드라이 아이스(고체 CO_2)위에 가해 주거나, Grignard 시약의 용액에 건조한 CO_2 기체의 기포를 통과시키면 일어난다. 일반적으로 Grignard 카복시화 반응은 할로젠화 알킬로부터 좋은 수득률로 얻어지지만, 먼저 Grignard 시약을 형성할 수 있는 할로젠화 알킬만을 사용해야 한다는 제한이 있다.

Br, H_3C, CH_3, CH_3 —(Mg / Ether)→ MgBr, H_3C, CH_3, CH_3 —(1. CO_2, ether; 2. H_3O^+)→ CO_2H, H_3C, CH_3, CH_3

1-Bromo-2,4,6-trimethylbenzene

2,4,6-Trimethylbenzoic acid (87%)

할로젠화 유기마그네슘(Organomagnesium halide)은 전형적인 친핵성 첨가 반응으로 이산화탄소의 C=O 결합에 첨가되고, 분리된 단계에서 HCl 수용액을 가하여 카복실산 음이온을 양성자화시킴으로서 유리 카복실산을 생성한다.

$$R:^- \ {}^+MgBr + \ddot{O}{=}C{=}\ddot{O} \longrightarrow R{-}C(=O){-}\ddot{O}:^- \ {}^+MgBr \xrightarrow{H_3O^+} R{-}C(=O){-}OH$$

예제 10.2

Benzyl bromide($PhCH_2Br$)로부터 phenylacetic acid($PhCH_2CO_2H$)를 어떻게 합성할 수 있는가?

▶ **힌트** 할로젠화 알킬로부터 카복실산을 만드는 두 가지 방법을 이미 알았다: (1) 사이안화 이온의 치환에 이어서 가수분해시키는 방법과, (2) Grignard 시약을 만든 다음 이어서 카복시화 시키는 방법이다. 첫 번째 방법은 S_N2 반응을 포함하고 있으므로 일차 할로젠화 알킬 및 몇 가지 이차 할로젠화 알킬만을 사용해야 하는 제한점이 있다. 두 번째 방법은 Grignard 시약의 형성과정이 포함되어 있으므로 사용하고자 하는 유기 할로젠화물에 산성 수소 또는 반응성 작용기가 없어야 한다는 제한점이 있다. 두 가지 방법이다. 잘 적용되는 반응의 예는 다음과 같다.

▶ **해답**

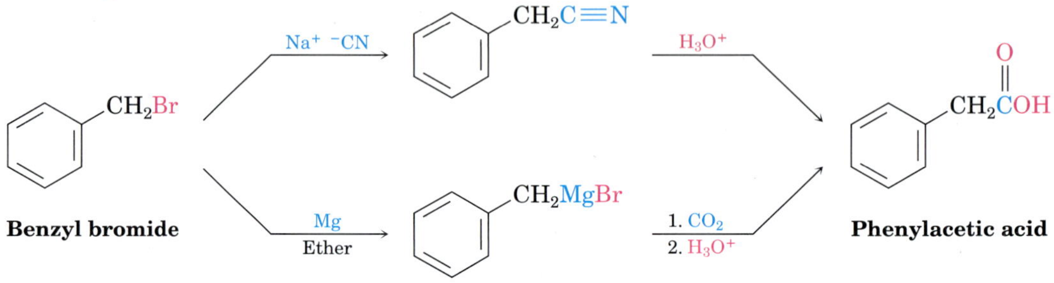

◆ **문제 10.9** 다음 각각의 카복실산을 어떻게 만들 수 있는가?

(a) $(CH_3)_3CCl$로부터 $(CH_3)_3CCO_2H$

(b) $CH_3CH_2CH_2Br$로부터 $CH_3CH_2CH_2CO_2H$

10.7 카복실산의 반응: 개관

알코올에서 처럼 카복실산은 양성자가 이탈되어 S_N2 반응에서 좋은 친핵제인 음이온이 될 수 있다. 케톤에서처럼 카복실산의 카보닐기에 친핵체의 첨가가 일어난다. 더욱이 카복실산은 알코올 또는 케톤의 특성도 아닌 다른 특징적인 반응이 일어난다.

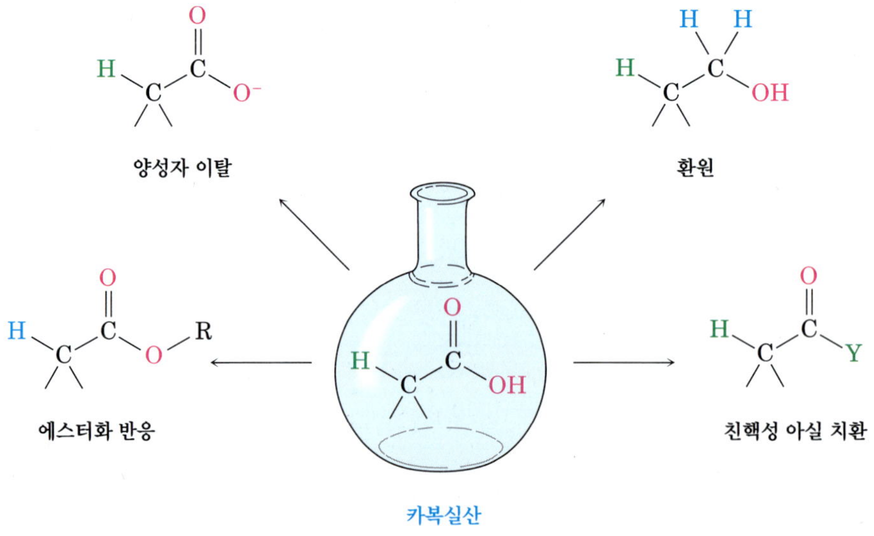

그림 10.2 ▸ 카복실산의 몇 가지 일반적인 반응.

염의 형성

카복실산은 sodium hydroxide 수용액과 반응하여 물에 녹는 sodium carboxylate를 생성한다. 이 반응은 중화과정이며, 반응중에 열이 방출된다.

$$RCOOH + NaOH \longrightarrow RCOONa + H_2O$$

$$CH_3COOH + NaOH \longrightarrow CH_3COONa + H_2O$$

sodium ethanoate

$$C_6H_5-COOH + NaOH \longrightarrow C_6H_5-COONa + H_2O$$

sodium benzoate

카복실산은 sodium carbonate 혹은 sodium hydrogen carbonate와 함께 가열하면 이산화탄소가 생성된다. 이것은 carbonic acid가 카복실산보다 더 약한 산이기 때문에 반응이 일어난다.

$$2CH_3COOH + Na_2CO_3 \longrightarrow 2CH_3COONa + H_2O + CO_2$$

$$C_6H_5-COOH + NaHCO_3 \longrightarrow C_6H_5-COONa + H_2O + CO_2$$

에스터의 생성

카복실산을 알코올과 반응시키면 에스터가 생성된다. 에스터화 과정은 진한 황산의 촉매로 사용하여 환류시키면 반응이 일어난다. 카복실산의 OH기와 알코올의 H 원자가 결합하여 물이 형성된다.

$$RCOOH + R'OH \longrightarrow RCOOR' + H_2O$$

$$CH_3COOH + CH_3CH(OH)CH_3 \longrightarrow CH_3COOCH(CH_3)_2 + H_2O$$

isopropyl ethanoate

염화아실의 형성

카복실산은 phosphorus pentachloride 혹은 thionyl chloride($SOCl_2$)와 반응하면 염화 아실이 생성된다. 두 경우 모두 HCl의 흰 연기가 방출된다. Posphorus pentachloride와의 반응은 실온에서도 매우 격렬하게 진행된다.

$$RCOOH + PCl_5 \longrightarrow RCOCl + HCl + POCl_3$$

$$RCOOH + SOCl_2 \longrightarrow RCOCl + HCl + SO_2$$

$$CH_3CH_2COOH + PCl_5 \longrightarrow CH_3CH_2COCl + HCl + POCl_3$$

propanoyl chloride

$$C_6H_5-COOH + SOCl_2 \longrightarrow C_6H_5-COCl + HCl + SO_2$$

benzoyl chloride

환원 반응

카복실산은 lithium aluminium hydride로 환원시킨 다음 산성 가수분해하면 일차 알코올이 생성된다.

$$RCOOH + 4[H] \longrightarrow RCH_2OH + H_2O$$

$$CH_3COOH + 4[H] \longrightarrow RCH_2OH + H_2O$$

$$CH_3(CH_2)_7CH{=}CH(CH_2)_7\overset{O}{\overset{\|}{C}}OH \xrightarrow[2.\ H_3O^+]{1.\ LiAlH_4,} CH_3(CH_2)_7CH{=}CH(CH_2)_7CH_2OH$$

Oleic acid **cis-9-Octadecen-1-ol (87%)**

$$O_2N\text{-}C_6H_4\text{-}CH_2\overset{O}{\overset{\|}{C}}OH \xrightarrow[2.\ H_3O^+]{1.\ LiAlH_4,} O_2N\text{-}C_6H_4\text{-}CH_2CH_2OH$$

***p*-Nitrophenylacetic acid** **2-(*p*-Nitrophenyl)ethanol (94%)**

$$C_6H_5\text{-}COOH + + 4[H] \longrightarrow C_6H_5\text{-}CH_2OH + H_2O$$

◆ **문제 10.10** Benzyl bromide로부터 2-phenylethanol을 어떻게 합성할 수 있는가? 한 단계 이상의 과정이 필요하다.

$$C_6H_5\text{-}CH_2Br \xrightarrow{?} C_6H_5\text{-}CH_2CH_2OH$$

◆ **문제 10.11** 다음 변환을 어떻게 수행할 수 있는가? 한 단계 이상의 과정이 필요하다.

$$C_5H_9\text{-}CH_2OH \xrightarrow{?} C_5H_9\text{-}CH_2CH_2OH$$

→ 10.8 Methanoic acid와 ethanedioic acid의 특별한 성질

산화 반응

Methanoic acid는 센 환원제이다. 실온에서 potassium manganate(VII) 수용액을 탈색시킨다. 이 반응이 진행되는 과정에서 이산화탄소가 생성된다.

$$HCOOH + [O] \longrightarrow CO_2 + H_2O$$

Ethanedioic acid는 실온에서 반응이 너무 느려 가열이 필요하다. 이 반응은 manganese(II) 이온에 의해 자체 촉매화된다.

$$(COOH)_2 + [O] \longrightarrow 2CO_2 + H_2O$$

》 탈수 반응

Methanoic acid와 ethanedioic acid를 따뜻한 진한 황산과 반응시키면 탈수 반응이 일어난다. 연소가 가능한 일산화탄소가 방출된다. 진한 황산에 의해 물이 흡수된다.

$$HCOOH \longrightarrow CO + H_2O$$

$$(COOH)_2 \longrightarrow CO + CO_2 + H_2O$$

생활과 화학 . . .

비타민 C

비타민 C 혹은 ascrobic acid는 분명히 모든 비타민 중 가장 잘 알려져 있다. 최초의 비타민은 1928년 발견되었고, 1933년 그 구조가 밝혀졌으며, 실험실에서 최초로 합성되었다. 최근에는 연간 3,600만 킬로그램 이상의 비타민 C가 전 세계에서 합성되며, 이것은 모든 다른 비타민을 모두 합한 것 보다 더 많은 양이다. 더욱이 비타민 보충에 이용되는 비타민 C는 제빵용 "밀가루의 개선"을 위한 식품 방부제로도 이용되고, 동물 식품의 첨가제로도 이용된다.

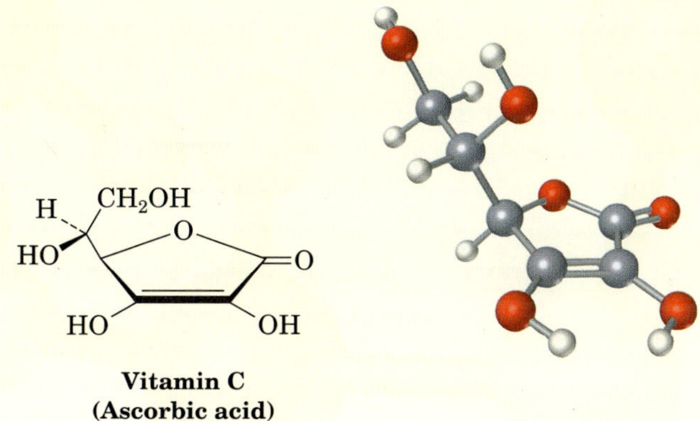

Vitamin C
(Ascorbic acid)

날씨의 위험성 이외에 초기 극지 탐험에 참여자들은 음식물의 비타민 C 부족으로 인해 가끔 괴혈병을 겪기도 하였다. 비타민 C는 아마도 항괴혈병에 대한 특성이 가장 잘 알려져 있으며, 이 성질은 음식에 신선한 채소와 감귤류의 과일의 부족으로 인해서 출혈병인 괴혈병의 공격을 막지 못했음을 뜻한다. 탐험시대의 선원은 쉽게 괴혈병에 감염되었고, 그 결과 중세기의 선원들은 높은 사망률을 나타내었다. 포루투칼 탐험가인 Vasco da Gama는 1497~1499년 사이의 2년간 희망봉 주변의 항해에서 괴혈병으로 인해 반 이상이나 되는 승무원의 생명을 잃었다.

(계속)

최근에는 비타민 C의 많은 섭취는 감기의 예방, 불임 치료, 후천성 면역 결핍증(AIDS) 증후군의 공격의 지연, 그리고 위암과 자궁암의 확장을 방지하는 작용이 있다는 주장이 있다. 아직은 이러한 주장에 대한 근거가 부족하지만, 최근 유럽의 연구에서 위암에 대한 예방효과에 대한 통계적 증거를 발견하였다. 매일 많은 양의 비타민 C를 섭취한다 하더라도 아마도 걱정거리가 되지는 않으며, 이는 비타민 C에 의한 해로운 부작용이 최소로 나타나기 때문이다.

비타민 C의 공업적 제조방법은 생물학적인 과정과 실험실 유기 화학이 혼합된 흔치않은 과정으로 이루어진다. Hoffman-La Roche 회사는 그림 10.3에서 보는 바와 같이 다섯 단계의 과정을 거쳐서 glucose로부터 ascrobic acid를 합성하였다. Pentahydroxy aldehyde인 glucose는 첫 단계에서 sorbitol로 환원된 다음에 미생물인 *Acetobacter suboxydanes*에 의해 산화된다. 어떠한 화학 시약도 sorbitol에 존재하는 여섯 개의 OH기들 중에서 단 한 개만의 OH가를 선택적으로 산화시키는 것이 없다. 따라서 효소 반응이 사용된다. Acetone과 산 촉매로 처리하면 아세틸 결합에 남아있는 네 개의 하이드록시 기가 보호되고, 보호되지 않은 하이드록시 기는 NaOCl 수용액(표백제) 과 반응하여 카복실산으로 화학적 산화가 일어난다. 산 촉매 가수 반응에 의해 두개의 아세틸기가 제거되어 분자내 에스터-형성 반응이 일어나게 되고, 촉매화 케토-엔올 토토머화에 의해 ascrobic acid가 얻어진다. 각 다섯 단계 반응의 수득률은 90% 이상이다.

그림 10.3 ▸ Glucose로부터 ascorbic acid의 공업적인 합성.

요약 및 주요 용어

카복시화 반응, 10.6
카복실산 (RCO_2H), 10.1

카복실산(Carboxylic acid)은 자연계와 화학 실험실에서 다른 분자들을 합성하기 위한 가장 유용한 화합물 중의 하나가 된다. 그들의 체계적인 이름은 해당되는 알케인명의 말단의 *-e*를 *-oic acid*로 바꾸어 명명한다. 케톤류와 알데하이드류에서와 같이 카보닐 탄소 원자는 sp^2 혼성이고, 알코올에서와 같이 카복실산은 수소 결합으로 회합하고 있으므로 높은 녹는점을 갖는다.

카복실산을 구별하는 특성은 산도이다. 비록 HCl과 같은 무기산보다는 약한 산이지만 카복실산 음이온은 두개의 동등한 형태 사이의 공명에 의해서 안정화되기 때문에 카복실산은 알코올보다 훨씬 더 쉽게 해리된다.

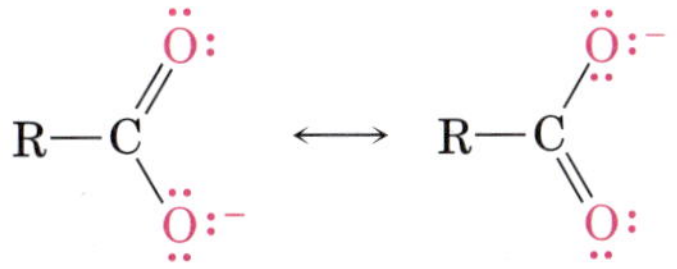

$$R-C(=\ddot{O}:)-\ddot{O}:^- \longleftrightarrow R-C(-\ddot{O}:^-)=\ddot{O}:$$

대부분의 카복실산은 5 정도의 pK_a 값을 가지지만, 주어진 산의 정확한 pK_a 값은 구조에 따라 달라진다. 전자-끄는 기가 치환된 카복실산은 그들의 카복실산 음이온이 안정화되기 때문에 더 산성(낮은 pK_a 값을 가짐)이다. 전자-주개 기가 치환된 카복실산은 그들의 카복실산 음이온이 불안정화되기 때문에 덜 산성(높은 pK_a 값을 가짐)이다.

카복실산에 대한 합성법은 (1) 알킬벤젠의 산화, (2) 알켄의 산화성 분해 반응, (3) 일차 알코올 혹은 알데하이드의 산화 (4) 나이트릴의 가수분해 반응과 (5) CO_2와 Grignard 시약의 반응(**카복시화 반응**, carboxylation) 등이 포함된다. 카복실산의 일반적인 반응에는 (1) 산성 양성자를 잃는 반응, (2) 카보닐기에서 친핵성 아실 치환 반응, (3) 탄소에 대한 치환 반응과 (4) 환원 반응 등이 있다.

→ 10.9 카복실산 유도체

카복실산 유도체(Carboxylic acid derivatives)는 아실기에 전기음성적인 원자 또는 치환 반응에서 이탈기로 작용할 수 있는 치환기가 결합된 화합물이다. 여러 종류의 산 유도체가 알려져 있지만, 이 책에서는 일반적인 네 가지 유도체, 즉 산 할로젠화물(acid halide), 산 무수물(acid anhydride), 에스터(ester) 및 아마이드(amide) 등을 주로 다룬다.

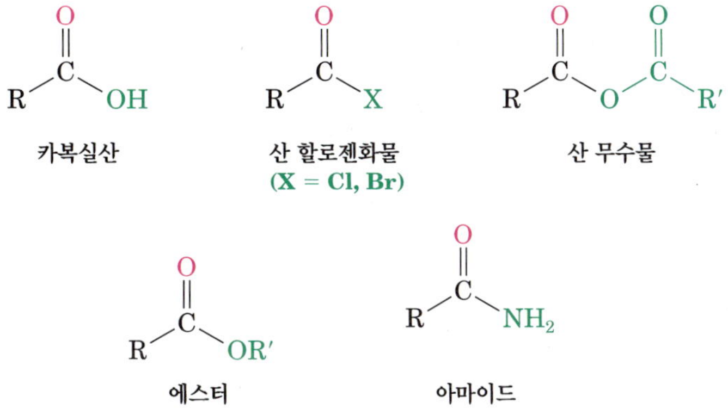

$$R-C(=O)-OH$$
카복실산

$$R-C(=O)-X$$
산 할로젠화물
(X = Cl, Br)

$$R-C(=O)-O-C(=O)-R'$$
산 무수물

$$R-C(=O)-OR'$$
에스터

$$R-C(=O)-NH_2$$
아마이드

모든 산 유도체의 화학은 서로 비슷하며, 친핵성 아실 치환 반응과 같은 한 종류의 반응으로 일어난다.

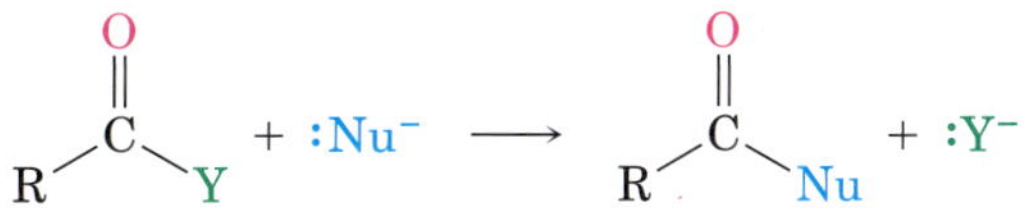

$$R-C(=O)-Y + :Nu^- \longrightarrow R-C(=O)-Nu + :Y^-$$

10.10 카복실산 유도체의 명명

산 할로젠화물, RCOX

산 할로젠화물은 먼저 아실기를 명명한 다음 할로젠을 명명한다. 아실기 이름은 카복실산의 어미 *-ic acid*를 *-yl* 또는 이름 끝의 *-carboxylic acid*를 *-carbonyl*로 바꾸어 명명한다. 예를 들면

CH_3COCl

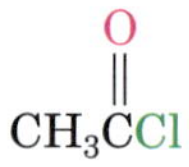

Acetyl chloride
(acetic acid로부터)

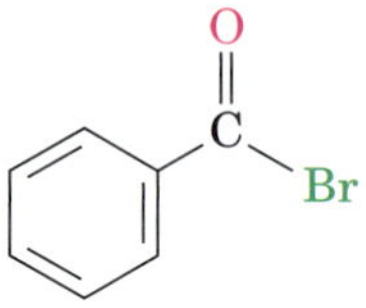

Benzoyl bromide
(benzoic acid로부터)

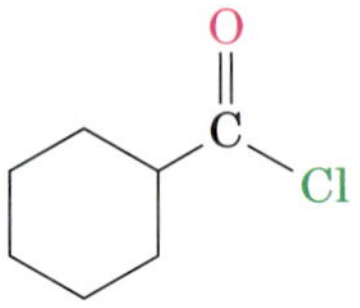

Cyclohexanecarbonyl chloride
(cyclohexanecarboxylic acid로부터)

산 무수물, RCO_2COR'

치환되지 않은 모노 카복실산의 대칭성 무수물과 다이카복실산의 고리형 무수물은 *acid*를 *anhydride*로 바꾸어 명명한다:

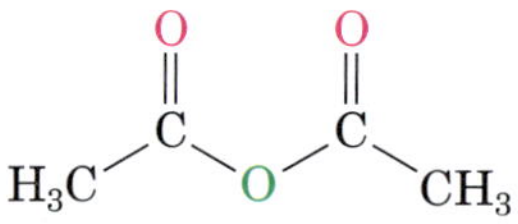

Acetic anhydride

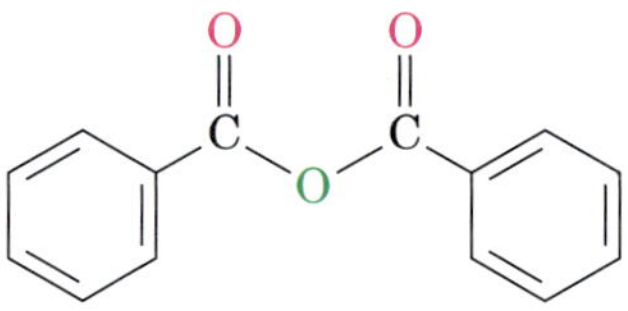

Benzoic anhydride

두 개의 서로 다른 카복실산으로부터 만들어진, 즉 비대칭성 무수물은 두 산들을 알파벳 순서대로 인용하고 anhydride를 첨가하여 명명한다.

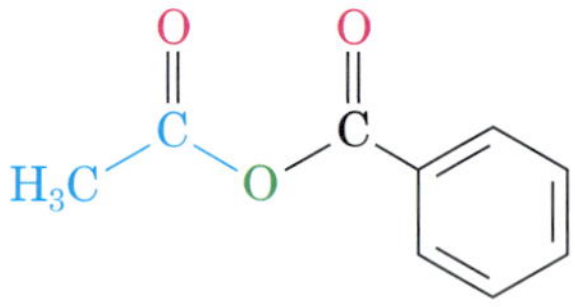

Acetic benzoic anhydride

아마이드, $RCONH_2$

치환되지 않은 $—NH_2$기를 가진 아마이드는 *-oic acid* 또는 *-ic acid* 어미를 *-amide*로 바꾸거나 또는 *-carboxylic acid* 어미를 *-carboxamide*로 바꾸어 명명한다. 예를 들면

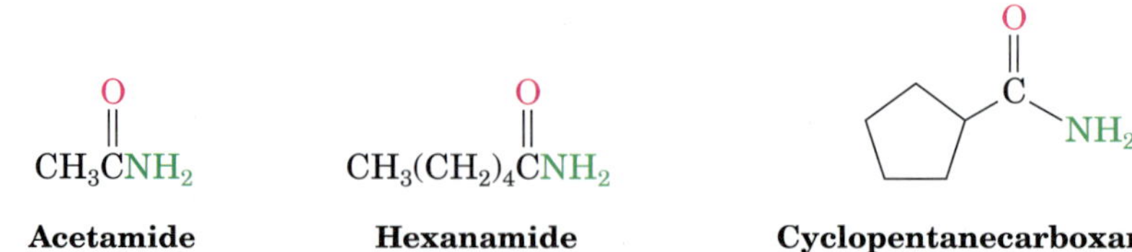

Acetamide
(acetic acid로부터)

Hexanamide
(hexanoic acid로부터)

Cyclopentanecarboxamide
(cyclopentanecarboxylic acid로부터)

만일 질소 원자가 더 치환되어 있다면, 화합물은 먼저 치환기를 확인하여 명명한 다음, 모체 아마이드를 명명한다. 치환기 앞에는 문자 *N*을 붙여 이들이 질소에 직접 붙어 있음을 표시한다.

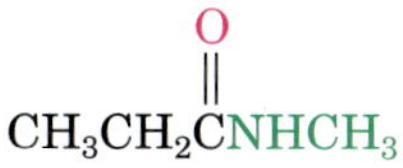

$CH_3CH_2C(=O)NHCH_3$

***N*-Methylpropanamide**

$C_6H_{11}C(=O)N(CH_2CH_3)_2$

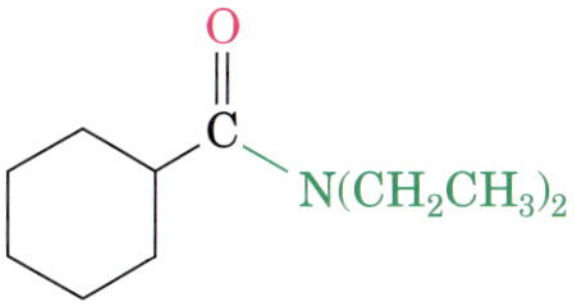

***N,N*-Diethylcyclohexanecarboxamide**

에스터, RCO_2R'

에스터는 먼저 산소에 결합된 알킬기를 확인한 다음 카복실산의 *-ic acid* 어미를 *-ate*로 바꾸어 명명한다:

$CH_3C(=O)OCH_2CH_3$

Ethyl acetate
(acetic acid의 에틸에스터)

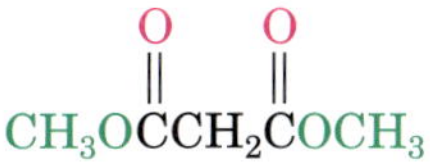

$CH_3OC(=O)CH_2C(=O)OCH_3$

Dimethyl malonate
(malonic acid의 다이메틸 에스터)

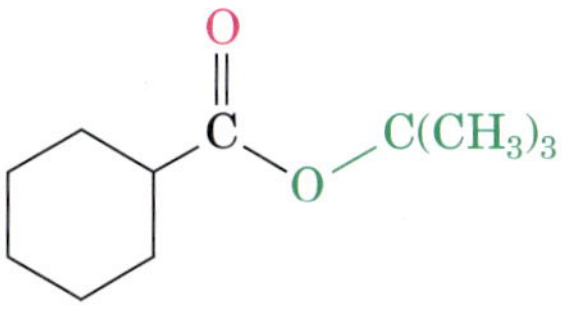

$C_6H_{11}C(=O)OC(CH_3)_3$

***tert*-Butylcyclohexanecarboxylate**
(cyclohexanecarboxylic acid의 *t*-뷰틸 에스터)

표 10.6 ● 카복실산 유도체의 명명법

작용기	구조	이름 끝
카복실산	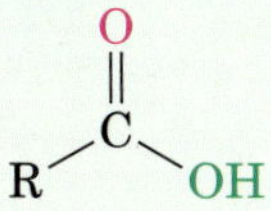 $RC(=O)OH$	*-ic acid* (*-carboxylic acid*)
산 할로젠화물	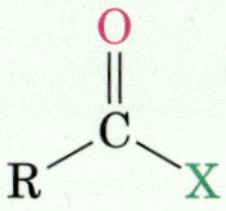 $RC(=O)X$	*-yl halide* (*-carbonyl halide*)
산 무수물	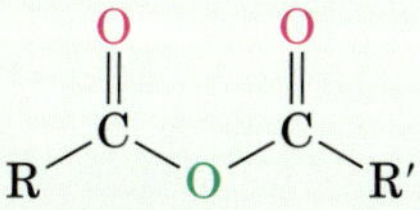 $RC(=O)OC(=O)R'$	*anhydride*
아마이드	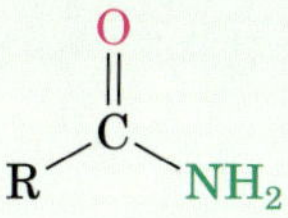 $RC(=O)NH_2$	*-amide* (*-carboxamide*)
에스터	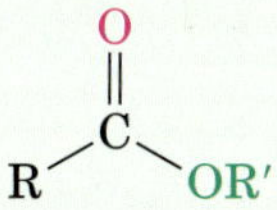 $RC(=O)OR'$	*-ate* (*-carboxylate*)

◆ **문제 10.12** 다음 물질의 IUPAC 이름을 써라.

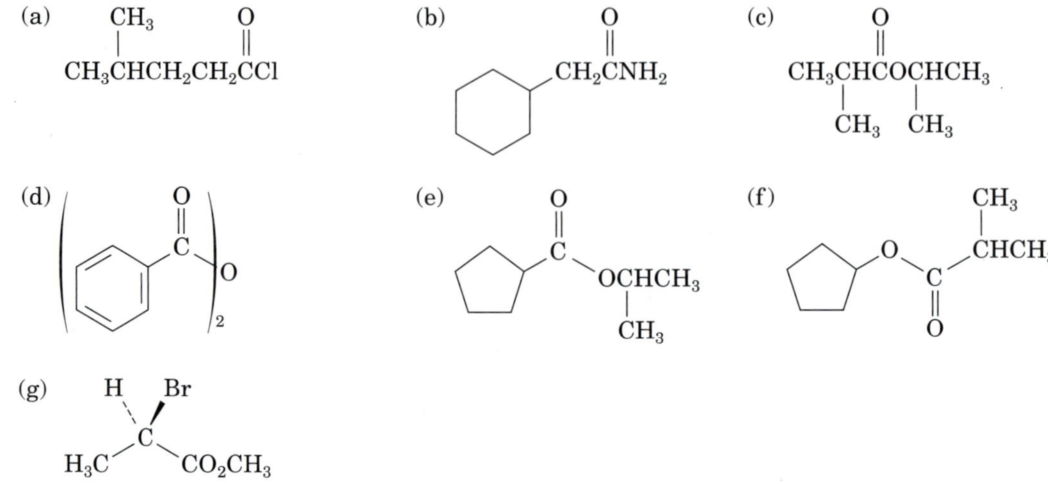

◆ **문제 10.13** 다음 이름에 해당하는 구조를 그려라.

(a) Phenyl benzoate
(b) *N*-Ethyl-*N*-methylbutanamide
(c) 2,4-Dimethylpentanoyl chloride
(d) Methyl 1-methylcyclohexanecarboxylate
(e) Formic propanoic anhydride

→ 10.11 친핵성 아실 치환 반응

극성인 C═O 결합에 대한 친핵체의 첨가 반응은 네 개의 주요 카보닐기 반응 중에서 세 가지 반응에 대한 핵심 단계이다. 알데하이드와 케톤에 친핵체가 첨가될 때, 초기에 형성

그림 10.4 ▶ **메커니즘 :** 친핵성 아실 치환 반응의 일반적인 메커니즘.

R–C(=O)–Y + :Nu⁻ (또는 :Nu—H)

친핵체가 카보닐기에 첨가되어 정사면체형 중간체를 생성한다.

⇅

[:Ö:⁻ — C(R)(Y)(Nu)]

산소로부터 전자쌍이 이탈되는 Y기를 치환시키고 생성물로서 새로운 카보닐 화합물이 생성된다.

↓

R–C(=O)–Nu + :Y⁻

Y는 —OR, —NR_2, —Cl

된 정사면체형 중간체에 양성자가 첨가되어 알코올이 얻어지거나, 카보닐 산소가 제거되어 새로운 C=Nu 결합이 생길 수 있다. 그러나 카복실산 유도체에 친핵체가 첨가될 때에는 다른 반응 과정이 일어난다. 초기에 형성된 정사면체형 중간체에서 원래 카보닐기 탄소에 결합된 두 치환기 중의 한 개가 제거되고, 알짜 **친핵성 아실 치환 반응**(nucleophilic acyl substitution reaction)에 이르게 된다(그림 10.4).

카복실산 유도체는 안정한 음이온으로 이탈될 수 있는 —Y기가 결합되어 있는 아실 탄소를 가지고 있다. 정사면체형 중간체가 형성되면 이탈기는 떨어져 나가고 새로운 카보닐 화합물이 생성된다.

이탈기

$$R-C(=O)-Y$$

카복실산 유도체

그림 10.4에 나타낸바와 같이 연속된 두 단계 즉 첨가/제거 반응 과정의 알짜효과는 원래 아실 탄소에 결합된 —Y기가 친핵체에 의해 치환이 일어난 것이다. 그러므로 전체 반응은 겉보기로는 S_N2 반응 과정에 의해 일어나는 형태인 친핵성 치환 반응의 종류와 비슷하지만, 두 반응 사이의 메커니즘은 완전히 다르다. S_N2 반응은 이탈기의 뒤쪽을 공격하여 치환되는 단일 단계 반응이지만; 친핵성 아실 치환 반응은 정사면체형 중간체를 포함하는 두 단계 반응으로 일어난다.

◆ **문제 10.14** 다음 친핵성 아실 치환 반응에 대한 메커니즘을 나타내어라. 각 단계에서 전자의 흐름을 굽은 화살표를 사용하여라.

$$C_6H_5-C(=O)-Cl \xrightarrow[CH_3OH]{Na^+\ ^-OCH_3} C_6H_5-C(=O)-OCH_3$$

》 카복실산 유도체의 상대적 반응성

첨가 단계와 이어지는 제거 단계 모두 친핵성 아실 치환 반응의 전체 반응속도에 영향을 주지만, 첨가 단계가 일반적으로 반응 속도-제한 단계이다. 따라서 친핵체에 대하여 카보닐기를 더 반응성이 있도록 만들어 주는 어떠한 요인은 치환 과정을 유리하게 한다.

입체적인 요인과 전자적인 요인 양쪽 모두가 반응성을 결정하는 데 중요하다. 비슷한 카복실산 유도체 계열 내에서 입체적으로 장애를 받지 않고 접근이 가능한 카보닐기가 입체적인 장애를 받는 카보닐기에 비해 친핵체와 더 쉽게 반응을 한다. 예를 들면 acetyl chloride, CH_3COCl은 2,2-dimethylpropanoyl chloride, $(CH_3)_3CCOCl$ 보다 훨씬 더 반응성이 크다. 반응성 순서는 다음과 같다.

반응성이 작음 반응성 반응성이 큼

전자적으로 강하게 편극된 아실 화합물들은 덜 극성인 유도체들보다도 더 쉽게 반응한다. 따라서 산 염화물은 전기음성인 염소 원자가 카보닐 탄소로부터 강하게 전자를 끌어당기기 때문에 가장 반응성이 큰 화합물이고, 반면에 아마이드는 가장 반응성이 낮은 화합물이다. 정전기 퍼텐셜 지도에서는 C=O 탄소에 상대적 푸른색으로 여러 카복실산 유도체들 사이에 이러한 차이를 나타내고 있다.

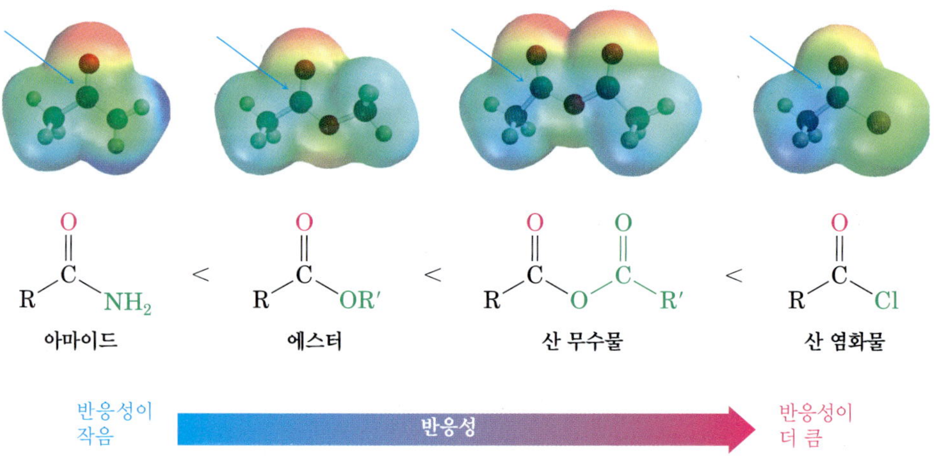

여러 치환기가 카보닐기의 편극에 영향을 주는 방법은 친전자성 치환 반응에 대한 방향족 고리의 반응성에 영향을 주는 방법과 비슷하다. 예를 들면 염소 치환기는 방향족 고리로부터 전자를 끌어당기는 것과 같은 방법으로 아실기로부터 유도적으로 전자를 끌어

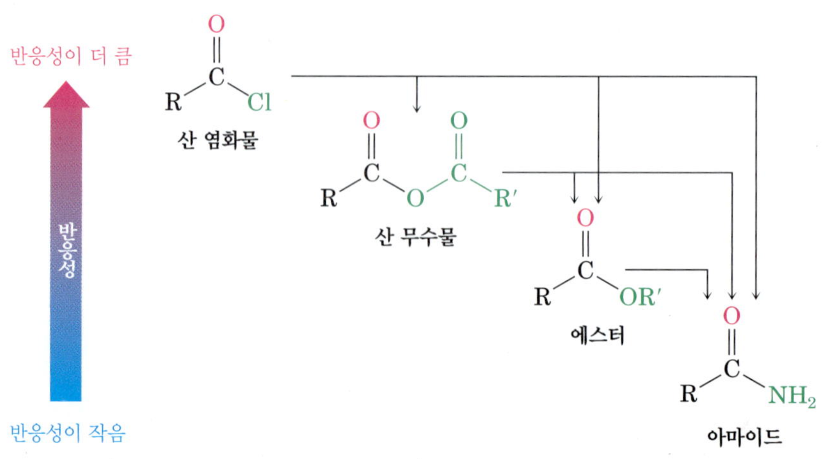

그림 10.5 ▸ 카복실산 유도체의 상호 변환. 보다 더 반응성인 카복실산 유도체는 덜 반응성인 카복실산 유도체로 전환시킬 수 있지만, 그 역은 전환될 수 없다.

당긴다. 비슷하게 아미노, 메톡시 치환기들은 방향족 고리에 전자를 밀어주는 것과 같은 방법으로 공명에 의해 아실기에 전자를 밀어 준다.

◆ **문제 10.15** 다음 각 조의 화합물들을 친핵성 아실 치환 반응에 대한 예상되는 반응성 순서를 정하여라.

(a) $CH_3C(=O)Cl$, $CH_3C(=O)OCH_3$, $CH_3C(=O)NH_2$

(b) $CH_3C(=O)OCH_3$, $CH_3C(=O)OCH_2CCl_3$, $CH_3C(=O)OCH(CF_3)_2$

◆ **문제 10.16** Methyl trifluoroacetate, $CF_3CO_2CH_3$는 methyl acetate, $CH_3CO_2CH_3$보다 친핵성 아실 치환 반응에 대한 반응성이 더 크다. 설명하여라.

》 친핵성 아실 치환 반응의 종류

- **가수분해 반응**(Hydrolysis): 물과 반응하여 카복실산이 생성되는 반응
- **가알코올 분해 반응**(Alcoholysis): 알코올과 반응하여 에스터가 생성되는 반응
- **가아민 분해 반응**(Aminolysis): 암모니아 또는 아민과 반응하여 아마이드가 생성되는 반응
- **환원 반응**(Reduction): 환원제인 수소 음이온과 반응하여 알데하이드 또는 알코올이 생성되는반응

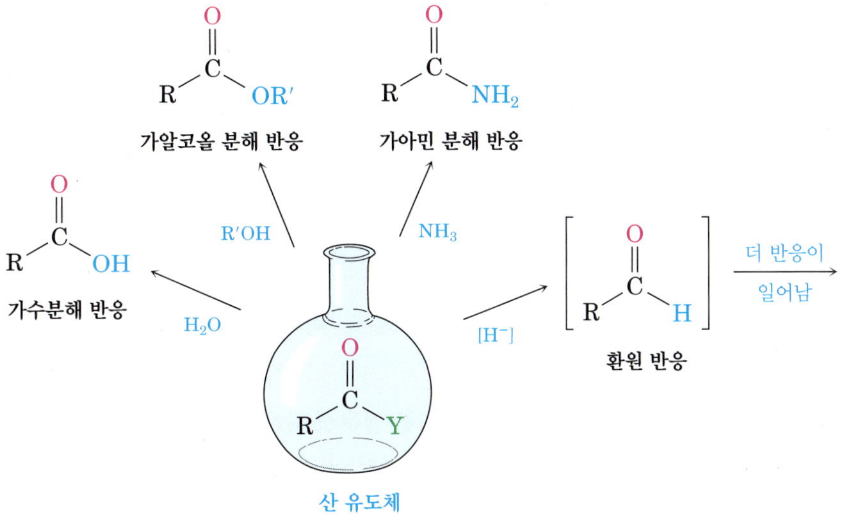

그림 10.6 ▸ 카복실산 유도체의 몇 가지 일반적인 반응.

예제 10.3

Benzoyl chloride와 2-propanol의 다음 친핵성 아실 치환 반응에서 생성물을 예측하여라.

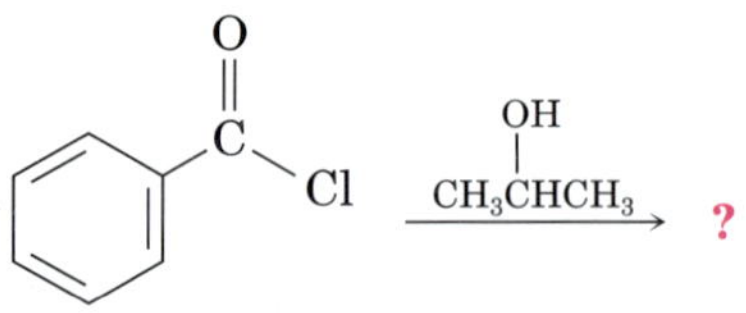

$$\text{Benzoyl chloride} \xrightarrow{CH_3CH(OH)CH_3} ?$$

Benzoyl chloride

▶ **힌트** 친핵성 아실 치환 반응은 카복실산 유도체 내의 이탈기에 대한 친핵체의 치환이다. 이탈기(산 염화물의 경우는 Cl^-)와 친핵체(이 경우에는 알코올)를 확인하고 한 가지를 다른 것으로 치환한다. 생성물은 isopropyl benzoate이다.

▶ **해답**

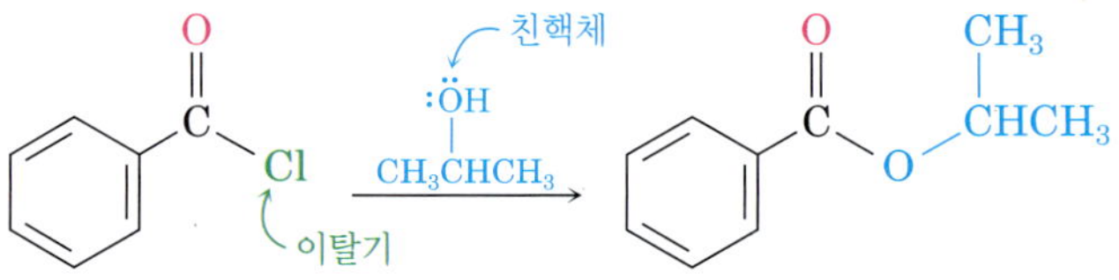

$$\text{Benzoyl chloride} \xrightarrow{CH_3CH(\ddot{O}H)CH_3} \text{Isopropyl benzoate}$$

친핵체

이탈기

Benzoyl chloride **Isopropyl benzoate**

◆ **문제 10.17** 다음의 각 친핵성 아실 치환 반응에 대한 생성물을 예측하여라.

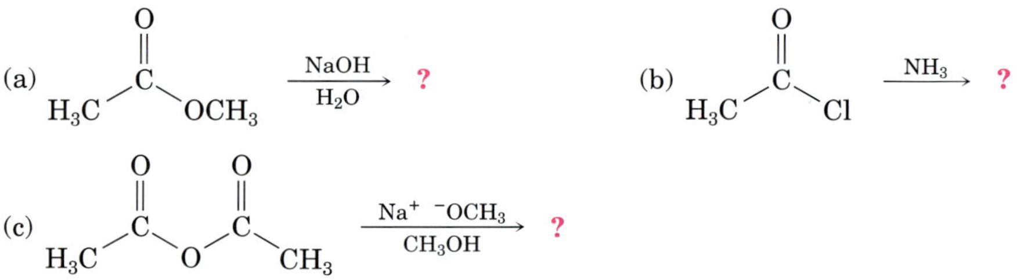

(a) $H_3C-C(=O)-OCH_3 \xrightarrow[H_2O]{NaOH} ?$

(b) $H_3C-C(=O)-Cl \xrightarrow{NH_3} ?$

(c) $H_3C-C(=O)-O-C(=O)-CH_3 \xrightarrow[CH_3OH]{Na^+\ {}^-OCH_3} ?$

→ 10.12 카복실산의 친핵성 아실 치환 반응

카복실산의 직접적인 친핵성 아실 치환 반응은 —OH가 좋지 않은 이탈기이기 때문에 실험실에서 어렵다. 따라서 이 반응은 센 산을 촉매로 하여 카복시기에 양성자를 첨가함으로써 더 좋은 받개로 만들거나 또는 —OH를 보다 더 좋은 이탈기로 변환시켜 반응성을 높여줄 필요가 있다.

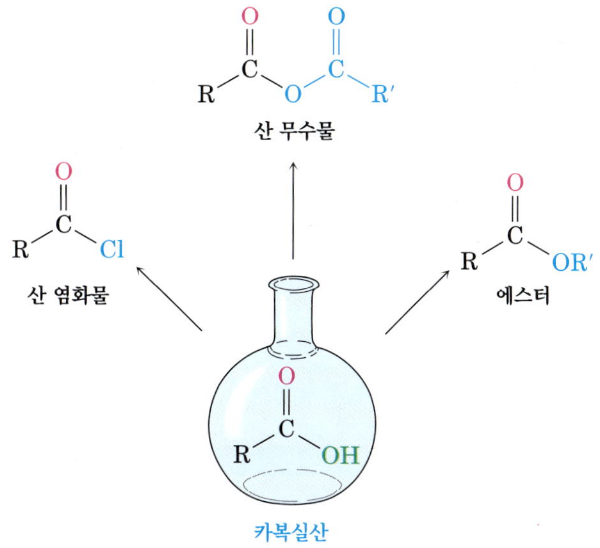

그림 10.7 ▸ 카복실산의 몇 가지 친핵성 아실 치환 반응.

카복실산을 산 염화물로 전환

카복실산은 thionyl chloride, $SOCl_2$로 처리해 줌으로써 산염화물로 전환된다.

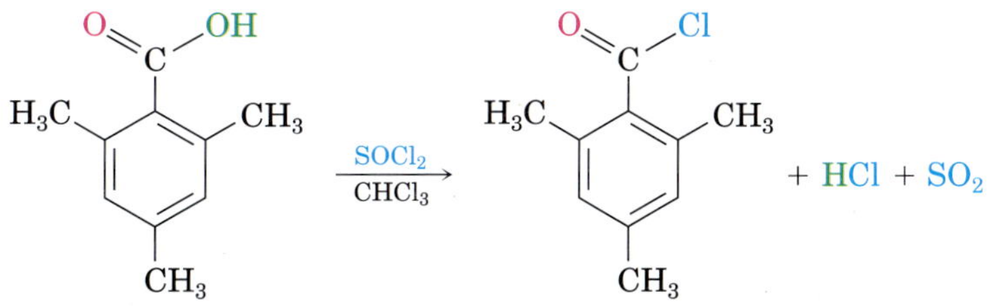

2,4,6-Trimethylbenzoic acid $\xrightarrow[CHCl_3]{SOCl_2}$ 2,4,6-Trimethylbenzoyl chloride (90%) + HCl + SO_2

이 반응은 친핵성 아실 치환 반응 경로로 일어나며, 카복실산을 먼저 반응성이 큰 *chlorosulfite* 중간체로 전환시킨 다음, 카복실산의 —OH를 더 좋은 이탈기로 만든다. 그 다음 chlorosulfite 중간체는 친핵성 염소 음이온과 반응한다.

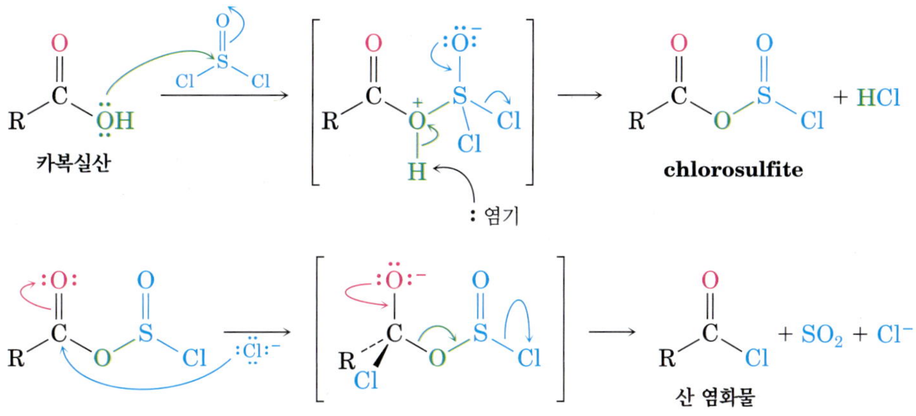

카복실산을 산 무수물로 전환

산 무수물은 가열에 의해 카복실산 두 분자로부터 1당량의 물을 제거함으로써 생성된다. 그러나 해당하는 산으로부터 비고리 무수물(acyclic anhydride)을 만들기가 어렵고, 일반적으로 acetic anhydride만이 이 방법에 의해 합성된다.

$$H_3C-\overset{O}{\overset{\|}{C}}-O-\overset{O}{\overset{\|}{C}}-CH_3$$

Acetic anhydride

오원자 또는 육원자로 이루어진 고리를 갖는 고리 무수물은 이가산(diacid)을 가열하는 탈수 반응에 의해 얻는다.

$$H_2C(CO_2H)-H_2C(CO_2H) \xrightarrow{200°C} \text{(cyclic } H_2C-C(=O)-O-C(=O)-CH_2) + H_2O$$

Succinic acid **Succinic anhydride**

카복실산의 에스터로의 전환

카복실산을 에스터로 전환하는 반응은 여러 가지 방법이 있으며, 일차 할로젠화 알킬과 카복실산 음이온 사이의 S_N2 반응도 그 중의 하나이다.

$$CH_3CH_2CH_2\overset{O}{\overset{\|}{C}}O^-\ Na^+ + CH_3-I \xrightarrow[\text{반응}]{S_N2} CH_3CH_2CH_2\overset{O}{\overset{\|}{C}}OCH_3 + NaI$$

Sodium butanoate **Methyl butanoate, 에스터 (97%)**

에스터도 역시 카복실산과 알코올의 친핵성 아실 치환 반응에 의해서 합성될 수 있다. 1895년에 Emil Fischer는 단순히 소량의 센 산 촉매가 들어있는 알코올 용액에 카복실산을 넣고 가열함으로써 간단히 에스터를 얻는 방법을 발견하였다. 이 방법을 Fischer의 에스터화 반응(Fischer's esterification reaction)이라고 부르며, 이 반응의 수득률은 좋지만, 용매로 과량의 알코올을 사용해야만 하고, 메틸, 에틸, 프로필 및 뷰틸 에스터의 합성에만 제한된 방법이다.

생물학적 연결

$$C_6H_5-\overset{HO}{\overset{|}{C}}H\overset{O}{\overset{\|}{C}}OH + CH_3CH_2OH \xrightarrow[HCl]{Ethanol} C_6H_5-\overset{HO}{\overset{|}{C}}H\overset{O}{\overset{\|}{C}}OCH_2CH_3 + H_2O$$

Mandelic acid **Ethyl mandelate (86%)**

Emil Fischer

Emil Fischer(1852~1919)는 생존했던 유기 화학자 중에서 가장 위대한 학자이다. 독일 Euskirchen에서 태어났고, 1874년 Strasbourg 대학에서 Adolf von Baeyer로부터 박사 학위를 받았다. Erlangen, Wurzburg 그리고 Berlin 대학에서 화학 교수를 역임하면서, 당과 purine에 관한 연구를 수행하여 1902년 노벨 화학상을 수상하였다. 제1차 세계대전 동안에 Fischer는 독일의 전쟁에 필요한 화합물 생산에 기여하였고, 전쟁 동안 두 아들의 죽음이 그의 우울증과 자살의 원인이 되었다.

그림 10.8에 나타낸 바와 같이 Fischer 에스터화 반응은 산-촉매 친핵성 아실 치환 반응이다. 카복실산은 알코올에 의해 공격을 받을 만큼 반응성이 충분히 크지는 않지만 HCl 또는 H_2SO_4와 같은 센 산에 의해 반응성이 크게 높아진다. 무기산은 카보닐기 산소 원자에 양성자를 첨가시키고, 따라서 카복실산에 양전하를 형성하여 반응성을 훨씬 더 크게 만들어 준다. 정사면체형 중간체로부터 계속되는 물의 이탈에 의해 에스터 생성물이 얻어진다.

그림 10.8에서 보여 준 메커니즘을 지지하는 가장 좋은 증거는 동위원소-표지 실험에서 나타난다. ^{18}O-표지된 methanol이 benzoic acid와 반응하면 생성된 methyl benzoate에는 표지된 ^{18}O-표지가 발견되지만, 생성된 물에는 표지된 산소가 발견되지 않는

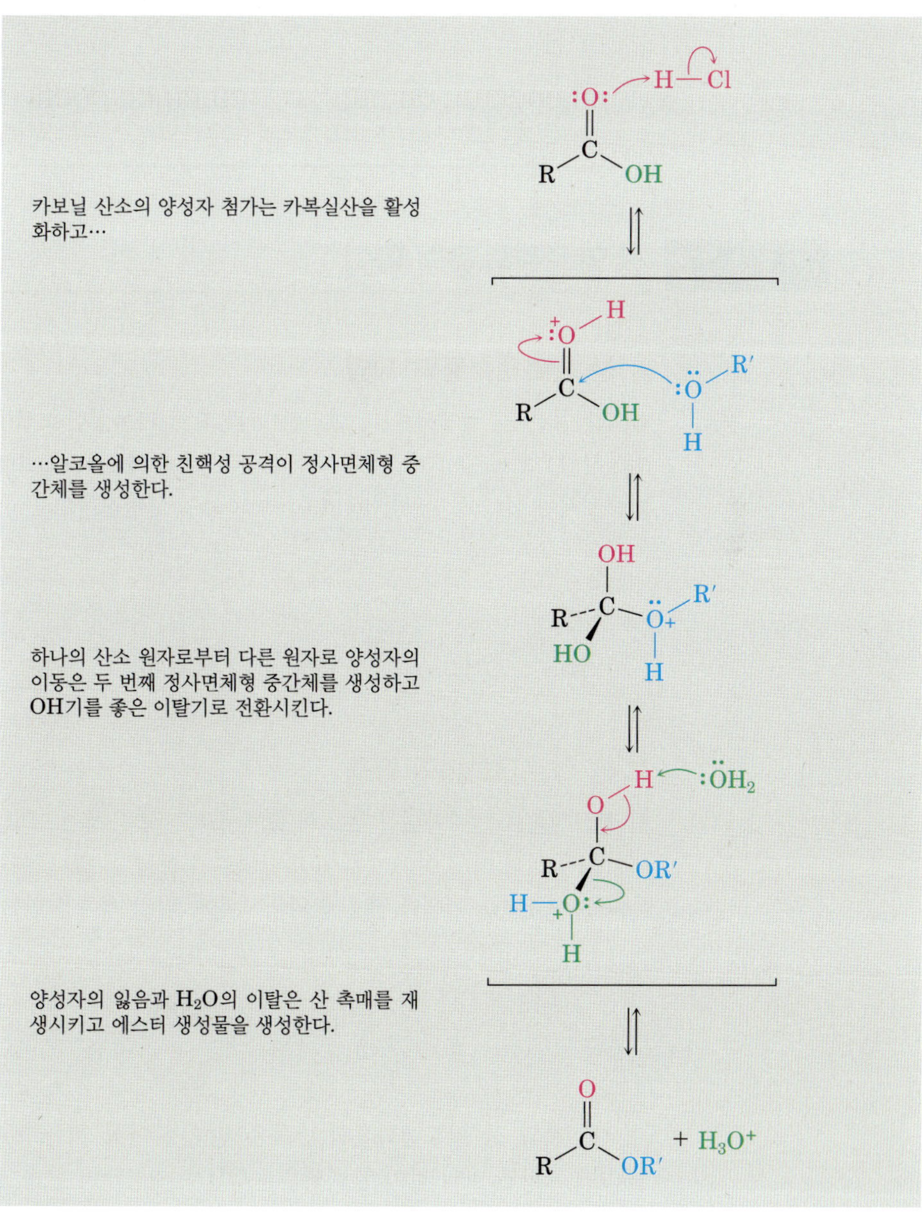

그림 10.8 ▸ **메커니즘:** Fischer 에스터화 반응의 메커니즘. 반응은 산-촉매하에 카복실산의 친핵성 아실 치환 반응이다.

다. 따라서 반응이 일어나는 동안 카복실산의 CO—H 결합이 끊어지기보다는 C—OH 결합이 끊어지고 알코올의 R—OH 결합보다는 RO—H 결합이 끊어진다.

이 결합들이 끊어짐

$$C_6H_5COOH + CH_3\overset{*}{O}—H \underset{\text{촉매}}{\overset{HCl}{\rightleftharpoons}} C_6H_5CO\overset{*}{O}CH_3 + HOH$$

◆ **문제 10.18** 다음 에스터를 만드는 방법을 써라.

(a) $CH_3COCH_2CH_2CH_2CH_3$ (C=O)

(b) $CH_3CH_2CH_2COCH_3$ (C=O)

→ 10.13 산 할로젠화물의 화학

》 산 할로젠화물의 제법

산 염화물은 앞 절에서 이미 살펴본 바와 같이 카복실산을 thionyl chloride($SOCl_2$)와 반응시킴으로써 만들 수 있다. 카복실산과 phosphorus tribromide(PBr_3)와의 비슷한 반응에서는 산 브로민화물(acid bromide)이 얻어진다.

$$RCOOH \xrightarrow{SOCl_2} RCOCl \qquad RCOOH \xrightarrow[\text{Ether}]{PBr_3} RCOBr$$

》 산 할로젠화물의 반응

산 할로젠화물은 카복실산 유도체 중에서 가장 반응성이 크고, 친핵성 아실 치환 반응 메커니즘에 의해 다른 여러 종류의 화합물로 전환될 수 있다. 예를 들면 산 염화물의 가치는 Friedel-Crafts 아실화 반응에 의해 방향족 알킬 케톤을 만들 때 이미 배운 바 있다.

$$RCOCl + Ar—H \xrightarrow{AlCl_3} RCOAr + HCl$$

대부분의 산 할로젠화물의 반응은 친핵성 아실 치한 메커니즘으로 일어난다. 그림 10.9에 나타낸 바와 같이 할로젠은 —OH로 치환되어 산을 생성하고, —OCOR로 치환되어 산 무수물을 생성하고, —OR로 치환되어 에스터를 생성하거나 또는 —NH_2로 치환되어 아마이드를 만든다. 더욱이 산 할로젠화물의 환원은 일차 알코올을 생성한다.

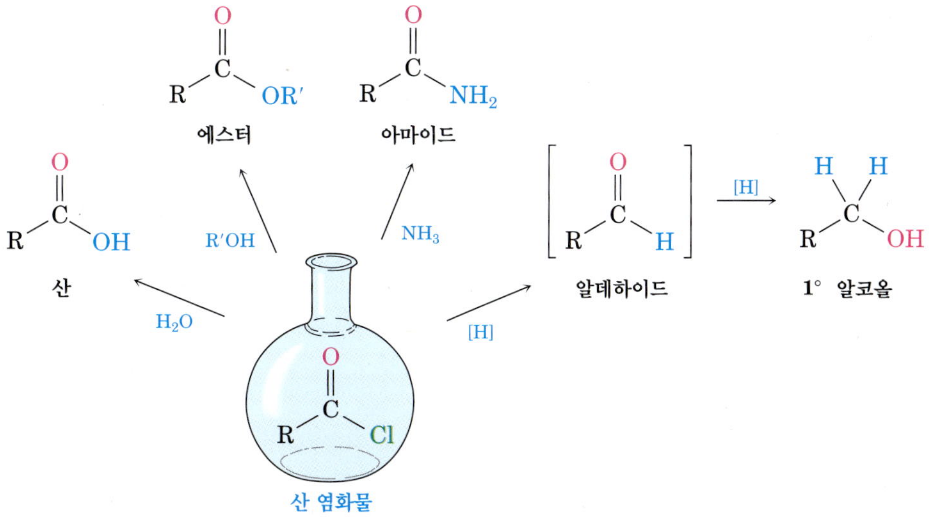

그림 10.9 ▸ 몇 가지 산 염화물의 친핵성 아실 치환 반응.

가수분해 반응: 산 할로젠화물을 산으로 전환 산염화물은 물과 반응하여 카복실산을 생성한다. 이 가수분해 반응은 산 염화물의 카보닐기에 물이 공격함으로써 일어나는 전형적인 친핵성 아실 치환 반응 과정이다. 정사면체형 중간체가 형성된 다음 Cl^-이 제거된다. 이어서 H^+를 잃어버리고, 카복실산과 HCl 생성물이 얻어진다.

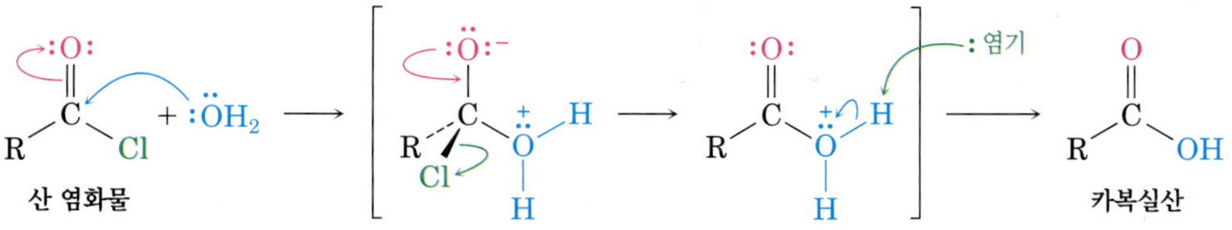

가알코올 분해 반응: 산 할로젠화물을 에스터로 전환 산염화물은 알코올과 반응하여 에스터를 생성하며, 이 과정은 산 염화물이 물과의 반응에서 산이 얻어지는 것과 비슷하다. 가수분해 반응에서처럼 가알코올 분해 반응도 일반적으로 생성되는 HCl과 반응할 pyridine 또는 NaOH 존재하에서 일어난다.

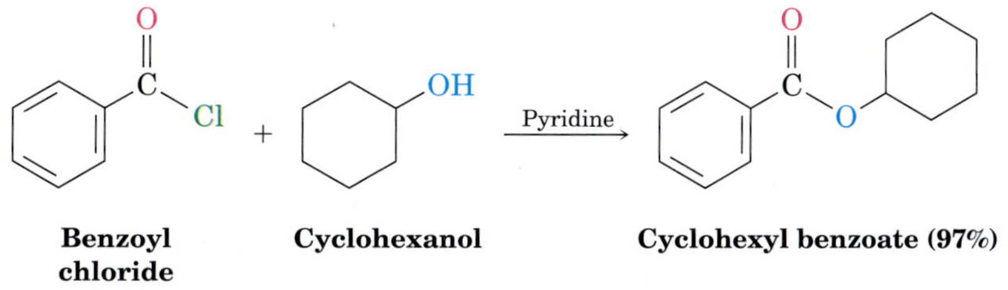

알코올과 산 염화물과의 에스터화 반응은 입체 장애에 의해 강하게 영향을 받는다. 양쪽 반응물 중에 부피가 큰 치환기가 존재하면 상당한 정도로 반응 속도가 감소하게 되며, 그 반응성 순서는 일차>이차>삼차 알코올이 된다. 결과적으로 에스터화 반응은 더 입체 장애를 갖는 알코올이 존재할 때, 입체 장애를 덜 받는 알코올이 선택적으로 에스터화가

가능하다. 이 사실은 가끔 비슷한 두 작용기를 구별할 필요가 있는 복잡한 합성에서 중요하다. 예를 들면

일차 알코올 (덜 가려져 있고 반응성이 큼)

$$\text{HO-C}_6\text{H}_{10}\text{-CH}_2\text{OH} + \text{H}_3\text{C-C(=O)-Cl} \xrightarrow{\text{Pyridine}} \text{HO-C}_6\text{H}_{10}\text{-CH}_2\text{-O-C(=O)-CH}_3$$

이차 알코올 (더 가려져 있고 반응성이 작음)

◆ **문제 10.19** 산 염화물의 친핵성 아실 치환 반응을 이용하여 다음 에스터를 합성하여라.
(a) $CH_3CH_2CO_2CH_3$ (b) $CH_3CO_2CH_2CH_3$ c) Ethyl benzoate

◆ **문제 10.20** 만일 cyclohexyl benzoate를 합성하기를 원한다면 Fischer 에스터화 반응 또는 산 염화물과 알코올과의 반응 중에서 어느 방법을 선택해야 하는가? 이를 설명하여라.

가아민 분해 반응: 산 할로젠화물을 아마이드로 전환 산 염화물은 암모니아 및 아민류와 빠르게 반응하여 아마이드를 생성한다. 단일-치환 및 이-치환 아민 모두 사용할 수 있지만, 삼-치환 아민(R_3N)은 사용할 수 없다.

$$(CH_3)_2CHC(=O)Cl + 2\ :NH_3 \longrightarrow (CH_3)_2CHC(=O)NH_2 + \overset{+}{N}H_4\ \overset{-}{Cl}$$

2-Methylpropanoyl chloride → **2-Methylpropanamide (83%)**

$$C_6H_5C(=O)-Cl + 2\ :NH(CH_3)_2 \longrightarrow C_6H_5C(=O)-N(CH_3)_2 + \overset{+}{N}H_2(CH_3)_2\ \overset{-}{Cl}$$

Benzoyl chloride → ***N,N*-Dimethylbenzamide (92%)**

이 반응 과정에서 HCl이 생성되기 때문에, 2당량의 아민을 사용해야만 한다. 아민 1당량은 산 염화물과 반응하고, 또 다른 1당량은 부생성물인 HCl과 반응하여 염화암모늄 염을 만든다. 그러나 만일 아민이 값이 비싼 화합물이라면, 아마이드 합성에 필요한 만큼의 아민 1당량을 사용하여 반응시킨 다음 NaOH와 같은 값이 싼 염기 1당량을 가한다. 예를 들면 진정제인 trimetozine은 1당량의 NaOH 존재하에서 3,4,5-trimethoxybenzoyl chloride와 아민인 morpholine을 반응시켜 상업적으로 합성된다.

3,4,5-Trimethoxybenzoyl chloride + Morpholine $\xrightarrow[H_2O]{NaOH}$ Trimetozine (아마이드) + NaCl

◆ **문제 10.21** 산 염화물과 아민 또는 암모니아를 이용하여 다음 아마이드를 합성하여라.
(a) $CH_3CH_2CONHCH_3$ (b) *N*,*N*-Diethylbenzamide (c) Propanamide

환원: 산 염화물을 알코올로 전환 산 염화물은 $LiAlH_4$에 의해 환원되어 일차 알코올을 생성한다. 그러나 모체 카복실산은 일반적으로 쉽게 구입할 수 있고, 구입한 카복실산을 $LiAlH_4$로 환원시키면 알코올이 생성되기 때문에 이 반응은 실용적 가치가 적다.

Benzoyl chloride $\xrightarrow[2.\ H_3O^+]{1.\ LiAlH_4,\ ether}$ Benzyl alcohol (96%)

환원 반응은 수소 음이온(H:⁻)이 카보닐기를 공격하여 정사면체형 중간체가 생성된 다음 Cl^-가 떨어져 나가는 전형적인 친핵성 아실 치환 반응 메커니즘을 통해서 일어난다. 이 반응의 알짜 효과는 —Cl가 —H로 치환되어 알데하이드가 만들어진 다음, 곧 바로 두 번째 단계에서 $LiAlH_4$에 의해 환원되어 일차 알코올을 생성한다.

산 염화물 + :H⁻ $\xrightarrow[Ether]{LiAlH_4}$ [정사면체형 중간체 → 알데하이드 (*분리되지 않음*)] $\xrightarrow[2.\ H_3O^+]{1.\ LiAlH_4}$ 일차 알코올

10.14 산 무수물의 화학

산 무수물의 제조

산 무수물은 산 염화물과 카복실산염 음이온과의 친핵성 아실 치환 반응으로 만드는 것이 가장 일반적이다. 대칭인 산 무수물과 비대칭인 산 무수물은 모두 이 방법으로 합성된다.

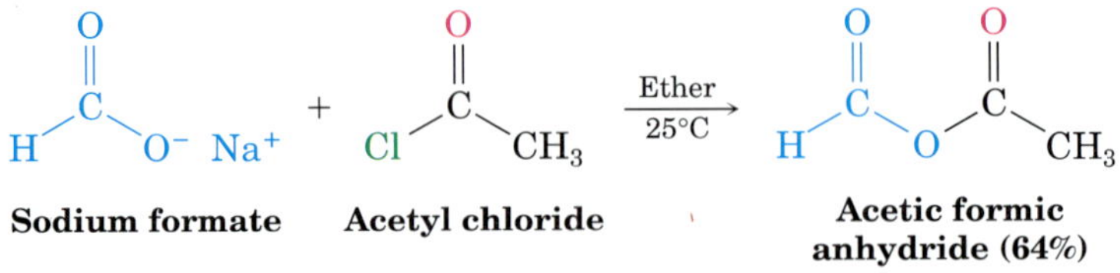

$$HCOO^- Na^+ + CH_3COCl \xrightarrow[25°C]{Ether} HCOOCOCH_3$$

Sodium formate　Acetyl chloride　Acetic formic anhydride (64%)

》 산 무수물의 반응

산 무수물의 화학은 산 염화물의 화학과 비슷하다. 산 무수물이 산 염화물보다는 더 느리게 반응을 하지만, 두 작용기에서 일어나는 반응 종류는 같다. 따라서 산 무수물은 물과 반응하여 산을 생성하고, 알코올과 반응하여 에스터를 생성하며, 아민과 반응하여 아마이드를 생성하고, $LiAlH_4$와 반응하여 일차 알코올을 생성한다(그림 10.10).

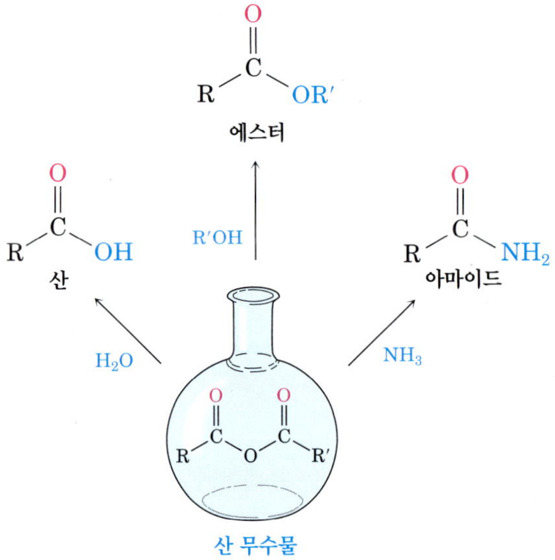

그림 10.10 ▸ 몇 가지 산 무수물의 반응.

아세트산 무수물은 알코올로부터는 아세트산 에스터(acetate ester)를 만들고, 아민으로부터는 *N*-치환된 아세트아마이드를 합성하는 데 자주 사용된다. 예를 들면 아스피린(acetylsalicylic acid)은 *o*-hydroxybenzoic acid(salicylic acid)를 아세트산 무수물과의 아세틸화 반응에 의해 상업적으로 합성된다. Tylenol과 같이 의사 처방전이 없이도 구입할 수 있는 진통제로 쓰이는 의약품인 acetaminophen은 *p*-hydroxyaniline과 아세트산 무수물을 반응시켜 합성된다. 덜 친핵성인—OH기보다 더 친핵성인—NH_2기가 반응함에 유의하여라.

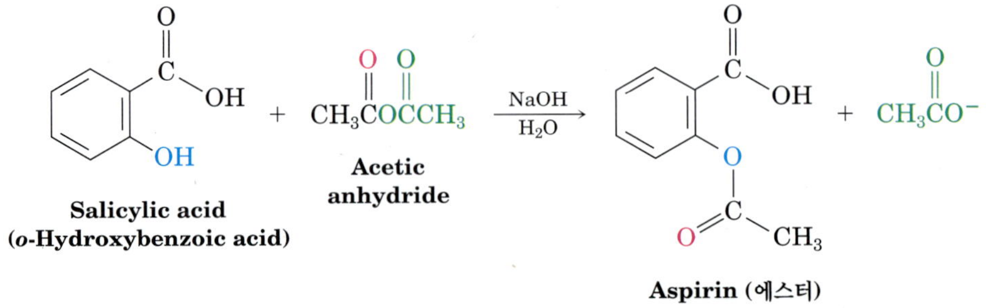

$$\text{Salicylic acid} + CH_3COOCCH_3 \xrightarrow[H_2O]{NaOH} \text{Aspirin} + CH_3CO^-$$

Salicylic acid (*o*-Hydroxybenzoic acid)　Acetic anhydride　Aspirin (에스터)

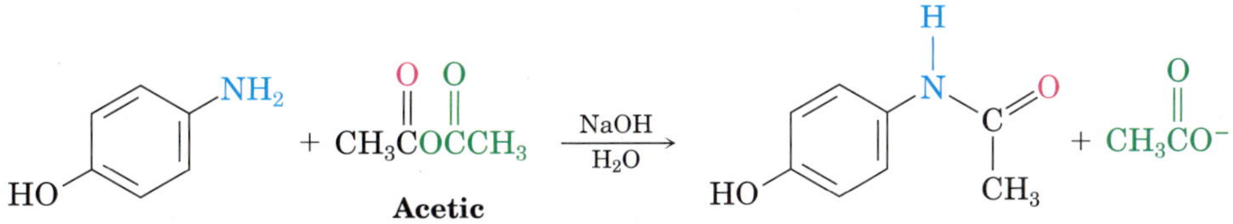

$$HO-C_6H_4-NH_2 + CH_3\overset{O}{\overset{\|}{C}}O\overset{O}{\overset{\|}{C}}CH_3 \xrightarrow[H_2O]{NaOH} HO-C_6H_4-NH-\overset{O}{\overset{\|}{C}}-CH_3 + CH_3\overset{O}{\overset{\|}{C}}O^-$$

***p*-Hydroxyaniline** **Acetic anhydride** **Acetaminophen**

10.15 에스터의 화학

많은 간단한 에스터는 과일과 꽃의 향기에 해당되는 유쾌한 냄새를 가진 액체이다. 예를 들면 methyl butanoate는 파인애플 오일에서 발견되고, isopentyl acetate는 바나나 오일의 성분이다. 또한 에스터 결합은 동물성 지방 및 생물학적으로 중요한 분자들 안에 들어있다.

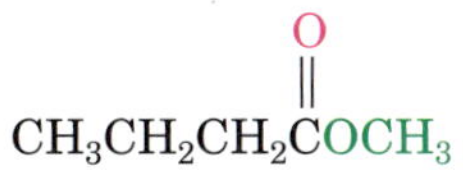

$$CH_3CH_2CH_2\overset{O}{\overset{\|}{C}}OCH_3$$

Methyl butanoate
(파인애플로 부터)

$$CH_3\overset{O}{\overset{\|}{C}}OCH_2CH_2\overset{CH_3}{\overset{|}{C}}HCH_3$$

Isopentyl acetate
(바나나로 부터)

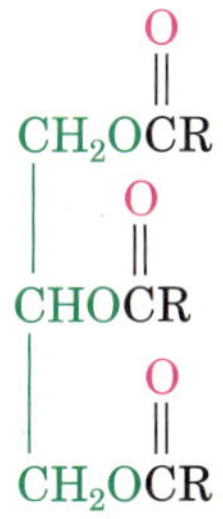

$$\begin{array}{l} CH_2O\overset{O}{\overset{\|}{C}}R \\ | \\ CHO\overset{O}{\overset{\|}{C}}R \\ | \\ CH_2O\overset{O}{\overset{\|}{C}}R \end{array}$$

지방
(R = C_{11-17} 사슬)

화학 산업에서도 에스터는 다양한 목적으로 이용된다. 예를 들면 ethyl acetate는 일반적으로 사용되는 용매이고, dialkyl phthalate는 중합체가 부서지는 것을 막아주는 가소제(plasticizers)로 사용된다.

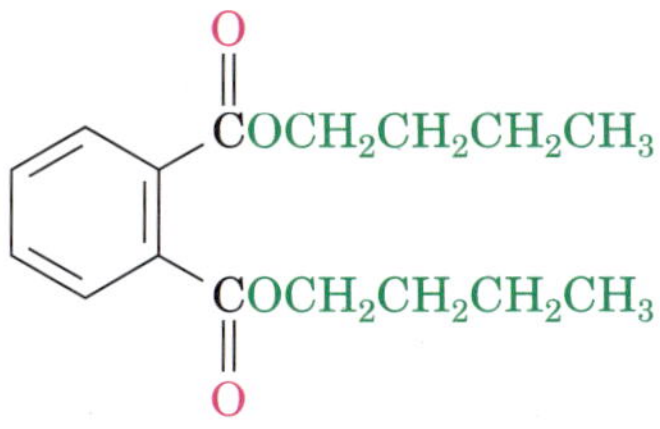

$$C_6H_4(\overset{O}{\overset{\|}{C}}OCH_2CH_2CH_2CH_3)_2$$

Dibutyl phthalate **(가소제)**

에스터의 제조

에스터는 일반적으로 이미 언급된 방법에 의해서 카복실산으로부터 제조된다. 따라서 카복실산은 카복실산염 음이온과 일차 할로젠화 알킬과의 S_N2 반응 또는 무기 산-촉매 존재하에서 카복실산과 간단한 알코올과의 Fischer 에스터화 반응에 의해서 직접 에스터로 전환된다. 더욱이 산 염화물은 염기 존재하에서 알코올로 처리하면 에스터로 전환된다.

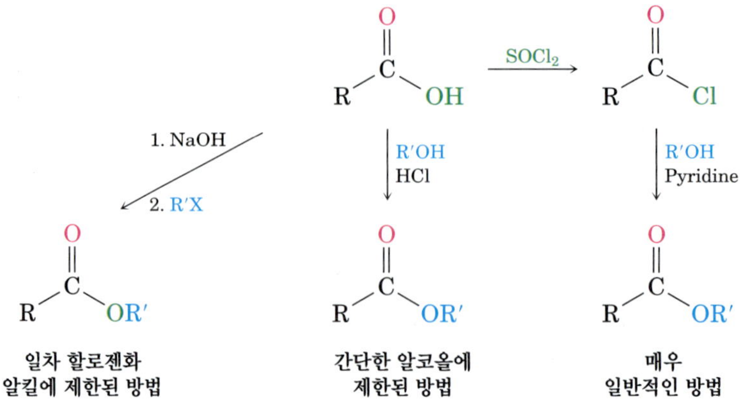

에스터의 반응

에스터는 우리가 이미 살펴본 다른 카복실산 유도체와 같은 종류의 반응을 한다. 그러나 에스터는 산 염화물 또는 산 무수물들보다 친핵체에 대해 훨씬 반응성이 적다. 그림 10.11은 에스터의 몇 가지 일반적인 반응을 보여준다. 이들 반응 모두는 비고리형 에스터 및 **락톤**(lactone)이라고 부르는 고리형 에스터에서 동등하게 적용된다.

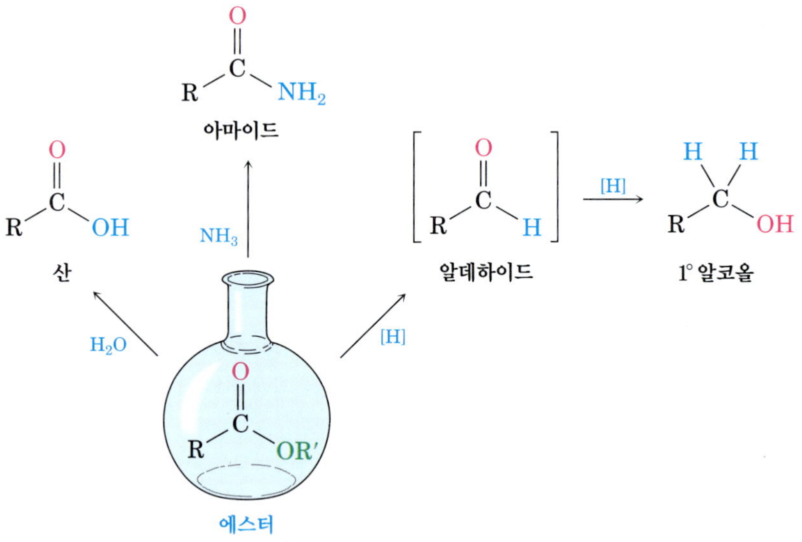

그림 10.11 ▸ 몇 가지 에스터의 반응.

가수분해 반응: 에스터를 카복실산으로 전환 에스터는 염기성 수용액 또는 산성 수용액에 의해 가수분해되어 카복실산과 알코올을 생성한다.

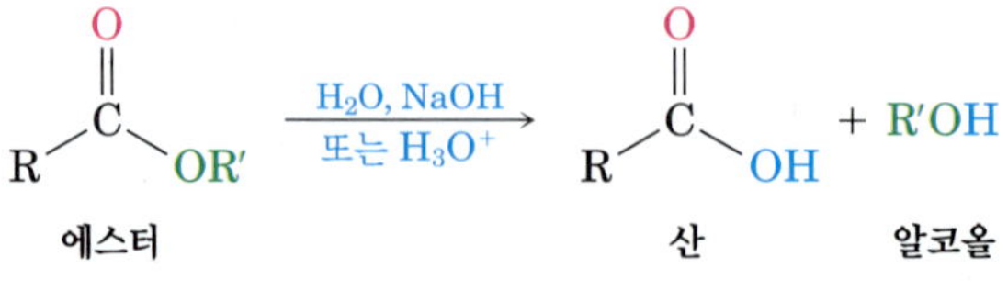

$$\text{RCOOR}' \xrightarrow[\text{또는 } H_3O^+]{H_2O,\ NaOH} \text{RCOOH} + \text{R}'\text{OH}$$

염기성 용액에서 에스터의 가수분해 반응은 "비누(soap)"라는 의미를 가진 라틴어 *sapo*에서 어원을 따서 **비누화 반응**(saponification)이라 부른다. 실제로 동물성 지방을 염기와 함께 가열하면 에스터 결합이 가수분해되면서 비누가 만들어진다.

에스터 가수분해 반응은 그림 10.12에 나타낸 전형적인 친핵성 아실 치환 반응 경로에 의해서 일어난다. 이 반응에서 친핵체인 수산화 이온은 에스터의 카보닐기에 첨가되어 정사면체형 중간체를 만든다. 이어서 알콕시 이온을 잃어버린 다음 카복실산이 형성되고, 카복실산에서 양성자가 제거되어 카복실산 음이온이 만들어진다. 비누화 반응이 완결된 후에 분리 단계에서 HCl 수용액을 가하면 카복실산염 음이온에 양성자 첨가되고 카복실산이 생성된다.

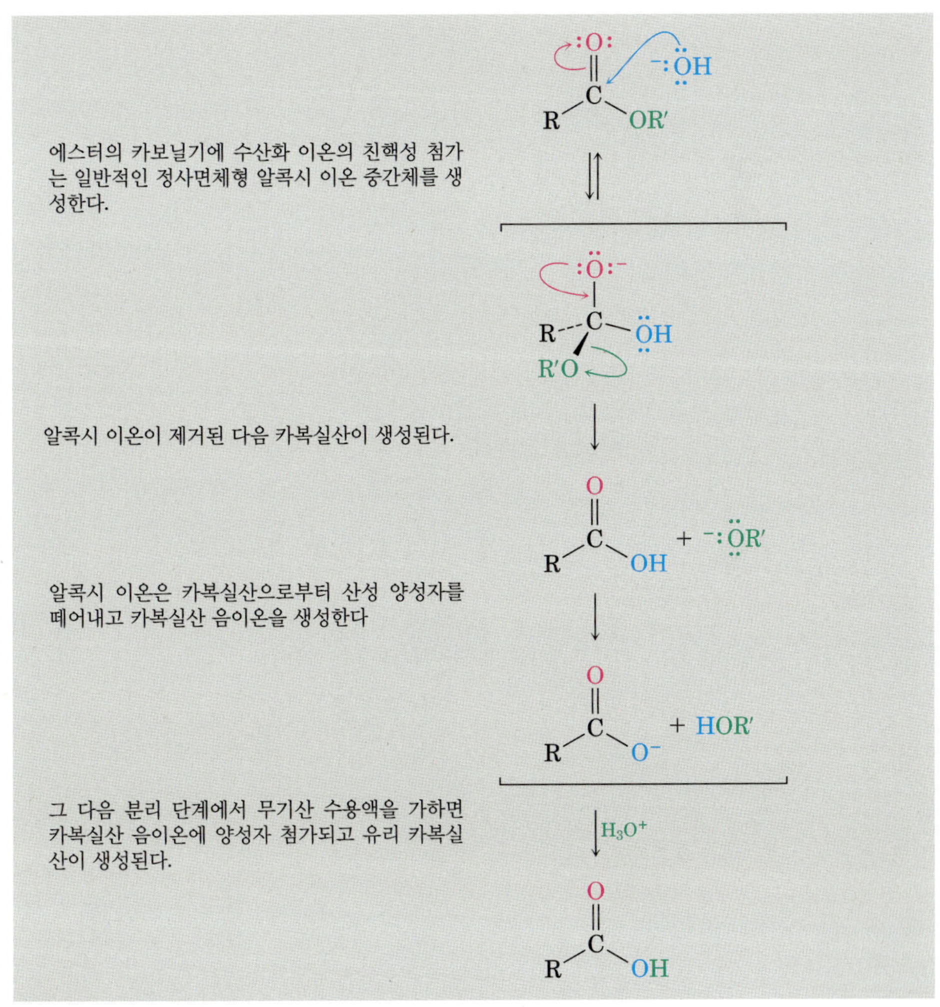

그림 10.12 ▸ **메커니즘:** 염기-유도 에스터 가수분해 반응(비누화 반응).

그림 10.12에 나타낸 메커니즘은 동위원소 표지 실험에 의해 입증된다. 에터-유사한 산소에 ^{18}O로 표지된 ethyl propanoate가 NaOH 수용액에서 가수분해될 때에 오직 ethanol 생성물에 ^{18}O 표지가 나타남을 볼 수 있다. 이 결과는 남아 있는 propanoic acid에는 표지된 산소가 없으며, 비누화 반응에서 CO—R′ 결합보다는 C—OR′ 결합이 끊어진다는 것을 의미한다.

이 결합이 끊어짐

$$CH_3CH_2C(=O){-}\overset{*}{O}CH_2CH_3 \xrightarrow[2.\ H_3O^+]{1.\ NaOH,\ H_2O} CH_3CH_2C(=O)OH + H\overset{*}{O}CH_2CH_3$$

◆ **문제 10.22** 왜 에스터의 비누화 반응은 비가역적인가? 바꾸어 말하며, 왜 카복실산을 알콕시 이온과 함께 처리하면 에스터가 형성되지 않는가?

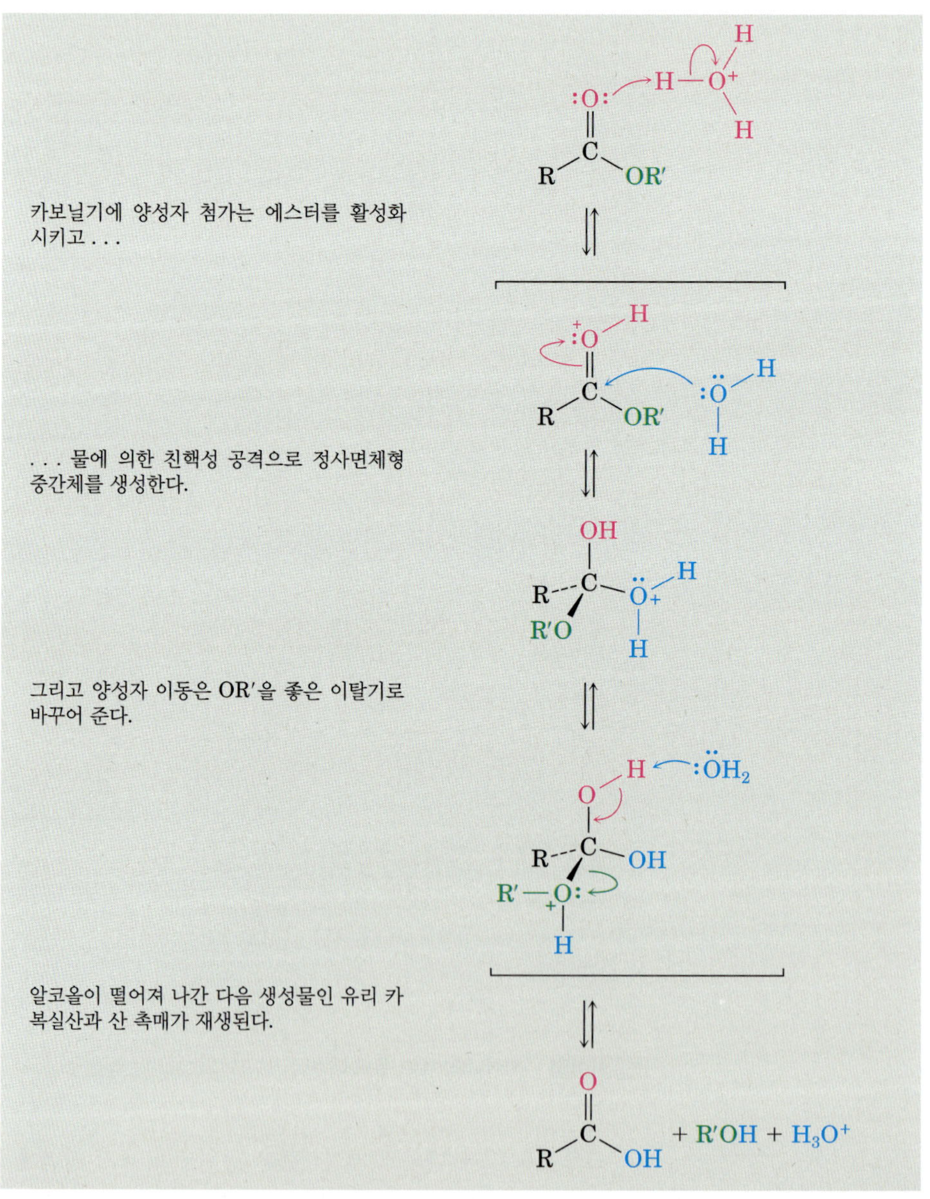

그림 10.13 ▶ **메커니즘:** 산-촉매 에스터 가수분해 반응. 정반응은 가수분해 반응이고 역반응은 Fischer의 에스터화 반응이며, 따라서 그림 10.8의 역과정이다.

생물학적 연결

가아민 분해 반응: 에스터를 아마이드로 전환 에스터는 암모니아나 아민과 반응하여 아마이드를 형성한다. 그러나 이 반응은 산 염화물로부터 출발하는 것이 일반적으로 쉽기 때문에 자주 사용되지는 않는다.

$$C_6H_5COOCH_3 \xrightarrow[\text{Ether}]{NH_3} C_6H_5CONH_2 + CH_3OH$$

Methyl benzoate → **Benzamide**

환원: 에스터를 알코올로 전환 에스터는 $LiAlH_4$로 처리하면 쉽게 환원되어 일차 알코올을 생성한다.

$$CH_3CH_2CH{=}CHCOCH_2CH_3 \ (C{=}O) \xrightarrow[2.\ H_3O^+]{1.\ LiAlH_4,\ ether} CH_3CH_2CH{=}CHCH_2OH + CH_3CH_2OH$$

Ethyl 2-pentenoate → **2-Penten-1-ol (91%)**

$$\text{락톤 (5-methyl lactone, } CH_3) \xrightarrow[2.\ H_3O^+]{1.\ LiAlH_4,\ ether} HOCH_2CH_2CH_2CH(OH)CH_3$$

락톤 → **1,4-Pentanediol (86%)**

에스터(그리고 락톤)의 환원 반응 메커니즘은 산 염화물의 환원 반응 메커니즘과 비슷하다. 수소화 이온이 먼저 카보닐기에 첨가되고, 이어서 알콕시 이온의 제거에 의해 알데하이드가 생성된다. 이 알데하이드가 더 환원되면 일차 알코올이 생성된다.

$$RCOOR' + :H^- \xrightarrow[\text{Ether}]{LiAlH_4} \left[R\text{–}C(O^-)(H)(OR') \longrightarrow RCHO + R'O^- \right] \xrightarrow[2.\ H_3O^+]{1.\ LiAlH_4} RCH_2OH$$

일차 알코올

◆ **문제 10.23** $LiAlH_4$와 다음 에스터와의 환원에 의해 얻어지는 생성물을 나타내어라.

(a) $CH_3CH_2CH_2CH(CH_3)COCH_3$ (C=O, H_3C 치환)

(b) $C_6H_5C(=O)OC_6H_5$

10.16 아마이드의 화학

아마이드의 제조

아마이드는 보통 산 염화물과 아민과의 반응에 의해서 제조된다. 암모니아, 일치환 아민류 및 이치환 아민류는 모두 이 반응이 일어난다.

$$\mathrm{RCOCl} \xrightarrow{NH_3} \mathrm{RCONH_2}$$
$$\mathrm{RCOCl} \xrightarrow{R'NH_2} \mathrm{RCONHR'}$$
$$\mathrm{RCOCl} \xrightarrow{R'_2NH} \mathrm{RCONR'_2}$$

아마이드의 반응

가수분해: 아마이드를 카복실산으로 전환 아마이드는 산 염화물, 산 무수물 및 에스터보다 반응성이 훨씬 더 작다. 아마이드 결합은 매우 안정해서 단백질을 구성하는 기본 단위로서 주어진다.

$$\mathrm{H_2N{-}CH(R){-}C(=O){-}OH} \longrightarrow \mathrm{\sim NH{-}CH(R){-}C(=O){-}NH{-}CH(R'){-}C(=O){-}NH{-}CH(R''){-}C(=O)\sim}$$

아미노산 단백질(폴리아마이드, polyamide)

아마이드를 산성 수용액 또는 염기성 수용액에서 가열하면 가수분해 반응이 일어나 카복실산과 아민이 생성된다. 아마이드의 가수분해 반응에 필요한 조건은 산 염화물 또는 에스터의 가수분해 반응에서 요구되는 조건보다 더 까다롭지만, 그 메커니즘은 비슷하다. 산성조건에서의 가수분해 반응은 양성자가 첨가된 아마이드에 물의 친핵성 첨가가 일어난 다음, 이어서 암모니아가 떨어져 나간다. 염기성 가수분해는 아마이드 카보닐기에 OH^- 이온의 친핵성 첨가가 일어난 다음 $-OH$기에서 양성자가 떨어지고, 아마이드 이온($^-NH_2$)의 제거가 일어난다.

산성 가수분해 반응

$$\mathrm{RC(=O)NH_2} \underset{}{\overset{H_3O^+}{\rightleftharpoons}} \left[\mathrm{RC(=\overset{+}{O}H)NH_2} + \mathrm{:\ddot{O}H_2} \rightleftharpoons \mathrm{R{-}C(OH)(H_2N){-}\overset{+}{O}H_2} \rightleftharpoons \mathrm{R{-}C(OH)(H_3\overset{+}{N}){-}\ddot{O}H} \right] \longrightarrow \mathrm{RC(=O)OH} + \mathrm{NH_4^+}$$

염기성 가수분해 반응

환원 반응: 아마이드를 아민으로 전환 다른 카복실산 유도체와 마찬가지, 아마이드는 $LiAlH_4$에 의해 환원된다. 환원 반응의 생성물은 알코올이 아니고 아민이다. 그러므로 아마이드 환원반응의 알짜 효과는 카보닐기가 메틸렌기로 전환되는 것이다($C{=}O \longrightarrow CH_2$).

$$CH_3(CH_2)_{10}\overset{O}{\overset{\|}{C}}NHCH_3 \xrightarrow[2.\ H_2O]{1.\ LiAlH_4,\ ether} CH_3(CH_2)_{10}CH_2NHCH_3$$

***N*-Methyldodecanamide** → **Dodecylmethylamine (95%)**

환원 반응은 먼저 아마이드 카보닐기에 수소화 이온의 친핵성 첨가반응이 일어난 다음, 알루미늄산염 음이온 이탈기로서 산소 원자가 떨어지고, 이미늄 이온 중간체가 생성된다. 그 다음 이미늄 이온 중간체는 $LiAlH_4$에 의해 더 환원되어 아민을 생성한다.

아마이드 → (LiAlH₄, Ether) → 이미늄 이온 → 아민

◆ **문제 10.24** -Ethylbenzamide를 다음 생성물로 어떻게 전환시킬 수 있는가?
(a) Benzoic acid (b) Benzyl alcohol (c) $C_6H_5CH_2NHCH_2CH_3$

생활과 화학 . . .

β-락탐 항생제

순수한 행운뿐만 아니라 대부분의 순수한 과학적 기술 혁신에 큰 역할을 하는 값어치 있는 꾸준한 연구와 논리적인 생각이 과소평가 되어서는 안 된다. 소위 "모든 과학사에서 [행운의] 가장 좋은 예"는 Scottish 세균학자인 Alexander Fleming이 그의 실험실의 배양 접시에 박테리아인 포도상구균(Staphylococcus aureus)을 담아 놓고 휴가를 간 1928년 늦여름에 일어났다.

Fleming의 휴가 동안에 연속적인 놀랄만한 일이 일어났다. 처음 9일 동안 기온이 내려가 실험실 온도가 낮아지게 되면서 배양판 위에 있는 포도상구균이 자라지 못한 부분이 생기게 되었다. 이 기간 동안 사상균인 푸른 곰팡이(Penicillium notatum)가 마루바닥 아래쪽으로부터

(계속)

자라나서 Fleming의 실험실의 배양판을 점유하여 푸른 곰팡이 균체를 이루고 있었다. 온도가 상승하게 됨과 동시에 **포도상구균과 푸른 곰팡이균**이 모두 자라기 시작하였다. 휴가를 다녀와서 Fleming은 단종시키기 위해서 배양판을 살균 접시에 나누어 넣었다. 마침내, 몇 일 후 Fleming이 그 배양판을 언뜻 보았을 때 그 접시가 살균제에 충분히 깊이 담겨져 있지 않았던 것과 같은 일이 발생하였으며, 이는 후에 인류 역사의 한 과정을 변화되게 하는 그러한 사건이었다. 그는 자라나고 있는 **푸른 곰팡이 사상균**이 포도상구균의 균체에 녹아 있음을 알아차렸다.

Fleming은 그 **푸른 곰팡이 사상균**이 박테리아를 죽이는 화학 물질을 생성하는 것으로 인식하였고, 그는 그 물질을 분리하기 위해서 수년을 보냈다. 마침내 1939년 호주 임상 병리학자인 Howard Florey와 독일의 망명자인 Ernst Chain에 의해서 **페니실린**(penicillin)이라 부르는 활성 물질을 분리해냈다. 감염된 생쥐의 치료에서 페니실린의 극적인 효능이 곧 증명이 되었고, 그 후 곧바로 인간에 대한 시험에서도 성공하였다. 1943년이 되어서야 페니실린은 군대에서 이용할 목적으로 다량으로 생산되었고, 1944년이 되어 비로소 민간인에게 이용되었다. Fleming, Florey와 Chain은1945년에 노벨 의학상을 공동으로 수상하였다.

Fleming에 의해 최초로 발견되었고 현재 benzylpenicillin 또는 penicillin G로 부르는 이 물질은 사원자 고리 락탐(고리형 아마이드) 고리를 가진 소위 **β-락탐 항생제로** 분류되는 많은 물질들 중의 하나이다. 사원자 고리 락탐 고리가 황을 포함하는 오원자 고리에 접합되어 있고, 락탐 카보닐기 다음의 탄소 원자는 아실 아미노 치환기인 RCONH—와 결합하고 있다. 이 아실 아미노기 옆 사슬은 실험실에서 다른 생화학적 활성을 나타내는 수백 가지 종류의 페니실린 유도체로 변화될 수 있다. 예를 들면 Ampicillin은 α-aminophenylacet amido [$PhCH(NH_2)CONH$—] 치환기를 가지고 있다.

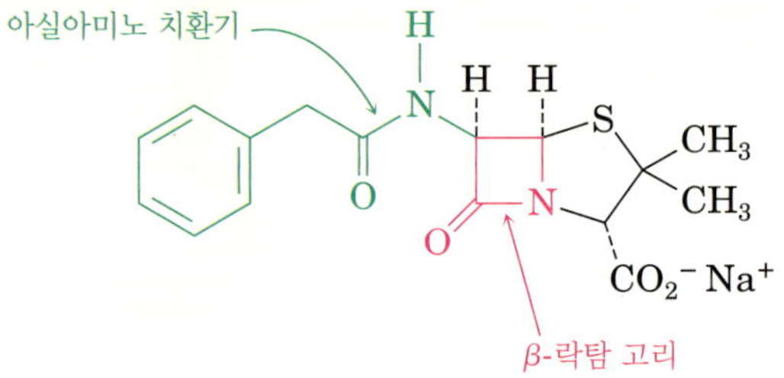

아실아미노 치환기

β-락탐 고리

Benzylpenicillin
(Penicillin G)

페니실린과 밀접한 관계를 가지고 있는 화합물인 **세파로스포린**(*cephalosporins*)은 고리에 황을 가지고 있는 불포화 육원자 고리를 포함하는 β -락탐 항생 물질류이다. 시장에서 Keflex라는 상품명으로 통용되는 세파렉신(Cephalexin)이 그 한 예이다. 세파로스포린은 일반적으로 페니실린보다 더 큰 항세균성 활성을 가지고 있고, 특히 박테리아에 대한 저항 특성을 가진다.

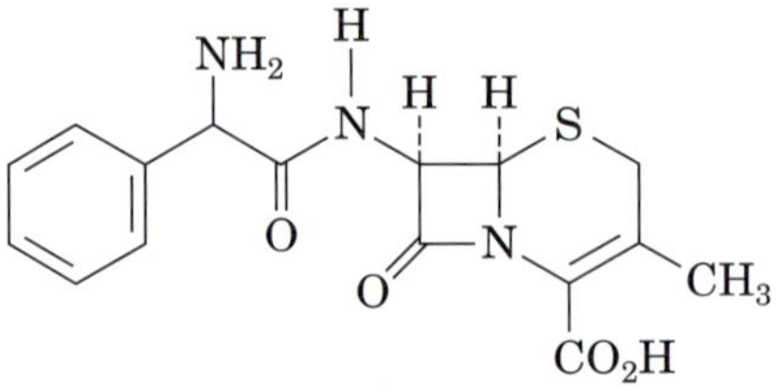

Cephalexin
(세파로스포린)

페니실린과 세파로스포린의 생화학적 활성은 고리 스트레인을 가지고있는 β -락탐 고리의 존재에 있다. 이 β -락탐 고리는 박테리아 세포벽의 치료와 합성에 필요한 **펩타이드 교환효소**(transpeptidase)와 반응하여서 활성을 감소시킨다. 불완전하거나 약화된 세포벽을 가지는 박테리아 세포는 결국 파괴되고 죽게 된다.

요약 및 주요 용어

Fischer의 에스터화 반응, 10.12
비누화 반응, 10.15
아마이드($RCONH_2$), 10.16
친핵성 아실 치환 반응, 10.13

카복실산은 카복실 —OH기가 다른 치환기에 의해서 치환됨으로써 다양한 **카복실산 유도체**(carboxylic acid derivatives)로 변환될 수 있다. **산 염화물**(Acid chloride), **산 무수물**(acid anhydride), **에스터**(ester) 및 **아마이드**(amide)는 실험실에서 가장 흔히 볼 수 있는 유도체이다.

카복실산 유도체들의 화학은 **친핵성 아실 치환 반응**(nucleophilic acyl substitution)에 의해 지배된다. 메커니즘적으로 이러한 치환 반응은 카복실산 유도체의 극성 카보닐기에 친핵성 첨가가 일어나고, 이어서 형성된 정사면체형 중간체로부터 이탈기가 떨어져 나간다.

$$RC(=O)Y + :Nu^- \longrightarrow \left[R-C(O^-)(Y)-Nu \right] \longrightarrow RC(=O)Nu + :Y^-$$

여기에서 Y = F, Cl, Br, I(산 염화물),; OR(에스터);OCOR(무수물), 또는 NH_2(아마이드)

산 유도체에 대한 치환 반응의 반응성은 카보닐기 주위의 입체적 환경 및 치환기 Y의 전자적 성질에 달려 있다. 그 반응성 순서는 **산 할로젠화물 > 산 무수물 > 에스터 >** 아마이드이다.

카복실산 유도체의 가장 일반적인 반응은 물의 치환에 의해 카복실산이 얻어지는 가수분해 반응(hydrolysis), 알코올 치환에 의해 에스터가 얻어지는 가알코올 분해 반응(alcoholysis), 아민 치환기에 의해서 아마이드가 얻어지는 가아민 분해 반응(aminolysis), 수소화 음이온에 의해서 알코올이 얻어지는 환원 반응(reduction) 등이 있다.

반응의 요약

1. 카복실산의 제조

(a) 알킬벤젠의 산화

$$C_6H_5-CHR_2 \xrightarrow[H_2O,\ 가열]{KMnO_4} C_6H_5-COOH$$

(b) 알켄의 산화성 절단

$$RCH=CHR' \xrightarrow[H_3O^+]{KMnO_4} RCOOH + R'COOH$$

(c) 일차 알코올의 산화

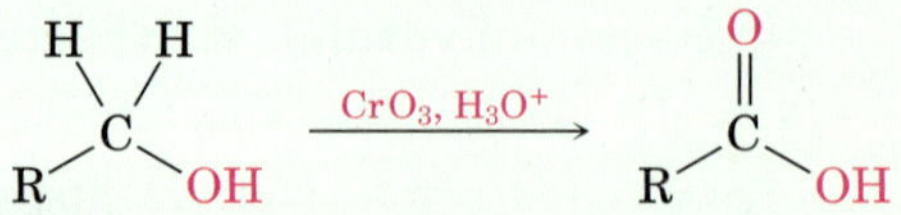

$$RCH_2OH \xrightarrow{CrO_3,\ H_3O^+} RCOOH$$

(d) 알데하이드의 산화

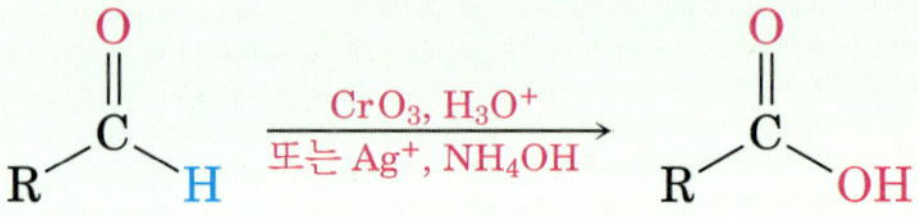

$$RCHO \xrightarrow[\text{또는 } Ag^+,\ NH_4OH]{CrO_3,\ H_3O^+} RCOOH$$

(e) 나이트릴의 가수분해

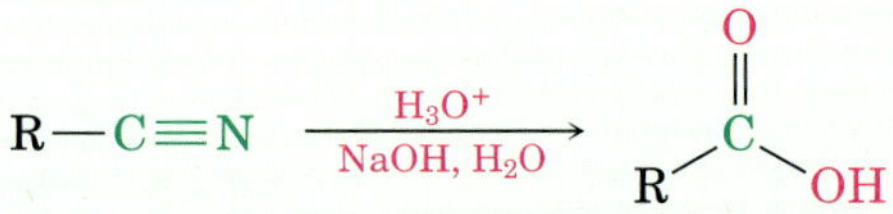

$$R{-}C{\equiv}N \xrightarrow[NaOH,\ H_2O]{H_3O^+} RCOOH$$

(f) Grignard 시약의 카복시화 반응

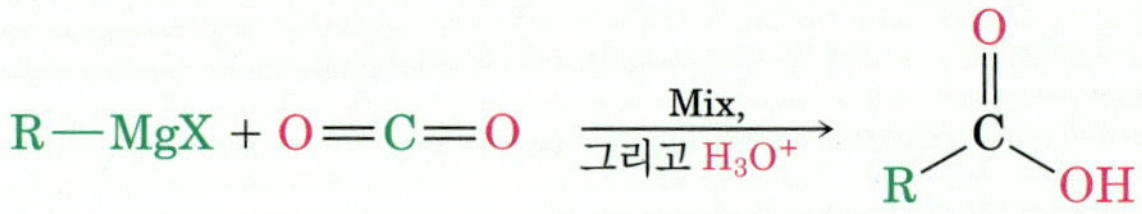

$$R{-}MgX + O{=}C{=}O \xrightarrow[\text{그리고 } H_3O^+]{\text{Mix,}} RCOOH$$

2. 카복실산의 반응

(a) 탈양성자화 반응

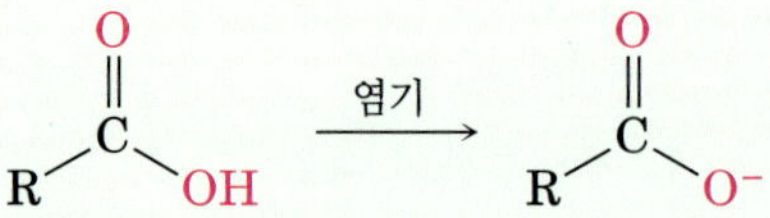

$$RCOOH \xrightarrow{\text{염기}} RCOO^-$$

(b) 일차 알코올의 환원

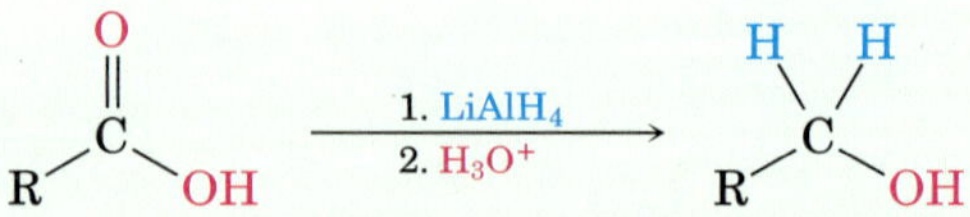

$$RCOOH \xrightarrow[2.\ H_3O^+]{1.\ LiAlH_4} RCH_2OH$$

3. 카복실산의 반응

(a) 산 염화물로의 전환

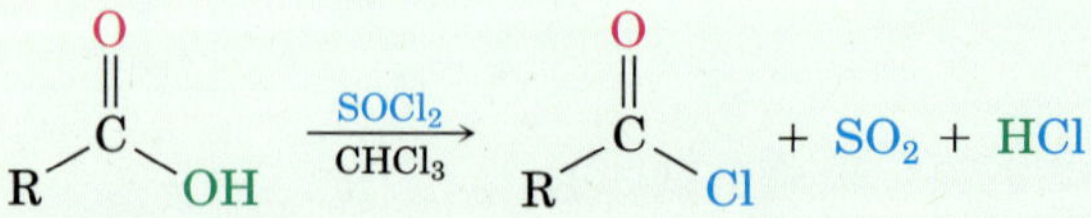

$$RCOOH \xrightarrow[CHCl_3]{SOCl_2} RCOCl + SO_2 + HCl$$

(b) 고리형 산 무수물로의 전환

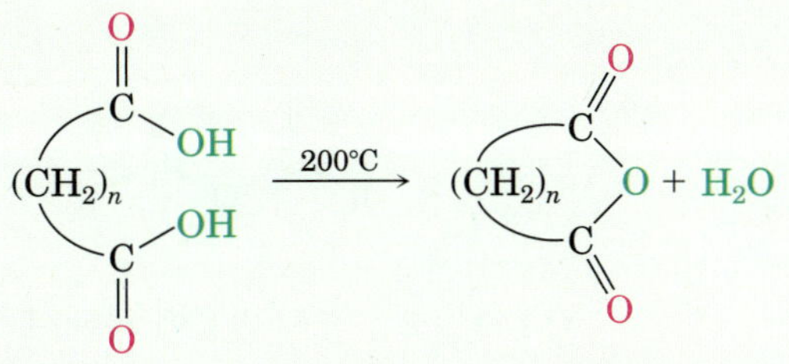

$$(CH_2)_n(COOH)_2 \xrightarrow{200°C} (CH_2)_n(CO)_2O + H_2O$$

(c) 에스터로의 전환

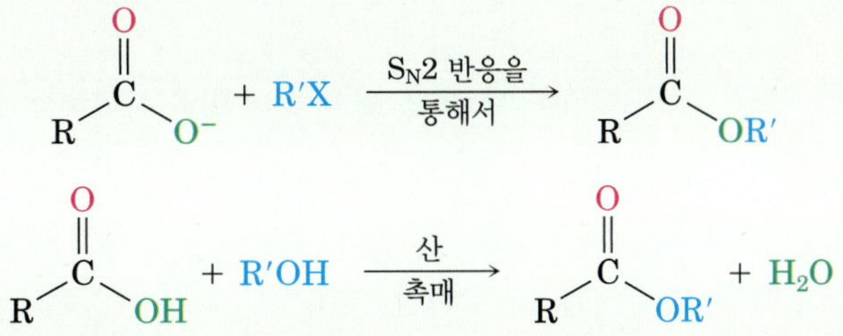

$$RCOO^- + R'X \xrightarrow[\text{통해서}]{S_N2\ \text{반응을}} RCOOR'$$

$$RCOOH + R'OH \xrightarrow[\text{촉매}]{\text{산}} RCOOR' + H_2O$$

4. 산 염화물의 반응

(a) 산을 생성하는 가수분해 반응

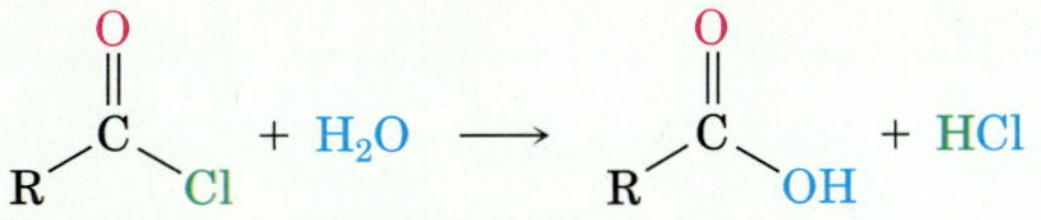

$$RCOCl + H_2O \longrightarrow RCOOH + HCl$$

(b) 에스터를 생성하는 가알코올 분해 반응

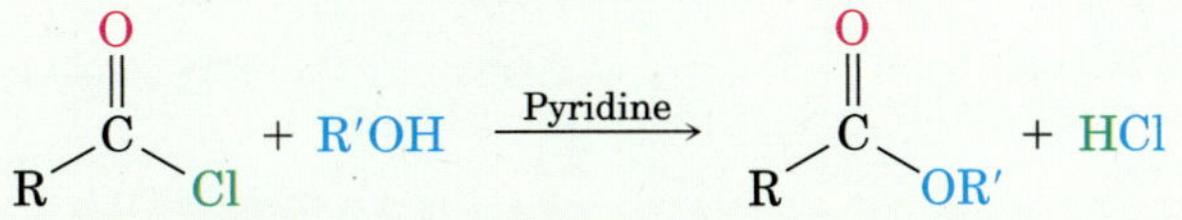

$$RCOCl + R'OH \xrightarrow{\text{Pyridine}} RCOOR' + HCl$$

(c) 아마이드를 생성하는 가아민 분해 반응

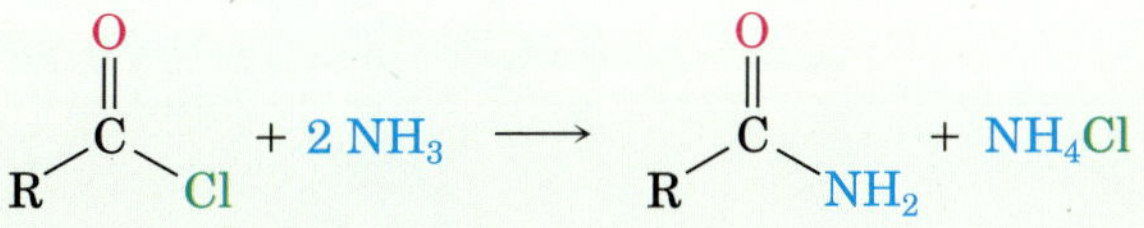

$$RCOCl + 2\ NH_3 \longrightarrow RCONH_2 + NH_4Cl$$

(d) 일차 알코올을 생성하는 환원 반응

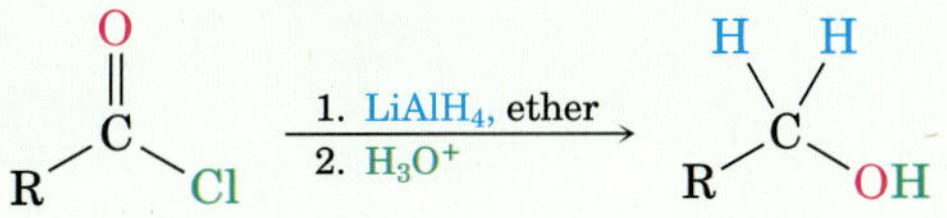

$$RCOCl \xrightarrow[2.\ H_3O^+]{1.\ LiAlH_4,\ \text{ether}} RCH_2OH$$

5. 산 무수물의 반응

(a) 가수분해 반응에 의한 산의 생성

$$\mathrm{RC(=O)OC(=O)R} + H_2O \longrightarrow 2\ \mathrm{RC(=O)OH}$$

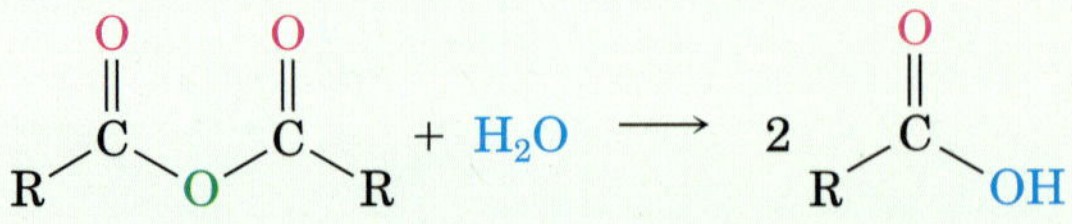

(b) 가알코올 분해 반응에 의한 에스터의 생성

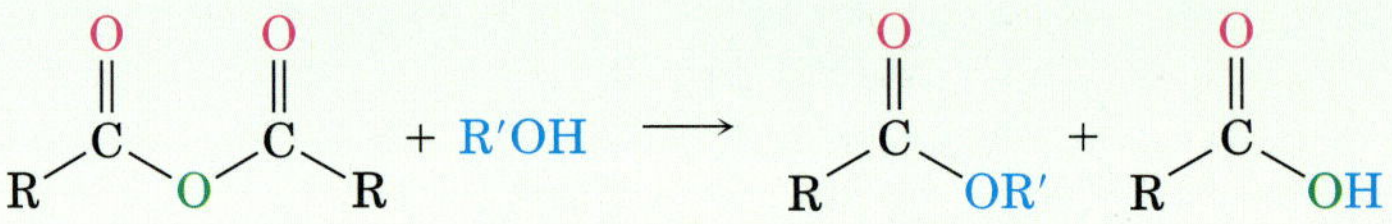

$$\mathrm{RC(=O)OC(=O)R} + R'OH \longrightarrow \mathrm{RC(=O)OR'} + \mathrm{RC(=O)OH}$$

(c) 가아민 분해 반응에 의한 아마이드 생성

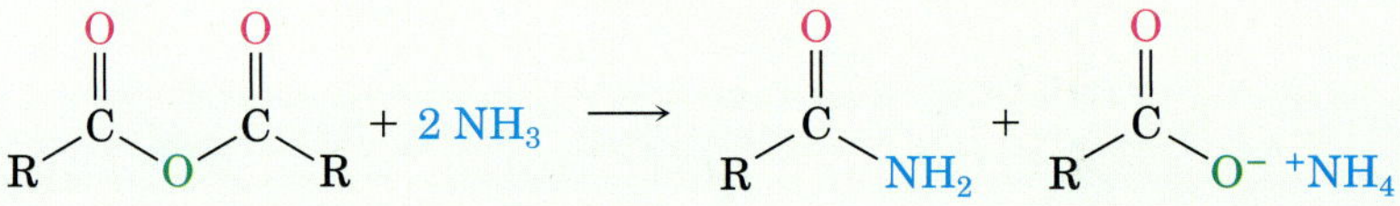

$$\mathrm{RC(=O)OC(=O)R} + 2\ NH_3 \longrightarrow \mathrm{RC(=O)NH_2} + \mathrm{RC(=O)O^-}\ {}^+NH_4$$

6. 에스터의 반응

(a) 산을 생성하는 가수분해 반응

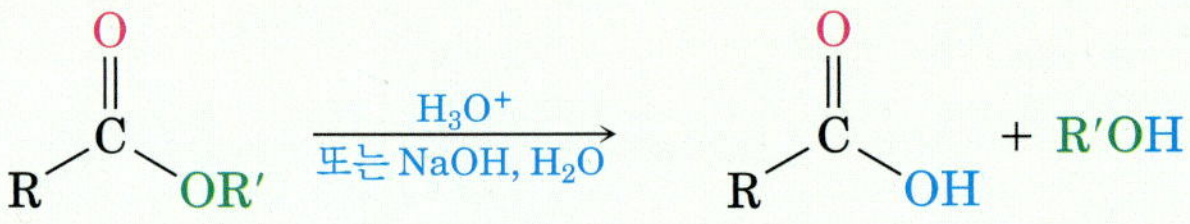

$$\mathrm{RC(=O)OR'} \xrightarrow[\text{또는 NaOH, } H_2O]{H_3O^+} \mathrm{RC(=O)OH} + R'OH$$

(b) 아마이드를 생성하는 가아민 분해 반응

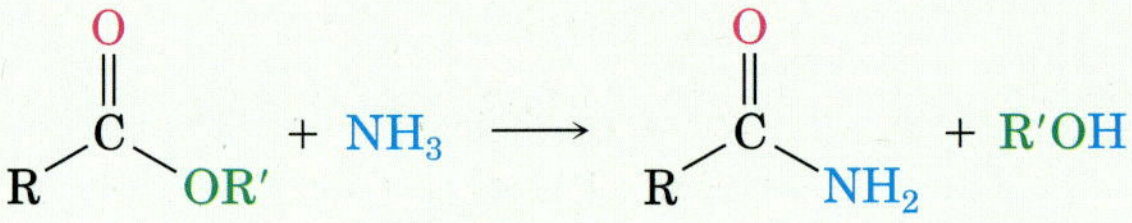

$$\mathrm{RC(=O)OR'} + NH_3 \longrightarrow \mathrm{RC(=O)NH_2} + R'OH$$

(c) 일차 알코올을 생성하는 환원 반응

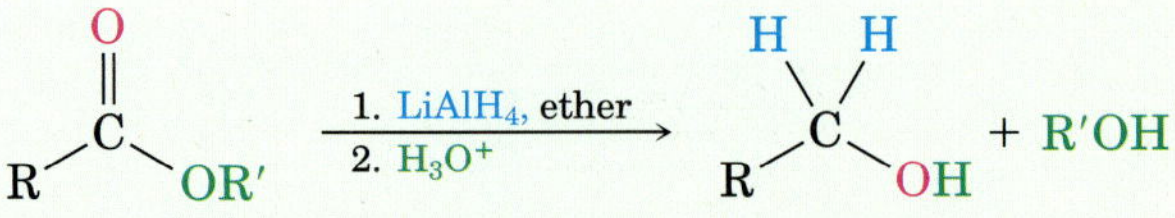

$$\mathrm{RC(=O)OR'} \xrightarrow[2.\ H_3O^+]{1.\ LiAlH_4,\ \text{ether}} \mathrm{RCH_2OH} + R'OH$$

7. 아마이드의 반응

(a) 가수분해 반응에 의한 산의 생성

$$\mathrm{RC(=O)NH_2} \xrightarrow[\text{또는 NaOH, } H_2O]{H_3O^+} \mathrm{RC(=O)OH} + NH_3$$

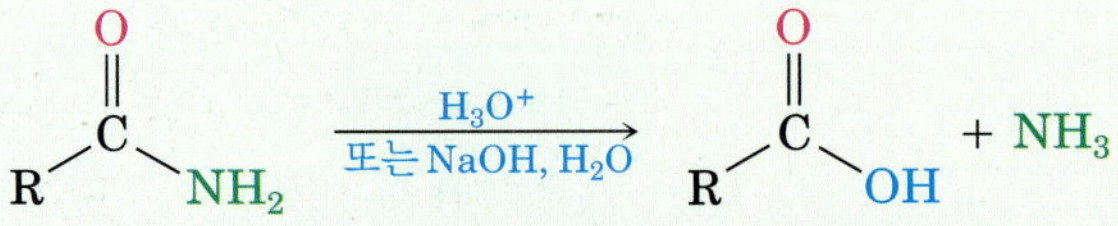

(b) 환원에 의한 아민생성

$$\mathrm{R{-}C({=}O){-}NH_2} \xrightarrow[\text{2. } H_3O^+]{\text{1. LiAlH}_4\text{, ether}} \mathrm{R{-}CH_2{-}NH_2}$$

(c) 일차 아마이드의 탈수에 의한 나이트릴의 생성

$$\mathrm{R{-}C({=}O){-}NH_2} \xrightarrow{SOCl_2} \mathrm{R{-}C{\equiv}N + SO_2 + HCl}$$

연습 문제

시각 화학

10.25 다음 카복실산에 대한 IUPAC명을 써라(붉은갈색 = Br).

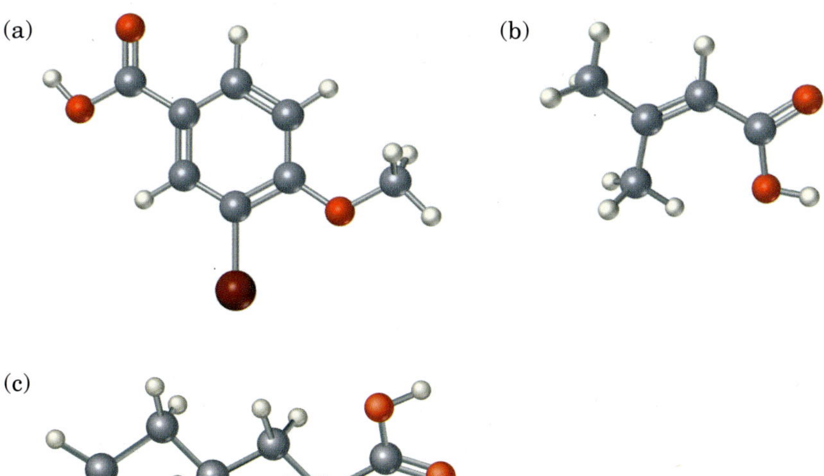

10.26 다음 카복실산은 benzoic acid보다 더 산성인가? 아니면 덜 산성인가? 설명하여라(붉은갈색 = Br).

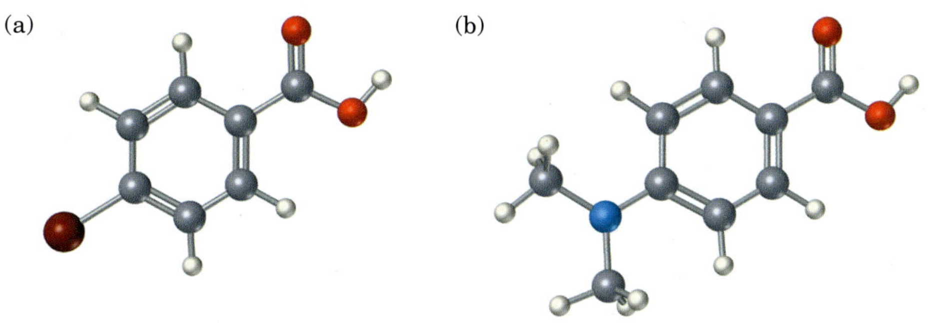

10.27 다음 화합물에 대한 IUPAC명을 써라.

(a) $CH_3CH(CO_2H)CH_2CH_2CH(CO_2H)CH_3$

(b) $CH_3C(CH_3)_2CO_2H$

(c) NC–(benzene, meta)–CO_2H

(d) $CH_3CH_2CH_2CH(CH_2CO_2H)CH_2CH_3$

(e) $BrCH_2CH(Br)CH_2CH_2CO_2H$

10.28 다음 IUPAC명에 해당하는 구조를 그려라.

(a) Heptanedioic acid
(b) 2-Hexen-4-ynoic acid
(c) 4-Ethyl-2-propyloctanoic acid
(d) 3-Chlorophthalic acid
(e) Triphenylacetic acid

10.29 화학식이 $C_6H_{12}O_2$를 가진 8개의 카복실산의 이름을 쓰고 구조를 그려라.

10.30 다음 각 조의 화합물들을 산도가 증가하는 순서로 나타내어라.

(a) Acetic acid, oxalic acid, formic acid
(b) *p*-Bromobenzoic acid, *p*-nitrobenzoic acid, 2,4-dinitrobenzoic acid
(c) Fluoroacetic acid, 3-fluoropropanoic acid, iodoacetic acid

10.31 Butanoic acid를 다음 화합물들로 어떻게 전환시킬 수 있는가? 필요한 시약을 적고 각 단계의 반응을 써라.

(a) 1-Butanol
(b) 1-Bromobutane
(c) Pentanoic acid
(d) 1-Butene

10.32 다음 화합물들을 어떻게 butanoic acid로 전환시킬 수 있는가? 각 단계에서 필요한 시약을 제시하고 각 단계 반응을 써라.

(a) 1-Butanol (b) 1-Bromobutane (c) 1-Butene

10.33 Benzene으로부터 다음 화합물을 어떻게 만들 수 있는가? 각 경우에 한 단계 이상이 필요하다.

(a) *m*-Chlorobenzoic acid
(b) *p*-Bromobenzoic acid
(c) Phenylacetic acid, $C_6H_5CH_2CO_2H$

10.34 간단한 이 염기 산에 대한 몇 가지 pK_a 값이 주어져 있다. 첫 번째와 두 번째의 이온화 상수 사이의 차이가 카복시기들 사이의 거리가 증가함에 따라 감소하는 사실을 어떻게 설명할 수 있는가?

이름	구조	pK_1	pK_2
Oxalic	HO_2CCO_2H	1.2	4.2
Succinic	$HO_2CCH_2CH_2CO_2H$	4.2	5.6
Adipic	$HO_2C(CH_2)_4CO_2H$	4.4	5.4

10.35 다음 각 시약들과 *p*-methylbenzoic acid과의 반응 생성물을 예측하여라.

(a) Ether에서 CH_3MgBr, H_3O^+
(b) $KMnO_4$, H_3O^+
(c) $LiAlH_4$, H_3O^+

10.36 다음의 변환을 어떻게 수행할 수 있겠는가?

Methylenecyclohexane ($=CH_2$) —?→ 1-methylcyclohexanecarboxylic acid (H_3C, CO_2H)

10.37 다음 각 반응을 수행시키는데 Grignard 카복시화 반응 또는 나이트릴 가수분해 반응 중에서 어느 방법을 사용하겠는가? 그 이유를 설명하여라.

(a) o-$HOC_6H_4CH_2Br$ ⟶ o-$HOC_6H_4CH_2CO_2H$

(b) $CH_3CH_2CH(Br)CH_3$ ⟶ $CH_3CH_2CH(CH_3)CO_2H$

(c) $CH_3C(=O)CH_2CH_2CH_2I$ ⟶ $CH_3C(=O)CH_2CH_2CH_2CO_2H$

(d) $HOCH_2CH_2CH_2Br$ ⟶ $HOCH_2CH_2CH_2CO_2H$

10.38 한 화학자가 2,2-dimethylpentanoic acid가 필요하여 2-chloro-2-methylpentane을 NaCN과 반응시킨 다음, 그 생성물을 가수분해시켜 합성하려고 하였다. 그러나 일련의 반응 수행시킨 후 원하는 생성물은 얻어낼 수 없었다. 무엇이 잘못되었는지 추측하여라.

10.39 다음의 각 합성과정은 적어도 한 가지 결점이 있다. 각각에서 무엇이 잘못되었는가?

(a) $C_6H_5CH_3$ $\xrightarrow[2.\ H_3O^+]{1.\ LiAlH_4}$ $C_6H_5CO_2H$

(b) $CH_3CH_2CH(Br)CH_2CH_3$ $\xrightarrow{1.\ Mg;\ 2.\ NaCN;\ 3.\ H_3O^+}$ $CH_3CH_2CH(CO_2H)CH_2CH_3$

(c) $C_6H_5CH_2CO_2H$ $\xrightarrow[2.\ H_3O^+]{1.\ LiAlH_4}$ $C_6H_5CH_2CH_3$

(d) $CH_3C(OH)(CH_3)CH_2CH_2Cl$ $\xrightarrow[2.\ H_3O^+]{1.\ NaCN}$ $CH_3C(OH)(CH_3)CH_2CH_2COH$ (=O)

10.40 Lithocholic acid는 인간의 담즙(bile)에서 발견되는 스테로이드이다. Lithocholic acid을 다음 각 시약과 반응시켰을 때의 생성물을 예측하여라. 분자의 크기는 생각하지 말고 작용기만 고려하여라.

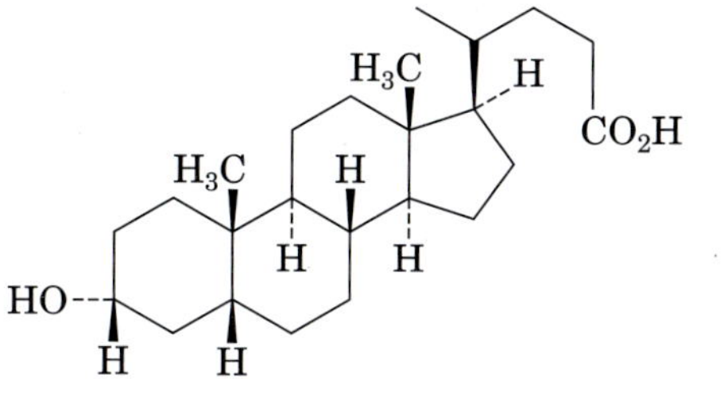

(structure: H_3C, H, CO_2H, H_3C, H, H, H, HO, H, H)

Lithocholic acid

(a) CrO_3, H_3O^+ (b) $NaHCO_3(aq)$

(c) CH_3OH, 진한 H_2SO_4 (d) $LiAlH_4$, 그리고 H_3O^+

10.41 다음과 같이 pK_a 값이 측정되었다. 파라 위치에 하이드록시(−OH)가 있으면 산도가 감소되는 반면, 메타 위치에 −OH 기가 있으면 산도가 증가됨을 설명하여라.

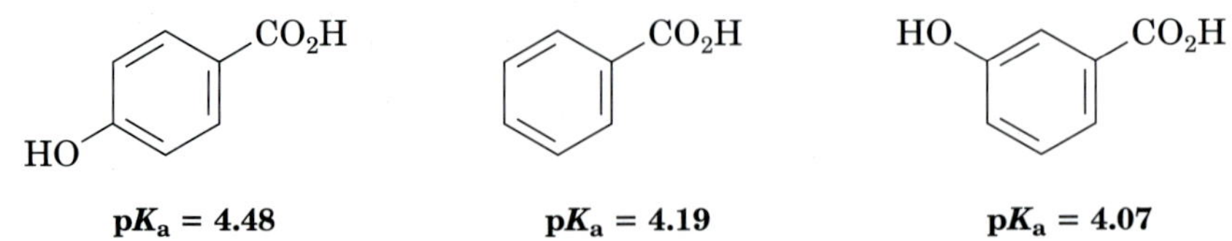

10.42 3-Methyl-2-hexenoic acid는 인간의 땀 냄새의 원인이 되는 물질로 알려져 있다. 다섯 개 또 는 더 작은 탄소를 가지고 있는 출발물질로부터 이 화합물을 합성하여라.

10.43 다음 설명에 해당되는 화합물의 구조와 이름을 써라.

(a) 화학식이 C_6H_9ClO인 3개의 산 염화물

(b) 화학식이 $C_7H_{11}NO$인 3개의 아마이드

10.44 Butanoic acid로부터 다음 화합물을 어떻게 합성할 수 있겠는가?

(a) 1-Butanol (b) 1-Bromobutane (c) Pentanenitrile

(d) 1-Butene (e) Butylbenzene

10.45 다음 반응의 생성물을 예측하여라.

(a) Cyclohexane–$CO_2CH_2CH_3$ $\xrightarrow[\text{2. } H_3O^+]{\text{1. } LiAlH_4}$?

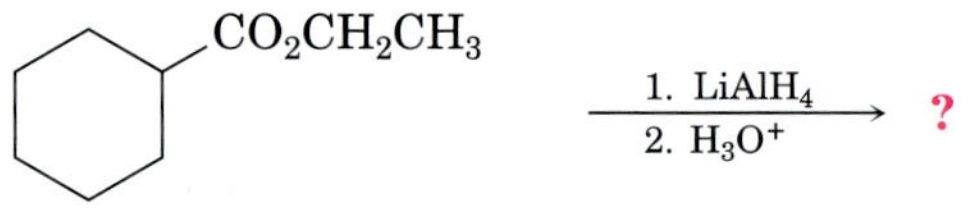

(b) $CH_3CHCH_2CH_2CO_2CH_3$ (with CH_3 on C-2) $\xrightarrow{NaOH(aq)}$?

(c) Cyclopentane–COCl $\xrightarrow{CH_3NH_2}$?

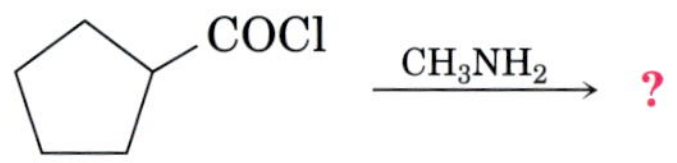

(d) Cyclohexane with CO_2H (H) and CH_3 (H) on adjacent carbons $\xrightarrow[H_2SO_4]{CH_3OH}$?

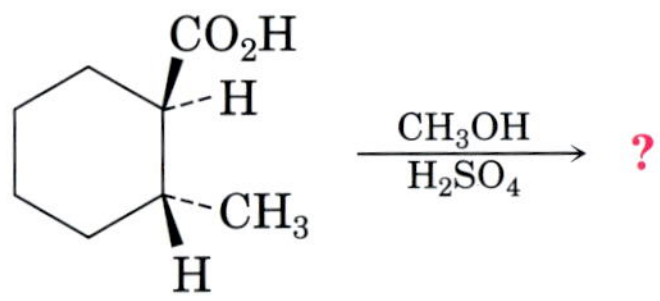

(e) $H_2C{=}CHCHCH_2CO_2CH_3$ (with CH_3 on C-3) $\xrightarrow[\text{2. } H_3O^+]{\text{1. } LiAlH_4}$?

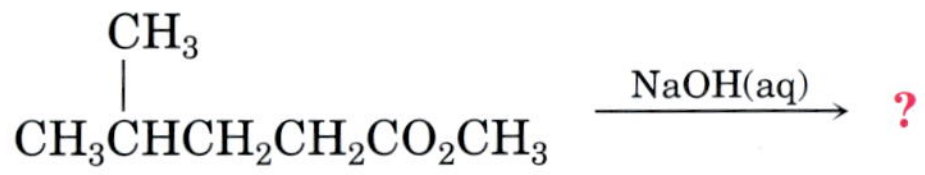

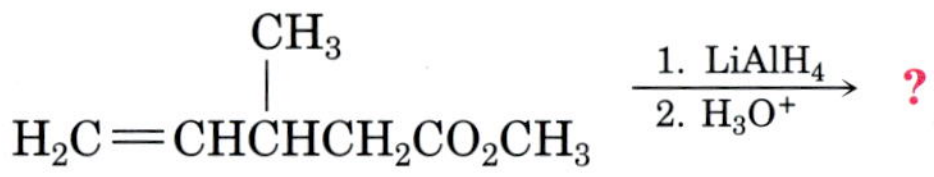

(f) Benzene with $CONH_2$ and ortho CH_3 $\xrightarrow[\text{2. } H_2O]{\text{1. } LiAlH_4}$?

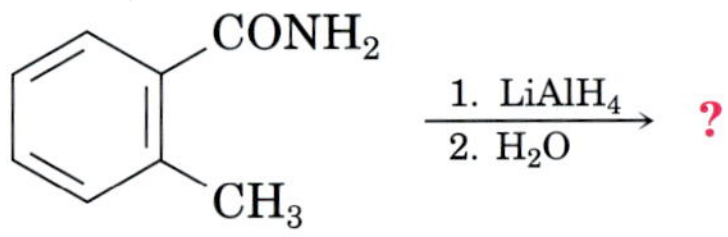

(g) Benzene with CH_2CO_2H and ortho Br $\xrightarrow{SOCl_2}$?

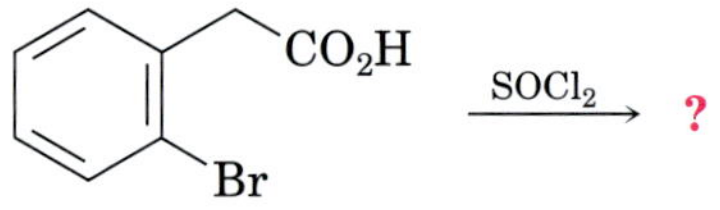

10.46 Propanoyl chloride와 다음 시약들과의 반응에서의 생성물을 예측하여라.

(a) H_3O^+

(b) Cyclohexanol

(c) Aniline

(d) $CH_3CO_2^{-+}Na$

10.47 Phenyl4-aminosalicylate는 결핵 치료에 이용되는 의약품이다. 4-Nitrosalicylic acid를 출발 물질로 사용하여 이 화합물을 합성하는 방법을 제안하여라.

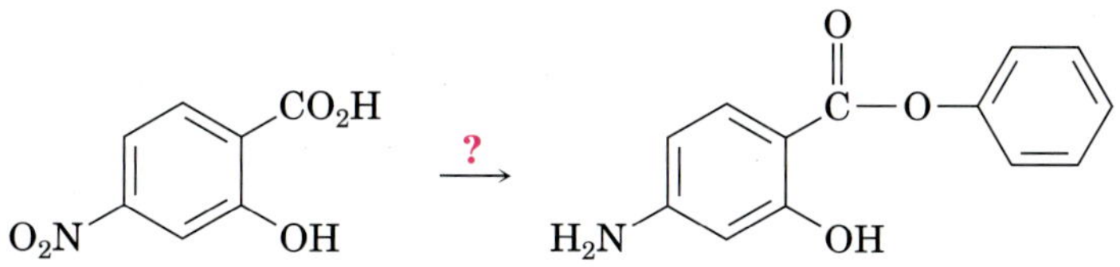

O_2N-4-Nitrosalicylic acid (ring with CO_2H, OH) $\xrightarrow{?}$ Phenyl 4-aminosalicylate (H_2N, OH, C(=O)–O–Ph)

4-Nitrosalicylic acid **Phenyl 4-aminosalicylate**

10.48 혈액 응고에 유용한 의약품인 tranexamic acid는 *p*-methylbenzonitrile로부터 상업적으로 합성된다. 이 합성에서 이용된 각 단계를 써라(시스–트랜스 이성질체에 관해서는 걱정할 필요가 없다. 두 이성질체는 300에서 가열하면 상호변환 된다).

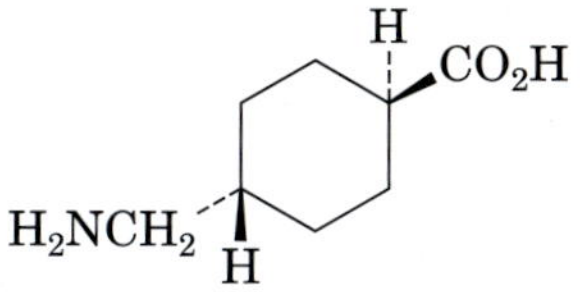

H, CO_2H, H_2NCH_2, H

Tranexamic acid

객관식 문제

1 다음 화합물 중에서 과량의 phosphorus pentachloride와 반응시켰을 때 2몰과 3몰의 HCl을 생성시키는 것은?

A. 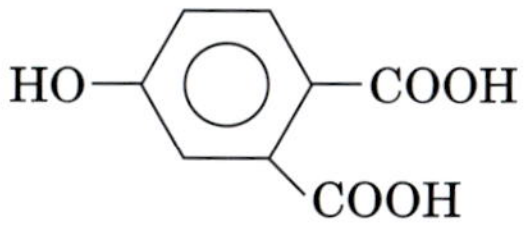 HO–(benzene)–COOH, COOH

B. 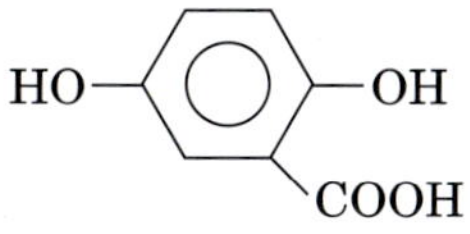 HO–(benzene)–OH, COOH

C. $HOOCCH_2CH(OH)CH_2COOH$

D. $HOCH_2CH_2CH_2Cl$

2 Benzoyl chloride를 ethanol과 반응시켰을 때 얻어지는 생성물은 어느 것인가?

A. 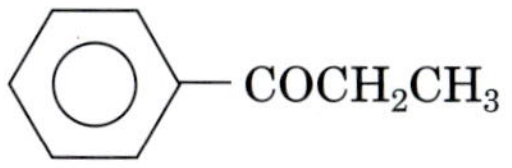 (benzene)–$COCH_2CH_3$

B. 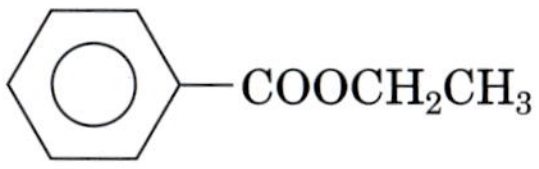 (benzene)–$COOCH_2CH_3$

C. 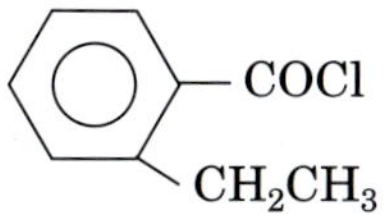 (benzene)–COCl, CH_2CH_3

D. 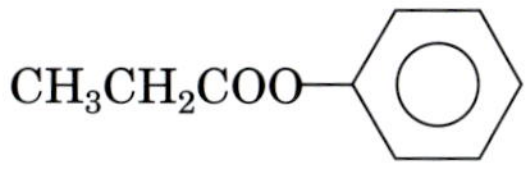 CH_3CH_2COO–(benzene)

3 다음 중에서 silver nitrate 수용액과 반응시켰을 때 흰색 침전을 생성시키지 않는 것은?

A. $CH_3CH_2CH_2COCl$

B. $ClCH_2COOH$

C. $CHCl_3$

D. $ClCH_2CH_2CH_2Cl$

4 어떤 염 P가 있다. 이 염의 몇 가지 반응을 아래에 나타내었다.

P (흰 고체) —진한 황산과 함께 가열→ 푸른 불꽃과 함께 연소되는 기체
다른 기체는 방출되지 않음

P (흰 고체) —묽은 무기산과 함께 따뜻하게 가온→ 자극성 냄새를 갖는 증기

염 P는 어느 것인가?

A. $HCOONa$ **B.** $Na_2C_2O_4$

C. Na_2CO_3 **D.** CH_3COONa

5 Ethanoyl chloride를 phenyl methanol과 반응시켰을 때 생성되는 생성물은 어느 것인가?

A. $C_6H_5-COCH_3$ **B.** $C_6H_5-CH_2OCOCH_3$

C. $C_6H_4(CH_2OH)(COCH_3)$ **D.** $C_6H_5-CH_2COCl$

6 파인애플의 냄새를 갖는 에스터는 화학식이 $CH_3CH_2CH_2COOCH_2CH_3$이다. 다음 반응물 쌍 중에서 위의 에스터를 생성하는 것은 어느 것인가?

A. $CH_3CH_2CH_2COOH$ 그리고 CH_3CH_2Cl

B. CH_3CH_2COCl 그리고 $CH_3CH_2CH_2OH$

C. CH_3CH_2OH 그리고 $CH_3CH_2CH_2COOH$

D. $CH_3CH_2CH_2OH$ 그리고 CH_3CH_2COOH

7 다음 시약들 중에서 아래에 나타낸 두 화합물을 구별할 수 있는 것은 어느 것인가?

(벤젠 고리: OCH_2COOH, CH_3, Cl) (벤젠 고리: OCH_2CH_2OH, Cl, Cl)

A. Tollens's 시약

B. sodium carbonate 수용액

C. phosphorus pentachloride

D. sodium hydroxide 수용액에 iodine

8 다음 산 중에서 가장 작은 pK_a를 갖는 것은?

A. $CH_3CHFCOOH$

B. $CH_3CHBrCOOH$

C. FCH_2CH_2COOH

D. $CH_3CHClCOOH$

9 다음 에스터는 바나나 향을 가지고 있다.

$$CH_3COOCH_2CH(CH_3)CH_2CH_3$$

서로 반응시켰을 경우 위의 에스터를 생성시키는 것은?

A. CH_3COOH 그리고 $CH_3CH_2CH(CH_3)CH_2COOH$

B. $CH_3CH_2CHCH_2COCl$ 그리고 CH_3OH
(with CH_3 on the CH)

C. $CH_3CH_2CHCH_2COCl$ 그리고 CH_3-O-CH_3
(with CH_3 on the CH)

D. $CH_3CH_2CHCH_2OH$ 그리고 CH_3COCl
(with CH_3 on the CH)

10 화합물 S는 다음의 성질을 가진다.

(i) 실온에서 액체

(ii) 물과는 부분적으로만 섞인다.

(iii) 산성 용액에서 $KMnO_4$(VII)를 탈색시키지 않는다. S는 어느 것인가?

A. pentene
B. ethanol
C. ethyl ethanoate
D. ethanoic acid

11 다음 전환이 일어날 수 있는 과정은 어느 것인가?

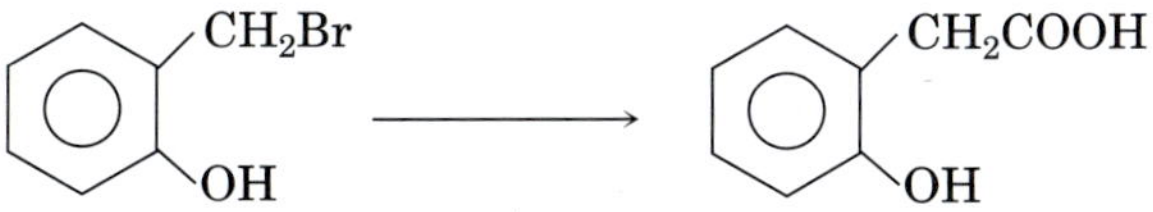

(Benzene ring with CH_2Br and OH) ⟶ (Benzene ring with CH_2COOH and OH)

A. Sodium 금속을 가한 다음 CH_3COOH와 함께 가열
B. Ethanoyl chloride를 가한 다음 알코올성 KCN와 반응
C. 알코올성 KCN과 가열한 후 묽은 HCl과 끓임
D. Methanol과 끓인 다음 $KMnO_4$를 넣고 따뜻하게 가열

12 다음 화합물 쌍을 구별할 수 있는 방법은?

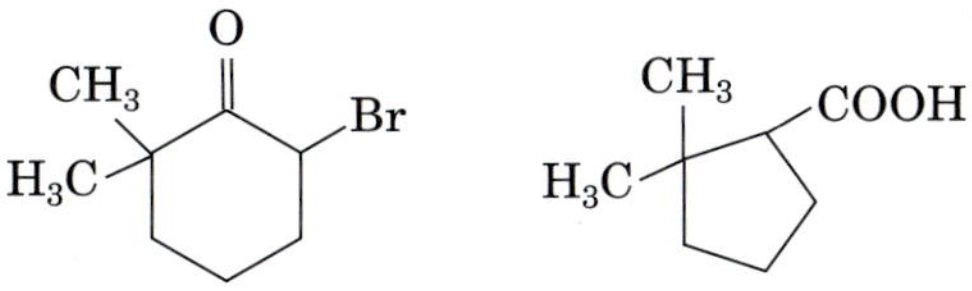

(Cyclohexanone with O, Br, CH_3, H_3C) (Cyclopentane with CH_3, H_3C, COOH)

A. Fehling's 용액
B. 메탄올과 진한 황산
C. CH_3MgBr
D. Benzoyl chloride

13 Phenyl 4-aminosalicylate는 결핵 치료에 이용되는 의약품이다.

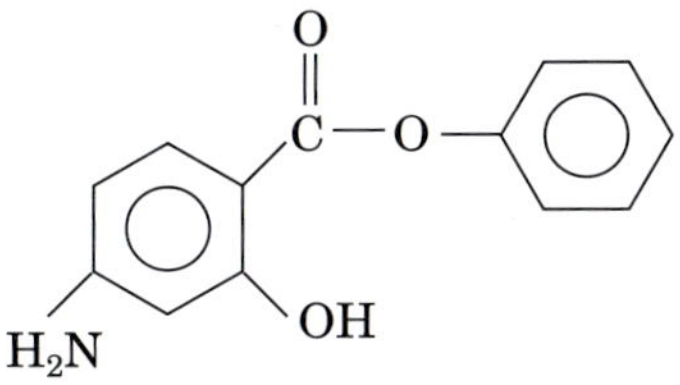

(Structure: O, C—O, OH, H_2N)

Phenyl 4-aminosalicylate

다음 중 반응시켰을 때 phenyl4-aminosalicylate를 생성하는 것은?

1. 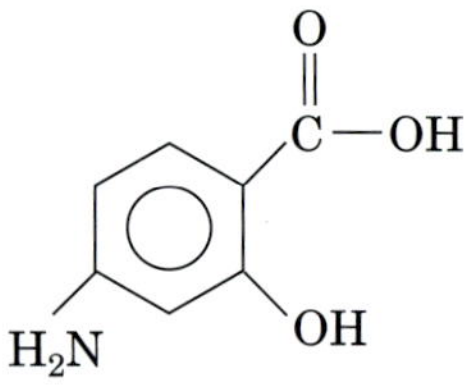 (4-amino-2-hydroxybenzoic acid: H_2N, OH, C(=O)—OH) 와 (phenol: OH)

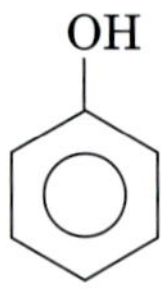

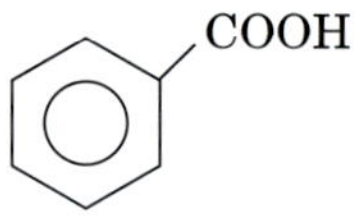

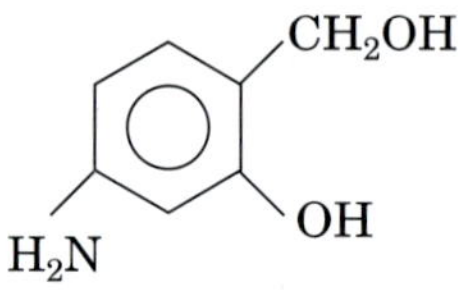

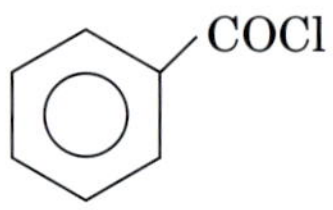

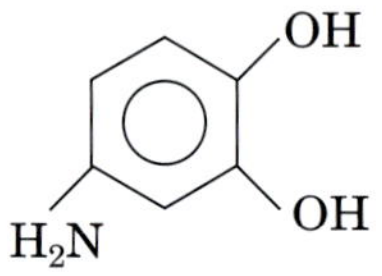

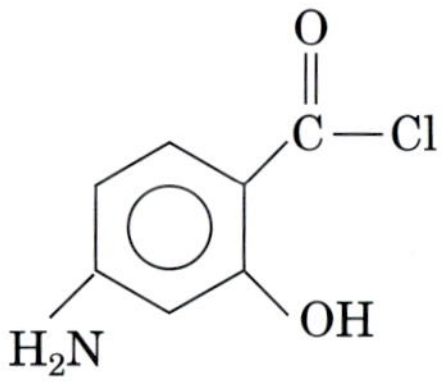

2. (COOH) 와 (CH_2OH, OH, H_2N)

3. (COCl) 와 (OH, OH, H_2N)

4. (H_2N, OH, C(=O)—Cl) 와 (ONa)

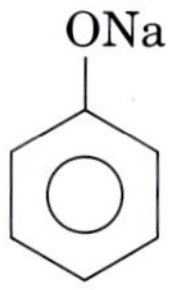

A	B	C	D
단지 1만 맞음	1과 4가 맞음	2와 3이 맞음	1, 2 및 3이 맞음

14 Butacetin은 통증을 조절하는 진통제이다.

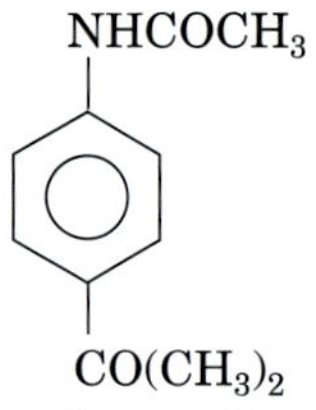

$NHCOCH_3$

$CO(CH_3)_2$

butacetin

다음 중에서 butacetin이 가지는 성질은 어느 것인가?

A. 카이랄 탄소를 가지고 있다.

B. 2,4-dinitrophenylhydrazine과 반응으로 오렌지 색의 침전이 형성된다.

C. Ethanoyl 기는 sodium hydroxide 수용액과 반응하면 제거된다.

15 *N*,*N*-diethyl-*m*-toluamide(DEET)는 많은 곤충-퇴치약을 합성하는 데 필요한 활성 성분이다.

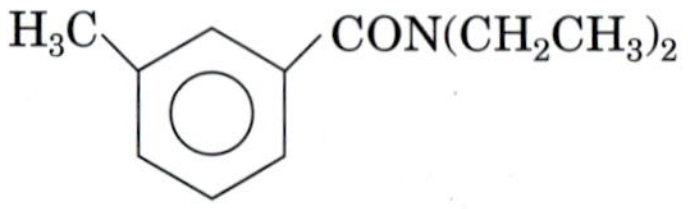

H_3C $CON(CH_2CH_3)_2$

다음 중에서 DEET가 가지는 성질이 아닌 것은?

A.

H_3C–(benzene)–$C(=O)$—Cl 와 $(CH_3CH_2)_2N—H$

로부터 합성할 수 있다.

B. 산성에서 $KMnO_4$와 함께 가열하면 $KMnO_4$를 탈색시킨다.

C. NaOH 수용액과 함께 끓이면 일차 아민이 생성된다.

16 다음의 tranexamic acid는 혈액 응고에 유용한 의약품이다.

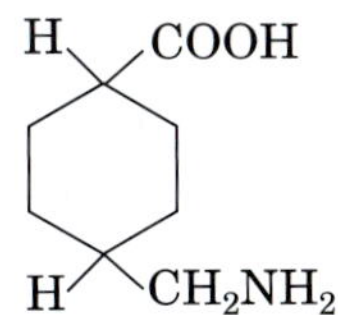

Tranexamic acid

다음 중에서 tranexamic acid가 가지는 성질은 어느 것인가?

A. Na_2CO_3 수용액과 가열하면 CO_2를 생성한다.

B. 묽은 HCl과 반응시키면 염을 형성한다.

C. 시스와 트랜스 이성질체가 존재한다.

17 다음 물질 중에서 뜨거운 산성 수용액에 들어있는 $KMnO_4$로 산화되는 것은?

A. ethanedioic acid

B. ethane-1,2-diol

C. methanoic acid

18 Nicotinic acid는 보통 niacin으로 더 잘 알려져 있으며, 비타민 B 중의 하나이다.

COOH

N

Niacin

Niacin에 대한 다음 설명 중 옳은 것은?

A. 물에 녹는다.

B. 에탄올과 반응하여 ethyl nicotinate를 생성한다.

$COOCH_2CH_3$

N

C. 아마이드 결합을 가지고 있다.

19 신경전달물질인 acetylcholine은 다음 반응식과 같이 choline과 acetic anhydride을 반응시켜 만들 수 있다.

$$\begin{array}{ccc} (CH_3)_3NCH_2CH_2OH & \longrightarrow & (CH_3)_3NCH_2CH_2OCOCH_3 \\ + (CH_3CO)_2O & & + CH_3COOH \\ \textbf{choline} & & \textbf{acetylcholine} \end{array}$$

위의 반응에 대한 설명 중에서 옳은 것은?

A. 반응은 choline의 C—O 결합의 절단이 일어난다.

B. acetic anhydride는 아세틸화 시약(acetylating agent)으로 작용한다.

C. acetylcholine은 아마이드이다.

보충 문제

1 Ethanoic acid는 ethanol보다 더 산성인 이유를 설명하여라. 그리고 chloroethanoic acid는 ethanoic acid보다 더 센 산인 이유를 설명하여라.
Chloroethanoic acid의 산도와 비교하여 3-chloroethanoic acid와 fluoroethanoic acid의 산도를 예측하여라.

2 Chloroethane, chlorobenzene 및 ethanoyl chloride를 다음 각 물질과 반응시켰을 때 일어나는 반응을 비교하고 설명하여라.
(i) 물
(ii) sodium hydroxide 수용액
(iii) 암모니아

3 2-Hydroxybenzoic acid는 노루발 풀 (wintergreen)의 기름을 만드는 데 유용한 중간체이다.

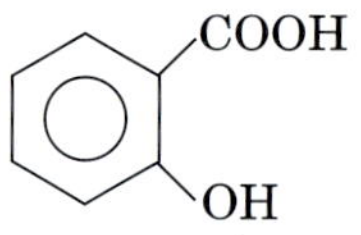

COOH
OH

2-Hydroxybenzoic acid을 다음 시약과 반응시켰을 때 생성되는 유기 분자의 구조식을 그려라.
(i) $Na_2CO_3(aq)$
(ii) NaOH(aq)
(iii) 묽은 질산 HNO_3
(iv) CH_3OH

4 Benzoyl chloride의 세 가지 반응을 설명하여라. 각 경우에 시약과 생성물을 써라.

5 Squaric acid는 다음의 구조를 가지고 있다.

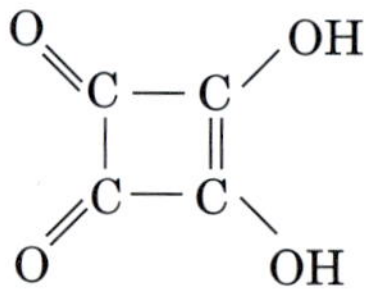

O OH
C — C
C — C
O OH

Squaric acid를 다음 시약과 반응시켰을 때 어떤 반응이 일어나겠는가?
(i) Br_2 수용액
(ii) 2,4-dinitrophenylhydrazine
(iii) phosphorus pentachloride

6 Trichloroethanal은 다음의 구조식을 가지고 있다.

$$CCl_3—CHO$$

(i) Trichloroethanal을 trichloroethanoic acid로 산화시키는 반응의 완결된 화학 방정식을 써라.
(ii) Trichloroethanoic acid가 ethanoic acid보다 더 센 산이라는 것을 증명할 수 있는 간단한 실험 방법을 제시하고 설명하여라.

7 Mandelic acid는 다음의 구조를 갖는다.

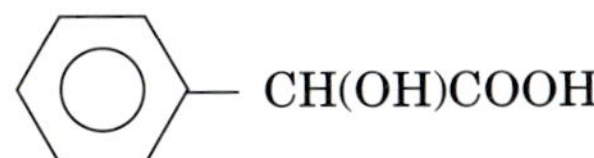

Mandelic acid를 다음의 시약과 반응시켰을 때 얻어지는 생성물의 구조식을 제안하여라.

(i) PBr_3
(ii) HI
(iii) CH_3CH_2COCl
(iv) CH_3CH_2OH
(v) KOH(aq)

아민, 나이트릴 및 아미노산

Amines, Nitriles and Amino Acids

알코올과 에터가 물(H_2O)의 유기 유도체인 것과 마찬가지로 **아민**(amine)은 ammonia, NH_3의 유기 유도체이다. Ammonia처럼 아민은 비공유 전자쌍이 있는 질소 원자를 가지고 있어 아민을 염기성이고 친핵성으로 만든다. 대부분의 아민에 관한 화학은 이 비공유 전자쌍의 존재에 의존적이라는 것을 곧 알게 될 것이다.

아민은 식물과 동물 모두에서 광범위하게 존재한다. 예를 들면 trimethylamine은 동물 조직에 존재하며, 어류에서 나는 독특한 냄새의 부분적인 원인이다. 또한 nicotine은 담배에서 발견되며, cocaine은 남미의 코카나무(coca bush)에서 발견되는 흥분제이다.

Trimethylamine **Nicotine** **Cocaine**

→ 11.1 아민과 나이트릴의 명명

아민은 알킬-치환(**알킬아민**, alkylamines) 또는 아릴-치환(**아릴아민**, arlamines)일 수 있다. 이 두 가지 부류의 화학에 대한 많은 내용들이 유사한 것 같지만, 중요한 차이점들이 있다. 아민은 질소에 결합된 유기 치환기의 수에 따라 **일차**(primary, RNH_2), **이차**(secondary, R_2NH) 및 **삼차**(tertiary, R_3N) 아민으로 분류한다. 예를 들면 methylamine(CH_3NH_2)은 일차 아민이고 dimethylamine[$(CH_3)_2NH$]은 이차 아민이며, trimethylamine [$(CH_3)_3N$]은 삼차 아민이다. 여기서 사용하는 일차, 이차 및 삼차라는 용어는 앞서 사용한 것과 다르다는 사실에 유의하여야 한다. 삼차 알코올(Tertiary alcohol) 또는 할로젠화 알킬

(alkyl halide)에서는 알킬 탄소 원자에 치환된 정도를 의미하지만, 삼차 아민(tertiary amine)이라는 용어를 사용할 경우에는 질소 원자에 치환된 정도를 말한다.

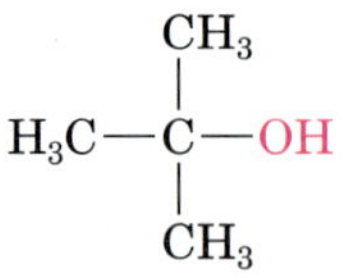

$$H_3C-C(CH_3)_2-OH \qquad H_3C-N(CH_3)_2 \qquad H_3C-C(CH_3)_2-NH_2$$

***tert*-Butyl alcohol** **(삼차 알코올)** | **Trimethylamine** **(삼차 아민)** | ***tert*-Butylamine** **(일차 아민)**

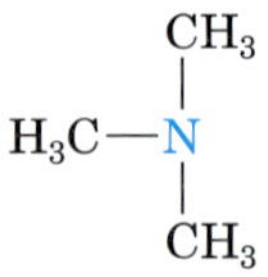

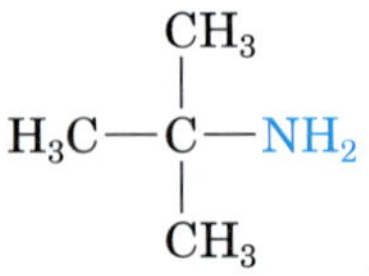

4개의 치환기가 결합된 질소 원자를 포함하는 화합물이 존재하지만, 질소 원자는 반드시 형식적인 양전하를 가져야만 한다. 이러한 화합물을 **사차 암모늄 염**(quaternary ammonium salt)이라고 한다.

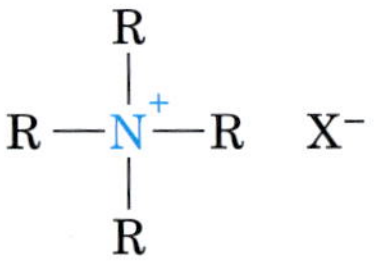

$$R_4N^+ \; X^-$$ 사차 암모늄 염

일차 아민은 IUPAC 체계를 이용하여 구조에 따라 다양한 방법으로 명명한다. 간단한 아민의 경우에는 알킬 치환기의 이름에 접미어 *-amine*을 붙인다.

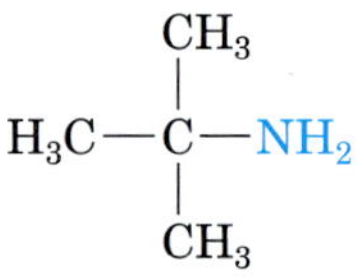

$$H_3C-C(CH_3)_2-NH_2 \qquad C_6H_{11}-NH_2 \qquad H_2NCH_2CH_2CH_2CH_2NH_2$$

***tert*-Butylamine** | **Cyclohexylamine** | **1,4-Butanediamine**

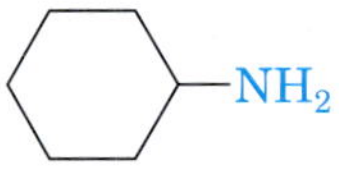

대신 접미어 *-amine*은 모체 화합물의 이름에 있는 마지막 *-e* 대신에 사용할 수도 있다.

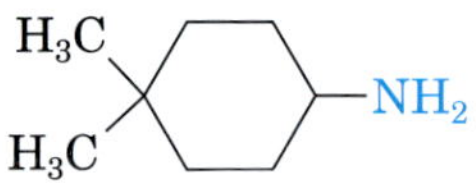

4,4-Dimethylcyclohexanamine

1개 이상의 작용기가 있는 아민은 $-NH_2$를 모체 분자에 있는 *amino* 치환기로 간주하여 명명한다.

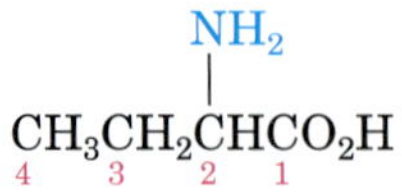

$$CH_3CH_2CH(NH_2)CO_2H \qquad H_2NCH_2CH_2C(=O)CH_3$$

2-Aminobutanoic acid (4 3 2 1) | **2,4-Diaminobenzoic acid** 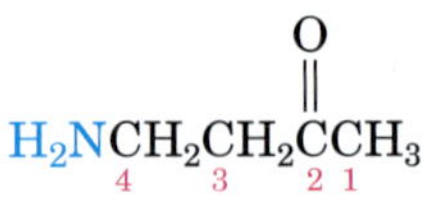 | **4-Amino-2-butanone** (4 3 2 1)

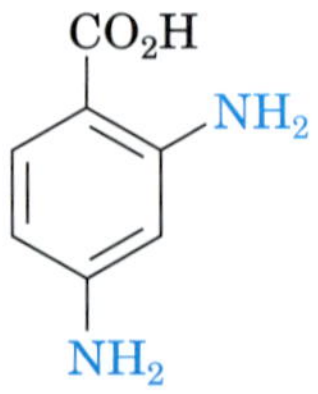

대칭형 이차와 삼차 아민은 접두어 *di*-와 *tri*-를 알킬기에 붙여 명명한다.

H–N(Ph)₂

$CH_3CH_2—N—CH_2CH_3$ (with CH_2CH_3 on N)

Diphenylamine **Triethylamine**

비대칭형으로 치환된 이차와 삼차 아민은 *N*-치환 일차 아민으로 명명한다. 가장 큰 알킬기를 모체명으로 선택하고 나머지 알킬기를 모체 화합물에 있는 *N*-치환기로 간주한다(치환기들이 질소에 결합되었기 때문에 *N*을 사용).

$(CH_3)_2N—CH_2CH_2CH_3$

_N,N_-Dimethylpropylamine
(propylamine이 모체명이며, 두 개의 메틸기는 질소에 결합된 치환기이다.)

H_3C, CH_2CH_3 on N, attached to cyclohexane

_N_-Ethyl-_N_-methylcyclohexylamine
(cyclohexylamine이 모체명이며, 메틸과 에틸은 *N*-치환기이다.)

알킬아민은 비교적 관용명이 적지만, 2개의 가장 간단한 아릴아민을 *aniline*과 *toluidine*이라 부른다.

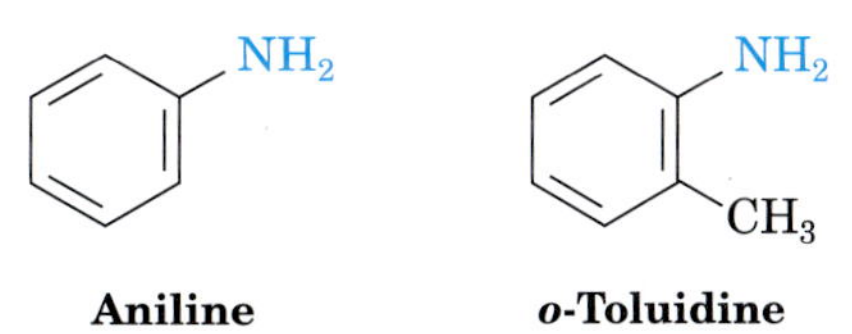

Aniline ***o*-Toluidine**

◆ **문제 11.1** 다음 화합물을 IUPAC 규칙에 따라 명명하여라.

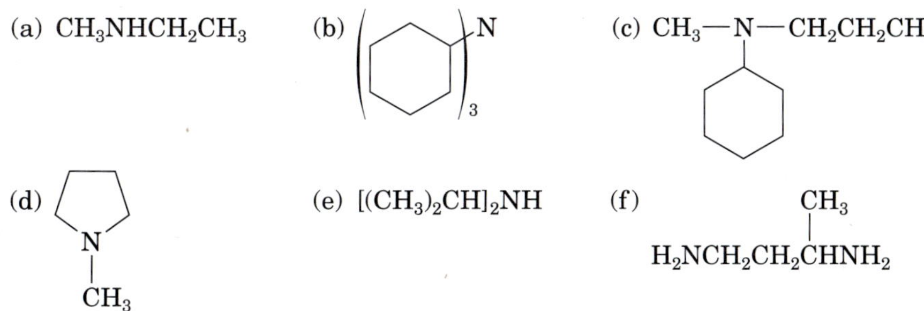

◆ **문제 11.2** 다음 IUPAC 이름에 맞는 구조를 그려라.

(a) Triethylamine
(b) *N*-Methylaniline
(c) *N*-Ethyl-*N*-methylcyclopentylamine
(d) *N*-Isopropylcyclohexylamine

나이트릴, RC≡N

나이트릴(Nitrile)이라 불리는 —C≡N 작용기가 있는 화합물은 카복실산과 매우 밀접하며, 화학적 특성이 어느 정도 유사하다. 간단한 열린-사슬 나이트릴은 나이트릴의 탄소를 C1으로 번호매김하고 알케인의 이름에 접미어로 *-nitrile*을 추가하여 명명한다.

$$\underset{5}{CH_3}\underset{4}{\overset{\overset{CH_3}{|}}{C}H}\underset{3}{CH_2}\underset{2}{CH_2}\underset{1}{CN}$$ **4-Methylpentanenitrile**

좀 더 복잡한 나이트릴은 *-ic acid*나 끝 부분의 *-oic acid*를 *-onitrile*으로 바꾸거나 끝 부분의 *-carboxylic acid*를 *-carbonitrile*로 바꿈으로써 카복실산의 유도체로 명명한다. 나이트릴 탄소 원자 자체는 번호매김하지 않고, 나이트릴 탄소 원자에 결합된 탄소가 C1이 된다.

$CH_3C \equiv N$

Acetonitrile
(acetic acid로부터)

Benzonitrile
(benzoic acid로부터)

2,2-Dimethylcyclohexanecarbonitrile
(2,2-dimethylcyclohexane-carboxylic acid로부터)

11.2 아민의 구조와 결합

아민의 결합은 ammonia의 결합과 유사하다. 질소 원자는 정사면체의 세 모서리에 결합된 세 개의 치환기와 네 번째 모서리에 고립 전자쌍을 갖는 sp^3-혼성이다. 예상되는 바와 같이 C—N—C 결합각은 109°에 가깝다. Trimethylamine의 경우 C—N—C 결합각

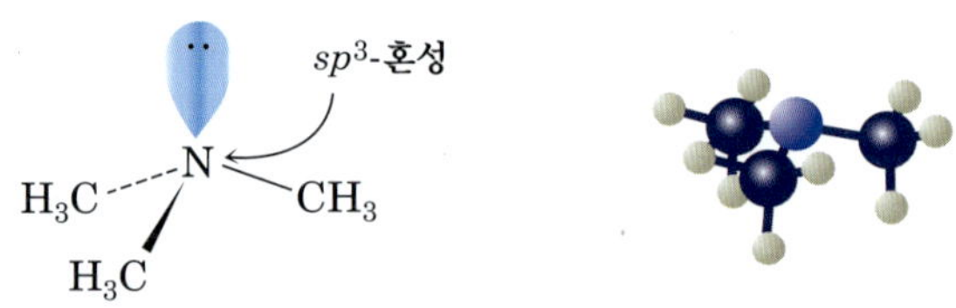

Trimethylamine

은 108°이며, C—N 결합 길이는 147 pm이다.

정사면체 기하구조의 중요성은 질소에 3개의 다른 치환기가 있는 아민은 카이랄(chiral)이라는 사실이다. 그러한 아민은 대칭면을 가지고 있지 않기 때문에 그의 거울상과 겹치지 않는다. 만일 질소에 네 번째 치환기를 받아들일 수 있는 고립 전자쌍을 고려한다면, 이 카이랄 아민은 탄소에 4개의 다른 치환기가 결합된 카이랄 알케인과 유사하다.

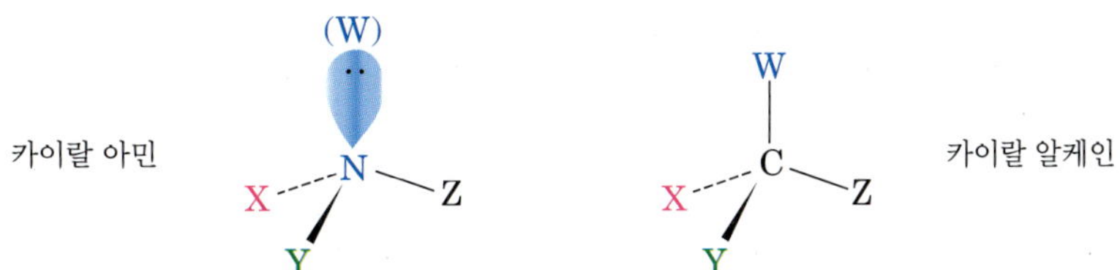

카이랄 탄소가 있는 화합물과는 달리 대부분의 카이랄 아민은 많은 할로젠화 알킬이 S_N2 반응에서 반전되듯이 2개의 거울상 이성체가 피라미드 반전(pyramidal inversion)에 의해 상호 변환이 빠르게 일어나기 때문에 분리할 수 없다. 피라미드 반전은 질소 원자의 순간적인 재혼성화에 의해 평면인 sp^2 기하구조로 되며, 이 평면형 중간체가 이어서 다시 재혼성화에 의해 정사면체인 sp^3 기하구조가 된다(그림 11.1).

sp^3- 혼성 (정사면체) ⇌ **sp^2- 혼성 (평면형)** ⇌ **sp^3- 혼성 (정사면체)**

그림 11.1 ▸ 피라미드 반전은 아민의 두 개의 거울상(거울상이성질체)을 빠르게 상호 변환시킨다.

11.3 아민의 특성 및 근원

알킬 아민은 살충제와 의약품 제조를 위한 출발 물질로서 화학 공업에서 광범위하게 사용된다. 예를 들면 심장 부정맥 치료제로 사용되는 심장 강화제인 propanolol은 에폭사이드와 isopropylamine의 S_N2 반응으로 합성된다.

$$\text{ArO}-CH_2CH\overset{O}{—}CH_2 \xrightarrow{CH_3CH(CH_3)NH_2} \text{ArO}-CH_2CH(OH)CH_2NHCH(CH_3)_2$$

Propranolol

단순히 메틸화된 아민은 alumina 촉매의 존재하에 ammonia와 methanol의 반응으로 제조한다. 이 반응은 일메틸(monomethyl)화, 이메틸(dimethyl)화, 삼메틸(trimethyl)화 생성물이 섞인 혼합물을 만들지만, 그럼에도 불구하고 증류에 의해 세 생성물을 분리하는 것이 쉽기 때문에 공업적으로 유용하다.

$$NH_3 + CH_3OH \xrightarrow[450°C]{Al_2O_3} CH_3NH_2 + CH_3NHCH_3 + CH_3N(CH_3)CH_3$$

알코올과 마찬가지로 탄소 원자가 5개 이하인 아민은 일반적으로 수용성이다. 또한 알코올과 마찬가지로 일차와 이차 아민은 수소 결합을 형성하고 서로 인력이 작용하여 한 분자처럼 모여있다.

결과적으로 아민은 비슷한 분자량의 알케인보다 끓는점이 더 높다. 예를 들면 pentane은 36.1°C에서 끓는 반면 diethylamine은 56.3°C에서 끓는다.

$CH_3CH_2N(H)CH_2CH_3$

Diethylamine, MW = 73.1 amu
bp = 56.3°C

$CH_3CH_2CH_2CH_2CH_3$

Pentane, MW = 72.1 amu
bp = 36.1°C

아민의 또 다른 특징은 아민이 가지고 있는 냄새이다. Trimethylamine과 같이 분자량이 낮은 아민은 독특한 물고기 냄새를 나타내는 반면, cadaverine(1,5-pentanediamine)과 같은 다이아민은 명명 자체에 설명이 들어 있는 이름을 갖는다.

11.4 아민의 염기도

아민의 화학은 질소에 있는 고립 전자쌍에 의해 좌우된다. 이 고립 전자쌍 때문에 아민은 염기성이며 친핵성이다. 아민은 산과 반응하여 산-염기의 염을 만들고, 많은 극성 반응에서 친핵체와 반응한다. Triethylamine의 정전기 퍼텐셜 지도에서는 음의 영역(붉은색)이 질소에 있는 고립 전자쌍에 얼마나 상응하는지를 보여 주고 있다.

아민은 알코올, 에터 또는 물보다 더 강한 염기이다. 아민이 물에 용해될 때 물이 산으로 작용하여 양성자를 아민으로 이동시키는 평형이 이루어진다. 산도 상수(acidity con-

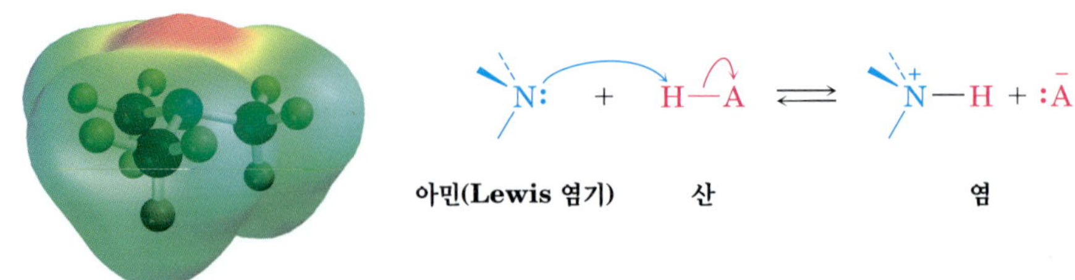

stant, K_a)의 정의에 의해 카복실산의 세기가 측정될 수 있는 것과 마찬가지로 아민의 염기 세기는 염기도 상수(basicity constant, K_b)를 정의함으로써 측정할 수 있다. K_b값이 클수록(그리고 pK_b 값이 작을수록) 양성자-전달 평형이 더 쉽고 염기가 더 강해진다.

해당 반응은 다음과 같다.

$$RNH_2 + H_2O \rightleftharpoons RNH_3^+ + OH^-$$

$$K_b = \frac{[RNH_3^+][OH^-]}{[RNH_2]} \qquad pK_b = -\log K_b$$

실제로 K_b값(또는 pK_b값)은 자주 사용되지 않는다. 대신에 아민(RNH_2)의 염기도를 측정하는 가장 편리한 방법은 상응하는 암모늄 이온(RNH_3^+)을 살펴보는 것이다.

해당 반응은 다음과 같다.

$$RNH_3^+ + H_2O \rightleftharpoons RNH_2 + H_3O^+$$

$$K_a = \frac{[RNH_2][H_3O^+]}{[RNH_3^+]}$$

그러므로:

$$K_a \cdot K_b = \left[\frac{[RNH_2][H_3O^+]}{[RNH_3^+]}\right]\left[\frac{[RNH_3^+][OH^-]}{[RNH_2]}\right]$$

$$= [H_3O^+][OH^-] = K_w = 1.00 \times 10^{-14}$$

따라서:

$$K_a = \frac{K_w}{K_b} \quad \text{그리고} \quad K_b = \frac{K_w}{K_a} \text{ 이며}$$

그리고:

$$pK_a + pK_b = 14$$ 이다.

이 반응식들은 상응하는 암모늄 이온의 K_a값과 아민의 K_b값의 곱은 물의 이온곱 상수(ion-product constant, 1.00×10^{-14})와 같다는 사실을 말해준다. 따라서 암모늄 이온의 K_a값을 알면 $K_b = K_w/K_a$이므로 상응하는 아민 염기의 K_b값을 알 수 있다. 암모늄 이온의 산도가 증가할수록(더 큰 K_a 또는 더 작은 pK_a) 염기도는 약해진다. 따라서 약염기는 pK_a값이 더 작은 암모늄 이온을 가지고 있으며, 강염기는 pK_a값이 더 큰 암모늄 이온을 갖는다.

약염기: 암모늄 이온의 더 작은 pK_a

센염기: 암모늄 이온의 더 큰 pK_a

짝산(RNH_3^+)의 산도와 짝염기(RNH_2)의 염기도 사이의 관계는 일반적인 산-염기 관계의 한 예이다. 더 강한 염기성 아민은 양성자를 보다 더 강하게 붙잡고 있기 때문에 이 염기성 아민에 상응하는 암모늄 이온은 덜 산성이다. 반대로, 보다 더 약한 염기성 아민은 양성자를 덜 단단하게 붙잡고 있어 상응하는 암모늄 이온은 더 산성이다.

만일 이 암모늄 염의 pK_a가 더 작으면(더 센산이면), 이 아민은 더 약염기이다.

$$R-NH_3^+ + H_2O \rightleftharpoons R-\ddot{N}H_2 + H_3O^+$$

만일 이 암모늄 염의 pK_a가 더 크면(더 약산이면), 이 아민은 더 센염기이다.

표 11.1에 몇 가지 암모늄 이온의 pK_a값을 나타내었으며, 이 표는 아민 염기도의 실질적인 범위를 나타낸다. 대부분의 간단한 알킬 아민은 10~11까지의 좁은 범위 안에서 알킬 아민의 암모늄 이온에 대한 pK_a값과 마찬가지로 염기의 세기도 비슷하다.

표 11.1 • 몇 가지 일반적인 아민의 염기도

이름	구조	암모늄 이온의 pK_a
Ammonia	NH_3	9.26
일차 알킬아민		
Ethylamine	$CH_3CH_2NH_2$	10.81
Methylamine	CH_3NH_2	10.66
이차 알킬아민		
Pyrrolidine	(cyclic) N—H	11.27
Dimethylamine	$(CH_3)_2NH$	10.73
Diethylamine	$(CH_3CH_2)_2NH$	10.49
삼차 알킬아민		
Triethylamine	$(CH_3CH_2)_3N$	11.01
Trimethylamine	$(CH_3)_3N$	9.81
아릴아민		
Aniline	(benzene ring)—NH_2	4.63

아민과는 다르게 아마이드($RCONH_2$)는 비염기성이다. 아마이드는 산성용액을 처리했을 때 양성자 첨가가 일어나지 않으며, 매우 약한 친핵체이다. 아민과 아마이드 사이에 이러한 염기도에서 차이가 나는 주된 이유는 아마이드는 카보닐기와 궤도함수 겹침을 통한 질소 고립 전자쌍의 비편재화에 의해 안정화된다는 사실이다. 정전기 퍼텐셜 지도는 아마이드의 질소에 있는 전자 밀도가 감소했다는 것을 명확히 보여준다.

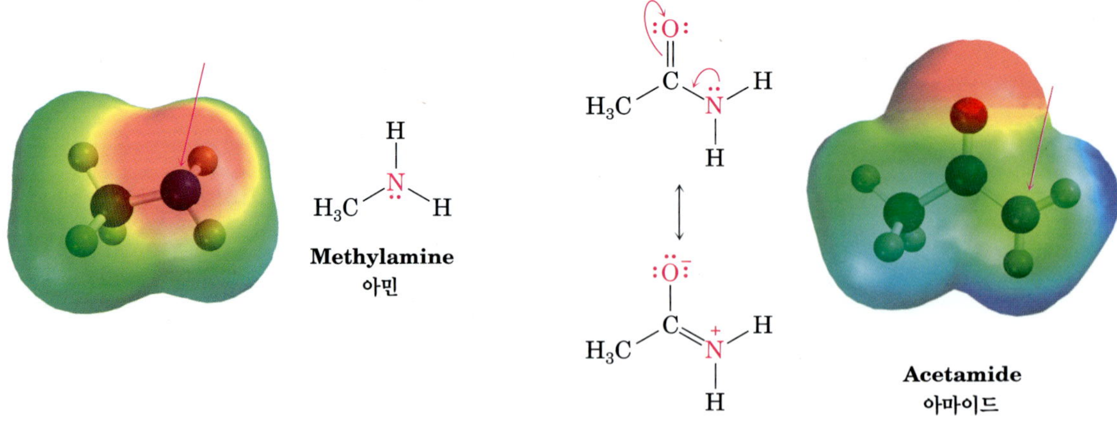

Methylamine
아민

Acetamide
아마이드

공명 개념으로 보면 아마이드는 두 가지 공명 형태의 혼성체로 존재하므로 아민보다 반응성이 작고 안정하다. 이러한 아마이드의 공명 안정화는 질소 원자에 양성자가 첨가되면 없어지기 때문에 양성자 첨가는 바람직하지 않다.

아민을 정제하기 위하여 이들의 염기도를 활용할 수 있다. 예를 들면 염기성 아민과 케톤, 알코올과 같은 중성 화합물의 혼합물이 유기 용매에 녹아 있다면, 여기에 산 수용액을 가하게 되면 염기성 아민은 양성자 첨가된 염 형태로 물 층에 녹아 있지만, 중성 화합물은 유기용매 층에 남아 있다. 물 층을 분리하고 NaOH를 첨가하여 암모늄 이온을 중화시키면 순수한 아민을 얻을 수 있다(그림 11.2).

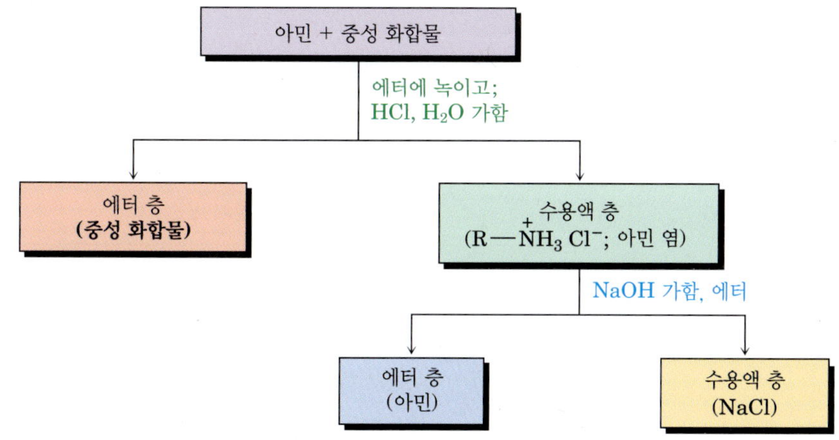

그림 11.2 ▸ 혼합물로부터 아민 성분의 분리 및 정제.

◆ **문제 11.3** 다음의 각 쌍 중에서 어느 화합물이 더 염기성인가?
(a) $CH_3CH_2NH_2$ 또는 $CH_3CH_2CONH_2$ (b) NaOH 또는 CH_3NH_2

◆ **문제 11.4** Benzylammonium 이온($C_6H_5CH_2NH_3^+$)은 $pK_a = 9.33$이고 propylammonium 이온은 $pK_a = 10.71$이다. Benzylamine과 propylamine 중에서 어느 것이 센염기인가? Benzylamine과 propylamine의 pK_a값은 얼마인가?

11.5 치환된 아릴아민의 염기도

이미 앞에서 언급했듯이 일반적으로 아릴아민은 알킬아민보다 염기성이 낮다. 예를 들면 anilium 이온의 $pK_a = 4.63$이지만 methylammonium 이온은 $pK_a = 10.66$이다. 질소에 있는 고립 전자쌍이 방향족 고리 π 전자계와의 상호작용으로 비편재되었기 때문에 아릴아민은 알킬아민보다 염기성이 낮고 H^+와 결합하는 것이 쉽지 않다. 공명현상 때문에 아릴아민은 알킬아민에 비해 상대적으로 안정하다.

치환된 아릴아민은 치환기에 따라 aniline보다 염기성이 더 클 수도 있고 작을 수도 있다. 친전자성 치환 반응에 대해 방향족 고리의 반응성을 증가시키는 $—CH_3$, $—NH_2$, $—OCH_3$와 같은 전자-주개 치환기는 상응하는 아릴아민의 염기도를 증가시킨다. 친전자성 치환 반응에 대한 고리 반응성을 감소시키는 —Cl, $—NO_2$, —CN과 같은 전자-주개 치환기는 아릴아민의 염기도를 감소시킨다. 표 11.2는 단지 *p*-치환 aniline만을 고려하였으나 *o*-와 *m*-유도체에서도 비슷한 경향이 관찰된다.

표 11.2 ● 몇 가지 *p*-치환 aniline의 염기 세기

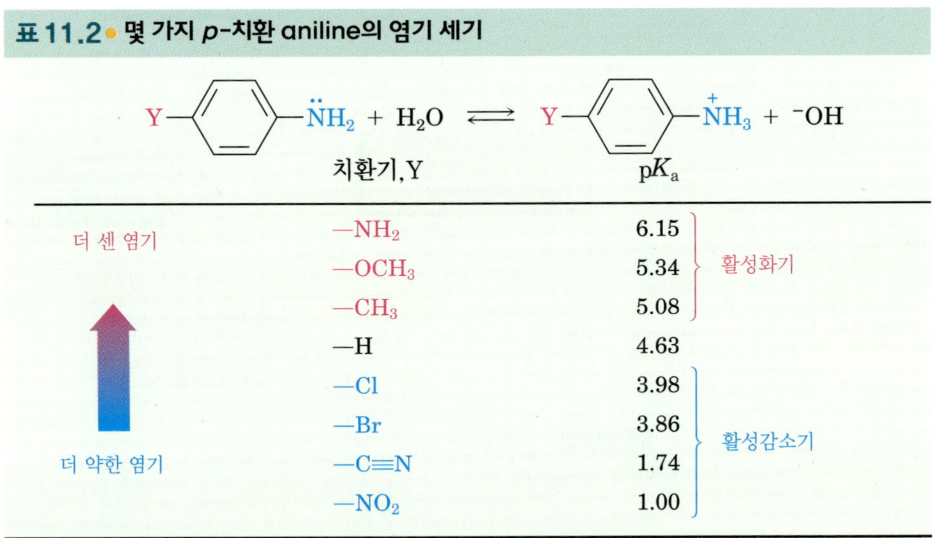

$$Y-C_6H_4-\ddot{N}H_2 + H_2O \rightleftharpoons Y-C_6H_4-\overset{+}{N}H_3 + {}^{-}OH$$

	치환기, Y	pK_a	
더 센 염기	$—NH_2$	6.15	활성화기
	$—OCH_3$	5.34	
	$—CH_3$	5.08	
	—H	4.63	
	—Cl	3.98	활성감소기
	—Br	3.86	
더 약한 염기	—C≡N	1.74	
	$—NO_2$	1.00	

◆ **문제 11.5** 표 11.2를 참조하지 말고 다음 화합물을 염기도가 증가하는 순서대로 배열하라.

(a) *p*-Nitroaniline, *p*-aminobenzaldehyde, *p*-bromoaniline

(b) *p*-Chloroaniline, *p*-aminoacetophenone, *p*-methylaniline

(c) *p*-(Trifluoromethyl)aniline, *p*-methylaniline, *p*-(fluoromethyl)aniline

→ 11.6 아민의 합성

》 나이트릴, 아마이드, 나이트로 화합물의 환원

아민은 나이트릴과 아마이드를 $LiAlH_4$로 환원하여 얻을 수 있다는 것을 이미 알았다. CN^- 이온에 의한 S_N2 치환과 이어서 환원시키는 두-단계 과정은 할로젠화 알킬을 탄소 원자가 한 개 더 많은 일차 알킬아민으로 바꾸는 우수한 방법이다. 아마이드 환원은 카복실산 유도체를 같은 수의 탄소 원자를 갖는 아민으로 바꾸는 좋은 방법이다.

$$RX \xrightarrow{NaCN} RCN \xrightarrow[2.\ H_2O]{1.\ LiAlH_4,\ ether} RCH_2NH_2$$

할로젠화 알킬 → 일차 아민

$$R-\overset{O}{\overset{\|}{C}}-OH \xrightarrow[2.\ NH_3]{1.\ SOCl_2} R-\overset{O}{\overset{\|}{C}}-NH_2 \xrightarrow[2.\ H_2O]{1.\ LiAlH_4,\ ether} RCH_2NH_2$$

카복실산 → 일차 아민

아릴아민은 보통 방향족 출발 물질을 나이트로화한 후 나이트로기를 환원시켜 만든다. 환원 단계는 반응 조건에 따라 많은 다른 방법을 사용할 수 있다. 백금(platinum)을 이용한 촉매 수소화 반응은 잘 일어나지만 종종 분자내의 다른 곳에 있는 C=C 결합이나 카보닐기 같은 환원될 수 있는 작용기가 존재하면 사용할 수 없다. 산성 수용액 중에서 사용할 때에는 철, 아연, 주석, tin(II) chloride ($SnCl_2$) 또한 효과적이다. 특히 tin(II) chloride는 온화하기 때문에 다른 환원성 작용기가 존재할 때 종종 사용된다.

$$\text{p-tert-Butylnitrobenzene} \xrightarrow[\text{Ethanol}]{H_2,\ Pt\ 촉매} \text{p-tert-Butylaniline (100\%)}$$

***p-tert*-Butylnitrobenzene** → ***p-tert*-Butylaniline (100%)**

$$\text{m-Nitrobenzaldehyde} \xrightarrow[2.\ NaOH,\ H_2O]{1.\ SnCl_2,\ H_3O^+} \text{m-Aminobenzaldehyde (90\%)}$$

***m*-Nitrobenzaldehyde** → ***m*-Aminobenzaldehyde (90%)**

◆ **문제 11.6** 다음의 각 아민의 전구체가 될 수 있는 나이트릴 또는 아마이드의 구조를 제안하라.

(a) $CH_3CH_2CH_2NH_2$ (b) $(CH_3CH_2CH_2)_2NH$

(c) Benzylamine, $C_6H_5CH_2NH_2$ (d) *N*-Ethylaniline

할로젠화 알킬의 S_N2 반응

Ammonia와 다른 아민은 S_N2 반응에서 좋은 친핵체이다. 결과적으로 알킬아민의 가장 간단한 합성법은 ammonia나 알킬아민을 할로젠화 알킬로 S_N2 알킬화 반응시키는 것이다. 만일 ammonia를 사용한다면 일차 아민이 생성되고, 일차 아민을 사용한다면 이차 아민이 생성되는 등과 같다. 심지어 삼차 아민은 할로젠화 알킬과 빠르게 반응하여 사차 암모늄염($R_4N^+X^-$)을 생성한다.

		S_N2 반응		NaOH		
Ammonia	$\ddot{N}H_3 + R-X$	⟶	$RNH_3^+\ X^-$	⟶	RNH_2	일차
일차	$R\ddot{N}H_2 + R-X$	⟶	$R_2NH_2^+\ X^-$	⟶	R_2NH	이차
이차	$R_2\ddot{N}H + R-X$	⟶	$R_3NH^+\ X^-$	⟶	R_3N	삼차
삼차	$R_3\ddot{N} + R-X$	⟶	$R_4N^+\ X^-$	사차 암모늄 염		

유감스럽게도 이러한 반응들은 단일 알킬화 반응이 일어난 후에도 깨끗하게 반응이 멈추지 않는다. 일차, 이차 및 삼차 아민 모두 반응성이 비슷하기 때문에 처음에 생성된 단일 알킬화된 화합물이 추가적인 반응을 일으켜 혼합 생성물을 만든다. 예를 들면 1-bromooctane에 2배 이상의 ammonia를 처리하면 단지 45%의 octylamine을 포함하는 혼합물이 생성된다. 거의 비슷한 양의 dioctylamine이 소량의 trioctylamine과 tetraoctylammonium bromide와 함께 두 번의 알킬화 반응으로 생성된다.

$$CH_3(CH_2)_6CH_2Br + :NH_3 \longrightarrow CH_3(CH_2)_6CH_2\ddot{N}H_2 + [CH_3(CH_2)_6CH_2]_2\ddot{N}H$$

1-Bromooctane → **Octylamine (45%)**, **Dioctylamine (43%)**

$$+ [CH_3(CH_2)_6CH_2]_3N: + [CH_3(CH_2)_6CH_2]_4\overset{+}{N}\ \overset{-}{Br}$$

미량 **미량**

11.7 나이트릴의 화학

나이트릴은 전기음성적인 원자에 3개의 결합을 이루고 있는 탄소 원자를 가지고 있고, 모두 π 결합을 가지고 있다는 점에서 카복실산의 유사물질이다. 따라서 나이트릴과 카복실산의 몇몇 반응은 유사하다. 이런 종류의 화합물은 친전자체이며, 모두 친핵성 첨가 반응이 일어난다.

$$R-C\equiv N$$

나이트릴-질소에 3개 결합

$$R-C(=O)-OH$$

산-두 산소에 3개 결합

나이트릴의 제조

나이트릴을 만드는 가장 간단한 제법은 CN^-과 일차 할로젠화 알킬과의 S_N2 반응이다. 알고 있는 바와 같이 이 방법은 상대적으로 입체 장애가 작은 나이트릴(RCH_2CN)의 합성에 대한 일반적인 S_N2 입체 압박(steric constraint)에 의해 제한을 받게 된다.

나이트릴을 만드는 또 다른 제법은 일차 아마이드($RCONH_2$)를 탈수 반응 시키는 것이다. 이 반응에 $POCl_3$ 같은 다른 탈수제가 사용되기도 하지만 thionyl chloride($SOCl_2$)가 종종 사용된다.

$$CH_3CH_2CH_2CH_2CH(CH_2CH_3)C(=O)-NH_2 \xrightarrow[80°C]{SOCl_2,\ benzene} CH_3CH_2CH_2CH_2CH(CH_2CH_3)C\equiv N + SO_2 + 2\ HCl$$

2-Ethylhexanamide → **2-Ethylhexanenitrile (94%)**

탈수 반응은 친핵성 아마이드 산소 원자에 대한 $SOCl_2$의 반응이 먼저 일어나고 이어 양성자이탈 반응과 연속하여 E2-유사한 제거 반응이 일어난다.

$$R-C(=O)-\ddot{N}H_2 + Cl-S(=O)-Cl \longrightarrow \left[R-C(-O-S(=O)-Cl)=\overset{+}{N}H-H \xrightarrow{:\text{염기}} R-C(-O-S(=O)-Cl)=N-H \right] \xrightarrow{:\text{염기}} R-C\equiv N + SO_2$$

비록 나이트릴을 제조하는 두 가지 방법-할로젠화 알킬의 CN^-에 의한 S_N2 치환과 아마이드 탈수 반응-이 모두 유용하지만, 아마이드로부터 제조 방법이 입체 장애에 제한을 받지 않기 때문에 더 일반적이다.

11.8 아민의 반응

염 형성

지방족 및 아릴아민은 모두 묽은 산과 반응하여 안정한 결정성 염을 형성한다. 예를 들면 ethylamine을 묽은 hydrochloric acid에 첨가하면 ethylammonium chloride가 형성된다. 결정성인 염은 냄새가 없기 때문에 ethylamine의 물고기 냄새는 없어진다.

$$\underset{\textbf{ethylamine}}{CH_3CH_2NH_2} + HCl \longrightarrow \underset{\textbf{ethylammonium chloride}}{CH_3CH_2NH_3Cl}$$

Phenylamine에 묽은 nitric acid를 가하면 phenylammonium nitrate가 생성된다.

$$\underset{\textbf{Phenylamine}}{C_6H_5-NH_2} + HNO_3 \longrightarrow \underset{\textbf{phenylammonium nitrate}}{C_6H_5-NH_3NO_3}$$

암모늄 염을 sodium hydroxide 수용액에서 가열하면 아민이 다시 재생된다.

$$CH_3CH_2NH_3Cl + NaOH \longrightarrow CH_3CH_2NH_2 + NaCl + H_2O$$

아마이드 형성–아실화 반응

일차 및 이차 아민(삼차 아민 제외)은 산 염화물이나 산무수물과 반응하여 아실화되어 아마이드를 생성한다.

$$RCOCl + NH_3 \longrightarrow RCONH_2 + NCl$$

$$RCOCl + R'NH_2 \longrightarrow RCO-NHR' + NCl$$

$$RCOCl + R'_2NH \longrightarrow RCO-NR'_2 + NCl$$

$$\underset{\textbf{propanoyl chloride}}{CH_3CH_2COCl} + CH_3NH_2 \longrightarrow \underset{\textbf{\textit{N}-methylpropanamide}}{CH_3CH_2CO-NHCH3} + HCl$$

$$CH_3COCl + C_6H_5{-}NH_2 \longrightarrow CH_3CO{-}NH{-}C_6H_5 + HCl$$

ethanoyl chloride **N-phenylethanamide**

Nitrous acid와의 반응

Nitrous acid(HNO_2)는 더 불안정하며, 절대로 시약병 속에 보관할 수 없다. 그러나 묽은 무기산과 함께 sodium nitrate로 처리하여 만들 수 있다.

$$NaNO_2 + HCl \longrightarrow HNO_2 + NaCl$$

Ethylamine과 같은 일차 아민은 실온에서 nitrous acid 수용액을 처리하면 질소 가스를 방출하면서 일차 알코올로 전환된다.

$$CH_3CH_2NH_2 + HNO_2 \longrightarrow CH_3CH_2OH + N_2 + H_2O$$

실제로 ethene과 diethyl ether 같은 두 개의 다른 부생성물이 생성된다.

메커니즘

$$CH_3CH_2NH_2 + HNO_2 + HCl \longrightarrow CH_3CH_2N_2^+Cl^- + 2H_2O$$

ethyldiazonium chloride

Ethyldiazonium 양이온이 분해되어 질소 가스와 에틸 양이온을 생성한다.

$$CH_3CH_2N_2^+ \longrightarrow N_2 + CH_3CH_2^+$$

에틸 양이온에 의하여 한 개의 양성자를 잃고 ethene이 된다. 대신에 에틸 양이온은 물 분자의 공격을 받아 ethanol을 생성한다.

$$CH_3CH_2^+ \longrightarrow H^+ + CH_2{=}CH_2$$

$$CH_3CH_2^+ + H_2O \longrightarrow CH_3CH_2OH + H^+$$

생성된 ethanol은 또한 친핵체로 작용할 수 있으며, 카보늄 이온을 공격한다.

$$CH_3CH_2^+ + CH_3CH_2OH \longrightarrow CH_3CH_2OCH_2CH_3 + H^+$$

diethyl ether

11.9 아릴아민의 반응

친전자성 방향족 치환

아미노 치환기는 친전자성 방향족 치환 반응에서 강한 오쏘- 및 파라-지향성 활성화기이다. 아미노기가 치환된 benzene은 종종 다치환(polysubstitution)을 방지하기 어렵기 때문에 때로는 불리할 수도 있다. 예를 들면 phenylamine과 bromine 수용액의 반응은 매우 빨리 일어나며, 2,4,6-tribromophenylamine의 흰색 침전물을 생성한다. 또한 hydrogen bromide의 흰색연기가 발생한다. 아미노기는 강한 활성기이기 때문에 단일 브로민 치환된 단계에서 반응을 멈추는 것은 불가능하다.

$$C_6H_5NH_2 + 3Br_2 \longrightarrow \text{2,4,6-}Br_3C_6H_2NH_2 + 3HBr$$

아민에 acetyl chloride를 처리하면 *N*-아세틸화된 화합물이 생성된다. 비록 여전히 활성이 있고 오쏘- 및 파라-지향성이라 할지라도 아미도(amido) 치환기(—NHCOR)는 질소의 고립 전자쌍이 인접한 카보닐기에 의해 비편재화되어 있기 때문에 아미노기보다 활성이 약하며, 덜 염기성이다. 결과적으로 *N*-아릴아마이드의 브로민화 반응은 분명하게 일어나 브로민이 한 개 치환된 생성물이 얻어지고 염기성 수용액과의 가수분해 반응으로 유리 아민을 생성한다. 예를 들면 *p*-toluidine (4-methylaniline)은 아세틸화, 브로민화 그리고 가수분해되어 2-bromo-4-methylaniline을 79%의 수득률로 생성한다. 2,6-다이브로민화된 화합물은 생성되지 않는다.

$$\underset{\textbf{\textit{p}-Toluidine}}{\text{4-}CH_3C_6H_4NH_2} \xrightarrow{CH_3COCl} \text{4-}CH_3C_6H_4NHCOCH_3 \xrightarrow{Br_2} \text{2-Br-4-}CH_3C_6H_3NHCOCH_3 \xrightarrow[H_2O]{NaOH} \underset{\textbf{2-Bromo-4-methylaniline (79\%)}}{\text{2-Br-4-}CH_3C_6H_3NH_2} + CH_3CO_2^-$$

N-아릴아마이드의 Friedel-Crafts 알킬화 반응과 아실화 반응이 또한 정상적으로 일어난다. 예를 들면 Friedel-Crafts 반응 조건하에서 acetanilide(*N*-acetylaniline)를 벤조일화 반응(benzoylation)시킨 후 가수분해시키면 80%의 수득률로 4-aminobenzophenone이 생성된다.

$$\underset{\textbf{Aniline}}{C_6H_5NH_2} \xrightarrow{CH_3COCl} C_6H_5NHCOCH_3 \xrightarrow[AlCl_3]{C_6H_5COCl} \text{4-}C_6H_5COC_6H_4NHCOCH_3 \xrightarrow[H_2O]{NaOH} \underset{\textbf{4-Aminobenzophenone (80\%)}}{\text{4-}C_6H_5COC_6H_4NH_2}$$

Sulfanilamide와 같은 설파제(sulfa drug)은 감염에 대해 임상적으로 사용되는 구급 약품 중의 하나이다. 비록 설파제보다 안전하고 보다 강력한 항생제로 대부분 대체되었지만 설파제는 제2차 세계대전 기간 동안 수천 명의 부상병의 생명을 구하는 데 기여하였으며, 아직 요로 기관(urinary tract)의 감염 치료제로 처방되고 있다. 이 약품은 acetanilide의 클로로설폰화 반응과 이어서 *p*-(*N*-acetylamino)benzenesulfonyl chloride를 ammonia나 다른 아민과 반응시켜 sulfone amide를 생성시키는 방법으로 제조된다. 아마이드가 가수분해되면 설파제가 생성된다. 이 아마이드의 가수분해는 sulfone amide가 매우 느리게 가수분해되기 때문에 sulfone amide기가 존재하에서도 반응이 일어날 수 있다는 사실에 유의하여야 한다.

H, N, C, O, CH_3 — $HOSO_2Cl$ → NH_3 / H_2O → NaOH / H_2O →

O=S=O, Cl, NH_2

Acetanilide

Sulfanilamide
(설파제)

》 다이아조늄 염

일차 아릴아민은 nitrous acid(HNO_2)와 반응하여 안정한 **아렌다이아조늄 염**(arenediazonium salt, Ar—$N_2^+X^-$)을 생성한다. 이 **다이아조화 반응**(diazotization reaction)은 방향족 고리에 다양한 치환기가 존재할 때 적합하다.

$$C_6H_5NH_2 + HNO_2 + H_2SO_4 \longrightarrow C_6H_5\overset{+}{N}\equiv N \; HSO_4^- + 2\,H_2O$$

만일 benzenediazonium 이온의 수용액을 가열하면, 가수분해되어 phenol과 질소를 생성한다. 반응이 일어나는 동안 친전자성 benzenediazonium 이온이 친핵성 물분자의 공격을 받아 생성물을 생성한다.

$$C_6H_5N_2^+ + H_2O \longrightarrow C_6H_5OH + N_2 + H^+$$

다이아조늄 짝지음 반응

아렌다이아조늄 염은 phenol 및 아릴아민과 같은 활성화된 고리와 짝지음 반응(coupling reaction)으로 밝은 색을 띠는 **아조 화합물**(azo compound, Ar—N=N—Ar′)을 생성한다.

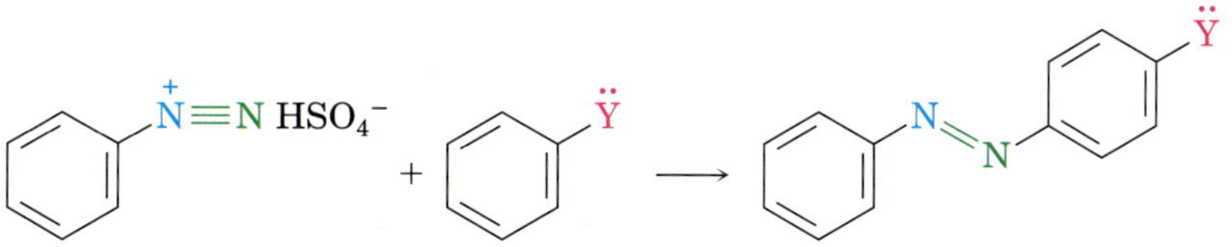

$\text{C}_6\text{H}_5\text{N}^+\equiv\text{N}\ \text{HSO}_4^- + \text{C}_6\text{H}_5\ddot{\text{Y}} \longrightarrow \text{C}_6\text{H}_5\text{N=N-C}_6\text{H}_4\ddot{\text{Y}}$

아조 화합물

여기서 Y = −OH 또는 $-NR_2$

다이아조늄 짝지음 반응은 양으로 하전된 다이아조늄 이온이 phenol과 아릴아민의 전자가 풍부한 고리와 반응하는 친전자체인 전형적인 친전자성 방향족 치환 반응이다. 반응은 보통 파라 위치에서 일어나지만, 만일 파라 위치가 방해를 받으면 오쏘 위치에서 일어날 수 있다.

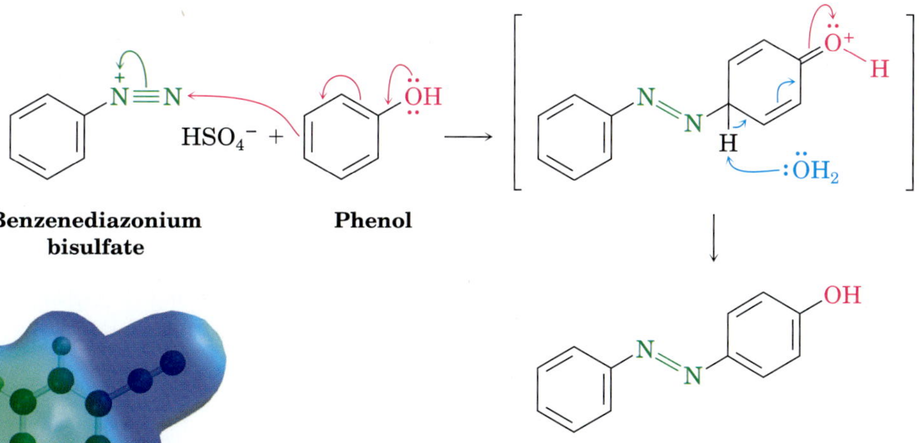

Benzenediazonium bisulfate (HSO_4^-) + **Phenol** ⟶ [ ] (H, $:\ddot{O}H_2$, $\ddot{O}^+$—H) ⟶

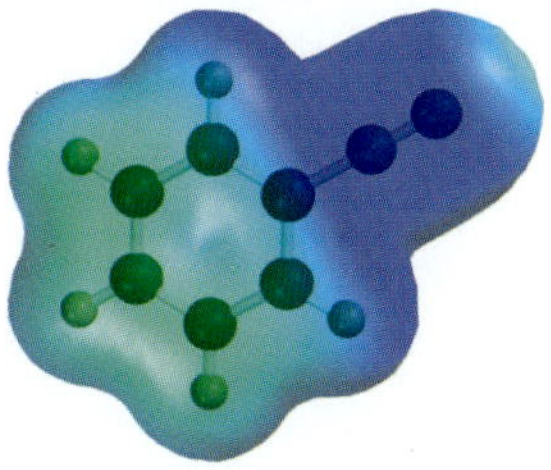

p-Hydroxyazobenzene
(오렌지색 결정, mp 152°C)

아조-짝지음 생성물은 전자기 스펙트럼의 가시광선 영역에서 흡수의 원인이 되는 확장된 콘쥬게이션 π 전자계가 있기 때문에 염료로 널리 사용된다. 예를 들면 *p*-(dimethylamino)azobenzene은 밝은 노란색으로 한 때 마가린의 색소로 이용되었다.

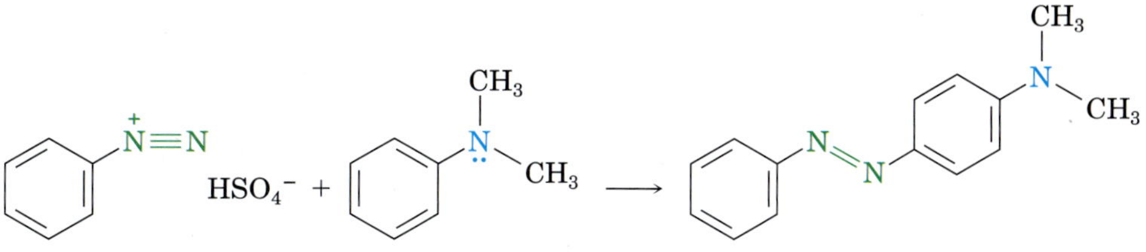

Benzenediazonium bisulfate (HSO_4^-) + **N,N-Dimethylaniline** ⟶ **p-(Dimethylamino)azobenzene**
(노란색 결정, mp 127°C)

11.10 상-이동 촉매로서 테트라알킬암모늄 염

테트라알킬암모늄 염(Tetraalkylammonium salt, $R_4N^+X^-$)은 많은 다른 종류의 유기 반응에서 촉매로 사용된다. 예를 들면 cyclohexene이 chloroform에 녹아 있고 여기에 NaOH 수용액을 처리하는 실험을 생각해 보자. 유기용매 층과 물 층은 서로 섞이지 않기 때문에 물 층에 있는 염기는 유기 층인 chloroform과 접촉할 수 없게 되어 어떤 반응도 일어나지 않는다. 그러나 소량의 benzyltriethylammonium chloride를 가한다면 반응은 즉시 일어난다. Chloroform은 NaOH와 반응하여 dichlorocarbene이 생성되며, 이것은 cyclohexene의 이중 결합에 첨가되어 dichlorocyclopropane이 생성된다.

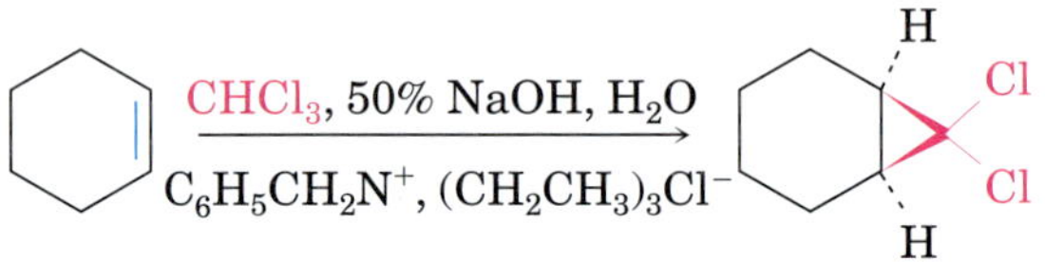

$$\text{cyclohexene} \xrightarrow[C_6H_5CH_2N^+,\ (CH_2CH_3)_3Cl^-]{CHCl_3,\ 50\%\ NaOH,\ H_2O} \text{7,7-dichlorobicyclo[4.1.0]heptane (H, H, Cl, Cl)}\quad \mathbf{77\%}$$

어떻게 테트라알킬암모늄염이 고리 프로페인화 반응(cyclopropanation reaction)을 촉진시키는가? Benzyltriethylammonium 이온이 양으로 하전되어 있지만, 질소에 네 개의 탄화수소 치환기를 가졌기 때문에 유기 용매에 녹는다. 양으로(positively) 하전된 테트라알칼암모늄 이온이 유기층으로 들어갈 때 중성을 유지하기 위하여 음으로(negatively) 하전된 반대 이온도 이동되어야만 한다. 이때 염소 이온보다 훨씬 많이 존재하는 하이드록시 이온이 수용액층에서 유기층으로 이동되며, 여기서 chloroform과 즉시 반응이 일어난다.

한 상으로부터 다른 상으로 OH^-와 같은 무기 이온의 이동을 상-이동(phase transfer)이라고 하며, 테트라알킬암모늄염은 **상-이동 촉매**(phase-transfer catalyst)라 부른다. 산화, 환원, 카보닐기 알킬화 및 S_N2 반응을 포함하는 다른 여러 종류의 유기 반응은 상-이동 촉매를 이용함으로써 수득률이 상당히 증가된다.

나이트릴의 반응

나이트릴의 중요한 반응은 가수분해되어 아마이드와 카복실산을 생성하고 환원되어 아민을 생성하는 것이다(그림 11.3).

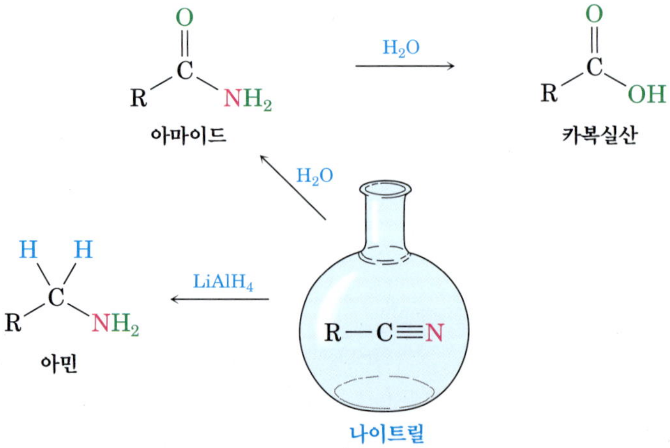

그림 11.3 ▸ 나이트릴의 몇 가지 반응.

가수분해: 나이트릴을 카복실산으로 전환 나이트릴은 염기성 또는 산성 수용액 중에서 가수분해되어 카복실산과 ammonia 또는 아민을 생성한다.

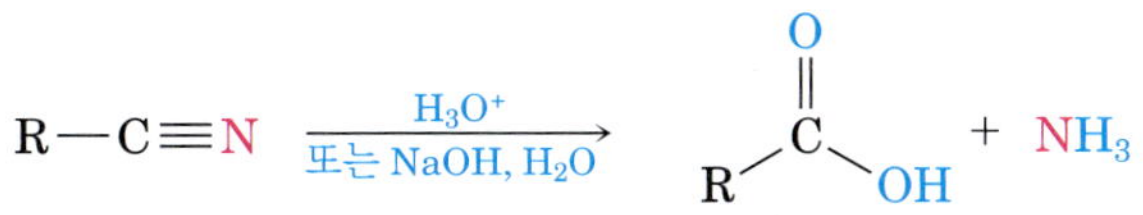

$$R-C\equiv N \xrightarrow[\text{또는 NaOH, } H_2O]{H_3O^+} RCOOH + NH_3$$

수산화 이온의 CN 삼중 결합에 친핵성 첨가 반응으로 이민(imine) 음이온 첨가 생성물이 생성된다.

나이트릴

물에 의한 이민 음이온의 양성자 첨가는 하이드록시 이민이 생성되며, 염기 촉매가 재생된다.

H_2O

$+ OH^-$

엔올의 토토머화에 의해 케톤이 생성되는 반응과 비슷하게 이중 결합의 토토머화가 일어나 아마이드를 생성한다.

아마이드

아마이드 카보닐기에 수산화 이온의 친핵성 첨가는 정사면체 형태로 혼성화된 알콕시 이온 중간체를 생성하고...

...이 중간체가 염기에 의해 탈양성자 되어 이가음이온을 생성한다.

OH^-

$+ H_2O$

이탈기로서 NH_2^- 이온의 이탈은 카복실산 음이온을 생성한다.

$+ NH_2^-$

카복실산 음이온

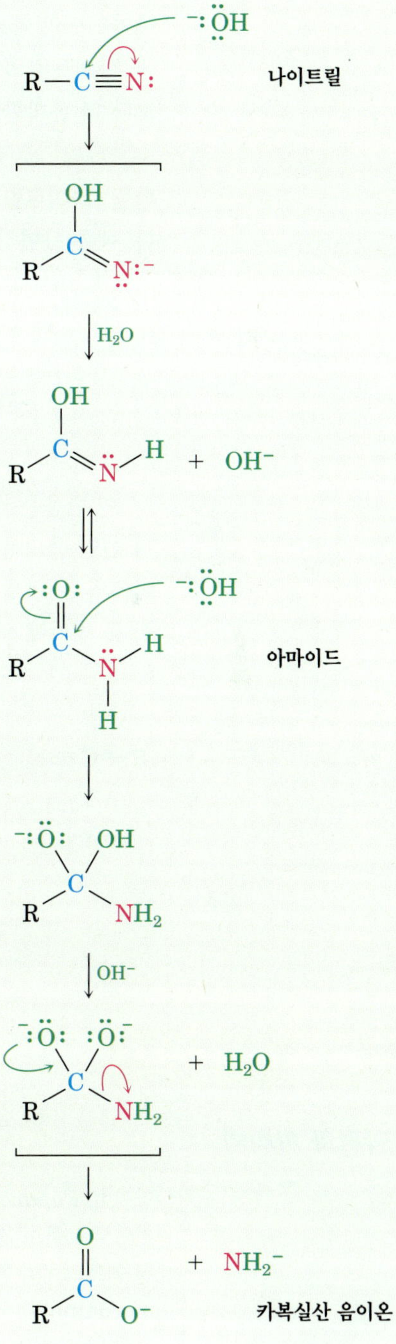

그림 11.4 ▸ **메커니즘:** 나이트릴의 염기성 가수분해는 아마이드를 생성하고, 연속적으로 가수분해가 더 진행되어 카복실산 음이온을 생성한다.

염기성 가수분해 반응 메커니즘은 극성 C=O 결합에 친핵성 첨가 반응과 유사한 과정으로 극성 C≡N 결합에 친핵성 수산화 이온의 첨가 반응을 포함한다. 그리고 양성자화 첨가로 하이드록시 이민이 얻어지며, 이는 엔올을 케톤으로 토토머화와 유사한 단계로서 아마이드로 토토머화한다. 수산화 이온이 아마이드 카보닐기에 두 번째 친핵성 첨가 반응으로 정사면체 알콕시 이온이 얻어지고 이 알콕시 이온이 염기에 의해 탈양성자화되어 이가음이온(dianion)을 생성한다. 이탈기인 NH_2^-가 제거되어 카복실산 음이온을 생성한다. 분리된 단계에서 이어지는 산성화로 카복실산을 생성한다(그림 11.4). 이러한 결과와 아마이드의 다른 반응을 좀 더 자세히 관찰하게 될 것이다.

나이트릴의 알칼리성 가수분해 반응은 격렬한 조건(KOH, 200°C)이 필요하며, 만일 보다 더 온화한 반응조건을 사용하면 때로는 아마이드 중간체를 분리할 수 있다.

환원: 나이트릴의 아민으로 전환 나이트릴을 $LiAlH_4$로 환원시키면 일차 아민이 생성된다. 예를 들면

$$\text{C}_6\text{H}_4(\text{CH}_3)\text{C}\equiv\text{N} \xrightarrow[\text{2. } H_2O]{\text{1. } LiAlH_4\text{, ether}} \text{C}_6\text{H}_4(\text{CH}_3)\text{CH}_2\text{NH}_2$$

o-**Methylbenzonitrile** → *o*-**Methylbenzylamine (88%)**

이 반응은 극성 C≡N 결합에 대한 수소 음이온의 친핵성 첨가에 의해서 일어나며, 먼저 이민 음이온이 얻어지고, 이민 음이온에는 여전히 C=N 결합을 가지고 있어 수소 음이온의 두 번째 친핵성 첨가가 일어나 이가음이온을 생성한다. 연속하여 일어나는 단계에서 물 첨가에 의한 양성자화 반응으로 아민이 생성된다.

$$\text{R—C}\equiv\text{N:} \xrightarrow[\text{ether}]{LiAlH_4} \left[\text{R—CH=N:}^- \xrightarrow[\text{ether}]{LiAlH_4} \text{R—CH}_2\text{—N:}^{2-} \right] \xrightarrow{H_2O} \text{R—CH}_2\text{—NH}_2$$

나이트릴 → **이민 음이온** → **이가음이온** → **아민**

생활과 화학 . . .

아편과 마취제

양귀비, *Papaver somniferum*의 의학적 이용은 적어도 아편(opium)이라 부르는 양귀비의 천연 추출물이 진통제로 사용되었던 17세기 이후에 알려졌다. Morphine이 양귀비에서 분리된 최초의 순수한 알칼로이드이지만, 같은 계통의 codeine도 자연계에 존재한다. Codeine은 morphine의 메틸 에터이며, 기침약 처방과 진통제로 이용된다. Morphine의 다른 유사 화합물인 heroin은 자연계에서 얻을 수 없지만, morphine을 이중 아세틸화하여 합성할 수 있다.

(계속)

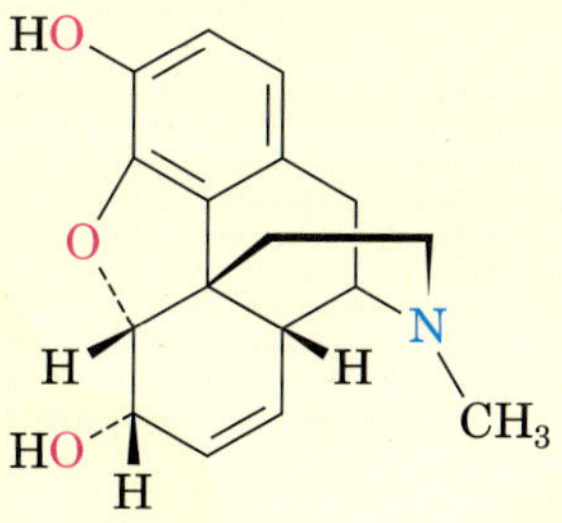

Morphine 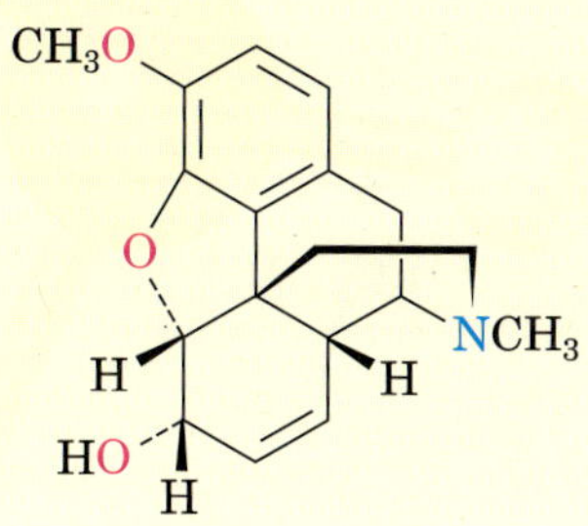 Codeine 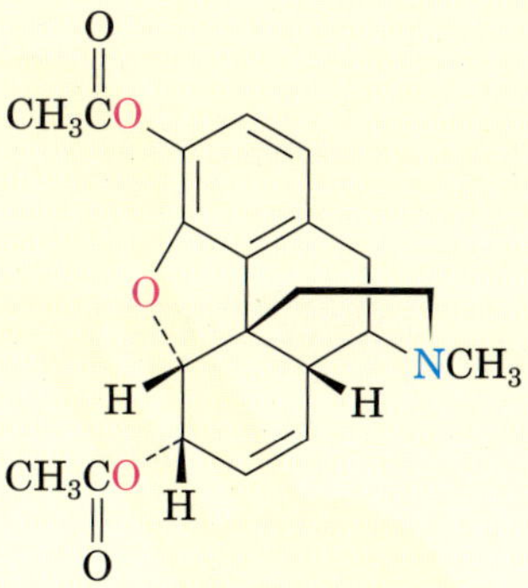 Heroin

Morphine의 구조에 대한 화학적 연구는 1924년 Robert Robinson에 의해 마지막으로 해결될 때까지 19세기와 20세기 초에 있어서 몇 가지 훌륭한 화학적 업적에 속한다. 그 구조를 알아내기 위해 이용한 중요 반응은 Hofmann 제거 반응이었다.

Morphine과 그의 유사 화합물은 약리학적으로 매우 중요하지만, 습관성 때문에 심각한 사회적 문제를 낳기도 한다. Morphine이 어떻게 약리학적인 작용을 하는가를 이해함으로써 습관성을 유발시키지 않으면서 진통 효과를 갖는 morphine의 동족계 화합물을 개발하기 위해 많은 노력을 기울이고 있다. 현재 알려진 바로는 morphine이 두뇌에서 감각의 위치를 마비시키는 것이다. 이것은 통증 신호가 두뇌로 전달되는 것을 방해하거나 낮추어 주는 것이 아니라 두뇌의 감각 작용 메커니즘을 변화시키는 것이다.

수많은 morphine 계열 분자가 합성되어서 그 진통 효과가 조사된 바 있다. 여러 가지 연구에 따르면 morphine의 복잡한 골격이 모두 있어야 생물학적 활성을 보이는 것은 아니다. "Morphine 법칙(Morphine rule)"에 의하면 생물학적 활성이 나타나기 위해서는 다음이 필요하다. (1) 방향족 고리 한 개가 (2) 사차 탄소에 연결되고, (3) 삼차 아민 하나가 (4) 두 개의 탄소를 사이에 두고 있어야 한다. 진통제로 널리 사용되는 meperidine(demerol)과 heroin 중독 치료제에 사용되는 methadone은 morphine 법칙에 맞는 두 가지 화합물이다.

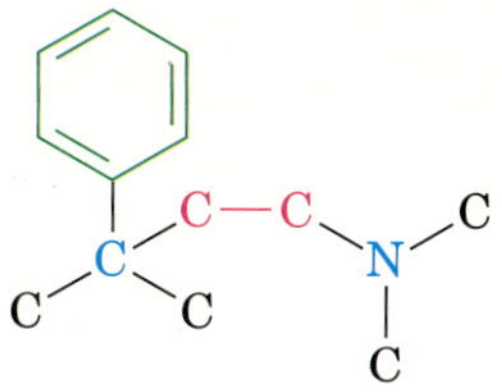

Morphine 법칙: 방향족 고리 한 개가 사차 탄소와 연결되고, 두 개의 탄소와 더 연결된 다음, 삼차 아민과 연결된다.

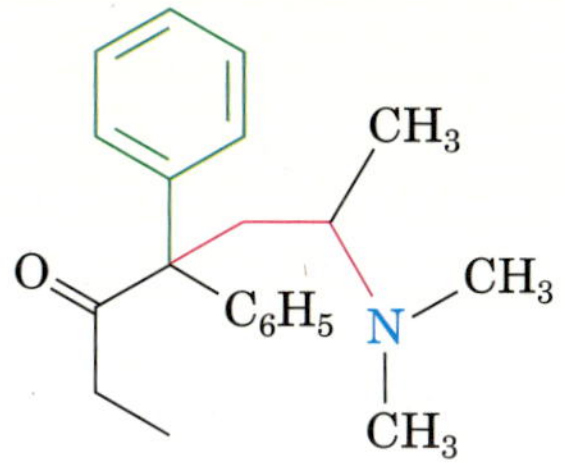

Methadone 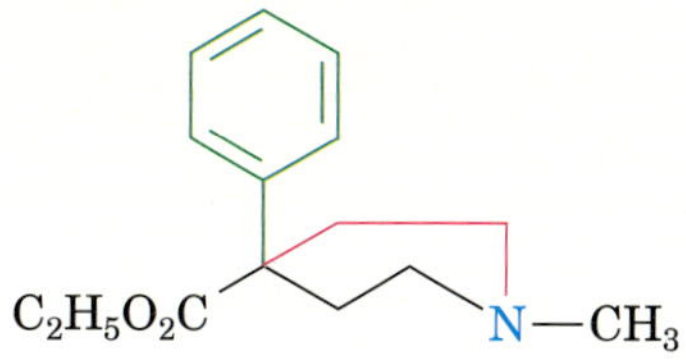 Meperidine

11.11 아미노산과 단백질

단백질(Protein)은 모든 생명체에 존재하는 거대한 생체분자이다. 단백질은 많은 형태가 있으며, 다양한 생물학적 기능을 가지고 있다. 피부와 손톱의 keratine, 비단과 거미집의 fibroin, 세포내에서 수천 종의 생물학적 반응을 촉매하는 대부분의 효소 등은 모두 단백질이다. 단백질의 기능에 관계없이, 모든 단백질은 긴 사슬로 함께 연결된 많은 아미노산(amino acid) 단위체로 구성되어 있다.

이름에 내포되어 있듯이 **아미노산**은 이작용성(difunctional)이다. 아미노산은 염기성 아미노기와 산성 카복시기를 모두 가지고 있다.

아미노산의 일종인 alanine

단백질에 대한 구성 단위(building block)로서 아미노산의 가치는 한 아미노산의 $—NH_2$와 다른 아미노산의 $—CO_2H$ 사이에서 아미노산이 아마이드 결합을 형성하여 긴 사슬로 같이 연결될 수 있다는 사실에서 기인한다. 분류를 목적으로 하면 50개 이하의 아미노산을 갖는 사슬은 **펩타이드**(peptide)라 부르고, 반면에 **단백질**이라는 용어는 더 큰 사슬에 사용된다.

많은 → 아마이드 결합

11.12 아미노산의 구조

아미노산이 산성기와 염기성기를 모두 가지고 있기 때문에 아미노산은 분자내 산-염기 반응이 일어나, 주로 쌍극성 이온(dipolar ion) 또는 **쯔비터이온**(zwitterion, 독일어로 *zwitter*는 "hybrid(혼성)"를 의미함)의 형태로 존재한다.

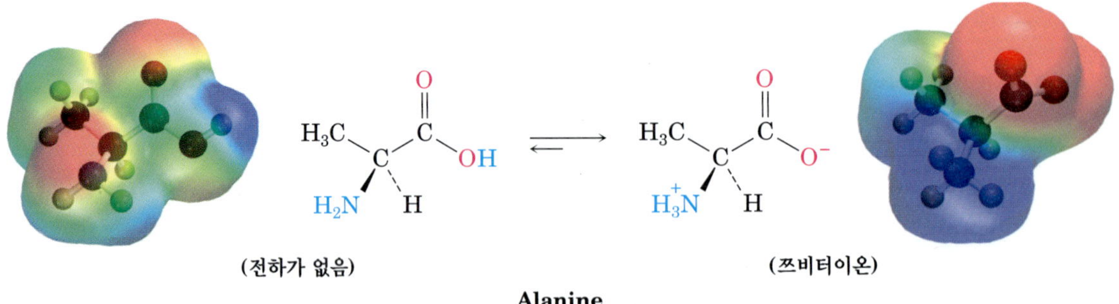

(전하가 없음) **(쯔비터이온)**

Alanine

아미노산 쯔비터 이온은 내부 염(internal salt)의 일종이고 따라서 염과 관련된 많은 물리적 특성을 가지고 있다. 아미노산 쯔비터 이온은 큰 이중극자 모멘트를 가지며 수용성이지만, 탄화수소에는 불용이며, 녹는점이 높은 결정성 물질이다. 더욱이 아미노산은 **양쪽성**(amphoteric)이다. 아미노산은 상황에 따라 산 또는 염기로 작용할 수 있다. 산성 수용액에서 아미노산 쯔비터이온은 양성자를 받아들여 양이온을 생성하는 염기이며, 염기성 용액에서는 쯔비터이온이 양성자를 잃고 음이온을 생성하는 산이다. 산성 용액에서 염기성 자리로 작용하여 양성자를 받아들이는 것은 카복시 음이온, $—CO_2^-$이고, 염기성 용액에서 산성 자리로 작용하여 양성자를 주는 것은 암모늄 양이온, $—NH_3^+$이라는 것을 유의하라.

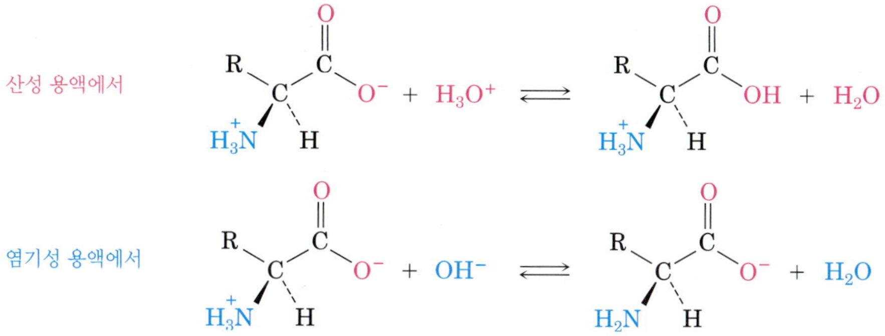

산성 용액에서

염기성 용액에서

단백질에서 일반적으로 발견되는 20종 아미노산의 구조, 약어, pK_a 값은 표 11.3에 pH 7.3의 세포 내에서 주로 존재하는 형태로 나타내었다. 모두 ***α*-아미노산**(*α*-amino acids)이며, 이는 각각에 있는 아미노기가 카보닐기 바로 옆에 있는 *α*-탄소 원자에 치환된 치환기라는 것을 의미한다. 20종 아미노산중 19종은 일차아민(RNH_2)이며, **곁사슬**(side chain)이라 부르는 *α* 탄소에 결합된 치환기의 특성만 다르다. 그러나 proline은 탄소 원자가 오원자 pyrrolidine 고리의 한 부분을 이루는 이차 아민이다.

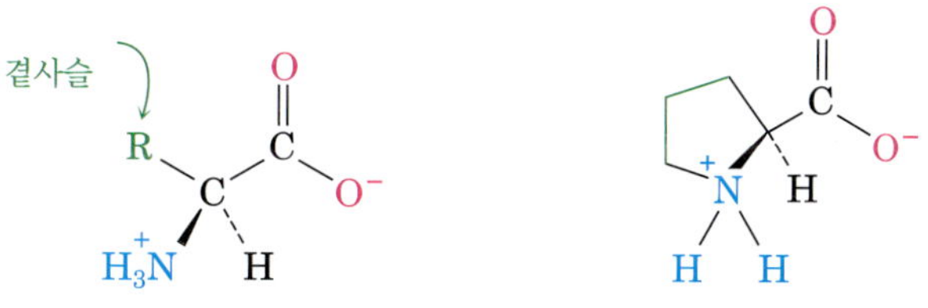

곁사슬

일차 *α*-아미노산

Proline, 이차 *α*-아미노산

표 11.3에 나타낸 각 아미노산은 alanine은 Ala, glycine은 Gly 등과 같이 세 글자 속기 코드로 나타내었음에 유의하라. 그리고 표 11.3에서 괄호로 표기한 것과 같은 한 글자 코드도 또한 사용된다.

단백질에서 발견되는 20종 아미노산뿐만 아니라 생물학적으로 중요한 다른 많은 비단백질 아미노산이 있다. 예를 들면 γ-aminobutyric acid(GABA)는 뇌에서 발견되고 신경전달물질(neurotransmitter)로 작용하며, homocysteine은 혈액에서 발견되고 심장병과 연관이 있으며, thyroxine은 갑상선에서 발견되고 호르몬으로 작용한다.

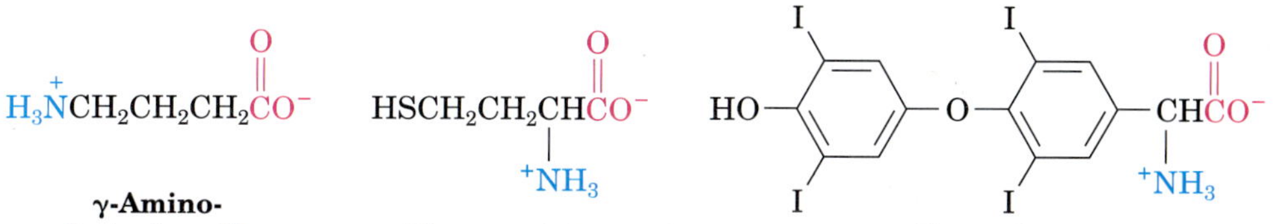

$H_3\overset{+}{N}CH_2CH_2CH_2CO^-$

γ-Amino-butyric acid

$HSCH_2CH_2CHCO^-$ ($^+NH_3$)

Homocysteine

Thyroxine

표 11.3 단백질 중 일반적인 20종의 아미노산 (pH = 7.3에서 주로 존재하는 아미노산의 형태로 나타내었음)

이름	약어	분자량	구조	pK_{a1} α-CO_2H	pK_{a2} α-NH_3^+	pK_a 곁사슬	등전점 (pI)
중성 아미노산							
Alanine	Ala (A)	89	$CH_3CH(NH_3^+)CO^-$ (C=O)	2.34	9.69	—	6.01
Asparagine	Asn (N)	132	$H_2NC(=O)CH_2CH(NH_3^+)C(=O)O^-$	2.02	8.80	—	5.41
Cysteine	Cys (C)	121	$HSCH_2CH(NH_3^+)C(=O)O^-$	1.96	10.28	8.18	5.07
Glutamine	Gln (Q)	146	$H_2NC(=O)CH_2CH_2CH(NH_3^+)C(=O)O^-$	2.17	9.13	—	5.65
Glycine	Gly (G)	75	$CH_2(NH_3^+)C(=O)O^-$	2.34	9.60	—	5.97
Isoleucine	Ile (I)	131	$CH_3CH_2CH(CH_3)CH(NH_3^+)C(=O)O^-$	2.36	9.60	—	6.02
Leucine	Leu (L)	131	$CH_3CH(CH_3)CH_2CH(NH_3^+)C(=O)O^-$	2.36	9.60	—	5.98
Methionine	Met (M)	149	$CH_3SCH_2CH_2CH(NH_3^+)C(=O)O^-$	2.28	9.21	—	5.74
Phenylalanine	Phe (F)	165	C_6H_5–$CH_2CH(NH_3^+)C(=O)O^-$	1.83	9.13	—	5.48
Proline	Pro (P)	115	pyrrolidine ring with $C(=O)O^-$ on C-2 and $N^+(H)(H)$	1.99	10.60	—	6.30
Serine	Ser (S)	105	$HOCH_2CH(NH_3^+)C(=O)O^-$	2.21	9.15	—	5.68

표 11.3 ● 단백질 중 일반적인 20종의 아미노산(계속)
(pH = 7.3에서 주로 존재하는 아미노산의 형태로 나타내었음)

이름	약어	분자량	구조	pK_{a1} α-CO_2H	pK_{a2} α-NH_3^+	pK_a 곁사슬	등전점 (p*I*)
Threonine	Thr (T)	119	$CH_3CH(OH)CH(NH_3^+)CO_2^-$	2.09	9.10	—	5.60
Tryptophan	Trp (W)	204	indole-3-yl–$CH_2CH(NH_3^+)CO_2^-$ (N–H)	2.83	9.39	—	5.89
Tyrosine	Tyr (Y)	181	HO–C_6H_4–$CH_2CH(NH_3^+)CO_2^-$	2.20	9.11	10.07	5.66
Valine	Val (V)	117	$CH_3CH(CH_3)CH(NH_3^+)CO_2^-$	2.32	9.62	—	5.96
산성 아미노산							
Aspartic acid	Asp (D)	133	$^-O_2CCH_2CH(NH_3^+)CO_2^-$	1.88	9.60	3.65	2.77
Glutamic acid	Glu (E)	147	$^-O_2CCH_2CH_2CH(NH_3^+)CO_2^-$	2.19	9.67	4.25	3.22
염기성 아미노산							
Arginine	Arg (R)	174	$H_2NC(=NH_2^+)NHCH_2CH_2CH_2CH(NH_3^+)CO_2^-$	2.17	9.04	12.48	10.76
Histidine	His (H)	155	imidazol-4-yl–$CH_2CH(NH_3^+)CO_2^-$ (N–H)	1.82	9.17	6.00	7.59
Lysine	Lys (K)	146	$H_3\overset{+}{N}CH_2CH_2CH_2CH_2CH(NH_3^+)CO_2^-$	2.18	8.95	10.53	9.74

Glycine, $H_2NCH_2CO_2H$을 제외하고 아미노산의 α 탄소는 카이랄성 중심이다. 따라서 각 아미노산은 두 개의 서로 다른 거울상 이성체가 가능하지만 자연계에서 단백질을 구성하는 데에는 단지 한 개만 사용된다.

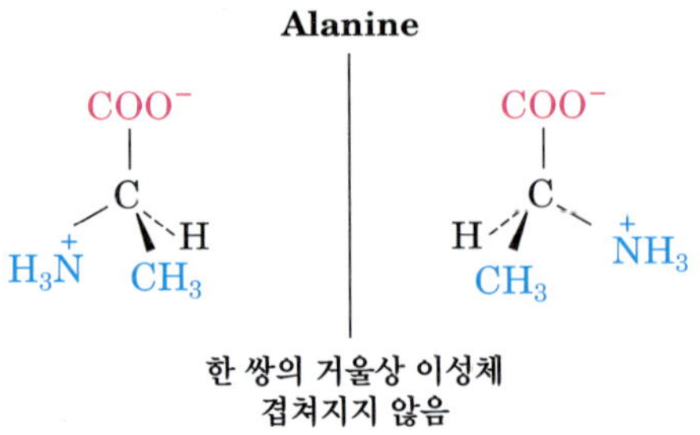

Alanine

COO^-, $H_3\overset{+}{N}$, CH_3, H / COO^-, H, CH_3, $\overset{+}{N}H_3$

한 쌍의 거울상 이성체 겹쳐지지 않음

20종의 일반 아미노산은 곁사슬의 구조에 따라 중성, 산성 또는 염기성으로 더 세분화할 수 있다. 20종 중에서 15종은 중성 곁사슬을 가지고 있고 2종(aspartic acid와 glutamic acid)은 곁사슬에 여분의 카복실산 작용기를 가지고 있으며, 3종(lysine, arginine, histidine)은 곁사슬에 염기성 아미노기를 가지고 있다. 그러나 cysteine(thiol)과 tyrosine(phenol)은 모두 약산성 곁사슬을 가지고 있음에도 불구하고 중성 아미노산으로 분류되며, 센 염기성 용액에서 탈양성자화될 수 있다.

pH 7.3인 세포 내에서 aspartic acid와 glutamic acid의 곁사슬 카복시기가 해리되어 카복시 음이온($—CO_2^-$)으로 존재한다. 마찬가지로 lysine과 arginine 염기성 곁사슬 질소는 양성자 첨가되어 암모늄 이온($—NH_3^+$)으로 존재한다. 그러나 곁사슬에 헤테로 고리형 imidazole 고리를 가지는 histidine은 pH 7.3에서 양성자 첨가될 정도로 충분한 염기성이 아니지만, histidine에 있는 pyridine과 유사하고 이중 결합한 질소만이 염기성이라는 점에 유의하라. Pyrrole과 유사한 단일 결합 질소는 그것의 고립 전자쌍이 6 π 전자 방향족 imidazole 고리의 한 부분이기 때문에 염기성이 아니다.

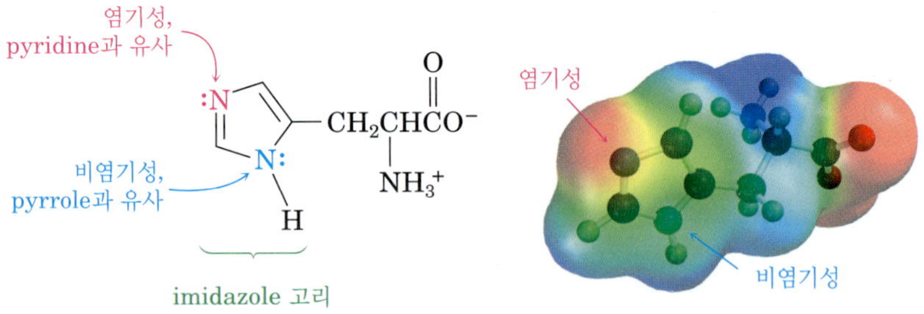

염기성, pyridine과 유사

비염기성, pyrrole과 유사

CH_2CHCO^- (O, NH_3^+), N:, H

imidazole 고리

염기성

비염기성

Histidine

20종 아미노산 모두 단백질 합성에 필수적이지만 인간은 20개 중에서 단지 10종만 합성할 수 있다. 나머지 10종은 식품에서 얻을 수밖에 없기 때문에 필수 아미노산(essential amino acids)이라 부른다. 이 필수 아미노산중 어떤 것이라도 식품을 통하여 적절히 섭취되지 않으면 발육이 나쁘고 일반적인 성장을 할 수 없게 된다.

◆ **문제 11.7** 표 11.3에 나타낸 α-아미노산 중 방향족 고리를 가지고 있는 아미노산은 몇 개인가? 황이 들어 있는 아미노산은 몇 개인가? 알코올이 들어 있는 아미노산은 몇 개인가? 탄화수소 곁사슬이 들어 있는 아미노산은 몇 개인가?

◆ **문제 11.8** 아미노산인 threonine, (2*S*,3*R*)-2-amino-3-hydroxybutanoic acid은 두 개의 카이랄성 중심을 가지고 있다. C*를 사용하여 두 개의 카이랄성 중심을 나타내어라.

→ 11.13 등전점

산성 용액에서 아미노산은 양성자 첨가되어 주로 양이온으로 존재한다. 염기성 용액에서 아미노산은 탈양성자화되어 주로 음이온으로 존재한다. 따라서 아미노산이 음이온 형태와 양이온 형태 사이에서 정확히 평형이 되고 중성인 쌍극성 쯔비터이온으로 존재하는 어떤 중간 pH가 분명히 존재하여야 한다. 이 pH를 아미노산의 **등전점**(isoelectric point, p***I***)라 한다.

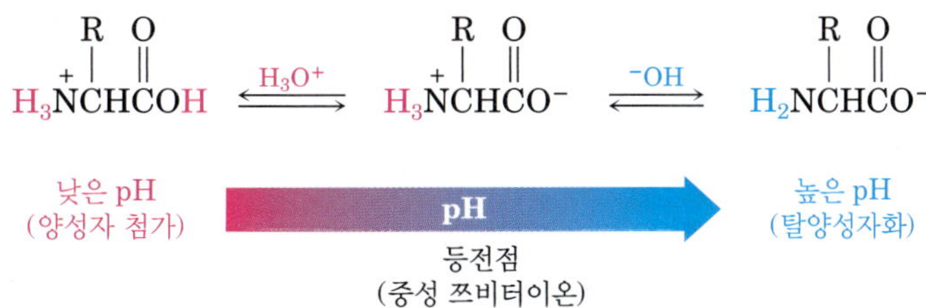

아미노산의 등전점은 아미노산의 구조에 따라 다르며, 20종 일반 아미노산의 등전점은 표 11.3에 나타내었다. 중성 또는 약산성 곁사슬을 갖는 15종 아미노산은 pH가 5.0~6.5 범위에서 중성에 가까운 등전점을 가진다. 더 강한 산성 곁사슬을 갖는 2종의 아미노산은 낮은 pH에서 등전점을 갖게 되어 곁사슬에 있는 또 다른 $—CO_2H$의 해리가 억제되며, 염기성 곁사슬을 갖는 3종 아미노산은 여분의 아미노기에 양성자 첨가를 억제해야 하므로 더 높은 pH에서 등전점을 갖는다.

더 자세하게 말하면 어떤 아미노산의 pI는 중성 쯔비터이온을 포함하는 두 개의 산-해리상수의 평균값이다. 중성 곁사슬을 갖는 13종 아미노산의 pI는 두 해리상수인 pK_{a1}과 pK_{a2}의 평균이다. 강산 또는 약산 곁사슬을 갖는 4종 아미노산의 pI는 두 개의 가장 낮은 pK_a값의 평균값이다. 염기성 곁사슬을 갖는 세 개의 아미노산의 pI는 두 개의 가장 높은 pK_a값의 평균값이다.

pK_a = 3.65 pK_a = 1.88

$HOCCH_2CHCOH$ (with C=O groups and NH_3^+)

pK_a = 9.60

$$pI = \frac{1.88 + 3.65}{2} = 2.77$$

산성 아미노산
Aspartic acid

pK_a = 2.34

CH_3CHCOH (with C=O and NH_3^+)

pK_a = 9.69

$$pI = \frac{2.34 + 9.69}{2} = 6.01$$

중성 아미노산
Alanine

pK_a = 10.53 pK_a = 2.18

$^+H_3NCH_2CH_2CH_2CH_2CHCOH$ (with C=O and NH_3^+)

pK_a = 8.95

$$pI = \frac{8.95 + 10.53}{2} = 9.74$$

염기성 아미노산
Lysine

각 아미노산이 등전점을 가지는 것과 마찬가지로 단백질도 산성 또는 염기성 잔기를 여러 개 가지고 있으므로 전체적인 p*I*를 갖는다. 예를 들면 단백질인 lysozyme은 염기성 잔기가 더 많아 높은 등전점(p*I* = 11.0)을 갖는다. 그러나 pepsine은 산성 잔기가 많아 낮은 등전점(p*I* ~ 1.0)을 갖는다. 따라서 서로 다른 등전점을 갖는 단백질의 용해도와 특성은 매질의 pH에 매우 큰 영향을 받는다.

등전점의 차이를 이용하여 아미노산 또는 단백질의 혼합물을 각각의 순수 아미노산으로 분리하는 데 활용할 수 있다. **전기이동**(Electrophoresis)이라는 기술을 이용하여 다른 아미노산이나 단백질 용액을 긴 종이 또는 젤의 중앙에 놓는다. 이 종이나 젤을 일정 pH의 완충 용액으로 적시고 양쪽 끝에 전극을 연결한다. 전기장을 가하면 음전하를 가진 아미노산(등전점이 완충 용액의 pH보다 낮기 때문에 부분적으로 탈양성자화된 아미노산)은 서서히 양극으로 이동한다. 양전하를 가진 아미노산(등전점이 완충 용액의 pH보다 높아서 부분적으로 양성자 첨가된 아미노산)은 음극으로 이동한다.

다른 아미노산은 자신의 등전점과 완충 용액의 pH에 따라 다른 속도로 이동한다. 따라서 서로 다른 아미노산 혼합물을 분리할 수 있다. 그림 11.5는 lysine(염기성)과 glycine(중성) 및 aspartic acid(산성) 혼합물의 분리과정을 보여준다.

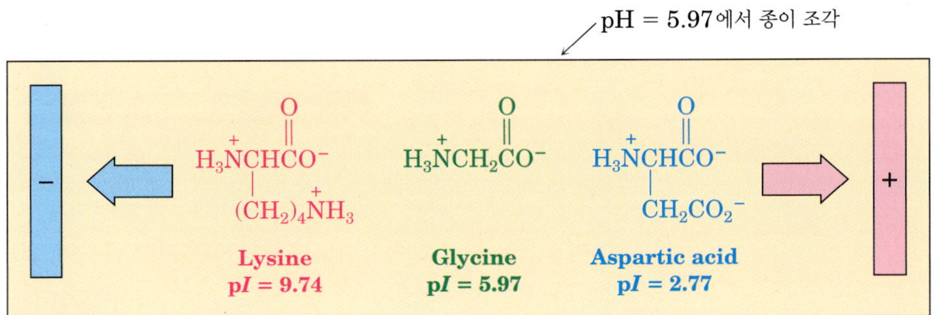

그림 11.5 ▸ 전기이동에 의한 아미노산 혼합물의 분리. pH = 5.97에서 glycine 분자는 주로 중성이며 이동하지 않고, lysine 분자는 양성자 첨가되어 음극으로 이동하며, aspartic acid 분자는 탈양성자화되어 양극으로 이동한다.

만약 어떤 아미노산의 pK_a값을 정확히 알고 있다면(표 11.3), 일정 pH에서 양성자 첨가된 형태, 중성 형태, 탈양성자화된 형태의 정확한 백분율을 계산할 수 있다.

어떤 산 HA에서 다음 식이 성립한다.

$$pK_a = -\log\frac{[H_3O^+][A^-]}{[HA]}$$

$$= -\log[H_3O^+] - \log\frac{[A^-]}{[HA]}$$

$$= pH - \log\frac{[A^-]}{[HA]}$$

이 식을 정리하면 Henderson-Hasselbalch **방정식**이 유도된다.

$$pH = pK_a + \log\frac{[A^-]}{[HA]} \quad \text{또는} \quad \log\frac{[A^-]}{[HA]} = pH - pK_a$$

Henderson-Hasselbalch 방정식에 따르면 짝염기 농도$[A^-]$를 약한 산의 농도 $[HA]$로 나눈 값의 로그는 용액의 pH에서 산의 pK_a값을 뺀 것과 동일하다. 그러므로 완충용액의 pH와 산의 pK_a값 모두를 알고 있다면 용액 중 $[A^-]$와 $[HA]$의 비율을 계산할 수 있다. 더욱이 $pH = pK_a$일 경우에는 HA와 A^- 두 형태가 같은 양으로 존재한다.

Henderson-Hasselbalch 방정식을 어떻게 사용하는지를 알기 위하여 pH = 9.00에서 alanine 1.00 M 용액에 어떠한 화학종이 존재하는지를 확인해 보자. 표 11.3에 따르면 양성자 첨가된 alanine$[^+H_3NCH(CH_3)CO_2H]$은 $pK_{a1} = 2.34$이고 중성 쯔비터이온형 alanine$[^+H_3NCH(CH_3)CO_2{}^+]$은 $pK_{a2} = 9.69$이다.

$$H_3\overset{+}{N}CH(CH_3)COOH + H_2O \rightleftharpoons H_3\overset{+}{N}CH(CH_3)COO^- + H_3O^+ \qquad pK_{a1} = 2.34$$

$$H_3\overset{+}{N}CH(CH_3)COO^- + H_2O \rightleftharpoons H_2NCH(CH_3)COO^- + H_3O^+ \qquad pK_{a2} = 9.69$$

용액의 pH가 pK_{a1}보다 pK_{a2}에 더 가깝기 때문에 이 계산에서는 pK_{a2}값을 대입한다. Henderson-Hasselbalch 방정식으로부터 다음 식을 얻는다.

$$\log\frac{[A^-]}{[HA]} = pH - pK_a = 9.00 - 9.69 = -0.69$$

그러므로

$$\frac{[A^-]}{[HA]} = \text{antilog}(-0.69) = 0.20 \quad \text{그리고} \quad [A^-] = (0.20)[HA]$$

더욱이 $[A^-] + [HA] = 1.00$ M임을 알 수 있다.

그래서 동시에 두 개의 방정식을 통해서 $[HA] = 0.83$이고 $[A^-] = 0.17$을 얻는다. 다른 표현으로 pH = 9.00에서 1.00 M 용액에서 83% alanine분자가 중성(쯔비터이온)이고 17%만이 탈양성자화되어 있다. 어떤 다른 pH에서든 유사한 계산이 가능하여 그림 11.6에서 보는 **적정 곡선(titration curve)**을 만들 수 있다.

적정 곡선의 각 구간을 분리해서 계산한다. pH 1~6까지 첫째 구간은 양성자 첨가된 alanine, H_2A^+의 해리에 해당되고, pH 6~11까지의 둘째 구간은 쯔비터 이온형 alanine HA의 해리에 해당된다. 이것은 마치 낮은 pH에서 H_2A^+에서 시작하여 NaOH로 적정한 것과 같다. NaOH 0.5당량을 가하면 H_2A^+ 탈양성자화가 50%가 일어나고, NaOH 1.0당량을 가했을 때는 H_2A^+ 탈양성자화가 완전히 이루어져 HA가 우세하고, NaOH 1.5당량을 가하면 HA 탈양성자화는 50%가 이루어지고, NaOH 2.0당량을 가하면 HA 탈양성자화가 완전히 일어난다.

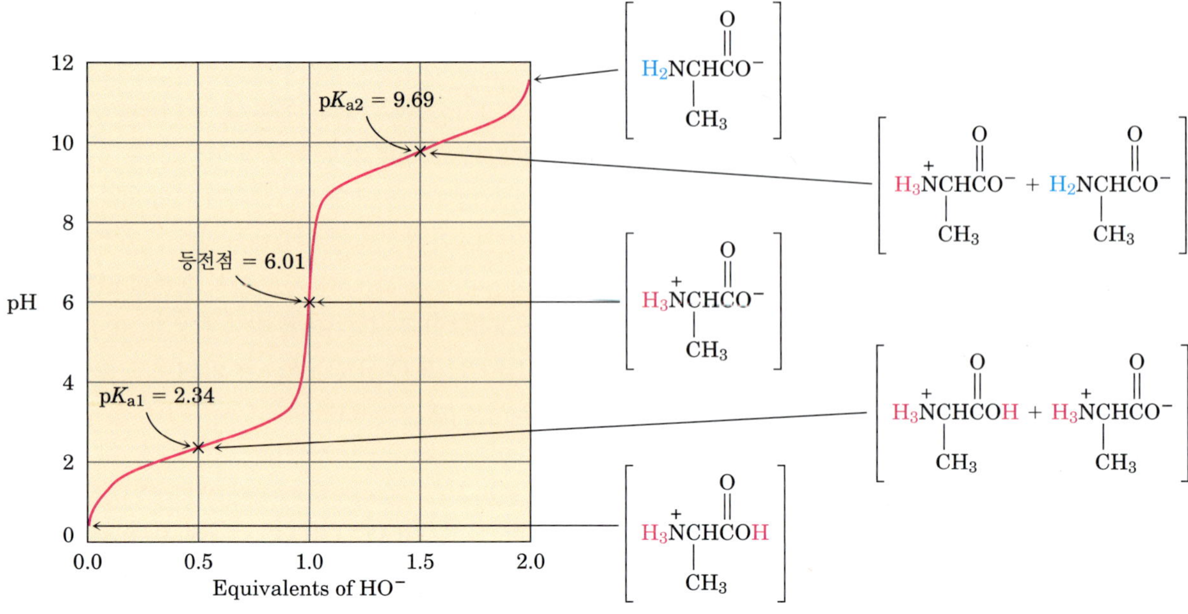

그림 11.6 ▸ Henderson–Hasselbalch 방정식으로 그린 alanine의 적정곡선. 두 구간을 각각 분리하여 그렸다. pH < 1에서 alanine은 모두 양성자첨가되고, pH = 2.34에서 alanine은 양성자첨가형과 중성형이 50:50으로 섞여 있고, pH = 6.01에서 alanine은 모두 중성이고, pH = 9.69에서 alanine은 중성형과 탈양성자형이 50:50으로 섞여 있고, pH > 11.5에서 alanine은 완전히 탈양성자형이다.

11.14 펩타이드와 단백질

단백질과 펩타이드는 **잔기**(residue)라고 부르는 각각의 아미노산 단위체가 아마이드 결합 또는 **펩타이드 결합**(peptide bond)에 의해 서로 연결된 아미노산 중합체이다. 한 잔기로부터 아미노기는 두 번째 잔기인 카복시기와 아마이드 결합을 형성한다. 두 번 째 아미노기는 세 번째 카복시기와 아마이드 결합을 형성하는 등등. 예를 들면 **alanylserine**은 **alanine**의 카복시기와 **serine**의 아미노기 사이에 아마이드 결합으로 형성된 **다이펩타이드**(dipeptide)이다.

Alanine (Ala)

+

Serine (Ser)

→

Alanylserine (Ala-Ser)

Alanine과 serine 사이에 반응의 결과로부터 두 가지 다이펩타이드가 생성되며, 이 두 가지는 어떠한 카복시기가 어떠한 아미노기와 반응하느냐에 달려 있음을 유의하여라. 만일 alanine의 아미노기가 serine의 카복시기와 반응한다면 serylalanine이 생성된다.

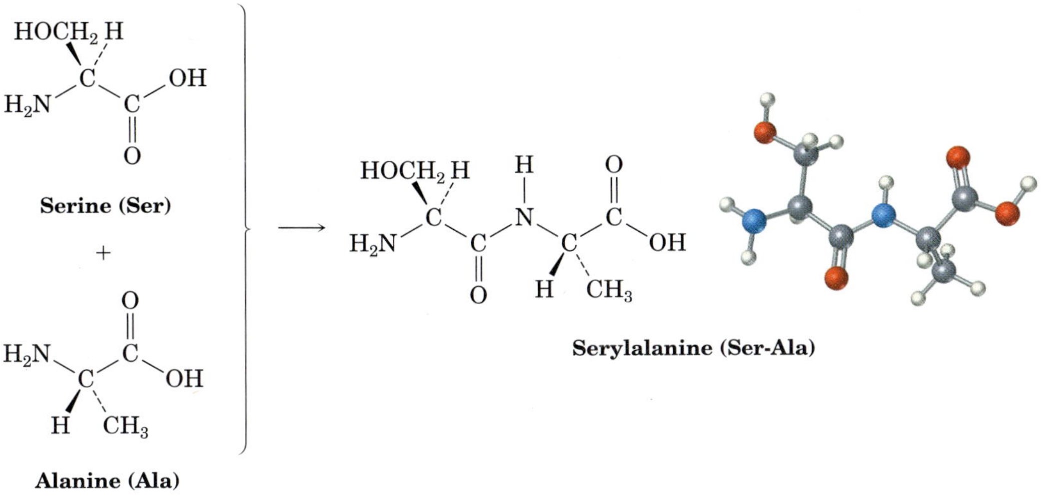

Serine (Ser)

+

Alanine (Ala)

⟶

Serylalanine (Ser-Ala)

연속적인 사슬을 만드는 —N—CH—CO— 원자의 길고 반복되는 연속체를 단백질의 **뼈대**(backbone)라고 부른다. 규약에 따라 펩타이드는 항상 왼쪽에 **N-말단 아미노산**(N-terminal amino acid, 유리 $—NH_2$기를 가진 아미노산)으로, 오른쪽에는 **C-말단 아미노산**(C-terminal amino acid, 유리 $—CO_2H$기를 가진 아미노산)으로 표기된다. 펩타이드의 명명은 각 아미노산에 대하여 표 11.3에 나타낸 세 글자 약어를 사용하여 나타낸다. 따라서 alanylserine은 약어로 Ala-Ser 또는 A-S로 나타내고 serylalanine은 Ser-Ala 또는 S-A로 표기된다.

단백질은 hydrochloric acid와 같은 묽은 산을 넣고 가열할 때 가수분해된다. 가수분해되는 동안에 펩타이드 결합에 있는 C—N 결합은 없어진다. 가수분해 생성물은 단백질에 들어 있는 아미노산이다.

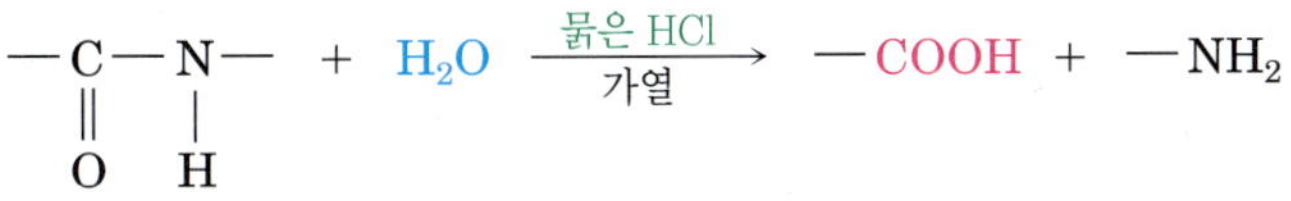

$$—C(=O)—N(H)— + H_2O \xrightarrow[\text{가열}]{\text{묽은 HCl}} —COOH + —NH_2$$

◆ **문제 11.9** Valine, tyrosine, glycine을 포함하는 6개의 이성질체 트라이펩타이드가 있다. 세 글자와 한 글자를 약어를 사용하여 명명하라.

◆ **문제 11.10** M-P-V-G의 구조를 그리고 아마이드 결합을 나타내어라.

요약 및 주요 용어

다이아조화 반응, 11.9
사차 암모늄 염, 11.1
삼차아민 (R_3N) 11.1
아렌다이아조늄 염($ArN_2^+X^-$), 11.9
아릴아민, 11.1
아민, 11.1
아조 화합물 (Ar—N = N—Ar′), 11.9
알킬아민, 11.1
이차 아민 (R_2NH), 11.1
일차 아민 (RNH_2), 11.1

아민(Amine)은 ammonia의 유기 유도체이다. 접미어 *-amine*을 알킬 치환기의 이름에 넣거나 또는 좀 더 복잡한 모체 분자에 있는 아미노기를 치환기로 취급하여 IUPAC 체계로 명명한다.

아민에 있는 결합은 ammonia에 있는 결합과 유사하다. 질소 원자는 sp^3-혼성이고, 세 개의 치환기는 정사면체의 세 모서리를 향하고, 비공유 고립 전자쌍은 정사면체에 네 번째 모서리를 차지한다. 이러한 정사면체의 흥미 있는 구조는 아민이 피라미드 반전을 통해서 거울상 구조로 빠르게 상호변환된다.

아민의 화학은 질소 원자에 있는 고립 전자쌍에 의해 그 특징이 나타나고, 아민을 염기성과 친핵성으로 만든다. **아릴아민**(Arylamine)의 염기 세기는 질소에 있는 고립 전자쌍이 방향족 π 전자계와 상호작용으로 비편재화되어 있기 때문에 일반적으로 **알킬아민**(alkylamine) 세기보다 약하다. 방향족 고리에 있는 전자를 끄는 치환기는 치환된 aniline의 염기도를 더 약하게 하지만, 전자 주개 치환기는 염기도를 증가시킨다.

아릴아민은 방향족 고리의 나이트로화 반응에 이어 환원 반응에 의해 제 조된다. 알킬아민은 ammonia나 아민을 할로젠화 알킬을 S_N2 반응으로 제조한다. 아민은 또한 아마이드, 나이트릴 및 아자이드의 $LiAlH_4$ 환원을 포함하는 많은 환원 방법에 의해 제조할 수 있다.

아민의 많은 반응은 지난 장에서부터 친숙하다. 그러므로 아민은 할로젠화 알킬과 S_N2 반응 및 산 염화물과 친핵성 아실 치환 반응이 일어난다.

Nitrous acid와 다이아조화 반응(diazotization)으로 **아렌다이아조늄 염**(arenediazonium salt, $ArN_2^+X^-$)으로의 전환이 아릴아민의 가장 유용한 반응이다. 이 다이아조니오기(diazonio group)는 많은 다른 치환기와 대체될 수 있어 광범위한 치환된 방향족 화합물을 생성한다. 염화 아릴, 브로민화 아릴, 아이오딘화 아릴 및 나이트릴은 아렌과 phenol에서와 같이 아렌다이아조늄염으로부터 제조할 수 있다. 치환 반응에 대한 반응성에 더하여 다이아조늄 염이 phenol과 아릴아민과 짝지음을 일으켜 선명한 색을 띠는 아조 염료(azo dye)를 만든다.

나이트릴은 어떤 면에서 카복실산과 유사하고 카보닐 화합물과 같은 방법으로 극성 C≡N 결합에 친핵성 첨가 반응을 한다. 나이트릴의 가장 중요한 반응은 카복실산으로의 가수분해와 일차 아민으로의 환원이다.

단백질은 아마이드 또는 펩타이드 결합으로 결합된 -아미노산 잔기로 만들어진 거대한 생체분자(biomolecule)이다. 50종 아미노산 이하인 사슬은 종종 펩타이드로 부르는 반면 단백질이라는 용어는 더 큰 사슬에 사용한다. 20종 아미노산은 단백질에서 보편적으로 발견되는데 모두 α-아미노산이며, glycine을 제외한 모든 아미노산은 한 쌍의 거울상 이성질체로 존재한다. 중성 용액에서 아미노산은 쌍극성 쯔비터이온으로 존재한다.

반응의 요약

1. 아민의 제조

(a) 나이트릴의 환원

$$RCH_2X + Na^+\ {}^-CN \xrightarrow[\Delta]{\text{알코올}} RCH_2C{\equiv}N \xrightarrow[2.\ H_2O]{1.\ LiAlH_4,\ ether} RCH_2CH_2NH_2$$

(b) 아마이드의 환원

$$RCONH_2 \xrightarrow[\text{2. } H_2O]{\text{1. } LiAlH_4\text{, ether}} RCH_2NH_2 \quad \text{일차}$$

$$RCONHR' \xrightarrow[\text{2. } H_2O]{\text{1. } LiAlH_4\text{, ether}} RCH_2NHR' \quad \text{이차}$$

$$RCONR'_2 \xrightarrow[\text{2. } H_2O]{\text{1. } LiAlH_4\text{, ether}} RCH_2NR'_2 \quad \text{삼차}$$

(c) Nitrobenzene의 환원

$$ArNO_2 + H_2 \xrightarrow[\text{Ethanol}]{\text{Pt}} ArNH_2$$

$$ArNO_2 + Fe \xrightarrow[\text{2. } HO^-]{\text{1. } H_3O^+} ArNH_2$$

$$ArNO_2 + SnCl_2 \xrightarrow[\text{2. } HO^-]{\text{1. } H_3O^+} ArNH_2$$

(d) 할로젠화 알킬의 S_N2 알킬화 반응

Ammonia	$:NH_3 + RX \longrightarrow RNH_3^+\ X^-$	$\xrightarrow{NaOH}$	RNH_2	일차
일차	$:NH_2R + RX \longrightarrow R_2NH_2^+\ X^-$	$\xrightarrow{NaOH}$	R_2NH	이차
이차	$:NHR_2 + RX \longrightarrow R_3NH^+\ X^-$	$\xrightarrow{NaOH}$	R_3N	삼차
삼차	$:NR_3 + RX \longrightarrow R_4N^+\ X^-$	사차 암모늄 염		

2. 아민의 반응

(a) 할로젠화 알킬의 알킬화 반응

(b) 친핵성 아실 치환 반응

Ammonia $$RCOCl + NH_3 \xrightarrow[\text{용매}]{\text{Pyridine}} RCONH_2 + HCl$$

일차 $$RCOCl + R'NH_2 \xrightarrow[\text{용매}]{\text{Pyridine}} RCONHR' + HCl$$

이차

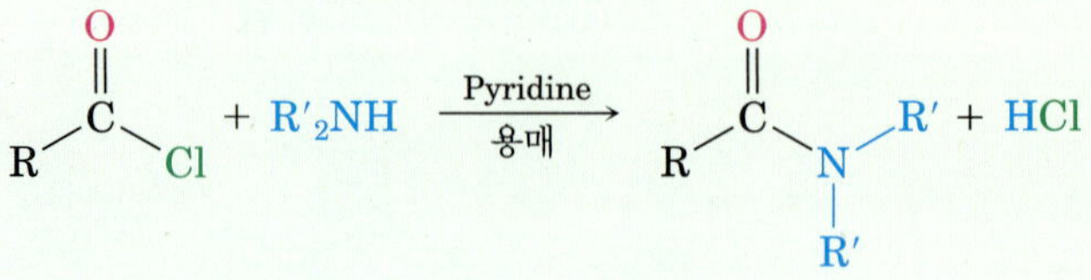

$$R-C(=O)-Cl + R'_2NH \xrightarrow[\text{용매}]{\text{Pyridine}} R-C(=O)-NR'_2 + HCl$$

(c) 친전자성 방향족 치환

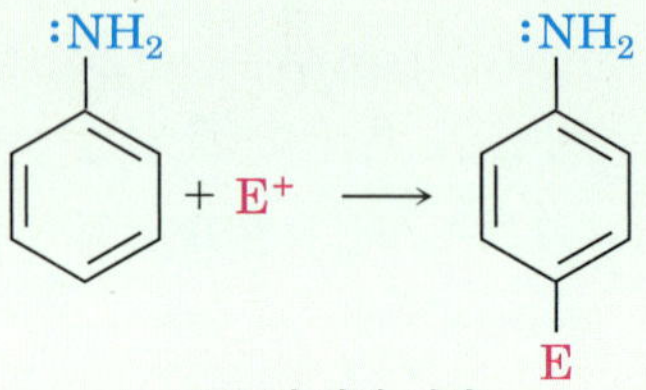

$$C_6H_5\ddot{N}H_2 + E^+ \longrightarrow p\text{-}E\text{-}C_6H_4\ddot{N}H_2$$

오쏘 및 파라-지향

(d) 아렌다이아조늄 염의 형성

$$C_6H_5NH_2 + HNO_2 + H_2SO_4 \longrightarrow C_6H_5\overset{+}{N}\equiv N \quad HSO_4^-$$

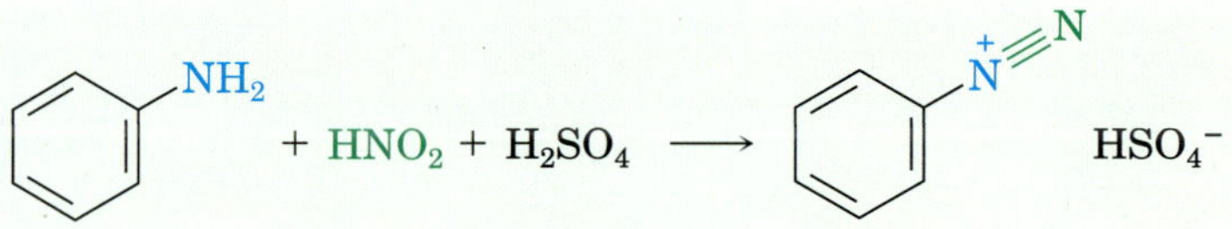

(e) 아렌다이아조늄 염의 반응

(1) Sandmeyer-형태 반응

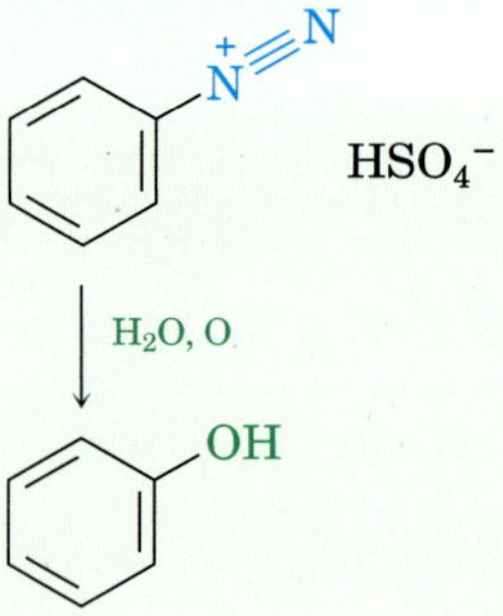

$$C_6H_5\overset{+}{N}\equiv N \quad HSO_4^- \xrightarrow{H_2O,\ O} C_6H_5OH$$

(2) 다이아조늄 짝지음

$$C_6H_5\overset{+}{N}\equiv N \quad HSO_4^- + C_6H_5OH \longrightarrow C_6H_5-N=N-C_6H_4-OH$$

$$C_6H_5\overset{+}{N}\equiv N \quad HSO_4^- + C_6H_5NR_2 \longrightarrow C_6H_5-N=N-C_6H_4-NR_2$$

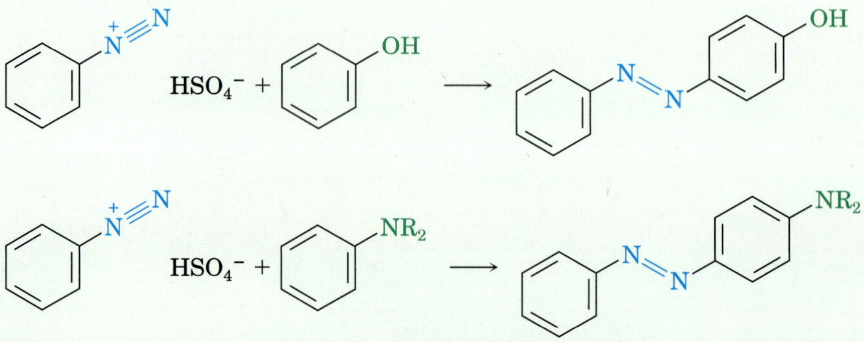

연습 문제

시각 화학

11.11 다음 아민을 명명하고 각각을 일차, 이차, 삼차로 구분하라.

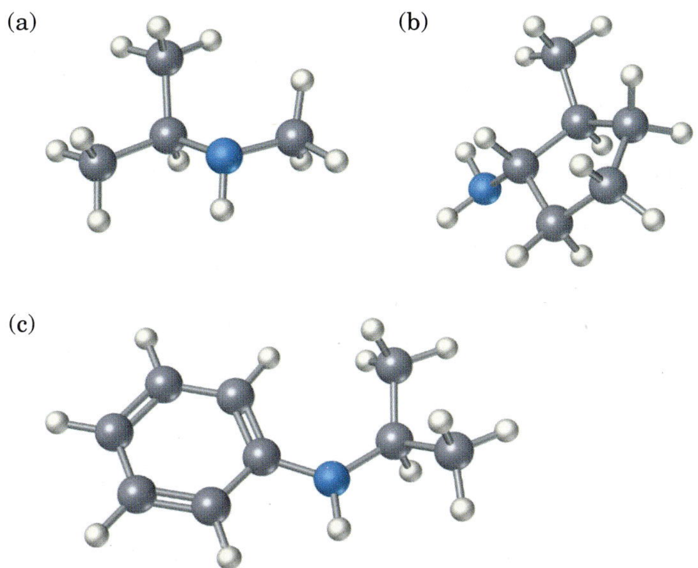

11.12 다음의 화합물은 세 개의 질소 원자를 포함한다. 염기도가 증가하는 순서를 정하라.

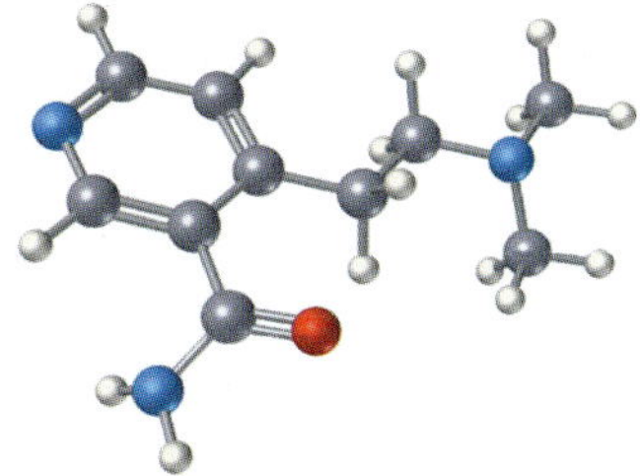

11.13 알칼로이드인 tryptamine에 있는 어느 질소 원자가 더 염기성인가? 설명하라.

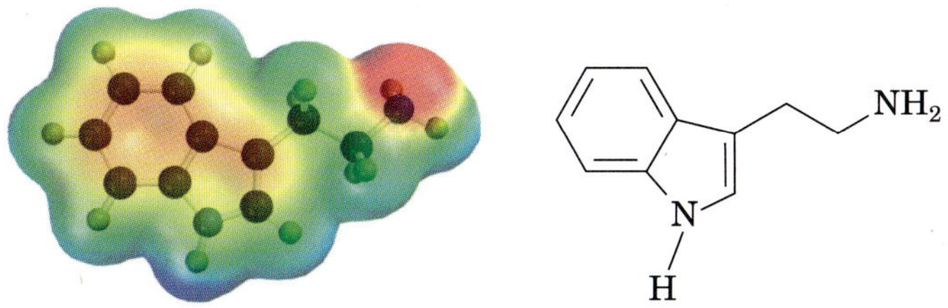

Tryptamine

11.14 다음의 물질 중에 있는 각 아민의 질소 원자를 일차, 이차 및 삼차로 분류하라.

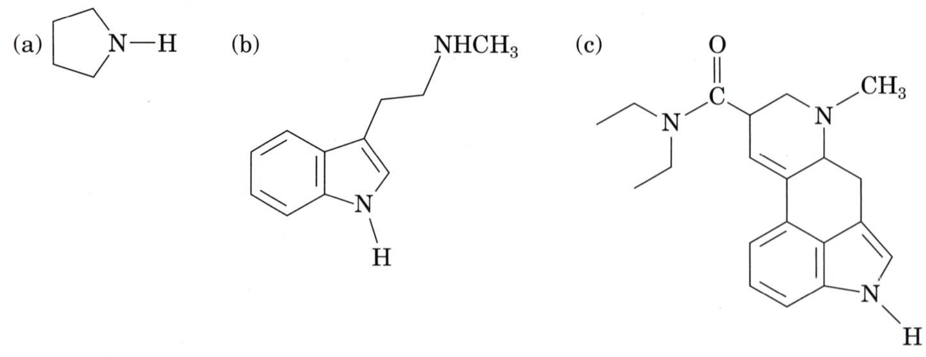

Lysergic acid diethylamide

11.15 다음 IUPAC 이름에 대한 구조를 그려라.

(a) *N*,*N*-Dimethylaniline
(b) (Cyclohexylmethyl)amine
(c) *N*-methylcyclohexylamine
(d) (2-Methylcyclohexyl)amine
(e) 3-(*N*,*N*-Dimethylamino)propanoic acid

11.16 다음 화합물을 명명하라.

(a) (benzene ring with NH_2, Br, Br)
(b) (cyclopentane)—$CH_2CH_2NH_2$
(c) (cyclopentane)—$NHCH_2CH_3$
(d) (cyclopentane)—N(CH_3)(CH_3)
(e) $H_2NCH_2CH_2CH_2CN$

11.17 다음의 설명에 맞는 물질의 구조를 제안하라.

(a) 카이랄 사차 암모늄염
(b) 이차 아민, $C_6H_{11}N$

11.18 다음의 시약과 *m*-toluidine(*m*-methylaniline)의 반응에서 예상되는 유기 주생성물의 구조를 그려라.

(a) Br_2 (1 당량)
(b) CH_3Cl, $AlCl_3$
(c) Pyridine에 있는 CH_3COCl

11.19 다음의 시약과 *p*-bromoaniline의 반응으로부터 얻어지는 생성물을 제시하라.

(a) HCl
(b) HNO_2, H_2SO_4
(c) CH_3COCl
(d) CH_3CH_2Cl, $AlCl_3$

11.20 1-Butanol로부터 다음의 물질을 어떻게 만들 수 있는가?

(a) Butylamine
(b) Dibutylamine
(c) Pentylamine
(d) Propene

11.21 Pentanoic acid로부터 다음의 물질을 어떻게 합성해야 하는가?

(a) Pentanamide
(b) Pentylamine
(c) 2-Bromopentanoic acid
(d) Hexanenitrile
(e) Hexylamine

11.22 Benzene으로부터 benzylamine($C_6H_5CH_2NH_2$)을 어떻게 합성해야 하는가? 한 단계 이상으로 설명하라.

11.23 다음의 합성은 틀렸다. 각각 무엇이 잘못되었는가?

(a) $CH_3CH_2CONH_2 \xrightarrow{Br_2,\ NaOH,\ H_2O} CH_3CH_2CH_2NH_2$

(b) $(CH_3)_3C—Br + NH_3 \longrightarrow (CH_3)_3C—NH_2$

(c) 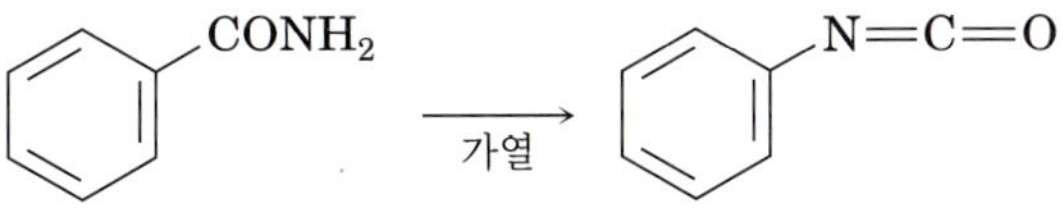 $C_6H_5CONH_2 \xrightarrow[가열]{} C_6H_5N=C=O$

11.24 센산을 이용한 아마이드의 양성자첨가는 질소보다 산소에 일어난다. 이런 행동에 따른 이유를 공명을 고려하여 설명을 하라.

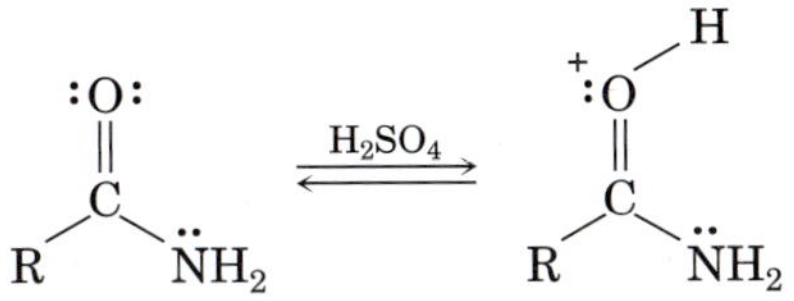

$$RC(=O)\ddot{N}H_2 \underset{}{\overset{H_2SO_4}{\rightleftharpoons}} RC(=\overset{+}{O}H)\ddot{N}H_2$$

11.25 *p*-Nitroanilne(pK_a = 1.0)이 *m*-nitroaniline(pK_a = 2.5)보다 30배 약한 염기성이라는 사실을 설명하라. 공명구조를 그려 증명하라(pK_a값은 해당되는 암모늄 이온을 언급한다).

11.26 Atropine($C_{17}H_{23}NO_3$)은 가지과 유독식물인 *Atropa belladonna*의 잎과 뿌리로부터 분리된 유독성 알칼로이드이다. 소량복용 시 atropine은 근육 이완제로 작용한다. 0.5 ng(나노그램, 10^{-9} g)은 동공 확장을 유발하기에 충분하다. 염기성 가수분해 시 atropine은 tropic acid, $C_6H_5CH(CH_2OH)CO_2H$와 tropine, $C_8H_{15}NO$을 생성한다. Tropine은 H_2SO_4와 탈수 반응으로 tropidene을 생성하는 광학적으로 비활성 알코올이다. Atropine에 대한 구조를 제안하라.

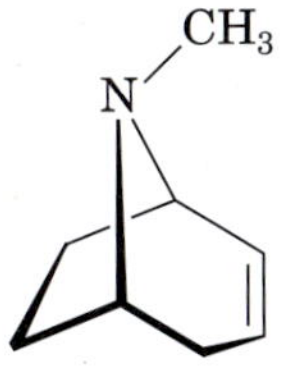

CH_3 N

Tropidene

11.27 2-(2-Cyanoethyl)cyclohexanone이 촉매적으로 환원될 때 생성되는 화학식이 $C_9H_{17}N$인 생성물의 구조를 제안하라.

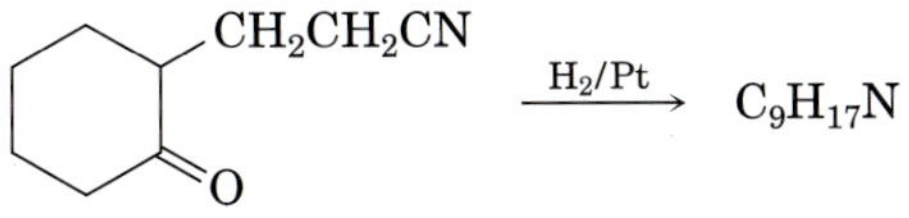

$$\text{2-}(CH_2CH_2CN)\text{cyclohexanone} \xrightarrow{H_2/Pt} C_9H_{17}N$$

11.28 1-Hydroxynaphthalene을 출발물질로 심장 강화제인 propranoldol을 어떻게 합성할 수 있으며, 또 다른 시약이 필요한가?

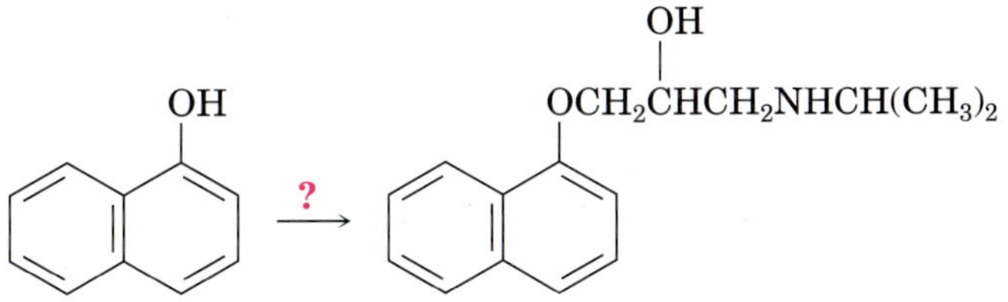

OH → ? → $OCH_2CH(OH)CH_2NHCH(CH_3)_2$

1-Hydroxynaphthalene **Propranolol**

11.29 Tyramine은 겨우살이와 완숙 치즈에서 발견되는 알칼로이드이다. 어떻게 벤젠으로부터 tyramine을 합성하는가? 어떻게 toluene으로부터 합성하겠는가?

$HO-C_6H_4-CH_2CH_2NH_2$ **Tyramine**

11.30 어떻게 toluene으로부터 다음 화합물을 만들 수 있는가?

(a) $H_3C-C_6H_4-NH_2$ (b) $H_3C-C_6H_4-CH_2NH_2$

11.31 Mephenesin은 근육 이완제와 진정제로서 사용되는 약이다. Benzene으로부터 mephenesin의 합성을 제안하고 다른 시약들은 필요한지 설명하라.

CH_3, $OCH_2CH(OH)CH_2OH$ **Mephenesin**

11.32 Anthranilic acid(*o*-aminobenzoic acid)를 HNO_2와 H_2SO_4의 반응은 염기로 처리하면 중성 diazonium carboxylate를 생성할 수 있는 다이아조늄 염을 생성한다.

(a) 중성 diazonium carboxylate의 구조는 무엇인가?

(b) Diazonium carboxylate를 가열하면 CO_2, N_2를 생성하고, 1,3-cyclopentadiene과 반응하여 다음의 생성물을 생성하는 중간체도 생성된다.

중간체는 무엇이며, cyclopentadiene과는 어떤 종류의 반응이 일어나는가?

11.33 다음 아미노산을 확인하여라.

(a) (b) (c)

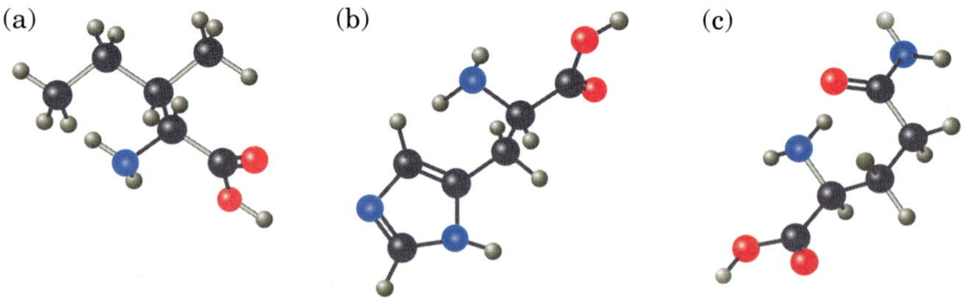

11.34 다음 테트라펩타이드의 서열을 제시하라.

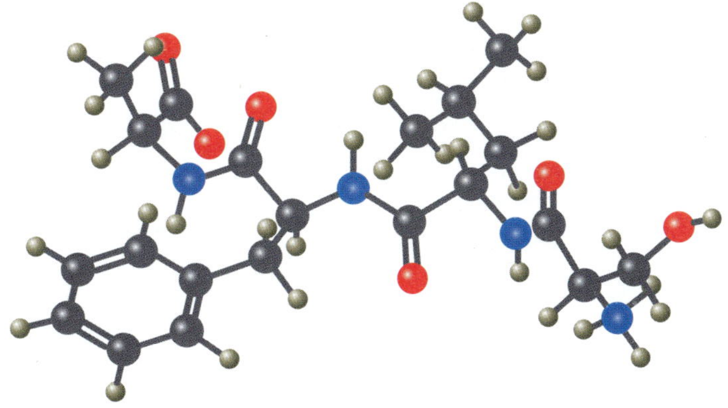

11.35 다음 아미노산의 구조를 쯔비터 이온 형태로 제시하라.
(a) Trp (b) Ile (c) Cys (d) His

11.36 아미노산의 세 글자 암호명을 이용하여 다음의 아미노산을 포함하는 가능한 모든 펩타이드의 구조를 그려라.
(a) Val, Ser, Leu (b) Ser, Leu_2, Pro

11.37 다음 시약과 valine의 반응에서 생성되는 생성물을 예상하여라.
(a) CH_3CH_2OH, 산 (b) KOH, H_2O (c) CH_3COCl; 그리고 H_2O

11.38 다음 펩타이드의 전체 구조를 그려라.
(a) V-F-C-A (b) E-P-I-L

11.39 가수분해에서 Leu, Ala, Phe을 생성하는 트리펩타이드의 2종류 구조를 제안하여라.

11.40 20종 일반 아미노산 중에서 가장 염기성인 arginine은 곁사슬에 guanidino 작용기를 가지고 있다. 양성자 첨가된 guanidino기가 얼마나 안정한지를 보여주는 공명구조를 이용하여 설명하라.

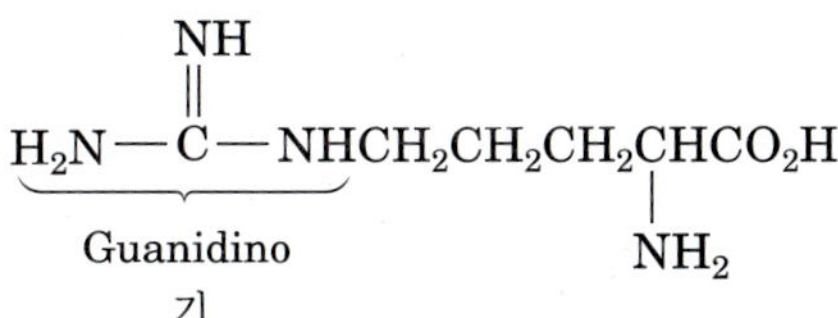

Arginine

11.41 NutraSweet라는 상품명으로 유통되는 비영양성 감미료인 *aspartame*은 간단한 다이펩타이드의 메틸 에스터(Asp-Phe-OCH_3)이다.
(a) Aspartame의 구조를 그려라.
(b) Aspartame의 등전점은 5.9이다. 이 pH에서 수용액 중에 존재하는 주된 구조를 그려라.
(c) 생리적 pH = 7.3에서 존재하는 aspartame의 주된 형태를 그려라.

객관식 문제

1 다음의 시약 중에서 phenylamine과 ethylbenzene의 혼합물을 분리하는 데 사용할 수 있는 것은?
A. Propanone. **B.** 묽은 sodium carbonate 용액.
C. 묽은 hydrochloric acid. **D.** 묽은 sodium hydroxide 용액.

2 Bromine 수용액을 phenylamine 용액에 첨가하였을 때 하얀 침전물이 생성된다. 다음의 서술 중에서 이런 관찰을 설명하는 것은?

A. Phenylamine이 bromine에 의해 환원되었다.

B. Benzene 고리에 있는 수소원자가 bromine으로 치환된다.

C. 친전자성 첨가 반응이 일어났다.

D. Br_2에 의해 NH_2기가 산화되었다.

3 어느 것이 다음의 변환에 사용되겠는가?

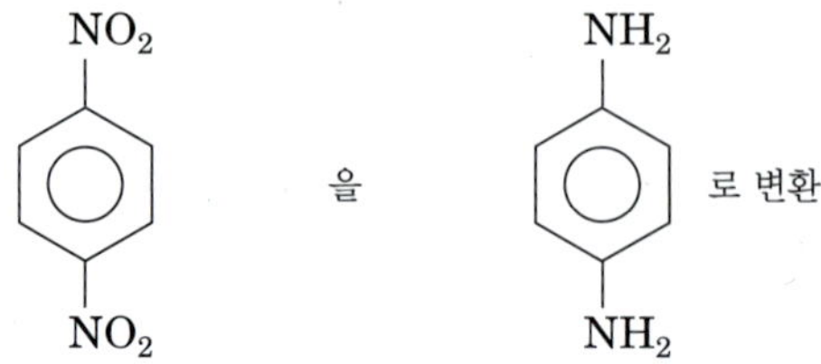

A. Hydrogen sulphide.

B. 주석 및 진한 hydrochloric acid.

C. 진한 ammonia 용액.

D. 아연 및 진한 nitric acid.

4 고체 화합물 Q는 물에 쉽게 용해되어 약산성 용액이 된다. 물을 증발시키면 Q는 변화되지 않고 회수된다. 다음 중 Q가 될 수 있는 것은?

A. $CH_3O^-Na^+$ **B.** $C_6H_5O^-Na^+$

C. $CH_3CH_2NH_3^+Cl^-$ **D.** $C_6H_5NH_2$

5 Prontosil은 한 때 비뇨기관 감염에 사용된 항박테리아 약품이다.

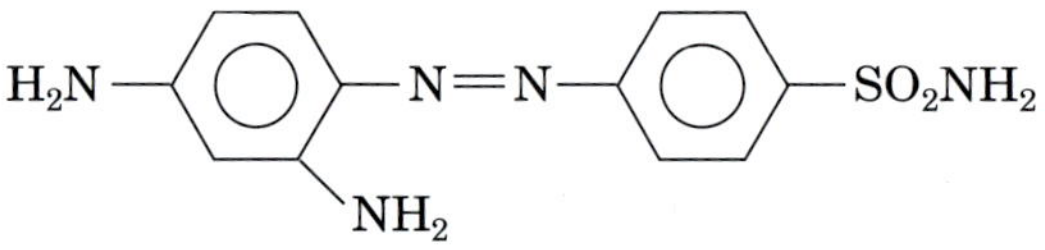

H_2N— —N=N— —SO_2NH_2

NH_2

Prontosil

Prontosil에 대한 다음 서술 중에서 사실이 아닌 것은?

A. 아조(Azo) 염료이다.

B. 색깔을 띠는 화합물이다.

C. 다이아조화 반응(diazotisation) 과정을 통해 만들 수 있다.

D. 묽은 hydrochloric acid 용액에서 불용성이다.

6 다음의 서술들 중에서 왜 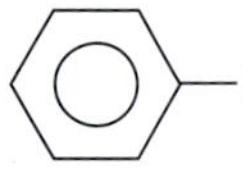 —NH_2보다 $CH_3CH_2NH_2$가 더 센염기인지 설명하는 것은?

A. $CH_3CH_2NH_2$ 중 에틸기는 전자를 끌어당긴다.

B. 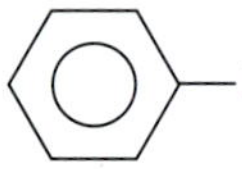 —NH_2 중 benzene 고리는 전자를 밀어준다.

C. 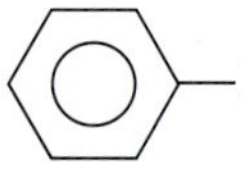 —NH_2중 benzene 고리의 존재는 N의 고립 전자쌍을 양성자가 쉽게 공유할 수 있게 만든다.

D. $CH_3CH_2NH_2$ 중 에틸기의 전자 주기 효과(electron donating effect)는 N의 고립 전자쌍을 양성자가 더 쉽게 공유할 수 있게 한다.

7 어떤 화합물 X는 다음 구조식을 가진다.

C_6H_5—CH(OH)—$CONH_2$

다음의 설명 중 X에 대하여 사실인 것은?

A. 두 개의 카이랄성 중심을 가진다.

B. 일차 아민이다.

C. Sodium hydroxide 용액에서 해리하여 ammonia를 만든다.

D. Alkaline iodine 용액과 반응하여 노란색 침전물을 생성한다.

8 다음 화합물이 가수분해되어 생성된 것은 어느 것인가?

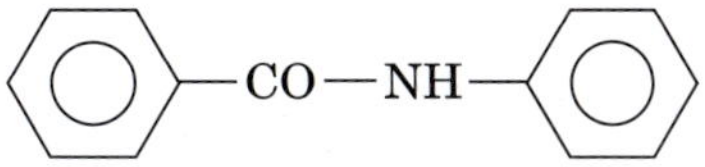

C_6H_5—CO—NH—C_6H_5

A. 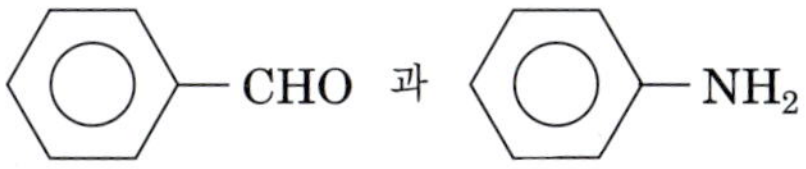 C_6H_5—CHO 과 C_6H_5—NH_2

B. 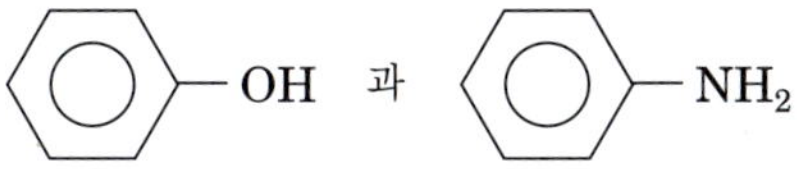 C_6H_5—OH 과 C_6H_5—NH_2

C. C_6H_5—COOH 과 C_6H_5—NH_2

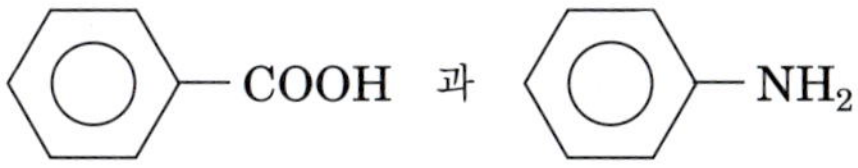

D. 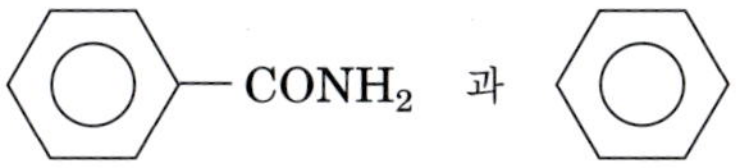 C_6H_5—$CONH_2$ 과 C_6H_6

9 다음은 adrenaline의 구조이다.

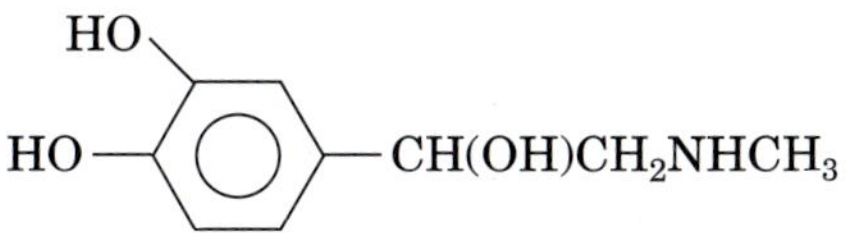

(HO)(HO)C_6H_3—CH(OH)CH_2NHCH_3

Adrenaline에 대한 다음 설명 중 맞는 것은?

A. 일차 아민이다.

B. 카이랄이며, 두 개의 알코올기를 갖는다.

C. 카이랄이며, 두 개의 phenol기를 갖는다.

D. 시스-트랜스 이성질 현상을 나타낸다.

10 어떤 화합물 X는 다음 특성이 있다.

(i) NaOH 용액과 함께 가열하였을 때 ammonia를 생성한다.

(ii) PCl_5와 반응하여 하얀 연기를 생성한다.

화합물 X가 될 수 있는 것은?

A. $HOCH_2CH_2CONH_2$

B. $HOCH_2CH(NH_2)COOH$

C. $NH_2CH_2CH_2COONH_4$

D. $NCCH_2CH_2CH_2CN$

11 Tetracaine은 요추에 구멍을 내는 시술(lumbar puncture)을 할 때 사용하는 척추 마취제로 사용되는 의약품이다. Tetracaine의 구조를 아래에 제시하였다.

$$CH_3CH_2CH_2—NH—C_6H_4—COOCH_2CH_2N(CH_3)_2$$

다음의 설명 중 tetracaine에 대하여 사실인 것은?

A. 한 쌍의 거울상 이성질체로 존재한다.
B. 이차 아민이기도 하고 삼차 아민이기도 하다.
C. Nitrous acid 수용액과 반응하여 질소를 생성한다.
D. NaOH 용액과 함께 가열할 때 $H_2N—C_6H_4—COONa$ 를 생성한다.

12 아래의 화합물은 ethanoyl chloride와 반응한다.

$$HO—C_6H_4—NH_2$$

Ethanoyl chloride가 과잉으로 존재할 때의 생성물은 무엇인가?

A. $CH_3OCO—C_6H_4—CONH_2$
B. $HO—C_6H_3(COCH_3)—NHCOCH_3$
C. $CH_3OCO—C_6H_4—NH_2$
D. $CH_3OCO—C_6H_4—NHCOCH_3$

13 다음의 화합물 중에서 물에 가장 적게 용해하는 것은?

A. $C_6H_5NH_2$ **B.** $CH_3CH_2CH_2OH$
C. C_6H_5COONa **D.** H_2NCH_2COOH

14 다음의 시약 중에서 아미노산인 H_2NCH_2COOH의 염기성기와 반응하는 것은?

A. NH_3 **B.** NaOH
C. CH_3CH_2COCl **D.** CH_3CH_2OH

15 다음 중 pH가 가장 높은 수용액을 만들 수 있는 것은?

1. CH_3OH **2.** CH_3CH_2COOH
3. $O_2N—C_6H_4—NH_2$ **4.** $CH_3CH_2NH_2$

A	B	C	D
1만 맞음	1과 2가 맞음	2와 3이 맞음	1, 2, 3이 맞음

16 Ephedrine은 기관지 천식 치료용으로 널리 이용되는 아미노 알코올이다.

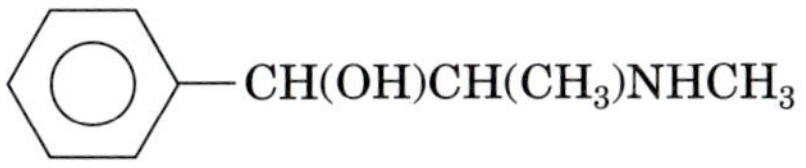

C_6H_5—CH(OH)CH(CH_3)NHCH$_3$

ephedrine

Ephedrine에 대한 다음 설명 중 사실인 것은?

A. 카이랄성 중심이 1개이다.

B. 묽은 hydrochloric acid 용액에서 용해된다.

C. Nitrous acid와 함께 가열하면 질소 가스를 발생한다.

17 Cyclopentamine은 amphetamine과 같은 중추 신경계 흥분제이다.

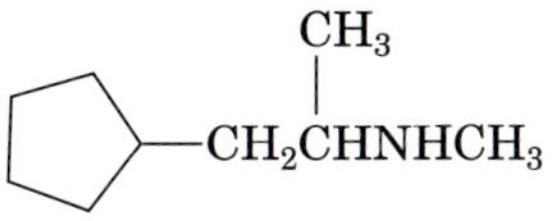

C_5H_9—CH_2CH(CH_3)NHCH$_3$

cyclopentamine

다음 중 cyclopentamine에 대하여 사실인 것은?

A. 양성자 받개이다.

B. 한 쌍의 거울상 이성질체로 존재한다.

C. 다음 화합물에 ammonia를 처리하여 만들 수 있다.

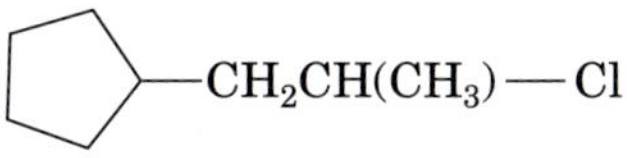

C_5H_9—$CH_2CH(CH_3)$—Cl

18 Tyrosine은 다음 구조를 갖는 아미노산이다.

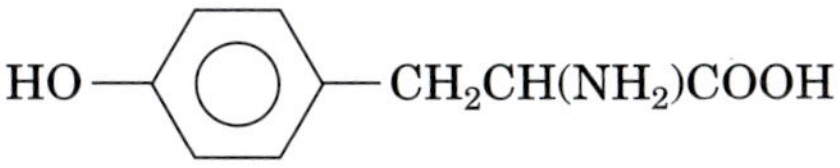

HO—C_6H_4—$CH_2CH(NH_2)COOH$

Tyrosine에 대한 다음 설명 중 사실인 것은?

A. 한 개의 카이랄 탄소가 있다.

B. Sodium hydrogen carbonate 용액과 반응하여 carbon dioxide를 생성한다.

C. 물에 녹지 않는다.

19 Dopamine은 Parkinson 질병 치료에 사용되는 약이다.

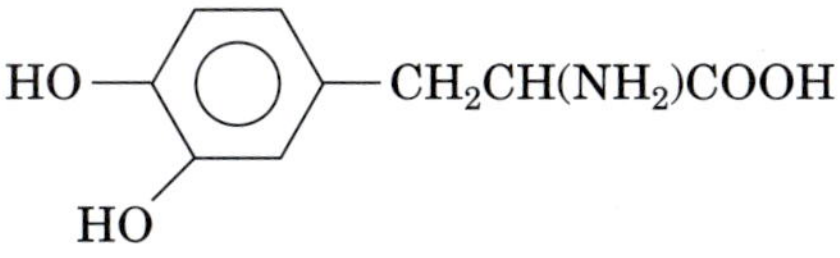

$(HO)_2C_6H_3$—$CH_2CH(NH_2)COOH$

다음의 설명 중 dopamine에 대하여 사실인 것은?

A. 2개의 카이랄 탄소가 있다.

B. 수용액에서 쯔비터 이온으로 존재한다.

C. Potassium hydroxide 용액과 반응하여 염을 형성한다.

20 2,4-D는 제초제로 사용되며, 구조식은 다음과 같다.

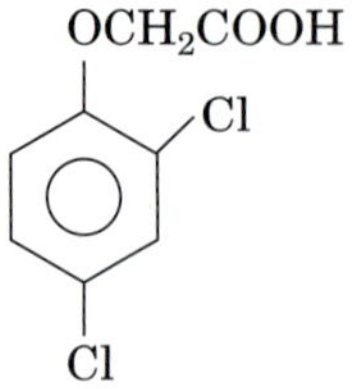

2,4-D에 대한 다음 설명 중 맞는 것은?

A. H^+ 이온이 존재할 때 methanol과 반응하여 에스터를 형성한다.

B. Phosphorus pentachloride와 반응하여 흰 연기를 낸다.

C. Sodium hydroxide 용액과 반응하여 아래 화합물을 생성한다.

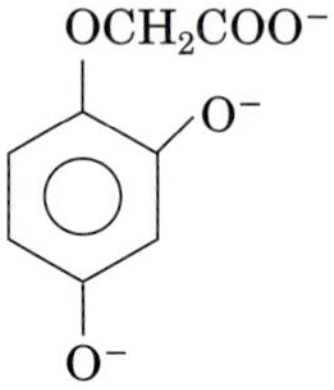

21 다음 쌍 중에서 가열하였을 때 함께 반응하여 ammonia 기체를 발생하는 것은?

A. $(NH_4)_2SO_4$와 NaOH.

B. $CH_3CH_2CONH_2$와 KOH.

C. CH_3CH_2CN와 KOH.

보충 문제

1 아래 그림은 세 개의 알칼로이드 coniine, nicotine 및 cocaine의 구조이다. Coniine은 소크라테스를 독살하는데 사용된 독성물질이다. 물에 녹인 nicotine 용액은 살충제로 사용하는 반면 cocaine은 코카식물(coca plant)에서 얻은 중추신경계 흥분제이다.

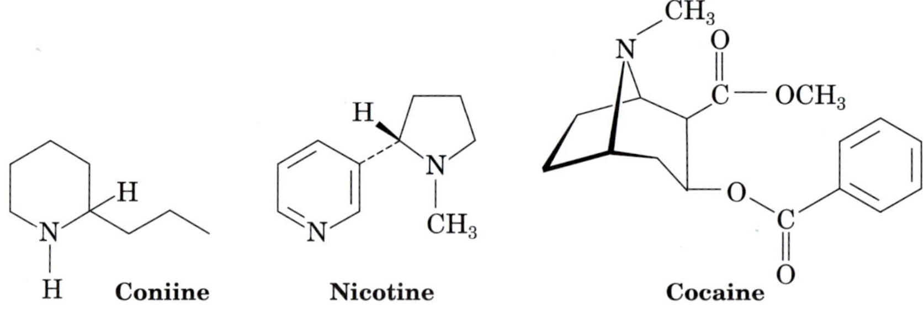

(a) 이 알칼로이드에 있는 각 아미노기를 형태(일차, 이차, 삼차, 지방족, 방향족, 헤테로고리)에 따라 분류하라.

(b) Coniine, nicotine 및 cocaine에 있는 모든 탄소 입체중심을 확인하라.

(c) 각 알칼로이드가 묽은 hydrochloric acid와 반응할 때 생성물의 구조를 그려라.

2 (a) Ethylmethylamine의 형태와 고립 전자쌍을 보여주는 구조식을 그려라.

(b) 질소 원자에 의해 일어나는 혼성의 형태는 무엇인가?

(c) Ethylmethylamine의 한 쌍의 거울상 이성질체를 그려라.

3 부신 수질에서 분비되는 norepinephrine은 신경전달물질이다. 이 물질은 감정적인 행동을 전달하는 뇌의 영역에서 작용하는 것으로 믿고 있다.

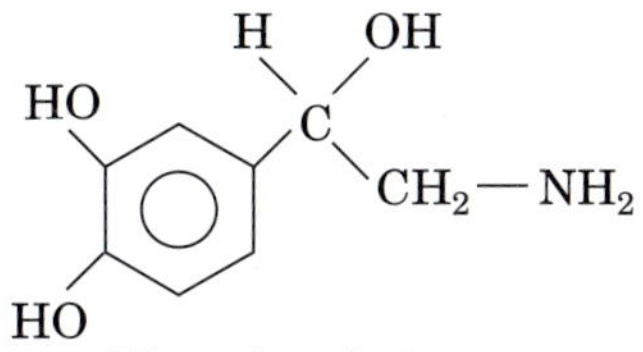

H OH
HO C
CH$_2$—NH$_2$
HO

Norepinephrine

Norepinephrine이 다음 각 시약과 반응하였을 때 생성되는 유기 생성물을 그려라.

(a) 묽은 HCl

(b) 산성화된 $K_2Cr_2O_7$

(c) Na 금속

(d) HNO_2 수용액

(e) ethanoyl chloride

(f) PCl_5

4 Toluene을 3-bromo-4-methylphenol로 변형시키기 위한 다음 각 단계별 시약과 조건을 제시하라.

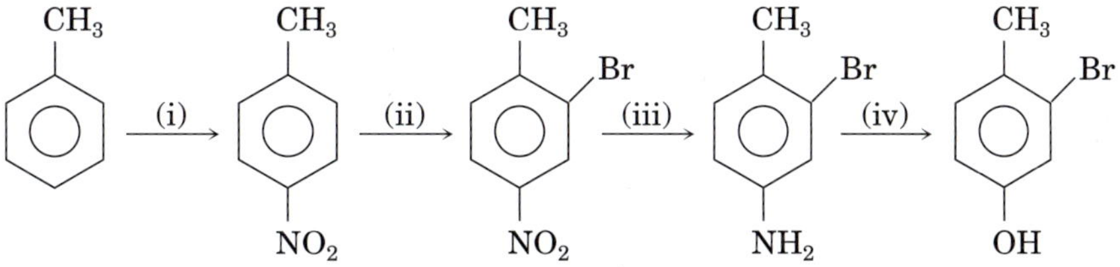

CH$_3$ —(i)→ CH$_3$, NO$_2$ —(ii)→ CH$_3$, Br, NO$_2$ —(iii)→ CH$_3$, Br, NH$_2$ —(iv)→ CH$_3$, Br, OH

5 다음 각 아민을 분류하라.

(a) serotonin (신경전달물질)

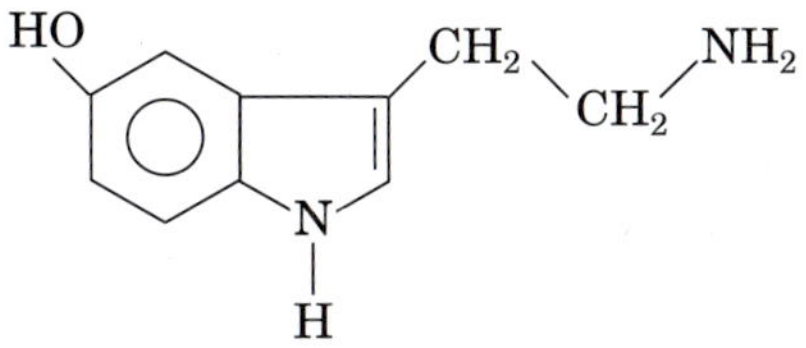

HO CH$_2$ CH$_2$ NH$_2$
N
H

(b) benzocaine (국소마취제)

O
C O CH$_2$CH$_3$
H$_2$N

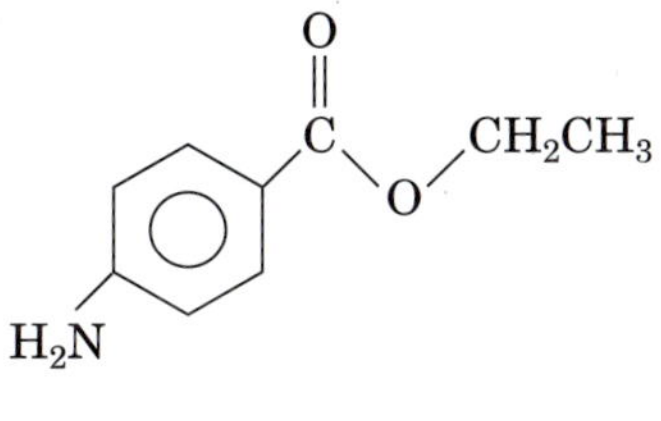

(c) chloroquine (항말라리아제)

CH$_3$
H CH—(CH$_2$)$_3$—N(CH$_2$CH$_3$)$_2$
N
Cl N

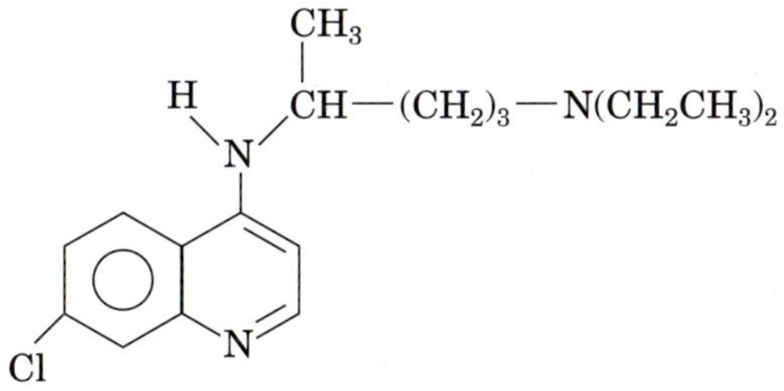

6 Epinephrine은 기관지 확장제로서 사용된다. Albuterol은 가장 효과적인 천식의 약품 중의 하나이다.

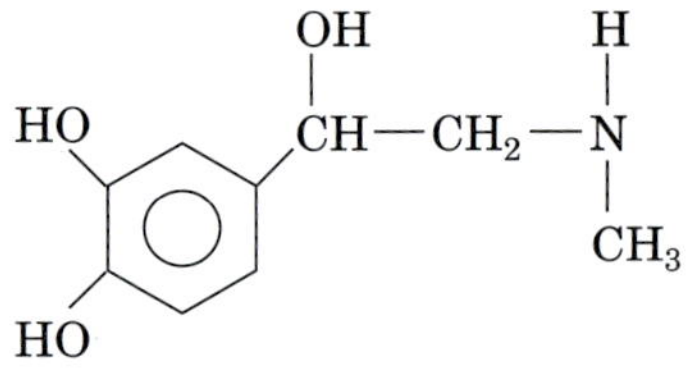

Epinephrine 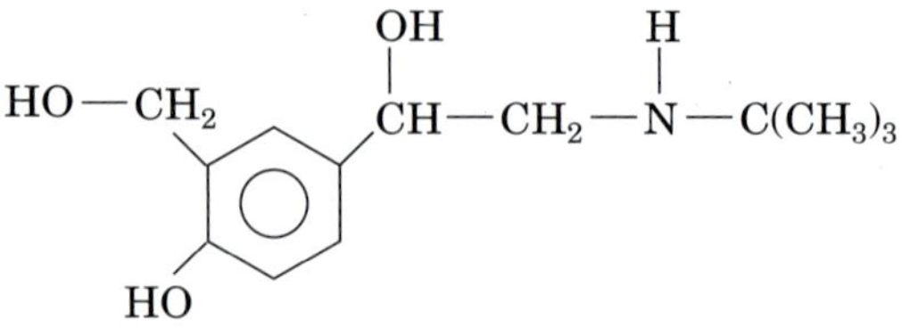　　　**Albuterol**

(a) 위의 각 아민을 분류하라.

(b) Epinephrine과 albuterol과의 유사점과 차이점을 설명하라.

7 Pyridoxamine은 vitamin B_6의 한 형태이다.

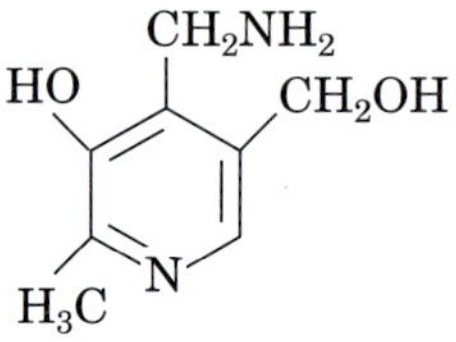

2개의 질소 원자 중에서 어느 것이 더 센 염기인지를 이유를 들어 설명하라.

8 Epibatidine은 에콰도르 독개구리의 피부에서 분리한 무색의 기름이다.

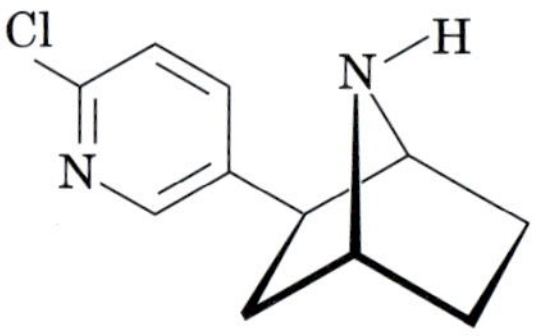

위의 분자에서 모든 카이랄 탄소를 표시하라.

9 4-Nitrotoluene, 4-methylaniline 및 4-methylphenol이 섞여 있는 혼합물이 있다. 각각을 순수한 형태로 각각 분리하는 방법을 설명하라.

10 Propranil은 benzene으로부터 만들 수 있는 제초제이다. 다음 각 단계에 필요한 시약과 반응 조건을 제시하라.

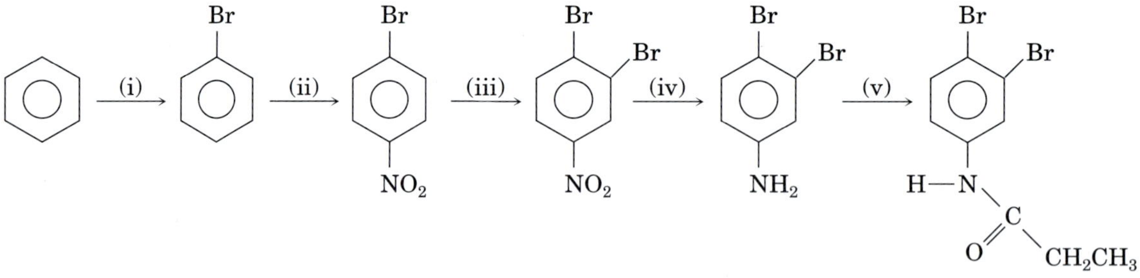

11 Glutathione은 동식물과 박테리아에서 가장 일반적인 트라이펩타이드 중 하나이다.

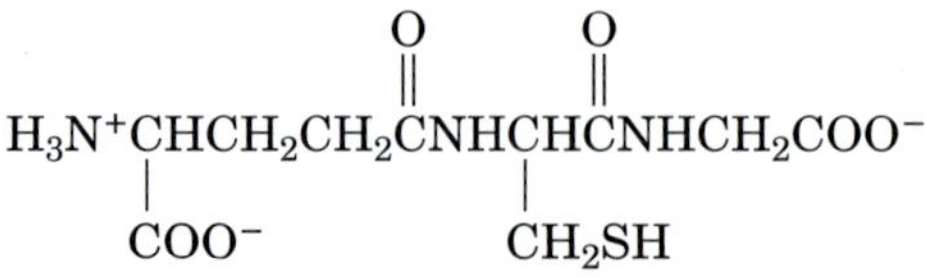

$$H_3N^+CHCH_2CH_2\overset{O}{\overset{\|}{C}}NHCH(CH_2SH)\overset{O}{\overset{\|}{C}}NHCH_2COO^-$$
(첫 번째 CH에 COO^-)

(a) Glutathione에 존재하는 모든 아미노산의 구조를 그리고 명명하라.

(b) Glutathione에 얼마나 많은 펩타이드 결합이 있는가?

12 아래 그림은 인공 감미료인 aspartame의 구조식이다.

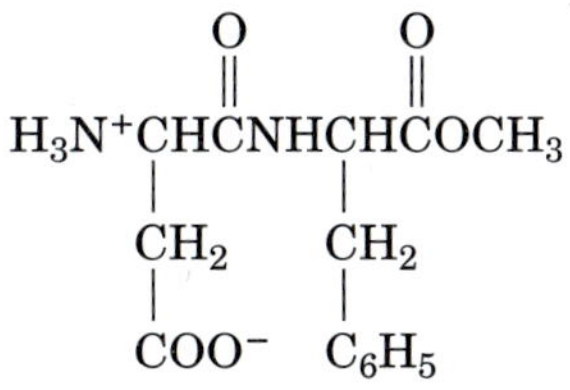

$$\begin{array}{l} \qquad\qquad\quad O \qquad\quad\; O \\ \qquad\qquad\quad \| \qquad\quad\;\; \| \\ H_3N^+CHCNHCHCOCH_3 \\ \qquad\quad | \qquad\qquad | \\ \qquad\; CH_2 \qquad\; CH_2 \\ \qquad\quad | \qquad\qquad | \\ \qquad\; COO^- \quad C_6H_5 \end{array}$$

(a) 물속에서 aspartame이 수용성인지 불용성인지를 이유를 들어 설명하라.

(b) Aspartame에 과량의 묽은 hydrochloric acid를 넣고 끓였을 때 생성되는 모든 생성물의 구조식을 그려라.

(c) Aspartame에 있는 두 개의 아미노산을 명명하라.

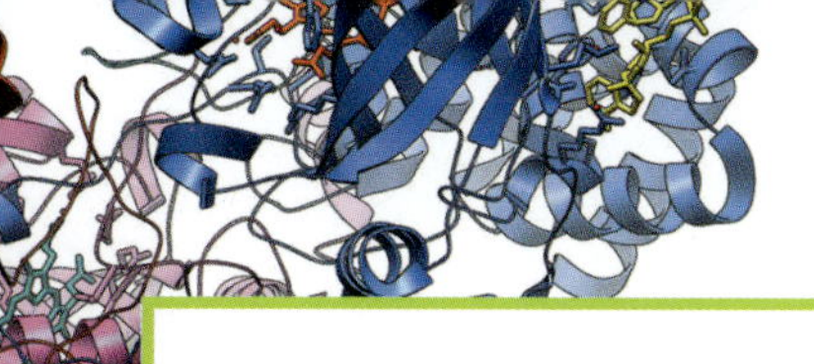

제 12 장

고분자

Polymers

오늘날 어떤 화학제품도 합성 **고분자**만큼 일상생활에 큰 영향을 미치고 있는 화학제품은 없다. 카펫과 옷감에서부터 일회용 발포 커피컵까지 우리는 때때로 고분자에 의해 둘러싸여 있는 것처럼 느껴지기도 한다.

고분자(Polymer)는 소위 **단량체**(monomer)라고 부르는 작은 분자들의 반복적인 결합에 의해 형성된 크고 때로는 매우 거대한 분자이다. 자연은 수많은 생물학적인 고분자를 이용하고 있다. 예를 들면 셀룰로오스(cellulose)는 당 단위가 반복되어 형성된 고분자이고, 단백질은 아미노산이 반복되어 형성된 고분자이며, 핵산은 뉴클레오타이드(nucleotide) 반복 단위로 형성된 고분자이다. 합성고분자가 생체고분자에 비해 화학적으로 훨씬 단순하지만 단량체의 성질과 중합에 사용되는 반응조건에 따라서 합성고분자는 구조와 성질에서 매우 큰 다양성을 갖는다.

많은 간단한 알켄은 개시제로, 소량의 라디칼로 처리했을 때 쉽게 중합 반응을 일으킨다. 예를 들면 ethylene은 긴 탄화수소 사슬에 수천 개의 반복 단위로 구성된 매우 큰 알케인인 polyethylene을 만든다. 미국에서만 연간 대략 1,400만 톤의 polyethylene이 만들어진다.

많은 $H_2C{=}CH_2$ ⟶ (polyethylene chain: –C(H)(H)–C(H)(H)– repeated)

Ethylene **Polyethylene의 분절**

12.1 고분자 명명법

고분자의 반복 단위는 사슬에서 중요한 구조를 모두 포함하고 있는 가장 작은 분자 토막이다. 고분자의 구조는 반복 단위에 괄호로 표시하여 나타낸다. 고분자의 전체 구조는 고분자의 반복 단위를 양쪽 방향으로 여러 번 반복함으로써 재현할 수 있다. 괄호에 붙어있는 아래첨자 n은 이 단위가 반복되는 수를 나타낸다.

$$\sim O-CH_2-O-CH_2CH_2-O-CH_2-O-CH_2CH_2-O\sim$$

$$\left(CH_2-O-CH_2CH_2-O\right)_n$$

Ethylene, tetrafluoroethylene과 같이 대칭 구조의 단량체로부터 제조된 고분자는 반복 단위가 각각 2개의 CH_2기와 2개의 CF_2기를 포함하고 있다.

$$\left(CH_2CH_2\right)_n \qquad \left(CF_2-CF_2\right)_n \qquad \left(CH_2-C(CH_3)=CHCH_2\right)_n$$

Poly (ethylene) **Teflon** **고무**

2개의 메틸렌기와 2개의 다이플로로메틸렌기는 이들이 ethylene과 tetrafluoroethylene으로부터 만들어졌기 때문이다.

고분자는 접두어 폴리(poly)-에 고분자가 유도된 단량체의 이름을 붙임으로써 명명된다. 예를 들면 propene으로부터 형성된 고분자는 poly(propene)으로 styrene으로부터 만들어진 고분자는 poly(styrene)으로 부른다.

첨가 중합

Ethylene 단량체에서 polyethylene의 형성은 첨가 중합 또는 사슬성장 중합의 한 예이다. 이 중합에서 단량체 단위는 물 및 염산 등과 같은 작은 분자의 이탈을 동반하지 않고 머리-꼬리(head-to-tail) 연결 방법으로 결합하고 있다.

$$n\, CH_2=CH_2 \longrightarrow \left(CH_2-CH_2\right)_n$$

Ethylene **Poly (ethylene)**

첨가 중합은 단량체와 반응하는 반응성이 높은 반응중간체가 포함되어 있다. 첨가 중합에 사용되는 이러한 방법에는 라디칼, 양이온 및 음이온 등을 포함하고 있다.

12.2 알켄에 라디칼 첨가: 고분자

Ethylene 중합은 benzoylperoxide와 같은 라디칼 개시제의 존재하에서 대개 고온(110~250°C) 및 고압(1,000~3,000 atm)에서 진행된다. 주요 단계는 ethylene 이중결합에 라디칼(radical)의 첨가이며 이는 알켄에 친전자체(electrophile)가 첨가되는 반응과 여러 가지 면에서 유사한 반응이다. 빛에 의한 methane의 염소화 반응에 관찰한 라디칼 연쇄 반응과 같이 전체 중합단계는 개시 단계, 전파 단계 및 종결 단계로 이루어져 있다. 이 라디칼 반응의 메커니즘을 쓸 때에는 단일 전자의 이동을 표시하기 위해 곡선의 반쪽 화살표 또는 낚시 모양의 기호가 사용된다는 것을 상기하여라. 반면에 극성 반응에서 전자쌍의 이동을 나타내기 위해서는 곡선의 완전한 모양의 굽은 화살표를 사용한다.

- **개시 단계(Initiation)** 반응은 촉매에 의해 적은 양의 라디칼이 생성될 때에 개시된다. 예를 들면 benzoyl peroxide가 개시제로 사용되면 가열에 의해 약한 O—O 결합이 분해된다. 다음 단계에서 benezoyloxy 라디칼이 ethylene의 C=C에 첨가되어 탄소 라디칼을 만든다. 탄소-탄소 이중 결합에 있는 전자 하나가 benezoyloxy 라디칼의 홀전자와 쌍을 이루어 C—O 결합을 형성하고, 다른 전자는 탄소에 남는다.

$$(C_6H_5COO)_2 \xrightarrow{\text{가열}} 2\ C_6H_5COO\cdot = BzO\cdot$$

Benzoyl peroxide **Benzoyloxy 라디칼**

$$BzO\cdot + H_2C{=}CH_2 \longrightarrow BzO{-}CH_2CH_2\cdot$$

- **전파 단계(Propagation)** 개시 단계에서 형성된 탄소 라디칼이 또 다른 ethylene 분자에 첨가되어 또 다른 라디칼이 만들어질 때 중합은 일어난다. 이러한 라디칼 첨가 과정이 수백 또는 수천 번씩 반복되며 고분자 사슬을 만든다.

$$BzOCH_2CH_2\cdot + H_2C{=}CH_2 \longrightarrow BzOCH_2CH_2CH_2CH_2\cdot \xrightarrow[\text{반복}]{\text{여러번}} BzO(CH_2CH_2)_nCH_2CH_2\cdot$$

- **종결 단계(Termination)** 라디칼이 소모되는 반응에 의해 결국 연쇄 과정이 끝난다. 두개의 성장하는 사슬의 조합이 하나의 가능한 사슬-종결 반응이다.

$$2\ R{-}CH_2CH_2\cdot \longrightarrow R{-}CH_2CH_2CH_2CH_2{-}R$$

Ethylene만 고분자를 형성하는 기능이 있는 것은 아니다. 바이닐 단량체(Vinyl monomer)라고 부르는 여러 가지 치환된 ethylene도 역시 라디칼 사슬 중합 반응을 통해서 고분자 사슬에 규칙적인 공간 배향을 이루는 치환기가 달린 고분자를 형성한다. 예를 들면 propylene은 중합 반응에 의해 polypropylene을 만들고(실제로 다른 중합 방법이 사용되지만), styrene은 polystyrene을 만든다.

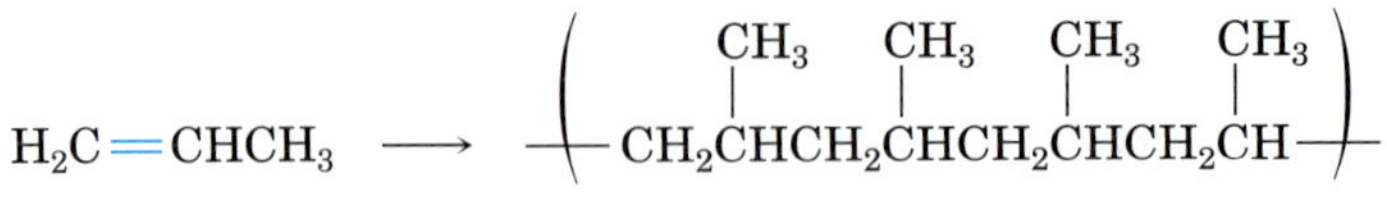

$$H_2C{=}CHCH_3 \longrightarrow \left(\!\!-CH_2\underset{}{\overset{CH_3}{\overset{|}{C}}}HCH_2\overset{CH_3}{\overset{|}{C}}HCH_2\overset{CH_3}{\overset{|}{C}}HCH_2\overset{CH_3}{\overset{|}{C}}H-\!\!\right)$$

Propylene **Polypropylene**

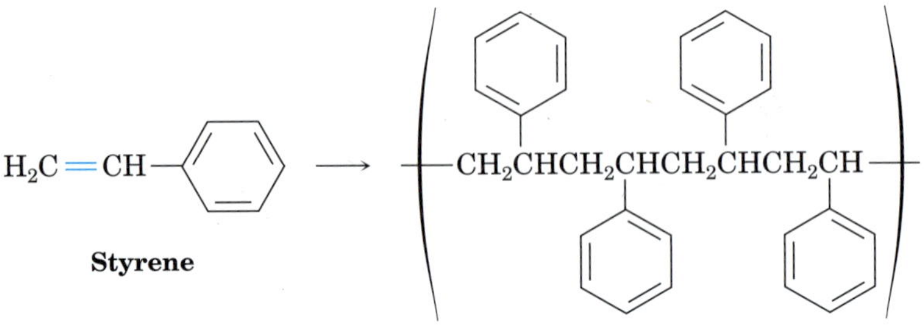

$$H_2C{=}CH{-}C_6H_5 \longrightarrow \left(-CH_2CH(C_6H_5)CH_2CH(C_6H_5)CH_2CH(C_6H_5)CH_2CH(C_6H_5)-\right)$$

Styrene **Polystyrene**

Propylene이나 styrene과 같이 비대칭적으로 치환된 바이닐 단량체가 중합될 때에, 라디칼 첨가 단계는 이중 결합의 양쪽 말단에 모두에 일어날 수 있어 일차의 라디칼 중간체인 $RCH_2\cdot$ 혹은 이차 라디칼 $R_2CH\cdot$을 만들 수 있다. 그러나 친전자성 첨가 반응에서처럼 치환이 더 많이 된 이차 라디칼만이 생성된다.

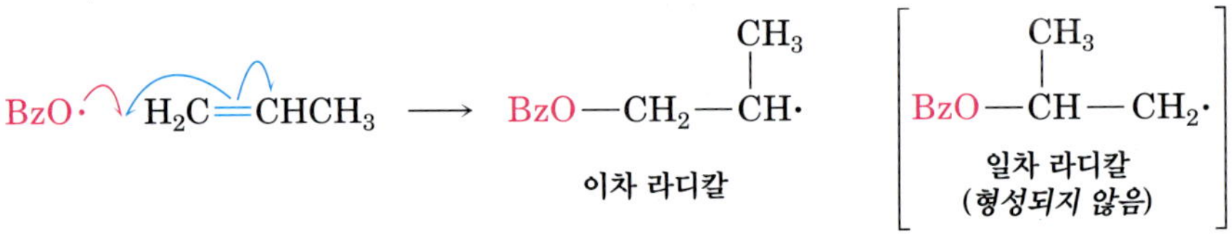

$$BzO\cdot \; H_2C{=}CHCH_3 \longrightarrow BzO{-}CH_2{-}\overset{CH_3}{\overset{|}{C}}H\cdot \qquad \left[BzO{-}\overset{CH_3}{\overset{|}{C}}H{-}CH_2\cdot \right]$$

이차 라디칼 **일차 라디칼 (형성되지 않음)**

표 12.1에 상업적으로 중요한 알켄 고분자와 용도 및 고분자를 형성하는 바이닐 단량체를 나타내었다.

예제 12.1

$H_2C{=}CHCl$로부터 만들어지는 poly(vinyl chloride)의 구조를 여러 개의 반복적인 단위로 그려서 구조를 나타내어라.

▶ **힌트** 마음속으로 단량체 단위에 있는 탄소–탄소 이중 결합을 끊고, 많은 단위를 함께 연결하여 단일 결합을 형성한다.

▶ **해답** Poly(vinyl chloride)의 일반적인 구조는 다음과 같다.

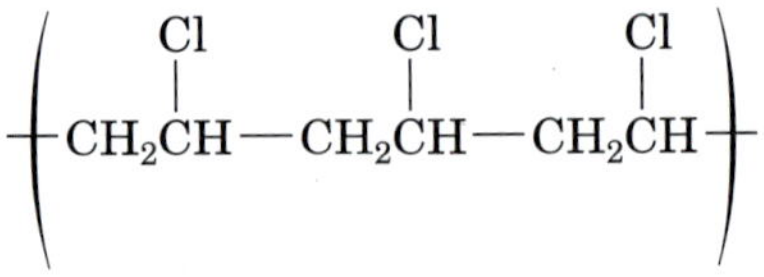

$$\left(-CH_2\overset{Cl}{\overset{|}{C}}H-CH_2\overset{Cl}{\overset{|}{C}}H-CH_2\overset{Cl}{\overset{|}{C}}H-\right)$$

표 12.1 ● 몇 가지 알켄 고분자와 용도

단량체	분자식	고분자의 상품명 또는 관용명	용도
Ethylene	$H_2C{=}CH_2$	Polyethylene	포장, 병, 전선 절연, 필름, sheet
1,1-dichloroethene	$CH_2{=}CCl_2$	Poly(1,1-dichloroethene)	Saran, 식품 포장재
Propene (propylene)	$H_2C{=}CHCH_3$	Polypropylene	자동차의 주형부품, 줄, 카펫섬유, 부직포
Chloroethylene (vinyl chloride)	$H_2C{=}CHCl$	Poly(vinyl chloride), Tedlar	절연체, 필름, 관
Styrene	$H_2C{=}CHC_6H_5$	Polystyrene, Styron	발포 및 주형품
Tetrafluoroethylene	$F_2C{=}CF_2$	Teflon	밸브 및 가스킷, 도료
Acrylonitrile	$H_2C{=}CHCN$	Orlon, Acrilan	섬유
Methyl methacrylate	$H_2C{=}C(CH_3)CO_2CH_3$	Plexiglas, Lucite	주형품, 페인트
Vinyl acetate	$H_2C{=}CHOCOCH_3$	Poly(vinyl acetate)	페인트, 접착제
2-cyanopropenoate	$CH_2{=}C(CN)COOCH_3$	Poly(2-cyanopropenoate)	초강력 접착제 (Superglue-상품명임)

◆ **문제 12.1** 다음 고분자 제조에 사용되는 단량체를 나타내어라.

(a) $$\left(CH_2-\underset{|}{\overset{OCH_3}{CH}}-CH_2-\overset{OCH_3}{CH}-CH_2-\overset{OCH_3}{CH} \right)$$

(b) $$\left(\overset{Cl}{CH}-\overset{Cl}{CH}-\overset{Cl}{CH}-\overset{Cl}{CH}-\overset{Cl}{CH}-\overset{Cl}{CH} \right)$$

》 중합이 일어나는 동안에 사슬 가지치기

바이닐 단량체의 라디칼 중합 반응은 생성물의 특성에 지대한 영향을 줄 수 있는 여러 가지 문제에 의해 매우 복잡하게 진행된다. 그러한 문제 중에 하나가 라디칼 중합 반응은 선형이 아닌 수많은 **가지(branches)**를 갖는다는 점이다. 가지는 성장하는 사슬의 라디칼 말단이 사슬의 중간에 있는 수소를 떼어내어 내부 라디칼 자리를 만든 후 중합체 반응이 계속될 때 형성된다. 가장 흔히 볼 수 있는 가지는 소위 **짧은 사슬 가지치기(short-chain branching)**라 부르는 것으로, 분자 내에서 사슬 말단으로부터 탄소 네 개가 떨어진 위치의 수소를 떼어내어 생긴다.

$$\text{(ring: } \sim\!\!\!\sim CH(\cdot H \to) \ldots \text{ intramolecular H abstraction)} \longrightarrow \xrightarrow{H_2C{=}CH_2} \sim\!\!\!\sim CHCH_2CH_2CH_2CH_3 \text{ with branch } CH_2CH_2\cdot \Longrightarrow$$

짧은 사슬

가지나는 점

또 다른 방법으로는 한 사슬의 말단 라디칼이 다른 사슬의 중간에 있는 수소를 떼어내는 분자 간 수소 원자 떼기가 일어날 수 있다. 이러한 방법으로부터 **긴 사슬 가지치기**(long-chain branching)가 생긴다. 연구에 의하면 짧은 사슬 가지가 긴 사슬 가지보다 50배 많이 생긴다고 보고되고 있다.

$$\sim CH_2CH(H)CH_2CH_2\sim \;+\; \sim CH_2CH_2\cdot \longrightarrow \sim CH_2\dot{C}HCH_2CH_2\sim \;+\; \sim CH_2CH_3 \xrightarrow{H_2C{=}CH_2} \sim CH_2CH(CH_2\dot{C}H_2)CH_2CH_2\sim \Longrightarrow$$

긴 사슬

사슬에 가지가 생성되는 현상은 라디칼 중합 동안에 흔히 일어나는 현상으로 polyethylene에만 국한된 것이 아니다. Polypropylene, polystyrene과 poly(methyl methacrylate) 모두 가지가 들어 있다.

◆ **문제 12.2** 중합체 반응을 방해하는 사슬 종결 단계 중에 하나가 두 라디칼 사이의 다음과 같은 반응이다.

$$2\ \sim CH_2\dot{C}H_2 \longrightarrow \sim CH_2CH_3 + \sim CH{=}CH_2$$

전자의 흐름을 낚시바늘 화살표를 사용하여 이 반응의 메커니즘을 제안하라.

양이온 중합

어떤 종류의 바이닐 단량체는 라디칼 개시제뿐만 아니라 **양이온성**(cationic) 개시제에 의해 중합될 수 있다. 양이온 중합은 연쇄 반응 경로로 이루어지며, 센 산이나 Lewis 산을 촉매로 사용해야 한다. 여기서 사슬을 이어가는 단계는 탄소양이온 중간체가 다른 단량체 이중 결합에 친전자성 첨가 반응이다. 양이온 중합에서는 안정한 삼차의 탄소양이온 중간체가 포함될 때 가장 효과적이다. 따라서 가장 상업적으로 많이 이용되는 양이온 중합은 isobutylene(2-methylpropene)을 BF_3를 촉매로 −80°C에서 처리하여 만드는 polyisobutylene이다. 생성물은 트럭이나 자전거 타이어의 내부 튜브 제조에 이용된다.

$$H^+ \curvearrowleft H_2C{=}C(CH_3)_2 \xrightarrow{\text{산 촉매}} \left[CH_3-\overset{+}{C}(CH_3)_2\right] \xrightarrow{H_2C=C(CH_3)CH_3} CH_3-C(CH_3)_2-CH_2-\overset{+}{C}(CH_3)_2 \xrightarrow{\text{여러번 반복}} \left(CH_2-C(CH_3)_2\right)_n$$

Isobutylene **Polyisobutylene**

양이온 중합은 알킬기와 같은 전자 주개 치환기를 갖는 단량체에서 가장 일반적이다.

$$CH{=}CH_2\text{-}C_6H_5 \qquad CH_2{=}C(CH_3)_2 \qquad CH_2{=}C(H)OR \qquad CH_2{=}C(H)SR$$

Styrene **Isobutene** **Vinyl ethers** **Vinyl thioethers**

산촉매(양이온) 중합은 사슬로 이동되는 탄소양이온 중간체를 안정화시킬 수 있는 전자 주개 치환기(electron donating group, EDG)를 갖는 단량체에서 효과적이다. 그러므로 isobutylene은 양이온 조건하에서 빠르게 중합되지만 ethylene, vinyl chloride, acrylonitrile 등은 그렇지 못하다. Isobutylene 중합은 촉매인 $BF_3OH^-H^+$를 생성시키는 BF_3와 소량의 물을 사용하여 $-80°C$에서 상업적으로 진행된다.

$$BF_3OH^-\ H^+ + H_2C{=}CH(EDG) \longrightarrow \left[H-CH_2-\overset{EDG}{CH^+}\right] \xrightarrow{H_2C=CH(EDG)} \left[CH_3\overset{EDG}{CH}-CH_2\overset{EDG}{CH^+}\right] \xrightarrow{\text{반복}} \left(CH_2-\overset{EDG}{CH}\right)_n$$

여기 EDG = 전자-주개 치환기

◆ **문제 12.3** 접착제에 사용되는 *tert*-butyl vinyl ether는 상업적으로 양이온 과정을 통해서 중합된다. Poly(*tert*-butyl vinyl ether)의 분절을 그리고 사슬을 이어가는 메커니즘을 제시하라.

$$H_2C{=}CH-O-C(CH_3)_3$$

***tert*-Butyl vinyl ether**

12.3 음이온 중합

양이온 중합과 같이 음이온 중합은 개시 단계, 전파 단계 및 종결 단계의 3단계로 일어난다. 이 경우 중간체는 음전하를 갖는다. 중합은 활성화된 알켄에 친핵체의 첨가에 의해 개시될 수 있다. 음이온 중합에서 사용되는 가장 일반적인 친핵체는 Grignard 시약인 R-Mg-X 또는 alkyl lithium이다. 새로이 형성된 음이온은 다른 단량체에 대해 친핵체로 작용하여 첨가될 수 있으며 이런 전파 단계가 계속된다.

$$CH_3{-}Mg{-}Br \longrightarrow CH_3^{-}Mg^{2+}Br^{-}$$

methyl magnesium bromide

$$CH_3CH_2CH_2CH_2Li \longrightarrow CH_3CH_2CH_2CH_2^{-}\ Li^{+}$$

butyllithium

음이온 중합은 페닐, 사이아노, 에스터 및 할로젠 등과 같은 전자 끄는 기를 가진 단량체에서 가장 일반적이다.

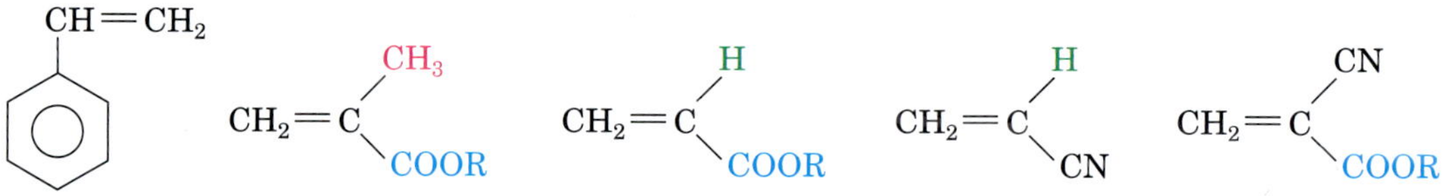

$C_6H_5{-}CH{=}CH_2$	$CH_2{=}C(CH_3)(COOR)$	$CH_2{=}C(H)(COOR)$	$CH_2{=}C(H)(CN)$	$CH_2{=}C(CN)(COOR)$
Styrene	**Alkyl methacrylates**	**Alkyl acrylates**	**Acrylonitrile**	**Cyanoacrylates**

개시

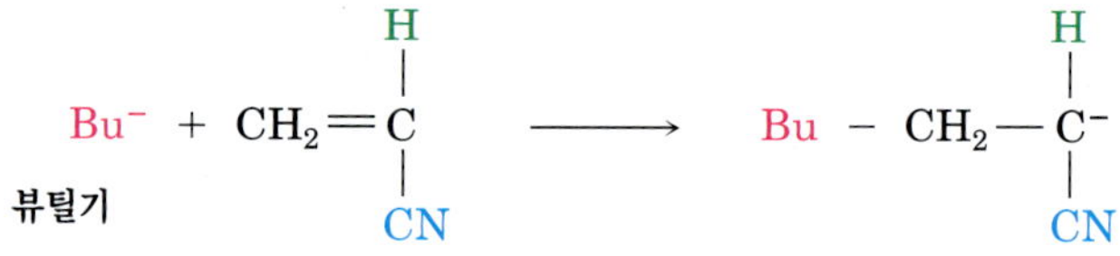

$$\underset{\text{뷰틸기}}{Bu^{-}} + CH_2{=}C(H)(CN) \longrightarrow Bu - CH_2{-}C^{-}(H)(CN)$$

전파

$$Bu{-}CH_2{-}C^{-}(H)(CN) + CH_2{=}C(H)(CN) \longrightarrow Bu{-}CH_2{-}C(H)(CN){-}CH_2{-}C^{-}(H)(CN)$$

단량체 단위의 연속적인 첨가는 마지막으로 긴 사슬의 음이온을 생성한다.

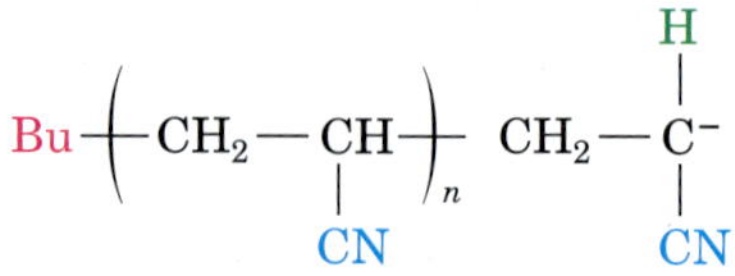

$$Bu{-}\left(CH_2{-}\underset{\displaystyle CN}{CH}\right)_n CH_2{-}C^{-}(H)(CN)$$

》 종결

사슬 성장이 계속되어 사슬 말단에 lithium 양이온을 갖는 고분자를 생성한다. 대신에 사슬의 음이온 말단에 양성자를 제공하기 위해 소량의 물이 첨가될 수 있다.

$$\text{Bu}\!\left(\text{CH}_2-\underset{\text{CN}}{\text{CH}}\right)_n\text{CH}_2-\overset{\text{H}}{\underset{\text{CN}}{\text{C}^-}}\text{Li}^+$$

$$\text{Bu}\!\left(\text{CH}_2-\underset{\text{CN}}{\text{CH}}\right)_n\text{CH}_2-\overset{\text{H}}{\underset{\text{CN}}{\text{C}^-}} + \text{H}_2\text{O} \longrightarrow \text{Bu}\!\left(\text{CH}_2-\underset{\text{CN}}{\text{CH}}\right)_n\text{CH}_2-\underset{\text{CN}}{\text{CH}_2} + \text{OH}^-$$

Poly (acrylonitrile)

전자 끄는기(EWG)를 갖는 바이닐 단량체는 음이온성 촉매에 의해 중합될 수 있다. 주요사슬 성장 단계는 Michael 반응에 의한 불포화 단량체에 대한 음이온의 친핵성 첨가 반응이다.

$$\text{Nu:}^- + \text{H}_2\text{C}{=}\overset{\text{EWG}}{\text{CH}} \longrightarrow \left[\text{Nu}-\text{CH}_2-\overset{\text{EWG}}{\text{CH}}\text{:}^- \xrightarrow{\text{H}_2\text{C}=\overset{\text{EWG}}{\text{CH}}} \text{NuCH}_2\overset{\text{EWG}}{\text{CH}}-\text{CH}_2\overset{\text{EWG}}{\text{CH}}\text{:}^-\right] \xrightarrow{\text{반복}} \left(\text{CH}_2-\overset{\text{EWG}}{\text{CH}}\right)_n$$

여기서 EWG = 전자-끄는 치환기

Acrylonitrile($H_2C{=}CHCN$), methylmethacrylate[$H_2C{=}C(CH_3)CO_2CH_3$] 및 styrene ($H_2C{=}CHC_6H_5$) 등은 모두 음이온성으로 중합이 가능하다. 예를 들면 발포 커피컵에 사용되는 polystyrene은 butyllithium을 촉매로 사용한 음이온성 중합에 의해 만들어진다.

$$\text{Bu:}^-\ \text{Li}^+\quad \text{H}_2\text{C}{=}\overset{\text{C}_6\text{H}_5}{\text{CH}} \longrightarrow \left[\text{Bu}-\text{CH}_2-\overset{\text{C}_6\text{H}_5}{\text{CH}}\text{:}^- \xrightarrow{\text{H}_2\text{C}=\overset{\text{C}_6\text{H}_5}{\text{CH}}}\right] \xrightarrow{\text{반복}} \left(\text{CH}_2-\overset{\text{C}_6\text{H}_5}{\text{CH}}\right)_n$$

Styrene **Polystyrene**

한 방울로 2000 lb까지 지탱할 수 있는 "초강력 접착제(super glue)"의 놀랄 만한 성질을 설명할 수 있는 음이온성 중합은 흥미로운 한 예이다. 초강력 접착제는 음이온성 첨가가 특히 쉽게 일어나도록 만들어 주는 두 개의 전자 끄는기를 가진 순수한 methyl-cyanoacrylate의 용액이다. 물체의 표면에 극소량의 물 혹은 염기가 있어도 cyano-acrylate의 중합이 개시하기에 충분하고 물체들을 서로 묶는다. 피부는 필요한 염기성 개시제의 좋은 공급원이며, 많은 사람들이 부주의하게 초강력 접착제에 손을 댄 후에, 손가락이 서로 달라붙는 것을 경험하게 된다

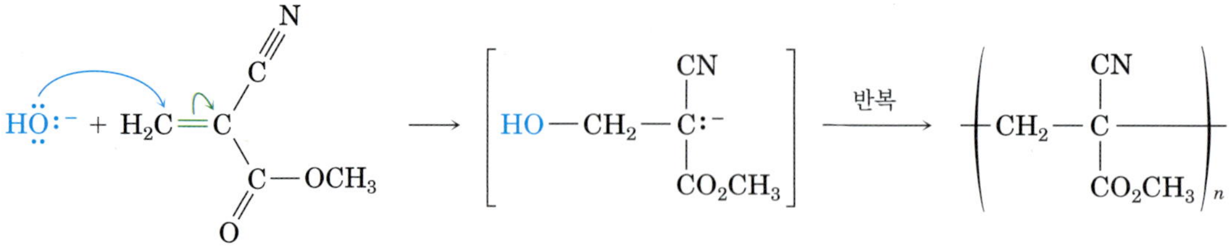

$$HO^{:-} + H_2C{=}C(CN)(CO_2CH_3) \longrightarrow \left[HO{-}CH_2{-}\overset{CN}{\underset{CO_2CH_3}{C}}{:^-} \right] \xrightarrow{\text{반복}} \left(CH_2{-}\overset{CN}{\underset{CO_2CH_3}{C}} \right)_n$$

Methyl α-cyanoacrylate (Super glue)

◆ **문제 12.4** 다음 단량체들을 양이온성 중합에 대하여 기대되는 반응 순서로 나열하고, 답에 대한 이유를 설명하여라.

$$H_2C{=}CHCH_3,\ H_2C{=}CHCl,\ H_2C{=}CH{-}C_6H_5,\ H_2C{=}CHCO_2CH_3$$

◆ **문제 12.5** 다음 단량체들을 음이온성 중합에 대하여 기대되는 반응 순서로 나열하고, 답에 대한 이유를 설명하여라.

$$H_2C{=}CHCH_3,\ H_2C{=}CHC\ N,\ H_2C{=}CH{-}C_6H_5$$

◆ **문제 12.6** Polystyrene은 styrene에 음이온 개시제로서 butyllithium을 처리하여 상업적으로 제조된다. 공명 구조를 이용하여, 사슬 성장 중간체가 어떻게 안정화되는지를 설명하여라.

12.4 중합의 입체화학: Ziegler–Natta 촉매

비록 앞서 우리가 지적하지는 않았지만, 치환된 바이닐 단량체의 중합은 사슬 내에 수많은 카이랄랄성 중심을 가진 중합체를 생성시킬 수 있다. 예를 들면 propylene은 그림 12.1에 나타낸 바와 같이 세 가지 형태의 입체화학적 구조들 중의 한 가지로 중합될 수 있다. 모든 메틸기가 지그재그 사슬 골격의 같은 쪽에 배열되면 **동일배열**(isotactic)이라

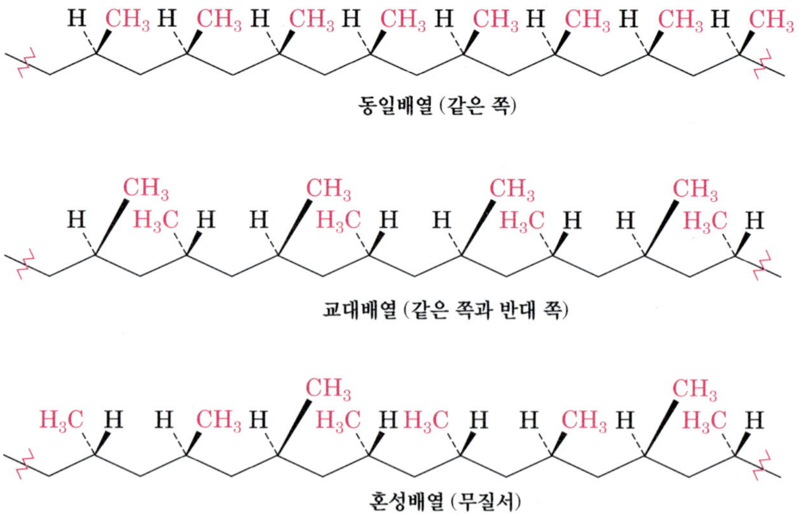

H CH_3 H CH_3 H CH_3 H CH_3 H CH_3 H CH_3 H CH_3 H CH_3

동일배열 (같은 쪽)

CH_3 CH_3 CH_3 CH_3

H H_3C H H H_3C H H H_3C H H H_3C H

교대배열 (같은 쪽과 반대 쪽)

CH_3 CH_3

H_3C H H CH_3 H H_3C H H_3C H H CH_3 H H_3C H

혼성배열 (무질서)

그림 12.1 ▸ Polypropylene의 동일배열, 교대배열 및 혼성배열 형태.

부르고. 메틸기가 골격의 번갈아 같은 쪽과 반대쪽에 배열되면 **교대배열**(syndiotactic)이라 부르고, 메틸기들이 무질서하게 배열되면 **혼성배열**(atactic)이라 부른다.

Polypropylene의 세 가지 다른 입체화학적 형태는 모두 서로 다른 성질을 가지며, 정확한 중합 반응 촉매를 선택하여 각각 제조할 수 있다. 라디칼 개시제를 이용한 propylene 중합은 잘 일어나지 않지만, 그러나 *Ziegler–Natta* 촉매(Ziegler-Natta catalyst)를 이용하면 중합 반응으로부터 동일배열, 교대배열과 혼성배열의 polypropylene을 제조할 수 있다.

여러 가지 서로 다른 배합을 가진 Ziegler–Natta **촉매**는 알킬알루미늄을 타이타늄 화합물로 처리하여 만든 유기금속성 전이금속 착물이다. 전형적인 제법은 triethylaluminum과 titanium tetrachloride와의 반응이다.

$$(CH_3CH_2)_3Al + TiCl_4 \longrightarrow \text{Ziegler–Natta 촉매}$$

1953년에 소개된 이후, Ziegler–Natta 촉매는 두 가지 장점 때문에 중합체 화학분야에 커다란 변화를 가져왔다:

- Ziegler–Natta 고분자는 선형이고 실제적으로 곁가지가 없다.
- Ziegler–Natta 고분자는 입체화학적으로 조절할 수 있다. 사용하는 촉매 계에 따라 동일배열, 교대배열 및 혼성배열을 모두 제조할 수 있다.

Ziegler–Natta 촉매의 활성 형태는 금속에 비어있는 배위자리를 가진 alkyltitanium 중간체이다. 타이타늄 금속에 알켄 단량체의 배위결합이 일어나고, 이 배위결합된 알켄은 탄소–타이타늄 결합에 삽입되어 알킬 사슬을 확장시킨다. 삽입 단계 동안에 새로운 배위결합자리가 비워지기 때문에 같은 과정이 계속해서 반복된다.

Ti–CH_2CH_2—R (비어 있는 배위자리) $\xrightarrow{H_2C=CH_2}$ Ti($H_2C=CH_2$)–CH_2CH_2—R $\longrightarrow$ Ti–CH_2CH_2—CH_2CH_2—R (비어 있는 배위자리)

Ziegler–Natta 과정에 의해서 생성되는 선형인 고밀도 *polyethylene*(high-density polyethylene)이라고 부르는 polyethylene은 사슬당 4,000~7,000개의 ethylene 단량체와, 100,000~200,000 amu의 분자량을 가진 높은 결정성의 고분자이다. 고밀도 polyethylene은 라디칼-유도 중합 반응으로 형성되며 저밀도 *polyethylene*(low-density polyethylene)이라고 부르는 가지 달린 중합체보다 더 강도가 세고 열저항성이 크며 플라스틱 압축용기와 주조된 가정용품을 생산하는 데 이용된다.

더 큰 분자량의 polyethylene이 특별한 용도를 위해 생산되었다. 흔히 고분자량(high-molecular-weight, HMW) polyethylene은 사슬당 10,000~18,000 단위체(MW = 300,000~500,000 amu)를 포함하며, 파이프와 대형용기의 제조에 이용한다. 초고분자량(ultrahigh-molecular-weight, UHMW) polyethylene은 사슬당 100,000 단위체 이상을 가지며, 3,000,000~6,000,000 amu 범위의 분자량을 가진다. 이 고분자는 베어링, 콘베이어 벨트, 방탄용 조끼 및 특별한 내구성을 요구하는 다른 용도에 이용한다.

◆ **문제 12.7** Vinylidene chloride($H_2C{=}CCl_2$)는 동일배열, 교대배열 및 혼성배열의 형태로 중합 반응을 일으키지 않는다. 이를 설명하여라.

◆ **문제 12.8** Polypropylene 같은 고분자는 많은 수의 카이랄성 중심을 포함한다. 따라서 동일배열, 교대배열 및 혼성배열 형태의 polypropylene 시료가 편광-평면을 회전시킬 것으로 기대하는가? 이를 설명하여라.

12.5 공중합체

지금까지 우리는 동일한 반복단량체로 구성된 중합체인 **동종중합체**(homopolymer)만을 설명해왔다. 그러나 실제적인 면에서 상업적으로는 **공중합체**(copolymer)가 더 중요하다. **공중합체**는 두 개 또는 그 이상의 서로 다른 단량체가 중합되어 하나로 될 때 얻어진다. 예를 들면 vinyl chloride와 vinylidene chloride(1,1-dichloroethylene)의 두 단량체를 1:4의 비율로 공중합 반응시키면 중합체인 Saran이 생성된다.

$$\underset{\textbf{Vinyl chloride}}{H_2C{=}CH\text{–}Cl} + \underset{\textbf{Vinylidene chloride}}{H_2C{=}CCl_2} \longrightarrow \underset{\textbf{Saran}}{\left(CH_2CH(Cl)\right)_m\left(CH_2CCl_2\right)_n}$$

단량체 혼합물의 공중합 반응은 종종 단량체 각각의 해당되는 단일중합체와는 전혀 다른 성질을 갖는 재료물질을 생성시키고, 이러한 현상은 중합체 분야 화학자에게 새로운 물질을 창출할 수 있는 다양한 응용성을 제공한다. 표 12.2에 몇 가지 흔히 볼 수 있는 공중합체와 그 상업적 응용을 나열하였다.

표 12.2 • 몇 가지 일반적인 공중합체와 용도

단량체	구조	상품명	용도
Vinyl chloride (20%) Vinylidene chloride (80%)	$H_2C{=}CHCl$ $H_2C{=}CCl_2$	Saran	섬유, 식품 포장재
Styrene (25%) 1,3-Butadiene (75%)	$H_2C{=}CHC_6H_5$ $H_2C{=}CHCH{=}CH_2$	SBR(styrene-butadiene 고무)	타이어, 고무제품
Hexafluoropropene Vinylidene fluoride	$F_2C{=}CFCF_3$ $H_2C{=}CF_2$	Viton	가스켓, 밀봉제
Acrylonitrile 1,3-Butadiene	$H_2C{=}CHCN$ $H_2C{=}CHCH{=}CH_2$	Nitrile 고무	접착제, 호스
Isobutylene Isoprene	$H_2C{=}C(CH_3)_2$ $H_2C{=}C(CH_3)CH{=}CH_2$	Butyl 고무	내부 튜브
Acrylonitrile 1,3-Butadiene Styrene	$H_2C{=}CHCN$ $H_2C{=}CHCH{=}CH_2$ $H_2C{=}CHC_6H_5$	ABS (단량체 첫 글자)	파이프, 고강도제품

사슬 내의 단량체 분포에 따라, 여러 가지 서로 다른 형태의 공중합체가 정의될 수 있다. 예를 들면 만일 단량체 A가 단량체 B와 공중합 반응을 일으킨다면 사슬을 통해 두 단량체가 무질서하게 분포되거나 교대로 분포될 수 있다.

—A—A—A—B—A—B—B—A—B—A—A—A—B—B—B—

무질서한 공중합체

—A—B—A—B—A—B—A—B—A—B—A—B—A—B—A—

교대 공중합체

단량체 단위의 정확한 분포는 두 반응물 단량체의 초기 비율과 상대적인 반응성에 따른다. 실제로 완전히 무질서하게 분포되거나 혹은 완전한 교대 공중합체는 나타나지 않는다. 대부분의 공중합체는 많은 무질서한 결점을 가지고 있다.

어떤 일정한 조건에서 제조될 수 있는 두 가지 또 다른 공중합체의 형태는 블록 공중합체(block copolymer)와 접목 공중합체(graft copolymer)이다. **블록 공중합체**는 동일한 단량체 단위의 다른 블록(구역)들이 교대로 배열되는 공중합체이고, **접목 공중합체**는 한 단량체의 동종중합체가 긴 사슬을 형성하고, 그 사슬에 다른 단량체 단위가 동종중합체 곁사슬로 "접목(graft)"되는 공중합체이다.

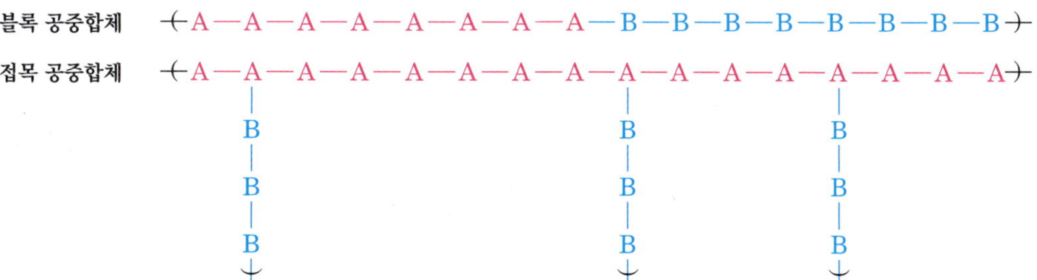

블록 공중합체를 제조하는 방법은 한 단량체를 동종중합체 사슬을 성장시키는 것처럼 중합 반응을 개시한 후, 아직 활성이 있는 반응 혼합물에 두 번째 단량체를 과량으로 첨가하는 것이다. 접목 공중합체를 제조하는 방법은 이미 완성된 동종중합체를 두 번째 단량체에 혼합한 후, 감마 복사선을 쪼이는 것이다. 높은-에너지 복사선은 동종중합체 사슬에서 무작위로 수소원자를 떼어내며, 따라서 라디칼이 생성된 자리에 단량체가 첨가되어 중합 반응이 개시된다.

◆ **문제 12.9** 양이온 개시제를 이용하여 제조된 isoprene과 isobutylene의 공중합체인 뷰틸고무의 교대 분절의 구조를 그려라.

12.6 고분자 구조와 물리적 성질

고분자는 다른 유기분자들과 크게 다르지 않다. 물론 고분자가 매우 크기는 하지만, 고분자의 화학은 유사한 작은 분자의 화학과 비슷하다. 따라서 polyethylene의 알케인 사슬에서 라디칼-개시 할로젠화 반응이 일어나고, polystyrene의 방향족 고리에서는 전형적인 친전자성 방향족 치환 반응이 일어나며, 나일론의 아마이드 결합은 염기성 수용액에 의해 가수분해된다.

작은 유기분자와 큰 유기분자의 주된 차이점은 물리적 성질에 있다. 예를 들면 고분자의 크기가 크다는 것은 실제적으로 고분자가 작은 분자보다 더 큰 반데르발스(van der Waals) 힘을 형성한다는 것을 의미한다. 그러나 반데르발스 힘은 가까운 거리에서만 작용하기 때문에, 고밀도 polypropylene과 규칙적인 방법으로 매우 가깝게 쌓일 수 있는 사슬을 가진 고분자에서 가장 강하게 작용한다. 실제로 많은 고분자들은 본질적으로 결정성을 띠는 영역이 있다. **미소결정**(Crystallite)이라고 부르는 이 영역은 매우 질서정연한 부분들로 구성되며, 지그재그 형태의 고분자 사슬이 반데르발스 힘에 의해 함께 단단히 유지된다(그림 12.2).

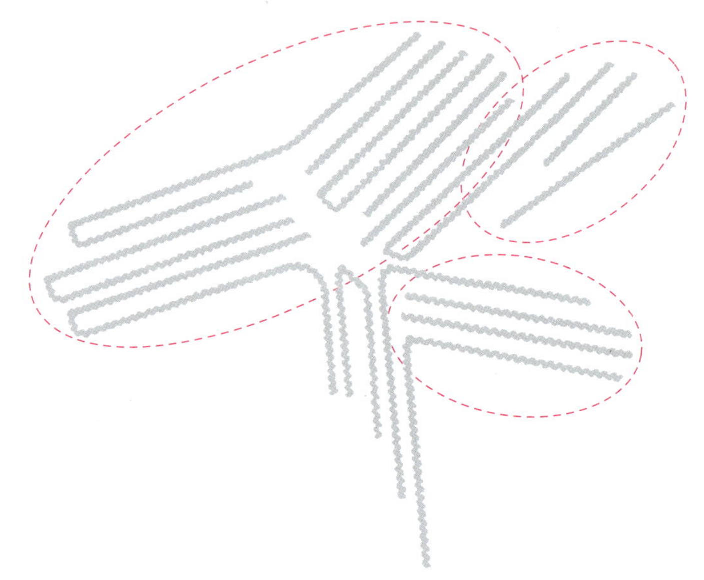

그림 12.2 ▶ 선형의 polyethylene의 미소결정. 긴 고분자 사슬은 미소결정 영역 내에서 평행 하게 배열되어 있다.

예상되는 바와 같이 고분자 결정성은 사슬에 붙어있는 치환기의 입체적 요건에 의해 크게 영향을 받는다. 선형의 polypropylene은 결정성이 매우 높지만, 그러나 poly(methyl methacrylate)는 사슬이 규칙적으로 서로 가깝게 빈틈없이 쌓일 수가 어렵기 때문에 비결정성이다. 일반적으로 높은 결정성도를 가진 고분자는 단단하고, 내구력을 가진다. 가열되면 결정성 영역은 **녹음 전이 온도**(melt transition temperature, Tm)에서 녹은 후, 비결정성의 물질이 된다.

Plexiglas라는 상품명으로 판매되는 poly(methyl methacrylate)와 같은 비결정성이고, 무정형의 고분자는 사슬 사이에 긴 거리에 걸친 정돈된 상태를 거의 갖지 못하지만, 그럼에도 불구하고 실온에서 단단한 상태로 존재한다. 가열되면 단단한 비결정성의 고분자는 **유리 전이 온도**(glass transition temperature, Tg)에서 유연해지고, 유동적으로 변한다. 고분자 합성에서 결정성도와 유리 전이 온도를 조절할 수 있는 방법을 찾아서 고분자에 유용한 성질을 갖도록 하는 것은 매우 높은 기술이다.

일반적으로 고분자는 물리적 거동에 따라 **열가소성 플라스틱**(thermoplastic), **섬유**(fiber), **탄성체**(elastomer) 및 **열경화성 수지**(thermosetting resin) 등 네 가지로 분류된다. **열가소성 플라스틱**은 대부분의 사람들이 플라스틱(plastic)이라는 말을 듣고 떠

올리는 고분자이다. 이 고분자는 높은 T_g를 가지며, 상온에서는 단단한 상태이지만, 가열되면 유연해지고, 점성을 띤다. 결과적으로 이와 같은 성질을 이용하여 장난감, 목걸이, 전화기 받침 혹은 수천 가지 다른 유용한 물건을 만드는 데 이용될 수 있다. 열가소성 플라스틱은 가교-결합이 거의 없으므로 각 사슬은 녹은 상태에서 또 다른 사슬로부터 미끄러질 수 있다. Poly(methyl methacrylate)와 polystyrene 같은 몇 가지 열가소성 플라스틱 고분자는 무정형이고, 비결정성이며 polyethylene과 nylon 같은 고분자는 부분적으로 결정성이다. 잘 알려진 열가소성 플라스틱 중에서 poly(ethylene terephthalate) 혹은 PET는 청량 음료병을 만드는 데 이용된다.

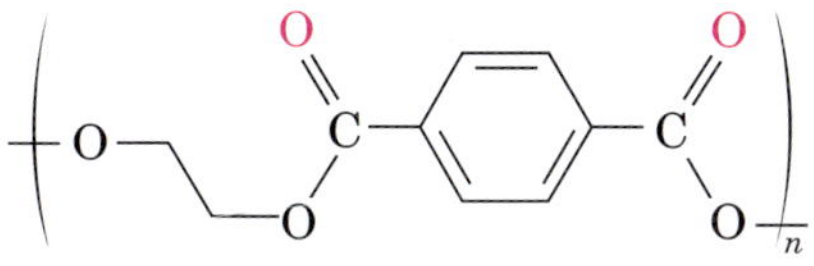

Poly(ethylene terephthalate)

가소제(Plasticizer)는 사슬 사이에서 윤활제 역할을 하는 작은 분자로서, 보통은 열가소성플라스틱에 첨가되어 상온에서 깨지는 것을 방지시킨다. 한 가지 좋은 예는 poly(vinyl chloride)이다. 순수한 poly(vinyl chloride)는 잘 깨지지만, 가소제가 첨가되면 유연하고 휘기 쉽게 된다. 실제로 정맥 주사용 식염수 용액을 투여하기 위해 병원에서 사용되는 대부분의 적하 용기는 poly(vinyl chloride)로 만들어졌다. Di(2-ethylhexyl)phthalate와 같은 dialkyl phthalate는 안전성에 문제가 제기되었지만 가소제로 흔히 이용된다.

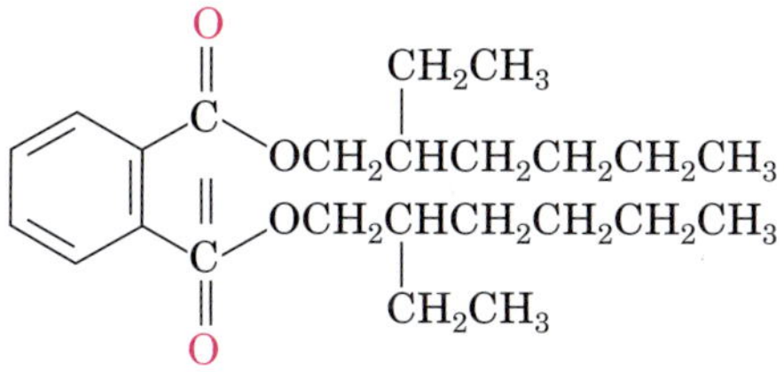

Di(2-ethylhexyl) phthalate, 가소제

섬유(Fiber)는 방적돌기 또는 주사위의 작은 구멍을 통해 용융된 고분자를 사출시켜 만들어진 가는 실이다. 이 섬유는 식혀서 잡아당기면 미소결정 영역들이 섬유의 축 방향을 따라 배열되며 항장력의 크게 증가된다(그림 12.3). Nylon, Dacron과 polyethylene은 모두 한쪽 방향으로 배열된 섬유를 뽑아내기에 적당한 반결정성 구조를 가지고 있다.

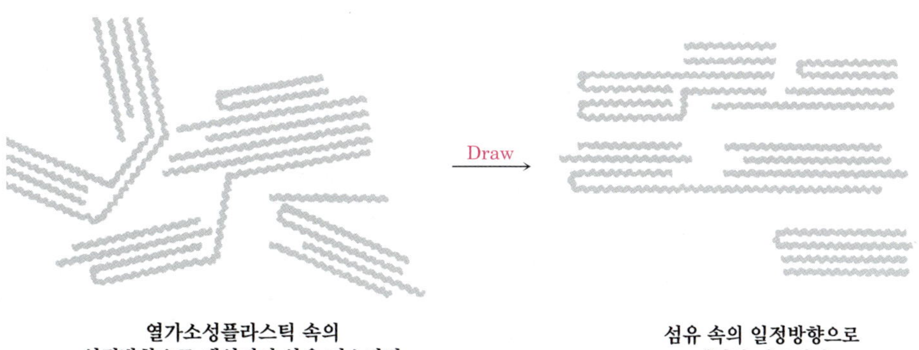

그림 12.3 ▶ 고분자 섬유 속의 일정방향으로 배열된 미소결정 영역.

탄성체(Elastomer)는 쭉 늘어날 수 있고 다시 본래의 모양으로 되돌아가는 성질을 가진 비결정성 고분자이다. 이 고분자는 반드시 낮은 T_g값을 가져야 하며, 사슬들이 서로 미끄러지지 않도록 소량의 가교-결합을 가져야한다. 더욱이 이 사슬은 미소결정이 형성되지 않도록 불규칙적인 모양을 가져야 한다. 잡아당겨졌을 때, 불규칙하게 감겨 있던 사슬들이 똑바로 펴지며 당겨진 방향으로 배열된다. 그러나 이와 같은 배열을 유지하기에 반데르발스 힘이 너무 약하고 너무 작다. 그러나 잡아당긴 힘을 풀어주었을 때 다시 불규칙하게 감겨진 본래의 상태로 되돌아간다(그림 12.4).

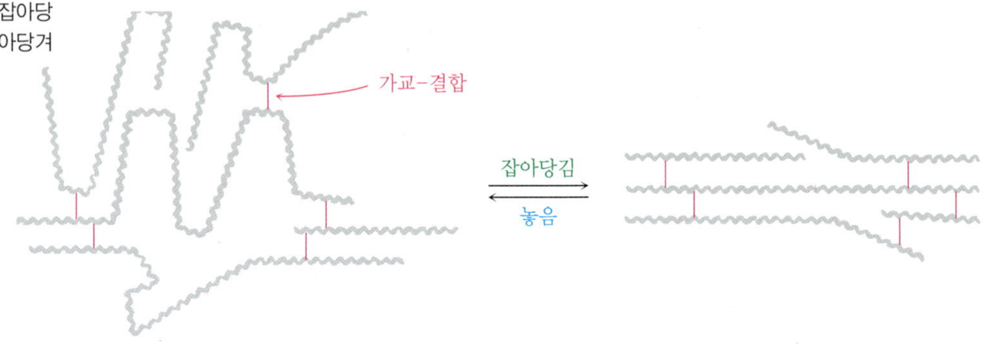

그림 12.4 ▸ 탄성체의 잡아당겨지지 않은 형태와 잡아당겨진 형태.

천연고무는 탄성체의 가장 흔한 예이다. 고무는 탄성을 가지는 데 필요한 약간의 가교-결합과 긴사슬을 갖지만, 고무의 불규칙한 기하구조 때문에 사슬이 가깝게 쌓여 미소결정을 형성하는 것을 방해한다. 반대로 gutta-percha는 높은 결정성을 가지며, 탄성체가 아니다 (그림 12.5).

그림 12.5 ▸ (a) 천연고무는 이중결합의 시스 기하구조를 가지기 때문에 탄성체이고, 비결정성이지만, 그러나 (b) gutta-percha는 사슬이 서로 잘 쌓일 수 있는 기하구조를 가지기 때문에 비탄성체이고, 결정성이다.

(a)

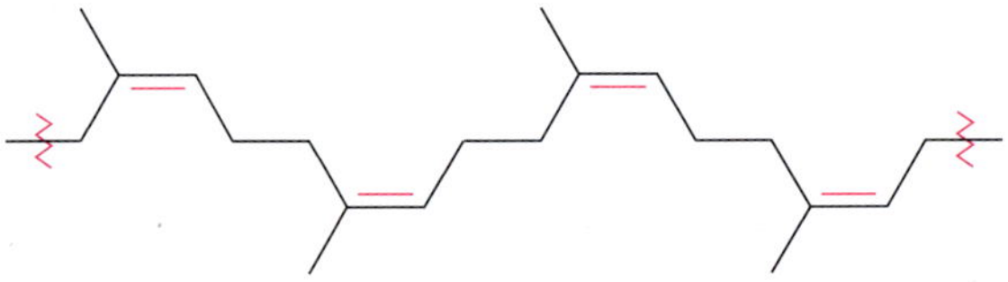

(b)

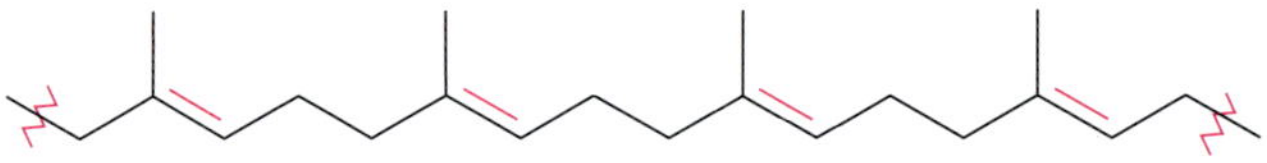

열경화성 수지(Thermosetting resin)는 가열되었을 때 가교-결합 정도가 많아지면서, 단단하고 잘 녹지 않는 덩어리로 고체화되는 중합체이다. 1907년에 처음 생산된 열경화성 수지인 *Bakelite*는 다른 어떤 합성 중합체보다 오랫동안 상업적으로 이용되어 왔다. 이것은 주조된 부품, 접착제, 코팅제과 심지어 미사일의 원뿔형 탄두와 같은 고온 응용물 등에 다양하게 이용된다.

화학적으로 Bakelite는 phenol과 formaldehyde의 반응에 의해 생성된 **페놀성 수지**(phenolic resin)이다. 가열하면 물이 제거되고, 많은 가교-결합이 형성되어, 고분자는 바위 같은 덩어리로 굳어지기 시작한다. Bakelite와 다른 열경화성 수지들의 가교-결합은 삼차원적이며, 고분자 "사슬"이라고 말할 수 없을 정도로 너무 넓게 확장되어 있다. Bakelite 한 조각은 본질적으로 하나의 거대분자이다.

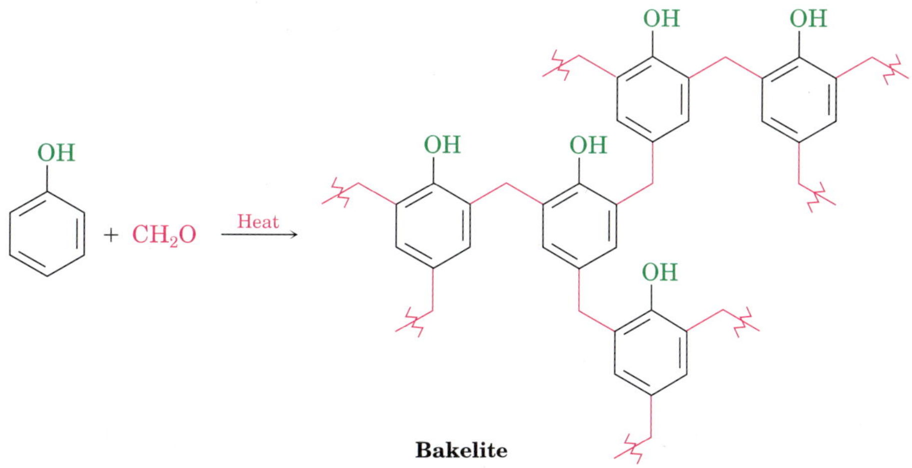

OH

+ CH_2O $\xrightarrow{\text{Heat}}$

Bakelite

◆ **문제 12.10** 천연고무의 촉매 수소화 반응 (catalytic hydrogenation)으로부터 어떤 생성물이 얻어질 것으로 기대하는가? 생성물은 교대배열, 혼성배열 혹은 동일배열인가?

12.7 축합 중합

아민이 산 염화물과 반응할 때, 아마이드가 형성된다. 다이아민(Diamine)과 이가산 염화물(diacid chloride)이 반응하면 무엇이 형성될까? 각각의 파트너는 매우 큰 폴리아마이드가 얻어질 때까지 점점 더 분자들이 연결되어 두 개의 아마이드 결합을 형성할 수 있다. 같은 방식으로 다이올(diol)과 이가산과의 반응에서는 폴리에스터(polyester)를 만들 수 있다.

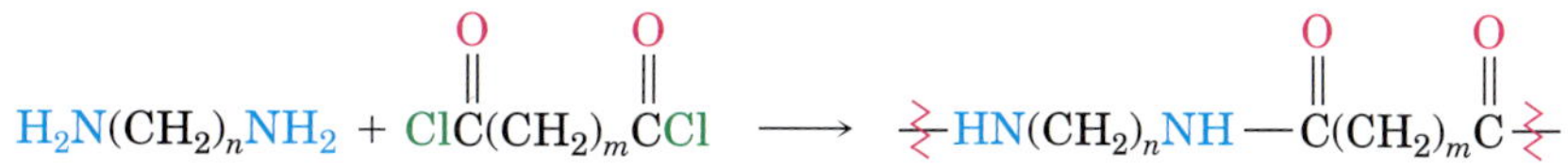

$$\underset{\text{다이아민}}{H_2N(CH_2)_nNH_2} + \underset{\text{이가산 염화물}}{ClC(=O)(CH_2)_mC(=O)Cl} \longrightarrow \underset{\text{폴리아마이드}}{\text{⌇}HN(CH_2)_nNH-C(=O)(CH_2)_mC(=O)\text{⌇}}$$

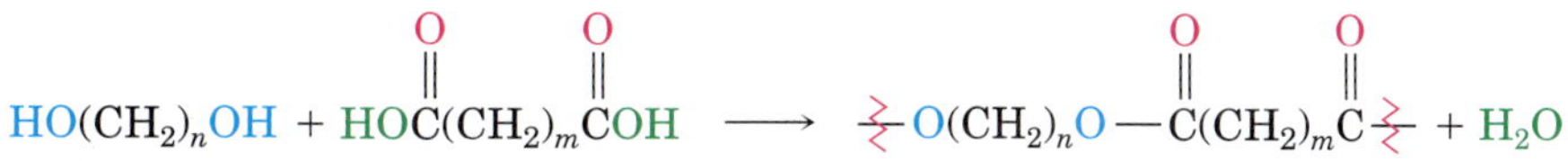

$$\underset{\text{다이올}}{HO(CH_2)_nOH} + \underset{\text{이가산}}{HOC(=O)(CH_2)_mC(=O)OH} \longrightarrow \underset{\text{폴리에스터}}{\text{⌇}O(CH_2)_nO-C(=O)(CH_2)_mC(=O)\text{⌇}} + H_2O$$

폴리아마이드와 폴리에스터는 고분자에서의 각 결합이 다른 것과 관계없이 형성되기 때문에 단계 성장 또는 축합 고분자라고 말한다. 중합에서의 사슬 성장이 단계적 방식으로 일어나기 때문에 단계 성장 또는 축합 중합이라고 부른다. 대부분의 축합 중합 고분자는 이작용기성 단량체(difunctional monomer) 분자 사이의 반응에 의해 생성되며 각각의 새로운 결합은 분리된 단계로 만들어진다. 중합 동안에 단량체는 단량체와 반응하여 이합체를 생성하고 이합체는 이합체와 반응하여 사합체를 생성하고 사합체는 이합체와 반응하여 육합체를 생성하는 등의 반응이 계속된다.

예를 들면 Nylon-66는 여섯 개 탄소를 갖는 hexamethylene diamine과 여섯 개 탄소를 갖는 adipic acid와의 반응에 의하여 제조된다. 또 다른 방법으로 두 개의 다른 작용기를 갖는 단일 반응물도 중합 반응을 할 수 있다. Nylon-6는 여섯 개의 탄소를 갖는 caprolactam의 자체 중합으로 제조된다. 반응은 caprolactam을 6-aminohexanoic acid로 가수분해시키는 소량의 물 첨가에 의해 개시된다. 아미노기가 caprolactam의 카보닐기에 친핵성 첨가되고 중합 반응이 전파된다.

$$\mathrm{HO\overset{O}{\overset{\|}{C}}CH_2CH_2CH_2CH_2\overset{O}{\overset{\|}{C}}OH} + \mathrm{H_2NCH_2CH_2CH_2CH_2CH_2CH_2NH_2}$$

Adipic acid (Hexanedioic acid) **Hexamethylenediamine (1,6-Hexanediamine)**

$$\xrightarrow{\text{가열}}$$

$$\left[\mathrm{\overset{O}{\overset{\|}{C}}CH_2CH_2CH_2CH_2\overset{O}{\overset{\|}{C}}-NHCH_2CH_2CH_2CH_2CH_2CH_2NH}\right]_n$$

Nylon 66

$$\text{Caprolactam} \xrightarrow[\text{가열}]{H_2O} \left[\mathrm{HO\overset{O}{\overset{\|}{C}}CH_2CH_2CH_2CH_2CH_2\ddot{N}H_2}\right] \xrightarrow[\text{가열}]{\text{caprolactam}} \left[\mathrm{\overset{O}{\overset{\|}{C}}CH_2CH_2CH_2CH_2CH_2NH}\right]_n$$

Caprolactam **6-Aminohexanoic acid** **Nylon 6**

Nylon은 공업적인 응용과 섬유의 제조에 모두 사용된다. 높은 충격강도와 내마모성을 갖는 nylon은 베어링과 기어부품에서 우수한 금속 대체물질이다. Nylon은 의류에서 타이어코드, Perlon 등산용 밧줄까지 다양한 용도의 섬유로 사용되고 있다.

현재까지 수많은 단계 성장 고분자들이 제조되었으며, 몇 가지의 보다 중요한 고분자를 표 12.3에 나타내었다.

폴리에스터

일반적으로 가장 유용한 폴리에스터(polyester)는 dimethyl terephthalate와 ethylene glycol과의 반응으로 제조된다. 이 생성물은 상품명이 Dacron으로 의류섬유와 타이어 코드를 만드는 데 사용되며, 상품명이 Mylar으로 녹음 테이프를 만드는 데 사용되고 있다. Poly(ethylene terephthalate) 필름의 인장 강도는 강철의 인장강도와 거의 같다.

$$\mathrm{CH_3O\overset{O}{\overset{\|}{C}}-C_6H_4-\overset{O}{\overset{\|}{C}}OCH_3} + \mathrm{HOCH_2CH_2OH} \xrightarrow{200^\circ C} \left[\mathrm{OCH_2CH_2O-\overset{O}{\overset{\|}{C}}-C_6H_4-\overset{O}{\overset{\|}{C}}-O}\right]_n + 2n\ \mathrm{CH_3OH}$$

Dimethyl terephthalate **Ethylene glycol** **폴리에스터 (Dacron; Mylar)**

표 12.3 일반적인 단계-성장 고분자와 용도

단량체	작용기	상용명	용도
Hexamethylenediamine	$H_2N(CH_2)_6NH_2$	Nylon 66	섬유, 옷, 타이어 코드, 베어링
Adipic acid	$HO_2C(CH_2)_4CO_2H$		
Ethylene glycol	$HOCH_2CH_2OH$	Dacron, Terylene, Mylar	섬유, 옷 타이어 코드, 필름
Dimethyl terephthalate	p-CH_3O_2C–C_6H_4–CO_2CH_3		
Caprolactam	(7원 고리 lactam, C=O, N—H)	Nylon 6, Perlon	섬유, 주형틀
Bisphenol A	HO–C_6H_4–$C(CH_3)_2$–C_6H_4–OH	Lexan, polycarbonate	몰드, 하우징
Diphenyl carbonate	$C_6H_5OCO_2C_6H_5$		
Poly(2-butene-1,4-diol)	$HO(CH_2CH{=}CHCH_2)_nOH$	Polyurethane, Spandex	폼, 섬유, 코팅
Toluene-2,6-diisocyanate	H_3C–C_6H_3–$(N{=}C{=}O)_2$		

Diphenyl carbonate와 bisphenol A로부터 제조된 폴리카보네이트 일종인 Lexan은 상업적으로 가치 있는 또 다른 폴리에스터이다. Lexan은 매우 높은 충격강도를 가지고 있어 전화기, 자전거 안전 헬멧, 노트북 컴퓨터 케이스 등에 사용된다.

$$CH_3O\overset{O}{\overset{\|}{C}}-C_6H_4-\overset{O}{\overset{\|}{C}}OCH_3 + HOCH_2CH_2OH \xrightarrow{200°C} \left[OCH_2CH_2O-\overset{O}{\overset{\|}{C}}-C_6H_4-\overset{O}{\overset{\|}{C}}-O\right]_n + 2n\ CH_3OH$$

Dimethyl terephthalate + **Ethylene glycol** → **(Dacron; Mylar)**

◆ **문제 12.11** 다음 반응으로부터 얻어질 수 있는 단계 성장 고분자의 구조를 그려라.

(a) $BrCH_2CH_2CH_2Br + HOCH_2CH_2CH_2OH \xrightarrow{\text{염기}} ?$

(b) $HOCH_2CH_2OH + HO_2C(CH_2)_6CO_2H \xrightarrow{H_2SO_4 \text{ 촉매}} ?$

(c) $H_2N(CH_2)_6NH_2 + ClC(=O)(CH_2)_4C(=O)Cl \longrightarrow ?$

◆ **문제 12.12** 1,4-Benzenedicarboxylic aicd (terephthalic acid)와 1,4-diaminobenzene(*p*-phenylenediamine)과의 반응에서 제조되는 폴리아마이드인 Kevlar는 인장강도가 매우 좋기 때문에 방탄조끼를 만드는 데 사용된다. Kevlar의 구조를 그려라.

◆ **문제 12.13** Dimethyl terephthalate와 glycerol과 같은 트라이올(triol)의 반응으로 생성되는 고분자의 구조를 그려라, 이 새로운 고분자에서 Dacron에서는 존재하지 않은 구조적 특징은 무엇인가? 고분자의 물성에 어떤 영향을 주는 이 새로운 특성을 어떻게 생각하는가?

폴리카보네이트

폴리카보네이트(Polycarbonate)는 폴리에스터와 비슷하지만, 카보닐기는 두 개의 —OR기와 연결되어 있다[O=C(OR)$_2$]. 예를 들면 Lexan은 폴리카보네이트이고 diphenyl carbonate와 *bisphenol* A라고 부르는 다이페놀(diphenol) 사이의 반응을 통해서 제조된다. Lexan은 특히 높은 충격강도를 갖기 때문에 기계 받침틀, 전화기, 자전거 안전 헬멧과 방탄유리 등의 제조에 이용된다.

Diphenyl carbonate + Bisphenol A $\xrightarrow{300°C}$ 2n (phenol, OH) + Lexan

Diphenyl carbonate **Bisphenol A**

Lexan

폴리우레탄

우레탄(Urethane)은 카보닐 탄소가 —OR기 및 —NR$_2$기에 결합되어 있는 카보닐 작용기를 포함하고 있다. 이러한 우레탄은 탄산염(carbonate)과 urea의 중간 형태이다.

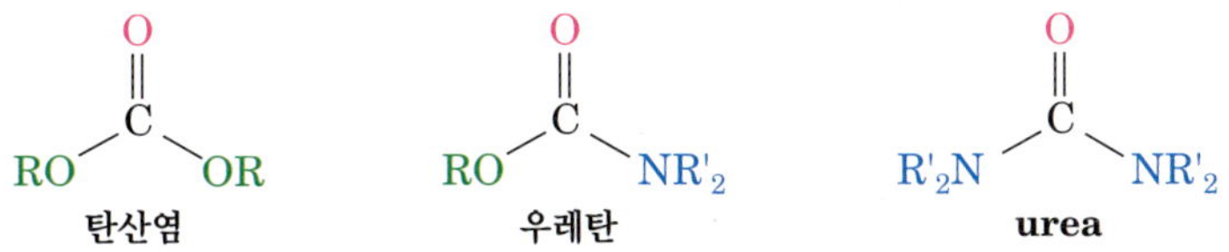

우레탄은 전형적으로 알코올과 아이소사이아네이트(R—N=C=O) 사이의 친핵성 첨가 반응에 의해 제조되고, 따라서 **폴리우레탄**(polyurethane)은 다이올과 다이아이소사이아네이트 사이의 반응에 의해 제조된다. 다이올은 보통 말단 하이드록시기를 갖는 저분자량 중합체(MW ≈ 1,000 amu)이며; 다이아이소사이아네이트는 보통 toluene-2,4-diisocyanate이다.

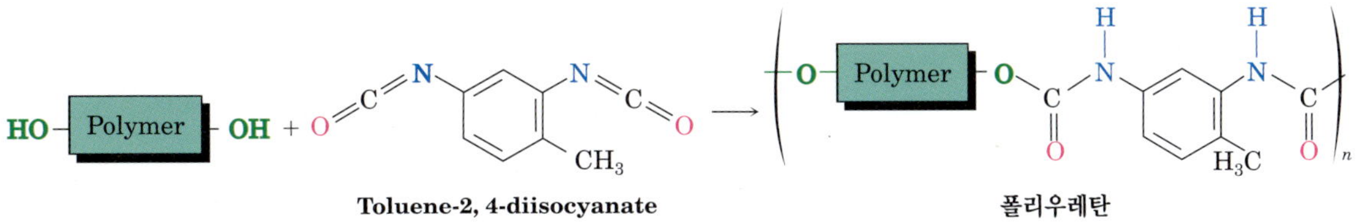

사용되는 고분자성 알코올의 성질에 따라 몇 가지 다른 종류의 폴리우레탄을 만들 수 있다. 폴리우레탄의 주요한 용도는 수영복과 운동복에 이용되는 신축성 있는 스판덱스 섬유의 제조이다. 이러한 폴리우레탄은 매우 낮은 가교도를 갖기 때문에 부드럽고 탄력성이 좋다. 폴리우레탄의 두 번째 용도는 절연제로 쓰이는 발포제를 만드는 데 사용된다. 발포 거품은 중합 반응 과정에서 소량의 물을 첨가하면 발포 현상이 발생한다. 이 발포는 중간체로 형성되는 carbamic acid 중간체가 자발적으로 CO_2 기포를 방출하기 때문에 만들어진다.

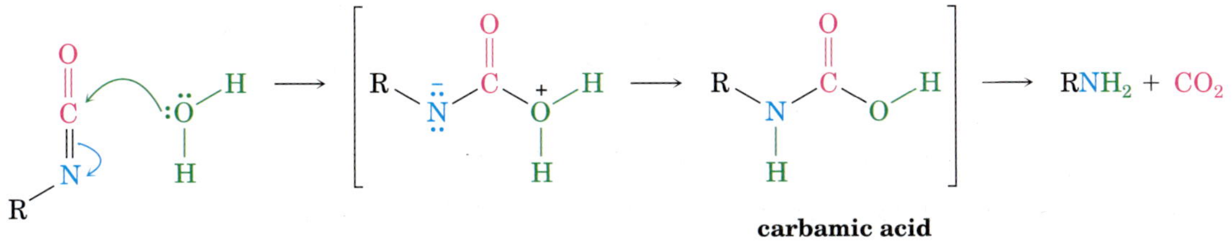

일반적으로 폴리우레탄 발포제는 중합체가 많은 양의 삼차원 가교-결합을 갖도록 다이올 보다는 오히려 **폴리**알코올 단위체를 사용하여 만든다. 그 결과 건축물 및 휴대용 냉장고의 열 절연체로 사용하기에 적합한, 단단하면서도 매우 가벼운 소재가 된다.

◆ **문제 12.14** Poly(ethylene terephthalate) 혹은 PET는 청량음료 병을 만드는 데 이용되는 폴리에스터이다. 이것은 ethylene glycol과 benzene-1,4-dicarboxylic acid(terephthalic acid)의 반응에 의해 제조된다. PET의 구조를 그려라.

생활과 화학 . . .

천연고무

고무(Rubber)-색다른 물질에 대한 색다른 이름-는 천연에서 나오는 알켄 고분자로, 400여 다른 식물에서 생산된다. 그러나 주요한 공급원을 소위 고무나무라 불리는 *Hevea brasiliensis*에서 나오며, 나무껍질을 벗겨 방울이 떨어지면 원액으로 수확한다. 고무라는 이름은 Joseph Priestley에 의해 붙여졌고, 그는 산소를 발견하였으며, 고무 화학을 한 초기 연구자이다. 고무라는 이름은 초기에 종이의 연필자국을 지우는 데 사용되어 이러한 이름이 붙여졌다.

Polyethylene이나 다른 간단한 알켄 고분자와는 달리, 천연고무는 다이엔인 isoprene (2-methyl-1,3-butadiene)의 고분자이다. 중합 반응은 각 isoprene 단량체 단위가 성장 사슬에 첨가되어 일어나 탄소 네 개를 사이에 두고 규칙적으로 위치한 이중 결합을 갖는 고분자를 형성한다. 다음 구조에서 알 수 있듯이 이들 이중 결합들은 *Z* 입체 화학을 갖는다.

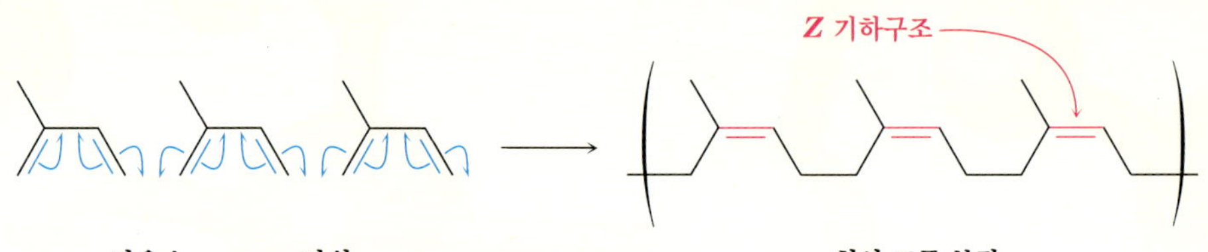

많은 isoprene 단위 천연 고무 분절

라텍스(Latex)라고 부르는 생고무는 나무에서 수용성 분산체로 모아지며 세척, 건조 및 따듯한 공기 중에서 응고된다. 생성된 고분자는 길이는 평균적으로 약 5,000개 정도의 단량체 단위를 갖고 분자량 200,000 500,000 amu 정도를 갖는 사슬이다. 이 생응고체는 **가황 반응** (*vulcanization*) 이라고 부르는 황과 함께 가열하여 단단하게 되기 전까지는 너무 부드럽고 끈끈하다. 메커니즘은 완벽하게 알려져 있지는 않지만, 가황 반응으로 고무 분자들 사이에 탄소-황 결합에 의해 가교가 생기고, 고분자가 경화되며, 딱딱해진다. 정확한 경화 정도는 변할 수 있으며, 재료가 유연하여 자동차 타이어에 쓰일 수도 있고, 딱딱하여 볼링용 볼(에보나이트, ebonite)로도 쓰일 수 있다.

고무의 뛰어난 신축 특성은 이중 결합에 기인한 고분자 사슬들의 불규칙한 형태 때문이다. 이들 이중 결합은 고분자 사슬에 굽힘점과 꼬임점을 만들어 인접한 사슬들이 가까이 있지 못하게 한다. 늘리면 무질서하게 꼬인 사슬들이 풀어져 늘린 방향으로 배향되지만 가교에 의해 사슬들이 미끄러지는 것을 방지한다. 신축을 해제하면 고분자는 원래의 무질서 상태로 돌아간다.

요약 및 주요 용어

Ziegler-Natta 촉매, 12.4
가소제, 12.6
고분자, 12.1
공중합체, 12.5
교대배열, 12.4
녹음 전이온도(T_m), 12.6
단량체, 12.1
단일중합체, 12.5
동일배열, 12.4

알켄 **고분자**(polymer)—작은 수백 혹은 수천 개의 **단량체**(monomer) 단위가 서로 반복적인 결합의 결과로 이루어지는 거대 분자—는 고온, 고압하에서 간단한 알켄과 라디칼 개시제와의 반응에 의해 형성된다. Polyethylene, polypropylene 및 polystyrene이 일반적인 예이다.

합성 고분자는 사슬-성장 고분자 혹은 단계-성장 고분자로 분류된다. **사슬-성장 고분자**는 라디칼, 음이온, 혹은 양이온 개시제의 존재하에서 바이닐 단량체의 연쇄 반응으로 중합된다. 라디칼 중합 반응이 많이 이용되지만, 그러나 이중 결합에 전자를 주는 치환기를 가진 2-methylpropene과 같은 알켄은 양이온 중간체를 거치는 경로로 쉽게 중합된

- 미소결정, 12.6
- 블록 공중합체, 12.5
- 섬유, 12.6
- 열가소성, 12.6
- 열경화성 수지, 12.6
- 유리 전이온도(T_g), 12.6
- 접목 공중합체, 12.5
- 탄성체, 12.6
- 폴리우레탄, 12.7
- 혼성배열, 12.

다. 이와 유사하게 이중 결합에 전자-끄는 치환기를 가진 methyl α-cyanoacrylate와 같은 단량체는 음이온 중간체를 거치는 콘쥬게이션 첨가 반응(Michael 반응)에 의해 중합된다.

두 개의 다른 단량체를 공중합 반응시키면 각 단량체의 동종중합체와 다른 성질을 가진 생성물을 만든다. **접목 중합체**와 **블록 중합체**가 두 가지 예이다.

알켄의 중합 반응은 Ziegler–Natta **촉매**에 의해 조절될 수 있다. Ziegler–Natta 중합 반응은 고분자에 곁사슬이 생기는 것을 최소화하며, 입체적으로 규칙적인 사슬을 생성시킨다. **혼성배열**(atactic; 치환기들이 불규칙하게 배열됨)보다는 **동일배열**(isotactic; 치환기들이 사슬의 같은 쪽에 배열됨) 혹은 **교대배열**(syndiotactic; 치환기들이 사슬의 같은 쪽과 반대쪽에 교대 배열됨)이 된다.

단계-성장 고분자는 두 번째로 중요한 고분자로서 이작용기 분자들 사이의 반응에 의해 제조되며, 고분자 각각의 결합은 서로 독립적으로 생성된다. **폴리카보네이트**는 다이에스터와 다이올로부터 제조되며, **폴리우레탄**은 다이아이소사이아네이트와 다이올로부터 제조된다.

합성 고분자의 화학은 같은 작용기를 가진 작은 분자의 화학과 유사하다. 그러나 고분자의 물리적 성질은 고분자의 크기에 의해 많은 영향을 받는다. 고분자는 물리적 성질에 따라 네 가지 종류로 분류된다. 즉 **열가소성 플라스틱**(thermoplastic), **섬유**(fiber), **탄성체**(elastomer)와 **열경화성 수지**(thermosetting resin). 이 네 가지 종류 각각의 성질은 고분자의 구조, 결정성도 및 포함된 가교-결합의 정도로 설명할 수 있다.

연습 문제

시각 화학

12.15 다음 단량체로부터 만들어질 수 있는 고분자의 구조식을 그려라(붉은색 = 산소, 푸른색 = 질소, 노란-초록색 = Cl).

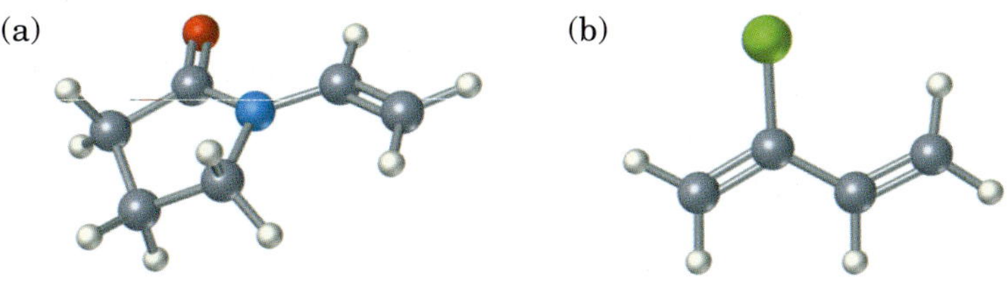

12.16 다음 각각의 고분자를 만들 수 있는 단량체의 구조와 이름을 말하고 각각의 고분자 에 대해 사슬 성장인지 또는 단계 성장인지 말하여라.

(a) $\left(CH_2-O\right)_n$ (b) $\left(CF_2-CFCl\right)_n$ (c) $\left(NHCH_2CH_2CH_2\overset{\overset{O}{\|}}{C}\right)_n$

(d) $\left(O-C_6H_4-\overset{\overset{O}{\|}}{C}\right)_n$ (benzene ring) (e) $\left(O-C_6H_{10}-O-\overset{\overset{O}{\|}}{C}\right)_n$ (cyclohexane ring)

12.17 Dimethyl 1,4-benzenedicarboxylate와 1,4-bis(hydroxymethyl)cyclohexane을 가열하여 제조되는 폴리에스터인 *Kodel*의 구조를 그려라.

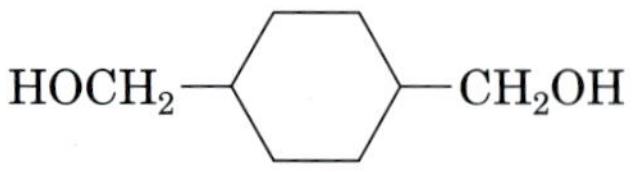

$HOCH_2$—(cyclohexane)—CH_2OH **1,4-Bis(hydroxymethyl)cyclohexane**

12.18 아래 diepoxide와 diamine을 가열함으로서 제조되는 고분자의 구조를 그려라.

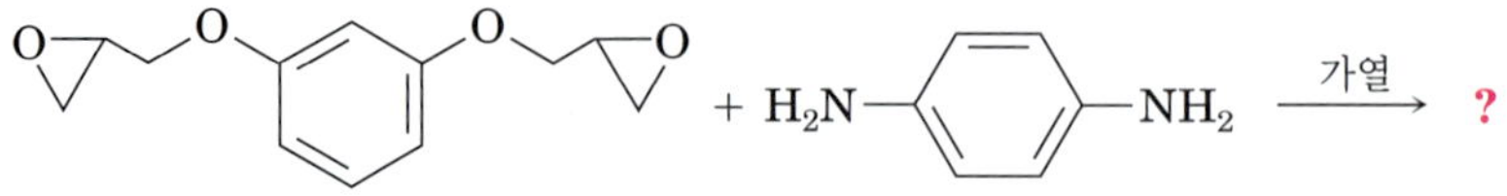

+ H_2N—(benzene)—NH_2 —가열→ ?

12.19 고성능 타이어와 같은 곳에 사용되는 폴리아마이이드인 *Nomex*는 1,3-benzene diamine과 1,3-benzenedicarbonyl chloride와의 반응에 의해 합성된다. Nomex의 구조를 그려라.

12.20 Nylon 10,10은 콘크리트용 보강 재료로 사용되는 매우 질기고 강한 고분자이다. Nylon 10,10의 분절을 그려서 단량체 단위를 나타내어라.

12.21 Cyclopentadiene은 열 중합을 진행하여 사슬에 이중 결합이 없는 고분자를 생성한다. 높은 온도로 가열하면 고분자는 분해되어 cyclopentadiene이 재생된다. 고분자의 구조를 제안하라.

12.22 Styrene, $C_6H_5CH{=}CH_2$이 적은 퍼센트의 *p*-divinylbenzene과 공중합될 때, 딱딱하고 녹지 않는 가교 결합된 고분자가 얻어진다. Polystyrene 사슬의 가교가 어떻게 일어나는지를 설명하여라.

12.23 Poly(ethylene glycol) 혹은 Carbowax는 촉매로 NaOH를 사용하여 ethylene oxide의 음이온 중합 반응으로 만든다. 이 반응의 메커니즘을 제안하여라.

$\left(O — CH_2CH_2 \right)_n$ **Poly(enthylene glycol)**

12.24 Nitroethylene ($H_2C{=}CHNO_2$)은 매우 조심스럽게 만들어야 하는 민감한 화합물이다. 이 화합물을 증류하여 정제하려고 시도하면 생성물을 회수하는 수득률이 낮고, 증류 장치의 내벽에 흰색의 코팅이 나타난다. 이를 설명하여라.

12.25 Poly(vinyl butyral)은 자동차 앞 유리창의 안전유리용 플라스틱 얇은 막 층을 제조하는데 이용된다. 이 고분자를 어떻게 제조할 수 있는가?

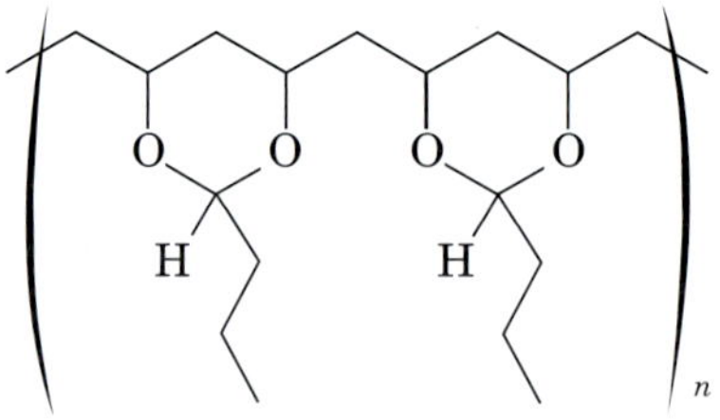

O O O O H H n **Poly(vinyl butyral)**

12.26 NaOH를 촉매로 사용하여 *β*-propiolactone을 음이온 중합 반응시키면 생성되는 고분자의 구조는 무엇인가?

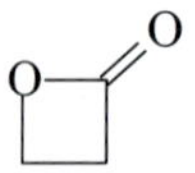

O O ***β*-Propiolactone**

12.27 *Glyptal*은 glycerol과 phthalic anhydride(benzene-1,2-dicarboxylic acid anhydride)를 가열하여 제조되며, 가교-결합을 많이 포함하는 열경화성 수지이다. Glyptal의 대표적인 분절의 구조를 보여라.

12.28 *Melmac*은 종종 플라스틱 접시를 만드는 데 이용되는 열경화성 수지로서, melamine 을 formaldehyde와 함께 가열하여 제조된다. Bakelite의 구조를 참고하여, Melmac 의 구조를 제안하여라.

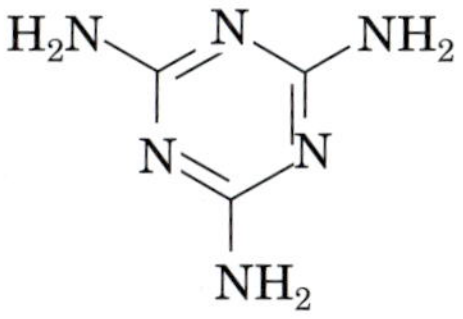

H_2N, N, NH_2, N, N, NH_2

Melamine

12.29 에폭시 접착제는 두 단계로 제조되며, 가교-결합된 수지이다. 첫 단계는 bisphenol A의 이가 나트륨염과 epichlorohydrin의 S_N2 반응에 의해 저분자량의 예비 고분자를 생성한다. 이 예비 고분자에 $H_2NCH_2CH_2NHCH_2CH_2NH_2$같은 triamine을 처리하면 가교-결합된 수지로 경화된다.

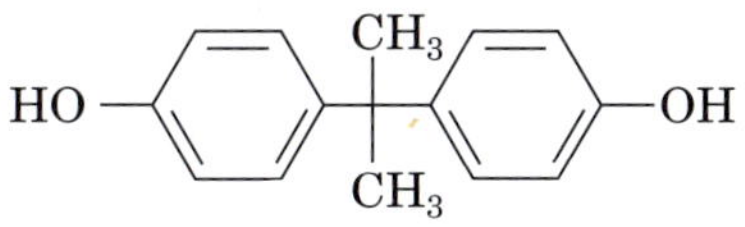

HO, CH_3, CH_3, OH

Bisphenole A

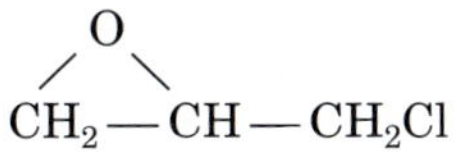

O, $CH_2—CH—CH_2Cl$

Epichlorohydrin

(a) 예비 고분자의 구조는 무엇인가?

(b) 예비 고분자에 triamine을 첨가 반응시키면 어떻게 가교-결합이 형성되는가?

12.30 Ethylene glycol을 MDI와 반응시켜 제조된 폴리우레탄의 대표적인 분절의 구조를적어라.

12.31 1930년대의 Hindenburg호와 수소 가스로 충전된 다른 비행선의 흡연실들은 urea-formaldehyde 고분자 발포체를 절연제로 이용하였다. 이 고분자의 구조는 Bakelite처럼 많은 가교-결합을 포함한다. 구조를 제안하여라.

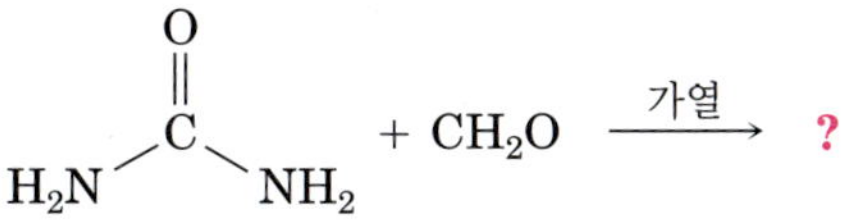

$$H_2N-C(=O)-NH_2 + CH_2O \xrightarrow{\text{가열}} ?$$

객관식 문제

1 아래 중 어느 것이 인접한 고분자 사이에서 수소 결합을 형성할 수 있는가?

A. Poly(styrene) **B.** Nylon-6,10

C. Poly(propene) **D.** Terylene

2 아래 중 어느 것이 축합 고분자를 나타내는가?

$$\textbf{A.}\ \left(CH_2 - C(Cl)(Cl) - CH_2 - C(Cl)(Cl) \right)_n$$

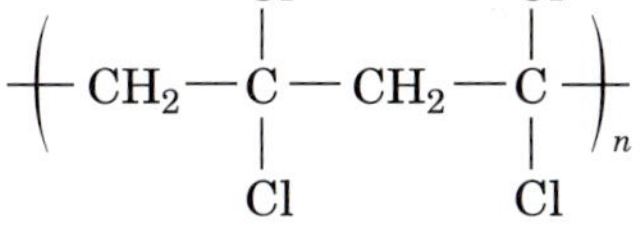

B. 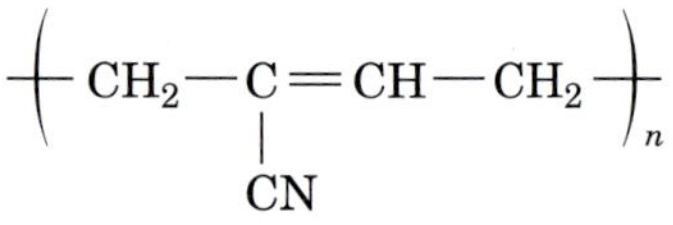 $\left[CH_2-\underset{\underset{CN}{|}}{C}=CH-CH_2 \right]_n$

C. $\left[CH_2-\overset{\overset{CH_3}{|}}{\underset{\underset{OCOCH=CH_2}{|}}{C}} \right]_n$

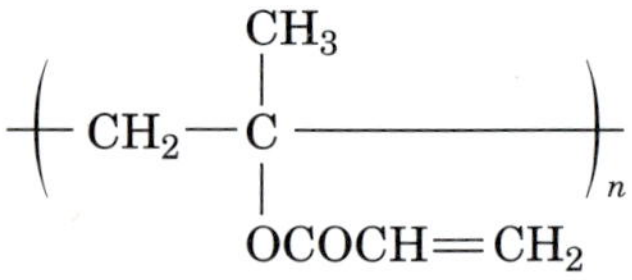

D. 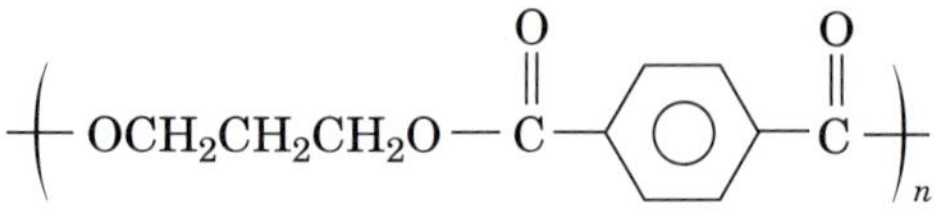 $\left[OCH_2CH_2CH_2O-\overset{\overset{O}{\|}}{C}-C_6H_4-\overset{\overset{O}{\|}}{C} \right]_n$

3 아래 화합물은 초강력 접착제인 Superglue를 제조하는 데 사용된다.

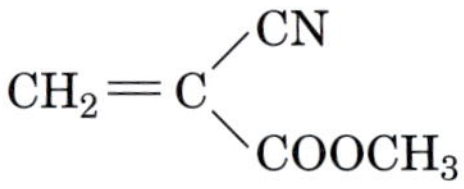

$$CH_2=C(CN)(COOCH_3)$$

이 화합물은 표면에서 소량의 염기에 의해 중합될 수 있다. 아래 중 어느 것이 반복 단위를 나타내는가?

A. 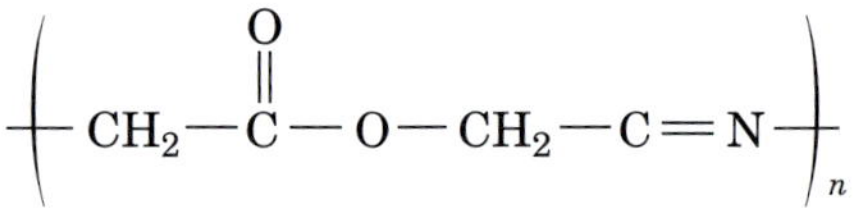 $\left[CH_2-\overset{\overset{O}{\|}}{C}-O-CH_2-C=N \right]_n$

B. $\left[CH=\overset{\overset{CN}{|}}{C}-\underset{\underset{O}{\|}}{C}-CH_2 \right]_n$

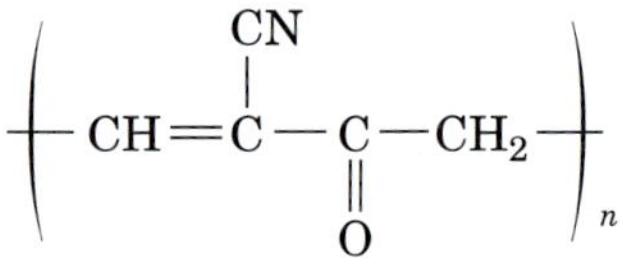

C. $\left[CH_2-\overset{\overset{C\equiv N}{|}}{\underset{\underset{COOCH_3}{|}}{C}} \right]_n$

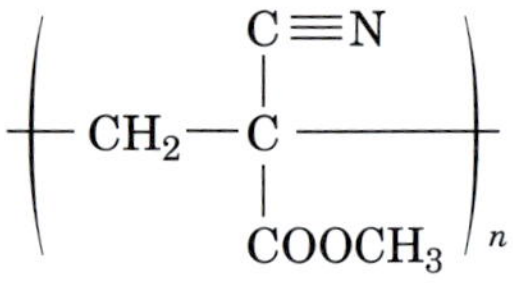

D. 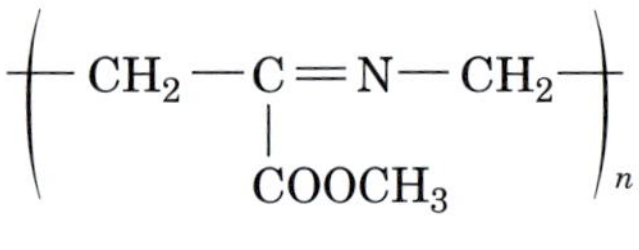 $\left[CH_2-\underset{\underset{COOCH_3}{|}}{C}=N-CH_2 \right]_n$

4 Nylon-66는 화합물 X와 hexane-1,6-diamine, $H_2N(CH_2)_6NH_2$와의 축합중합에 의해서 제조될 수 있다.

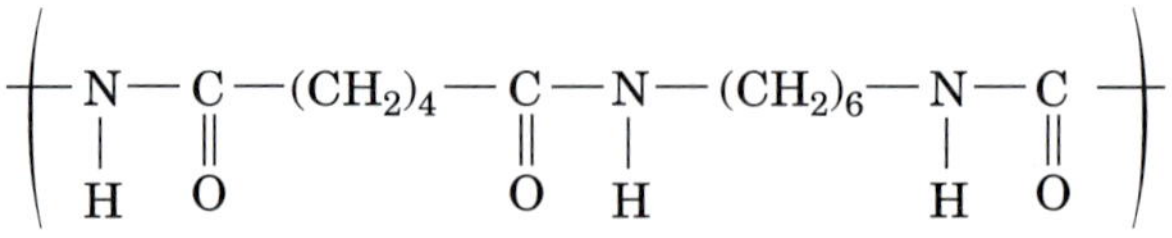

$$\left[\underset{\underset{H}{|}}{N}-\underset{\underset{O}{\|}}{C}-(CH_2)_4-\underset{\underset{O}{\|}}{C}-\underset{\underset{H}{|}}{N}-(CH_2)_6-\underset{\underset{H}{|}}{N}-\underset{\underset{O}{\|}}{C} \right]$$

Nylon-66

아래 화합물 중 X는 어느 것이 될 수 있는가?

A. hexane-1,6-diol **B.** hexanedioyl chloride

C. potassium hexanedioate **D.** hexanoic acid

5 Poly(1,2-dichloroethene)은 단량체 1,2-dichloroethene, CHCl=CHCl으로부터 만들어질 수 있다. 고분자 사슬에서 C—C—C 결합각은 얼마인가?

A. 모두 180° **B.** 반은 180°, 반은 120°

C. 모두 109° **D.** 모두 107°

6 아래에 주어진 고분자는 일종의 섬유이다.

$$-\underset{\substack{|\\ CN}}{CH}-CH_2-\underset{\substack{|\\ CN}}{CH}-CH_2-\underset{\substack{|\\ CN}}{CH}-CH_2-\underset{\substack{|\\ CN}}{CH}-$$

아래 중 어느 것이 단량체인가?

A. $\underset{\substack{|\\ H}}{\overset{\substack{H\\ |}}{C}}=\overset{\substack{CN\\ |}}{C}-\underset{\substack{|\\ CN}}{C}=\underset{\substack{|\\ H}}{\overset{\substack{H\\ |}}{C}}$

B. $\underset{\substack{|\\ H}}{\overset{\substack{H\\ |}}{C}}=\underset{\substack{|\\ CN}}{\overset{\substack{H\\ |}}{C}}$

C. $\underset{\substack{|\\ H}}{\overset{\substack{H\\ |}}{C}}=\underset{\substack{|\\ CN}}{\overset{\substack{CN\\ |}}{C}}$

D. $\underset{\substack{|\\ H}}{\overset{\substack{CN\\ |}}{C}}=\underset{\substack{|\\ H}}{\overset{\substack{CN\\ |}}{C}}$

7 Perspex의 구조는 아래와 같다.

$$-\underset{\substack{|\\ H}}{\overset{\substack{H\\ |}}{C}}-\underset{\substack{|\\ COOCH_3}}{\overset{\substack{CH_3\\ |}}{C}}-\underset{\substack{|\\ H}}{\overset{\substack{H\\ |}}{C}}-\underset{\substack{|\\ COOCH_3}}{\overset{\substack{CH_3\\ |}}{C}}-$$

Perspex의 단량체는 무엇인가?

A. $(H)(H)C=C(COOCH_3)(CH_3)$

B. $(H)(CH_3OOC)C=C(CH_3)(H)$

C. $(H)(H)C=C(CH_3)(OCOCH_3)$

D. $CH_2=\overset{\substack{COOCH_3\\ |}}{C}-CH=CH_2$

8 아래 단량체 중 어느 것이 자체-중합(self-polymerization)이 일어날 수 있는가?

A. $HOOCCH_2CH_2CH_2COOH$ **B.** $H_2NCH_2CH_2CH_2CH_2NH_2$

C. $HOOCCH_2CH_2CH_2CH_2COCl$ **D.** (벤젠 고리에 NH_2와 COOH가 결합된 화합물)

NH_2

COOH

9 양이온 중합은 아래 어느 것을 중합시키는 데 가장 적합한가?

A. 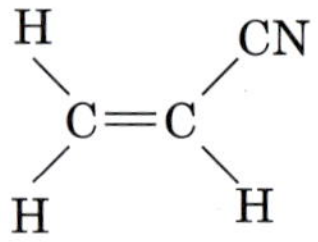 $\mathrm{(H)(H)C{=}C(CN)(H)}$ **B.** $\mathrm{(H)(H)C{=}C(COOH)(CN)}$

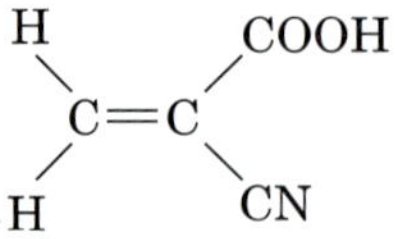

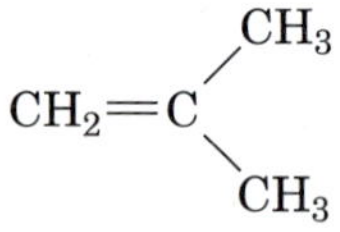

C. $\mathrm{CH_2{=}C(CH_3)(CH_3)}$ **D.** 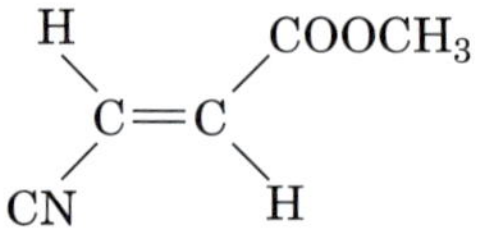 $\mathrm{(H)(CN)C{=}C(COOCH_3)(H)}$

10 고밀도 폴리에틸렌은 다음 중 어떤 촉매를 사용하여 첨가 중합으로 제조되는가?

A. 촉매로 benzoyl peroxide 사용 **B.** 촉매로 Ziegler-Natta 사용
C. 촉매로 황산을 사용 **D.** 촉매로 NaOH 사용

11 축합 중합에 사용되는 단량체는 어느 것인가?

A. 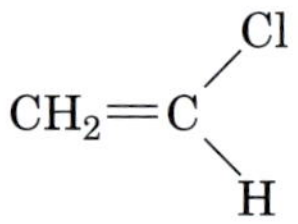 $\mathrm{CH_2{=}C(Cl)(H)}$ 와 $\mathrm{CH_2{=}CH{-}CH{=}CH_2}$

B.  $\mathrm{H_2NOC{-}C_6H_4{-}CONH_2}$ 와 $\mathrm{NC{-}C_6H_4{-}CN}$

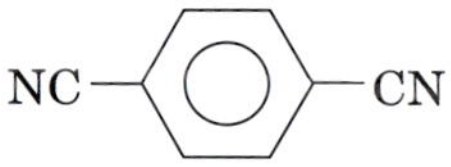

C. $\mathrm{HO{-}C_6H_4{-}OH}$ 와 $\mathrm{H_2N{-}(CH_2)_6{-}NH_2}$

D. $\mathrm{H_2N{-}(CH_2)_6{-}NH_2}$ 와 $\mathrm{HOOC{-}CH_2{-}CH_2{-}COOH}$

12 2-Butene의 중합은 아래 중 어느 것을 만드는가?

A. 플라스틱 재료 **B.** 연료
C. 접착제 **D.** 직물재료

13 어떤 고분자가 아래 반복 단위를 갖는다.

$$\mathrm{-CHCl{-}CHCl{-}CH_2{-}CCl{=}CH{-}CH_2-}$$

아래 단량체 중 어느 것이 이 고분자를 만들 수 있겠는가?

A. $\mathrm{CH_2{=}CHCl}$ 과 $\mathrm{CH_2{=}CCl{-}CH{=}CH_2}$
B. $\mathrm{CH_2{=}CH_2}$ 과 $\mathrm{CHCl{=}CHCl}$
C. $\mathrm{CHCl{=}CHCl}$ 과 $\mathrm{CH_2{=}C(Cl){-}CH{=}CH_2}$
D. $\mathrm{CH_2{=}CCl_2}$ 과 $\mathrm{CH_2{=}CH{-}CH{=}CH_2}$

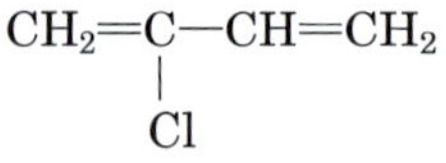

14 어린이를 위한 일회용 접시는 아래 고분자로부터 제조된다.

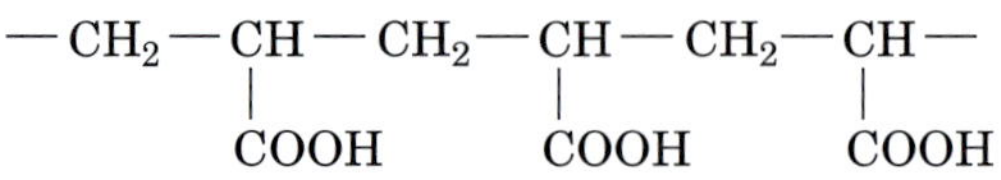

$$\mathrm{-CH_2{-}\underset{\displaystyle COOH}{\underset{|}{CH}}{-}CH_2{-}\underset{\displaystyle COOH}{\underset{|}{CH}}{-}CH_2{-}\underset{\displaystyle COOH}{\underset{|}{CH}}-}$$

이 고분자를 만들기 위해 사용되는 단량체는 어느 것인가?

1. 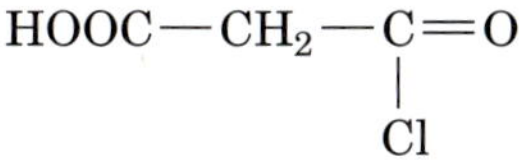 $HOOC—CH_2—C(Cl)=O$

2. $CH(COOH)=CH_2$

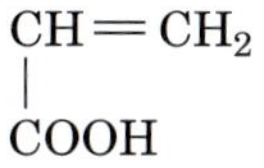

3. 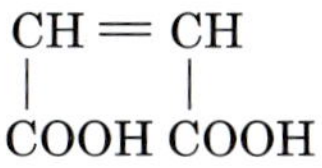 $CH(COOH)=CH(COOH)$

4. CH_3CH_2COOH

A	B	C	D
1만 맞음	1과 2만 맞음	2와 3만 맞음	1, 2 및 3이 맞음

15 아래 고분자는 세포 저장 물질로서 박테리아에 존재한다.

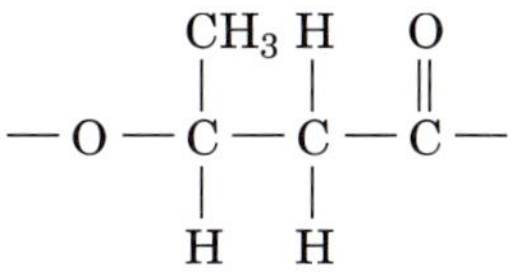

$$—O—C(CH_3)(H)—C(H)(H)—C(=O)—$$

이 고분자에 대한 아래 언급 중 어느 것이 참인가?

A. 이것은 첨가 중합에 의해서 형성된다.

B. 이것은 폴리에스터이다.

C. 이것의 단량체는 $HO—CH(CH_3)—CH_2COOH$이다.

16 Nylon-66는 아래 구조를 가진다.

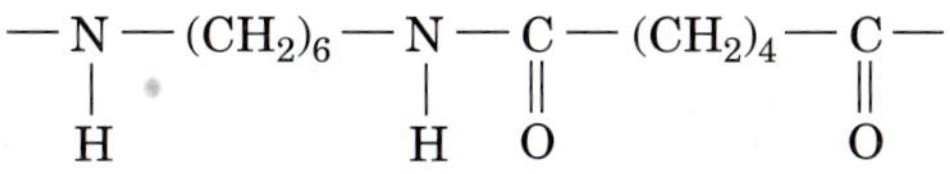

$$—N(H)—(CH_2)_6—N(H)—C(=O)—(CH_2)_4—C(=O)—$$

이 고분자에 대한 아래 언급 중 어느 것이 참인가?

A. 이것은 펩타이드 결합을 포함한다.

B. 이것은 축합 고분자의 한 예이다.

C. 이것은 phenol로부터 만들어질 수 있다.

17 아래 고분자는 접착(pressure sensitive)에 사용되는 접착제이다.

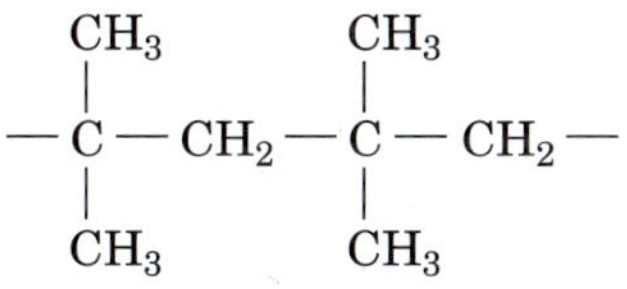

$$—C(CH_3)_2—CH_2—C(CH_3)_2—CH_2—$$

이 고분자에 대한 아래 언급 중 어느 것이 참인가?

A. 이것은 첨가 고분자이다.

B. 이것의 단량체는 $(CH_3)_2C=CH_2$이다.

C. 이 고분자 사이에는 수소 결합이 존재한다.

18 축합 중합 과정이 포함된 것은?

A. Terylene **B.** Nylon-6,10 **C.** 단백질

19 Nylon-6는 아래 반복 단위를 갖는다.

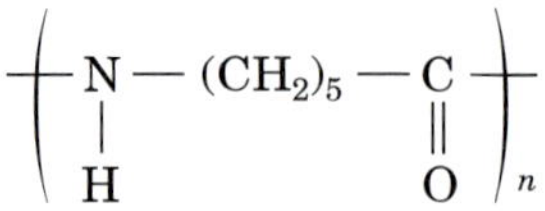

$$\left[\begin{array}{c} -N-(CH_2)_5-C- \\ | \quad\quad\quad\quad\quad \| \\ H \quad\quad\quad\quad\quad O \end{array} \right]_n$$

그것이 1-aminohexanoic acid로부터 제조될 때

A. 아마이드 결합이 형성된다.

B. 물이 제거된다.

C. 첨가중합이 일어난다.

20 Poly(methyl methacrylate)는 콘택트렌즈를 제조하기 위해 사용된다. 그 구조는 아래와 같이 주어진다.

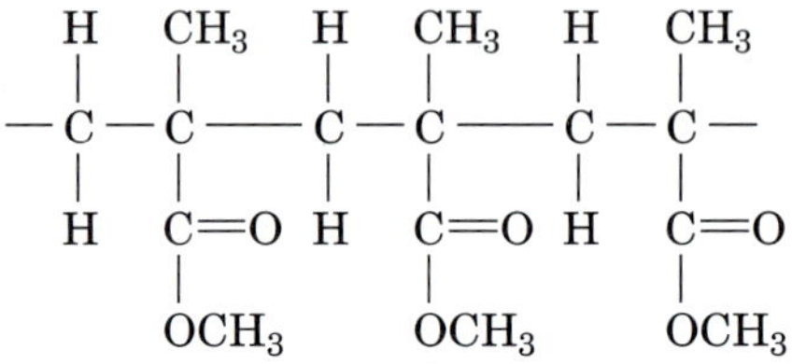

$$-CH_2-C(CH_3)(COOCH_3)-CH_2-C(CH_3)(COOCH_3)-CH_2-C(CH_3)(COOCH_3)-$$

Poly(methyl methacrylate)에 관한 언급 중 아래의 어느 것이 참인가?

A. 그것의 단량체는 $CH_3COOC(CH_3){=}CH_2$이다.

B. 그것은 에스터이다.

C. 그것은 NaOH 수용액에 잘 용해한다.

21 Terylene의 반복 단위는 아래와 같다.

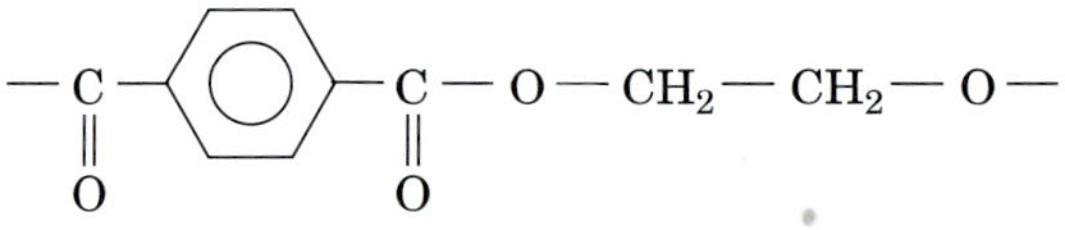

$$-\underset{\underset{O}{\|}}{C}-C_6H_4-\underset{\underset{O}{\|}}{C}-O-CH_2-CH_2-O-$$

Trylene을 제조하기 위해 사용되는 화합물은 아래 중 어느 것인가?

A. 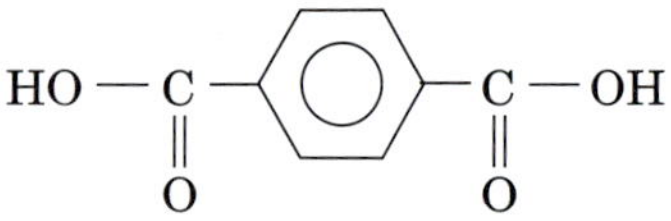 $HO-\underset{\underset{O}{\|}}{C}-C_6H_4-\underset{\underset{O}{\|}}{C}-OH$ 과 $Cl-CH_2-CH_2-Cl$

B. 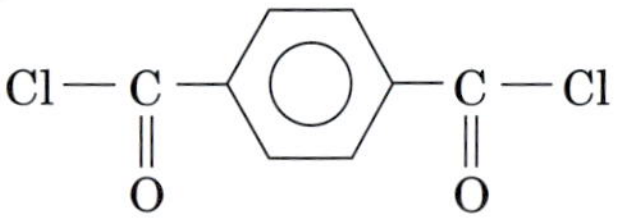 $Cl-\underset{\underset{O}{\|}}{C}-C_6H_4-\underset{\underset{O}{\|}}{C}-Cl$ 과 $HOCH_2CH_2OH$

C. 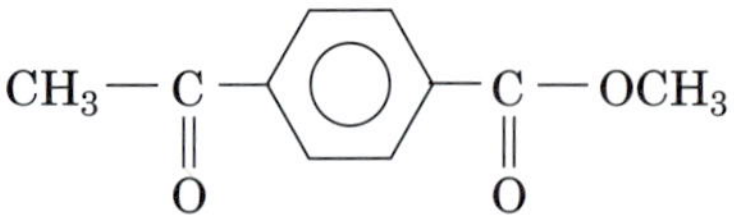 $CH_3-\underset{\underset{O}{\|}}{C}-C_6H_4-\underset{\underset{O}{\|}}{C}-OCH_3$ 과 $HOCH_2CH_2OH$

보충 문제

1 고분자 X의 구조식은 아래와 같이 주어진다.

$$-CH_2-CF_2-CH_2-CF_2-CH_2-CF_2-CH_2-CF_2-$$

(i) 반복 단위를 결정하여라.

(ii) 단량체 및 고분자 X의 이름을 명명하라.

2 고분자 Y의 구조식은 아래와 같이 주어진다.

$$-CH_2-CH(CH_3)-O-CH_2-CH(CH_3)-O-CH_2-CH(CH_3)-O-$$

(i) 반복 단위를 결정하여라.

(ii) 단량체 및 고분자 Y의 이름을 명명하라.

3 아래에 주어진 각 고분자에 대하여

(i) 고분자를 명명하라.

(ii) 고분자를 제조하기 위해 사용된 단량체들의 구조를 그려라.

(a) 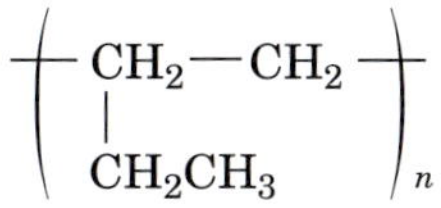 $\left(-CH_2-\underset{\displaystyle CH_2CH_3}{CH_2}-\right)_n$

(b) 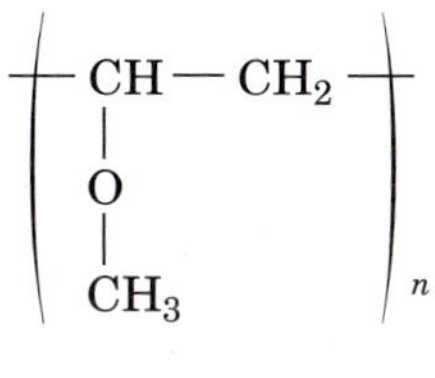 $\left(-\underset{\underset{\displaystyle CH_3}{|}}{\underset{\displaystyle O}{CH}}-CH_2-\right)_n$

(c) 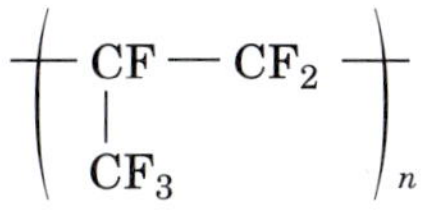 $\left(-\underset{\displaystyle CF_3}{CF}-CF_2-\right)_n$

(d) 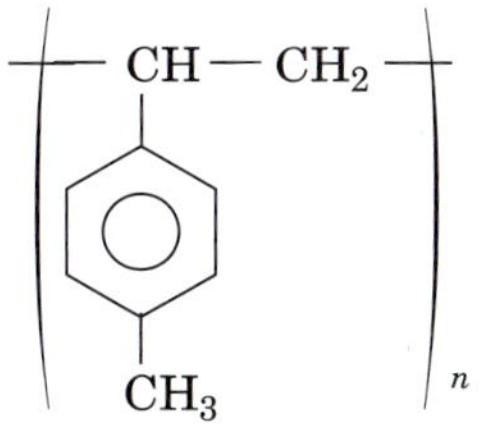 $\left(-\underset{\displaystyle C_6H_4CH_3}{CH}-CH_2-\right)_n$ (p-메틸페닐 치환)

(e) 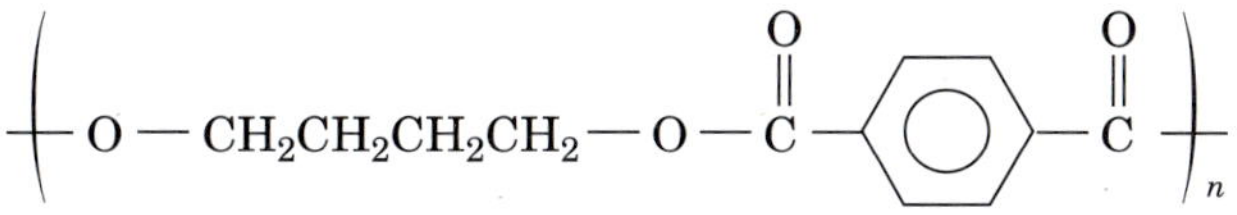 $\left(-O-CH_2CH_2CH_2CH_2-O-\overset{O}{\overset{\|}{C}}-C_6H_4-\overset{O}{\overset{\|}{C}}-\right)_n$

4 각각에서 형성될 것으로 예상되는 고분자의 구조를 그려라.

(a) 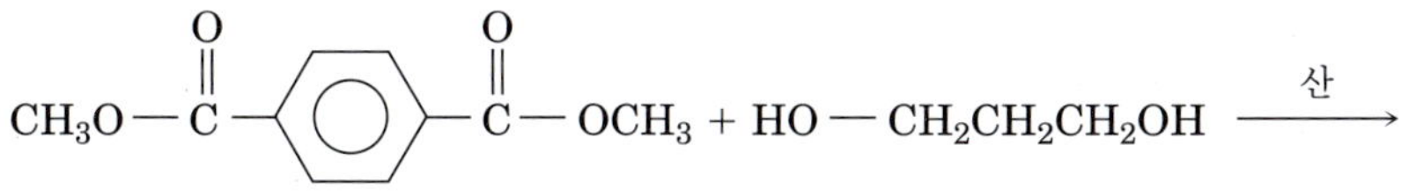 $CH_3O-\overset{O}{\overset{\|}{C}}-C_6H_4-\overset{O}{\overset{\|}{C}}-OCH_3 + HO-CH_2CH_2CH_2OH \xrightarrow{\text{산}}$

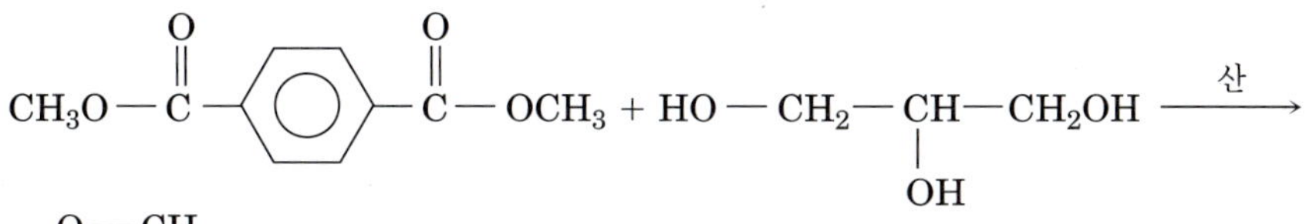

(b) $CH_3O-\overset{O}{\overset{\|}{C}}-C_6H_4-\overset{O}{\overset{\|}{C}}-OCH_3 + HO-CH_2-\underset{\displaystyle OH}{CH}-CH_2OH \xrightarrow{\text{산}}$

(c) $\begin{matrix} O & - & CH_2 \\ | & & | \\ H_2C & - & CH_2 \end{matrix} \xrightarrow{\text{산}}$

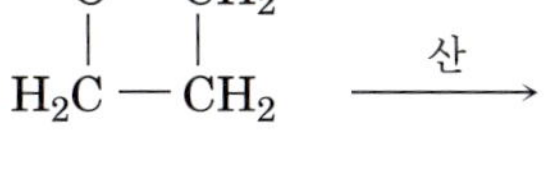

(d) 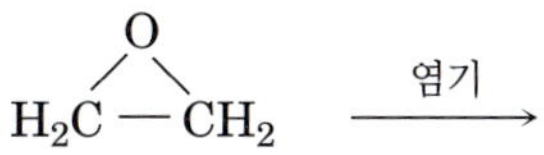 $H_2C\overset{O}{-}CH_2 \xrightarrow{\text{염기}}$ (에폭사이드 고리)

5 2-Chloro-1,3-butadiene은 Zieggler-Natta 촉매하에서 neoprene이라 불리는 교대배열 탄성체로 중합된다. Neoprene의 반복 단위를 그려라.

6 Dimethyl terephthalate와 ethylene glycol로부터 만들어지는 poly(ethylene terephthalate)의 제조에 대한 아래 반응식을 완성하여라.

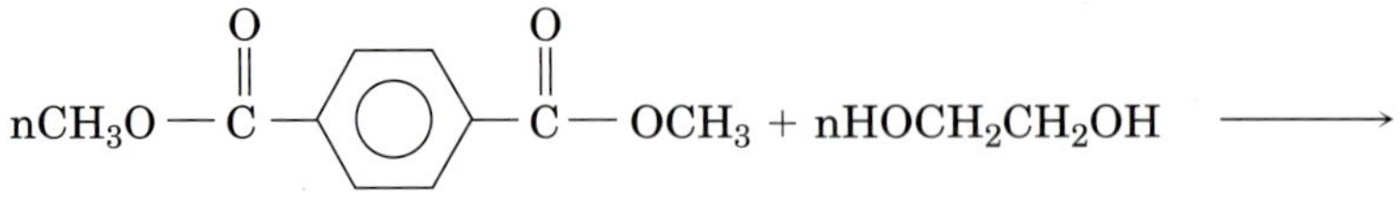

$$nCH_3O-\overset{\overset{\displaystyle O}{\|}}{C}-C_6H_4-\overset{\overset{\displaystyle O}{\|}}{C}-OCH_3 + nHOCH_2CH_2OH \longrightarrow$$

7 아래 고분자를 제조할 때 사용하는 단량체는 무엇인가?

(a) 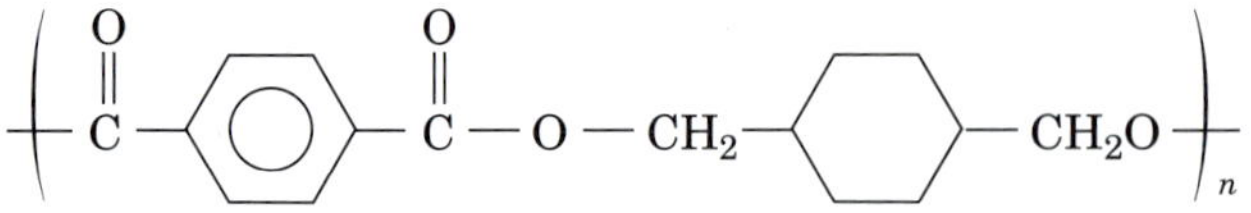 $\left[\overset{\overset{\displaystyle O}{\|}}{C}-C_6H_4-\overset{\overset{\displaystyle O}{\|}}{C}-O-CH_2-C_6H_{10}-CH_2O\right]_n$

(b) 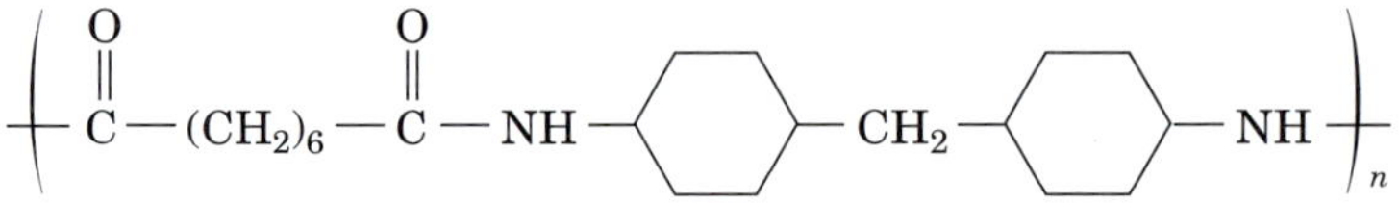 $\left[\overset{\overset{\displaystyle O}{\|}}{C}-(CH_2)_6-\overset{\overset{\displaystyle O}{\|}}{C}-NH-C_6H_{10}-CH_2-C_6H_{10}-NH\right]_n$

8 낙하산 줄과 제트기의 타이어의 보강섬유는 1,3-benzenediamine과 1,3-benzenedicarbonyl chloride로부터 제조된 강한 고분자인 Nomex로부터 만들어진다.

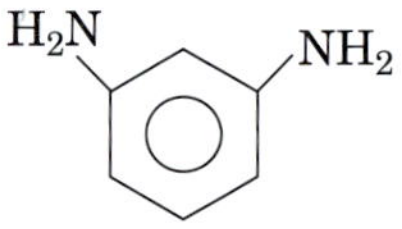

H_2N, NH_2

1,3-benzenediamine

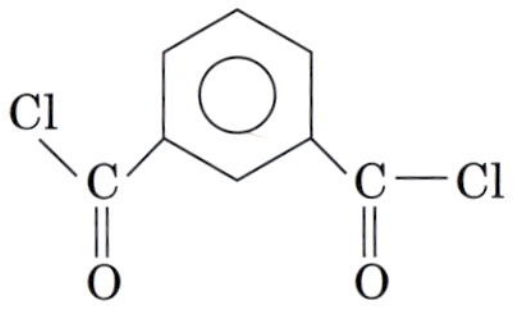

Cl, C, C—Cl, O, O

1,3-benzene-dicarbonyl chloride

Nomex의 반복 단위의 구조를 그려라.

9 Nylon-6,10은 diamine과 이가산 염화물로서 제조될 수 있다.

(a) Diamine과 이가산 염화물의 구조식을 그려라.

(b) 이 고분자의 반복 단위를 그려라.

10 Poly(3-hydroxybutanoic acid)는 생분해성 폴리에스터이다. Poly(3-hydroxybutanoic acid)의 반복 단위의 구조를 그려라.

11 Vinyl acetate의 구조는 아래와 같다.

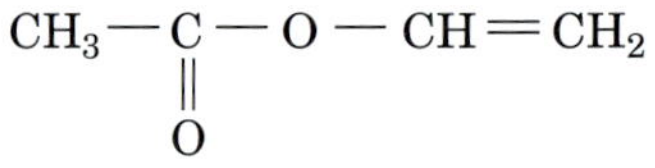

$$CH_3-\underset{\underset{\displaystyle O}{\|}}{C}-O-CH=CH_2$$

(a) Poly(vinyl acetate)의 반복 단위의 구조를 그려라.

NaOH 수용액을 이용하여 poly(vinyl acetate)가 가수분해될 때, poly(vinyl alcohol)이 형성된다.

(b) Poly(vinyl alcohol)의 반복 단위의 구조를 그려라.

12 라디칼에 의한 styrene과 1,4-divinylbenzene의 혼합물의 중합은 가교 결합된 그물망 구조의 고분자를 형성하게 된다. 이 같은 고분자의 구조를 그려라.

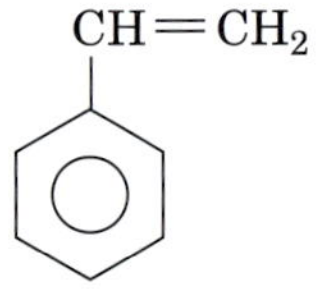

$CH=CH_2$

styrene

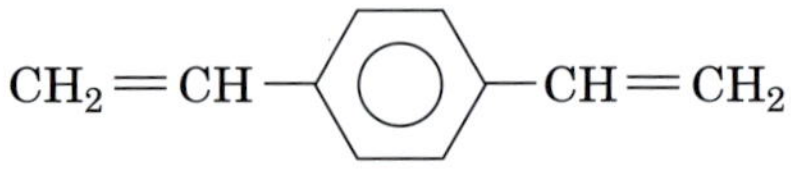

$CH_2=CH-C_6H_4-CH=CH_2$

1,4-divinylbenzene

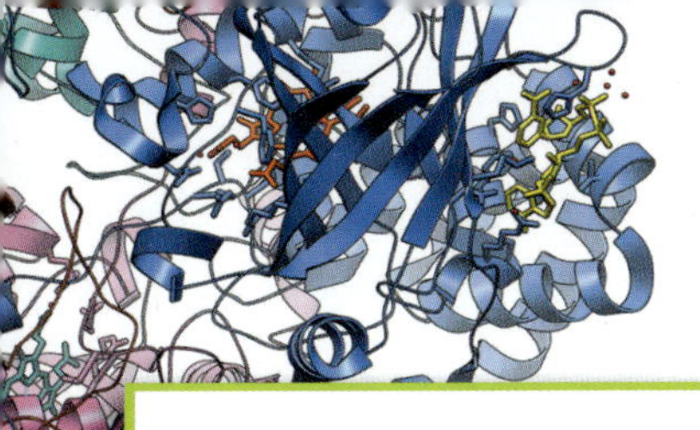

부록 A

다작용기성 유기 화합물의 명명

화학 문헌에 등장하는 수많은 부정확한 명명들을 미루어 보아, 비교적 소수의 활동하고 있는 화학자들이 유기 화합물 명명 규칙에 완전히 친숙해 있다고 말하는 것이 안전하다. 현재 존재하는 간단한 탄화수소와 단일작용기성 화합물은 이러한 화합물들을 명명하는 기본 규칙이 논리적이고 이해하기 쉽기 때문에 어려움이 없다. 그러나 많은 문제들이 다작용기성 화합물에서 가끔 나타난다. 대부분의 화학자들은 탄화수소 **1**을 3-ethyl-2,5-dimethylheptane으로 올바르게 확인할 수 있는 반면에, 소수의 화학자들만이 다작용기성 화합물인 **2**를 정확하게 확인할 수 있다. 우리가 **2**를 에테로, 에틸 에스터로, 케톤으로, 알켄으로 각각 생각할 수 있을까? 물론 네 가지 분류가 모두 맞지만, 오직 한 가지 정확한 이름을 가지고 있다. Ethyl 3-(4-methoxy-2-oxo-3-cyclohexenyl)propanoate.

CH_3CHCH_3 (2번 탄소에 결합)
$CH_3CH_2CHCH_2CHCH_2CH_3$
CH_3 (5번 탄소에 결합)

1. 3-Ethyl-2,5-dimethylheptane

O, O, $COCH_2CH_3$, CH_3O

2. Ethyl 3-(4-methoxy-2-oxo-3-cyclohexenyl)propanoate

다작용기성 유기 화합물의 명명은 단일작용기성 화합물의 명명에 비해 실제로 어려운 문제가 아니다. 단일작용기성 화합물에 필요한 명명 지식만이 요구되는 것은 아니고 추가적인 한 세트의 규칙이 필요하다. 다음 설명에서 여러분들이 새로운 작용기가 소개될 때마다 이 교재를 통해 나타나는 단일작용기성 화합물의 명명 규칙을 적용할 수 있는 좋은 능력을 가지고 있다고 가정한다. 이들 규칙이 어디에 있는지 그 목록이 표 A.1에 나열되어 있다.

다작용기 유기분자의 명명은 네 부분으로 되어 있다.

1. **접미어**—분자가 어디에 속하는지 작용기 분류를 확인하는 부분
2. **모체**—주 사슬 또는 고리의 크기를 확인하는 부분
3. **치환기 접두어**—주 사슬 또는 고리에 어떠한 치환기가 위치하고 있는지 확인하는 부분

표 A.1 ● 간단한 작용기에 대한 명명 규칙

작용기	절	작용기	절
산 무수물	10.10	아민	11.1
산 염화물	10.10	방향족 화합물	6.2
알코올	8.1	카복실산	10.1
알데하이드	9.1	사이클로알케인	3.6
알케인	3.4	에스터	10.10
알켄	5.3	케톤	9.1
할로젠화 알킬	7.1	나이트릴	10.1
알카인	5.3	페놀	8.1
아마이드	10.10		

4. **위치 지시어**—주 사슬 또는 고리에 결합한 치환기 수와 어디에 위치해 있는지

복잡한 분자의 올바른 이름을 명명하기 위해서는 명명의 네 가지 부분을 확인해야만 하고 적당한 순서와 형태로 표현한다. 네 가지 부분을 살펴보기로 하자.

접미어 – 작용기 우선권

비록 다작용기 유기 분자가 몇 개의 서로 다른 작용기가 포함되어 있을지라도 명명하기 위해서는 한 가지 접미어를 선택해야 한다. 두 가지 접미어를 사용하는 것은 옳지 않다. 따라서 케토 에스터 **3**은 *-one* 접미어를 가진 케톤이나 *-oate* 접미어를 가진 에스터로 명명해야 하며, *-onoate*로는 명명할 수 없다. 비슷하게 아미노 알코올인 **4**는 알코올(*-ol*) 또는 아민(*-amine*)으로 명명해야 하며, *-olamine* 또는 *-aminol*으로는 명명할 수 없다. 단일 접미어를 필요로 하는 규칙에서 유일한 예외는 이중결합 또는 삼중결합이 포함된 화합물을 명명할 경우이다. 예를 들면 불포화산인 $H_2C{=}CHCH_2CO_2H$는 3-buenoic acid이고 아세틸렌성 알코올인 $HC{\equiv}CCH_2CH_2CH_2CH_2OH$는 5-hexyn-1-ol이다.

3. 케토(옥소) 치환기를 가진 에스터로 명명:
methyl 4-oxopentanoate

OH
|
$CH_3CHCH_2CH_2CH_2NH_2$

4. 아미노 치환기를 가진 알코올로 명명:
5-amino-2-pentanol

사용될 접미어를 어떻게 선택할 것인가? 작용기는 표 A.2와 같이 **주기**(principal group)와 **종속기**(subordinate group)의 두 가지 부류로 나누어진다. 주기는 접두어나 접미어로 인용되나 종속기는 접두어로서만 인용된다. 주기 내에 우선순위가 정해져 있다. 적절한 접미어는 화합물 내에 존재하는 가장 높은 우선순위를 가진 주기를 선택하여 결정한다. 예를 들면 표 A.2에 나타낸 바와 같이 케토 에스터 **3**은 에스터 작용기가 케톤보다 우선순위가 높으므로 케톤이 아니라 에스터로 명명하여야 한다. 유사하게 아미노 알코올 **4**는 아민이라기보다는 오히려 알코올로 명명하여야 한다. 그러므로 **3**의 이름은 methyl 4-oxopentanoate이고 **4**의 이름은 5-amino-2-pentanol이다. 몇 가지 다른 예는 다음과 같다.

$$O{=}C_6H_9{-}CO_2H$$

5. 옥소 치환기를 가진 cyclohexanecarboxylic acid로 명명:
4-oxocyclohexanecarboxylic acid

$$HOC(=O){-}C(CH_3)_2{-}CH_2CH_2CH_2C(=O)Cl$$

6. 클로로카보닐 치환기를 가진 카복실산으로 명명:
5-chlorocarbonyl-2,2-dimethylpentanoic acid

표 A.2 • 명명에 필요한 작용기의 분류*

작용기	접미어 이름	접두어 이름
주기		
카복실산	-oic acid -carboxylic acid	carboxy
산 무수물	-oic anhydride -carboxylic anhydride	
에스터	-oate -carboxylate	alkoxycarbonyl
산 염화물	-oyl halide -carbonyl halide	halocarbonyl
아마이드	-amide -carboxamide	carbamoyl
나이트릴	-nitrile -carbonitrile	cyano
알데하이드	-al -carbaldehyde	oxo
케톤	-one	oxo
알코올	-ol	hydroxy
페놀	-ol	hydroxy
싸이올	-thiol	mercapto
아민	-amine	amino
이민	-imine	imino
알켄	-ene	alkenyl
알카인	-yne	alkynyl
알케인	-ane	alkyl
종속기		
아자이드		azido
다이아조		diazo
에터		alkoxy
할라이드		halo
나이트로		nitro
설파이드		alkylthio

*주기는 우선순위가 감소되는 순서로 나열하였으며 종속기는 우선순위가 없다.

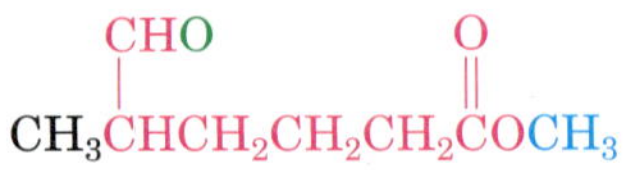

$$\underset{\displaystyle CH_3CHCH_2CH_2CH_2COCH_3}{\overset{CHO\qquad\qquad\quad O}{|\qquad\qquad\qquad \|}}$$

7. 옥소 치환기를 가진 에스터로 명명:
methyl 5-methyl-6-oxohexanoate

모체-주 사슬 또는 고리의 선택

다작용기 유기 화합물의 모체명 또는 기본명은 보통 쉽게 알 수 있다. 만일 가장 높은 우선순위의 주기가 열린 사슬의 일부분이면 가장 많은 주기를 포함한 가장 긴 사슬이 모체의 이름이 된다. 예를 들면 화합물 **8**과 **9**는 이성질성 알데하이드 산으로서, 표 A.2에 따라 알데하이드라기보다는 산으로 명명하여야 한다. 화합물 **8**의 가장 긴 사슬에는 7개의 탄소가 있고, 따라서 이 화합물은 6-methyl-7-oxoheptanoic acid로 명명된다. 화합물 **9**도 7개의 탄소를 가지지만, 주 작용기 3개를 함유하는 가장 긴 사슬은 탄소를 가진다. 올바른 이름은 3-oxo-2-pentylpropanoic acid이다.

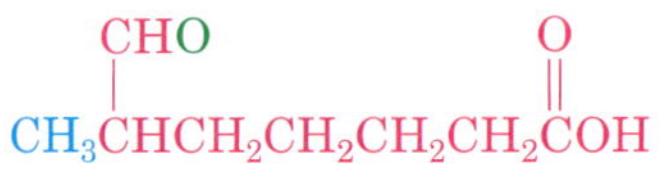

$$\underset{\displaystyle CH_3CHCH_2CH_2CH_2CH_2COH}{\overset{CHO\qquad\qquad\qquad\quad O}{|\qquad\qquad\qquad\qquad \|}}$$

8. 치환기를 가진 heptanoic acid로 명명:
6-methyl-7-oxoheptanoic acid

$$CH_3CH_2CH_2CH_2CH_2\overset{\displaystyle\quad O}{\underset{\displaystyle CHO}{CH}\overset{\|}{C}}OH$$

9. 치환기를 가진 propanoic acid로 명명:
3-oxo-2-pentylpropanoic acid

유사한 규칙이 고리를 포함하고 있는 화합물 **10-13**에 적용된다. 화합물 **10**과 **11**은 이성질성 케토 나이트릴이며, 표 A.2에 따라 둘 다 나이트릴로 명명하여야 한다. 화합물 **10**은 —CN 작용기가 방향족 고리에 붙어 있는 치환기이므로 benzonitrile로 명명하고 화합물 **11**은 —CN 작용기가 열린 사슬에 있으므로 acetonitrile로 명명한다. 올바른 이름은 2-acetyl-4-methylbenzonitrile(**10**)과 (2-acetyl-4-methylphenyl)acetonitrile(**11**)이다. 화합물 **12**와 **13**은 둘 다 케토 산이므로 산으로 명명하여야 한다. 올바른 이름은 3-(2-oxocyclohexyl)propanoic acid(**12**)와 2-(3-oxopropyl)cyclohexanecarboxylic acid(**13**)이다.

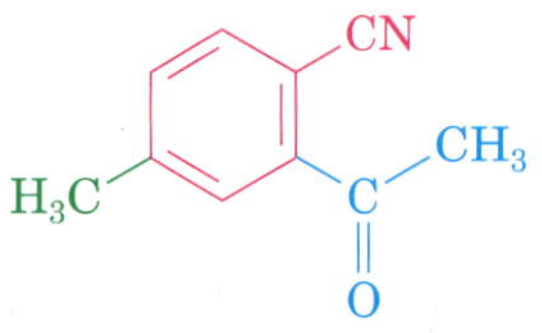

CN
H_3C CH_3
C
O

10. 치환기를 가진 benzonitrile로 명명:
2-acetyl-4-methylbenzonitrile

CH_2CN
H_3C CH_3
C
O

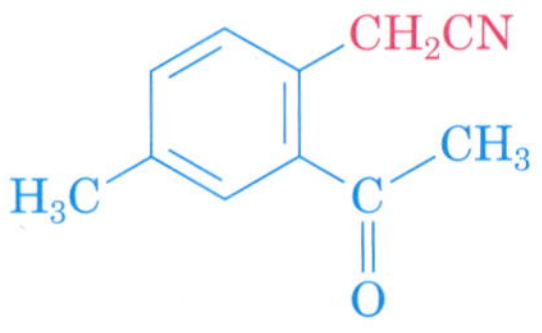

11. 치환기를 가진 acetonitrile로 명명:
(2-acetyl-4-methylphenyl)acetonitrile

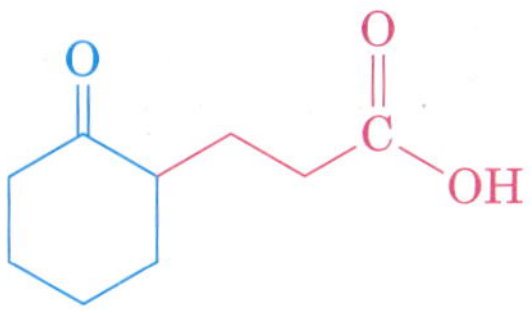

12. 카복실산으로 명명:
3-(2-oxocyclohexyl)propanoic acid

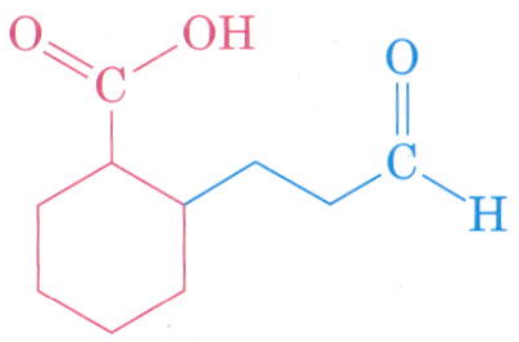

13. 카복실산으로 명명:
2-(3-oxopropyl)cyclohexanecarboxylic acid

접두어와 위치 지시어

모체명과 접미어를 결정한 다음, 다음 단계는 모체 사슬이나 고리에 있는 모든 치환기를 확인하고 번호를 정하는 것이다. 이들 치환기는 접미어로 쓰인 것 외의 모든 알킬기와 모든 작용기를 포함한다. 예를 들면 화합물 **14**는 다른 작용기는 3개, 즉 카복실, 케토 및 이중결합을 포함하고 있다. 카복실기가 우선순위에 있어 가장 높고 작용기를 포함한 가장 긴 사슬은 7개의 탄소를 가지므로 화합물 **14**는 heptenoic acid이다. 그밖에 주 사슬에는 케토(oxo) 치환기와 메틸기 3개가 있다. 우선순위가 가장 높은 작용기에 가까운 말단에서부터 번호를 매겨 화합물 **14**는 2,5,5-trimethyl-4-oxo-2-heptenoic acid로 명명한다. Heptene의 마지막 *e*는 *heptenoic*이라는 단어에서 삭제된다. 이러한 삭제는 두 개의 인접한 모음을 가지고 있는 이름에서 일어난다(따라서 *heptenoic*은 마지막 *e*가 삭제되지만 *heptenenitrile*은 *e*를 가지고 있다). 어떻게 접두어를 정하고 치환기의 위치를 번호로 나타냈는지 우리가 명명하였던 몇 가지 다른 화합물을 살펴보자.

전체 이름 쓰기

각 부분 이름을 결정한 후 전체 이름을 쓰게 된다. 이때 적용해야 할 몇 가지 규칙은 아래와 같다.

1. **접두어의 순서.** 치환기를 확인하고 주 사슬에 번호를 매기고 *di-* 및 *tri-* 같은 적절한 배수어를 붙인 후, 치환기를 번호 순서가 아니라 알파벳 순서로 나열한다. 배수어 *di-* 및 *tri-*는 알파벳순으로 나열할 목적으로는 쓰이지 않으나 접두어 아이소-(*iso-*)는 알파벳 순서로 고려한다.

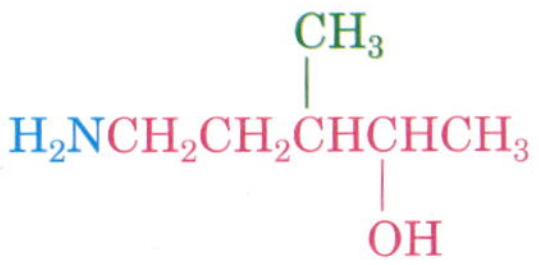

$$H_2NCH_2CH_2\overset{\overset{\large CH_3}{|}}{C}H\underset{\underset{\large OH}{|}}{C}HCH_3$$

15. 5-Amino-3-methyl-2-pentanol
(3-methyl-5-amino-2-pentanol이 아님)

2. **하이픈의 사용: 한 단어와 여러 단어 이름.** 일반적인 규칙은 모체가 그 자신이 원소 인지 화합물인지 결정하는 것이다. 만약 모체가 원소 또는 화합물이면 이름은 한단어로 쓴다. 만일 그렇지 않다면 여러 단어로 이름을 쓴다. 예를 들면 methylbenzene은

benzene 그 자신이 화합물이므로 한 단어로 쓴다. 그러나 diethyl ether는 두 단어로 쓰며 모체인 ether는 화합물 이름이 아니라 종류를 나타내는 이름이기 때문이다. 몇 가지 예를 다음에 나타내었다.

$H_3C—Mg—CH_3$

16. Dimethylmagnesium
(magnesium이 원소이기 때문에 한 단어임)

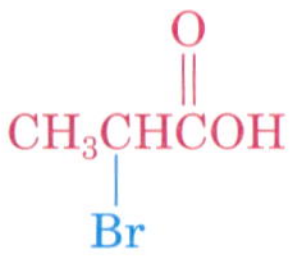

$CH_3CH(Br)COOH$

17. 2-Bromopropanoic acid
("산"이 화합물명이 아니기 때문에 두 단어임)

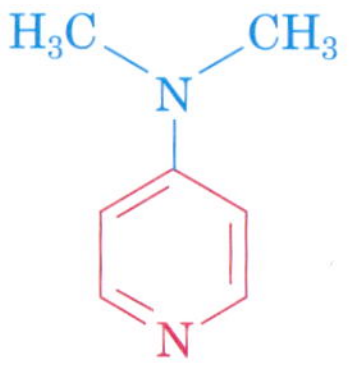

18. 4-(Dimethylamino)pyridine
(pyridine이 화합물이기 때문에 한 단어임)

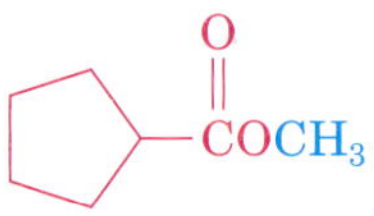

19. Methyl cyclopentanecarboxylate

3. **괄호.** 모호한 경우 구조가 복잡한 치환기는 괄호로 사용하여서 나타낸다. 예를 들어서 chloromethylbenzene은 benzene 고리에 3개의 치환기를 갖고 있지만, (chloromethyl)benzene은 단 한 개의 복합 치환기를 가진다. 괄호를 이용한 표시는 이름의 나머지 부분과 하이픈으로 분리하지 않음에 유의하라.

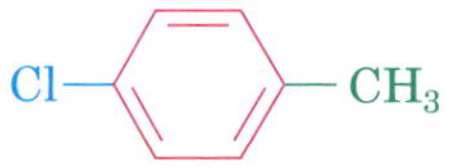

20. *p*-Chloromethylbenzene
(두 개의 치환기)

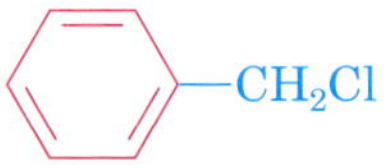

21. (Chloromethyl)benzene
(한 개의 복잡한 치환기)

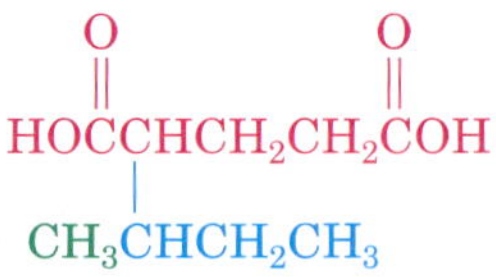

$HOOCCH(CH(CH_3)CH_2CH_3)CH_2CH_2COOH$

22. 2-(1-Methylpropyl)pentanedioic acid
(1-methylpropyl group은 주 사슬인 C2에 붙은 복잡한 치환기이다.)

추가 읽기 자료

유기 화학 명명법의 규칙에 관한 추가적인 설명은 다음 참고 문헌에서 찾아볼 수 있다:

1. "유기 화합물의 IUPAC명명법 안내(A Guide to IUPAC Nomenclature of Organic Compounds), CRC Press, Boca Raton, FL, 1993.
2. "유기 화학의 명명법, A, B, C, D, E, F 및 H절," 국제 순수 및 응용 화학회, Pergamon Press, Oxford, 1979.

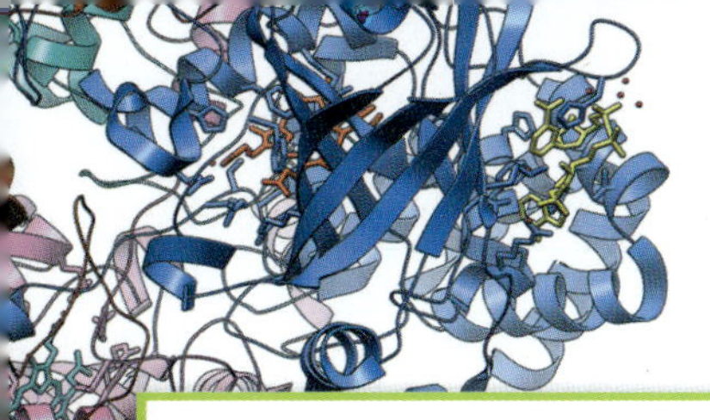

부록 *B*

몇 가지 유기 화합물의 산도 상수

화합물	pK_a
CH_3SO_3H	1.8
$CH(NO_2)_3$	0.1
NO_2, O_2N—(벤젠 고리)—OH, NO_2	0.3
CCl_3CO_2H	0.5
CF_3CO_2H	0.5
CBr_3CO_2H	0.7
$HO_2CC\quad CCO_2H$	1.2; 2.5
HO_2CCO_2H	1.2; 3.7
$CHCl_2CO_2H$	1.3
$CH_2(NO_2)CO_2H$	1.3
$HC\quad CCO_2H$	1.9
Z $HO_2CCH\quad CHCO_2H$	1.9; 6.3
(벤젠 고리) CO_2H, NO_2	2.4
CH_3COCO_2H	2.4
$NCCH_2CO_2H$	2.5
$CH_3C\quad CCO_2H$	2.6
CH_2FCO_2H	2.7
CH_2ClCO_2H	2.8
CH_2ICO_2H	3.2
$CHOCO_2H$	3.2
O_2N—(벤젠 고리)—CO_2H	3.4
O_2N, O_2N—(벤젠 고리)—CO_2H	3.5
$HSCH_2CO_2H$	3.5; 10.2
$CH_2(NO_2)_2$	3.6
$CH_3OCH_2CO_2H$	3.6
$CH_3COCH_2CO_2H$	3.6
$HOCH_2CO_2H$	3.7
HCO_2H	3.7
Cl, (벤젠 고리)—CO_2H	3.8
Cl—(벤젠 고리)—CO_2H	4.0
$CH_3BrCH_2CO_2H$	4.0
Cl, Cl, Cl—(벤젠 고리)—OH, Cl, Cl	4.5
$H_2C\quad C(CH_3)CO_2H$	4.7
CH_3CO_2H	4.8
$CH_3CH_2CO_2H$	4.8
$(CH_3)_3CCO_2H$	5.0
$CH_3COCH_2NO_2$	5.1
O, (고리), O	5.3
$O_2NCH_2CO_2CH_3$	5.8
(고리) O, CHO	5.8
Cl, Cl—(벤젠 고리)—OH, Cl	6.2

화합물	pK_a
$HO_2CCH_2CO_2H$	2.8; 5.6
CH_2BrCO_2H	2.9
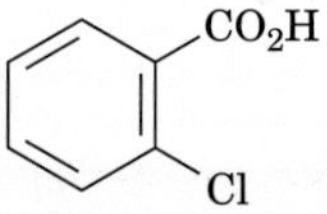 CO_2H, Cl	3.0
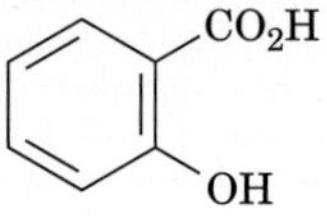 CO_2H, OH	3.0
$(CH_3)_2CHNO_2$	7.7
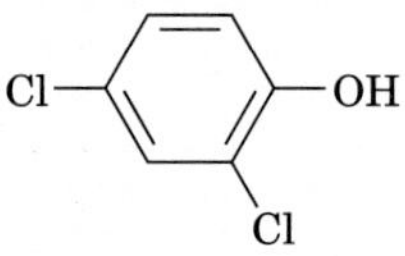 Cl, OH, Cl	7.8
CH_3CO_3H	8.2
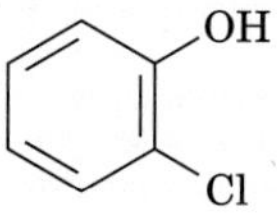 OH, Cl	8.5
$CH_3CH_2NO_2$	8.5
 F_3C, OH	8.7
$CH_3COCH_2COCH_3$	9.0
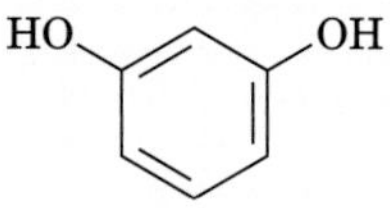 HO, OH	9.3; 11.1
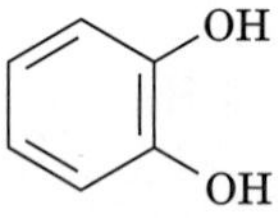 OH, OH	9.3; 12.6
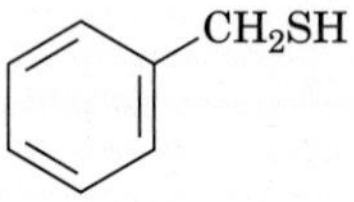 CH_2SH	9.4
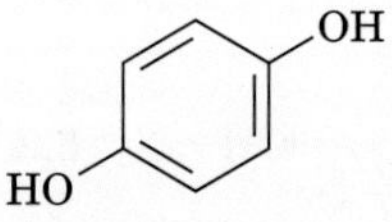 OH, HO	9.9; 11.5

화합물	pK_a
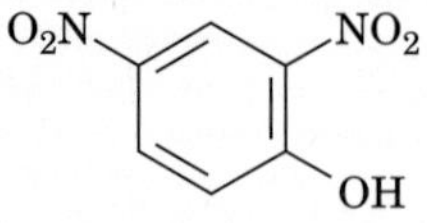 O_2N, NO_2, OH	4.1
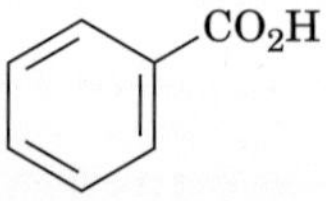 CO_2H	4.2
$H_2C\ \ CHCO_2H$	4.2
$HO_2CCH_2CH_2CO_2H$	4.2; 5.7
$HO_2CCH_2CH_2CH_2CO_2H$	4.3; 5.4
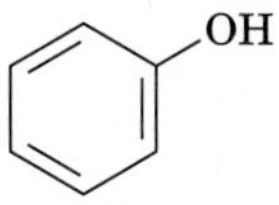 OH	9.9
$CH_3COCH_2SOCH_3$	10.0
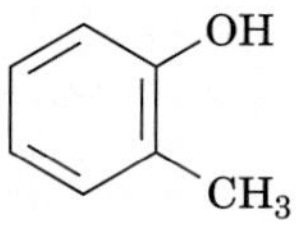 OH, CH_3	10.3
CH_3NO_2	10.3
CH_3SH	10.3
$CH_3COCH_2CO_2CH_3$	10.6
CH_3COCHO	11.0
$CH_2(CN)_2$	11.2
CCl_3CH_2OH	12.2
Glucose	12.3
$(CH_3)_2C\ \ NOH$	12.4
$CH_2(CO_2CH_3)_2$	12.9
$CHCl_2CH_2OH$	12.9
$CH_2(OH)_2$	13.3
$HOCH_2CH(OH)CH_2OH$	14.1
CH_2ClCH_2OH	14.3
	15.0
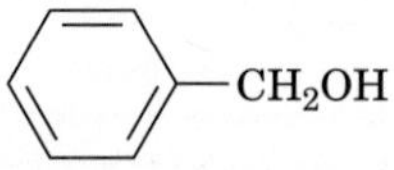 CH_2OH	15.4
CH_3OH	15.5
$H_2C\ \ CHCH_2OH$	15.5
CH_3CH_2OH	16.0
$CH_3CH_2CH_2OH$	16.1

화합물	pK_a
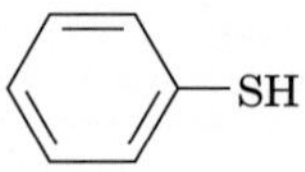 SH	6.6
HCO_3H	7.1
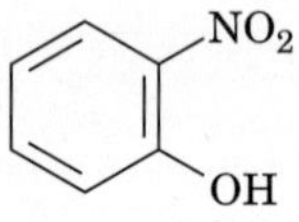 NO_2, OH	7.2
CH_3COCH_2Br	16.1
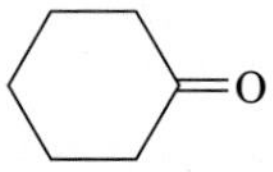 =O	16.7
CH_3CHO	17
$(CH_3)_2CHCHO$	17
$(CH_3)_2CHOH$	17.1
$(CH_3)_3COH$	18.0
CH_3COCH_3	19.3
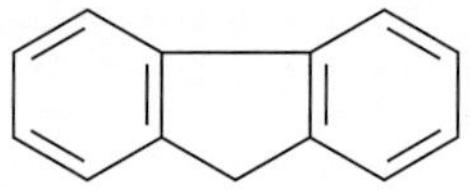	23
$CH_3CO_2CH_2CH_3$	25
HC CH	25
CH_3CN	25
$CH_3SO_2CH_3$	28
$(C_6H_5)_3CH$	32
$(C_6H_5)_2CH_2$	34
CH_3SOCH_3	35
NH_3	36
$CH_3CH_2NH_2$	36
$(CH_3CH_2)_2NH$	40
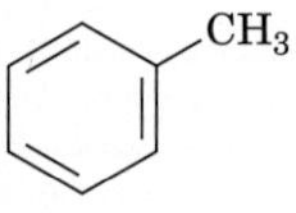 CH_3	41
	43
$H_2C\ \ CH_2$	44
CH_4	60

5.000 종 이상의 유기 화합물에 대한 산도가 수록되어 있다: E.P Serjeant and B. Dempsey (eds.), "Ionization Constants of Organic Acids in Aqueous Solution," IUPAC Chemical Data Series No. 23, Pergamon Press, Oxford, 1979.

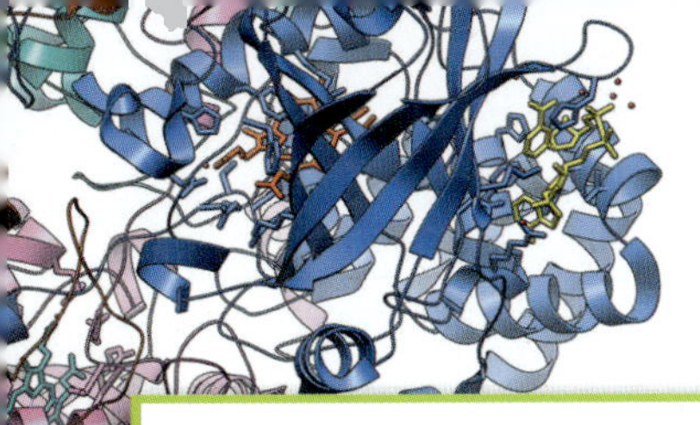

부록 C

몇 가지 일반적인 작용기의 구조

계통명	작용기 구조	예	이름 끝
Alkane	(Only C—H and C—C single bonds)	CH_3CH_3	*–ane* Ethane
Alkene	C=C	$H_2C{=}CH_2$	*–ene* Ethene (Ethylene)
Alkyne	—C≡C—	HC≡CH	*–yne* Ethyne (Acetylene)
Arene (aromatic)	C=C, C, C, C–C (ring)	H, H, H–, –H, H, H (benzene ring)	(none) Benzene
Alkyl halide	C–X (X F, Cl, Br, I)	CH_3Cl	(none) Chloromethane
Alcohol	C–O–H	CH_3OH	*–ol* Methanol
Ether	C–O–C	CH_3OCH_3	*ether* Dimethyl ether
Amine	C–N:	CH_3NH_2	*–amine* Dimethylamine
Nitro	C–N^+(=O)–O^-	CH_3NO_2	(none) Nitromethane
Thiol	C–S–H	CH_3SH	*–thiol* Methanethiol
Sulfide	C–S–C	CH_3SCH_3	*sulfide* Dimethyl sulfide

계통명	작용기 구조	예	이름 끝
Sulfoxide	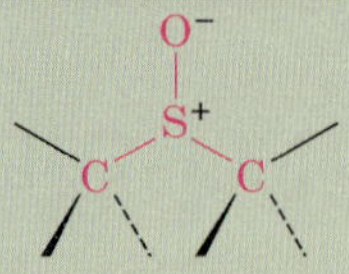	CH_3SOCH_3	*sulfoxide* Dimethyl sulfoxide
Nitrile	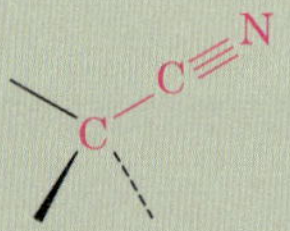	$CH_3C\equiv N$	*– nitrile* Ethanenitrile (Acetonitrile)
	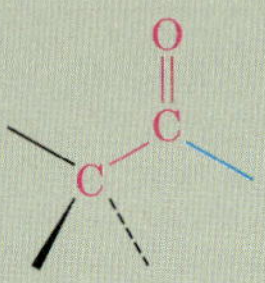	**Carbonyl compound**	
Aldehyde	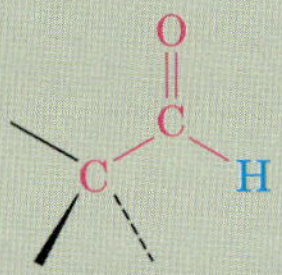	$CH_3\overset{O}{\overset{\|}{C}}H$	*– al* Ethanal (Acetaldehyde)
Ketone	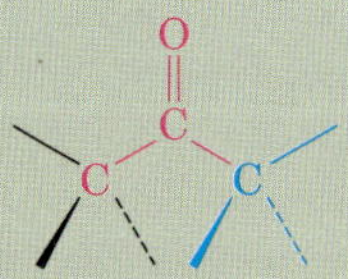	$CH_3\overset{O}{\overset{\|}{C}}CH_3$	*– one* Propanone (Acetone)
Carboxylic acid	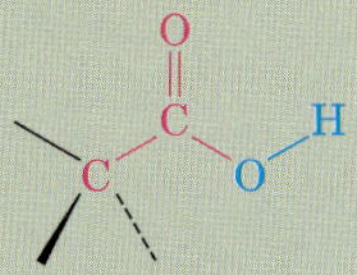	$CH_3\overset{O}{\overset{\|}{C}}OH$	*– oic acid* Ethanoic acid (Acetic acid)
Ester	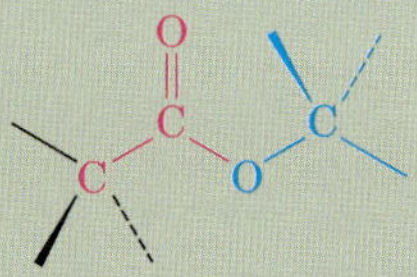	$CH_3\overset{O}{\overset{\|}{C}}OCH_3$	*– oate* Methyl ethanoate (Methyl acetate)
Thioester	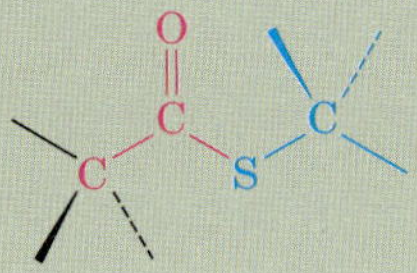	$CH_3\overset{O}{\overset{\|}{C}}SCH_3$	*– thioate* Methyl ethanethioate (Methyl thioacetate)
Amide	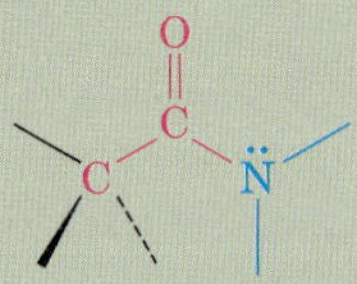	$CH_3\overset{O}{\overset{\|}{C}}NH_2$	*– amide* Ethanamide (Acetamide)
Carboxylic acid chloride	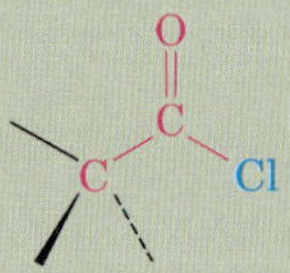	$CH_3\overset{O}{\overset{\|}{C}}Cl$	*– oyl chloride* Ethanoyl chloride (Acetyl chloride)
Carboxylic acid anhydride	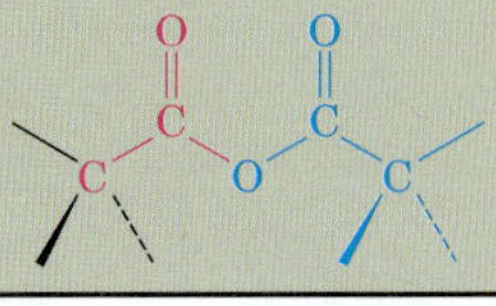	$CH_3\overset{O}{\overset{\|}{C}}O\overset{O}{\overset{\|}{C}}CH_3$	*– oic anhydride* Ethanoic anhydride (Acetic anhydride)

연결만 나타낸 결합은 정해져 있는 것이 아니고 분자의 나머지 부분에 탄소 혹은 수소가 결합되어 있다.

연습 문제 해답

The following answers are meant only as a quick check while you study.

제1장

1.1 (a) $1s^2\ 2s^2\ 2p^1$ (b) $1s^2\ 2s^2\ 2p^6\ 3s^2\ 3p^3$
(c) $1s^2\ 2s^2\ 2p^4$ (d) $1s^2\ 2s^2\ 2p^6\ 3s^2\ 3p^5$

1.2 (a) 1 (b) 3 (c) 8

1.3

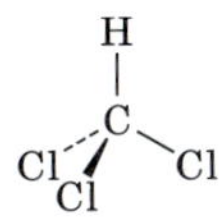

1.4

H H H
C—C
H H H

1.5 (a) $GeCl_4$ (b) AlH_3 (c) CH_2Cl_2
(d) SiF_4 (e) CH_3NH_2

1.6 (a) H:C:Cl: with three Cl (Lewis structure); H—C—Cl with Cl, Cl (b) H:S:H; H—S—H

(c) H:C:N:H with H H; H—C—N—H with H, H H

(d) Na:H Na—H (e) H:C:Li with H, H; H—C—Li with H, H

1.7 C_2H_7 has too many hydrogens for a compound with two carbons.

Each C atom has 4 valence eletrons, 2 eletrons are used to form carbon-carbon bond. Only a maximum of 6 hydrogens can be attached to the 2 carbon atoms.

1.8 H—C—C—C—H (each C with H above and below)

Each C : sp^3
all H—C—H ∢ = 109°
All bond angles are near 109°.

1.9 H—C—C—C—C—C—C—H (each C with H above and below)

1.10 The CH_3 carbon is sp^3; the double-bond carbons are sp^2; the C=C–C and C=C–H bond angles are approximately 120°; other bond angles are near 109°.

H—C—C=C—H (propene), with sp^2 labels on the double-bond carbons

propene

1.11 All carbons are sp^2, and all bond angles are near 120°.

H—C=C—C=C—H with H on each carbon, each C labelled sp^2

all angles = 120°

1.12

H—C—C(=O)—H with H, H; H:C:C:H with H, H and :O:

1.13 All carbons except CH_3 are sp^2.

All C atom are sp^2 hybridised except C in methyl group.

1.14 The CH_3 carbon is sp^3, the triple-bond carbons are sp; the C≡C–C and H–C≡C bond angles are approximately 180°.

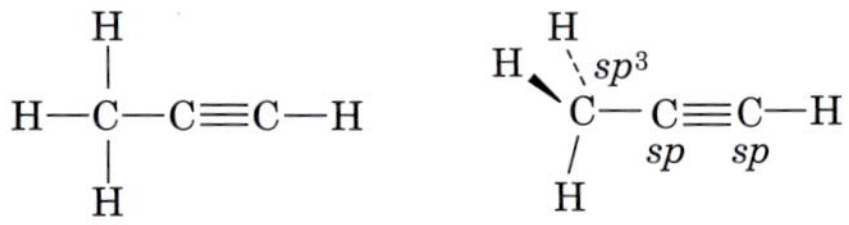

H—C(H)(H)—C≡C—H

H, H, H—C(sp³)—C≡C—H (sp, sp)

1.15 :N(H)=C(H)(H) The nitrogen atom is sp^2

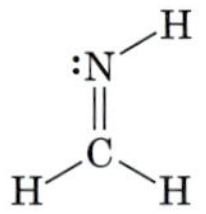

1.16 All are sp^3 hybridized and have roughly tetrahedral geometry.

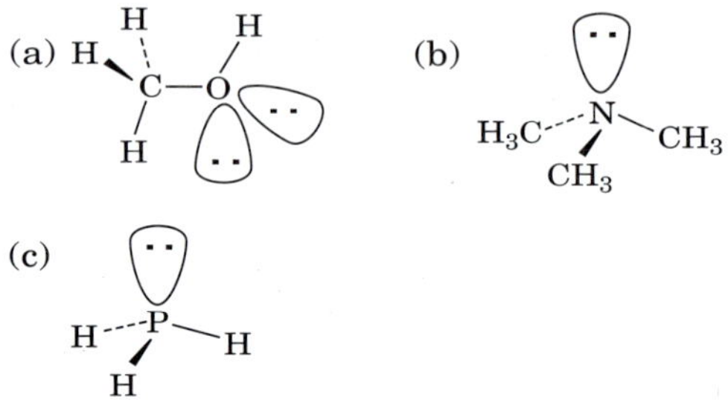

(a) H_3C—O (with two lone pairs) (b) H_3C—N(CH_3)—CH_3 (lone pair)

(c) H—P(H)—H (lone pair)

객관식 문제

1	C	5	C
2	D	6	C
3	B	7	B
4	A	8	A

제2장

2.1 (a) H (b) Br (c) Cl (d) C

2.2
(a) $\overset{\delta+}{C}$—$\overset{\delta-}{Br}$ (b) $\overset{\delta+}{C}$—$\overset{\delta-}{N}$ (c) $\overset{\delta-}{C}$—$\overset{\delta+}{Li}$ (d) $\overset{\delta-}{N}$—$\overset{\delta+}{H}$
(e) $\overset{\delta+}{C}$—$\overset{\delta-}{O}$ (f) $\overset{\delta-}{C}$—$\overset{\delta+}{Mg}$ (g) $\overset{\delta+}{C}$—$\overset{\delta-}{F}$

2.3 H_3C—OH < H_3C—MgBr < H_3C—Li = H_3C—F < H_3C—K

2.4 The oxygen is electron-rich and the carbon is electron-poor.

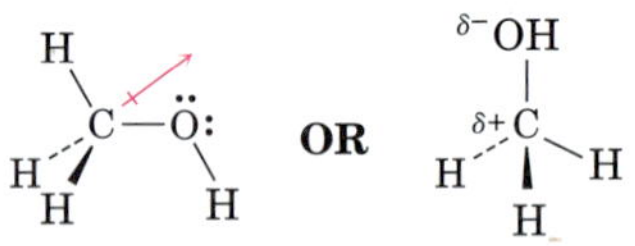

H_3C—$\ddot{O}$:—H OR $^{\delta-}$OH—$^{\delta+}$C(H_3)

2.5 The two C=O dipoles cancel because of the 180° O=C=O bond angle.

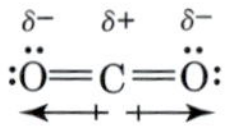

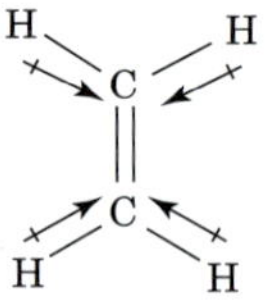

$\overset{\delta-}{:\ddot{O}}$=$\overset{\delta+}{C}$=$\overset{\delta-}{\ddot{O}:}$

2.6 (a) H₂C=CH₂
No dipole moment OR 0 dipole moment

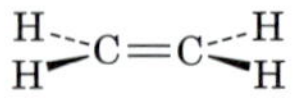

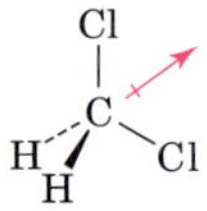

(b) $CHCl_3$ OR 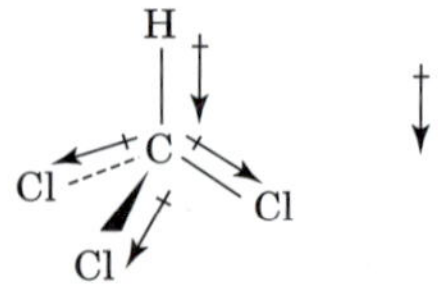 net dipole moment

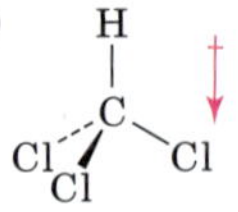

(c) CH_2Cl_2 OR 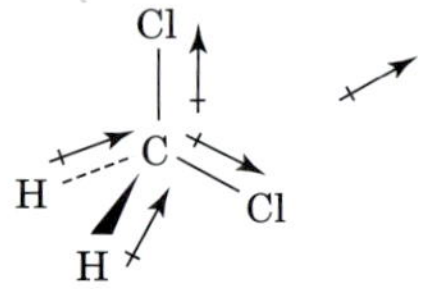 net dipole moment

(d) $H_2C=CCl_2$ OR 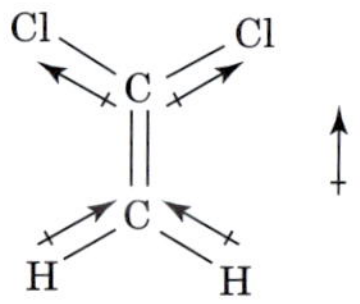 net dipole moment

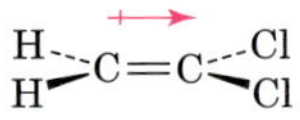

2.7

HNO_3	+	NH_3	⟶	NH_4^+	+	NO_3^-
Acid		Base		Conjugate acid		Conjugate base

2.8 Picric acid is stronger acid.

2.9 H_2O is a stronger acid.

2.10 Neither reaction will take place.
(a) No (b) No

2.11 Reaction will take place. Yes

2.12 $K_a = 4.9 \times 10^{-10}$

2.13
(a) $CH_3CH_2\ddot{O}H$ + H—Cl ⟶ $CH_3CH_2\overset{+}{\ddot{O}}H_2$ + Cl^-
or $(CH_3)_2\ddot{N}H$ or $(CH_3)_3P$:

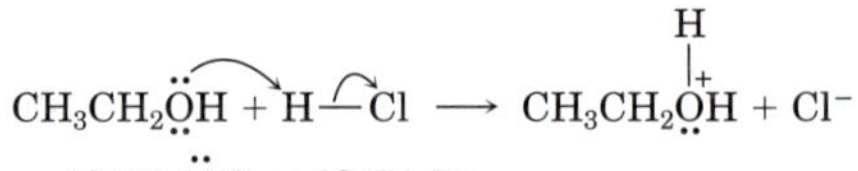

(b) H_3C^+ + $:\ddot{O}H^-$ ⟶ H_3C—OH
or $(CH_3)_3B$ or Br_2Mg

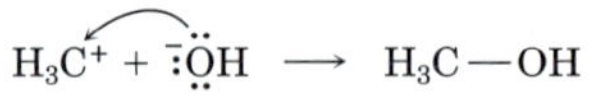

OR

(a) $CH_3CH_2\ddot{O}H + H{-}Cl \rightleftharpoons CH_3CH_2\overset{+}{O}H_2 + Cl^-$

$H\ddot{N}(CH_3)_2 + H{-}Cl \rightleftharpoons H\overset{+}{N}H(CH_3)_2 + Cl^-$

$\ddot{P}(CH_3)_3 + H{-}Cl \rightleftharpoons H{-}\overset{+}{P}(CH_3)_3 + Cl^-$

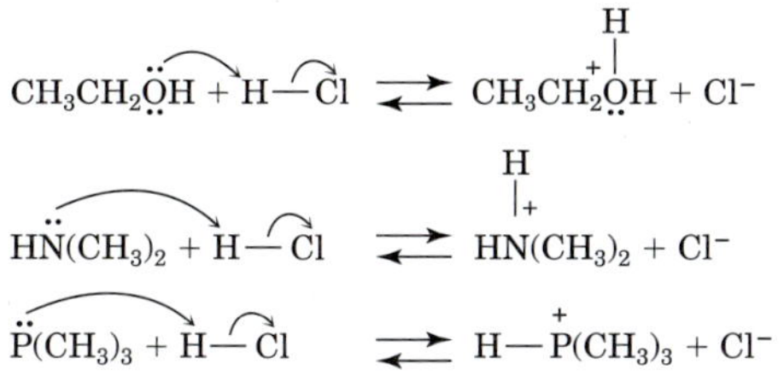

(b) $H\ddot{O}^- + {}^+CH_3 \rightleftharpoons H\ddot{O}{-}CH_3$

$H\ddot{O}^- + B(CH_3)_3 \rightleftharpoons H\ddot{O}{-}\bar{B}(CH_3)_3$

$H\ddot{O}^- + MgBr_2 \rightleftharpoons H\ddot{O}{-}\bar{M}gBr_2$

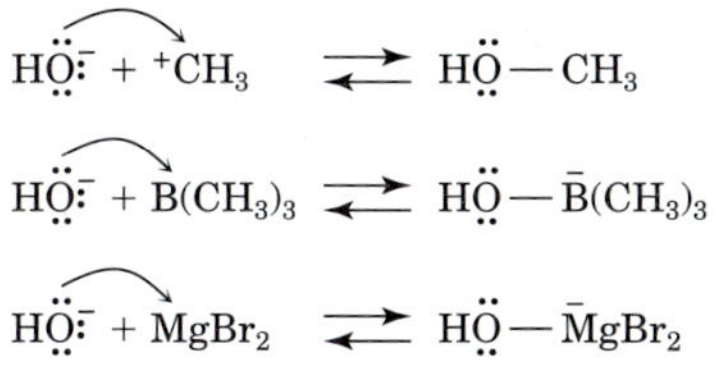

2.14 (a) For boron: $FC = 3 - \frac{8}{2} - 0 = -1$;

for oxygen: $FC = 6 - \frac{6}{2} - 2 = +1$

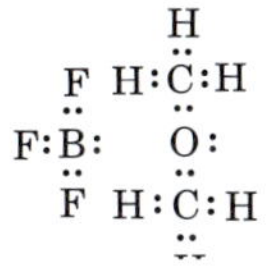

(b) For aluminum: $FC = 3 - \frac{8}{2} - 0 = -1$;

for nitrogen: $FC = 5 - \frac{8}{2} - 0 = +1$

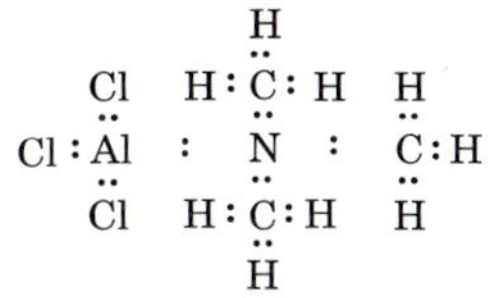

2.15 The nitrogen on the left is more electron-rich and more basic. The indicated hydrogen is most electron-poor (blues) and is most acidic.

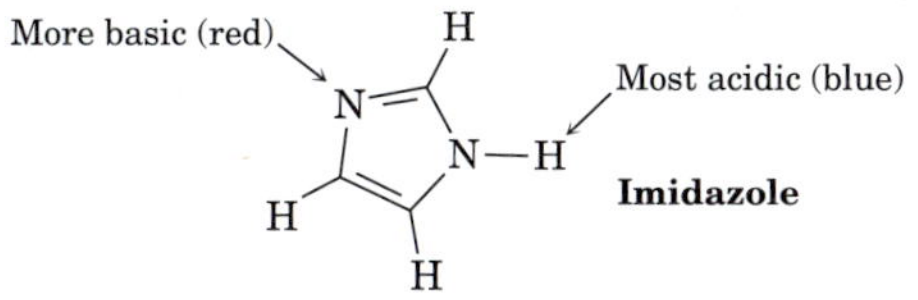

More basic (red)

Most acidic (blue)

Imidazole

2.16 (a) $C_9H_{13}NO_3$ (b) $C_{18}H_{22}O_2$

(a)

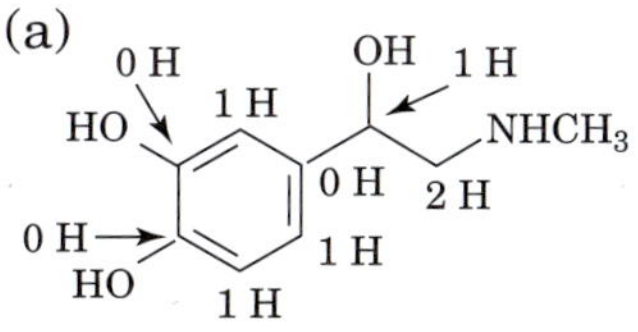

Adrenaline – $CgH_{13}NO_3$

(b)

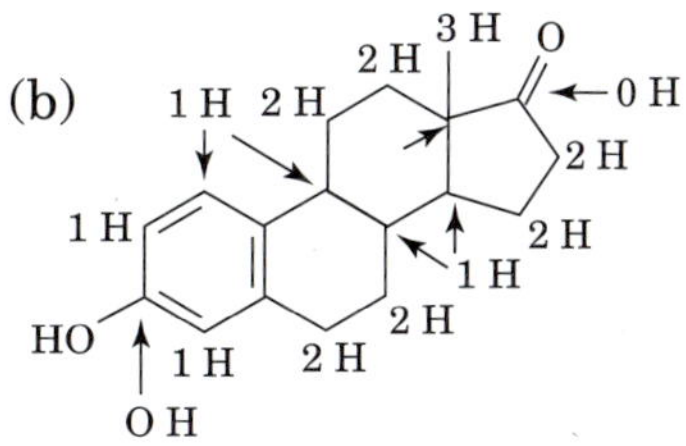

Estrone – $C_{18}H_{22}O_2$

2.17

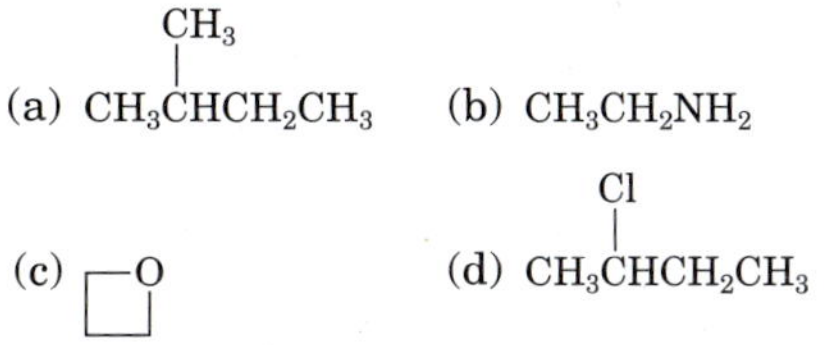

(a) $CH_3CH(CH_3)CH_2CH_3$ (b) $CH_3CH_2NH_2$

(c) (d) $CH_3CHClCH_2CH_3$

OR

(a) C_5H_{12}

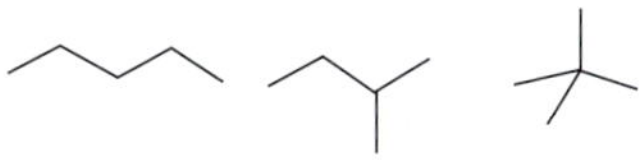

(b) $C_5H_{17}N$

(c) C_3H_6O

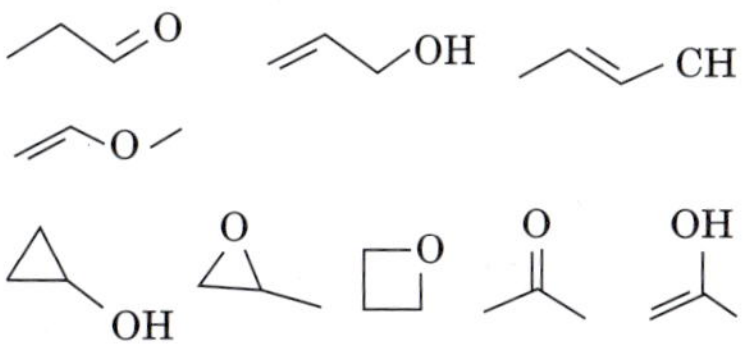

(d) C_4HgCl

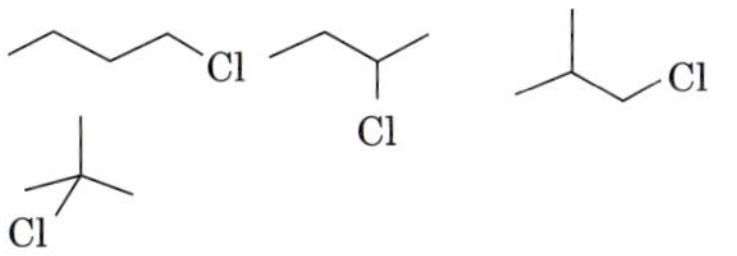

2.18

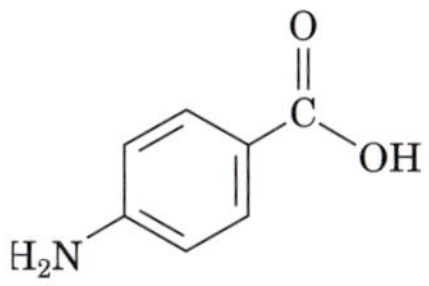

OR

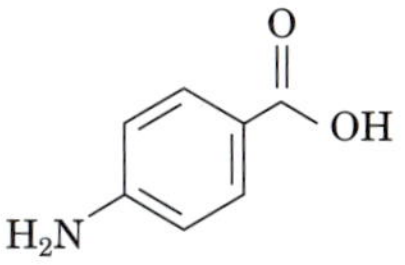

PABA

객관식 문제

1	D	**5**	C
2	B	**6**	A
3	C	**7**	D
4	D	**8**	B

제3장

3.1 (a) Amide, double bond, C=C
(b) Amine, carboxylic acid
(c) Double bond, ketone, ester, C=C
(d) Aromatic ring, double bond, alcohol, C=C

3.2 (a) CH_3OH Methanol (b) 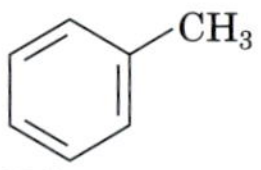 Toluene (benzene ring with CH_3) (c) CH_3COH (C=O) Acetic acid

(d) CH_3NH_2 Methylamine (e) $CH_3CCH_2NH_2$ (C=O) Aminoacetone

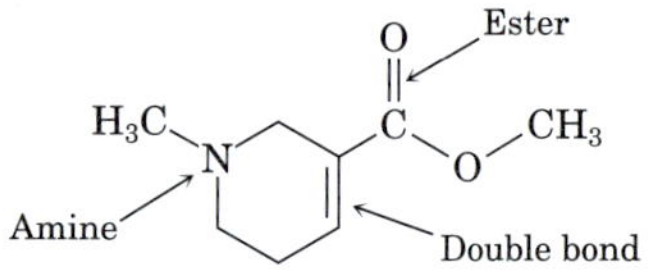

(f) 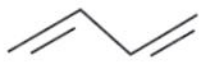 1,3-Butadiene $H_2C{=}CHCH{=}CH_2$

3.3 $C_8H_{13}NO_2$ — Ester, Amine, Double bond

OR

amine, ester, C—C double bond

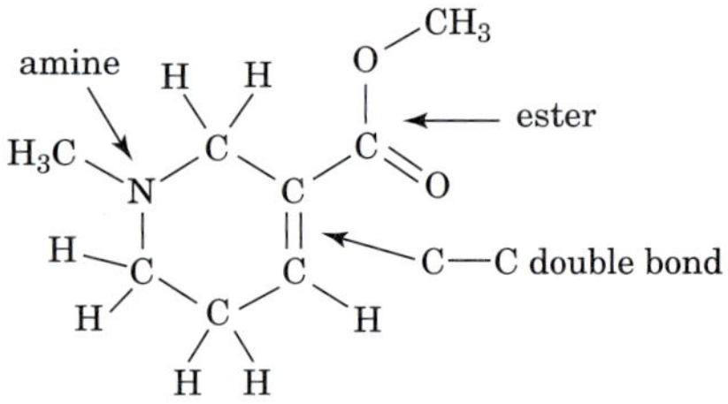

3.4

$CH_3CH_2CH_2CH_2CH_2CH_3$

CH_3
|
$CH_3CHCH_2CH_2CH_3$

CH_3
|
$CH_3CH_2CHCH_2CH_3$

CH_3
|
$CH_3CCH_2CH_3$
|
CH_3

CH_3
|
$CH_3CHCHCH_3$
|
CH_3

3.5 Part (a) has nine possible answers.

(a) $CH_3CH_2CH_2COCH_3$ (C=O) $CH_3CH_2COCH_2CH_3$ (C=O)

(b) $CH_3CH_2CH_2C{\equiv}N$

CH_3
|
$CH_3CHC{\equiv}N$

3.6 (a) Two (b) Four

3.7

$CH_3CH_2CH_2CH_2CH_2$~

$CH_3CH_2CH_2CH$~
|
CH_3

CH_3CH_2CH~
|
CH_2CH_3

CH_3
|
$CH_3CHCH_2CH_2$~

CH_3
|
$CH_3CH_2CHCH_2$~

CH_3
|
CH_3CH_2C~
|
CH_3

CH_3
|
CH_3CHCH~
|
CH_3

CH_3
|
CH_3CCH_2~
|
CH_3

3.8 (a) 3 primary, 2 secondary, 1 tertiary
(b) 4 primary, 2 secondary, 2 tertiary
(c) 5 primary, 1 secondary, 1 tertiary, 1 quaternary

3.9 Primary carbons have primary hydrogens, secondary carbons have secondary hydrogens, and tertiary carbons have tertiary hydrogens.

3.10

(a)
CH_3
|
$CH_3CHCHCH_3$
|
CH_3

(b)
CH_3CHCH_3
|
$CH_3CH_2CHCH_2CH_3$

(c)
CH_3
|
$CH_3CCH_2CH_3$
|
CH_3

3.11 (a) Pentane, 2-methylbutane, 2,2-dimethylpropane

$CH_3CH_2CH_2CH_2CH_3$

CH_3
|
$CH_3CH_2CHCH_2$

CH_3
|
CH_3CCH_3
|
CH_3

(b) 3,4-Dimethylhexane
(c) 2,4-Dimethylpentane
(d) 2,2,5-Trimethylheptane

3.12

(a)
CH_3
|
$CH_3CH_2CHCHCH_2CH_2CH_2CH_2CH_3$
|
CH_3

(b)
H_3C CH_2CH_3
| |
$CH_3CH_2CH_2C—CHCH_2CH_3$
|
H_3C

(c) $CH_3\overset{CH_3}{\underset{CH_3}{C}}CH_2\overset{CH_2CH_2CH_3}{CH}CH_2CH_2CH_2CH_3$

(d) $CH_3\overset{CH_3}{\underset{CH_3}{C}}CH_2\overset{CH_3}{CH}CH_3$

OR

(a) $CH_3CH_2CH_2CH_2CH_2\underset{CH_3}{CH}\overset{CH_3}{CH}CH_2CH_3$

3,4-Dimethylnonane

(b) $CH_3CH_2CH_2\overset{CH_3}{\underset{CH_3}{C}}-\underset{CH_2CH_3}{CH}CH_2CH_3$

3-Ethyl-4 ,4-Dimethylnonane

(c) $CH_3CH_2CH_2CH_2\overset{CH_2CH_2CH_3}{CH}CH_2C(CH_3)_3$

2,2-Dimethyl-4-propyloctane

(d) $CH_3\overset{CH_3}{CH}CH_2\overset{CH_3}{\underset{CH_3}{C}}CH_3$

2,2,4-Trimethylpentane

3.13 Pentyl, 1-methylbutyl, 1-ethylpropyl, 3-methylbutyl, 2-methylbutyl, 1,1-dimethylpropyl, 1,2-dimethylpropyl, 2,2-dimethylpropyl

$CH_3CH_2CH_2CH_2CH_2\wr$

Pentyl

$CH_3CH_2CH_2\underset{CH_3}{CH}\wr$

1-Methylbutyl

$CH_3CH_2\underset{CH_3}{CH}CH_2\wr$

2-Methylbutyl

$CH_3\underset{CH_3}{CH}CH_2CH_2\wr$

3-Methylbutyl

$CH_3CH_2\overset{CH_3}{\underset{CH_3}{C}}\wr$

1,1-Dimethylpropyl

$CH_3\overset{CH_3}{CH}\underset{CH_3}{CH}\wr$

1,2-Dimethylpropyl

$CH_3\overset{CH_3}{\underset{CH_3}{C}}CH_2\wr$

2,2-Dimethylpropyl

$CH_3CH_2\underset{CH_2CH_3}{CH}\wr$

1-Ethylpropyl

3.14 $CH_3CH_2\overset{H_3C}{\underset{H_3C}{C}}-\overset{CH_3}{CH}\underset{CH_3}{CH}CH_2CH_3$ **3,3,4,5-Tetramethylheptane**

OR

3,3,4,5-Tetramethylheptane

3.15 (a) 1,4-Dimethylcyclohexane
(b) 1-Methyl-3-propylcyclopentane
(c) 1-Isopropyl-2-methylcyclohexane

3.16 (a) 1,1-Dimethylcyclooctane (b) 3-Cyclobutylhexane

(c) (d)

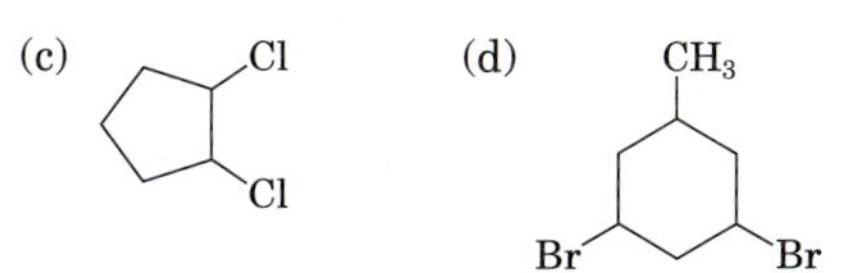

1,2-Dimethylcyclopentane 1,3-Dibromo-5-methylcyclohe

3.17

3-Ethyl-1,1-dimethylcyclopentane

객관식 문제

1	B	**5**	C
2	B	**6**	D
3	C	**7**	C
4	D		

제4장

4.1 (a) Substitution (b) Elimination
(c) Addition

4.2 1-Chloro-2-methylpentane, 2-chloro-2-methylpentane, 3-chloro-2-methylpentane, 2-chloro-4-methylpentane, 1-chloro-4-methylpentane

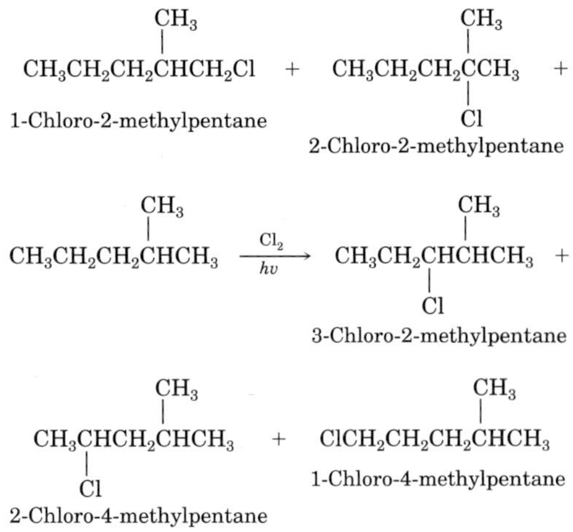

$CH_3CH_2CH_2CH(CH_3)CH_2Cl$ + $CH_3CH_2CH_2C(CH_3)(Cl)CH_3$ +

1-Chloro-2-methylpentane; 2-Chloro-2-methylpentane

$CH_3CH_2CH_2CH(CH_3)CH_3 \xrightarrow[hv]{Cl_2} CH_3CH_2CH(Cl)CH(CH_3)CH_3$ +

3-Chloro-2-methylpentane

$CH_3CH(Cl)CH_2CH(CH_3)CH_3$ + $ClCH_2CH_2CH_2CH(CH_3)CH_3$

2-Chloro-4-methylpentane; 1-Chloro-4-methylpentane

4.3 Pentane has three types of hydrogens; neopentane has only one.

Pentane has three types of hydrogen atoms, $\overset{a}{CH_3}\overset{b}{CH_2}\overset{c}{CH_2}\overset{b}{CH_2}\overset{a}{CH_3}$. Although monochlorination produces $CH_3CH_2CH_2CH_2CH_2Cl$, it is not possible to avoid producing $CH_3CH_2CH_2CH(Cl)CH_3$ and $CH_3CH_2CH(Cl)CH_2CH_3$ as well. Since neopentane has only one type of hydrogen, monochlorination yields a single product.

4.4 Electrophiles: HCl, CH_3CHO, CH_3SH; nucleophiles: CH_3NH_2, CH_3SH

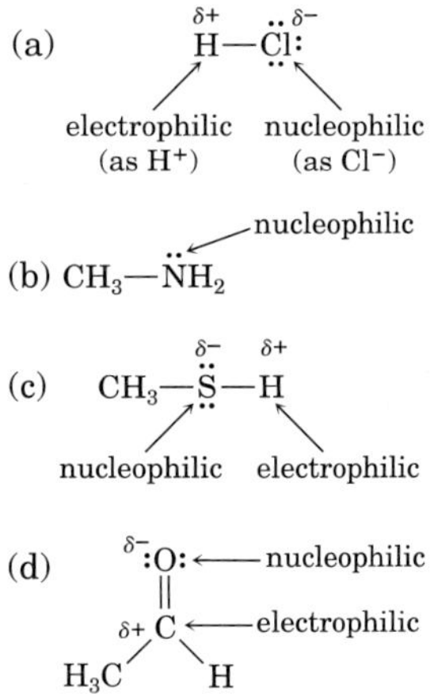

(a) $\overset{\delta+}{H}—\overset{\delta-}{\ddot{C}l}:$

electrophilic (as H^+) nucleophilic (as Cl^-)

(b) $CH_3—\ddot{N}H_2$ ← nucleophilic

(c) $CH_3—\overset{\delta-}{\ddot{S}}—\overset{\delta+}{H}$

nucleophilic electrophilic

(d) $^{\delta-}$:O: ← nucleophilic; $\delta+$ C ← electrophilic (C=O with H_3C and H)

4.5 BF_3: B ← Vacant *p* orbital **OR** F:B:F (with F) ← Vacant orbital

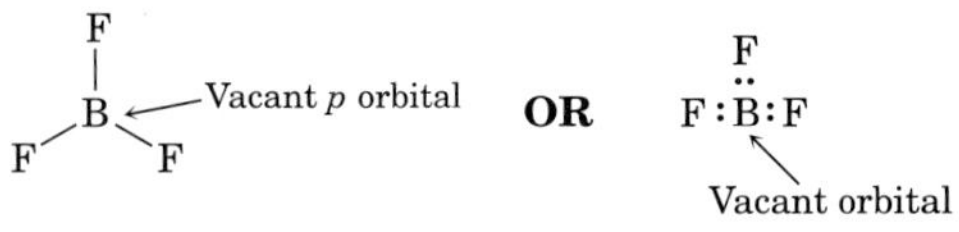

4.6 Bromocyclohexane; chlorocyclohexane

Bromocyclohexane Chlorocyclohexane

4.7 $(CH_3)_2C^+CH_3$ (H_3C, C^+, CH_3)

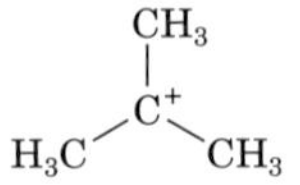

OR

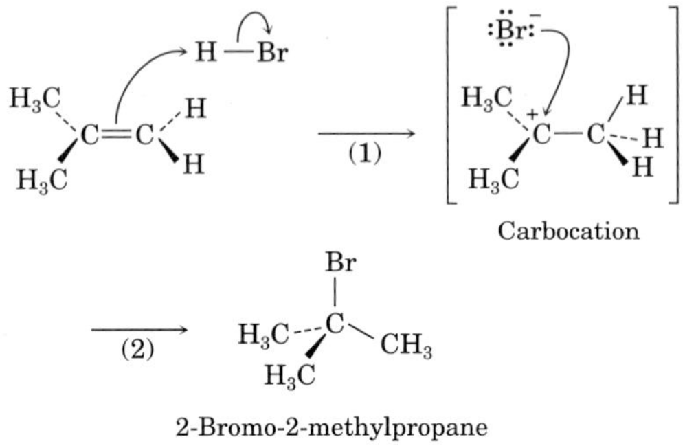

$(H_3C)_2C=CH_2$ + H—Br $\xrightarrow{(1)}$ [:$\ddot{Br}$:$^-$ + $(H_3C)_2\overset{+}{C}—CH_3$] Carbocation $\xrightarrow{(2)}$ $(H_3C)_2C(Br)CH_3$

2-Bromo-2-methylpropane

4.8

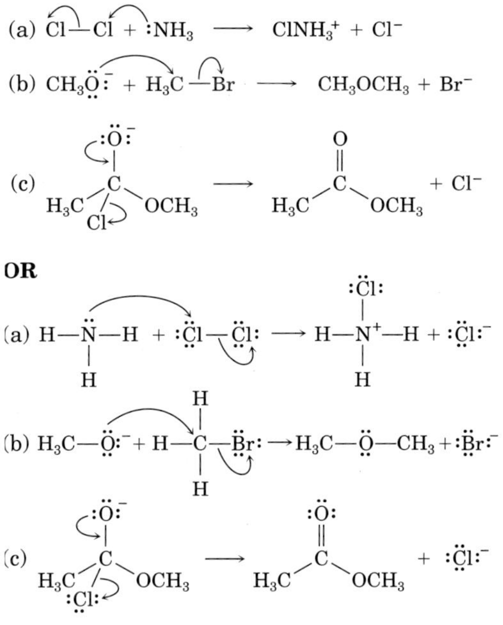

(a) Cl—Cl + :NH_3 ⟶ $ClNH_3^+$ + Cl^-

(b) $CH_3\ddot{O}:^-$ + H_3C—Br ⟶ CH_3OCH_3 + Br^-

(c) $H_3C—C(:\ddot{O}:^-)(Cl)—OCH_3$ ⟶ $H_3C—C(=O)—OCH_3$ + Cl^-

OR

(a) H—$\ddot{N}$(H)—H + :$\ddot{C}l$—$\ddot{C}l$: ⟶ H—N^+(Cl)(H)—H + :$\ddot{C}l$:$^-$

(b) $H_3C—\ddot{O}:^-$ + H—C(H)(H)—$\ddot{B}r$: ⟶ $H_3C—\ddot{O}—CH_3$ + :$\ddot{B}r$:$^-$

(c) $H_3C—C(:\ddot{O}:^-)(:\ddot{C}l:)—OCH_3$ ⟶ $H_3C—C(=\ddot{O}:)—OCH_3$ + :$\ddot{C}l$:$^-$

4.9 H_2O + $H_2C{=}CH_2$ + Br^-

H$\ddot{O}$:$^-$ (1) + $H_2C(H)—CH_2$—:$\ddot{B}r$: (2, 3) ⟶ H_2O + $H_2C{=}CH_2$ + :$\ddot{B}r$:$^-$

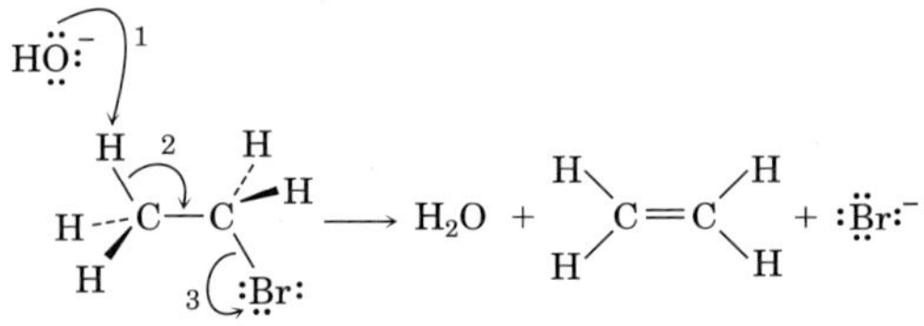

객관식 문제

1 C	5 A
2 D	6 D
3 B	7 B
4 B	

제5장

5.1 (a) 2 (b) 3 (c) 3 (d) 5 (e) 13

Compound	Degree of unsaturation
(a) C_8H_{14}	2
(b) C_5H_6	3
(c) $C_{12}H_{20}$	3
(d) $C_{20}H_{32}$	5
(e) $C_{40}H_{56}$	13

5.2 (a) 1 (b) 2 (c) 2

Compound	Degree of unsaturation	Structures
(a) C_4H_8	1	$CH_3CH_2{=}CH_2CH_3$

		$CH_3CH_2CH_2{=}CH_2$
		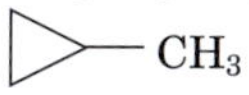
		$(CH_3)_2C{=}CH2$
(b) C_4H_6	2	$CH_2{=}CHCH{=}CH_3$
		$CH_3CH_2C{\equiv}CH$
		$CH_3CH{=}C{=}CH_2$

		$CH_3C{\equiv}CCH_3$

		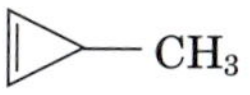
		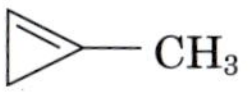
		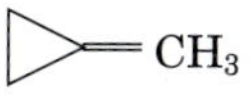
(c) C_3H_4	2	$H_2C{=}C{=}CH_2$
		$CH_3C{\equiv}CH$

5.3 (a) 3,4,4-Trimethyl-1-pentene
(b) 3-Methyl-3-hexene
(c) 4,7-Dimethyl-2,5-octadiene

5.4

(a) 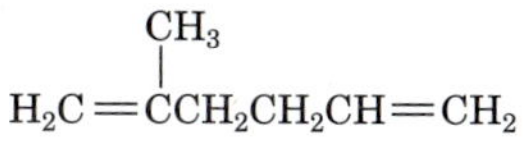

2-Methyl-1,5-hexadiene

(b) 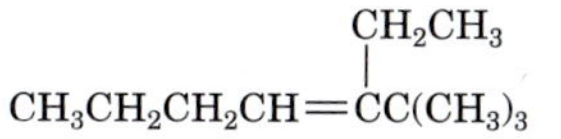

3-Ethyl-2,2-dimethyl-3-heptene

(c) 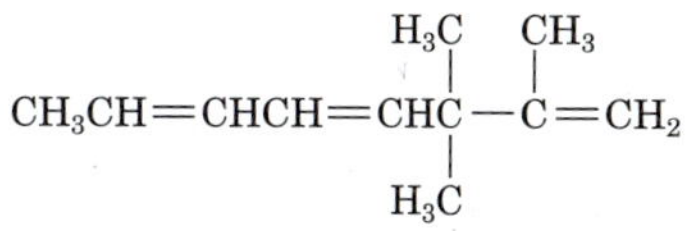

2,3,3-Trimethyl-1,4,6-octatriene

(d) 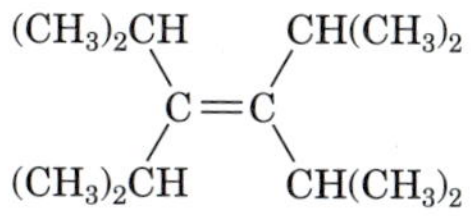

3,4-Diisopropyl-2,5-dimethyl-3-hexene

(e) 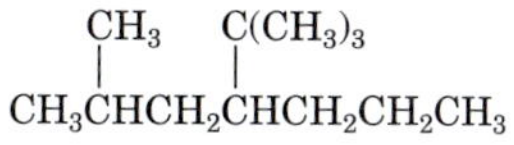

4-*tert*-Butyl-2-methylheptane

5.5 Compounds (c), (e), and (f) have cis–trans isomers.

(c) $CH_3CH_2CH{=}CHCH_3$

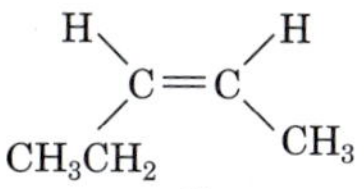

Cis

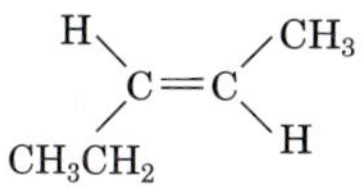

Trans

(e) $ClCH{=}ClCH$

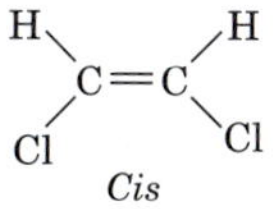

Cis

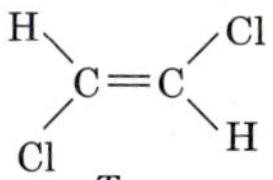

Trans

(f) $BrCH{=}CHCl$

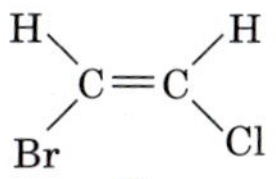

Cis

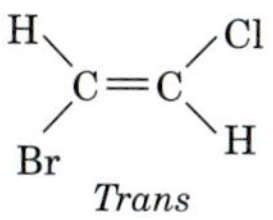

Trans

5.6 (a) *cis*-4,5-Dimethyl-2-hexene
(b) *trans*-6-Methyl-3-heptene

5.7 (a) Chlorocyclohexane

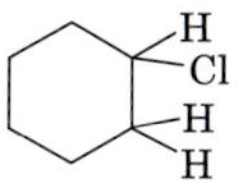

(b) 2-Bromo-2-methylpentane

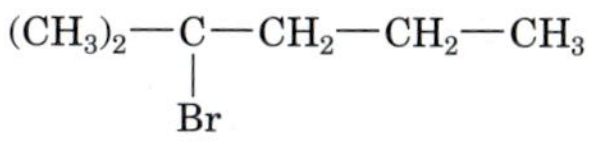

(c) 2-Iodopentane

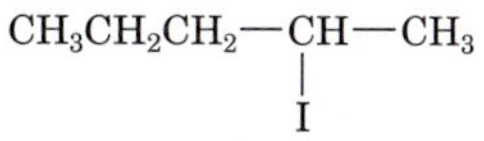

(d) 1-Bromo-1-methylcyclohexane

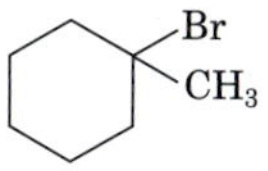

5.8 (a) Cyclopentene

(b) 1-Ethylcyclohexene or ethylidenecyclohexane

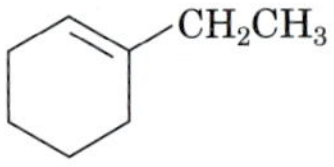

(c) 3-Hexene
$CH_3CH_2CH{=}CHCH_2CH_3$

(d) Cyclohexylethylene

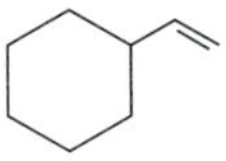

5.9 (a) $[CH_3CH_2\overset{+}{C}(CH_3)CH_2CH(CH_3)CH_3]$ ⟶ $CH_3CH_2CBr(CH_3)CH_2CH(CH_3)CH_3$

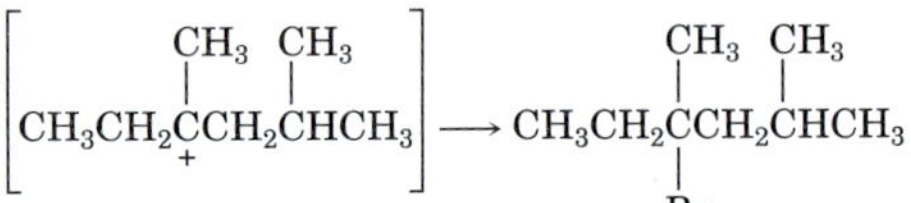

carbocation intermediate

(b) [cyclopentyl cation with CH_2CH_3] ⟶ 1-iodo-1-ethylcyclopentane (I, CH_2CH_3)

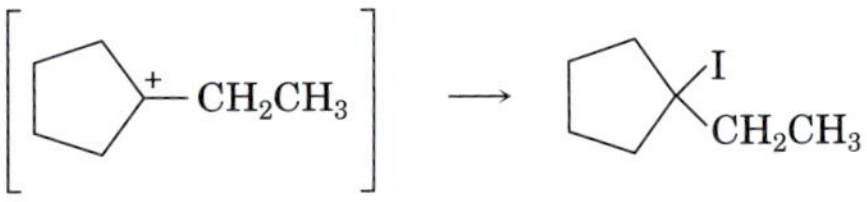

carbocation intermediate

5.10 (a) 2-Pentanol
$CH_3CH_2CH_2CH(OH)CH_3$

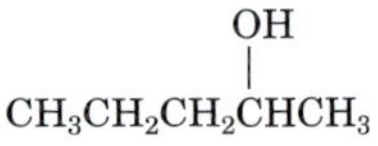

(b) 2-Methyl-2-pentanol
$CH_3CH_2CH_2C(CH_3)(OH)CH_3$

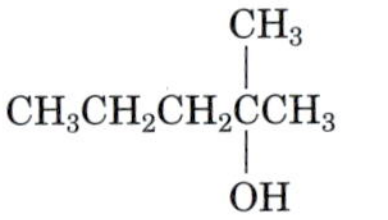

5.11 (a) Oxymercuration of 2-methyl-1-hexene or 2-methyl-2-hexene
$CH_3C(CH_3){=}CHCH_2CH_2CH_3$

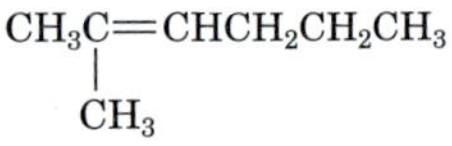

(b) Oxymercuration of cyclohexylethylene or hydroboration of ethylidenecyclohexane

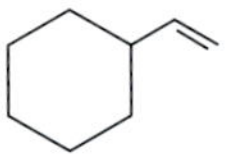

5.12 (a) 2-Methylpentane
$(CH_3)_2CHCH_2CH_2CH_3$

(b) 1,1-Dimethylcyclopentane
H_3C, H_3C

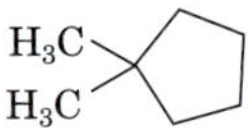

5.13 (a) 1-Methylcyclohexene
CH_3

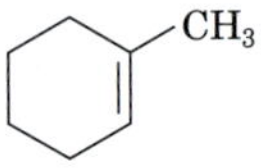

(b) 2-Methyl-2-pentene
$CH_3CH_2CH{=}C(CH_3)_2$

(c) 1,3-Butadiene
$CH_2{=}CHCH{=}CH_2$

5.14 (a) $CH_3COCH_2CH_2CH_2CH_2CO_2H$
(b) $CH_3COCH_2CH_2CH_2CH_2CHO$

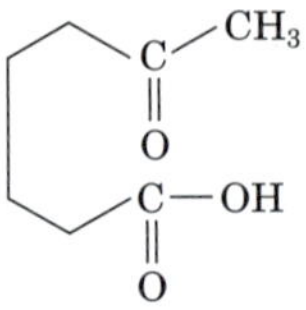

5.15 (a) 2-Methylpropene
$(CH_3)_2C{=}CH_2$

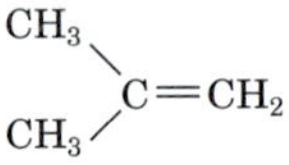

(b) 3-Hexene
$CH_3CH_2CH{=}CHCH_2CH_3$

5.16 (a) $H_2C{=}CHOCH_3$ (b) $ClCH{=}CHCl$

객관식 문제

1	B	**6**	B	**11**	A
2	C	**7**	C	**12**	B
3	C	**8**	D	**13**	A
4	A	**9**	C	**14**	B
5	D	**10**	A	**15**	A

제6장

6.1 (a) Meta (b) Para (c) Ortho

6.2 (a) *m*-Bromochlorobenzene
(b) (3-Methylbutyl)benzene
(c) *p*-Bromoaniline
(d) 2,5-Dichlorotoluene
(e) 1-Ethyl-2,4-dinitrobenzene
(f) 1,2,3,5-Tetramethylbenzene

6.3 (a) Br, Cl (b) Br, CH_3
(c) H_3C, NH_2 (d) H_3C, Cl, CH_3

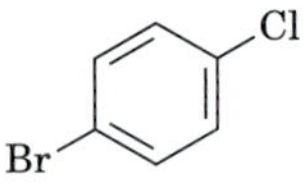

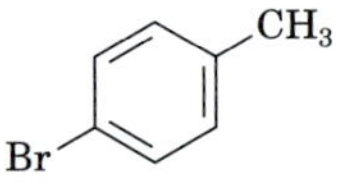

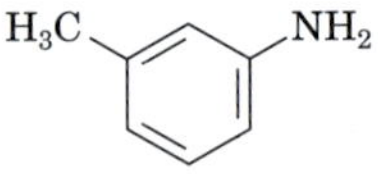

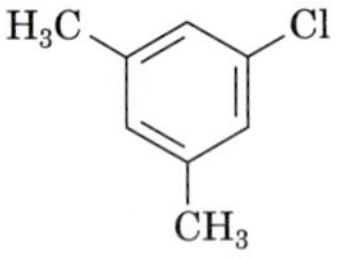

6.4 *o*-, *m*-, and *p*-Bromotoluene

6.5 *o*-Xylene: 2; *p*-xylene: 1; *m*-xylene: 3

6.6 D^+ does electrophilic substitutions on the ring.

Benzene can be protonated by strong acids. The resulting intermediate can lose either deuterium or hydrogen. If —H is lost, deuterated benzene is produced. Attack by deuterium can occur at all positions of the ring and leads to eventual replacement of all hydrogens by deuterium.

6.7 (a) $(CH_3)_2CHCOCl$

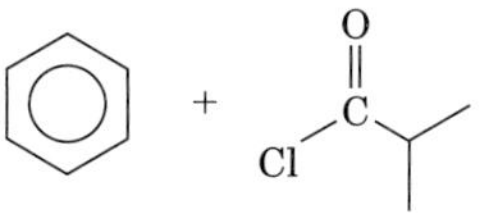

(b) PhCOCl

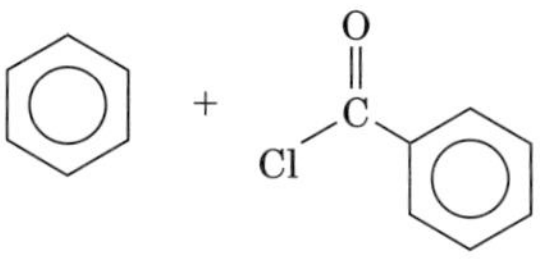

6.8 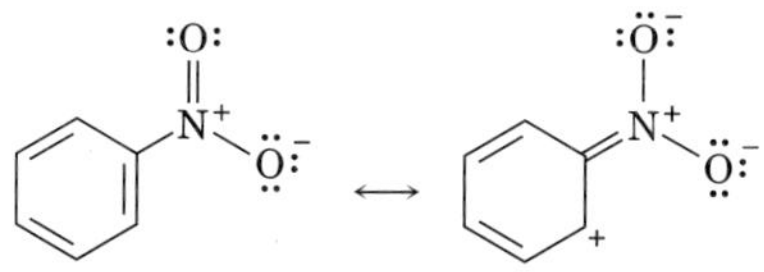 and others

6.9 and others

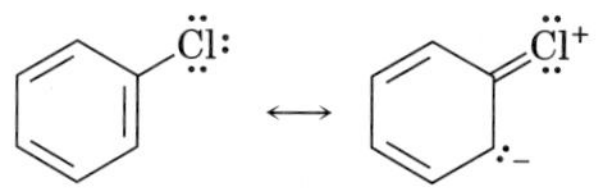

6.10 (a) *o*- and *p*-Bromonitrobenzene
(b) *m*-Bromonitrobenzene
(c) *o*- and *p*-Chlorophenol
(d) *o*- and *p*-Bromoaniline

6.11 *Mosy Reactive* ⟶ *Least Reactive*
(a) Phenol > Toluene > Benzene > Nitrobenzene
(b) Phenol > Benzene > Chlorobenzene > Benzoic acid
(c) Aniline > Benzene > Bromobenzene > Benzaldehyde

6.12 Alkylbenzenes are more reactive than benzene itself, but acylbenzenes are less reactive.

An acyl substituent is deactivating. Once an aromatic ring has been acylated, it is much less reactive to further substitution. An alkyl substituent is activa ting, however, so an alkyl-substituted ring is more reactive than an unsubstituted ring, and polysubstitution occurs readily.

6.13 Toluene is more reactive; the trifluoromethyl group is electron withdrawing.

6.14 The nitrogen electrons are donated to the nearby carbonyl group and are less available to the ring.

6.15 The meta intermediate is most favored.

6.16 (a) Ortho and para to $—OCH_3$
Both groups are ortho-para directors and direct substitution to the same positions. Attack doesn't occur berween the two groups for steric reasons.

(b) Ortho and para to $—NH_2$
Both groups are ortho-para directors, but direct to different positions. Because $—NH_2$ group is a more powerful activator, substitution occurs ortho and para to it.

(c) Ortho and para to —Cl
Both groups are deactivating, but they orient substitution toward the same positions.

6.17 (a) Reaction occurs ortho and para to the $—CH_3$ group.
(b) Reaction occurs ortho and para to the $—OCH_3$ group.

6.18 (a) *m*-Nitrobenzoic acid

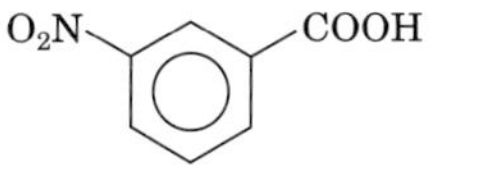

(b) *p*-*tert*-Butylbenzoic acid

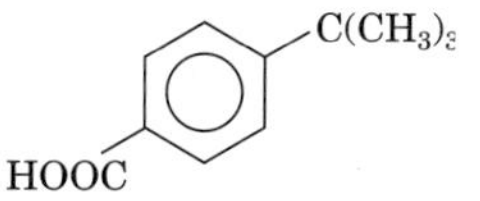

6.19 Chiral: screw, beanstalk, shoe

6.20 (a) (b)

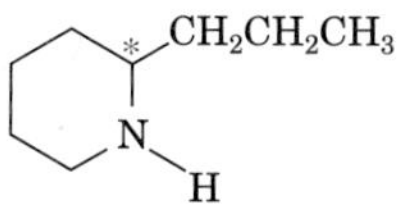

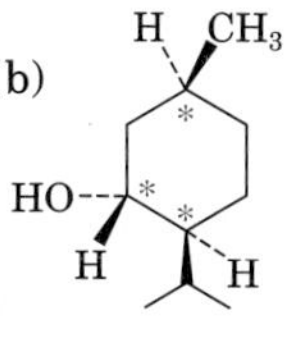

(c)

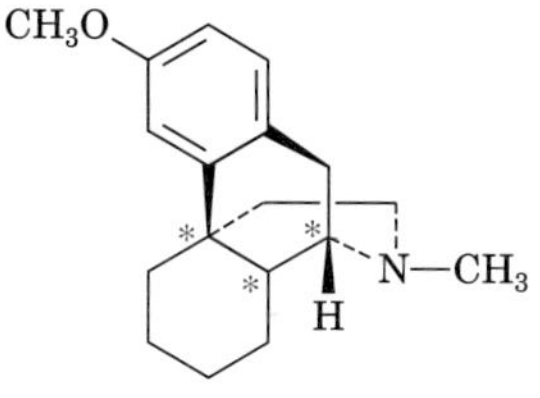

6.21 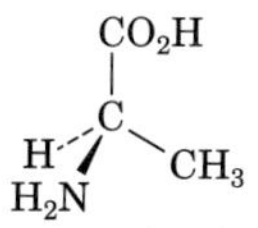 and

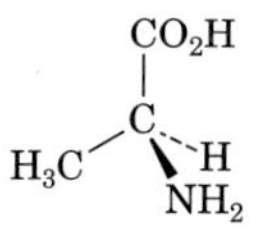

6.22 (a)

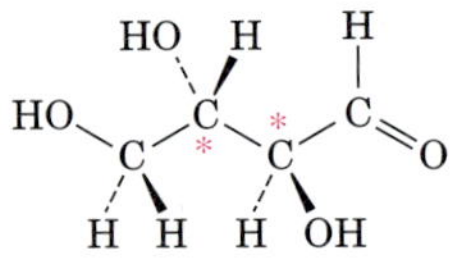

(b)

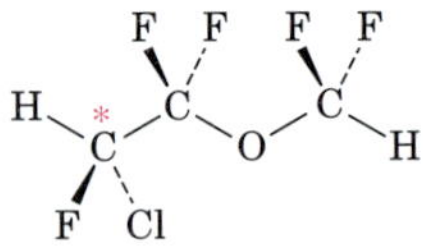

6.23

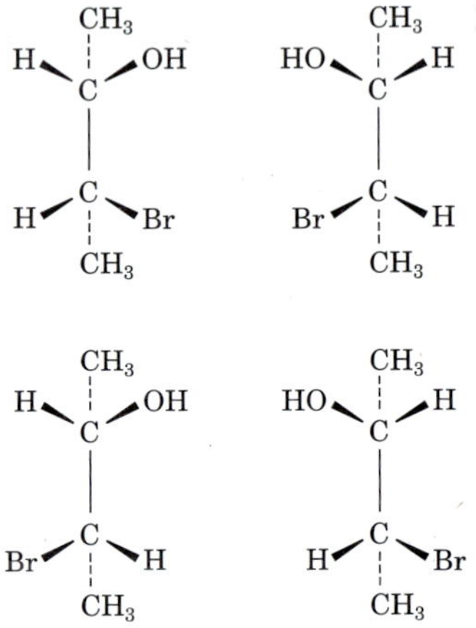

6.24

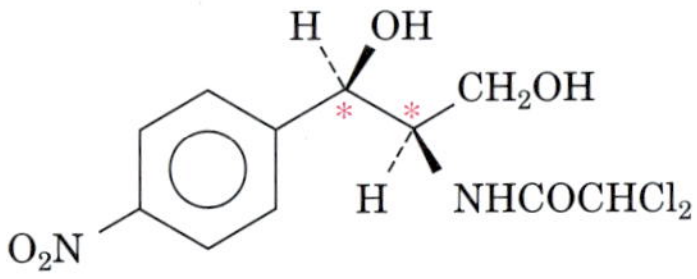

6.25

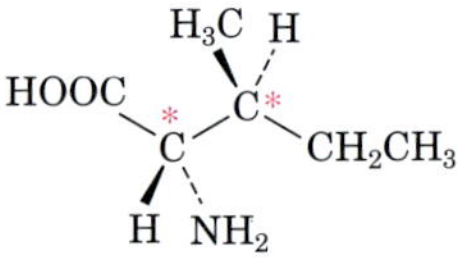

6.26 Five chirality centers; 32 stereoisomers

객관식 문제

1	B	**6**	A	**11**	C
2	C	**7**	B	**12**	C
3	D	**8**	C	**13**	D
4	A	**9**	D	**14**	B
5	C	**10**	C	**15**	A

제7장

7.1 (a) 1-Iodobutane
(b) 1-Chloro-3-methylbutane
(c) 1,5-Dibromo-2,2-dimethylpentane
(d) 1,3-Dichloro-3-methylbutane
(e) 1-Chloro-3-ethyl-4-iodopentane
(f) 2-Bromo-5-chlorohexane

7.2 (a) $CH_3CH_2CH_2C(CH_3)_2CH(Cl)CH_3$

(b) $CH_3CH_2CH_2C(Cl)_2CH(CH_3)_2$

(c) $CH_3CH_2C(Br)(CH_2CH_3)_2$

(d)

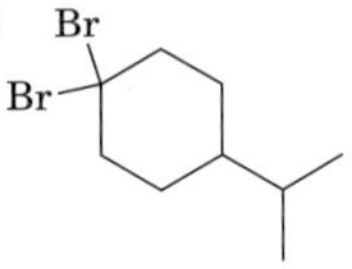

(e) $CH_3CH_2CH_2CH_2CH_2CH(CH_3CHCH_2CH_3)CH_2CHClCH_3$

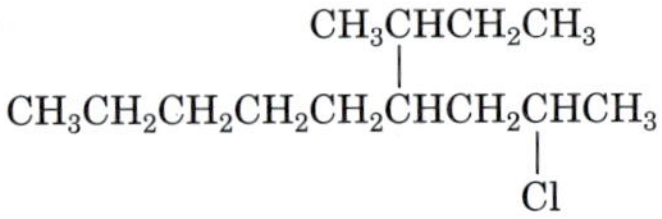

(f)

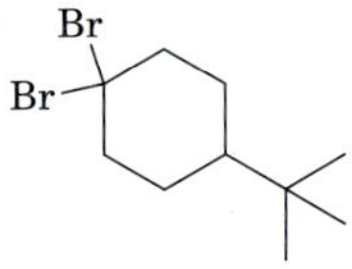

7.3 (a) $CH_3CH_2CHICH_3$
(b) $CH_3CH(CH_3)CH_2SH$
(c) (cyclohexyl)–CH_2CN

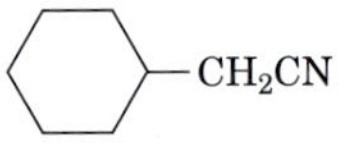

7.4 (a) $CH_3CH_2CH_2CH_2Br$ + NaOH $\xrightarrow{\Delta}$
(b) $(CH_3)_2CHCH_2CH_2Cl$ + NaN_3 $\xrightarrow{\Delta}$

7.5

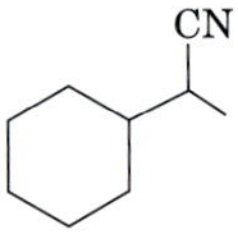

7.6 $CH_3CH_2CH_2CH_2—CH(OCOCH_3)—CH_3$

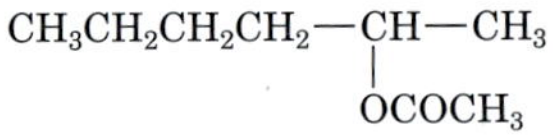

7.7 2-Butanol

HO^- + $(H_3C)(H)(CH_3CH_2)C—Br$ ⟶ $HO—C(CH_3)(H)(CH_2CH_3)$ + Br^-

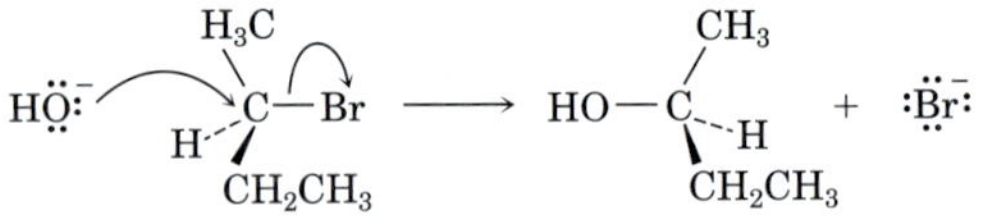

7.8 2-Bromo-4-methylpentane ⟶

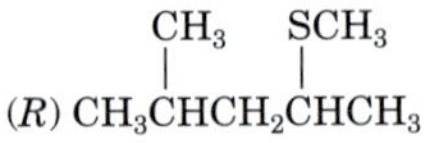

(*R*) $CH_3CH(CH_3)CH_2CH(SCH_3)CH_3$

OR

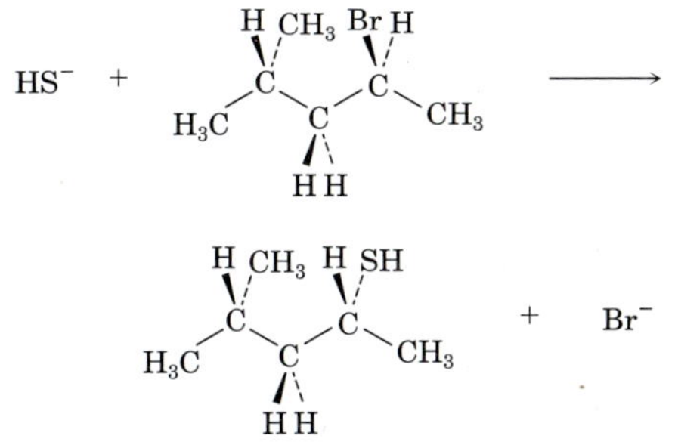

$$HS^- + H_3C\text{-}C(H)(CH_3)\text{-}CH_2\text{-}C(Br)(H)\text{-}CH_3 \longrightarrow H_3C\text{-}C(H)(CH_3)\text{-}CH_2\text{-}C(H)(SH)\text{-}CH_3 + Br^-$$

7.9 (a) 1-Iodobutane

$CH_3CH_2CH_2CH_2I + NaBr$

(b) 1-Butanol

$CH_3CH_2CH_2CH_2OH + KBr$

(c) 1-Hexyne

... $CH_3CH_2CH_2CH_2C{\equiv}CH + LiBr$

(d) Butylammonium bromide

$CH_3CH_2CH_2CH_2NH_3^+Br^-$

7.10 1-methylcyclohexene (CH_3 on ring C=C) + methylenecyclohexane (=CH_2)

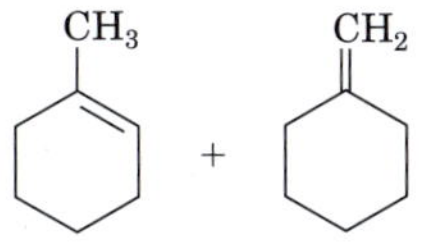

7.11

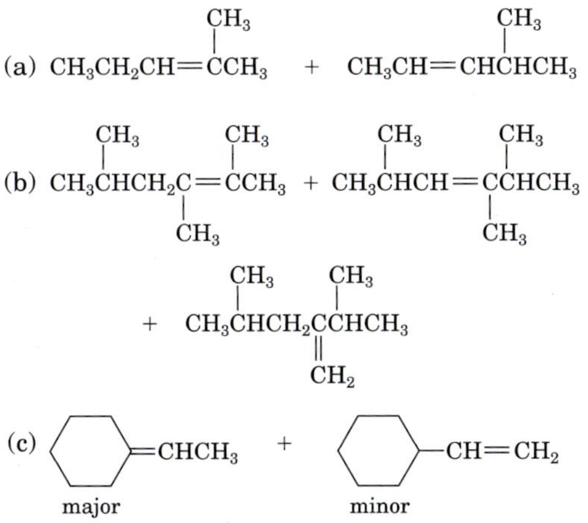

(a) $CH_3CH_2CH{=}C(CH_3)CH_3 + CH_3CH{=}CHCH(CH_3)CH_3$

(b) $CH_3CH(CH_3)CH_2C(CH_3){=}CCH_3(CH_3)$ ... $CH_3CH(CH_3)CH_2C{=}C(CH_3)CH_3 + CH_3CH(CH_3)CH{=}C(CH_3)CH(CH_3)CH_3$

$+ CH_3CH(CH_3)CH_2C({=}CH_2)CH(CH_3)CH_3$

(c) cyclohexylidene$=CHCH_3$ (major) + cyclohexyl$-CH{=}CH_2$ (minor)

7.12

(a) $CH_3CH(CH_3)CH_2CH_2CH(CH_3)CH_2CH_2Br$

(b) Br–cyclopentane with two CH_3 groups

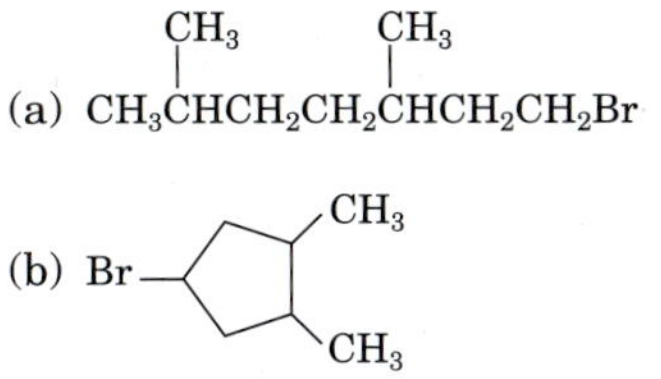

7.13 React Grignard reagent with D_2O.

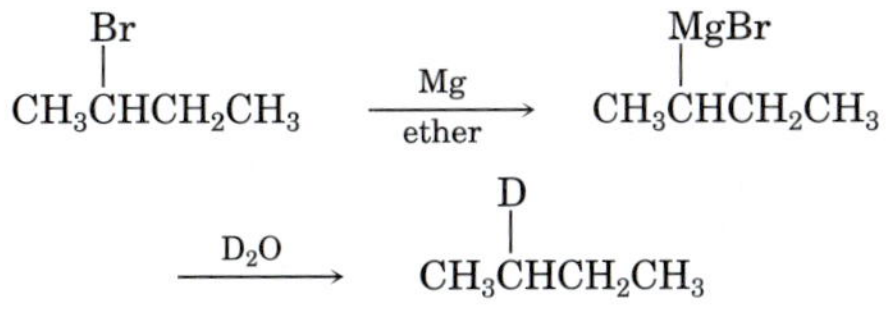

$$CH_3CH(Br)CH_2CH_3 \xrightarrow[\text{ether}]{Mg} CH_3CH(MgBr)CH_2CH_3$$

$$\xrightarrow{D_2O} CH_3CH(D)CH_2CH_3$$

7.14

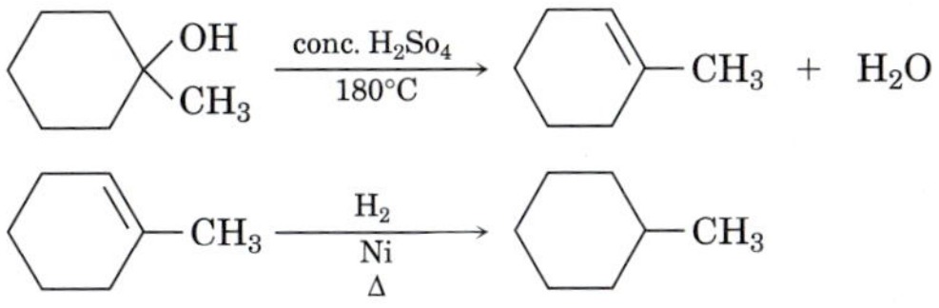

$$\text{1-methylcyclohexanol (OH, } CH_3) \xrightarrow[180°C]{\text{conc. } H_2So_4} \text{1-methylcyclohexene}-CH_3 + H_2O$$

$$\text{1-methylcyclohexene}-CH_3 \xrightarrow[\Delta]{H_2,\ Ni} \text{cyclohexane}-CH_3$$

7.15

$$CH_3CH(CH_3)CH_2CH_2CH_2OH \xrightarrow[180°C]{\text{conc. } H_2So_4}$$

$$CH_3{-}CH(CH_3)CH_2CH{=}CH_2 + H_2O$$

$$CH_3CH(CH_3)CH_2CH{=}CH_2 + H_2 \xrightarrow[\Delta]{Ni}$$

$$CH_3CH(CH_3)CH_2CH_2CH_3$$

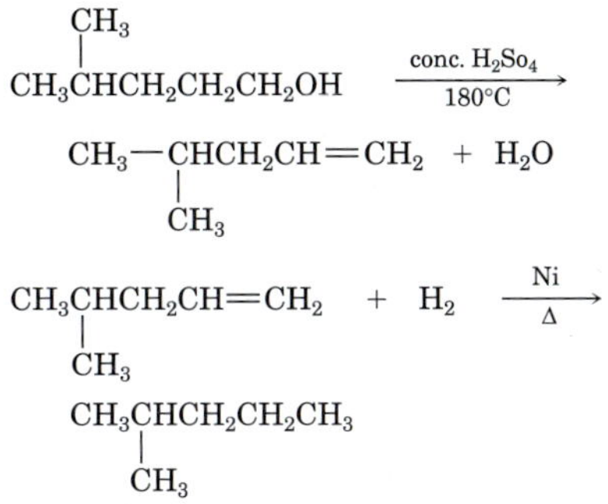

7.16 (a) 1-Methylcyclopentanol

(b) 1,1-Diphenylethanol

(c) 3-Methyl-3-hexanol

7.17 (a) Acetone + CH_3MgBr,
or ethyl acetate + 2 CH_3MgBr

(b) Cyclohexanone + CH_3MgBr

(c) 3-Pentanone + CH_3MgBr,
or 2-butanone + CH_3CH_2MgBr,
or ethyl acetate + 2 CH_3CH_2MgBr

(d) 2-Butanone + PhMgBr,
or ethyl phenyl ketone + CH_3MgBr,
or acetophenone + CH_3CH_2MgBr

(e) Formaldehyde + PhMgBr

7.18 Cyclohexanone + CH_3CH_2MgBr

객관식 문제

1	A	**6**	C	**11**	B	**16**	B
2	D	**7**	D	**12**	A		
3	C	**8**	A	**13**	C		
4	C	**9**	B	**14**	B		
5	B	**10**	C	**15**	B		

제8장

8.1 (a) 5-Methyl-2,4-hexanediol

(b) 2-Methyl-4-phenyl-2-butanol

(c) 4,4-Dimethylcyclohexanol
(d) *trans*-2-Bromocyclopentanol
(e) 4-Bromo-3-methylphenol

8.2 (a)
CH_2OH
$CH_3CH{=}CCH_2CH_3$

(b) OH

(c) OH, H, Cl, H

(d) OH
$CH_3CHCH_2CH_2CH_2OH$

(e) OH
H_3C CH_3

(f) OH
CH_2CH_2OH

8.3 Hydrogen bonding is more difficult in hindered alcohols.

8.4 (a) $HC{\equiv}CH < (CH_3)_2CHOH < CH_3OH < (CF_3)_2CHOH$
(b) *p*-Methylphenol < Phenol < *p*-(Trifluoromethyl)phenol
(c) Benzyl alcohol < Phenol < *p*-Hydroxybenzoic acid

8.5 The electron-withdrawing nitro group stabilizes an alkoxide ion, but the electron-donating methoxyl group destabilizes the anion.

8.6 (a) 2-Methyl-4-phenyl-2-butanol
(b) 2-Methyl-2,3-pentanediol

8.7 (a) $NaBH_4$ (b) $LiAlH_4$ (c) $LiAlH_4$

8.8 (a) Benzaldehyde or benzoic acid (or ester)
(b) Acetophenone
(c) Cyclohexanone
(d) 2-Methylpropanal or 2-methylpropanoic acid (or ester)

객관식 문제

1	C	**6**	D	**11**	C	**16**	A
2	A	**7**	C	**12**	D	**17**	B
3	B	**8**	B	**13**	D	**18**	C
4	D	**9**	D	**14**	C		
5	C	**10**	B	**15**	C		

제9장

9.1 (a) 2-Methyl-3-pentanone
(b) 3-Phenylpropanal
(c) 3-Chlorobutanal
(d) ethyl phenyl ketone
(e) 4-Methyl-3-propyl-2-hexanone
(f) 4-Hexenal

9.2 (a)
CH_3
CH_3CHCH_2CHO

(b)
Cl O
$CH_3CHCH_2CCH_3$

(c) CH_2CHO

(d)
CH_3
$H_2C{=}CCH_2CHO$

객관식 문제

1	C	**5**	C	**9**	C	**13**	B
2	B	**6**	A	**10**	D	**14**	A
3	B	**7**	D	**11**	B	**15**	B
4	A	**8**	C	**12**	B	**16**	A

제10장

10.1 (a) 3-Methylbutanoic acid
(b) 4-Bromopentanoic acid
(c) 2-Ethylpentanoic acid
(d) *cis*-4-Hexenoic acid

10.2 (a)
H_3C CH_3
$CH_3CH_2CH_2CHCHCO_2H$

(b)
CH_3
$CH_3CHCH_2CH_2CO_2H$

(c) CO_2H
OH

10.3 Naphthalene is insoluble in water and benzoic acid is only slightly soluble. The *salt* of benzoic acid is very soluble in water, however, and we can take advantage of this solubility in separating naphthalene from benzoic acid.

Dissolve the mixture in an organic solvent, and extract with a dilute aqueous solution of sodium hydroxide or sodium bicarbonate, which will neutralize benzoic acid. Naphthalene will remain in the organic layer, and all benzoic acid, now converted to the benzoate salt, will be in the aqueous layer. To recover benzoic acid, remove the aqueous layer, acidify it with dilute mineral acid, and extract with an organic solvent.

10.4 43.4%

10.5 (a) $CH_3CH_2CO_2H < BrCH_2CO_2H < FCH_2CO_2H$
Weaker acid ⟶ *Stronger acid*
Fluoride is the most electronegative group and can stabilize the carboxylate anion the best.

(b) $CH_3CH_2NH_2 < CH_3CH_2OH < CH_3CH_2CO_2H$
Weaker acid ⟶ *Stronger acid*
Alcohols are very weak acids, and the electron lone pair of amines makes them basic, not acidic.

10.6 The dianion is destabilized by repulsion between charges.

The pK_1 of oxalic acid is lower than that of a monocarboxylic acid because the carboxylate anion is stabilized both by resonance and by the inductive effect of the nearby second carboxylic acid group.

The pK_2 of oxalic acid is higher than pK_1 for two reasons: (1) The first carboxylate group inductively destabilizes the negative charge resulting from dissociation of the second proton. (2) Electrostatic repulsion between the two adjacent negative charges destabilizes the dianion.

10.7 More reactive

A pK_a of 4.45 indicates that p-cyclopropylbenzoic acid is a weaker acid than benzoic acid. This, in turn, indicates that a cyclopropyl group must be electron-donating. Since electron-donating groups increase reactivity in electrophilic substitution reactions, *p*-cyclopropylbenzene should be more reactive than benzene toward electrophilic bromination.

10.8 (a) *p*-Methylbenzoic acid < Benzoic acid < *p*-Chlorobenzoic acid
(b) Acetic acid < Benzoic acid < *p*-Nitrobenzoic acid

10.9

(a) $(CH_3)_3CCl \xrightarrow[\text{3. } H_3O^+]{\text{1. Mg, ether; 2. } CO_2\text{, ether}} (CH_3)_3CCOOH$

(b) $CH_3CH_2CH_2Br \xrightarrow[\text{3. } H_3O^+]{\text{1. Mg, ether; 2. } CO_2\text{, ether}}$ *or* $\xrightarrow[\text{2. } H_3O^+]{\text{1. NaCN}} CH_3CH_2CH_2COOH$

10.10 1. NaCN; 2. H_3O^+; 3. $LiAlH_4$

10.11 1. PBr_3; 2. NaCN; 3. H_3O^+; 4. $LiAlH_4$

10.12 (a) 4-Methylpentanoyl chloride
(b) Cyclohexylacetamide
(c) Isopropyl 2-methylpropanoate
(d) Benzoic anhydride
(e) Isopropyl cyclopentanecarboxylate
(f) Cyclopentyl 2-methylpropanoate
(g) Methyl (2*R*)-2-bromopropanoate

10.13 (a) $C_6H_5\overset{O}{\overset{\|}{C}}OC_6H_5$

(b) $CH_3CH_2CH_2\overset{O}{\overset{\|}{C}}N(CH_3)CH_2CH_3$

(c) $CH_3CH(CH_3)CH_2CH(CH_3)\overset{O}{\overset{\|}{C}}Cl$

(d) 1-methylcyclohexane with $\overset{O}{\overset{\|}{C}}OCH_3$ (CH₃ and C(=O)OCH₃ on the same ring carbon)

(e) $H\overset{O}{\overset{\|}{C}}O\overset{O}{\overset{\|}{C}}CH_2CH_3$

10.14 $C_6H_5\overset{:O:}{\overset{\|}{C}}Cl \xrightarrow{:\ddot{O}CH_3} C_6H_5C(:\ddot{O}:^-)(Cl)(OCH_3) \longrightarrow C_6H_5\overset{O}{\overset{\|}{C}}OCH_3$

10.15 (a) Acetyl chloride > Methyl acetate > Acetamide
Most reactive ⟶ *Least reactive*

$CH_3\overset{O}{\overset{\|}{C}}Cl > CH_3\overset{O}{\overset{\|}{C}}OCH_3 > CH_3\overset{O}{\overset{\|}{C}}NH_2$

(b) Hexafluoroisopropyl acetate > 2,2,2-Trichloroethyl acetate > Methyl acetate
Most reactive ⟶ *Least reactive*

$CH_3\overset{O}{\overset{\|}{C}}OCH(CF_3)_2 > CH_3\overset{O}{\overset{\|}{C}}OCH_2CCl_3 > CH_3\overset{O}{\overset{\|}{C}}OCH_3$

10.16 The electron-withdrawing trifluoromethyl group polarizes the carbonyl carbon.

The strongly electron-withdrawing trifluoromethyl group makes the carbonyl carbon more electron-poor and more reactive toward nucleophiles than the methyl acetate carbonyl group. Methyl trifluoroacetate is thus more reactive than methyl acetate in nucleophilic acyl substitution reactions.

10.17 (a) $CH_3CO_2^-Na^+$

$H_3C-C(=O)-O^-Na^+$ + $HOCH_3$

(b) CH_3CONH_2

$H_3C-C(=O)-NH_2$ + $NH_4^+Cl^-$

(c) $CH_3CO_2CH_3$ + $CH_3CO_2^-Na^+$

$H_3C-C(=O)-OCH_3$ + $Na^{+-}O-C(=O)-CH_3$

10.18 (a) Acetic acid + 1-butanol
(b) Butanoic acid + methanol

10.19 (a) $CH_3CH_2-C(=O)-Cl$ + $HOCH_3$ $\xrightarrow{\text{Pyridine}}$ $CH_3CH_2-C(=O)-OCH_3$

(b) $H_3C-C(=O)-Cl$ + $HOCH_2CH_3$ $\xrightarrow{\text{Pyridine}}$ $H_3C-C(=O)-OCH_2CH_3$

(c) $C_6H_5-C(=O)-Cl$ + $HOCH_2CH_3$ $\xrightarrow{\text{Pyridine}}$ $C_6H_5-C(=O)-OCH_2CH_3$

10.20 $C_6H_5-C(=O)-Cl$ (Benzoyl chloride) + HO–C_6H_{11} (Cyclohexanol) $\xrightarrow{\text{Pyridine}}$ $C_6H_5-C(=O)-O-C_6H_{11}$ (Cyclohexyl benzoate)

10.21 (a) $CH_3CH_2-C(=O)-Cl$ + H_2NCH_3 $\xrightarrow{\text{NaOH}}$ $CH_3CH_2-C(=O)-NHCH_3$ + H_2O + NaCl

(b) $C_6H_5-C(=O)-Cl$ + $HN(CH_2CH_3)_2$ $\xrightarrow{\text{NaOH}}$ $C_6H_5-C(=O)-N(CH_2CH_3)_2$ + H_2O + NaCl

(c) $CH_3CH_2-C(=O)-Cl$ + 2 NH_3 $\longrightarrow$ $CH_3CH_2-C(=O)-NH_2$ + $NH_4^+Cl^-$

10.22 Reaction of a carboxylic acid with an alkoxide ion gives the carboxylate ion.

10.23 (a) $CH_3CH_2CH_2CH(CH_3)CH_2OH$
(b) PhOH + $PhCH_2OH$

10.24 (a) H_3O^+, heat
(b) From (a), $LiAlH_4$, ether, H_3O^+
(c) $LiAlH_4$, ether, H_3O^+

객관식 문제

1	C	**6**	C	**11**	C	**16**	B
2	B	**7**	B	**12**	B	**17**	B
3	C	**8**	A	**13**	B	**18**	B
4	A	**9**	D	**14**	C	**19**	B
5	B	**10**	C	**15**	B		

제11장

11.1 (a) *N*-Methylethylamine
(b) Tricyclohexylamine
(c) *N*-Methyl-*N*-propylcyclohexylamine
(d) *N*-Methylpyrrolidine
(e) Diisopropylamine
(f) 1,3-Butanediamine

11.2 (a) $(CH_3CH_2)_3N$
(b) $C_6H_5-NHCH_3$

(c) Cyclopentyl–$N(CH_3)CH_2CH_3$

(d) Cyclohexyl–$NHCH(CH_3)_2$

11.3

	More Basic	*Less Basic*
(a)	$CH_3CH_2NH_2$	$CH_3CH_2CONH_2$
(b)	NaOH	CH_3NH_2

11.4 Propylamine is stronger; benzylamine $pK_b = 4.67$; propylamine $pK_b = 3.29$

11.5 (a) *p*-Nitroaniline < *p*-Aminobenzaldehyde < *p*-Bromoaniline
(b) *p*-Aminoacetophenone < *p*-Chloroaniline < *p*-Methylaniline
(c) *p*-(Trifluoromethyl)aniline < *p*-(Fluoromethyl)aniline < *p*-Methylaniline

11.6

	Amine	*Amine*	*Amide Precursor*
(a)	$CH_3CH_2CH_2NH_2$	$CH_3CH_2C{\equiv}N$	$CH_3CH_2C(=O)NH_2$
(b)	$(CH_3CH_2CH_2)_2NH$		$CH_3CH_2C(=O)NHCH_2CH_2CH_3$
(c)	$C_6H_5CH_2NH_2$	$C_6H_5C{\equiv}N$	$C_6H_5C(=O)NH_2$
(d)	$C_6H_5NHCH_2CH_3$		$C_6H_5NHC(=O)CH_3$

11.7 Aromatic: Phe, Tyr, Trp, His; sulfur-containing: Cys, Met; alcohols: Ser, Thr; hydrocarbon side-chains: Ala, Ile, Leu, Val, Phe

11.8 Fischer projection: CO_2H (top); H_2N—C—H; H—C—OH; CH_3 (bottom)

11.9 Val-Tyr-Gly (VYG), Tyr-Gly-Val (YGV), Gly-Val-Tyr (GVY), Val-Gly-Tyr (VGY), Tyr-Val-Gly (YVG), Gly-Tyr-Val (GYV)

11.10 $H_2NCH(CH_2CH_2SCH_3)C(=O)$—N(pyrrolidine)—$CHC(=O)NHCH(CH(CH_3)_2)C(=O)NHCH_2C(=O)OH$

객관식 문제

1	C	**7**	C	**13**	A	**19**	C
2	B	**8**	C	**14**	C	**20**	B
3	B	**9**	C	**15**	D	**21**	A
4	C	**10**	A	**16**	B		
5	D	**11**	B	**17**	B		
6	D	**12**	D	**18**	A		

제12장

12.1 (a) $H_2C{=}CHOCH_3$ (b) $ClCH{=}CHCl$

12.2

$$\sim CH_2\dot{C}H_2 + \sim \dot{C}H{-}CH_2(H) \longrightarrow \sim CH_2CH_3 + \sim CH{=}CH_2$$

One radical abstracts a hydrogen atom from a second radical, and the remaining two electrons create a double bond.

12.3 $-\!\!\left[CH_2CH(OC(CH_3)_3)\right]_n\!\!-$ **OR**

$$H_3C{-}{}^+CH(OC(CH_3)_3) + H_2C{=}CH(OC(CH_3)_3) \longrightarrow H_3C{-}CH(OC(CH_3)_3){-}CH_2{-}{}^+CH(OC(CH_3)_3)$$

↓ *repeat many times*

$$-\!\!\left[CH_2{-}CH(OC(CH_3)_3){-}CH_2{-}CH(OC(CH_3)_3){-}CH_2{-}CH(OC(CH_3)_3)\right]_n\!\!-$$

12.4 $H_2C{=}CHCO_2CH_3 < H_2C{=}CHCl < H_2C{=}CHCH_3 < H_2C{=}CH{-}C_6H_5$

12.5 $H_2C{=}CHCH_3 < H_2C{=}CHC_6H_5 < H_2C{=}CHC{\equiv}N$

12.6 The intermediate is a resonance-stabilized benzylic carbanion, $Ph{-}\ddot{C}HR$.

12.7 The polymer has no chirality centers.

$$n\ H_2C{=}CCl_2 \longrightarrow -(CH_2-CCl_2)_n-$$

Vinylidene chloride doesn't polymerize in isotatic, syndiotactic or atactic forms because no asymmetric centers are formed during polymerization.

12.8 No, the polymers are racemic.

None of the polypropylenes rotate plane-polarized light. If an optically inactive reagent and an achiral compound react, the product must be optically inactive. For every chirality center generated, an enantiomeric chirality center is also generated, and the resulting polymer mixture is inactive.

12.9

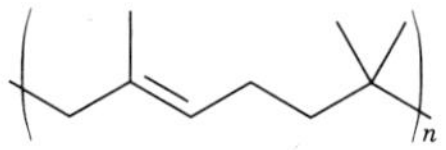

OR

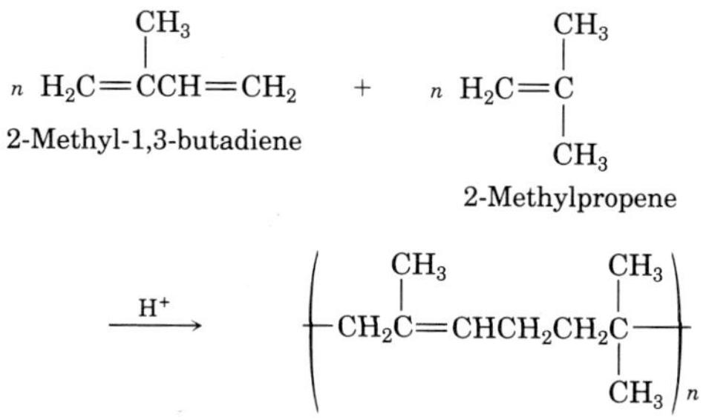

$$n\ H_2C{=}C(CH_3)CH{=}CH_2 + n\ H_2C{=}C(CH_3)_2$$

2-Methyl-1,3-butadiene

2-Methylpropene

$$\xrightarrow{H^+} -(CH_2C(CH_3){=}CHCH_2CH_2C(CH_3)_2)_n-$$

12.10

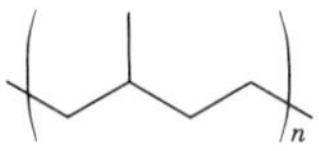

Atactic

OR

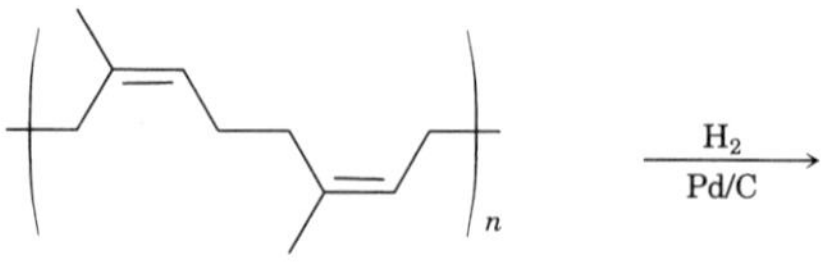

Natural rubber

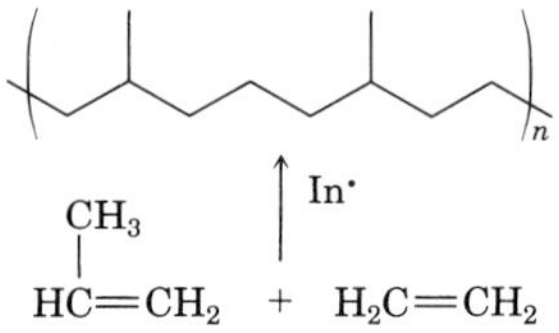

$$\xrightarrow[Pd/C]{H_2}$$

$$CH_3CH{=}CH_2 + H_2C{=}CH_2 \xrightarrow{In^\cdot}$$

12.11 (a) $-(OCH_2CH_2CH_2OCH_2CH_2CH_2)_n-$

(b) $-(OCH_2CH_2OC(=O)(CH_2)_6C(=O))_n-$

(c) $-(NH(CH_2)_6NHC(=O)(CH_2)_4C(=O))_n-$

12.12 $-(NH-C_6H_4-NH-C(=O)-C_6H_4-C(=O))_n-$

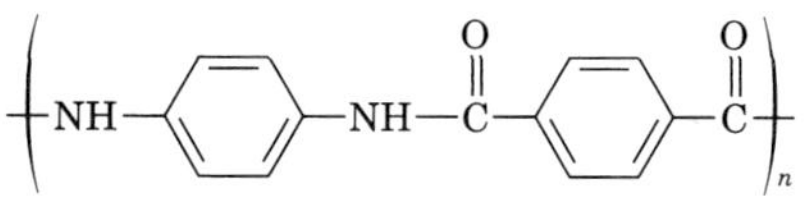

12.13 The product has a large amount of cross-linking.

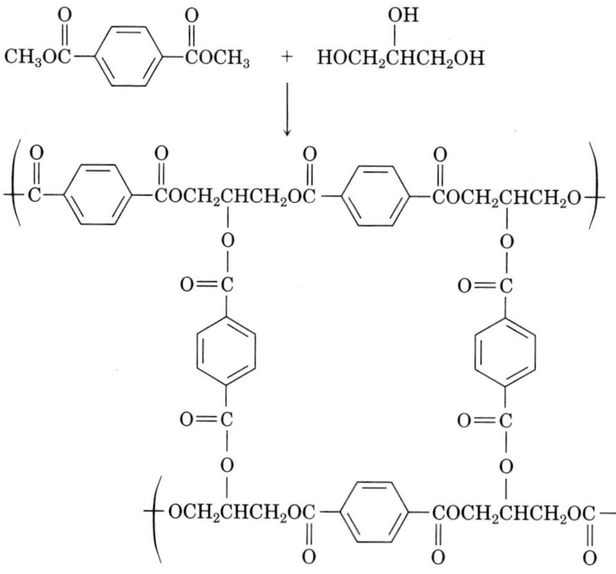

$$CH_3OC(=O)-C_6H_4-C(=O)OCH_3 + HOCH_2CH(OH)CH_2OH$$

$$\downarrow$$

$$-(C(=O)-C_6H_4-C(=O)OCH_2CH(O-)CH_2OC(=O)-C_6H_4-C(=O)OCH_2CH(O-)CH_2O)-$$

$$O{=}C-C_6H_4-C{=}O \quad\quad O{=}C-C_6H_4-C{=}O$$

$$-(OCH_2CH(O-)CH_2OC(=O)-C_6H_4-C(=O)OCH_2CH(O-)CH_2OC(=O)-C_6H_4-C(=O))-$$

12.14 $\left(\overset{\displaystyle O}{\overset{\|}{C}} - C_6H_4 - \overset{\displaystyle O}{\overset{\|}{C}} - OCH_2CH_2O \right)_n$

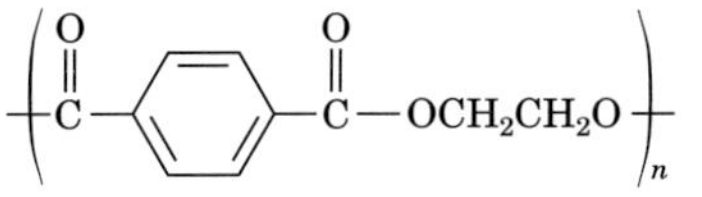

OR

$$n\ HOCH_2CH_2OH \quad + \quad n\ HO\overset{\displaystyle O}{\overset{\|}{C}} - C_6H_4 - \overset{\displaystyle O}{\overset{\|}{C}}OH$$

$$\longrightarrow \left(OCH_2CH_2O - \overset{\displaystyle O}{\overset{\|}{C}} - C_6H_4 - \overset{\displaystyle O}{\overset{\|}{C}} \right)_n$$

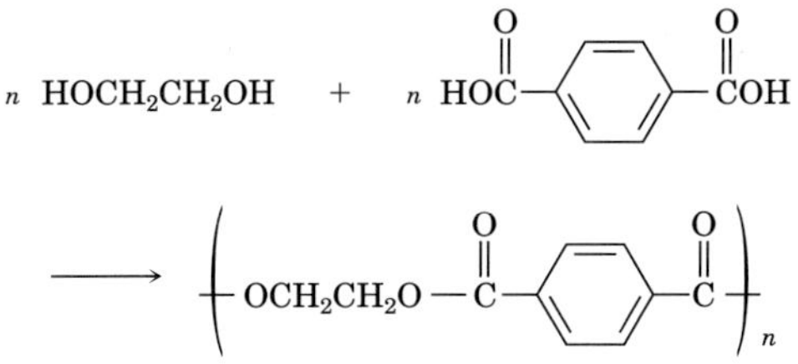

PET

객관식 문제

1	B	**7**	A	**13**	C	**19**	B
2	D	**8**	D	**14**	B	**20**	C
3	C	**9**	C	**15**	C	**21**	C
4	B	**10**	B	**16**	B		
5	C	**11**	D	**17**	B		
6	B	**12**	A	**18**	C		

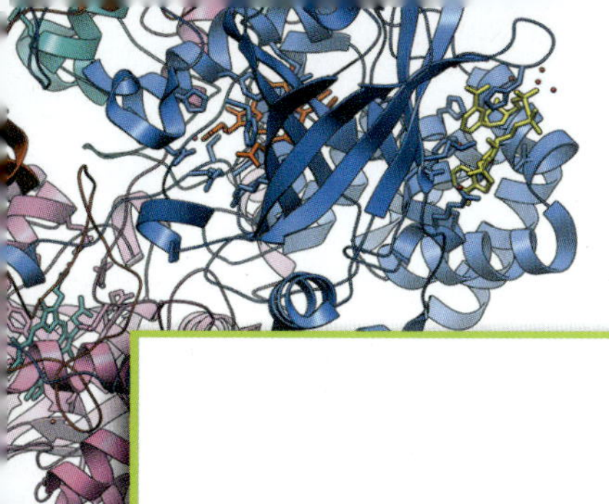

찾아보기

ㄹ

ㅁ

ㅂ

ㅅ

ㅇ

ㅈ

ㅊ

ㅋ

ㅌ

ㅍ

ㅎ

기타

▶ 옮긴이 소개

경상대학교 권순기, 김윤희, 윤용진

원광대학교 김보미, 채규윤

전북대학교 김애란, 유동진

충북대학교 경기성, 권효식

한남대학교 윤국로

한서대학교 정인찬

맥머리의

유기화학강의 제9판

Organic Chemistry | 9th Edition | John E. McMurry

제9판 1쇄 발행 | 2018년 8월 23일
제9판 6쇄 발행 | 2025년 2월 20일

옮긴이와의 합의로 인지 첨부를 생략함

지 은 이 | John E. McMurry
옮 긴 이 | 화학교재연구회
발 행 인 | 리리안후아, 탄록민
발 행 처 | 센게이지러닝코리아㈜
등록번호 | 제313-2007-000074호(2007.3.19.)
이 메 일 | asia.infokorea@cengage.com
홈페이지 | www.cengage.co.kr
I S B N | 978-89-6218-439-6

공 급 처 | 사이플러스
주 소 | 서울시 영등포구 양평로 30길 14, 세종앤까뮤스퀘어 1106호
도서안내 및 주문 | TEL 02) 332-6171 FAX 02) 332-6185
홈페이지 | www.sciplus.co.kr

값 37,000원

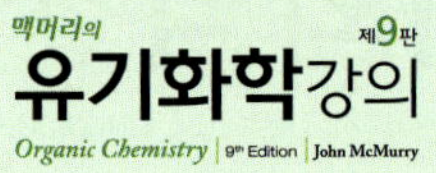
맥머리의
제9판
유기화학강의
Organic Chemistry
9th Edition
John McMurry

Structures of Some Common Functional Groups

Family Name	Functional Group Structure	Simple Example	Name Ending
Alkane	(Only C—H and C—C single bonds)	CH_3CH_3	*–ane* Ethane
Alkene	C=C	$H_2C{=}CH_2$	*–ene* Ethene (Ethylene)
Alkyne	—C≡C—	$HC{\equiv}CH$	*–yne* Ethyne (Acetylene)
Arene (aromatic)	C=C, C, C, C–C (six-membered ring)	H, H, H, H, H, H (benzene ring)	(none) Benzene
Alkyl halide	C, X (X=F, Cl, Br, I)	CH_3Cl	(none) Chloromethane
Alcohol	C, O, H	CH_3OH	*–ol* Methanol
Ether	C, O, C	CH_3OCH_3	*ether* Dimethyl ether
Amine	C, N:	CH_3NH_2	*–amine* Dimethylamine
Nitro	C, N^+, O, O^-	CH_3NO_2	(none) Nitromethane
Thiol	C, S, H	CH_3SH	*–thiol* Methanethiol
Sulfide	C, S, C	CH_3SCH_3	*sulfide* Dimethyl sulfide
Sulfoxide	C, S^+, O^-, C	CH_3SOCH_3	*sulfoxide* Dimethyl sulfoxide

Family Name	Functional Group Structure	Simple Example	Name Ending
Nitrile	C–C≡N	$CH_3C{\equiv}N$	*– nitrile* Ethanenitrile (Acetonitrile)
	[C–C(=O)–	**Carbonyl compound**]	
Aldehyde	C–C(=O)–H	CH_3CH (C=O)	*– al* Ethanal (Acetaldehyde)
Ketone	C–C(=O)–C	CH_3CCH_3 (C=O)	*– one* Propanone (Acetone)
Carboxylic acid	C–C(=O)–O–H	CH_3COH (C=O)	*– oic acid* Ethanoic acid (Acetic acid)
Ester	C–C(=O)–O–C	CH_3COCH_3 (C=O)	*– oate* Methyl ethanoate (Methyl acetate)
Thioester	C–C(=O)–S–C	CH_3CSCH_3 (C=O)	*– thioate* Methyl ethanethioate (Methyl thioacetate)
Amide	C–C(=O)–N̈	CH_3CNH_2 (C=O)	*– amide* Ethanamide (Acetamide)
Carboxylic acid chloride	C–C(=O)–Cl	CH_3CCl (C=O)	*– oyl chloride* Ethanoyl chloride (Acetyl chloride)
Carboxylic acid anhydride	C–C(=O)–O–C(=O)–C	CH_3COCCH_3 (C=O, C=O)	*– oic anhydride* Ethanoic anhydride (Acetic anhydride)

The bonds whose connections aren't specific are attached to carbon or hydrogen atoms in the rest of the molecule.